湘潭大学学者文库

XIANGTAN DAXUE XUEZHE WENKU

陈仲沪文集

CHEN ZHONGHU WENJI

陈仲沪 著

湘潭大學出版社

XIANGTAN UNIVERSITY PRESS

图书在版编目（CIP）数据

陈仲沪文集 / 陈仲沪著 . -- 湘潭 : 湘潭大学出版社，2024. 6. -- ISBN 978-7-5687-1516-4
Ⅰ . 01-49
中国国家版本馆 CIP 数据核字第 2024A7X479 号

陈仲沪文集
陈仲沪　著

责任编辑：丁立松
装帧设计：李　平
出版发行：湘潭大学出版社
社　　址：湖南省湘潭大学工程训练大楼
电　　话：0731-58298960 0731-58298966（传真）
邮　　编：411105
网　　址：http://press.xtu.edu.cn/
印　　刷：长沙超峰印刷有限公司
经　　销：湖南省新华书店
开　　本：710 mm×1000 mm 1/16
印　　张：37.25
字　　数：867 千字
版　　次：2024 年 6 月第 1 版
印　　次：2024 年 6 月第 1 次印刷
书　　号：ISBN 978-7-5687-1516-4
定　　价：198.00 元

ISBN 978-7-5687-1516-4
9 787568 715164 >

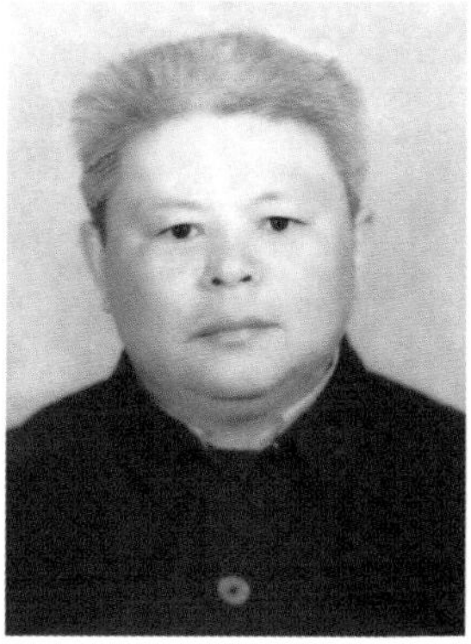

陈仲沪（1934—2002），湖南长沙人，中共党员，我国著名的李群李代数专家。1951 年考取吉林大学数学系；1955 年考取南开大学基础数学专业研究生，师从中国科学院院士严志达教授。1959 至 1975 年任教于南开大学数学系。1975 年 10 月，调入湘潭大学任教，帮助筹建数学系。1978 年破格晋升为教授，成为湘潭大学首批受聘教授之一。曾任国家数学、力学教学指导委员会委员，中国数学会理事会理事，湖南省政协委员，湘潭大学数学研究所所长、科研处处长、学报编辑部主任等职，是湘潭大学基础数学专业李代数方向创始人。2001 年获评为全国优秀教师。1959 年，发表《实半单李代数的 Cratan 子代数的共轭分类》等四篇论文，解决了著名数学家嘉当 40 多年前提出的一个数学难题及实半单李代数的结构方面的一些其他问题。1980 年开始构造广义李型群，推广了李型群。代表作有《Lie 群导引》《On the basic case of split G_2》《Unitary Representations induced from maximal parabolic subgroups for split F_4》《$E_{6(-14)}$ 的不可约酉表示》和《On the Langlands Parameters for $A_q(\lambda)$ for the exceptional simple Lie groups》等，撰写学术论文 40 余篇。

总 序

“一位伟人，一纸校名，一句嘱托”，高度凝练并生动诠释了湘潭大学的创办历史。1958年，毛泽东主席亲自倡办、亲笔题写校名并亲切嘱托“一定要把湘潭大学办好”。1959年学校因故停办，1974年恢复建校。复校初期，学校荒山一片、楼无一栋、房无一间。一声号召，来自清华大学、北京大学等92所高校、科研院所的622名教师奔赴湘大，边劳动建校边教学科研。著名诗人彭燕郊、流变力学专家袁龙蔚、消费经济学创始人尹世杰、古文献专家韩长耕等名家大师先后来到这里教书育人。在这一批湘大人心中，都有一个共同的信念——艰苦创业，扎根伟人故里。没有电灯，就点煤油灯；没有自来水，就到池塘挑水喝；没有教工宿舍，就住农民家中；没有教学楼，就一起搬砖建设……在极其艰苦的条件下，老一辈创业者怀着“一定要把湘潭大学办好”的初心和科教兴国的满腔热情，在贫瘠的荒山土坡上建起了一座大学城。

岁月流转，年轮不息。经过几代湘大人矢志不渝的奋斗，学校发生了翻天覆地的变化。特别是2018年习近平总书记对学校作出重要批示以来，学校全力推动“双一流”建设，2022年成功入选国家“双一流”建设高校。一路走来，风雨兼程，虽创业维艰，然历久弥坚。在这片热土上，孕育着一批又一批才华横溢的名师和学子，不断产生着丰硕卓越的学术成果，模糊的概念在这里澄明，假设的命题在这里证实，现实的困惑在这里破解，新知识、新技术、新理论在这里不断孕育、产生。

大学因学术而生，亦因学术而兴。学术始终是一所大学的立校之基、兴校之本，是学者的一种追求、一种境界、一种精神。就湘大而言，无论是复校初期的名家云集、各抒己见、推陈出新，还是改革开放后融入科教兴国的时代大潮，湘大学人始终坚守初心，笃志问学，传承文脉，成就了独具风格的学术品质和精神风貌。一代又一代的湘大学人在这里探究真理、创造新知，以学术立身、以著作立言、以品德立魂，用自己的毕生心血，汇集而成了一篇篇富有思想的学术成果。

大学之大，大师之谓也。为汇集湘大学人学术成果，展示湘大学人学术品格，2014 年，在复校四十周年之际，学校精心策划"湘潭大学学者文库"丛书，出版了《沧南自选集》《袁龙蔚文集》。入选文集经过了广泛征集和论证，无一不是湘大学人呕心沥血之佳作、高深学问之精髓、学术思想之独见、品性修养之映照。文库收录的学术成果，都有着清晰的问题意识、科学的研究方法、严谨的逻辑结构，既有源自哲学思辨的理性探究，也有基于生产实践的资料佐证，充分展示了湘大学人独有的学术品格，体现了湘大学人的厚积薄发和卓越追求。这是湘大学人智慧的结晶，更是推动学校高质量发展的宝贵精神财富。

甲辰龙年，学校迎来复校五十周年。值此之际，第二批"湘潭大学学者文库"丛书，包括《尹世杰文集》《刘桂斌文集》《羊春秋文集》《宋世杰文集》《张铁夫文集》《陈仲沪文集》《罗铸楷文集》《姜书阁文集》《萧艾文集》《曹木清文集》《彭燕郊文集》《韩长耕文集》12 部学者文集付梓出版，这既是记录湘大学人敢于挑战与奋斗、饱含智慧与激情的光辉岁月，展现湘大学人精学苦研的具象载体，又是湘大学人牢记办学历史，坚持知行合一，弘扬学术精神，接续优良传统的价值传承和推动学术创新的具体行动。

伟人故里逢盛世，一路高歌向前行。丛书的出版，将让我们再一次触摸和感受老一辈湘大学人的独特学术品格和精神品质，也将鼓舞新一代湘大学人深入贯彻落实习近平总书记对学校的重要批示精神，弘扬"牢记嘱托、艰苦创业、追求卓越"的湘大精神，扎根伟人故里，厚植家国情怀，坚持守正创新，为建成科技教育强国，以中国式现代化全面推进中华民族伟大复兴作出新的更大的贡献！

党委书记　刘起军

湘潭大学

校　　长　潘碧灵

目　录

关于半单纯李代数的最大幂零子代数的一个定理

§1 关于半单纯李代数的最大幂零子代数问题在文献[1]中已有详尽的讨论. 其中的一个主要定理：半单纯李代数 R 的任一最大幂零子代数 N，都内共轭于一子代数 N'；$N' = H' + \sum_{\varphi_i \subset E} R\varphi_i$，设 H 为 R 的一个 Cartan 子代数，H' 是 H 的子空间，E 为正根的集合 Σ^+ 的一个子集合，满足条件 $(h, \varphi_i) = 0$，$h_0 H'$，同时 H' 是 H 中合于条件 $(h, E_i) = 0$ 的元素所成的子空间. 这个定理在文献[1] 中已得到证明，但其证明中要利用到代数李代数或者可解可分李代数的某些结果. 本文主要目的是不利用上述理论，直接给出一个简单的证明. 本文沿用文献[2] 中所用的符号. 最后感谢严志达教授对本文的热心指导.

§2 利用文献[3] 的结果，任何 R 的一个幂零子代数 L 必内共轭于 $K = H + R^+$ 的一个子代数，其中 H 是 R 的 Cartan 子代数，$R^+ = \sum_{\varphi \subset \Sigma^+} R_\varphi$，$\Sigma^+$ 是所有 R 的正根的集合.

下面的一些定义和假设是我们以后需要的.

K 内任何一个元素 x 可唯一分解为 $x = h + n$，$h \in H$，$n \in R^+$. 而 $n = b_1 e_{\alpha_1} + \cdots + b_p e_{\alpha_p}$，假定 b_i 全不为零. 所有根 α_1，α_2，…，α_p 所构成的子空间以 E_x 表示之. 我们以后都假定 $\alpha_1 < \alpha_2 < \cdots < \alpha_p$.

引理 1 如果 x，x' 是 L 内的任两个元素，如果 $(h, \alpha_j') \neq 0$，则存在一个 $t < j$，使得 $\alpha_j' - \alpha_t' \in E_x$，$\alpha_j'$，$\alpha_t'$ 是 E_x' 内的根.

证 令 A_x 是 x 的伴随表示，由于 L 是一个幂零代数，所以存在一个 μ，使得 $A_x^\mu x' = 0$. 令 $x' = h' + n'$，$n' = b_1' e_{\alpha_1'} + \cdots + b_n' e_{\alpha'_{p'}}$. 得 $A_x^\mu h' + A_x^\mu n' = 0$. 具体计算可将上式写作

$$0 = (h, \alpha_j')^\mu b_j' e_{\alpha_j'} + \sum c_\varphi e_\varphi, \tag{1}$$

其中 $\varphi = \alpha_t' + \psi$，$\psi$ 是 $\alpha_1 \cdots \alpha_p$ 的线性组合，即

$$\varphi - \alpha_t' \in E_x.$$

由于(1)，可知 e_φ 中至少存在一项 $e_{\alpha_j'}$ 亦即存在一个 $\varphi=\alpha_j'$，于是有 $\alpha_j'-\alpha_t'\in E_x$，$t<j$.

系．如果 $(h, E_x)=0$，则 $(h, E_{x'})=0$.

因为如果 $(h, E_x)=0$，则从引理1有 $(h, \alpha_j')=(h, \alpha_t')$，$t<j$. 由于 R 的根有限，所以知 $(h, \alpha_j')=0$，对于任何的 j 成立．即 $(h, E_{x'})=0$.

引理2　采用上面的定义，令 $x=h+n$ 为 K 内任一元素，则存在 R 的一个内自同构 σ 使得 $\sigma(x)=h'+n'$，其中 $h'\in H$，$n'\in R^+$，且 $(h', E_{x'})=0$.

证　不丧失一般性，可以假定 $(h, \alpha_1)\neq 0$. 取 $\sigma_1=\exp tAe_{\alpha_1}$，$t=\dfrac{b_1}{(h, \alpha_1)}$，于是

$$\begin{aligned}\sigma_1(x)&=h+b_1e_{\alpha_1}+\cdots+b_pe_{\alpha_p}+t[e_{\alpha_1}h]+\cdots\\&=h+b_2e_{\alpha_2}+\cdots\end{aligned}$$

便知 $\sigma_1(x)$ 中不存在 e_{α_1} 的项，其他的项 e_φ 都有 $\varphi>\alpha_1$. 因为 R 的正根有限，所以可以经过如上一定次的步骤，使得 $\sigma(x)=h+b_1{}'e_{\alpha_1{}'}+\cdots+b'_{p'}e_{\alpha'_{p'}}$，同时 $(h, \alpha_j{}')=0$，对于任何 j 成立．亦即 $(h', E_{x'})=0$.

系．如果 $y=h_1+n_1$ 是 K 内另一元素，引理2中的 σ 将 y 对应到 $\sigma(y)=h_1{}'+n_1{}'$，则有 $h_1{}'=h_1$，$E_{\sigma(y)}\subseteq E_y+E_x$.

§3　定理的证明：

令 $x_1, x_2, \cdots, x_k$ 是 L 的一组底，利用上面的符号，假定底中有 r 个，令为 $x_1, x_2, \cdots, x_r$ 合于条件 $(h_1, E_{x_i})=0$. 利用引理2存在一个 R 的内自同构 σ，使得 $\sigma(x_{r+1})=x'_{r+1}$ 合于条件 $(h'_{r+1}, E_{x'_{r+1}})=0$，令 $\sigma(x_i)=x_i'(i=1, 2, \cdots, r)$，$x_i'=h_i'+n_i'$，从引理2的系可知 $h_i{}'=h_i$，$E_{x_i{}'}\subseteq E_{x_i}+E_{x_{r+1}}$，所以 $(h_i', E_{x_i'})\subseteq(h_i, E_{x_i})+(h_i, E_{x_{r+1}})$. 由假设 $(h_i, E_{x_i})=0$，由引理1的系 $(h_i, E_{x_{r+1}})=0$；所以 $(h_i', E_{x_i'})=0$，$i=1, 2, \cdots, r+1$. 于是 L 共轭于一个子代数 L'，它的底 $x_1', x_2', \cdots, x_k'$，有 $r+1$ 个 $x_1', \cdots, x'_{r+1}$ 合于条件 $(h_i', E_{x_i'})=0$，$i\leqslant r+1$. 经过有限次步骤，便有：L 内共轭于一个代数 L'，它的底 $x_1', x_2', \cdots, x_k'$ 有条件 $(h_i', E_{x_i'})=0$，$i\leqslant k$，因此从引理1的系有，$(h_i', E_{x_j'})=0$ 对于任何 $i, j\leqslant k$ 成立.

令 H' 是 $h_1, h_2, \cdots, h_n$ 所构成的 H 的子空间，令 E 是所有垂直于 H' 的正根的集合，$K'=H'+R'^+$，$R'^+=\sum\limits_{\varphi\subset E}R_\varphi$，是一个幂零子代数．但从上面 $(E_{x_j'}, H')=0$，所以 $E_{x_j'}\subseteq E$，即 $L'\subseteq K'$，由于 L' 的最大性，$L'=K'$. 即任一 R 的

最大的幂零子代数必共轭于 K'. H' 是所有 H 内垂直于 E 的子空间；因不然有一 $H''>H'$，则 $H''+R'^{+}$ 便是包含 L' 而不等于 L' 的幂零子代数，和 L' 的最大性相违背. 证毕.

参考文献

[1] 严志达，陈仲沪. 1958 科学记录新辑 2(4)107-109.

[2] E. B. 邓金，曾肯成译. 半箪纯李代数的结构，科学译丛——数学第 12 种.

[3] Морозов，B. B. 1942 论半单代数里的幕零元素 IAH 36 91-94.

论半单纯 Lie 代数的最大幂零子代数

本文的目的是在对于某一个复单纯 Lie 代数的类型决定他的最大幂零子代数. 自然两个这样的子代数如果是内共轭的，以后简称共轭，则不加以区别.

§1 令 L 是一个半单纯 Lie 代数，他的伴随表现常是真实的，因此两者可以不加区别. 这样便可假定 L 是一个线性 Lie 代数讨论. L 内的某一元素是半单纯的或幂零的，以及一元素的 Jordan 分解等等，都是在将 L 看作线性代数的意义下规定的.

令 N 是 L 的一个最大幂零子代数，H' 是 N 的一个最大可换子代数，他的元素都是半单纯的，为简便计不妨称为最大可换半单纯子代数. 由于 N 是幂零的，对任一元素 $h' \in H'$ 有 $ad_N h'$ 是幂零的；但是 h' 是半单纯的，所以 $ad_N h'$ 也是半单纯的. 于是有 $ad_N h' = 0$，即$[H', N] = 0$. 也即是 $N \subseteq C_{H'}$，H' 的中心化子，即 L 中所有和 H' 内任一元素都可换的元素构成的子代数. 但是[1]$C_{H'} = H_1 + L_1$，其中 H_1 是包含 H' 的一个可换半单纯子代数，他是$C_{H'}$ 的中心；L_1 是一个半单纯子代数，他是 $C_{H'}$ 的导微. 另外可以假定 $H_1 \subseteq H$，L 的一个 Cartan 子代数；$H_1 + H_1' = H$，H_1' 是L_1 的 Cartan 子代数. 由此可知 $N = H_1 + N_1$，N_1 是 L_1 的一个最大幂零子代数. 由于 H' 的最大性必有 $H_1 = H'$，于是 $C_{H'} = H' + L_1$.

称一个半单纯 Lie 代数 L 内由幂零元素构成的幂零子代数为标准的. 我们说明 N_1 是标准的. 因不然必有一个 x，他的 Jordan 分解 $x = h + n$，其中 h，n 分别为半单纯的和幂零的，有 $h \neq 0$. 另外由于 N_1 是 L_1 的最大幂零子代数，而 L_1 是半单纯的，他便是一个代数 Lie 代数，于是 N_1 也将是一个代数 Lie 代数. 从这一点可知因 $x \in N_1$ 便有 $h \in N_1$. 易知$\{h, H'\}$是 N 的一个可换半单纯子代数而不恒等于 H'，因此便与 H' 的最大性矛盾. 这样一来，便将一般的问题化为标准最大幂零子代数的问题了.

N_1 对 L_1 而言自然也是标准的. 由于 N_1 包含于 L_1 的某一个最大可解子代

数 $\mathfrak{R}_1$ 内，所以 $N_1 \subseteq \mathfrak{R}_0$，$\mathfrak{R}_0$ 是 $\mathfrak{R}_1$ 内所有在 $\mathfrak{R}_1$ 内为幂零元素构成的理想，这儿称他为 $\mathfrak{R}_1$ 的核. 但 $H' + \mathfrak{R}_0$ 已经是一个幂零子代数，所以 $N_1 = \mathfrak{R}_0$. 即 N_1 是 L_1 的某一个最大可解子代数的核. Morozov[2] 证明了半单纯 Lie 代数的任两个最大可解子代数是共轭的. 因之在共轭的意义下，对于任一个 H' 只有唯一的一个最大幂零子代数与之对应. 反之易知在 L 内任取一个可换半单纯子代数 H'，如果 $C_{H'} = H' + L_1$，L_1 是 $C_{H'}$ 的导微，H' 是中心，则 H' 和 L_1 内的一个标准幂零子代数的直和是一个最大幂零子代数.

§2 令 $N^{(i)}$，$i = 1, 2$，是两个 L 的最大幂零子代数，$H'^{(i)}$ 分别是他们的最大可换半单纯子代数. 他们分别属于 L 的 Cartan 子代数. 由于 Cartan 子代数的共轭性，所以可以只研究 $H'^{(i)} \subseteq H$ 的情形，其中 H 是 L 的一个固定 Cartan 子代数.

现令 σ 是一个令 H 不变的 L 的内自同构，同时 $\sigma(H^{(1)}) = H^{(2)}$. 由上节的讨论和 Morozov 定理可知 $N^{(1)}$，$N^{(2)}$ 共轭. 反之如果 $N^{(1)}$ 和 $N^{(2)}$ 共轭，即有一个 $\tau \in AdL$，使 $\tau(N^{(1)}) = N^{(2)}$；于是 $\tau(N'^{(1)})$ 也是 $N^{(2)}$ 的一个最大可换半单纯子代数. 可以证明[3] 这样的子代数在 AdL 内是共轭的，于是不妨假定 $\tau(H'^{(1)}) = H'^{(2)}$. 因此 $\tau(C_{H'^{(1)}}) = C_{H'^{(2)}}$，即得 $\tau(L_1^{(1)}) = L_1^{(2)}$. 因为 $H_1^{(1)}$ 是 $L_1^{(1)}$ 的 Cartan 子代数，所以 $\tau(H'^{(1)}_1)$ 是 $L_1^{(2)}$ 的 Cartan 子代数，他和 $L_1^{(2)}$ 的 Cartan 子代数 $H'^{(2)}_1$ 共轭. 存在一个 $L_1^{(2)}$ 的内自同构，也即有 L 的一个内自同构 τ_1 使得 $\tau_1\tau(H'^{(1)}_1) = H'^{(2)}_1$，同时 $\tau_1(H'^{(2)}) = H'^{(2)}$，所以 $\tau_1\tau(H) = \tau_1\tau(H'^{(1)} + H'^{(1)}_1) = H'^{(2)} + H'^{(2)}_1 = H$. 于是得出结论：两个 L 的最大幂零子代数 $N^{(1)}$，$N^{(2)}$ 互为共轭的必须充分条件是存在一个 L 的内自同构 σ 将 Cartan 子代数 H 不变，同时 $\sigma(H'^{(1)}) = H'^{(2)}$. 假定 $N^{(i)}$ 的最大可换半单纯子代数 $H'^{(i)}$ 属于固定的 H.

§3 令 $L_1 = H_1' + R_1$ 是 1 中定义的半单纯子代数 L_1 对他的 Cartan 子代数 H_1' 的正则分解. 由于 $[H, R_1] \subseteq R_1$，所以有 $R_1 = \sum_{\varphi \in \Sigma_0} R^{\varphi}$，$\Sigma_0$ 是 L 的全根系 Σ 的子系，他是由 Σ 中所有垂直于 H' 的元素所构成的. 可以在 H' 内取得元素 h_0 使得 Σ 中所有垂直于 h_0 的元素即是 Σ_0，于是 $C_{h_0} = C_{H'}$[4]. 将 h_0 看作 L 的图解上的一点，可以假定他属于固定的胞，这个胞的外垂向量构成 L 的一组素根系 Π. 令 Π_0 是 Π 内所有垂直于 h_0 的元素集合，易知 Π_0 构 L_1 的素根系[5]. 由 2 所定的自同构 σ 在 H 上诱导一个转动 $\bar{\sigma}$，属于 L 的 Weyl 群，他令根系不变；所以有 $\bar{\sigma}(\Sigma_0^{(1)}) = \Sigma_0^{(2)}$. 而 $\bar{\sigma}(\Pi_0^{(1)})$ 也是 $L_1^{(2)}$ 的一组素根系；但 $L^{(2)}$ 的素根系可以

由他的 Weyl 群互变，所以存在一个 Weyl 群内的元素 $\bar{\tau}$ 使得 $\bar{\tau}(\Pi_0^{(1)}) = \Pi_0^{(2)}$. 反之如存在一个该群的元素 $\bar{\tau}(\Pi_0^{(1)}) = \Pi_0^{(2)}$，则 $\bar{\tau}$ 可以扩充为 L 的内自同构 τ，令 H 不变，同时 $\tau(H'^{(1)}) = H'^{(2)}$；因 $H'^{(i)}$ 是所有垂直于 $\Pi_0^{(i)}$ 的元素构成的子空间. 这时 $\Pi_0^{(i)}$ 定同一个最大幂零子代数.

最后指出任一个 Π 的子系 Π_0，都可以对应一个最大幂零子代数. 所以决定 L 内的最大幂零子代数的问题，即化为决定所有 L 的素根系的子系在 Weyl 群下共轭的问题.

§4 延用上面的符号，如果两个最大幂零子代数在 L 内共轭，则由他所定的子代数 L_1 的结构自然相同. L_1 的结构，很容易从他的某一组素根系 Π_0 知道. 反之如果 L_1 的结构相同，原来的最大幂零子代数不一定共轭. 须视他们对应的素根子系在原素根系中的位置而定. 兹将具体计算的结果综合如下，这儿写出对应互不共轭最大幂零子代数的 L_1 的结构：

(1) A_n：素根系 $\Pi = \{\alpha_1 = \varphi_1 - \varphi_2, \cdots, \alpha_n = \varphi_n - \varphi_{n+1}\}$.
不共轭的结构是

$$A_{n_1} \times A_{n_2} \times \cdots \times A_{n_s},\ n_1 + n_2 + \cdots + n_s = n - k, s \leqslant k + 1,\ h \geqslant 0$$

式中 × 代表子代数的直和，k 是的 H' 维数，以下同此.

(2) B_n：素根系 $\Pi = \{\alpha_1 = \varphi_1 - \varphi_2, \cdots, \alpha_{n-1} = \varphi_{n-1} - \varphi_n, \alpha_n = \varphi_n\}$.
不共轭的结构是

(a) $A_{n_1} \times A_{n_2} \times \cdots \times A_{n_s},\ n_1 + n_2 + \cdots + n_s = n - k,\ s \leqslant k,\ k \geqslant 1$;

(b) $B_{n_1} \times A_{n_2} \times \cdots \times A_{n_s},\ n_1 + n_2 + \cdots + n_s = n - k,\ s \leqslant k,\ k \geqslant 0$;

这儿(a) 和(b) 当 $n_1 = 1$ 时结构相同但不共轭.

(3) C_n：素根系 $\Pi = \{\alpha_1 = \varphi_1 - \varphi_2, \cdots, \alpha_{n-1} = \varphi_{n-1} - \varphi_n, \alpha_n = 2\varphi_n\}$.

(a) $A_{n_1} \times A_{n_2} \times \cdots \times A_{n_s},\ n_1 + \cdots + n_s = n - k,\ s \leqslant k,\ k \geqslant 1$;

(b) $C_{n_1} \times A_{n_2} \times \cdots \times A_{n_s},\ n_1 + \cdots + n_s = n - k,\ s \leqslant k,\ k \geqslant 0$;

(4) D_n：素根系 $\Pi = \{\alpha_1 = \varphi_1 - \varphi_2, \cdots, \alpha_{n-1} = \varphi_{n-1} - \varphi_n, \alpha_n = \varphi_{n-1} + \varphi_n\}$.
当 n 为奇数时有

(a) $A_{n_1} \times A_{n_2} \times \cdots \times A_{n_s},\ n_1 + n_2 + \cdots + n_s = n - k,\ s \leqslant k,\ k \geqslant 1$;

(b) $D_{n_1} \times A_{n_2} \times \cdots \times A_{n_s},\ n_1 + \cdots + n_s = n - k,\ s \leqslant k + 1,\ k \geqslant 0$.

是互不共轭的结构. 注意 $n_1 = 2$ 或 3 时令 $D_2 = A_1 \times A_1, D_3 = A_3$.

当 n 为偶数时除了上面两种不共轭的结构外另在(a) 的情形下当 $k = s$，$n_i(\geqslant 1)$ 为奇数时，对应一个结构有两个互不共轭的子代数，视素根子系包含

α_{n-1}，还是包含另一个 α_n，而不同.

(5) E_6：共有 17 种不共轭的不同的结构.

(6) E_7：素根系 $\Pi=\{\alpha_1=\varphi_1-\varphi_2, \alpha_2=\varphi_2-\varphi_3, \cdots, \alpha_6=\varphi_6-\varphi_7, \alpha_7=-(\varphi_1+\varphi_2+\varphi_3+\varphi_4)\}$.

共有 29 个不同的结构，其中对应于结构 A_5 的有两个互不共轭的子代数，视素根子系包含 α_7 或不包含 α_7 而异. 所以共有 30 个不共轭的类.

(7) E_8：共有 42 个不共轭的类，他们的结构各异，与 E_6 的情形相类.

(8) F_4：素根系 $\Pi=\{\alpha_1=\varphi_2-\varphi_3, \alpha_2=\varphi_3-\varphi_4, \alpha_3=\varphi_4, \alpha_4=\frac{1}{2}(\varphi_1-\varphi_2-\varphi_3-\varphi_4)\}$.

共有 12 个不共轭的类：A_0；A_1，A_1'；A_2，A_2'；B_2，$A_1\times A_1'$，$A_2\times A_1'$，$A_2'\times A_1$，B_3，C_3，及 F_4. 其中 $A_i\times A'_j$ 和 $A_i'\times A_j$ 同构但不共轭，视他们的素根子系包含 α_1，α_2，或者包含 α_3，α_4 而异. 式中 A_0 表示对应 Cartan 子代数.

(9) G_2：两个不共轭的 A_1，视他们的素根子系包含两个素根中之一而不同.

例如取 $n+1$ 维向量空间 V_{n+1} 内的迹为零的所有线性变换构成的 Lie 代数 L_{n+1} 作型 A_n 的一个表现. 则 $A_{n_1}\times A_{n_2}\times\cdots\times A_{n_s}$ 可表为以 V_{n+1} 的完全分解 $V_{n+1}=V_{n_1+1}+V_{n_2+1}+\cdots+V_{n_s+1}+V_1+\cdots+V_1$，为不变子空间的 L_{n+1} 的子代数. 他所对应的最大幂零子代数是上面的变换中所有对应三角形行列而同时在任一个 V_{n_i+1} 内诱导的行列其对角线上的元素是相等的. 这是已知的事实.

参考文献

[1] 严志达，科学记录 1 卷 6 期，1957，论半单纯 Lie 代数的最大维交换子代数.

[2] W. W. Morozov, On a nilpotent element of a semi-simple Lie algebra, C. R. (Dokladay) Acad. Sci. U. S. S. R. vol. 36(1942) pp. 83-86.

[3] A. Malcev, On Soluble Lie Algebras, Bull. Acad. Sci. USSR. Sér. Math. vol. 9 (1945) pp. 329-356.

[4] 参考[1].

[5] 参考[1]，在那儿已说明如果 $\alpha_1, \alpha_2, \cdots \alpha_p$ 是所有垂直于 h_0 的素根，且 $m_1\alpha_1+\cdots+m_p\alpha_p\in\Sigma$ 则 $m_1, \alpha_1+\cdots m_p\alpha_p\in\Sigma_0$. 反之任何属于 Σ_0 的元素必为上形. 因为由 h_0 的定义知 $(h_0\alpha_i)\geqslant 0$ 对所有的 i 成立，从这便容易得到.

论实半简单李代数的 Weyl 群

§1 复半简单李代数的 Weyl 群早已被 Weyl 加以讨论并给出[1]. 并且 Weyl 群在复半简单李代数的理论中是非常重要的. 本文的目的是指出实半简单李代数 g 的不同类型的 Cartan 子代数有不同的 Weyl 群, 并且定出所有实型式 g 的不同类型的 Cartan 子代数的 Weyl 群①.

定义 若 H 为 g 的一个 Cartan 子代数, 那么所有令 H 不变的 g 的内自同构构成一个群, 这个群我们叫作 H 的 Weyl 群, 以 W_H 表示之.

显然地, 我们得到:

定理 1 若 H 和 H' 为 g 的两个内共轭的 Cartan 子代数, 那么 W_H 和 $W_{H'}$ 同构.

若 $K+E=g$ 为 g 的一个 Cartan 分解, 且 H 能分解为 $H=H_1+H_2$, 其中 $H_1\subset K$, $H_2\subset E$, 那么我们称 H 为 g 中的标准 Cartan 子代数. 由定理 1 和 [2] 的结果, 我们只要讨论 g 中所有标准 Cartan 子代数的 Weyl 群就够了.

对于 g 中任一标准 Cartan 子代数 H, 我们把 $[H]=H+\sqrt{-1}H$ 的根向量 Σ 分为下面三个子集: 以 Σ_1 和 Σ_2 分别表示 Σ 中所有被包含在 $\sqrt{-1}H_1$ 和 H_2 中的元素的集合; 以 Σ_3 表示所有既不属于 Σ_1 又不属于 Σ_2 中的 Σ 中的元素的集合.

引理 1 若 $U\subset W_H$, 则 $U\Sigma_i=\Sigma_i$, $i=1, 2, 3$.

显然存在一个半简单紧致李代数 $g_2=g_1^2+g_2^2+\cdots+g_r^2$, 其中 g_i^2 为简单紧致李代数, 使其 g_2 的根系为 Σ_2. 令 Π_i^2 为 g_i^2 的一组素根系, G_i^2 为 g_i^2 的 Weyl 群. 令 ρ_i 为 W_H 中的一个元素, 它变 Π_i^2 为 Π_i^2, 而使 Π_k^2, $k\neq i$ 和 Σ_1 中任一元素不变. 所有这样的 $\{\rho_i\}$ 生成一个 W_H 的子群, 我们以 J_2 表示之. 假设存在一个 W_H 中的元素, 它变 Π_i^2 为 Π_j^2, 而使 Π_k^2, $k\neq i$ 和 Σ_1 中任一元素不变, 这个元素

---

① 除掉 G_2 和 D_4 的实型式.

我们以 ρ_{ij} 表示之. 所有这样的$\{\rho_{ij}\}$ 生成一个 W_H 的子群 I_2.

引理 2　若 $\alpha \subset \Sigma_2$,则 $e_\alpha, e_{-\alpha}$ 或 $\sqrt{-1}e_\alpha$, $\sqrt{-1}e_{-\alpha}$ 属于 g.

证　显然,$g_u = K + E\sqrt{-1}$ 为集合$\{\sqrt{-1}\varphi_i, (e_{\varphi_i} + e_{-\varphi_i}), \sqrt{-1}(e_{\varphi_i} - e_{-\varphi_i}), \varphi_i \subset \Sigma\}$ 中元素为基底在实数域 R 上所生成的向量空间. 并且存在一 g_u 的对合自同构 ρ 使得 $\rho x = x$, $x \subset K$, $\rho y = - y$, $y \subset E$. 因为 $\alpha \subset E$,则 $\rho\alpha = - \alpha$. 因而有 $\rho e_\alpha = e_{-\alpha}$, $\rho e_\alpha = e_\alpha$ 或者$\rho e_{-\alpha} = - e_\alpha$, $\rho e_\alpha = - e_{-\alpha}$. 假设 $\rho e_\alpha = e_{-\alpha}$, 则

$$\sqrt{-1}[(e_\alpha + e_{-\alpha}) - \rho(e_\alpha + e_{-\alpha})] = \sqrt{-1}e_\alpha \subset g.$$

且因此可以证明 $\sqrt{-1}e_{-\alpha} \subset g$. 反之,若 $\rho e_\alpha = - e_{-\alpha}$, 则 $e_\alpha, e_{-\alpha} \subset g$.

定理 2　若 $\alpha \subset \Sigma_2$,则 $S_\alpha \subset W_H$.

令 $\Sigma_1^* = \Sigma_1 \cap \Sigma_k$,其中 Σ_k 为 K 的根向量. 显然有一个半简单紧致李代数 $g_1 = g_1^1 + g_2^1 + \cdots g_{r'}^1$,其中 g_i^1 为简单紧致李代数使得 g_1 的根系为 Σ_1^*. 令 Π_i^1 为 g_i^1 的某一组素根系, G_i^1 为 g_i^1 的 Weyl 群. 令 ρ_i' 为 W_H 中的一个元素,它变 Π_i^1 为 Π_i^1,而使 Π_k^1, $k \neq i$, 和 Σ_2 中任一元素不变. 所有这样的$\{\rho_i'\}$ 生成一个 W_H 的子群 J_1. 假设存在一个 W_H 中的元素, 它变 Π_i^1 为 Π_i^1 且使 $\Pi_k^1 i \neq k$, 和 Σ_2 中任一元素不变,我们以下以 ρ'_{ij} 表示这个元素. 所有这样的$\{\rho'_{ij}\}$ 生成一个 W_H 中的子群 I_1.

定理 3　若 $\beta \subset \Sigma_1^*$, 则 $S_\beta \subset W_H$.

其实,我们只要考虑 g 中那些能表示为 $H = H_L^0 + H_E^0 + L$ 的 Cartan 子代数 H 的 Weyl 群. 显然存在一个实数 t 使得 $t\sqrt{-1}(e_\alpha + e_{-\alpha})$ 为$[H]$ 中的一个根向量,因此容易证明.

引理 3　若 g 为第一种类型实型式,且 $\Sigma_2 \neq \{0\}$,则 $\Sigma_2 = \Sigma_L$, $\Sigma_1 = \Sigma_1^*$.

引理 4　若 g 为第一种类型实型式,$U \subset W_H$ 使得 $\Sigma_2 \cup \Sigma_3$ 中任一元素不变,则 U 使 H 中任一元素不变.

证　$\Sigma_2 \cup \Sigma_3$ 中任一元素 φ_i 都可以写成 $\varphi_i = \sqrt{-1}h_1 + h_2$, 其中 $h_1 \subset H_1$, $h_2 \subset H_2$. 因此存在 H_2 中的一个元素 h^* 使得$(h^*, \varphi_i) \neq 0$, $\varphi_i \subset \Sigma_2, \Sigma_3$. 由于 $t\sqrt{-1}(e_\alpha + e_{-\alpha})$ 为$[H]$ 中的一个根向量,所以 h^* 可以写为 $h^* = x_1\alpha_1 + x_2\alpha_2 + \cdots + x_1\alpha_r$, $\alpha_i \subset \Sigma_2$, $x_i \subset R$. 另一方面存在一个 $h^{*\prime} = x_1'\beta_1 + \cdots + x'_{r'}\beta_{r'}$, 其中 $\beta_i \subset \Sigma_1$, $x_i' \subset R$ 使得$(h^{*\prime}, \varphi_i) \neq 0$, $\varphi_i \subset \Sigma_1$. 假设 U 使 Σ_1 和 Σ_2 中任一元素不变,则显然 U 使 $h = Mh^* + \sqrt{-1}h^{*\prime}$ 不变, 其中 M 为一充分大的数. 不难证明 h 为一正规元素. 因而 U 使 H 中任一元素不变.

定理 4 若 g 为第一种类型的实型式,H 为 g 的一个 Cartan 子代数,则 $W_H = G_1^1 \times G_2^1 \times \cdots \times G_{r'}^1 \times G_1^2 \times G_2^2 \times \cdots \times G_r^2 \times I_1 \times I_2 \times J_1 \times J_2 \times I$,其中 I 为 W_H 中所有令 H 中任一元素不变的元素所生成的子群.

引理 4′ 若$U \subset W_H$且$U(H_K^0 + H_E^0) = H_K^0 + H_E^0$,则存在三个元素$U'$,$U''$和$U'''$,分别属于 $W \cap W_H$,I 和 G^2 使得 $U = U'U''U'''$,其中 $G^2 = G_1^2 \times G_2^2 \times \cdots \times G_r^2$①.

利用引理4′我们可以证明

定理 4′ 若 g 为第二种类型的实型式,H 为 g 的一个 Cartan 子代数,则 $W_H = G_1^1 \times G_2^1 \times \cdots \times G_{r'}^1 \times G_1^2 \times G_2^2 \times \cdots \times G_r^2 \times I_1 \times I_2 \times J_1 \times J_2 \times I \times S$,其中 S 为 W_H 中的一个子群,由集合$\{S_\sigma S_\sigma^*,\ S_\alpha,\ S_\beta,\ \sigma \subset \Sigma_3^{*\prime}, \alpha \subset \Sigma_1^{*\prime},\ \beta \subset \Sigma_2^{*\prime}\}$中的元素所生成,其中 $\Sigma_3^{*\prime} = \Sigma_3^* \cap \Sigma'$,$\Sigma_1^{*\prime} = \Sigma_1^* \cap \Sigma'$,$\Sigma_2^{*\prime} = \Sigma_2^* \cap \Sigma'$,而 $\varphi_i \subset \Sigma'$ 为所有 Σ 中满足条件$(\varphi_i, \Sigma_1) = (\varphi_i, \Sigma_2) = 0$ 的元素的集合.

§ 2 由引理4′知道 $I_1 \times I_2 \times J_1 \times J_2$ 中任一元素 U 都可以表示为 $U = U_1 \times U_2$,其中 $U_1 \subset W \cap W_H$,$U_2 \subset I$,而 W 在[6]中已清楚的被给出了. 因此,不难通过对 W 群中的元素的具体计算来定出有 I_1,I_2,J_1,J_2 中的元素.

(1) $I_1 = I$. 以下的 ρ_{ij},ρ_i,ρ_i' 为在 § 1 中所定义的 W_H 中的元素.

(2) 若 $g_i^2 \cong g_j^2$,则存在一 ρ_{ij}. 显然,I_2 为所有这样的 ρ_{ij} 所生成的子群.

由[6]知道 $K = K_1 + K_2$ 或 $K = z_0 + K_1$,其中 K_1 和 K_2 为简单紧致李代数,z_0 为 K 的中心. 显然 Σ_i' 或者属于 K_1 或者属于 K_2. 假设 Σ_i' 属于 K_1(或 K_2),那么我们称 K_1(或 K_2)为 Σ_i' 的相连代数.

(3) 若 g_i' 为 D_n 或为 A_n,且 Σ_i' 的相连代数不为 A_n 和 E_6 时,那么一定存在一个 $\rho_i' \not\subset I$. 所有这样的 ρ_i' 生成一个子群 J_1',显然 $J_1 = J_1' \times I$.

(4) 若 $g_i^2 = D_n$,$n > 4$,且 $n < r_0 - 1$,其中 r_0 为 r_λ^0 的维数,则有 $\rho_i \not\subset I$. 所有这样的 ρ_i 生成一个子群 J_2',显然 $J_2 = J_2' \times I$②.

§ 3 利用上面的结果,我们可以很容易地对任一实型式中所有互不内共轭的 Cartan 子代数定出其 Weyl 群. 为了节省篇幅起见,我们只以 A_n 的实型式作为例子来计算其所有互不内共轭的 Cartan 子代数的 Weyl 群.

第一种类型的实型式.

---

① W 是 K 的 Weyl 群.

② 当 g_i^1 和 g_i^2 为 D_4 时,其 ρ_i 和 ρ_i' 在本文中未加以讨论.

A_n^l：$H = H_L^0 + L$，且其 $g_L = A_{1_1} \times A_{1_2} \times \cdots \times A_{1_r}$. 则 $g_1 = A_m \times A_m$，其中

$$m = \left[\frac{n-(r+1)}{2}\right],$$

而 $J_1 = J_2 = I_1 = I$. ρ_{ij} 为把 A_{1_i} 所对应的 Σ_L 中的根向量变为 A_{1_j} 所对应的 Σ_L 中的根向量. 对于任一对$(i,j)1 < i, j < r$，都存在这样的 ρ_{ij}. 显然 I_2 为所有这样的 ρ'_{ij} 所生成的子群. 因此，$W_H = G_m \times G_m \times G_{1_l} \times \cdots \times G_{1_r} \times I_2 \times I$，其中 G_m 为 A_m 的 Weyl 群，$G_{1_i}(i = 1, 2, \cdots, r)$ 为 A_1 的 Weyl 群.

第二种类型的实型式.

(1) $n+1 = 2f$，B：$(0, 0, \cdots, 0)$，则 $g_2 = g_1 = 0$. 显然，$I_1 = I_2 = J_1 = J_2 = I$，因此 $W_H = W \times I$.

B：$(1, 1, \cdots, 1)$，$H = H_L^0 + H_E^0 + L$，且 $g_L = A_{1_1} \times A_{1_2} \times \cdots \times A_{1_r}$，则 $g_1 = 0$，$g_2 = A_r$. 显然，$I_1 = I_2 = J_1 = J_2 = I$. 因此 $W_H = G_r \times S$，其中 G_r 为 A_r 的 Weyl 群，S 为定理 4′ 所定义的子群.

(2) $n+1 = 2f+1$，B：$\left(\frac{1}{2}, -\frac{1}{2}, \frac{1}{2}, -\frac{1}{2}, \cdots, \frac{1}{2}, -\frac{1}{2}, 0\right)$. 若 $H = H_L^0 + H_E^0 + L$，且 $g_L = A_{1_1} \times A_{1_2} \times \cdots \times A_{1_r}$，则 $g_1 = 0$，$g_2 = A_r$. 显然，$I_1 = I_2 = J_1 = J_2 = I$. 因此，$W_H = G_r \times S$，其中 G_r 为 A_r 的 Weyl 群，S 为定理 4′ 所定义的子群.

为了更进一步定出(1) 及(2) 中所提及的 S，假设$\{\alpha_1, \alpha_2 \cdots, \alpha_n\}$ 为$[H^0]$的一组素根系，我们不妨假设 Σ_L：$\{\alpha_1, \alpha_3, \cdots, \alpha_{2r+1}\}$. 则定理 4′ 中所定义的 Σ' 为 Σ 中所有能表示为 $\varphi_i = \alpha_i + \alpha_{i+1} + \cdots + \alpha_{i+k}$，$\varphi_i = -(\alpha_i + \alpha_{i+1} + \cdots + \alpha_{i+k})$，$r+2 < i < n$，$k > 0$ 的根的集合①.

参考文献

[1] Weyl, H. 1925 Math. Zeitscher, 23, 271; ibid. 24, 328; ibid. 24, 337.

[2] 陈仲沪 1959 科学记录，新辑，3, 6, 167.

[3] 陈仲沪 1959 科学记录，新辑，3, 6, 172.

[4] Dynkin 1951 Doklady Akad Nattk (USSR), 78, 629.

[5] Cartan, E. Ann. Ec. Norm. 44, 345.

[6] Mauakami 1952 Jour. Math, of Japan, 4, 2, 103.

① $S_\sigma S_\sigma^*$，S_α，S_β 的定义见文献[6]的定理 4，且我们这儿所提及的 Σ_1^*，Σ_2^*，Σ_3^*，即为文献[6]定理 4 中的 Σ_1，Σ_2，Σ_3.

论实半简单李代数中的 Cartan 子代数(I)

§1 复半简单李代数中的 Cartan 子代数互相内共轭这一性质早已得到了证明，并且这一性质在复半简单李代数的理论中是非常重要的. 相似的定理对实的紧致李代数也是正确. 并且 Chevalley 在更普遍的情况下对它做了推广[1]. 但对于实的半简单李代数中的 Cartan 子代数却还没有相应的讨论①. 本文的目的是指出实的半简单李代数 g 中的 Cartan 子代数一般是不互相内共轭的，并且得出了 g 中的 Cartan 子代数的内共轭的分类.

我们首先引进下面一些定义：

(1) 假设 $[g]=g+\sqrt{-1}g$ 是 n 阶的，那么我们称 g 是 n 阶的.

(2) 若 $x\subset g$，并且 x 为$[g]$中的一个正规元素，那么我们称 x 是 g 的正规元素.

(3) 假设 H 是 g 中一个包含有正规元素的最大幂零子代数，那么 H 叫作 g 中的 Cartan 子代数.

显然，g 中一定存在着正规元素.

为了下面的需要，我们首先研究一下一阶的简单李代数$g_1$②. 显然，g_1 一定是 A_1 的一个实型式. A_1 的非紧致的实型式只有一个，以 A_1^1 表示之. 容易证明 A_1^1 是以 α，e_α，$e_{-\alpha}$ 为基底的在实数域R 上的向量空间，其中 α 为A_1 的根向量，e_α，$e_{-\alpha}$ 为A_1 中适合于$[\alpha,e_\alpha]=(\alpha,\alpha)e_\alpha$，$[\alpha,e_{-\alpha}]=-(\alpha,\alpha)e_{-\alpha}$的向量. A_1^1 中的元素 $e_\alpha+e_{-\alpha}$ 生成一个 A_1^1 的一维子代数 K，$\{\alpha,e_\alpha-e_{-\alpha}\}$ 生成一个 A_1^1 的子空间 E. 显然 $K+E$ 是A_1^1 的一个 Cartan 分解. 我们可以证明 A_1^1 中的任一个元素 $x=\alpha_1\alpha+\alpha_2e_\alpha+\alpha_3e_{-\alpha}$，只要它不是幂零元素，那么一定有 A_1^1 的内自同构U 使得 Ux 属于K 或者属于E. 当 $\alpha_2=\alpha_3=0$ 时，这个结论显然是对的. 假设其中有一

① 以后实半简单(简单)李代数在本文中简称为半简单(简单)李代数.

② 除去 G_2 和 D_4 的实型式.

个不为 0，譬如 $a_2 \neq 0$，那么我们令 $U' = a_2^{-1} \exp \mathrm{ad}(-a_1 e_\alpha)$. 显然 $U'x = a_2 e_\alpha + c e_{-\alpha}$. 由于 x 不是幂零元素，所以 a_2 和 c 都不能为 0. 适合于方程 $e^{2(\alpha,\alpha)t} = \left|\frac{a_2}{c}\right|$ 的 t 显然是一个实数. 令 $U'' = \exp \mathrm{ad}(t\alpha)$，那么 $U''U'x \subset K$，$\left(当\frac{a_2}{c} > 0\right)$，或者属于 E，$\left(当\frac{a_2}{c} < 0\right)$.

§ 2 下面引进几个明显的但经常要用的事实：

(1) 若 H 为 g 的一个 Cartan 子代数，那么 $[H] = H + \sqrt{-1}H$ 为 $[g]$ 的一个 Cartan 子代数.

(2) 若 $x, y, z \subset g$ 并且有 $[x + \sqrt{-1}y, z] = 0$，那么一定有 $[x, z] = 0$ 和 $[y, z] = 0$.

(3) 假设 $K + E = g$ 为 g 的一个 Cartan 分解；$u, u' \subset K$；$v, v' \subset E$. 若 $[u + v, u'] = 0$，则 $[u, u'] = 0$，$[v, u'] = 0$. 反之，若 $[v, u' + v'] = 0$，则 $[v, u'] = 0$，$[v, v'] = 0$.

(4) 若 $[g]$ 为一 n 阶的复简单李代数，Π 为 $[g]$ 的某一组素根系，Π' 为包含着 $n-1$ 个元素的 Π 的某一个子集. 假设 $\alpha \subset \Pi$ 但 $\not\subset \Pi'$，那么一定存在至少一个 $\varphi \subset \Pi'$，使得 $(\alpha, \varphi) \neq 0$.

(5) 若 Π' 为包含着 $n-2$ 个元素的 Π 的某一个子集. 假设 $\alpha, \beta \subset \Pi$ 但 $\not\subset \Pi'$，那么在 α, β 中至少有一个，譬如 β，使得在 Π' 中存在着某一个元素 ψ 满足 $(\psi, \beta) \neq 0$.

定理 1 假设 g 为一简单李代数，H 为 g 的一个 Cartan 子代数，那么 H 中任一个元素 h 的在 g 中的中心化子 S_h 一定等于 $z_0 + g'$，其中 z_0 为 S_h 的中心，g' 为一半简单李代数①.

证明 令 $\bar{S}_h$ 为 h 在 $[g]$ 中的中心化子，由 (2) 得知 $\bar{S}_h = S_h + \sqrt{-1}S_h$ (Ⅰ). 另外一方面，$\bar{S}_h = \bar{z}_0 + \bar{g}'$，其中 $\bar{z}_0$ 为 $\bar{S}_h$ 的中心，$\bar{g}'$ 为一个复半简单李代数[2]. 由于 $\bar{z}_0$ 为 $\bar{S}_h$ 的中心，所以有膜 $[\bar{z}_0, S_h] = 0$. 应用(2)，马上可以推出 $\bar{z}_0 = z_0 + \sqrt{-1}z_0$ (Ⅱ). 由(Ⅰ)和(Ⅱ)，我们知道 $\bar{g}' = g' + \sqrt{-1}g$. 因此 g' 也是半简单的.

引理 1 假设 h_1, h_2, h_3 为 H 中三个线性无关的元素，α 为 $[H]$ 的某一个

① 所有 g 中和 h 交换的元素所构成的子代数叫作 h 在 g 中的中心化子.

根,那么一定存在三个实数 t_1, t_2, t_3 使得 $\sum_{i=1}^{3}[t_i h_i] = r \neq 0$, 而$(r, \alpha) = 0$.

引理 2 假设 h_1, h_2 为 H 中两个线性无关的元素,那么,要么存在两个实数 t_1, t_2 使得 $t_1 h_1 + t_2 h_2 = u$, 而$(u,\alpha) = 0$;要么存在着两对实数 t_1', t_2', t''_1, t_2'' 使得 $\sum_{i=1}^{2} t_i' h_i = h_0$, $\sum_{i=1}^{2} t''_i h_i = h_0'$, 而$(h_0, \alpha)$为实数,$(h_0', \alpha)$为纯虚数.

以后以 g_n^i 代表紧致李代数 g_n 对应于根系 B_i 所产生的第一类型的实型式[3].

引理 3 除了 G_2 的实型式外,任何一个二阶简单李代数都一定能扩充成一个三阶的实简单李代数.

证明 显然 A_2^1, B_2^1, B_2^2,可以扩充为 A_3^2, B_3^2, B_3^3. 另外则只有 A_2 才有第二种类型的实型式,我们以 A_2^* 来表示它[3]. 容易证明 A_2^* 是以$\{\alpha_1, \alpha_2, e_{\varphi_i}, e_{-\varphi_i}, \varphi_i \subset \{\alpha_1, \alpha_2, \alpha_1 + \alpha_2\}\}$为基底在实数域 R 上所生成的向量空间. 假设我们以 A_3^* 表示以$\{\alpha_1, \alpha_2, \alpha_3, e_{\varphi_i}, e_{-\varphi_i}, \varphi_i \subset \{\alpha_1, \alpha_2, \alpha_3, \alpha_1 + \alpha_2, \alpha_2 + \alpha_3, \alpha_1 + \alpha_2 + \alpha_3\}\}$为基底在 R 上所生成的向量空间. 显然 A_3^* 为一三阶实简单李代数,而 A_2^* 为 A_3^* 的一个子代数.(其中$\{\alpha_1, \alpha_2\}$为 A_2 的某一组素根系,e_{φ_i}, $e_{-\varphi_i}$ 为 A_2 中适合于$[\alpha_i, e_{\varphi_j}] = (\alpha_i, \varphi_j) e_{\varphi_j} [\alpha_i, e_{-\varphi_j}] = -(\alpha_i, \varphi_j) e_{-\varphi_j}$, $i = 1, 2$ 的向量. 同样$\{\alpha_1, \alpha_2, \alpha_3\}$为 A_3 的一组素根系,e_{φ_i}, $e_{-\varphi_i}$ 为 A_3 中适合于$[\alpha_i, e_{\varphi_j}] = (\alpha_i, \varphi_j) e_{\varphi_j}$, $[\alpha_i, e_{-\varphi_j}] = -(\alpha_i, \varphi_j) e_{-\varphi_j}$, $i = 1, 2, 3$ 的向量).

(6) 若 g_{3A} 为一三阶简单李代数,且$[g_{3A}] = A_3$. H^0 为 g_{3A} 的一个 Cartan 子代数. 设 H 为 H° 的一个子空间,$[H] = H + \sqrt{-1}H \supset \alpha_1, \alpha_2$, 并且 H 中不包含这样的元素 b^* 使得$(b^*, \alpha_1) = 0$ 或者$(b^*, \alpha_2) = 0$ 的话,那么 H 中的基底可以选择为:

$x = \alpha_1 + k(\alpha_1 + 2\alpha_2)\sqrt{-1}$, $y = \alpha_2 + k(2\alpha_1 - \alpha_2)\sqrt{-1}$ 或者为 $\sqrt{-1}\alpha_1$, $\sqrt{-1}\alpha_2$.

(7) 若 H 中包含了 α_1(或者 $\sqrt{-1}\alpha_1$),那么一定有一个元素 h^0 使得$(h^0, \alpha_1) = 0$ 或者$(h^0, \alpha_2) = 0$.

引理 4 若 g_{2A} 为一二阶简单李代数并且$[g_{2A}] = A_2$, H 为 g_{2A} 的一个 Cartan 子代数,那么 H 中一定包含着一个奇异(singular)元素 h_0 使得$(h^0, \alpha_1) = 0$ 或者$(h^0, \alpha_2) = 0$.

证明 由上面的引理我们知道 g_{2A} 能扩充为某一个 g_{3A}. 由于$(\alpha_1, \alpha_3) = 0$

而$(\alpha_2, \alpha_3) \neq 0$,所以 H 中一定存在一个 g_{3A} 的正规元素,也就是说有一个 g_{3A} 中的 Cartan 子代数 H° 使得 $H^\circ \supset H$. 由引理 1 知道在 H° 中存在一个元素 h 使得$(h, \alpha_3) = 0$. 有三个可能的情况产生. (1) 假设 h 同时满足$(h, \alpha_1) = 0$,那么 $S_h = z_0 + g_1' + g_2'$,其中 g_1',g_2' 为简单李代数. 因此 H° 能分解为 $z_0 + H_1' + H_2'$,其中 H_i' 为 g_i' 的 Cartan 子代数. 由$(h, \alpha_1) = (h, \alpha_3) = 0$ 知道$[H_1'] \supset \alpha_1$,$[H_2'] \supset \alpha_3$. 因此存在着两个线性无关的元素 $x_1 = h_1 + th^*$ 和 $x_2 = h_2 + t'h^*$ 并且满足$(x_1, \alpha_2) = (x_2, \alpha_2) = 0$,其中 h_1,$h_2 \subset H$ 而 h^* 为 H° 中某一个和 H 线性无关的元素,$t, t' \subset R$. 因此马上可以得到一个 $h_0 \subset H$ 使得$(h_0, \alpha_1) = 0$. (2) 若$(h, \alpha_2) = 0$,同样考虑 S_h 和 H° 在 S_h 中的分解,马上可以得到一个 H° 的子空间 H' 使得$[H'] \supset \alpha_2, \alpha_3$. 显然,当 H 的基为(6) 中提到的 x,y 时,那么除非 $k = 0$,否则一定有一个 $z \subset H'$ 使得(x, z),(y, z) 不为实数. 当 $k = 0$ 时,引理由(7) 马上得到证明. (3) 若$(h, \alpha_1) \neq 0$,$(h, \alpha_2) \neq 0$ 同样考虑到 S_h 和 H° 在 S_h 中的分解,可以知道存在一个 $h_0' \subset H$ 使得$(h_0', \alpha_3) = 0$. 那么 h_0' 只能属于由 α_1(或者 $\sqrt{-1}\alpha_1$) 所生成的子空间. 同样由(7) 知道引理是正确的.

定理 2 除了 G_2 的实型式外,任何一个阶为 2 的简单李代数的 Cartan 子代数中一定存在一个奇异(singular) 元素.

证明 用类似于引理 4 的方法可以证明定理对于 B_2 的实型式也是对的.

(8) 若 $x = h + \alpha e_\varphi$ 为 g 的一个元素,则 ad x 的特征根和 ad h 的特征根相等.

(9) 若 $\varphi_1, \cdots, \varphi_r$ 为$[H]$ 中 r 个元素,则一定存在一个 H 中的元素 r' 使得 $(r', \varphi_i) \neq 0$,$i = 1, 2, \cdots, r$.

§3 对于任意一个 H 中的元素 h,存在一个 H 的根系 Σ 的子集 Σ_h 与之对应,Σ_h 为所有适合于$(h, \varphi_i) = 0$,$\varphi_i \subset \Sigma$ 的 Σ 中的元素所组成. 若 h_0 为 H 中某一个元素,而 H 中不存在这样的元素 h^* 使得 $\Sigma_h \subset \Sigma_{h^*}$ 而 $\Sigma_h \neq \Sigma_{h^*}$,那么 h_0 叫作 H 中的最小元素. 这样的最小元素是存在的. 假设有这样的 $h_0' \subset H$,它不等于 th,$t \subset R$,而 $\Sigma_{h_0} = \Sigma_{h_0'}$,那么 h_0' 叫作相似于 h_0 的元素. 任何一个 $h \subset H$,而且 $\Sigma_h = \Sigma_{h_0}$ 的话,那么由引理 2 可以推出 h 一定属于由 h_0,h_0' 所生成的子空间.

定理 3 除了 G_2 的实型式之外,假设 g 为一简单李代数,$K + E$ 为 g 的一个

Cartan 分解，H 为 g 的一个 Cartan 子代数，那么 H 能分解为 H_1+H_2 并且存在着 g 中的一个内自同构 U 使得 $UH_1\subset K$ 而 $UH_2\subset E$①.

证明　我们以 n 来表示 g 的阶. 现在我们对 n 用归纳法来证明本定理. $n=1$时，定理由 §1 中的讨论知道是正确的. 假设 $n<m$ 时定理是正确的话，现在来证明 $n=m$ 时定理也是正确的.

若 h 为 H 中的一个最小元素，并且首先假设在 H 中没有相似于 h 的元素. 因此 S_h 中的 z_0 在这种情况下必为 h 所生成的子空间. 令 $S_h=z_0+g'$，因为 $n=1$ 的情况已经得到了证明，所以我们可以假定 $g'\neq 0$. 显然 $g'=\sum_{i=1}^{r}g_i$，其中 g_i 为简单李代数. 容易证明每一个 g_i 都不会是 G_2 的实型式，并且其阶都小于 m.

显然 H 可以分解为 z_0+H'，其中 H' 为 $H_1+H_2+\cdots+H_r$ 的直和，H_i 为 g_i 的一个 Cartan 子代数，由归纳法假定可知 H_i 能分解为 $H_i^1+H_i^2$，并且还存在一个 g_i 的内自同构 U_i 使得 $U_iH_i^1\subset K_i$，$U_iH_i^2\subset E_i$，其 K_i+E_i 为 g_i 的一个 Cartan 分解.

另外一方面，我们知道存在 g 的一个 Cartan 分解 $K+E$ 使得 $K_i\subset K$，$E_i\subset E$，$i=1,2,\cdots,r$[4]. 我们令 $H^*=UH=z_0+H'^*$，其中 $H'^*=U\Sigma H_i^1+U\Sigma H_i^2$，$U=U_1U_2\cdots U_r$. 我们以 Σ 表示 g 在 H^* 中的根系，Σ' 表示 g' 在 H'^* 中的根系.

并且还可以找到一个 Σ' 的素根系 Π' 使得 Π' 为 Σ 的某一个素根系 Π 的子集. 由于 g' 为 $m-1$ 阶的，所以 Π' 包含着 $m-1$ 个 Π 中的元素. 假设 $\alpha\subset\Pi$ 但 $\not\subset\Pi'$，由(4)可知有 Π' 中的一个元素 φ 使得 $(\varphi,r)\neq 0$. 显然 $\varphi=r''+\sqrt{-1}r'''$，其中 r''，$r'''\subset H'^*$. 那么 r''，r''' 之中至少有一个，譬如为 r'' 有 $(r'',\varphi)\neq 0$. 再利用(9)，我们一定能在 H'^* 中找到一个元素 r' 使得对于所有 Σ' 中的元素 φ_i 有 $(r',\varphi_i)\neq 0$.

显然，$r=Mr'+r''\subset H'^*$，其中 M 为一充分大的实数，并且对于所有 Σ 中的元素 φ_i 有 $(r,\varphi_i)\neq 0$，(1). 假设 $h=h_1+h_2$，$r=r_1+r_2$，其中 h_1，$r_1\subset K$ 而 h_2，$r_2\subset E$. 那么 r_1，r_2 一定属于 H'^*. 因此由(2)可以推出 $[r_1,h_1]=[r_1,h_2]=[r_2,h_1]=[r_2,h_2]=0$，也就是 $[r,h_1]=[r,h_2]=0$(2).

---

① 假设 g 是紧致半简单李代数，则 $k=g$，$E=0$.

假设 $h_1=h_1^*+\Sigma\alpha_i e\varphi_i$，其中 $h_1^*\subset H^*$，$\varphi_i\subset\Sigma$，那么由(1)和(2)容易推出 $\alpha_i=0$，$i=1,\cdots,r$. 因此 $h_1\subset H^*$. 因而 h_2 也属于 H^*. 由 h_1，$h_2\subset H^*$ 以及 $h_1\subset E$，$h_2\subset E$ 可知(h_1,ψ_i)为纯虚数而(h_2,ψ_i)为实数，其中 $\psi_i\subset\Sigma$. 因为$(h,\varphi_i)=0$，$\varphi_i\subset\Sigma'$，因此可以推出$(h_1,\psi_i)=(h_2,\psi_i)=0$，$\varphi_i\subset\Sigma'$. 所以 h_1，h_2 都属于 z_0，且 h_1，$h_2\subset H$. 不难证明 $Uh_1=h_1$，$Uh_2=h_2$. 令 $H_1=H_1'+z_0'$，$H_2=H_2'+z''_0$，其中 $H_1'=\Sigma H_i^1$，$H_2'=\Sigma H_i^2$，z_0'，z''_0，为 h_1，h_2 所生成的子空间.

显然 $H=H_1+H_2$ 而且 $UH_1\subset K$，$UH_2\subset E$. 另外第二种情况是 H 中有相关于 h 的元素 h'，若令 $S_h=z_0'+g''$ 的话，那么 S_h 的中心 z_0' 一定是 h 和 h' 所生成的子空间，g'' 为 $m-2$ 阶的半简单李代数. 由定理 2，我们可以假设 $g''\neq 0$. 同样 H 能分解为 z_0+H''，其中 $H''\subset g''$. 和第一种情况一样，H'' 能分解为 H''_1+H_2'' 并且存在 g'' 中的内自同构 U' 使得 $U'H''_1\subset K$，$U'H_2''\subset E$.

令 $H^{*\prime}=z_0+UH''=z_0+H''^*$. 以 Σ'' 表示 g'' 对于 H''^* 的根系，Σ 为 g 对于 $H^{*\prime}$ 的根系. 同样可以找到 Σ'' 的一个素根系 Π'' 使得有 Σ 的一个素根系 II 包含着它.

假设 $\alpha,\beta\subset\Pi$ 但 $\not\subset\Pi''$，利用(5)和(9)和在第一种情况中一样，我们能找到一个 H''^* 中的元素 r^* 使得$(r^*,\varphi_i)=0$，φ_i 为 Σ 中除去 α 的所有的元素.

另一方面，利用引理 2，我们能在 z_0 中找到两个元素 h_0^1，h_0^2 易使得(h_0^1,α)为纯虚数，(h_0^2,α)为实数.

假设 $h_0^2=u+v$，其中 $u\subset K$，$v\subset E$. 同样可证明$[r^*,u]=[r^*,v]=0$. 因此 u 只能是 $th_0^2+h^*+\alpha e_\alpha+be_{-\alpha}$ 而 v 只能是 $t_2h_0^2-h^*-ae_\alpha-be_{-\alpha}$，其中 $h^*\subset H''^*$，$t_1+t_2=1$，t_1，t_2，α，b 为复数. 我们要证明 $\alpha=b=0$. 假设 α，b 都不为 0，那么得到两个属于 E 的元素 $m=[u,v]=-\alpha(h_0^2,\alpha)e_\alpha+b(h_0^2,\alpha)e_{-\alpha}$ 和 $m'=[m,u]e_1e_\alpha+c_2e_{-\alpha}+k\alpha$，其中 $k=-\alpha\mathrm{b}(h_0^2,\alpha)$. 显然，$(h_0^2,m')=k(h_0^2,\alpha)\neq 0$. 由于$(h_0^2,m')$和$(h_0^2,\alpha)$为实数可以推出 k 一定为实数.

同理$(h_0',m')=k(h_0',\alpha)$也要为实数，但(h_0',α)为纯虚数而 k 为实数，显然这是不可能的. 因此 α 或者 b 必须有一个为 0. 不失普遍性，我们假设 $b=0$. 那么有 $t\subset R$ 使得 $t(h_0^2,\alpha)u+m=t_2h_0^2-h^*=h^{*\prime}$ 属于 E. 现在来证明$(h^{*\prime},\alpha)\neq 0$. 若不然，那么$(h_0^2,\alpha)=(t_1h_0^2+h^*,\alpha)$. 因为 $u\subset K$，因此由(8)可知$(t_1h_0^2+h^*,\alpha)$必须为纯虚数，因而(h_0^2,α)也将是纯虚数，这显然不可能. 因此$(h^{*\prime},\alpha)\neq 0(3)$. 由于 $h^{*\prime}\subset H^*$ 和 $h^{*\prime}\subset E$ 以及(3)，容易证明$[h^{*\prime},u]$

$=[h^{*\prime}, v]=0$. 由(3) 可以推出 a 必须为 0. 因而 $u, v \subset H^*$.

假设 $h_0^1 = u' + v'$，其中 $u' \subset K$，$v' \subset E$，同样可以证明 u'，$v' \subset H^*$. 不难证明 U 使 u，v，u'，v' 每一个元素不变且 u，v，u'，$v' \subset H$. 和第一种情况相似，我们不难找出 H_1 和 H_2 使得 $H = H_1 + H_2$ 并且 $UH_1 \subset K$，$UH_2 \subset E$.

参考文献

[1] Chevalley Thèorie des groups de Lie (III).

[2] 严志达 1957 科学纪录，新辑 1(6)，13.

[3] Gantermach 1939 Math. Sbornik 5 (47):2, 1.

[4] Mostov 1955Mem. Amer, Math. 14, 31.

论实半简单李代数的正则定理

Морозов 曾经证明了复半简单李代数[g]的最大非半简单子代数都包含了[g]的一个 Cartan 子代数[1,2]. 本文的目的是证明这个定理对实半简单李代数来讲也是正确的.

以下我们以 g 代表实半简单李代数,M 代表 g 的最大非半简单子代数. 以 $[L]=L+\sqrt{-1}L$ 代表某一个实李代数 L 的复化.

引理 1 若 $x\subset M$, x 的正则分解为 $x=x'+x''$, 其中 x' 和 x'' 分别为 g 中的半简单和幂零元素,且有$[x', x'']=0$[3], 则 $x', x''\subset M$.

证 由于 x' 为半简单元素及$[x', x'']=0$ 知道有$[x', M]\subset[M]$. 又由于$[M]=M+\sqrt{-1}M$. 所以不难推出$[x', M]\subset M$. 而 M 又是最大的,所以 $x'\subset M$. 显然 $x''\subset M$.

引理 2 若 M 的一个根 R 中包含了一个由 R 中的互相交换的半简单元素所构成的子代数 K, 则 M 的一个 Levi 分解 $M=P+R$ 有$[K, P]=0$.

证 $[M]$ 可以分解为$[M]={M_0}'+\sum\limits_{\alpha_i\subset\Delta_0,\alpha_i\neq 0}M'_{\alpha_i}$, 其中 α_i 为 K 上的一个线性型,且有$[K, M_0]=0$, $[k, m_i]=\alpha_i(k)m_i$, 其中 $k\subset K$, $m_i\subset M_{\alpha_i}$, 显然 $M=M_0+\sum\limits_{\alpha_i\subset\Delta_0,\alpha_i\neq 0}M_{\alpha_i}$, 其中 $M_0={M_0}'\cap M$, $M_{\alpha_i}=M'_{\alpha_i}\cap M$. 并且由于 R 是 M 中的根, 因此 $M_{\alpha_i}\subset R$, 其中 $\alpha_i\subset\Delta$, $\alpha_i\neq 0$. 因此有 $P\subset M_0$.

引理 3 M 能分解为 $M=P+K+N$, 其中 K 为 R 中所有互相交换的半简单元素之集合, N 为 R 中所有幂零元素之集合, 且 N 为 M 的一个理想.

证 由于 R 为一可解子代数,由文献[4]知道存在 g 中的一个半简单元素 h_0 使得 R 中任一元素 x 可以表示为

$$x=h_x+\sum_{\varphi_i\subset\Sigma}\alpha_x^i e_{\varphi_i}=h_x+n_x$$

其中 h_x 属于 g 中某一个固定的包含了元素 h_0 的 Cartan 子代数 H，Σ 为 $[H]$ 的根系，并且当 $\alpha_x^i \neq 0$ 时，则 φ_i 满足 $(\varphi_i, h_0) > 0$. 由引理 1 知道这样的 $h_x \subset R$. 所有这样的元素 h_x，$x \subset M$ 构成 K. 所有这样的 n_x，$x \subset M$ 构成 N. 现在证明 N 为 M 的一个理想. 由引理 2 知当 N 中的元素 $x \subset M_{\alpha_i, \alpha_i \subset \Delta, \alpha_i \neq 0}$ 时，则显然有 $[x, P] \subset N$. 另外 K 在 g 中的中心化子若为 C_K，则 $C_K = K' + g'$，其中 K' 为 C_K 之中心且包含 K，g' 为 g 中的一个半简单子代数[5]. 显然有 $g' \supset P$. 并且 $g' \cap R$ 只包含有幂零元素. 当 N 中元素 $x \subset M_0$ 时，则 $x \subset g'$. 容易推出 $[x, y] \subset g'$，$y \subset P$. 由于 R 为 M 的一个理想知道 $[x, y] \subset R$. 因此 $[x, y] \subset R \cap g' \subset N$.

我们以下以 L^+ 表示 g 中所有满足 $(x, L) = 0$ 的元素 x 所构成之子空间.

引理 4 (1) $P \cap P^+ = 0$；(2) $[M, M^+] \subset M^+$；(3) $P \cap M^+ = 0$.

证 (1) 若 $P \cap P^+ = Q \neq 0$，则 Q 为 P 的一个理想. 因此 Q 为 g 的一个半简单子 代数，且有 $(x, y) = 0$，$x, y \subset Q$. 若 α 表示 $[Q]$ 的某一个根，则有 $(\alpha, \alpha) = 0$. 由文献[2] 知道这不可能. 因此 $Q = 0$.

(2) 若 $x, y \subset M$，$z \subset M^+$. 则 $([x, y], z) = -([y, z], x) = 0$. 因此有 $[y, z] \subset M^+$.

(3) $P \cap M^+ \subset P \cap P^+ = 0$.

引理 5 $N \subset M^+$.

证 因为 N 为幂零元素之集合，因此有 $(N, N) = 0$. 由引理 3 知道 $(K, N) = 0$. 我们定义 $g_s = \overbrace{[N[N\cdots[N_g]]]}^{s} = N^s \cdot g$. 我们可以由归纳法证明 $[P, g_s] \subset g_s$，(1).

显然 $s = 1$ 时 (1) 式成立. 假定 $s \leqslant k$ 时，有 $[P, g_s] \subset g_s$，现在我们证明 $s = k + 1$ 时，(1) 式亦成立.

事实上，利用归纳法假定我们有 $[P, g_{k+1}] = [P, [N, g_k]] \subset [[P, N], g_k] + [N, [P, g_k]] \subset [P, g_{k+1}] \subset g_{k+1}$. 容易看出 adx 变 $g_s(\mathrm{Mod} g_{s+1})$ 为 0，其中 $x \subset N$.

我们取 $f_1^1, f_2^1, \cdots f_{r_1}^1, f_1^2, \cdots, f_{r_2}^2 \cdots, f_1^n, \cdots, f_{r_n}^n$ 为 g 的一组基底，其中 $f_j^i \subset g_i(\mathrm{Mod} g_{i+1})$，$j = 1, \cdots, r_i$，$i = 1, \cdots, n(2)$.

由 (1) 式可以推出 $\mathrm{ad}x\ \mathrm{ad}y\ g_s \subset g_{s+1}$，其中 $x \subset N$，$y \subset P$. 在基底 (2) 上容易看出 $SPadxady = 0$，$x \subset N$，$y \subset P$.

因此有 $(N, P) = 0$.

引理 6 若 H_p 为 P 的一个 Cartan 子代数，令 $K_0=K+K_P$，则 $K_0=K_1^0+K_2^0$，其中 $K_1^0\subset K_K^0$，$K_2^0\subset\gamma_\lambda^0$[6]①.

证 显然 H_p 能表示为 $H_p=H_p^1+H_p^2$，其中 $H_p^1=H_p\cap H_K^0$，$H_p^2=H_p\cap\gamma_\lambda^0$[5-8]. 而 K 中的元素 h 能写为 $h=h_1+h_2$，其中 $h_1\subset H_K^0$，$h_2\subset\gamma_0$.

现在我们要证明 $h_1\subset K$. 首先我们知道 P 中的任一元素 y 可以表示为 $y=h_y+\sum\limits_{\varphi_i\subset\Sigma}\alpha_y^i e_{\varphi_i}$，其中 $h_y\subset H$，Σ 为[H]的根系.

对于所有 $a_y^i\neq 0$ 的 φ_i 构成 Σ 的一个子集 Σ_y.

由于$[K,P]=0$. 不难推出$(h,\varphi_i)=0$，$\varphi_i\subset\Sigma_p$，其中 $\Sigma_p=\bigcup_{y\subset p}\Sigma_y$.

因此有$(h_1,\varphi_i)=(h_2,\varphi_i)=0$，$\varphi_i\subset\Sigma_p$，(3).

由(3) 式知$[h_1,P]=[h_2,P]=0$. 显然有$[h_1,K]=0$. 另外容易证明$\{h_1,N\}$所生成的子代数 N' 中的每一个元素皆为 g 中的幂零元素. 并且 N' 中任一元素 n' 可以表示为

$$n'=\sum_i^n\alpha_i n_i$$

其中 n_i 为 h_1 及 N 中 r 个元素 $n_1,n_2,\cdots n_r$ 的任意秩序相乘 s 次所产生的元素. s 称为 n_i 的级数.

例如 $n_i=[[h_1,n_1][h_1,n_2]h]$，则 n_i 的级数为 4. 而以 n_i^s 表示级数为 s 的 N' 中之元素. 我们可以用归纳法证明$[n^s,P]\subset N'$，(4).

$s=1$ 时，则由$[n',P]=[[h_1,n],P]\subset[[h_1,P],N]+[[P,n],h_1]\subset N'$ 知道(4) 式成立.

假设 $s\leqslant k$ 时，(4) 式成立. 现在我们证明对于 $s=k+1$ 时，(4) 式亦成立.

因为 $n^{k+1}=[n_1^i,n_2^j]$，其中 $i,j\leqslant k$. 因此有$[n^{k+1},P]=[[n_1^i,n_2^j],P]=[[n_1^i,P],n_2^j]+[[n_2^j,P],n_1^2]$，(5).

把归纳法假定用于(5) 式知道有$[n^{k+1},P]\subset[N',n_1^i]+[N',n_2^i]\subset N'$. 所以有$[N',P]\subset N'$，(6).

同样可以证明$[K,N']\subset N'$，(7).

由公式(6) 及(7) 不难推出 $M'=P+K+h_1+N'$ 仍为 g 中一个非半简单子代数，且 $M'\supset M$. 由于 M 为最大. 因此 $M'=M$. 所以 $h_1\subset M$. 显然 h_2 也属于 M. 所以 $K=K_1+K_2$，其中 $K_1\subset H_K^0$，$K_2\subset\gamma_\lambda^0$. 令 $H_p^1+K_1=K_1^0$ 及

① 当 M_s 和 M_s' 内共轭时，我们讨论时不加以区别.

$H_p^2 + K_2 = K_2^0$，则 $K_0 = K_1^0 + K_2^0$，其中 $K_1^0 \subset H_K^0$，$K_2^0 \subset \gamma_\lambda^0$.

引理 7 $K_1^0 \cap M^+ = K_2^0 \cap M^+ = 0$，且当 $K_0 \neq H$ 时，则 M^+ 中存在一 H 中的元素 h' 使得 h' 或者属于 $H_K^0 \cap H$，或者 $\subset \gamma_\lambda^0 \cap H$.

证 我们可以在 K_1^0 中取一组基底 δ_1，…，δ_n，在 K_2^0 中取一组基底 $\delta_1{}'$，…，δ'_m，使得有

$$(\delta_i, \delta_j) = \begin{cases} 0, & i \neq j, \\ -1, & i = j, \end{cases} (\delta_i{}', \delta'_j) = 0,$$

$$(\delta_i{}', \delta'_j) = \begin{cases} 0, & i \neq j, \\ 1, & i = j, \end{cases} i = 1, \cdots, n,\ j = 1, \cdots, m.$$

显然不存在 K_1^0 中的元素 h_1 使得 $(h_1, h_1) = 0$. 因此 $K_1^0 \cap M^+ = 0$. 同理可证 $K_2^0 \cap M^+ = 0$.

假设 $K_0 \neq H$，则在 H 中一定存在一元素 $h^* = h_1^* + h_2^*$，其中 $h_1^* \subset H \cap H_K^0$，$h_2^* \subset H \cap \gamma_\lambda^0$，而 $h^* \subseteq K_0$.

因此，有或者是 $h_1^* \subseteq K_1^0$，或者是 $h_2^* \subseteq K_2^0$. 不妨假设 $h_1^* \subseteq K_1^0$.

因此一定存在一 $h_1{}' \subset H \cap H_K^0$，使得 $(h_1{}', K_1^0) = 0$，(8).

由(8) 式知 $(h_1{}', M) = 0$. 因此 $h_1{}' \subset M^+$.

引理 8 M^+ 中的任一元素 $x \subset M$，x 可能表示为 $x = h_x^1 + h_x^2 + n_x$，其中 $h_x^1 \subset K_1^0$，$h_x^2 \subset K_2^0$，$n_x \subset N$. 当 $n_x = 0$，且 h_x^1 和 h_x^2 中有一个不为 0 时，则 h_x^1 和 h_x^2 皆不为 0 .

证 存在 $[M^+]$ 的一组基底 f_1，…，f_p，f_{p+1}，…，f_n，使得 f_1，…，$f_p \subset [N]$，且 N 中任一元素 x 的正则表示 $ad n_x$ 对这组基底为一三角形矩阵.

因此有 $[N, f_{p+1}] \subset [N]$. 若 $f^p = u + \sqrt{-1}v$，u，$v \subset M^+$，则马上可以推出 $[N, u] \subset N$ 和 $[N, v] \subset N$. 因此有 $[N, M^+] \subset N$.

同文献[2]一样可证明 $M^+ \subset M$. 当 $u \subset M^+ \cap M$ 时，则由 $M^+ \cap P = 0$，知 u 只能表示为 $u = h_u^1 + h_u^2 + n_u$，其中 $h_u^1 \subset K_1^0$，$h_u^2 \subset K_2^0 n_u \subset N$.

由引理 7 知，当 $n_u = 0$ 时，h_u^1 和 h_u^2 或者都为 0 或者都不为 0 .

定理 g 中的任一最大非半简单子代数 M 必包含一个 g 中的 Cartan 子代数 H.

证 若 $K_0 \neq H$，则由引理 7 知存在一 H 中的元素 $h' \subset M^+$，h' 或者属 $H_K^0 \cap H$，或者属于 $\gamma_\lambda^0 \cap H$. 这显然和引理 8 矛盾. 因此只有 $K_0 = H$.

参考文献

[1] Морозов, В. В. , О недолудростых максималых подгруппах простых групп, Лиисссертация, Казаb, 1943.

[2] Морозов, В. В. , Доказагелbство теоремы регуляряости, успехи Матем. Наук, 11 (1956):5, 191-194.

[3] Chevelley, C. , Theorie des groupes de Lie (Ⅲ), Hermann, Paris, 1955.

[4] 陈仲沪,论实半简单李代数的最大可解子代数,科学纪录,新辑 3(1959),315-317.

[5] 陈仲沪,论实半简单李代数的 Cartan 子代数(I),科学纪录,新辑 3(1959),167-171.

[6] 陈仲沪,论实半简单李代数的 Cartan 子代数(II),科学纪录,新辑 3(1959),172-175.

[7] Mostov, G. D. , Some new decomposition theorems for semi-simple groups, 14(1955), 31-54.

[8] Sugiura, M. , Conjugate classes of Cartan subalgebras in real semi-simple Lie algebras, Jour. Math. of Japan, 11(1959), 374-434.

由内自同构构造的李型单群

§1 C. Chevalley 给出了由复单李代数 L 在域 K 上构造李型单群(或称为 Chevalley 群)的理论([1]). [2]、[3]利用复单李代数 L 的图自同构和域 K 的自同构构造了挠的(Twised)李型单群. 这和单李代数 L 的外自同构以及复数域 C 的共轭构造复单李代数 L 的实型式是非常类似的.

从对称黎曼空间的理论可知,利用复单李代数 L 的对合内自同构和复数域 C 的共轭也可以构造出复单李代数 L 的实型式. 本文指出:当 $L\cong C_l$, l 为偶数且 $l\geqslant 4$; 域 $K=K_0(\sqrt{-1})$, 其中 K_0 为一有序域, $(\sqrt{-1})^2=-1$, 利用 L 的内自同构域 K 的自同构这一新的方法构造出一类李型单群 $^2C_l(K)$. 上述方法和[4]、[5] 有密切的关系.

本文直接利用[6] 的定义和符号而不加解释.

本文中的 L 都是指复单李代数 C_l; l 为偶数且 $l\geqslant 4$, 在 §1－§4 中 $K=K_0(\sqrt{-1})$, K_0 为一般域且 $K\neq K_0$, 在 §5－§6 中 K_0 为一有序域. 以 K^* 表示 $K\backslash O$.

设 Φ 为 L 的根系; Φ: $\{\pm e_i\pm e_j, \pm 2e_i, 1\leqslant i<j\leqslant l\}$. 设 $\Gamma=(\Phi)_R$ 为 Φ 在实数域 R 上生成的向量空间. 可以在其内确定一个次序使得正根系为 Φ^+: $\{e_i\pm e_j, 2e_i, 1\leqslant i\leqslant j<l\}$. 其素根系为 Π: $\{a_1, a_2, \cdots, a_n\}$, 其中 $a_i=e_i-e_{i+1}$, $i=1, 2\cdots, l-1$; a: $=2e_l$. 令 D: $\{1, 3, 5\cdots, l-1\}$.

Π^0: $\{a_1, a_3, a_5, \cdots, a_{l-1}\}=\{a_i, a_i\in\Pi, i\in D\}$. 令 $\omega_0=\omega_{a_1}\omega_{a_3}\omega_{a_{l-1}}$, 显然 $\omega_0 e_i=e_{l+1}$, $\omega_0 e_{i+1}=e_i$, $i\in D$.

引理 1.1 若 $r\in\Phi^+$, 则 $r\in\Pi^0$ 的充要条件为 $w_0 r\in\Phi$.

证 若 a_r, $a_j\in\Pi^0$, $i\neq j$, 则 $\omega_{a_i}a_i=a_i$, 而 $\omega_{a_1}a_1=-a_1$, 所以 $\omega_0 a_1=-a_i$. 反之,若 $r\in\Phi^+$, $\omega_0 r\in\Phi^-$, 要证 $r\in\Pi^0$. 令 $\widetilde{W}_i=\omega_{a_1}\omega_{a_{1+2}}\cdots\omega_{a_{l-1}}$, $i\in D$; $\widetilde{W}_{l+1}=I$, 其中 I 为恒等变换. 由于 $\omega r\in\Phi^-$, 因此存在 $k\in D$ 或者 $k=l+1$ 使得 $\widetilde{W}_k r=\beta\in\Phi^+$ 而 $\widetilde{W}_{k-2}r=\omega_{a_{k-2}}\beta\in\Phi^-$. 由于 $a_{k-2}\in\Pi$, 所以 $\beta=a_{k-2}$. 因此

有 $\widetilde{W}_k r = \beta = a_{k-2}$. 不难验证$(\widetilde{W}_k)^2 = I$，所以 $r = \widetilde{W}_k a_{k-2}$. 当 $j \neq k-2$ 时，$\omega_{a_1} a_{k-2} = a_{k-2}$. 因此 $\widetilde{W}_k a_{k-2} \in \Pi^0$.

由于 ${w_0}^2 = I$，因此 $\Gamma = \Gamma^+ + \Gamma^-$，其中 $\Gamma^+ : \{\gamma \in \Gamma \mid w_0\gamma = \gamma\}\Gamma^- : \{\gamma \in \Gamma \mid w_0\gamma = -\gamma\}$，且$(\Gamma^+, \Gamma^-) = 0$. 若 $\gamma \in \Gamma$，以 γ 表示 γ 在 Γ^+ 上的投影. 若 $\alpha \in \Pi^0$，则 $a' = 0$ 且 $\Gamma^- = (\Pi^0)_R$. 以 Φ' 和 $\Phi^{+\prime}$ 分别表示 Φ 和 Φ^+ 在 Γ^+ 上的投影，不难证明 Φ' 为一根系，且可以在 Γ^+ 上确定一个次序使得 $\Phi^{+\prime}$ 为 Φ' 的一个正根系. 而 Π 在 Γ^+ 的投影 Π' 为 Φ' 的一个 素根系. 令 $\Phi^* = \Phi^+ \backslash \Pi^0$ 和 $\Pi^* = \Pi \backslash \Pi^0$；$\Phi^{*\prime}$ 和 $\Pi^{*\prime}$ 分别为 Φ^* 和 Π^* 在 Γ^+ 上的投影，则 $\Phi^{*\prime} = \Phi^{+\prime}$，$\Pi^{*\prime} = \Pi'$.

引理 1.2 (1) 若 $a \in \Pi^0$，$r \in \Phi^*$，$a \in \varepsilon r\Phi$,则 $a \pm r\varepsilon \in \Phi^*$；(2) $\Pi^{*\prime} = \Pi'$ 合同于 $C_m(m = l/2)$ 的素根系.

若 $r \in \Phi$，$\bar{r}$ 表示 $\omega_0 r$，显然 $\bar{r} = r$. 由 1.1 可知，若 $r \in \Phi^*$，则 $\bar{r} \in \Phi^*$. 令 $\Phi_1^* : \{r \in \Phi^* \mid r \leqslant \bar{r}\}$，$J_r : \{r_1 \bar{r}\}$，$r \in \Phi_1^*$；$\Phi_1^+ = \Phi_1^* \cup \Pi^0$. 设 $r \in \Phi_1^*$，若 $r = \bar{r}$，则令 $\overline{W}_r^1 = \omega_r$，若 $r \neq \bar{r}$，则令 $\widetilde{W}_r^1 = \omega_r \omega_{\bar{r}}$；若 $\alpha \in \Pi^0$，则令 $\overline{W}_a^1 = \omega_a$.

定义 1.3 $W^1 : \{w \in W \mid w_0 w = w w_0\}$.

若 $r \in \Phi_1^*$，$r \neq \bar{r}$，则 $\omega_r \omega_{\bar{r}} = w_\Gamma w_r$；若 $\alpha \in \Phi$，则 $w_\alpha = w_{-\alpha}$，因此不难证明.

引理 1.4 若 $r \in \Phi_1^+$，则 $\overline{W}_r^1 \in W^1$.

若 $w \in W^1$，则 w 令 Γ^+ 不变，以 w' 表示 w 在 Γ^+ 上的限制，不难证明若 $r \in \Phi_1^*$，则$\overline{W}_r^{1\prime} = w_r{}'$,$r' \in \Phi^{*\prime}$. 其中 $w_r{}'$ 为Γ^+ 上对于正交于 r' 的超平面的反射. 若 $\alpha \in \Pi^0$，则$\overline{W}_\alpha^{1\prime} = W_\alpha{}' = I'$，$I'$ 为 Γ^+ 上的恒等变量换.

定理 1.5 $W^1 = \langle \overline{W}_r^1, r \in \Pi \rangle$.

证 以 w' 表示 w 在 Γ^+ 上的限制. 设 $W(\Phi') : (w_r{}', r' \in \Phi')$，由 1.2 的 (2) 不难 证明 $W^{1\prime} = W(\Phi')$. 因此若 $w \in W^1$，由(6) 的 2.1.8 可知：

$$w' = w_{r_1}{}' w_{r_2}{}' \cdots w_{r_p}{}', \ r_i{}' \in \Pi', \ 1 \leqslant i \leqslant p.$$

显然 $\Pi \subset \Phi_1^+$，并且不难证明若 $1 \leqslant i \leqslant p$，则 $\overline{W}_{r_i}^{1\prime}$ 和 $w_{r_1}{}'$ 在 Γ^+ 是相同的. 因此 $w_1 = w^{-1}\overline{W}_{r_1}^1 \overline{W}_{r_2}^1 \cdots \overline{W}_{r_p}^1$ 在 Γ^+ 上的限制为 I'.

由于 $\Gamma^- = (\Pi^0)_R$，不难证明若 $\alpha \in \Pi^0$，则 $w\alpha = \pm\beta$, $\beta \in \Pi^0$. 因此存在 β_1，$\beta_2 \cdots, \beta_s \in \Pi^0$，使得 $w_2 \Pi^0 = \Pi^0$，其中 $w_2 = w_1 \overline{W}_{\beta_s}^1 \overline{W}_{\beta_2}^1 \cdots \overline{W}_{\beta_s}^1$，若 $\beta \in \Pi^0$，则 $\overline{W}_\beta^1$ 在 Γ^+ 上的限制为 Γ^- 上的限制为 I'. 因此 $w_2{}' = I'$. 以下要证 w_2 在 Γ^- 上的限制为 Γ^- 恒等变换. 若不然，有 $\alpha = e_i - e_{i+1}$，$\beta = e_j - e_{j+1}$，$i, j \in D$，$i \neq j$ 而 $w_2\alpha = \beta$，则 $w_2 e_i = e_j$ 或 $w_2 e_i = -e_{j+1}$. 令 $r_i = 2e_i$，$r_j = 2e_j$，$r_{j+1} = 2e_{j+1}$，显然 r_i，

r_j，$r_{j+1} \in \Phi^*$，且$r_i{}' \neq r_j{}'$，$r_i \neq - r_{j+1}$. 而$w_2 r_i = r_j$或$w_2 r_i = - r_{j+1}$，这和$w_2{}' = I'$矛盾. 因此w_2在$\Gamma = \Gamma^+ + \Gamma^-$上为$I$. 所以

$$w = \overline{W}^1_{r_1} \overline{W}^1_{r_2} \cdots \overline{W}^1_{r_n}, \ r_i \in \Pi, \ 1 \leqslant i \leqslant n = p + q.$$

定理得证.

推论 1.6　若$w \in W^1$，则$w\Pi_0 \subset \{\Pi^0, -\Pi^0\}$；$w\Phi^* \subset \{\Phi^*, -\Phi^*\}$.

Φ^*中任一元素r必属于以下A中的某一类：A：① $r = \bar{r}$；② $r \neq \bar{r}$，r为长根；③ $r \neq \bar{r}$，r为短根.

引理 1.7　1）若r_1，$r_2 \in \Phi_1^+$，且r_1，r_2属于A中同一类，则有$w \in W^1$使得$wr_1 = r_2$；2）若$r \in \Phi_1^*$，则有$s_1 \in \Phi_1^*$，s_1属于A中第(i)类根使得$(r, s_1) \neq 0$，$i = 1, 2, 3$.

证　1）若r_1，r_2属①类（②类），则r_1，r_2可表示为$r_1 = e_i + e_{i+1}$，$r_2 = e_j + e_{j+1}$.（$r_1 = 2e_i$，$r_2 = 2e_j$），$i, j \in D$. 若$i \neq j$（设$i < j$），令$s = e_{i+1} - e_j$，则$\overline{W}^1_s r_1 = r_2$. 若$r$属于③类，且$r = e_{i+1} + e_{j+1}$，令$s = 2e_{j+1}$，则$\overline{W}^1_s r = e_{i+1} - e_j$. 因此若$r_1$，$r_2$属于③类，则在$W^1$共轭意义下$r_1$，$r_2$可表示为$r_1 = e_{i+1} - e_j$，$r_2 = e_{k+1} - e_h$，$i, j, k, h \in D$. 若$i \neq k (i < k)$则令$w_1 = \overline{W}^1_{s_1}$，其中$s_1 = e_{i+1} - e_k$；否则令$w_1 = I$. 若$j \neq h (j < h)$，则令$w_2 = \overline{W}^1_{s_2}$，其中$s_2 = e_{j+1} - eh$；否则令$w_2 = I$. 显然$w_1 w_2 r_1 = r_2$.

2）是显然的.

推论 1.8　$W^{1\prime} \cong W(\Phi')$，$W(\Phi')$同构于$Cm (m = l/2)$的 Weyl 群.

§2　设$\widetilde{C}_b$：$\{h_r, r \in \Pi; \tilde{e}_r, r \in \Phi\}$为$L$的一组 Chevalley 基，令$L(K) = G$为对于$\widetilde{C}_b$的 Chevalley 群. 令

$$n_0 = n_{\alpha_1} n_{\alpha_3} \cdots n_{\alpha_{l-1}}$$

显然n_0的自然同态像w_0.

引理 2.1　有L的一组 Chevalley 基C_b：$\{h_r, r \in \Pi; e_r, r \in \Phi\}$使得$n_0 e_r = k_r e_{\bar{r}}$，$r \in \Phi$，其中$k_r$满足以下性质；

a）当$r \in \Phi^*$，$r = \bar{r}$或$r \in \Pi^0$时，$k_r = -1$；

b）若$r \in \Phi^*$，$r \neq \bar{r}$时$k_r = 1$.

证　以下要证；令$e_r = \eta_r \tilde{e}_r$，$r \in \Phi$，适当地选取$\eta_r = 1$或$\eta_r = -1$，这些e_r，$r \in \Phi$即构成C_b.

1）若$r \in \Pi^0$由$n_{\alpha_i} \tilde{e}_{\alpha_1} = - \tilde{e}_{-\alpha_1}$和$n_{\alpha_j} \tilde{e}_{\alpha_1} = \tilde{e}_{\alpha_i}$，$n_{\alpha_j} \tilde{e}_{-\alpha_i} = \tilde{e}_{-\alpha_i}$，$i \neq j$，$\alpha_i$，$\alpha_j \in Ii^0$可知$n_0 \tilde{e}_r = - \tilde{e}_{-r}$. 取$e_r = \tilde{e}_r$，$e_{-1} = \tilde{e}_{-r}$，显然有$k_r = -1 (r \in \Pi^0)$.

2）若 $r \in \Phi^*$，$r=\bar{r}$，则 $r=e_i+e_{i+1}$，$i \in D$，令 $\alpha_i=e_i-e_{i+1}$，由〔6〕6，4，2 可知 $n_{\alpha_i}\tilde{e}_r=(-1)\varepsilon_0/\varepsilon_0=\tilde{e}_r=-\tilde{e}_r$. 若 $j \in D$，$j \neq i$，则有 $n_{\alpha_i}\tilde{e}_r=\tilde{e}_r$. 因此有 $n_0\tilde{e}_r=-\tilde{e}_r$，取 $e_r=\tilde{e}_r$，显然有 $k_r=-1(r \in \Phi^*, r=\bar{r})$.

设 Φ^*：$\{r \in \Phi^*, r \neq \bar{r}\}$ 显然 $\Pi^* \subset \Phi^{(*)} \subset \Phi^*$. 若 $r \in \Pi^*$，令 $c_r=\tilde{c}_r$，显然这时 $\bar{r}$ 不属于 Π^*，可适当选择 η_r^- 使 $k_r=1$，$r \in \Pi^*$. 设对所有 $\Phi^{(*)}$ 中高度小于 n 的元素 s 都适当地选取了 η_s 和 η_s^- 使 $k_s=1$. 若 $r \in \Phi^{(*)}$，而 r 的高度 $h_{(r)}=n$，若 $h_{(\bar{r})}<n$ 或 $h_{(\bar{r})}=n$ 而已经选取好了 η_r^- 和 η_r，使 $k_r^-=1$，由于 $n_0^2=I$，不难推出 $k_r=1$. 若 $h_{(\bar{r})}>n$ 或 $h_{(\bar{r})}=n$ 而 η_r^- 和 η_r 尚未取定，那么总可以适当选取 η_r 和 η_r^- 使得 $k_r=1$. 通过这样的 步骤取定 η_r，对于 $\Phi^{(*)}$ 中所有已经取定了 η_s 和 η_s^- 的 s 仍保持 $k_s=1$. 经过有限步之后. 可对 $\Phi^{(*)}$ 中任一元素 r 取定 η_r 使得 $k_r=1(r \in \Phi^{(*)})$.

对于 $r \in \Phi^*$，可取定 e_{-r} 使得 $[e_r, e_{-r}]=h_r$. 这样就得到 C_b：$\{h_r, r \in \Pi; e_r, r \in \Omega\}$. 由〔6〕的58页可知 C_b 为 L 的一组 Chevalley 基. 对于 C_b 的 Chevalley 群仍为 $L(K)=G$. 并且若 $\alpha_i \in \Pi^0$，则

$$n_{a_1}=\exp\mathrm{ad}\tilde{e}_{a_1}\exp-\mathrm{ad}\tilde{e}_{-a_1}\exp\mathrm{ad}\tilde{e}_{a_1}=\exp\mathrm{ad}e_{a_1}\exp-\mathrm{ad}e_{-a_1}\exp\mathrm{ad}e_{a_1}.$$

设 f 为域 K 的对合自同构；对于 $a \in K_0 f(a)=a$，而 $f(\sqrt{-1})=-\sqrt{-1}$. f 可扩充为 G 的对合自同构（仍记为 f）；$fx_r(t)=x_r(\bar{t})$ 其中 $r \in \Phi$，$t \in K$，$\bar{t}=f(t)$.

定义 2.2 设 $x \in G$，令 $\sigma x=f\rho x=f(n_0 x n_0^{-1})$

由于 $f(1)=1$，$f(-1)=-1$，因此 $fn_0=n_0$. 若 $x \in G$，则

$$\begin{aligned}\sigma^2 x&=(f\rho)^2 x=f\rho(f\rho x)=f\rho(f(n_0 x n_0^{-1}))=f\rho(n_0 f(x) n_0^{-1})\\&=f n_0^2 f(x) n_0^{-2}=ff(x)=x\end{aligned}$$

所以对于 G 中任一元素 x 有 $\sigma^2 x=x$. 因此 $\sigma^2=I$.

定义 2.3 U^1：$\{u \in U \mid \sigma u=u\}=\{u \in U \mid \sigma u=u\}$

若 $r \in \Phi_1^*$，$r=\bar{r}$，则令 $X_r^1(t)=x_r(t)$，$t \in K$，$\bar{t}=-t$，若 $r \in \Phi_1^*$，$r \neq \bar{r}$，则令 $X_r^1(t)=x_r(t)x_{\bar{r}}(\bar{t})$，$t \in K$.

不难证明：

引理 2.4 $X_r^1(t) \in U^1$，其中 $r \in \Phi_1^*$，$t \in K$.

引理 2.5 $u \in U^1$，则 u 可以表示为：

$u=x_{r_1}(t_1)x_{r_2}(t_2)\cdots x_{r_i}(t_n)$，其中 $t_i \in K^*$，$r_i \in \Phi^*$，$1 \leqslant i \leqslant n$，且 $r_1<r_2<r_3<\cdots<r_n$.

证 由〔6〕的 5，3，3 可知 u 可表示为：

$u = x_{s_1}(t_1{}')x_{s_2}(t_2{}')\cdots x_{s_p}(t_p{}')$，$s_i \in \Phi^+$，$t_i \in K^*$，$1 \leqslant i \leqslant p$，$s_1 < s_2 < \cdots < s_p$.

以下要证明 $s_i \in \Phi^*$，$1 \leqslant i \leqslant p$. 若不然，由 1.2 和〔6〕的 5，2，2 可知，u 可表示为：

$$u = x_{\beta_1}(a_1)x_{\beta_2}(a_1)\cdots x_{\beta_k}(a_k)x_{r_1}(t_1)x_{r_2}(t_2)\cdots x_{r_n}(t_n)$$

其中：$\beta_i \in \Pi^0$，$a_i \in K^*$，$1 \leqslant i \leqslant K$：$r_i \in \Phi^*$，$t_i \in K^*$，$1 \leqslant i \leqslant n$，且 $r_1 < r_2 < \cdots < r_n$. 显然

$$\sigma u = X_{-\beta_1}(-\bar{a}_1)X_{-\beta_2}(-\bar{a}_2)\cdots X_{-\beta_k}(-\bar{a}_k)X_{\bar{r}_1}(\tilde{t}_1)X_{\bar{r}_2}(\tilde{t}_2)\cdots X_{\bar{r}_n}(\tilde{t}_n)$$

其中：$t_i \in K^*$ 且若 $\bar{r}_i \neq r_i$，则 $\tilde{t}_i = \bar{t}_i$；若 $r_i = \bar{r}_i$，则 $\tilde{t}_i = -\bar{t}_i$，$1 \leqslant i \leqslant n$. 由 $\sigma u = u$ 以及〔6〕的 7,1,2 可知 $a_i = 0$，$1 \leqslant i \leqslant k$. 这和 $a_i \in K^*$ 矛盾. 因此有

$$u = x_{s_1}(t_1{}')x_{s_2}(t_2{}')\cdots x_{s_p}(t_p{}') = x_{r_1}(t_1)x_{r_2}(t_2)\cdots x_{r_n}(t_n)$$

其中：$r_i \in \Phi^*$，$t_i \in K^*$，$1 \leqslant i \leqslant n = p$，$r_1 < r_2 < \cdots < r_n$.

引理 2.6 若 $s \in \Phi_1^*$，则一定有 $\tilde{s} \in \Phi_1^*$ 使得 $s' = \tilde{s}'$ 而 $s \neq \tilde{s}$；令 $r = \min\{s, \tilde{s}\}$，$r^* = \max\{s, \tilde{s}\}$，则有

1）若 $r_1 \in \Phi_1^*$，则 $r_1{}' = r'$ 的充要条件为 $r_1 = r$ 或 $r_1 = r^*$；

2）若 r_1，$r_2 \in \{J_r, J_r^*\}$，则 $r_1 + r_2$ 不属于 Φ；

3）不存在 $r_1 \in \Phi_1^*$ 使得 $r < r_1 < r^*$ 且 $r < r^* \leqslant \bar{r}^* < \bar{r}$.

证 ① 若 $s = e_i + e_{i+1}$，$i \in D$(为 ① 类根)，则取 $\tilde{s} = 2e_{i+1}$.

② 若 $s = 2e_{i+1}$，$i \in D$(为 ② 类根)，则取 $\tilde{s} = e_i + e_{i+1}$.

③ 若 $s = e_{i+1} - e_j$，或 $s = e_{i+1} + e_{j+1}$，$i < j$，$i \cdot j \in D$（为 ③ 类根），则取 $\tilde{s} = e_{r+1} - e_{j+1}$ 或 $\tilde{s} = e_{j+1} + e_j$. 上述所取 $\tilde{s}$ 满足性质 1,2,3.

由 2.6 可知 Φ^* 表示为：

$$\{r_1 < r_1{}^* \leqslant r_1^* < \bar{r}_1 < r_2 \leqslant r_2{}^* \leqslant \bar{r}_2{}^* < \tilde{r}_2 < \cdots r_q < r_q{}^* \leqslant \bar{r}_q^-{}^* < r_q^-\}$$

而 Φ_1^*：$\{r_1 < r_1{}^* < r_2 < r_2{}^* < \cdots r_q < r_q{}^*\}$.

引理 2.7 若 $u \in U^1$，则 u 可唯一表示为：

$u = X_{r^1}^1(t_1)X_{r_1^*}^1(t_1{}^*)X_{r_2}^1(t_2)X_{r_2^*}^1(t_2{}^*)\cdots X_{r_q}^1(t_q)X_{r_q^*}^1(t_q{}^*)$，$t_1, t_1{}^* \in K$，$1 \leqslant i \leqslant q$.

证 2.4 和〔6〕5—3.3 可知若 $u \in U^1$，则 u 唯一表示为：

$u = x_{r_1}(t_1)x_{r_1^*}(t_1{}^*)x_{\bar{r}_1}(\tilde{t}_1)x_{\bar{r}_1}(t_1{}')\cdots x_{r_q}(t_q)x_{r_q^*}(t_q{}^*)x_{\bar{r}_q^*}(\tilde{t}_q)x_{\bar{r}_q}(t_q)$，其中 $t_i, t_i{}^*$，$\tilde{t}_i$，$t_i{}' \in K$ 并且若 $r_i{}^* = \bar{r}_i{}^*$ 时 $\tilde{t}_i = 0$，$1 \leqslant i \leqslant q$. 由 $\sigma u = u$ 不难证

明 $t_i' = \bar{t}_i$ 而当$r_i{}^* < \bar{r}_i{}^*$ 时$\tilde{t}_i = \bar{t}_i{}^*$；当$r_i{}^* < \bar{r}_i{}^*$ 时,$\bar{t}_i{}^* = -t_i{}^*$，$\tilde{t}_i = 0$，$1 \leqslant i \leqslant q$. 由 2.6 的 2) 可知:$x_{r_i}(t_i)x_{r_i{}^*}(t_i{}^*)x_{\bar{r}_i^*}(\tilde{t}_1)x_{\bar{r}_i}(t_i')$ 可唯一表示为 $X^1_{r_i}(t_i)X^1_{r_i^*}(t_i{}^*)$，$1 \leqslant i \leqslant q$. 引理得证.

由 2.7 马上可得到：

定理 2.8 若 $u \in U^1$,则 u 可唯一表示为：

$u = X^1_{s_1}(t_1)X^1_{s_2}(t_2)\cdots X^1_{s_p}(t_p)$，$s_i \in \Phi_1^*$，$s_1 < s_2 < \cdots s_p$，$t_i \in K^*$ $1 \leqslant i \leqslant P$，以后令 $J(u)$：$\{s_1, s_2\cdots, s_p\}$，$J_1(u) = s_1$.

定义 2.9 V^1：$\{v \in V \mid \sigma v = v\}$.

若 $r \in \Phi_1^*$，$r = \bar{r}$，则令 $X^1_{-r}(t) = x_{-r}(t)$，$\bar{t} = -t$；若 $r \in \Phi^*$，$r \neq \bar{r}$，则令 $X^1_{-r}(t) = x_{-r}(t)x_{-\bar{r}}(\bar{t})$，$t \in K$.

类似于 2.8,我们有：

定理 2.10 若 $v \in V^1$，则 v 可唯一表示为：

$v = X^1_{-s_1}(t_1)X^1_{-s_2}(t_2)\cdots X^1_{-s_q}(t_q)$，$s_i \in \Phi_1^*$，$s_1 < s_2 < \cdots < s_q$，$t_i \in K^*$ $1 \leqslant i \leqslant q$.

§3 若 $r \in \Phi_1^*$，$r = \bar{r}$，则令 $N^1_r(t) = n_r(t)$，$\bar{t} = -t$；若 $r \in \Phi_1^*$，$r \neq \bar{r}$，则令 $N^1_r(t) = n_r(t)n_{\bar{r}}(\bar{t})$，$t \in K^*$. 显然

$$N^1_r(t) = X^1_r(t)X^1_{-r}(-t^{-1})X^1_r(t),\ r \in \Phi_1^*,\ t \in K^*.$$

定义 3.1 N^1：$(N^1_r(t),\ r \in \Phi_1^*,\ t \in K^*)$；$H^1 = N^1 \cap H$.

若 $r \in \Phi_1^*$，$r = \bar{r}$，我们以 N^1_r 表示 $N^1_r(\sqrt{-1})$；若 $r \in \Phi_1^*$，$r \neq \bar{r}$，则以 N^1_r 表示 $N^1_r(1)$.

引理 3.2 1) 若 $n \in N^1$，$h(x) \in H'$，则 $\sigma n = n$，$\sigma h(x) = h(x)$.

2) 若 $\alpha = e_i - e_{i+1} \in \Pi^o$，则有 $N^1_\alpha \in N^1$ 而 N^1_α 的自然同态像为 w_α.

证 1) 是显然的.

2) 令 $r = 2e_{i+1}$，则 $N^1_2 = N^1_r N^{1*}_r = h_a(\sqrt{-1})n_a$. 显然 N^1_α 的自然同态像为 W_α.

推论 3.3 1) 若 $r \in \Phi_1^*$，则 $h^1_r(h) = N^1_r(t)\,(N^1_r)^{-1} \in H'_1$；

2) $H^1 \subset N^1 \subset (U^1, V^1)$.

定理 3.4 N^1 的自然同态像为 W^1，且 $N^1/H^1 \cong W^1$.

证 若 $\omega \in W^1$，由 1.5 可知 ω 可表示为：

$$\omega = \overline{W}^1_{r_1}\overline{W}^1_{r_2}\cdots\overline{W}^1_{r_n},\ r_1 \in \Pi,\ 1 \leqslant i \leqslant n.$$

令 $n = N^1_{r_1}N^1_{r_2}\cdots N^1_{r_n}$，显然 n 的自然同态像为 $i\omega$. 反之,若 $n \in N^1$，则 $n =$

$N^1_{s_1}(t_1)N^1_{s_2}\cdots N^1_{s_p}$，$s_i \in \Phi_1^*$，$t_i \in K^*$，$1 \leqslant i \leqslant p$. 显然 n 的自然同状像为 $\overline{W}^1_{s_1}\overline{W}^1_{s_2}\cdots\overline{W}^1_{s_p} = \omega$ 而 $\omega \in W^1$.

N 到 W 的自然同态映像的核为 H，因此 N^1 到 W^1 的自然同态映像核为 $H^1 = N^1 \cap H$. 所以 $N_1 \cong H_1 \cong W^1$.

推论 3.5 $N^1_1 = (N^1_r,\ r \in \Phi_1^*)$ 的自然同态像为 W^1.

由 3.5 可知，对于 W^1 中任一元素 ω 可在 N^1_1 中选取一个元素 n_v 使得 n_w 的自然 同态像为 ω，并且在选取中规定 $n_{\bar{w}^r} = N^1_r$，$r \in \Phi_1^*$. 所有这样的 n_w，$\omega \in W^1$ 构成集合 N^1_0.

推论 3.6 若 $n_1, n_2 \in N^1$，n_1 和 n_2 的自然同态像都为 ω，则 $n_1 = hn_2$，其中 $h \in H^1$.

推论 3.7 若 $n \in N^1$，$h \in H^1$，$u \in U^1$，则 $huh^{-1} \in U^1$，$nhn^{-1} \in H^1$，$hnh^{-1} \in N^1$.

推论 3.8 1) 若 $\alpha = e_i - e_{i+1} \in \Pi^0$，$i \in D$，$r = 2e_{i+1}$ 则 $n_\alpha \in N^1$；

2) 若 $h = h_r(\mu)h_r^-(\mu')\mu$，$\mu' \in K^*$，且 $\sigma h = h$，则 $h \in H^1$.

证 1) 显然 $h_\alpha(\sqrt{-1}) = h^1_r(-\sqrt{-1}) = h_r(-\sqrt{-1})h_1^-(\sqrt{-1}) \in H^1$，所以 $n_0 = h_0(-\sqrt{-1})N^1_\alpha \in N^1$.

2) 令 $s = e_{i+1} - e_j$，$j \in D, j \neq i$ 显然 $he_s = \mu e_s$，而 $\sigma he_s = \bar{\mu}'e_s$，$e_s \in C_b$. 由于 $\sigma h = h$，所以 $\bar{\mu}' = \mu$，因此 $h = h^1_r(\mu) \in H^1$.

§1 定义 4.1 设 $\alpha = e_1 - e_i - e_{i+1} \in \Pi^0$，$\tilde{\alpha} = 2e_i$，$i \in D$. 若 $b \in K$；如果 $b = 0$，则令 $y_\alpha(b) = N^1_\alpha$，若 $b \neq 0$，则令

$$y_\alpha(b) = h_{\tilde{\alpha}}(\alpha^{-1}\bar{b})x_\alpha(\alpha)n_\alpha x_\alpha(b),$$

其中 a，$b \in K^*$ 且满足条件 F：$a^{-1} = b + \bar{b}^{-1} \neq 0$.

若 $a, b \in K^*$ 且 a，b 满足条件 F，则 a，b 满足以下性质 P：

P：1) a，$a^{-1}\bar{b}$ 为 b 所唯一决定；

2) $\bar{a} = (1 - ab)b$；$a = (1 - \bar{a}\,\bar{b})\bar{b}$；

3) $ab = (b + \bar{b}^{-1})^{-1}b = (1 + \bar{b}^{-1}b^{-1})^{-1} = (\bar{b} + b^{-1})^{-1}\bar{b} = \bar{a}\,\bar{b}$；

4) $a\bar{b}^{-1} = (1 - \bar{a}\,\bar{b})\bar{b}\,\bar{b}^{-1} = (1 - ab)bb^{-1} = \bar{a}b^{-1}$；$a^{-1}\bar{b} = \bar{a}^{-1}b$.

1)，3)，4) 是显然的，以下推导 2)：

由 $\bar{b}b^2 + b + b + \bar{b}^{-1} - \bar{b}b^2 - b = b + \bar{b}^{-1}$ 可知

$(\bar{b}b + 1)(b + \bar{b}^{-1}) - (\bar{b}b + 1)b = (b + \bar{b}^{-1})$. 由 $b + \bar{b}^{-1} \neq 0$ 有 $b\bar{b} + 1 \neq 0$，所以有 $1 - ab = (b\bar{b} + 1)^{-1} = \bar{a}b^{-1}$. 因此 $(1 - ab)b = \bar{a}$.

引理 4.2 $\sigma y_a(b) = y_a(b)$，$a \in \Pi^0$，$b \in K$。

证 若 $b = 0$，则 $\sigma y_a(b) = \sigma N_a^1 = N_a^1 = y_a(b)$.

若 $b \neq 0$,则有 $c = \bar{b}(1 - \bar{a}\,\bar{b}) \neq 0$，若不然，由 F 可知 $\bar{b}^{-1} = 0$，这和 $b \neq 0$ 矛盾.有

$$
\begin{aligned}
\sigma y_a(b) &= h_{2e_{i+1}}(\bar{a}^{-1}b)x_{-a}(-\bar{a})n_a x_{-a}(-\bar{b}) \\
&= h_{2e_{i+1}}(\bar{a}^{-1}b)h_a(-\bar{b})x_{-a}(c)x_a(-\bar{b}^{-1}) \\
&= h_{2e_{i+1}}(\bar{a}^{-1}b)h_a(-\bar{b})x_a(c^{-1})\,h_a(-c^{-1})n_a x_a(c^{-1})x_a(-\bar{b}^{-1}) \\
&= h_{2e_{i+1}}(\bar{a}^{-1}b)h_a(c^{-1}\bar{b})x_a(c)\,n_a x_a(c^{-1} - \bar{b}^{-1})
\end{aligned}
$$

由 $P.2$ 可知 $c = a$,因此有 $c^{-1}\bar{b} = \bar{a}^{-1}\bar{b} = b\bar{a}^{-1}$,所以

$h_{2e_{i+1}}(\bar{a}^{-1}b)h_a(b\bar{a}^{-1}) = h_{2e_{i+1}}(\bar{a}^{-1}b)h_a(\bar{a}^{-1}b) = h_{2e_i}(\bar{a}^{-1}b) = h_{\bar{a}}(a^{-1}\bar{b})$. 而 $c^{-1} - \bar{b}^{-1} = b$，因此有 $\sigma y_a(b) = y_a(b)$.

若 $\alpha = e_1 - e_{i+1} \in \Pi^0$，$i \in D$，$r = 2e_{i+1}$，$\bar{r} = 2e_i$，令 H_α：$\{h_r(\mu)h_{\bar{r}}(\mu')$，$\mu$，$\mu' \in K^*\}$；$K_\alpha$：$(X_\alpha(t), X_{-\alpha}(t')$，$t$，$t' \in K)$ 并且令 $G_\alpha = H_\alpha K_\alpha$，显然 G_α 的一个子群.令 Y_α^1：$\{y \in G_\alpha \mid \sigma y = y\}$. 由 4.2 可知 $y_\alpha(b) \in Y_\alpha^1 \subset G_\alpha$.不难证明 G 中的元素 g 属于 G_α 的充要条件为 g 可以表示为：$g = hx_\alpha(a)n_\alpha x_\alpha(b)$，其中 $h \in H_\alpha$，a，$b \in K$.

引理 4.3 若 $g \in G_\alpha$，且 $\sigma g = g$，则 $g = h_1(x)y_\alpha(b)$，其中 $h_1(x) \in H^1$. (g 可表示为 $g = h(x)x_\alpha(a)n_\alpha x_\alpha(b)$.

证 设 $\sigma h(x) = h'(x)$，$c = \bar{b}(1 - \bar{a}\,\bar{b})$，若 $b \neq 0$，由 4.2 的推导可知如果 $c \neq 0$，则 $\sigma g = \sigma h(x)x_\alpha(a)n_\alpha x_\alpha(b) = h'(x)h_\alpha(c^{-1}\bar{b})x_\alpha(c)n_\alpha x_\alpha(c^{-1} - \bar{b}^{-1})$. 由 $\sigma g = g$ 和(6)8. 4.4 可知 $c = a$，$a^{-1} - \bar{b}^{-1} = b$. 设 $h(x) = h_1(x)h_{\bar{a}}(a\bar{b}^{-1})$，显然有：$g = h_1(x)y_\alpha(b)$，其中 $h_1(x) \in H_\alpha$ 且 $\sigma h_1(x) = h_1(x)$. 由 3.8 可知 $h_1(x) \in H^1$. 若 $c = 0$，则 $\sigma g = h'(x)h_\alpha(-\bar{b})x_\alpha(-\bar{b}^{-1}) \neq g$，和 $\sigma g = g$ 矛盾.

若 $b = 0$，则一定有 $a = 0$，若不然，则有：

$\sigma g = h'(x)n_\alpha x_\alpha(\bar{a}) \neq g$，和 $\sigma g = g$ 矛盾. 所以当 $b = 0$ 时有 $a = 0$. 因此当 $b = 0$，$g = h_1(x)N_\alpha^{-1} = h_1(x)y_\alpha(b)$,其中 $h_1(x) \in H^1$.

引理 4.4 1a) 若 $\alpha,\beta \in \Pi^0$，$\alpha \neq \beta$，则 $y_\alpha(b)y_\beta(b') = y_\beta(b')y_\alpha(b)$；

1b) $y_\alpha(b_1)y_\alpha(b_2) = h_1(x)y_\alpha(b')$，其中 $h_1(x) \in H^1$，b_1，b_2，$b' \in K$；

2) $y_\alpha(b)^{-1} = h_1(x)y_\alpha(b')$，其中 $h_1(x) \in H^1$，b，$b' \in K$；

3) 若 $\omega \in W^1$，n 的自然同态像为 w，则

$ny_\alpha(b)n^{-1} = h_1(x)y_\beta(b')$，其中 $\beta = w\alpha \in \Pi^0$，$h_1(x) \in H$.

证 1a) 是显然的. 1b)：令 $g = y_\alpha(b_1)y_\alpha(b_2)$，显然 $g \in Y_\alpha^1 \subset G_\alpha$. 由 $\sigma g = g$ 和 4.3 可知 $g = h_1(x)y_\alpha(b)$，其中 $h_1(x) \in H^1$，$b \in K$.

2)：令 $g = y_\alpha(b)^{-1}$，显然 $g \in G_\alpha$ 且 $\sigma g = g$，由 4.3 可知 $g = h_1(x)y_\alpha(b')$，其中 $h_1(x) \in H^1$，$b' \in K$.

3)：令 $g = ng_\alpha(b)n^{-1}$，显然 $g \in G_\beta$ 且 $\sigma g = g$，因此 $g = h_1(x)y_\beta(b')$，其中 $h_1(x) \in H^1, y_\beta(b') \in Y_\beta^1$.

定义 4.5 令 Y^1：$\{1, y_{\beta_1}(b_1)y_{\beta_2}(b_2)\cdots y_{\beta_k}(b_k), \beta_i \in \Pi^0$，且 $i \neq j$ 时 $\beta_i \neq \beta_j, b_i \in K, 1 \leqslant i, j \leqslant k\}$. 令 $B^1 = U^1H^1Y^1$.

引理 4.6 1) 若 $h(x)H^1$，则 $h(x)y_\alpha(b)\ h(x)^{-1} = h_1(x)y_\alpha(b')$，其中 $h_1(x) \in H^1$；

2) 若 $r \in \Phi_1^*$，则 $y_\alpha(b)X_r(t) = uX_s^1(t')y_\alpha(b)$，其中 $u \in U^1$，$s \in \Phi_1^*$，$t, t' \in K$.

证 1) 令 $h'(x) = n_\alpha h(x)^{-1}\ n_\alpha{}^{-1}$，$h_1{}'(x) = h(x)h'(x)$，显然 $h'(x)$，$h_1{}'(x) \in H^1$；因此 $h(x)y_\alpha(b)\ h(x)^{-1} = h^{1\prime}(x)g$，其中 $g \in G_\alpha$ 且 $\sigma g = g$. 由 4.3 可知 $g = h''(x)y_\alpha(b')$，其中 $h_1(x) = h_1{}'(x)h''(x) \in H^1$.

2) 由〔6〕5，2.2 可知 $x_\alpha(c)x_r(t) = u'x_r(t)x_\alpha(c)$，$r \in \Phi_1^*$，$t, c \in K$，$u' \in U$. 并且有 $n_\alpha x_r(t)\ n_\alpha{}^{-1} = x_s(\eta_{\alpha\cdot r}t)$，其中 $s = w_\alpha r \in \Phi_1^*$，$\eta_{\alpha\cdot r} = \pm 1$，$t \in K$. 因此有：

$y = y_\alpha(b)X_r^1(t) = uX_s^1(t')y_\alpha(b)$，其中 $u \in U$，$t' \in K$，$s \in \Phi_1^*$，显然有 $\sigma y = y$. 由 4.2 可知 $\sigma u = u$. 因此 $u \in U^1$.

定理 4.7 B^1 是 G 的一个子群.

证 1) 设 $b = uhy \in B^1$，其中 $u \in U^1$，$h \in H^1$，$y \in Y^1$. 由 4.4，4.7 和 3.7 有：

$b^{-1} = y^{-1}h^{-1}u^{-1} = h_1y'h^{-1}u^{-1} = h_1h'y''u^{-1} = h_1h'u'y'' = u''h''y''$，其中 h_1，h'，$h'' \in H^1$，u'，$u'' \in U^1$，y'，$y'' \in Y^1$. 所以 $b^{-1} \in B^1$.

2) 设 $b_1 = u_1h_1y_1$，$b_2 = u_2h_2y_2 \in B^1$，其中 u_1，$u_2 \in U^1$，h_1，$h_2 \in H^1$，y_1，$y_2 \in Y^1$. 不难推出：

$$\begin{aligned} b_1b_2 &= u_1h_1y_1u_2h_2y_2 = u_1h_1u_2{}'y_1h_2y_2 = u_1h_1u_2{}'h_2y_1{}'y_2 \\ &= u_1u_2{}''h_1h_2y = uhy \end{aligned}$$

其中 $h_1h_2 = h \in H^1$，$y_1{}'$，$y = y_1{}'y_2 \in Y^1$，$u_2{}'$，$u_2{}'' \in U^1$. 因此 $b_1b_2 \in B^1$. 由 1,2,可知 B^1 为 G 的一个子群.

§5 若 $w\in W^1$，令 J_w^-：$\{s\in\Phi_1^*\mid ws\in\Phi^-\}$，$\Phi_w^-$：$\{s\in\Phi^*\mid ws\in\Phi^-\}$. 不难证明：

引理 5.1 若 $r\in\Pi_W^*=\overline{W}_r^1$，则 $J_{\overline{W}}^-$：$\{r,r^*\}$，$\Phi_{\overline{W}}^-$：$\{r,\bar{r}^*,\bar{r}^*,r\}$.

若 $r\in\Pi^*$，则或者 $r=e_{i+1}-e_j$，$i\in D$，$j=i+2$ 或者 $r=2e_i$.

1）若 $r=2e_i$，则 $r^*=e_{i-1}+e_i$，$\bar{r}^*=r^*$，$\bar{r}=2e_{i-1}$，$\alpha=e_{i-1}-e_i\in\Pi^0$，则 $N_{\alpha\cdot r}=\eta_1$，$N_{\alpha\cdot r}{}^*=2\eta_2$，$\eta_1=\pm1$，$i=1.2$. 由〔6〕4,1.2 可知：

$$\frac{1}{2}N_{-r^*,\alpha}=N_{\alpha\cdot r}=N_{r,-r}{}^*=\eta_1\text{；}N_{-r^*\bar{r}}=N_{r,-\alpha}^-=\frac{1}{2}N_{-\alpha,-r}{}^*=-\eta_2,$$

由 $n_0e_i=\eta_1\eta_2e_r^-=e_r^-$ 可知 $\eta_1\eta_2=1$.

2）若 $r=e_{i+1}-e_j$，$i\in D$，$j=i+2$，则 $r^*=e_{i+1}+e_{j+1}$，$\bar{r}^*=e_i-e_j$，$\bar{r}=e_i-e_{j+1}$，并且 $\alpha=e_i-e_{i+1}$，$\beta=e_i-e_{i+1}$，则 $N_{\alpha\cdot r}=\xi_1$，$N_{\beta\cdot r}=\xi_2$，$N_{\beta\cdot\bar{r}}{}^*=\xi_3$，$\xi_1=\pm1$，$i=1,2,3$. 由〔6〕4,1,2 可知

$$N_{\alpha,-\bar{r}^*}=N_{-\bar{r}^*,r}=N_{r,\alpha}=-\xi_1\text{；}N_{r,-r^*}=N_{-r^*,\beta}=N_{\beta,r}=\xi_2$$

$$N_{\bar{r},-\bar{r}^*}=N_{-\bar{r}^*,-\beta}=N_{-\beta,\bar{r}}=\xi_3\text{；}N_{-\alpha,-r^*}=N_{-r^*,\bar{r}}=N_{\bar{r},-\alpha}=\xi=-\xi_1\xi_2/\xi_3.$$

由 $n_0e_r{}^*=\xi\xi_3e_r^-{}^*$ 和 $n_0e_r=\xi_1\xi_3e_r^-$，可知 $\xi\xi_3=\xi_1\xi_3=1$，所以 $\xi\xi_1=1$.

引理 5.2 若 $r\in\Pi^*$，t'，$u'\in K$，则 $x=N_r^-(t')X_r^1(t')x_r^1(u')(N_r^1)^{-1}\in B^1N_r^1B^1$ 或 $x=1$.

证 1）若 $r=e_1$，则 $x=x_{-r}{}^*(u)x_{-r}(t)x_{-\bar{r}}(\bar{t})$，其中 t，$u\in K$ 且 $\bar{u}=-u$. 若 $t\neq0$，令 $d=t-\eta_1\eta_2u^2\bar{t}^{-1}=t+u\bar{u}\bar{t}^{-1}$. 由于 $K=K_0(\sqrt{-1})$，K_0 为一有序域，因此 $d\neq0$. 令 $d'=u\bar{t}^{-1}d^{-1}$，$\eta=\eta_1\eta_2$，由〔6〕5,2.2 可推出：

$$\begin{aligned}
x&=x^*_{-r}(u)x_r^-(\bar{t}^{-1})h_{\bar{r}}(-\bar{t}^{-1})n_{\bar{r}}x_{\bar{r}}(\bar{t}^{-1})x_{-r}(t)\\
&=x_r^-(\bar{t}^{-1})x^*_{-r}(u)x_\alpha(-\eta_2u\bar{t}^{-1})x_{-r}(-\eta_1\eta_2u^2\bar{t}^{-1})x_{-r}(t)\\
&\quad h_r^-(-\bar{t}^{-1})n_r^-x_r^-(\bar{t}^{-1})\\
&=x_r^-(\bar{t}^{-1})x_\alpha(-\eta_2u\bar{t}^{-1})x_{-r}{}^*(u)x_{-r}(t-\eta_1\eta_2u^2\bar{t}^{-1})h_r^-(-\bar{t}^{-1})n_r^-x_r^-(\bar{t}^{-1-1})\\
&=x_r^-(\bar{t}^{-1})x_\alpha(-\eta_2u\bar{t}^{-1})x_r(d^{-1})h_r(d^{-1})h_r^-(-\bar{t}^{-1})n_rn_r^-x_r(d^{-1})\\
&\quad x_\alpha(\eta_2u\bar{t}^{-1})x_r^-(\bar{t}^{-1})\\
&=x_r^-(\bar{t}^{-1})x_r(d^{-1})x_\alpha(-\eta_2u\bar{t}^{-1})x_r{}^*(-d^1)x_r^-(\eta u\bar{t}^{-1}d')h_r(d^{-1})\\
&\quad h_r^-(-\bar{t}^{-1})N_r^1x_r(d^{-1})x_r^-(\bar{t}^{-1})x_\alpha(\eta_2\bar{t}^{-1}u)\\
&=x_r^-(\bar{t}^{-1})x_r(d^{-1})x_r{}^*(-d^1)x_\alpha(-\eta_2u\bar{t}^{-1})x_r^-(\eta u\bar{t}^{-1}d')h_r(-d^{-1})\\
&\quad h_r^-(-\bar{t}^{-1})N_r^1x_r(d^{-1})x_r^-(\bar{t}^{-1})x_\alpha(\eta_2\bar{t}^{-1}u)\\
&=X_r^1(d^{-1})X_r^{s}{}^*(-d^1)N_r^1x_{-n}(-\eta,u\bar{t}^{-1})x_r^-(\bar{t})x_r(d)h_1(-d)h_r^-(-\bar{t})
\end{aligned}$$

$x_\alpha(\eta_2 u\bar{t}^{-1})$

$= X_r^1(d^{-1})X_r^{1*}(-d')N_r^1 x_r^-(\bar{t})x_{-r}(-\eta, u\bar{t}^{-1})x_{r^*}(-\eta_1\eta_2 u)$

$x_r(-\eta_1\eta_2 u^2\bar{t}^{-1})x_r(d)h_r(-d)h_r^-(-\bar{t})x_\alpha(\eta_2\bar{t}^{-1}u)$

$= X_r^1(d^{-1})X_r^{1*}(-d^1)N_r^1 x_r^-(\bar{t})x_{r^*}(-u)x_{-n}(-\eta_1 u\bar{t}^{-1})x_r(\eta_1\eta_2 u^2\bar{t}^{-1})$

$x_r(d)h_r(-d)h_r^-(-\bar{t})x_\alpha(\eta_2\bar{t}^{-1}u)$

$= X_r^1(d^{-1})X_r^{1*}(-d^1)N_r^1 X_r^1(t)X_r^{1*}(-u)h_r(-d)h_r^-(-\bar{t})x_\alpha(\eta_1 u^{-1}d)$

$h_\alpha(\eta_1 u^{-1}d)n_\alpha x_\alpha(\eta_1 u^{-1}d)x_\alpha(\eta_2\bar{t}^{-1}u)$

$= X_r^1(d^{-1})X_r^{1*}(-d^1)N_r^1 X_r^1(t)X_r^{1*}(u)h_r(-d)h_r^-(-\bar{t})h_\alpha(\eta_1 u^{-1}d)$

$x_\alpha(\eta_1 ud^{-1})n_\alpha x_\alpha(\eta_2 u^{-1}t)$

$= X_r^1(d^{-1})X_r^{1*}(-d^1)N_r^1 X_r^1(t)X_r^{1*}(u)h_r^1(\eta_1 u)y_\alpha(\eta_1 u^{-1}t) \in B^1 N_r^1 B^1$

以上推导中应用了：

$$\bar{t}^{-1} + \eta_1\eta_2 u\bar{t}^{-1}d' = \bar{d}^{-1};\ \bar{t}^{-1}d^{-1} = t^{-1}\bar{d}^{-1}.$$

若 $t=0$,则不难推出：

$x = x_{r^*}(u^{-1})h_{r^*}(-u^{-1})n_{r^*}x_{r^*}(u^{-1}) = X_r^{1*}(u)N_r^1 X_r^{1*}(u')h(x)N_\alpha^1$

其中 $h(x) \in H^1$，因此 $x \in B^1 N_r^1 B^1$.

若 $t=u=0$，则 $x=1$.

2) 若 $r=e_{i+1}-e_j$，$j=i+2$，$i \in D$，则 $x = x_{-\bar{r}}(\bar{t})x_{-r}(t)x_{-r^*}(u)x_{-\bar{r}^*}(\bar{u})$，$t$，$u \in K$，若 $t \neq 0$，令 $d = t+\xi\xi_1 u\bar{u}\bar{t}^{-1} = i + u\bar{u}\bar{t}^{-1}$. 由于 $K = K_0(\sqrt{-1})$，K_0 为一有序域,因此 $d \neq 0$. 令 $d' = \bar{u}t^{-1}d^{-1}$，由〔6〕5,2.2 不难推出：

$x = x_r^{-*}(u)x_r^-(\bar{t}^{-1})h_r^-(-\bar{t}^{-1})n_r^- x_r^-(\bar{t}^{-1})x_{-r}(t)x_{-\bar{r}^*}(\bar{u})$

$= x_r^-(\bar{t}^{-1})x_{-\bar{r}^*}(u)x_\alpha(\xi u\bar{t}^{-1})h_r^-(-\bar{t}^{-1})n_r^- x_{-\bar{r}}(t)x_r^-(\bar{t}^{-1})x_{-\bar{r}^*}(\bar{u})$

$= x_r^-(\bar{t}^{-1})x_\alpha(\xi u\bar{t}^{-1})h_r^-(-\bar{t}^{-1})n_r^- x_{-\bar{r}}(t)x_r^-(\bar{t}^{-1})x_{-\bar{r}^*}(\bar{u})x_\alpha(-\xi u\bar{t}^{-1})$

$x_{-\bar{r}}(\xi\xi_1 u\bar{u}\bar{t}^{-1})$

$= x_r^-(\bar{t}^{-1})x_\alpha(\xi u\bar{t}^{-1})h_r^-(-\bar{t}^{-1})x_r(d^{-1})h_r(-d^{-1})n_r n_r^- x_r(d^{-1})x_{-\bar{r}^*}(\bar{u})$

$x_r^-(\bar{t}^{-1})x_\beta(\xi_2\bar{u}\,\bar{t}^{-1})x_\alpha(-\xi u\bar{t}^{-1})$

应用 $\bar{d}^{-1} = \bar{t}^{-1} - \xi\xi_1 u\bar{u}\bar{t}^{-2}d^{-1}$ 和 $d^{-1}\bar{t}^{-1} = \bar{d}^{-1}t^{-1}$,类似 1,可推出：

$x = X_r^1(d^{-1})X_r^{1*}(d^1)N_r^1 X_r^1(t)X_r^{1*}(\bar{u})h(x)y_\alpha(\xi_1\bar{u}^{-1}t)y_\beta(\xi_2\bar{u}^{-1}t) \in B^1 N_r^1 B^1$，

其中 $h(x) = h_\alpha^1(\xi u)h_\beta^1(\xi\bar{d}') \in H^1$.

若 $t=0$，则有

$x = X_r^{1*}(u^{-1})h_r^{1*}(-u^{-1})N_r^{1*}X_r^{1*}(u^{-1}) \in B^1 N_r^1 B^1$

若 $t=u=0$,则 $x=1$.

推论 5.3 若 $\in K^*$,则 $b+\bar{b}^{-1}\neq 0$ 且 $y_\alpha(b)\in(U^1,V^1)$.

引理 5.4 若 $r\in\Pi$,则 $B^1\cup B^1N_r^1B^1$ 是 G 的一个子群.

证 1) 由 4.8 可知 $(B^1)^{-1}=B^1$ 而 $(N_r^1)^{-1}=h_rN_r^1$, $h_r\in H^1$. 因此 $(B^1N_r^1B^1)^{-1}=(B^1)^{-1}(N_r^1)^{-1}(B^1)^{-1}\subseteq B^1h_rN_r^1B^1=B^1N_r^1B^1$.

2) 以下要证 $N_r^1B^1(N_r^1)\subseteq B^1\cup B^1N_r^1B^1$.

a) 若 $r\in\Pi^*$, 由 5.1 知若 $b\in B^1$, 则 $b=X_r^1(t)X_r^{1*}(u)u_rhy$,其中 $h\in H^1$, $y\in Y^1$, $u_r\in U^1$ 且 $N_r^1u_r(N_r^1)^{-1}\in U^1$. 由 5.2,4.7 和 3.7 可知: $x=N_r^1b(N_r^1)^{-1}=b_1N_r^1b_2u_r^1h'y'h_r^{-1}$, 其中 b_1, $b_2\in B^1$, $u_r^1=N_r^1u_r(N_r^1)^{-1}\in U^1$, $h'=N_r^1h(N_r^1)^{-1}\in H^1$, $y'=N_r^1y(N_r^1)^{-1}\in Y^1$. 因此 $x=b_1N_r^1b_2'$, 其中 $b_2'\in B^1$. 所以 $x\in B^1N_r^1B^1$.

b) 若 $r\in\Pi^0$,有 $h_r\in H^1$, 使得 $(N_r^1)^{-1}=h_rN_r^1$, 由 3.3 和 4.7 可知 $b=uhy\in B^1$, 其中 $u\in U^1$, $h\in H^1$, $y\in Y^1$, 因此 $x=N_r^1b(N_r^1)^{-1}=u'h'y'h_r^{1-1}$, 其中 $u'=N_r^1u(N_r^1)^{-1}\in U^1$, $h^1=N_r^1h(N_r^1)\in H^1$, $y^1=N_r^1y(N_r^1)^{-1}\in Y^1$. 即 $x\in B^1$.

引理 5.5 若 $r\in\Pi$, $n\in N^1$, 则 $B^1nB^1BN_r^1B^1\subseteq B^1nN_r^1B^1\cup B^1nB^1$.

证 1) 若 $r\in\Pi^0$,由 5.4 可知 $N_r^1B^1N_r^1\subseteq B^1$,所以有 $B^1nB^1B^1N_r^1B^1\subseteq B^1nN_r^1B^1$.

2) 若 $r\in\Pi^*$;

a) 如果 n 的自然同态像为 ω, 而 $\omega r\in\Phi^+$,这时显然有 $\omega r^*\in\Phi^+$. 设 $x=b_1nb_2N_r^1b_3$, 其中 b_1, b_2, $b_3\in B^1$. 由 5.1 可知 $b_2=X_r^1(t)X_r^{1*}(u)u_rhy$, 其中 $h\in H^1$, $y\in Y^1$, $u_r\in U^1$ 且 $N_r^1u_r(N_r^1)^{-1}\in U^1$, 不难推出:

$$x=b_1nX_r^1(t)X_r^{1*}(u)n^{-1}nN_r^1u_r'h'y'b_3$$

其中 $u_r'=(N_r^1)^{-1}u_rN_r^1\in U^1$, $h^1=(N_r^1)^{-1}hN_r^1\in H^1$, $y'=(N_r^1)^{-1}yN_r^1\in Y^1$. 由 ωr, $\omega r^*\in\Phi^+$ 可知 $nX_r^1(t)X_r^1(u)n^{-1}\in U^1$. 所以 $x\in B^1nN_r^1B^1$. 因此 $B^1nB^1B^1N_r^1B^1\subseteq B^1nN_r^1B^1$.

b) 若 $\omega r\in\Phi^-$, 这时显然 $\omega r^*\in\Phi^-$. 令 $n_1=nN_r^1$, ω_1 为 n_1 的自然同态像, 我们不难知道 ω_1r, $\omega_1r^*\in\Phi^*$. 由 a) 可知: $B^1n_1B^1B^1N_r^1B^1\subseteq B^1n_1N_r^1B^1$. 另一方面有, $B^1n_1N_r^1B^1\subseteq B^1n_1B^1B^1N_r^1B^1$. 所以有 $B^1n_1B^1B^1N_r^1B^1=B^1n_1N_r^1B^1$. 由 5.4 以及 $n=hn_1N_1^1$, $h\in H^1$ 可知:

$$B^1nB^1B^1N_r^1B^1=B^1n_1B^1B^1N_r^1B^1=B^1n_1B^1B^1N_r^1B^1N_r^1B^1$$
$$\subseteq B^1n_1B^1(B^1\cup B^1N_r^1B^1)=B^1n_1B^1\cup B^1n_1B^1B^1N_r^1B^1$$

$= B^1 n N_r^1 B^1 \cup B^1 n B^1$.

定义 5.6 $G^1 = \bigcup_{\omega \in W^1} B^1 n_W B^1$，$n_W N^1$. 称 G^1 为 $^2C_1(K)$.

定理 5.7 G^1 为 G 的一个子群.

证 1) 显然 $n_W{}^{-1} = h n_W{}^{-1}$，其中 $h \in H^1$，$\omega^{-1} \in W^1$，$n_W{}^{-1} \in N_0^1$. 由 4.9 可知$(B^1 n_W B^1)^{-1} = (B^1)^{-1} n_W{}^{-1} (B^1)^{-1} \subseteq B^1 n_W{}^{-1} B^1$.

2) 设 n_{ω_1}，$n_{\omega_2} \in N_0^1$，ω_1，$\omega_2 \in W^1$. 由 3.4 可知 $n_{\omega_2} = h N_{r_1}^1 N_{r_2}^1 \cdots N_{r_p}^1$，其中 $r_i \in \Pi$，$1 \leqslant i \leqslant p$，$h \in H^1$. 由 5.5 可知：

$$\begin{aligned} B^1 n_{\omega_1} B^1 B^1 n_{\omega_2} B^1 &= B^1 n_{\omega_1} B^1 B^1 N_{r_1}^1 B^1 B^1 N_{r_2}^1 B^1 \cdots B^1 N_{r_p}^1 B^1 \\ &\subseteq (B^1 n_{\omega_1} N_{r_1}^1 B^1 \cup B^1 n_{\omega_1} B^1) B^1 N_{r_2}^1 B^1 \cdots B^1 N_{r_p}^1 B^1 \\ &= B^1 n_{\omega_1} N_{r_1}^1 B^1 B^1 N_{r_2}^1 B^1 \cdots B^1 N_{r_p}^1 B^1 \cup B^1 n_{\omega_1} B^1 B^1 N_{r_2}^1 B^1 \cdots B^1 N_{r_p}^1 B^1 \end{aligned}$$

经过有限步之后有：

$$B^1 n_{\omega_1} B^1 B^1 n_{\omega_2} B^1 \subseteq \bigcup_{\omega \in W^1} B^1 n_W B^1 = G^1.$$

由(1) 和(2) 可知 G^1 为 G 的一个子群.

定理 5.8 若 $x = b_1 n_W b_2 \in G^1$，其中 $n_W \in N^1$. $b_1, b_2 \in B^1$，则 x 可唯一表示为下列(I) 式：

(1)$x = u h h_1 h_2 \cdots h_k x_{\gamma_1}(\alpha_1) x_{\gamma_2}(\alpha_2) \cdots x_{\gamma_k}(\alpha_k) n_w{}^* x_{\beta_1}(b_1{}') x_{\beta_2}(b_2{}') \cdots x_{\beta_k}(b_k{}') u'$
其中 $u, u' \in U^1$，$u' \in U_w^{-*}$，$h \in H^1$，$h_1 \in H$，a_i，$b_i{}' \in K^*$，$1 \leqslant i \leqslant k$ 并且有

a) $n_w{}^* = n_1{}' n_2{}' \cdots n_k{}' n_W n_k n_{k-1} \cdots n_1$，其中 $n_i = n_{\beta_i}$；且 $\omega\beta_i \in \Phi^-$ 时 $n_i = n_{\gamma_i}$，$\gamma_i = -\omega\beta_i \in \Pi^0$；若 $\omega\beta_i = \gamma_1 \in \Pi^0$ 时 $n_i{}' = I, 1 \leqslant i \leqslant k$；

b) h_i，a_i 完全为 $b_i{}'$ 和 ω^* 所唯 一决定且 $\omega^* \beta_i \in \Phi^-$，$1 \leqslant i \leqslant k$.

证 显然 $x = b_1 n_W b_2 = u_1 h_1{}' y_1 n_W u_2 h_2{}' y_2 = u h u_W u' y$，其中 $u_1, u_2, u, u' \in U^1$ 且 $u' \in U_W^-$，$h_1{}', h_2{}' \in H^1$，$y_1, y_2, y \in Y^1$，$h \in H^1$. 设 $y = y_{\beta_1}(b_1) y_{\beta_2}(b_2) \cdots y_{\beta_k}(b_k)$，$b_1 \in K^*$. 由 4.5 可知：

$x = u h n_W y u_1{}'$，其中 $u_1{}' \in U^1$，以下要证 $u_1{}' \in U_W^-$：

若 $r \in J(u_1)$，则 $r = \sum_{i=1}^{m} m_i s_i + \sum n_j a_j$

其中 $s_i \in J(u')$，$m_i \geqslant 0$ 且至少有一个 $m_t \neq 0$，$1 \leqslant i$，$t \leqslant m$. 显然 $\omega s_i \in \Phi$，因此$(\omega s_i)' < 0$. 所以$(\omega r)' = \sum_{i=1}^{t} m_t (\omega s_i)' < 0$. 即 $Wr \in \Phi^-$. 这就证明了 $u_1{}' \in U_W^-$.

若 $\omega_{\beta_1}=\gamma_1\in\Pi^0$，则

$$x=uhh_{\bar{\gamma}_1}(a_1{}^{-1}\bar{b}_1)x_{\gamma_1}(a_1)n_Wn_{\beta_1}x_{\beta_1}(b_1)y_{\beta_2}(b_2)\cdots y_{\beta_k}(b_k)u_1{}'$$

若 $\omega_{\beta_1}=-\gamma_1$，$r_1\in\Pi^0$，则

$$\begin{aligned}x&=uhh_{\bar{\gamma}_1}(a_1\bar{b}_1{}^{-1})x_{-\gamma_1}(a_1)n_Wn_{\beta_1}x_{\beta_1}(b_1)y_{\beta_2}(b_2)\cdots y_{\beta_k}(b_k)u_1{}'\\&=uhh_{\bar{\gamma}_1}(a_1\bar{b}_1{}^{-1})x_{\gamma_1}(a_1{}^{-1})h_{\gamma_1}(-a_1{}^{-1})n_{\gamma_1}n_Wn_{\beta_1}x_{\beta_1}(-a_1{}^{-1})\\&\quad x_{\beta_1}(b_1)y_{\beta_2}(b_2)\cdots y_{\beta_k}(b_k)u_1{}'\\&=uhh_{\bar{\gamma}_1}(a_1\bar{b}_1{}^{-1})h_{\gamma_1}(-a_1{}^{-1})x_{\gamma_1}(a_1)n_{\gamma_1}n_Wn_{\beta_1}x_{\beta_1}(-\bar{b}_1{}^{-1})\\&\quad y_{\beta_2}(b_2)\cdots y_{\beta_k}(b_k)u_1{}'\end{aligned}$$

因此 x 总能表示为：

$$x=uhh_1x_{\gamma_1}(a_1)n_1{}'n_Wn_1x_{\beta_1}(b_1{}')y_{\beta_1}(b_2)\cdots y_{\beta_k}(b_k)u_1{}'$$

其中 $n_1=n_{\beta_1}$；当 $\omega_{\beta_1}=\gamma_1\in\Pi^0$ 时，$u_1{}'=I$，$b_1{}'=b_1$，$h_1=h_{\bar{\gamma}_1}(a_1{}^{-1}\bar{b}_1)$；当 $\omega_{\beta_1}=-\gamma_1$，$\gamma_1\in\Pi^0$ 时，$n_1{}'=n_{\gamma_1}$，$b_1{}'=-\bar{b}_1{}^{-1}$，$h_1=h_{\bar{\gamma}_1}(a_1{}^{-1}\bar{b})h_{\gamma_1}(-a_1{}^{-1})$

经过有限步之后，不难证明 x 总能表示为(I) 式，且满足(a) 和(b). 设 $n_w{}^*$ 的自然同态像为 w^*，以下要证明：$u_1{}'\in U_w^{-*}$：

若 $r\in J(u_1{}')$，$\omega^*r=\omega r+\sum m_j\beta_j+\sum m_j{}'r_j$，$m_j$，$m_j{}'$ 为整数，因此 $(\omega^*r)'=(\omega r)'<0$. 所以 $u_1{}'\in U_w^{-*}$. 显然 $\omega^*\beta_1\in\Phi^-$，$1\leqslant i\leqslant k$.

推论 5.9 若 $x=b_1n_Wb_2\in G'$，b_1，$b_2\in B^1$，$n_w\in N_0^1$，x 按〔6〕8，4.4 可唯一表示为上列标准型(canonical form)；

$x=u_1hn_{\omega_1}u_2$，其中 $u_1\in U$，$h\in H$，$u_2\in U_{\omega_1}^-$，$n_{\omega_1}\in N_0^1$，并且 $\omega_1=\omega^*\in W^1$，而 $\omega^*=\omega\omega^0$，$\omega^0=\omega_{\delta_1}\omega_{\delta_2}\cdots\omega_{\delta_p}$，其中 $\delta_1\in\{\beta_1,\beta_2,\cdots,\beta_k\}$ 且 $\omega\delta_1\in\Phi^-$.

显然 $\omega^0\in W_0^1$：$(\omega_{\alpha_i},\alpha_i\in\Pi^0)$.

§6 引理 6.1 若 r，$s\in\Phi^*$，$r\neq s$，$r\neq\bar{s}$. 则总有 $h(x)=h_r^1(\mu)\in H^1$，其中 $\gamma\in\Phi_1^*$，$\mu\in K^*$ 使得 $x(r)=\pm1$ 而 $x(r)\neq x(s)$.

证 令 E：$\{e_i,\bar{e}_j\}$，$\bar{e}_j=\omega_0e_i$，令 $\gamma=\mathrm{Min}\{\delta,\bar{\delta}\}$，$\delta\in\Phi^*$.

1) 若 $r=e_i\pm e_j$，$s=e_k\pm e_r$，$1\leqslant i<j<l$，$1\leqslant k\leqslant h\leqslant l$，则以下 a)，b)，c)，中必有一种情况成立：

a) $r\neq\bar{r}$ 且有 e_i(或 e_j) $\notin E_k\cup E_j$，这时取 $\delta=2e_i$(或 $\delta=2e_j$)，$\mu=-1$；

b) e_k(或 e_j) $\notin E_i\cup E_j$，这时取 $\delta=2e_k$(或取 $\delta=2e_j$)，$\mu=2$；

c) $r'=s'$，这时取 $\delta=e_i\mp e_j$，$\mu=\sqrt{-1}$.

2) $r=e_i+e_j$，$s=2e_k$ 或 $s=e_i\pm e_j$，$r=2e_k$，$1\leqslant i<j\leqslant l$，$1\leqslant k\leqslant l$：若 $E_i\neq E_1$ 且有 e_i(或 e_j) $\notin E_k$，这时取 $\delta=2e_i$(或取 $\delta=2e_j$)，$\mu=-1$，否则取 δ

$=2e_k$, $\mu=\sqrt{-1}$.

3) $r=2e_k$, $s=2e_j$, $1\leqslant k, i\leqslant l$, 这时取 $\delta=2e_i$, $\mu=2$.

推论 6.2 若 $r,s\in\Phi^*$, $r\neq s$, $r\neq\bar{s}$, 则有 $h(x)\in H^1$ 使 $x(r)\neq(s)$.

引理 6.3 若 $\omega\in W^1\backslash W_0^1$, 则有 $h(x)\in H^1$ 使得 $nh(x)\neq h(x)n$, 其中 $n\in N$, n 的自然同态像为 ω.

证 显然 ω 在 Γ^+ 上的限制 ω' 满足 $\omega'\neq I'$. 所以有 $r\in\Phi^*$ 使得 $\eta\omega r\in\Phi^*$, $\eta=\pm1$ 且 $(\omega r)'=r'$. 若 $(\omega r)'=-r'$, 则取 $h(x)=h_s^1(2)$, 其中 $s=\mathrm{Min}\{r,\bar{r}\}$. 否则由 6.2 可知有 $h(x)\in H^1$ 使得 $x(\eta\omega r)=\pm1$, $x(\eta\omega r)\neq x(r)$. 因此总有 $x(\omega r)\neq x(r)$. 引理得证.

引理 6.4 设 $\alpha=e_i-e_{i+1}$, $i\in D$, $r*=e_i+e_{i+1}$, $r=2e_{i+1}$, $2\eta_2=N_{\alpha\cdot r}{}^*$, $\eta_1=N_{\alpha\cdot r}$, $\eta_i=\pm1$, $i=1,2$, 则 $\eta_1\eta_2=1$ 且

$$y_a(b)X_r^{1*}(t)=X_r^1(-2\eta_2bt)X_r^{1*}(t(b\bar{b}-1))y_a(b),\ b,\ t\in K^*.$$

证 由〔6〕5,2.2 可知:

$$\begin{aligned}
y_a(b)X_r^{1*}(t)&=h_{\bar{a}}(a^{-1}\bar{b})x_a(a)n_ax_a(b)X_r^{1*}(t)\\
&=h_{\bar{a}}(a^{-1}\bar{b})x_a(a)n_ax_{r^*}(t)X_a(b)x_r^-(-2\eta_2bt)\\
&=h_{\bar{a}}(a^{-1}\bar{b})x_a(a)x_r{}^*(-t)x_r(-2\eta_2bt)n_ax_a(b)\\
&=h_{\bar{a}}(a^{-1}\bar{b})x_r(-2\eta_2bt)x_a(a)x_r{}^*(2\eta_1\eta_2abt)x_r{}^*(-t)\\
&\quad\ x_r^-(-2\eta_2a^2dt)n_ax_a(b)\\
&=x_r(-2\eta_2bt)x_r{}^*(t\alpha^{-1}\bar{b}(2ab-1))x_r^-(2\eta_2a^{-2}\bar{b}^2(ab-1)a)y_a(b)\\
&=X_r^1(-2\eta_2bt)X_r^{1*}(\bar{t}(b\bar{b}-1))y_a(b)
\end{aligned}$$

在以上推导中应用了:

$$\alpha^{-1}\bar{b}(2ab-1)=2b\bar{b}-(b+\bar{b}^{-1})\bar{b}=b\bar{b}-1$$

$$2\alpha^{-1}\bar{b}^2(2ab-1)=2\bar{b}^2b-2(b+\bar{b}^{-1})\bar{b}^2=\bar{b}^2b-2b\bar{b}^2-2\bar{b}=-2\bar{b}.$$

以下设 R^1 为 G^1 满足 $|R^1|>$ 的正规子群;即有 $x\in R^1$ 而 $x\neq1$.

引理 6.5 $|R^1\cap B^1|>1$

证 R^1 是 G^1 的正规群子,所以有 $n_Wb=x\in R^1$, $x\neq1$, 其中 $n_W\in N_0^1$, $b\in B^1$. 由〔6〕8、4、4 可知 x 可唯一表示为:

$x=u_1hn_Wu_2$, 其中 $u\in U$, $h\in H$: $n_{W_1}\in N$, $u_2\in U_{W_1}$.

若 $\omega\notin W_0^1$, 则由 6、3 可知有 $h_1(x)\in H^1$ 使得 $n_{W_1}h_1(x)\neq h_1(x)n_{W_1}$. 令 $h_1'(x)=n_W^{-1}h_1(x)n_W$, $h_1'(x)^{-1}=n_{W_1}h_1(x)^{-1}n_{W_1}{}^{-1}$,则

$$x'=x^{-1}h_1(x)xh_1(x)^{-1}=b^{-1}h_1'(x)bh_1(x)^{-1}\in B^1\cap R^1.$$

以下要证明 $x^1 \neq 1$. 若不然，则有

$$u_1 h n_{W_1} u_2 = u_1' h h_1(x) h_1''(x)^{-1} n_{W_1} u_2'$$

其中 $u_1' = h_1(x) u_1 h_1(x)^{-1} \in U$, $u_2' = h_1(x) u_2 h_1(x)^{-1} \in U^-_{W_1}$.

由〔6〕8、4、4 可知 $hh_1(x)h_1''(x)^{-1} = h$, 即 $h_1(x) = h_1''(x)$. 这和 $n_{W_1} h_1(x) \neq h_1(x) n_{W_1}$ 矛盾.

若 $\omega \in W_1^0$, 则由 5.9 可知 $\omega \in W_1^0$, 因此有 $h_2(x) \in H^1$ 使得 $n_W = h_2(x) N^1_{\beta_1} N^1_{\beta_1} \cdots N^1_{\beta_K}$、$\beta_i \in \Pi^0$, $1 \leqslant i \leqslant k$, 因此 $n_W \in H^1 Y^1 \subseteq B^1$. 所以 $x = n_W b = b' \in B^1$.

引理 6.6 $b = uhy \in R^1 \cap B^1$, 其中 $u \in U^1$, $h \in H^1$, $y \in Y^1$ 且 $u \neq 1$.

证 由 6.5 可知有 $b = uhy \in R^1$, $b \neq 1$, $u \in U^1$, $h \in H^1$, $y \in Y^1$. 若 $u \neq 1$, 引理显然成立. 以下设 $u = 1$. 若 $y = 1$, 由 $b \neq 1$ 和 $u = y = 1$ 可知 $h(x) \neq 1$. 则一定有 $s \in \Phi_1^*$ 使 $x(s) \neq 1$. 若不然，一定有 $\alpha \in \Pi^0$ 使得 $x(\alpha) \neq 1$,而对于 α 存在 $r \in \Phi^*$ 使得 $r + \alpha = r_1 \in \Phi^*$, 显然 $x(r_1) = x(\alpha)x(\alpha) = x(\alpha) \neq 1$. 矛盾. 因此一定有 $s \in \Phi_1^*$ 使 $x(s) \neq 1$. 所以有 $t \in K^*$, $X^1_s(t)h(x)X^1_s(-t) = u(x)h^1 \in R$ 显然 $u \neq 1$.

若 $y = y_{\beta_1}(b_1) y_{\beta_2}(b_2) \cdots y_{\beta_k}(b_k) \neq 1$, 如果对于所有的 $1 \leqslant i \leqslant k$, 有 $b_i = 0$, 那么设 $\beta_1 = e_i - e_{i+1}$, $i \in D$, $r = 2e_{i+1}$, $h_1(x) = h^1_r(\sqrt{-1})$, 这时显然有 $b' = h_1(x) b h_1(x)^{-1} b^{-1} = h^1_r(-1) \in R^1$. 由以上讨论可知有 $uh^1_r(-1) \in R^1$, 其中 $u \neq 1$.

若所有的 $b_i = 0.1$, $1 \leqslant i \leqslant k$ 不成立，则有 $b_j \neq 0$, $1 \leqslant j \leqslant k$. 由 6.4 可知有 $b' = u^1 hy \in R^1$, 其中 $u' \neq 1$, $u' \in U^1$.

引理 6.7 $|R^1 \cap U^1| > 1$

证 由 6.5 可知有 $b = uhy \in R^1$, $u \in U^1$, $h \in H^1$, $y \in Y^1$, $b \in B^1$ 且 $u \neq 1$. 令 $r_1 = J_1(u)$, 显然 $h_1(x) = h^1_{r1}(2) \in H^1$ 且 $x(\alpha_1) = 1$, $\alpha_1 \in \Pi^0$. 因此有 $x^1 = h_1(x) b h(x)^{-1} b^{-1} = u^1 \in R^1 \cap U^1$ 并且不难推出 $x' = X^1_{r1}(t(-1+4))u_1'$, 其中 $t \in K^*$ 而且 $r_1 < J_1(u_1')$. 因此 $x' = u' \neq 1$. 引理得证

若 $r \in \Phi_1^*$, 令 U^1_r: $\{X^1_r(t), t \in K\}$, (若 $r = \bar{r}$,则 $\bar{t} = -t$, $t \in K$).

引理 6.8 有 $r \in \Phi_1^*$ 使得 $|R^1 \cap U^1_r| > 1$.

证 由 6.7 知有 $u \in R^1 \cap U^1$, $u \neq 1$. 令 $J_0 = \mathrm{Max}\{J_1(u), u \in R^1 \cap U^1\}$. 显然 J_0 一定存在. 设 $u_0 \in R^1 \cap U^1$ 而 $J_1(u_0) = J_0$. 设 $J(u_0) = \{r_1, r_2, \cdots, r_p\}$ 且 $r_1 < r_2 < \cdots < r_p$.

若 $p=1$,引理得证. 设 $p\neq 1$,由 6.3 可知有 $h(x)\in H^1$ 使得 $x(r_1)=\pm 1$, $x(r_2)\neq x(r_1)$.

若 $x(r_1)=-1$，令 $x=u_0h(x)u_0h(x)^{-1}$；若 $x(r_1)=1$，令 $x=u_0{}^{-1}h(x)u_0h(x)^{-1}$. 不难证明 $x=X_{r_2}(t_2(x(r_2))-x(r_1))u'$，其中 $t_2\in K^*$，$u'\in U^1$ 并且有:$J_0=r_1<r_2<r$，$r\in J(u')$. 由于 $x(r_2)\neq x(r_1)$，所以 $x\neq 1$. 显然 $x\in R^1\cap U^1$ 且 $J_1(x)=r_2>r_1=J_0$. 这和 J_0 的定义矛盾. 因此 $p=1$. 引理得证.

引理 6.10 对于 Φ_1^* 中任一根 s 有 $U_s^1\subseteq R^1$.

证 由 6.8 可知有 $r\in\Phi_1^*$ 使得 $X_r^1(t)\in R^1$，$t\in K^*$. 因此 $X_{-r}^1(-t)=N_r^1X_r^1(t)(N_r^1)^{-1}\in R^1$. 所以 $X_{-r}^1(-t^{-1})=h_r^1(t)X_{-r}^1(-t)h_r^1(t)^{-1}\in R^1$.

因此 $N_r^1(t)=X_r^1(t)X_{-r}^1(-t^{-1})X_r^1(t)\in R^1$，显然 $N_r^1(4t)=h_r^1(2)N_r^1(t)h_r^1(2)^{-1}\in R^1$. 所以 $h_r^1(4)\in R^1$.

由 1.7 的 2，可知有 $r_i\in\Phi_1^*$，r_i 为 i 类根使得 $(r_1r_i)\neq 0$. 所以 $X_{r_i}^1(-u)h_r^1(4)X_{r_i}^1(u)h_r^1(4)^{-1}=X_{r_i}^1(u\mu)\in R^1$，其中 $\mu=3$ 或 $\mu=15$. 对于 K 中任一元素 c，取 $u=c/\mu$，因此 $X_{r_i}^1(c)\in R^1$. 这就证明了 $U_{r_i}^1\subseteq R^1$，其中 $i=1,2,3$. 若 $s\in\Phi_1^*$，为 i 类根，由 1.7.1，可知有 $\omega\in W^1$ 使得 $\omega s=r_i$. 因此 $U_s^1=n_WU_{r_i}^1n_W{}^{-1}\subseteq R^1$. 引理得证

推论 6.11 $U^1\subseteq R^1$，$V^1\subseteq R^1$.

定理 6.12 G^1 是单的，即 ${}^2C_1(K)$ 是单的.

证 由 6.11 可知 H^1，$N_0^1\subseteq\langle U^1, V^1\rangle\subseteq R^1$. 由 5.3 可知 $Y^1\subseteq\langle U^1, V^1\rangle\subseteq R^1$. 而定义 5.6 可知 $G^1\subseteq\langle U^1, H^1, N_0^1, Y^1\rangle$. 所以 $G^1\subseteq R^1$. 因此有 $G^1=R^1$. 所以 G^1 是单的.

推论 6.13 $G^1=\langle U^1, V^1\rangle$.

附注

(Ⅰ) 若 $\widetilde{K}_0$ 的特征 $ch\,\widetilde{K}_0\geqslant 3$ 且对于 $\widetilde{K}_0$ 中任意两个元素 a 和 b 有 $a^2+b^2\neq -1$，令 $\widetilde{K}=\widetilde{K}_0(\sqrt{-1})$，那么将本文中的有序域 K_0 换为 $\widetilde{K}_0$，将 $\widetilde{K}$ 换为 K，本文中所有结果都成立.

(Ⅱ) 令 A 和 B 为下列给定的 $2l\times 2l$ 矩阵：

$$PS_{P_{2l}}(K)=\{T=(t_{ji}),\ 1\leqslant i,\ j\leqslant 2l\mid T'AT=A\}$$

$$PS_{P_{2l}}(K)^1=\{T\in PS_{P_{2l}}(K)\mid \overline{T}'BT=T\}.$$

$$A=\begin{bmatrix}0&1&&&&&\\-1&0&&&&&\\&&0&1&&&\\&&-1&0&&&\\&&&&\ddots&&\\&&&&&0&1\\&&&&&-1&0\end{bmatrix}$$

$$B=\begin{bmatrix}1&&&&&&\\&-1&&&&&\\&&1&&&&\\&&&-1&&&\\&&&&\ddots&&\\&&&&&1&\\&&&&&&-1\end{bmatrix}$$

令 $PS_{p_{2l}}(K)_0^1$ 为 $PS_{P_{2l}}(K)^1$ 的换位子群有：

$G^1={}^2C_1(K)\cong PS_{p_{2l}}(K)_0^1$ 且 $PS_{p_{2l}}(K)^1/PS_{p_{2l}}(K)_0^1\cong\{I,-B\}$.

若 K_0 取为实数域 R 而 K 取为复数域 C，设 f 和 H 分别为下列反对称双线性型和非正定 Hermife 型：

$f=x_1x_{l+1}{}'-x_{l+1}x_1{}'+x_2x_{l+2}{}'-x_{l+2}x_2{}'+\cdots+x_lx_{2l}{}'-x_{2l}x_l{}'$

$H=x_1\bar{x}_1-x_2\bar{x}_2+x_3\bar{x}_3-x_4\bar{x}_4+\cdots-x_1\bar{x}_1+x_{l+1}\bar{x}_{l+1}\cdots x_{2l}\bar{x}_{2l}$ 令 $Q=\{T=(t_{ij}),\in C,1\leqslant i,j\leqslant 2l\mid T$ 同时 f 和 H 不变$\}$ 令 Q_0，为 Q 的么连通风支，Q_0 为一实单李型，有 $G^1={}^2C_l(C)\cong Q_0$. 而 Q_0 的李代数为复单李代数 C_l 的实型式，其特征 $\delta=-l$. 群 Q 为〔7〕中所给出(可参考〔7〕中 292 页).

(Ⅲ) 在本文中 U^1，H^1，Y^1，N^1. 都是在一般域 $K=K_0(\sqrt{-1})(K\neq K_0)$ 上定义的，因此本文的 §5 中的 $G^1=\bigcup\limits_{W\in W^{-1}}B^1n_WB^1$ 也可以在一般域上 $K=K_0(\sqrt{-1})$ $(K\neq K_0)$ 上定义. 我们设 $U_W^{1-}=U^1\cap U_W^-$，其中 $\omega\in W^1$，不难证明在一般域 $K=K_0(\sqrt{-1})$ $(K\neq K_0)$ 上 G^1 可表示为 $G^1=\bigcup\limits_{W\in W^{-1}}U^1H^1Y^1n_WU_W^{1-}$.

令 $G_1:\{x\in G\mid\sigma x=x\}$. 如果我取 $K_0=GF(3)$，$K=K_0(\sqrt{-1})$，显然在 K^* 中存在 t_1 和 u_1 使得 $d_1=t_1\bar{t}_1+u_1\bar{u}_1=0$. 在本文 5.2 中的 $x=N_r^1X_r^1(t_1)X_r^{1*}(u_1)(N_r^1)^{-1}$ 可以表示为 $x=x_1x_2$，其中 $x_1=N_r^1X_r^1(t_1)$，$x_2=X_r^{1*}(u_1)(N_r^1)^{-1}$，

且有

$$x = x_{\bar{r}}(\bar{t_1}^{-1})h_{\bar{r}}(-\bar{t_1}^{-1})x_{\alpha}(-\eta_2 u_1)n_{\bar{r}}x_{\alpha}(-\eta_2 u_1\ t_1^{-1})x_{\bar{r}}(\bar{t_1}^{-1}),\ (r = 2e_l)$$

$$x = x_{\bar{r}}(\bar{t_1}^{-1})h_{\bar{r}}(-\bar{t_1}^{-1})x_{\alpha}(-\xi u_1)x_{\beta}(\xi_3\ \bar{u_1})n_{\bar{r}}x_{\alpha}(\xi u_1\ \bar{t_1}^{-1})x_{\beta}(\xi_3 u_1\ \bar{t_1}^{-1})\ x_{\bar{r}}(\bar{t_1}^{-1}),$$

$(r = 2e_{i+1} - e_{i+2} i \in D)$ 显然上述 $x \notin G^1$ 但 $\sigma x = x$，因此 $x \in G_1$.

参考文献

[1] C. Chevalley: Sur Certain groupes Simples Tohoka. math. J. 7(1955),14-66.

[2] R. Steinberg: Vaviations on a theme of Chevalley. Pacific,J. Math. 9(1959),815-891.

[3] R. Ree. A Jamily of Simple groups associafed With the Simple Lie algebra of type (F4) (G2). Amer J. math. 83(1961). 401-420.

[4] 严志达. 实单纯李代数的分类及其角图表示,科学记录(新辑)3 卷(1959),7.

[5] 陈仲沪. 论实半单纯李代数的 Cartan 子代数(I)、(II),科学记录(新辑)3 卷(1959),3.

[6] Sugiura. Conjugate Classes of Cartan Subalgebra in realSemi-simple Lie aie algebra J. Math. Soc. Lapan. 11 (1959),374-434.

[7] R. Carter. Simple group of Lie Type Lohn Wiely & Son. 1972.

[8] E. Cartan. Les qronpes reels Simple finis et Continus Ann EcNormale Sup 3-ienqe Serie XXXXI(1914)263-355.

实主三维子代数

在文献[1-4]中讨论并得到了复的和紧致半单纯李代数的主三维子代数的共轭分类. 本文给出了实半单纯李代数 g 的主三维子代数共轭分类.

定义 若 $R\subset g$, $[R]=R+\sqrt{-1}R$ 为 $[g]=g+\sqrt{-1}g$ 的主三维子代数,则 R 称为 g 的主三维子代数.

若 $g=k+p$ 为 g 的一个 Cartan 分解, 则 $g_u=k+\sqrt{-1}p$ 为一紧致半单纯李代数, 且存在 g_u 的一个对合自同构 ρ, 使得 $\rho x=x, x\in k, \rho y=-y, y\in\sqrt{-1}p$. 反之, g_u 为一紧致半单纯李代数, ρ 为 g_u 的一个对合自同构,令 k: $\{x\mid x\in g_u, \rho x=x\}$, p: $\{\sqrt{-1}y\mid y\in g_u, \rho x=-y\}$, 则 $g=k+p$ 为一实半单纯李代数, g 可表示为 g : (g_u, ρ).

令 Π 和 Σ 分别为 g_u 的素根系和根系,且 $\Pi\subset\Sigma$. 以 R_α 表示 $[g_u]=g_u+\sqrt{-1}g_u$ 对于根 α 的根子空间. 设 $e_\alpha\in R_\alpha$, $e_{-\alpha}\in R_{-\alpha}$ 满足 $(e_\alpha, e_{-\alpha})=-1$, $N_{\alpha,\beta}=N_{-\alpha,-\beta}$, α, $\beta\in\Sigma$. 设 X 为 $[g_u]$ 的一个集合, $[X]$ 和 (X) 分别表示集合 X 在复数域上和实数域上生成的 $[g_u]$ 的子代数 ($[g_u]$, 既可理解为 m 维复数域上的李代数, 又可理解为 $2m$ 维实数域上的李代数). 设 $\sqrt{-1}f$, u, $v\in g_u$, $(f, \alpha_i)=2$, $\alpha_i\in\Pi$, 且

$$[\sqrt{-1}f,\ u]=-2v,\ [\sqrt{-1}f,\ v]=-2u,\ [u,\ v]=2\sqrt{-1}f, \tag{1}$$

那么 R_u^* : $(\sqrt{-1}f, u, v)$ 为 g_u 的一个主三维子代数.

设 $e_+=\dfrac{1}{2}(u+\sqrt{-1}v)$, $e_-=\dfrac{1}{2}(u-\sqrt{-1}v)$, 则 f, e_+, e_- 满足:

$$[f,\ e_+]=2e_+,\ [f,\ e_-]=-2e_-,\ [e_+,\ e_-]=f. \tag{2}$$

显然 $[R_u^*]=[f, e_+, e_-]$ 为 $[g_u]$ 的一个主三维子代数[3].

$\sigma=\mathrm{expad}\lambda\pi\sqrt{-1}f\left(\lambda=1\text{ 或 }\dfrac{1}{2}\right)$ 为 R_u^* 的一个对合自同构, 当 $\lambda=1$ 时,

σ 为 R_u^* 的恒等变换记为 I，当 $\lambda = \frac{1}{2}$ 时，σ 记为 ω. 显然 $\omega f = f$，$\omega e_+ = - e_+$，$\omega e_- = - e_-$，$\omega u = - u$，$\omega v = - v$.

令 R^*：(R_u^*, σ)，当 $\sigma = I$ 时，$R^* \cong R_u^*$：$(\sqrt{-1}f, u, v)$ 为一紧致的. 当 $\sigma = \omega$ 时，$R^* \cong (f, e_+, e_-)$，称为正常的，以上 $\sqrt{-1}f$, u, v 和 f, e_+, e_- 分别满足(1)和(2)式，且 $(f, \alpha_i) = 2$, $\alpha_i \in \Pi$. R^* 称为 g_u 的主三维标准型(并设 R_u^* 中的 $\sqrt{-1}f \in (\sqrt{-1}\Pi)$).

定义 若 $\tilde{\sigma}$ 为 g_u 的一个对合自同构，且 $\tilde{\sigma}$ 令 R_u^* 不变，$\tilde{\sigma}$ 在 R_u^* 上的诱导为 σ，则 $\tilde{\sigma}$ 称为 σ 的对合扩充(σ 的对合扩充可能不止一个).

若 R 为 g：(g_u, ρ) 的一个主三维子代数，由文献[5]可知，有 R 的 Cartan 分解 $R = k^r + p^r$, $k^r \subset k$, $p^r \subset p$. 显然 $R_u = k^r + \sqrt{-1}p^r$ 为 g_u 的一个主三维子代数，以 p^r 表示 ρ 在 R_u 上的诱导，则 R：(R_u, p^r).

定理 1 ⅰ) R 为 g 的主三维子代数，则 R 必同构于 g_u 的某一个主三维标准型 R^*：(R_u^*, σ).

ⅱ) g：$(g_u, \rho) \supset R \cong R^*$：$(R_u^*, \sigma)$ 的充要条件为 σ 有对合扩充 $\tilde{\sigma}$ 且 $\tilde{\sigma}$ 和 ρ 在 $\mathrm{Aut}g_u$ 下互为共轭(记为 $\tilde{\sigma} \sim \rho$).

证 ⅰ) 是显然的.

ⅱ) 充分性：令 $\widetilde{g}$：$(g_u, \tilde{\sigma})$，则 $\widetilde{g} \supset R^*$：$(R_u^*, \sigma)$，而 $\tilde{\sigma} \sim \rho$，因此 $g \cong \widetilde{g}$，所以 $g \supset R \cong R^*$：(R_u^*, σ).

必要性：若 g：$(g_u, \rho) \supset R$：$(R_u, p^r) \cong R^*$：(R_u^*, σ)，则有 $U \in \mathrm{Ad}g_u$，使得 $UR_u = R_u^*$. 令 $p^{r'} = Up^rU^{-1}$，不难证明 R'：$(R_u^*, p^{r'}) \cong R$. 因此 $R' \cong R^*$. 所以有 $V \in \mathrm{Ad}R_u^* \subset \mathrm{Aut}g_u$，使得 $Vp^{r'}V^{-1} = \sigma$，因此 $\tilde{\sigma} = VU_\rho U^{-1}V^{-1}$ 为 σ 的一个对合扩充，且 $\tilde{\sigma} \sim \rho$.

引理 1 若 f, e_+, $e_- \in [g_u]$ 满足(2)式，且 $(f, \alpha_i) = 2$, $\alpha_i \in \Pi$，则

ⅰ) $|(f, \beta)| \geqslant 2$, $\beta \in \Sigma (\Sigma \supset \Pi)$.

ⅱ) 若 $f = \sum_{\alpha_i \in \Pi} k_i \alpha_i$，则 $e_+ = \sum_{\alpha_i \in \Pi} q_i e_{\alpha_i}$, $e_- = \sum_{\alpha_i \in \Pi} q_i' e_{-\alpha_i}$, $q_i q_i' = k_i$.

推论 1 若 f' 为 $[g_u]$ 的一个主三维子代数的定义向量，Σ 为 $[g_u]$ 的一个根系，且 $f' \in (\Sigma)$，则 $|(f', \beta)| \geqslant 2$, $\beta \in \Sigma$.

$(\sqrt{-1}\Pi) = h_u$ 为 g_u 的一个 Cartan 子代数，且 $\sqrt{-1}f \in h_u$，$t(t^2 = 1)$ 为令 Π 不变的 g_u 的标准外自同构或者为 g_u 的恒等变换. 由于 $\sqrt{-1}f$ 为 g_u 的正

规元，所以如果 $A\in \mathrm{Aut}g_u$ 且 $A\sqrt{-1}f=\sqrt{-1}f$，则 $A=t\ \mathrm{expad}\ H$，$H\in h_u$，利用引理 1 可证：

定理 2 $\sigma=\mathrm{expad}\,\lambda\pi\sqrt{-1}f\left(\lambda=1\text{ 或 }\frac{1}{2}\right)$，而 σ 在 g_u 的自然扩充记为 $\tilde{\sigma}_u$，则 σ 的对合扩充有且仅有 $\tilde{\sigma}_u$ 和 $t\tilde{\sigma}_u$.

表 1

	g		k
1°	A_n^N	n 为偶	$B_{n/2}$
	$^*A_n$	n 为奇	$C_{n+1/2}$
2°	^oD_n		B_{n-1}
3°	$^*E_6$		F_4

表 2

	g		k	N
1°	A_n^1	$l=\left[\frac{n}{2}\right]$	$A_l+A_{n-l-1}+T$	1
2°	D_n^l	n 为奇，$l=\left[\frac{n}{2}\right]$	D_l+D_{n-l}	$C_{n-2}^l+C_{n-2}^2+\cdots+C_{n-2}^1$，$l=\left[\frac{n-2}{2}\right]=I$
	^lD_n	n 为偶，$l=\left[\frac{n}{2}\right]$	B_l+B_{n-l-1}	$C_{n-2}^1+C_{n-2}^2+\cdots+C_{n-2}^1$，$l=\left[\frac{n-2}{2}\right]=I$
3°	E_6^2		A_5+A_1	

若 p 中包含一个 g 的 Cartan 子代数，则 g 称为正常的. 由定理 1 和定理 2 可得到：

定理 3 ⅰ）除表 1 外，g 包含紧致的主三维子代数当且仅当 g 是紧致的.

ⅱ）除表 2 外，g 包含正常的主三维子代数，当且仅当 g 是正常的.

若 $A\in \mathrm{Ad}g$，令 R_A^+：$\{x\mid x\in g, A_x=x\}$，R_A^-：$\{x\mid x\in g, A_x=-x)$，以下设 g 的阶为 n.

定理 4 ⅰ）g 中紧致主三维子代数互为共轭.

ⅱ）以 N 表示 g 中正常主三维子代数的共轭类个数.

(1) 若 g 是正常的，$N=C_n^1+C_n^2+\cdots+C_n^l$，$l=[\frac{n-1}{2}]$；

(2) g 为表 2 中所 给出的情况，N 的数目见表 2.

证 ⅰ）若 g 是紧致的，结论显然成立.

若 g：(g_u, ρ) 为表 1 中所给出的情况，g 中的主三维子代数 R：$(\sqrt{-1}f', u', v')$，其中 $\sqrt{-1}f'$，u'，v'，满足(1) 式，且不难证明 f' 为 $[g]=[g_u]$ 的主三维子代数 $[R]$ 的定义向量.

g 由表 1 所给出，那么有 g_u 的一个素根系 Π_0 使得 Π_k：$\{r_i=(\alpha_i+\rho\alpha_i)/2, \alpha_i\in\Pi_0\}$ 为 k 的一个素根系. 在共轭意义下可认为 $R\subset k$. 所以 R 为 k 的三维子代数，且 $\sqrt{-1}f'\in k$. 在共轭的意义下可认为

$$(f', r_i)=0, 1, 2, r_i\in\Pi_k \text{ 且 } \sqrt{-1}f'\in(\sqrt{-1}\Pi_k) \tag{3}$$

而由推论 1 可知，$|(f', \alpha_i)|\geqslant 2$，$\alpha_i\in\Pi_0$，显然

$$(\sqrt{-1}f', \alpha_i)=(\rho\sqrt{-1}f', \rho\alpha_i)=(\sqrt{-1}f', \rho\alpha_i), \alpha_i\in\Pi_0,$$

由此可推出，$|(f', r_i)|\geqslant 2$，$r_i\in\Pi_k$. 因此由(3) 式可知，$(f', r_i)=2$，$r_i\in\Pi_k$. 所以 R 为 k 的主三维子代数. 而 k 本身是紧致的. 因此 g 中的紧致的主三维子代数在 Adk 作用下(当然也在 Adg 作用下) 互为共轭.

ⅱ) 这时 g：(g_u, ρ) 的主三维子代数 $R=(f', e'_+, e'_-)$，其中 f'，e'_+，e'_- 满足(2) 式，且 f' 为 $[g]=[g_u]$ 的主三维子代数 $[R]$ 的定义向量. 在共轭的意义可认为整 $f'\in p$.

若 g 为正常的由表 2 所给出，有 g_u 的二个素根系 Π_0，使得

$$g:(h^+, h^-, (e_{\alpha_i}+e_{\tau\alpha_i}), (e_{-\alpha_i}+e_{-\tau\alpha_i}),$$
$$\sqrt{-1}(e_{\alpha_i}-e_{\tau\alpha_i}), \sqrt{-1}(e_{-\alpha_i}-e_{-\tau\alpha_i}), \alpha_i\in\Pi_0)$$

其中 t_0 为令 Π_0 不变的 g_u 的标准外自同构或者为 g_u 的恒等变换 I，而 $\tau_{\alpha_i}=t_0\alpha_i$，$\alpha_i\in\Pi_0$；$h^+=(\sqrt{-1}(\alpha_i-t_0\alpha_i), \alpha_i\in\Pi_0)$，$h^-$：$(\alpha_i+t_0\alpha_i, \alpha_i\in\Pi_0)$.

若 $t_0=I$，这时 g 是正常的，且令 $r=n$；若 $t_0\neq I$，这时 g 为表 2 中所给出，且令 $r=\left[\dfrac{n+1}{2}\right]$. 显然 $h=h^++h^-$ 为 g 的一个 Cartan 子代数，且 h^- 为 p 的一个最大交换子代数[6]. 存在 $H_0\in h^-$，使得 $(H_0, \alpha_i)>0$，$\alpha_i\in\Pi_0$，因此 Π_0 为 g 的一个容许素根系[7]. 在共轭的意义下可认为 $(f', \alpha_i)>0$，$\alpha_i\in\Pi_0$ 且 $f'\in h^-$[7]. 由推论 1 可知，$(f', \alpha_i)\geqslant 2$，$\alpha_i\in\Pi_0$，所以 $(f', \alpha_i)=2$，$\alpha_i\in\Pi_0$. 由引理 1 的 ⅱ)，可知

$$e'_+=\sum_{i=1}^{r}q_i(e_{\alpha_i}+e_{\tau\alpha_i}), e'_-=\sum_{i=1}^{r}q_i'(e_{-\alpha_i}+e_{-\tau\alpha_i}), \alpha_i\in\Pi_0$$

其中 q_i，q_i' 为实数且 $q_iq_i'=k_i>0$，$1\leqslant i\leqslant r$. 对给定的实数 λ_i，有 $H_i\in h^-$，满足 $(H_i, \alpha_i)=(H_i, \tau\alpha_i)=\lambda_i$，而 $(H_i, \alpha_j)=0$，$i\neq j$，α_i，$\alpha_j\in\Pi_0$. 适当地

取 λ_i，$1 \leqslant i \leqslant r$，使得 $\omega = \exp\mathrm{ad}(H_1 + H_2 + \cdots + H_r)$ 满足

$$\varpi e'_+ = \sum_{i=1}^{r} d_i (e_{\alpha_i} + e_{\varpi_i}) = e^+_{s_1 s_2 \cdots s_r},$$

$$\varpi e'_- = \sum_{i=1}^{r} - d_i (e_{-\alpha_i} - e_{-\varpi_i}) = e^-_{s_1 s_2 \cdots s_r}$$

其中 $d_i = \pm\sqrt{k_i}$，$s_i = \mathrm{sgn} di$，$1 \leqslant i \leqslant r$.

设 $R_{s_1 s_2 \cdots s_r}$：$(f', e^+_{s_1 s_2 \cdots s_r}, e^-_{s_1 s_2 \cdots s_r})$，显然 $R_{s_1 s_2 \cdots s_r}$ 为 g 的一个主三维子代数.

设 $U \in \mathrm{Ad}g, Uf' = f'$，则 $U = \exp\mathrm{ad}H$，$H \in h$，如果 $\alpha_i \in \pi$. 且 U 满足 $\{e_{\alpha_i}, e_{-\alpha_i}, e_{\varpi_i}, e_{-\varpi_i}\} \in R_{\overline{U}}$，$\{e_{\alpha_j}, e_{-\alpha_j}, e_{\varpi_j}, e_{-\varpi_j}, i \neq j, \alpha_j \in \Pi_0\} \in R^+_U$，则 U 以 $A_i = \exp\mathrm{ad}\widetilde{H}_i$，$\widetilde{H}_i \in h$ 表示之.

ⅰ）g 是正常的，这时 $\mathrm{ad}H$，$H \in h = h^-$ 的特征值为实数，因此 A_i，$1 \leqslant i \leqslant r$ 不存在，所以这时 $N = C^1_n + C^2_n + \cdots + C^1_n$，$l = \left[\frac{n-1}{2}\right]$.

ⅱ）$g \cong A^l_n$，$l = \left[\frac{n}{2}\right]$，这时 A_i，$1 \leqslant i \leqslant r$ 存在，因此这时 $N = 1$. 类似的讨论可得到表 2 中其他情况的 N.

参考文献

[2] Mal'cev, A. ,Izv. Akad. Nauk. SSSR. Ser. Math. ,8 (1944),143-174.

[2] Siebenthal, J. de. ,C. R. Acad. Sci. Paris, 230 (1950),910-912.

[3] Dynkin,Mat. Sbornik. N. S. ,30 (1952),72,349- 462.

[4] Kostant,B. , Amer. J. Math. , 81 (1959), 973-1032.

[5] Mostov,G. D. Mem. Amer. Math. Soc. ,14 (1955),31-54.

[6] 陈仲沪,科学记录,新辑,3(1959), 6:220-226.

[7] 严志达,数学学报,15(1965), 861-872.

实最大正规半单纯子代数

复的以及紧致半单纯李代数的最大正规半单纯子代数的共轭分类曾分别为 Дынкин[1,2] 以及 Borel et Siebenthal[3] 所得到. 严志达讨论并得到了实半单纯李代数具有可约中心的最大正规半单纯子代数的共轭分类[4]. 本文的目的为推广[4]的结果,讨论并得到了实半单纯李代数一般最大正规半单纯子代数的共轭分类. Mostov[6] 以及[7]和 [8]都曾对实半单纯李代数的最大非半单纯子代数的理论进行了讨论. 本文的结果和[6][7][8]有一定的关系,并且和 Beger[9] 以及严志达[5] 关于非紧致对称空间的分类有密切的关系.

定义 若 R 为实半单纯李代数 g 的一个子代数,且 $[R]=R+\sqrt{-1}R$ 为 $[g]=g+\sqrt{-1}g$ 的正规半单纯子代数,则 R 称为 g 的一个正规半单纯子代数.

若 R' 为 g 的一个正规半单纯子代数且 $R'\neq g$,如果 $R\subseteq R'$,则一定有 $R'=R$,那么 R 称为 g 的最大正规半单纯子代数. 不难看出,本文所讨论的最大正规半单纯子代数较[4] 中所讨论的要广泛一些. 为简单起见,本文中所讨论的实半单纯李代数 g 和正规半单纯子代数 R 都不包含同构于一复单纯李代数的理想这一特殊情况.

首先我们讨论 g 的最大正规半单纯子代数的同构分类. 为了得到其同构分类,本文利用类似于[5] 的方法,讨论了紧致半单纯李代数 g_u 的最大正规半单纯子代数 R_u 的对合自同构的对台扩充的问题. 在得到其同构分类的基础上,本文再进一步讨论其共轭分类.

设 $g=k+p$ 为 g 的一个 Cartan 分解, 则 $g_u=k+\sqrt{-1}p$ 为一紧致半单纯李代数. 并且存在 g_u 的一个对合自同构 ρ, ρ 满足: $\rho x=x$, $x\in k$; $\rho y=-y$, $y\in\sqrt{-1}p$. $g=k+p$ 称为 g 对于 ρ 的一个 Cartan 分解. k 称为 g 的特征子代数.

反之, g_u 和 g_u 的一个对和自同构 ρ 决定$[g_u]$的一个实型式 g: 令 k: $\{x\mid x\in g_u,\ \rho x=x\}$; p: $\{\sqrt{-1}y\mid y\in g_u, \rho y=-y\}$, 那么 $g=k+p$ 为$[g_u]$的一

个实型式. 并且 $g=k+p$ 为 g 对于 ρ 的一个 Cartan 分解. g 可以表示为 $g:(g_u,\rho)$. 并且有

$$[g]=g+\sqrt{-1}g=[g_u]=g_u+\sqrt{-1}g_u.$$

若 $R=\sum_{i=1}^{s}R_i$ 为 g 的一个正规半单纯子代数，其中 R_i 为 R 的单纯理想，R_i 显然为 g 的正规半单纯子代数. 由[11]可知 R_i 有 Cartan 分解 $R_i=k_i+p_i$，其中 $k_i\subseteq k$，$p_i\subseteq p$，$1\leqslant i\leqslant s$. 令

$$k^{(r)}=\sum_{i=1}^{s}k_i,\ p^{(r)}=\sum_{i=1}^{s}p_i,$$

则 $R=k^{(r)}+p^{(r)}$ 为 R 的一个 Cartan 分解，且 $k^{(r)}\subseteq k$，$p^{(r)}\subseteq p$. 设 $R_{u_i}=k_i+\sqrt{-1}p_i$，那么 $R_i:(R_{u_i},\rho_i)$，其中 ρ_i 为 ρ 在 R_{u_i} 上的限制. 令

$$R_u=\sum_{i=1}^{s}R_{u_i},\ \rho^{(r)}=\rho_1\rho_2\cdots\rho_s$$

则 $R:(R_u,\rho^{(r)})$，其中 $\rho^{(r)}$ 显然为 ρ 在 R_u 上的限制. 若 R 为 g 的正规半单纯子代数，则 R_u 为 g_u 的正规半单纯子代数.

定理 1 若 $R:(R_u,\rho^{(r)})$ 为 $g:(g_u,\rho)$ 的一个正规半单纯子代数，则 R 为 g 的最大正规半单纯子代数的充要条件为 R_u 是 g_u 的最大正规半单纯子代数.

证 必要性：设

$$R_u=\sum_{i=1}^{s}R_{u_i}$$

其中 R_{u_i}，$1\leqslant i\leqslant s$ 为 R_u 的单纯理想. 如果 R_u 不是 g_u 的最大正规半单纯子代数. 由[2]可知存在一个 R_{u_i}（不妨设为 R_{u_1}）使得 R_{u_1} 在 g_u 中的中心化子① $Z(R_{u_1})=T+\overline{Z(R_{u_i})'}$，其中 T 为 $Z(R_{u_1})$ 的中心，$\overline{Z(R_{u_1})}$ 为半单纯的，并且

$$R'_u=\sum_{i=2}^{s}R_{u_i}\subseteq\overline{Z(R_{u_1})'}$$

而 $R'_u\neq\overline{Z(R_{u_1})}$. 不难证明 $\overline{Z(R_{u_1})}$ 也是正规的. 因此 $\widetilde{R}_u=R_{u_1}+\overline{Z(R_{u_1})}$ 为 g_u 的一个正规半单纯子代数并且 $R_u\subseteq\widetilde{R}_u$，$\widetilde{R}_u\neq g$，$\widetilde{R}_u\neq R_u$. 由于 $\rho R_{u_1}=R_{u_1}$，所以有 $\rho Z(R_{u_1})=Z(R_{u_1})$，$\rho\overline{Z(R_{u_1})}=\overline{Z(R_{u_1})}$. 因此 $\rho\widetilde{R}_u=\widetilde{R}_u$. 令 $\tilde{\rho}$ 为 ρ 在 $\widetilde{R}_u$ 上的限制，则 $\widetilde{R}_u:(\widetilde{R}_u,\tilde{\rho})$ 为 g 的一个正规半单纯子代数. 并且不难证明 $\widetilde{R}\neq g$，$\widetilde{R}\neq R$，$R\subseteq\widetilde{R}$. 这就和 R 为 g 的最大正规半单纯子代数这一假定矛盾. 所

① $Z(R_{u_i})$：$\{z\mid z\in g_u\mid[z,R_{u_i}]=0\}$.

以 R_u 必为 g_u 的最大正规半单纯子代数.

充分性:若 R_u 为 g_u 的最大正规半单纯子代数,如果存在 g 的一个正规半单纯子代数 $\widetilde{R}$, $\widetilde{R}$ 满足 $\widetilde{R} \neq g$, $R \subseteq \widetilde{R}$. 显然有 $\widetilde{R}$ 的 Cartan 分解 $\widetilde{R} = \widetilde{k} + \widetilde{p}$, 其中 $k^{(r)} \subseteq \widetilde{k} \subseteq k$, $p^{(r)} \subseteq \widetilde{p} \subseteq p$. 因此 $\widetilde{R}_u = \widetilde{k} + \sqrt{-1}\widetilde{p}$ 为 g_u 的一个正规半单纯子代数,并且 $R_u \subseteq \widetilde{R}_u$, $\widetilde{R}_u \neq g_u$. 由于 R_u 为 g_u 的最大正规半单纯子代数,所以 $R_u = \widetilde{R}_u$. 因此 $\widetilde{R} = R$. 这就证明了 R 为 g 的最大正规半单纯子代数.

推论 1 若 g 的阶为 n,则 g 的最大正规半单纯子代数 R 的阶为 n 或 $n-1$. 且 s 不大于 3.

由于 s 不大于 3, 因此当 $s=1$ 时, 我们规定 $R_2 = R_3 = 0$; 当 $s=2$ 时,规定 $R_3 = 0$. 所以以下 R 总可以分解为

$$R = \sum_{i=1}^{3} R_i$$

其中 R_i 为 R 的单纯理想.

由定理 1 可知, 以下只要讨论 g: (g_u, ρ) 中所有这样的 R: $(R_u, \rho^{(r)})$ 的共轭分类就行了,其中 R_u 为 g_u 的最大正规半单纯子代数. 而 g_u 中的最大正规半单纯子代数 R_u 的同构分类以及共轭分类已为[2] 和[3] 所给出.

设 g_c 为一复数域上的半单纯李代数, Π: $\{\alpha_1, \alpha_2, \cdots, \alpha_n\}$ 为 g_c 的一组素根系, $\alpha_1, \alpha_2, \cdots, \alpha_n$ 的次序按[10] 中 48 页的 Π 的 Dynkin 图从左到右,从上到下所给定. 以 Σ 和 Σ^+ 表示由 Π 所给定的 g_c 的根系和正根系. 以 C_b: $\{h_\alpha, \alpha \in \Pi, e_s, s \in \Sigma\}$ 为 g_c 的一组 Chevalley 基[10]. 若 $s \in \Sigma^+$, $u_s = \frac{1}{2}(e_s + e_{-s}) v_s = \frac{1}{2}\sqrt{-1}(e_s + e_{-s})$, 显然 $\sqrt{-1}h_s$, u_s, v_s, $s \in \Sigma^+$ 在实数域上生成一个紧致李代数 g_u, 而且$[g_u] = g_c$. 设 $\varphi = \sum_{\alpha_i \in \Pi} m_i \alpha_i$ 为 Σ^+ 中最大正根, 其中 m_i 为非负整数.

设 $\alpha_l \in \Pi$, 当 $m_t = 1$ 时, 令 $\Pi_t = \Pi \backslash \alpha_t$, 当 $m_t = 1$ 时令 $\Pi_t = \{\Pi \backslash \alpha_t, -\varphi\}$. 设 R_u^* 为 $\sqrt{-1}h_s$, u_s, v_s, $s \in \Pi_t$, 在实数域上生成的 g_u 的子代数. 显然 R_u^* 为 g_u 的一个最大正规半单纯子代数. 且

$$R_u^* = \sum_{i=1}^{3} R_{u_i}^*$$

其中 $R_{u_i}^*$ 为 R_u^* 的单纯理想, 当 R_u^* 为 $n-1$ 阶的, 则 g_u 中存在一个元素 $\Lambda(R_u^*) \neq 0$, 而 $\Lambda(R_u^*)$ 在 g_u 中的中心化子 $Z(\Lambda(R_u^*)) = h_0^* + R_u^*$, 其中 h_0^* 为 $\Lambda(R_u^*)$ 在实数域上生成的子空间. 当 R_u^* 为 n 阶时, 则规定 $\Lambda(R_u^*) = 0$, $h_0^* = \{0\}$. 设

h_i^* 为 $R_{u_i}^*$ 的一个 Cartan 子代数(可以取 $\sqrt{-1}h_i^*$ 为 $\sqrt{-1}h^*$ 的子空间，$\sqrt{-1}h^*$ 为 h_s，$s \in \Pi_t$ 在实数域上生成的子空间). 令 Π_i^* 为 $R_{u_i}^*$ 在 $\sqrt{-1}h_i^*$ 内的一个素根系(取 Π_i^* 为 Π_t 的子 Π 系)，Σ_i^* 为 $R_{u_i}^*$ 在 $\sqrt{-1}h_i^*$ 内由 Π_i^* 张成的根系.

我们定义 J 为 g_c 的下列线性变换：$Jh_\alpha = -h_\alpha$，$\alpha \in \Pi$. $Je_s = k_s e_{-s}$，$s \in \Sigma$，$e_s \in C_b$，当 $s \in \Sigma^+$ 时，$k_s = (-1)^{h(s)}$，其中 $h(s)$ 为 s 的高度，当 $s \in \Sigma^-$ 时，令 $k_s = k_{-s}$. 由[10]的 4.1.2的(ⅲ)可知 J 为 g_c 的一个对合自同构. 容易验证 $Jg_u = g_u$，J 在 g_u 上的限制(仍记为 J)为 g_u 的一个对合自同构. J 称为 g_u 对于 Π 的全负变换. 以 J_i 表示 $R_{u_i}^*$ 对于 Π_i^* 的全负变换.

若 $r \in \Sigma$，令 $n_r = \operatorname{expad} e_r \cdot \operatorname{expad}(-e_{-r}) \cdot \operatorname{expad} e_r$，显然 n_r 为 g_c 的一个内自同构[10]. 若 $s \in Z$，$e_s \in C_b$，有 $n_r \cdot e_s = \eta_{r,s}$，$e_{s_1}$，其中 $\eta_{r,s} = \pm 1$，$s_1 = W_r{}^s = s - (2(r, s)/(r, r))r$，$W_r$ 为对垂直于 r 的超平面的反射. 由[10]的6.4.3可知 n_r 令 g_u 不变. n_r 在 g_u 上的限制(仍记为 n_r)是 g_u 的一个内自同构.

当 $R_{u_i}^* \cong A_l$，E_6，或 D_l 时，令 τ_i' 为[10]的 12.2.3 所定义的令 Π_i^* 不变的 $R_{u_i}^*$ 的图自同构 Q(否则 τ_i' 为一恒等变换 I).

当 $R_{u_i}^* \cong A_l$ 或 E_6 时，取 $\gamma_r' = \pm 1$，$r \in \Pi$. 这时在 Σ^+ 中有 q 个元素 r_1，$r_2 \cdots$，r_q 使得或 $\tau_i^* = J_i n_{r_1} n_{r_2} \cdots n_{r_q}$，而 τ_i^* 和 τ_i' 在 h_i^* 上的限制相当. 注意到 r_1，$r_2 \cdots$，r_q 满足以下的性质：$r_i \pm r_j \notin \Sigma$，$(r_i, r_j) = 0$，$h(r_i) \equiv h(r_i)(\mathrm{mod} 2)$，$1 \leqslant i$，$j \leqslant q$，$i \neq j$. 因此利用[10]中 6.4.4 和 102 页的结果可知：当 $h(r_i)$ 为奇数时，$(J_i n_i')^2 = (h_{r_1}(-1)h_{r_2}(-1)\cdots h_{r_q}(-1))^2$；当 $h(r_i)$ 为偶数时，$(J_i n_i')^2 = (h_{r_1}(-1)h_{r_2}(-1)\cdots h_{r_q}(-1))$，其中 $n_i' = n_{r_1} n_{r_2} \cdots n_{r_q}$. 令 $h'_{r_i} = (1/2(r_i, r_i))h_{r_i}$，当 $h(r_i)$ 为偶数时，令 $n_i = n_i' \exp 2\pi \sqrt{-1} \operatorname{ad}(h'_{r_1} + \cdots + h'_{r_q})$，$\tau_i = J_i n_i' \exp 2\pi \sqrt{-1} \operatorname{ad}(h'_{r_1} + h'_{r_2} + \cdots + h'_{r_q}) = J_i n_i$，当 $h(r_i)$ 为奇数时令 $n_i = n_i'$，$\tau_i = J_i n_i$，显然 $\tau_i^2 = I$，而 $\gamma_r \gamma_{\bar{r}} = 1$.

上述 $\tau_i (\tau_i \neq I)$ 称为 $R_{u_i}^*$ 令 Π_i^* 不变的标准外自同构.

设 σ_i 为 $R_{u_i}^*$ 的对合自同构，且 $\sigma_i = \tau_i \operatorname{expad} H_i^*$，$H_i^* \in h_i^*$，且 $\tau_i H_i^* = H_i^*$，τ_i 为 $R_{u_i}^*$ 令 Π_i^* 不变的标准外自同构或 I，如果 Π_i^* 中最多只有一个 β_i^* 使得 $\tau_i \beta_i^* = \beta_i^*$，$(\beta_i^*, H_i^*) = \pi\sqrt{-1}$，$(\alpha_i^*, H_i^*) = 0$，$\alpha_i^* \in \Pi_i^* \backslash \beta_i^*$，则 σ_i 称为 $R_{u_i}^*$ 对于 Π_i^* 的标准对合自同构. 为方便起见，以 ϕ 表示空集，以 $\beta_i^* \in \phi$ 表示 Π_i^* 中没有根 β_i^*，以 $\beta_i^* \in \Pi_i^* \cup \phi$ 表示 Π_i^* 中最多只有一个根 β_i^*. 设 $R_i^* = (R_{u_i}^*, \sigma_i)$，

$R^{*}=\sum_{i=1}^{3}R_i^{*}$，显然$R^{*}:(R_u^{*},\sigma)$，其中$\sigma=\sigma_1\sigma_2\sigma_3$(称$\sigma$对于$\Pi^{*}$是标准的). 这样的$R^{*}$称为$g_u$的最大正规半单纯标准型. 当$g_u$给定后，$g_u$所有互不同构的最大正规半单纯标准型都是已知的. $\{\beta_i^{*},1\leqslant i\leqslant 3\}$称为$\sigma$的特征根.

若$\tilde{\sigma}$为g_u的一个对合自同构，且$\tilde{\sigma}R_u^{*}=R_u^{*}$，并且$\tilde{\sigma}$在$R_u^{*}$上的限制为$\sigma$，则$\tilde{\sigma}$称为$\sigma$的一个对合扩充. σ称为可对合扩充的.

以后以$\overset{u}{\sim}$表示在g_u的自同构群$\mathrm{aut}g_u$下互为共轭.

定理 2 a) 若R为g的一个最大正半规单纯子代数，则R一定和g_u的某一个最大正规半单纯标准型R^{*}同构：

b) $g:(g_u,\rho)$包含一个同构于g_u的最大正规半单纯标准型$R^{*}:(R_u^{*},\sigma)$的最大正规半单纯子代数R的充要条件为存在σ的一个对合扩充$\tilde{\sigma}$使得$\sigma\overset{u}{\sim}\tilde{\sigma}$.

证 a) 是显然的.

b) 充分性：如果$\tilde{\sigma}$是σ的一个对合扩充，显然$\widetilde{g})$：$(g_u,\tilde{\sigma})$为$[g_u]$的一个实型式，而$R^{*}:(R_u^{*},\sigma)$为$\widetilde{g}$的一个最大正规半单纯子代数. 由于$\sigma\overset{u}{\sim}\tilde{\sigma}$，因此$g\cong\widetilde{g})$. 所以$g$包含一个子代数$R$，而$R\cong R^{*}$. 并且显然$R$为$g$的一个最大正规半单纯子代数.

必要性：如果g包含一个最大正规半单纯子代数$R:(R_u,\rho^{(r)})$且$R\cong R^{*}:(R_u^{*},\sigma)$，则不难证明$R_n\cong R_u^{*}$. 由[2][3]可知有$g_u$的自同构$U$使得$UR_u=R_u^{*}$. 显然$\rho^{(r)'}=U\rho^{(r)}U^{-1}$为$R_u^{*}$的一个对合自同构. 令$R':(R_u^{*},\rho^{(r)'})$，以下要证明$R\cong R'$. 事实上设$U$在$[g_u]$上的自然扩充记为$\overline{U}$，令$R'=k^{(r)'}+\rho^{(r)'}$为$R'$对于$\rho^{(r)'}$的Cartan分解，则不难证明：对于$k^{(r)}$中任一元素$x$有$\rho^{(r)'}\overline{U}x=\overline{U}\rho^{(r)}\overline{U}^{-1}\overline{U}x=\overline{U}\rho^{(r)}x=\overline{U}x$. 因此$\overline{U}k^{(r)}=k^{(r)'}$. 同理可证$\overline{U}\rho^{(r)}=\rho^{(r)'}$. 所以有$\overline{U}R=R'$. 因此$R^{*}\cong R\cong R'$. 由[12]可知存在$g_u$的自同构$V$使得$V\rho^{(r)'}V^{-1}=\sigma$. 因此$VU\rho U^{-1}V^{-1}$为$\sigma=V\rho^{(r)'}V^{-1}$的一个对合扩充$\tilde{\sigma}$，并且$\tilde{\sigma}\overset{u}{\sim}\rho$.

推论 2 若$R:(R_u,\rho^{(r)})\cong R^{*}:(R_u^{*},\sigma)$，则$R_u\cong R_u^{*}$.

由定理 2 可知，要得到$g:(g_u,\rho)$的最大正规半单纯子代数的同构分类，我们首先要讨论g_u的最大正规半单纯子代数R_u^{*}的对合自同构的对合扩充问题. 事实上以后只要讨论R_u^{*}的标准对合自同构$\sigma=\sigma_1\sigma_2\sigma_3$的对合扩充的问题，其中$\sigma_i$为$R_{u_i}^{*}$对于$\Pi_i^{*}$的标准对合自同构($1\leqslant i\leqslant 3$).

前面已指出$\Pi_i^{*}\subseteq\Pi_t$，$1\leqslant i\leqslant 3$. 不难证明$\Pi^{*}=\Pi_1^{*}\cup\Pi_2^{*}\cup\Pi_3^{*}=\Pi_t$，为$R_u^{*}$的一个素根系. 以$h^{*}$表示$\{\sqrt{-1}h_r,r\in\Pi\}$在实数域上生成的子空间，

显然 h^* 为 g_u 的一个 Cartan 子代数且 $h^* = h_0^* + \sum_{i=1}^{3} h_i^*$.

若 $\bar{\tau}$ 表示 h^* 上的一个线性变换，且 $\bar{\tau}$ 令 $\sqrt{-1}h^*$ 的 Cartan 内积不变，且 $\bar{\tau}$ 在 $h^* \cap R_u^*$ 上的限制(或称诱导)为 $\tau = \tau_1\tau_2\tau_3$，则 $\bar{\tau}$ 称为 τ 在 h^* 上的一个扩充.

以下 $\sigma = \sigma_1\sigma_2\sigma_3 = \tau_1\tau_2\tau_3 \operatorname{expad}(H_1^* + H_2^* + H_3^*) = \tau \operatorname{expad} H^*$，$\tau H^* = H^*$ 总表示 R_u^* 对于 Π^* 的标准对合自同构.

引理 1　τ 总有在 h^* 上的扩充 $\bar{\tau}$.

证　若 R_u^* 为 n 阶的，则令 $\bar{\tau} = \tau$，引理就证明了. 若 R_u^* 为 $n-1$ 阶的，则令 $\bar{\tau}$ 在 $h^* \cap R_u^*$ 上即为 τ，而 $\bar{\tau}\Lambda(R_u^*) = \pm \Lambda(R_u^*)$. 因此 $(\bar{\tau}\Lambda(R_u^*), \bar{\tau}\Lambda(R_u^*)) = \pm (\Lambda(R_u^*), \Lambda(R_u^*))$. 另外 $(\Lambda(R_u^*), H) = 0$，$H \in h^* \cap R_u^*$，所以 $(\bar{\tau}\Lambda(R_u^*), \bar{\tau}H) = (\Lambda(R_u^*), H) = 0$，$H \in h^* \cap R_u^*$. 因此 $\bar{\tau}$ 令 $\sqrt{-1}h^*$ 的 Cartan 内积不变. 并且可以认为 $\bar{\tau}$ 为 h^* 上的线性变换. 上述 $\bar{\tau}$ 即为 τ 在 h^* 上的扩充.

推论 3　若 R_u^* 的阶为 n，则 $\bar{\tau}$ 是唯一的(即为 τ 本身). 若 R_u^* 为 $n-1$ 阶，则 $\bar{\tau}$ 有两个，记为子 $\bar{\tau}^{(1)}$，$\bar{\tau}^{(2)}$，$\bar{\tau}^{(1)}\Lambda(R_u^*) = \Lambda(R_u^*)$，$\bar{\tau}^{(2)}\Lambda(R_u^*) = -\Lambda(R_u^*)$.

若 $\tilde{\tau}$ 为 g_u 的自同构，且 $\tilde{\tau}$ 令 R_u^* 不变，$\tilde{\tau}$ 在 R_u^* 上的限制(或称为诱导)为 τ，则 $\tilde{\tau}$ 称 τ 的扩充. τ 称为可扩充的.

引理 2　a) 若 $\tilde{\tau}$ 为 τ 的扩充，则 $\tilde{\tau}$ 在 h^* 上的限制必为 τ 在 h^* 上的扩充 $\bar{\tau}$ 且 $\bar{\tau}\alpha_i \in \Sigma$.

b) 若 $\bar{\tau}$ 为 τ 在 h^* 上的扩充且 $\bar{\tau}\alpha_i \in \Sigma$，则 $\bar{\tau}$ 有扩充 $\tilde{\tau}$ 且 $\tilde{\tau}$ 在 h^* 上的限制即为 $\bar{\tau}$.

证　a) 若 $\tilde{\tau}$ 为 τ 的扩充，由 $\tilde{\tau}R_u^* = R_u^*$ 可知：$\tilde{\tau}h_0^* = h_0^*$. 而 $\tilde{\tau}$ 为 τ 的扩充，因此 $\tilde{\tau}$ 使 $h^* \cap R_u^*$ 不变. 所以 $\tilde{\tau}h^* = h^*$. 令 $\bar{\tau}$ 为 $\tilde{\tau}$ 在 h^* 上的限制，则 $\bar{\tau}$ 即为 τ 在 h^* 上的扩充且 $\bar{\tau}\alpha_i \in \Sigma$.

b) 若 $\bar{\tau}$ 为 τ 在 h^* 上的扩充，由 $\tau\Pi^* = \Pi^*$，可知 $\bar{\tau}\Pi^* = \Pi^*$. 由于 $\bar{\tau}\alpha_i \in \Sigma$ 且 $\bar{\tau}$ 令 $\sqrt{-1}h^*$ 的 Cartan 内积不变，所以 $\bar{\tau}\Pi$ 为 g_u 在 $\sqrt{-1}h^*$ 内的一个素根系. 若 $\bar{\tau}\Pi = \Pi$，则令 $\tilde{\tau}' = t_0$，其中 t_0 为 g_u 令 Π 不变的标准外自同构(即[10] 12.2.3 所给出的 θ)或恒等变换 I. 当 $\bar{\tau}\Pi \neq \Pi$ 时，则有 g_u 的令 h^* 不变的 Weyl 群中的元素 W 使得 $n_W\Pi = \bar{\tau}\Pi$，其中 n_W 为[10]的 8.4.3 所给出. 这时令 $\tilde{\tau}' = n_W$，由于$(\tilde{\tau}')^{-1}$ 令 Π^* 中任一元素不变，所以有 $H \in h^* \cap R_u^*$ 使得$(\tilde{\tau}')^{-1}\tau$ 和

expad$H$ 在 R_u^* 上相等，因此 $\tilde{\tau}=\tilde{\tau}'\text{expad}(-H)$ 为 τ 的一个扩充. 引理得证.

若 $R_{u_i}^*$ 中有一个不同构于 A_1，则规定 $R_{u_1}^*$ 不同构于 A_1.

由[2]，[3] 以及引理 1，2 经过简单计算可知.

推论 4 (1) 若 $R_{u_1}^*\cong A_l(l>1)$ 或 E_6，则或者 $R_{u_i}^*\cong A_m$ 或 E_6，或者 $R_{u_i}^*=0$，$2\leqslant i\leqslant 3$. 并且如果 $\tau_1\neq I$，除了 $R_{u_2}^*(R_{u_3}^*)$ 为零或同构于 A_1 外，则 $\tau_2\neq I(\tau_3\neq I)$，$\tau=\tau_1\tau_2\tau_3$ 才能是可扩充的. 且 $\tilde{\tau}$ 是 τ 的扩充，则 $\tilde{\tau}\alpha_t=-\varphi(\tau\neq 1$ 时).

(2) 设 a) $g_u\cong E_7$，$R_u^*=R_{u_1}^*+R_{u_2}^*\cong D_6+A_1(R_{u_3}^*=0)$.

b) $g_u\cong E_8$，$R_u^*=R_{u_1}^*\cong D_8(R_{u_2}^*=R_{u_3}^*=0)$.

对于以上的情况 a) 和 b)，若 $\tau\neq I$，则 τ 没有扩充.

命题 1 若 τ 有扩充，则 τ 有对合扩充，且二者在 h^* 上的限制相同(或称诱导相同).

证 根据推论 4 可分以下两种情况讨论：

(1) 若 $R_{u_1}^*\cong A_l(l>1)$ 或 E_6

由推论 4 的(1) 可知，若 $\tau_1\neq I$ 而 τ 有扩充，则 $\tau_1=J_1n_1$，并且除了 $R_{u_2}^*(R_{u_3}^*)$ 为零之外，$\tau_2=J_2n_2$，$(\tau_3=J_3n_3)$，而 $R_{u_2}^*(R_u^*)$ 为零时 $\tau_2=I(\tau_3=I)$. 因此有 $\tau=J_1n_1J_2n_2J_3n_3=J_1J_2J_3n_1n_2n_3=J'n$. 令 J 为 g_u 的一个全负变换，事实上，我们很容易证明. J 为 J' 的一个对合扩充. 令 $\tilde{\tau}=J_n$，显然 $\tilde{\tau}$ 是 g_u 的一个对合自同构，且 $\tilde{\tau}$ 为 τ 的一个对合扩充.

(2) 若 $R_{u_1}^*\cong D_l$

由[2][3] 以及推论 4 可知只有在以下情况 Ⅰ，Ⅰ′，Ⅱ 中，若 $\tau\neq 1$，τ 才能是有扩充 的. 以下对 Ⅰ，Ⅰ′，Ⅱ，对每个可扩充的 τ 给出对合扩充 $\tilde{\tau}$，(若 $g_u\cong D_n$ 时，以 t_0 表示 g_u 令 II 不变的标准外自同构 θ).

Ⅰ $g_u\cong D_n$，$R_u^*=R_{u_1}^*+R_{u_2}^*\cong D_l+D_{n-1}(R_{u_3}^*=0)$

a) 当 $\tau_1=1$，$\tau_2\neq 1$ 时，令 $\tilde{\tau}'=t_0$.

b) 当 $\tau_1\neq 1$，$\tau_2=1$ 时，令 $\tilde{\tau}'=n_{\alpha_1}n_{-\varphi}t_0$.

c) 当 $\tau_1\neq I$，$\tau_2\neq I$ 时，令 $\tilde{\tau}'=n_{\alpha_1}n_{-\varphi}$.

Ⅰ′ $g_u\cong D_l$，$R_u^*=R_{u_1}^*\cong D_{n-1}(R_{u_2}^*=R_{u_3}^*=0)$

a) 当 $\tau_1\neq 1$ 时令 $\tilde{\tau}'=t_0$(这时 $\tilde{\tau}'$ 在 h^* 上的限制为 $\tilde{\tau}^{(1)}$) 或令 $\tilde{\tau}'=n_{\alpha_1}n_{-\varphi}t_0$ (这时 $\tilde{\tau}'$ 在 h^* 上的限制为 $\tilde{\tau}^{(2)}$).

b) 当 $\tau_1=1$ 时，令 $\tilde{\tau}'=n_{\alpha_1}n_{-\varphi}t_0$.

Ⅱ $g_u \cong B_n$，$R_u^* = R_{u_1}^* + R_{u_2}^* \cong D_l + B_{n-1}(R_{u_3}^* = 0)$

a) 当 $\tau_1 \neq I$ 时，令 $\tilde{\tau}' = n_\alpha$，其中 $\alpha = W_r\alpha_n$，$r = \alpha_1 + \alpha_2 + \cdots + \alpha_{n-1}$.

不难证明有 $H \in h^*$，$\tilde{\tau}'H = H$ 使得 $\tilde{\tau} = \tilde{\tau}'\mathrm{expad}H$ 是 g_u 的一个对合自同构，显然 $\tilde{\tau}$ 是 τ 的一个对合扩充. 命题得证.

命题 1 中规定的 $\tilde{\tau}$ 称为 τ 的标对合扩充(并且总以 $\tilde{\tau}$ 表示之). τ 的两个对合扩充如果在 h 上限制相同,则称为是同限的. 在同限的意义下有

命题 1′ 除了命题 1 中(2) $I'\alpha$) 中的 τ 有两个标准对合扩充外，τ 的标准对合扩充 $\tilde{\tau}$ 都是唯一的.

引理 3 $\tilde{\tau}$ 为 τ 的一个标准对合扩充. 若 $\tilde{\tau}\alpha_t \neq \alpha_t$，$\Lambda(R_u^*) \neq 0$，则有小于等于零的整数 q_i 使得

(Ⅰ) $$\alpha_t' = \frac{1}{2}(\alpha_t + \tilde{\tau}\alpha_t) = \frac{1}{2}(\Sigma q_i\alpha_i),\ \alpha_i\Sigma\Pi^*.$$

证 若 $\tilde{\tau}\alpha_t \neq \alpha_t$,则 $\tilde{\tau}\alpha_t$ 不是由 Π 所决定的正根,若不然则 $\tilde{\tau}\Pi$ 中任一元素 β_i 可表示为

$$\beta_i = \sum_{i=1}^{n} \lambda_i\alpha_i,\ \alpha_i \in \Pi$$

λ_i 大于或等于零的整数. 因此 $\tilde{\tau}\Pi = \Pi$，但 $\tilde{\tau}\Pi^* = \Pi^*$，所以 $\tilde{\tau}\alpha_t = \alpha_t$. 这和 $\tilde{\tau}\alpha_t \neq \alpha_t$ 矛盾. 所以 $\tilde{\tau}\alpha_t = \Sigma q_i\alpha_i$，$\alpha_i \in \Pi$，$q_i$ 为小于等于零的整数. 由推论 3 可知 $\tilde{\tau}\Lambda(R_u^*) = \pm\Lambda(R_u^*)$，但 $\tilde{\tau}\alpha_i$ 不是由 Π 所决定的正根，所以 $\tilde{\tau}\Lambda(R_u^*) = \pm\Lambda(R_u^*)$. 因此 $q_i = -1$，所以有非正整数 q_i 使得

$$\alpha_t' = \frac{1}{2}(\alpha_t + \tilde{\tau}\alpha_t) = \frac{1}{2}(\Sigma q_i\alpha_i),\ \alpha_i\Sigma\Pi\backslash\alpha_t = \Pi^*$$

推论 5 若 $\tilde{\tau}\alpha_t \neq \alpha_t$，则 $\tilde{\tau}\Lambda(R_u^*) = -\Lambda(R_u^*)$(设 $\Lambda(R_u^*) \neq 0$). $\tilde{\tau}$ 在 h^* 上的限制为 $\tilde{\tau}^{(2)}$. 若 $\tilde{\tau}\alpha_t = \alpha_t$，则 $\tilde{\tau}\Lambda(R_u^*) = \Lambda(R_u^*)$. $\tilde{\tau}$ 在 h^* 上的限制为 $\tilde{\tau}^{(1)}$.

若 R_u^* 为 n 阶的，则令由 Π 决定的最小负根 $-\varphi = \alpha_{n+1}$，$m_{n+1} = 1$，由于 φ 可表示为:$\varphi = \Sigma m_i\alpha_i$，$\alpha_i \in \Pi$，$m_i$ 为非负整数. 因此有(Ⅰ′) $m_t\alpha_t = -(\Sigma m_i\alpha_i) = \Sigma l_i\alpha_i$，$\alpha_i \in \Pi^*$，$l_i$ 为非负整数($l_i = -m_i$).

令 h_1^*：$\{H \mid H \in h^*, \tilde{\tau}H = H\}$，以 $h_{\alpha'}$ 表示 h_α 在 $\sqrt{-1}h_1^*$ 上的投影. 以 $\Pi^{*\prime}$：$\{\alpha_1', \alpha_2', \cdots, \alpha_r'\}$ 表示 Π^* 在 $\sqrt{-1}h_t^*$ 上的投影(且规定 $\alpha_r' = -\varphi'$). 并且规定当 R_u^* 为 $n-1$ 阶而 $\tilde{\tau}\alpha_t \neq \alpha_t$ 时 $m = 2$，为 R_u^* 阶 n 时规定 $m = m_t$，且令 $\alpha_t' = \alpha'$. 由(Ⅰ)和(Ⅰ′)可得到:

(Ⅱ) $m\alpha' = \Sigma l_i'\alpha_i'$，$\alpha_i' \in \Pi^*$，$l_i'$ 为小于等于的整数.

设 $\sigma=\tau \exp \operatorname{ad} H^*$ 为 R_u^* 对于 Π^* 的标准对合自同构，$\{\beta_i^*, 1\leqslant i\leqslant 3\}$ 为 σ 的特征根，如果 $\beta_i^*\in\Pi^*$，由于 $\tau\beta_i^*=\beta_i^*$，因此 $\beta_i^*\in\Pi^{*\prime}$，$1\leqslant i\leqslant 3$，这时令 $-N_i$ 为 β_i^* 在(Ⅱ)式中的系数. 若 $\beta_i\in\phi$，则令 $N_i=0$，有

(Ⅲ) $m(\alpha', H^*)=\frac{1}{2}(N_1+N_2+N_3)=\frac{1}{2}N$(省略因子 $2\pi\sqrt{-1}$).

若 $\tilde{\omega}=\exp \operatorname{ad} \widetilde{H}^*$ 在 R_u^* 上的限制为 $\omega=\exp \operatorname{ad} H^*$，则 $\tilde{\omega}$ 称为 ω 的扩充，若 $\tilde{\omega}$ 是 g_u 的对合自同构，则 $\tilde{\omega}$ 称为 ω 的对合扩充.

命题 2 若 $\tilde{\tau}$ 为 τ 的标准对合扩充，则

1° 当 R_u^* 为 n 阶或 R_u^* 为 $n-1$ 阶而 $\tilde{\tau}_{\alpha_t}\neq\alpha_t$，$\omega$ 有对合扩充 $\tilde{\omega}=\exp \operatorname{ad} \widetilde{H}^*$，且 $\tilde{\tau}\widetilde{H}^*=\widetilde{H}^*$ 的充要条件为

(Ⅳ) $$\frac{1}{2}m=\frac{1}{2}N \text{ 或 } m=\frac{1}{2}N \pmod 1$$

2° 当 R_u^* 为 $n-1$ 阶而 $\tilde{\tau}_{\alpha_t}=\alpha_t$，$\omega$ 总有对合扩充 $\tilde{\omega}=\exp \operatorname{ad} \widetilde{H}^*$，$\tilde{\tau}\widetilde{H}^*=\widetilde{H}^*$.

证 1° 必要性：由于 $\tilde{\omega}$ 是 g_u 的对合自同构，所以有

$$\tilde{\omega}e_{\alpha_t}=\exp \operatorname{ad} \widetilde{H}^*\cdot e_{\alpha_t}=\exp 2\pi\sqrt{-1}(\widetilde{H}^*, \alpha')\cdot e_{\alpha_t}=\pm e_{\alpha_t}$$

因此由上式可推出

(Ⅴ) $$(\widetilde{H}^*, \alpha')=\frac{1}{2} \text{ 或 } 0 \pmod 1$$

而 $\tilde{\omega}$ 为 ω 的扩充，因此有 $(\widetilde{H}^*, \alpha_i')\equiv(H^*, \alpha_i')\pmod 1$，$\alpha_i'\in\Pi^{*\prime}$. 所以由(Ⅱ)式可知

(Ⅴ)′ $$m(\widetilde{H}^*, \alpha')\equiv\frac{1}{2}N \pmod 1$$

因此由(Ⅴ)和(Ⅴ)′式可以推出

$$\frac{1}{2}m=\frac{1}{2}N \text{ 或 } m=\frac{1}{2}N \pmod 1$$

所以(Ⅳ)式成立.

充分性：由(Ⅲ)式可知 $m(H^*, \alpha')\equiv\frac{1}{2}N$. 因此由(Ⅳ)式可知 $(H^*, \alpha')\equiv\frac{1}{2}$ 或 $\equiv 0\pmod 1$. 令 ω 在 g_u 上的自然扩充为 $\tilde{\omega}$，这时可推出 $\tilde{\omega}e_{\alpha_t}=\exp \operatorname{ad} H^*\cdot e_{\alpha_t}=\exp 2\pi\cdot\sqrt{-1}(H^*, \alpha')\cdot e_{\alpha_t}=\pm e_{\alpha_t}$，所以 $\tilde{\omega}$ 为 g_u 的对合自同构，因此 $\tilde{\omega}$ 为 ω 的对合扩充，且 $\tilde{\tau}\widetilde{H}^*=\widetilde{H}^*$(这时 $\widetilde{H}^*=H^*$).

2° 若 R_u^* 为 $n-1$ 阶而 $\tilde{\tau}_{\alpha_t}=\alpha_t$. 由推论 3 可知 $\tilde{\tau}\Lambda(R_u^*)=\Lambda(R_u^*)$，由于

$(\Lambda(R_u^*)\cdot\alpha_i')=0$，$\alpha_i\in\Pi^{*\prime}$，所以有实数 λ_1 和 λ_2 使得

$$(\widetilde{H}^*,\alpha')=0,\ (\widetilde{H}^*,\alpha')=\frac{1}{2},$$

其中 $\widetilde{H}_i^*=H^*+\lambda_i\Lambda(R_u^*)$，$i=1,2$. 令 $\tilde{\omega}_i=\exp\operatorname{ad}\widetilde{H}_i^*$，$i=1,2$. 则 $\tilde{\omega}_i$ 为 ω 的扩充. 由上式可知如 $\tilde{\omega}_i$，$i=1,2$ 为 g_u 的对合自同构，所以 $\tilde{\omega}_1$，$\tilde{\omega}_2$ 为 ω 的对合扩充，且 $\tilde{\tau}\widetilde{H}_i^*=\widetilde{H}_i^*$，$i=1,2$.

命题 2 中规定的 ω 的对合扩充 $\tilde{\omega}$ 称为 ω 对于 $\tilde{\tau}$ 的标准对合扩充. 若 $\tilde{\omega}$ 满足条件 $\tilde{\omega}e_{\alpha_t}=e_{\alpha_t}$，则这样的 $\tilde{\omega}$ 记为 $\tilde{\omega}_1$，若 $\tilde{\omega}$ 满足条件 $\tilde{\omega}e_{\alpha_t}=-e_{\alpha_t}$，则这样的 $\tilde{\omega}$ 记为 $\tilde{\omega}_2$.

若 $H'\in h_1^*$ 且 $(H',\alpha_i')\equiv(H^*,\alpha_i')\pmod 1$，$\alpha_i'\in\Pi^{*\prime}$，则 H' 称为 H^* 的同型元. 以 Λ 表示 h_1^* 中满足下列条件的元素：

$$(\Lambda,\alpha_i')=0,\ \alpha_i'\in\Pi^{*\prime}\backslash\alpha_r',\ (\Lambda,\alpha_i')=\frac{1}{2}.$$

命题 2′　若 $\tilde{\tau}$ 为 τ 的标准对合扩充，$\tilde{\omega}_1$，$\tilde{\omega}_2$ 为 $\omega=\exp\operatorname{ad}H^*$ 对于 $\tilde{\tau}$ 的上述的对合扩充：

1° 当 R_u^* 为 n 阶或 R_u^* 为 $n-1$ 阶而 $\tilde{\tau}\alpha_t\neq\alpha_t$：

a) m 为偶数 N 为奇数，则 ω 没有对合扩充；

b) m 为偶数 N 为偶数，则 ω 有对合扩充 $\tilde{\omega}_1$ 和 $\tilde{\omega}_2$；

c) m 为奇数 N 为奇数，则 ω 有对合扩充 $\tilde{\omega}_2$；

d) m 为奇数 N 为偶数，则 ω 有对合扩充 $\tilde{\omega}_1$.

2° 当 R_u^* 为 $n-1$ 阶而 $\tilde{\tau}\alpha_t=\alpha_t$，$\omega$ 有对合扩充 $\tilde{\omega}_1$，$\tilde{\omega}_2$. 且 ω 对于 $\tilde{\tau}$ 的标准对合扩充只能是 $\tilde{\omega}_1$ 和 $\tilde{\omega}_2$.

证　1°a) 设 H' 为 H^* 的同型元，由(Ⅲ)式可知

$$m(H',\alpha')\equiv\frac{1}{2}N\pmod 1.$$

由于 N 为奇数而 m 为偶数，因此不可能有 $(H',\alpha')\equiv0$ 或 $\equiv\frac{1}{2}\pmod 1$. 所以 ω 不存在对于 $\tilde{\tau}$ 的对合扩充.

b) 由于 N 为偶数，由(Ⅲ)式可知 $m(H^*,\alpha')\equiv0\pmod 1$. 由于 m 为偶数，因此有 $(H^*,\alpha')\equiv0$ 或 $\equiv\frac{1}{2}\pmod 1$. 设 $(H^*,\alpha')\equiv0\pmod 1$，这时 ω 在 g_u 上的自然扩充即 $\tilde{\omega}_1$. 令 $\widetilde{H}_2^*=H^*+\Lambda$，由(Ⅲ)式不难推出 $m(\widetilde{H}_3^*,\alpha')=m(\Lambda,\alpha')=\frac{1}{2}m\equiv\frac{1}{2}N'+(\Lambda,\alpha_r')\pmod 1$ 当 $\alpha_r'=\beta_i^*$，$\beta_i^*\in\Pi^*$，$1\leqslant i\leqslant$

3，$N' = N-1$，$(H^*, \alpha_r') = \frac{1}{2}$. 由于这时 $m - N'$ 为奇数，由上式可知有$(\Lambda, \alpha_r') \equiv \frac{1}{2} \pmod 1$. 因此$(H^*, \alpha_r') \equiv (\Lambda, \alpha_r') \pmod 1$. 当 $\alpha_r' \neq \beta_i^*$，$\beta_i^* \in \Pi_i^*$，$1 \leqslant i \leqslant 3$ 时，同样可证明上式成立. 所以 $\widetilde{H}_2^*$ 为 H^* 的同型元. 因此 exp ad $\widetilde{H}_2^*$ 即为$\tilde{\omega}_2$. 若$(H^*, \alpha') \equiv \frac{1}{2} \pmod 1$，则 ω 在 g_u 上的自然扩充即为$\tilde{\omega}_2$. 类似的可证明这时有 $\widetilde{H}_1^*$ 存在使得 exp ad $\widetilde{H}_1^*$ 即为$\tilde{\omega}_1$. 且上述 $\widetilde{H}_i^*$ 满足条件$\tilde{\tau}\widetilde{H}_i^* = \widetilde{H}_i^*$，$i = 1, 2$.

c) 由于 m, N 都是奇数，由(Ⅲ)式可知$(H^*, \alpha') \equiv \frac{1}{2} \pmod 1$ 所以 ω 在 g_u 上的自然扩充即为$\tilde{\omega}_2$. 另外由于$\frac{1}{2}N$ 不是整数，因此由(Ⅲ)式可知不存在 H^* 的同型元 H'，而 H' 满足$(H', \alpha') \equiv 0 \pmod 1$. 所以 ω 不存在对于$\tilde{\tau}$ 的标准对合扩充$\tilde{\omega}_1$.

d) 证明类似于 c). 命题得证. (显然 ω 对于 $\tilde{\tau}$ 的标准对合扩充只能是$\tilde{\omega}_1$，$\tilde{\omega}_2$.)

引理 4 $\tilde{\tau}$ 为 τ 的一个标准对合扩充，则下列情况总有一个成立：I，R_u^* 为 n 阶而 N/m 为一整数；Ⅱ，有 $d \in h^*$，$\tilde{\tau}d = \pm d$，且 d 满足条件(c)：$(d, \alpha_t) = 1$，$(d, \alpha_i) = 0$，$\alpha_i \in \overline{\Pi}$，其中 $\overline{\Pi} \subseteq \Pi^*$，而$\{\overline{\Pi}, \alpha_t\}$ 为 g_u 在 $\sqrt{-1}h^*$ 内的一个素根系.

证 先讨论 R_u^* 的阶为 n 的情况：

除了以下情况 e) 外，由实半单李代数的角图式的理论[12] 经过简单的计算可知 N/m 总为一整数：

e) $g_u \cong D_n$，$R_u^* = R_{u_1}^* + R_{u_2}^* \cong D_l + \cong D_{n-l}$，$\tau \neq 1$ 而 τ_1，τ_2 中有一个为恒等变换 I. 当 $\tau_1 \neq I$，$\tau_2 = 1$ 时，令 $\Pi^* \backslash \overline{\Pi} = \alpha_n$，当 $\tau_1 = 1$，$\tau_2 \neq 1$ 时，令 $\Pi^* \backslash \overline{\Pi} = \alpha_{n+1} = -\varphi$，那么满足下列条件(c′)的 h^* 中的元素 d 一定满足$\tilde{\tau}d = d$：(c′) $(d, \alpha_t) = 1$，$(d, \alpha_i) = 0$. $\alpha_i \in \Pi$. 显然$\{\overline{\Pi}, \alpha_t\}$ 为 g_u 在 $\sqrt{-1}h^*$ 中的一个素根系.

当 R_u^* 为 $n-1$ 阶时，取 $d = \Lambda(R_u^*)$，则不难证明 d 满足条件(c′)且 $\tilde{\tau}d = \pm d$.

推论 6 对于引理 4 中的情况 Ⅱ，任一个 $\omega = \exp \operatorname{ad} H^*$ 的扩充 $\bar{\omega}$ 必等于 exp ad $\overline{H}^*$，其中 $\overline{H}^* = H^* + \lambda d$，$\lambda$ 为一实数.

证 不难证明总可以适当选择一实数 λ 使得

$$\tilde{\omega} e_{\alpha_t} = \exp 2\pi \sqrt{-1}\ (\overline{H}^*,\ \alpha_t) \cdot e_{\alpha_t} = \exp\ \mathrm{ad}\ \overline{H}^* e_{\alpha_t}$$

另一方面，由于 $\bar{\omega}$ 是 ω 的扩充，因此有对于 $\overline{\Pi}$ 中的元素 α_i，

$$\tilde{\omega} e_{\alpha_i} = \exp 2\pi \sqrt{-1}(H^*,\ \alpha_i) \cdot e_{\alpha_i} = \exp 2\pi \sqrt{-1}(H^* + \lambda d,\ \alpha_i) e_{\alpha_i}$$
$$= \exp\mathrm{ad}\widetilde{H}^* e_{\alpha_i}.$$

但由于$\{\overline{\Pi},\ \alpha_t\}$ 为 g_u 的一个素根系，所以 $\bar{\omega} = \exp\ \mathrm{ad}\ \overline{H}^*$.

引理 5 $\sigma = \tau \exp\mathrm{ad} H^*$，$\tilde{\tau} H^* = H^*$ 为 R_u^* 对于 Π^* 的标准对合自同构，则 σ 存在对合扩充 $\tilde{\sigma}$ 的充要条件为：

a) 存在 τ 的一个标准对合扩充 $\tilde{\tau}$，

b) 存在 $\omega = \exp\mathrm{ad} H^*$ 对于 $\tilde{\tau}$ 的一个标准对合扩充 $\tilde{\omega}$.

证 必要性：由于 $\tilde{\sigma}$ 是 σ 的对合扩充，不难证明 $\tilde{\sigma}\Lambda(R_u^*) = \pm\Lambda(R_u^*)$，所以 $\tilde{\sigma} h_0^* = h_0^*$. 而 $\tilde{\sigma}$ 又是 σ 的扩充，所以 $\tilde{\sigma}$ 令 h^* 不变. 令 $\tilde{\sigma}$ 在 h^* 上的限制为 $\bar{\sigma}$，$\bar{\sigma}$ 显然为 τ 在 h^* 上的一个扩充 $\bar{\tau}$，且 $\bar{\tau}\alpha_t \in \Sigma$. 由引理 1 和命题 1 可知存在 τ 的标准对合扩充 $\tilde{\tau}$. a) 得证，以下证明 b). 先考虑引理 4 中的情况 Ⅰ，由于 N/m 为整数，因此由(Ⅲ)式可知$(H^*,\ \alpha') \equiv \dfrac{1}{2}$ 或 $0 \pmod 1$. 所以 ω 在 g_u 的自然扩充 $\bar{\omega}$ 即为 ω 对于 $\tilde{\tau}$ 的标准对合扩充. 其次考虑引理 4 中的情况 Ⅱ. 由 a) 可知存在 τ 的一个标准对合扩充 $\tilde{\tau}$，因此 $\tilde{\sigma}\tilde{\tau}$ 必为 ω 的一个扩充 $\bar{\omega}$. 由推论 6 可知这时 $\bar{\omega} = \exp\mathrm{ad}\overline{H}^* = \exp\mathrm{ad}(H^* + \lambda d)$. 因此 $\tilde{\sigma} = \tilde{\tau}\exp\mathrm{ad}\overline{H}^*$. 如果 $\tilde{\tau} d = d$，则 $\tilde{\tau}\overline{H}^* = \overline{H}^*$. 这时由 $\tilde{\sigma}$ 和 $\tilde{\tau}$ 都是 g_u 的对合自同构可推出 $\exp\mathrm{ad}\overline{H}^*$ 也是 g_u 的对合自同构. 所以 $\exp\mathrm{ad}\overline{H}^*$ 为 ω 的一个对于 $\tilde{\tau}$ 的标准对合扩充. 若 $\tilde{\tau} d = -d$，则不难推出

$$(\tilde{\sigma})^2 = \tilde{\tau}\exp\ \mathrm{ad}\ \overline{H}^* \tilde{\tau}\exp\ \mathrm{ad}\ \overline{H}^* = \exp\ \mathrm{ad}\ (\overline{H}^* - \lambda d) = \exp\ \mathrm{ad}\ (\overline{H}^* + \lambda d)$$
$$= \exp\ \mathrm{ad}\ 2H^* = \omega^2.$$

由于 $\tilde{\sigma}$ 是 g_u 的对合自同构，因此由上式可知 ω 在 g_u 的自然扩充 $\bar{\omega}$ 即为 ω 对于 $\tilde{\tau}$ 的标准对合扩充.

充分性：由 a) 可知存在 τ 的一个标准对合扩充 $\tilde{\tau}$. 由 b) 可知存在 ω 对于 $\tilde{\tau}$ 的一个标准对合扩充 $\tilde{\omega} = \exp\mathrm{ad}\widetilde{H}^*$，且 $\tilde{\tau}\widetilde{H}^* = \widetilde{H}^*$. 因此有 $\tilde{\tau}\tilde{\omega} = \tilde{\omega}\tilde{\tau}$. 而 $\tilde{\tau}$ 和 $\tilde{\omega}$ 都是 g_u 的对合自同构. 所以 $\tilde{\sigma} = \tilde{\tau}\tilde{\omega}$ 为 σ 的对合扩充. 引理得证

由引理 1、2、5 以及命题 1，1′，2，2′ 可推出

定理 3 设 $\sigma = \tau\exp\ \mathrm{ad}\ H^*$，$\tau H^* = H^*$ 为 R_u^* 对于 Π^* 的标准对合自同构：

1. 若 R_u^* 的阶为 n，令 $\tilde{\tau} = \tau$；若 R_u^* 的阶为 $n-1$，令 $\tilde{\tau} = \tilde{\tau}^{(2)}$，如果 $\bar{\tau}\alpha_t \in$

Σ,那么

a) 若 m 为偶数 N 为奇数,则 σ 不存在对合扩充;

b) 若 m 为偶数 N 为偶数,则 σ 存在对合扩充切 $\tilde{\sigma}_1$ 和 $\tilde{\sigma}_2$;

c) 若 m 为奇数 N 为奇数,则 σ 存在对合扩充 $\tilde{\sigma}_2$;

d) 若 m 为奇数 N 为偶数,则 σ 存在对合扩充 $\tilde{\sigma}_1$.

其中 $\tilde{\sigma}_1 = \tilde{\tau}\tilde{\omega}_1$, $\tilde{\sigma}_2 = \tilde{\tau}\tilde{\omega}$, $\tilde{\tau}$ 为 τ 的标准对合扩充且 $\tilde{\tau}$ 在 h^* 上的限制为上述 τ, $\tilde{\omega}_1$ 和 $\tilde{\omega}_2$ 为 ω 对于上述 $\tilde{\tau}$ 的标准对合扩充.

2) 若 R_u^* 的阶为 $n-1$, 令 $\tau = \tau^{(1)}$, 如果 $\tau\alpha_t \in \Sigma$ 则 σ 有对合扩充 $\tilde{\sigma}_1 = \tilde{\tau}\tilde{\omega}_1$ 和 $\tilde{\sigma}_2 = \tilde{\tau}\tilde{\omega}_2$, 其中 $\tilde{\tau}$ 为 τ 的标准对合扩充且 $\tilde{\tau}$ 在 h^* 上的限制即为上述 τ, 而 $\tilde{\omega}_1$, $\tilde{\omega}_2$ 为 ω 对于上述 $\tilde{\tau}$ 的标准对扩充.

推论 7 若 R_u^* 的阶为 $n-1$ 且 $\tau = \tau^{(2)}$, 如果 $\tilde{\sigma}_1$ 和 $\tilde{\sigma}_2$ 存在, 则 $\tilde{\sigma}_1 \overset{u}{\sim} \tilde{\sigma}_2$.

证 总有实数 μ 存在使得 $v = \exp \mathrm{ad}\mu d$ 而 $v\tilde{\sigma}_2 v^{-1} = \tilde{\sigma}_1$. 所以 $\tilde{\sigma}_1 \overset{u}{\sim} \tilde{\sigma}_2$.

当 g_u 给定之后, g_u 的最大正规半单纯子代数 R_u^* 的同构分类为已知, 若 σ 为 R_u^* 的对于 Π^* 的标准对合自同构, 则可以利用定理 3 来判断 σ 是否有对合扩充 $\tilde{\sigma}_1$, $\tilde{\sigma}_2$. 并且由定理 3 可以将 $\tilde{\sigma}_1$, $\tilde{\sigma}_2$ 具体计算出来(如果 σ 有对合扩充的话). 若 g: (g_u, ρ), 可以利用[13]的方法来判断 ρ 是否和 $\tilde{\sigma}_1$ 或者和 $\tilde{\sigma}_2$ 在 g_u 的自同构群 $\mathrm{aut} g_u$ 下共轭. 从而可以利用定理 2 来计算出 g 的最大正规半单纯子代数的同构分类. 其具体计算过程不在这里进行了. 计算结果由表 Ⅰ, 表 Ⅱ 所给出.

以下进一步讨论实半单纯李代数 g 的最大正规半单纯子代数的共轭分类问题.

引理 6 若 R 和 R' 分别为 g: (g_u, ρ) 的两个最大正规半单纯子代数, $R = k^{(r)} + p^{(r)}$, $R' = k^{(r)'} + p^{(r)'}$ 分别为 R 和 R' 的 Cartan 分解, 且 $k^{(r)}$, $k^{(r)'} \subseteq k$, $p^{(r)}$, $p^{(r)'} \subseteq p$. 如果存在 g 的内自同构群 ad g 中的元素 U 使得 $Uk^{(r)'} = k^{(r)}$, $Up^{(r)'} = p^{(r)}$, 则一定存在 k 的内自同构群 ad k 中的元素 K 使得 $KR' = R$.

证 由[12]的 57 页可知 $U = KV$, 其中 $K \in \mathrm{ad}k$, $V = \exp \mathrm{ad} y_0$, $y_0 \in p$. 由 $Uk^{(r)'} = k^{(r)}$ 和 $Up^{(r)'} = p^{(r)}$ 可知对于 $k^{(r)'}$ 中任一元素 x 有 $\rho U \rho x = Ux$. 而另一方面 $\rho U \rho = \rho U \rho^{-1} = KV^{-1}$, 因此 $KVx = KV^{-1}x$, $x \in k^{(r)'}$. 所以可以推出 $V^2 x = x, x \in k^{(r)'}$. 设 y_0 的若唐分解为 $y_0 = H_0 + N_0$,其中 H_0, N_0 分别为半单纯和幂零元素,且$[H_0, N_0] = 0$. 所以 $V^2 = \exp \mathrm{ad}\, 2H_0 \exp \mathrm{ad} 2N_0$, 由于 ad H_0 的特征值为实数, 因此$[H_0, x] = 0$, $x \in k^{(r)'}$. 所以 $V^2 x = \exp \mathrm{ad}\, 2N_0 \cdot x = x$, $x \in k^{(r)'}$. 但 N_0 是幂零的, 因此一定有$[N_0, x] = 0$, $x \in k^{(r)'}$. 所以$[y_0$,

$x] = 0$，$x \in k^{(r)'}$. 同样可证$[y_0, y] = 0$对于$p^{(r)'}$中任一元素y成立. 因此有$KR' = R$，$K \in \mathrm{ad}k$. 引理得证.

若R为$n-1$阶的，则$R \cong R^*$：(R_u^*, σ)而$\Lambda(R_u^*) \neq 0$. 由于$\tau\Lambda(R_u^*) = \pm\Lambda(R_u^*)$可知存在$g$中的元素$\Lambda(R) \neq 0$使得$\Lambda(R)$在$g$中的中心化子$z(\Lambda(R)) = h_0 + R$，其中$h_0$为$\Lambda(R)$在实数域上生成的子空间. 若$R$的阶为$n$，则令$\Lambda(R) = 0$，$h_0$：$\{0\}$.

若$R = \sum_{i=1}^{3} R_i$，$R_i = k_i + p_i$为R_i的Cartan分解，且$k_i \subseteq k$，$p_i \subseteq p$，若h_i为R_i的Cartan子代数，且$h_i \cap k_i$为k_i的一个Cartan子代数，则h_i称为R_i的特征Cartan子代数，而$h = h_0 + \sum_{i=1}^{3} h_i$为$g$的一个Cartan子代数. 如果$h_i \cap k_i = h_i$，则$R_i$称为第一类(first category)[13]. k_i称为R_i的特征子代数. 以$\sim$和$\overset{k}{\sim}$分别表示在$\mathrm{ad}g$和$\mathrm{ad}k$下互为共轭.

定理4 若$R = \sum_{i=1}^{3} R_i$，$R' = \sum_{i=1}^{3} R_i'$为g：(g_u, ρ)的两个同构的最大正规半单纯子代数，k_i，k_i'分别为R_i和R_i'的特征子代数，如果有一个R_i(不妨假设为R_1)是第一类的，则$R \sim R'$的充要条件为$k_1 \overset{k}{\sim} k_1'$.

证必要性：由于$R \sim R'$，则有$U \in \mathrm{ad}\, g$使得$UR' = R$. 且$Uk^{(r)'} = k^{(r)}$，$Up^{(r)'} = p^{(r)}$[11]. 因此由引理6可知存在$K \in \mathrm{ad}\, k$使得$Kk_1' = k_1$，$Kp_1' = p_1$. 所以$k_1 \overset{k}{\sim} k_1'$.

充分性：先讨论$R_2 = R_3 = 0$的情况. 若R的阶为n且$R = R_1(R_2 = R_3 = 0)$，这时R即为[4]中所定义的最大正规子代数(具有可约中心)，因此由[4]的结果可知若$k_1 \overset{k}{\sim} k_1'$，则$R \sim R'$. 若$R$的阶为$n-1$且$R = R_1(R_2 = R_3 = 0)$. 设$h_1$和$h_1'$分别为$R_1$和$R_1'$的特征Cartan子代数. 由于$R_1$是第一类的，则$h_1$，$h_1'$分别为$k_1$，$k_1'$的Cartan子代数. 由于$k_1 \overset{k}{\sim} k_1'$，因此有$K \in \mathrm{ad}\, k$，使得$Kh_1' = h_1$. 设$h_1$和$h_1'$在$g$中的中心化子分别为$z(h_1)$和$z(h_1')$，则$z(h_1) = h_1 + h_0$，$z(h_1') = h_1' + h_0'$，其中$h_0$和$h_0'$分别为$\Lambda(R)$和$\Lambda(R')$所生成的子空间. 由$Kh_1' = h_1$可以推出$Kh_0' = h_0$. 设$h_0$和$h_0'$在$g$中的中心化子分别为$z(h_0)$和$z(h_0')$，则$z(h_0) = h_0 + R$，$z(h_0') = h_0' + R'$. 因此由$Kh_0' = h_0$可以推出$KR' = R$. 即$R \sim R'$.

以下考虑$R_2 \neq 0$的情况. 若$R_2 \neq 0$，$R_2' \neq 0$，由于$k_1 \overset{k}{\sim} k_1'$，因此有$K \in \mathrm{ad}\, k$使得$Kh_1' = h_1$，其中$h_1'$和$h_1$分别为$R_1'$和$R_1$的特征Cartan子代数. 设

R_i：(R_{u_i}, ρ_i)，R_i'：(R'_{u_i}, ρ_i')，其中 ρ_i 和 ρ_i' 分别为 ρ 在 R_{u_i} 和 R'_{u_i} 上的限制，$i = 1, 2, 3$. 并且有 R：$(R_u, \rho^{(r)})$，R'：$(R'_u, \rho^{(r)'})$，其中

$$R_u = \sum_{i=1}^{3} R_{u_i}, \quad R'_u = \sum_{i=1}^{3} R'_{u_i}$$

$\rho^{(r)}$ 和 $\rho^{(r)'}$ 分别为 ρ 在 R_u 和 R'_u 上的限制. 由于 R_1 和 R_1' 为第一类的，所以 h_1 和 h_1' 分别为 R_{u_i} 和 R'_{u_i} 的 Cartan 子代数. 以 $Z(h_1)$ 和 $Z(h_1')$ 分别表示 h_1 和 h_1' 在 g_u 中的中心化子，则 $Z(h_1) = h_0 + h_1 + R_{u_2} + R_{u_3}$，$z(h_1') = h_0' + h_1' + R_2 + R_3$，由于 $Kh_1' = h_1$，$K \in \mathrm{ad}k$，所以有

$$\begin{aligned} KZ(h_1') &= Kh_0' + Kh_1' + KR'_{u_2} + KR'_{u_3} = Z(Kh_1') = Z(h_1) \\ &= h_0 + h_1 + R_{u_2} + R_{u_3} \end{aligned}$$

由于 $R \cong R'$，所以可以推出 $KR'_{u_i} = R_{u_i}$，$i = 2, 3$，$K \in \mathrm{ad}k$. 由此不难证明 $KR_2' = R_2$，$KR_3' = R_3$. 设 $R_2 + R_3$ 和 $R_2' + R_3'$ 在 g 中的中心化子分别为 $z(R_2 + R_3)$ 和 $z(R_2' + R_3')$，而 $z(R_2 + R_3) = h_0 + R_1$，$z(R_2' + R_3') = h_0' + R_1'$. 由于 $K(R_2' + R_3') = R_2 + R_3 K \in \mathrm{ad}k$ 可知 $Kz(R_2' + R_3') = Kh_0' + KR_1' = z(R_2 + R_3) = h_0 + R_1$. 所以有 $KR_1' = R_1$，$Kh_0' = h_0$，$K \in \mathrm{ad}k$. 因此有 $KR' = R$，即 $R \sim R'$. 定理得证.

若 $R_i = k_i + p_i$ 为 R_i 的 Cartan 分解，如果 p_i 包含一个 R_i 的 Cartan 子代数 h_i°，则 R_i 称为正常的(normal). h_i^0 称为 R_i 的正常 Cartan 子代数. 类似定理 4 证明，可以证明：

定理 4′ 若 $R = \sum_{i=1}^{3} R_i$，$R' = \sum_{i=1}^{3} R_i'$ 为 g：(g_u, ρ) 的两个同构的最大正规半单纯子代数，如果有一个 R_i(不妨设为 R_1)是正常的，则 $R \sim R'$ 的充要条件为 $R_1 \overset{k}{\sim} R_1'$(也可以说其充要条件为 $h_1^0 \sim h_1^{0\prime}$，其中 h_1^0 和 $h_1^{0\prime}$ 分别为 R_1 和 R_1' 的正常 Cartan 子代数).

我们要指出，从 g 的最大正规半单纯子代数的同构分类可看出(参考表 Ⅰ，Ⅱ)，除了以下极少数例外(F)之外，R 中一定有一个 R_i，$1 \leqslant i \leqslant 3$ 为第一类或者为正常的. 因此可利用定理 4 和 4′ 来计算 g 中最大正规半单纯子代数同构分类的共轭计算. (F)：a) $g \cong {}^{i}D_n$，$R = R_1 + R_2 \cong {}^{r}D_l + {}^{s-l}D_{n-l}$，b) $g \cong E_7^2$，$R = R_1 \cong A_7^*$ (以上符号定义见表 2).

如果利用定理 4 和 4′具体计算 g 中的最大正规子代数的同构分类中的共轭分类(包括情况(F))我们就不在这里进行了. 计算结果由表Ⅰ和表Ⅱ给出. 表Ⅰ，Ⅱ给出了不同 g 的所有最大正规半单纯子代数的共轭分类.

表 I

g(第一类型)	k	R(第一类型)	R(第二类型)
A_n^i	$A_{i-1}+A_{n-i}+T$	$A_l^r+A_{n-l-1}^s(i=r+s)$	
B_n^i	B_i+D_{n-i}	$B_l+D_{n-l}^s(i=r+s)$	$B_l^r+{}^{s-1}D_{n-l}(i=r+s)$
		B_{n-1}^i B_{n-1}^{i-1}	
B_n^1	$B_{n-1}+T$	$B_l^1+B_{n-l}^0$ B_{n-1}^1	$B_l^1+{}^{n-l-1}D_{n-l}$（$n-l$ 为奇数）
		B_{n-1}^0	
B_n^n	D_n	$B_l^1+D_{n-l}^0$ B_{n-1}^{n-1}	
C_n^i	C_i+D_{n-i}	$C_i^r+C_{n-1}^S(i=r+s)$	
		A_{n-1}^i	
C_n^*	$A_{n-i}+T$	$C_l^*+C_{n-l}^*$ $A_{n-1}^t\left(1\leqslant\frac{n-1}{2}\right)$	A_{n-1}^N
D_n^i	D_i+D_{n-i}	$D_l^r+D_{n-l}^s(i=r+s)$	${}^rD_l+{}^{s-1}D_{n-l}(i=r+s)$
		A_{n-1}^i D_{n-1}^i	$A_{n-1}^N(i=n/2)$
		D_{n-1}^{i-1}	$i-1_{D_{n-1}}$
D_n^*	$A_{n-1}+T$	$D_l^*+D_{n-l}^*$ $A_{n-1}^t\left(1\leqslant t\leqslant\frac{n-1}{2}\right)$	A_{n-1}^*（n 为偶数）
		D_{n-1}^*	
D_n^1	$D_{n-1}+T$	$D_l^1+D_{n-l}^0$ A_{n-1}^1	${}^0D_{n-1}$
		D_{n-1}^1 D_{n-1}^0	
G_2^1	A_1+A_1	$A_1^0+A_1^0$ $A_1^1+A_1^1$	A_2^N
		A_2^1	
F_4^1	C_3+A_1	$C_3^0+A_1^0$ $C_3^1+A_1^0$	$A_2^N+A_2^N$
		$C_3^*+A_1^0$ B_4^2	
		$A_2^1+A_2^1$ $A_2^1+A_2^0$	
F_4^2	B_4	$C_3^1+A_1^0$ $C_3^2+A_1^1$	
		B_4^0 B_4^4	
		$A_2^0+A_2^1$	
E_6^3	D_5+T	$A_5^2+A_1^0$ $A_5^1+A_1^1$	
		$A_2^0+A_2^1+A_2^1$ D_5^1	
		D_5^*	
E_6^2	A_5+A_1	$A_5^0+A_1^0$ $A_5^2+A_1^0$	

续表

g(第一类型)	k	R(第一类型)	R(第二类型)
		$A_5^3+A_1^1 \quad A_2^0+A_2^0+A_2^1$	
		$A_2^1+A_2^1+A_2^1 \quad D_5^2$	
		D_5^*	
E_7^1	E_6+T	$A_7^2 \quad D_6^*+A_1^0$	
		$D_6^1+A_1^1 \quad A_2^0+A_5^s$	
		$A_2^1+A_5^1 \quad E_6^0$	
		E_6^3	
E_7^2	D_6+A_1	$A_7^2 \quad A_7^4$	A_7^*
		$D_6^0+A_1^0 \quad D_6^*+A_1^1$	$A_2^N+A_5^*$
		$D_6^2+A_1^0 \quad A_2^1+A_5^2$	E_6^*
		$A_2^0+A_5^2 \quad E_6^3$	
		E_6^2	
E_7^3	A_7	$A_7^0 \quad A_7^4$	A_7^N
		$D_6^3+A_1^1 \quad D_6^*+A_1^0$	$A_2^N+A_5^N$
		$A_2^0+A_5^1 \quad A_2^1+A_5^3$	E_6^N
		E_6^2	
E_8^1	E_7+A_1	$D_8^2 \quad D_8^*$	
		$A_8^1 \quad A_8^3$	
		$A_2^0+E_6^2 \quad A_2^1+E_6^1$	
		$A_2^1+E_6^0 \quad A_4^0+A_4^2$	
		$A_4^1+A_4^2 \quad E_7^0+A_1^0$	
		$E_7^2+A_1^0 \quad E_7^1+A_1^1$	
E_8^2	D_8	$D_8^0 \quad D_8^4$	$A_2^N+E_6^N$
		$A_8^1 \quad A_8^4$	A_8^N
		$A_2^0+E_6^1 \quad A_2^1+E_6^2$	$A_4^N+A_4^N$
		$A_4^0+A_4^1 \quad A_4^1+A_4^1$	
		$A_4^2+A_4^2 \quad E_7^2+A_1^0$	
		$E_7^3+A_1^1$	

注：(1)g_u 表示[g]的紧致型；(2)R 表示同构类中有两个互不共轭的类.

表Ⅱ

g(第二类型)	k	R(第一类型)	R(第二类型)
A_n^N	$B_{n/2}$		$A_l^N+A_{n-l-1}^N$
A_n^*	$C_{n/2}$		$A_l^*+A_{n-l-1}^*$
A_n^N	$D_{n+1/2}$		$A_l^N+A_{n-l-1}^N$
${}^cD_n$	B_i+B_{n-i-1}	D_{n-1}^i(n 为偶数)	$D_l^s+{}^rD_{n-l}$　${}^{i-1}D_{n-1}$
			${}^iD_{n-1}$　$A_{n-1}^N(i=n-1/2)$
${}^0D_n$	B_{n-1}		${}^0D_l+D_{n-l}^0$　${}^0D_{n-1}$
E_6^*	F_4		$A_5^*+A_1^0$　${}^0D_5$
E_6^N	C_4		$A_s^N+A_1^1$　$A_2^N+A_2^N+A_2^N$
			${}^2D_5$　$A_1^0+A_5^N$

表Ⅲ

g	k	R(包含同构于复单李代数的理想)
C_n^*	$A_{n-1}+T$	C_l^c　$l=\frac{n}{2}$
D_n^*	$A_{n-1}+T$	D_l^c　$l=\frac{n-1}{2}$
A_n^N	$D_{n+1/2}$	A_l^c　$l=\frac{n-1}{2}$
A_n^*	$C_{n/2}$	A_l^c　$l=\frac{n-1}{2}$
E_6^N	C_4	$A_2^c+A_2^1$
E_6^*	F_4	$A_2^c+A_2^0$

参考文献

[1] Дынкин Н. В. , полупростых подалгебрах полупросых алгебр ли. Д. А. Н. ,73(1950), 877-880.

[2] Дынкин Н. В. , полупростых подалгебрах полупросых алгебр ли. Mar cбophuк,30(12)(1953),349-462.

[3] Borel, A. , Siebenthal J. , Les Sous-groupes fernies de rang Maximum des groups de Lie

Clos, Comment Math Soc. (1949),200-221.

[4] Yen C. T., Sur La Sous-algebre regulière d'une algebre de Lie semi-simple reel non-compact scientia sinica, 14(1965),917-920.

[5] 严志达,Sur Les espaces symetrique non compact, Scientia sinica, 14(1965),31-38.

[6] Mostov, G. D., On maximal subgroup of real Lie group, Ann of Math., 74(1961),503-517.

[7] 陈仲沪,论实半简单李代数的正则定理,数学学报,13(1963),116-118.

[8] 陶惠民,非紧致实半单纯李代数的最大非半单纯子代数,数学学报,16(1966),223-232.

[9] Berger, M., Le espaces symetrique non-compact, Ann. Sci. Ecple Norm Sup, 74 (9157),85-177.

[10] Carter, R. W., Simple groups of Lie type, John Wiley & Son, 1972.

[11] Mostov, G. D., Some new decomposition for semi-simple group, Mem. Amer. Math. Soc., 14(1955). 31-54.

[12] 严志达,李群和微分几何,人民教育出版社,北京,19.

[13] Gantmaeher, F. On the classification of real simiple Lie groups, Mat. Sb. N. S.,5(47), (1939),101-228.

实单李代数的 Satake 图和广义李型单群

我们首先介绍有关 Satake 图的一些基本概念.

设 g 为实数域R 上非紧致李代数，并假定g是单的，则存在g的一个对合自同构 Q 使得 $g_0 = g_4 + \sqrt{-1}g$. 为一紧致李代数，其中 $g_0 = \{x \in g \mid \theta x = x\}$，$g_0 = \{x \in g \mid \theta x = -x\}$. 这样的 Q 称为 g 的 Cartan 对合，并且 g 可表示为 $g = k + p$，其中 $k = g$，为 g 的一个最大紧致子代数，$p = g$. 设 a 为 p 的一个最大交换子代数，那么存在 k 的一个交换子代数 h，使得 $h = h_1 + h_-$，为 g 的一个 Cartan 子代数，其中 $h = a$，令 $g_0 = g + \sqrt{-1}g$，$h_0 = h + \sqrt{-1}h$，显然，g_q 为复数域 C 上的单李代数而 h. 为 g_0 的 Cartan 子代数. 设 $\varnothing$ 为 g_0 对于 h_0 的根系. 若 $r \in \varnothing$，$r = r_1 + r_-$，其中，$r_0 \in \sqrt{-1}h$，记 $r_- = r'$，称 r' 为 r 在 a 上的投影. 我们可以定义 ϕ 的一个正根系 ϕ 使得若 $r \in p^1$，则 $r' \geqslant 0$. 设 Π 为这样 ϕ 所决定的素根系，令 $\Pi_0\{\alpha \in Ji \mid \alpha' = 0\}\sigma'$ 为 θ 在 $\Pi^1 = \Pi \backslash \Pi_0$ 上的限制. R 上单(非紧致) 李代数 g 的 Satake 图即为(Π，Π_0，σ^1) 所决定：对于 Π 的 Dynkin 图，我们以黑点表示 Π_0 中的素根，以白点表示 Π^1 中素根，若 r_1，$r_2 \in \Pi_0$，$r_1 \neq r_2$，$\sigma^1(r_1) = r_2$，则以 $\cap$ 将 r_1 和 r_2 相连，这有所得的 Π 的 Dynkin 图即称为 g 的 Satake 图. 事实上 g 的 Sankin 图为(Π，θ) 所决定，且以上给出的 Sankin 图的 R 上非紧致单李代数以及非紧致单李群的讨论中(包含它们的结构，分类和表示论中) 都起着重要的作用. 这方面的内容可见(S. He lgason，Differntial geometry，Lie groups，and symmtric space，Acad，press，1978).

设 k 为完备域，定义在域 k 上的连通单代数群的分类可归结于 k- 指标(Π，Π_0，σ^1) 以及和 Π_0 相关的反迷向核，其中 Π 为 C 上某单李代数 L 的素根系，Π_0 为 Π 的某个子系，σ^1 为令 Π 不变的 L 的外自同构在 $\Pi^1 = \Pi \backslash \Pi_0$ 上的限制. 不难看出 K- 指标实际上的 Satake 图的一种推广并且当 $K = R$ 时，R- 指标即 Satake 图，反之亦然. 当 K 为代数封闭域，有限域，实数域，p-$adic$ 域和代数数域时，所有的 k- 指标都已找出. 特别，当 k 为代数封闭域时，k- 指标(Π_1，Π_0，σ^1) 中的$\Pi_0=\phi$，$\sigma^1=I$，当K为有限域时，K-指标(Π, Π_0, σ^1)中的$\Pi_0=\phi$，其中ϕ为空集，I为恒同映射，这方面内容可见(Satake，Classification theory of senisimyle alpebraic groups，Marcel Dekkes，Inc，New York，1971).

以下介绍有关李型单群的一些基本概念.

设L为C上单李代数，ϕ为L的一组根系，Π为ϕ的基础根系，Cheyalley首先证明存在L的Cheyalley基$\{h_r, r\in\Pi; e_r, r\in\phi\}$，它们满足以下性质. 设$r, s\in\phi$,

$$[h_1, h_2]=0, [h_1, e_2]=e_0(2(r, s)/(r, r)), [e_1, e_-]=h_1,$$

$$[e_1, e_0]=0, \text{当} r+s\not\subset\phi, [e_1, e_0]=N_1, e_1, \text{当} r+s\not\subset\phi, N_1, \in Z.$$

设K为一域，令$L(K)$为(exptader，$t\in K$，$r\in\phi$)所生成的群，Chevalley证明$LK)$为一单群，称$L(K)$为K上L型的Chevalley群.

设θ为Π的一个图自同构，显然$\theta(\Pi)=\Pi$，并且有ρ的一个自同构ρ使得$\rho h_r=h_r-r\in\Pi$，$\rho e_r=e_r$，$r\in\phi$，其中$\eta_r=\pm 1$，$r-=\theta(r)$. K为一适当的域，K有自同构σ，σ的阶等于θ的阶q，不难证明σ：exptader→exptader-可扩充为$L(K)$的一个自同构(仍记为σ)，其中$t\in K$，$t^-=\sigma(t)$，$r\in\phi$. 设$U=\langle$exptader；$t\in K$，$r\in\phi\rangle$，$V=\langle$exptader，$r\in K$，$r\in\phi\rangle$，其中ϕ^1和ϕ^-分别为Π所决定的正根系和负根系，令$U'=\{v\in V\mid\sigma(V)=v\}$，并且令$G'=\langle u', V'\rangle$，Steinkesg，Ree等证明了$G'$为单群. 这样的$G'$称为挠群，记为$qL(K)$.

以上的Chevalley群和挠群统称为李型单群，李型单群论中起着重要的作用，它和有限单群，单李群，典型群和单代数群都有密切的关系. 这方面内容可见(R. Carter Simple groups of Lie tyre John，Willy & sons Ltd. 1972).

以下介绍有关李型单群和单李群，单代数群和典型之间的关系以及简单叙述李型单群和有限单群的关系.

当k为有限域时，李型单群$L(K)$和$^qL(K)$，$q=2$或3都是有限单群，事实上，除了交代群A，$n\geqslant 5$和26类零星(Sporadic)单群外，其他的有限单群都是李型单群$L(K)$和$^qL(K)$，$q=2$，3，其中K为有限域.

以下讨论李型单群和连通单李群的关系. 当R上非紧致单李代数g的Satake图(Π, Π_0, σ^1)中的，$\Pi_0=\phi$时，具有这样g的李代数的连通单李群为$L(R)$或$^qL(C)$，($q=2$，其中L为A_0，D_0或E_0). 但是当R上非紧致单李代数g的Satake图(Π, Π_0, σ^1)中的$\Pi^0\neq\phi$时，具有这样g的李代数的连通单李群不能由构造李型单群的办法构造出来.

以下讨论李型单群和典型群的关系. 设 L 为 C 上典型单李代数，即 $L \subseteqq A_0$，B_0，C_0 或 D_0，设 K 为任意域，则 $L(K)$ 和 ${}^qL(K)$（这时 K 具有对合自同构）都是 K 上的典型群，上述的李型单群包括了特殊射影线性群 $PSL_0(K)$ 和射影率群 $PSP_0(K)$ 以及 Wiff 指标最大的射影正交群 $PSL_0(K, f)$ 和射影酉群 $PSU_0(K, f)$. 由 Wiff 指标不是最大的射影正交群和射影酉群对应的 $\Pi_0 \neq \phi$，因此不能由构造李型单群来构造出上述射影正交群和射影酉群.

以下讨论李型单群和连通单代数群的关系. 当 K 为代数封闭域时，Chevalley 群 $L(K)$ 即为具有单根系 Π 的定义在 K 上的连通单代数群. 由于 K- 指标(Π, Π_0, σ^1) 中的 $\Pi_0 = \phi$ 和 $\sigma^1 = I$，因此所有定义在 K 上连通单代数群. 当 K 为有限域时，由于 K- 指标(Π, Π_0, σ^1) 中的 $\Pi_0 = \phi$，因此所有有限域上的李型单群，所有有限域上连通单代数群. 由以上讨论可看出，对代数封闭域和有限域来讲，李型单群给出了在这些域上连通单代数群存在性的证明.

设 k 为实数域 R，p-$adic$ 域 p 或代数数域 n 则绝大多数 K- 指标(Π, Π_0, σ^1) 中的 $\Pi_0 \neq \phi$，因此不能通过构造 K 上的李型单群构造出所有定义的 K 上且具有 K- 指标(Π, Π_0, σ^1)($\Pi_0 = \phi$) 的连通单代数群. 为了要证明定义在 K 上具有 K- 指标的连通单代数群的存在性. 我们有必要设法推广李型单群构造一批广义李型单群.

由以上讨论可看出下面所提出的问题是有趣的：我们是否能推广李型单群，构造出一批广义李型单群使得它包括所有非紧致连通单李群，包括所有典型群并且包括所有定义在 k 上的连通单代数群，其中 K 为 R，p 或 n.

如果能推广李型单群，构造出一批广义李型单群达到上述目的，那么在群论中主要的几个分支，如典型群、单李群，定义在一些重要域(如代数封闭域，有限域，实数域，p-$adic$ 域和代数数域）上的单代数群都可以用统一的方法——广义李型单群的方法构造出来，这样对研究上述各类群以及群的理论也许会带来不少好处. 从 1980 年起，我们对如何推广李型单群，构造广义李型单群作了一些探讨，取得一些初步结果，现在我们把有关这方面情况作一个大概的介绍.

设(Π, Π_0, σ^1) 为一个 K- 指标，其中 K 为 R，p 或 n，Π 为 C 上单李代数 L 的素根系，显然(h_0, $r \in \Pi$) 在 C 上张成一个 L 的 Cartan 子代数 h，对于上述 K- 指标(Π, Π_0, σ^1)，我们可以找到一个令 h 不变的 L 的 Cantan 群中元素 θ 使得 $\Pi_0 =$

$\{\alpha \in \Pi;\ \alpha' = 0\}$ 且 θ 在 $\Pi^1 = \Pi \backslash \Pi_0$ 上的限制为 σ^1，其中 $\alpha' = \sum_{i=0}^{q} \theta'(\alpha))/q$，$q$ 为 θ 的阶. 根据某种条件找出域 k 的正规扩充 K 使得 $Gal(K/k) = \langle\sigma\rangle$，其中 σ 的阶等于 θ 并且有 $k = K_0\{t \in K \mid \sigma(t) = t\}$，利用上述 θ 和 σ 代替构造挠群中的 θ 和 σ，这样我们利用类似于构造挠群的方法构造出一批广义李型单群，并且可得到这样的广义李型单群的类似 Barhat 分解. 现在我们已经得到如下结果：

(1) 对任一 Satake 图，我们可构造出一广义李型单群，对所有 Satake 图我们得到一类广义李型单群，这一类广义李型单群即为所有非紧致连通单李群.

(2) 对于任意一、二次型 f 或任一 Hesmifian 型 f 以及任意域 K，我们可构造出一广义李型单群，它同构于射影正交群 $PSL_0(K, f)$ 或射影酉群 $PSL_0(K, f)$. 因此所有李型单群和上述广义李型单群包含所有由典型群所给定的单群.

(3) 当 K 为实数域 R 时，对任 ——R- 指标，我们构造出一广义李型单群，对所有 R- 指标我们得到一类广义李型单群，这一类广义李类单群等同于所有定义在 R 上的连通单代数群.

有兴趣的是当域 K 为 p-$adic$ 域或代数数域时，对任 —K- 指标(Π, Π_0, σ^1) 能构造出一广义李型单群它等同于定义在 K 上具有 K- 指标(Π, Π_0, σ^1) 的连通单代数群. 目前对 K 为 p-$adic$ 域的情况，上述广义李型单群的构造已取得一定进展. 对 K 为代数数域的情况，上述广义李型单群的构造子也做了一些探讨. 上述广义李型单群的构造显然提供了证明定义在域 K 上连通单代数群的存在性的一种方法.

对上述广义李型代数的构造除了上面所提到的意义外，是否能提供新的有意义的东西还需要进一步探索.

参考文献

[1] Cheng Chon Hu, Sane simple groups of Lie type constructed by the inner-autanorphisn, chin, ann of Math. 1(1980), 161-171.

[2] Cheng Chon Hu, The constructed of simple groups over real and p-adic fields, Report of International Symposium of Group theory, Beijing, 1984.

[3] Cheng Chon Hu, A family of simple groups associaiea with the Satake.

A FAMILY OF SIMPLE GROUPS ASSOCIATED WITH THE SATAKE DIAGRAMS

1. Introduction

Every Satake diagram $\Pi^\theta = (\Pi, \theta)$ associated with a non-compact simple Lie algebra g over $\mathbb{R}$ determines an involutive automorphism ρ_θ of L where L is a simple Lie algebra over $\mathbb{C}$ which is defined by $L = g + \sqrt{-1}g$. Using this involutive automorphism ρ_θ of L and an involutive automorphism f of a field K we shall construct a simple group over K which will be called a simple group associated with the Satake diagram Π^θ over K and will be denoted by $L(\Pi^\theta, K)$ (or $L(\Pi, \theta; K, f)$). The procedures of the construction of such simple groups $L(\Pi^\theta, K)$ are quite analogous to those in [3], [6], [2]. The list of these simple groups $L(\Pi^\theta, K)$ includes all Chevalley groups and twisted groups over K. In general, the classical groups which are Chevalley groups or twisted groups are the linear and symplectic groups, and the orthogonal and unitary groups corresponding to forms whose Witt index is sufficiently large. The remaining classical groups are not Chevalley groups or twisted groups. Furthermore, the simple groups associated with the Satake diagram of the type AIII, BI, DI are identified with the simple groups obtained from unitary or orthogonal groups of non-zero indices. The Chevalley groups and twisted groups can be interpreted as "split" groups of Lie type, the remaining simple groups $L(\Pi^\theta, K)$ can be interpreted as "non-split" groups of Lie type (cf. [1], page 216). The quasi-Bruhat decomposition of such "non split" simple groups will be given in this paper (cf. Theorem 1).

The classification of semi-simple algebraic groups defined over $\mathbb{R}$ is considered by J. Tits [7] and by I. Satake [5]. The problem of classifying the semi-simple algebraic groups defined over $\mathbb{R}$ is reduced to the problem of finding the admissible ($\mathbb{R}$)-indices of semi-simple algebraic groups defined over $\mathbb{R}$ and all possible semi-simple anisotropic kernels for a given admissible ($\mathbb{R}$)-index. J. Tits [7] enumerated all possible admissible ($\mathbb{R}$)-indices which are all Satake diagrams.

For each admissible ($\mathbb{R}$)-index of type A_l, B_l, C_l, D_l J. Tits [7] gave a classical group with identifies the simple algebraic group defined over R with such index. For each admissible ($\mathbb{R}$)-index of type G_2, F_4, E_7, E_8 (except certain indices, for example, the index EVI, i. e., $E^9_{7,4}$ in [7]), J. Tits [7] constructed the simple algebraic group defined over $\mathbb{R}$ with such index by means of Cayley algebra, Jordan algebra, associative division algebra, and division Cayley algebra.

For all Satake diagrams (Π, θ) the construction of the groups $L(\Pi, \theta; \mathbb{C}, f)$ given by our paper is just a uniform construction of simple algebraic groups of adjoint type defined over $\mathbb{R}$. Thus for all possible admissible ($\mathbb{R}$)-indices a uniform proof of the existence of simple algebraic groups of adjoint type defined over $\mathbb{R}$ is given in our paper.

In this paper, we shall use the notations and terminology defined in [1] and [4] without explanation and we shall not consider two Satake diagrams given by Table Π'.

We shall denote by Π^θ the Satake diagram (B, θ) defined by [4] which corresponds to a noncompact simple Lie algebra g over $\mathbb{R}$. Let $g=t+p$ be a Cartan decomposition of g and θ be the Cartan involution of g [4]. Clearly, the Cartan involution θ can be extended to an automorphism of L which is denoted by θ also in the following way:

$$\theta(X+\sqrt{-1}Y)=\theta X+\sqrt{-1}\theta Y, \quad X, Y \in g$$

Let α be a maximal abelian subalgebra of p. Then there exists a Cartan subalgebra h of g such that $h=h_t+\alpha$, $h_t \subset t$ [4]. We denote by Φ the root system of L with respect to the Cartan subalgebra $h^c=h+\sqrt{-1}h$ of L with the fundamental root system B (denoted by Π in this paper). For each $r \in \Phi$ we *define* $\bar{r}=-\theta(r)$, so $r'=\frac{1}{2}(r+\bar{r})$ is the restriction of r to α. We can define an ordering on α which is compatible with the ordering on the space Γ spanned by Φ over $\mathbb{R}$.

Let $\widetilde{C}_b$: $\{h_r, r\in\Pi; \tilde{e}_{r'}, r\in\Phi\}$ be a Chevalley basis of L and τ be the non-trivial symmetry of the Dynkin diagram Π which is given by 13. 6. 2 of [1]. For each $r\in\Phi$ we define $\tilde{x}_r(t)=\exp(t\ \mathrm{ad}\ \tilde{e}_r)$, $t\in K$, $\tilde{e}_r\in\widetilde{C}_b$, $\tilde{n}_r(t)=\tilde{x}_r(t)\tilde{x}_{-r}(-t^{-1})\tilde{x}_r(t)$, $t\in K^*$, and $\tilde{h}_r(t)=\tilde{n}_r(t)\tilde{n}_r(-1)$. We denote by I the identical map of L and by $\emptyset$ the empty set.

We define $\Pi^0=\{\alpha\in\Pi\mid\alpha=-\bar{\alpha}\}$ and $\Phi^0=\{\alpha\in\Phi\mid\alpha=-\bar{\alpha})$. Clearly Π^0 is a subset of Π consisting of all simple roots which correspond to the black nodes in the Satake diagram (Π, θ) and Φ^0 is a root system with the fundamental system Π^0. We denote by Π^* the set $\Pi\backslash\Pi^0$ and by Φ^* the set $\Phi\backslash\Phi^0$. Furthermore, we define$\Phi_1=\{r\in\Phi^*\mid r=\bar{r})$, $\Phi_{11}=\Phi^*\backslash\Phi_1$, $\Phi_{11b}=\{r\in\Phi_{11}\mid r+\bar{r}\in\Phi\}$, $\Phi_{11}a=\Phi_{11}\backslash\Phi_{11b}$, $\Phi_{1b}=\{r+\bar{r}\mid r\in\Phi_{11b}\}$, and $\Phi_{1a}=\Phi_1\backslash\Phi_{1b}$.

Proposition 1. For each Satake diagram (Π, θ) there exist a Chevalley basis $C_b=\{h_r, r\in\Pi; e_r, r\in\Phi\}$ of L and an involutive automorphism ρ_θ of L such that $\rho_\theta(e_r)=k_r e_{\bar{r}}$, $r\in\Phi$, e_r, $e_{\bar{r}}\in C_b$, $k_r=\pm1$ satisfying the condition

(A) $\quad k_r=1$ if $r\in\Phi_{11}\cup\Phi_{1a}$, $k=-1$ if $r\in\Phi_{1b}$.

Proof: We define $\Pi_0^*=\{r\in\Pi^*\mid(r, \alpha)=0$ for all $\alpha\in\Pi^0\}$. For each $r\in\Pi^*\backslash\Pi_0^*$ if there eixsts $s\in\Pi^*\backslash\Pi_0^*$ such that $s'=r'$ and $r\neq s$ then r, s is called a simple root of type Π, otherwise r is called a simple root of type I. It follows from the properties of the Satake diagrams that $\bar{r}=r+\beta$, $\beta=\Sigma\beta_i$, $\beta_i\in\Pi^0$ if r is a simple root of type I, $\bar{r}=s+\beta$, $\bar{s}=r+\beta$, $\beta\in\Phi^0$ if r, s is a simple root of type II (cf. Table I_4). There is an automorphism θ_0 of L such that $\theta_0(h_r)=-h_r$, $\theta_0(\tilde{e}_r)=-\tilde{e}_{-r}$, $r\in\Phi$, $\tilde{e}_r$, $\tilde{e}_{-r}\in\widetilde{C}_b$ (cf. [1], page 56). We define an automorphism ρ of L by $\rho=\theta_0\theta$. Let $\overline{X}$ denote ρX for each $X\in h^c$. It is clear that there exists $\widetilde{X}\in h^c$ such that the automorphism $\tilde{\rho}$ of L defined by $\tilde{\rho}=\rho\exp(\mathrm{ad}\ \widetilde{X})$ satisfies $\tilde{\rho}(\tilde{e}_r)=\eta_r\tilde{e}_{\bar{r}}$, $r\in\Phi$, $\tilde{e}_r$, $\tilde{e}_{\bar{r}}\in\widetilde{C}_b$, $\eta_r\in\mathbb{C}$ satisfying $\eta_r=1$ for all $r\in\Pi_0^*$ and $\eta_\alpha=-1$ for all $\alpha\in\Pi^0$. Since $\bar{\bar{r}}=r$ for all $r\in\Phi$ we have $\tilde{\rho}^2=\exp(\mathrm{ad}\ X_0)$, $X_0\in h^c$. It follows that $\eta_r\eta_{\bar{r}}=e^{(X_0, r)}$ and $\eta_r\eta_{\bar{r}}=e^{(X_0, \bar{r})}$ for all $r\in\phi$, so we have

$(X_0, r) = (X_0, \bar{r})\ (\mathrm{mod}\,2\pi\sqrt{-1})$, $r \in \phi$. Thus we have $(X_0, r) \equiv 0\ (\mathrm{mod}\,2\pi\sqrt{-1})$, $r \in \Pi^0 \cup \Pi_0^*$, $(X_0, r) = (X_0, \bar{r})\ (\mathrm{mod}\,2\pi\sqrt{-1})$, $r \in \Pi^* \setminus \Pi_0^*$. Clearly, there exists $X^* \in h^c$ such that X^* satisfies the relation $(X^*, r) = 0$, $r \in \Pi^0 \cup \Pi_0'$, $(X^*, r) = (X_0, r)$, $r \in \Pi^* \setminus \Pi_0^*$. Since $\bar{r} \in \pm(\Pi^0 \cup \Pi_0^*)$ for all $r \in (\Pi^0 \cup \Pi_0^*)$ we have $(\bar{X}^*, r) = 0$, $r \in (\Pi^0 \cup \Pi_0^*)$ and $(X^*, \beta) = (\bar{X}^*, \beta) = 0$, $\beta \in \phi^0$. By the formula mentioned above we have $(X^*, r) = (\bar{X}^*, \bar{r}) = (\bar{X}, r+\beta) = (\bar{X}^*, r)$, $\beta \in \Sigma\beta_i$, $\beta \in \Pi^0$ if r is of type I, $(X^*, r) = (X_0, r) = (X_0, \bar{s}-\beta) \equiv (X_0, \bar{s}) = (X_0, s) = (X^*, s) = (X^*, \bar{r}-\beta) = (X^*, \bar{r}) = (\bar{X}^*, r)\ (\mathrm{mod}\,2\pi\sqrt{-1})$ if r, s is of type II. We define $\rho_\theta = \tilde{\rho}\exp(\mathrm{ad}(-\frac{1}{2}X^*))$. We have

$$\rho_\theta^2 = \tilde{\rho}^2 \exp(\mathrm{ad}(-\frac{1}{2}(X^* + \bar{X}^*))) = \exp(\mathrm{ad}(X_0 - \frac{1}{2}(X^* + \bar{X}^*))),$$

so we have $\rho_\theta^2(\tilde{e}_r) = \tilde{e}_r$, $\tilde{e}_r \in \widetilde{C}_b$, for all $r \in \Pi$. Thus ρ_θ is an involutive automorphism of L and $\rho_\theta(\tilde{e}_r) = \tilde{e}_{\bar{r}}$, $r \in \Pi_0^*$, since $(X^*, r) = 0$ and $\eta_r = 1$ for all $r \in \Pi_0^*$. Clearly, $\Phi_{1a} \cap \Pi_0^*$ is a fundamental root system Φ_{1a}, so $\rho_\theta(\tilde{e}_r) = \tilde{e}_r$, $r \in \Phi_{1a}$. Another proof of the existence of ρ_θ will be given below. For each Π^θ we define $A_\theta = (\tau_\theta; \Psi_\theta; \varphi_\theta)$ where $\tau_\theta = I$ or τ, and $\Psi_\theta = \{\beta_1, \beta_2, \cdots, \beta_p\}$ and $\varphi_\theta = \{\delta_1, \delta_2, \cdots, \delta_q\}$ are the subsets of Φ determined in individual cases by inspecting the Satake diagram Π^θ. For each Satake diagram Π^θ, A_θ is given in Table II. Furthermore, for each A_θ we define $\rho_\theta = \tau_\theta h_\theta n_\theta$ where $h_\theta = h_{\beta_1}(-1) h_{\beta_2}(-1) \cdots h_{\beta_p}(-1)$ if $\Psi_\theta \neq \emptyset$, $h_\theta = I$ if $\Psi_\theta = \emptyset$ and $n_\theta = n_{\delta_1}(1)\, n_{\delta_2}(1) \cdots n_{\delta_q}(1)$ if $\varphi_\theta \neq \emptyset$, $n_\theta = I$ if $\varphi_\theta = \emptyset$. It is easily verified that ρ_θ is an involutive automorphism of L and $\rho_\theta e_r = c_r e_{\bar{r}}$ for all $r \in \Phi$, $c_r = \pm 1$, satisfying $c_r = 1$, for all $r \in \Phi_{1a}$. We shall show that we can choose an appropriate ξ_r, $\xi_r = \pm 1$ such that $\rho_\theta e_r = k_r e_{\bar{r}}$, $r \in \Phi$, $e_r = \xi_r \tilde{e}_r$, $\tilde{e}_r \in \widetilde{C}_b$, $k_r = \pm 1$, satisfying the condition (A). Since $\rho_\theta^2 = 1$ we have

(B) $\qquad k_r k_{-r} = 1$, $k_r k_{\bar{r}} = 1$, $k_r k_s N_{\bar{r},\bar{s}} = N_{r,s} k_{r+s}$, $r, s \in \Phi$

We put $\xi_r = 1$ for all $r \in \Phi_{1a} \cup \Pi$. Without loss of generality, we assume $h(r) \leqslant h(\bar{r})$, $r \in \Phi_{11}$ where $h(r)$ and $h(\bar{r})$ are the height of r and $\bar{r}$ respectively, and then we put $\xi_r = 1$ for all such r of Φ_{11}. It is clear that we can choose $\xi_{\bar{r}}$ such that $k_r = 1$, so $k_{\bar{r}} = 1$ by (B). If $r, s \in \Phi$ and $r+s \in \Phi$ then $N_{r,s} = -N_{r,s}$. Thus we have $k_r = -1$ for all $r \in \Phi_{1b}$ by (B). Since $\xi_r = 1$ for all $r \in \Pi$ then C_b

$\{h_r, r\in\Pi; e_r, r\in\Phi\}$ is a Chevalley basis of L by page 56 of [1], The proof is complete.

Since $\Pi_0^* = \{r\in\Pi^* \mid (r,\alpha)=0$ for all $\alpha\in\Pi^0\}$, we have the following statements:

(0) $\rho_\theta(\alpha)=-\alpha$ for all $\alpha\in\Pi^0$ means ρ_θ transforms every root α corresponding to the black circle of Π^0 to $-\alpha$.

(1) $\rho_\theta(r)=r$, $r\in\Pi_0^*$ means ρ_θ transforms the circle corresponding to r to itself, this circle being white and being not joined by any arrow to any circle in Π^θ.

(2) $\rho_\theta(r)=s$, r, $s\in\Pi_0^*$, $r\neq s$ means ρ_θ transforms the circle corresponding to r to the circle corresponding to s, these two circles being white and being joined by an arrow in Π^θ.

In this paper, we denote by K a field of characteristic $p>3$ (if the dimension of α is equal to 1, K is a field of characteristic $p>5$). Let f be a non-trivial involutive automorphism of K. For each $t\in K$ we write $f(t)=\bar{t}$. Clearly, the Chevalley group $G=L(K)$ of type L over K is generated by $\{x_r(t)=\exp(t \operatorname{ad} e_r), r\in\Phi, t\in K\}$. Obviously, the involutive automorphism f of K can be extended to an involutive automorphism of G (denoted by f also) in this way: $f(x_r(t))=x_r(\bar{t})$ for all $r\in\Phi$, $t\in K$. The involutive automorphism ρ_θ of L can be extended to an involutive automorphism of G (denoted by ρ_θ also) in this way: $\rho_\theta(x_r(t))=x_r(k_r t)$ for all $r\in\Phi$, $t\in K$. We define an automorphism σ of G by $\sigma=\phi_\theta f$, so $\sigma(x_r(t))=x_{\bar{r}}(k_r\bar{t})$, $r\in\Phi$, $t\in K$. Since $\rho_\theta f=f\rho_\theta$, and $\rho_\theta^2=I$ and $f^2=I$ we have $\sigma^2=I$.

2. The subgroups of $L(\Pi^\theta, K)$

We define some notation and terminology which will be used later.

I. If $r\in\Phi_1$, $X_r^1(t)=x_r(t)$, $t\in K_r=\{t\in K \mid t=k_r\bar{t}\}$, $W_r^1=w_r$, $N_r^1(u)=n_r(u)$, $u\in K_r^*=K_r\setminus\{0\}$, $h_r^1(v)=h_r(v)$, $v\in K_r^*=\{v\in K \mid v=\bar{v})\setminus\{0\}$.

IIa. If $r\in\Phi_{11b}$, $X_r^1(t)=x_r(t)x_{\bar{r}}(\bar{t})$, $t\in K_r=K$, $W_r^1=w_r w_{\bar{r}}$, $N_r^1(u)=n_r(u)n_{\bar{r}}(\bar{u})$, $u\in K_r^*=K\setminus\{0\}$, $h_r^1(v)=h_r(v)h_{\bar{r}}(\bar{v})$, $v\in K_r^{*\prime}=K^*=K\setminus\{0\}$.

IIb. If $r\in\Phi_{11b}$, $X_r^1(t)=x_r(t)x_{\bar{r}}(\bar{t})x_{r+\bar{r}}(-\frac{1}{2}N_{r,\bar{r}}t\bar{t})$, $t\in K_r=K$, $W_r^1=$

$w_{r+\bar{r}}$, $N_r^1(u)=n_{r+\bar{r}}(u)$, $u\in K_{r+\bar{r}}$, $h_r^1(v)=h_r(v)h_{\bar{r}}(\bar{v})$, $v\in K_r^{*\prime}=K^*$.

For each $r\in\Phi^*$ we define $I(r)=\{s\in\Phi^*\mid s'=k_{r'},\ k=1,\ 2,\ \text{or}\ \frac{1}{2}\}$ and $I_1(r)=\{s\in I(r)\mid s\leqslant\bar{s}\}$. If $I_1(r)=\{r_1,\ r_2,\ \cdots,\ r_n\}$, $r_1<r_2<\cdots<r_n$, $r_i\in\Phi^*$, $i=1,\ 2,\ \cdots,\ n$, we define $X_r(T)=\Pi_{i=1}^n X_{r_i}(t_i)$, $t_i\in K_{r_i}$, $T=(t_1,\ t_2,\ \cdots,\ t_n)$ and $D(T)=t_1\bar{t}_1+t_2\bar{t}_2+\cdots+t_n\bar{t}_n$. We write $N_r^1=N_r^1(1)$ if $r\in\Phi_{1a}\cup\Phi_{11a}$. $N_r^1=h_r^1(u)n_r$, u being a fixed element of K_r^* if $r\in\Phi_{1b}$.

We denote by Φ^+ (respectively Φ^-) the positive (negative) root system containing Π $(-\Pi)$. Furthermore, we define $W^1=\langle W_r^1,\ r\in\Phi^*\rangle$, $N^1=\langle N_r^1(u),\ r\in\Phi^*,\ u\in K_r^*\rangle$, and $H^1=N^1\cap H$. We define $U^1=\{u=U\mid\sigma u=u\}$, $V^1=\{v=V\mid\sigma v=v\}$ *and* $G^1=\langle U^1,V^1\rangle$. Clearly, G^1 is determined by the Satake diagram $\Pi^\theta=(\Pi,\theta)$ and K, f, so we denote by $L(\Pi,\ \theta;\ K,\ f)$ (or $(\Pi^\theta;\ K)$) the group G^1.

Clearly, we have $\Gamma=\Gamma_++\Gamma_-$ where $\Gamma_\pm=\{\gamma\in\Gamma\mid\rho_\theta(\gamma)=\pm\gamma\}$ so we have $\Gamma_+=\alpha$ and $\Gamma_-=\sqrt{-1}h_t$. We define $W_0=<w_\alpha,\ \alpha\in\Phi^0>$ and $W_0^1=W_0\cap W^1$. For each $r\in\Phi$, $r'=\frac{1}{2}(r+\bar{r})$ is the restriction of r to Γ_+.

Proposition 2.

(a) Let $w\in W^1$ satisfy $w(\gamma)=\gamma$ for all $\gamma\in\Gamma_+$. Then $w\in W_0^1$.

(b) Let $r_1,s\in\Phi^*$. Then there exists $w\in W^1$ such that $(s_1{}',r_1{}')\neq0$, $s_1=w(s)$.

(c) Let $s\in\Phi^*$. Then there exist $w\in W^1$ and $r\in\Pi^*$ such that $w(s)\in I(r)$.

Proof: (a) Since $w\in W^1$ we have $\rho'_\theta w=w\rho'_\theta$ where ρ'_θ is the restriction of ρ_θ to Γ, so we have $w(\Gamma_-)=\Gamma_-$. Thus the restriction of w to Γ_- which is denoted by $\widetilde{w}$ can be expressed in the form $\widetilde{w}=t_0w_1$ where t_0 is a symmetry of Π^0 and $w_1\in W_0=W(\Phi^0)$. It is clear that $w_1^{-1}w(\gamma)=\gamma$ for all $\gamma\in\Gamma_+$ since Γ_- is spanned by Φ^0 over $\mathbb{R}$ and $(\Gamma_+,\ \Gamma_-)=0$. Obviously, we have $w_1^{-1}w(\Pi^0)=\Pi^0$. Since the ordering of Γ_+ is compatible with the ordering of Γ we have $w_1^{-1}w(\Phi^+)=\Phi^+$ so we have $w_1^{-1}w=1$. It follows that $w=w_1\in W_0\cap W^1=W_0^1$.

(b) Let $\widetilde{\Phi}=\Phi^*\setminus\Phi_{11b}$, and $\widetilde{\Phi}'$ be the restriction of $\widetilde{\Phi}$ to Γ_+. Clearly, $\widetilde{\Phi}'$ is a root system and there is a fundamental root system $\widetilde{\Pi}'$ of $\widetilde{\Phi}'$ such that $\widetilde{\Pi}'\subset\Phi^{+\prime}$ where $\Phi^{+\prime}$ is the restriction of $\Phi^+\cap\Phi^*$ to Γ_+. If $r\in\widetilde{\Phi}$ then either $r=\bar{r}$ or $r\neq\bar{r}$ having $(r,\ \bar{r})=0$, so we have

(C)

$$w_{r'}s'=s'-\frac{2(s',r')}{(r',r')}r'=s'-\frac{2(s,r+\bar{r})}{(r+\bar{r},r+\bar{r})}(r+\bar{r})=(w_r^1(s))',\quad s\in\Phi$$

It follows that $W(\tilde{\Phi}')=W(\tilde{\Phi})'$ where $W(\tilde{\Phi})'$ is the restriction of $W(\tilde{\Phi})$ to Γ_+. There exists $\tilde{s}'$, $\tilde{r}_1{}'\in\tilde{\Phi}'$ such that $\tilde{s}'=ks'$, $k=1$ or 2 and $\tilde{r}_1{}'=k'r_1{}'$, $k'=1$ or 2. It is clear that there is $w'\in W(\tilde{\Phi}')$ such that $(w'(\tilde{s}'),\ \tilde{r}_1{}')\neq 0$. By (C), there is $w\in W(\tilde{\Phi})\subset W^1$ such that $kk'((w(s))',r_1{}')\neq 0$.

(c) There is $\tilde{s}'\in\tilde{\Phi}$ such that $\tilde{s}'=ks'$, $k=1$ or 2. Clearly, there is $\tilde{r}'\in\tilde{\Pi}'$ and $w'\in W(\tilde{\Phi}')$ such that $w'(\tilde{s}')=\tilde{r}'$. There is $r\in\Pi^*$ such that $\tilde{r}'=k'r'$, $k'=1$ or 2. By (C), there is $w'\in W(\tilde{\Phi})\subset W^1$ such that $k'r'=\tilde{r}'=w'(\tilde{s}')=kw'(s')=k(w(s))'$, so we have $w(s)\in I(r)$, $r\in\Pi^*$. The proof is complete.

We define $\Phi_1^{*+}=\{r\in\Phi^{*+}\mid r\leqslant\bar{r}\}$ where $\Phi^{*+}=\Phi^*\cap\Phi^+$. Furthermore, we define $\Sigma_1^{*+}=\{r\in\Phi_1^{*+}\mid r\leqslant s$ for all $s\in I(r)\}$. Let $\Phi_1^*=\Phi_1^{*+}\cup-\Phi^{*-}$ and $\Sigma^*=\Sigma_1^{*+}\cup-\Sigma_1^{*+}$, If $r\in\Sigma_1^{*+}$, $I_1(r)=\{r=r_1,\ r_2,\ \cdots,\ r_n\}$, $r_1<r_2<\cdots<r_n$, $r_i\in\Phi_1^{*+}$, $i=1,\ 2,\ \cdots,\ n$, we write $K_{(r)}=K_{r_1'}\times K_{r_2'}\times\cdots\times K_{r_n'}$. Assuming $r_1\in\Pi^*$, $r_1\in\Sigma_1^{*+}$ if $r_1\notin\Phi_{11b}$, $r_1\notin\Sigma_1^{*+}$ if $r_1\in\Phi_{11b}$ and there is $r\in I(r_1)\cap\Sigma_1^{*+}$, $r_1\neq r$.

We shall omit the proof of the following Proposition 3 which is similar to those of 13. 6. 1 and 13. 6. 4 of [1], and 2. 8 and 2. 10 of [2].

Proposition 3.

(a) Let $r\in\Phi_1^{*+}$, $s\in\Sigma_1^{*+}$, $t\in K_r$ and $T\in K_{(s)}$. Then $X_r^1(t)$, $X_s(T)\in U^1$ and $X_{-r}^1(t)$, $X_{-s}(T)\in V^1$.

(b) Each element u of $U^1(u\neq 1)$ and each element v of $V^1(v\neq 1)$ have a unique expression in the forms:

$u=\Pi X_{r_i}^1(t_i)=\Pi X_{s_j}(T_j)$, $r_i\in\Phi_1^{*+}$, $s_j\in\Sigma_1^{*+}$, $t_i\in K_{r_i}^*$, $T_j\in K_{(s_j)}$,

$i=1,\ 2,\ \cdots,\ p$, $j=1,\ 2,\ \cdots,\ q$, $r_1<r_2<\cdots<r_p$, $s_1<s_2<\cdots<s_q$

$v=\Pi X_{-\gamma_i}^1(t_i)=\Pi X_{-\delta_j}(T_j)$, $\gamma_i\in\Phi_1^{*+}$, $\delta_j\in\Sigma_1^{*+}$, $t_i\in K_{\gamma_i}^*$, $T_j\in K_{(\delta_j)}$,

$i=1,\ 2,\ \cdots,\ l$, $j=1,\ 2,\ \cdots,\ m$, $\gamma_1<\gamma_2<\cdots<\gamma_l$, $\delta_1<\delta_2<\cdots<\delta_m$

Let $J_1(u)$ and $J_1(v)$ denote r_1 and $-\gamma_1$ respectively. We shall denote by $J(u)$ the set $\{r_1,\ r_2,\ \cdots,\ r_p\}$ and by $J(v)$ the set $\{-\gamma_1,\ -\gamma_2,\ \cdots,\ -\gamma_l\}$.

Proposition 4.

(a) Let $n\in N^1$, $h\in H^1$ and $w\in W^1$. Then $\sigma n=n$, $\sigma h=h$ and $\rho'_\theta w=w\rho'_\theta$

(b) $H^1\subset N^1\subset G^1$.

(c) $N^1 / H^1 \cong W^1$.

(d) $W^1 = \langle W_r^1, r \in \Pi^*, W_0^1 \rangle$.

Proof: It is easy to see that $r+\bar{r} \notin \Phi$ for each $r \in \Phi_{11a}$, so for each $u \in K_r^*$, $N_r^1(u)$ can be expressed in the form $N_r^1(u) = X_r^1(u) X_{-r}^1(-u^{-1}) X_r^1(u)$ and hence $N_r^1(u) \in G^1$. The other results of statement (a), and statement (b) are obvious. It is clear that the image $N_r^1(u)$ under the natural homomorphism from N onto W is just W_r^1 for $r \in \Phi^*$, $u \in K_r^*$, so statement (c) follows.

It follows from the properties of the Satake diagrams that Γ_+ is the subspace spanned by $\tilde{\Phi}^*$ over $\mathbb{R}$. It is easily verified that $W(\tilde{\Phi}') = W(\tilde{\Phi})' = w(\Pi^*)'$ where $W(\Pi^*) = \langle W_r^1, r \in \Pi^* \rangle$ and $W(\Pi^*)'$ is the restriction of $W(\Pi^*)$ to Γ_+. Thus by Proposition 2(a) the statement (d) is established. The proof is complete.

Corollary 1.

(a) Let $r \in \Sigma_1^*$, T, T_1, $T_2 \in K_{(r)}$ and $h \in H^1$. Then $X_r(T_1) X_r(T_2) = X_r(U)$, $U \in K_{(r)}$, $hX_r(T)h^{-1} = X_r(T')$, $T' \in K_{(r)}$.

(b) Let $r \in \Sigma_1^{*+} \cap I(r_1)$, $r_1 \in \Pi^*$ and U, $T \in K_{(r)}$. Let $u' = N_r^1 u (N_r^1)^{-1}$ and $u'' = X_{-r}(U) u X_{-r}(-U)$, and $v' = N_r^1 v (N_r^1)^{-1}$ and $v'' = X_r(T) v X_r(-T)$ where $u \in U^1$ and $v \in V^1$ satisfying $r \notin J(u)$ and $-r \notin J(v)$. Then u', $u'' \in U^1$ and v', $v'' \in V^1$ satisfying $r \notin J(u') \cup J(u'')$ and $r \notin J(v') \cup J(v'')$ respectively.

Proof: Statement (a) is obvious.

(b) First we shall show that statements (1) and (2) below are true. Let $s \in \Sigma_1^{*+}$, $r \neq s$ and T', $U' \in K_{(s)}$. Then

(1) $N_r^1 X_s(U') (N_r^1)^{-1} = X_{s_1}(U_1)$, $U_1 \in K_{(s_1)}$, $s_1 \neq r$, $s_1 \in \Sigma_1^{*+}$,

(2) the element u^* defined by $u^* = X_{-r}(T') X_s(U') X_{-r}(-T)$ belongs to U^1 and satisfies $r \notin J(u^*)$.

The proof of the statements (1) and (2) is given in the following.

(1) Since $r \in I(r_1)$, $r_1 \in \Pi^*$, we have $W_r^1(s) \in \Phi^{*+}$ and $W_r^1(s) \notin I(r)$. Thus we have $N_r^1 X_s(U') (N_r^1)^{-1} = X_{s_1}(U_1)$ where $s_1 \in I(W_r^1(s)) \cap \Sigma_1^{*+}$, $s_1 \neq r$ and $U_1 \in K_{s_1}$, so statement (1) follows.

(2) Let $s^* \in I(s)$ and $r^* \in I(-r)$. Then the roots $is^* + jr^*$, i, j being a pair of positive integers, must belong to Φ^{*+} since $r \in I(r_1)$, $r_1 \in \Pi^*$. Thus by

Chevalley's commutator formula we have $u^* \in U$, so we have $u^* \in U^1$ since $\sigma u^* = u^*$. It is clear that $(is^* + jr^*)' \neq kr'$, $k = 1, 2, \frac{1}{2}$. Hence we have $r \notin J(u^*)$, so statement (2) follows.

By statements(1) and (2) we have $u', u'' \in U^1$, satisfying $r \notin J(u') \cup J(u'')$ Similarly, we have $v', v'' \in V^1$, satisfying $-r \notin J(v') \cup J(v'')$.

We define $G_0 = \langle x_\alpha(t), \alpha \in \Phi^0, t \in K; H \rangle$, $Y^1 = G^1 \cap G_0$ and $B^1 = Y^1 U^1$.

Proposition 5.

(a) Let $y \in Y^1$, $h \in H^1$ and $n \in N^1$. Then $\sigma y = y$ and hyh^{-1}, $nyn^{-1} \in Y^1$.

(b) $H^1 \subset Y^1 \subset G^1$.

(c) For each $r \in \Phi^*$, $h_r^1(v) \in H^1$, $v \in K_r^{*\prime}$.

(d) Let $r \in \Sigma_1^*$, $T \in K_{(r)}$ and $y \in Y^1$. Then $yX_r(T)y^{-1} = X_r(T')$, $T' \in K_{(r)}$.

(e) Let $u \in U^1$, $v \in V^1$ and $y \in Y^1$. Then $yuy^{-1} \in U^1$ and $yvy^{-1} \in V^1$.

Proof: If $w \in W^1$ and $\beta \in \Phi^0$ then we have $\rho'_\theta w = w\rho'_\theta$ and $\beta' = 0$, so we have $(w(\beta))' = 0$. It follows that $nyn^{-1} \in Y^1$. The other parts of statement (a), and statement (b) are clear. Statement (c) is obvious for all $r \in \Phi^* \setminus \Phi_{11b}$. By 13. 7. 2 of [1] (cf. the case in which J has type A_2) we have $h_r^1(v) \in H^1$ for all $r \in \Phi_{11b}$, $v \in K_r^{*\prime}$ since $J = \{r, \bar{r}, r + \bar{r}\}$ has type A_2 for all $r \in \Phi_{11b}$ also. We shall prove statement (d). Let $r^* \in I(r)$ and $\beta \in \Phi^0$. Then the roots $ir^* + j\beta$, i, j being a pair of positive integers must belong to $I(r)$ since $\beta' = 0$, so statement (d) follows. By (d), statement (e) is established immediately.

Corollary 2. B^1 is a subgroup of G^1.

3. The quasi-Bruhat decomposition of $L(\Pi^\theta, K)$

For each $r \in \Pi^*$, there exists a maximal sub-diagram (Π_r, θ) of the Satake diagram (Π, θ) such that the restriction Π'_r of $\Pi_r \cap \Pi^*$ to Γ_+ is a basis of the root system $I(r)' \cup -I(r)'$ (cf. pp. 456-458 of [4]). A Satake diagram (Π, θ) is said to have $\mathbb{R}$-rank 1 if the dimension of Γ_+ spanned by $\{r + \bar{r} \mid r \in \Pi\}$ over $\mathbb{R}$ is equivalent to 1. Clearly, for each $r \in \Pi^*$, the Satake diagram (Π_r, θ) is a Satake diagram of $\mathbb{R}$-rank 1. All Satake diagrams of $\mathbb{R}$-rank 1 are given in Table I. We shall consider separately the Satake diagrams of $\mathbb{R}$-rank 1.

(1) $\Pi_r=\Pi(\mathbf{A}_1)$ (cf. Table I_1): $I_1(r)=I(r)=\{r\}$, $r=\bar{r}$.

(2) $\Pi_r=\Pi(\mathbf{A}_1\times\mathbf{A}_1)$(cf. Table I_2): $I_1(r)=\{r\}$, $I(r)=\{r,\bar{r}\}$, $r\neq\bar{r}$.

(3) $\Pi_r=\Pi(\mathbf{A}_3)$(cf. Table I_3): $I_1(r)=\{r=e_2-e_3=r_1, r^*=e_2-e_4=r_2\}$, $I_1(r)=\{r_1, r_2, \bar{r}_1=e_1-e_4, \bar{r}_2=e_1-e_3\}$. Let $\alpha_1=e_1-e_2$ and $\alpha_2=e_3-e_4$.

We have $-\bar{r}_2+r_1+\alpha_1=0$ and $r_1-r_2+\alpha_2=0$ so by 4.1.2 of [1] we have

$$N_{\alpha_1,-\bar{r}_2}=N_{-\bar{r}_2,r_1}=N_{r_1,\alpha_1}=\xi_1,\ N_{r_1,-r_2}=N_{-r_2,\alpha_2}=N_{\alpha_2,r_1}=\xi_2,$$

$$N_{-\alpha_1,-r_2}=N_{-r_2,\bar{r}_1}=N_{\bar{r}_1,-\alpha_1}=\xi_3,\ N_{\bar{r}_1,-\bar{r}_2}=N_{-\bar{r}_1,-\alpha_2}=N_{-\alpha_2,\bar{r}_1}=\xi_4,$$

By (B), we have $N_{\bar{r}_2,\alpha_2}k_{r_2}k_{-\alpha_2}=N_{r_2,-\alpha_2}k_{\bar{r}_1}$. It follows that $-\xi_2\xi_4=1$ since $k_{\bar{r}_1}=k_{r_2}=1$ and $k_{-\alpha_2}=-1$. Similarly, we have $-\xi_1\xi_3=1$.

We shall denote by I_k the set $\{1, 2, \cdots, k-1\}$ and by m an integer satisfying $1\leqslant m\leqslant n$, n being the rank of Π_r, $r\in\Pi^*$.

(4) $\Pi_r=\Pi(\mathrm{A}_n)$(cf. Table I_4): $r=e_1-e_2$, $s=e_n-e_{n+1}$, $r_0=e_1-e_{n+1}=r_n=r+\bar{r}$. $I_1(r)=\{r_0, r_i=e_{i+1}-e_{n+1}, i\in I_n\}$, $I(r)=\{r_0, r_i, \bar{r}_i=e_1+e_{i+1}, i\in I_n\}$. *Let* $\beta_i=e_{i+1}-e_{m+1}$, $i\in I_m$. Then we have $\beta_i-r_i+r_m=0$ and $-\beta_i-\bar{r}_i+\bar{r}_m=0$, $i\in I_m$, so by 4.1.2 of [1] we have

$$N_{\beta_i,-r_i}=N_{-r_i,r_m}=N_{r_m,\beta_i}=\xi_i',\quad N_{-\beta_i,-\bar{r}_i}=N_{-\bar{r}_i,\bar{r}_m}=N_{\bar{r}_m,-\beta_i}=-\xi_i,\ i\in I_m.$$

By (B) we have $\xi_i\xi_i'=1$. Since $-r_0+r_i+\bar{r}_i=0$ we have $N_{-r_0,r_i}=N_{r_i,\bar{r}_i}=N_{\bar{r}_i,-r_0}=\eta$, $i\in I_n$. It is clear that $r_i+\bar{r}_i-r_m-\bar{r}_m=0$, $i\in I_m$. Thus by 4.1.2 of [1] we have $N_{r_i,\bar{r}_i}N_{-r_m,-\bar{r}_m}=-N_{-r_m,r_i}N_{\bar{r}_i,-\bar{r}_m}$ $i\in I_m$. It follows from (B) that $-N_{-r_m,r_i}=N_{-\bar{r}_m,\bar{r}_i}$, $i\in I_m$, so we have $N_{r_i,\bar{r}_i}=N_{r_m,\bar{r}_m}=\eta$, $i\in I_m$.

(5)-(6). $\Pi_r\cong\Pi(\mathrm{B}_n)$ or $\Pi(\mathrm{D}_n)$ (cf Table I_5, I_6): $r=e_1-e_2$. We write $r_i=e_1-e_{i+1}$ and $\bar{r}_i=e_1+e_{i+1}$, $i\in I_n$ and $\alpha_j=e_{j+1}+e_{m+1}$ and $\beta_j=-e_{j+1}+e_{m+1}$, $j\in I_m$. We have $r_{n+1}=e_1$. Let r_0 denote e_1 and α_0 denote $-e_{m+1}$.

$\Pi_r=\Pi(\mathrm{B}_n)$: $I_1(r)=\{r_0, r_i, i\in I_n\}$, $I(r)=\{r_0, r_i, \bar{r}_i, i\in I_n\}$.

$\Pi_r=\Pi(\mathrm{D}_n)$: $I_1(r)=\{r_i, i\in I_n\}$, $I(r)=\{r_i, \bar{r}_i, I\in I_n\}$. We have $\alpha_i+r_m-\bar{r}_i=0$ and $\beta_i+r_m-r_i=0$, $i\in I_m$. By 4.1.2 of [1] and (B) we have

$$N_{\alpha_i,-\bar{r}_i}=N_{-\bar{r}_i,r_m}=N_{r_m,\alpha_i}=\xi_i',\ N_{-\alpha_i,-r_i}=N_{-r_i,\bar{r}_m}=N_{\bar{r}_m,-\alpha_i}=-\xi_i,$$

$$N_{\beta_i,-r_i}=N_{-r_i,r_m}=N_{r_m,\beta_i}=\eta_i',\ N_{-\beta_i,-\bar{r}_i}=N_{-\bar{r}_i,\bar{r}_m}=N_{\bar{r}_m,-\beta_i}=-\eta_i,$$

Moreover, we have $\xi_i\xi_i'=1$ and $\eta_i\eta_i'=1$ for $i\in I_m$. It is clear that $r_m-r_0-\alpha_0=0$ and $\bar{r}_m-r_0+\alpha_0=0$, so by 4.1.2 of [1] we have $N_{r_m,-r_0}=N_{-\alpha_0,r_m}=$

$\frac{1}{2}N_{-r_0,-\alpha_0}=\eta_0$, $N_{\bar{r}_m,-r_0}=N_{\alpha_0,\bar{r}_m}=\frac{1}{2}N_{-r_0,\alpha_0}=\eta_0$, and $\eta_0\eta_0{}'=\pm1$.

Clearly, all ξ_i, $\xi_i{}'$, η_i, $\eta_i{}'$, η and η' mentioned in 1—6 are equal to ±1. We obtain statements (2A) and (2B) immediately.

(2A) For each $r\in\Pi^*$, $s\in I(r)$, we have $(s,\bar{s})=0$ if $\Pi_r\not\cong\Pi(A_n)$, and we have $A_{s\bar{s}}=A_{\bar{s}s}=-1$ and $s\neq\bar{s}$ if $\Pi_r\cong\Pi(A_n)$ (cf. Table I_4).

(2B) For each $r\in\Pi^*$, $I(r)=\{s\in\Phi^{*+}\mid W_r^1(s)\in\Phi^-\}$

Lemma 1. Let $r\in\Sigma_1^{*+}\cap I(r_1^*)$, $r_1^*\in\Pi^*$, $I_1(r)=\{r_1, r_2, \cdots, r_n\}$ and $T=(t_1, t_2, \cdots, t_n)\in K_{(r)}$. If $D(T)\neq0$ then $X_{-r}(T)=X_r(T^*)N_r^1X_r(T^*{}')y=y'X_r(T')N_r^1X_r(T'')$, T^*, $T^*{}'$, T', $T''\in K_{(r)}$, y', $y\in Y^1$.

Proof: We shall consider the cases 1—6 separately.

1. Table I_1: $X_{-r}(T)=X_{-r}^1(t)=x_{-r}(t)$, $T=(t)\in K_{(r)}$. Since $D(T)\neq0$ we have $t\neq0$, so we have

$$X_{-r}(T)=x_r(t^{-1})h_r(-t^{-1})n_rx_r(t^{-1})=X_r(T^*)N_r^1X_r(T^*{}')y$$

(by 6.4 of [1])

where $y=h_r(-t)=h_r^1(-t)\in H^1\subset Y^1$ and $n_r=N_r^1\in N^1$, and $T^*=(t^{-1})$, $T^*{}'=(t)\in K_{(r)}$.

2. Table I_2: $X_{-r}(T)=X_{-r}^1(t)=x_{-r}(t)x_{-\bar{r}}(\bar{t})$, $T=(t)\in K_{(r)}$. Since $D(T)\neq0$ we have $t\neq0$, so we have

$$\begin{aligned}X_{-r}(T)&=x_r(t^{-1})x_{\bar{r}}(\bar{t}^{-1})h_r(-t^{-1})h_{\bar{r}}(-\bar{t}^{-1})n_rn_{\bar{r}}x_r(t^{-1})x_{\bar{r}}(\bar{t}^{-1})\\&=X_r(T^*)N_r^1X_r(T^*{}')y \qquad \text{(by 6.4.4 of [1])}\end{aligned}$$

where $y=h_r(-t)h_{\bar{r}}(\bar{t})\in Y^1$ and $n_rn_{\bar{r}}=N_r^1\in N^1$, and $T^*\in(t^{-1})$, $T^*{}'=(t)\in K_{(r)}$.

3. Table I_3: $X_{-r}(T)=X_{-r_1}^1(t_1)X_{-r_2}^1(t_2)=x_{-r_1}(t_1)x_{-\bar{r}_1}(\bar{t}_1)x_{-r_2}(t_2)x_{-\bar{r}_2}(\bar{t}_2)$, $T=(t_1, t_2)\in K_{(r)}$. Since $D(T)\neq0$ we have $T\neq(0, 0)$. If either t_1 or t_2 is equal to zero the lemma is true as in the case of Table I_2. We assume that $t_1\neq0$ and $t_2\neq0$. Then by 6.4.4 and 5.2.2 of [1] we have

$$\begin{aligned}X_{-r}(T)&=x_{\bar{r}_1}(\bar{t}_1^{-1})h_{\bar{r}_1}(-\bar{t}_1^{-1})n_{\bar{r}_1}(\bar{t}_1^{-1})x_{\bar{r}_1}(\bar{t}_1^{-1})x_{-r_1}(t_1)x_{-r_2}(t_2)x_{-\bar{r}_2}(\bar{t}_2)\\&=x_{\bar{r}_1}(\bar{t}_1^{-1})h_{\bar{r}_1}(-\bar{t}_1^{-1})n_{\bar{r}_1}x_{-r_1}(t_1)x_{-r_2}(t_2)x_{\alpha_1}(-\xi_3\bar{t}_1^{-1}t_2)\\&\quad x_{-\bar{r}_2}(\bar{t}_2)x_{\alpha_2}(\xi_4\bar{t}_1^{-1}t_2)x_{\bar{r}_1}(\bar{t}_1^{-1})\\&=x_{\bar{r}_1}(\bar{t}_1^{-1})h_{\bar{r}_1}(-\bar{t}_1^{-1})n_{\bar{r}_1}x_{-r_1}(d)x_{-\bar{r}_2}(\bar{t}_2)x_{r_1}(\bar{t}_1^{-1})y_1\end{aligned}$$

(by 5.2.2 of [1])

where $d=t_1-\xi_1\xi_3\bar{t}_1^{-1}t_2\bar{t}_2$ and $y_1=x_{\alpha_1}(-\xi_3\bar{t}_1^{-1}t_2)x_{\alpha_2}(\xi_4\bar{t}_1^{-1}\bar{t}_2)$. Since $D(T)\neq 0$ and $-\xi_1\xi_3=1$ we have $d=\bar{t}_1^{-1}(t_1\bar{t}_1+t_2\bar{t}_2)=\bar{t}_1^{-1}D(T)\neq 0$. Thus we have

$$X_{-r}(T)=x_{\bar{r}_1}(\bar{t}_1^{-1})x_{r_1}(d^{-1})h_{r_1}(d^{-1})n_{\bar{r}_1}n_{r_1}x_{-r_2}(t_2)x_{-\alpha_2}(\xi_2 d^{-1}t_2),$$

$$x_{-\bar{r}_2}(\bar{t}_2)x_{-\alpha_1}(-\xi_1 d^{-1}\bar{t}_2)x_{r_1}(d^{-1})x_{\bar{r}_1}(\bar{t}_1^{-1})y_1$$

$$=x_{\bar{r}_1}(\bar{t}_1^{-1})x_{r_1}(d^{-1})h_{r_1}(-\bar{t}_1^{-1})h_{r_1}(-d^{-1})x_{r_2}(t_2)x_{\bar{r}_2}(\bar{t}_2)$$

$$x_{\bar{r}_1}(-d^{-1}t_2\bar{t}_2),$$

$$n_{\bar{r}_1}n_{r_1}x_{r_1}(d^{-1})x_{\bar{r}_1}(\bar{t}_1^{-1})x_{r_1}(\xi_2^2 d^{-2}\bar{t}_1^{-1}t_2\bar{t}_2)x_{\bar{r}_2}(-d^{-1}\bar{t}_1^{-1}t_2)x_{r_2}(-d^{-1}\bar{t}_1^{-1}\bar{t}_2)y_2y_1$$

where $y_2=x_{-\alpha_1}(\xi_3 d^{-1}\bar{t}_2)x_{-\alpha_2}(-\xi_4 d^{-1}t_2)$. Finally we have

$$X_{-r}(T)=x_{r_1}(t_1^*)x_{\bar{r}_1}(\bar{t}_1^*)x_{r_2}(t_2^*)x_{\bar{r}_2}(\bar{t}_2^*)n_{\bar{r}_1}n_{r_1}x_{r_1}(t_1^{*\prime})x_{\bar{r}_1}(\bar{t}_1^{*\prime})x_{r_2}(t_2^{*\prime})$$

$$x_{\bar{r}_2}(\bar{t}_2^{*\prime})y$$

$$=X_{r_1}^1(t_1^*)X_{r_2}^1(t_2^*)N_{r_1}^1X_{r_1}^1(t_1^{*\prime})X_{r_2}^1(t_2^{*\prime})y=X_r(T^*)N_r^1X_r(T^{*\prime})y$$

where $y=h_{\bar{r}_1}(-\bar{t}_1)h_{r_1}(-d)y_2y_1$ and $n_{r_1}n_{\bar{r}_1}=N_r^1\in N^1(r_1=r)$, and $t_1^*=\bar{t}_1D(T)^{-1}$, $t_2^*=\bar{t}_2D(T)^{-1}$, $t_1^{*\prime}=t_1$, $t_2^{*\prime}=t_2\in K_r$ and $T^*=(t_1^*, t_2^*)$, $T^{*\prime}=(t_1^{*\prime}, t_2^{*\prime})\in K_{(r)}$. Clearly, we have $y\in G_0$. Since $X_{-r}(T)$, $X_r(T^*)$, $X_r(T^{*\prime})$, $N_r^1\in G^1$, so $y\in Y^1$.

4. Table I_4: $X_{-r}(T)=X_{-r_0}^1(t_0)X_{-r_1}^1(t_1)\cdots X_{-r_n}^1(t_n)$ where $t_0=-\frac{1}{2}\eta\widetilde{D}(T)-\varepsilon$, $\widetilde{D}(T)=t_1\bar{t}_1+t_2\bar{t}_2+\cdots+t_{n-1}\bar{t}_{n-1}$, $\varepsilon\in K_{r_0}=\{t\in K\mid t=-\bar{t}\}$, $(r_n=r_0)$. Since $D(T)\neq 0$ we have $T\neq(0, 0, \cdots, 0)$, so there exists an integer m satisfying $1\leqslant m\leqslant n$ such that $t_{n-1}=t_{n-2}=\cdots=t_{m+1}=0$ and $t_m\neq 0$ (we write $t_m\neq t$). By 6.4.4 and 5.2.2 of [1] we have

$$X_{-r}(T)=x_{-\bar{r}_m}(\bar{t})x_{-r_m}(t)x_{-r_0}(t_0)x_{-\bar{r}_1}(\bar{t}_1)x_{-r_1}(t_1)\cdots x_{-\bar{r}_{m-1}}(\bar{t}_{m-1})$$

$$x_{-r_{m-1}}(t_{m-1})$$

$$=x_{\bar{r}_m}(\bar{t}^{-1})h_{\bar{r}_m}(-\bar{t}^{-1})n_{\bar{r}_m}x_{-r_m}(t)x_{-r_0}(t_0)x_{-r_m}(\eta\bar{t}^{-1}t_0)x_{-\bar{r}_1}(\bar{t}_1)$$

$$x_{\beta_1}(\xi_1\bar{t}^{-1}\bar{t}_1),$$

$$x_{-r_1}(t_1)\cdots x_{-\bar{r}_{m-1}}(\bar{t}_{m-1})x_{\beta_{m-1}}(\xi_{m-1}\bar{t}^{-1}\bar{t}_{m-1})x_{-r_{m-1}}(t_{m-1})x_{\bar{r}_m}(\bar{t}^{-1})$$

$$=x_{\bar{r}_m}(\bar{t}^{-1})h_{\bar{r}_m}(-\bar{t}^{-1})n_{\bar{r}_m}x_{-r_m}(\bar{t}^{-1}t_0^*)x_{-r_0}(t_0)x_{-\bar{r}_1}(t_1)x_{-r_1}(t_1)\cdots$$

$$x_{-\bar{r}_{m-1}}(\bar{t}_{m-1})x_{-r_{m-1}}(t_{m-1})x_{\bar{r}_m}(\bar{t}^{-1})y_1$$

Where $$y_1=x_{\beta_1}(\xi_1\bar{t}^{-1}\bar{t}_1)\cdots x_{\beta_{m-1}}(\xi_{m-1}\bar{t}^{-1}\bar{t}_{m-1})$$

and

$$t_0^* = \bar{t}^{-1}\left(\frac{1}{2}\widetilde{D}(T)+\eta\varepsilon\right)=\bar{t}^{-1}\eta\bar{t}_0.$$

We write $u=-\eta\bar{t}^{-1}\bar{t}_0$ and $v=-\eta u^{-1}t_0$. Since $D(T)\neq 0$ we have $t_0\neq 0$ and $t_0^*\neq 0$, so we have $u\neq 0$ and $v\neq 0$. Thus we have

$$X_{-r}(T)=x_{\bar{r}_m}(\bar{t}^{-1})h_{\bar{r}_m}(\bar{t}^{-1})x_{r_0}(u^{-1})h_{r_0}(-u^{-1})n_{\bar{r}_m}x_{r_m}x_{-r_0}(t_0)x_{-\bar{r}_m}(v)x_{-\bar{r}_1}(\bar{t}_1)$$
$$\times x_{-\bar{r}_1}(t_1)x_{-\beta_1}(-\xi_1'u^{-1}t_1)\cdots x_{-\bar{r}_{m-1}}(\bar{t}_{m-1})x_{-r_{m-1}}(t_{m-1})$$
$$\times x_{-\beta_{m-1}}(-\xi_{m-1}^*u^{-1}t_{m-1})x_{r_m}(u^{-1})x_{\bar{r}_m}(\bar{t}^{-1})y_1$$
$$=x_{\bar{r}_m}(\bar{t}^{-1})h_{\bar{r}_m}(-\bar{t}^{-1})x_{r_0}(u^{-1})h_{r_0}(-u^{-1})x_{r_m}(v^{-1})h_{r_m}(-v^{-1})$$
$$n_{\bar{r}_m}x_{r_m}n_{\bar{r}_m}x_{-r_m}(\tilde{t}^*)\times x_{-r_0}(t_0)x_{-\bar{r}_1}(\bar{t}_1)x_{-r_1}(t_1)\cdots x_{-\bar{r}_{m-1}}(t_{m-1})$$
$$\times x_{\bar{r}_m}(v^{-1})y_3x_{r_m}(u^{-1})y_2x_{\bar{r}_m}(\bar{t}^{-1})y_1$$
$$=x_{\bar{r}_m}(\bar{t}^{-1})h_{\bar{r}_m}(-\bar{t}^{-1})x_{r_0}(u^{-1})h_{r_0}(-u^{-1})x_{r_m}(v^{-1})h_{r_m}(-v^{-1})$$
$$\times x_{\bar{r}_m}(\tilde{t}^*)x_{r_0}(t_0)x_{r_1}(\bar{t}_1)x_{\bar{r}_1}(t_1)\cdots x_{r_{m-1}}(\bar{t}_{m-1})x_{\bar{r}_{m-1}}(t_{m-1})$$
$$\times n_{\bar{r}_m}x_{r_m}n_{\bar{r}_m}x_{\bar{r}_m}(v^{-1})y_3x_{r_m}(u^{-1})y_2x_{\bar{r}_m}(\bar{t}^{-1})y_1$$

where $\tilde{t}^*=v^{-1}(\eta(\widetilde{D}(T)-t\bar{t})+t_0)$, and $y_2=x_{-\beta_1}(-\xi_1'u^{-1}t_1)\cdots x_{-\beta_{m-1}}(-\xi'_{m-1}u^{-1}t_{m-1})$ and $y_3=x_{\beta_1}(\xi_1v^{-1}\bar{t}_1)\cdots x_{\beta_{m-1}}(\xi_{m-1}v^{-1}\bar{t}_{m-1})$ Finally, we have $X_{-r}(T)=X_r(T^*)N_r^1X_r(T^{*\prime})y$ where $y=\bar{h}^{-1}h_{r_m}(-\bar{t})h_{r_0}(-u)h_{\bar{r}_m}(v)y_3y_2y_1\in Y^1$ and $N_r^1=\bar{h}n_{\bar{r}_m}n_{r_m}n_{\bar{r}_m}=\bar{h}n_{r_m+\bar{r}_m}=\bar{h}n_r\in N^1$, $\bar{h}\in H^1$ and T^*, $T^{*\prime}\in K_{(r)}$.

5. Table I_5: $X_{-r}(T)=X^1_{-r_1}(t_1)X^1_{-r_2}(t_2)\cdots X^1_{-r_n}(t_n)$ Since $D(T)\neq 0$ there exists an integer m satisfying $1\leqslant m\leqslant n$ such that $t_n=t_{n-1}=\cdots=t_{m+1}=0$ and $t_m\neq 0$. We shall write $(t_m\neq t)$. By 6. 4. 4 and 5. 2. 2 of [1] we have

$$X_{-r}(T)=x_{-\bar{r}_m}(\bar{t})x_{r_m}(t)x_{-\bar{r}_1}(\bar{t}_1)x_{-r_1}(t_1)\cdots x_{-\bar{r}_{m-1}}(\bar{t}_{m-1})x_{-r_{m-1}}(t_{m-1})$$
$$=x_{\bar{r}_m}(\bar{t}^{-1})h_{\bar{r}_m}(-\bar{t}^{-1})n_{\bar{r}_m}x_{-r_m}(t)x_{-r_1}(t_1)x_{\alpha_1}(\xi_1\bar{t}^{-1}t_1)x_{-\bar{r}_1}(\bar{t}_1)$$
$$\times x_{\beta_1}(\eta_1\bar{t}^{-1}t_1)\cdots x_{-r_{m-1}}(t_{m-1})x_{\alpha_{m-1}}(\xi_{m-1}\bar{t}^{-1}t_{m-1})$$
$$\times x_{-\bar{r}_{m-1}}(\bar{t}_{m-1})x_{\beta_{m-1}}(\eta_{m-1}\bar{t}^{-1}t_{m-1})x_{r_m}(\bar{t}^{-1})$$
$$=x_{\bar{r}_m}(\bar{t}^{-1})h_{\bar{r}_m}(-\bar{t}^{-1})n_{\bar{r}_m}(t)x_{-r_m}(t)x_{-r_1}(t_1)x_{-\bar{r}_1}(\bar{t}_1)$$
$$\times x_{-r_m}(\xi_1\xi_1'\bar{t}^{-1}t_1\bar{t})\cdots x_{-r_{m-1}}(t_{m-1})x_{-\bar{r}_{m-1}}(\bar{t}_{m-1})$$
$$\times x_{-r_m}(\xi_{m-1}\xi'_{m-1}\bar{t}^{-1}t_{m-1}\bar{t}_{m-1})x_{\bar{r}_m}(\bar{t}^{-1})y_1$$
$$=x_{\bar{r}_m}(\bar{t}^{-1})h_{\bar{r}_m}(-\bar{t}^{-1})n_{\bar{r}_m}x_{-r_m}(d)x_{-r_1}(t_1)x_{-\bar{r}_1}(\bar{t}_1)\cdots x_{-r_{m-1}}(t_{m-1})$$
$$x_{-\bar{r}_{m-1}}(\bar{t}^{-1})x_{\bar{r}_m}(\bar{t}^{-1})y_1$$

where $y_1=x_{\alpha_1}(\xi_1\bar{t}^{-1}t_1)x_{\beta_1}(\eta_1\bar{t}^{-1}t_1)\cdots x_{\alpha_{m-1}}(\xi_{m-1}\bar{t}^{-1}t_{m-1})x_{\beta_{m-1}}(\eta_{m-1}\bar{t}^{-1}t_{m-1})$ and $d=\bar{t}^{-1}D(T)$. Since $D(T)\neq 0$ we have $d\neq 0$. By 6. 4. 4 and 5. 2. 2 of [1] we have

$$X_{-r}(T)=x_{\bar r_m}(\bar t^{-1})h_{\bar r_m}(-\bar t^{-1})x_{r_m}(d^{-1})h_{r_m}(-d^{-1})n_{\bar r_m}n_{r_m}n_{\bar r_m}x_{-r_1}(t_1)$$
$$\times x_{-\beta_1}(-\eta_1'd^{-1}t_1)x_{-\bar r_1}(\bar t_1)x_{-\alpha_1}(-\xi_1'd^{-1}\bar t_1)\cdots x_{-r_{m-1}}(t_{m-1})$$
$$\times x_{-\beta_{m-1}}(-\eta'_{m-1}d^{-1}t_{m-1})x_{-\bar r_{m-1}}(\bar t_{m-1})x_{-\alpha_{m-1}}(-\xi'_{m-1}d^{-1}\bar t_{m-1})$$
$$\times x_{r_m}(d^{-1})x_{\bar r_m}(\bar t^{-1})y_1$$
$$=x_{\bar r_m}(\bar t^{-1})h_{\bar r_m}(-\bar t^{-1})x_{r_m}(d^{-1})h_{r_m}(-d^{-1})x_{\bar r_m}(d^{-1}t^*)x_{\bar r_1}(t_1)$$
$$\times x_{r_1}(\bar t_1)\cdots x_{\bar r_{m-1}}(t_{m-1})x_{r_{m-1}}(\bar t_{m-1})n_{\bar r_m}n_{r_m}x_{r_m}(d^{-1})y_2x_{\bar r_m}(\bar t^{-1})y_1$$

where

$$y_2=x_{-\beta_1}(-\eta_1'd^{-1}t_1)x_{-\alpha_1}(-\xi_1'd^{-1}\bar t_1)\cdots x_{-\beta_{m-1}}(-\eta'_{m-1}d^{-1}t_{m-1})$$
$$\times x_{-\alpha_{m-1}}(-\xi'_{m-1}d^{-1}\bar t_{m-1})$$

and

$$t^*=D(T)-tt.$$

Clearly, we have $N_r^1=n_{\bar r}n_r=n_{\bar r_m}n_{r_m}n_{\beta_1}n_{\alpha_1}$ *or* $N_r^1=n_{\bar r_m}n_{r_m}$ according as $r_m\neq r$ or $r_m=r$. We define $y^*=h_{\bar r_m}(-\bar t)h_{r_m}(-d)y_2y_1$. Furthermore, we write $y=n_{\beta_1}^{-1}n_{\alpha_1}^{-1}y^*$ or $y=y^*$ according as $r_m\neq r$ or $r_m=r$. Finally, we have $X_{-r}(T)=X_r(T^*)N_r^1X_r(T^{*\prime})y$ where $y\in Y^1$ and $N_r^1=n_{\bar r}n_r\in N^1$, and T^*, $T^{*\prime}\in K_{(r)}$.

Table I_6: by a similar argument to that in the cases 4 and 5, the following result can be proved to be true for this case: $X_{-r}(T)=X_r(T^*)N_r^1X_r(T^{*\prime})y$ where $y\in Y^1$, $N_r^1=n_{\bar r}n_r\in N^1$ and $T^*,T^{*\prime}\in K_{(r)}$.

We may summarize the results of the cases 1—6 in the form $X_{-r}(T)=X_r(T^*)N_r^1X_r(T^{*\prime})y$ where $y\in Y^1$ and T^*, $T^{*\prime}\in K_{(r)}$.

Thus it follows from Proposition 5 that

$$X_{-r}(T)=y'X_r(T')N_rX_r(T''),\ y'\in Y^1,\ T',\ T''\in K_{(r)}.$$

The proof is complete.

Similarly, we have the following lemma.

Lemma 1′. With the notation of Lemma 1, if $D(T)\neq 0$ then $X_r(T)=X_{-r}(T^*)N_r^1X_{-r}(T^{*\prime})y=y'X_{-r}(T')N_r^1N_rX_{-r}(T'')y$, $y'\in Y^1$, T^*, $T^{*\prime}$, T', $T''\in K_{(r)}$

Corollary 3. With the notation of Lemma 1, if $\Pi_r^0=\Pi_r\cap\Pi^0\neq\emptyset$, $T\neq(0,0,\cdots,0)$ and $D(T)=0$, then $X_{-r}(T)\notin B^1N^1B^1$; if $\Pi_r^0=\emptyset$ then $X_{-r}(T)\in B^1N^1B^1\cup B^1$.

Lemma 2. Let $r\in\Sigma_1^{*+}\cap I(r_1^*)$, $r_1^*\in\Pi^*$, $I_1(r)=\{r_1, r_2, \cdots, r_n\}$ and $T=\{t_1, t_2, \cdots, t_n\}$, $U=\{u_1, u_2, \cdots, u_n\}\in K_{(r)}$ satisfy $D(T)=0$. Then $x=X_r(T)X_{-r}(U)$ can be expressed in the form $x=X_r(T_0)X_{-r}(U_0)X_r(T_0{}')y$, $y\in Y^1$, T_0, $T_0{}'$, $U_0\in K_{(r)}$, satisfying $D(T_0)\neq 0$.

Proof: We define $K_0=(t\in K\mid \bar{t}=t\}$ send $K^*=K_0\backslash\{0\}$. We write $T_x=\{t_1-x, t_2, \cdots, t_n\}$ and $U_{x^{-1}}=\{u_1-zx^{-1}, u_2, \cdots, u_n\}$, $z=2$ or 1 according to $r\in\Phi_{11b}$ or $r\in\widetilde{\Phi}$. If we put $x\in K_0^*$ then T_x, $U_{x^{-1}}\in K_{(r)}$ since $r_1\notin\Phi_{1b}$ If $x\in K_0^*$ we have $D(T_x)=x^2(1+x^{-1}(t+\bar{t}))$ and $D(U_{x^{-1}})=z^2x^2+zx^{-1}(u+\bar{u})+D(U)$. It is clear that $D(T_x)=0$ and $D(U_{x^{-1}})=0$ are the equations in the unknown x^{-1} with coefficients in the field K. Let $|K_0^*|$ be the cardinality of K_0^*. Clearly, we have $|K_0^*|\geqslant 4$, so there exists at least an element c of K_0^* such that $D(T_c)\neq 0$ and $D(U_{c^{-1}})\neq 0$.

We writer$=r_1$. By Corollary 1 and Lemma 1′ we have

$$\begin{aligned} x&=X_r(T)X_{-r}(U)=X_r(T_c)X_r^1(c)X_r^1X_{-r}(U)\\ &=X_r(T_c)X_{-r}^1(zc^{-1})h_{-r}^1(-zc^{-1})N_r^1X_{-r}^1(zc^{-1})X_{-r}(U)\\ &=X_r(T)X_{-r}^1(zc^{-1})h_{-r}^1(-zc^{-1})N_r^1X_{-r}(U_{c^{-1}}) \end{aligned}$$

Since $D(U_{c^{-1}})\neq 0$ by Lemma 1 we have

$$\begin{aligned} x&=X_r(T_c)X_{-r}^1(zc^{-1})h_{-r}^1(zc^{-1})N_r^1X_r(T^*)N_r^1X_r(T^{*\prime})y'\\ &=X_r(T_c)X_{-r}^1(zc^{-1})h_{-r}^1(-zc^{-1})X_{-r}(U_0^*)X_r(T^{*\prime})y'\\ &=X_r(T_0)X_{-r}(U_0)X_r(T_0{}')y \end{aligned}$$

where y', $y=h_r(-zc)y\in Y^1$ and $T_0=T_c$, T^*, $T^{*\prime}$, $U_0^*\in K_{(r)}$ satisfying $D(T_0)\neq 0$.

Lemma 3. Let $r\in\Sigma_1^{*+}\cap I(r_1^*)$, $r_1^*\in\Pi^*$ and T, U, $U'\in K_{(r)}$. Then $x=X_{-r}(U)X_r(T)X_{-r}(U')$ can be expressed in the form $x=yX_r(\widetilde{T})X_{-r}(\widetilde{U})X_r(\widetilde{T}')$, $y\in Y^1$, $\widetilde{U}$, $\widetilde{T}$, $\widetilde{T}'\in K_{(r)}$.

Proof: We shall consider separately the various possibilities.

1°. Suppose $D(T_0)\neq 0$. By Lemma 1′ we have

$$x=X_{-r}(U)y'X_{-r}(T')N_r^1X_{-r}(T'')X_{-r}(U')=y'N_r^1X_r(U_1)X_{-r}(U_1^*)$$

where $y'\in Y^1$, T', T'', U_1^*, $U_1\in K_{(r)}$.

(a) Suppose $D(U_1)\neq 0$. By Lemma 1′ we have

$$x=y'N_r^1y''X_{-r}(U_1{}')N_r^1X_{-r}(U''_1)X_{-r}(U_1^*)=yX_r(\widetilde{T})X_{-r}(\widetilde{U}),$$

$$y'' \in Y^1, U_1', U''_1 \in K_{(r)}.$$

(b) Suppose $D(U_1)=0$. By Lemma 2 we have

$x=y'N_r^1X_r(T_0)X_{-r}(U_0)X_r(T_0')$, y''_1, $y''_1\in Y^1$, T_0, T_0', $U_0\in K_{(r)}$, satisfying $D(T_0)\neq 0$. By the results of case (a) and Proposition 5 we have

$$x=y_1X_r(\widetilde{T}_1)X_{-r}(\widetilde{U}_1)X_r(T_0')y''_1=yX_r(\widetilde{T})X_{-r}(\widetilde{U})X_r(\widetilde{T}'),$$

$$y_1\in Y^1, \widetilde{T}_1, \widetilde{U}_1\in K_{(r)}.$$

2°. Suppose $D(T)=0$. By Lemma 2 we have

$$x=X_{-r}(U)X_r(T_0)X_{-r}(U_0)X_r(T_0')y',$$

for $y'\in Y^1$, U_0, T_0, $T_0'\in K_{(r)}$ satisfying $D(T_0)\neq 0$. Thus it follows from 1° that $x=y_1X_r(\widetilde{T}_1)X_{-r}(\widetilde{U}_1)X_r(\widetilde{T}_1'+T_0')y'=yX_r(\widetilde{T})X_{-r}(\widetilde{U})X_r(\widetilde{T}')$, by Corollary 1(a) and Proposition 5, where $y_1\in Y^1$ and $\widetilde{U}_1$, $\widetilde{T}_1$, $\widetilde{T}_1'\in K_{(r)}$.

The proof is complete.

Corollary 4. Let $r\in\Sigma_1^{*+}\cap I(r_1^*)$, $r_1^*\in\Pi^*$, U, $T\in K_{(r)}$ and $n\in N^1$, $b\in B^1$. Then $x=bnX_r(T)X_{-r}(U)$ can be expressed in the form $x=b^*n^*X_{-r}(\widetilde{U}^*)X_r(\widetilde{T}^*)$, $b^*\in B^1$, $n^*\in N^1$, $\widetilde{T}^*$, $\widetilde{U}^*\in K_{(r)}$.

Proof: We denote by w the image of n under the natural homomorphism from N onto W and by s the root $w(r)$.

1. Suppose $s\in\Phi^+$. Then $s\in\Phi^{*+}$ and x can be expressed in the form $x=bX_{s_1}(T_1)nX_{-r}(U)$, $s_1=I(s)\cap\Sigma_1^{*+}$, $T_1\in K_{(r)}$. Clearly we have $bX_{s_1}(T_1)=b^*\in B^1$, so the lemma follows for this case.

2. Suppose $s\in\Phi^-$.

(a) Suppose $D(T)\neq 0$. By Lemma 1′and Proposition 5 we have $x=bny'X_{-r}(T')N_r^1X_{-r}(T'')X_{-r}(U)=byX_{s_1}(T_1)nN_r^1X_{-r}(\widetilde{U}^*)$ where $s_1=I(-s)\cap\Sigma_1^{*+}$, y, $y'\in Y^1$ and T', $T''\in K_{(r)}$ so the lemma follows for this case.

(b) Suppose $D(T)=0$. By Lemma 2 we have $x=bnX_r(T_0)X_{-r}(U_0)X_r(T_0')y'$, $y'\in Y^1$, T_0, T_0', $U_0\in K_{(r)}$ satisfying $D(T_0)\neq 0$. Thus by case 2(a) and Proposition 5 the lemma is established.

This completes the proof.

We denote by N_0^1 the subgroup of N^1 consisting of the elements whose image under the natural homomorphism from N onto W belong to W_0^1.

Lemma 4. Let $x=bnvun'$ where $b\in B^1$, n, $n'\in N^1$, $v\in V^1$ and $u\in U^1$.

Then x can be expressed in the form $x=\tilde{b}\tilde{n}\tilde{v}\tilde{u}$, $\tilde{b}\in B^1$, $\tilde{n}\in N^1$, $\tilde{v}\in V^1$, $\tilde{u}\in U^1$.

Proof: By Proposition 4 we have $n'=n_1n_2\cdots n_q$ where $n_i\in N_0^1$ or $n_i=N_{r_i}^1$, $r_i\in\Pi^*$, $i=1, 2, \cdots, q$. Let $n''=n_2n_3, \cdots, n_q$ and let w_1 be the image of n_1 under the natural homomorphism from N onto W.

1. Suppose $n_1\in N_0^1$. Then we have $w_1\in W_0^1$, so we have $w_1(s)\in I(s)$ for each $s\in\Phi^{*+}$. Thus we have $x=\tilde{b}_1\tilde{n}_1\tilde{v}_1\tilde{u}_1n''$, $\tilde{b}_1\in B^1$, $\tilde{n}_1\in N^1$, $\tilde{v}_1\in V^1$, $\tilde{u}_1\in U^1$.

2. Suppose $\tilde{n}_1\in N_{r_1}^1$, $r_1\in\Pi^*$. Clearly there is $r\in\Sigma_1^{*+}\cap I(r_1)$. We have $N_r^1\in N_{r_1}^1$ since $r\in I(r_1)$. By Proposition 2 and Corollary 1, x can be expressed in the form $x=bnX_{-r}(U_1)v_1^*X_r(T_1)u_1N_r^1n''$ where U_1, $T_1\in K_{(r)}$ and $v_1^*\in V^1$ and $u_1\in U^1$ satisfying $-r\notin J(v_1^*)$ and $r\notin J(u_1)$. By Corollary 1 we have $x=bnX_{-r}(U_1)X_r(T_1)v_1u_1N_r^1n''=bnN_r^1X_r(U_1')X_{-r}(T_1')v_1'u_1'n''$ where U_1', $T_1'\in K_{(r)}$ and v_1', $v_1\in V^1$ and $u_1'\in U^1$ satisfying $-r\notin J(v_1)\cup J(v_1')$ and $r\notin J(u_1)\cup J(u_1')$. By Corollaries 4 and 1 we have $x=b^*n^*X_{-r}(\widetilde{U}^*)X_r(\widetilde{T}^*)v_1'u_1'n''=\tilde{b}_1\tilde{n}_1\tilde{v}_1\tilde{u}_1n''$, where b^*, $\tilde{b}_1\in B^1$, n^*, $\tilde{n}_1\in N^1$, $\tilde{v}_1\in V^1$, $\tilde{u}_1\in U^1$, $\widetilde{U}^*$, $\widetilde{T}^*\in K_{(r)}$. By repeating a finite number of times the process used above we obtain the required expression for the element x.

Lemma 4′. Let $x=bnvuv'$ where $b\in B^1$, $n\in N^1$, v, $v'\in V^1$ and $u\in U^1$. Then x can be expressed in the form $x=\tilde{b}_0\tilde{n}_0\tilde{v}_0\tilde{u}_0$ where $\tilde{b}_0\in B^1$, $\tilde{n}_0\in N^1$, $\tilde{v}_0\in V^1$ and $\tilde{u}_0\in U^1$.

Proof: By Proposition 3, v' can be expressed in the form $v'=X_{-\delta_1}(U_1)X_{-\delta_2}(U_2)\cdots X_{-\delta_m}(U_m)$, $\delta_j\in\Sigma_1^{*+}$, $U_j\in K_{(\delta_j)}$, $j=1, 2, \cdots, m$, $\delta_1<\delta_2<\cdots<\delta_m$. It follows from Proposition 2(c) that there exist $w_1\in W^1$ and $r\in\Pi^*$ such that $w_1(\delta_1)\in I(r_1)$. Clearly, by Proposition 4 there exists $n_1\in N^1$ whose image under the natural homomorphism from N onto W is w_1^{-1}, so we have $X_{-\delta_1}(U_1)=n_1X_{-r}(T_1)n_1^{-1}$ where $r\in\Sigma_1^{*+}\cap I(r_1)$, $r_1\in\Pi^*$. It follows from Lemma 4 that $x=\tilde{b}\tilde{n}\tilde{v}\tilde{u}X_{-r}(T_1)n_1^{-1}v''$ where $\tilde{b}\in B^1$, $\tilde{n}\in N^1$, $\tilde{v}\in V^1$, $\tilde{u}\in U^1$ and $v''=X_{-\delta_2}(U_2)\cdots X_{-\delta_m}(U_m)\in V^1$. By Corollary 1 we have $x=\tilde{b}\tilde{n}X_{-r}(U)X_r(T)v_1'u_1'X_{-r}(T_1)n_1^{-1}v''$ where $U, T\in K_{(r)}$, and $v_1'\in V^1$ and $u_1'\in U^1$ satisfy $-r\notin J(v_1')$ and $r\notin J(u_1')$. Thus it follows from Corollary 1 that $x=\tilde{b}\tilde{n}X_{-r}(U)X_r(T)X_{-r}(T_1)v_1u_1n_1^{-1}v''$ where $v_1\in V^1$ and $u_1\in U^1$ satisfy $-r\notin J(v_1)$ and $r\notin J$

(u_1). Thus we have

$$x=\tilde{b}\tilde{n}yX_r(\widetilde{T})X_{-r}(\widetilde{U})X_r(\widetilde{T}')v_1u_1n_1^{-1}v'' \qquad \text{(by Lemma 3)}$$

$$=b^*n^*X_{-r}(\widetilde{U}^*)X_r(\widetilde{T}^*)X_r(\widetilde{T}')v_1u_1n_1^{-1}v'' \qquad \text{(by Corollary 4)}$$

$$=b^*n^*v''_1u_1''n_1^{-1}v'' \qquad \text{(by Corollary 1)}$$

$$=\tilde{b}_1\tilde{n}_1\tilde{v}_1\tilde{u}_1v'' \qquad \text{(by Lemma 4)}$$

where $y\in Y^1$, b^*, $\tilde{b}_1\in B^1$, n^*, $\tilde{n}_1\in N^1$, v''_1, $\tilde{v}_1\in V^1$, u_1'', $\tilde{u}_1\in U^1$ and $\widetilde{T}$, $\widetilde{U}$, $\widetilde{T}'$, $\widetilde{U}^*$, $\widetilde{T}^*\in K_{(r)}$. By repeating a finite number of times the process used above we obtain the required expression for the element x.

By Proposition 4 for each $w\in W^1$ we can choose an element n_w of N^1 such that n_w corresponds to w under the natural homomorphism from N onto W. The elements n_w, for all $w\in W^1$, form a set N_e^1.

We define $G_1=\bigcup_{w\in W^1}B^1n_wV^1B^1$, $n_w\in N_e^1$.

Theorem 1. G_1 is a subgroup of G and $G^1=G_1$.

Proof: If $x\in G_1$ then x can be expressed in the form $x=bn_wvb'$, b', $b\in B^1$, $n_w\in N^1$, $w\in W^1$, $v\in V^1$. It is clear that $x^{-1}=b'^{-1}v^{-1}n_w^{-1}b^{-1}$. By Lemma 4 we have $x^{-1}=\tilde{b}\tilde{n}\tilde{v}\tilde{u}b^{-1}=\tilde{b}\tilde{n}\tilde{v}\tilde{b}'$ where $\tilde{u}\in U^1$, $\tilde{b}$, $\tilde{b}'\in B^1$, $\tilde{n}\in N^1$ and $\tilde{v}\in V^1$. Let w_1 denote the image of $\tilde{n}$ under the natural homomoprhism from N onto W. Since $\tilde{n}\in N^1$ we have $w_1\in W^1$, so we have $\tilde{n}=hn_{w_1}$, $h\in H^1$, $n_{w_1}\in N_e^1$ by Proposition 4. It follows that $x^{-1}\in G_1$.

Let x_1, $x_2\in G_1$, Then x_1 and x_2 can be expressed in the form $x_1=b_1n_{w_1}v_1b_1'$ and $x_2=b_2n_{w_2}v_2b_2'$ where b_1, b_1', b_2, $b_2'\in B^1$, n_{w_1}, $n_{w_2}\in N_e^1$, w_1, $w_2\in W^1$ and v_1, $v_2\in V^1$. Clearly, we have $b_1'b_2=yu$, $y\in Y^1$, $u\in U^1$. Thus x_1x_2 can be expressed in the form

$$x_1,\ x_2=b_1n_{w_1}v_1yun_{w_2}v_2b_2'=b_1y'n_{w_1}v_1'un_{w_2}v_2b_2' \qquad \text{(by Proposition 5)}$$

$$=\tilde{b}\tilde{n}\tilde{v}\tilde{u}v_2b_2' \qquad \text{(by Lemma 4)}$$

$$=\tilde{b}_0\tilde{n}_0\tilde{v}_0\tilde{u}_0b_2'=\tilde{b}_0\tilde{n}_0\tilde{v}_0\tilde{b}_0' \qquad \text{(by Lemma 4')}$$

where $y'\in Y^1$, $\tilde{u}$, $\tilde{u}_0\in U^1$, $\tilde{b}$, $\tilde{b}_0$, $\tilde{b}_0'=\tilde{u}_0\tilde{b}_0'\in B^1$ and v_1', $\tilde{v}$, $\tilde{v}_0\in V^1$. It is clear that $\tilde{n}_0=hn_w$ where $h\in H^1$ and $n_w\in N_e^1$ being the iamge of $\tilde{n}_0$ under the natural homomorphism from N onto W, so we have $x_1x_2\in G_1$. It follows that G_1 is a subgroup of G.

For each $w\in W^1$ we have $B^1n_wV^1B^1\subset G^1$ since B^1, $V^1\subset G^1$ and $n_w\in N_e^1\subset$

G^1. Thus we have $G_1 \subseteq G^1$. On the other hand, we have $U^1, V^1 \subset G^1$ Since G_1 is a subgroup of G and $G^1 = (U^1, V^1)$ we have $G^1 \subseteq G_1$ so we have $G^1 = G_1$.

By Theorem 1 and Proposition 4(c) we have

$$G^1 = \bigcup_{w \in W^1} B^1 n_w V^1 B^1 = B^1 N^1 V^1 B^1, \ n_w \in N_e^1.$$

The decomposition (3. A) of G^1 is called the "quasi—Bruhat" decomposition of G^1 (of $L(\Pi^\theta, K)$). In general, if $\Pi^0 \neq \emptyset$, G^1 cannot be expressed in the form $G^1 = B^1 N^1 B^1$ by Corollary 3.

4. The simplicity of $L(\Pi^\theta, K)$

The steps of the proof of the simplicity of $L(\Pi^\theta, K)$ are quite analogous to those in the proof for the twisted groups given in [6].

We shall show that there exists $\lambda \in K^*$ such that $\lambda^2 \neq \bar{\lambda}^2$ if $K^* \neq K_0^*$. Assuming the contrary, then $x^2 = \bar{x}^2$ for all $x \in K^*$, so we have $(a+x)^2 = (a+\bar{x})^2$ where a is an arbitrary element of K_0^*, and hence we have $x = \bar{x}$ for all $x \in K^*$. We have a contradiction. Thus there is $\lambda \in K^*$ as required. Similarly, we shall show that there exists $\mu \in K^*$ such that $\mu^4 \neq \bar{\mu}^4$ if $K^* \neq K_0^*$. Assuming the contrary, we have $x^4 = \bar{x}^4$ for all $x \in K^*$, so we have $(a \pm x)^4 = (a \pm \bar{x})^4$ where a is an arbitrary element of K_0^*, and hence we have $x^2 = \bar{x}^2$ for all $x \in K^*$. We have a contradiction. Thus there exists $\mu \in K^*$ as required.

Lemma 5. Let $r_1, r_2 \in \Phi^{*+}$ such that $r_1 \neq r_2$ and $r_1 \neq \bar{r}_2$. Then there exists $h(\chi) \in H^1$ such that $\chi(r_1) = 1$, $\chi(r_2) \neq \chi(r_1)$ or $\chi(r_2) = 1$, $\chi(r_1) \neq \chi(r_2)$.

Proof: We have $A_{r', s'} = 2(r', s')/(r', r') = z(A_{rs} + A_{\bar{r}s})$, $r, s \in \Phi^*$ where $z = 1$ or 2 according to $r \in \widetilde{\Phi}$ or $r \in \Phi_{11b}$, since $(r, \bar{r}) = 0$ if $r \in \Phi_{11a}$ and $(r, \bar{r}) = -\frac{1}{2}(r, r)$ if $r \in \Phi_{11b}$. Thus the following statement (4. A) holds.

(4. A) Let $h(\chi) = h_r^1(c)$, $r \in \Phi^{*+}$, $c \in K_0$. Then for $s \in \Phi^*$, $\chi(s) = c^{\varphi(r', s')}$ where $\varphi(r', s') = z^{-1} A_{r's'}$.

Let F denote the set $\{r_1, r_2\}$. We shall consider separately different possibilities.

I. Suppose $I(r_1) \neq I(r_2)$.

(a) Suppose $(r_1', r_2')=0$. Then we put $h(\chi)=h^1_{r_2}(2)$. By (4. A) we have $\chi(r_1)=1$ and $\chi(r_2)=4$ or 2 according to $r_2\in\widetilde{\Phi}$ or $r_2\in\Phi_{11b}$.

(b) Suppose $(r_1', r_2')\neq 0$. (1) $F\cap\Phi_{11b}=\emptyset$. Then we put $h(\chi)=h^1_r(-1)$ where $r\in F$ satisfies $(r', r')\geqslant(s', s')$, $s\in F\setminus\{r\}$. It follows from the properties of Satake diagrams that $A_{r's'}=\delta$, $\delta=\pm1$ if $(r', r')\geqslant(s', s')$. By (4. A) we have $\chi(r)=(-1)^2=1$ and $\chi(s)=(-1)^{\delta}=-1$ If there is a root r of F such that $r\notin\Phi_{11b}$ and $s=F\setminus\{r\}\in\Phi_{11b}$ then we put $h(\chi)=h^1_r(-1)$. It follows from the properties of the Satake diagram AIII that $(r', r')\geqslant(s', s')$. By (4. A) we have $\chi(r)=1$ and $\chi(s)=-1$ If $F\in\Phi_{11b}$ then we put $h(\chi)=h^1_{r_2}(-1)$. It follows from the properties of the Satake diagram AIII that $A_{r_2r_1}=-A_{\bar{r}_2r_1}=-A_{r_2\bar{r}_2}=1$ and $A_{r_2r_2}=-A_{\bar{r}_2\bar{r}_2}=2$. Thus by (4. A) we have $\chi(r_1)=1$ and $\chi(r_2)=-1$.

II. Suppose $I(r_1)=I(r_2)$.

(a) Suppose $r_1\in\Phi_{11b}$ Then we put $h(\chi)=h^1_r(\delta)$ where $r\in\Phi_{11}\cap F$, and $\delta=b^{-1}\lambda^2$, $\lambda\in K^*$, satisfying $\lambda^2\neq\bar{\lambda}^2$ and $b=\lambda\bar{\lambda}$. (In this case, there is $r\in F$ such that $r\in\Phi_{11}$.) It follows from the properties of the Satake diagrams that $A_{rs}=A_{\bar{r}s}=1$, and $A_{\bar{r}r}=0$, $r\in F\setminus\{r\}$. Thus we have $\chi(s)=b^{-2}\lambda^2\bar{\lambda}^2=1$ and $\chi(r)=b^{-2}\lambda^4=\lambda^2\bar{\lambda}^{-2}\neq1$.

(b) Suppose $r_1\in\Phi_{11b}$ If there is $r\in F$ such that $r\in\Phi_{1b}$ then we put $h(\chi)=h^1_r(-1)$. It follows from the properties of the Satake diagram AIII that $A_{rs}=1$, and hence we have $\chi(s)=-1$ and $\chi(r)=1$, $s\in F\setminus\{r\}(s\in\Phi_{11b})$. (2) If $F\cap\Phi_{1b}=\emptyset$ then we put $h(\chi)=h^1_{r_1}(\mu)h_{\gamma}(b)h^1_{r_2}(\mu^{-3})$, for $\gamma=r_1+\bar{r}_1$, $\mu\in K^*$ satisfying $\mu^4\neq\bar{\mu}^{-4}$, $b=\mu\bar{\mu}$. It follows from the properties of the Satake diagram AIII that $A_{r_1\bar{r}_1}=-A_{r_2\bar{r}_2}=-1$ and $A_{r_1\bar{r}_2}=0$, and $A_{\gamma r_1}=A_{\gamma\bar{r}_1}=A_{r_1r_2}=A_{\gamma r_2}=A_{\gamma\bar{r}_2}=1$. Thus we have $\chi(r_1)=\mu^2\bar{\mu}^{-1}b\mu^{-3}=\mu^2\bar{\mu}^{-1}\mu\bar{\mu}\mu^{-3}=1$ and $\chi(r_2)=\mu b\mu^{-6}\bar{\mu}^3=\mu^2\bar{\mu}\mu^{-6}\bar{\mu}^3=\mu^{-4}\bar{\mu}^4\neq1$.

The proof is complete.

Obviously, such $h(\chi)$ in case (1) in the proof of Lemma 5, satisfy $\chi(\beta)=1$ for all $\beta\in\Phi^0$. Thus we have.

Corollary 4. Let r, $s\in\Phi^{*+}$ and $r'\neq s'$. Then there exists $h(\chi)\in H^1$ such that $\chi(r)=1$, $\chi(s)\neq1$ or $\chi(s)=1$, $\chi(r)\neq1$, and moreover, $\chi(\beta)=1$ for all

$\beta\in\Phi^0$.

Corollary 5. Let $n\in N^1\backslash N_0^1$. Then there exists $h(\chi)\in H^1$ such that $nh(\chi)n^{-1}=h'(\chi')\neq h(\chi)$, and moreover, $\chi(\beta)=\chi'(\beta)=1$ for all $\beta\in\Phi^0$.

Proof: Let w denote the image of n under the natural homomorphism from N onto W. Since $n\in N^1\backslash N_0^1$ we have $w\in W^1\backslash W_0^1$. Thus by Proposition 2 (a) there is $r\in\Phi^{*+}$ such that $s'=w(r')\neq r'$. By Proposition 4 we have $\rho'_\theta w=w\rho'_\theta$. Thus if $s=w(r)$ then we have $\bar{s}=w(\bar{r})$, so we have $s'=w(r)'\neq r'$. We shall consider separate cases.

I. Suppose $w(r)'=-r'$.

(a) Suppose $r\in\Phi_{11b}$. Then we put $h(\chi)=h^1_{r_1}(2)$ where $r_1=r+\bar{r}\in\Phi_{1b}$, It is clear that $h'(\chi')=h^1_{-r_1}(2)$, so we have $\chi(r)=2$ and $\chi'(r)=\frac{1}{2}$. Thus we have $h(\chi)\neq h'(\chi')$.

(b) Suppose $r\in\tilde{\Phi}$ Suppose the $\mathbb{R}$-rank of (Π,θ) is not 1. Then it follows from the properties of the Satake diagrams that there is $r_1\in\Phi^*$, $I(r_1)\neq I(r)$, such that $(r',r_1')\neq 0$. We put $h(\chi)=h^1_r(2)$ or $h(\chi)=h^1_{r_1}(2)$ according to $(r',r')\geqslant(r_1',r_1')$ or $(r',r')<(r_1',r_1')$. Thus we have $\chi(r_1)=\delta$, $\chi'(r_1)=\delta^{-1}$, $\delta=2$ or $\frac{1}{2}$, or $\chi(r)=\gamma\cdot\chi'(r)=\gamma^{-1}$, $\gamma=2$ or $\frac{1}{2}$ according to $(r',r')\geqslant(r_1',r_1')$ or $(r',r')<(r_1',r_1')$. (2) Suppose the $\mathbb{R}$-rank of (Π,θ) is equal to 1. We put $h(\chi)=h^1_r(2)$. Clearly, we have $h'(\chi')=h^1_{-r}(2)$, so we have $\chi(r)\neq\chi'(r)$ since $p>5$.

II. Suppose $w(r)'\neq -r'$. Then it follows from Corollary 4 that there is $h(\chi)\in H^1$ such that $\chi(r)\neq\chi(\xi s)$ where $\xi=1$ or -1 as $s\in\Phi^{*+}$ or $s\in\Phi^{*-}$. Thus we have $h(\chi)\neq h'(\chi')$.

It is clear that such $h(\chi)$ above satisfy $\chi(\beta)=1$ for all $\beta\in\Phi^0$.

The proof is complete.

We shall prove the following statement.

(4. B) Let $h(\chi)\in H^1$ be such that $h(\chi)\neq 1$; then there exists $r\in\Phi^{*+}$ such that $\chi(r)\neq 1$.

Proof: Assume the contrary. Then there exists $\alpha\in\Pi^0$ such that $\chi(\alpha)\neq 1$. It is easy to see that there exists $s\in\Phi^{*+}$ such that $(\alpha,s)\neq 0$ so we have $s+j\alpha\in$

Φ, $j=\pm 1$. Clearly, we have $r=s+j\alpha\in\Phi^{*+}$. Thus it follows that $\chi(r)\neq 1$, $r\in\Phi^{*+}$. We have a contradiction, so the statement is established.

Lemma 6. Suppose $y\in Y^1$ and $y\neq 1$. Then

(1) $y\notin Z^1$ where Z^1 is the centre of G^1.

(2) there exists $u\notin U^1$ such that $yuy^{-1}u^{-1}=u^*\neq 1$ or there exists $v\in V^1$ such that $yvy^{-1}v^{-1}=v^*\neq 1$.

Proof: It is clear that statement (1) and statement (2) are equivalent. We shall prove statement (1).

Since $y\in Y^1\subset G_0$, by 8. 4. 4 of [1], y can be expressed uniquely in the form:

$$y=x_{\alpha_1}(t_1)x_{\alpha_2}(t_2)\cdots x_{\alpha_p}(t_p)h(\chi_0)n_w\chi_{\beta_1}(t_1')\chi_{\beta_2}(t_2')\cdots\chi_{\beta_q}(t_q')$$

where α_i, $\beta_j\in\Phi^{0+}=\Phi^0\cap\Phi^+$, t_i, $t'_j\in K^*$, $i=1, 2, \cdots, p$, $j=1, 2, \cdots, q$, $h(\chi_0)\in H$ and $w\in W_0$ satisfy $w(\beta_j)\in\Phi^-$, $j=1, 2, \cdots, q$. We write $\Phi_y=\{\alpha_1, \alpha_2, \cdots, \alpha_p\}$ and $\Phi'_y=\{\beta_1, \beta_2, \cdots, \beta_q\}$ Suppose $\Phi_y\neq\emptyset$. Then there exist $\alpha\in\Phi_y$ and $w_1\in W_0$ such that $w_1(\alpha)=\beta$, $\beta\in\Pi^0$. It follows from the properties of the Satake diagrams that there exists $r\in\Phi_{11}$ such that $(r,\beta)\neq 0$. Thus we have $(s,\alpha)\neq 0$, $s=w_1^{-1}(r)\in\Phi_{11}$. Let $A_{s\alpha}=c$. Clearly, we have $c=1, -1, 2, -2$. Since there exists $\lambda\in K^*$ such that $\lambda^2\neq\bar{\lambda}^2$ then there exists $\delta\in K^*$ such that $(\delta\bar{\delta}^{-1})^c\neq 1$. We put $h_1(\chi_1)\in h_s^1(\delta)$; hence $h_1(\chi_1)\in H^1$ satisfies $\chi_1(\alpha)=(\delta\bar{\delta}^{-1})^c\neq 1$. Thus we have $y\notin Z^1$ if $\Phi_y\neq\emptyset$. Similarly, we have $y\notin Z^1$ if $\Phi'_y\neq\emptyset$. Thus the lemma is true if $\Phi_y\neq\emptyset$ or $\Phi'_y\neq\emptyset$. Assume $\Phi_y=\Phi'_y=\emptyset$. Then we have $y=h(\chi_0)n_w$. Suppose $w\neq 1$. Then there exists $r\in\Phi_{11}$ such that $w(r)=s\neq r$. We put $t=1$ if $\chi_0(s)\neq 1$ and $t\in K_0^-=\{t\in K^*\mid t\neq\bar{t}\}$ if $\chi_0(s)=1$. For such t, we have $X_r^1(t)yX_r^1(-t)\neq y$ if $y=h(\chi_0)n_w$ and $w\neq 1$. Suppose $\Phi_y=\Phi'_y=\emptyset$ and $w=1$. Then we have $y=h(\chi_0)\neq 1$. Thus there exists $r\in\Phi^*$ such that $\chi_0(r)\neq 1$ by (4. B). Hence we have $y\notin Z^1$ if $y\neq 1$. This completes the proof.

We shall denote by R^1 an arbitrary normal subgroup of G^1 satisfying $|R^1|>1$. (For a set S, we denote by $|S|$ the cardinality of the set S.)

Lemma 7. $|R^1\cap U^1|>1$.

Proof: Since $|R^1|>1$ there is $x'\in R^1$ such that $x'\neq 1$. By Theorem 1, x'

can be expressed in the form $x'=b'n'v'b''$, b', $b''\in B^1$, $n'\in N^1$, $v'\in V^1$. Since R^1 is a normal subgroup of G^1 there exists $x\in R^1$ such that $x\neq 1$ and x can be expressed in the form $x=vbn_w$, $v\in V^1$, $b\in B^1$, $w\in W^1$, $n_w\in N_e^1$ We have $b=uy$, $u\in U^1$, $y\in Y^1$, so we have $x=vuyn$, where u, v, y and $n_w=n$ are given as above. We shall consider separate cases.

(1) Suppose $u=1$ and $v=1$.

(a) Suppose $w\in W^1\setminus W_0^1$. Then by Corollary 5 there exists $h(\chi)\in H^1$ such that $nh(\chi)n^{-1}=h'(\chi')\neq h(\chi)$ and $\chi(\beta)=\chi'(\beta)=1$ for all $\beta\in\Phi^0$. Let $x_1=h(\chi)xh(\chi)^{-1}x^{-1}$. Then $x_1=h(\chi)h'(\chi')^{-1}=h_1(\chi_1)\neq 1$. Since R^1 is a normal subgroup of G^1 we have $x_1=h_1(\chi_1)\in R^1$. It follows from (4. B) that there exists $r\in\Phi^{*+}$ such that $\chi_1(r)\neq 1$. We define $\tilde{u}=X_r^1(t)h_1(\chi_1)X_r^1(-t)h_1(\chi_1)^{-1}$, $t\in K_r^*$. Then we have $\tilde{u}=X_r^1(t^*)$, $t^*\in K_r^*$ and $\tilde{u}\in R^1$, so the lemma is true for this case.

(b) Suppose $w\in W_0^1$. Then $x=y\in Y^1$, $y\neq 1$. By Lemma 6 there exists $u^*\in U^1\cap R^1$ such that $u^*\neq 1$ or there exists $v^*\in V^1\cap R^1$ such that $v^*\neq 1$. Obviously, the lemma is valid if there exists $u^*\in U^1\cap R^1$, $u^*\neq 1$. In the following (cf. case 2), we shall show that the lemma is true if there exists $v^*\in V^1\cap R^1$, $v^*\neq 1$.

(2) Suppose $v=1$, $u\neq 1$ or $v\neq 1$.

We write $s=J_1(u)$ or $s=J_1(v)$ according as $v=1$ or $v\neq 1$. Then $h(\chi)=h_s^1(2)$ satisfies $\chi(s)=2$ or 4 according as $s\in\Phi_{11b}$, or $s\in\tilde{\Phi}$. Moreover, we have $\chi(\beta)=1$ for all $\beta\in\Phi^0$. We define $x_1'=h(\chi)xh(\chi)^{-1}x^{-1}$.

(a) Suppose $v=1$, $u\neq 1$. Then we have $x_1'=u_1'h(\chi)h'(\chi')^{-1}u^{-1}=u_1'h_1(\chi_1)u^{-1}$ where $u_1'=h(\chi)uh(\chi)^{-1}\in U^1$ and $h'(\chi')=nh(\chi)n^{-1}$ and $h_1(\chi_1)=h(\chi)h'(\chi')^{-1}\in H^1$. We write $x_1=u^{-1}u_1'h_1(\chi_1)$. Clearly, we have x_1', $x_1\in R^1$ since R^1 is a normal subgroup of G^1. Since $\chi(s)\neq 1$ we have $u_1=u^{-1}u_1'\neq I$, $J_1(u_1)=s$, so $x_1=u_1h_1(\chi_1)$, $u_1\in U^1$, $u_1\neq 1$. Let $\tilde{u}=h(\chi)x_1h(\chi)^{-1}x_1^{-1}$. Then we have $\tilde{u}\in U^1\cap R^1$, $\tilde{u}\neq 1$, since $\chi(s)\neq 1$ and $J_1(u_1)=s$, so the lemma follows for this case.

(b) Suppose $v\neq 1$. Similarly, then we have $x_1=h_1(\chi_1)v_1u_1\in R^1$ where $v_1\in V^1$, $J_1(v_1)=s$, $v_1\neq 1$, $u_1\in U^1$ and $h_1(\chi_1)\in H^1$. Since $v_1\neq 1$ then $J(v_1)$

can be expressed in the form $J(v_1)=\{-s_1, -s_2, \cdots, -s_q\}$, $s_i\in\Phi_1^{*+}$, $i=1, 2, \cdots, q$, $q\geqslant 1$. Suppose $q>1$. By Lemma 5 there exists $h(\chi)\in H^1$ such that $\chi(s_1)=1$, $\chi(s_2)\neq 1$ or $\chi(s_2)=1$, $\chi(s_1)\neq 1$, We write $x_2'=x_1^{-1}h(\chi)x_1h(\chi)^{-1}$. Then we have $x_2'=u_1^{-1}v_2u_1^*$ where $v_2=v_1^{-1}h(\chi)v_1h(\chi)^{-1}\in V^1$ and $u_1^*=h(\chi)u_1h(\chi)^{-1}$. We write $x_2=v_2u_1^*u_1^{-1}=v_2u_2$, $u_2=u_1^*u_1^{-1}\in U^1$. By the properties of $h(\chi)$ mentioned above we have $J(v_2)=\{-s_1^*, -s_2^*, \cdots, -s_p^*\}$, $s_i^*\in\Phi_1^{*+}$, $i=1, 2, \cdots, p$, satisfying $-s_1^*<-s_1$ or $-s_1^*=-s_1$, $-s_2^*<-s_2$ according as $\chi(s_1)=1$, $\chi(s_2)\neq 1$ or $\chi(s_2)=1$, $\chi(s_1)\neq 1$. Clearly we have x_2', $x_2\in R^1$. By repeating a finite times the process used above, finally there is $x^*\in R^1$ such that x^* can be expressed in the form $x^*=v^*u^*$ where $u^*\in U^1$ and $v^*\in V^1$ satisfying $J(v^*)=\{-r\}$, $r\in\Phi^{*+}$, so we have $x^*=X_{-r}^1(t)u^*$, $t\in K_r^*$. This means $q=1$. It follows from Lemma 5 that $x^*=X_r^1(t'^{-1})h_r^1(-t'^{-1})N_r^1X_r^1(t'^{-1})u^*$, $t'=z^{-1}t$. We write $\tilde{x}^*=h_r^1(t'^{-1})N_r^1X_r^1(t'^{-1})uX_r^1(t'^{-1})$. Since R^1 is a normal subgroup of G^1 we have $\tilde{x}^*\in R^1$. It is clear that $\tilde{x}^*=h_r^1(-t^{-1})N_r^1\tilde{u}^*$, $\tilde{u}^*\in U^1$. If $\tilde{u}^*=1$ then the lemma is true for this case by (la) above. If $\tilde{u}^*\neq 1$ then the lemma is true for this case by (2a) above. Thus the lemma is valid for the case (2b). Clearly, the cases (la), (lb), (2a) and (2b), considered above, exhaust all possibilities. The proof is complete.

For each $r\in\Phi^*$ we define $X_r^1=\{X_r^1(t)$, t runs through $K_r\}$.

Lemma 8. There exists $r\in\Phi^*$ such that $|R^1\cap X_r^1|>I$.

Proof: By Lemma 7 there exists $u\in R^1\cap U^1$, $u\neq 1$. We write $J(u)=\{r_1, r_2, \cdots, r_p\}$, $r_i\in\Phi_1^{*+}$, $i=1, 2, \cdots, p$, $p\geqslant 1$. Clearly, the lemma is valid for the case of $p=1$. Assume $p>1$. By Lemma 5, there exists $h(\chi)\in H^1$ such that $\chi(r_1)=1$, $\chi(r_2)\neq 1$ or $\chi(r_2)=1$, $\chi(r_1)\neq 1$. Let $u_1=u^{-1}h(\chi)uh(\chi)^{-1}$. It is clear that $u_1\in R^1\cap U^1$ and $J(u_1)=\{r_1^*, r_2^*, \cdots, r_q^*\}$, $r_i^*\in\Phi_1^{*+}$, $i=1, 2, \cdots, q$, satisfying $r_1<r_1^*$ or $r_1=r_1^*$, $r_2<r_2^*$, according as $\chi(r_1)=1$, $\chi(r_2)\neq 1$ or $\chi(r_2)=1$, $\chi(r_1)\neq 1$. Finally, by repeating a finite number of times the process used above we have $u^*=X_r^1(t)\in R^1\cap X_r^1$, $t\in K_r^*$. This completes the proof.

Lemma 9. For every $s\in\Phi_1^{*+}$, $X_s^1\subset R^1$.

Proof: We shall prove the following statements.

(a) Let $h(\chi)\in R^1$ such that $\chi(r)\neq 1$, $r\in\Phi^*$. Then $X_r^1\subset R^1$.

For every $c\in K_r$ we put $t=-(1-\chi(r))^{-1}c$, and hence we have $h(\chi)X_r^1(t)h(\chi)^{-1}X_r^1(-t)=X_r^1(-(1-\chi(r))t)=X_r^1(c)\in R^1$. The statement follows.

(b) Let $X_r^1(t)\in R^1$, $r\in\Phi_{11b}^{*+}=\Phi_{11b}\cap\Phi_1^{*+}$, $t\in K_r^*$. Then there exists $u\in K_{r+\bar r}^*$ such that $X_{r+\bar r}^1(u)\in R^1$.

It is clear that $\lambda t\in K_r=K^*$, $\lambda\in K^*$, $\lambda\neq\bar\lambda$. We have $X_r^1(t)X_r^1(\lambda t)X_r^1(-t)X_r^1(-\lambda t)=X_{r+\bar r}^1(u)\in R^1$. where $u=\eta(t\overline{\lambda t}+\lambda t\bar t)=\eta t\bar t(\lambda-\bar\lambda)\neq 0$, $u\in K_{r+\bar r}^*$, $\eta=\pm 1$. The statement follows.

(c) Let $X_r^1(t)\in R^1$, $r\in\Phi_1^{*+}\setminus\Phi_{11b}^{*+}$, $t\in K_r^*$. Then $X_r^1\subset R^1$.

We have $h_r^1(t^{-1})X_r^1(t)h_r^1(t^{-1})^{-1}=X_r^1(t^{-1})$ and $N_r^1X_r^1(t^{-1})(N_r^1)^{-1}=X_{-r}^1(-t^{-1})$, so we have $X_{-r}^1(-t^{-1})\in R^1$. It follows that $N_r^1(t)=X_r^1(t)X_{-r}^1(-t^{-1})X_r^1(t)\in R^1$ since $r\in\Phi_1^{*+}\setminus\Phi_{11b}^{*+}$. It is clear that $X_r^1(2t)\in R^1$. Similarly, we have $X_r^1(2t)\in R^1$. We write $h(\chi)=N_r^1(2t)N_r^1(t)$. Clearly we have $h(\chi)\in R^1$ and $h(\chi)=h_r^1(2t)\bar N_r^1h_r^1(t)\bar N_r^1=h_r^1(2t)\bar N_r^1h_r^1(t)(\bar N_r^1)^{-1}(\bar N_r^1)^2=h_r^1(2t)h_r^1(-t^{-1})h_r^1(-1)=h_r^1(2)$. where $\bar N_r^1=n_r(1)$ if $r\in\Phi_1$, $\bar N_r^1=N_r^1$ if $r\in\Phi_{11}$. Since $r\in\Phi_1^{*+}\setminus\Phi_{11b}^{*+}$ we have $\chi(r)=4\neq 1$. Thus by statement (a) above we have $X_r^1\subset R^1$.

By Lemma 8 and statements (b) and (c) we obtain the following statement.

(d) There exists $r\in\Phi_1^{*+}\setminus\Phi_{11b}^{*+}$ such that $X_r^1\subset R^1$.

By a process which is similar to that in the proof of statement (c) we have the following statement immediately.

(e) Let $X_r^1\subset R^1$, $r\in\Phi_1^{*+}\setminus\Phi_{11b}^{*+}$. Then $h_r^1(u)\subset R^1$ for all $u\in K_r^{*+}$.

Now, we shall prove the lemma.

Clearly, this lemma is true for the case of $\Pi^0=\emptyset$. In the following we assume $\Pi^0=\emptyset$. By statements (d) and (e) there exists $r\in\Phi_1^{*+}\setminus\Phi_{11b}^{*+}$ such that $h_r^1(u)\in R^1$ for all $u\in K_r^{*\prime}$ It is clear that there exist elements λ_1, λ_2, λ_3 and λ_4 of K^* satisfying condition

(4. C): $(\lambda_1\bar\lambda_1)^2\neq 1$, $\lambda_2^2\neq\bar\lambda_2^2$, $\lambda_3^2\bar\lambda_3\neq 1$ and $\lambda_4^2\neq\bar\lambda_4$.

All such elements λ_1, λ_2, λ_3 and λ_4 of K^* satisfying (4. C) form a subset S of K^*. If $r=\bar r$ we put $h(\chi)=h_r^1(2)$, so we have $\chi(s^*)\neq 1$ for each $s^*\in\Phi^{*+}$, satisfying $(r, s^*) \neq 0$ since $A_{rs^*} = 1, -1, 2$ or -2. If $r \neq \bar{r}$ and $s^* \in \Phi^{*+}$, satisfy$(r, s^*) \neq 0$ or $(\bar{r}, s^*) \neq 0$. then we have $A_{rs^*} = \pm 1, \pm 2$ if $(r, s^*) \neq 0$ and $A_{\bar{r}s^*} = \pm 1, \pm 2$. if $(\bar{r}, s^*) \neq 0$, so we can choose an appropriate λ^* of S such that $h(\chi) = h_r^1(\lambda^*)$ satisfies $\chi(s^*) \neq 1$. It is clear that such $h(\chi)$ as above belongs to R^1. By Proposition 2(c), for each $s \in \Phi^{*+}$ there exists $w \in W^1$ such that $(r', s_1') \neq 0$, $s_1 = w(s)$, and hence we have

$$(r+\bar{r}, s_1+\bar{s}_1) = (r, s_1) + (r, \bar{s}_1) + (\bar{r}, s_1) + (\bar{r}, \bar{s}_1) = 2(r, s_1) + 2(\bar{r}, s_1) \neq 0.$$

Hence(r, s_1) and $(\bar{r}, s_1)$ cannot be equal to zero simultaneously, so we have $(r, s_1) \neq 0$ or $(\bar{r}, s_1) \neq 0$. By the results mentioned above and statement (a) we have $X_{s_1}^1 \subset R^1$. It follows that $nX_{s_1}^1 n^{-1} = X_s^1 \subset R^1$. where $n \in N^1$ whose image under the natural homomorphism from N onto W is w^{-1}. This completes the proof.

By Lemma 9 we obtain the following corollary immediately.

Corollary 6. $U^1, V^1 \subset R^1$.

Theorem 2. G^1 is a simple group.

Proof: By Corollary 6 we have $U^1, V^1 \subset R^1$, so we have $G^1 = (U^1, V^1) \subseteq R^1$. On the other hand, we have $R^1 \subseteq G^1$. It follows that $R^1 = G^1$, so G^1 is a simple group. This completes the proof.

5. The identifications of $L(\Pi^\theta, K)$

See Table II.

(1) If all the circles of the Satake diagram Π^θ are white, Π^θ is called a normal diagram or a quasi-normal diagram according as the Satake diagra Π^θ does not have double-ended arrows or does have double-ended arrows.

If the Satake diagram Π^θ is a normal diagram then the simple group $L(\Pi^\theta, K)$ is identified with the Chevalley group $L(K_0)$; if the Satake diagram Π^θ is a quasi-normal diagram then the simple group $L(\Pi^\theta, K)$ is identified with the twisted group ${}^2L(K)$.

(2) Let Π^θ be a Satake diagram and let k be the number of black circles of the Satake diagram Π^θ.

(Ⅰ) Let Π^θ be the Satake diagram of the type AIII. Then $A_n(\Pi^\theta, K)\cong PSU_{n+1}(K, f)$, $f=(\bar{x}_1x_{n+1}+\eta\bar{x}_{n+1}x_1)-(\bar{x}_2x_n+\eta x_nx_2)+\cdots+(-1)^m(\bar{x}_mx_{n-m+2}+\eta\bar{x}_{n-m+2}x_m)+x_{m+1}\bar{x}_{m+1}+\cdots+x_{m+k+1}\bar{x}_{m+k+1}$, $m=\frac{1}{2}(n-k)$, $\eta=(-1)^n$, m must be a positive integer.

(Ⅱ) Let Π^θ be the Satake diagram of the type BI. Then $B_n(\Pi^\theta, K)\cong P\Omega_{2n+1}(K_0, f)$,

$$\begin{aligned}f=&x_0x_0+x_1x_{-1}+x_2x_{-2}+\cdots+x_{n-k}x_{-n+k}\\&+(x_{n-k+1}-\alpha x_{-(n-k+1)})(x_{n-k+1}-\bar{\alpha}x_{-(n-k+1)})\\&+(x_{n-k+2}-\alpha x_{-(n-k+2)})(x_{n-k+2}-\bar{\alpha}x_{-(n-k+2)})+\cdots\\&+(x_n-\alpha x_{-n})(x_n-\bar{\alpha}x_{-n}),\end{aligned}$$

α being a generator of K over K_0.

(Ⅲ) Let Π^θ be the Satake diagram of the type DI. Then $D_n(\Pi^\theta, K)\cong P\Omega_{2n}(k_0, f)$,

$$\begin{aligned}f=&x_1x_{-1}+x_2x_{-2}+\cdots+x_{n-k}x_{-n+k}\\&+(x_{-n+k+1}-\alpha x_{-(n-k+1)})(x_{n-k+1}-\bar{\alpha}x_{-(n-k+1)})\\&+(x_{n-k+2}-\alpha x_{-(n-k+2)})(x_{n-k+2}-\bar{\alpha}x_{-(n-k+2)})+\cdots\\&+(x_n-\alpha x_{-n})(x_n-\bar{\alpha}x_{-n}),\end{aligned}$$

α being a generator of K over K_0.

The proof of this statement will be given in (A. 1).

(3) If we put $K=\mathbb{C}$, then all simple groups $L(\Pi^\theta, \mathbb{C})$ exhaust all simple algebraic groups defined over $\mathbb{R}$ which have been considered by J. Tits [7] (except the two types given by Table II′). The construction of the simple groups $L(\Pi^\theta, \mathbb{C})$ for all Satake (except the types given by Table II′) is a uniform construction of the simple algebraic groups defined over $\mathbb{R}$ which are individually given (or constructed) for different Satake diagrams ($\mathbb{R}$-indices) by J. Tits [7]. The detailed consideration about $L(\Pi^\theta, \mathbb{C})=(\Pi, \theta; \mathbb{C}, f)$ will given in another paper.

(4) Suppose $K=GF(q^2)$ being some prime-power. Then $L(\Pi^\theta, K)\cong L(K_0)$ or ${}^2L(K)$ according as $\rho_\theta\in \mathrm{Ad}\, L$ or $\rho_\theta\in \mathrm{Aut}\, L\backslash \mathrm{Ad}\, L$.

We shall prove this statement for the Satake diagramΠ^θ of the type All in (A. 2). For the Satake diagram of other types the proof of this statement is similar to that for the Satake diagram of type AII.

In the following we shall denote by I_s the $s\times s$ unit matrix.

(A. 1) We shall prove statement (2).

(Ⅰ) If we change the matrix$A$ in 14. 5. 1 of [1] to the matrix $A_{(k)}$ then we obtain an argument along the lines of the proof of 14. 5. 1 of [1] by which the statement (2)(Ⅰ), can be proved, where $A_{(k)}$ is defined by

$$A_{(k)} = \left(\begin{array}{c:c:c} & & \begin{matrix} & & 1 \\ & -1 & \\ \iddots & & \end{matrix} \\ \hdashline & I_{k+1} & \\ \hdashline \begin{matrix} & & \eta \\ & -\eta & \\ \iddots & & \end{matrix} & & \end{array}\right)^{m}$$

(Ⅲ) If we change the matrices B, A and S in 14. 5. 2 of [1] to the form $B_{(k)}$, $A_{(k)}$ and $S_{(k)}$ respectively then we obtain an argument along the lines of the proof of 14. 5. 2 of [1] by which statement 2. III can be proved, where

$$B_{(k)} = \begin{pmatrix} I_{2n-2k} & \\ & B_0^{(k)} \end{pmatrix}, \quad A_{(k)} = \begin{pmatrix} & I_{n-k} & \\ I_{n-k} & & \\ & & A_0^{(k)} \end{pmatrix},$$

$$S_{(k)} = \begin{pmatrix} I_{2n-2k} & \\ & S_0^{(k)} \end{pmatrix},$$

$$B_0^{(k)} = \begin{pmatrix} B_0 & & & \\ & B_0 & & \\ & & \ddots & \\ & & & B_0 \end{pmatrix}, \quad A_0^{(k)} = \begin{pmatrix} A_0 & & & \\ & A_0 & & \\ & & \ddots & \\ & & & A_0 \end{pmatrix},$$

$$S_0^{(k)} = \begin{pmatrix} S_0 & & & \\ & S_0 & & \\ & & \ddots & \\ & & & S_0 \end{pmatrix}.$$

The matrices B_0, A_0 and S_0 are given in 14. 5. 2 of [1] and the number of the matrices B_0, A_0 and S_0 within the matrices $B_0^{(k)}$, $A_0^{(k)}$ and $S_0^{(k)}$ are all equal to k. (We write the rows and columns in the order 1, 2, ⋯, $n-k$, -1, -2, ⋯, $-(n-k)$, $n-k+1$, $-(n-k+1)$, ⋯, n, $-n$.)

(Ⅱ) By a procedure which is similar to those of the proof of 2. Ⅲ mentioned above the statement 2. Ⅱ is established.

(A. 2) We shall prove the statement mentioned in 5.

Since $L\cong A_n$ the fundamental root system Π of L can be expressed in the form $\Pi=\{\alpha_1,\alpha_2,\cdots,\alpha_n\}$, n being odd, $\alpha_i=e_i-e_{i+1}$, $i=1,2,\cdots,n$. For the Satake diagram Π^θ of type AIII we have $\rho'_\theta=w_{\alpha_1}w_{\alpha_3}\cdots w_{\alpha_n}$ and $\rho_\theta=n_{\alpha_1}n_{\alpha_3}\cdots n_{\alpha_n}$. Since $K=GF(q^2)$ there exists $b\in K^*$ such that $b\bar{b}=-1$ where $\bar{b}=b^q$. Let ε denote the generator of the multiplicative group K^*. We define $\rho_i^*=x_{\alpha_i}(a_i)x_{-\alpha_1}(b_i)$, $a_i=\frac{1}{2}\bar{b}_i$, $b_i=b^{\delta_i}$, $\delta_i=(-1)^{(i-1)/2}$, $i=1,3,\cdots,n$, and $\rho^*=h^*(\chi^*)\rho_1^*\rho_3^*\cdots\rho_n^*$, $h(\chi^*)\in H$ satisfying $\chi^*(\alpha_i)=-\varepsilon^{\delta_i}$, $i=1,3,\cdots,n$, and $\chi^*(\alpha_j)=1$, $j=2,4,\cdots,n-1$. Since $\rho_i^*\in G$ we have

$$\begin{aligned}\sigma(\rho_i^*)&=x_{-\alpha_i}(-\bar{a}_i)x_{\alpha_i}(-\bar{b}_i)\\&=x_{-\alpha_i}(-\bar{a}_i)x_{-\alpha_i}(-\bar{b}_i^{-1})h_{-\alpha_i}(\bar{b}_i^{-1})n_{-\alpha_i}x_{-\alpha_i}(-\bar{b}_i^{-1})\\&=x_{-\alpha_i}(-\bar{a}_i-\bar{b}_i^{-1})h_{-\alpha_i}(\bar{b}_i^{-1})n_{-\alpha_i}x_{-\alpha_i}(-\bar{b}_i^{-1})\\&=n_{\alpha_i}h_{\alpha_i}(b_i)x_{\alpha_i}(\bar{b}_i(\bar{a}_i\bar{b}_i+1))x_{-\alpha_i}(b_i)\\&=n_{\alpha_i}h_{\alpha_i}(\bar{b}_i)\rho_i^*,\ i=1,3,\cdots,n.\end{aligned}$$

It follows that

$$\sigma(\rho_i^*)=\rho_\theta\tilde{h}(\tilde{\chi})\rho^*,$$

$$\tilde{h}(\tilde{\chi})=\rho_\theta\sigma(h^*(\chi^*))\rho_\theta h^*(\chi^*)^{-1}h_{\alpha_1}(\bar{b}_1)h_{\alpha_3}(\bar{b}_3)\cdots h_{\alpha_n}(\bar{b}_n)\in H.$$

It is clear that $\tilde{h}(\tilde{\chi})$ satisfies the relations $\tilde{\chi}(\alpha_i)=(\bar{\varepsilon}\varepsilon^{-1}\bar{b}^2)^{\delta_i}$, $i=1,3,\cdots,n$, and $\tilde{\chi}(\alpha_j)=\bar{b}\,\bar{b}^{-1}=1$, $j=2,4,\cdots,n+1$. Since $b\bar{b}=1$ we have $b=\varepsilon^{(q-1)/2}$ so we have $\varepsilon^q\varepsilon^{-1}\bar{b}^2=\varepsilon^{q-1}\varepsilon^{(q-1)q}=\varepsilon^{q^2-1}=1$. Thus we have $\tilde{\chi}(\alpha_i)=1$, $i=1,3,\cdots,n$. It follows that $\sigma(\rho^*)=\rho_\theta\rho^*$.

Clearly, $L(K_0)=\langle x_r(t)$, r runs through Φ, t runs through $K_0\rangle$. For each $r\in\Phi^*$, $t\in K_0$, we have

$$\begin{aligned}\sigma(\rho^{*-1}x_r(t)\rho^*)&=\sigma(\rho^*)^{-1}\sigma(x_r(t))\sigma(\rho^*)\\&=\rho^{*-1}\rho_\theta^{-1}x_{\bar{r}}(k_rt)\rho_\theta\rho^*\\&=\rho^{*-1}x_r(t)\rho^*.\end{aligned}$$

Thus for $r \in \Phi^{*+}$, $t \in K_0$, we have $\rho^{*-1} x_r(t) \rho^* \in U^1$ and $\rho^{*-1} x_{-r}(t) \rho^* \in V^1$.

For each $\alpha \in \Pi^0$ there exist r_1, $r_2 \in \Phi^*$ such that $\alpha = r_1 + r_2$ Moreover, for each $t \in K_0$ there exist t_1, $t_2 \in K_0{}'$ such that

$$x_\alpha(t) = x_{r_1}(t_1) x_{r_2}(t_2) x_{r_1}(-t_1) x_{r_2}(-t_2).$$

Thus we have $\rho^{*-1} x_\alpha(t) \rho^* \in G^1$, $\alpha \in \Phi^0$, $t \in K_0$. It follows that $\rho^{*-1}(L(K_0))\rho^* \subset G^1$.

Clearly, an element x of $G = L(K)$ belongs to $L(K_0)$ if and only if $f(x) = x$. It is clear that $f(x) = \rho_\theta \sigma(x) \rho_\theta^{-1}$ for all $x \in G$. Thus it follows from $\rho_\theta^2 = 1$ and $\sigma(\rho^*) = \rho_\theta \rho^*$ that for each $r \in \Phi^*$, $t \in K_r$,

$$\begin{aligned} f(\rho^* X_r^1(t))\rho^{*-1} &= \rho_\theta \sigma(\rho^* X_r^1(t) \rho^{*-1}) \rho_\theta^{-1} = \rho_\theta \sigma(\rho^*) \sigma(X_r^1(t)) \sigma(\rho^{*-1}) \rho_\theta \\ &= \rho_\theta \rho_\theta \rho^{*-1} X_r^1(t) \rho^{*-1} \rho_\theta \rho_\theta = \rho^* X_r^1(t) \rho^{*-1}, \end{aligned}$$

so we have $\rho^* X_r^1(t) \rho^{*-1} \in L(K_0)$. Thus we have $\rho^*(L(\Pi^\theta, K))\rho^{*-1} = L(K_0)$. This means for all $x \in G = L(K)$ that the mapping ψ: $x \to \rho^{*-1} x \rho^*$ is an automorphism of G and $\psi(L(K_0)) = L(\Pi^\theta, K)$. Thus we have $L(K_0) \cong L(\Pi^\theta, K)$.

Table Ⅰ

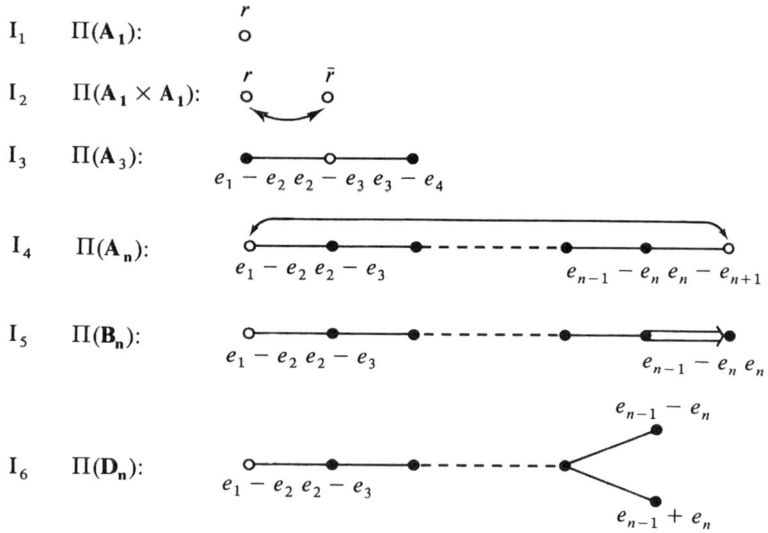

Table II_0

$\Pi(\mathbf{A}_n)$:

$\Phi(\mathbf{A}_n)$: $\{e_i - e_j,\ i \neq j,\ i, j = 1, 2, \ldots, n+1\}$

$\Pi(\mathbf{B}_n)$:

$\Phi(\mathbf{B}_n)$: $\{e_i \pm e_j,\ i \neq j,\ i, j = 1, 2, \ldots, n,\ \pm e_i,\ i = 1, 2, \ldots, n\}$

$\Pi(\mathbf{C}_n)$:

$\Phi(\mathbf{C}_n)$: $\{e_i \pm e_j,\ i \neq j,\ i, j = 1, 2, \ldots, n,\ \pm 2e_i,\ i = 1, 2, \ldots, n\}$

$\Pi(\mathbf{D}_n)$:

$\Phi(\mathbf{D}_n)$: $\{e_i \pm e_j,\ i \neq j,\ i, j = 1, 2, \ldots, n\}$

$\Pi(\mathbf{E}_6)$:

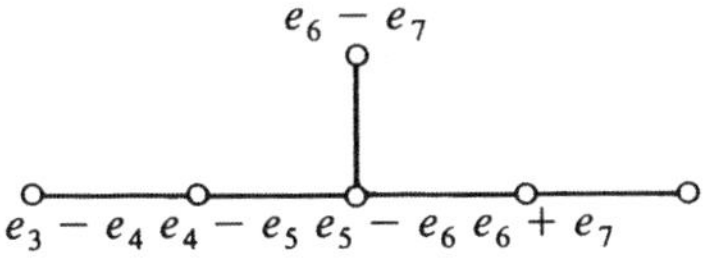

$\lambda = -\frac{1}{2}\sum_{j=1}^{8} e_j$

$\Phi(\mathbf{E}_6)$: $\left\{ \pm e_i \pm e_j,\ i \neq j,\ i, j = 3, 4, 5, 6, 7, \right.$ $\left. \pm\left(\frac{1}{2}\sum_{i=1}^{8} \varepsilon_i e_i\right),\ \varepsilon_i = \pm 1,\ \varepsilon_1 = \varepsilon_2 = \varepsilon_8 = 1,\ \prod_{i=1}^{8} \varepsilon_i = 1 \right\}$

$\Pi(\mathbf{E}_7)$:

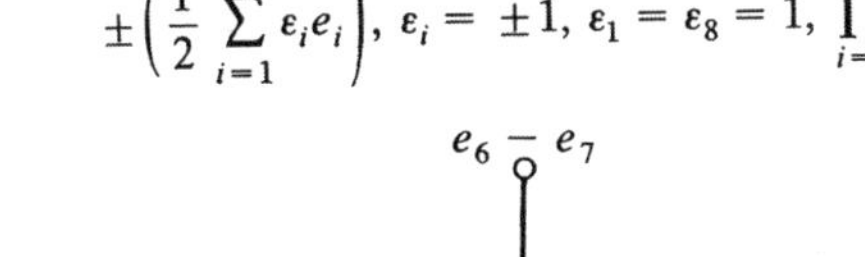

$\lambda = -\frac{1}{2}\sum_{j=1}^{8} e_j$

$\Phi(\mathbf{E}_7)$: $\left\{ \pm e_i \pm e_j,\ i \neq j,\ i, j = 2, 3, 4, 5, 6, 7, \pm(e_1 + e_8), \right.$ $\left. \pm\left(\frac{1}{2}\sum_{i=1}^{8} \varepsilon_i e_i\right),\ \varepsilon_i = \pm 1,\ \varepsilon_1 = \varepsilon_8 = 1,\ \prod_{i=1}^{8} \varepsilon_i = 1 \right\}$

$\Pi(\mathbf{E}_8)$:

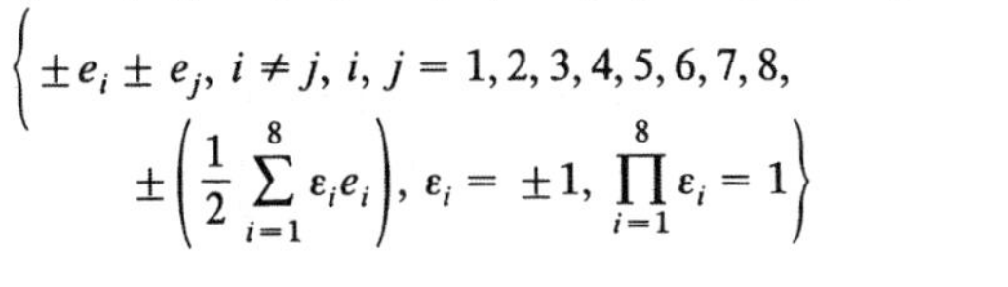

$\lambda = -\frac{1}{2}\sum_{j=1}^{8} e_j$

$\Phi(\mathbf{E}_8)$: $\left\{ \pm e_i \pm e_j,\ i \neq j,\ i, j = 1, 2, 3, 4, 5, 6, 7, 8, \right.$ $\left. \pm\left(\frac{1}{2}\sum_{i=1}^{8} \varepsilon_i e_i\right),\ \varepsilon_i = \pm 1,\ \prod_{i=1}^{8} \varepsilon_i = 1 \right\}$

In this table, for each simple Lie algebra L over $\mathbb{C}$ (except G_2 and F_4), the simple root system $\Pi(L)$ and the root system $\Phi(L)$ which will be used in Table Ⅱ are given.

Table Ⅱ

In this table, for each Satake diagram $\Pi^\theta=(\Pi, \theta)$ (except the types given in Table II′), $A_\theta=(\tau_\theta;\ \Psi_\theta;\ \varphi_\theta)$ defined in the proof of Proposition 1 are given.

Let k be the number of the black nodes of the Satake diagram Π^θ and n be the rank of L. We write $m=\frac{1}{2}(n-k)$ if Π^θ is of type AIII, $n=n-k$ if Π^θ is of the other types. Let $\emptyset$ denote the empty set.

Satake diagram

AI

$A_\theta=(I;\ \emptyset;\ \emptyset)$

Chevalley group

AII

$A_\theta=(I;\ \emptyset;\ e_1-e_2, e_3-e_4, \ldots, e_n-e_{n+1})$

AIII

$A_\theta=(\tau;\ \emptyset;\ e_{m+1}-e_{m+k+1}, e_m-e_{m+k}, \ldots, e_p-e_{p+\delta})$

$p=\frac{1}{2}n$ and $\delta=2$ if n is even, $p=\frac{1}{2}(n+1)$ and $\delta=1$ if n is odd

$A_\theta=(\tau;\ \emptyset;\ \emptyset)$

twisted group

BI

$A_\theta=(I;\ \emptyset;\ \emptyset)$

Chevalley group

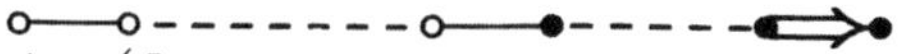

$A_\theta=(I;\ e_1-e_n, e_2-e_n, \ldots, e_m-e_n;\ e_{m+1}, e_{m+2}, \ldots, e_n)$ if k is odd

$A_\theta=(I;\ \emptyset;\ e_{m+1}, e_{m+2}, \ldots, e_n)$ if k is even

CI  Chevalley group

$A_\theta(I; \varnothing; \varnothing)$

CII 

$A_\theta = (I; 2e_1, 2e_3, \ldots, 2e_{n-1}; e_1 - e_2, e_3 - e_4, \ldots, e_{n-1} - e_n)$, n is even

DI 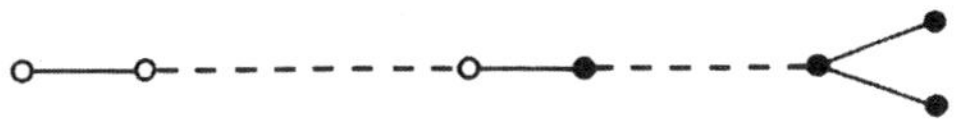

$A_\theta = (I; \varnothing; e_{m+1} - e_{m+2}, e_{m+1} + e_{m+2}, \ldots, e_{n-1} - e_n, e_{n-1} + e_n)$ if k is even

$A_\theta = (\tau; \varnothing; e_{m+1} - e_{m+2}, e_{m+1} + e_{m+2}, \ldots, e_{n-2} - e_{n-1}, e_{n-2} + e_{n-1})$ if k is odd

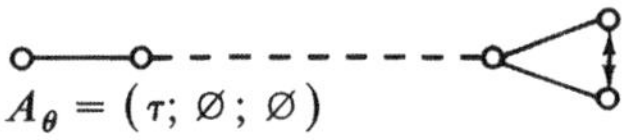 twisted group

$A_\theta = (\tau; \varnothing; \varnothing)$

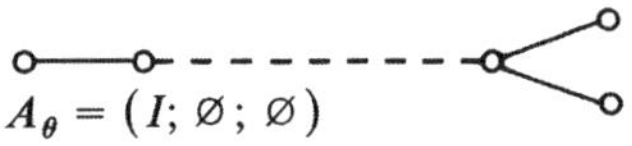 Chevalley group

$A_\theta = (I; \varnothing; \varnothing)$

DIII 

$A_\theta = (I; \varnothing; e_1 - e_2, e_3 - e_4, \ldots, e_{n-1} - e_n)$

$A_\theta = (\tau; \varnothing; e_1 - e_2, e_3 - e_4, \ldots, e_{n-2} - e_{n-1})$

EI 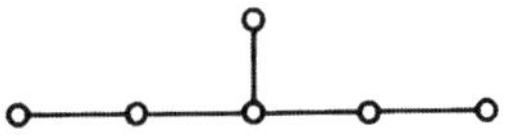 Chevalley group

$A_\theta = (\tau; \varnothing; \varnothing)$

EII 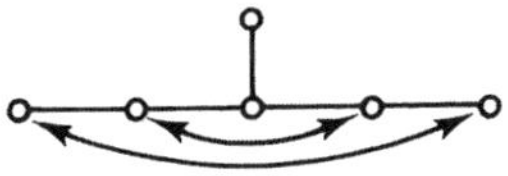 twisted group

$A_\theta = (\tau; \varnothing; \varnothing)$

EIII 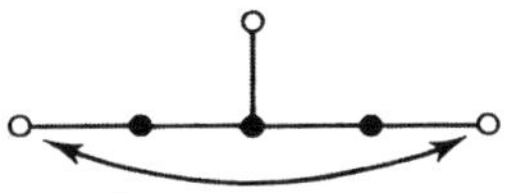

$A_\theta = (\tau; \varnothing; e_4 + e_7, e_5 - e_6)$

EIV 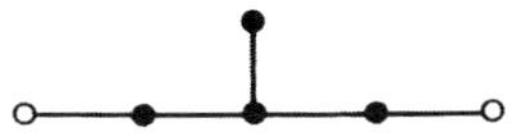

$A_\theta = (I; \varnothing; e_4 - e_5, e_4 + e_5, e_6 - e_7, e_6 + e_7)$

EV 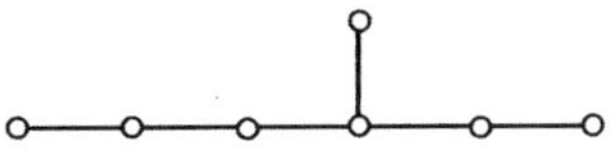 Chevalley group

$A_\theta = (I; \varnothing, \varnothing)$

EVI

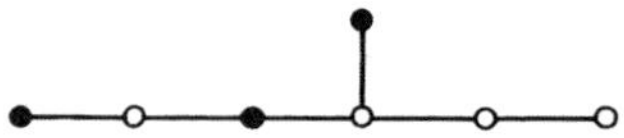

$A_\theta = (I; \varnothing; e_2 - e_3, e_4 - e_5, e_6 - e_7)$

EVII

$A_\theta = (I; \varnothing; e_4 - e_5, e_4 + e_5, e_6 - e_7, e_6 + e_7)$

EVIII

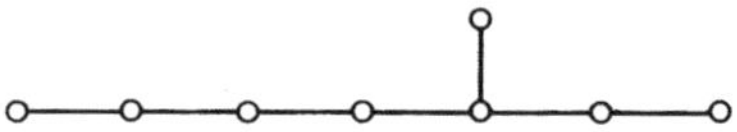

$A_\theta = (I; \varnothing; \varnothing)$

Chevalley group

EIX

$A_\theta = (I; \varnothing; e_4 - e_5, e_4 + e_5, e_6 - e_7, e_6 + e_7)$

FI

$A_\theta = (I; \varnothing; \varnothing)$

Chevalley group

G

$A_\theta = (I; \varnothing; \varnothing)$

Chevalley group

Table Ⅱ′

CII

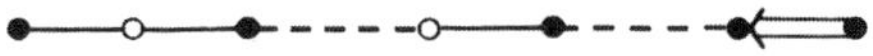

FII

References

[1] R. W. Carter, Simple groups of Lie type, (Wiley, London, New York, 1972).

[2] Cheng ChonHu, Some simple groups of Lie type constructed by the inner automorphism, Chinese Ann. Math. 1 (1980), 161-176.

[3] C. Chevalley, Sur certain groupes simples, Tohoku Math. J. 7 (1955), 14-66.

[4] S. Helgason, Differential geometry, Lie groups, and symmetric spaces (Academic Press, New York, 1978).

[5] Satake, Classification theory of semisimple algebraic groups, (Dekker, New York, 1971).

[6] R. Steinberg, Variations on a theme of Chevalley, Pacific J. Math. 9(1959), 875-891.

[7] J. Tits, Classification of algebraic semisimple groups, pp. 32-62 Proceedings of Symposia in Pure Math. Vol. 9, Algebraic groups and discontinous subgroups.

论 p-adic 域上单代数群的存在性定理

对所有可能的单根系，以下熟知的事实给出了代数封闭域 K 上单代数群的存在性，$SL(n+1,K)$是 A_n 型单连通代数群，$\mathrm{PSL}(n+1,K)$是 A_n 型伴随群. B_n，C_n 和 D_n 型群可用类似典型群的方法得到. G_2 型群可用 8 维 Cayley 代数的自同构群构造出来，F_4，E_6，E_7 和 E_8 型群可用类似方法得到（见[9]，215 页）.

对于所有不可约单根系，Chevalley [7]给出了统一构造 K 上单代数群的方法（这个自然要预先给出复数域 $\mathbb{C}$ 上单李代数的存在）. 这样 Chevauey [7]给出了所有 A_n 型—G_2 型 K 上的单代数群的存在性的统一证明，（见[11]，定理 1.3.2 Chevalley 存在定理，或见[9]，33.6，或见[10]，12）.

由完备域上单代数群的 Witt 定理可知，p-adic 域 k 上半单代数群的分类问题归结于找出所有可容 k-指标（或称 Γ^- 图）和所有可能的半单反迷向核（或称 k-紧半单代数群）. 所有 k-指标为[14]和[11]所给出.

类似于 K 的情况，在[14]和[11]中给出了一些典型群，它们正好是具有不同的典型 k-指标、定义在 k 上单代数群的 k-有理点群，[14]还给出了具有某些例外型 k-指标、定义在 k 上单代数群的构造方法的概括性描述.

类似于 K 的情况，本文用类似于[7]，[12]和[11]以及[15]的方法，给出了所有具有不同类型 k-指标、定义在 k 上单代数群的统一构造方法，从而给出了定义在 k 上单代数群的存在性的统一证明，并且用同[3]，[4]和[5]，给出了所有定义在 k 上单代数群的 k-有理点群的统一构造，（对于 k-指标 D_n^{IV}，其构造方法较烦，本文将不叙述）.

正如[14]和[11]所指出，任意 k—指标为 Π，Π_0 和 σ^* 所组成，其中 Π 为某个 $\mathbb{C}$ 上单李代数 L 的素根系，Π_0 为 Π 的某个子系，σ^* 为 $\Pi^*=\Pi-\Pi_0$ 的某个置换，这个指标以 (Π,Π_0,σ^*)表示. 在 Π 的 Dynkin 图中，将对应于 Π_0 中的根以黑点表示，对应于 Π^* 中的根以白点表示，对 Π^* 中不同的根 r_1 和 r_2，若 $\sigma^*(r_1)=$

r_2，以箭头$\cap$将 r_1 和 r_2 对应的点相连．所有这样的 Dynkin 图，也就是所有的 k-指标，由[14]的表 II 和[11]中 119 页-120 页的表所给出．

以后总是对任一给定的 k-指标(Π，Π_0，σ^*)讨论．

以 Φ 表示由 Π 所决定的 L 的根系，以 Φ^+(Φ^-)表示以 Π 为素根系所决定的正(负)根系，以 Φ_0 表示由 Π_0 所决定的根系，并且令 $\Phi^*=\Phi-\Phi_0$．以 $|S|$ 表示集合 S 的基数并以 $\emptyset$ 表示空集．

设 $\Pi_0\neq\Phi$，则 Π_0 可以表示为一些互不相交的不可约分 Π_0^i，$1\leqslant i\leqslant p(\Pi_0)$ 的并集，即 $\Pi_0=\Pi_0^1\cup\Pi_0^2\cup\cdots\cup\Pi_0^p$，$p=p(\Pi_0)$，$\Pi_0^i\cap\Pi_0^j=\emptyset$，$1\leqslant i$，$j\leqslant p$，$i\neq j$．除了 k-指标 D_n^{IV} 之外，容易看出对任意 $i\in\{1,\cdots,p\}$ 有 $|\Pi_0^i|=d^*$，并且 Π_0^i 都合同于单李代数 A_{d^*} 的素根系，对于任意 $\alpha\in\Pi$，可给定 α 一个下标 i，并以 α_i 表示 α，使得 $\Pi_0^i=\{\alpha_{i_1},\cdots,\alpha_{i_{d^*}}\}$，$1\leqslant i\leqslant p(\Pi_0)=p$，并且对任意 $k\in\{1,\cdots,d^*-1\}$，有 $i_k<i_{k+1}$，而对任意 $i\in\{1,\cdots,p-1\}$，$i_{d^*}<(i+1)_1$．我们令 $\delta_i=\alpha_{i_1}+\cdots+\alpha_{i_{d^*}}$．对任意 $r\in\Phi$，以 W_r 表示对正交于 r 的超平面的反射，对任意$i\in\{1,\cdots,p\}$，令 $\theta_i=W_{\alpha_{i_1}}W_{\alpha_{i_2}}\cdots W_{\alpha_{id}}$，当 $\sigma^*=I$ 时，我们 $\theta=\theta_0$，当 $\sigma^*\neq I$ 时，令 $\theta=\theta_0 r$，其中 r 为 Π 的某一个非平凡对称，$\theta_0=\theta_1\theta_2\cdots\theta_p$，$p=p(\Pi_0)$．显然对任意$i\in\{1,\cdots,p\}$，$\theta(\alpha_{i_k})=\alpha_{i_{k+1}}$，$k=1,\cdots d^*-1$，且 $\theta(\alpha_{i_{d^*}})=-\delta_i$，$\theta(-\delta_i)=\alpha_{i_1}$．对任意 $r\in\Phi$，令 $r^{(i)}=\theta^i(r)$，$i=0,\cdots,d^*$，并且令 $r'=q(r)^{*-1}\left(\sum_{i=0}^{q(r)}r^{(i)}\right)$，其中 $q(r)^*$ 是使 $\theta^{q(r)^*}(r)=r$ 的最小正整数，$q(r)=q(r)^*-1$．以$\langle\cdots\rangle$表示由集合$\{\cdots\}$所生成的群并且令 $W_0=\langle\omega_\alpha|\alpha\in\Pi_0\rangle$．为了方便，对任意 $r\in\Phi$，令 $r^{(1)}=\bar{r}$，$r^{(2)}=\bar{\bar{r}}$，$\cdots$．显然有

命题 1 (a) $\Pi_0=\{\alpha\in\Pi|\alpha'=0\}$；

(b) Π^*中两个不同的根 r_1 和 r_2 满足 $\sigma^*(r_1)=r_2$ 的充要条件为 $r_1'=r_2'$；

(c) 若 $\sigma^*\neq I$，则 $\sigma^*=r$ 并且存在 $\omega_0\in W_0$ 使得$\omega_0^{-1}\theta(s)=\sigma^*(s)$对任意 $s\in\Pi^*$．

令 $\Phi_1=\{r\in\Phi^*|r=\bar{r}\}$，$\Phi_{11}=\Phi^*-\Phi_1$；$\Phi_{11b}=\{r\in\Phi_{11}|r+\bar{r}\in\Phi\}$，$\Phi_{11a}=\Phi_{11}-\Phi_{11b}$；$\Phi_{1b}=\{r+\bar{r}|r\in\Phi_{11b}\}$，$\Phi_{1a}=\Phi_1-\Phi_{1b}$．

在本文中将直接用[2]的概念和符号而不加解释，以下讨论中我们用了[1]的结论(见附注 4°)．

设 $\bar{k}$ 为 p-adic 域 k 的代数闭包，可设 $\bar{k}$ 有子域 K，$k\subset K$ 且 $\mathrm{Gal}(\bar{k}/k)$ 在 K 上的限制为σ生成的d 阶循环群 $\Gamma^*=\{I,\sigma,\cdots,\sigma^{a^*}\}$，$d^*=d-1$，且 $\mathrm{Gal}(K/k)=\Gamma^*$．由[1]知 K 可看成为k 的 d 次非分歧扩张，K 具有非平凡离散非阿基米

德赋值 $\| B = \{t \in K \| \, |t| < 1\}$ 是 $D = \{t \in K \| \, |t| \leqslant 1\}$ 的唯一最大理想. 因为K是k的非分歧扩张,因此有k的一个素元π使得π也是K的素元,显然π达到 $\mathrm{Max}\{|t| \| t \in B\}$ 且 $B = \pi D$. 令 $\gamma = \pi^{\mu}$, $\mu \in \mathbb{Z}_+$且$(\mu, d) = 1$. 对任意$t \in K$, 令 $t^{(i)} = \sigma^i(t)$, $i = 0, \cdots, d^*$, 为了方便, 令 $\bar{t} = t^{(1)}$, $\bar{\bar{t}} = t^{(2)}$,….

设 ζ 是本原 r 次单位根, $r = \lambda^d - 1$, $\lambda = p^{\phi}$, ϕ 是k 在 p-adic 数域 Q_p 上的剩余类次数, 由[1]可知$K = k(\zeta)$ 且 $|\mathrm{Gal}(K/k)| = d = |K:k|$, 所以任意$t \in K$ 可表示为$t = a_0 + a_1\zeta + \cdots + \alpha_{d^*}\zeta^{d^*}$, $a_i \in k$, $i = 0, \cdots, d^*$. 对任意 $i \in \{0, \cdots, d^*\}$, 令 $\zeta_i = \zeta^{(i)} = \sigma^i(\xi) = \zeta^{\lambda^i}$, 则 $\sigma^i(t) = t^{(i)} = a_0 + a_1\zeta_i + \cdots + \alpha_{d^*}\zeta_i^{d^*}$.

利用[4]的命题1和[6]的命题1的结果和类似的证明方法,不难证明.

命题 2 设$L(K)$为K上L型 Chevalley 群,对任意给定k-指标(Π, Π_0, σ^*), 存在L的一个 Chevalley 基 $C_b = \{h_r, r \in \Pi; e_r, r \in \Phi\}$, 和$L$的自同构 $\rho_\theta(\in L(K))$, 其阶为d并使得$\rho_\theta(e_r) = \eta_r^* e_{\bar{r}}$, $r \in \Phi^*$, $e_r, e_{\bar{r}} \in C_b$, $\eta_r^* = \pm 1$, 且 $\eta_r^* = 1$ 对任意 $r \in \Phi_{11} \cup \Phi_{1a}$, $\eta_r^* = -1$ 对任意 $r \in \Phi_{1b}$.

令 $\Pi_0^* = \{r \in \Pi^* \mid (r, \alpha) \neq 0$, 对某个$\alpha \in \Pi_0\}$ 且令 $p = Z\Phi$. 若 $\Pi_0 \neq \emptyset$, 则存在 P 的 η-特征 χ 使得: (a) 当 $d^* > 1$ 时 $\chi(\alpha_{i_k}) = 1$, $k = 1, \cdots, d^* - 1$ 且 $\chi(\alpha_{i_{d^*}}) = \gamma^{-1}$, 当 $d^* = 1$ 时 $\chi(\alpha_{i_1}) = \gamma^{-1}$, $i = 1, \cdots, p = p(\Pi_0)$; (b) $\chi(s) = 1$ 对任意 $s \in \Pi^* - \Pi_0^*$; (c) 若 $\Pi_0^* = \{r_1, r_2\}$, $r_1 \neq r_2$, $r_1' = r_2'$, 则 $\chi(r_1) = 1$, $\chi(r_2) = \gamma$, 否则 $\chi(r) = \mu_r^*\gamma$, 对任意 $r \in \Pi_0^*$, 其中 $\mu_r^* = -1$, 当 (Π, Π_0, σ^*) 为 B_n^{II}, 否则 $\mu_r = 1$; 若 $\Pi_0 = \phi$,则令 $h(x) = I$, 我们令$\rho_{\theta\chi} = \rho_\theta h(\chi)$, 由命题2和$h(\chi)$的性质不难得到.

命题 3 (a) ρ_{θ_χ} 的阶为d 且$\rho_{\theta_\chi} \in L(K)$.

(b) $\rho_{\theta_\chi}(e_r) = \eta_r e_{\bar{r}}$, $r \in \Phi$, $e_r, e_{\bar{r}} \in C_b$, 且 $\eta_r = 1, -1, \gamma$ 或 γ^{-1}.

对任意 $r \in \Phi^*$, 令 $I(r) = \{s \in \Phi^* \mid s' = \lambda r', \lambda = 1, \frac{1}{2}$ 或 $2\}$, $J(r) = \{r, r^{(1)}, \cdots, r^{q(r)}\}$, 且对任意 $i \in \{1, \cdots, q(r)\}$, 令 $\eta_{r,i} = \eta_{r,i-1}\eta_{r(i-1)}$, 其中 $\eta_{r,0}$ 规定为1. 设$r \in \Phi^*$, 若$q(r) = 0$或者若$q(r) > 0$时存在$h \in \mathbb{Z}$, $0 \leqslant h \leqslant q(r)$, 使得 $\eta_{r,i} = 1$ 对所有 $i = 0, \cdots, h$, 且 $\eta_{r,j} = \gamma$ 对所有 $j = h+1, \cdots, q(r)$, 则称 r 为一标准根, 显然若 $r \in \Phi_1$, 则 $J(r) = \{r\}$, 若 $r \in \Phi_{1a}$,则 $I(r) = \{r\}$.

对任意$r \in \Phi$,利用η_r^*和$h(\chi)$不难计算出η_r, 从而可计算出$\eta_{r,i}$, $i = 0, \cdots, q(r)$,由此可得.

命题 4 (a) 对任意 $r \in \Phi^*$, 在 $J(r)$ 中存在唯一的标准根,记以 $\min J_{(r)}$.

(b) 设 $\psi=\{\min J_{(r)}\mid r\in\Phi^*\}$，则 $\Phi^*=\{r^{(i)},\ i=0,\ \cdots,\ q(r)\mid r\in\psi\}$ 且对任意 $\alpha\in\Phi_0$，存在 $r,\ s\in\Phi^*$ 使得 $\alpha=r+s$.

若 $r\in\Phi_{11b}$，令 $\tilde{q}(r)=q(r)+1$，并且令 $\tilde{q}(r)=q(r)$ 对任意 $r\in\Phi^*-\Phi_{11b}$，定义 $\bar{k}_r^*=(\bar{k}^*)^\lambda$，其中 $\lambda=q(r)^*$；$\tilde{\bar{k}}_r=\bar{k}^\mu$，$\tilde{k}=k^\mu$，$\mu=\tilde{q}(r)^*=\tilde{q}(r)+1$. 设 $r\in\Phi^*$，令 $X_{r,0},\ X_{r,1},\ \cdots,\ X'_{r,0},\ X'_{r,1},\ \cdots$，为 $\bar{k}$ 上的未定元. 若 f 为 K 上的多项式，以 f^{σ^i}，$i\in\{0,\ \cdots,\ d^*\}$ 表示 σ^i 作用在 f 的系数所得到的多项式.

对任意给定 k- 指标 $(\Pi,\ \Pi_0,\ \sigma^*)$，定义以下概念.

Ⅰ　设 $r\in\Phi_1\cap\psi=\Phi_1$

$X_r^1(t,\ t')=x_r(\zeta_r t)$，$(t,\ t')\in K_r=k\times\{0\}$，$\zeta_r=1$ 当 $r\in\Phi_{1a}$，$\zeta_r=\zeta$，当 $r\in\Phi_{1b}$，

$$f_{r,0}^{\times}=X_{r,0};\ \tilde{f}_{r,i}^{\times}=X_{r,0}+\zeta_i X_{r,1}+\cdots+\zeta_i^{d^*}X_{r,d^*},\ i=0,\ \cdots,\ d^*;$$

Ⅱ$_a$　设 $r\in\Phi_{11a}\cap\psi$

$$X_r^1(t,t')=\prod_{i=o}^{q(v)}x_{r(i)}(\eta_{r,i}t^{(i)}),\ (t,t')\in K_r=K\times\{0\}.$$

$$f_{r,i}^{\times}=X_{r,0}+\zeta_i X_{r,1}+\cdots+\zeta_i^{d^*}X_{r,d^*}=\tilde{f}_{r,i}^{\times},\ i=0,\ \cdots,\ d^*.$$

Ⅱ$_b$　设 $r\in\Phi_{11b}\cap\psi$

$X_r^1(t,\ t')=x_r(t)x_{\bar{r}}(\eta_{r,1}\bar{t})x_{r+\bar{r}}(\mu_r t\bar{t}+\zeta t')$，$(t,\ t')\in K_r=K\times k$，$\mu_r=-\dfrac{1}{2}N_{r\bar{r}}\eta_{r,1}$

$$f_{r,0}^{\times}=X_{r,0}+\zeta X_{r,1}=\tilde{f}_{r,0}^{\times},\ f_{r,1}^{\times}=X_{r,0}+\zeta_1 X_{r,1}=\tilde{f}_{r,1}^{\times};$$

$$f_{r,2}=f_{r+\bar{r}}^*\mu^r+\zeta X_{r,2},\ f_{r+\bar{r}}^*=(\zeta+\zeta_1)X_{r,0}X_{r,1}+\zeta\zeta_1 X_{r,1}^2+X_{r,0}^2.$$

对任意 $r\in\psi$，令 $f_{r,i}=\eta f_{r,i}^{\times}$，$i=0,\ \cdots,\ q(r)$，$\eta=\eta_{r,i}$，规定 $\mu=\eta$，当 $q(r)=d^*$，$\mu=1$，当 $q(r)=0$，并且令 $\tilde{f}_{r,j}=\mu\tilde{f}_{r,i}^{\times}$，$j\in\mathbb{Z}$，$j=i(\mathrm{mod}\ d)$，$i=0,\ \cdots,\ d^*$. 设 $B=(b_0,\ \cdots,\ b_{\tilde{q}(v)}\in\tilde{\bar{k}}_r)$，$r\in\psi$. 令

当 $r\in\Phi_{1a}\cup\Phi_{11a}$，$X_r(B)=\prod\limits_{i=0}^{q(r)}x_r(i)(b_i)$，

当 $r\in\Phi_{11b}$，$X_r(B)=x_r(b_0)x_{\bar{r}}(b_1)x_{r+\bar{r}}\left(-\dfrac{1}{2}N_{r\bar{r}}b_0b_1+\zeta b_2\right)$.

对任意 $r\in\psi$，$C=(c_0,\ \cdots,\ c_{\tilde{q}(r)})\in\tilde{\bar{k}}_r$，令 $\overset{\triangle}{C}=(\overset{\triangle}{c}_0,\ \cdots,\ \overset{\triangle}{c}_{\tilde{q}(r)})$，其中 $\overset{\triangle}{c}_i=f_{r,i}(C)=f_{r,i}(c_0,\ \cdots,\ c_{\tilde{q}(r)})$，$i=0,\ \cdots,\ \tilde{q}(r)$.

令 $G_K=L(K)=\langle x_r(t)=\exp(t\mathrm{ad}\ e_r)\mid r\in\Phi,\ t\in K\rangle$，$G_K$ 是 K 上 L 型 Chevalley 群. 以 $U_K(V_K)$ 表示 G_K 中对应于 Φ^+ (Φ^-) 的幺幂子群，不难证明存

在 G_K 的自同构 σ 使得对任意 $r \in \Phi$，$t \in K$，$\sigma(x_r(t)) = x_{\bar{r}}(k_r\bar{t})$. 显然 σ 的阶为 d 且 σ 为 k- 指标（Π，Π_0，σ^*）和 γ 所决定. 令 $G^1 = \langle U^1; V^1\rangle$，其中 $U^1 = \{u \in U_K \mid \sigma(u) = u\}$，$V^1 = \{v \in V_K \mid \sigma(v) = v\}$. 显然，$G^1$ 为 G_K 的子群且为 k- 指标(Π，Π_0，σ^*）和 γ 所决定，因此必要时以 L（Π_0，σ^*，γ）表示 G^1.

用类似于证明[4] 中命题 3 的方法不难证明，

命题 5 (a) 设 $r \in \psi^+ = \psi \cap \Phi^+$ 且$(t, t') \in K_r$，则 $X_r^1(t, t') \in U^1$.

(b) U^1 中任一元素 u 有以下唯一的表示

$u = \prod_{i=0}^{m} X_{r_i}^1(t_i, t_i')$，$r_i \in \psi^+$，$(t_i, t_i') \in K_{r_i}$，$1 \leqslant i \leqslant m$，$m \in \mathbb{Z}_+$，$r_1 < r_2 < \cdots < r_m$.

显然对于$\psi^- = \psi \cap \Phi^-$ 和 V^1 也有类似结果.

推论 1 (a) $G^1 = L(\Pi_0, \sigma^*, \gamma) = \langle X_r^1(t, t') \mid r \in \psi, (t, t') \in K_r\rangle$.

(b) 若 $r \in \psi$，$C' = (c_0, \cdots, c_{\bar{q}(r)}) \in \tilde{\bar{k}}_r$，则 $X_r(B) = X_r^1(t, t')$，其中 $B = \overset{\triangle}{C'}$，$t = f_{r,0}(C) = f_{r,0}(c_0, \cdots, c_{q(r)})$，$t' = 0$，当 $r \in \Phi_{1a} \cup \Phi_{11a}$，$t' = b_{\bar{q}(r)}$，当 $r \in \Phi_{11b}$.

设 $B = (b_0, \cdots, b_{\bar{q}(r)}) \in \tilde{\bar{k}}_r$，$r \in \psi$. 显然$(b_0, \cdots, b_{q(r)}) \in k^{q(r)^*}$. 以下(Ⅰ)为$q(r)^*$ 个未知数 $x_0, \cdots, x_{q(r)}$ 的$q(r)^*$ 个线性方程式的线性方程组：

(Ⅰ) $$\sum_{j=0}^{q(r)} \zeta_i^j x_j = b_i \eta_{r,i}^{-1},\ i = 0, \cdots, q(r).$$

当$r \in \Phi_{11b}$，且未知数 x_0 和 x_1 为已知时，以下(Ⅰ′)为未知数 x_2 的方程式：

(Ⅰ′) $$x_2 = \zeta^{-1}(b_2 - f_{r+\bar{r}}^*(x_0, x_1)\mu_r).$$

若 $r \in (\Phi_{1a} \cup \Phi_{11b}) \cap \psi(r \in \Phi_{11b} \cap \psi)$，方程组(Ⅰ)(方程组(Ⅰ)和(Ⅰ′)称为对于的 r 和 B 的方程组.

令 $D = (d_{ij})$，$d_{ij} = \zeta_i, i, j = 0, \cdots, q(r)$，显然 $\det D$ 是一个 Vandermonde 行列式，对任意 i，$j \in \{0, \cdots, q(r)\}$，$i \neq j$ 有 $\zeta_i \neq \zeta_j$，所以 $\det D \neq 0$. 因此方程组(Ⅰ)有唯一解，对任意 $r \in \Phi_{11b} \cap \psi$，方程组(Ⅰ)和(Ⅰ′)有唯一解当且仅当方程组(Ⅰ)有唯一解，因此方程组(Ⅰ)和(Ⅰ′)也有唯一解，这个解记为 $\tilde{B} = (\tilde{b}_0, \cdots, \tilde{b}_{\bar{q}(r)})$，显然 $\tilde{B} = B$，设 $r \in \psi$，$C = (c_0, \cdots, c_{\bar{q}(r)}) \in \tilde{\bar{k}}_r$，不难证明 C 为对于 r 和 C 的方程组的唯一解. 总结以上讨论有：

命题 6 (a) 设 $r \in \psi$，$B \in \tilde{\bar{k}}_r$，则 $\tilde{B}$ 为对于 r 和 B 的方程组的唯一解且

$\overset{\triangle}{B} = B$.

(b) 设 $r \in \psi$, $C \in \widetilde{\bar{k}}_r$，则 C 为对于 r 和 $\overset{\triangle}{C}$ 的唯一解且 $\widetilde{\overset{\triangle}{C}} = C$.

对于任意 $r \in \Phi$，令 $x_r = \{x_r(b) = \exp(b\mathrm{ad}\, e_r) \mid b \in \bar{k}\}$ 且令 $h_r = \{h_r(b) \mid b \in \bar{k}^*\}$. 定义 $\underline{G} = \langle x_r \mid r \in \Phi\rangle$ 和 $\underline{T} = \langle h_r \mid r \in \Pi\rangle$. 显然 $\underline{G}$ 是 $\bar{k}$ 上 L 型 Chevalley 群而 $\underline{T}$ 为 $\underline{G}$ 的一个对角子群. 由[11] 的定理 1.3.2 (Chevalley 存在定理) 知 $\underline{G}$ 是定义在 k 上的单代数群，$\underline{T}$ 是 $\underline{G}$ 的定义在 k 上的最大环面且 k- 可裂，$\underline{G}$ 的 k- 指标为(Π, ϕ, I).

设 L 的维数为 m，显然 C_b，的 $\mathbb{Z}$ 张成为一容许格对于 M，对于 M，$\underline{G}$ 可以看成为 $GL(m, \bar{k})$ 的一个子群(见[13],64 页) 令 $U = \langle x_r \mid r \in \Phi^+\rangle$, $V = \langle x_r \mid r \in \Phi^-\rangle$，以 N 表示 $\underline{G}$ 的单项式子群，由[2]，[9] 和[10] 知 $\underline{G}$ 可分解为 $\underline{G} = \bigcup_{\omega\in W} U\underline{T}V_\omega^- n_w = \bigcup_{\omega\in W} UV_\omega^- \underline{T} n_w$，其中 $n_w \in N$ 且它的自然同态像为 ω，$\omega \in W = \langle \omega_r \mid r \in \Phi\rangle$，且 $V_\omega^- = \langle v \in V \mid n_w^{-1} v n_w \in U\rangle$. 利用上述 $\underline{G}$ 的 Bruhat 分解，我们回顾一下 $\underline{G}$ 是如何看成定义在 k 上的代数群，事实上，由于 $\underline{G}$ 是 $GL(m, \bar{k})$ 和子群，我们只要说明 $\underline{G}$ 是定义在 k 上的代数集就行了，设 Φ 在实数域 $\mathbb{R}$ 上张成的向量空间 $\mathbb{R}\Phi$ 上取定了一个次序，若 $J_1 = \{x_1, \cdots, x_n\}$, $J_2 = \{y_1, \cdots, y_m\} \subset \mathbb{R}\Phi$，如果对于任意 x_i, y_j, $1 \leqslant i \leqslant n$, $1 \leqslant j \leqslant m$ 总有 $x_i < y_j$，则称 $J_1 < J_2$，若 $r \in \Phi_0$，令 $J(r) = \{r\}$, $\widetilde{\bar{k}}_r = \bar{k}$. 由[5] 知可以在 $\mathbb{R}\Phi$ 上取定一个次序使得 Φ 为有序集$\{J(r_1^*) > J(r_2^*) > \cdots > J(r_\mu^*)\}$，其中 $r_i^* \in \psi \cup \Phi_0 = \psi^*$, $1 \leqslant i \leqslant \mu$, $\mu \in \mathbb{Z}_+$，在此次序下，Φ 可表示为$\{\beta_1 > \beta_2 > \cdots > \beta_{2h}\}$, $h = |\Phi^+|$，设 $\Pi = \{\alpha_1, \cdots, \alpha_l\}$, $l = |\Pi|$，定义 $\bar{k}^{2h} \times \bar{k}^{*l}$ 到 $UV\underline{T}$ 的映射 ϕ: $(u_1, \cdots, u_{2h}; t_1, \cdots, t_l) \to \Pi_{i=1}^{2h} x_{\beta_i}(u_i) \Pi_{i=1}^{l} h_{a_i}(t_i)$. 由[13] 的定理 7(b) 知 ϕ 为彷射族 $\bar{k}^{2h} \times \bar{k}^{*l}$ 到彷射族 $UV\underline{T} \subset GL(m, \bar{k})$，定义在 k 上的同构映射. 不难证明 $\bar{k}^{2h} \times \bar{k}^{*l}$ 是定义在 k 上的代数集，因此 $UV\underline{T}$ 也是定义在 k 上的代数集. 设 $\omega \in W$，令 $\Phi_\omega^- = \{r \in \Phi^- \mid \omega(r) \in \Phi^+\}$，且 $l(\omega) = |\Phi_\omega^-|$，利用[13] 定理 7(b) 的类似方法可证明存在定义在 k 上的同构映射将定义在 k 上的代数集 $\bar{k}^{h+l(\omega)} \times \bar{k}^{*l}$ 映到 $UV_\omega^-\underline{T}$ 上，因此 $UV_\omega^-\underline{I}n_w$ 也是定义在 k 上的代数集，由于 $|W|$ 是有限的，由[11] 的第 3 页中的结果知 $\underline{G} = \bigcup_{\omega\in W} UV_\omega^- \underline{I}n_w$ 也是定义在 k 上的代数集.

以下将[11] 的 3.1.1 的证明(27 页) 中的 1°，2°，3° 和 4° 简称为 1°，2°，3° 和 4°. 由[13] 的引理 34 知对任意 $s \in \Phi$，x_s 是定义在 $k_0 = \mathbb{Q}$ 上的代数集，当然也是定义在 k 上的代数集. 令 $\widetilde{A}_s = \overbrace{\bar{k} \times \cdots \times \bar{k}}^{d} = \bar{k}^d$，且设$(A_s)_1 = x_s$, $\omega_0 =$

n，$\omega_1=\eta\zeta$，…，$\omega_d=\eta\zeta^{d^*}$ 为 K 对 k 的基，η 为 k 中某一元素，设 $C\in\widetilde{A}_s$，$s\in\Phi$，对任意 $k\in\{0,\cdots,d^*\}$. 令 $p_s^{\sigma^k}(C)=x_s(p^{\sigma^k}(C))$，其中 p^{σ^k} 为 1° 中情况 1 所给出，令 $\widetilde{f}_s=p_s\times p_s^{\sigma}\times\cdots\times p_s^{\sigma^{d^*}}$，$\widetilde{x}_s=(\widetilde{A}_s)_1=x_s\times x_s^{\sigma}\times\cdots\times x_s^{\sigma^{d^*}}$，其中 $x_s^{\sigma^k}=\{p_s^{\sigma^k}(C)\mid C\in\widetilde{A}_s\}$，$k=0$，…，$d^*$. 由 1° 知$(\widetilde{A}_s,\widetilde{f}_s)$是 $\widetilde{x}_s$ 冗的 k 型而 p_s 为 $\widetilde{A}_s$ 到 x_s 的 k－同态且 $R_{K/k}(x_S)=(\widetilde{A}_s,\widetilde{f}_s)$，或记为$(\widetilde{A}_s,p_s)$(见[11]，26 页).

对任意 $r\in\psi$，令 $\dot{X}_r=\Pi_{i=0}^{q(r)}x_{r(i)}$. 由[3]的定理 7(b) 知存在定义在 k 上的同构将 $\dot{X}_r$ 映到 $\bar{k}^{q(r)^*}\cong\Pi_{i=0}^{q(r)}x_{r(i)}$. 由于 $\bar{k}^{q(r)^*}$ 是定义在 k 上的代数集，因此 $\dot{X}_r$ 也是定义在 k 上的代数集，令$(A_{(r)})_1=\dot{X}_r$ 且 $\widetilde{A}_{(r)}=\Pi_{i=0}^{q(r)}\widetilde{A}_{r(i)}$. 事实上 $q(r)^*=d$ 或$q(r)^*=1$(当 $r\in\Phi_1$). 假设$q(r)^*=d$，对任意 $\widetilde{A}_{r(i)}$，$i\in\{0,\cdots,d^*\}$，$r\in\psi$，令 $\omega_1^{(i)}=\eta_i$，$\omega_2^{(i)}=\eta_i\zeta_i$，…，$\omega_d^{(i)}=\eta_i\zeta_i^{\ d^*}$，$\eta_i=\eta_{r,i}$，为 K 对 k 的基底，对任意 i，$k\in\{1,\cdots,d^*\}$，以及 $C_i=(c_0,\cdots,c_{q(r)})\in\widetilde{A}_{r(i)}$，$r\in\psi$，令 $\eta_i=\eta_{r,i}$，且令

$$p_i^k(C_i)=\sum_{j=0}^{d^*}c_j\,(\omega_j^{(i)})^{\sigma^k}=\sum_{j=0}^{d^*}\eta_i c_j(\zeta_i^j)^{\sigma^k}=\sum_{j=0}^{d^*}\eta_i c_j(\zeta_{i+k}^j)=\eta_i\widetilde{f}_{r,i+k}^{\times}(C_i).$$

对任意 $C=(C_0,\cdots,C_{q(r)})\in\widetilde{A}_r$，$C_i\in\widetilde{A}_{r(i)}$，$i=0$，…，$d^*$，$k\in\{0,\cdots,d^*\}$，令

$$p_{(r)}^{\sigma^k}(C)=\prod_{i=0}^{q(r)}x_{r(i)}(p_i^k(C_i))=\prod_{i=0}^{q(r)}x_{r(i)}(\eta_i\widetilde{f}_{r,i+k}^{\times}(C_i)),\ \eta_i=\eta_{r,i}\qquad(1)$$

对任意 $r\in\psi$，令 $\widetilde{\dot{X}}_r^1=(\widetilde{A}_{(r)})_1=\dot{X}_r\times(\dot{X}_r)^{\sigma}\times\cdots\times(\dot{X}_r)^{\sigma^{d^*}}$，其中$(\dot{X}_r)^{\sigma^k}=\{p_{(r)}^{\sigma^k}(C)\mid C\in\widetilde{A}_{(r)}\}$，$k=0$，…，$d^*$ 且令 $\widetilde{f}_{(r)}=p_{(r)}\times p_{(r)}^{\sigma}\times\cdots\times p_{(r)}^{\sigma^{d^*}}$.

由 1° 中情况 2 知$(\widetilde{A}_{(r)},\widetilde{f}_{(r)})$是 $\widetilde{\dot{X}}_r$ 的 k 型而 $p_{(r)}$ 是 $\widetilde{A}_{(r)}$ 到 $\dot{X}_r$ 的 K－同态且 $R_{K/k}(\dot{X}_r)=(\widetilde{A}_{(r)},\widetilde{f}_{(r)})$ 或记为$(\widetilde{A}_{(r)},p_{(r)})$. 假设$q(r)^*=1$，由 $r\in\Phi_{1a}$ 知 $\dot{X}_r=x_r$，令 $\widetilde{A}_{(r)}=\widetilde{A}_r$，$\widetilde{f}_{(r)}=\widetilde{f}_r$ 且令 $p_{(r)}=p_r$，如果 $r\in\Phi_0$，令 $\dot{X}_r=x_r$，$\widetilde{A}_{(r)}=\widetilde{A}_r$，$\widetilde{f}_{(r)}=\widetilde{f}_r$ 和 $p_{(r)}=p_r$.

对任意 $\alpha\in\Phi$，由[13]引理 34 知存在定义在 k 上的同构将 $\bar{k}^*$ 映到 h_α 上，而 $\bar{k}^*$ 是定义在 k 上的代数集，因此 h_α 也是定义在 k 上的代数集. 令 $\widetilde{A}_\alpha^*=\{C\in\widetilde{A}_\alpha\mid\widetilde{f}_{r,i}^{\times}(C)\neq0,\ i=0,\cdots,d^*\}$. 对任意 $k\in\{0,\cdots,d^*\}$，且对任意 $C\in\widetilde{A}_\alpha^*$，令 $(p_\alpha^*)^{\sigma^k}(C)=h_\alpha(p^{\sigma^k}(C))$ 其中 p^{σ^k} 为 1° 中情况 1 所给出. 令 $\widetilde{f}_\alpha^*=p_\alpha^*\times(p_\alpha^*)^{\delta}\times\cdots\times(p_\alpha^*)^{\delta^{d^*}}$ 且$(A_\alpha^*)_1=h_\alpha$. 令 $\widetilde{h}_\alpha=h_\alpha\times h_\alpha^{\sigma}\times\cdots\times h_\alpha^{\sigma^{d^*}}$，其中 $h_\alpha^{\sigma^k}=\{(p_\alpha^*)^{\sigma^k}(C)\mid C\in\widetilde{A}_\alpha^*\}$，$k=0$，…，$d^*$. 由 1° 知$(\widetilde{A}_\alpha^*,\widetilde{f}_\alpha^*)$是 $\widetilde{h}_\alpha$ 的 k 型而 p_α^* 是 $\widetilde{A}_\alpha^*$ 到 h_α 的

k- 同态且 $R_{K/k}(h_\alpha) = (\widetilde{A}_\alpha^*, \widetilde{f}_\alpha^*)$ 或记为 $(\widetilde{A}_\alpha^*, \widetilde{p}_\alpha^*)$.

由以上讨论可知 $UV\underline{T}$ 可表示为 $UV\underline{T} = \Pi_{r_i^* \in \psi^*} \dot{X}_{r_i^*} \Pi_{\alpha \in n} h_\alpha$，且 $UV\underline{T}$ 是定义在 k 上的代数集. 由 1° 的情况 2 知 $R_{K/k}(UV\underline{T}) = \Pi_{r_i^* \in \psi^*}(\widetilde{A}_{(r_i)}, p_{(r_i)}) \times \Pi_{\alpha \in n}(\widetilde{A}_\alpha^*, p_\alpha)$，如果 $\omega \in W$，由 $n_w \in \underline{G}$ 知 $UV\underline{T}n_w$ 也是定义在 k 上的代数集. 显然 $V_\omega^- \subset V$，因此 $UV_\omega^-\underline{T}n_w \subset UV\underline{T}n_w$，而 $UV_\omega^-\underline{T}n_w$ 是定义在 k 上的代数集，因此由 1° 的情况 3 知 $R_{K/k}(UV_\omega^-\underline{T}n_w)$ 存在，显然 $\underline{G} = \bigcup_{\omega \in W} UV_\omega^-\underline{T}n_w$ 是定义在 k 上的代数集且 $R_{K/k}(GL(m, \bar{k}))$ 存在并且 $\underline{G} \subset (GL(m, \bar{k}))$，因此由 1° 中情况 3 知 $R_{K/k}(\underline{G})$ 存在，以 $(\widetilde{G}, \widetilde{f})$ 或 $(\widetilde{G}, p)$ 表示 $R_{K/k}(\underline{G})$，显然 $(\widetilde{G}, \widetilde{f})$ 是 $\underline{\widetilde{G}}$ 的 k 型，其中 $\widetilde{G} = \underline{G} \times \underline{G}^\sigma \times \cdots \times \underline{G}^{\sigma^{d^*}}$，而 p 是 $\widetilde{G}$ 到 $\underline{G}$ 的 K- 同态. 若 $r \in \psi$，p 在 $\widetilde{A}_{(r)}$ 上的限制即为 $p_{(r)}$. 由 k 型的性质知 $\widetilde{G}$ 是定义在 k 上的代数集. 由于 $\underline{G}$ 是定义在 k 上的线性代数群，由 3° 知我们可以对 $R_{K/k}(\underline{G})$ 中的 $\widetilde{G}$ 定义乘法使得 $\widetilde{G}$ 是定义在 k 上的代数群而 p 是定义在 k 上的线性代数群 $\widetilde{G}$ 到定义在 k 上的线性代数群 $\underline{G}$ 的 k-同态.

对于任意上 $k \in \{0, \cdots, d^*\}$，令 $\varphi_{\sigma^k} = I_{\theta_\chi}^{-k}$，其中 I_{θ_χ} 为 ρ_{θ_χ} 所决定的 $\underline{G}$ 的自同构：$I_{\theta_\chi}(g) = \rho_{\theta_\chi} g \rho_{\theta_\chi}^{-1}$ 对任意 $g \in \underline{G}$. 由于 $\underline{G}$ 是定义在 k 上的代数集，因此对任意 $k \in \{0, \cdots, d^*\}$ 有 $\underline{G}^{\sigma^k} = \underline{G}$，记 $\varphi_{\sigma^k} = \varphi_k$，所以 φ_k 是 $\underline{G}$ 到 $\underline{G}^{\sigma^k} = G$、定义在 k 上的有理同构映射，并且不难验证 $\{\varphi_k, k = 0, \cdots, d^*\}$ 满足[11]的 19 页中条件[1]和[2].

设 $r \in \psi \cap \Phi_{11\alpha}$，$\underline{C_0} = \underline{C} \in \widetilde{\bar{k}}_r$，这时 $q(r)^* = d \neq 1$，若 $\widetilde{A}_{(r)}$ 中的元素 $C = (C_0, C_1, \cdots, C_{d^*})$，满足 $C_0 = C_1 = \cdots = C_{d^*}$，$C_i \in \widetilde{A}_{r^{(i)}}$，$i = 0, \cdots, d^*$ 则称 C 为由 $\underline{C} - C_0$ 所决定的 r 的对角元. 由[1]和[5]中引理 3 知对任意 $k \in \{0, \cdots, d^*\}$ 和由 $\underline{C} = C_0 \in \widetilde{\bar{k}}_r$ 所决定的 r 的对角元 C 有

$$\begin{aligned} p^{\sigma^k}(C) &= p_{(r)}^{\sigma^k}(C) = \prod_{i=0}^{q(r)} x_{r(i)}(\eta_i \widetilde{f}_{r,i+k}^{\times}(C_i)) = \prod_{i=0}^{q(r)} x_{r(i)}(\eta_i \widetilde{f}_{r,i+k}^{\times}(C_{i+k})) \\ &= I_{\theta_\chi}^{-k}(\prod_{i=0}^{q(r)} x_{r(i)}(\widetilde{f}_{r,i}^{\times}(C_i))) = I_{\theta_\chi}^{-k} p_{(r)}(C) = \varphi_k P(C), \end{aligned}$$

其中 $p(C) = p_{(r)}(C)$，按定义即为

$$\prod_{i=0}^{q(r)} x_{r(i)}(\eta_i \widetilde{f}_{r,i}^{\times}(C_i)) = \prod_{i=0}^{q(r)} x_{r(i)}(\eta_i \widetilde{f}_{r,i}^{\times}(C_i)) = X_r(\overset{\Delta}{C_0}) = X_r(\overset{\Delta}{\underline{C}})$$

设 $r \in \psi \cap \Phi_{1\alpha}$，$c_0 = \underline{C} \in \widetilde{\bar{k}}_r$，这时 $q(r)^* = 1$，若 $\widetilde{A}_{(r)} = \widetilde{A}_r$ 中的元素 $C = (c_0, \cdots, c_{d^*})$，满足 $c_1 = c_2 = \cdots = c_{d^*} = 0$，则称 C 为由 $c_0 = \underline{C} \in \widetilde{\bar{k}}_r$ 所决定的 r 的对角元. 不难验证对任意 $k \in \{0, \cdots, d^*\}$ 和由 $c_0 = \underline{C}$ 决定的 r 的对

角元 C 有

$$\begin{aligned} p^{\sigma^k}(C) &= p^{\sigma^k}_{(r)}(C) = x_r(\widetilde{f}_{r,k}(C)) = x_r(c_0) = x_r(\widetilde{f}_{r,0}(C)) \\ &= \varphi_k(x_r(\widetilde{f}_{r,0}(C))) = \varphi_k p_{(r)}(C) = \varphi_k p(C). \end{aligned} \quad (3)$$

在以上推导中利用了以下事实：对任意 $r \in \Phi_{1a}$，$c_0 \in \widetilde{\bar{k}}_r$，

$$\varphi_\sigma(x_r(c_0)) = I_{\theta\chi}^{-1}(x_r(c_0)) = x_r(c_0).$$

设 $r \in \psi \cap \Phi_{11b}$，$\underline{C} = (c_0, c_1, c_2) \in \widetilde{\bar{k}}_r$，这时 $q(r)^* = d = 2$，如果 $\widetilde{A}_{(r)} \times \widetilde{A}_{r+\bar{r}}$ 中元素 $C = (C_0, C_1) \times (c_0', c_1')$ 满足 $C_0 = (c_0, c_1) = C_1$ 和 $c_0' = f^*_{r+\bar{r}}(C_0) = \frac{\eta_i}{2} N_{r,\bar{r}}(c_0^2 - \zeta^2 c_1^2)$，$c_1' = c_2$，则称 C 为由 $\underline{C}$ 所决定的 r 的对角元，其中 $\eta_1 = \eta_{r,1}$，由 $d = 2$ 时 $\zeta_1 = -\zeta$，且显然 $N_{r\bar{r}} = -N_{\bar{r}r}$，由 $r+\bar{r} \in \Phi_{1b}$ 和命题 2 知 $\eta^*_{r+\bar{r}} = -1$，所以对任意由 $\underline{C} = (c_0, c_1, c_2) \in \widetilde{\bar{k}}_r$，决定的对角元 C 有

$$\begin{aligned} p^\sigma(C) &= p^\sigma_{(r)}(C_0, C_1) p^\sigma_{r+\bar{r}}(c_0', c_1') \\ &= \prod_{i=0}^{1} x_{r(i)}(\eta_i \widetilde{f}^{\times}_{r,i+1}(C_i)) x_{r+\bar{r}}(\widetilde{f}_{r+\bar{r}}(c_0', c_1')) \\ &= x_r(\eta_0(c_0 - \zeta c_1)) x_{\bar{r}}(\eta_1(c_0 + \zeta c_1)) x_{r+\bar{r}}(c_0' - \zeta c_1') \\ &= x_{\bar{r}}(\eta_1(c_0 + \zeta c_1)) x_{\bar{r}}(\eta_0(c_0 - \zeta c_1)) x_{r+\bar{r}}(\eta_1 N_{\bar{r}r}(c_0^2 - \zeta^2 c_1^2)) \\ &\quad x_{r+\bar{r}}(c_0' - \zeta c_1') \\ &= x_{\bar{r}}(\eta_1(c_0 + \zeta c_1)) x_r(\eta_0(c_0 - \zeta c_1)) x_{r+\bar{r}}(-c_0' - \zeta c_1') \\ &= I_{\theta\chi}^{-1}(x_r(\eta_0(c_0 + \zeta c_1))) x_{\bar{r}}(\eta_1(c_0 - \zeta c_1)) \\ &\quad I_{\theta\chi}^{-1}(x_{r+\bar{r}}(\eta^*_{r+\bar{r}}(-c_0' - \zeta c_1'))) \\ &= I_{\theta\chi}^{-1}(p_{(r)}(C_0, C_1)) I_{\theta\chi}^{-1} p_{r+\bar{r}}(c_0', c_1') \\ &= I_{\theta\chi}^{-1}(p_{(r)}(C_0, C_1)) p_{r+\bar{r}}(c_0', c_1') \\ &= \varphi_\sigma p(C) \end{aligned} \quad (4)$$

其中 $\eta_i = \eta_{r,i} = 0, 1$. 对任意 $r \in \psi$，$C \in \widetilde{\bar{k}}_r$，我们以 $U_r(C)$ 表示由 C 决定的 r 的对角元，令 $U_r = \{U_r(C) \mid C \in \widetilde{\bar{k}}_r\}$，由于对于任意 $r \in \psi$，$U_r \subset \widetilde{A}_{(r)}$，所以 $U_r \subset \widetilde{G}$. 我们令 $G = \langle U_r \mid r \in \psi \rangle$，显然 G 为抽象群 $\widetilde{G}$ 的子群. 设 $A = \{x \in \widetilde{G} \mid p^{\sigma^k}(x) = \varphi_k p(x)\}$，对所有 $k = \{0, \cdots, d^*\}$. 设 $x \in G$，x 可表示为 $x = \Pi_{r_i \in \psi} U_{r_i}(C_i)$，$C_i \in \widetilde{\bar{k}}_{r_i}$. 由(2)，(3) 和 (4) 知对任意 $k \in \{0, \cdots, d^*\}$ 有

$$\begin{aligned} \varphi_k o p(x) &= \varphi_k o p(\prod_{r_i \in \psi} U_{r_i}(C_i)) = \varphi_k(\prod_{r_i \in \psi} p(U_{r_i}(C_i))) \\ &= \prod_{r_i \in \psi} \varphi_k o p(U_{r_i}(C_i)) = \prod_{r_i \in \psi} p^{\sigma^k}(U_{r_i}(C_i)) \end{aligned}$$

$$= p^{\sigma^k}(\prod_{r_i \in \psi} U_{r_i}(C_i)) = p^{\sigma^k}(x) \tag{5}$$

由上式知 $x \in A$，所以 $G \subset A$. 以 f 表示 p 在 A 上的限制，即 $f = p \mid A$. 由 $4°$ 知 f 为定义在 k 上线性代数群 A 到定义在 k 上线性代数群 $\underline{G}$ 的 K －同构. 不难证明对任意 $C \in \tilde{\bar{k}}_r$，$r \in \psi$ 有 $f(U_r(C)) = X_r(\overset{\Delta}{C})$.

命题 7 G 是定义在 k 上的线性代数群.

证明 先证明对于任意 $r \in \psi$，U_r 是定义在 k 上的线性代数群.

（Ⅰ）设 $r \in \psi \cap (\Phi_{11a} \cup \Phi_{1a})$，由以上讨论知 U_r 是 k- 同构于 $\tilde{\bar{k}}_r$. 因此 U_r 为定义在 k 上的代数集. 设 C，$C' \in \tilde{\bar{k}}_r$，由[5]的引理 3 知对任意 i，$j \in \{0, \cdots, q(r)\}$，$i \neq j$，有 $r^{(i)} + r^{(j)} \notin \Phi$，因此 $X_r(\overset{\Delta}{C})X_r(\overset{\Delta}{C'}) = X_r(\overset{\Delta}{C} + \overset{\Delta}{C'})$. 不难证明 $(C + C')^{\Delta} = \overset{\Delta}{C} + \overset{\Delta}{C'}$，所以有

$$\begin{aligned} U_r(C)U_r(C') &= f^{-1}(X_r(\overset{\Delta}{C})X_r(\overset{\Delta}{C'})) = f^{-1}(X_r(\overset{\Delta}{C})x_r(\overset{\Delta}{C'})) \\ &= f^{-1}(X_r(C + C')) = f^{-1}(X_r(C + C')^{\Delta}) = U_r(C + C'), \end{aligned}$$

而 $X_{r,0} + X'_{r,0}$，$\cdots$，$X_{r,q(r)} + X'_{r,q(r)}$ 都是 $k_0 = \mathbb{Q}$ 上的多项式. 这就证明了 U_r 是定义在 k 上的彷射代数群.

（Ⅱ）设 $r \in \psi \cap \Phi_{11b}$，由 $U_r = \{U_r(C) \mid C \in \tilde{\bar{k}}_r = \bar{k}^{q(r)^*+1}\}$ 知 U_r 是 k 同构于 $\tilde{\bar{k}}_r$，因此 U_r 是 k 上的代数集，设 $C = (c_0, c_1, c_2)$，$C' = (c_0', c_1', c_2')$，我们有 $X_r(\overset{\Delta}{C})X_r(\overset{\Delta}{C'}) = X_r(\overset{\Delta}{C''})$，其中 $C'' = (c_0 + c_0', c_1 + c_1', c_2 + c_2' + \frac{1}{2}(c_0 c_1' - c_1 c_0')N_{\bar{r}}) \in \tilde{\bar{k}}_r$. 而 $X_{r,0} + X'_{r,0}$，$X_{r,1} + X'_{r,1}$，$X_{r,2} + X'_{r,2} + \frac{1}{2}N_{\bar{r}}(X_{r,0}X'_{r,1} - X_{r,1}X_{r,0})$ 都是 $k_0 = \mathbb{Q}$ 上的多项式. 类似 Ⅰ 可知 U_r 是定义在 k 上的彷射数群，由[9]的 8.6 知对任意 $r \in \psi$，U_r 的定义在 k 上的线性代数群，显然 U_r 是连通的. 由 $G = \langle U_r \mid r \in \psi \rangle$ 和[13]的 57 页中（ⅲ）知 G 是定义在 k 上的线性代数群.

引理 1 f 为定义在 k 上的线性代数群 A 到定义在 k 上的线性代数群 $\underline{G}$ 的 k －同构.

证明 由 $4°$ 知 f 为定义在 k 上的线性代数群 A 到定义在 k 上的线性代数群 $\underline{G}$ 的 k －同构，而 $G \subset A$，因此只要证明 $f(G) = \underline{G}$ 引理就证明了. 对任意 $r \in \psi$，$C \in \tilde{\bar{k}}_r$，有 $f(U_r(C)) = X_r(\overset{\Delta}{C})$. 由命题 6 知 $f(U_r) = \{X_r(B) \mid B \in \tilde{\bar{k}}_r\}$，

所以 $f(G)=\underline{G}^{*}=\langle X_r \mid r\in\psi\rangle$，以下要证$\underline{G}^{*}=\underline{G}$. 设 $s\in\Phi^{*}$，由命题 4(b) 知存在 $r\in\psi$ 使得 $s=r^{(i)}$，i 为$\{0,\cdots,\bar{q}^{(r)}\}$中某个数. 若 $b\in\bar{k}$，令 $B_j(b)=(0,\cdots,0,b,0,\cdots,0)\in\tilde{\bar{k}}_r$，显然 $x_s(b)=X_r(B_j(b))$. 这就证明了 $\underline{G}^{*}=\langle x_s \mid s\in\Phi^{*}\rangle$.

设 $s\in\Phi_0$，$b\in\bar{k}$. 由命题 4 (b) 知存在 r_1，$r_2\in\Phi^{*}$ 使得 $s=r_1+r_2$ 且当$(r_1,r_1)=(r_2,r_2)$时，$x_s(b)=(x_{r_1}(b),x_{r_2}(\eta))$，$\eta=\pm1$，当$(r_1,r_1)<(r_2,r_2)$时，$x_s(b)=\left(x_{r_1}\left(\frac{1}{2}b\right),x_{r_2}(\eta)\right)\left(x_{r_1}\left(-\frac{b}{2}\right),x_{r_2}(-\eta)\right)$，$\eta=\pm1$. 这就证明了 $\underline{G}^{*}=\underline{G}=\langle x_s \mid s\in\Phi\rangle$. 因此 $f(G)=\underline{G}^{*}=\underline{G}$.

推论 2 $A=G$ 且 G 为定义在 k 上的单线性代数群.

以下讨论 G 的环面.

(Ⅰ) 设 $r\in(\psi\cap\Phi_{11a})\cup(\Phi_{1a}\cap\psi)$，设 $B=(b_0,\cdots,b_{q(r)})\in\bar{k}_r^{*}$. $-B^{-1}=(-b_0^{-1},\cdots,-b_{q(r)}^{-1})$，$-B_I=(-1,\cdots,-1)\in\bar{k}_r^{*}$，并令 $C=\widetilde{B}$，$-C^{-1}=-\widetilde{B}^{-1}$ 以及 $-C_I=-\widetilde{B}_I$，定义 $n_r(B)=\prod_{i=0}^{q(r)}n_{r(i)}(b_i)$ 和 $h_r(B)=\prod_{i=0}^{q(r)}h_{r(i)}(b_i)$ 以及 $m_r(C)=U_r(C)U_{-r}(-C^{-1})U_r(C)$ 和 $t_r(C)=m_r(C)m_r(-C_I)$.

由[5]的引理 3 和命题 6 我们有

$$
\begin{aligned}
f(m_r(C)) &= f(U_r(C)U_{-r}(-C^{-1})U_r(C)) = X_r(B)X_{-r}(-B^{-1})X_r(B)\\
&= \prod_{i=0}^{q(r)} x_{r(i)}(b_i)x_{-r(i)}(-b_i^{-1})x_{r(i)}(b_i)\\
&= \prod_{i=0}^{q(r)} n_{r(i)}(b_i)\\
&= n_r(B)
\end{aligned}
$$

再一次利用[5]的引理 3 可得

$$
\begin{aligned}
f(t_r(C)) &= \prod_{i=0}^{q(r)} n_{r(i)}(b_i)\prod_{i=0}^{q(r)} n_{r(i)}(-1) = \prod_{i=0}^{q(r)} n_{r(i)}(b_i)n_{r(i)}(-1)\\
&= \prod_{i=0}^{q(r)} h_{r(i)}(b_i) = h_r(B)
\end{aligned}
$$

(Ⅱ) 设 $r\in\psi\cap\Phi_{11b}$，$B=(b_0,b_1)\in\bar{k}_r^{*}$且令 $a=b_0+b_1$，$B^{\times}=(-b_1^{-1},-ab_0^{-1},b_1^{-1})$，$B^{-}=(a,1,b_0)$，$B^{*}=(-b_0^{-1},-ab_1^{-1},b_1^{-1})$ 且令 $C=\widetilde{B}$，$C^{\times}=\widetilde{B}^{\times}$，$C^{-}=\widetilde{B}^{-}$，$C^{*}=\widetilde{B}^{*}$ 和 $C_I=\widetilde{B}_I$，$B_I=(-1,-1)$，定义 $n_r(B)=(B^{\times})X_{-r}(B^{-})X_r(B^{*})$ 以及 $m_r(C)=U_r(C^{\times})U_{-r}(C^{-})U_r(C^{*})$ 和 $t_r(C)=m_r(C)m_r(C_I)$.

显然 $f(t_r(C))=n_r(B)n_r(B_I)$. 容易验证

$$\begin{bmatrix}1 & -b_1^{-1} & b_1^{-1}\\0 & 1 & -ab_0^{-1}\\0 & 0 & 1\end{bmatrix}\begin{bmatrix}1 & 0 & 0\\a & 1 & 0\\b_0 & 1 & 0\end{bmatrix}\begin{bmatrix}1 & -b_0^{-1} & b_1^{-1}\\0 & 1 & -ab_1^{-1}\\0 & 0 & 1\end{bmatrix}$$

$$=\begin{bmatrix}0 & 0 & b_1^{-1}\\0 & -b_0b_1^{-1} & -ab_0^{-1}\\b_0 & 1 & 1\end{bmatrix}\begin{bmatrix}1 & -b_0^{-1} & b_1^{-1}\\0 & 1 & -ab_1^{-1}\\0 & 0 & 1\end{bmatrix}$$

$$=\begin{bmatrix}0 & 0 & b_1^{-1}\\0 & -b_1b_0^{-1} & 0\\b_0 & 0 & 0\end{bmatrix}$$

利用上式和[2]的 13.7.2 的方法可证 $n_r(B)n_r(B_I)=h_r(B)$，$h_r(B)=h_r(b_1^{-1})h_{\bar{r}}(b_0^{-1})$. 因此对任意 $B\in\tilde{k}_r^*$，$r\in\psi$ 我们有 $f(t_r(C))=h_r(B)$.

令 $T=\langle t_r(C)\mid r\in\psi,\ C=\widetilde{B},\ B\in\tilde{k}_r^*\rangle$.

命题 8　T 为 G 的定义在 k 上的最大环面且 $f(T)=\underline{T}$.

证明　令 $\underline{T}^*=\langle h_r(B)\mid r\in\psi,\ B\in\bar{k}_r^*\rangle$. 先证 $\underline{T}^*=\underline{T}$. 设 $s\in\Phi^*$，$b\in\tilde{k}^*$，由命题 4 知存在 $r\in\psi$ 使得 $s=r^{(i)}$，i 为 $\{0,\cdots,q(r)\}$ 中某个数，令 $B_i^*(b)=(1,\cdots,1,b,1,\cdots,1)\in\bar{k}_r^*$. 显然 $h_s(b)=h_r(B_i^*(b))$. 设 $s\in\Phi_0$，不难证明存在 r_1，$r_2\in\Phi^*$ 使得 $s=r_1+r_2$ 且对任意 $b\in\bar{k}^*$ 有 $h_s(b)=h_{r_1}(b)h_{r_2}(b)$，所以 $T^*=T$.

对任意 $r\in\psi$，令 $\tilde{k}_r^*=\{C=\widetilde{B}\mid B\in\tilde{k}_r^*\}$ 和 $F_r=(\Pi_{i=0}^{q(r)}f_{r,i}^{\times})X_{r,q(r)+1}-1$. 由 $f_{r,i}^{\times^\sigma}=f_{r,i+1}^{\times},i=0,\cdots,q(r)-1$ 和 $f_{r,q(r)}^{\times^\sigma}=f_{r,0}^{\times}$ 知 $F_r^\sigma=F_r$. 由命题 6 知 $\tilde{\bar{k}}_r^*=\{C\in\tilde{k}_r^*\mid f_{r,i}^{\times}(C)\neq0$，对所有 $i=0,\cdots,q(r)\}$，因此有 $\tilde{\bar{k}}_r^*=\{C'\in\bar{k}^{q(r)+1}\mid F_r(C')=0\}$，所以 $\tilde{\bar{k}}^*$ 是定义在 k 上的代数集，因此可证对任意 $r\in\psi$，$t_r=\{t_r(C)\mid C\in\tilde{\bar{k}}^*\}$ 也是定义在 k 上的代数集. 由此可知 t_r 是定义在 k 上的线性代数群. 由 $T=\langle t_r\mid r\in\psi\rangle$ 和[13]的 57 页(Ⅲ)知 T 是定义在 k 上的线性代数群. 由命题 6 知对任意 $r\in\psi$，$f(t_r)=\{h_r(B)\mid B\in\bar{k}_r^*\}$，所以 $f(T)=T^*=T$，因此 T 是 G 的定义在 k 上的最大环面.

由以上讨论知定义在 k 上的线性代数群 G 为所给定的 k- 指标 (Π,Π_0,σ^*) 所确定.

定理 1　(a) 设定义在 k 上的线性代数群 G 的 k- 指标为 $(\Delta,\Delta_0,[\sigma])$，则 $(\Delta,\Delta_0,[\sigma])$ 等同于 (Π,Π_0,σ^*).

(b) G 的定义在 k 上的最大环面 T 包含一个 k- 可裂子环面 S.

(c) 群 $G^1 = L(\Pi_0, \sigma, \gamma)$ 同构于 G 的 k- 有理点群 $G(k)$.

证明 设 $X(\underline{X})$ 为 $T(\underline{T})$ 的特征模，$\underline{v} \subset \underline{X}(v \subset \underline{X})$ 是 $G(\underline{G})$ 对于 $T(\underline{T})$ 的根系. 设 Δ 是 $\underline{v}$ 的单根系，因为 $\underline{G}$ 是 $\bar{k}$ 上的 L 型 Chevalley 群，所以 $\underline{v}$ 等同于 Φ，设 ${}^t f$ 是 f 在 T 上的限制的反转. 我们可以通过 ${}^t f$ 将 v 和 $\underline{v}$ 等同且可将 Δ 和 Π 等同(见[11],65 页).

对任意 $\chi \in X$，$\gamma \in \Gamma^*$，以 χ^γ 表示 γ 作角于 X 的系数所得到的 T 的特征(见[11]，17 页 1.2.4). 对任意 $\chi \in X$，令 $\chi'^* = \sum_{r\in\Gamma^*}\chi^\gamma$. 因为 $\Gamma^* = \{I, \sigma, \cdots, \sigma^{d^*}\}$，所以 $\chi'^* = \sum_{i=0}^{d^*}\chi^{|i|}$，其中 $\chi^{|i|} = X^{\sigma^i}$，$i = 0, \cdots, d^*$. 令 $X_0 = \{\chi \in X \mid \chi'^* = 0\}$ 且 $\Delta_0 = X_0 \cap \Delta$. 由[11] 的 11.2.1 知存在 $\omega_\sigma \in W_0$，使得 $\omega_\sigma^{-1}(s^\sigma) \in \Delta^* = \Delta - \Delta_0$，对所有 $s \in \Delta^* = \Delta - \Delta_0$ 所以 σ 在 Δ^* 诱导作用$[\sigma]$使得对任意 $s \in \Delta^*$ 有 $s^{[\sigma]} = [\sigma](s) = \omega_\sigma^{-1}(s^\sigma)$，由[11] 的 11.2.1 知 G 的 k- 指标$(\Delta, \Delta_0, |\sigma|)$ 为以上所给出. 以下要证 $\Delta_0 = \Pi_0$ 和$[\sigma] = \sigma^*$.

由以上讨论知在 $\underline{G}$ 上 $\varphi_\sigma = f^\sigma f^{-1}$ 且 $\varphi_\sigma = I_{\theta\chi}^{-1}$. 对任意 $\chi \in X$，令 ${}^t\varphi_\sigma(\chi)$ 为下式所给定的 $\underline{T}$ 的特征：${}^t\varphi_\sigma(\chi)(h) = \chi(\varphi_\sigma(h))$ 对所有 $h \in \underline{T}$(见[11]，19 页). 由[11] 的 Ⅱ，2.1(65 页) 知 $\chi^\sigma = {}^t\varphi_\sigma(\chi)$ 对任意 $X \in X$. 以下要证.

(Ⅰ*) 对任意 $s \in \Phi$，$s^\sigma = \theta(s) = \bar{s}$.

以下证(Ⅰ*). 设 $B = (b_0, \cdots, b_{q(r)}) \in \bar{k}_r^*$，$r \in \psi$. 令 $b_{q(r)+1} = b_0$，有

$$\varphi_\sigma(h_r(B)) = I_{\theta\chi}^{-1}(h_r(B)) = I_{\theta\chi}^{-1}\Big(\prod_{i=0}^{q(r)} h_{r(i)}(b_i)\Big)$$
$$= \Big(\prod_{i=0}^{q(r)} h_{r(i)}(b_{i+1})\Big) = h_r(B')$$

其中 $B' = (b_1, b_2, \cdots, b_{q(r)}, b_0)$. 显然对于任意 $i \in \{0, \cdots, q(r)\}$ 有$(s, r^{(i)}) = (\bar{s}, r^{(i+1)})$，所以由[13] 的引理 34 知

$$s^\sigma(h_r(B)) = s(\varphi_\sigma(h_r(B)) = s(h_r(B'))) = \prod_{i=0}^{q(r)} b_{i+1}^{\eta(s, r^{(i)})}$$
$$= \prod_{i=0}^{q(r)} b_{i+1}^{\eta(\bar{s}, r^{(i+1)})}$$
$$= \prod_{i=0}^{q(r)} b_i^{\eta(\bar{s}, r^{(i)})} = \bar{s}(h_r(B)),\ \eta = \pm 1,$$

由命题 8 知 $\underline{T} = \langle h_r(B) \mid r \in \psi, B \in \bar{k}_r^* \rangle$. 因此由上式知对任意 $s \in \Phi$ 有

$s^{\sigma} = \theta(s) = \bar{s}$，$(I^{*})$ 获证.

由(Ⅰ*)知对任意$s \in \Phi$和$i \in \{0, \cdots, d^{*}\}$有$s^{|i|} = s^{(i)}$，所以$s'^{*} = \sum_{i=0}^{d^{*}} s^{|i|} = \sum_{i=0}^{d^{*}} s^{(i)} = ds'$，因此由命题 1 可知

$$\Delta_0 = \{s \in \Delta \mid s'^{*} = 0\} = \{s \in \Delta = \Pi \mid s' = 0\} = \Pi_0.$$

由命题 1(C) 和(Ⅰ*)知对任意$s \in \Delta^{*} = \Delta - \Delta_0 = \Pi - \Pi_0 = \Pi^{*}$有$\omega_{\sigma}^{-1}(s^{\sigma}) = \omega_{\sigma}^{-1}\theta(s) = \sigma^{*}(s) \in \Delta^{*}$. 由[14]的 2.3 和[11]的公式 12(72 页)知存在唯一$\omega_{\sigma} \in W_0$使得$\omega_{\sigma}^{-1}(s^{\sigma}) \in \Delta^{*}$对任意$s \in \Delta^{*}$，所以$\omega_0 = \omega_{\sigma}$且对任意$s \in \Delta^{*} = \Pi^{*}$，有$[\sigma](s) = \omega_{\sigma}^{-1}(s^{\sigma}) = \omega_{\sigma}^{-1}\theta(s) = \sigma^{*}(s)$. 因此$\sigma^{*} = [\sigma]$，(a) 获证. 并且由[5]的命题 3 知$\Delta_0$和$\sigma^{*}$不依赖$\underline{T}$和$\Delta$的选择.

由[14]的 2.5.1 知T的k-可裂环面S为以下定义的子群的连通分支:$\langle t \in T \mid \beta(t) = 1$ 对所有 $\beta \in \Pi_0$ 且 $\beta(t) = (\sigma^{*}(\beta))(t)$ 对所有 $\beta^{*} \in \Pi^{*}\rangle$，由此可知(b)成立.

显然$f(G(k)) = f(\langle U_r(C) \mid r \in \psi, C \in \tilde{k}_r\rangle) = \langle X_r(B) \mid r \in \psi, B \in \tilde{k}_r\rangle = G^{*}$，由推论 1(b) 知$G^{1} = L(\Pi_0, \sigma, \gamma) = G^{*}$，所以($c$) 成立.

附注：

(1) 若$\Pi = \Pi_0$，则k-指标(Π, Π_0, I)的 Dynkin 图为•—•···•—•，这类群已在[11] 中讨论过(见[11],116 页).

(2) 若$\Pi_0 = \phi$，则G为 Steinberg 群，这类群已在[11] 中讨论过(见[11]，103 页)(3) G的反迷向核和$\gamma = \pi^{\mu}$的取法有关. (4) 由[1] 的 9 章 7，8 节知有k的非分歧扩张 K 使得$\Gamma^{*} - \mathrm{Gal}(K/k) = \{I, \sigma, \cdots, \sigma^{d^{*}}\}$，$\overline{K}$为$K$的代数闭包，显然$\overline{K}$是代数闭域且$\overline{K}$是$K$的代数扩充. 而$[K:k] = d^{*} + 1$，所以$K$也是$k$的代数扩张，因此$\overline{K}$也是$K$的代数扩张，所以$\overline{K}$也可取为$k$的代数闭包$\bar{k}$. 由于$k$的特征为零，因此$\bar{k}$可分. 并且$\bar{k}$是$K$上多项式环所构成的集合的分裂域. 所以$\bar{k}$也是$k$的伽罗华扩张，显然$K$也是$k$的伽罗华扩张. 因此有$\Gamma^{*} = \mathrm{Gal}(K/k) = \mathrm{Gal}(\bar{k}/k)/\mathrm{Gal}(\bar{k}/K)$. 这就说明了$\Gamma^{*}$是$\mathrm{Gal}(\bar{k}/k) = \Gamma$中所有在$K$上限制不相同元素的最大集.

参考文献

[1] Albert, A., Structure of algera, *Amer.* Math. *Soc. Coll. Pub.*, 24.

[2] Carter,R. , Simple Group of Lie Type, Wiley, 1972.

[3] Cheng Chon Hu, Classical groups and generalized simple groups of Lie type, *J. Austral.* Math. Soc. (Series A),46(1989).

[4] Cheng Chon Hu, A family of simple groups associated with the Satake diagram, J. Austral. *Math. Soc.* (*Seriea A*), 41(1986), 13-43.

[5] Cheng Chon Hu, A note on restricted roots of simple algebraic groups over p-adic fields, Natural Science Journal of*Xiangt University*. 114(1989), 121-129.

[6] Cheng Chon Hu, A note on the construction of simple groups over number fields. Proceedings for the first International Symposium on Algebraic Structures and Number Theory, Southeast Asian Bulletin of Mathematics. 1990.

[7] Chevalley, C. , Sur certain groupes simple, Tohoka. Math. J. , 1(1955),14-66.

[8] Hijikata, H. , On the structure of semi-simple algebraic groups over a valuation fields I, Japan. *J. Math.* , 1(1975), 225-300.

[9] Humphreys, J. E. , Linear Algebraic Groups, Springer-Verlag Inc,1981.

[10] Springer,T. A. , Linear algebraic groups, Progress in Math. , 9,1980.

[11] Satake,I. , Classification Theory of Semi-simple Algebraic Groups, MareDekker. Inc. 1971.

[12] Steinberg, R. Variations on them of Chevalley, Pacific. J. Math. , 9(1959), 875.

[13] Steinberg, R. , Lecture on Chevalley Groups, Yale University. 1967.

[14] Tits, J. , Classification of algebraic semisimple groups, Proceedings of Symposia in Pure Math. ,9 32-62.

[15] Weil, A. , Adeles and Algebric Groups, Lecture Notes, IAS, Princeton, 1961.

论可裂 G_2 的基本态

设 G 为连通线性单 Lie 群，Knapp 和 Speh 在文献[1]中指出，若 $P=MAN$ 为 G 的一尖抛物子群，则唯一存在 M 的基本态，并讨论了基本态和 G 的酉表示之间的关系. 除了 G 为可裂 G_2，Knapp 在文献[2]中给出一个计算 G 的最大抛物子群 $P=MAN$(即 $\dim A=1$) 的 Levi 因子 M 的基本态的计算方法，并给出 M 的基本态的具体表达式，除 G 为可裂 F_4 和可裂 G_2 外，Baldoni-Silva 和 Knapp 在文献[3]中利用上述表达式决定了 G 的最大抛物子群 $P=MAN$ 诱导表示的 Langlands 商何时是无穷小酉的，从而使得对 G 的不约酉表示的分类问题的解决向前推进了重要的一步.

本文利用精确 Dynkin 图这一方法给出可裂 G_2 的最大抛物子群 $P=MAN$ 的 Levi 因子 M 的基本态的计算方法，从而给出 M 的基本态的一个具体表达式. 利用这一表达式，可以更进一步讨论可裂 G_2 的最大抛物子群诱导表示及其 Langlands 商何时为无穷小酉的.

设 G 为连通线性可裂 G_2，g 为 G 的 Lie 代数，$g=k+p$ 为 g 的 Cartan 分解，θ 为对应的 g 的 Cartan 对合，设 K 为 G 的最大最紧致子群，K 的 Lie 代数为 k，显然 $\mathrm{rank}G=\mathrm{rank}K$，因此有 g 的 Cartan 子代数 b 使得 $b\subset k$. 令 $\Delta=\Delta(g^*, b^*)$，$\Delta_K=\Delta(k^*, b^*)$ 且 $\Delta_n=\Delta/\Delta_K$. 给定 $\alpha\in\Delta_n$，令 $b=\ker a$，记 $m+a$ 为 a 在 g 中的中心化子且令 $\Delta_M=(m^*, b^*)$，其中 α 为 α 在 p 上对应的向量空间. 显然 $\alpha\subset p$. 令 M 和 A 为 G 的解析子群，它们的 Lie 代数分别为 m 和 a，对 a 有非平凡同态将 $SL(2, R)$ 映入 G，以 γ_α 表示 $\begin{pmatrix}-1 & 0\\ 0 & -1\end{pmatrix}$ 的同态像，设 σ 为 M 的非平凡离散叙列或离散叙列极限，设 χ 为 σ 在 $\{I, \gamma_\alpha\}$ 上的限制而 σ_0 为 σ 在 M_0 上的限制，其中 M_0 为 M 的单位连通分支，显然 $\sigma=\sigma_0\otimes\chi$，因此可知 σ 为 χ 和 Harish-Chandra 参数(λ_0, Δ_M^+) 所决定，其中 Δ_M^+ 为 Δ_M 的某一个正根系，λ_0 对 Δ_M^+ 为支配的. 我们可以引入 Δ 的一个正根系 Δ^+ 使得 $\Delta_M^+\subset\Delta^+$ 且 $\alpha\in\Pi$，Π 为

Δ^+ 所决定的素根系，令 $\Delta_K^+ = \Delta_K \cap \Delta^+$ 且以 ρ 和 ρ_K 分别表示 Δ^+ 和 Δ_K^+ 中所有根的和之半，以 $\langle X, Y\rangle$，$X, Y \in g^*$ 表示由 g 的 Killing 型所定内积，令 $\Delta_\alpha^+ = \{\beta \in \Delta \mid (\beta, \alpha) > 0\}$ 且 ρ_α 为 Δ_α^+ 中的根的和之半. 如果

$$x(\gamma_\alpha) = (-1)^\Omega, \Omega = 2\langle \rho_\alpha, \alpha\rangle / \langle \alpha, \alpha\rangle, \tag{1}$$

则 σ 称为是一余切型(对 G 的 plancherel 公式)，否则称 σ 为一正切型，由文献[4] 不难知道，Langlands 商 $J(MAN, \sigma, (c/2)\alpha)$ 有具有以 Λ 为最高权的最小 K- 态，其中

$$\Lambda = \lambda_0 + \Lambda(\alpha, \mu), \Lambda(\alpha, \mu) = \rho - 2\rho_k - (1/2)(1-\mu_\alpha)\alpha. \tag{2}$$

当 σ 为正切态时，$\mu_\alpha = 0$，当 σ 为余切态时，$\mu_\alpha = \pm 1$. 并且上述 Λ 对 Δ_K^+ 为支配的. 在文献[1]和[3]中指出存在唯一的 Harish-Chandra 参数$(\lambda_0, b, \Delta_M^+)$，$\Delta_M^+ \subset \Delta^+$ 使得对任意 Harish-Chandra 参数(λ_0, Δ_M^+)，$\Delta_M^+ \subset \Delta^+$ 和 $\beta \in \Pi$ 有

$$2(\lambda_0 - \lambda_{0,b}, \beta)/(\beta, \beta) \geqslant 0, \tag{3}$$

其中 $\lambda_{0,b}$ 和 λ_0 对 Δ_K^+ 相适应且给定非平凡 M 的表示. 令 e_1, e_2, e_3,为 R^3 的一组基，它满足$(e_i, e_j) = \delta_{ij}$，$i, j = 1, 2, 3$. 若 $x = \Sigma x_i e_i$，则以(x_1, x_2, x_3)表示 x. 令 $\alpha = (0, 1, -1)$ 且 $b = (1, -2, 1)$，如果设 $\Pi = \{a, b\}$，则

$$\Delta^+ = \{a, b, a+b, 2a+b, 3a+b, 3a+2b\}$$

通过计算易得 $2\rho_a = (0, 5, -5)$，$2\rho_b = (3, -6, 3)$ 且 $\rho = (3, -1, -2)$，因此我们有

$$2(\rho_\alpha, \alpha)/(\alpha, \alpha) = \begin{cases} (5+5)/2 = 5, & \text{当 } \alpha = a, \\ (3+12+3)/6 = 3, & \text{当 } \alpha = b. \end{cases} \tag{4}$$

由(1) 式和(4) 式可知当 σ 为余切态时，χ 非平凡.

若 Π 中的元素不是以白点表示就是以黑点表示，这样得到的 Π 的 Dynkin 图称为 Π 的精确图，对任一 Π 的精确图，唯一存在紧致 Lie 代数 $g_u = k + \sqrt{-1}p$ 的对合自同构 θ_c，$\theta_c(b) = b$ 且使得 Π 的精确图中的白点表示的根的集合为 $\Pi \cap \Delta_c$，其中 Δ_c 为 θ_c 所决定的紧致根构成的集合，如果以 Π_0 表示 Π 的精确图中所有白点表示的根的集合，我们以(Π, Π_0) 表示这个 Π 的精确图，若 $\Pi \neq \Pi_0$，则当 $\dim A = 1$ 时，我们可选定根 α 为 Π 的精确图中的黑点，显然所有选定了 α 的 Π 的精确图构成的集合和所有形式$(\alpha, \Delta_K^+, \Delta^+)$ 构成的集合一一对应，事实上若 Π 的精确图中的点都为白点，则它对应的 θ_c 是平凡的，因此都为白点的精确 Π 图对应的紧致 G_2，所有那些 $\Pi \neq \Pi_0$ 的精确 Π 图为表 1 所给出，由

对应的 θ_c 的计算可知表 1 中的所有精确 Π 图都是可裂 G_2 的精确 Π 图，即(g_u，θ_c)都是可裂 G_2 型的. 通过简单计算得到

$$\Delta_K^+ = \begin{cases} \{3a+2b=(2,\ -1,\ -1),\ a=(0,\ 1,\ -1)\}, \\ \qquad \text{当 } \theta_c=(1,\ 0,\ 0)(\text{见表 }1,1) \\ \{3a+b=(1,\ 1,\ -2),\ a+b=(1,\ -1,\ 0)\}, \\ \qquad \text{当 } \theta_c=(0,\ 0,\ 1)(\text{见表 }1,2) \\ \{2a+b=(1,\ 0,\ -1),\ b=(1,\ -2,\ -1)\}, \\ \qquad \text{当 } \theta_c=(0,\ 1,\ 0)(\text{见表 }1,3) \end{cases} \tag{5}$$

和

$$\Lambda(\alpha,\ \mu) = \begin{cases} (1,-1,0)-(1/2)(1-\mu_\alpha)b, \text{当 } \alpha=b, \theta_c=(1,0,0) \text{ 或}(0,0,1) \\ (1,-1,0)-(1/2)(1-\mu_\alpha)a, \text{当 } \alpha=a, \theta_c=(0,0,1) \\ (1,1,-2)-(1/2)(1-\mu_\alpha)a, \text{当 } \alpha=a, \theta_c=(0,1,0) \end{cases} \tag{6}$$

由(5)式不难得到

$$\Delta_M^+ = \begin{cases} \{2a+b=(1,0,-1)\}\subset\Delta_n, & \text{当 } \alpha=b, \\ \{3a+2b=(2,-1,-1)\}\subset\Delta_n, & \text{当 } \alpha=a, \end{cases} \tag{7}$$

由(6)和(7)式，经过计算得到

定理 概念如上，若取定 $\alpha=b$，则基本态

$$\lambda_{0,b} = \begin{cases} (1/2)(1+\mu_\alpha)(1,0,-1), \text{且 } \theta_c=(1,0,0)(\text{见表 }1,1) \\ (1/2)(1-\mu_\alpha)(1,0,-1), \text{且 } \theta_c=(0,0,1)(\text{见表 }1,2) \end{cases}$$

若取定 $\alpha=a$，则基本态

$$\lambda_{0,b} = \begin{cases} (1/2)(1-\mu_\alpha)(2,-1,-1), \text{且 } \theta_c=(0,0,1)(\text{见表 }1,2) \\ (1/2)(1+\mu_\alpha)(2,-1,-1), \text{且 } \theta_c=(0,1,0)(\text{见表 }1,3) \end{cases}$$

记 $\Pi=\{\alpha,\ \beta\}$. 由定理和

$2\langle(1,0,-1),\ (0,1,-1)\rangle/\langle(0,1,-1),\ (0,1,-1)\rangle=2/2=1$,

$2\langle(2,-1,-1),\ (1,-2,1)\rangle/\langle(1,-2,1),\ (1,-2,1)\rangle=6/6=1$,

以及由表 1 给出的可裂 G_2 的精确图得到表 2. 表 2 为文献[3]中表 2.1 对可裂 G_2 的推广.

表 1

1. $\theta_c=(1,\ 0,\ 0)$：● ⇒ ○.
2. $\theta_c=(0,\ 0,\ 1)$：● ⇒ ●.
3. $\theta_c=(0,\ 1,\ 0)$：○ ⇒ ●.

表 2

	$2(\lambda_{\sigma,b}, \beta)/(\beta, \beta)$		$2(\lambda_{\sigma,b}, \beta)/(\beta, \beta)$
1.●⇒○	$(1/2)(1+\mu_\alpha)$	2.●⇒●	$1/2(1-\mu_\alpha)$
α β 2.●⇒●	$(1/2)(1-\mu_\alpha)$	β α 3.●⇒●	$1/2(1+\mu_\alpha)$

参考文献

[1] Knapp A W, Speh B. The role of basic case tn classification: Theorem about unitary representations applicable to SU (N, 2), Non-commutafive Harmonic analysis and Lie groups. In: Lecture Notes in Math, No 1020, Beilin:Springer-Verlag, 1983, 119-160.

[2] Knapp A W. Unitary repreaentations and basic case, Lie groups repreaentation I. In: Lecture Notes in Math, No 1024, Berlin: Springer-Verlag, 1983, 77-98.

[3] Baldoni-Silva M W, Knapp A W. Unitary representations inducted from maximal parabolic subgroups. J Func Anal, 1966, 69: 21-120.

[4] Knapp A W. Minimal K-type formula. Non commutative Harmonic analysis and Lie groups. In: Lecture Notes in Math, No 1020, Berlin: Springer-Verlag, 1983, 107-118.

UN THÉORÈME SUR LES SOUS-ALGÈBRES NI LPOTENTES MAXIMALES D'UNE ALGÈBRE DE LIE SEMI-SIMPLE

La détermination de sous-algèbres nilpotentes maximales d'une algèbre de Lie semi-simple a été traitée par *M.* Yen Chih Ta et l'auteur dans une note antérieure[1]. *Là* un théorème éssentiel peùt être annoncé de la manière suivante: soit N une sous-algèbre nilpotente maximale d'une algèbre de Lie semi-simple R, il sera conjuquée, par rapport aux automorphismes intérieurs, *à* une sous-algèbre N', $N' = H' + \sum_{\varphi \in E} R^{\varphi}$, où H' est un sous espace de H, algèbre de Cartan de R, E, l'ensemble des racines positives orthogonales *à* H', R^{φ}, sous espace invariant par rapport *à* H avec le poids φ. H' sera en même temps sous espace formé par tous les éléments de H orthogonaux *à* E. On donne ici une démonstration directe et simple de ce théorème sans se servant des notions d'algèbre de Lie algébrique ou d'algèbre splittable. Je tiens ici *à* remercier *M.* Yen Chih Ta de ses conseils, c'est *à* son instigation que l'auteur s'est occupé de la question parlée.

1. Par le résultat de [2], une sous-algèbre nilpotente L de R est toujours conjuquée *à* une sous-algèbre de $K = H + R^{+}$ où $R^{+} = \sum_{\varphi \in \Sigma^{+}} R^{\varphi}$, $\sum^{+}$, l'ensemble des racines positives. Voici certaine notions nécéssaire pour les suivants. Soit x un élément quelconque de K, $x = h + n$, $h \in H$, $n \in R^{+}$, est la décomposition unique de x, $n = b_1 e_{\alpha_1} + \cdots + b_p e_{\alpha_p}$ où $b_i \neq 0$ pour tous $i = 1, 2, \cdots, p$. Désignons par E_x, l'espace engendré par $\alpha_1, \alpha_2, \cdots, \alpha_p$, supposons de plus $\alpha_1 < \alpha_2 < \cdots < \alpha_p$.

Lemme 1. Soient x, x' deux éléments de L, si $(h\alpha_j') \neq 0$, il existe alors un $t < j$ tel que $\alpha_j' - \alpha_t' \in E_x$, où α_j', α_t' sont des racines dans $E_{x'}$.

Démonstration: Désignons par A_x la représentation adjointe de x.

Puisque L est nilpotent, il existe un μ tel que $A_x^\mu x'=0$. Puisque $x'=h'+n'$, $n'=b_1{}'e_{a_1{}'}+\cdots+b_{p'}e_{a'_p}$ alors $A_x^\mu h'+A_x^\mu n'=0$. Ceci donne

$$0=(h, \alpha_i{}')^\mu b'_j e_{a_i{}'}+\sum c_\varphi e_\varphi \tag{1}$$

où $\varphi=\alpha_t'+\varphi'$, φ' est une combination linéaire de α_1, α_2, $\cdots$, α_p on a $\varphi-\alpha_t'\in E_x$.

Par (1) on sait qu'il existe parmi les c_φ au moins un terme $e\alpha_j'$, c'est-à-dire un $\varphi=\alpha_j'$, il vient $\alpha_j'-\alpha_t'\in E_{x'}$ avec $t<j$.

Cor. Si $(h, E_x)=0$, on a $(h, E_{x'})=0$.

Si $(h, E_x)=0$, par lemme 1, $(h, \alpha_j')=(h, \alpha_t')$, $t<j$, pour tout $\alpha_j'\in E_{x'}$ Puisque le nombre de racines est fini, nous avons donc $(h, \alpha_j')=0$ pour tous $\alpha_j'\in E_{x'}$.

Lemme 2. Soit $x=h+n$, un élément de K, il existe un automorphisme intérieur σ de R tel que $\sigma(x)=h'+n'$, $h'\in H$, $n'\in R^+$, vérifiant $(h', E_{x'})=0$.

Démonstration: Supposons $(h, \alpha_1)\neq 0$ et prenons $\sigma_1=\exp t\, Ae_{a_1}$, $t=\dfrac{b_1}{(h,\alpha_1)}$, alors nous avons

$$\sigma_1(x)=h+b_1e_{a_1}+\cdots+b_pe_{a_p}+t[e_{a_1}h]+\cdots=h+b_2e_{a_2}+\cdots,$$

dans cette expréssion il n'existe pas de terme e_{a_1} et les autres e_φ vérifiant toujours $\varphi>\alpha_1$. Par un nombre fini de ces procedés nous arriverons un σ tel que $\sigma(x)=h+b_1{}'e_{a_1{}'}+\cdots+b'_qe_{a'_q}$, $(h'\alpha_j{}')=0$ pour tous $\alpha_j{}'$, c'est-à-dire $(h', E_{x'})=0$.

Cor. Si $y=h_1+n_1$, σ est l'automorphisme défini dans lemme 2, $\sigma(y)=h_1{}'+n_1{}'$, on a $h_1{}'=h_1$, $E_{\sigma(y)}\subseteq E_y+E_x$.

2. Démonstration du théorème.

Soit $\{x_1, x_2, \cdots, x_k\}$ un systeme des bases de L dans lequel il y a v de x_i, soit x_1, x_2, $\cdots$, x_v, verifiant $(h_i, E_{x_i})=0$. Par lemme 2, on sait qu'il existe un automorphisme intérieur σ tel que $x'_{v+1}=\sigma(x_{v+1})$ vérifie $(h'_{v+1}E_{x'_{v+1}})=0$. Mettons $x_i{}'=\sigma(x_i)$, $x_i{}'=h_i{}'+n_i{}'$, $i=1, 2, \cdots, v$, par le cor. du lemme 2, $h_i{}'=h_i$, $E_{x_i{}'}\subseteq E_{x_i}+E_{x_{v+1}}$, il vient $(h_i{}'E_{x_i{}'})\subseteq(h_iE_{x_i})+(h_iE_{x_{v+1}})$. Par le cor.

du lemme 1 on a $(h_i E_{x_{v+1}})=0$. Alors $(h_i' E_{x_i'})=0$ pour $i=1, 2, \cdots, v+1$. Par un nombre fini de ces procédés on a enfin une algèbre L' dont les bases $x_1', x_2', \cdots, x'_k$ vérifiant $(h_i' E_{x_i'})=0$, $i\leqslant n$. Par le cor. du lemme 1 on a $(h_i' E_{x'_j})=0$ pour tous $i, j\leqslant n$. L' est conjuqué *à* L.

Soit H' un sous espace engendré par $h_1', h_2', \cdots, h_n'$, soit E l'ensemble des racines positives orthogonales *à* H'. $K'=H'+R'^{+}$, où $R'^{+}=\sum_{\varphi\in E} R^{\varphi}$, est une algèbre nilpotente. Puisque $(H', E_{x'_j})=0$, alors $E_{x'_j}\subseteq E$ et par suite $L'\subseteq K'$. L' étant maximal sera identique *à* K'. H' est un sous espace formé par tous les éléments orthogonaux *à* E; sinon il y aurait un H'', n'est identique pas *à* H' et $H''+R'^{+}$ forme une algèbre nilpotente contenant L'. Puisque L' est maximal, on a donc une contradiction.

References

[1] Yen Chih-ta et Cheng Chon-hu 1958 Science Record. New Ser. 2 (3).

[2] Morozov, W. W. 1942 C. R. (Dokladay) Acad. Sci. URSS. 36 83-86.

ON THE CARTAN SUBALGEBRA OF THE REAL SEMI-SIMPLE LIE ALGEBRA (I)

It is known that the Cartan subalgebras of a complex semi-simple Lie algebra are conjugate under an inner automorphism and this fact is very important in the theory of the complex Lie algebra. A similar theorem is established in the compact Lie algebra and other more general cases[1]. But for the real semi-simple Lie algebra g this problem has not been discussed. In this note, we shall indicate that in this case it is not true that the Cartan subalgebras of g are inner conjugate, and we shall obtain the classification of the Cartan subalgebras of g under an inner automorphism of g. ①

First we introduce some definitions as follows:

(1) If $[g]=g+\sqrt{-1}g$ is a complex semi-simple Lie algebra of rank n, then g is called a semi-simple Lie algebra of rank n. ②

(2) If $h\subset g$ and h is a regular element of $[g]$, then h is called a regular element of g.

(3) If a maximal nilpotent subalgebra H of g contains a regular element of g, then H is called a Cartan subalgebra of g.

We first consider the semi-simple Lie algebra g_1 of rank I. There is only one type of g_1 which is denoted by A_1^1. It is known that A_1^1 is a real vector space (over the field R of real numbers) generated by α, e_α, $e_{-\alpha}$, where α is a root vector of A_1 and e_α, $e_{-\alpha}$ are vectors of A_1 which satisfy $[\alpha, e_\alpha]=(\alpha, \alpha)e_\alpha$ and $[\alpha, e_{-\alpha}]=-(\alpha, \alpha)e_{-\alpha}$ respectively. If $x=a'\alpha+ae_\alpha+b'e_{-\alpha}$ is not a nilpotent element of g, then there exists an inner automorphism U of g such that

---

① Except the real form of G_2 and D_4.

② In the following, the semi-simple (simple) Lie algebra means the real semi-simple (simple) Lie algebra.

$Ux \subset K$ or $Ux \subset E$, where $K+E$ is a Cartan decomposition of g. We know that in this case K is a subalgebra of g generated by $e_a + e_{-a}$ and E is a subspace of g generated by $e_a - e_{-a}$ and α. If $a = b' = 0$, the statement is obvious. Now, without loss of generality, we suppose that $a \neq 0$. Then $U = U''U'$, where $U' = a^{-1}\exp \operatorname{ad}(-a'e_\alpha)$. Let $U'x = ae_a + be_{-a}$. Since x is not a nilpotent element, then $a \neq 0$ and $b \neq 0$. Therefore, $U'' = \exp \operatorname{ad} t\alpha$, where t satisfies $e^{2(\alpha,\alpha)t} = \left|\frac{a}{b}\right|$. Clearly t and c belong to R.

1. Let H be a Cartan subalgebra of g, then $[H] = H + \sqrt{-1}H$ is a Cartan subalgebra of $[g]$.

2. If $x, y, z \subset g$ and $[x + \sqrt{-1}y, z] = 0$, then $[x, z] = 0, [y, z] = 0$.

3. Let $K+E = g$ be a Cartan decomposition of g. If u, $u' \subset K$ and v, $v' \subset E$ for which $[u+v, u'] = 0$, then $[u, u'] = 0$ and $[v, u'] = 0$. Conversely, if $[v, u'+v'] = 0$, then $[v, u'] = 0$, $[v, v'] = 0$.

4. Let $[g]$ be a complex simple Lie algebra ofrank n. We denote by Π the prime root system of $[g]$. If Π'' is a subset of Π containing $n-2$ elements and if α, $\beta \subset \Pi$ but $\not\subset \Pi''$, then one of these elements, say β, together with an element of $\psi \subset \Pi''$ satisfies $(\beta, \psi) \neq 0$.

5. If Π' is a subset of Π containing $n-1$ elements of Π and if $\alpha \subset \Pi$ but $\not\subset \Pi'$, then there exists an element $\varphi \subset \Pi'$ satisfying $(\varphi, \alpha) \neq 0$.

Theorem 1. Let g be a semi-simple Lie algebra and H be a Cartan subalgebra of g. Suppose that h is an element of H. Then the centralizer S_h of h in g must be equal to $z_0 + g'$, where z_0 is a centre of S_h and g' is a semi-simple Lie algebra.

Proof: The centralizer $\overline{S}_h$ of h in $[g]$ is equal to $\bar{z}_0 + \bar{g}'$, where $\bar{z}_0$ is the centre of $\overline{S}_h$ and $\bar{g}'$ is a complex semi-simple Lie algebra[2]. By Theorem 1, we have $\overline{S}_h = S_h + \sqrt{-1}S_h$ (1) and $\bar{z}_0 = z_0 + \sqrt{-1}z_0$ (2). Making use of (1) and (2), we obtain immediately $\bar{g}' = g' + \sqrt{-1}g$, whence g' is a semi-simple Lie algebra.

Lemma 1. If h_1, h_2 be two elements of H which are linearly independent, then either there exist two real numbers t_1, t_2 such that $\sum_{i=1}^{2} t_i h_i = u$ satisfies

$(u, \alpha)=0$ or there exist two pairs $t_1', t_2'; t_1'', t_2'' \subset R$ such that $\sum_{i=1}^{2} t_i' h_i = h_1$ and $\sum_{i=1}^{2} t''_i h_i = h_2$ satisfy $(h_2, \alpha) \subset R$ and $(h_1, \alpha) \subset \sqrt{-1}R$ respectively (α being a root vector of $[H]$).

Lemma 2. If h_1, h_2, h_3 be three elements of H which are linearly independent, then there exist three real numbers t_1, t_2, t_3 such that $\sum_{i=1}^{3} t_i h_i = V$ satisfies $(V, \alpha)=0$.

Lemma 3. Except the real formof G_2, every simple Lie algebra of rank 2 can be extended to a simple Lie algebra of rank 3.

Proof: It is obvious that in the first category, the real form A_2^1, B_2^1, B_2^2 can be extended to A_3^2, B_3^2, B_3^3 [3]. In the second category, there is only one type which is the real form of A_2^*. It is known that A_2^* is a real vector space generated by $\alpha_1, \alpha_2, e_{\psi_i}, e_{-\psi_i}, \psi_i \subset \{\alpha_1, \alpha_2, \alpha_1+\alpha_2\}$, where $\{\alpha_1, \alpha_2\}$ is a prime root vector of A_2 and $e_{\psi_i}, e_{-\psi_i}$ are vectors of A_2 satisfying $[\alpha_i, e_{\psi_j}]=(\alpha_i, \psi_i)e_{\psi i}$ and $[e_{-\psi_i}, \alpha_i]=-(\alpha_i, \psi_i)e_{-\psi_i}$ for $i=1, 2$. Clearly, A_2^* is a subalgebra of A_3^* which is generated by $\alpha_1, \alpha_2, \alpha_3, e_{\psi_i}, e_{-\psi_i}, \psi_i \subset \{\alpha_1, \alpha_2, \alpha_3, \alpha_1+\alpha_2, \alpha_2+\alpha_3, \alpha_1+\alpha_2+\alpha_3\}$ over R. It is obvious that A_3^* is a simple Lie algebra of rank 3 .

6. If g_3^* is a simple Lie algebra and $[g_3^*]=A_3$, let H^0 be a Cartan subalgebra of g_3^* and H be a subspace of H^0 such that $[H] \supset \alpha_1, \alpha_2$ and H does not contain singular elements for α_1, α_2. ① Then as the base of H, we can choose the elements $x_1=\alpha_1+k\sqrt{-1}(\alpha_1+2\alpha_2)$, $y=\alpha_2+k\sqrt{-1}(2\alpha_1-\alpha_2)$ or $\sqrt{-1}\alpha_1, \sqrt{-1}\alpha_2$, where $k \subset R$.

7. If H contains α_1 (or $\sqrt{-1}\alpha_1$), then H contains at least one singular element.

Lemma 4. If g_2^* is a real form of A_2 and H is a Cartan subalgebra of g_2^*, then H contains at least one singular element.

Proof: By Lemma 3, we know that g_2^* can be extended to a simple Lie algebra g_3^*. Because of $(\alpha_1, \alpha_3)=0$ but $(\alpha_2, \alpha_3) \neq 0$, H contains a regular ele-

① It means that there exists an element h of H satisfying either $(h, \alpha_1)=0$ or $(h, \alpha_2)=0$.

ment of g_3^*. Hence, H belongs to a Cartan subalgebra H^0 of g_3^*. By Lemma 2, we can choose an element h of H such that $(h, \alpha_3)=0$. Then three cases may happen.

(1) If h also satisfies $(h, \alpha_1)=0$, then $S_h=z_0+g_1'+g_2'$, where z_0 is a subspace generated by h and g_1', g_2' are simple Lie algebras. Then H is equal to $z_0+H_1'+H_2'$, where H_1', H_2' are Cartan subalgebras of g_1', g_2' respectively and hence must be the subspaces generated respectively by α_1, (or $\sqrt{-1}\alpha_1$) and α_3, (or $\sqrt{-1}\alpha_3$). Accordingly, we have two elements x, $x'\subset H$, which are linearly independent and satisfy $(x, \alpha_1)=0$ and $(x', \alpha_1)=0$. It follows that there exists an element $h'\subset H$ for which $(h', \alpha_1)=0$. Therefore our lemma is proved in this case.

(2) If $(h, \alpha_2)=0$, we consider S_h and the decomposition of H^0 in S_h as in 1, we obtain a subspace of $H^*\subset H$ which $[H^*]\supset\alpha_2, \alpha_3$. We take as a base of H the elements mentioned in 5. It can readily be seen that the number k must be zero, otherwise, (x, z), (y, z) are not always real for all elements z of H^*. By 6, our lemma is proved.

(3) If $(h, a_1)=0$, $(h_2, a_2)=0$, by similar reasoning as used in 1, we obtain an element $h''\subset H$ satisfying $(h'', \alpha_3)=0$. Then h'' must be α_1, (or $\sqrt{-1}$ α_1). Hence, our lemma is proved.

Theorem 2. If g_2 is a simple Lie algebra of rank 2 other than the real form of G_2, and H is a Cartan subalgebra of g_2, then there exists at least one singular element in H.

Proof: For the real formof A_2, our theorem has been proved in Lemma 4. For the real form of B_2, we can prove it by a similar method as for the real form of A_2.

8. Let $x=h+ae_a$, then the characteristic roots of ad x are equal to the characteristic roots of ad h.

9. Let φ_1, φ_2, $\cdots$, φ_r be r elements of $[H]$, then we can choose an element r' of H such that $(r', \varphi_i)\neq 0$, for $i=1, 2, \cdots, r$.

To every element h of H, there corresponds a subset Σ_h of the root system Σ consisting of all the elements α_i of Σ for which $(h, \alpha_i)=0$. If for the element h_0 of H, there is no element h^* of H such that $\Sigma_{h_0} \subset \Sigma_{h^*}$ and $\Sigma_{h_0} \neq \Sigma_{h^*}$, then h_0 is called a minimal element of H. If there is an element h_0' of H which is not the form th_0 where $t \subset R$ and satisfies $\Sigma_{h_0} = \Sigma'_{h^0}$, then h_0' is said to be similar to h_0. By Lemma 1, every element h' of H satisfying $\Sigma_{h'} = \Sigma_{h_0}$ must belong to the subspace generated by h_0 and h_0'. Clearly, H contains at least one minimal element.

Theorem 3. If g is a simple Lie algebra other than the real form of G_2 and H is a Cartan subalgebra of g, then H can be decomposed into $H_1 + H_2$ and there exists an inner automorphism U of g, such that $UH_1 \subset K$ and $UH_2 \subset E$, where $K + E = g$ is a Cartan decomposition of g. ①

Proof: Let n be the rank of g. We prove the theorem by induction. For $n=1$, our theorem is proved in § 1. Suppose that our theorem is proved for $n<m$; we shall prove it for $n=m$. Let h be a minimal element of H and let S_h be the centralizer of h in g. By Theorem 1, S_h is equal to $z_0 + g'$ where z_0 is the centre of S_h and g' is a semi-simple Lie algebra. We differentiate two cases. First, we suppose that there is no element similar to h, then z_0 is a subspace generated by h. Since our theorem has been proved for $n=1$, we can suppose that $g' \neq 0$. Clearly, g' is decomposable into $\Sigma^* g_i$, where g_i is a simple Lie algebra. It is not difficult to show that the rank of g_i is less than m and g_i is not the real form of G_2. Obviously, H can be decomposed into $z_0 + H'$ where H' is the direct sum $H_1 + H_2 + \cdots + H_r$ in which H_i are Cartan subalgebras of g_i. By the hypothesis of induction, H_i can be decomposed into $H_i^1 + H_i^2$ and there exists an inner automorphism U_i of g_i such that $U_i H_i^1 \subset K_i$ and $U_i H_i^2 \subset E_i$, where $K_i + E_i$ is a decomposition of g_i. On the other hand, there is a Cartan decomposition of g with $K_i \subset K$, $E_i \subset E$[4]. Let $U = U_1 U_2 \cdots U_r$ and $H^* = UH$. We denote by Σ the root system of g with respect to H^* and by Σ' the root system of g' with respect to $UH_1' + UH_2' = H'^*$ where $H_1' = \Sigma_i H_i'$ and $H_2' = \Sigma H_i^2$. Moreover, we can choose a prime root system Π' of Σ' such that there exists a prime root system Π of Σ containing Π'. Clearly, Π' con-

① If g is a compact semi-simple Lie algebra, then $K=g$ and $E=0$.

tains $m-1$ elements of Π. If $\alpha\subset\Pi$, but $\not\subset\Pi'$, from 5 there is one element $\varphi\subset\Pi'$ such that $(\varphi, \alpha)=0$. And from 8 we can choose an element r' in H such that $(r', \varphi_i)\neq 0$, for all $\varphi_i\subset\Sigma'$. Hence, we obtain an element r of H'^* which satisfies $(r, \varphi_i)\neq 0$, for all $\varphi_i\subset\Sigma$. If $h=h_1+h_2$ and $r=r_1+r_2$, where h_1, $r_1\subset K$ and h_2, $r_2\subset E$, since r_1 and r_2 belong to H'^*, it follows from 2 that $[r_1, h_1]=[r_1, h_2]=[r_2, h_1]=[r_2, h_2]=0$, i. e., $[r, h_1]=[r, h_2]=0$. Therefore, it is easy to show that h_1 and h_2 belong to H^*. Finally, from $Uh=h$, it can readily be seen that $Uh_1=h_1$ and $Uh_2=h_2$ and h_1, $h_2\subset H$. Let $H_1=H_1'+z_1$ and $H_2=H_2'+z_2$, where z_1 and z_2 are the subspaces of H generated by h_1 and h_2. Obviously, we have $UH_1\subset K$, $UH_2\subset E$ and $H=H_1+H_2$. Hence, our theorem is proved in this case. Secondly, we suppose that there exists an element h' similar to h, then the centre of z_0 is generated by h and h'. Here, H can also be decomposed into z_0+H'' where $H''\subset g''$ and $S_h=z_0+g''$. By similar reasoning as used in the first case, H'' is decomposable into H''_1+H_2'' and there exists an inner automorphism U of g such that $UH''\subset K$ and $UH''\subset E$. Let Π'' be a prime root system of g'' with respect to H''^* where $H''^*=UH_2''+UH_2''$; we can suppose that Π'' belongs to Π and α, $\beta\subset\Pi$, but $\not\subset\Pi''$. Noticing 4 and making use of the similar reasoning as used in the first case, we can obtain an element r of H satisfying $(r, \varphi_i)\neq 0$, for all $\varphi_i\subset\Sigma$ other than α. On the other hand, by Lemma 1, there exist two elements h_0' and h_0 of z_0 such that $(h_0', \alpha)\subset\sqrt{-1}R$ and $(h_0, \alpha)\subset R$. Therefore, if $h_0=u+v$, where $u\subset K$ and $v\subset E$, then u must be $t_1h_0+h^*+ae_\alpha+be_{-\alpha}$ and v must be $t_2h_0^2-h^*-ae_\alpha-be_{-\alpha}$, where $t_1+t_2=1$ and t_1, t_2, a, b are complex numbers. We shall prove that $a=b=0$. If $a\neq 0$, and $b\neq 0$, then the elements $m=[u, v]=-a(h_0^2, \alpha)e_\alpha+b(h_0^2, \alpha)e_{-\alpha}$ and $m'=[m, u]=c_1e_\alpha+c_2e_{-\alpha}+k\alpha$ belong to E, where $k=-2ab(h_0, \alpha)$. The equation $(h_0, m')=k(h_0, a)$ (1) is easily established. The numbers (h_0, m') and (h_0, α) are real. Therefore, it follows from equation (1) that k must be a real number and so must be $k^{-1}(h_0', m')=(h_0', \alpha)$ which is impossible. Hence, at least one of a and b must be zero. Without loss of generality, we suppose that $b=0$. In this case, the element $h^{*\prime}=h_0-h^*=(h_0, \alpha)u+m$ belongs to E, then $[h^{*\prime}, u]=[h^{*\prime}, v]=0$ (2). Making use of 7 we know that (h_0+h^*, α) is a pure imaginary number. Hence, it follows that $(h_0-h^*, \alpha)\neq 0$ (3). Therefore, from equations (2) and (3), a must be zero, i. e., u, v belong to H^*. If $h_0{}'=u'+v'$ where $u'\subset K$ and $v'\subset E$, we have also u', $v'\subset H^*$. Hence, by the same method as used in the first case, we can prove our theorem.

References

[1] Chevalley Théorie des groupes de Lie (III).

[2] Yen Chih-ta 1957 Science Record, New Ser. I (6), 13.

[3] Gantermach 1939 Math. Sbornik, 5, 2 (47); 1.

[4] Mostov 1955 Mem. Amer. Math. 14, 31.

ON THE CARTAN SUBALGEBRA OF THE REAL SEMI-SIMPLE LIE ALGEBRA (Ⅱ) *

The subalgebras γ_Λ were first introduced by E. Cartan in [1]. An important theorem about γ_Λ given by E. Cartan in [1] is that if g is a simple Lie algebra① and $K+E$ is a Cartan decomposition of g, then γ_Λ are conjugate under an inner automorphism of K. ②This theorem will be used later.

We first fix γ_Λ^0 for every type of the real simple Lie algebra. It is not difficult to show that γ_Λ^0 is a subalgebra generated by the elements of H_E^0 and of the set: $\{e\varphi_i - e-\varphi i,\ \varphi_i \subset \Pi^0\}$, where $H_E^0 = \sqrt{-1}\,H^0 \cap E$ and Π^0 is one subset of the root system Σ of H^0[2]. We shall give Π^0 in the following table for every type of the real simple Lie algebra:

Table 1

1° : Real form of the first category with simple complex structure:

(1) A_n^l; Π^0: $\{\varphi_{l-i} - \varphi_{l+i+1}\}$.

(2) B_n^l; Π_1^0: $\{\varphi_{l-i} - \varphi_{l+i+1}\}$, Π_2^0: $\{\varphi_{l+i} + \varphi_{l+i+1}\}$, $\Pi^0 = \Pi_1^0 + \Pi_2^0$.

(3) C_n^l; Π^0: $\{\varphi_{l-i} - \varphi_{l+i+1}\}$.

(4) D_n^l; Π_1^0: $\{\varphi_{l-i} - \varphi_{l+i+1}\}$, Π_2^0: $\{\varphi_{l+i} + \varphi_{l+i+1}\}$, $\Pi^0 = \Pi_1^0 + \Pi_2^0$. When $l < \left[\frac{n+1}{2}\right]$, $0 < i \leqslant l$; when $l \geqslant \left[\frac{n+1}{2}\right]$, $0 < i \leqslant n-l$.

(5) F_4^2; Π^0: $\left\{\frac{1}{2}(\varphi_1 - \varphi_2 + \varphi_3 + \varphi_4),\ \frac{1}{2}(-\varphi_1 - \varphi_2 + \varphi_3 + \varphi_4)\right\}$. F_4^3; Π^0: $\{\varphi_3 - \varphi_1,\ \varphi_3 + \varphi_1,\ \varphi_2 - \varphi_4,\ \varphi_2 + \varphi_4\}$.

(6) E_6^1; Π^0: $\{\varphi_5 - \varphi_6\}$, E_6^2; Π^0: $\{\varphi_4 - \varphi_5,\ \varphi_3 - \varphi_6,\ \varphi_4 + \varphi_5 + \varphi_1,\ \varphi_3 + \varphi_6 + \varphi_1\}$.

---

① In the following, semi-simple (simple) Lie algebra means the real semi-simple (simple) Lie algebra.

② Except the real form of G_2 and D_4.

(7) E_7^1; Π^0: $\{\varphi_7+\varphi_1+\varphi_2+\varphi_3,\ \varphi_7+\varphi_3+\varphi_4+\varphi_5,\ \varphi_7+\varphi_5+\varphi_6+\varphi_1,\ \varphi_7+\varphi_4+\varphi_6+\varphi_2\}$. ${}^0E_7$; Π^0: $\{\varphi_7+\varphi_5+\varphi_2+\varphi_3,\ \varphi_7+\varphi_1+\varphi_4+\varphi_5,\ \varphi_3+\varphi_5+\varphi_6+\varphi_1,\ \varphi_7+\varphi_2+\varphi_6+\varphi_1,\ \varphi_1+\varphi_2+\varphi_3+\varphi_4,\ \varphi_2+\varphi_4+\varphi_5+\varphi_6,\ \varphi_3+\varphi_7+\varphi_5+\varphi_6\}$. ${}^1E_7$; Π^0: $\{\varphi_1-\varphi_7,\ \varphi_2-\varphi_8,\ \varphi_3+\varphi_4+\varphi_5+\varphi_6\}$.

8) E_8^1; Π^0: $\{\varphi_7-\varphi_9,\ \varphi_8+\varphi_2+\varphi_4,\ \varphi_8+\varphi_3+\varphi_5,\ \varphi_8+\varphi_1+\varphi_6\}$, E_8^2; Π^0: $\{\varphi_5-\varphi_6,\varphi_4-\varphi_7,\ \varphi_3-\varphi_8,\varphi_2-\varphi_9,\ \varphi_9+\varphi_2+\varphi_1,\ \varphi_8+\varphi_3+\varphi_1,\ \varphi_7+\varphi_4+\varphi_1,\ \varphi_6+\varphi_5+\varphi_1\}$.

2°. Real form of the second category with simple complex structure:

(1)A_n: (ⅰ) $n+1=2f$: B: $(0, 0, \cdots, 0)$; Π^0: $\{0\}$, B: $(0, 1, 0, 1, \cdots, 0, 1)$; Π^0: $\{\varphi_1-\varphi_2,\ \varphi_3-\varphi_4,\ \cdots,\ \varphi_{2f-1}-\varphi_{2f}\}$.

(ⅱ) $n+1=2f+1$; B:$\left(\frac{1}{2}, -\frac{1}{2}, \frac{1}{2}, -\frac{1}{2}, \cdots, \frac{1}{2}, -\frac{1}{2}, 0\right)$; Π^0: $\{\varphi_1-\varphi_2,\ \varphi_3-\varphi_4,\ \cdots,\ \varphi_{2f-1}-\varphi_{2f}\}$.

(2) D_n: $n>4$, B_l: Π_1^0: $\{\varphi_{l-i}-\varphi_{l+i+1}\}$, Π_2^0: $\{\varphi_{l-i}+\varphi_{l+i+1}\}$.

(ⅰ) When $l>n+1$, $\Pi^0=\Pi_1^0+\Pi_2^0$. When $l\leqslant\left[\frac{n+1}{2}\right]$, $0<i\leqslant l$; when $l>\left[\frac{n+1}{2}\right]$, $0<i\leqslant l-1$,

(ⅱ) When $l=n-1$, Π^0: $\{0\}$.

(3)E_6;

(ⅰ) B: $(0, 0, 0, 0, 0, 0)$; Π^0: $\{0\}$;

(ⅱ) B: $(1, 1, 1, 1, 1, 1)$; Π^0: $\{0\}$;

(ⅲ) B: $(0, 1, 0, 1, 0, 1)$; Π^0: $\{\varphi_1-\varphi_2,\ \varphi_3-\varphi_4,\ \varphi_5-\varphi_6\}$;

(ⅳ) B: $(0, 1, 0, 1, 1, 1)$; Π^0: $\{\varphi_1-\varphi_2,\ \varphi_3-\varphi_4\}$.

Lemma 1. Every maximal commutative subalgebra of g which belongs to E coincides with one γ_Λ.

Theorem 1. If g is a simple Lie algebra and H is a Cartan subalgebra of g, then H is conjugate to $H_0=H_1^0+H_2^0$, where $H_1^0\subset H^0\cap K=H_K^0$ and $H_2^0\subset\gamma_\Lambda^0$.

Proof: It is known that H is conjugate to $H'=H_1'+H_2'$, where $H_1'\subset K$ and $H_2'\subset E$[3]. Since the Cartan subalgebras of K are conjugate under an inner automorphism of K, we can suppose that H_1' belongs to H_K^0. Let S be the centralizer of H_1' in g, then S is equal to z_0+g', where z_0 is the centre of S and g' is a semi-simple Lie algebra. It is not difficult to show that $H_2'\cap g'$ and $\gamma_\Lambda^0\cap g'$ are Cartan subalgebras of g'. Therefore there exist two inner automorphisms U and U' such that $U'(H_2'\cap g')\subset E$ and $U''(\gamma_\Lambda^0\cap g')\subset E$, where $E'+K'$ is a Cartan decomposition of g'. It can be readily seen that $U'(H_2'\cap g')$

and $U''(\gamma_\Lambda^0 \cap g')$ are the subalgebras γ_Λ of g' (by Lemma 1). Then there exists an inner automorphism U such that $U(U'(H_2{}' \cap g')) = U''(\gamma_\Lambda^0 \cap g')$. Since U'', U' and U leave every element of z_0 invariant, our theorem is proved.

It is clear that the subspace H_1^0 mentioned in Theorem 1 can be decomposed into $H_E^0 + L$, where L is the subspace generated by the elements of the set: $\{e_{\psi_i} - e_{-\psi_i}, \psi_i \subset \Pi_L\}$, Π_L being a subset of Π^0. We denote by Σ_L the subset of Σ consisting of all the elements which belong to the subspace generated by Π_L. It is obvious that there exists a semi-simple Lie algebra g_L of which the root system is Σ_L.

Theorem 2. If g is a simple Lie algebra and $H_L = H_L^0 + H_E^0 + L$ and $H_{L'} = H_{L'}^0 + H_E^0 + L'$ are two Cartan subalgebras of g, then the necessary and sufficient condition for H_L to be conjugate to $H_{L'}$ is that there exists an inner automorphism U of K which leaves H_K^0 invariant such that $UH_L^0 = H_{L'}^0$.

Proof: If there exists an inner automorphism U of k which leaves H_K^0 invariant such that $UH_L^0 = H_{L'}^0$, it is clear that UL and L' belong to the centralizer S of $H_L^0{}'$ in g. Also, S can be decomposed into $z_0 + g'$, where z_0 is the centre of S and g' is a semi-simple Lie algebra. It is easy to show that $g' \cap UL$ and $g' \cap L$ are the Cartan subalgebras of g'. With the same reasoning as used in the proof of Theorem 1, we can prove that H_L is inner conjugate to $H_{L'}$.

Conversely, if H_L is inner conjugate to $H_{L'}$, i. e., there exists an inner automorphism U of g such that $UH_L^0 = H_{L'}^0$; it is known that U can be written in the form exp ad x • exp ad y in which $x \subset K$, $y \subset E$. It follows that (exp ad $y)h = h$ for every element h of H_L^0[4]. Obviously, the centralizer S^* of $H_{L'}^0$ in K can be decomposed into $z_0^* + g^*$, where z_0^* is the centre of S^* and g^* is a compact semi-simple Lie algebra. It can readily be seen that $g^* \cap H_K^0$ and $g^* \cap U'H_K^0$ are the Cartan subalgebras of g^*, where $U' = \exp \text{ad}\, x$. Hence, there exists an inner automorphism U of g^* such that $U^*(U'H_K^0 \cap g^*) = H_K^0 \cap g^*$ and U^* leaves every element of z_0^* invariant. Then our theorem is proved.

We denote by the group W all the automorphisms of K which leave H_K^0 invariant. It is known that group W is clearly determined in [5]. For every type of the real simple Lie algebra g, we calculate the conjugation among all Σ_L

which correspond to all subalgebras L of subalgebra γ_Λ^0 of g under group W, then we obtain the following

Theorem 3. The necessary and sufficient condition for H_L^0 to be conjugate to $H_{L'}^0$ under group W is that g_L is an isomorphism with $g_{L'}$.

From what we have already shown, if we obtain all g_L which are not isomorphic, then we obtain the classification of all Cartan subalgebras of g under an inner automorphism of g.

We give all g_L which are not isomorphic for every type of the real simple Lie algebra in the following table (in the table, we denote by R_r the subalgebra g_L, in which r denotes the dimension of R_r):

Table 2

1. Real form of the first category with simple complex structure:

(1) A_n^l: $R_r = A_{1_1} \times A_{1_2} \times \cdots \times A_{1_r}$. When $l \leqslant \left[\frac{n+1}{2}\right]$, $r < l$; when $l \geqslant \left[\frac{n+1}{2}\right]$, $r \leqslant l - \left[\frac{n+1}{2}\right]$.

(2) B_n^l: $R_r = A_{1_1} \times A_{1_2} \times \cdots \times A_{1_m} \times B_{m'}$, where $m + m' = r$, m' is an even number and $m \leqslant \left[\frac{r}{2}\right]$. When $l \leqslant \left[\frac{n+1}{2}\right]$, $r \leqslant 2l$; when $l \geqslant \left[\frac{n+1}{2}\right]$, $r \leqslant 2\left(l - \left[\frac{n+1}{2}\right]\right)$.

(3) C_n^l: $R_r = A_{1_1} \times A_{1_2} \times \cdots \times A_{1_r}$. When $l \leqslant \left[\frac{n+1}{2}\right]$, $r < l$; when $l \geqslant \left[\frac{n+1}{2}\right]$, $r \leqslant l - \left[\frac{n+1}{2}\right]$.

(4) D_n^l: $R_r = A_{1_1} \times A_{1_2} \times \cdots \times A_{1_m} \times D_{mm'}$, where $n > 4$, $m + m' = r$, m' is an even number and $m \leqslant \left[\frac{r}{2}\right]$. When $l \leqslant \left[\frac{n+1}{2}\right]$, $r \leqslant 2l$; when $l \geqslant \left[\frac{n+1}{2}\right]$, $r \leqslant 2\left(l - \left[\frac{n+1}{2}\right]\right)$.

(5) F_4^2: $r = 1$, $R_1 = A_1$. F_4^3: $r \leqslant 4$, $R_4 = F_4$, $R_3 = B_2 \times A_1$, $R_2 = A_1 \times A_1$, $R_1 = A_1$.

(6) E_6^1: $r = 1$, $R_1 = A_1$. E_6^2: $r \leqslant 4$, $R_4 = A_2 \times A_1 \times A_1$, $R_3 = A_2 \times A_1$, $R_2 = A_1 \times A_1$, $R_1 = A_1$.

(7) E_7^1: $r \leqslant 4$. $R_4 = D_4$. When $r \leqslant 3$, $R_r = A_{1_1} \times \cdots \times A_{1_r}$. ${}^0E_7$: $r \leqslant 7$, $R_7 = E_7$, $R_6 = D_6$, $r = 5$; $R_5^1 = D_5$, $R_5^2 = A_4 \times A_1$, $r = 4$: $R_4^1 = D_4$, $R_4^2 = A_3 \times A_1$. When $r \leqslant 3$, $R_r = A_{1_1} \times \cdots \times A_{1r}$. ${}^1E_7$: $r \leqslant 3$, $R_r = A_{1_1} \times \cdots \times A_{1_r}$.

(8) E_8^1: $r \leqslant 4$, $R_r = A_1 \times \cdots \times A_{1r}$. E_8^2: $r \leqslant 8$, $R_8 = E_8$, $R_7 = D_7$, $r = 6$; $R_6^1 = D_6$, $R_6^2 = D_4 \times A_1 \times A_1$. $r = 5$, $R_5^1 = D_4 \times A_1$, $R_5^2 = A_3 \times A_1 \times A_1$, $r = 4$; $R_4^1 = D_4$, $R_4^2 = A_1 \times A_1 \times A_1 \times A_1$.

When $r\leqslant 3$, $R_r=A_{1_1}\times\cdots\times A_{1r}$.

2. Real form of the second category with simple complex structure.

(1) A_n: (ⅰ) $n+1=2f$; B: (0, 0, ⋯, 0), $r=0$, $R_0=0$; B: (0, 1, 0, 1, ⋯, 0, 1): $r\leqslant f$, $R_r=A_{1_1}\times\cdots\times A_{1_r}$.

(ⅱ) $n+1=2f+1$: $r\leqslant f$, $R_r=A_{1_1}\times A_{1_2}\times\cdots\times A_{1_r}$.

(2) D_n: $n>4$, (ⅰ) $l>n-1$, $R_r=A_{1_1}\times A_{1_2}\times\cdots\times A_{1_m}\times D_{m'}$, where $m'\leqslant 4$, $m\leqslant\left[\frac{r}{2}\right]$, $m+m'=r$, m' is an even number. When $l\leqslant\left[\frac{n+1}{2}\right]$, $r\leqslant 2l$; when $l\geqslant\left[\frac{n+1}{2}\right]$, $r\leqslant 2\left(l-\left[\frac{n+1}{2}\right]\right)-2$. (ⅱ) $l=n-1$, $r=0$, $R_0=0$.

(3) E_6: (ⅰ) B: (0, 0, 0, 0, 0, 0). $r=0$, $R_0=0$; (ⅱ) B: (1, 1, 1, 1, 1, 1), $r=0$, $R_0=0$; (ⅲ) B: (0, 1, 0, 1, 0, 1), $r\leqslant 3$, $R_r=A_{1_1}\times\cdots\times A_{1_r}$; (ⅳ) B: (0, 1, 0, 1, 1, 1), $r\leqslant 2$, $R_r=A_{1_1}\times\cdots\times A_{1_r}$, $R_1=A_1$.

References

[1] Cartan, E. 1927 Ann. Ec. Norm. 44, 345.

[2] Gantermach 1933 Math. Sbornik 5, 2(47), 1.

[3] Cheng Chon-hu 1959 Science Record, New Ser. III, 6, 214.

[4] Mostov 1955 Mem. Amer. Math. No. 14, 31.

[5] Mauakami 1952 Jour. Math. of Japan, 4, No. 2, 103.

ON THE MAXIMAL SOLVABLE SUBALGEBRA OF REAL SEMI-SIMPLE LIE ALGEBRA

Morozov indicated that the maximal solvable subalgebras of complex semi-simple Lie algebra are inner conjugate[1]. In this note, we shall point out that it is not true that the maximal subalgebras of a real semi-simple Lie algebra g are inner conjugate, and obtain the classification of the maximal solvable subalgebras of g under an inner automorphism ① of g .

Lemma 1. Every maximal solvable subalgebra S of a real semisimple Lie algebra g must contain a nilpotent element of g.

Proof: Since S is a solvable subalgebra, there exists an element x of S such that $[x, s]=0$, $s \subset S$. From [2], we know that x can be decomposed into $x=x_1+x_2$ where x_1 is a semi-simple element of g and x_2 is a nilpotent element of g, satisfying $[x_1, x_2]=0$ (1)[2]. Since S is a maximal solvable subalgebra, it follows from (1) that $x_2 \subset S$.

Lemma 2. If x is a nilpotent element of g, there exists a semi. simple element y of g such that $[y, x]=x$.

Proof: We know that there exists an element $y' = y_1 + \sqrt{-1}\, y_2 \subset [g]$ where y_1 and y_2 belong to g such that $[y', x]=x$(2)[1]. It follows from (2) that $[y_1, x]=x$, $[y_2, x]=0$. On the other hand, y_1 can be decomposed into $y_1=y+y^*$, where y is a semi-simple element of g and y^* a nilpotent element, satisfying $[y_1 y^*]=0$[2]. It is not difficult to show that $[y, x]=x$, $[y^*, x]=0$.

Lemma 3. Every semi-simple element h of g must belong to a Cartan subalgebra of g .

---

① Except for the real forms of G_2 and D_4.

Proof: If h is a regular element of g, the theorem is proved. If h is a singular element of g, the centralizer S_h of h in g is equal to $z_0 + g'$ where z_0 is the centre of S_h and $g' \neq 0$ is a real semisimple Lie algebra[3]. Clearly, $h + Mh'$ is a regular element of g where h' is a regular element of g' and M is a largest number. Obviously, h belongs to the Cartan subalgebra which contains $(h + Mh')$.

Since the lemmas mentioned above are established, we can prove the following theorem with the same methods as used in the proof of the Theorem 5 of [1].

Theorem 1. If S is a maximal solvable subalgebra of g, there exists a semi-simple element h of g such that if an element $x \subset S$ is decomposed into $x = h_x + \sum_i a_{x_i} e_{\varphi_i}$, $\varphi_i \subset \Sigma$ where h_x is an element of a Cartan subalgebra H which contains h and Σ is a root system of $[H]$, then for every element $x \subset S$, h satisfies $(h, \varphi_i) > 0$ when $a_{x_i} \neq 0$.

Theorem 2. If S is a maximal solvable subalgebra of g, S must contain a Cartan subalgebra H of g.

Theorem 3. If H_1 and H_2 are Cartan subalgebras of g which are inner conjugate, then the maximal solvable subalgebra S_1 containing H_1 is inner conjugate to a maximal solvable subalgebra which contains H_2.

From Theorem 3, we can only discuss the classification of these maximal solvable subalgebras which contain a standard Cartan subalgebra of g[3,4].

Lemma 4. If $\varphi_1, \varphi_2, \cdots, \varphi_r$ are the root vectors of $\Sigma_2 \cup \Sigma_3$ which are linearly independent on H_2, then there exist $h_1, h_2, \cdots, h_r$ of H_2 such that $(h_i, \varphi_j) = \delta_{ij}$①.

In the following, for an element $h \subset H_2$, we denote the set of all the elements φ_i of $\Sigma_2 \cup \Sigma_3$ which satisfy $(\varphi_i, h) \geqslant 0$ by Σ_h^+.

Lemma 5. For an element $h \subset H_2$ and a fixed element a of Σ_h^+, there exists an element h' of H_2 such that $(h', \varphi_i) > 0$, for every element $\varphi_i \subset \Sigma_h^+$ and (h', α) is a smallest number. Making use of the results of [4], we can prove the

① The definition of Σ_2, Σ_3 is given in [4].

following

Lemma 6. If H is a standard Cartan subalgebra, and $H_2 = H_B^0$, there exists an element α of Σ_3 such that $U\alpha = (S_\alpha S_\alpha *)\alpha = -\alpha$①.

Theorem 4. If h_1 and h_2 are two elements of H_2, there exists an inner automorphism U such that $U\Sigma_{h_1}^+ = \Sigma_{h_2}^+$.

Proof: We prove the theorem by induction. Let n be the rank of g. For $n=1$, that the theorem is true is obvious. Suppose that the theorem is proved for $n<m$, we shall prove it for $n=m$. We can choose a subset Π_1 of $\Sigma_{h_1}^+$ such that Π_1 is a subset of a prime root system of $[H]$, and Π_1 contains an element $\alpha \subset \Sigma_2$②. From Lemma 3, we know that there exists an element h^* of H_2 such that $(h^*, \alpha)=1$, $(h^*, \psi_i)=0$ where ψ_i, α are the elements of Π_1 and α is an element of $\Sigma_2$③. Hence, the centralizer of S_{h^*} in g is equal to $z_0 + g'$ where z_0 is the centre of S_{h^*} and g' is a real semi-simple Lie algebra with rank $<m$. Clearly, $h_i = t_i h^* + h_i$, $i=1. 2$ where t_1' and t_2' are real numbers and h_1', $h_2' \subset g'$. By the hypothesis of induction, we know that there exists an inner automorphism U' of g' such that $(U'h_2, \varphi_i)>0$, $\varphi_i \subset \Sigma_{h_1'}^+$ (3). It follows from (3) that $(U'h_2, \psi_i)>0$, $\psi_i \subset \Pi_1$ but $\psi_i \neq \alpha$. If $(U'h_2, \alpha)>0$, the theorem is proved. Now we suppose that $(U'h_2, \alpha)<0$, then from Lemma 5, there exists an element h_2^* of H_2 such that $(h_2^*, \psi_i)>0$, $\psi_i \subset \Pi_1$, but $\psi_i \neq \alpha$ and $-(h_2^*, \alpha)$ is a smallest positive number. It is not difficult to prove that $S_\alpha h_2^* = h_2^* + t\alpha$ where t is a smallest positive number (3). On the other hand, we know that $S_\alpha \psi_i = \psi_i + k\alpha$, $\psi_i \subset \Pi_1$, but $\neq \alpha$, where k is a positive integral number or 0④. Therefore, from $(S_\alpha h_2^*, S_\alpha \psi_i)>0$, $\psi_i \subset \Pi_1$, but $\psi_i \neq \alpha$, we can prove that $(S_\alpha h_2^*, \psi_i)>0$, $\psi_i \subset \Pi_1$ but $\psi_i \neq \alpha$ (4). It follows from (4) that $(S_\alpha h_2^*, \psi_i)>0$, $\psi_i \subset \Pi_1$. Hence, the theorem is proved.

Theorem 6. The Cartan subalgebras which belong to a maximal solvable

---

① The definition of $S_\alpha S_\alpha *$ is given by Maukami in [5].

② If $H_2 = H_E^0$, then we choose α to be the root vector mentioned in Lemma 5.

③ In the case of $H_2 = H_E^0$, we can prove that $Uh_2^* = h_2^* + t\alpha$ where t is a smallest eal number.

④ In the case of $H_2 = H_E^0$, we can prove that $U\psi_i = \psi_i + k\alpha + k'\alpha^*$, $\psi_i \subset \Pi_1$ but $\psi_i \neq \alpha$, where k is a positive integral number or 0 and k' a negative integral number or 0. Therefore, it follows from $(Uh_2^*, U\psi_i)>0$, $\psi_i \subset \Pi_1$ but $\psi_i \neq \alpha$, that $(Uh_2^*, \psi_i)>0$, $\psi_i \subset \Pi_1$ but $\psi_i \neq \alpha$.

subalgebra of g are inner conjugate.

From the results mentioned above, we can immediately prove the following.

Theorem 7. The sufficient and necessary condition for a maximal solvable subalgebra S_1 inner conjugate to another maximal solvable subalgebra S_2 is that the Cartan subalgebra belonging to S_1 is inner conjugate to the Cartan subalgebra belonging to S_2.

References

[1] Morozov Doklady Akad Nauk (U. S. S. R.), 36, 91.

[2] Chevalley Theorie des groupes de Lie (III).

[3] Cheng, Chon-hu 1959 Science Record, New Ser. 3(6), 214-219.

[4] Cheng, Chon-hu 1959 Science Record, New Ser. 3(9), 385.

[5] Mauakami 1952 Jour. Math. of Japan, 4, 2, 103.

ON THE WEYL GROUPOF REAL SEMI-SIMPLE LIE ALGEBRA

§ 1. The Weyl group of complex semi-simple Lie algebra was early determined by Wey[1]. In this note, we shall determine the Weyl group of real semi-simple Lie algebra . ①

Definition. If g is a real simple Lie algebra, H is a Cartan subalgebra of g, the group of all the inner automorphisms of g which leave H invariant is called the Weyl group of H, denoted by W_H.

Theorem 1. If H_1 and H_2 are Cartan subalgebras of g which are inner conjugate, then $W_{H_1} \simeq W_{H_2}$.

If $K+E=g$ is a Cartan decomposition of g, and H can be decomposed into $H=H_1+H_2$ where $H_1 \subset K$, $H_2 \subset E$, then H is called the standard Cartan subalgebra of g. From Theorem 1 and the result of [2], we can only discuss the Weyl group of these standard Cartan subalgebras of g. If H is a standard Cartan subalgebra, Σ is the set of all the root vectors of $[H]=H+\sqrt{-1}H$, we denote by Σ_1 and Σ_2 the subsets of Σ, consisting of all the elements of Σ which belong to $\sqrt{-1}H_1$ and H_2 respectively. Let Σ_3 be the subset of Σ consisting of all the elements of Σ which belong neither to Σ_1 nor to Σ_2.

Lemma 1. If $U \subset W_H$, then $U\Sigma_i=\Sigma_i$, $i=1, 2, 3$.

Clearly, there exists a compact semi-simple Lie algebra $g_2=g_1^2+g_2^2+\cdots+g_r^2$ where g_i^2, $i=1, 2, \cdots, r$ are compact simple Lie algebras such that the root system of g_2 is Σ_2. We denote the prime root system of g_i^2 by Π_i^2 and the Weyl group of g_2^i by G_i^2. Let ρ_i be the element of W_H which transforms Π_i^2 into

---

① Except for the real forms of G_2 and D_4.

Π_i^2 and leaves every elements of Π_k^2, $i \neq k$ and Σ_1 invariant①. If there exists an element of W_H which transforms Π_i^2 into Π_j^2 and leaves every element of Π_k, $k \neq i$, $k \neq j$ and Σ_1 invariant, then we denote this element by ρ_{ij}. In the following, we call the group generated by all the elements of the set $\{\rho_{ij}\}$ by I_2 and the group generated by all the elements of the set $\{\rho_i\}$ by J_2.

Lemma 2. If $\alpha \subset \Sigma_2$, then either the elements e_α, $e_{-\alpha}$ or $\sqrt{-1}e_\alpha$, $\sqrt{-1}e_{-\alpha}$ belong to g.

Proof: It is known that$g_u = K + \sqrt{-1}E$ is a vector space generated by the elements of the set: $\{\sqrt{-1}\varphi_i, e_{\varphi_i} + e_{-\varphi_i}, \sqrt{-1}(e_{\varphi_i} - e_{-\varphi_i}), \varphi_i \subset \Sigma\}$ over the real number field R. And there exists an involutive automorphism ρ of g_u such that $\rho x = x$, $x \subset K$ and $\rho y = -y$, $y \subset E$. Since $\alpha \subset \Sigma_2$, then $\rho\alpha = -\alpha$ (1). It follows from (1) that $\rho e_{-\alpha} = e_\alpha$, $\rho e_\alpha = e_{-\alpha}$ or $\rho e_{-\alpha} = -e_\alpha$, $\rho e_\alpha = -e_{-\alpha}$. If $\rho e_\alpha = e_{-\alpha}$, then $\sqrt{-1}((e_\alpha + e_{-\alpha}) - \rho(e_\alpha + e_{-\alpha})) = \sqrt{-1}e_{-\alpha} \subset g$. Therefore, it is not difficult to show that $\sqrt{-1}e_\alpha \subset g$. If $\rho e_\alpha = -e_{-\alpha}$, then e_α, $e_{-\alpha} \subset g$.

Making use of Lemma 2, we can immediately prove the following.

Theorem 2. If $\alpha \subset \Sigma_2$, then $S_\alpha \subset W_H$.

Let $\Sigma_1^* = \Sigma_1 \cap \Sigma_K$ where Σ_K is all the root vectors of K. There exists a compact semi-simple Lie algebra $g_1 = g_1' + g_2' + \cdots + g_{r'}'$, where $g_i'(i = 1, 2, \cdots, r')$ are compact simple Lie algebras such that the root system of g_1 is Σ_1^*. We denote the prime root system of g_i' by Π_i' and the Weyl group of g_i' by G_i^1. Let ρ_i' be the element of W_H which transforms Π_i' into Π_i' and leaves every element of Π'_K, $K \neq i$ and Σ_2 invariant ②. If there exists an element of W_H which transforms Π_i' into Π'_j and leaves every element of Π'_K, $K \neq i$, $K \neq j$ and Σ_2 invariant, then we denote this element by ρ'_{ij}. In the following, we call the group generated by the elements of the set $\{\rho'_{ij}\}$ by I_1 and the group generated by the elements of the set $\{\rho_j\}$ by J_1.

Theorem 3. If $\beta \subset \Sigma_1^*$, then $S_\beta \subset W_H$.

Indeed, we can only discuss the Weyl group of these Cartan subalgebras

---

① When g_i^2 is D_4, the elements ρi are not determined in this note.

② When g_i^2 is D_4, the elements ρi are not determined in this note.

which can be decomposed into $H=H_L^0+H_E^0+L$[3]. Noticing that the element $t\sqrt{-1}(e_\varphi+e_{-\varphi})$, $\varphi\subset\Sigma_L$ is a root vector of $[H]$ where t is a real number satisfying certain conditions, we can prove the following.

Lemma 3. If g is a real form of the first category with simple complex structure and $\Sigma_2\neq 0$, then $\Sigma_2=\Sigma_L$, $\Sigma_1=\Sigma_1^*$.

Lemma 4. If g is a real form of the first category with simple complex structure and U is an element of W_H which leaves every element of Σ_1 and Σ_2 invariant, then $U\subset I$, where I is a subgroup of W_H generated by all the elements of W_H which leave every element of H invariant.

Proof: It is clear that there exists an element h_2 of H_2 such that $(h_2, \varphi_i)\neq 0$, $\varphi_i\subset\Sigma_2\cup\Sigma_3$. Since $i\sqrt{-1}(e_\varphi+e_{-\varphi})$, $\varphi\subset\Sigma_L$ is a root vector of H, then $h_2=\sum_i x_i\varphi_i$ where φ_i belongs to $\Sigma_2\cup\Sigma_3$ and $x_i\subset R$. On the other hand, there exists an element $h_1=\sum_i y_i\psi_i$, $\psi_i\subset\Sigma_1$, $y_i\subset R$ such that $(h_1, \varphi_i)\neq 0$, $\varphi_i\subset\Sigma_1$. If U leaves every element of Σ_1 and Σ_2 invariant, then $U(M\sqrt{-1}h_1+h_2)=M\sqrt{-1}h_1+h_2$ where M is a largest number. Clearly, $M\sqrt{-1}h_1+h_2$ is a regular element of $[g]$. Therefore, U leaves every element of H invariant[4].

Making use of Lemma 4, we can prove the following.

Theorem 4. Ifg is a real form of the first category with simple complex structure and H is a Cartan subalgebra of g, then $W_H=G_1^1\times G_2^1\times\cdots\times G_{r'}^1\times G_1^2\times G_2^2\times\cdots\times G_r^2\times I_1\times I_2\times J_1\times J_2\times I$.

Lemma 4′. If $U\subset W_H$ and $U(H_K^0+H_E^0)=H_K^0+H_E^0$, then there exist three elements U', U'' and U''' which belong to $W\cap W_H$, I and G^2 respectively such that $U=U'U''U'''$ where $G^2=G_1^2\times G_2^2\times\cdots\times G_r^2$①.

Making use of Lemma 4 and Lemma 4′ we can prove the following.

Theorem 4′. If g is a real form of the second category with simple complex structure and H is a Cartan subalgebra of g, then $W_H=G_1^1\times G_2^1\times\cdots\times G_{r'}^1\times G_1^2\times G_2^2\times\cdots\times G_r^2\times I_1\times I_2\times J_1\times J_2\times I\times S$, where S is a subgroup of W_H genera-

---

① W is the Weyl group of K which is determined by Mauakami in [6].

ted by the elements of the set $\{S_\alpha, S_\beta, S_\sigma S_{\sigma^*}, \alpha\subset\Sigma_1^{*}{}', \beta\subset\Sigma_2^{*}{}', \sigma\subset\Sigma_3^{*}{}'\}$ in which $\Sigma_1^{*}{}'=\Sigma'\cap\Sigma_1^*$, $\Sigma_2^{*}{}'=\Sigma'\cap\Sigma_2^*$, $\Sigma_3^{*}{}'=\Sigma'\cap\Sigma_3^*$, where Σ' is a subset of Σ consisting of all the elements φ_i of Σ which satisfy $(\varphi_i, \Sigma_1)=(\varphi_i, \Sigma_2)=0$.

§ 3. We can prove that for every element U of W_H there exists an element U' of $G_1^1\times G_2^1\times\cdots\times G_{r'}^1\times G_1^2\times G_2^2\cdots G_r^2\times I$ such that $UU'\subset W$. Therefore, we can determine the subgroups I_1, I_2, J_1 and J_2 in the following:

(1) $I_1=I$. In the following, ρ_{ij}, ρ_i and ρ_i' are the elements of W_H which are defined in § 1.

(2) If $g_i^2\simeq g_j^2$, then there exists an element ρ_{ij}. Clearly, I_2 is generated by all the elements ρ_{ij}.

From [5], we know that$K=K_1+K_2$ or $K=z_0+K_1$, where K_1 and K_2 are compact simple Lie algebras and z_0 is the centre of K. It is clear that Σ_i^1 belongs either to K_1 or to K_2. If Σ_i^1 belongs to K_1 (or K_2), then K_1 (or K_2) is called the connective algebra of Σ_i^1.

(3) If g_i^1 is D_n or A_n and the connective algebra of Σ_i^1 is neither A_n nor E_6, then there exists an element $\rho_i'\not\subset I$. Clearly, $J_1=J_1'\times I$, where J_1' is a subgroup of W_H which is generated by all the elements of the set $\{\rho_j\}$①.

(4) If g_i^2 is D_n and $n<r_0+1$, where r_0 is the dimension of γ_λ, then there exists an element $\rho_i'\not\subset I$ of W_H. Clearly, $J_2=J_2'\times I$, where J_2' is a subgroup generated by all the elements of the set $\{\rho_i'\}$②.

§ 4. Making use of the results of § 2, for every real form we can immediately determine the Weyl group of all the Cartan subalgebras which are not inner conjugate. For example, we determine the Weyl group of all the Cartan subalgebras of the real form of A_n which are not inner conjugate in the following:

1. The real form of the first category with simple complex structureA_n^l: If $H=H_L^0+L$ and Σ_L is the root system of $A_{1_1}\times A_{1_2}\times\cdots\times A_{1_r}$, then $W_H=G_m\times G_m\times G_{1_1}\times\cdots\times G_{1_r}\times I_2\times I$ where G_m, $m=[n-(r+1)/2]$ is the Weyl group of

① When g_i^1 and g_i^2 are D_4, the elements ρ_i and ρ_i' are not determined in this note.

② When g_i^1 and g_i^2 are D_4, the elements ρ_i and ρ_i' are not determined in this note.

A_m and G_{1_i} is the Weyl group of A_1; I_2 is the subgroup of W_H generated by all the elements of the set $\{\rho_{ij}\}$ in which ρ_{ij}, transforms the root vector corresponding to A_{1_i} to the root vector corresponding to A_{1_j}.

2. The real form of the second category with simple complex structure.

(1) $n+1=2f$, 1. B: $(0, 0, \cdots, 0)$, then $W_H=W$;

(2) B: $(1, 1, \cdots, 1)$. If $H=H_L^0+H_E^0+L$ and Σ_L is the root system of $A_{1_1}\times A_{1_2}\times\cdots\times A_{1_r}$, then $W_H=G_r\times S\times I$ where G_r is the Weyl group of A_r and S is the subgroup mentioned in Theorem 4.

(3) $n+1=2f+1$. B: $\left(\frac{1}{2}, \frac{-1}{2}, \cdots, \frac{1}{2}, \frac{-1}{2}, 0\right)$. If $H=H_L^0+H_E^0+L$ and Σ_L is the root system of $A_{1_1}\times A_{1_2}\times\cdots\times A_{1_r}$, then $W_H=G_r\times S\times I$ where G_r is the Weyl group of A_r and S is the subgroup mentioned in Theorem 4 .

Moreover, if $\{\alpha_1, \alpha_2, \cdots, \alpha_n\}$ is the prime root system of $[H]$, without loss of generality, we can suppose that Σ_L is the set $\{\alpha_1, \alpha_3, \cdots, \alpha_{2r+1}\}$, then S is generated by the elements of the set $\{S_\sigma S_\sigma^*, S_\alpha, S_\beta, \sigma\subset\Sigma_3^{*\prime}, \beta\subset\Sigma_2^{*\prime}, \alpha\subset\Sigma_1^{*\prime}\}$ where $\Sigma_3^{*\prime}=\Sigma_3^{*\prime}\cap\Sigma'$, $\Sigma_2^{*\prime}=\Sigma_2^*\cap\Sigma'$, $\Sigma_1^{*\prime}=\Sigma_1^*\cap\Sigma'$ where Σ' is the subset of Σ in which the elements can be represented in the form $\varphi_i=\alpha_i+\alpha_{i+1}+\cdots+\alpha_{i+r}$ or $\varphi_i=-(\alpha_i+\alpha_{i+1}+\cdots+\alpha_{i+j})$, $2r+1<i\langle n,j\rangle>0$①, $j<n-(2r+1)$.

References

[1] Weyl, H. 1925 Math. Zeitschr, 271; ibid. 328; ibid. 337.

[2] Cheng, Chon-hu 1959 Science Record, New Ser. 3(6), 214-219.

[3] Cheng, Chon-hu 1959 Science Record, New Ser. 3(6), 220-224.

[4] Dynkin 1951 Doklady Akad Nauk (U. S. S. R.), 78 629.

[5] Cartan, E. Ann. Ec. Norm. 44, 345.

[6] Mauakami 1952 Jour. Math of Japan, 4, 2, 103.

① The definition of $s_\sigma s_\sigma^*$, s_α, s_ρ is given by Mauakami in [6] and the set Σ_*^1, Σ_*^2 and Σ_*^3 is the set Σ_1, Σ_2 and Σ_3 defined in [6].

SOME SIMPLE GROUPS OF LIE TYPE CONSTRUCTED BY THE INNER-AUTOMORPHISM

1

C. Chevalley constructed some simple groups and obtained for them the structure theorems[1]. Using the graph automorphism of simple Lie algebra L and the automorphism of the field $\mathscr{K}$, R. Steinberg and R. Ree constructed some twisted simple group of Lie type[2,3]. It is analogous to the construction of real form of L by the outerautomorphism of L and the conjugation of complex number field $\mathscr{C}$.

From the theory of Symmetric Rieman Space[4], we know that the real form of L can be constructed by the involutive inner-automorphism of L and the conjugation of the field $\mathscr{C}$. In this paper, we denote by L the simple Lie algebra C_l where l is even and $l\geqslant 4$ and denote by $\mathscr{K}$ the field $\mathscr{K}_0(\sqrt{-1})$ where $\mathscr{K}_0$ is an ordering field. Using the involutive inner-automorphism of L and the involutive automorphism of the field $\mathscr{K}$, we construct the simple group of Lie type which is denoted by ${}^2C_l(\mathscr{K})$. The construction of ${}^2C_l(\mathscr{K})$ is connected with the theory of the classification of the real form of L[5] and the theory of the conjugation between the cartan subalgebra of the real form of L[6]①.

Let Φ be the system of roots of L, Φ can be expressed in the form: Φ: $\{\pm e_i \pm e_j, \pm 2e_i, 1\leqslant i<j\leqslant l\}$. Let $\Gamma=(\Phi)_{\mathscr{R}}$ be the vector space generated by Φ over the real number field $\mathscr{R}$. Obviously, $\mathscr{B}$: $\{e_1, e_2, \cdots, e_l\}$ is a basis of Γ, we define an ordering $\mathscr{E}$ of the space Γ, let $r\in\Gamma$, the first non-zero coefficient

---

① The author expresses his sincere thanks to prof. Yen Chih-Ta who has made many valuable suggestions. In this paper, we use the definitions and the symbols given by [7] without explanation.

of r for the basis $\mathscr{B}$ is positive, then r is called positive, i. e., $r>0$. For the ordering $\mathscr{E}$, he positive system of roots Φ^+: $\{e_i \pm e_j, 2e_i, 1\leqslant i<j\leqslant l\}$ and the fundamental system of roots Π: $\{\alpha_1, \alpha_2, \cdots, \alpha_l\}$, where $\alpha_i=e_i-e_{i+1}$ for $i=1, 2, \cdots, l-1$ and $\alpha_l=2e_l$. Let $\mathscr{D}$: $\{1, 3, \cdots, l-1)$ and let $w_0=w_{\alpha_1}w_{\alpha_2}\cdots w_{\alpha_{l-1}}$, obviously, $w_0e_i=e_{i+1}$, $w_0e_{i+1}=e_i$ for each $i\in\mathscr{D}$. Let Π°: $\{\alpha_1, \alpha_3, \cdots, \alpha_{l-1}\}$ and let $\Phi^*=\Phi^+\backslash\Pi^\circ$.

Lemma 1.1 For each $r\in\Phi^+$, $r\in\Pi^\circ$ if and only if $w_0r\in\Phi^-$.

Proof: If $\alpha_i, \alpha_j\in\Pi^\circ$, $j\neq i$, then $(\alpha_i, \alpha_j)=0$. Thus, $w_0r=-r\in\Phi^-$ for each $r\in\Pi^\circ$. Conversely, let $\boldsymbol{W}_i=w_{\alpha_i}w_{\alpha_{i+2}}\cdots w_{\alpha_{l-1}}$ and let $\boldsymbol{W}_{l+1}=I$, then there exists an element k of $\{\mathscr{D}, l+1\}$ such that $\boldsymbol{W}_kr=\beta\in\Phi^+$ and $\boldsymbol{W}_{k-2}r=W_{\alpha_{k-1}}\beta\in\Phi^-$. It follows from $\alpha_{k-2}\in\Pi$ that $\beta=\alpha_{k-2}\in\Pi^\circ$. Obviously, $W_k^2=I$, therefore, $r=\boldsymbol{W}_k\beta=W_k\alpha_{k-2}$. If $j\neq k-2$, then $(\alpha_j, \alpha_{k-2})=0$, thus $w_{\alpha_j}\alpha_{k-2}=\alpha_{k-2}$. Therefore, $W_k\alpha_{k-2}=\alpha_{k-2}$, hence, $r=\alpha_{k-2}\in\Pi^\circ$.

Since $w_0^2=I$, $\Gamma=\Gamma^++\Gamma^-$ where Γ^+: $\{r\in\Gamma \mid w_0r=r\}$ and Γ^-: $\{r\in\Gamma \mid w_0r=-r\}$. Obviously, $(\Gamma^+, \Gamma^-)=0$. For each $r\in T$, we denote by r' the projection of r onto the subspace Γ^+. Clearly, $\mathscr{B}^+$: $\{e_1', e_3', \cdots, e'_{l-1}\}$ is a basis of the subspace Γ^+ where $e_i'=\frac{1}{2}(e_i+e_{i+1})$, $i\in\mathscr{D}$. We can define an ordering $\mathscr{E}'$ of the subspace Γ^+: let $r\in\Phi^*$. The first non-zero coefficient of r for the basis $\mathscr{B}$ is positive, then r' is called positive, i. e., $r'>0$. and if $r\in\Phi$, $r>0$ for the ordering $\mathscr{E}$, then $r'\geqslant 0$ for the ordering $\mathscr{E}'$, moreover if $\alpha\in\Pi^\circ$, then $\alpha'=0$ and $\Gamma^-=(\Pi^\circ)_{\mathscr{R}}$. Let Φ', $\Phi^{+\prime}$ and Π' be the projections of Φ, Φ^+ and Π onto the subspace Γ^+ respectively. It is easy to verify that Φ' is a system of roots and $\Phi^{+\prime}(\Pi')$ is a positive (fundamental) system of roots of Φ'. Obviously, $\Phi^{+\prime}=\Phi^{*\prime}$ and $\Pi'=\Pi^{*\prime}$ where $\Pi^{*\prime}$ is the pvojection of $\Pi^*=\Pi\backslash\Pi^\circ$ onto the subspace Γ^+. It is easy to verify:

Lemma 1.2 1) If $\alpha\in\Pi^\circ$ and $r\in\Phi^*$ and if $\alpha\pm r\in\Phi$, then $\alpha\pm r\in\Phi^*$; 2) Π' and $\Pi(C_m)$ are isomorphic where $\Pi(C_m)$ is the fundamental system of roots of C_m, $m=l/2$.

Let us denote by $\bar{r}$ the w_0r for each $r\in\Phi$. It follows from 1.1 that if $r\in\Phi^*$, then $\bar{r}\in\Phi^*$. Let Φ_1^*: $\{r\in\Phi^* \mid r\leqslant\bar{r}\}$ and let J_r: $\{r, \bar{r}\}$ for each $r\in\Phi_1^*$. For each $r\in\Phi_1^*$, let $\overline{W}_r^1=w_r$ or $\overline{W}_r^1=w_rw_{\bar{r}}$ according as $r=\bar{r}$ or $r\neq\bar{r}$. For each

$\alpha \in \Pi^\circ$, let J_α: $\{\alpha\}$ and let $\overline{W}_\alpha^1 = W_\alpha$. Obviously, for each $r \in \Phi_1^+ = \Phi_1^* \cup \Pi^\circ$, $w_r w_{\bar{r}} = w_{\bar{r}} w_r$, $(\overline{W}_r^1)^2 = I$ and $\overline{W}_r^1 J_r = -J_r$: $\{-r, -\bar{r}\}$.

Definition 1.3 W^1: $\{w \in w \mid w_0 w = w w_0\}$.

It is easy to verify the following lemma:

Lemma 1.4 For each $r \in \Phi_1^+$, then $W_r^1 \in W^1$.

For each $W \in W^1$, then $w\Gamma^+ = \Gamma^+$ and $w\Gamma^- = \Gamma^-$. Let w' be the restriction of w onto T^+, it is easy to verify that for each $r \in \Phi_1^*$, $\overline{W}_r^{1\prime} = w_{r'}$, where $w_{r'}$ is the reflection in the hyperplane orthogonal to the root r' of Φ' operating on the subspace Γ^+, If $r \in \Pi^\circ$, then $\overline{W}_r^{1\prime} = I'$ where I' is the identity mapping on the subspace Γ^+.

Theorem1.5 $W^1 = \langle \overline{W}_r{}', r \in \Pi \rangle$.

Proof: We denote by $W_1{}'$ the restriction of W' operating on the subspace Γ^+ and let $W(\Phi')$: $\{w_{r'}, r' \in \Phi'\}$. It follows from 2) of 1.2 that $W_1{}' = W(\Phi')$. Therefore, by 2.1.8 of [7], every element w' of $W_1{}'$ can be expressed in the form

$$w' = w_{r_i'} w_{r_2'} \cdots w_{r_p'} \text{ where } r_i' \in \Pi', \ 1 \leqslant i \leqslant p.$$

Let $w \in W^1$ and $W_1 = W^{-1} \overline{W}_{r_1}^1 \overline{W}_{r_2}^1 \cdots \overline{W}_{r_p}^1$ where $r_i \in \Pi^*$ and the projection of r_i on Γ^+ is $r_i{}'$, $1 \leqslant i \leqslant p$. Clearly, for each $r \in \Phi_1^*$, $\overline{W}_r^{1\prime} = w_{r'}$, therefore, $W_1{}' = I'$, where $w_1{}'$ is the restriction of w_1 onto the subspace Γ^+. Clearly, for each $\alpha \in \Pi^\circ$, $w_1 \alpha = \pm\beta$, where $\beta \in \Pi^\circ$. Therefore, there exist $\beta_1, \beta_2, \cdots, \beta_q \in \Pi^\circ$ such that $w_2 = w_1 \overline{W}_{\beta_1}^1 \overline{W}_{\beta_2}^1 \cdots \overline{W}_{\beta_q}^1$ leaves Π° invariant. Obviously, $w_\alpha{}' = I'$ for all $\alpha \in \Pi^\circ$, then $w_2{}' = I'$, where $w_2{}'$ is the restriction of w_2 onto the subspace Γ^+. In the following, we shall prove that W_2 leaves all elements of Γ^- invariant. Assume the contrary, there exist $\alpha = e_i - e_{i+1}$ and $\beta = e_j - e_{j+1}$, $i, j \in \mathscr{D}$, $i \neq j$ such that $w_2 \alpha = \beta$. Let $r_i = 2e_i$, $r_j = 2e_j$ and $r_{j+1} = 2e_{j+1}$, then either $w_2 r_i = r_j$ or $w_2 r_i = -r_{j+1}$. Obviously, $r_i, r_j, r_{j+1} \in \Phi^*$ and $r_i{}' \neq r_j{}'$, $r_i{}' \neq -r_{j+1}{}'$. Hence we have a contradiction. Therefore, w_2 leaves all elements of Γ^- invariant. Thus, $w = \overline{W}_{r_1}^1 \overline{W}_{r_2}^1 \cdots \overline{W}_{r_n}^1$, where $r_i \in \Pi$, $1 \leqslant i \leqslant n$, $n = p+q$. This proves the theorem.

Corollary 1.6 If $w \in W'$, then $w\Pi^\circ \subset \{\Pi^\circ, -\Pi^\circ\}$; $w\Phi^* \subset \{\Phi^*, -\Phi^*\}$.

Obviously, we can separate all elements of Φ_1^* into the following three types of the partition $\mathscr{A}$: $\mathscr{A}$: ① $r=\bar{r}$; ② $r\neq\bar{r}$, r is long; ③ $r\neq\bar{r}$, r is short.

Lemma 1.7 1) Any two elements r and s of the same type in $\mathscr{A}$ are conjugate with each other under W^1, moreover, there exists r_i belonging to ⓘ type of $\mathscr{A}$ such that $(r, r_i)\neq 0$, $i=1, 2, 3$. 2) Any two elements α and β of Π° are conjugate with each other under W^1.

Proof: 1) ① If r and s belong to ① type of $\mathscr{A}$, then r and s can be expressed in the form: $r=e_i+e_{i+1}$, $s=e_j+e_{j+1}$, $i, j\in\mathscr{D}$. If $i\neq j(i<j)$, then $\overline{W}^1_\delta r=s$, where $\delta=e_{i+1}-e_j$. Moreover, let $r_1=e_i+e_{i+1}$, $r_2=2e_{i+1}$ and $r_3=e_{i+1}-e_{i+2}$ or $r_3=e_{i-1}-e_i$, then $(r, r_i)\neq 0$ for $i=1, 2, 3$. ② If r and s belong to ② type of $\mathscr{A}$, then r and s can be expressed in the form: $r=2e_{i+1}$, $s=2e_{j+1}$, $i, j\in\mathscr{D}$. If $i\neq j(i<j)$, then $\overline{W}^1_\delta r=s$, where $\delta=e_{i+1}-e_j$. Moreover, r_i, $i=1, 2, 3$ mentioned in ① satisfy $(r, r_i)\neq 0$, $i=1, 2, 3$. ③ If r belongs to ③ type of $\mathscr{A}$ and $r=e_{i+1}+e_{j+1}$, $i, j\in\mathscr{D}$, $i\neq j$, then $\overline{W}^1_{\delta_0} r=e_{i+1}-e_j$ where $\delta_0=2e_{j+1}$. Therefore, if r and s belong to ③ type of $\mathscr{A}$, under the conjugation of W^1, r and s can be expressed in the form $r=e_{i+1}-e_j$, $s=e_{k+1}-e_h$, $i, j, k, h\in\mathscr{D}$. Let $w_1=I$ or $w_1=\overline{W}^1_{\delta_1}$, where $\delta_1=e_{i+1}-e_k$ according as $i=k$ or $i\neq k(i<k)$. Similarly, let $w_2=I$ or $w_2=\overline{W}^1_{\delta_2}$, where $\delta_2=e_{j+1}-e_h$ according as $j=h$ or $j=h(j<h)$. Clearly, $w_1w_2r=s$. Let $r_1=e_i+e_{i+1}$, $r_2=2e_{i+1}$, $r_3=r$, then $(r_1r_i)\neq 0$ for $i=1, 2, 3$.

2) If α, $\beta\in\Pi^\circ$, then α and β can be expressed in the form: $\alpha=e_i-e_{i+1}$, $\beta=e_j-e_{j+1}$, $i, j\in\mathscr{D}$. If $i\neq j(i<j)$, then $\overline{W}^1_\delta\alpha=\beta$, where $\delta=e_{i+1}-e_j$.

2

Let $G=L(\mathscr{K})$ be the Chevalley group for the Chevalley basis C_b: $\{h_r, r\in\Pi;\ \tilde{e}_r, r\in\Phi\}$. For each $\alpha\in\Pi^\circ$, let $n_\alpha=\exp ad\,\tilde{e}_\alpha\exp(-ad\,\tilde{e}_{-\alpha})\exp ad\,\tilde{e}_\alpha$, let $n_0=n_{\alpha_1}n_{\alpha_2}\cdots n_{\alpha_{l-1}}$, then n_0 corresponds to w_0 under the natural homomorphism from N onto W. Obviously, $n_0^2=I$, where I is the identity element of G.

Lemma 2.1 There is a Chevalley basis C_b: $\{h_r, r\in\Pi;\ e_r, r\in\Phi\}$ such that $n_0e_r=k_re_r$, $r\in\Phi$ where k_r, $r\in\Phi$ satisfy the following relations: a) If $r\in\Phi^*$, $r=\bar{r}$ or $r\in\Pi^\circ$, then $k_r=-1$; b) If $r\in\Phi^*$, $r\neq\bar{r}$, then $k_r=1$.

Proof: We shall prove that there are $e_r=\eta_r\tilde{e}_r$ for all $r\in\Phi$, where $\eta_r=\pm 1$, by appropriate sign changes of the η_r, such that C_b: $\{h_r, r\in\Pi; e_r, r\in\Phi\}$ is a Chevalley basis of L and the relations a) and b) hold.

a) 1) For each $\alpha\in\Pi^\circ$, $n_0\tilde{e}_\alpha=-\tilde{e}_{-\alpha}$, $n_0\tilde{e}_{-\alpha}=-\tilde{e}_\alpha$. Thus, let $e_\alpha=\tilde{e}_\alpha$, $e_{-\alpha}=\tilde{e}_{-\alpha}$, for all $\alpha\in\Pi^\circ$, we have $k_r=-1$ for all $r\in\Pi^\circ$, 2) If $r\in\Phi^*$, $r=\bar{r}$, then $r=e_i+e_{i+1}$, $i\in\mathscr{D}$, hence $n_{\alpha_i}\tilde{e}_r=(-1)_{\epsilon_0/\epsilon_0}\tilde{e}_r$, where $\alpha_i=e_i-e_{i+1}$ by 6.4.2 of [7]. It is easy to verify that $n_{\alpha_j}\tilde{e}_r=\tilde{e}_r$, where $\alpha_j=e_j-e_{j+1}$, $j\in\mathscr{D}$, $j\neq i$. Therefore, $n_0\tilde{e}_\alpha=-\tilde{e}_\alpha$. Let $e_r=\tilde{e}_r$, $e_{-r}=\tilde{e}_{-r}$ for all $r\in\Phi^*$, $r=\bar{r}$, then we have $k_r=-1$ for each $r\in\Phi^*$, $r=\bar{r}$.

b) Let $\Phi^{(*)}$: $\{r\in\Phi^*\mid\bar{r}\neq r\}$. Clearly, $\Pi^*\subset\Phi^{(*)}\subset\Phi^+$. Let $e_r=\tilde{e}_r$ for all $r\in\Pi^*$, we can choose the appropriate $\eta_{\bar{r}}$ so that $k_r=1$ for all $r\in\Pi^*$. Suppose that for all r of Φ^*, of which the height $h(r)<n(n>1)$ the η_r and the $\eta_{\bar{r}}$ have been chosen so that $k_r=1$. For each element r of $\Phi^{(*)}$ of which the height $h(r)=n$. If η_r and $\eta_{\bar{r}}$ have been chosen so that $k_{\bar{r}}=1$, then $k_r=1$ by $n_0^2=I$; if η_r and $\eta_{\bar{r}}$ have not been chosen, then we can choose the appropriate η_r and $\eta_{\bar{r}}$ so that $k_r=1$. By the steps along the lines of the preceding discussion, we obtain $e_r=\eta_r\tilde{e}_r$ for all $r\in\Phi^{(*)}$, such that $k_r=1$. Moreover, for each $r\in\Phi^{(*)}$, we can choose e_{-r} such that $[e_r, e_{-r}]=h_r$. Thus, we obtain the set C_b: $\{h_r, r\in\Pi; e_r, r\in\Phi\}$. It follows from p. 58 of [7] that C_b is a Chevalley basis, and the relations a) and b) hold obviously.

Clearly, the chevalley group for the Chevalley basis C_b is $G=L(\mathscr{K})$ as was mentioned in [7] and for each $\alpha\in\Pi^\circ$ $n_\alpha=\exp ade_\alpha\exp-ade_{-\alpha}\exp ade_\alpha$. Let f be an involutive automorphism of the field $\mathscr{K}$ which satisfies $f(a)=a$ for all $a\in\mathscr{K}_0$, and $f(\sqrt{-1})=-\sqrt{-1}$. The mapping $x_r(t)\to x_r(f(t))$ can be extended to an involutive automorphism of G (denoted by f also). By $f(1)=1$ and $f(-1)=1$. We have $f_{n_0}=n_0$.

Definition 2.2 For all $x\in G$, let $\sigma x=f\rho x=f(n_0xn_0^{-1})$. Obviously, $\sigma^2x=x$ for all $x\in G$, i.e., $\sigma^2=I$.

Definition2.3 U^1: $\{u\in U\mid\sigma u=u\}$.

If $r\in\Phi_1^*$, $r=\bar{r}$, then let $X_r^1(t)=x_r(t)$, where $t\in\mathscr{K}$ and $\bar{t}=f(t)=-t$; if $r\in\Phi_1^*$, $r\neq\bar{r}$, then let $X_r^1(t)=x_r(t)x_{\bar{r}}(\bar{t})$, $t\in\mathscr{K}$, $f(t)=\bar{t}$.

Lemma 2.4 For each $r\in\Phi_1^*$, $X_r^1(t)\in U^1$, $t\in\mathscr{K}$.

Lemma 2.5 Every element u of U^1 can be expressed in the following form

$u=x_{r_1}(t_1)x_{r_2}(t_2)\cdots x_{r_n}(t_n)$, $r_i\in\Phi^*$, $t_i\in\mathscr{K}^*=\mathscr{K}\backslash 0$, $1\leqslant i\leqslant n$, $r_1<r_2<\cdots<r_n$.

Proof: It follows from 5.3.3 of [7] that u can be expressed in the form

$u=x_{s_1}(t_1')x_{r_2}(t_2')\cdots x_{s_p}(t'_p)$, where $s_i\in\Phi^+$, $t_i\in\mathscr{K}^*$, $1\leqslant i\leqslant p$, $s_1<s_2<\cdots<s_p$.

In fact, $s_i\in\Phi^*$ for all $1\leqslant i\leqslant p$. Suppose the contrary, it follows from 1.2 and 5.2 .2 of [7] that

$$u=x_{\beta_1}(a_1)x_{\beta_2}(a_2)\cdots x_{\beta_k}(a_k)x_{r_1}(t_1)x_{r_2}(t_2)\cdots x_{r_n}(t_n)$$

where $\beta_i\in\Pi^\circ$, $a_i\in\mathscr{K}^*$, $1\leqslant i\leqslant k$; $r_i\in\Phi^*$, $t_i\in\mathscr{K}^*$, $1\leqslant i\leqslant n$, $r_1<r_2<\cdots<r_n$. Obviously, σu can be expressed in the form

$$\sigma u=x_{-\beta_1}(-\bar{a}_1)x_{-\beta_2}(-\bar{a}_2)\cdots x_{-\beta_k}(-\bar{a}_k)x_{\bar{r}_1}(\tilde{t}_1)x_{\bar{r}_2}(\tilde{t}_2)\cdots x_{\bar{r}_n}(\tilde{t}_n),$$

where $t_i\in\mathscr{K}^*$, $1\leqslant i\leqslant n$ and if $\bar{r}_i\neq r_i$, then $\tilde{t}_i=\bar{t}_i$; if $\bar{r}_i=r_i$, then $\tilde{t}_i=-\bar{t}_i$, $1\leqslant i\leqslant n$. Hence, it follows from $\sigma u=u$ and 7.1.2 of [7] that $a_i=0$ for all $1\leqslant i\leqslant k$. Thus, we have a contradication. Therefore, $s_i\in\Phi^*$ for all $1\leqslant i\leqslant p$ and we have

$$u=x_{s_1}(t_1')x_{s_2}(t_2')\cdots x_{s_p}(t'_p)=x_{r_1}(t_1)x_{r_2}(t_2)\cdots x_{r_n}(t_n)$$

where $r_i\in\Phi^*$, $t_i\in\mathscr{K}^*$, $1\leqslant i\leqslant n$, $r_1<r_2<\cdots<r_n$.

Lemma 2.6 For each $s\in\Phi_1^*$, there exists $\tilde{s}\in\Phi_1^*$ such that $s'=\tilde{s}'$ and $s\neq\tilde{s}$. Let $r=\mathrm{Min}\{s,\tilde{s}\}$, and $r^*=\mathrm{Max}\{s,\tilde{s}\}$, then

1) If $r_1\in\Phi_1^*$ and $r'=r_1'$, then either $r_1=r$ or $r_1=r^*$;

2) If r_1, $r_2\in\{J_r, J_{r^*}\}$, then $r_1+r_2\notin\Phi$;

3) There is no $r_1\in\Phi_1^*$ such that $r<r_1<r^*$. Moreover, $r<r^*\leqslant\bar{r}^*<\bar{r}$.

Proof: ① If $s\in\Phi_1^*$ and $s=\bar{s}$, then $s=e_i+e_{i+1}$, $i\in\mathscr{D}$. Let $\tilde{s}=2e_{i+1}$, then $\tilde{s}'=s'$ and $\tilde{s}\neq s$. ② If $s\in\Phi_1^*$, $s\neq\bar{s}$ and s is long, then $s=2e_{i+1}$, $i\in\mathscr{D}$. Let $\tilde{s}=e_i+e_{i+1}$, then $\tilde{s}'=s'$ and $\tilde{s}\neq s$. ③ If $s\in\Phi_1^*$, $s\neq\bar{s}$ and s is short, then $s=e_{i+1}-e_j$ or $s=e_{i+1}+e_{j+1}$, i, $j\in\mathscr{D}$, $i<j$. Let $\tilde{s}=e_{i+1}-e_{j+1}$ or $\tilde{s}=e_{i+1}+e_j$ respectively, then $\tilde{s}'=s'$ and $\tilde{s}\neq s$. It is easy to verify that the relations 1), 2) and 3) hold.

We arrange the roots of Φ^* and Φ_1^* in increasing order relative to $<$, then by 2.6 we have

$$\Phi^*:\{r_1, r_1^*, \bar{r}_1^*, \bar{r}_1, r_2, r_2^*, \bar{r}_2^*, \bar{r}_2, \cdots, r_q, r_q^*, \bar{r}_q^*, \bar{r}_q\} \text{ and}$$

$$\Phi_1^*:\{r_1, r_1^*, r_2, r_2^*, \cdots, r_q, r_q^*\}.$$

Lemma 2.7 Every element u of U^1 can be expressed in the following form uniquely

$u=X_{r_1}^1(t_1)X_{r_1^*}^1(t_1^*)X_{r_2}^1(t_2)X_{r_2^*}^1(t_2^*)\cdots X_{r_q}^1(t_q)X_{r_q}^{1*}(t_q^*)$, $t_i, t_i^*\in\mathscr{K}'$.

Proof: It follows from 5.3.3 of [7] that u can be expressed in the following form uniquely

$u=x_{r_1}(t_1)x_{r_1^*}(t_1^*)x_{\bar{r}_1^*}(\tilde{t}_1)x_{\bar{r}_1}(t_1{}')\cdots x_{r_q}(t_q)x_{r_q^*}(t_q^*)x_{\bar{r}_q^*}(\tilde{t}_q)x_{\bar{r}_q}(t_q{}')$,

where t_i, t_i^*, $\tilde{t}_i$, $t_i{}'\in\mathscr{K}$ and if $r_i^*=\bar{r}_i^*$, then $\tilde{t}_i=0$, $1\leqslant i\leqslant q$.

From $\sigma u=u$, we have $t_i{}'=\bar{t}_i$ and if $r_i^*=\bar{r}_i^*$, then $\bar{t}_i^*=-t_i^*$, $\tilde{t}_i=0$; if $r_i^*\neq\bar{r}_i^*$, then $\tilde{t}_i=\bar{t}_i^*$ for $1\leqslant i\leqslant q$. Therefore, for each $1\leqslant i\leqslant q$, $x_{r_i}(t_i)x_{r_i^*}(t_i^*)x_{\bar{r}_i}^*(\tilde{t}_i)x_{r_i}(t_i{}')$ can be expressed in the form $X_{r_i}^1(t_i)X_{r_i^*}^1(t_i^*)$ uniquely. This proves the lemma.

By 2.7, we obtain the following theorem immediately:

Theorem 2.8 Every element u of U^1 can be expressed in the following form uniquely

$u=X_{s_1}^1(t_1)X_{s_2}^1(t_2)\cdots X_{s_p}^1(t_p)$ where $s_i\in\Phi_1^*$, $t_i\in\mathscr{K}^*$, $1\leqslant i\leqslant p$, $s_1<s_2<\cdots<s_p$.

In the following, let $J_1(u)=s_1$ and $J(u)=\{s_1, s_2, \cdots, s_p\}$, for the expression of the element u of U^1 mentioned above.

Definition2.9 $V^1:\{v\in V\mid\sigma v=v\}$.

If $r\in\Phi_1^*$, $r=\bar{r}$, then let $X_{-r}^1(t)=x_{-r}(t)$, where $t\in\mathscr{K}$ and $\bar{t}=-t$; if $r\in\Phi_1^*$, $r\neq\bar{r}$, then let $X_{-r}^1(t)=x_{-r}(t)x_{-\bar{r}}(\bar{t})$, $t\in\mathscr{K}$. Similarly, we have

Theorem 2.10 Fvery element v of V^1 can be expressed in the following form uniquely

$v=X_{-s_1}^1(t_1)X_{-s_2}^1(t_2)\cdots X_{-s_n}^1(t_n)$, where $s_i\in\Phi_1^*$, $t_i\in\mathscr{K}^*$, $1\leqslant i\leqslant n$, and $s_1<s_2<\cdots<s_n$.

3

If $r\in\Phi_1^*$ and $r=\bar{r}$, then let $N_r^1(t)=n_r(t)$, where $t\in\mathscr{K}^*$ and $\bar{t}=-t$, and let $N_r^1 = N_r^1(\sqrt{-1})$; if $r \in \Phi_1^*$ and $r \neq \bar{r}$, then let $N_r^1(t) = n_r(t) n_{\bar{r}}(\bar{t})$, $t \in \mathscr{K}^*$ and let $N_r^1 = N_r^1(1)$.

Definition 3.1 $N^1 : \langle N_r^1(t),\ r \in \Phi_1^*,\ t \in \mathscr{K}^* \rangle$, $H^1 = N^1 \cap H$.

Lemma 3.2 1) If $n \in N^1$, $h \in H^1$, then $\sigma n = n$, $\sigma h = h$. 2) For each $\alpha \in \Pi^\circ$, there exists $N_\alpha^1 \in N^1$ such that N_α^1 corresponds to $\overline{W}_\alpha^1 = w_\alpha$ under the natural homomorphism.

Proof: 1) The assertion of 1 is obvious. 2) Let $\alpha = e_i - e_{i+1}$, $i \in \mathscr{D}$, then $N_\alpha^1 = N_r^1 N_{r^*}^1 \in N^1$, where $r = 2e_{i+1}$, and $r^* = e_i + e_{i+1}$. Obviously, N_α^1 corresponds to $\overline{W}_\alpha^1 = w_\alpha$ under the natural homomorphism.

Corollary 3.3 1) For each $r \in \Phi_1^*$, then $h_r^1(t) = N_r^1(t)(N_r^1)^{-1} \in H^1$. 2) $H^1 \subset N^1 \subset \langle U^1, V^1 \rangle$.

Proof: 1) is obvious. 2) For each $r \in \Phi_1^*$, $r \pm \bar{r} \notin \Phi$, hence

$$N_r^1(t) = X_r^1(t) X_{-r}^1(-t^{-1}) X_r^1(t). \text{ Thus } H^1 \subset N^1 \subset \langle U^1, V^1 \rangle.$$

Theorem 3.4 N^1 corresponds to W^1 under the natural homomorphism from N onto W and $N^1/H^1 \cong W^1$.

Proof: Let w be an element of W^1, then it follows from 1.5 that W can be expressed in the following form

$$w = \overline{W}_{r_1}^1 \overline{W}_{r_2}^1 \cdots \overline{W}_{r_n}^1, \text{ where } r_i \in \Pi,\ 1 \leqslant i \leqslant n$$

Let $n = N_{r_1}^1 N_{r_2}^1 \cdots N_{r_n}^1$, then n corresponds to w under the natural homomorphism from N onto W.

Conversely, if $n \in N^1$, then $n = N_{s_1}^1(t_1) N_{s_2}^1(t_2) \cdots N_{s_p}^1(t_p)$, where $s_i \in \Phi_1^*$, $t_i \in \mathscr{K}^*$, $1 \leqslant i \leqslant p$. Obviously, n corresponds to $w = \overline{W}_{s_1}^1 \overline{W}_{s_2}^1 \cdots \overline{W}_{s_p}^1$ under the natural homomorphism from N onto W. It follows from 1.4 that $w \in W^1$. This proves that N^1 corresponds to W^1 under the natural homomorphism from N onto W.

Obviously, the kernel of the natural homomorphism from N onto W is H, hence the kernel of the natural homomorphism from N^1 onto W^1 is $H^1 = H^1 \cap N^1$. Thus, $N^1/H^1 \cong W^1$.

Corollary 3.5 Let $N_1^1 = \langle N_r^1,\ r \in \Phi_1^+ \rangle$, then the image of N^1 under the natural homomorphism is W^1.

By 3.5, for each $w \in W^1$, we can choose an element of N_1^1 denoted by n_w, such that n_w corresponds to w under the natural homomorphism. The elements n_w for all $w \in W^1$ form a set N_0^1.

Corollary 3.6 If n_1, $n_2 \in N^1$, and the images of n_1 and n_2 under the natural homomorphism are w, then $n_1 = h(\chi) n_2$, where $h(\chi) \in H^1$.

Corollary 3.7 If $u \in U^1$, $n \in N^1$, and $h(\chi) \in H^1$, then $h(\chi) u h(\chi)^{-1} \in U'$, and $n\,h(\chi) n^{-1} \in H^1$.

Corollary 3.8 If $\alpha = e_i - e_{i+1} \in \Pi^\circ$, $i \in \mathscr{D}$, and $r = 2e_{i+1}$, then $n_\alpha \in N^1$; and if $h(\chi_1) = h_r(\mu) h_{\bar{r}}(\mu')$, μ, $\mu' \in \mathscr{K}^*$ and if $\sigma h(\chi) = h(\chi)$, then $h(\chi) \in H^1$.

Proof: Obviously, $h_\alpha(\sqrt{-1}) = h_r^1(-\sqrt{-1}) = h_r(-\sqrt{-1}) h_{\bar{r}}(\sqrt{-1}) \in H^1$, hence, $n_\alpha = h_\alpha(-\sqrt{-1}) N_\alpha^1 \in N^1$. Let $s = e_{i+1} - e_j$, $j \in \mathscr{D}$, $j \neq i$, and $e_s \in C_b$, then $h(\chi) e_s = \mu e_s$ and $\sigma h(\chi) e_s = \bar{\mu}' e_s$. It follows from $\sigma h(\chi) = h(\chi)$ that $\bar{u}' = \mu$, thus, $h(\chi) = h_r^1(\mu) = h_r(\mu) h_{\bar{r}}(\bar{\mu}) \in H^1$.

4

Let $\alpha = e_i - e_{i+1} \in \Pi^\circ$, $i \in \mathscr{D}$ and $r = 2e_{i+1}$, $\bar{r} = 2e_i$ and let K_α: $\langle x_\alpha(t), x_{-\alpha}(t'), t, t' \in \mathscr{K} \rangle$, moreover, let $h_\alpha^1(\mu) = h_{\bar{r}}(\mu)$, $h_{\bar{\alpha}}^1(\mu') = h_r(\mu')$, where μ, $\mu' \subset \mathscr{K}^*$ and let Π_α: $\{h_\alpha^1(\mu) h_{\bar{\alpha}}^1(\mu'), \mu, \mu' \in \mathscr{K}^*\}$. We denote by G_α the set $H_\alpha K_\alpha$. Obviously, G_α is *a* subgroup of G. Clearly, an element g of G belongs to G_α if and only if g can be expressed in the form: $g = h(\chi) x_\alpha(a) n_\alpha x_\alpha(b)$, where a, $b \in \mathscr{K}$ and $h(\chi) \in H_\alpha$.

Definition 4.1 For each $\alpha = e_i - e_{i+1} \subset \Pi^\circ$, $i \in \mathscr{D}$, if $b \in \mathscr{K}$ and $b = 0$, then let $y_\alpha(b) = N_\alpha^1$; if $b \in \mathscr{K}^*$, then let $y_\alpha(b) = h_\alpha^1(a^{-1}\bar{b}) x_\alpha(a) n_\alpha x_\alpha(b)$ where $a \in \mathscr{K}^*$ and satisfies $a^{-1} = b + \bar{b}^{-1}$.

Obviously, if a, $b \in \mathscr{K}^*$ and $a^{-1} = b + \bar{b}^{-1}$, then the following relation $\mathscr{P}$ holds:

$\mathscr{P}$, 1) $\bar{a} = (1 - ab) b; a = (1 - \bar{a}\bar{b}) \bar{b}$;

2) a and $a^{-1} b$ are determined by b uniquely;

3) $ab = (b + \bar{b}^{-1}) b = (1 + \bar{b}^{-1} b^{-1})^{-1} = (\bar{b} + b^{-1}) \bar{b} = \bar{a}\bar{b}$;

4) $a\bar{b}^{-1} = (1 - \bar{a}\bar{b}) \bar{b}\,\bar{b}^{-1} = (1 - ab) b b^{-1} = \bar{a} b^{-1}$; $a^{-1}\bar{b} = \bar{a} b^{-1}$;

Proof: The assertions of 2, 3, 4 are obvious. We shall verify 1). Obviously, $\bar{b}b^2+b+b+\bar{b}^{-1}-\bar{b}b^2-b=b+\bar{b}^{-1}$. Hence $(\bar{b}b+1)(b+\bar{b}^{-1})-(\bar{b}b+1)b=b+\bar{b}^{-1}$. Therefore, it follows from $b+\bar{b}^{-1}\neq 0$ that $b\bar{b}+1\neq 0$ and we have $1-ab=(\bar{b}b+1)^{-1}=\bar{a}b^{-1}$. Hence $(1-ab)b=\bar{a}$ and $(1-\bar{a}\bar{b})\bar{b}=a$.

Lemma 4.2 For each $\alpha\in\Pi^{\circ}$ and $b\in\mathscr{K}$, $\sigma y_{\alpha}(b)=y_{\alpha}(b)$ and $y_{\alpha}(b)\in G_{\alpha}$.

Proof: If $b=0$, then $\sigma y_{\alpha}(b)=\sigma N_{\alpha}^1=N_{\alpha}^1=y_{\alpha}(b)$. If $b\neq 0$ and $a^{-1}=b+\bar{b}^{-1}$, then $c=\bar{b}(1-\bar{a}\bar{b})=a\neq 0$ by 1) of $\mathscr{P}$. Hence we have

$$\begin{aligned}\sigma y_{\alpha}(b)&=h_{\bar{\alpha}}^1(\bar{a}^{-1}b)x_{-\alpha}(-\bar{a})n_{\alpha}x_{-\alpha}(-\bar{b})\\&=h_{\bar{\alpha}}^1(\bar{a}^{-1}b)x_{-\alpha}(-\bar{a})n_{\alpha}x_{\alpha}(-\bar{b}^{-1})h_{\alpha}(\bar{b}^{-1})n_{\alpha}x_{\alpha}(-\bar{b}^{-1})\\&=h_{\bar{\alpha}}^1(\bar{a}^{-1}b)h_{\alpha}(-\bar{b})x_{-\alpha}(c)x_{\alpha}(-\bar{b}^{-1})\\&=h_{\bar{\alpha}}^1(\bar{a}^{-1}b)h_{\alpha}(-\bar{b})x_{\alpha}(a^{-1})h_{\alpha}(-a^{-1})n_{\alpha}x_{\alpha}(a^{-1})x_{\alpha}(-\bar{b}^{-1})\\&=h_{\bar{\alpha}}^1(\bar{a}^{-1}b)h_{\alpha}(a^{-1}\bar{b})x_{\alpha}(a)n_{\alpha}x_{\alpha}(a^{-1}-\bar{b}^{-1})\\&=h_{\bar{\alpha}}^1(\bar{a}^{-1}b)h_{\alpha}(a^{-1}\bar{b})x_{\alpha}(a)n_{\alpha}x_{\alpha}(b).\end{aligned}$$

From $\mathscr{P}$, we have $a^{-1}\bar{b}=\bar{a}^{-1}b$. Hence, $h_{\bar{\alpha}}^1(\bar{a}^{-1}b)h_{\alpha}(a^{-1}\bar{b})=h_{\bar{\alpha}}^1(\bar{a}^{-1}b)h_{\alpha}(\bar{a}^{-1}b)=h_{\alpha}^1(\bar{a}^{-1}b)=h_{\alpha}^1(a^{-1}\bar{b})$. Therefore, $\sigma y_{\alpha}(b)=y_{\alpha}(b)$. From 3.8, we have $h_{\alpha}(\sqrt{-1})\in H_{\alpha}$. Hence $N_{\alpha}^1=h_{\alpha}(\sqrt{-1})n_{\alpha}\in G_{\alpha}$. If $b\neq 0$, then $y_{\alpha}(b)\in G_{\alpha}$ obviously.

Corollary 4.3 If $g\in G_{\alpha}$, then g can be expressed in the form $g=h(\chi)x_{\alpha}(a)n_{\alpha}x_{\alpha}(b)$, where $h(\chi)\in H_{\alpha}$ and $a,b\in\mathscr{K}$. Moreover, if $\sigma g=g$, then $g=h_1(\chi)y_{\alpha}(b)$, whers $h_1(\chi)\in H^1$.

proof: Let $\sigma h(x)=h'(x)$ and $c=\bar{b}(1-\bar{a}\bar{b})$. If $b\neq 0$ and $c\neq 0$, then by the argument used in the proof of 4.2, we have

$$\sigma g=h'(x)h_{\alpha}(c^{-1}b)x_{\alpha}(c)n_{\alpha}x_{\alpha}(c^{-1}-\bar{b}^{-1}).$$

It follows from $\sigma g=g$ and 8.4.4 of [7] that $c=a$ and $c^{-1}=a^{-1}=b+\bar{b}^{-1}$. Therefore, g can be expressed in the form $g=h_1(x)y_{\alpha}(b)$, where $h_1(x)\in H_{\alpha}$ and $\sigma h_1(x)=h_1(x)$. From 3.8, we have $h_1(x)\in H^1$. We shall now prove that if $b\neq 0$, then $c\neq 0$. Suppose the contrary, then $\sigma g=h'(x)h_{\alpha}(-\bar{b})x_{\alpha}(-\bar{b})\neq g$. We have a contrdication. If $b=0$ and $a\neq 0$, then $\sigma g=h'(x)n_{\alpha}x_{\alpha}(\bar{a})\neq g$, this contradicts the fact that $\sigma g=g$. Therefore, if $b=0$, then $g=h_1(x)N_{\alpha}^1=h_1(x)y_{\alpha}(b)$, where $h_1(x)\in H^1$ and $b=0$.

Lemma 4.4 1a) Let α, $\beta\in\Pi^{\circ}$ and $\alpha\neq\beta$, then $y_{\alpha}(b)y_{\beta}(b')=y_{\beta}(b')y_{\alpha}(b)$;

1b) $y_{\alpha}(b_1)y_{\alpha}(b_2)=h_1(\chi)y_{\alpha}(b)$, where b_1, b_2, $b\in\mathscr{K}$ and $h_1(x)\in H^1$;

2) $y_\alpha(b)^{-1}=h_1(\chi)y_\alpha(b')$, where b, $b'\in\mathscr{K}$ and $h_1(\chi)\in H'$;

3) Let $n\in N^1$, then $ny_\alpha(b)n^{-1}=h_1(\chi)y_\beta(b')$, where b, $b'\in\mathscr{K}$, $\beta\in\Pi^\circ$ and $n_1(\chi)\in H^1$.

proof: 1a) The assertion of 1a) is obvious. 1b) Let $g=y_\alpha(b_1)y_\alpha(b_2)$, then $g\in G_\alpha$ and $\sigma g=g$. Hence it follows from 4.3 that the assertion of 1b) is established. 2) Let $g=y_\alpha(b)^{-1}$, then $g\in G_\alpha$ and $\sigma g=g$. Hence the assertion of 2) is established by 4.3. 3) Let w be the image of n under the natural homomorphism and $w\alpha=\pm\beta$, where $\beta\in\Pi^\circ$, then $nG_\alpha n^{-1}=G_\beta$. Let $g=ny_\alpha(b)n^{-1}$, then $g\in G_\beta$ and $\sigma g=g$. It follows from 4.3 that the assertion of 3) is established.

Definition 4.5 Y^1: $\{I,\ y_{\beta_1}(b_1)y_{\beta_2}(b_2)\cdots y_{\beta_k}(b_k),\ \beta_i\in\Pi^\circ,\ i\neq j, \beta_i\neq\beta_j,\ b_i\in\mathscr{K},\ 1\leqslant i,\ j\leqslant k\}$. $B^1=U^1H^1Y^1$.

Lemma 4.6 1) Let $h(\chi)\in H^1$, then $h(\chi)y_\alpha(b)h(\chi)^{-1}=h_1(\chi)y_\alpha(b')$, where b, $b'\in\mathscr{K}$ and $h_1(\chi)\in H^1$. 2) Let $r\in\Phi_1^*$ and $\alpha\in\Pi^\circ$, then $y_\alpha(b)X_r^1(t)=uy_\alpha(b)$, where t, $t'\in\mathscr{K}$ and $u\in U^1$.

Proof: 1) obviously, $g=h(\chi)y_\alpha(b)h(x)^{-1}=h(\chi)h'(\chi)g'$, where $g'\in G_\alpha$, and $h'(\chi)=n_\alpha h(\chi)^{-1}n_\alpha^{-1}\in H^1$. Clearly, $\sigma h'(\chi)=h'(\chi)$ and $\sigma g=g$, hence $\sigma g'=g'$. From 4.3 we have $g'=h_1'(\chi)y_\alpha(b')$, where $h_1'(\chi)\in H^1$. Therefore, $h(\chi)y_\alpha(b)h(\chi)^{-1}=h_1(\chi x)y_\alpha(b)$, where $h_1(\chi)=h(\chi)h'(x)h_1'(x)\in H^1$. 2) Let $r\in\Phi^*$ and $\alpha\in\Pi^\circ$, it follows from 5.2.2 of [7] and 1.2 that $x_\alpha(c)x_r(t)=u'x_\alpha(c)$, where $c, t\in\mathscr{K}$ and $u'\in U^*:\langle x_r(t),\ r\in\Phi^*,\ t\in\mathscr{K}\rangle$. If $r\in\Phi^*$ and $t\in\mathscr{K}$, then $n_\alpha x_r(t)n_\alpha^{-1}=x_s(\eta_{\alpha,r}t)$, where $s=W_\alpha r\in\Phi^*$, hence $g=y_\alpha(b)X_r^1(t)=uy_\alpha(b)$, where $u\in U^*\subset U$. Obviously, $\sigma g=g$ and $\sigma y_\alpha(b)=y_\alpha(b)$, thus $\sigma u=u$. Therefore, $u\in U^1$.

Theorem 4.7 B^1 is a subgroup of G.

Proof: 1) Let $b=uhy\in B^1$, where $u\in U^1$, $h\in H^1$ and $y\in Y^1$, then $b^{-1}=y^{-1}h^{-1}u^{-1}$. It follows from 4.4, 4.7 and 3.7 that $b^{-1}=h_1y'h^{-1}u^{-1}=h_1h'y''u^{-1}=h''u'y''=u''h''y''$, where u', $u''\in U^1$, h_1, h', $h''=h_1h'\in H^1$ and y', $y''\in Y^1$. Thus, $b^{-1}\in B^1$. 2) Let $b_1=u_1h_1y_1$ and $b_2=u_2h_2y_2$, where u_1, $u_2\in U^1$, h_1, $h_2\in H^1$ and y_1, $y_2\in Y^1$, then

$$b_1b_2=u_1h_1y_1u_2h_2y_2=u_1h_1u_2'y_1h_2y_2=u_1h_1u_2'h_2'y_1'y_2=u_1u_2''h_1h_2'y=uhy$$

where u_2', u_2'', $u=u_1u_2''\in U^1$, $h=h_1h_2'\in H^1$ and y_1', $y=y_1'y_2\in Y^1$. Hence $b_1b_2=uhy=b\in B^1$. It follows from 1) and 2) that B^1 is a subgroup of G.

5

For each $w\in W^1$, let $J_{\bar{w}}$: $\{s\in\Phi_1^*\mid ws\in\Phi^-\}$ and $\Phi_{\bar{w}}$: $\{r\in\Phi^*\mid wr\in\Phi^-\}$. It is easy to verify the following lemma

Lemma 5.1 For each $r\in\Pi^*$, then $J_{\bar{w}_r'}$: $\{r, r^*\}$ and $\Phi_{\bar{w}_r'}$: $\{r, r^*, \bar{r}^*, \bar{r}\}$.

If $r\in\Pi^*$, then either $r=2e_l$ or $r=e_{i+1}-e_j$, where $i\in\mathscr{D}$, $j=i+2$, $i<l-1$.

1) Let $r=2e_l$, then $r^*=e_{l-1}+e_l$, $\bar{r}^*=r$, and $\bar{r}=2e_{l-1}$. Clearly, the structure constants $N_{\alpha,r}=\eta_1$ and $N_{\alpha,r^*}=2\eta_2$, where $\eta_1=\pm1$ and $\eta_2=\pm1$. From 4.1.2 of [7], we have

$$\frac{1}{2}N_{-r^*,\alpha}=N_{\alpha,r}=N_{r,-r*}=\eta_1;\ N_{-r^*,\bar{r}}=N_{\bar{r},-\alpha}=\frac{1}{2}N_{-\alpha,-r^*}=-\eta_2$$

Obviously, $n_0e_r=\eta_1\eta_2e_{\bar{r}}=e_{\bar{r}}$, hence $\eta_1\eta_2=1$.

2) Let $r=e_{i+1}-e_j$, $i\in\mathscr{D}$, $i<l-1$, $j=i+2$, then $r^*=e_{i+1}-e_{j+1}$, $\bar{r}^*=e_i-e_j$ and $\bar{r}=e_i-e_{j+1}$. Clearly, let $\alpha=e_i-e_{i+1}$, $\beta=e_j-e_{j+1}$, then the structure constants $N_{\alpha,r}=\xi_1$, $N_{\beta,r}=\xi_2$ and $N_{\beta,\bar{r}*}=\xi_3$, where $\xi_i=\pm1$, $i=1, 2, 3$. From 4.1.2 of [7], we have

$N_{\alpha,-\bar{r}*}=N_{-\bar{r}*}, r=N_{r,\alpha}=-\xi_1;\ N_{r,-r^*}=N_{-r^*,\beta}=N_{\beta,r}=\xi_2;$

$N_{\bar{r},-\bar{r}*}=N_{-\bar{r}*,-\beta}=N_{-\beta,\bar{r}}=\xi_2;\ N_{-\alpha,-r^*}=N_{-r^*,\bar{r}}=N_{\bar{r},-\alpha}=\xi=-\xi_1\xi_2/\xi_3.$

Obviously, $n_0e_{r^*}=\xi\xi_3e_{\bar{r}^*}$ and $n_0e_r=\xi_1\xi_3e_{\bar{r}}$ Hence $\xi\xi_3=1$ and $\xi_1\xi_3=1$. Therefore, $\xi\xi_1=1$.

Lemma 5.2 Let $r\in\Pi^*$ and t', $u'\in\mathscr{K}$, then $x=N_r^1X_r^1(t')X_{r^*}^1(u')(N_r^1)^{-1}\in B^1N_r^1B^1$ or $x=1$.

Proof: 1) Let $r=2e_l$, then x can be expressed in the form: $x=X_{-r}^1(t)X_{-r^*}^1(u)=x_{-r}(t)x_{-\bar{r}}(\bar{t})x_{-r^*}(u)$, t, $u\in\mathscr{K}$, $\bar{u}=-u$. First, we discuss the case of $t\neq0$. Since $\mathscr{K}_0$ is an ordering field, hence $d=t-\eta_1\eta_2u^2\bar{t}^{-1}=t+u\bar{u}\bar{t}^{-1}\neq0$. Let $d^{-1}=u\bar{t}^{-1}d$, it is easy to verify the following formula: $t^{-1}+\eta_1\eta_2u^2\bar{t}^{-2}d^{-1}=\bar{d}^{-1}$; $\bar{t}^{-1}d^{-1}=t^{-1}\bar{d}^{-1}$ and $\bar{d}'=-d'$. Using the formula mentionod above. We have

$$
\begin{aligned}
x &= x_{-r^*}(u)x_{\bar r}(\bar t^{-1})h_{\bar r}(-\bar t^{-1})n_{\bar r}x_{\bar r}(\bar t^{-1})x_{-r}(t)\\
&= x_{\bar r}(\bar t^{-1})x_{-r^*}(u)x_\alpha(-\eta_2 u\bar t^{-1})x_{-r}(\eta_1\eta_2 u^2\bar t^{-1})x_{-r}(t)h_{\bar r}(-\bar t^{-1})n_{\bar r}x_{\bar r}(\bar t^{-1})\\
&= x_{\bar r}(\bar t^{-1})x_\alpha(-\eta_2 u\bar t^{-1})x_{-r^*}(u)x_{-r}(t-\eta_1\eta_2 u^2\bar t^{-1})h_{\bar r}(-\bar t^{-1})n_{\bar r}x_{\bar r}(\bar t^{-1})\\
&= x_{\bar r}(\bar t^{-1})x_\alpha(-\eta_2 u\bar t^{-1})x_r(d^{-1})h_r(-d^{-1})h_{\bar r}(-\bar t^{-1})n_r n_{\bar r}x_r(d^{-1})\\
&\quad x_\alpha(\eta_2 u\bar t^{-1})x_{\bar r}(\bar t^{-1})\\
&= x_{\bar r}(\bar t^{-1})x_r(d^{-1})x_\alpha(-\eta_2 u\bar t^{-1})x_{\bar r^*}(-\eta_1\eta_2 d')x_{\bar r}(-\eta_1\eta_2 u\bar t^{-1}d')h_r(-d^{-1})\\
&\quad h_{\bar r}(-\bar t^{-1})N_r^1 x_r(d^{-1})x_{\bar r}(\bar t^{-1})x_\alpha(\eta_2\bar t^{-1}u)\\
&= x_{\bar r}(\bar t^{-1})x_r(d^{-1})x_{r^*}(-d')x_\alpha(-\eta_2 u\bar t^{-1})x_{\bar r}(\eta_1\eta_2 u\bar t^{-1}d')h_r(-d^{-1})h_{\bar r}(-\bar t^{-1})\\
&\quad N_r^1 x_r(d^{-1})x_{\bar r}(\bar t^{-1})x_\alpha(\eta_2 u\bar t^{-1})\\
&= X_r^1(d^{-1})X_{r^*}^1(-d')N_r^1 x_{-\alpha}(\eta, u\bar t^{-1})x_{\bar r}(\bar t)x_r(d)h_r(-d)h_{\bar r}(-\bar t)x_\alpha(\eta_2 u\bar t^{-1})\\
&= X_r^1(d^{-1})X_{r^*}^1(-d')N_r^1 x_{\bar r}(\bar t)x_{-\alpha}(\eta_1 u\bar t^{-1})x_{r^*}(\eta_1\eta_2 u)x_r(-\eta_1\eta_2 u^2\bar t^{-1})\\
&\quad x_r(d)h_r(-d)h_{\bar r}(-\bar t)x_\alpha(\eta_2 u\bar t^{-1})\\
&= X_r^1(d^{-1})X_{r^*}^1(-d')N_r^1 x_{\bar r}(\bar t)x_{r^*}(u)x_{-\alpha}(\eta_1 u\bar t^{-1})x_r(\eta_1\eta_2 u^2\bar t^{-1})x_r(d)\\
&\quad h_r(-d)h_{\bar r}(-\bar t)x_\alpha(\eta_2 u\bar t^{-1})\\
&= X_r^1(d^{-1})X_{r^*}^1(-d')N_r^1 X_r^1(t)X_{r^*}^1(u)h_r(-d)h_{\bar r}(-\bar t)x_\alpha(\eta_1 u^{-1}d)\\
&\quad h_\alpha(-\eta_1 u^{-1}d)n_\alpha x_\alpha(\eta_1 u^{-1}d)x_\alpha(\eta_2 u\bar t^{-1})\\
&= X_r^1(d^{-1})X_{r^*}^1(-d')N_r^1 X_r^1(t)X_{r^*}^1(u)h_r(-d)h_{\bar r}(-\bar t)h_\alpha(-\eta_1 u^{-1}d)\\
&\quad x_\alpha(\eta_1 ud^{-1})n_\alpha x_\alpha(\eta_2 u^{-1}t)\\
&= X_r^1(d^{-1})X_{r^*}^1(-d')N_r^1 X_r^1(t)X_{r^*}^1(u)h_r'(-\eta_1 u)y_\alpha(\eta_1 u^{-1}t).
\end{aligned}
$$

Thus, if $t\neq 0$, then $x\in B^1N_r^1B^1$. If $t=0$, $u\neq 0$, then we have $x=x_{r^*}(u^{-1})h_{r^*}(-u^{-1})n_{r^*}x_{r^*}(u^{-1})=X_{r^*}^1(u^{-1})N_r^1X_{r^*}^1(u')h(\chi)N_\alpha^1\in B^1N_r^1B^1$, where $u'\in\mathscr{K}$, $\bar u'=-u'$ and $h(\chi)\in H^1$. If $t=0$, $u=0$, then $x=1$.

2) Let $r=e_{i+1}-e_j$, $i\in\mathscr{D}$, $i<l-1$, $j=i+2$, then x can be expressed in the form $x=X_{-r}^1(t)X_{-r^*}^1(u)=x_{-\bar r}(\bar t)x_{-r}(t)x_{-r^*}(u)x_{-\bar r^*}(\bar u)$, t, $u\in\mathscr{K}$. We first discuss the case of $t\neq 0$. Since $\mathscr{K}_0$ is an ordering field $d=t+\xi\xi_1 u\bar u\bar t^{-1}=t+u\bar u\bar t^{-1}\neq 0$. Let $d'=\bar u\bar t^{-1}d^{-1}$, we have

$$
\begin{aligned}
x &= x_{-r^*}(u)x_{\bar r}(\bar t^{-1})h_{\bar r}(-\bar t^{-1})n_{\bar r}x_{\bar r}(\bar t^{-1})x_{-r}(t)x_{-\bar r^*}(\bar u)\\
&= x_{\bar r}(\bar t^{-1})x_{-r^*}(u)x_\alpha(\xi u\bar t^{-1})h_{\bar r}(-\bar t^{-1})n_{\bar r}x_{-r}(t)x_{\bar r}(\bar t^{-1})x_{\bar r^*}(\bar u)\\
&= x_{\bar r}(\bar t^{-1})x_\alpha(\xi u\bar t^{-1})h_{\bar r}(-\bar t^{-1})n_{\bar r}x_{-r}(t)x_{\bar r}(\bar t^{-1})x_{-\bar r^*}(\bar u)x_\alpha(-\xi u\bar t^{-1})\\
&\quad x_{-r}(\xi\xi, u\bar u\bar t^{-1})
\end{aligned}
$$

$$=x_{\bar{r}}(\bar{t}^{-1})x_\alpha(\xi u\bar{t}^{-1})h_{\bar{r}}(-\bar{t}^{-1})x_r(d^{-1})h_{\bar{r}}(-d^{-1})n_r n_{\bar{r}} x_r(d^{-1})x_{-r^*}(\bar{u})$$

$$x_{\bar{r}}(\bar{t}^{-1})x_\beta(\xi_2\bar{u}\bar{t}^{-1})x_\alpha(-\xi u\bar{t}^{-1}).$$

Using the formula $\bar{d}^{-1}=\bar{t}^{-1}-\xi\xi_1 u\bar{u}\bar{t}^{-2}d^{-2}$ and $\bar{t}^{-1}d^{-1}=t^{-1}\bar{d}^{-1}$, by a similar argument as that used in the preceding proof. We obtain

$$x=X_r^1(d^{-1})X_{r^*}^1(d')N_r^1X_r^1(t)X_{r^*}^1(\bar{u})h(\chi)y_\alpha(\xi_1\bar{u}^{-1}t)y_\beta(\xi_2u^{-1}t)\in B^1N_r^1B^1,$$

where $h(\chi)=h_{s_1}^1(\xi u)h_{s_2}^1(\xi\bar{d}')\in H^1$, $s_1=2e_{i+1}$, $s_2=2e_{j+1}$. If $t=0$, $u\neq 0$, then $x=X_{r^*}^1(u^{-1})h_{r^*}^1(-u^{-1})N_{r^*}^1X_{r^*}^1(u^{-1})\in B^1N_r^1B^1$. If $t=0$, $u=0$, then $x=1$.

Corollary 5.3 If $b\in\mathcal{K}^*$, then $b+\bar{b}^{-1}\neq 0$, and $y_\alpha(b)\in\langle U^1, V^1\rangle$.

Lemma 5.4 If $r\in\Pi$, then $B^1\cup B^1N_r^1B^1$ is a subgroup of G.

Proof: 1) Obviously, $(N_r^1)^{-1}=h_rN_r^1$, where $h_r\in H^1$. From 4.8, we have $(B^1)^{-1}=B^1$. Therefore, $(B^1N_r^1B^1)^{-1}=(B^1)^{-1}(N_r^1)^{-1}(B^1)^{-1}=B^1N_r^1B^1$.

2) We shall prove that $N_r^1B^1N_r^1\subseteq B^1\cup B^1N_r^1B^1$. a) If $r\in\Pi^*$, it follows from 5.1 that if $b\in B^1$, then $b=X_r^1(t')X_{r^*}^1(u')u_rhy$, where $h\in H^1$, $y\in Y^1$, t', $u'\in\mathcal{K}$ and $u_r\in U^1$, satisfying $N_r^1u_r(N_r^1)^{-1}\in U^1$. From 5.2, 4.7 and 3.7, we have $x=N_r^1bN_r^1=b_1N_r^1b_2'u_r'h'y'h_r^{-1}$, where b_1, $b_2'\in B^1$, $u_r'=N_r^1u_r(N_r^1)^{-1}\in U^1$, $h'=N_r^1h(N_r^1)^{-1}\in H^1$ and $y'=N_r^1y(N_r^1)^{-1}\in Y^1$. Hence $x=b_1N_r^1b_2$, where $b_2\in B^1$. Thus $x\in B^1N_r^1B^1$, b) If $r\in\Pi^\circ$, it follows from 3.3 and 4.7 that if $b=uhy\in B^1$, where $u\in U^1$, $h\in H^1$ and $y\in Y^1$, then $x=N_r^1bN_r^1=u'h'y'h_r^{-1}$, where $u'\in U^1$, $h'\in H^1$ and $y'\in Y^1$. Hence $x\in B^1$.

Lemma 5.5 Let $r\in\Pi$ and $n\in N^1$, then $B^1nB^1B^1N_r^1B^1\subseteq B^1nN_r^1B^1\cup B^1nB^1$.

Proof: Let w be the image of n under the natural homomorphism, if $r\in\Phi^*$ and $wr\in\Phi^+$, then $wr^*\in\Psi^*$. 1) Let $r\in\Pi^\circ$, from 5.4 we have $N_r^1B^1N_r^1\subseteq B^1$ thus, $B^1nB^1B^1N_r^1B^1\subseteq B^1nN_r^1B^1$. 2) Let $r\in\Pi^*$, a) If $wr\in\Phi^{+1}$ and b_1, b_2, $b_3\in B^1$, it follows from 3.8 and 4.4 that $b_2=X_r^1(t)X_{r^*}^1(u)u_rhy$, where $h\in H^1$, $y\in Y^1$, t, $u\in\mathcal{K}$ and $u_r\in U^1$ satisfying $N_r^1u_r(N_r^1)^{-1}\in U^1$. Obviously, if $x\in B_n^1B^1B^1N_r^1B^1$, then

$$x=b_1nX_r^1(t)X_{r^*}^1(u)n^{-1}nN_r^1(N_r^1)^{-1}u_rN_r^1(N_r^1)^{-1}hN_r^1(N_r^1)^{-1}yN_r^1b_3$$

$$=b_1u'nN_r^1u_r'h'y'b_3=b_1'nN_r^1b_3'$$

where u', $u_r'=(N_r^1)^{-1}u_rN_r^1\in U^1$, $h'=(N_r^1)^{-1}hN_r^1\in H^1$, $y'=(N_r^1)^{-1}y(N_r^1)^{-1}\in Y^1$ and b_1', $b_3'\in B^1$. Thus $x\in B^1nN_r^1B^1$ by 4.8. Therefore,

$B^1 nB^1 B^1 N_r^1 B^1 \subseteq B^1 nN_r^1 B^1$.

b) If $wr \in \Phi^-$, let $n_1 = nN_r^1$ and w_1 is the image of n_1 under the natural homomorphism, then $w_1 r \in \Phi^+$ obviously. From a) we have $B^1 n_1 B^1 B^1 N_r^1 B^1 \subseteq B^1 n_1 N_r^1 B^1$. On the other hand, we have $B^1 n_1 N_r^1 B^1 \subseteq B^1 n_1 B^1 B^1 N_r^1 B^1$. Therefore, $B^1 n_1 B^1 B^1 N_r^1 B^1 = B^1 n_1 N_r^1 B^1$. From 5. 4, we have

$$\begin{aligned} B^1 nB^1 B^1 N_r^1 B^1 &= B^1 n_1 N_r^1 B^1 N_r^1 B^1 = B^1 n_1 B^1 B^1 N_r^1 B^1 N_r^1 B^1 \\ &\subseteq B^1 n_1 B^1 (B^1 \cup B^1 N_r^1 B^1) \\ &= B^1 n_1 B^1 \cup B^1 n_1 B^1 B^1 N_r^1 B^1 = B^1 nN_r^1 B^1 \cup B^1 nB^1 \end{aligned}$$

Definition 5. 6 $G^1 = \bigcup_{w \in W^1} B' n_w B^1$, $n_w \in N_0^1$; G^1 is called ${}^2C_l(\mathscr{K})$.

Theorem5. 7 G^1 is a subgroup of G.

Proof: 1) Obviously, $(n_w)^{-1} = hn_w^{-1}$; where $h \in H^1$. Thus from 4. 9, we have $(B^1 n_w B^1)^{-1} = (B^1)^{-1} (n_w)^{-1} (B^1)^{-1} \subseteq B^1 n_w^{-1} B^1 \subseteq G^1$.

2) Let n_{w_1} and $n_{w_2} \in N_0^1$, where w_1, $w_2 \in W^1$. From 3. 4, we have $n_{w_2} = hN_{r_1}^1 N_{r_2}^1 \cdots N_{r_i}^1$, where $h \in H^1$ and $r_i \in \Pi$, $1 \leqslant i \leqslant t$. Therefore, from 5. 5, we have

$$\begin{aligned} B' n_{w_1} B^1 B^1 n_{w_2} B^1 &= B^1 n_{w_1} B^1 B^1 N_{r_1}^1 B^1 B^1 N_{r_2}^1 B^1 \cdots B^1 N_{r_i}^1 B^1 \\ &= (B^1 n_{w_1} N_r^1 B^1 \cup B^1 n_{w_1} B^1) B^1 N_{r_2}^1 B^1 \cdots B^1 N_{r_t}^1 B^1 \\ &= B^1 n_{w_1} N_{r_1}^1 B^1 B^1 N_{r_2}^1 B^1 \cdots B^1 N_{r_3}^1 B^1 \cup B^1 n_{w_1} B^1 B^1 N_{r_2}^1 B^1 \cdots \\ &\quad B^1 N_{r_t}^1 B^1 \end{aligned}$$

By an argument along the lines of the preceding discussion and 3. 6, we have

$$B^1 n_{w_1} B^1 B^1 n_{w_2} B^1 \subseteq \bigcup_{w \in W^1} B^1 n_w B^1 = G^1$$

It follows from 1) and 2) mentioned above that G^1 is a subgroup of G.

Theorem 5. 8 Let $x = b_1 n_w b_2 \in G^1$, where b_1, $b_2 \in B^1$ and $n_w \in N_0^1$, then x can be expressed uniquely in the following form

(Ⅱ): $x = uhh_1 h_2 \cdots h_k x_{r_1}(a_1) x_{r_2}(a_2) \cdots x_{r_k}(a_k) n_w^* x_{\beta_1}(b_1') x_{\beta_2}(b_2') \cdots x_{\beta_k}(b_k) u'$, where u, $u' \in U^1$, $h \in H^1$, $h_i \in H$, a_i, $b_i' \in \mathscr{K}^*$, $1 \leqslant i \leqslant k$ and the following relations hold (γ_i, $\beta_i \in \Pi^\circ$, $1 \leqslant i \leqslant k$).

a) Let w^* be the image of n_{w^*} under the natural homomorphism, then $w^* = w_1^* w w_2^*$, where $w_i^* \in W_0^1 : \langle w_\alpha, \alpha \in \Pi^\circ \rangle$, $i = 1$, 2 and $u^1 \in U_{w^*}^-$, $w^* \beta_i \in \Phi^-$, $1 \leqslant i \leqslant k$; b) h_i and a_i are determined by b_i' and w^*, $1 \leqslant i \leqslant k$.

proof: Let $x=b_1n_wb_2\in G^1$, where b_1, $b_2\in B^1$ and $n_w\in N_0^1$, then x can be expressed in the form $x=uhn_wu'y$, where $h\in H^1$, u, $u'\in U^1$, satisfying $u'\in U_{\bar{w}}$ and $y=y_{\beta_1}(b_1)\,y_{\beta_2}(b_2)\cdots y_{\beta_k}(b_k)$, $b_i\in\mathscr{K}^*$, $1\leqslant i\leqslant k$. From 4.8, we have $x=uhn_wyu_1'$, where $u_1'\in U^1$. If $w\beta_1=\gamma_1\in\Pi^\circ$, then we have

$$x=uhh_{\gamma_1}^1(a_1^{-1}\bar{b}_1)x_{\gamma_1}(a_1)n_wn_{\beta_1}x_{\beta_1}(b_1)y_{\beta_2}(b_2)\cdots y_{\beta_k}(b_k)u_1'$$

If $w\beta_1=-\gamma_1$, $\gamma_i\in\Pi^\circ$, then we have

$$\begin{aligned}x&=uhh'_{\gamma_1}(a_1^{-1}\bar{b})x_{-\gamma_1}(a_1)n_wn_{\beta_1}x_{\beta_1}(b_1)y_{\beta_2}(b_2)\cdots y_{\beta_k}(b_k)u_1'\\&=uhh'_{\gamma_1}(a_1^{-1}\bar{b})x_{\gamma_1}(a_1^{-1})h_{\gamma_1}(-a_1^{-1})n_{\gamma_1}n_{w_0}n_{\beta_1}x_{\beta_1}(-a_1^{-1})x_{\beta_1}(b_1)y_{\beta_2}(b_2)\cdots\\&\quad y_{\beta_k}(b_k)u_1'\\&=uhh'_{\gamma_1}(a_1^{-1}\bar{b})h_{\gamma_1}(-a_1^{-1})x_{\gamma_1}(a_1)n_{\gamma_2}n_wn_{\beta_1}x_{\beta_1}(-\bar{b}^{-1})y_{\beta_2}(b_2)\cdots y_{\beta_k}(b_k)u_1'.\end{aligned}$$

Therefore, x can be expressed in the following form

$$x=uhh_1x_{\gamma_1}(a_1)n_1'n_wn_1x_{\beta_1}(b_1')y_{\beta_2}(b_2)\cdots y_{\beta_k}(b_k)u_1',$$

where $n_1=n_{\beta_1}$, if $w\beta_1=\gamma_1\in\Pi^\circ$, then $n_1'=I$, $b_1'=b_1$ and $h_1=h'_{\gamma_1}(a_1^{-1}\bar{b}_1)$; if $w\beta_1=-\gamma_1$, $\gamma_1\in\Pi^\circ$, then $n_1'=n_{r_1}$, $b_1'=-\bar{b}_1^{-1}$ and $h_1=h'_{\gamma_1}(a_1^{-1}\bar{b})h_{\gamma_1}(-a_1^{-1})$. By an argument along the lines of the preceding discussion. It is easy to show that x can be expressed in formula (Ⅱ) and $w^*=w_1^*ww_2^*$, where $w_i^*\in W_0^1$, $i=1$, 2. In the following, we show that $u_1'\in U_{\bar{w}^*}$. First, we prove $u_1'\in U_{\bar{w}}$.

Let $r\in J(u_1')$, then $r=\sum_{i=1}^{n}m_is_i+\sum n_j\alpha_j$, where $s_i\in J(u')$, $\alpha_j\in\Pi^\circ$, $m_i\geqslant0$, $n_j\geqslant0$ and there is at least one coefficient $m_t\neq0$, $1\leqslant t\leqslant n$. Obviously, $ws_i\in\Phi^-$, hence $(ws_i)'<0$. Thus $(wr)'=\sum_{i=1}^{n}m_i(ws_i)'<0$. Therefore, $wr\in\Phi^-$, hence $u_1'\in U_{\bar{w}}$. Moreover, if $r\in J(u_1')$, then $w^*r=wr+\sum m_i'\beta_i+\sum m''_ir_i$, where m_i', m''_i are integers. Obviously, $(w^*r)'=(wr)'<0$, thus $u_1'\in U_{\bar{w}^*}$

Corollary 5.9 Let $x=b_1n_wb_2\in G^1$, where b_1, $b_2\in B^1$ and $n_w\in N_0^1$ and let $x=u_2hn_{w_1}u_2'$ be the canonical expression of x mentioned in 8.4.4 of [7], then $w_1=w^*$, where w^* as defined in 5.8, belongs to W_0^1.

6

Lemma 6.1 Let r, $s\in\Phi_1^*$ and $r\neq s$, $r\neq\bar{s}$, then there exists $h(\chi)=h_r^1(\mu)$

satisfying $\chi(r)=\pm1$ and $\chi(r)\neq\chi(s)$, where $r=\min\{\delta, \bar{\delta}\}$, $\delta\in\Phi^*$, $\mu\in\mathscr{K}^*$.

Proof: Let $E_i=\{e_i, \bar{e}_i\}$, where $\bar{e}_i=w_0e_i$, we discuss separately the following three cases:

1) $r=e_i\pm e_j$, $s=e_k\pm e_h$, $1\leqslant i\leqslant j\leqslant l$, $1\leqslant k<h\leqslant l$.

If $r'=s'$, then we take $\delta=e_i\mp e_j$, $\mu=\sqrt{-1}$. If $r'\neq s'$, then there is either case a) or case b) as follows a) $r\neq\bar{r}$, and e_i(or e_j) $\notin E_k\cup E_h$, then take $\delta=2e_i$ (or $\delta=2e_j$), $\mu=-1$; b) e_k(or e_h) $\notin E_i\cup E_j$, then take $\delta=2e_k$(or $\delta=2e_h$), $\mu=2$.

2) $r=e_i\pm e_j$, $s=2e_k$ or $s=e_i\pm e_j$, $r=2e_k$, $1\leqslant i<j\leqslant l$, $1\leqslant k\leqslant l$.

There is either case a) or case b) as follows a) $E_i\neq E_j$ and e_i(or e_j) $\notin E_k$, then take $\delta=2e_i$(or $\delta=2e_j$), $\mu=-1$b) $e_k\notin E_i\cup E_j$ or $r'=s'$, then take $\delta=2e_k$, $\mu=\sqrt{-1}$.

3) $r=2e_k$, $s=2e_i$, $1\leqslant k$, $i\leqslant l$, then take $\delta=2e_i$, $\mu=2$.

Corollavy 6.2 Let $r,s\in\Phi_1^*$, and $r\neq s, r\neq\bar{s}$, then there exists $h(\chi)\in H^1$ such that $\chi(r)\neq\chi(s)$.

Lemma 6.3 Let $w\in W^1\backslash W_0^1$, then there exists $h(\chi)\in H^1$ such that $nh(\chi)\neq h(\chi)n$ where $n\in N^1$ and n corresponds to w under the natural homomorphism.

Proof: For each $w\in W^1\backslash W_0^1$, let w' be the restriction of w onto Γ^+, then $w'\neq I'$. Therefore, there exists $r\in\Phi^*$ such that $\eta wr\in\Phi^*$, $\eta=\pm1$ and $(wr)'\neq r'$. If $(wr)'=-r'$, then take $h(\chi)=h_s^1(2)$, where $s=\min\{r, \bar{r}\}$. If $(wr)'\neq -r'$, it follows from 6.2 that there exists $h(\chi)\in H^1$ such that $\chi(\eta wr)=\pm1$ and $\chi(\eta wr)\neq\chi(r)$. Thus we have $\chi(wr)\neq\chi(w)$. Therefore, the lemma is established immediately.

Lemma 6.4 Let $\alpha=e_i-e_{i+1}$, $i\in\mathscr{D}$, $r^*=e_i+e_{i+1}$, $r=2e_{i+1}$, then $\eta_1=N_{\alpha,r}=\pm1$, $2\eta_2=N_{\alpha,r*}=\pm2$ and $y_\alpha(b)X_{r^*}^1(t)=X_r^1(2\eta_2bt)X_{r^*}^1(t(b\bar{b}-1))y_\alpha(b)$, where b, $t\in\mathscr{K}^*$ and $\bar{t}=-t$.

Proof: Obviously, $\eta_1\eta_2=1$, $a^{-1}\bar{b}(2ab-1)=2b\bar{b}-(b+\bar{b}^{-1})\bar{b}=b\bar{b}-1$ and $2a^{-1}\bar{b}^2(ab-1)=2\bar{b}^2b-2(b+\bar{b}^{-1})\bar{b}^2=2\bar{b}^2b-2b\bar{b}^2-2\bar{b}=-2\bar{b}$. Using the formula montioned above, we have

$$
\begin{aligned}
y_\alpha(b)X_{r^*}^1(t)&=h_\alpha^1(a^{-1}\bar{b})x_\alpha(a)n_\alpha x_\alpha(b)x_{r^*}(t)\\
&=h_\alpha^1(a^{-1}\bar{b})x_\alpha(a)n_\alpha x_{r^*}(t)x_\alpha(b)x_{\bar{r}}(-2\eta_2bt)
\end{aligned}
$$

$$=h_{\alpha}^{1}(a^{-1}\bar{b})x_{\alpha}(a)x_{r^{*}}(-t)x_{r}(-2\eta_{2}bt)n_{\alpha}x_{\alpha}(b)$$
$$=h_{\alpha}^{1}(a^{-1}\bar{b})x_{r}(-2\eta_{2}bt)x_{\alpha}(a)x_{r^{*}}(2\eta_{1}\eta_{2}abt)x_{r^{*}}(-t)$$
$$x_{\bar{r}}(-2\eta_{2}a^{2}bt)n_{\alpha}x_{\alpha}(b)$$
$$=x_{r}(-2\eta_{2}bt)x_{r^{*}}(ta^{-1}b(2ab-1))x_{\bar{r}}(2\eta_{2}ta^{-2}\bar{b}^{2}(ab-1)a)y_{\alpha}(b)$$
$$=X_{r}^{1}(-2\eta_{2}bt)X_{r^{*}}^{1}(t(b\bar{b}-1))y_{\alpha}(b).$$

In the following, we assume that R^1 is a normal subgroup of G^1 which satisfies $|R^1|>1$, i. e., $R^1\neq\{I\}$.

Lemma 6. 5 $|R^1\cap B^1|>1$.

Proof: It follows from R^1 being a normal subgroup of G^1 and $|R^1|>1$ that there exists an element x of R^1 which can be expressed in the form: $x=n_w b\neq 1$, where $n_w\in N_0^1$ and $b\in B^1$. From 8. 4. 4 of [7], we know that x can be expressed in the canonical form $x=u_1h_1n_{w_1}u_1'$, where $u_1\in U$, $h_1\in H$, $n_{w_1}\in N$ and $u_1'\in U_{\bar{w}_1}$. If $w_1\notin W_0^1$, it follows from 6. 3 that there exists $h(\chi)\in H^1$ such that $n_{w_1}h(\chi)\neq h(\chi)n_{w_1}$. Let $h'(\chi)=n_w^{-1}h(\chi)n_w$, $h''(\chi)^{-1}=n_{w_1}h(\chi)^{-1}n_{w_1}^{-1}$ and let $x'=x^{-1}h(\chi)xh(\chi)^{-1}$, then $x'=b^{-1}h'(\chi)bh(\chi)^{-1}\in R^1\cap B^1$. In the following, we shall show that $x'\neq 1$. If $x'=1$, then $u_1h_1n_{w_1}u_1'=u_2h(\chi)h_1h''(\chi)^{-1}n_{w_1}u_2'$, where $u_2=h(\chi)u_1h(\chi)^{-1}\in U$, $u_2'=h(\chi)u_1'h(\chi)^{-1}\in U_{\bar{w}_1}$. From 8. 4. 4 of [7], we have $h_1h(\chi)h''(\chi)^{-1}=h_1$, hence $h(\chi)=h''(\chi)=n_{w_1}h(\chi)n_{w_1}^{-1}$. Therefore, we have a contradiction. If $w_1\in W_0^1$, then $w\in W_0^1$ by 5. 9. Therefore, $n_w=h_2(\chi)N_{\beta_1}^1N_{\beta_2}^1\cdots N_{\beta_k}^1$, where $\beta_i\in\Pi^{\circ}$, $1\leqslant i\leqslant k$ and $h_2(\chi)\in H^1$. Thus $x=y'b=b'\in B^1$, where $y'\in Y^1$. This proves the lemma.

Lemma 6. 6 There exists $b=uhy\in R^1\cap B^1$, where $b\in B^1$, $h\in H^1$, $y\in Y^1$ and $u\in U^1$, $u\neq 1$.

Proof: From 6. 5, there exists $b=uhy\in R^1\cap B^1$; where $u\in U^1$, $h\in H^1$, $b\neq 1$ and $y\in Y^1$. If $u\neq 1$, the lemma is obviously true. In the following, we suppose $u=1$, then $hy\neq 1$. If $y=1$, then $h(\chi)\neq 1$. In fact, there exists $r\in\Phi_1^*$ such that $\chi(r)\neq 1$. Suppose the contrary, then there exists $\alpha\in\Pi^{\circ}$ such that $\chi(\alpha)\neq 1$. For each $\alpha\in\Pi^{\circ}$, there exists $s\in\Phi^*$ such that $s+\alpha=r\in\Phi_1^*$. Obviously, $\chi(r)=\chi(s)\chi(\alpha)=\chi(\alpha)\neq 1$. Thus we have a contradiction. It follows from $\chi(r)\neq 1$, $r\in\Phi_1^*$ that $X_r^1(t)h(\chi)X_r^1(-t)=u'h(\chi)\in R^1$, $t\neq 0$, where $u'=X_r^1(t(1-\chi(r))\neq 1$. If $y\neq 1$, then y can be expressed in the form

$y=y_{\beta_1}(b_1)y_{\beta_2}(y_2)\cdots y_{\beta_k}(b_k)$, where $\beta_i\in\Pi^\circ, b_i\in\mathscr{K}$, $1\leqslant i\leqslant k$. If $b_i=0$ for all $1\leqslant i\leqslant k$ and $\beta_1=e_i-e_{i+1}$, $i\in\mathscr{D}$, then $b'=h_r^1(\sqrt{-1})bh_r^1(\sqrt{-1})^{-1}b^{-1}=h_r^1(-1)\in R^1$, where $r=2e_{i+1}\in\Phi_1^*$. From the preceding discussion we know that there is an element $u'b'=u'h_r^1(-1)$ of R^1, where $u'\in U^1$ and $u'\neq 1$. If $b_i\neq 0$, $1\leqslant i\leqslant k$, then there exists an element $b'=u'hy\in R^1$, where $u'\in U^1$ and $u'\neq 1$, by 6.4.

Lemma 6.7 $|R^1\cap U^1|>1$.

Proof: From 6.6, there exists $b=uhy\in R^1$, where $u\in U^1$, $u\neq 1$, $h\in H^1$, and $y\in Y^1$. Let $r_1=J_1(u)$ and $h_1(\chi)=h_{r_1}^1(2)$, then for all $\alpha\in\Pi^\circ$, we have $\chi(\alpha)=1$. Therefore, $x'=h_1(\chi)bh_1(\chi)^{-1}b^{-1}=u'\in R^1\cap U^1$, and $x'=X_{r_1}^1(t_1(-1+4))u_1{}'$, where $t_1\in\mathscr{K}^*$ and $r_1<r$, $r\in J(u_1{}')$, $u_1{}'\in U^1$. Thus $x'\neq 1$.

For each $r\in\Phi_1^*$, let U_r^1: $\{X_r^1(t), t\in\mathscr{K}\}$.

Lemma 6.8 There exists $r\in\Phi_1^*$ such that $|R^1\cap U_r^1|>1$.

Proof: From 6.7, there exists $u\in R^1\cap U^1$, where $u\neq 1$.

Let $r_0=\max\{J_1(u), u\in R^1\cap U^1\}$, and u_0 be the element of $R^1\cap U^1$ satisfying $J_1(u_0)=r_0$, Suppose $J(u_0)$: $\{r_1, r_2, \cdots, r_p\}$, If $p=1$, then the lemma is established immediately, suppose $p\neq 1$, it follows from 6.3 that there exists an element $h_1(\chi)\in H^1$ such that $\chi(r_1)=\eta$, $\eta=\pm 1$ and $\chi(r_1)\neq\chi(r_2)$. Let $x'=u_0^{-1}h_1(\chi)u_0h_1(\chi)^{-1}$ or $x'=u_0h_1(\chi)u_0h_1(\chi)^{-1}$ according as $\eta=1$ or $\eta=-1$. Obviously, $x'\in R^1$ and x' can be expressed in the following form $x'=X_{r_2}^1(t_2(\chi(r_2)-\chi(r_1))u')$, where $u'\in U^1$, satisfying $r_2<r$, $r\in J(u')$, $t_2\in\mathscr{K}^*$. From $\chi(r_2)\neq\chi(r_1)$, we have $x'\neq I$. Obviously, $r_0=r_1<r_2=J_1(x')$. Therefore, we have a contradiction, hence $p=1$.

Lemma 6.9 For each $s\in\Phi_1^*$, $U_s^1\subset R^1$.

Proof: From 6.8, there exists $r\in\Phi_1^*$ such that $X_r^1(t)\in R^1$, $t\in\mathscr{K}^*$. Thus $X_{-r}^1(-t)=N_r^1X_r^1(t)(N_r^1)^{-1}\in R^1$. Therefore, $h_r^1(t)X_{-r}^1(-t)h_r^1(t)^{-1}=X_{-r}^1(-t^{-1})\in R^1$, hence $N_r^1(t)=X_r^1(t)X_{-r}^1(-t^{-1})X_r^1(t)\in R^1$, Thus $N_r^1(4t)=h_r^1(2)N_r^1(t)h_r^1(2)^{-1}\in R^1$. hence $h_r^1(4)=N_r^1(4t)N_r^1(t)^{-1}\in R^1$. It follows from 1.7 that there exists an element r_i of Φ_1^* which belongs to ⓘ type of $\mathscr{A}$. such that $(r_1r_i)\neq 0$. Therefore, for $i=1, 2, 3$ $X_{r_i}^1(-u)h_r^1(4)X_{r_i}^1(u)h_r^1(4)^{-1}=X_{r_i}^1(\mu u)\in R^1$, where $\mu=3$ or $\mu=15$, $u\in\mathscr{K}^*$. For an arbitrary element c of $\mathscr{K}$, let

$u=c/\mu$, then $X^1_{r_i}(c)\in R^1$. Thus for eaoh ⓘ type of $\mathscr{A}$, we have $U^1_{r_i}\subset R^1$, where $r_i\in\Phi_1^*$ and r_i belongs to ⓘ type of $\mathscr{A}$. It follows from 1.7 that if $s\in\Phi_1^*$ and s belongs to ⓘ type of $\mathscr{A}$, then there exists an element w of W^1 such that $wr_i=s$. Therefore, $n_wU^1_{r_i}n_w^{-1}=U^1_s\subset R^1$.

Corollary 6.10 $U^1\subset R^1$ and $V^1\subset R^1$.

Theorem6.11 G^1 is simple and $G^1=\langle U^1, V^1\rangle$.

Proof: It follows from 6.11 and 3.3 that H^1, $N_0^1\subseteq\langle U^1, V^1\rangle\subseteq R^1$. From 5.3 and 6.11, we have $Y^1\subseteq\langle U^1, V^1\rangle\subseteq R^1$. It follows from 5.6 that $G^1\subseteq\langle U^1, H^1, N_0^1, Y^1\rangle\subseteq\langle U^1, V^1\rangle\subseteq R^1$, thus $G^1=R^1$. Therefore, G^1 is simple and $G^1=R^1=\langle U^1, V^1\rangle$.

Remarks

1. Let K_0 be the field which satisfies the following properties a) b) c): a) $\sqrt{-1}\notin K_0$, $(\sqrt{-1})^2=-1$; b) ch $K_0>3$; c) if a, $b\in K_0$, then $a^2+b^2\neq-1$, and let $K=K_0(\sqrt{-1})$. If we change the ordering field $\mathscr{K}_0$ for the field K_0 and change $\mathscr{K}$ for K, then the all results remain true.

2. Let $A=(a_{ij})$ $(B=(b_{ij}))$ be $2l\times 2l$ matrix, where $a_{ij}(b_{ij})$, $1\leqslant i, j\leqslant 2l$ satisfying the relations: if $1\leqslant i\leqslant l$, then $a_{i,l+i}=1$, $a_{l+i,i}=-1$; if $|i-j|\neq l$, then $a_{ij}=0$ (if i is odd and $1\leqslant i\leqslant 2l$, then $b_{ii}=1$, $b_{i+1}b_{i+1}=-1$; if $i\neq j$, then $b_{ij}=0$). Let $PS_{p_{2l}}(\mathscr{K})$: $\{T=(t_{ij}), t_{ij}\in\mathscr{K}, 1\leqslant i, j\leqslant 2l \mid T'AT=A\}$ and let $PS_{p_{2l}}(\mathscr{K})^1$: $\{T\in PS_{p_{2l}}(\mathscr{K})\mid \overline{T}'BT=B\}$. Let $PS_{p_{2l}}(\mathscr{K})^1_0$ be the commutator subgroup of $PS_{p_{2l}}(\mathscr{K})^1$, then ${}^2C_l(\mathscr{K})\cong PS_{p_{2l}}(\mathscr{K})^1_0$ and $PS_{p_{2l}}(\mathscr{K})^1/PS_{p_{2l}}(\mathscr{K})^1_0\cong\{I, I'\}$, where I is the identity 1 matrix, $I'=B$.

3. Let $\mathscr{K}_0$ be the real number field and let $\mathscr{G}$ be the group of linear transformations leaving simultaneously invariant the skew-symmetrical bilinear form $x_1x_{l+1}'-x_{l+1}x_1'+x_2x_{l+2}'-x_{l+2}x_2'+\cdots+x_lx_{2l}'-x_{2l}x_l'$ and the indefinite Hermitian form: $x_1\overline{x}_1-x_2\overline{x}_2+\cdots+x_{2l-1}\overline{x}_{2l-1}-x_{2l}\overline{x}_{2l}$. Let $\mathscr{G}_0$ be the connected complemeut of $\mathscr{G}$ which contains the identity 1 element of $\mathscr{G}$, then ${}^2C_l(\mathscr{C})\cong\mathscr{G}_0$ $(\mathscr{C}=\mathscr{R}_0(\sqrt{-1})$ and the Lie algebra of $\mathscr{G}_0$ is the real form of C_l with $\delta=-l$([4]. p. 292).

References

[1] C. Chevalley, Sur certain groupe simple. Tōhoka. Math. J. 1(1955), 14-66.

[2] R. Steinberg, Variations on a theme of chevalley. Pacific. J. Math. 9(1959), 875-891.

[3] R. Ree, A family of simple groups associated with the simple Lie algebra of type(F_4)、(G_2). Amer. J. Math. 83 (1961), 401-420.

[4] E. Cartan, Les groupes reels simple finis et contious Ann E'c Normale sup 3-iem serie XXXI (1941), 263-355.

E. Cartan, Groupes simples clos et ouverts et géométrie riemannienne. J. Math. pure et app. t. 8(1928), 1-33.

[5] Yen. C. T. (严志达), Sur la classification et la figure des algèbres de Lie reels simples. Science Record (New ser.) 3:7 (1959), 217-224.

[6] Cheng Chon-hu (陈仲沪), On the Cartan subalgebra of the real semi-simple Lie algebra (Ⅰ)、(Ⅱ)、Science Record (New sor.) 3:6(1959).

M. Sugiura, Conjugate classes of Cartan subalgebra in real semi-simple Lie algebra. J. Math. Soc. Japan 11(1959), 374-434.

[7] R. Carter, Simple group of Lie type. John Wiley & Sons (1972).

李型单群 $C_l(K)$ 的某些子群

§1 C. Chevalley 给出了由复单李代数 L 在域 K 上构造李型单群（或称为 Chevalley 群）的理论[1]．[2] 和[3] 利用 L 的图自同构和域 K 的自同构构造了挠的李型单群．设 $L \cong C_l$，l 为偶数且 $l \geqslant 4$ 而域 $K = K_0(\sqrt{-1})$，其中域 K_0 为一有序域时，[4] 利用 L 的内自同构和域 K 的自同构构造了新的李型单群 $C_l^2(K)$．设域 K_0 的特征 $p > 3$，域 $K = K_0(\sqrt{-1})$ 且 $K \neq K_0$，[4] 中 §1—§4 的结果是成立的．在[4] 中 §1—§4 的基础上我们进一步构造了李型单群 $C_l^2(K)$ 的子群 $\widetilde{C}_l^2(K)$，并且证明了群 $\widetilde{C}_l^2(K)$ 为一单群．显然单群 $C_l^2(K)$ 和单群 $\widetilde{C}_l^2(K)$ 都是李型单群 $C_l(K)$ 的子群．在本文中设 $L \cong C_l$，l 为偶数 $l \geqslant 4$，域 K_0 的特征 $p > 3$，域 $K = K_0(\sqrt{-1})$ 且 $K \neq K_0$．本文利用[4] 和[5] 的符号和定义而不加解释．

§2 由于 l 为偶数，所以 $l = 2m$，若 m 为偶数，令

$$\tilde{n} = h_{2e_1}(-1)n\alpha_1 h_{2e_4}(-1)n\alpha_3 h_{2e_5}(-1)n\alpha_5 h\ 2e_8(-1)n\alpha_7 \cdots$$
$$h_{2e_{l-3}}(-1)n\alpha_{l-3} h_{2e_l}(-1)n\alpha_{l-1};$$

若 m 为奇数，令

$$\tilde{n} = h_{2e_1}(-1)n\alpha_1 h_{2e_4}(-1)n\alpha_3 h_{2e_5}(-1)n\alpha_5 h_{2e_8}(-1)n\alpha_7 \cdots$$
$$h_{2e_{t-2}}(-1)n\alpha_{t-3} h_{2e_{l-1}}(-1)n\alpha_{l-1}.$$

容易证明不论 m 为奇数或偶数，总有

$$\tilde{n}^2 = h_{2e_1}(-1)h_{2e_2}(-1)\cdots h_{2e_{l-1}}(-1)h_{2e_l}(-1)h\alpha_1(-1)h\alpha_3(-1)\cdots h_{\alpha_{l-1}}(-1)$$
$$= I.$$（I 为 $G = C_l(K)$ 的单位元）．

2.1 定义 对于 G 中任一元素 x 令 $\tilde{\rho}x = \tilde{n}x\tilde{n}^{-1}$

显然对于 G 中任一元素 x 有 $\tilde{\rho}^2 x = x$，即 $\tilde{\rho}^2 = I$．

2.2 定义 $\widetilde{U}$：$\{u \mid u \in U^1,\ \tilde{\rho}u = u\}$

若 m 为偶数令 $\widetilde{D}$：$\{1, 4, 5, 8, \cdots, l-3, l\}$，若 m 为奇数，令 $\widetilde{D}$：$\{1, 4, 5, 8, \cdots, l-2, l-1\}$．

对于 Φ^* 中任一元素 r，我们规定 μ_r 如下：

(1) 若 $r=\bar{r}$，则 $\mu_r=-1$；(2) 若 $r\neq\bar{r}$，r 为长根，则 $\mu_r=1$；(3) 若 $r\neq\bar{r}$，r 为短根，这时 $r=e_i\pm e_j$，$1\leqslant i<j\leqslant l$：a) 若 i，$j\in\widetilde{D}$ 或 i，$j\notin\widetilde{D}$ 则 $\mu_r=1$；b) 若 i，j 中有一个且只有一个属于 $\widetilde{D}$，则 $\mu_r=-1$.

设 $r\in\Phi_1^*$，$t\in K$，$X_r^1(t)$ 中的 t 满足 $\bar{t}=\mu_r t$，则称 t 满足性质 Z，这时 $X_r^1(t)$ 以 $\widetilde{X}_r(t)$ 表示之. 有

2.3 引理 设 $r\in\Phi_1^*$，则 $\widetilde{X}_r(t)\in\widetilde{U}$. 若 $r=\bar{r}$，则 $\widetilde{X}_r(t)=X_r^1(t)$.

2.4 定理 $\widetilde{U}$：$\langle\widetilde{X}_r(t)$，$r\in\Phi_1^*$，$t\in K$ 且满足性质 $Z\rangle$.

证 设 $u\in\widetilde{U}$，由[4]的 2.8 可知 u 可表示为：

(Ⅰ) $u=X_{r_1}^1(t_1)X_{r_2}^1(t_2)\cdots X_{r_p}^1(t_p)$，$t_i\in k^*$，$r_i\in\Phi_1^*$，$1\leqslant i\leqslant p$，$r_1<r_2<\cdots<r_p$.

设 $r\in\Phi_1^*$，$t\in K^*$，显然 $\tilde{\rho}X_r^1(t)=X_r^1(\bar{t})$，其中 $\tilde{t}=\mu_r\bar{t}$. 由 $\bar{\rho}u=u$ 可知：

$$X_{r_1}^1(t_1)X_{r_2}^1(t_2)\cdots X_{r_p}^1(t_p)=X_{r_1}^1(\widetilde{t_1})X_{r_2}^1(\widetilde{t_2})\cdots X_{r_p}^1(\widetilde{t_p})$$

由[4]的 2.8 的 u 的表示的唯一性可知 $t_i=\tilde{t}_i$，$1\leqslant i\leqslant p$. 因此 t_i，$1\leqslant i\leqslant p$ 满足性质 Z. 所以（Ⅰ）中的 $X_{r_i}^1(t_i)$ 都是 $\widetilde{X}_{r_i}(t_i)$，$1\leqslant i\leqslant p$. 因此 $\widetilde{U}\subseteq\langle\widetilde{X}_r(t)$. $r\in\Phi_1^*$，$t\in K^*$，t 满足性质 $Z\rangle$. 另一方面，由 2.3 可知定理成立.

由 2.4 和[4]的 2.8 可知：

2.5 定理 若 $u\in\widetilde{U}$，则 u 可唯一表示为：

$u=\widetilde{X}_{r_1}(t_1)\widetilde{X}_{r_2}(t_2)\cdots\widetilde{X}_{r_p}(t_p)$. $t_i\in K^*$，$r_i\in\Phi_1^*$，$1\leqslant i\leqslant p$，$r_1<r_2<\cdots<r_p$

若 $X_{-r}^1(t)$ 中的 t 满足性质 Z，则 $X_{-r}^1(t)$ 以 $\widetilde{X}_{-r}(t)$ 表示之($r\in\Phi_1^*$).

2.6 定义 $\widetilde{V}$：$\{v\mid v\in V^1$；$\tilde{\rho}v=v\}$.

类似 2.4 有

2.7 定理 $\widetilde{V}$：$\langle\widetilde{X}_{-r}(t)$，$r\in\Phi_1^*$，$t\in K$，且 t 满足性质 $Z\rangle$.

2.8 定理 若 $v\in\widetilde{V}$，则 v 可唯一表示为：

$v=\widetilde{X}_{-r_1}(t_1)\widetilde{X}_{-r_2}(t_2)\cdots\widetilde{X}_{-r_p}(t_p)$，$t_i\in K^*$，$r_i\in\Phi_1^*$，$1\leqslant i\leqslant p$，$r_1<r_2<\cdots<r_p$.

§3 设 $r\in\Phi_1^*$，令 $\widetilde{N}_r(t)=\widetilde{X}_r(t)\widetilde{X}_{-r}(-t^{-1})\widetilde{X}_r(t)$. $t\in K^*$ 且 t 满足性质 Z.

3.1 定义 $\widetilde{N}$：$\langle\widetilde{N}_r(t)$. $r\in\Phi_1^*$，$t\in K^*$，且满足 $Z\rangle$. $\widetilde{H}=\widetilde{N}\cap H^1$.

设 $r\in\Phi^*$，若 $r=\bar{r}$，令 $\widetilde{N}_r=N_r^1=h_r(\sqrt{-1})n_r$；若 $r\neq\bar{r}$，如果 $\mu_r=1$，令 $\widetilde{N}_r=N_r^1$；如果 $\mu_r=-1$，令 $\widetilde{N}_r=N_r^1(\sqrt{-1})$. 设 $\alpha=e_i-e_{i+1}\in\Pi^\circ$，$i\in$

D，令 $\widetilde{N}_\alpha = N_\alpha^1$. 不难证明：

3.2 引理　若 $n \in \widetilde{N}$，则 $\tilde{\rho}n = n$. 若 $r \in \Phi_1^*$，则 $\widetilde{N}_r \in \widetilde{N}$.

3.3 定理　$\widetilde{N}$ 的自然同态像为 W^1 且 $\widetilde{N}/\widetilde{H} \simeq W^1$.

证　若 $n \in \widetilde{N} \subseteq N^1$，显然 n 的自然同态像 $w \in W^1$. 反之若 $w \in W^1$，由[4] 的 1.5 可知 w 可表示为：

$$w = \overline{W}_{r_1}^1 \overline{W}_{r_2}^1 \cdots \overline{W}_{r_q}^1,\ r_i \in \Pi,\ 1 \leqslant i \leqslant q.$$

令 $n = \widetilde{N}_{r_1} \widetilde{N}_{r_2} \cdots \widetilde{N}_{r_q}$，显然 n 的自然同态像为 w. 由 3.2 可知 $n \in \widetilde{N}$. 这就证明了 $\widetilde{N}$ 的自然同态像为 W^1 全体. 并且不难证明 $\widetilde{N}/\widetilde{H} = W^1$.

若 $w \in W'$ 我们在 $\langle \widetilde{N}_r, r \in \Phi_1^* \rangle$ 中取定一个元素 $\tilde{n}_w$ 使得自然同态像为 w. 并且规定若 $w = \overline{W}_r^1$，$r \in \Phi_1^*$，则取 $\tilde{n}_w = \widetilde{N}_r$.

若 $n \in \widetilde{N}$，n 的自然同态像为 w，由「4] 的 3.6 可知有 $h \in H^1$ 使得 $n = h\tilde{n}_w$. 由 n 和 $\tilde{n}_w$ 为 $\widetilde{N}$ 中的元素，因此 $h \in \widetilde{H}$. 所以有：

3.4 推论　若 $n \in \widetilde{N}$，n 的自然同态像为 w，则 $n = h\tilde{n}_w$，其中 $h \in \widetilde{H}$. 且 $\widetilde{H} \subseteq \widetilde{N} \subseteq \langle \widetilde{U}, \widetilde{V} \rangle$.

不难推出：

3.5 推论　1. 若 $r.s \in \Phi_1^*$，则 $\widetilde{N}_r \widetilde{X}_s(t) \widetilde{N}_r^{-1} = \widetilde{X}_{s_1}(t')$.
其中 $s_1 = \overline{W}_r^1 s$. $t, t' \in K$；2. 若 $n \in \widetilde{N}$，$h \in \widetilde{H}$，$u \in \widetilde{U}$，则 $nhn^{-1} \in \widetilde{H}$，$huh^{-1} \in \widetilde{U}$.

设 $r \in \Phi_1^*$，令 $\tilde{h}_r(t) = \widetilde{N}_r(t)\widetilde{N}_r^{-1}$，其中 $t \in K^*$ 且满足 Z.

3.6 推论　设 $r \in \Phi_1^*$，$t \in K^*$，则 $\tilde{h}_r(t) \in \widetilde{H}$；且若 $\mu_r = 1$. 则 $\tilde{h}_r(t) = h_r^1(t)$，$\bar{t} = t$. 若 $\mu_r = -1$，$\tilde{h}_r(t) = h_r^1(-\sqrt{-1}t)$. $\bar{t} = -t$.

§4　**4.1 定义**　若 $b = 0$，令 $\tilde{y}_\alpha(b) = \widetilde{N}_\alpha$；若 $b \neq 0$，且 $\bar{b} = -b$，

令 $\tilde{y}_\alpha(b) = h_\alpha^1(\sqrt{-1})h_\alpha^2(-\sqrt{-1})y_\alpha(b) = h_\alpha(\sqrt{-1})y_\alpha(b)$. 其中 $\alpha = e_i - e_{i+1}$，$i \in D$，$h_\alpha^1(\pm\sqrt{-1}) = h_{2e_i}(\pm\sqrt{-1})$. $h_\alpha^2(\pm\sqrt{-1}) = h_{2e_{i+1}}(\pm\sqrt{-1})$.

显然 $\tilde{y}_\alpha(b) \in H^1Y^1 \subseteq B^1 \subseteq G^1$.

4.2 引理　$\tilde{\rho}\tilde{y}_\alpha(b) = \tilde{y}_\alpha(b)$.

证　若 $b = 0$，显然 $\tilde{\rho}\widetilde{N}_\alpha = \widetilde{N}_\alpha$，引理成立. 若 $b \neq 0$：

$$\begin{aligned}\tilde{\rho}\tilde{y}_\alpha(b) &= \tilde{\rho}\big(h_2^1(\sqrt{-1})h_\alpha^2(-\sqrt{-1})\big)\tilde{\rho}y_\alpha(b)\\ &= h_\alpha^2(\sqrt{-1})h_\alpha^1(-\sqrt{-1})h_\alpha^2(a^{-1}\bar{b})x_{-\alpha}(a)h_\alpha(-1)n_\alpha x_{-\alpha}(b)\\ &= h_\alpha^2(\sqrt{-1})h_\alpha^1(-\sqrt{-1})h_\alpha^2(a^{-1}\bar{b})h_\alpha(-b)x_\alpha(-\bar{a}^{-1})\end{aligned}$$

$$h_\alpha(\overline{a^{-1}})n_2x_2(-\bar{a}^{-1}+b^{-1})$$
$$=h_\alpha^1(\sqrt{-1})h_\alpha^2(\sqrt{-1})y_\alpha(-\bar{b})$$
$$=h_\alpha^1(\sqrt{-1})h_\alpha^2(-\sqrt{-1})y_\alpha(b)=\tilde{y}_\alpha(b)$$

4.3 引理 1　a) 若 $\alpha, \beta\in\Pi^\circ$，$\alpha\neq\beta$，则 $\tilde{y}_\alpha(b)\tilde{y}_\beta(b')=\tilde{y}_\beta(b')\tilde{y}_\alpha(b)$

b) $\tilde{y}_\alpha(b_1)\tilde{y}_\alpha(b_2)=h\tilde{y}_\alpha(b)$.　$h\in\widetilde{H}$

2) $\tilde{y}(b)^{-1}=h\tilde{y}_\alpha(b'), h\in\widetilde{H}$

3) 若 $r\in\Phi_1^*$，则 $\widetilde{N}_r\tilde{y}_\alpha(b)\widetilde{N}_r^{-1}=h\tilde{y}_\beta(b')$，$h\in\widetilde{H}$，$\beta=\overline{W}_r^1$，$a\in\Pi^\circ$

证(1a)是显然的．以下证明(1b)．设 $\alpha=e_i-e_{i+1}\in\Pi^\circ$，$i\in D$．若 $b_1=0$ 或 $b_2=0$ 或者 $b_1=b_2\neq0$，容易证明结论成立．以下设 $b_1\neq0$，$b_2\neq0$．令 $d=a_2\bar{b}_2^{-1}b_1-a_2$，若 $d=0$，由[4]的4.4可知 $\tilde{y}_\alpha(b_1)\tilde{y}_\alpha(b_2)=h_{2e_i}(\lambda_1^{-1})h_{2e_{i+1}}(\lambda_1^{-1})=h_1(x)$，其中 $\lambda_1=a_1^{-1}\bar{b}_1$，显然 $\bar{\lambda}_1=\lambda_1$，所以 $h_1(x)\in\widetilde{H}$．若 $d\neq0$，我们有

$$y=\tilde{y}_\alpha(b_1)\tilde{y}_\alpha(b_2)$$
$$=h_\alpha^1(\sqrt{-1})h_\alpha^2(-\sqrt{-1})y_*(b_1)h_\alpha^1(\sqrt{-1})h_\alpha^2(-\sqrt{-1})y_\alpha(b_2)$$
$$=y_\alpha(-b_1)y_\alpha(b_2)=\tilde{h}_1(\chi)y_\alpha(d^{-1}+b_2)$$
$$=\tilde{h}_1(x)h_\alpha^1(-\sqrt{-1})h_\alpha^2(\sqrt{-1})h_\alpha^1(\sqrt{-1})h_\alpha^2(-\sqrt{-1})y_\alpha(b)$$

令 $h_1{}'(\chi)=\tilde{h}_1(\chi)h_\alpha^1(-\sqrt{-1})h_\alpha^2(\sqrt{-1})$ 而 $\bar{b}=\bar{d}^{-1}+\bar{b}_2=(\bar{a}_2b_2^{-1}\bar{b}_1-\bar{a}_2)-b_2=-b$，因此 $y=h_1{}'(\chi)\tilde{y}_\alpha(b)$．而 $\tilde{\rho}y=y$，$\tilde{\rho}\tilde{y}_\alpha(b)=\tilde{y}_\alpha(b)$ 所以 $\tilde{\rho}'h_1(\chi)=h_1{}'(\chi)$．若 $\alpha=e_i-e_{i+1}$，$i\in D$．由[4]的4.4可知 $h_1{}'(\chi)=h_{2e_i}(\mu)h_{2e_{i+1}}(\mu')$，因此 $h_1{}'(\chi)=h_{2e_i}(\lambda)h_{2e_{i+1}}(\lambda')$ 其中 μ，μ'，λ，$\lambda'\in K^*$，并且有 $\sigma h_1{}'(\chi)=h_1{}'(\chi)$ 和 $\tilde{\rho}h_1{}'(x)-h_1{}'(\chi)$．设 $s=e_i-e_j$，$j\in D$．$i\neq j$，则 $h_1{}'(\chi)e_s=\lambda e_s$，$\sigma h_1{}'(x)e_s=\overline{\lambda'}e_s$，$\tilde{\rho}h_1{}'(\chi)e_s=\lambda'e_s$，$e_s\in C_b$．由 $\sigma h_1{}'(x)=h_1{}'(x)$ 和 $\tilde{\rho}h_1{}'(\chi)=h_1{}'(\chi)$ 可知 $\lambda=\lambda'=\bar{\lambda}'$，所以有 $h_1{}'(\chi)=h_{2e_i}(\lambda)h_{2e_{i+1}}(\lambda)$，$\lambda\in K_a^*$．令 $r=2e_{i+1}$，而 $\mu_r=1$，因此 $h_1{}'(\chi)=h_r^1(\lambda)=\widetilde{h_r}(\lambda)\in\widetilde{H}$.

2) 若 $b=0$，结论显然成立，以下设 $b\neq0$：

$$\tilde{y}_\alpha(b)^{-1}=y_\alpha(b)^{-1}h_\alpha^1(-\sqrt{-1})h_\alpha^2(\sqrt{-1})$$
$$=h_1(\chi)y_\alpha(-\bar{b})h_\alpha^1(-\sqrt{-1})h_\alpha^2(\sqrt{-1})$$
$$=h_1(\chi)h_\alpha^1(\sqrt{-1})h_\alpha^2(-\sqrt{-1})y_\alpha(\bar{b})$$

令 $b'=\bar{b}=-b$，显然 $\overline{b'}=-b'$，因此有

$$\tilde{y}_\alpha(b^{-1})=h_1(x)\tilde{y}_\alpha(b')$$

由[4]的4.4可知 $h_1(\chi)=h_\alpha^1(\bar{a}b^{-1})h_\alpha^2(\bar{a}b^{-1})$，而 $\overline{\bar{a}b^{-1}}=\bar{a}b^{-1}$，所以 $h_1(\chi)$

$\in \widetilde{H}$.

3）若 $b \neq 0$；显然 $\widetilde{N}_r = h_r N_r^1$. 由〔4〕的 4.4 可知

$$\begin{aligned} y &= \widetilde{N}_\alpha \tilde{y}_\alpha(b)\, \widetilde{N}_r^{-1} \\ &= h_r N_r^1 h_\alpha^1(\sqrt{-1}) h_\alpha^2(-\sqrt{-1}) y_\alpha(b) N_r^{-1} h_r^{-1} \\ &= h_r h_\beta^1(\sqrt{-1}) h_\beta^2(-\sqrt{-1}) h_1 y_\beta(b') h_r^{-1} \\ &= \tilde{h}_1 h_\beta^1(\sqrt{-1}) h_\beta^2(-\sqrt{-1}) y_\beta(\lambda b'') \end{aligned}$$

其中 $\beta = e_i - e_{i+1} = \overline{W}_r^1$，$\alpha$，$j \in D$. $h_\beta^1(\sqrt{-1}) = h_{2e_j}(\sqrt{-1})$，$h_\beta^2(-\sqrt{-1}) = h_{2e_{i+1}}(-\sqrt{-1})$，$b'' = \pm b$. 显然只有当 $\mu_r = -1$ 时 $h_r = h_r^1(\sqrt{-1})$，在其他情况下 $h_r = I$. 所以 $\lambda = \pm 1$. 因此 $b' = \lambda b'' = \pm b$. 所以 $\bar{b}' = -b'$. 因此

$$\widetilde{N}_r \tilde{y}_\alpha(b) \widetilde{N}_r^{-1} = h_1{}' \tilde{y}_\beta(b').$$

不难证明 $h_1{}' \in \widetilde{H}$. 所以 $b \neq 0$ 时结论成立. 若 $b = 0$ 时容易证明结论成立.

4.4 推论 若 $w \in W'$，则 $\tilde{n}_w \tilde{y}_\alpha(b) \tilde{n}_w^{-1} = h_1 \tilde{y}_\beta(b')$，$h_1 \in \widetilde{H}$，$\beta = w\alpha$.

4.5 引理 1）若 $h(\chi) \in \widetilde{H}$，则 $h(\chi)\tilde{y}_\alpha(b)h(\chi)^{-1} = h_1 \tilde{y}_\alpha(b')$，$h_1 \in \widetilde{H}$.

2）若 $r \in \Phi_1^*$，则 $\tilde{y}_\alpha(b)\widetilde{X}_r(t) = u\tilde{y}_\alpha(b)$，$u \in \widetilde{U}$.

证 1）设
$$\begin{aligned} y &= h(\chi)\tilde{y}_\alpha(b)h(\chi)^{-1} \\ &= h_\alpha^1(\sqrt{-1})h_\alpha^2(-\sqrt{-1})h(x)\tilde{y}_\alpha(b)h(\chi)^{-1} \\ &= h(x)h'(x)^{-1}h_\alpha^1(\sqrt{-1})h_\alpha^2(-\sqrt{-1})y_\alpha(b') \end{aligned}$$

其中 $h'(\chi)^{-1} = n_\alpha h(x) n_\alpha^{-1}$. 不难证明 $h'(\chi)^{-1} \in \widetilde{H}$，所以有 $h_\alpha^1(\sqrt{-1}) h_\alpha^2(-\sqrt{-1}) y_\alpha(b') = \tilde{y}_\alpha(b')$. 令 $h_1 = h(\chi)h'(\chi)^{-1}$，显然 $h_1 \in \widetilde{H}$ 而 $h(\chi)\tilde{y}_\alpha(b)h(\chi)^{-1} = h_1\tilde{y}_\alpha(b), h_1 \in \widetilde{H}$.

2）由[4]的 4.7 同知

$$y = \tilde{y}_\alpha(b)\widetilde{X}_r(t) = u\tilde{y}_\alpha(b)，其中\ u \in U^1.$$

由 $\tilde{\rho}\tilde{y}_\alpha(b) = \tilde{y}_\alpha(b)$ 和 $\tilde{\rho}\widetilde{X}(t) = \widetilde{X}_r(t)$ 可知 $u \in \widetilde{U}$.

4.6 定义 $\widetilde{Y}$：$\{1, \tilde{y}_{\beta_1}(b_1)\tilde{y}_{\beta_2}(b_2)\cdots\tilde{y}_{\beta_h}(b_h). \beta_i \in \Pi^\circ. \beta_i \neq \beta_j, i \neq j\}$

$$\widetilde{B} = \widetilde{H}\widetilde{Y}\widetilde{U}$$

利用 4.3－4.6 证明[4]的 4.8 的类似方法可证：

4.7 定理 $\widetilde{B}$ 为 G 的一个子群.

§5 若 $t \in K^*$，$\bar{t} = t$，$\bar{u} = -u$，则 $t\bar{t} + u\bar{u} \neq 0$. 若不然 $u\bar{u}(t\bar{t})^{-1} = -1$. u 可表示为 $u = \sqrt{-1}v$，$v \in K_0$. 因此有 $v^2t^{-2} = (vt^{-1})^2 = -1$. 而 $vt^{-1} \in K$.

这和假定 $K \neq K$. 矛盾. 因此一定有 $\bar{t}t + u\bar{u} \neq 0$. 即 $t + u\bar{u}\bar{t}^{-1} \neq 0$.

5.1 引理 若 $r \in \Pi^*$，$x = \widetilde{N}_r\widetilde{X}_r(t')\widetilde{X}_r^*(u')\widetilde{N}_r^{-1}$，则 $x = 1$ 或 $x \in \widetilde{B}\widetilde{N}_r\widetilde{B}$.

证 x 可表示为 $x = \widetilde{X}_{-r}(t)\widetilde{X}_{-r^*}(u)$，其中 $t, u \in K$. 根据性质 Z 可知 $\bar{t} = t$, $\bar{u} = -u$. 若 $t \in K^*$，$u \in K$，则由以上讨论可知 $d = t + u\bar{u}\bar{t}^{-1} \neq 0$. 利用类似于[4] 的 5.2 的证明可知：

1) 若 $r = 2e_1$；若 $t \neq 0$,则

$$x = X_r^1(d^{-1})X_{r^*}^1(-u\bar{t}^{-1}d^{-1})N_r^1X_r(t)X_{r^*}(u)h_r(v)h_r^-(v)$$

$$h_\alpha^1(\sqrt{-1})h_\alpha^2(-\sqrt{-1})y_\alpha(b).$$

其中 $v = -\eta_2 u\sqrt{-1}$，$b = \eta_2 u^{-1}t$.

显然 $v \in K_0$，$\bar{b} = -b$，且 $\bar{d} = \bar{t} + uu\bar{t}^{-1} = t + u\bar{u}\bar{t}^{-1} = d$.

令 $d' = -u\bar{t}d^{-1}$，由于 $\bar{t}^{-1}d^{-1} = (\bar{t}t + u\bar{u})^{-1}$，因此 $\bar{d}' = -d'$. 所以 x 可表示为：

$x = \widetilde{X}_r(d^{-1})\widetilde{X}_{r^*}(d')\widetilde{N}_r\widetilde{X}_r(t)\widetilde{X}_{r^*}(u)h_1\tilde{y}_\alpha(b)$，$h_1 = h_r(v)h_{\bar{r}}(v) \in \widetilde{H}$. 这就证明了 $x \in \widetilde{B}\widetilde{N}_r\widetilde{B}$. 当 $t = 0$ 时类似[4] 的 5.2 有：

$$x = X_{r^*}(u^{-1})hN_r^1X_{r^*}(u^{-1})h'N_\alpha^1,\ h,\ h' \in H^1.$$

由 $\bar{u}^{-1} = -u^{-1}$，$N_\alpha^1 = \widetilde{N}_\alpha$，$N_r^1 = \widetilde{N}_r$ 可知 x 可表示为：

$$x = \widetilde{X}_{r^*}(u^{-1})\widetilde{N}_r\widetilde{X}_{r^*}(u)h_1\widetilde{N}_r，\text{其中 } h_1 \in \widetilde{H}.$$

若 $t = u = 0$，则 $x = 1$.

2) 若 $r = e_{i+1} - e_j$. $i \in D$. $j = i + 2$,类似于 1,的推导可知结论成立.

5.2 推论 若 $b \in K^*$,$\bar{b} = -b$,则 $b + \bar{b}^{-1} \neq 0$ 且 $\tilde{y}_\alpha(b) \in \langle \widetilde{U}、\widetilde{V} \rangle$,$\alpha \in \Pi^\circ$.

利用 5.1 和证明[4]5.4 和 5.5 类似方法可证.

5.3 引理 若 $r \in \Pi$，则 $\widetilde{B} \cup \widetilde{B}\widetilde{N}_r\widetilde{B}$ 是 G 的子群

5.4 引理 若 $r \in \Pi$，则 $\widetilde{B}n\widetilde{B}\widetilde{B}\widetilde{N}_r\widetilde{B} \subseteq \widetilde{B}n\widetilde{N}_r\widetilde{B} \cup \widetilde{B}n\widetilde{B}$，其中 $n \in \widetilde{N}$

5.5 定义 令 $\widetilde{G} = \bigcup_{w \in W1} \widetilde{B}\tilde{n}_w\widetilde{B}$，$\widetilde{G}$ 称为 $\widetilde{C}_l^2(K)$

利用 5.3 和 5.4,类似证明[4] 的 5.6 和 5.8 可证.

5.6 定理 $\widetilde{G}$ 是 G 的一个子群.

5.7 定理 若 $r \in \widetilde{G}$，则 x 可唯一表示为

$$x = uhh_1h_2\cdots h_kx_{\beta_1}(a_1)x_{\beta_2}(a_2)\cdots x_{\beta_k}(a_k)n_{w^*}x_{\gamma_1}(b_1')x_{\gamma_2}(b_2')\cdots$$

$$x_{\gamma_k}(b'_k)u'.$$

其中 $u, u' \in \widetilde{U}$ 且 $u' \in U_{\bar{w}^*}$，$h \in \widetilde{H}$，$\beta_i, \gamma_i \in \Pi^\circ$，$a_i, b_i' \in K^*$，$1 \leqslant i \leqslant k$.

且 a) $w^* \in W^1$ 且 $w^*\gamma_i \in \Phi^-$，$\bar{b}'_j = -b'_j$，$1 \leqslant j \leqslant k$.

b) $h_i \in H$ 且 h_i 和 a_i 完全由 b'_j 所唯一决定 $1 \leqslant i \leqslant k$.

§6 利用类似证明[4]的 6.1 和 6.2 的方法可证：

6.1 引理 若 $r, s \in \Phi_1^*$，$r \neq s$，$r \neq \bar{s}$，则有 $h(\chi) \in \widetilde{H}$ 使得 $\chi(r) = \pm 1$ 而 $\chi(r) \neq x(s)$.

6.2 引理 若 $w \in W^1 \backslash W_0^1$，$n \in \widetilde{N}$ 而 u 的自然同态像为 w，则存在 $h(\chi) \in \widetilde{H}$ 使得 $nh(\chi) \neq h(\chi)n$.

6.3 引理 a) 设 $r = e_{i+1} - e_j \in \Pi^*$，$r^* = e_{i+1} - e_{j+1}$，$i \in D$，$j = i+2$，$\alpha = e_i - e_{i+1}$，$\beta = e_j - e_{j+1} \in \Pi^\circ$，则有

1) $\tilde{y}_\alpha(b)\widetilde{X}_r(t_1) = \widetilde{X}_r(t_1{}')\widetilde{X}_{r^*}(t''_1)\tilde{y}_\alpha(b)$

2) $\tilde{y}_\beta(b)\widetilde{X}_r(t_2) = \widetilde{X}_r(t_2{}')\widetilde{X}_{r^*}(t_2{}'')\tilde{y}_\beta(b)$

3) $\tilde{y}_\alpha(b)\widetilde{X}_{r^*}(u_1) = \widetilde{X}_r(u_1{}')\widetilde{X}_{r^*}(u_1{}'')\tilde{y}_\alpha(b)$

4) $\tilde{y}_\beta(b)\widetilde{X}_{r^*}(u_2) = \widetilde{X}_r(u_2{}')\widetilde{X}_{r^*}(u_2{}'')\tilde{y}_\beta(b)$

b) 设 $r = 2e_{i+1}$，$r^* = e_i + e_{i+1}$，$i \in D$，$\alpha = e_i - e_{i+1} \in \Pi^\circ$，则有

1) $\tilde{y}_\alpha(b)\widetilde{X}_r(t_1) = \widetilde{X}_r(t_1{}')\widetilde{X}_{r^*}(t''_1)\tilde{y}_\alpha(b)$

2) $\tilde{y}_\alpha(b)\widetilde{X}_{r^*}(u_1) = \widetilde{X}_r(u_1{}')\widetilde{X}_{r^*}(u_1{}'')\tilde{y}_\alpha(b)$

并且若 $b, t_1, u_1, t_2, u_2 \in K^*$，则 $t_1{}', t_2{}', u_1{}', u_2{}', t''_1, t_2{}'', u_1{}'', u_2{}'' \in K^*$.

证 以下证 a_1)：设 $N_{\alpha,r} = \xi_1$，$N_{\alpha,r^*} = \xi$，显然 $\xi_1\xi = 1$，$\bar{b} = -b$.

$$
\begin{aligned}
y &= \tilde{y}_\alpha(b)\widetilde{X}_r(t) = h_\alpha(\sqrt{-1})y_\alpha(b)X_r(t)X_{\bar{r}}(\bar{t}) \\
&= h_1(\chi)x_\alpha(a)n_\alpha x_\alpha(b)x_r(t)x_{\bar{r}}(\bar{t}) \\
&= h_1(\chi)x_\alpha(a)x_{r^*}(\bar{t})n_\alpha x_\alpha(b)x_r(t) \\
&= h_1(\chi)x_{r^*}(t)x_\alpha(a)x_{\bar{r}}(-\xi_1 at)n_\alpha \mathrm{X}_r(t)x_\alpha(b)x_{r^*}(-\xi_1 bt) \\
&= h_1(\chi)x_{r^*}(t)x_{\bar{r}}(-\xi_1 at)x_\alpha(a)x_{\bar{r}^*}(t)x_r(-\xi_1 bt)n_\alpha x_\alpha(b) \\
&= h_1(\chi)x_{r^*}(t)x_{\bar{r}}(-\xi_1 at)x_{\bar{r}^*}(t)x_r(-\xi_1 bt)x_\alpha(a)x_{r^*}(-\xi_1\xi abt)n_\alpha x_\alpha(b) \\
&= h(\chi)x_{r^*}(t)x_{\bar{r}^*}(t(1-ab))x_{\bar{r}}(-\xi_1 a^{-1}\bar{b}at)x_r(-\xi_1 bt) \\
&\quad h_\alpha^1(a^{-1}\bar{b})x_\alpha(a)n_\alpha x_\alpha(b) \\
&= h(\chi)x_{r^*}(t)x_{\bar{r}^*}(t)x_r(-\xi_1\bar{b}t)x_{\bar{r}}(-\xi bt)y_\alpha(b) \\
&= \widetilde{X}_r^*(\sqrt{-1}t)\widetilde{X}_r(-\xi\sqrt{-1}bt)\tilde{y}_\alpha(b)
\end{aligned}
$$

其中 $h_1(x) = h_\alpha(\sqrt{-1})h_\alpha^1(a^{-1}\bar{b})$，$h(x) = h_\alpha(\sqrt{-1})$.

以上推导中利用了 $\bar{t} = t$，$a^{-1}\bar{b}(1-ab) = a^{-1}\bar{b}(1-\bar{a}\bar{b}) = a^{-1}a = 1$.

并且由 $\bar{b} = -b$，$\bar{t} = t$ 可知 $\overline{\sqrt{-1}t} = -\sqrt{-1}t$，$\sqrt{-1}bt = \sqrt{-1}bt$.

因此 $t_1{}' = \sqrt{-1}t = \sqrt{-1}t_1$（令 $t_1 = t$）、$t''_1 = -\sqrt{-1}\xi_1 bt = -\sqrt{-1}\xi_1$，$bt_1 (t_1 = t)$.

类似可证明 $a_{2)}\, a_{3)}\, a_{4)}$. 利用[4] 的 6.4 可证 $b_{2)}$, $b_{2)}$.

6.4 推论 若 $h \in \widetilde{H}$, $y = \tilde{y}_{\beta_1}(b_1)\tilde{y}_{\beta_2}(b_2)\cdots\tilde{y}_{\beta_k}(b_k)$. $h \neq 1$ 或有 $b_i \in K^*$, $\beta_i \in \Pi^\circ$, $1 \leqslant i \leqslant k$. 则有 $s \in \Phi_1^*$、$t \in K^*$ 使得

$$\widetilde{X}_s(t)hy\widetilde{X}_s(-t) = uhy,\text{ 其中 } u \in \widetilde{U} \quad u \neq 1.$$

证 若 $h(\chi) \neq 1$. 由于对 Π° 中任一 α 有 $\chi(\alpha) = 1$, 所以有 $s \in \Phi_1^*$ 使得 $\chi(s) \neq 1$. 引理得证.

若 $h = 1$. 如果有 $b_i \neq 0$. $1 \leqslant i \leqslant k$, 则由 6.3 可知有 $s \in \Phi^*$, $t \in K^*$ 使得

$$\widetilde{X}_s(t)h_y\widetilde{X}_s(-t) = \widetilde{X}_s(t - t'\mu)\widetilde{X}_{s^*}(-\lambda t'')h_y.\ t',\ t'' \in K^*$$

而 $\lambda = \chi(s^*)$. $\mu = \chi(s)$. 显然 $\lambda t'' \neq 0$. 引理成立.

以下设 $\widetilde{R}$ 为 $\widetilde{G}$ 的正规子群且 $|\widetilde{R}| > 1$.

利用类似于[4] 的 6.5 和 6.7 的方法可证:

6.5 引理 $|\widetilde{R} \cap \widetilde{B}| > 1$.

6.6 引理 $|\widetilde{R} \cap \widetilde{U}| > 1$.

若 $r \in \Phi_1^*$, 令 $\widetilde{U}_r$: $\{\widetilde{X}_r(t),\ t \in K,\ t \text{ 满足 } Z\}$.

6.7 引理 有 $r \in \Phi^*$ 使得 $|\widetilde{R} \cap \widetilde{U}_r| > 1$.

证 由 6.6 可知有 $u \in \widetilde{R} \cap \widetilde{U}$, $u \neq 1$. 由[4] 可知

$$u = \widetilde{X}_{r_1}(t_1)\widetilde{X}_{r_1}^*(t_1^*)\widetilde{X}_{r_2}(t_2)\widetilde{X}_{r_2}^*(t_2^*)\cdots\widetilde{X}_{r_p}(t_p)\widetilde{X}_{r_p}^*(t_p^*)$$

其中 t_i, t_i^* 中至少有一个属于 K^*, $1 \leqslant i \leqslant p$. $r_1 < r_2 < \cdots < r_p$. 并且不难证明 $\overline{t_i} = t_i$, $\overline{t_i}^* = -t_i^*$. $1 \leqslant i \leqslant p$.

利用 6.1 和类似于[4] 的 6.8 的证明方法可证:

有 $u_o = \widetilde{X}_s(t)\widetilde{X}_{s^*}(t^*) \in \widetilde{R} \cap \widetilde{U}$. $u_0 \neq 1$. 若 $t = 0$ 或 $t^* = 0$. 引理得证. 以下讨论 $t \neq 0$, $t^* \neq 0$ 的情况.

由[4] 的 1.7 和 3.4 可知, 有 $w \in W^1$ 使 $ws = r$ 为:

a) $r = e_{i+1} - e_j$, $i \in D$, $j = i + 2$, $r^* = e_{i+1} - e_{j+1}$ (当 s 为 ③ 类根时)

或 b) $r = 2e_{l-1}$, $r^* = e_{l-1} + e_l$. (当 s 为 ① 或 ② 类根时).

a) 若 $r = e_{i+1} - e_j$. $i \in D$. $j = i + 2$.

令 $u_0' = \tilde{n}_w u_0 \tilde{n}_{\overline{w}} = \widetilde{X}_r(t_1)\widetilde{X}_{r^*}(u_1)$. $u_0' \in \widetilde{R} \cap \widetilde{U}$. $u_0' \neq 1$. 而

$$x = \widetilde{N}_r u_0' \widetilde{N}_r^{-1} = \widetilde{X}_{-r}(t)\widetilde{X}_{-r^*}(u).\ t, u \in K^*.$$

由 5.2 可知:

$$x = \widetilde{X}_r(d^{-1})\widetilde{X}_{r^*}(d')\widetilde{N}_r\widetilde{X}_r(t)\widetilde{X}_{r^*}(-u)h\tilde{y}_\alpha(b)\tilde{y}_\beta(b')$$

其中 $h \in \widetilde{H}$. $\alpha = e_i - e_{i+1}$, $\beta = e_j - e_{j+1}$, $\alpha, \beta \in \Pi_0$. 显然 $x \in \widetilde{R}$. $x \neq 1$.

令 $x_1 = \widetilde{N}_r \widetilde{X}_r(t) \widetilde{X}_{r^*}(-u) h \tilde{y}_\alpha(b) \tilde{y}_\beta(b') \widetilde{X}_r(d^{-1}) \widetilde{X}_{r^*}(d')$. 由于 $\widetilde{R}$ 是正规的，所以 $x_1 \in \widetilde{R}$. 由 6.3 可知：

$$x_1 = \widetilde{N}_r h \widetilde{X}_r(d_1) \widetilde{X}_{r^*}(d_2) \tilde{y}_\alpha(b) \tilde{y}_\beta(b')$$

令 $x_2 = \tilde{y}_\beta(b')^{-1} \tilde{y}_\alpha(b)^{-1} \widetilde{N}_r h \widetilde{X}_r(d_1) \widetilde{X}_r(d_2)$. 显然 $x_2 \in \widetilde{R}$.

令 $h_1(x) = h_\alpha^1(2) h_\alpha^2(2)$. $\tilde{h}_{1(x)} = h_\alpha^1\left(\frac{1}{2}\right) h_\alpha^2\left(\frac{1}{2}\right) h_\beta^1(2) h_\beta^2(2)$.

显然 $x_3 = x_2^{-1} h_1(x) x_2 h_1(x)^{-1} = \tilde{h}_1(x) \widetilde{X}_r(-2d_1) \widetilde{X}_{r^*}(-2d_2) \in \widetilde{R}$.

令 $c \in K^*$，不难证明

$$x_4 = x_3^{-1} \widetilde{X}_r(c) x_3 \widetilde{X}_r(c)^{-1} = \widetilde{X}_r(3c) \in \widetilde{R}$$

引理得证.

b) 若 $r = 2e_l$, $r^* = e_{l-1} + e_l$，设 $\alpha = e_{l-1} - e_l$

令 $u_0' = \tilde{n}_W u_0 \tilde{n}_W^{-1}$，$x = \widetilde{N} u_0' \widetilde{N}^{-1} = \widetilde{X}_{-r}(t) \widetilde{X}_{-r^*}(u)$

显然 $x \in \widetilde{R}$. 由 5.2 可知 x 可表示为

$$x = \widetilde{X}(d^{-1}) \widetilde{X}_{r^*}(d') \widetilde{N}_r \widetilde{X}_r(t) \widetilde{X}_{r^*}(u) h \tilde{y}_\alpha(b).\ h \in \widetilde{H}$$

和 a) 类似可知有

$$x_1 = \tilde{y}_\alpha(b)^{-1} \widetilde{N}_r h \widetilde{X}_r(d_1) \widetilde{X}_{r^*}(d_2) \in \widetilde{R}.$$

令 $h_1(\chi) = h_\alpha^1(2) h_\alpha^2(2)$. $\tilde{h}_1(\chi) = h_\alpha^1\left(\frac{1}{4}\right) h_\alpha^2\left(\frac{1}{4}\right)$. 显然

$$x_2 = x_1^{-1} h_1(\chi) x_1 h(\chi)^{-1} = \tilde{h}_1(\chi) \widetilde{X}_r(-12d_1) \widetilde{X}_r(-12d_2) \in \widetilde{R}$$

令 $c \in K^*$，不难证明：$x_3 = x_2^{-1} \widetilde{X}_r(c) x_2 \widetilde{X}_r(-c) = \widetilde{X}_r(15c) \in \widetilde{R}$

引理得证.

类似于[4] 的 6.9，6.10、6.11、6.12，和 6.13 可证

6.8 引理 对于任一 Φ_1^* 中的根 s 有 $\widetilde{U}_s \subset \widetilde{R}$.

6.9 引理 $\widetilde{U} \subseteq \widetilde{R}$, $\widetilde{V} \subseteq \widetilde{R}$.

6.10 定理 $\widetilde{G} = \widetilde{C}_l^2(K)$ 为一单群

6.11 推论 $\widetilde{G} = \langle \widetilde{U}, \widetilde{V} \rangle$

关于 $|\widetilde{C}_l^2(p^2)|$ 的计算和 $\widetilde{C}_l^2(K)$ 与 $C_m(K_0)$ 同构的问题我们将在另外一文中讨论.

References

[1] C. Chevalley: Sur certain groupes simple, Tohoku Math. J. 7 (1955): 14-66.

[2] R. Steinberg, Variations on a theme of chevalley. pacific. J: Math. 9 (1959):875-891.
[3] R. Ree: A fainily of simple groups associated with the simple Lie algebra of type (G_2), (F_4). Amer. J. Math. 83(1961):401-420 .
[4] 陈仲沪：由内自同构构造的李型单群.数学年刊. vol. 1 (1980). No. 2. 161-176.
[5] R. Carter, Simple groups of Lie type: John wiley & son. 1972.

李型单群$\widetilde{C}_l^2(K)$的阶及其同构型

C. Chevalley 给出了由复单李代数 L 在域 K 上构造李型单群（或称为 Chevalley 群）的理论[1]．[2] 和[3] 利用单李代数 L 的图自同构和域 K 的自同构构造了挠的李型单群. 设 $L \cong C_l$，l 为偶数且 $l \geqslant 4$ 而域 $K = K_0(\sqrt{-1})$，其中 K_0 为一有序域时，[4] 利用 L 的对合内自同构域 K 的对合自同构构造了新的李型单群${}^2C_l(K)$. 在[4] 的基础上，[5] 进一步构造了李型单群 $\widetilde{C}_l^2(K)$，其中 $K = K_0(\sqrt{-1})$，域 K_0 的特征 $p > 3$. 当 K_0 为有限域 $GF(p)$ 时，$K = GF(p^2)$，这时 $\widetilde{C}_l^2(K) = \widetilde{C}_l^2(p^2)$ 为一有限单群. 本文计算了 $\widetilde{C}_l^2(p^2)$ 的阶，并进一步证明了 $\widetilde{C}_l^2(K) \cong C_m(K)$[6]，其中 $m = l/2$.

本文直接利用[4]，[5] 和[6] 的符号和定义而不加解释. 在 §1 中，我们计算了 $|\widetilde{C}_l^2(p^2)|$ 并证明了 $|\widetilde{C}_l^2(p^2)| = |C_m(p^2)|$. 在 §2 中我们进一步证明了 $\widetilde{C}_l^2(K) \cong C_m(K)$，其中 $K = K_0(\sqrt{-1})$，域 K_0 特征 $p > 3$，$m = l/2$.

§1　引理 1.1　$\widetilde{H} = H_0^1 : \langle \widetilde{h_r}(t),\ r \in \Phi_1^*,\ t \in K^*$ 且 t 满足 $Z\rangle$.

证　显然 $H_0^1 \subseteq \widetilde{H}$，以下要证 $\widetilde{H} \subseteq H_0^1$.

a) 设 $n_1 = \widetilde{N}_{r_p}\widetilde{N}_{r_{p-1}}\cdots\widetilde{N}_{r_1}$，且 n_1 的自然同态像为恒等变换 I. 由 Weyl 群和 Weyl 房的理论可知一定有 $r_i = r_1$，$i \neq 1$. 并且有：

$$\widetilde{N}_{r_i}\widetilde{N}_{r_j}\widetilde{N}_{r_i} = h_{s_j}(\eta)\widetilde{N}_{s_j} \text{ 其中 } \eta = \pm 1,\ s_j = \overline{W}_{r_i}^1 r_j$$

$\widetilde{N}_{r_j} h_r(\eta)\widetilde{N}_{r_j} = h_s(\eta')$，$s = \overline{W}_{r_j}^1 r$，$\eta$，$\eta' = \pm 1$；$\widetilde{N}_{r_i}^2 = h_{r_i}(-1)$. 利用以上结可知：

$$n_1 = \widetilde{N}_{r_p}\cdots\widetilde{N}_{r_{i+1}}\widetilde{N}_{s_{i+1}}\cdots\widetilde{N}_{s_2}h_1,\ \text{其中 } h_1 \in H_0^1.$$

经过有限次类似以上的步骤，我们有：

$$n_1 = h_t h_{t-1}\cdots h_2 h_1,\ t = p/2,\ h_i \in H_0^1,\ 1 \leqslant i \leqslant t$$

因此可知 $n_1 \in H_0^1$.

b) 若 $h \in \widetilde{H}$，显然 $h = \widetilde{N}_{r_p}(t_p)\widetilde{N}_{r_{p-1}}(t_{p-1})\cdots\widetilde{N}_{r_1}(t_1)$. 不难推出：

$$h = \widetilde{h}_{r_p}(t_p)\widetilde{h}_{s_{p-1}}(t_{p-1})\cdots\widetilde{h}_{s_1}(t_1)n_1,$$

其中 $n_1 = \widetilde{N}_{s_p}\widetilde{N}_{s_{p-1}}\cdots\widetilde{N}_{s_1}$，$s_i \in \Phi_1^*$ 并且 n_1 的自然同态像为 I. 由 a) 可知 $n_1 \in H_0^1$. 因此 $h \in H_0^1$. 引理得证.

由[4] 可知若 $r \in \Phi_1^*$，$r = \bar{r}$ 或者 r 为长根时，$t \in K^*$ 且 t 满足 Z，则 $\widetilde{h_r}(t) = h_{2e_i}(\mu)h_{2e_{i+1}}(\mu)$，$\mu \in K_0^*$，$i \in D$ 若. $r \in \Phi_1^*$，$r \neq \bar{r}$ 且 r 为短根，$t \in K^*$ 且 t 满足 Z，则

$$\widetilde{h}_r(t) = h_{2e_i}(\mu)h_{2e_{i+1}}(\mu)h_{2e_j}(\mu')h_{2e_{j+1}}(\mu'),\ \mu,\ \mu' \in K_0^*.\ i,\ j \in D,\ i \neq j.$$

由 1.1 和以上讨论可知：

推论 1.2 若 $h \in \widetilde{H}$,则 h 可表示为：

$$h = h_{2e_1}(\mu_1)h_{2e_2}(\mu_1)h_{2e_3}(\mu_3)h_{2e_4}(\mu_3)\cdots h_{2e_{l-1}}(\mu_{l-1})h_{2e_l}(\mu_{l-1})$$

其中 $\mu_i \in K_0^*$，$i \in D$.

引理 1.3 若 $h,\ h' \in \widetilde{H}$ 且 μ_i，$\mu_i' \in K_0^*$，$i \in D$ 并且

$$h = h_{2e_1}(\mu_1)\ h_{2e_2}(\mu_1)h_{2e_3}(\mu_3)h_{2e_4}(\mu_3)\cdots h_{2e_{l-1}}(\mu_{l-1})h_{2e_t}(\mu_{l-1}),$$

$$h' = h_{2e_1}(\mu_1')h_{2e_2}(\mu_1')h_{2e_3}(\mu_3')\ h_{2e_4}(\mu_3')\cdots h_{2e_{l-1}}(\mu'_{l-1})h_{2e_l}(\mu'_{l-1})$$

则 $h = h'$ 的充要条件为 $\mu_i = \mu_i'\eta$，$i \in D$，$\eta^2 = 1$，$\eta \in K^*$.

证 设 $r = 2e_i$，$e_r \in C_b$，显然 $he_r = \mu_i^2 e_r$，$h'e_r = \mu_i'^2 er$. 由 $h = h'$ 可知 $\mu_i^2 = \mu_i'^2$，$i \in D$. 因此 $\mu_i' = \mu_i\eta_i$，$\eta_i \in K^*$，$\eta_i^2 = 1$. 设 $s = e_i - e_j$，$e_s \in C_b$，显然 $he_s = \mu_j\mu_j^{-1}e_s$，$h'e_s = \mu_i'\mu_j'^{-1}e_s$. 由 $h = h'$ 可知 $\mu_i\mu_j^{-1} = \mu_i'\mu_j'^{-1} = \mu_i\mu_j^{-1}\eta_i\eta_i^{-1}$. 因此 $\eta_i = \eta_j = \eta$，$i,\ j \in D$，$i \neq j$，其中 $\eta \in K^*$ 且 $\eta^2 = 1$. 所以必要性成立. 反之若 $\mu_i' = \mu_i\eta$，$\eta \in K^*$ 且 $\eta^2 = 1$，$i \in D$，则显然有 $h = h'$，充分性得到证明.

定义 1.4 令 $\hat{H}$：$\{h_{2e_1}(\mu_1)h_{2e_2}(\mu_1)h_{2e_3}(\mu_3)h_{2e_4}(\mu_3)\cdots h_{2e_{l-1}}(\mu_{l-1})h_{2e_l}(\mu_{l-1}),\ \mu_i \in K_0^*,\ i \in D\}$.

推论 1.5 $|\widetilde{H}| = (2 \cdot p^2 - 1)^{-1}\ |\hat{H}|$

定义 1.9 $\hat{B} = \widetilde{U}\hat{H}\widetilde{Y}$，$\hat{G} = \bigcup\limits_{w \in W^1} \hat{B}\,\widetilde{n_w}\hat{B}$，$n_\omega \in N_e^1$.

令 $\Phi_1^+ = \Phi_1^* \cup \Pi^0$，若 $w \in W^1$，令 $J_{\bar{w}}$：$\{r \mid r \in \Phi_1^+,\ wr \in \Phi^-\}$. 设 $\lambda_w = |J_{\bar{w}}|$. 由[5] 的 5.7 可知

引理 1.8 $|\widetilde{G}| = |\widetilde{H}|\,|\widetilde{U}|\,(\sum\limits_{w \in W^1} p^{\lambda_W})$，$|\hat{G}| = |\hat{H}|\,|\widetilde{U}|\,(\sum\limits_{w \in W^1} p^{\lambda_W})$

为了计算方便起见，我们把符号后面加上(2k) 以表示在 $L \cong C_{2k}$ 的情况下进行讨论. 例如 $\widetilde{G}(2k)(K)$ 表示 $\widetilde{C}_{2k}^2(K)$；$\Phi(2k)$，$\Phi^+(k)$，$\Pi(2k)$ 分别表示 $L \cong$

C_{2k} 时的根系，正根系和素根系.

引理 1.9 $|\hat{G}(2m)| = |\hat{G}(2m):\hat{G}(2m-2)||\hat{G}(2m-2):\hat{G}(2m-4)|\cdots|\hat{G}(2):1|$.

以下我们先计算 $|\hat{G}(2k):\hat{G}(2k-2)| = M_{2k}$.

设 $D(2k)$: $\{1, 3, 5, \cdots, 2k-1\}$,显然 $\Phi'(2k)$: $\{\pm e_i' \pm e_j', \pm 2e_i', i, j \in D(2k), i \neq j\}$ 为 $\Phi(2k)$ 在 $\Gamma^+(2k)$ 上的投影,其中 $e_i' = \frac{1}{2}(e_i + e_{i+1})$, $i \in D(2k)$. 而 $\Phi^{+\prime}(2k)$: $\{e_i' \pm e_j', 2e_i', i, j \in D(2k), i < j\}$ 为 $\Phi^+(2k)$ 在 $\Gamma^+(2k)$ 上的投影. 我们规定

$\Phi[2k] = \Phi(2k)/\Phi(2k-2)$: $\Phi'[2k] = \Phi'(2k)/\Phi'(2k-2) \cong \Phi(k)/\Phi(k-1)$. 显然 $\Phi[2k]$: $\{\pm e_h \pm e_i, \pm 2e_h, h = 1.2, 2 < i \leqslant 2k, \pm e_1 \pm e_2\}$. 并且 $\Phi^+[2k] = \Phi^+(2k)/\Phi^+(2k-2)$: $\{e_h \pm e_i, 2eh, h = 1, 2, 2 < i \leqslant 2k, e_1 \pm e_2\}$. 不难验证: $\Phi'[2k]$: $\{\pm e_1' \pm e_j', \pm 2e_1', j \in D(2k), j \neq 1\}$ 且 $\Phi^{+\prime}[2k] = \Phi^{+\prime}(2k)/\Phi^{+\prime}(2k-2)$: $\{e_1' \pm e_j', 2e_1', j \in D(2k), j \neq 1\}$. 令 $\Phi_1^+[2k] = \Phi_1^+(2k) \cap \Phi^+[2k]$; $\Phi_1^*[2k] = \Phi_1^*(2k) \cap \Phi^+[2k]$. 不难推导出: $\Phi_1{}^+[2k]$: $\{e_2 - e_j, e_2 + e_{j+1}, j \in D(2k), j > 2; 2e_2, e_1 \pm e_2\}$, $\Phi_1^*[2k] = \Phi_1^+[2k]/\alpha_1$, 其中 $\alpha_1 = e_1 - e_2$. 以 $W^{1\prime}(2k)$ 表示 $W^1(2k)$ 在 $\Gamma^+(2k)$ 上的限制. 由[5]可知 $W^{1\prime}(2k) \cong W(k)$, 其中 $W(k)$ 为单李代数 C_k 的 Weyl 群. 令 $W^1[2k] = W^1(2k)/W^1(2k-2)$, $W^{1\prime}[2k] = W^{1\prime}(2k)/W^{1\prime}(2k-2)$. 由[5]可知 $W^{1\prime}[2k] \cong W(k)/W(k-1) = W[k]$.

令 A_i' 为以下变换: $A_i'e_1' = e_i'$, $i \in D(2k)$, $A_i'e_j' = e_j'$, $j \in D(2k)$, $j \neq i, 1$, $A_i'e_i' = e_1'$.

令 B_i' 为以下变换: $B_i'e_1' = -e_i'$, $i \in D(k)$, $B_i'e_j' = e_j'$, $j \in D(2k)$, $j \neq i, 1$, $B_i'e_i' = e_1'$.

不难证明 $W^{1\prime}[2k] \cong W[k]$: $\{A_i', B_i', i \in D(2k)\}$.

令 A_i 为以下变换: $A_ie_1 = e_i$, $A_ie_2 = e_{i+1}$, $i \in D(2k)$, $A_ie_j = e_j$, $2 < j \leqslant 2k$ 且 $j \neq i; i+1$, $A_ie_i = e_1$, $A_ie_{i+1} = e_2$.

令 B_i 为以下变换: $B_ie_1 = -e_i$, $B_ie_2 = -e_{i+1}$, $i \in D(2k)$, $B_ie_j = e_j$, $2 < j \leqslant 2k$, 且 $j \neq i, i+1$, $B_ie_i = e_1$, $B_ie_{i+1} = e_2$.

设 τ 为下列变换: $\tau e_1 = e_2$, $\tau e_2 = e_1$, $\tau e_i = e_i$, $2 < i \leqslant 2k$: 不难证明 $W^1[2k]$: $\{A_i, B_i, \tau A_i, \tau B, i \in D(2k)\}$.

设 $w \in W^1[2k]$，令 $J_{\overline{W}}[2k]$：$\{r \mid r \in \Phi_1^+[2k],\ wr \in \Phi^-\}$；设 $w' \in W^{1}{}'[2k]$，令 $\Phi_W^1{}'[2k]$：$\{r' \mid r' \in \Phi_1^+{}'[2k],\ w'r' \in \Phi^{-1}\}$.

经过计算不难得到：设 $i \in D(2k)$，

$$\Phi \overline{A}_i'：\{e_1{}' - e_j{}',\ 1 < j \leqslant i,\ j \in D(2k)\}.$$

$\Phi \overline{B}_i'$：$\{e_1{}' - e_j{}',\ 1 < j \leqslant 2k,\ e_1{}' + e_h{}',\ i < h \leqslant 2k,\ j,\ h \in D(2k),\ 2e_1{}'\}$.
并且可知 $|\Phi \overline{A}_i'| = i - 1$，$|\Phi \overline{B}_i'| = 2k + i - 1 + 1$.

类似以上的方法可得到：设 $i \in D(2k)$，

$$J\overline{A}_i：\{e_2 - e_{j+1},\ 1 < j \leqslant i,\ j \in D(2k)\}$$

$$J\tau A_i = J\overline{A}_i \cup \{\alpha_1\}，其中\ \alpha_1 = e_1 - e_2.$$

$J\overline{B}_i$：$\{e_2 - e_j, 2 < j \leqslant 2k, e_2 + e_{h+1}, i \leqslant h \leqslant 2k, j, h \in D(2k), 2e_2, e_1 - e_2\}$，

$$J\tau \overline{B}_1 = J\overline{B}_i/\alpha_1.$$

经过计算我们得到：设 $i \in D(2k)$，

$$|J\overline{A}_i| = \lambda_i = 2(i-1)，|J\tau\overline{A}_i| = \lambda_i{}' = 2(i-1) + 1$$

$$|J\overline{B}_i| = u_i = 4(k-1) - 2(i-1) + 3,$$

$$|J\tau\overline{B}_i| = u_i{}' = 4(k-1) - 2(i-1) + 2$$

设 $N_k^1 = |\Phi_1^*[2k]|$，并且不难知道：

$$N = |\Phi_1^*(2m)| = 2m^2 = \sum_{k=1} N_k$$

设 $r \in \Phi_1^*$，令 $\widetilde{U}_r$：$\{\widetilde{X}_r(t),\ t \in K,\ t\ 满足\ Z\}$，若 $r \in \Pi^0$，令 $\widetilde{U}_r$：$\{x_r(t),\ t \in \sqrt{-1}K_0\}$. 设 $w \in W^1[2k]$，令 $\widetilde{U}_{\overline{W}}[2k]$：$\{\widetilde{U}_r,\ r \in J_{\overline{W}}[2k]\}$. 设 $\widetilde{U}[2k] = \widetilde{U}(2k)/\widetilde{U}(2k-2)$，$\hat{H}[2k] = \hat{H}(2k)/\hat{H}(2k-2)$. 我们有 $|\widetilde{U}[2k]| = p^{N_k}$，$|\hat{H}[2k]| = p - 1$. 由[5]的 5.7 和以上的讨论有：

$$\begin{aligned} M_{2k} &= |\widetilde{U}[2k]|\,|\hat{H}[2k]|\,\Big(\sum_{w \in W^1} |\widetilde{U}_{\overline{W}}[k]|\Big) \\ &= p^{N_k}(p-1)\Big(\sum_{i=1}^{k}(p^{\lambda_i} + p^{\lambda_i{}'} + p^{u_i} + p^{u_i{}'})\Big) \\ &= p^{N_k}(p-1)(p+1)(p^{2k}+1)\Big(\sum_{i=1}^{k} p^{2(k-1)}\Big) \\ &= p^{N_k}(p^{4k}-1). \end{aligned}$$

由 1.8 和 $\prod_{k=1}^{n} p^{N_k}(p^{4k}-1) = p^N \prod_{k=1}^{m}(p^{4k}-1)$ 可知：

定理 I 设 $l = 2m$，则 $|\widetilde{C}_l^2(p^2)| = (2,\ p^2-1)^{-1} p^N \prod_{k=1}^{m}(p^{4k}-1)$.

推论 1.10 $|\widetilde{C}_l^2(p^2)| = |C_m(p^2)| = |PS_{p_{2m}}(p^2)|$.

§2 令 $\overline{D}$：$\{2, 4, 6, \cdots, l\}$，$\widetilde{\Phi}$：$\{\pm e_i \pm e_j, \pm 2e_i, i, j \in \overline{D}, i < j\}$，$\widetilde{\Phi}^+$：$\{e_i \pm e_j, 2e_i, i, j \in \overline{D}, i < j\}$，$\widetilde{\Pi}$：$\{e_2 - e_4, e_4 - e_8, \cdots, e_{l-1} - e_l, 2e_l\}$.

显然$\widetilde{\Phi}$为一根系，$\widetilde{\Phi}^+$和$\widetilde{\Pi}$分别为$\widetilde{\Phi}$的一组正根系和素根系. 设Φ'，$\Phi^{+\prime}$和Π'分别为Φ，Φ^+和Π在Γ^+上的投影；$\Phi(m)$，$\Phi^+(m)$，$\Pi(m)$分别为单李代数C_m的根系，素根系. 不难证明.

引理 2.1 $\widetilde{\Phi} \cong \Phi' \cong \Phi(m)$，$\widetilde{\Pi} \cong \Pi' \cong \Pi(m)$.

设$r \in \Phi$，以$I(r)$表示集合：$\{s \mid s \in \Phi, s' = r'\}$，其中$s'$和$r'$分别为$s$和$r$在$\Gamma^+$上的投影. 我们令$\Sigma_1^*$：$\{r \mid r = r = \min I(s), s \in \Phi^*\}$，不难证明.

引理 2.2 若$r \in \Sigma_1^*$，则$I(r)$包含一个且包含一个$\widetilde{\Phi}^+$中的元素.

设$s \in \widetilde{\Phi}^+$，若s为短根，那么$s = e_i + e_j$，$i, j \in \widetilde{D}$，$i < j$，这时我们令$s^* = e_i \pm e_{j-1}$；若s为长根，那么$s = 2e_i$，$i \in \overline{D}$，这时我们令$s^* = e_{i-1} + e_i$. 显然$I(s) = \{s, \bar{s}, s^*, \bar{s}^*\}$. 设$s \in \widetilde{\Phi}^-$，$t = -s$，令$s^* = -r^*$.

若$s \in \widetilde{\Phi}$，令$\widetilde{X}_s^1(t) = x_s(t)x_{\bar{s}}^-(\bar{t})$，$t \in K$.

设$t = u + \sqrt{-1}v \in K$，其中$u, v \in K$，而$s \in \widetilde{\Phi}^+ (\in \widetilde{\Phi}^-)$. 若$\mu_s = 1(\mu_{-s} = 1)$，这时令$\bar{x}_s(t) = \widetilde{X}_s^1(u)\widetilde{X}_{s^*}^1(\sqrt{-1}v)$；若$\mu_s = -1(\mu_{-s} = -1)$，这时令$\bar{x}_s(t) = \widetilde{X}_s^1(\sqrt{-1}v)\widetilde{X}_{s^*}^1(u)$.

不难证明：

引理 2.3 设$s \in \Phi_1^*$，$t = u + \sqrt{-1}v \in K$，$u, v \in K_0$，$r \in \widetilde{\Phi}^+$，并且$r \in I(s)$，那么当$\mu_r = 1$时，$\bar{x}_r(t) = \widetilde{X}_S(u)\widetilde{X}_{s^*}(\sqrt{-1})$；当$\mu_r = -1$时，$\overline{x_r}(t) = \widetilde{X}_S(\sqrt{-1}v)\widetilde{X}_r^*(u)$.

显然有：

引理 2.4 设$s \in \widetilde{\Phi}$，$t_1, t_2 \in K$，则$\bar{x}_s(t_1)\bar{x}_s(t_2) = \bar{x}_s(t_1 + t_2)$.

设$s_1, s_2 \in \widetilde{\Phi}$，令$I(s_1, s_2)$：$\{r \mid r \in \Phi, r' = is_2' + js_1', i, j$为正整数$\}$，其中$r'$，$s_1'$，$s_2'$分别为$r$，$s_1$，$s_2$在$\Gamma^+$上的投影.

引理 2.5 设$s_1, s_2 \in \widetilde{\Phi}$，$t_1 = u_1 = \sqrt{-1}v$，$t_2 = u_2 + \sqrt{-1}v_2 \in K$，其中$u, u_2, v_1, v_2 \in K$. 则当$s_1 \neq s_2$时，

$$x = [\bar{x}_{s_1}(t_1), \bar{x}_{s_2}(t_2)] = \prod_{i,j>0} \bar{x}_{is_2 + js_1} C_{ij} s_2 s_1 (-t_2)^i t_1^j \qquad (A)$$

其中i，j为正整数且$is_2 + js_1 \in \widetilde{\Phi}$，$C_{ij}s_2s_1$为[6]中5.2.2所给出.

证 令$Ret_1t_2 = u_1u_2 - v_1v_2$，$Imt_1t_2 = \sqrt{-1}(u_1v_2 + u_2v_1)$

a) 设 s_1 和 s_2 都为短根，这时 $i, j \leqslant 1$，设 $s = s_1 + s_2 \in \Phi$,不难证明：

$$s = s_1 + s_2 = s_1^* + \overline{s_2}^*, \quad \overline{s_2} = \overline{s_1} + \overline{s_2} = \overline{s_1}^* + s_2^*$$

$$s^* = s_1 + s_2^* = s_1^* + \overline{s_2}, \quad \bar{s}^* = \overline{s_1} + \overline{s_2}^* = \overline{s_1}^* + s_2$$

且 $I(s_1, s_2) = I \cup \bar{I}$，其中 I：$\{s_1 + s_2, s_1^* + \overline{s_2}^*, s_1 + s_2^*, s_1^* + \overline{s_2}\}\bar{I}$：$\{\bar{r}, r \in I\}$. 并且不难证明只有以下 4 种情况：1) $\mu_{s_1} = 1$，$u_{s_2} = 1$，这时 μ_s 只能为 1，设 $-C = C_{11}s_2s_1$，有

$$\begin{aligned}
x &= \left[\widetilde{X}_{s_1}^1(u_1)\widetilde{X}_{s_1^*}^1(\sqrt{-1}v_1), \widetilde{X}_{s_2}^1(u_2)\widetilde{X}_{s_2^*}(\sqrt{-1}v_2)\right] \\
&= x_{s_1+s_2}(Cu_1u_2)x_{\bar{s}_1+\bar{s}_2}(Cu_1u_2)x_{s_1^*+\bar{s}_2^*}(-Cv_1v_2) \\
&\quad X_{\bar{s}_1+s_2}(Cu_1u_2)X_{\bar{s}_1^*+s_2^*}(-Cv_1v_2) \\
&\quad X_{s_1+s_2}(Cu_1u_2)X_{\bar{s}_1^*+s_2^*}(-Cv_1v_2) \\
&\quad X_{s_1+s_2^*}(\sqrt{-1}Cu_1v_1)X_{s_1^*+\bar{s}_2}(\sqrt{-1}Cu_2v_1) \\
&\quad x_{\overline{s_1}+\overline{s_2}^*}(-\sqrt{-1}u_1v_2)x_{\bar{s}^*+s_2}(-\sqrt{-1}Cu_2v_1) \\
&= x_s(C(u_1u_2 - v_1v_2))x_{\bar{s}}(C(u_1u_2 - v_1v_2)) \\
&\quad x_{s^*}(\sqrt{-1}C(u_1v_2 + u_2v_1))x_{\bar{s}^*}(\sqrt{-1}C(u_1v_2 + u_2v_1)) \\
&= \widetilde{X}_s^1(CRt_1t_2)\widetilde{X}_{s^*}^1(CImt_1t_2) = \bar{x}_s(-C_{11}s_2s_1t_1t_2)
\end{aligned}$$

在以上推导中利用了关系(Ⅰ)：$C_{11}r_1r_2 = \lambda_{r_1r_2}C_{11}s_2s_1$，其中 $r_1, r_2 \in I(s_1) \cup I(s_2)$ 且 $r_1 + r_2 \in I(s_1, s_2)$，$\lambda_{r_1r_2} = \pm 1$.

由以上推导可知对时 (A) 成立.

2) $\mu_{s_1} = 1$，$\mu_{s_2} = -1$，这时 μ_s 只能为 -1，设 $-C_{11}s_2s_1 = C$，有

$$\begin{aligned}
x &= \left[\widetilde{X}_{s_1}^1(u_1)\widetilde{X}_{s_1^*}^1(\sqrt{-1}, v_1)\widetilde{X}_{s_2}^1(\sqrt{-1}v_2)X_{s_2^*}^1(u_2)\right] \\
&= x_{s_1+s_2}(\sqrt{-1}Cu_1v_2)x_{s_1^*+\bar{s}_2^*}(\sqrt{-1}Cv_1u_2) \\
&\quad x_{s_1+\bar{s}_2}(-\sqrt{-1}Cu_1v_2)x_{\bar{s}_1^*+s_2^*}(\sqrt{-1}Cu_2v_1) \\
&\quad x_{s_1+s_2^*}(Cu_1u_2)x_{s_1^*+\bar{s}_2}(-Cv_1v_2) \\
&\quad x_{\bar{s}_1+\bar{s}_2^*}(Cu_1u_2)x_{s_1^*+\bar{s}_2} - (Cv_1v_2) \\
&= x_s(\sqrt{-1}C(u_1v_2 + u_2v_1)x_{\bar{s}}(\sqrt{-1}C(u_1v_2 + u_2v_1)) \\
&\quad x_{s^*}(Cu_1u_2 - v_1v_2)x_{\bar{s}*}(C(u_1u_2 - v_1v_2)) \\
&= \widetilde{X}_s^1(CImt_1t_2)\widetilde{X}_{s^*}^1(CRet_1t_2) = \overline{x_s}(-C_{11}s_2s_1t_1t_2)
\end{aligned}$$

在以上推导中利用了 3(Ⅰ). 可知这时(A) 成立.

3) $\mu_s = -1$，$\mu_{s_2} = -1$，这时 u_s 只能为 -1，类似于 2)，我们不难推出：

$$x = \left[\widetilde{X}_{s_1}^1(\sqrt{-1}v_1)\widetilde{X}_{s_1^*}^1(u_1), \widetilde{X}_{s_2}^1(u)\widetilde{X}_{s_1^*}^1 \sqrt{-1}v_2)\right]$$

$$= \widetilde{X}_s^1(CImt_1t_2)\widetilde{X}_{s^*}^1(CRet_1t_2) = \bar{x}_s(-C_{11}s_2s_1t_1t_2)$$

可知这时(A) 成立.

4) $\mu_{s_1}=-1$，$\mu_{s_2}=-1$，这时 u_s 只能为 1，类似于 1)，我们不难推出：

$$x = [\widetilde{X}_{s_1}^1(\sqrt{-1}v_1)\widetilde{X}_{s_1^*}^1(u_1),\ \widetilde{X}_{s_2}^1(\sqrt{-1}v_2)\widetilde{X}_{s_2^*}^1(u_2)]$$
$$= \widetilde{X}_s^1(CRet_1t_2)\widetilde{X}_{s^*}^1(CImt_1t_2) = \bar{x}_s(-C_{11}s_2s_1t_1t_2).$$

可知这时(A) 式成立.

显然,只可能在 1) 4) 两种情况中 $s=s_1+s_2$ 才能为长根.

b) 设 s_1 为短根 s_2 为长根，这时 $i\leqslant 1$，$j\leqslant 2$. $r_1=s_1+s_2$，$r_2=2s_1+s_2\in\widetilde{\Phi}$，不难证明：

$$r_1 = s_1+s_2 = s_1^*+\bar{s}_2^*,\ \bar{r}_1 = \bar{s}_2+\bar{s}_2 = \bar{s}_1^*+s_2^*$$
$$r_1^* = s_1+s_2 = s_1^*+\bar{s}_2,\ \bar{r}_1^* = \bar{s}_1+\bar{s}_2^* = \bar{s}_1^*+s_2$$
$$r_2 = 2s_1+s_2 = 2s_1^*+\bar{s}_2 = s_1+s_1^*+s_2^*,$$
$$\bar{r}_2 = 2\bar{s}_1+\bar{s}_2 = 2\bar{s}_1^*+s_2 = \bar{s}_1+\bar{s}_1^*+\bar{s}_2^*$$
$$r_2^* = s_1 = \bar{s}_1+s_2^* = s_1^*+\bar{s}_2^* = \bar{s}_1+s_1^*+\bar{s}_1+\bar{s}_1^*+s_2 = \bar{r}_2^*$$

且 $I(s_1,s_2)=I\cup\bar{I}\cup J\cup\bar{J}$,其中 J：$\{2s_1+s_2,\ 2s_1^*+\bar{s}_2,\ s_1+s_1^*+s_2^*,\ s_1+\bar{s}_1+s_2^*,\ s_1^*+\bar{s}_1^*+s_2^*,\ \bar{s}_1+s_1^*+\bar{s}_2\}$，$\bar{J}$：$\{\bar{r},\ r\in J\}$.

1. 若 $\mu_s=1$，设 $-C_1=C_{11}s_2s_1$，$-C_2=C_{12}s_2s_1$，有：

$$x = [\widetilde{X}_{s_1}^1(u_1)\widetilde{X}_{s_1^*}^1(\sqrt{-1}v_1),\ \widetilde{X}_{s_2}^1(u_2)\widetilde{X}_{s_2^*}^1(\sqrt{-1}v_2)]$$
$$= x_{s_1+s_2}(C_1u_1u_2)x_{s_1^*+\bar{s}_2^*}(-C_1v_1v_2)x_{\bar{s}_1+\bar{s}_2}(C_1u_1u_2)$$
$$x_{\bar{s}_1^*+s_2^*}(C_1v_1u_2)x_{s_1+s_2^*}(\sqrt{-1}C_1u_1v_2)$$
$$x_{s_1^*+\bar{s}_2}(\sqrt{-1}C_1u_2v_1)x_{\bar{s}_1+\bar{s}_2^*}(-\sqrt{-1}C_1u_1v_2)$$
$$x_{\bar{s}_1^*+s_2}(-\sqrt{-1}C_1u_2v_1)$$
$$x_{2s_1+s_2}(C_2u_1^2u_2)x_{2s_1^*+\bar{s}_2}(-C_2v_1^2u_2)x_{s_1+s_1^*+s_2^*}(-2C_2u_1v_1v_2)$$
$$x_{2\bar{s}_1+\bar{s}_2}(C_2u_1^2u_2)x_{2\bar{s}_1^*+s_2}(-C_2v_1^2u_2)x_{\bar{s}_1+\bar{s}_1^*+\bar{s}_2^*}(-2C_2u_1v_1v_2)$$
$$x_{s_1+\bar{s}_1+s_2^*}(\sqrt{-1}C_2u_1^2v_2)x_{s_1^*+\bar{s}_1^*+s_2^*}(\sqrt{-1}C_2v_1^2v_2)$$
$$x_{\bar{s}_1+s_1^*+\bar{s}_2}(\sqrt{-1}(C_2u_1v_1u_2)x_{s_1+\bar{s}_1^*+s_2}(\sqrt{-1}C_2u_1v_1u_2)$$
$$= \widetilde{X}_{r_1}^1(C_1\ Ret_1t_2)\widetilde{X}_{r_1^*}^1(C_1Imt_1t_2)\widetilde{X}_{r_1}^1(C_2((u_1^2-v_1^2)u_2-2u_1v_1v_1))$$
$$\widetilde{X}_{r_2^*}^1(\sqrt{-1}C_2((u_1^2-v_1^2)v_2+2u_1v_1v_2))$$
$$= \bar{x}_{r_1}(-C_{11}s_2s_1t_1t_2)\bar{x}_{r_2}(-C_{12}s_2s_1t_1^2t_2)$$

在以上推导中利用了(Ⅰ)和类似于(Ⅰ)的关系.由以上推导可知这时(A)

成立.

2) 若 $\mu_{s_1}=-1$，类似于 1)，我们不难推出：

$$x=[\widetilde{X}_{s_1}^1(\sqrt{-1}v_1)\widetilde{X}_{s^*}^1(u_1),\widetilde{X}_{s_2^*}^1(\sqrt{-1}v_2)]$$
$$=\overline{x}_{r_1}(C_{11}s_1s_2t_1t_2)\overline{x}_{r_2}(-C_{12}s_2s_1t_1^2t_2)$$

可知这时(A) 成立.

c) 设 s_1 为长根 s_2 为短根，类似于 b)，我不难证明这时(A) 成立.

d) 设 s_1 和 s_2 都为长根，这时显然 $s_1+s_2\notin\widetilde{\Phi}$. 而且不难证明 $I(s_1,s_2)$ 为空集 $\emptyset$.

a)b)c)d) 可知引理成立.

定义 2.6 设 $s\in\widetilde{\Phi}$，$t\in K^*$，令 $\overline{N}_s(t)=\overline{x}_s(t)\overline{x}_{-s}(-t^{-1})\overline{x}_s(t)$，$\overline{h}_s(t)=\overline{N}_s(t)\overline{N}_s(-1)$.

若 $-\alpha=e_i-e_{i-1}\in\Pi^\circ,i\in D,b\in K$,如果 $b=0$,令 $\tilde{y}_\alpha(b)=\widetilde{N}_\alpha h_\alpha(-1)$. 如果 $b\neq 0$ 且 $\bar{b}=-b$，令 $\tilde{y}_\alpha(b)=h_{2e_i}(\sqrt{-1}a\overline{b^{-1}})h_{2e_{i+1}}(-\sqrt{-1})x_\alpha(a)n_\alpha x_\alpha(b)$，$a^{-1}=(b+\overline{b^{-1}})$. 若 $r=\pm 2e_i$，$i\in\overline{D}$，令 $\alpha=\pm e_{i-1}\mp e_i$，若 $r=\mp e_i\pm e_j$，i，$j\in\overline{D}$，$i<j$，令 $\alpha_1=\pm e_{i-1}\mp e_i$，$\alpha_2=\mp e_{j-1}\pm e_j$，$s_1=\pm 2e_i$，$s_2=\pm 2e_j$.

引理 2.7 设 $s\in\widetilde{\Phi}$，$r=\mathrm{Min}I(s)$，$t=u+\sqrt{-1}v\in K$，u，$v\in K_0$，$\widetilde{K}=K_0^*\cup\sqrt{-1}K_0^*$.

1. 若 $t\in\widetilde{K}$，则 $\overline{N}_s(t)=\widetilde{N}_r(t)$ 或 $\overline{N}_s(t)=\widetilde{N}_{r*}(t)$，

2. 若 $t\in K^*\backslash\widetilde{K}$，

a) 如果 $r=\pm 2e_i$，$i\in\overline{D}$，则 $\overline{N}_s(t)=\widetilde{N}_rh_s^1(\eta_2v)\tilde{y}_\alpha(b)$，$b=\sqrt{-1}\eta_2v^{-1}u$，

b) 如果 $r=e_i\pm e_j$，i，$j\in\overline{D}$，$i<j$，则 $\overline{N}_s(t)=\widetilde{N}_rh_{s_1}^1(t_0)h_{s_2}^1(\overline{t_0}')\tilde{y}_{\alpha_1}(b_1)\tilde{y}_{\alpha_2}(b_2)$，其中 $b_1=\sqrt{-1}\xi_2v^{-1}u$，$b_2=\sqrt{-1}\xi v^{-1}u$，$t_0=\xi v$，$t_0{}'=\xi vd(t)^{-1}$，($\mu_r=1$ 时)，$b_1=\sqrt{-1}\xi_2u^{-1}v$，$b_2=\sqrt{-1}\xi u^{-1}v$，$t_0=\xi u$，$t_0{}'=ud(t)^{-1}$($\mu_r=-1$ 时)，$d(t)u^2+v^2$.

证 a) 设 $s=2e_1$，设 $t\in\widetilde{K}$,由 $s\pm\bar{s}\notin\Phi$ 可知这时引理成立. 以下设 $t\in K^*\backslash\widetilde{K}$. 由[4]的 5.2 和[5]的 5.1 知：$\overline{x}_{-s}(t)=\widetilde{X}_r(ud(t)^{-1})\widetilde{X}_{r^*}(\sqrt{-1}vd(t)^{-1})\widetilde{N}_rh_s^1(\eta_2v)\tilde{y}_\alpha(b)\widetilde{X}_r(ud(t)^{-1})\widetilde{X}_{r^*}(-\sqrt{-1}vd(t)^{-1})$，$b=\sqrt{-1}\eta_2v^{-1}u$，而 $t^{-1}=(u-\sqrt{-1}v)d(t)^{-1}=ud(t)^{-1}-\sqrt{-1}vd(t)^{-1}$，因此有：

$$\overline{N}_s(-t^{-1})=\overline{x}_s(-t^{-1})\overline{x}_{-s}(t)\overline{x}_s(-t^{-1})$$
$$=\overline{x}_s(-t^{-1})\overline{x}_s(t^{-1})\widetilde{N}_th_s^1(\eta_2v)\tilde{y}_\alpha(b)\overline{x}_s(t^{-1})\overline{x}_s(-t^{-1})$$

$= \widetilde{N}_r h_s^1(\eta_2 v)\tilde{y}_\alpha(b)$

若$s = \pm 2e_i$，$i \in \overline{D}$，显然有$w \in \widetilde{W}$：$\langle w_r, r \in \widetilde{\Phi}\rangle$使得$ws = 2e_1$. 并且由此可证有$w_1 \in W^1$使得$w_1 s = 2e_1$. 因此引理对于$\widetilde{\Phi}$中任意的长根也成立. 对于$\widetilde{\Phi}$中的短根也可类似以上对长根的方法证明引理成立.

推论 2.8 设$t \in \widetilde{K}$，若$t \in K_0^*$，则令$c = t$，若$t \in \sqrt{-1}K_0^*$，则令$c = \sqrt{-1}t$.

a) 设$s \pm 2e_i$，$i \in \overline{D}$，若$t \in \widetilde{K}$，则$\bar{h}_s(t) = \widetilde{h_s}(c)$，若$t \in K^* \backslash \widetilde{K}$，则$\bar{h}_s(t) = h_s^1(\eta_2 v^{-1})\tilde{y}_{-\alpha}(b)$；

b) 设$s = \pm e_i \pm e_j$，$i, j \in \overline{D}$，$i < j$，若$t \in \widetilde{K}$，则$\overline{h_s}(t) = h_{s_1}^1(c)h_{s_2}^1(c_2)$，$c_1 = c$ 或 c^{-1}，$c_2 = c$ 或 c^{-1}. 若 $t \in K^*/\widetilde{K}$，则 $\bar{h}_s(t) = h_{s_1}^1(t_0^{-1})h_{s_2}^1(t_0{}'^{-1})\tilde{y}_{-\alpha_1}(b_1)\tilde{y}_{-\alpha_2}(b_2)$.

引理 2.9 设$s \in \widetilde{\Phi}$，$t_1 = u_1 + \sqrt{-1}v_1$，$t_2 = u_2 + \sqrt{-1}v_2 \in K^*$，$u_1$，$u_2$，$v_1$，$v_2 \in K_0$，则

$$\overline{h_s}(t_1)\,\overline{h_s}(t_2) = \overline{h_s}(t_1 t_2) \tag{B}$$

证 a) 设$s = \pm 2e_i$，$i \in \overline{D}$分以下4种情况讨论：

Ⅰ) 若t_1，$t_2 \in \widetilde{K}$，显然(B)式成立.

Ⅱ) 若$t_1 \in K^* \backslash K$，$t_2 = c \in \widetilde{K}$，设$t_2 = c \in K_0{}^*$，这时$t_1 t_2 = t_2 u_1 + \sqrt{-1}t_2 v_1$ 而

$$\overline{h_s}(t_1)\,\overline{h_s}(t_2) = h_s^1(v_1^{-1})\tilde{y}_\alpha(b)\,\widetilde{h_S}(t_2^{-1}) = h_S^1(\eta_2 v_1^{-1}t_1^{-1})\tilde{y}_{-\alpha}(b)$$

而$b = \sqrt{-1}\eta_2 v_1^{-1}u_1 = -1\eta_2(t_2 u_1)(t_2 v_1)^{-1}$. 因此(B)式成立.

设$t_2 \in \sqrt{-1}K_0{}^*$，可以类似证明(B)式成立.

Ⅲ) 若$t_1 \in \widetilde{K}$，$t_2 \in K^* \backslash K$，类似Ⅱ)可证明(B)式成立.

Ⅳ) 若t_1，$t_2 \in K^* \backslash \widetilde{K}$，这时$b_1 = \sqrt{-1}\eta_2 v_1{}^{-1}v_1{}^{-1}u_1$，$b_2 = \sqrt{-1}\eta_2 v^{-1}u_2$，有

$$\begin{aligned}\bar{h}_s(t_1)\bar{h}_s(t_2) &= h_s^1(\eta_2 v_1^{-1})\tilde{y}_{-\alpha}(b_1)h_s^1(\eta_2 v_2^{-1})y_{-\alpha}(b_2)\\ &= h_s^1(v_1^{-1}v_2)h_s(b_1\bar{b}_1 + 1)h_s((b_2\bar{b} + 1)^{-1})\\ &\quad h_\alpha(d^{-1})h_s(b'\overline{b'} + 1)y_{-\alpha}(b')\end{aligned}$$

其中$d = -\sqrt{-1}\eta_2(a_2\bar{b}_2^{-1}b_1 - a_2)^{-1}$，$a_1^{-1} = (b_1 + \overline{b_1}^{-1})$，$a_2^{-1} = (b_2 + \overline{b_2}^{-1})$，$b' = d^{-1} + b_2$.

我们有：

$$
\begin{aligned}
-\sqrt{-1}\,\eta_2 b' &= a_2^{-1}\,(u_2^{-1}v_2u_1v_1^{-1}+1)^{-1}+u_2v_2^{-1} \\
&= (u_2v_2^{-1}+u_2^{-1}v_2)\,(u_2^{-1}v_2u_1v_1^{-1}+1)^{-1}+u_2v_2^{-1} \\
&= u_2v_1(u_2v_2^{-1}+u_2^{-1}v_2)\,(u_2v_1+u_1v_2)^{-1}+u_2v_2^{-1} \\
&= (u_2v_1+u_1v_2)^{-1}(v_1v_2-u_1u_2)
\end{aligned}
$$

并且经过计算不难得到：

$$
\begin{aligned}
& h_s^1(v_1^{-1}v_2)h_{\bar{s}}(b_1\,\overline{b_1}+1)h_s((b_2\,\overline{b_2}+1)^{-1})h_\alpha(d^{-1})h_{\bar{s}}(b'\,\overline{b'}+1) \\
&\quad = h_{s'}(\eta_2(v_1u_2+v_2u_1)^{-1})
\end{aligned}
$$

由此可知(B) 式成立. 这就证明了引理对于 $\widetilde{\Phi}$ 中的长根 s 是成立的. 对于 $\widetilde{\Phi}$ 中的短根,也可类似以上长根的方法证明成立.

定理 2.10 $\widetilde{G}\cong C_l^2(K)\cong C_m(K)$

证 由 2.1 可知 $\widetilde{\Pi}\cong\Pi(m)$, $\widetilde{\Pi}\cong\Phi(m)$. 由 2.2 和 2.3 可知 $\widetilde{U}$:$\langle\overline{x_r}(t)$, $t\in K$, $r\in\widetilde{\Phi}^+\rangle$; $\widetilde{V}$:$\langle\overline{x}_r(t)$, $t\in K$, $r\in\widetilde{\Phi}^-\rangle$. 由[5]的 6.11 可知 $\widetilde{G}=\langle\overline{x}_r(t)$, $t\in K$, $r\in\widetilde{\Phi}\rangle$. 由 2.5(A) 式和 2.9(B) 式和 2.4 以及[6]12.1.1(即 Steinberg 定理) 可知 $\widetilde{G}\cong C_m(K)$, $m=l/2$(注意到 $\widetilde{C}_1$ 中的中心 Z:$\{1\}$).

推论 2.12 $|\widetilde{C}_l^2(p^2)|=|C_m(p^2)|=|Ps_{p2m}(p^2)|$.

参考文献

[1] C. Chevalley: Suv certain groupcs simple. Tohoka, Math. J. 1. (1955). 14-66.

[2] R. Steinberg: Variations on a them of Chevalley. Pacific. J. Math. 9(1959). 875-891.

[3] R. Ree: A family of simple groups associated with the simple Lie algebra of type (F_4)、(G_2). Amer. J. Math. 83(1961). 401-420.

[4] 陈仲沪:由内自同构构造的李型单群. 数学年刊 1(1980). 2. 161-176.

[5] 陈仲沪:李型单群 $C_l(K)$的某些子群. 湘潭大学学报(自然科学版) 1. (1980). 1. 1-7.

[6] R. Carter, Simple group of Lie. John. Wiley & son (1972).

ON THE CONSTRUCTION OF SIMPLE GROUPS OVER FORMALLY REAL FIELDS

The proof of the existence of semi-simple algebraic groups defined over an algebraically closed field $\mathbb{K}$ for all possible types of simple root system was given by C. Chevalley[1].

SL($l+1$, $\mathbb{K}$) are simply connected simple algebraic groups defined over $\mathbb{K}$ of type A_l and PSL ($l+1$, $\mathbb{K}$) are adjoint groups of type A_l. Groups of type B_l, C_l, D_l can be obtained in similar ways. A group of type G_2 can be constructed explicitly, as the automorphism group of 8-dimensional Cayley algebra. Groups of types F_4, E_6, E_7, E_8 can be treated in similar ways.

C, Chevalley[2] gave a uniform construction of the groups of adjoint type over $\mathbb{K}$ for all irreducible simple root systems (This of course presupposes the existence theorem for simple Lie algebras over $\mathbb{C}$). Thus C. Chevalley[2] gave a uniform proof of the existence of simple algebraic groups defined over $\mathbb{K}$(adjoint type) for all possible types $A-G$.

In C. Chevalley[1], expose 23, there is a construction of a simply connected group of any given type, provided some group of that type already exists.

For a given root system, we denote by L the lattice with $L_0 \subset L \subset L_1$ where L_0 and L_1 are the roots and the weight lattices respectively. R. Steinberg[8] gave a uniform proof of the existence of semi-simple algebraic groups defined over $\mathbb{K}$, of which global roots and characters are L_0 and L respectively.

Using Weil's theorem, an existence proof for a reductive group with given root datum is given by M. Demasure and A. Grothendieck[4].

The classification of semi-simple algebraic groups defined over perfect field k is considered by J. Tits[5] and I. Satake[6].

The problem of classifying the semi-simple algebraic groups defined over k is reduced to the problem of finding the admissible (k)-indices of semi-simple algebraic groups defined over k and all possible semi-simple anisotropic kernels for a given admissible (k)-index. J. Tits[5] enumerated all possible admissible (k)-indices when k is $\mathbb{R}$ (real numbers field), p (p-adic fields), and n (number fields).

For each admissible ($\mathbb{R}$)-index of types A_l, B_l, C_l, D_l J. Tits[5] gave a classical group which is identical with the simple algebraic group defined over $\mathbb{R}$ with such index. For each admissible ($\mathbb{R}$)-index of types G_2, F_4, E_6, E_7, E_8 (except certain indices, for example, the index E VI, i. e., $E^9_{7,4}$ in [5]), J. Tits[5] constructed the simple algebraic group defined over $\mathbb{R}$ with such index by means of Cayley algebra, Jordan algebra, associative division algebra, division Cayley algebra.

In this paper, by a similar way as in [2, 8, 9], for all possible admissible ($\mathbb{R}$)-indices (except two indices given in the toble Π'), a uniform construction of simple groups of adjoint type over formally real fields is given. Thus for all possible admissible ($\mathbb{R}$)-indices, a uniform proof of the existence of simple algebraic groups of adjoint type defined over $\mathbb{R}$ is given.

We shall use the contents and notations in [7,10] in our paper.

Obviously, all admissible (R)-indices are the Satake diagrams (B, θ), where B (denoted by Π in our paper) is a simple root system of a simple Lie algebra $\mathbb{L}$ over $\mathbb{C}$ and θ is a Cartan involution[10,11]. We denotc by Φ the root system with the fundamental system Π. Clearly, we have $\theta(\Phi)=\Phi$. For each $r\in\Phi$, we define $\bar{r}=-\theta(r)$ and $r'=\frac{1}{2}(r+\bar{r})$ (The notation r' in our paper is the notation $\bar{r}$ in [10]). We can define an ordering on Φ such that $r'\geqslant 0$ for each positive root $r(r>0)$.

We define $\Pi^0=\{\alpha\in\Pi\mid\alpha=-\bar{\alpha}\}$ and $\Phi^0=\{\alpha\in\Phi\mid\alpha=-\bar{\alpha}\}$. Clearly, Π^0 is a subset of Π consisting of all simple roots which correspond to the black nodes in the Satake diagram (Π, θ) and Φ^0 is a root system with the fundamental system Π^0. Furthermore, we define $\Pi^*=\Pi\backslash\Pi^0$ and $\Phi^*=\Phi\backslash\Phi^0$, and we define

$$\Phi_1=\{r\in\Phi^*\mid r=\bar{r}\},\quad \Phi_{11}=\Phi^*\backslash\Phi_1,\quad \Phi_{11b}=\{r\in\Phi_{11}\mid r+\bar{r}\in\Phi\},$$

$$\Phi_{11a}=\Phi_{11}\backslash\Phi_{11b},\ \Phi_{1b}=\{r+\bar{r}\mid r\in\Phi_{11b}\},\ \Phi_{1a}=\Phi_{1}\backslash\Phi_{1b}.$$

Proposition 1. For each Satake diagram (Π, θ) there exist a Cheralley basis $C_b=\{h_r,\ r\in\Pi;\ e_r,\ r\in\Phi\}$ of $\mathbb{L}$ and an involutive automorphism ρ_θ of $\mathbb{L}$ such that $\rho_\theta(e_r)=K_r e_{\bar{r}},\ r\in\Phi,\ e_r,\ e_{\bar{r}}\in C_b,\ k_r=\pm 1$ which satisfies conditions (A): $k_r=1$ if $r\in\Phi_{11}\cup\Phi_{1a}$; $k_r=-1$ if $r\in\Phi_{1b}$.

Proof: It follows from the properties of Satake diagram that there exist a Chevalley basis $\widetilde{C}_b=(h_r,\ r\in\Pi;\ \tilde{e}_r,\ r\in\Phi\}$ of $\mathbb{L}$ and an involutive automorphism ρ_θ of $\mathbb{L}$ such that $\rho_\theta(\tilde{e}_r)=\tilde{k}_r\tilde{e}_{\bar{r}},\ r\in\Phi,\ \tilde{e}_r,\ \tilde{e}_{\bar{r}}\in\widetilde{C}_b,\ \tilde{k}_r=\pm 1$. Let $e_r=\eta_r\tilde{e}_r,\ r\in\Phi,\ \tilde{e}_r\in\widetilde{C}_b,\ \eta_r=\pm 1$. By a similar argument as in 13. 6. 2 of [7] (or Lemma 2. 1 of [9]), we can choose the appropriate η_r such that $\rho_\theta(e_r)=k_r e_{\bar{r}}$, $r\in\Phi,\ k_r=\pm 1$ which satisfies the condition (A). It follows from p. 58 of [7] that $C_b=[h_r,\ r\in\Pi;\ e_r,\ r\in\Phi\}$ is a Chevalley basis of $\mathbb{L}$.

We assume that K is a field of characteristic $p\neq 2$. Let f be a non-trivial involutive automorphism of K. We write $\bar{t}=f(t)$ for each $t\in K$ and we define a map σ for all $r\in\Phi$ and $t\in K$ by $\sigma(x_r(t))=x_{\bar{r}}(k_r\bar{t})$, where $x_r(t)=\exp(t\,ad\,e_r)$ and $x_{\bar{r}}(k_r\bar{t})=\exp(k_r\bar{t}\,ad\,e_{\bar{r}})$. It is easily verified that the map σ can be extended to an involutive automorphism σ of the Chevalley group

$$G=\mathbb{L}(K)=\langle x_r(t),\ r\in\Phi,\ t\in K\rangle.$$

We define $U^1=\{u\in U\mid \sigma u=u\}$, $V^1=\{v\in V\mid \sigma v=v\}$ and $G^1=\langle U^1,\ V^1\rangle$. Clearly, G^1 is determined by the Satake diagram (Π, θ) and K, f, so we denote by $\mathbb{L}(\Pi, \theta;\ K,\ f)$ the group G^1.

We shall define some notations and terminology which will be used.

Ⅰ. If $r\in\Phi_1$; $X_r^1(t)=x_r(t)$, $t\in K_r=\{t\in K\mid t=k_r\bar{t}\}$, $W_r^1=W_r$,

$N_r^1(u)=n_r(u)$, $u\in K_r^*=K_r\backslash\{0\}$, $h_r^1(v)=h_r(v)$, $v\in K_r^{*\prime}=\{v\in K\mid v=\bar{v}\}\backslash\{0\}$,

Ⅱ a. If $r\in\Phi_{11a}$: $X_r^1(t)=x_r(t)x_{\bar{r}}(\bar{t})$; $t\in K_r=K$, $W_r^1=w_r w_{\bar{r}}$,

$N_r^1(u)=n_r(u)n_{\bar{r}}(\bar{u})$, $u\in K_r^*=K_r\backslash\{0\}$, $h_r^1(v)=h_r(v)h_{\bar{r}}(\bar{v})$, $v\in K_r^{*\prime}=K^*=K\backslash\{0\}$.

Ⅱ b. If $r\in\Phi_{11b}$: $X_r^1(t)=x_r(t)x_{\bar{r}}(\bar{t})x_{r+\bar{r}}\left(-\frac{1}{2}N_{r,\bar{r}}t\bar{t}\right)$, $t\in K_r=K$, $W_r^1=w_{r+\bar{r}}$,

$N_r^1(u)=n_{r+\bar{r}}(u)$, $u\in K_{r+\bar{r}}^*$, $h_r^1(v)=h_r(v)h_{\bar{r}}(\bar{v})$, $v\in K_r^{*\prime}=K\backslash\{0\}$.

Furthermore, we define $W^1=\langle W_r^1, r\in\Phi^*\rangle$, $N^1=\langle N_r^1(u), h_r^1(v), r\in\Phi, u\in K_r^*, v\in K_r^{*\prime}\rangle$ and $H^1=N^1\cap H$. We denote by Φ^+ the positive root system containing Π and denote by Φ^- the negative root system $\{-r|r\in\Phi^+\}$.

The following proposition is easily verified.

Proposition 2. (a) Let $r\in\Phi^{*+}=\Phi^*\cap\Phi^+$ and $t\in K_r$. Then $X_r^1(t)\in U^1$. (b) Each element u of U^1 has an unique expression in the form

$u=\prod_{i=1}^{m}X_{r_i}(t_i)$, $r_i\in\Phi_1^{*+}=\{r\in\Phi^{*+}|r\leqslant\bar{r}\}$, $t_i\in K_{r_i}^*$, $i=1, 2, \cdots, m$, $r_1\leqslant r_2\leqslant\cdots\leqslant r_m$.

We define $J_1(u)=r_1$ and $J(u)=\{r_1, r_2, \cdots, r_m\}$.

It is clear that similar results hold for V^1 in terms of negative roots.

Proposition 3. (a) $H^1\subset N^1\subset G^1$ and $N^1/H^1\cong W^1=\langle W_r^1, r\in\Pi^*; W_0^1\rangle$, where $W_0^1=\langle w_\alpha, \alpha\in\Pi^0\rangle\cap W^1$, (b) Let $r\in\Phi^*$ and $v\in K_r^{*\prime}$. Then $h_r^1(v)\in H^1$.

Proof: For each $r\in\Phi^*\backslash\Phi_{11b}$, we have $N_r^1(u)=X_r^1(u)X_r^1(-u^{-1})X_r^1(u)$, $u\in K_r^*$ Since $r\pm\bar{r}\notin\Phi$, we have $N_r^1(u)\in G^1$, and $h_r^1(v)\in G^1$, $v\in K_r^{*\prime}$.

Clearly, the image of $N_r^1(u)$ under the natural homomorphism from N onto W is just W_r^1 for $r\in\Phi^*$, $u\in K_r^*$, so we have $N^1/H^1\cong W^1$. It follows from the properties of Satake diagram that $W^1=\langle W_r^1, r\in\Pi^*, W_0^1\rangle$.

For all $r\in\Phi^*/\Phi_{11b}$ the statement b is obvious by the statement 1. By a similar argument as in 13. 7. 2 of [7] (cf. the case in which J has type A_2), we have $h_r^1(v)\in H^1$ for all $r\in\Phi_{11b}, v\in K_r^{*\prime}$ since $J=\{r, \bar{r}, r+\bar{r}\}$ has type A_2. It follows that $H^1\subset N^1\subset G^1$.

Let N_r^1 denote the element $N_r^1(\xi_r)$, ξ_r be a fixed element of K_r^*.

We define $G_0=\langle x_\alpha(t), \alpha\in\Phi^0, t\in K; H\rangle$, $Y^1=G^1\cap G_0$ and $B^1=Y^1U^1$.

Proposition 4. Let $y\in Y^1$, $u\in U^1$, $v\in V^1$ and $n\in N^1$. Then $yuy^{-1}\in U^1$, $yvy^{-1}\in V^1$ and $nyn^{-1}\in Y^1$.

Proof: Suppose $r\in\Phi^{*+}$ and $\alpha\in\Phi^0$. If $ir+j\alpha\in\Phi$, i, j being a pair of positive integers, then we have $ir+j\alpha\in\Phi^{*+}$ since $\alpha'=\frac{1}{2}(\alpha+\bar{\alpha})=0$. Thus it follows from Chevalley's commutator formula that $yuy^{-1}\in U^1$. Similarly, we have $yvy^{-1}\in V^1$. Suppose $w\in W^1$ and $\alpha\in\Phi^0$. Then we have $(w(\alpha))'=0$.

Thus it follows from Proposition 3(a) that $nyn^{-1}\in Y^1$.

By Proposition 4, we have the following proposition immediately.

Proposition 5. $Y^1U^1=U^1Y^1$ and B^1 is a subgroup of G^1.

For each $r\in\Phi^*$, we define

$$I(r)=\{s\in\Phi^*\mid s'=kr',\ k=1,\ 2,\ \text{or}\ \frac{1}{2}\}$$

and $I_1(r)=\{s\in I(r)\mid s\leqslant\bar{s}\}$. If $I_1(r)=\{r_1,\ r_2,\ \cdots,\ r_n\}$, we define $X_r(T)=\prod_{i=1}^{n}X^1_{r_i}(t_i)$, $t_i\in K_{r_i}$, $T=(t_1,\ t_2,\ \cdots,\ t_n)$ and $D(T)=t_1\bar{t}_1+t_2\bar{t}_2+\cdots+t_n\bar{t}_n$.

The following lemma is easily verified.

Lemma 1. Suppose $r\in\Pi^*$. Then $I(r)=\{s\in\Phi^{*+}\mid W^1_r(s)\in\Phi^-\}$.

For each $r\in\Pi^*$ there exists a Satake diagram $(\Pi_r,\ \theta)$ whose $\mathbb{R}$-rank is equivalent to one such that $I(r)=\Phi_r^{*+}=\Phi_r^*\cap\Phi_r^+$ where $\Phi_r^*=\{s\in\Phi_r\mid s\neq-\bar{s}\}$, Φ_r being the root system with fundamental system Π_r, and Φ_r^+ is the positive root system of Φ_r containing Π_r.

All Satake diagrams whose $\mathbb{R}$-rank is equivalent to one are given in table Ⅰ.

Lemma 2. Suppose $r\in\Pi^*$, $I_1(r)=\{r_1,\ r_2,\ \cdots,\ r_n\}$ and $D(T)\neq0$, $T\in K_{r_1}\times K_{r_2}\times\cdots\times K_{r_n}$. Then $X_{-r}(T)=X_r(T^*)N^1_rX_r(T^{*\prime})y$, $y\in Y^1$, T^*, $T^{*\prime}\in K_{r_1}\times K_{r_2}\times\cdots\times K_{r_n}$.

Proof: We shall consider the cases 1—6 given in table 1 separately.

Case 1. We have $I(r)=I_1(r)=\{r\}(r=\bar{r})$ and $X_{-r}(T)=X^1_{-r}(t_1)=x_{-r}(t_1)$, $t_1=t\in K_r$. Since $D(T)\neq0$ we have $t_1=t\neq0$, so we have

$$X_{-r}(T)=x_r(t^{-1})h_r(-t^{-1})n_rx_r(t^{-1})=X_r(T^*)N^1_rX_r(T^{*\prime})y$$

by 6,4. 4 of [7], where $y=h_r(-t)\in Y^1$, $n_r=N^1_r\in N^1$, $T^*=(t^{-1})$, $T^{*\prime}=(t)\in K_r$, $(\xi_r=1)$.

Case 2. We have $I(r)=\{r,\ \bar{r}\}$, $I_1(r)=\{r\}(r\neq\bar{r})$ and $X^1_{-r}(T)=X^1_{-r}(t_1)=x_{-r}(t_1)x_{-\bar{r}}(\bar{t}_1)$, $T=(t_1)$, $t_1\in K_r$. Since $D(T)\neq0$, we have $t=t_1\neq0$, so by 6. 4 . 4 of [7] we have

$$X_{-r}(T)=x_r(t^{-1})x_{\bar{r}}(\bar{t}^{-1})h_r(-t^{-1})h_{\bar{r}}(\bar{t}^{-1})n_rn_{\bar{r}}x_r(t^{-1})x_{\bar{r}}(\bar{t}^{-1})=X_r(T^*)N^1_rX_r(T^{*\prime})y$$

where

$y=h_r(-t)h_{\bar{r}}(-\bar{t})\in Y^1$, $n_r n_{\bar{r}}=N_r^1\in N^1$, $T^*=(t^{-1})$, $T^{*\prime}=(t)\in K_r$, ($\xi_r=1$).

Case 3. We have $I(r)=\{r=r_1=\varphi_2-\varphi_3,\ r_2=\varphi_2-\varphi_4,\ \bar{r}_1=\varphi_1-\varphi_4,\ \bar{r}_2=\varphi_1-\varphi_3\}$, $I_1(r)=\{r_1, r_2\}$. We write $\alpha_1=\varphi_1-\varphi_2$, $\alpha_2=\varphi_3-\varphi_4$. By 4. 1. 2. of [7] we have

$$N_{r_1,\alpha_1}=N_{-\bar{r}_2,r_1}=N_{\alpha_1,-\bar{r}_2}=c_1,\ N_{r_1,-r_2}=N_{-r_2,\alpha_2}=N_{\alpha_2,r_1}=c_2$$
$$N_{-\alpha_1,-r_2}=N_{-r_2,\bar{r}_1}=N_{\bar{r}_1,-\alpha_1}=c_3,\ N_{\bar{r}_1,-\bar{r}_2}=N_{-\bar{r}_2,-\alpha_2}=N_{-\alpha_2,\bar{r}_1}=c_4.$$

Since ρ_θ is an involutive automorphism of L, we have $-c_2c_4=-c_1c_3=1$. We have

$$X_{-r}(T)=X^1_{-r_1}(t_1)X^1_{-r_2}(t_2)=x_{-r_1}(t_1)x_{-\bar{r}_1}(\bar{t}_1)x_{-r_2}(t_2)x_{-\bar{r}_2}(\bar{t}_2),$$
$$T=(t_1, t_2),\ t_i\in K_{r_i} i=1,\ 2\ .$$

Since $D(T)\neq 0$, we have $T\neq(0, 0)$. If either t_1 or t_2 is equal to zero, the assertion is verified from case 2. Assuming $t_1\neq 0$ and $t_2\neq 0$, by 5. 2 . 2 and 6. 4 . 4 of [7] we have

$$\begin{aligned}X_{-r}(T)&=x_{\bar{r}_1}(\bar{t}_1^{-1})h_{\bar{r}_1}(-\bar{t}_1^{-1})n_{\bar{r}_1}x_{\bar{r}_1}(\bar{t}_1^{-1})x_{-r_1}(t_1)x_{-r_2}(t_2)x_{-\bar{r}_2}(\bar{t}_2)\\&=x_{\bar{r}_1}(\bar{t}_1^{-1})h_{\bar{r}_1}(-\bar{t}_1^{-1})n_{\bar{r}_1}x_{-r_1}(t_1)x_{-r_2}(t_2)x_{\alpha_1}(-c_3\bar{t}_1^{-1}t_2)x_{-\bar{r}_2}(\bar{t}_2)\\&\quad x_{\alpha_2}(c_4\bar{t}_1^{-1}\bar{t}_2)x_{\bar{r}_1}(\bar{t}_1^{-1})\\&=x_{\bar{r}_1}(\bar{t}_1^{-1})h_{\bar{r}_1}(-\bar{t}_1^{-1})n_{\bar{r}_1}x_{-r_1}(d)x_{-r_2}(t_2)x_{-\bar{r}_2}(\bar{t}_2)x_{\bar{r}_1}(\bar{t}_1^{-1})y_1,\end{aligned}$$

where $d=t_1-c_1c_3\bar{t}_1^{-1}t_2\bar{t}_2$ and $y_1=x_{\alpha_1}(-c_3\bar{t}_1^{-1}t_2)x_{\alpha_1}(c_4\bar{t}_1^{-1}\bar{t}_2)$. Since $D(T)\neq 0$, we have: $d=\bar{t}_1^{-1}D(T)\neq 0$. Thus we have

$$\begin{aligned}X_{-r}(T)&=x_{\bar{r}_1}(\bar{t}_1^{-1})h_{\bar{r}_1}(-\bar{t}_1^{-1})x_{r_1}(d^{-1})h_{r_1}(-d^{-1})n_{\bar{r}}n_r x_{-r_2}(t_2)x_{-\bar{r}_2}(\bar{t}_2)\\&\quad\times x_{-\bar{r}_1}(-d^{-1}t_2\bar{t}_2)x_{r_1}(d^{-1})y_2x_{\bar{r}_1}(\bar{t}_1^{-1}(y_1))\end{aligned}$$

where $y_2=x_{-\alpha_1}(-c_1d^{-1}\bar{t}_2)x_{-\alpha_2}(c_2d^{-1}t_2)$. We write $T^*=(t_1^*, t_2^*)$ and $T^{*\prime}=(t_1^{*\prime}, t_2^{*\prime})$, where $t_1^*=t_1D(T)^{-1}$, $t_2^*=\bar{t}_2D(T)^{-1}$, and $t_1^{*\prime}=t_1$, $t_2^{*\prime}=t_2$. Finally we have

$$\begin{aligned}X_{-r}(T)&=x_{r_1}(t_1^*)x_{\bar{r}_1}(\bar{t}_1^*)x_{r_3}(t_2^*)x_{\bar{r}_2}(\bar{t}_2^*)n_{\bar{r}}n_r x_{r_1}(t_1^{*\prime})x_{r_1}(\bar{t}_1^{*\prime})x_{r_2}(t_2^{*\prime})\\&\quad x_{r_1}(\bar{t}_2^{*\prime})y\\&=X^1_{r_1}(t_1^*)X^1_{r_2}(t_2^*)N^1_rX^1_{r_1}(t_1^{*\prime})X^1_{r_2}(t_2^{*\prime})y=X_r(T^*)N^1_rX_r(T^{*\prime})y\end{aligned}$$

where $y=h_{\bar{r}}(-t_1)h_{r_1}(-d)y_1y_2$ and $n_{\bar{r}}n_r=N^1_r\in N^1(\xi_r-1)$. Since $y\in G_0$ and $X_{-r}(T)$, $X_r(T^*)$, $X_r(T^{*\prime})$, $N^1_r\in N^1$, we have $y\in Y^1$.

By a similar argument, this lemma can be verified for other cases.

Henceforth we assume that $K=K_0(\sqrt{-1})$, where K_0 is a formally real field (or ordered field) and f is the conjugation of K. Thus if $T\neq(0, 0, \cdots, 0)\in K\times K\cdots\times K$, then $D(T)\neq 0$.

Lemma 3. Suppose $r\in\Pi^*$. Then the subset $B^1\cup B^1N_r^1B^1$ is a subgroup of G^1.

Proof: Clearly, we have $(B^1)^{-1}=B^1$ and $(B^1N_r^1B^1)^{-1}=B^1N_r^1B^1$. In order to prove that the subset is closed under multiplication, it is sufficient to show $N_r^1B^1N_r^1\subset B^1\cup B^1N_r^1B^1$. By Lemma 1, if $I_1(r)=\{r_1, r_2, \cdots, r_n\}$, each element b of B^1 has an expression in the form $b=X_r(T')u_ry_1$, where $y_1\in Y^1$, $T'\in K_{r_1}\times K_{r_2}\times\cdots\times K_{r_n}$ and $u_r\in U^1$ satisfies $N_r^1u_rN_r^1\in U^1$. Suppose first $T'\neq(0, 0, \cdots, 0)$. Then $N_r^1X_r(T')N_r^1=X_{-r}(T)$, $D(T)\neq 0$. It follows from Lemma 2 that

$$N_r^1bN_r^1=N_r^1X_r(T')u_ry_1N_r^1=X_{-r}(T)u_r'y_1'=X_r(T^*)N_r^1X_r(T^{*\prime})yu_r'y_1',$$

where $u_r'=N_r^1u_rN_r^1\in U^1$, $y_1'=N_r^1y_1N_r^1\in Y^1$, and T^*, $T^{*\prime}$ and y are given as in Lemma 2.

By Proposition 4 we have $N_r^1B^1N_r^1\subset B^1N_r^1B^1$.

Suppose $T'=(0, 0, \cdots, 0)$. Then we have $N_r^1B^1N_r^1\subset B^1$. The proof is complete.

Using Lemmas, 1, 2, 3 we have the following lemma by a similar argument as uesd in 8,1.5 of [7]

Lemma 4. Suppose $r\in\Pi^*$ and $n\in N^1$. Then $B^1nB^1N_r^1B^1\subseteq B^1nN_r^1B^1\cup B^1nB^1$.

Theorem 1. Let $K=K_0(\sqrt{-1})$, K_0 being a formally real field. Then the subset $B^1N^1B^1$ is a subgroup of G^1 and $G^1=B^1N^1B^1$.

Proof: Clearly, we have $(B^1N^1B^1)^{-1}=B^1N^1B^1$. In order to prove that the subset is closed under multiplication, it is sufficiont to show $B^1n_1B^1n_2B^1\subseteq B^1N^1B^1$ for each pair n_1, $n_2\in N^1$. By Proposition 3 we have $n_2=N_{r_1}^1N_{r_2}^1\cdots N_{r_q}^1\tilde{n}_0$, where $r_i\in\Pi^*$ $i=1, 2, \cdots, q$ and $\tilde{n}_0$ is an element of N^1 whose image under the natural homomorphism from N onto W belongs to W_0^1. Thus we have $\tilde{n}_0\in Y^1$, so we have

$$B^1n_1B^1n_2B^1=B^1n_1B^1N_{r_1}^1N_{r_2}^1\cdots N_{r_q}^1B^1,\ r_i\in\Pi^*,\ i=1, 2, \cdots, q.$$

By Lemma 4 we have.

$B^1 n_1 B^1 n_2 B^1 \subseteq (B^1 n_1 B^1 \cup B^1 n_1 N^1_{r_2} B^1) B^1 N^1_{r_2} B^1 \cdots B^1 N^1_{r_q} B^1 \subseteq \cdots \subseteq BNB.$

Thus the subset $B^1N^1B^1$ is a subgroup of G^1. Since B^1, $N^1 \subset B^1N^1B^1$ we have $G^1 = B^1N^1B^1$. The proof is complete.

By Theorem 1 we have

$$G^1 = \bigcup_{w \in W^1} B^1 n_w B^1 = \bigcup_{w \in W^1} U^1 Y^1 n_w U^{1-}_w, \quad U^{1-}_w = U^-_w \cap U^1, \ (n_w \in N^1).$$

This decomposition of G^1 into the double coset of B^1 is called the quasi-Bruhat decomposition of G^1. Clearly, the quasi-Bruhat decomposition of G^1 is the generalized Bruhat decomposition of twisted groups and Chevalley groups.

Lemma 5. Let r_1, $r_2 \in \Phi^*$ such that $r_1 \neq r_2$ and $r_1 \neq \bar{r}_2$. Then there exists $h(\chi) \in H^1$ such that $\chi(r_1) = 1$, $\chi(r_2) \neq \chi(r_1)$ or $\chi(r_2) = 1$; $\chi(r_1) \neq \chi(r_2)$.

Proof: We define $s' = \frac{1}{2}(s + \bar{s})$ for each $s \in \Phi^*$ and denote by F the set $\{r_1, r_2\}$. We shall consider separately the different possibilities:

Ⅰ. Suppose $I(r_1) \neq I(r_2)$:

a. Suppose $(r_1{}', r_2{}') = 0$. Then we put $h(\chi) = h^1_{r_2}(2)$.

b. Suppose $(r_1{}', r_2{}') \neq 0$. (1) If $F \cap \Phi_{11b} = \emptyset$, then we put $h(\chi) = h^1_r(-1)$, where $r \in F$ satisfies $(r', r') \geqslant (s', s')$, $s \in F \setminus \{r\}$. (2), If there is a root r of F such that $r \notin \Phi_{11b}$ and $F \setminus \{r\} \in \Phi_{11b}$, then we put $h(\chi) = h^1_r(-1)$. (3), If $F \subset \Phi_{11b}$, then we put $h(\chi) = h^1_{r_2}(-1)$.

Ⅱ. Suppose $I(r_1) = I(r_2)$:

a. Suppose $F \not\subset \Phi_{11b}$. Then we put $h(\chi) = h^1_{r_2}(5^{-1}(3 + 4\sqrt{-I}))$.

b. Suppose $F \subset \Phi_{11b}$. Then we put

$$h(\chi) = h^1_{r_1}(d) h^1_{r_2}(d^{-3}) h^1_r(2), \ d = I + \sqrt{-1}, \ r = r_1 + \bar{r}_1.$$

c. Suppose $r_1 \in \Phi_{11b}$ and $r_2 \in \Phi_{1b}$. Then we put $h(\chi) = h'_{r_2}(-1)$.

It is easilly verified that $h(\chi)$ put above are the elements of H^1 as required.

Corollaray 1. Let $n_w \in N^1$ such that $w \notin W^1_0$. Then there exists $h(\chi) \in H^1$ such that

$$n_w h(\chi) n_w^{-1} = h(\chi') \neq h(x) \text{ and } \chi(\alpha) = 1 \text{ for all } \alpha \in \Phi^0.$$

Lemma 6. Suppose $y \in Y^1$ and $y \neq I$. Then there exists $u \in U^1$ such that

$yuy^{-1}u^{-1}\neq 1$ or there exists $v\in V^1$ such that $yvy^{-1}v^{-1}\neq I$.

Proof: We assume that $y\in Z^1$ where Z^1 is the centre of G^1. Clearly, y has a unique expression in the form $y=u_1h(\chi_0)n_wu$, where $u_1\in U\cap G_0$, $u\in U_w^-\cap G_0$ $h(\chi_0)\in H$ and $w\in W_0=\langle w_\alpha,\ \alpha\in\Phi^0\rangle$. Obviously, for each $\alpha\in\Phi^0$ there is $h(\chi)\in H^1$ such that $\chi(\alpha)\neq 1$. Thus we have $u_1=u=I$. It is clear that if $w\neq 1$, then there is $r\in\Phi^*$ such that $w(r)\neq r$, so we have $y=h(\chi_0)$. If $h(\chi_0)\neq 1$, then there exists $r\in\Phi^*$ such that $\chi_0(r)\neq 1$. We have a contradiction if $y\neq I$. The proof is complete.

Henceforth we assume that R^1 is an arbitrary normal subgroup of G^1 such that $R^1\neq\{1\}$. For each $r\in\Phi^*$ we define $X_r^1=\{X_r^1(t)\mid t\in K_r\}$.

Lemma 7. There is a root $r^*\in\Phi^{*+}$ such that $R^1\cap X_{r^*}^1\neq\{1\}$, where

$$X_{r^*}^1=\{X_{r^*}^1(t)\mid t\in K_{r^*}\}.$$

Proof: It follows from Theorem 1 That there is $x\in R^1$ such that $x\neq 1$ and x has an expression $x=bn_w=\tilde{u}yn_w$, $b\in B^1$, $w\in W^1$, $\tilde{u}\in U^1$, $y\in Y^1$. We shall consider separately the different possibilities.

Ⅰ. Suppose $w\in W_0^1$. Then $x=\tilde{u}y_1$, $y_1=yn_w\in Y^1$.

a. Suppose $\tilde{u}\neq I$. Then $x_1=h_r^1(2)xh_r^1(2)^{-1}x^{-1}=u\in R^1\cap U^1$, $x_1=u\neq I$, where $r=J_1(\tilde{u})$. b. Suppose $\tilde{u}=I$. Then there is $u\in R^1\cap U^1$, $u\neq I$ or $v\in R^1\cap V^1$, $v\neq I$ by Lemma 6.

Ⅱ. Suppose $w\notin W_0^1$. Then $x_1=h(\chi)xh(\chi)^{-1}x^{-1}=h(\chi_1')u_1\in R^1$ where $h(\chi)$ is the element of H^1 given in Corollary 1 and $u_1\in U^1$. moreover, we have

$$h(\chi_1')=h(\chi)h(\chi')^{-1}\neq I$$

a. Suppose $u_1\neq I$. Then we have $u\in R^1\cap U^1$, $u\neq I$ by a similar argument as in case 1, a. mentioned above. b. Suppose $u_1=I$. Then there exists $r\in\Phi^{*+}$ suoh that $x_1'(r)\neq 1$. Then $u=h(x_1')X_r^1(t)h(x_1')^{-1}X_r^1(t)^{-1}\in R^1$, $t\in K_r^*$. Clearly, we have $u\in R^1\cap U^1$, $u\neq I$.

We may summarize the results mentioned above in a statement as follows: there is $u\in R^1\cap U^1$, $u\neq I$ or there is $v\in R^1\cap V^1$, $v\neq I$.

We assume that there exists $u\in R^1\cap U^1$ such that $u\neq I$. Then

$$J(u)=\{r_1,r_2,\cdots,r_n\},\ n\geqslant I.$$

If $n=1$ lemma is established immediately in this case. Now we assume *that* $n>1$. Let $u_1^*=h(\chi)uh(\chi)^{-1}u^{-1}$ where $h(\chi)$ is the element of H^1 given in Lemma 5. Then $u_1^*\in R^1\cap U^1$ and $J(u_1^*)=\{r_1^*, r_2^*, \cdots, r_m^*\}$ such that either $r_1<r_1^*$ or $r_1=r_1^*$, $r_2<r_2^*$. Finally, after a finfte number of the step used above we have

$$u^*=X_{r^*}^1(t)\in R^1\cap X_{r^*}^1, \quad u^*\neq I.$$

We assume that there exists $v\in R^1\cap V^1$ such that $v\neq I$. Then by a similar argument used above we have $X_{-r^*}^1(t)=v^*\in R^1\cap V^1$, $t\in K_{r^*}^*$. Thus we have $u^*=N_{r^*}^1 v^* N_{r^*}^1\in R^1\cap X_{r^*}^1$, $u^*\neq I$. This finishes the proof.

Theorem 2. Let $K=K_0(\sqrt{-1})$, K_0 being a formally real field. Then G^1 is simple.

Proof: By Lemma 7 there is $r^*\in\Phi^{*+}$ such that $X_{r^*}^1(t)\in R^1$, $t\in K_{r^*}^*$. If $r^*\notin\Phi_{11b}$ we put $h(\chi)=h_{r^*}^1(2)$, if $r^*\in\Phi_{11b}$ we put $h(\chi)=h_{r_1}^1(2)$, $r_1=r^*+\bar{r}^*$. Clearly, we have $h(\chi)\in R^1$. It follows from the properties of the Satake diagram that for each $r\in\Phi^*$ there exists $w\in W^1$ such that $\chi(w(r))\neq 1$. For an arbitrary $c\in K_s$ we have

$h(\chi)X_s^1(t)h(\chi)^{-1}X_s^1(t)^{-1}=X_s^1(c)$; $s=w(r)$, $t=(I-\chi(s))^{-1}c$. It is clear that $X_s^1(c)\in R^1$ and $X_s^1\subset R^1$. We have $X_r^1\subset R^1$ since $n_w^{-1}X_s^1 n_w=X_r^1$, $n_w\in N^1$. It follows that $U^1\subset R^1$ and $V^1\subset R^1$, so G^1 is simple

We denote by N_0^1 the subgroup generated by all elements of N which map to the elements of W_0^1 under the natural homomorphism of N onto W. We define $\Pi_1^*=\{r\in\Pi^*\mid_{r\leqslant\bar{r}}\}$. Clearly, Π_1^* can be expressed in the form $\Pi_1^*=\{r_i, i\in I\}$ where I is a finite set. We define $W^{1\prime}=\{w_i, i\in I\}$, $w_i=W_{r_i}^1$, $i\in I$.

Theorem 3. Let $K=K_0(\sqrt{-1})$, K_0 being a formally real field. Then G^1 has $a(B^1, N^1)$ pair.

Proof: We shall verify that group G^1 satisfies the axioms BN. 1-BN. 5.

BN. 1: By Theorem 1 we have $G^1=\langle B^1, N^1\rangle$ immediately.

BN. 2: It is easily verified that $B^1\cap N^1=N_0^1$ and N_0^1 is a normal subgroup of N^1.

BN. 3: Obviously, we have $N^1/B^1\cap N^1=N^1/N_0^1\cong W^1/W_0^1\cong W^{1\prime}$.

Such a $W^{1\prime}$ is generated by a set of elements w_i, $i\in I$, $w_i^2=I$.

BN. 4: If n_i is an element of N^1 which maps to w_i, $i\in I$ under the natural homomorphism from N onto W, then there is $r_i \in \Pi_1^*$ such that $n_i = N_{r_i}^1 h$, $h \in H^1$. Thus we have $B^1 n_i B^1 n B^1 \subseteq B^1 n_i n B^1 \cup B^1 n B^1$ for any element n of N^1 by Lemma 4.

BN. 5: Since $N_{r_i}^1 X_{r_i}^1 N_{r_i}^1 = X_{-r_i}^1$, $i \in I$, we have $n_i B^1 n_i \neq B^1$

Theorem 4. Group $G^1 = \mathbb{L}(\Pi, \theta; \mathbb{C}, f)$ is a simple algebraic group defined over $\mathbb{R}$ and the admissible $(\mathbb{R})$—index of G^1 is just (Π, θ).

Proof: Clearly, $G = \mathbb{L}(\mathbb{C})$ is a simple algebraic group defined over $\mathbb{C}$. The conjugation f of field $\mathbb{C}$ can be extended a field automorphism f of G. For each $x \in G^1$ we have $f(x) \in G^1$. Thus it follows from proposition I. I. I of [6] that G^1 is defined over $\mathbb{R}$. Then by Theorem 6 of [3], G^1 is an algebraic group defined over $\mathbb{R}$. It follows from Theorem 2 that G^1 is a simple algebraic group defined over $\mathbb{R}$. It is easily verified that the admissible $(\mathbb{R})$-index of G^1 is just (Π, θ).

Let $K = K_0(\sqrt{-1})$, K_0 being a formally real field and $\emptyset$ be the empty set. The following statements are easily verified:

Ⅰ. Suppose $\Pi^0 = \emptyset$ (The all nodes of the Satake diagram (Π, θ) are white). Then $G^1 = \mathbb{L}(\Pi, \theta; K, f)$ is a twisted group ${}^2\mathbb{L}(K)$ or Chevalley group $\mathbb{L}(K_0)$. It is clear that for the index (Π, θ) the semisimple anisotropic kernel is equal to $\{I\}$. Thus we have $Y^1 = H^1$ and $B^1 = H^1 U^1$. It follows that B^1 is a Borel subgroup of G^1.

Ⅱ. Suppose $\Pi^0 \neq \emptyset$ (There are the black nodes in the Satake diagram (Π, θ)). Then $G^1 = \mathbb{L}(\Pi, \theta; K, f)$ may be interpreted as a generalized twisted group and generalized Chevalley group. It is clear that for the index (Π, θ) the semisimple anisotropic kernels which are not equal to $\{I\}$ are contained in Y^1. Thus we have $Y^1 \neq H^1$, $H^1 \subset Y^1$ and $B^1 \neq H^1 U^1$. It follows that B^1 is not a Borel subgroup of G^1.

Let p be *a* p-adic field. In a similar ways as in this paper, for each admissible (p)-index we can construct a simple algebraic group of adjoint type defined over p which has such an admissible (p)-index.

In table Ⅱ we give all Satake diagrams and all Satake diagrams which correspond to the groups of twisted type or Chevalley type.

Table Ⅰ

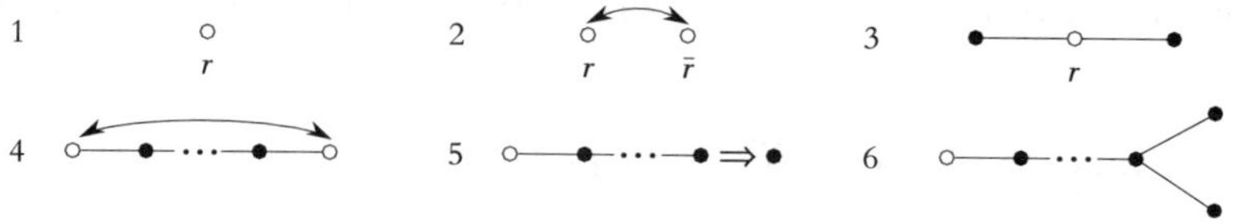

Table Ⅱ (Satake diagrams)

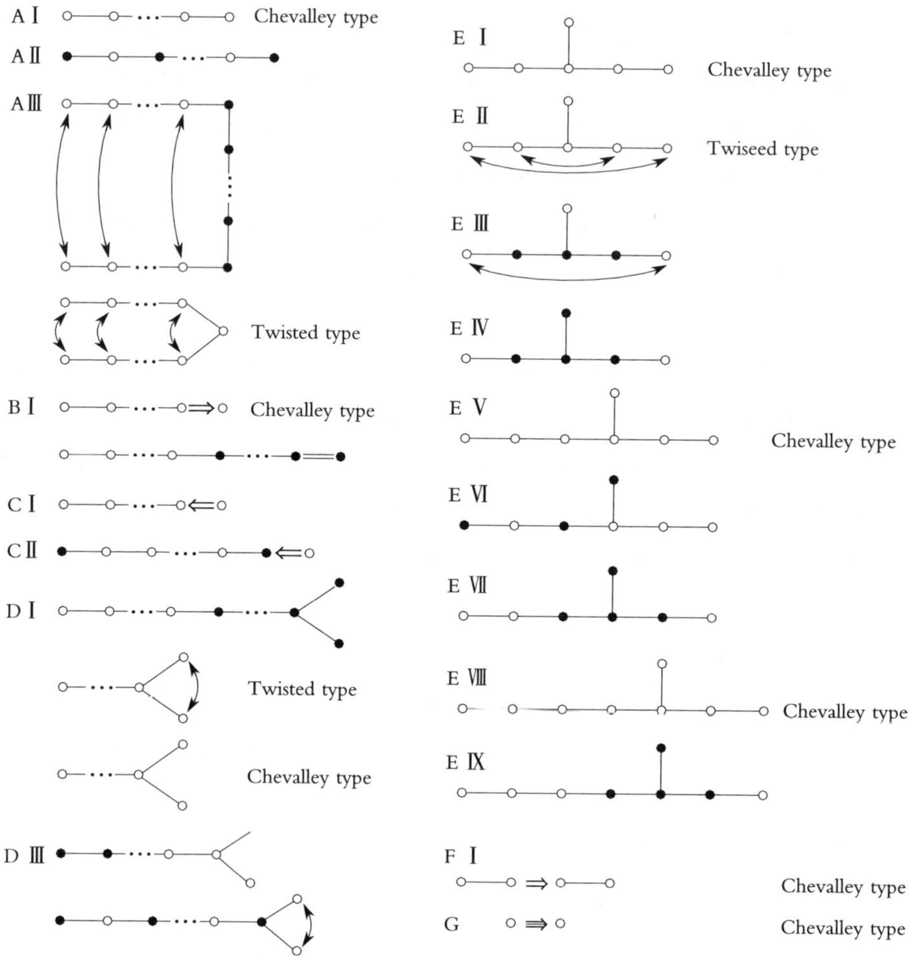

Table Ⅱ′

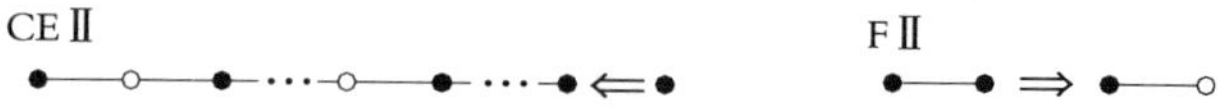

References

[1] Chevalley, C. , Seminaire sur la classification des groupes de Lie algebriques, Paris, Scole Norm Sup,1956-1958.

[2] Chevalley, C. , Sur certains groupes simple, Tohotu, Math, J. , 7 (1955), 14-56.

[3] Steinberg, R. ,Lecturos on Chevalley groups, Yale University, 1967.

[4] Demasure, D. , and Grothendieck, A. , Schemas on groupes, Lect, Notes in Math nos 151, 152, 153, Springer-verlag, 1970.

[5] Tits, J. , Classification of algebraic semisimple groups, Proccedings of Symposia in Pure Math, Vol. 9. Algebraic groups and discontinious subgroup, 32-62.

[6] Satake, I. , Classification theory of semi-simple algebraic group, New York, Marcal Dekker, 1974.

[7] Carter, R. , Simple groups of Lie type, London-New york, Wiley, 1972.

[8] Steinberg, R. , Variations on them of Chevalley, Pacific. J. Math. , 19 (1959), 875-891.

[9] Cheng ChonHu (陈仲沪), Some simple groups of Lie type constructed by inner automorphism, Chin, Ann, of Math. , 1:2 (1980), 161-171.

[10] Helgson, S. , Differential geometry, Lie groups, and symmetric space, Acad, Press, 1978.

[11] Yan, Zhi-Da (严志达), Sur le caracteristique d' une algebra de Lie Semi-Simple (Chiens), Acta Math. Sinica, 14(1965), 861-869.

ON EXISTENCE THEOREM OF SIMPLE ALGEBRAIC GROUPS OVER p—ADIC FIELDS*

0 Introduction

The proof of existence of simple algebraic groups defined over an algebraically closed field $\mathscr{K}$ for all possible types of simple root system are given by known facts: SL($n+1$, $\mathscr{K}$) are simply connected simple algebraic groups defined over $\mathscr{K}$ of type A_n and PSL ($n+1$, $\mathscr{K}$) are abjoint groups of type A_n. Groups of types B_n, C_n and D_n can be obtained in similar way. A group of type G_2 can be constructed explicitly as the automorphism group of 8-dimensional Cayley algebra. Groups of type F_4, E_6, E_7 and E_8 can be treated in similar way (cf. p. 215 of [9]).

C. Chevalley [7] gave a uniform construction of the groups of abjoint type over $\mathscr{K}$ for all irreducible simple root system (This of course presuppose the existence theorem for simple Lie algebra over complex number field C). Then C. Chevalley [7] gave a uniform proof of existence theorem of simple algebraic groups defined over $\mathscr{K}$ for all possible types A_n—G_2 (cf. Theorem 1. 3. 2 (existence theorem of Chevalley) in I. Satake [11] or 33. 6 in J. E. Humphreys [9] or 12. in T. A. Springer [10].)

According to Witt-type theorem for semi-simple algebraic groups, the problem of classifying the semi-simple algebraic groups defined over p-adic field k is reduced to find all admissible k-indices (or called Γ-diagram) and all possible semi-simple anisotropic kernels (ie. the k-compact semi-simple algebraic groups). The list of all possible k-indices was given by J. Tits [14] and I. Satake [11].

As the case of $\mathscr{K}$ J. Tits [14] and I. Satake [11] gave some classical groups which are the groups of the k-rational points of simple algebraic groups defined over k having the various k-indices of classical types and J. Tits [14] gave an outline of the construction of the simple groups for some various k-indices of exceptional types.

As the case of $\mathscr{K}$, in this note, using a similar way as used in C. Chevalley [7] and R. Steinberg [12], and [11], [15], for all k-indices, we give a uniform construction of the simple algebraic groups defined over k having the various k-indices and give a uniform construction of the simple groups which are the groups of the k-rational points of the simple algebraic groups delined over k mentioned above.

Then we give a uniform proof of existence for simple algebraic groups defined over k for all k-indices in this nots. (For the k-index D_m^{IV} given in table I the consuruotion of the groups mentioned above is complicated, the details of the construction will be omitted).

1 The k-indices

As defined by J. Tits [14] and I. Satake [11], each k-index consists of (Π, Π_0, σ^*) where Π is a simple root system of a simple Lie algebra L over C, Π_0 a subsystem of Π, and σ^* is a permutation of $\Pi^* = \Pi - \Pi_0$. For each k-index (Π, Π_0, σ^*), the Dynkin deagram of Π is drawn in such way that every root of Π_0 is denoted by black circle and every root of Π^* by white circle, any distinct roots r_1 and r_2 of Π^* are joined by a curved arrow $\curvearrowright$ if $\sigma^*(r_1) = r_2$.

Henceforth, we will fix a k-index (Π, Π_0, σ^*) in the consideration.

We denote by ϕ the root system of simple Lie algebra L with respect to the Cartan subalgebrs H which is the vector space spanned by Π over C, and by ϕ^+ (resp. ϕ^-) the positive (resp. negative) root system with the fundamental root system Π. Let ϕ_0 denote the root system with fundamental root system Π_0 and $\phi^* = \phi - \phi_0$. We denote by $|S|$ the cardinality of a set S and ϕ the empty set.

In order to describe the root systems ϕ, it is convenient to use an orthonormal basis $B=\{e_1, e_2, \cdots, e_m\}$ of an Euclidean space of dimension m as in p. 45—p. 49 of [2] except E_6 where m is an integer determined by Π.

Let $A=\{e_\lambda, e_{\lambda+1}, \cdots, e_\mu\}$, $1\leqslant\lambda\leqslant\mu\leqslant m$. we denote by $c(A)$ the cycle $(e_\lambda, e_{\lambda+1}, \cdots, e_\mu)$, by $o(A)$ the transformation defined by $o(A)(e_i)=-e_i$ and $o(A)(-e_i)=e_i$ for and $\lambda\leqslant i\leqslant\mu$.

Assuming $\Pi_0\neq\emptyset$, Π_0 is a union of disjoint connected components Π_0^i of Π_0, $1\leqslant i\leqslant p(\Pi_0)$, ie. $\Pi_0=\Pi_0^1\cup\Pi_0^2\cup\cdots\cup\Pi_0^p$, $p=p(\Pi_0)$, $\Pi_0^i\cap\Pi_0^j=\emptyset$, $1\leqslant i$, $j\leqslant p(\Pi_0)$ $i\neq j$. It is easily verified (except D_*^{IV}) that $|\Pi_0^i|=d$ for any $I\leqslant i\leqslant p(\Pi_0)$ and any Π_0^i, $1\leqslant i\leqslant p(\Pi_0)$ are equivalent to the simple root system of simple Lie algebra A_d. For any simple root α of Π, we can associate an index j, $1\leqslant j\leqslant n$, to α as α_j so that $\Pi_0^i=\{\alpha_{i_1}, \alpha_{i_2}, \cdots, \alpha_{i_d}\}$, $1\leqslant i\leqslant p(\Pi_0)$ where the indices $\{i_1, i_2, \cdots, i_d\}$ of the roots of Π_0^1 satisfy $i_h<i_{h+1}$ for all $1\leqslant h\leqslant d-1$ and $i_d<(i+1)_1$ for all $1\leqslant i\leqslant p(\Pi_0)$. For each $r\in\phi$, we denote by w_r, the reflection in the hyperplane orthogonal to r. Let $\delta_i=\alpha_{i_1}+\alpha_{i_2}+\cdots+\alpha_{i_d}$ and $\theta_i=w_{\alpha_{i_1}}w_{\alpha_{i_2}}\cdots w_{\alpha_{i_d}}$ for any $1\leqslant i\leqslant p(\Pi_0)$.

Clearly, $\theta_i(\alpha_{i_h})=\alpha_{i_{h+1}}$ for all $1\leqslant h\leqslant d_-^*-1$ and $\theta_i(\alpha_{i_{d^*}})=-\delta_i$, $\theta^i(-\delta^i)=\alpha_{i_1}$ for all $1\leqslant i\leqslant p(\Pi_0)$. Let $\theta_0=\theta_1\theta_2\cdots\theta_p$, $p=p(\Pi_0)$ and I the identical map. We define $\theta=\theta_0$, if $\sigma^*\neq I$, $\theta=\theta_0\tau$, if $\sigma\neq I$, where τ is a symmetry of Π so that $\tau(s)=\sigma^*(s)$ for all $s\in\Pi^*$. Let $d^*=d+1$ denote the order of θ. For each $r\in\phi$, We define $r^{(i)}=\theta^i(r)$, $0\leqslant i\leqslant d_-^*$, and $r'=q(r)_-^{*-1}\left(\sum_{i=0}^{q(r)}r^{(i)}\right)$ where $q(r)$ is the least positive integer so that $r(q(r)^*)=r$, $q(r)^*=q(r)+1$, for covenience, we write $r=r^{(0)}$, $\bar{r}=r^{(1)}$, $\bar{\bar{r}}=r^{(2)}$, $\cdots$. Let $\langle\cdots\rangle$ denote the group generated by tha set $\{\cdots\}$, and let $W_0=\langle w_\alpha;\ \alpha\in\Pi_0\rangle$. Clearly, the following proposition is easily verified.

Proposition 1 (a), $\Pi_0=\{\alpha\in\Pi;\ \alpha'=0\}$. (b), Two distinct roots r_1 and r_2 of Π^* satisfy $\sigma^*(r_1)=r_2$ if and only if $r_1'=r_2'$. (c), If $\sigma^*\neq I$ then $\sigma^*=\tau$ and there exists $\theta_0\in W_0$ such that $\theta_0^{-1}\theta(s)=\sigma_-^*(s)$ for all $s\in\Pi^*$. where θ,θ_0 and τ are given above.

We define $\phi_1=\{r\in\phi^*;\ r=\bar{r}\}$ and $\phi_{11}=\phi^*\setminus\phi_1$; $\phi_{11b}=\{r\in\phi_{11};\ r+\bar{r}\in\phi\}$;

$\phi_{11a}=\phi_{11}\backslash\phi_{11b}$; $\phi_{1b}=\{r+\bar{r};\ r\in\phi_{11}\}$; $\phi_{1a}=\phi_1\backslash\phi_{1b}$.

Let $\bar{k}$ be the algebraic closure of k. We may assume that there exists a subfield K of $\bar{k}$ such that $k\subset K$ and $\Gamma^*=\{I,\sigma,\cdots,\sigma^d\}$ is the maximal set of elements in Gal $(\bar{k}/k)$ with distinct restrictions on K and $\Gamma^*=\mathrm{Gal}(K/k)$. The field K can be interpreted as an unramified extension of k, then K is a local field with a non trivial non-Arcnimedean discrete valution [1], and there exists a prime element π of k such that π is a prime element of K also. Let $\gamma=\pi^\mu$, $(\mu, d^*)=1$, $\mu\in Z_+$, d^* being the order of σ. For any $t\in K$ and $i\in\{0,\cdots,d\}$ we write $t^{(i)}=\sigma^i(t)$ and write $\bar{t}=t^{(1)}$, $\bar{\bar{t}}=t^{(2)}$, $\cdots$ (For convenience, we write $t^{(i)}=t^{\sigma^i}$ if necessary).

Let ζ be a primitive $\tilde{\tau}$th root of unity, $\tilde{\tau}=\lambda^d-1$, $\lambda=p^\delta$, δ being the residue class degree over the p-adic number field Q_p of k. By [1], $K=k(\zeta)$. Since $|\mathrm{Gal}(K/k)|=d^*$, each element t of K can be expressed in the form $t=\alpha_0+\alpha_1\zeta+\cdots+\alpha_d\zeta^d$, $\alpha_i\in k$ for $0\leqslant i\leqslant d$, putting $\zeta_i=\zeta^{(i)}=\sigma^i(\zeta)=\zeta^{\lambda_i}$ for any $0\leqslant i\leqslant d$, then, $t^{(i)}=\alpha_0+\alpha_1\zeta_i+\cdots+\alpha_d\zeta_i^d$.

In this note, we will use the notations in R. Carter [2].

Proposition 2 For the fixed k-index (Π, Π_0, σ^*), there exist a Chevalley basis $C_b=\{h_r, r\in\Pi;\ e_r, r\in\phi\}$ of L and an automorphism ρ_θ of L whose order is equal to d^* such that $\rho_\theta(e_r)=\eta_r^* e_{\bar{r}}$, $r\in\phi$, $e_r, e_{\bar{r}}\in C_b$, $\eta_r^*=\pm1$ satisfying $\eta_r^*=1$ for all $r\in\phi_{11}\cup\phi_{1a}$, $\eta_r^*=-1$ for all $r\in\phi_{1b}$.

Proof: By Proposition. 1 of [4], the proposition is true for the case of $d=2$, and by Proposition 1 of [6], the proposition is true for the case of $d>2$, so the proposition follows.

Clearly, $\rho_\theta\in L(K)\subset L(\bar{k})$ where $L(K)$ (resp. $L(\bar{k})$) is the Chevalley group of type L over K (resp. $\bar{k}$).

Let $\Pi_0^*=\{r\in\Pi^*;\ (r,\alpha)\neq0$ for som $\alpha\in\Pi_0\}$ and $P=Z\phi$. If $\Pi_0\neq\emptyset$, then there exists a K-character χ of P such that $\chi(\alpha_{i_k})=1$, $1\leqslant k\leqslant d^*-1$, $\chi(\alpha_{i_{d^*}})=\gamma^{-1}$ if $d^*>1$, $\chi(\alpha_{i_1})=\gamma^{-1}$ if $d^*=1$ for all $1\leqslant i\leqslant p(\Pi_0)$; $\chi(s)=1$ $s\in\Pi^*-\Pi_0^*$; $\chi(r_1)=1$, $\chi(r_2)=\gamma$ if $\Pi_0^*=\{r_1, r_2\}$ satisfying $r_1\neq r_2$ and $r_1{}'=r_2{}'$, otherwise $\chi(r)=\mu_r\gamma$, $r\in\Pi_0^*$ where $\mu_r=-1$ if the k-index (Π, Π_0, σ^*) is equivalent to B_0^{11}, otherwise, $\mu_r=1$. If $\Pi_0=\emptyset$, then set $h(\chi)=I$. Put $\rho_{0\chi}=\rho_0 h(\chi)$.

By Prop. 2, the following proposition is easily shown.

Proposition 3 (a), The order of $\rho_{0\chi}$ is equal to d. (b), $\rho_{0\chi}(e_r)=\eta_r e_{\bar{r}}^1$, $r\in\phi$, e_r, $e_r^- \in C_b$, $\eta_r=1$, -1, γ of γ^{-1}.

Clearly, for each $r\in\phi^*$, we can determine explicitly η_r by η_r^* and $h(\chi)$. For each r of ϕ^*, we define $I(r)=\{s\in\phi^*;\ s'=\lambda r',\ \lambda=1,\ 2 \text{ or } \frac{1}{2}\}$ and $J(r)=\{r,\ r^{(1)},\ \cdots,\ r^{q(r)}\}$.

For each $r\in\phi_-^*$, we define $\eta_{r,0}=1$ and $\eta_{r,i}=\eta_{r,i-1}\eta_{r^{(i-1)}}$, $0\leqslant i\leqslant q(r)$ if $q(r)>0$. A root r of ϕ^* is said to be a standard root which is denoted by $(q(r)-h)$-root if $q(r)=0$ (then $h=0$ also) or if $q(r)>0$ and there exists an integer h, $0\leqslant h\leqslant q(r)$ such that $\eta_{r,i}=1$ for all $0\leqslant i\leqslant h$ and $\eta_{r,j}=\gamma$ for all $h+1\leqslant j\leqslant q(r)$.

It is easily verified that $J(r)=I(r)=\{r\}$ if $r\in\phi_1$.

The following proposition is easily verified.

Prosition 4 (a), For any $r\in\phi^*$ there exists a unique standard root in $J(r)$ which is denoted by min $J(r)$. (b), Let $\psi=\{\min J(r);\ r\in\phi^*\}$. Then $\phi^*=\{r^{(i)};\ 0\leqslant i\leqslant q(r),\ r\in\psi\}$ and for each $\alpha\in\phi_0$, there exist r and s of ϕ^* so that $\alpha=r+s$.

2 The construction of the group G

For each $r\in\phi^*$, let $X_{r,0}$, $X_{r,1}$, $\cdots$, $X'_{r,0}$, $X'_{r,1}$, $\cdots$ be some indeterminates over $\bar{k}$. For a fixed k-index $(\Pi,\ \Pi_0,\ \sigma^*)$ we introduce the symbols;

Ⅰ) If $r\in\phi_{1a}\cap\psi=\phi_{1a}$

$$X_r'(t,t')=x_r(t),(t,t')\in K_r=k\times\{0\}(\text{ie. } t'=0);$$

$$f^X_{r,0}=X_{r,0},\ \tilde{f}^X_{r,i}=X_{r,0}+\zeta_i X_{r,1}+\cdots+\zeta_i^d X_{r,d};\ i=0,\ \cdots,\ d.$$

Ⅱ a) If $r\in\phi_{11a}\cap\psi$

$$X_r'(t,\ t')=\prod_{i=0}^{q(r)}x_{r^{(i)}}(\eta_{r,i}t^{(i)}),\ (t,\ t')\in K_r=K\times\{0\}\quad(\text{ie. } t'=0);$$

$$f^X_{r,0}=X_{r,0}+\zeta_i X_{r,1}+\cdots+\zeta_i^d X_{r,d}=\tilde{f}^{\times}_{r,i},\ i=0,\cdots,d.$$

Ⅱ b) If $r\in\phi_{11b}\cap\psi$

$$X_r'(t,t')=x_r(t)x_{\bar{r}}(\eta_{r,1}\bar{t})x_{r+\bar{r}}(\mu_r\overline{tt}+\zeta t'),(t,t')\in K_r=K\times k,$$

$$\mu_r = \frac{1}{2} N_{r\bar{r}} \eta_{r,1}$$

$$f^{X}_{r,0} = X_{r,0} + \zeta X_{r,1} = \widetilde{f}^{X}_{r,0}, \ f^{X}_{r,1} = X_{r,0} + \zeta_1 X_{r,1} = \widetilde{f}^{X}_{r,i};$$

$$f^{X}_{r,2} = \mu^1_r f^{*}_{r,0} + \zeta X_{r,2}, \ f^{*}_{r,0} = (\zeta + \zeta_1) X_{r,0} X_{r,1} + \zeta\zeta_1 X^2_{r,1} + X^2_{r,0} = f_{r+\bar{r}},$$

$$\mu^1_r = -\frac{1}{2} N_{r\bar{r}}.$$

For each $r \in \psi$, put $\eta = \eta_{r,1}$ and $f_{r,i} = \eta \widetilde{f}^{X}_{r,i}$, $i = 0, \cdots, q(r)$, and $\widetilde{f}_{r,j} = \mu_i \widetilde{f}^{X}_{r,i}$, $j \in Z$, $j \equiv i \pmod{d^*}$, and $\widetilde{f}^{X}_{r,i+\lambda} = \mu_i \widetilde{f}^{X}_{r,h}$, $\lambda \in Z$, $i + \lambda \equiv h \pmod{d^*}$, i, $h = 0, \cdots, d$ where $\mu_i = \eta$ if $q(r) = d$, $\mu_i = 1$ if $q(r) \neq d$.

Let $G_K = L(K)$ be the Chevalley group of type L over K generated by $\{x_r(t) = \exp(t\,\mathrm{ade}_r),\ r \in \phi,\ e_r \in C_b,\ t \in K\}$. We denote by U_K (resp. V_K) the unipotent subgroup of G_K generated by the positive (resp. negative) root subgroups of G_K.

It is easily shown that the map σ from G_K to G_K defined by $\sigma(x_r(t)) = x_{\bar{r}}(\eta_r \bar{t})$, $r \in \phi$, $t \in K$ can be extended to an automorphis of G_K which is denoted by $\tilde{\sigma}$. Clearly, the order of $\tilde{\sigma}$ is equal to d^* and $\tilde{\sigma}$ is determined by the fixed k-index (Π, Π_0, σ^*_-) and the element γ of K.

Put $U^1 = \{u \in U_K;\ \tilde{\sigma}(u) = u\}$; $V^1 = \{v \in V_K;\ \tilde{\sigma}(v) = v\}$ and $G^1 = \langle U^1, V^1 \rangle$.

Clearly, group G^1 is a subgroup of G_K determined by the k-index (Π, Π_0, σ^*) and the element γ of K, so, we denote by $L(\Pi_0, \sigma^*, \gamma)$ the group G^1 if necessary.

By a similar way as in Proposition. 3 of [4], the following proposition is easily shown.

Proposition 5 (a), Let $r \in \psi^+ = \psi \cap \phi^+$ and $(t, t') \in K_r$. Then $X^1_r(t, t') \in U^1$. (b), Each element u of U^1 has a unique expression in the form $u = \prod_{i=0}^{m} X^1_{r_i}(t_i, t^1_i), t_i = \in \psi^+, (t_i, t^1_i) \neq 0 \in K_{r_i}, 1 \leqslant i \leqslant m, r_1 < r_2 < \cdots < r_m$.

We put $\tilde{q}(r) = q(r)$ if $r \in \phi_1 \cup \phi_{11a}$, $\tilde{q}(r) = q(r) + 1$ if $r \in \phi_{11b}$. For each $r \in \psi$, we define $\tilde{\bar{k}}_r = \bar{k}^\lambda$, $\lambda = \tilde{q}(r) + 1 = \tilde{q}(r)^*$, and $\bar{k}^*_r = \bar{k}^{*\,q(r)+1}_-$.

For each $B = (b_0, \cdots, b_{\widetilde{q(r)}}) \in \tilde{\bar{k}}_r$, $r \in \psi$ we define

$$X_r(B) = \prod_{i=0}^{q(r)} x_{r^{(i)}}(b_i) \text{ if } r \in \phi_{1a} \cup \phi_{11a}$$

$$X_r(B)=x_r(b_0)x_r(b_1)x_{r+\bar{r}}(\mu_r^1 b_0 b_1+\zeta b_2) \text{ if } r\in\phi_{11b}.$$

For each $B=(b_0, \cdots, b_{q(r)})\in\tilde{k}_r^*$, $r\in\psi$, we define $h_r(B)=\prod_{i=0}^{q(r)} h_{r^{(i)}}(b_i)$.

For each $r\in\psi$, we put $\widetilde{X}_r=\{X_r(B); B\in\tilde{\tilde{k}}_r\}$.

For each $C=(c_0,\cdots,c_{\bar{q}(r)})\in\tilde{\tilde{k}}_r$, $r\in\psi$, put $\overset{\Delta}{C}=(\overset{\Delta}{c}_0, \cdots, \overset{\Delta}{c}_{\bar{q}(r)})$ where $\overset{\Delta}{c}_i=f_{r,i}(C)=f_{r,i}(c_0, \cdots, c_{\bar{q}(r)})$, $i=0, \cdots, \bar{q}(r)$.

Corollary 1 (a), $G^1=L(\Pi_0, \sigma^*, \gamma)=\langle X_r^1(t, t'); r\in\psi, (t, t')\in K_r\rangle$. (b), Let $C=(\alpha_0, \cdots, \alpha_{\bar{q}(r)})\in\tilde{k}_r$, $r\in\psi$. Then $X_r(\overset{\Delta}{c})=X_r^1(t, t')$ where $(t, t')\in K_r$ and $t=\alpha_0+\alpha_1\zeta+\cdots+\alpha_{q(r)}\zeta^{q(r)}$, and $t'=0$ if $r\in\phi_{1a}\cup\phi_{11a}$ $t'=\overset{\Delta}{\alpha}_{\bar{q}(r)}$ if $r\in\phi_{11b}$.

For each $B=(b_0, \cdots, b_{\bar{q}(r)}\in\tilde{\tilde{k}}_r, r\in\psi,)$ put $B'=(b_0, \cdots, b_{q(r)})$. System (I) is $q(r)^*$ linear equations in $q(r)^*$ unknowns $x_0, \cdots, x_{q(r)}$ for B'.

(Ⅰ) $$\sum_{j=0}^{q(r)}\zeta_a^j x_j=b_i\eta_{r,i}^{-1} \quad 0\leqslant i\leqslant q(r),$$

and (Ⅰ′) is linear equation in unknow x_2 once x_0 and x_1 are known

(Ⅰ′) $$x_2=\zeta^{-1}(b_2-f_{r,0}^*(x_0, x_1, 0)\mu_r)$$

The equations (Ⅰ) (resp. (Ⅰ) and (Ⅰ′)) is said to be the standard equation of r for B if $r\in\phi_{1a}\cup\phi_{11a}$(resp. $\in\phi_{11b}$).

Let $D=(d_{ij})$, $d_{ij}=\zeta_i^j$, $0\leqslant i, j\leqslant q(r)$. Then det D is a Vandermonde determinant. thus, since $\zeta_i\neq\zeta_j$, $0\leqslant i, j\leqslant q(r)$, $i\neq j$, det $D\neq 0$. So there is a solution $\widetilde{B}=(\tilde{b}_0, \cdots, \tilde{b}_{q(r)})$ of equations (I) for B'. for $r\in\phi_{11b}$, there is a solution $(\tilde{b}_0, \cdots, \tilde{b}_{q(r)}, \tilde{b}_{\bar{q}(r)},)$ of equations (I) and (I′) if and only if there exists a solution of equations (I). Thus, these is $\widetilde{B}$ is a solution of the standard equations of r for B. Clearly, $f_{r,i}(\widetilde{B})=f_{r,i}(\tilde{b}_0, \cdots, \tilde{b}_{\bar{q}(r)})=b_i$ for all $0\leqslant i\leqslant\bar{q}(r)$, then $\overset{\Delta}{\widetilde{B}}=B$. For each $C=(c_0, \cdots, c_{\bar{q}(r)})\in\tilde{\tilde{k}}_r$, $r\in\psi$, then C is a solution of the standard equations of r for $\overset{\Delta}{C}=(\overset{\Delta}{c}_0,\cdots,\overset{\Delta}{c}_{\bar{q}(r)})$ where $\overset{\Delta}{c}_i=f_{r,i}(C)$ for any $i\in\{0, \cdots, \bar{q}(r)\}$, so $\widetilde{\overset{\Delta}{C}}=C$.

We may summarize the results mentioned above as the following.

Proposition 6 (a) Let $B\in\tilde{\tilde{k}}_r$, $r\in\psi$, Then $\widetilde{B}$ is a unque solution of the standard equations of r for B and $\overset{\Delta}{B}=B$. (b) Let $C\in\tilde{\bar{k}}_r$, $r\in\psi$. Then C is a unique solution of the standard equations of r for $\overset{\Delta}{C}$ and $\widetilde{\overset{\Delta}{C}}=C$.

For $r\in\phi$, put $x_r=\{x_r(b);\ b\in\bar{k}\}$ and $h_r=\{h_r(b);\ b\in\bar{k}^*\}$. Let $\underline{G}=\langle\underline{U};\underline{V}\rangle$ and $\underline{T}=\langle h_r;\ r\in\phi\rangle$ where $\underline{U}=\langle x_r;\ r\in\phi^+\rangle$ and $\underline{V}=\langle x_r;\ r\in\phi^-\rangle$. Clearly, $\underline{G}$ is a Chevalley group of type L over $\bar{k}$, so, $\underline{G}$ is a subgroup of $GL(m,\bar{k})$, $m=\dim L$.

Henceforth, the "algebraic set defined over k" (resp. linear algebraic group defined over k) will be abbreviated to a. s/k (resp. a. g/k) and $\{0,1,\cdots,z\}$, $z\in Z_+$, will be abbreviated to $\{0,z\}$. Clearly, if A is an algebraic set defined over k_0 and k_0 is a subfield of k, then A is a. s/k.

Let $\underline{N}$ be the monomial subgroup of $\underline{G}$ and W the Weyl group of ϕ generated by the reflections w_r for all $r\in\phi$. For each $w\in W$, we choose an element n_w of $\underline{N}$ which maps to w under the natural homomorphism. By [2], [9] and [10], $\underline{G}$ has a Bruhat decomposition $\underline{G}=\bigcup_{w\in W}\underline{U}\,\underline{T}\,\underline{V}_w n_w=\bigcup_{w\in W}\underline{U}\,\underline{V}_w\,\underline{T}n_w$ where $\underline{V}_w=\{v\in\underline{V};n_w v n_w^{-1}\in\underline{U}\}$. By Theorem 7. (b) of [13] and [11](cf. page 3), we have.

Proposition 7 For each $w\in W$, $\underline{U}\,\underline{V}_w\underline{T}n_w$ is a a. s/k, so, $\underline{G}$ is a a. s/k. $\underline{G}$ is a a. g/k having k-index $(\Pi,\ \phi,\ I)$ and $\underline{T}$ is a k-split maximal torus of $\underline{G}$.

For each polynomial f with cofficients in K, we denote by $f^{\sigma i}$, $0\leqslant i\leqslant d$, the polynomial gotten from f by operating on its cofficients by σ^i.

Henceforth, 1°, 2°, 3° and 4° in P. 27—P. 29 of [11] are simply said to be 1°, 2°, 3° and 4° respectivaly. By Lemma 34 of [13], for each $s\in\phi$, x_s is a a. /k, then we set $(A_s)_1=x_s$ and $\widetilde{A}_s=\bar{k}^{d^*}$. Let $w_0=\eta$, $w_1=\eta\zeta$, $\cdots$, $w_d=\eta\zeta^d$, be a vector space basis for K over k where η is an appropriate element of k. For each $C\in\widetilde{A}_s$, $h\in\{0,d\}$, put $p_s^{\sigma^h}(C)=x_s(p^{\sigma^h}(C))$ where p^{σ^h} is defined by 1°. Let $\tilde{f}_s=p_s\chi p_s^{\sigma}$, $\cdots\chi p^{\sigma^d}$ and $\tilde{x}_s=(\widetilde{A}_s)_1=x_s\times x_s^{\sigma}\times\cdots\times x^{\sigma^d}$, where $x_s^{\sigma^h}=\{p_s^{\sigma^h}(C);\ C\in\widetilde{A}_s\}$ for any $h\in\{0,\ d\}$. By 1°, $(\widetilde{A}_s,\ \tilde{f}_s)$ is a k-form of $\tilde{x}_s$ and p_s is a K-homomorphism. Clearly, $R_{K/K}(x_s)=(\widetilde{A}_s,\ \tilde{f}_s)$ or denoted by $(\widetilde{A}_s,\ p_s)$ (cf. [11], p. 26)

For each $r\in\psi$, we define $\dot{X}_r=\prod_{i=0}^{q(r)}x_{r^{(i)}}$. By Theorem 7(b) of [13], there exists an isomorphism of varieties defined over k which maps $\bar{k}^{q(r)^*} = \prod_{i=0}^{q(r)} x_{r^{(i)}}$ onto $\dot{X}_r$. So, since $\bar{k}^{q(r)^*}$ is a a. s/k, $\dot{X}_r$ is a a. s/k. For any $r \in \psi$, we put $(A_{(r)})_1 = \dot{X}_r$ and $\widetilde{A}_{(r)} = \prod_{i=0}^{q(r)} \widetilde{A}_{r^{(i)}}$. Clearly, $q(r)^*_- = d^*_-$ or $=1$.

Ⅰ) Suppose $q(r)^* = d^* \neq 1$. For $\widetilde{A}_{r^{(i)}}$, $i \in \{0, d\}$, put $\sigma^i(w_0) = \eta_{r,i} = \eta$, $\sigma^i(w_1) = \eta\zeta_i$, $\cdots$, $\sigma^i(w_d) = \eta\zeta_i^d$ to be a vector space basis for K over k. For each i, $h \in \{0, d\}$, and $C_i = (c_0, \cdots, c_{q(r)}) \in \widetilde{A}_{r^{(i)}}$, we put

$$p_i^h(C_i) = \sum_{j=0}^{d} c_j (\sigma^i(w_j))^{\sigma^h} = \eta\Big(\sum_{j=0}^{d} c_j (\zeta_i^j)^{\sigma^h}\Big) = \eta\Big(\sum_{j=0}^{d} c_j \zeta_{i+h}^j\Big) = \widetilde{f}_{r,i+h}^j(C_i).$$

For each $C = (C_0, \cdots, C_{q(r)}) \in \widetilde{A}_{(r)}$, $C_i \in \widetilde{A}_{r^{(i)}}$, $i = 0, \cdots, d$, we set

$$(1)\ p_{(r)}^{\sigma^h}(C) = \prod_{i=0}^{q(r)} x_{r^{(i)}}(p_1^h(C_i)) = \prod_{i=0}^{q(r)} x_{r^{(i)}}(\widetilde{f}_{r,i+h}^j(C_1)),\ h = 0, \cdots, d.$$

For each $r \in \psi$, $h \in \{0, d\}$, we set $\dot{X}_r^{\sigma^h} = \{p_{(r)}^{\sigma^h}(C);\ C \in \widetilde{A}_{(r)}\}$ and we set $\widetilde{\widetilde{X}}_r = \dot{X}_r \times \dot{X}_r^{\sigma} \times \cdots \times \dot{X}_r^{\sigma^d}$ and $\widetilde{f}_{(i)} = p_{(r)} \times p_{(r)}^{\sigma} \times \cdots \times p_{(r)}^{\sigma^d}$. By 1°, $(\widetilde{A}_{(r)}, \widetilde{f}_{(r)})$ is a k-form of $\widetilde{\widetilde{X}}_r = (\widetilde{A}_{(r)})_1$ and $p(r)$ is a K-homomorphism. Clearly, $R_{KZh}(\dot{X}_r) = (\widetilde{A}_{(r)}, \widetilde{f}_{(r)})$ or denoted by $(\widetilde{A}_{(r)}, p_{(r)})$.

Ⅱ) Suppose $q(r)^* = 1$, $r \in \psi$. Then we set $\widetilde{A}_{(r)} = \widetilde{A}_r$, $\widetilde{f}_{(r)} = \widetilde{f}_r$ and $p_{(r)} = p_r$.

For each $r \in \phi_0$, we set $\dot{X}_r = x_r$, $\widetilde{A}_{(r)} = \widetilde{A}_r$, $\widetilde{f}_{(r)} = \widetilde{f}_r$ and $p_{(r)} = p_r$.

For each $\alpha \in \phi$, by Lemma 34 of [13], there exists an isomorphism of varieties defined over k which maps $\bar{k}^*$ onto h_α. Thus, since $\bar{k}^*$ is a a. s/k, h_α is a a. s/k also for each $\alpha \in \phi$. For each $\alpha \in \phi$, we set $\widetilde{A}_\alpha^* = \{C \in \widetilde{A}_\alpha;\ \widetilde{f}_{r,h}^X(C) \neq 0$ for $h \in \{0, d\}\}$. For each $C \in \widetilde{A}_\alpha$, $\alpha \in \phi$, $h \in \{0, d\}$, we set $(p_\alpha)^{\sigma^h}(C) = h_\alpha(p^{\sigma^h}(C))$ where p^{σ^h} is defined in 1°.

For each $\alpha \in \phi$, we define $\widetilde{f}_\alpha^* = p_\alpha \times p_\alpha^{\sigma} \times \cdots \times p_\alpha^{\sigma^d}$ and $\widetilde{h}_\alpha = h_\alpha \times h_\alpha^{\sigma} \times \cdots \times h_\alpha^{\sigma^d} = (\widetilde{A}_\alpha^*)_1$ where $(A_\alpha^*)_1 = h_\alpha$ and $h_\alpha^{\sigma^h} = \{(p_\alpha)^{\sigma^h}(C);\ C \in \widetilde{A}_\alpha^*\}$ for any $h \in \{0, d\}$. By 1° $(\widetilde{A}_\alpha^*, \widetilde{f}_\alpha^*)$ is a k-form of $\widetilde{h}_\alpha = (\widetilde{A}_\alpha^*)_1$ and p_α is a K-homomorphism of $\widetilde{A}_\alpha^*$ to h_α. Clearly, $R_{KZk}(h_\alpha) = (\widetilde{A}_\alpha^*, \widetilde{f}_\alpha^*)$ or denoted by $(\widetilde{A}_\alpha^*, p_\alpha)$.

Obviously, $\underline{U}\,\underline{V}\,\underline{T}$ can be expressed in the form $\prod_{r_i \in \psi} \dot{X}_{r_i} \times \prod_{\alpha \in \Pi} h_\alpha$, $\psi^* = \psi \cup \phi_0$ and $\underline{U}\,\underline{V}\,\underline{T}$ is a a. s/k. By Case 2 of 1°, $R_{KZk}\underline{U}\,\underline{V}\,\underline{T}$ exisits and we have

$$R_{KZk}(\underline{U}\,\underline{V}\,\underline{T}) = \prod_{r_i\in\psi^*} R_{KZk}(\dot{X}_{r_i}) \times \prod_{\alpha\in\Pi} R_{KZk}(h_\alpha).$$

For each $w\in W$, since $n_w\in\underline{G}$, $\underline{U}\,\underline{V}\,\underline{T}n_w$ and $\underline{U}\,\underline{V}_w\,\underline{T}n_w$ are a. s/k. Clearly, $\underline{V}_w\subset\underline{V}$, thus, $\underline{U}\,\underline{V}_w\underline{T}n_w\subset\underline{U}\,\underline{V}\,\underline{T}n_w$, by Case 3 of 1°, so $R_{KZk}(\underline{U}\,\underline{V}_w\,\underline{T}n_w)$ exists.

Clearly, $G=\bigcup_{w\in W}\underline{U}\,\underline{V}_w\,\underline{T}n_w$ is a a. s/k and $\underline{G}\subset GL(m,\bar{k})$. It is easy to see that $R_{KZk}(GL(m,\bar{k})$ exists, by Case 3 of 1°, $R_{KZk}(\underline{G})$ exists. We denote by $(\widetilde{G}, \widetilde{f})$ of by $(\widetilde{G}, p)$ the $R_{KZk}(\underline{G})$. Clearly, $(\widetilde{G}, \widetilde{f})$ is a k-form of $\underline{\widetilde{G}}$ and p is a K-homomorphism where $\underline{\widetilde{G}}=\underline{G}\times\underline{G}\times\cdots\times\underline{G}=\underline{G}^{d^*}$ since $\underline{G}$ is a a. s/k (Glearly, if A is a a. s/k, then $A^{\sigma^h}=A$ for any $h\in\{0, d\}$.) Since $(\widetilde{G}, p)$ is a k-form of $\widetilde{G}$, $\widetilde{G}$ is a a. s/k and p is a K-homomorphism from a. s/k $\widetilde{G}$ onto a. s/k $\underline{G}$. Clearly, $\underline{G}$ is a a. g/k, thus, by 3°, we can introduce a multiplication in $\widetilde{G}$ such that $\widetilde{G}$ is a a. g/k and p is a $\mathscr{K}$-homomorphism from a. g/k $\widetilde{G}$ onto a. g/k $\underline{G}$, and the restriction of p to $\widetilde{A}_{(r)}$, $r\in\psi$, is $p(r)$.

For each $h\in\{0, d\}$, we set $p_{\sigma^h}=I_{\theta x}^{-h}$ where $I_{\theta x}$ is an automorphism of $\underline{G}$ defined by $I_{\theta x}(g)=\rho_{\theta x}g\rho_{\theta x}^{-1}$ for all $g\in\underline{G}$. Since $\underline{G}$ is a a. s/k, we have $\underline{G}^{\sigma^h}=\underline{G}$ for any $h\in\{0, d\}$. For each $h\in\{0, d\}$, let ρ_h denote the map ρ_{σ^h}, clearly, ρ_h is a rational isomorphism which maps $\underline{G}$ onto $\underline{G}$, and it is shown that $\{\rho_h, h=0, \cdots, d\}$ is a system satisfying the conditions (1) and (2) given in P. 19 of [11].

For each $r\in\psi\cup\phi_{11a}$ and each $C_0\in\widetilde{\bar{k}}_r$, an element $C=(C_0, \cdots, C_d)\in\widetilde{A}_{(r)}$ is said to be a diagonal element of r determined by $\underline{C}=C_0$ if $C_0=C_1=\cdots=C_d$, clearly, $d=q(r)$. By (1), for each diagonal element C of r determined by $\underline{C}=C_0$, $C_0\in\widetilde{\bar{k}}_r$ and for each $h\in\{0, d\}$, we have

$$(2)\quad p^{\sigma^h}(C) = p^{\sigma^h}_{(r)}(C) = \prod_{i=0}^{q(r)} x_{r^{(i)}}(\widetilde{f}^j_{r,h+i}(C_i)) = \prod_{i=0}^{q(r)} x_{r^{(i)}}(\widetilde{f}^j_{r,h+i}))$$

$$= I_{\theta x}^{-h}(\prod_{i=0}^{q(r)} x_{r^{(i)}}\widetilde{f}_{r,i}(C_i)) = I_{\theta x}^{-h}p_{(r)}(C) = \rho_h p(C).$$

For each $r\in\psi\cup\phi_{1a}$ and for each $c_0\in\widetilde{\bar{k}}_r$, an element $C=(c_0, \cdots, c_d)\in\widetilde{A}_{(r)}=\widetilde{A}_r$ is said to be a diagonal element of r determined by $\underline{C}=c_0$ if $c_1=c_2=\cdots=c_d=0$, clearly $q(r)^*=1$. For each diagonal element C of r determined by $\underline{C}=c_0$, $c_0\in\widetilde{\bar{k}}_r$, and for each $h\in\{0, d\}$, we have

(3) $\rho^{\sigma^h}(C)=\rho_r^{\sigma^h}(C)=x_r(\widetilde{f}_{r,h}(C))=x_r(c_0)=\rho_h(x_r(\widetilde{f}_{r,0}(C)))$
$=\rho_h p_r(C)=\rho_h p(C)$.

For each $r\in\psi\cup\phi_{11b}$ and each $\underline{C}=(c_0, c_1, c_2)\in\tilde{\bar{k}}_r$, an element $C=(C_0, C_1)\times(c_0^i, c_1^i)$ of $\widetilde{A}_{(r)}\times\widetilde{A}_{r+\bar{r}}$ is said to be a digaonal element of r determined by $\underline{C}$ if $C_0=(c_0, c_1)=C_1$ and $c_0^j=f_{r+\bar{r}}(C_0)=\frac{1}{2}N_{r\bar{r}}(c_0^2-\zeta^2c_1^2)$ and $c_1^j=c_2$, clearly, $q(r)=d=1$, so $\zeta_1=-\zeta$. It is clear that $N_{\bar{r}r}=-N_{r\bar{r}}$ and $\zeta_1=-\zeta$, and $\eta^*_{r+\bar{r}}=-1$, thus, for each diagonal element C of r determined by $\underline{C}=(c_0, c_1, c_2)$, $\underline{C}\in\tilde{\bar{k}}_r$, we put $g_{r,0}=c_0+\zeta c_1$, $g_{r,1}=c_0-\zeta c_1$, $\eta_i=\eta_{r,1}$, $i=0,1$, then

(4) $$\begin{aligned}p^{\sigma}(C) &= p^{\sigma}_{(r)}((C_0,C_1))p^{\sigma}_{r+\bar{r}}((c_0^i, c_1^i))\\
&= \prod_{i=0}^{1}x_r(i)(\widetilde{f}_{r,i+1}(C_0))x_{r+\bar{r}}(\widetilde{f}_{r,\bar{r},1}(c_0^i, c_1^i))\\
&= x_r(\eta_0 g_{r,1})x_{\bar{r}}(\eta_1 g_{r,0})x_{r+\bar{r}}(c_0^i-\zeta c_2)\\
&= x_{\bar{r}}(\eta_1 g_{r,0})x_r(\eta_0 g_{r,1})x_{r+\bar{r}}(\gamma N_{\bar{r}}r(c_0^2-\zeta^2c_1^2))x_{r+\bar{r}}(c_0^i-\zeta c_2)\\
&= x_{\bar{r}}(\eta_1 g_{r,0})x_r(\eta_0 g_{r,1})x_{r+\bar{r}}(-c_0^i-\zeta c_2)\\
&= I_{\theta x}^{-1}(x_r(\eta_0 g_{r,0})x_{\bar{r}}(\eta_1 g_{r,1}))I_{\theta x}^{-1}(x_{r+\bar{r}}(\eta^*_{r+\bar{r}}(-c_0^i-\zeta c_1^i)))\\
&= I_{\theta x}^{-1}(p_{(r)}(C_0,C_1))I_{\theta x}^{-1}(p_{r+\bar{r}}(c_0^i, c_1^i))\\
&= I_{\theta x}^{-1}(p_{(r)}(C_0,C_1))p_{r+\bar{r}}((c_0^i, c_1^i))) = \rho_0 p(C)\end{aligned}$$

For each $r\in\psi$, we denote by $U_r(C)$ the diagnonal element of r determined by $\underline{C}$, $\underline{C}\in\tilde{\bar{k}}_r$, and we define $U_{r_1}=\{U_r(\underline{C}); \underline{C}\in\tilde{\bar{k}}_r\}$. Let $G=\langle U_r; r\in\psi\rangle$. Clearly, G is a subgroup of $\widetilde{G}$. Let $A=\{x\in\widetilde{G}; p^{\sigma^h}(x)=\rho_h p(x)$ for all $h=0,\cdots,d\}$. Clearly, each element g of G can be expressed in the form $g=\prod_{r_i\in\psi}U_{r_i}(C_i)$, $C_i\in\tilde{\bar{k}}_{r_i}$, by (2), (3) and (4), for each $h\in\{0,d\}$ we have $p^{\sigma^h}(g)=\rho_h p(g)$, so $g\in A$. This imqlies $G\subset A$. We denote by f the restriction of p to A, ie. $f=p|A$. By 4°, A is a a. g/k and f is an isomorphism defined over K which maps a. g/k A onto a. g/k $\underline{G}$. It is easily verified that for each $C\in\tilde{\bar{k}}_r$, $r\in\psi$, we have $f(U_r(C))=X_r(\overset{\Delta}{C})$.

Lemma 1 f is a K-isomorphism from a. g/k G on to a. g/k $\underline{G}$.

Proof: By 4°, f is a K-isomorphism from a. g/k A to a. g/k $\underline{G}$, so, it suffices to show that $f(G)=\underline{G}$. By proposition b, we have $f(U_r)=X_r$ for any $r\in$

ψ, thus, $f(G)=\underline{G}^*=\langle X_r;\ r\in\psi\rangle$. It is sufficient to show $\underline{G}=\underline{G}^*$. We now show $\underline{G}^*=\underline{G}$. For each $s\in\phi$, by propostion 4(b), three is a $r\in\psi$ so that $s=r^{(i)}$ for som $i\in\{0, q(r)\}$. Let $B_i(b)=(0, \cdots, 0, \overset{i}{b}, 0, \cdots, 0)\in\tilde{\bar{k}}_r$, $b\in\bar{k}$, Thus, for each $b\in\bar{k}$, $x_s(b)=X_r(B_i(b))\in\underline{G}^*$. For any $b\in\bar{k}$, $s\in\phi_0$, by Prop. 4. (b), there are r_1 and r_2 of ϕ^* so that $s=r_1+r_2$, thus, $x_s(b)=\left[x_{r_1}\left[\frac{1}{2}b\right], x_{r_2}(\tilde{\eta})\right]\left[x_{r_2}\left[-\frac{1}{2}b\right], x_{r_2}(-\tilde{\eta})\right]$, $\tilde{\eta}=\pm1$ if $(r_1, r_1)<(r_2, r_2)$, $x_s(b)=[x_{r_1}(b), x_{r_2}(\tilde{\eta})]$, $\eta=\pm1$ if $(r_1, r_1)=(r_2, r_2)$ by Chevalley's commutator formula, so, for each $b\in\tilde{k}$, $x_s(b)\in\underline{G}^*$. Thus, $\underline{G}^*=\underline{G}=\langle x_s;\ s\in\phi\rangle$. The proof is complete.

Corollary 2 $G=A$ and G is a simple a. g/k.

We will consider the maximal tours of G.

1) Suppose $r\in\psi\cap(\phi_1\cup\phi_{11a})$

We put $B=(b_0, \cdots, b_{q(r)})$ and $-B^{-1}=(-b_0^{-1}, \cdots, -b_{q(r)}^{-1})$, $b_i\in\bar{k}^*$ for all $0\leqslant i\leqslant q(r)$, and $C=\tilde{B}$ and $-C^{-1}=-\tilde{B}^{-1}$, and we define $n_r(B)=\prod_{i=0}^{q(r)} n_{r^{(i)}}(b_i)$ and $h_r(B)=\prod_{i=0}^{q(r)} h_{r^{(i)}}(b_i)$. Let $m_r(C)=U_r(C)U_{-r}(-C^{-1})U_r(C)$, and $t_r(C)=m_r(C)m_r(C_1)$ where $C_1=\tilde{B}_1$, $B_1=(1, \cdots, 1)\in\bar{k}^{*\,q(r)^*}$. By Lemma 3 of [5], $r^{(i)}\pm r^{(j)}\notin\phi$, thus

$$\begin{aligned}n_r(B) &= \prod_{i=0}^{q(r)} n_{r^{(i)}}(b_i)=\prod_{i=0}^{q(r)} x_{r^{(i)}}(b_i)x_{-r^{(i)}}(-b_i^{-1})x_{r^{(i)}}(b_i)\\ &= \prod_{i=0}^{q(r)} x_{r^{(i)}}(b_i)\prod_{i=0}^{q(r)} x_{-r^{(i)}}(-b_i^{-1})\prod_{i=0}^{q(r)} x_{r^{(i)}}(b_i)\\ &= X_r(B)X_{-r}(-B^{-1})X_r(B)\end{aligned}$$

Moreover, by Lemma. 3. (b) of [5], we have

$$\begin{aligned}h_r(B) &= \prod_{i=0}^{q(r)} h_{r^{(i)}}(b_i)=\prod_{i=0}^{q(r)} n_{r^{(i)}}(b_i)n_{r^{(i)}}(-1)\\ &= \prod_{i=0}^{q(r)} n_{r^{(i)}}(b_i)\prod_{i=0}^{q(r)} n_{r^{(i)}}(-1)\\ &= n_r(B)n_r(-B_1)\end{aligned}$$

Clearly, $B\in\bar{k}_r^*=\bar{k}^{*\,q(r)^*}$

Since f is an isomorphism which maps G onto $\underline{G}$, we have

$$f(m_r(C))=f(U_r(C)U_{-r}(-C^{-1})U_r(C))=X_r(B)X_{-r}(-B^{-1})X_r(B)$$
$$=n_r(B)$$

and

$$(5)\quad f(t_r(C))=f(m_r(C)m_r(-C_1))=n_r(B)n_r(-B_1)=h_r(B).$$

2) Suppose $r\in\psi\cap\phi_{11b}$

We put $B=(b_0, b_1)$, $a=b_0+b_1$, and $B^{\times}=(-b_1^{-1}, -ab_0^{-1}, b_1^{-1})$, $B^{-}=(a, 1, b_0)$, $B^{V}=(-b_0^{-1}, -ab_1^{-1}, b_1^{-1})$ and $B_1=(1, 1)$. Let $C=\widetilde{B}$, $C^{\times}=\widetilde{B}^{\times}$, $C^{-}=\widetilde{B}^{-}$, $C^{V}=\widetilde{B}^{V}$, and $C_1=\widetilde{B}_I$. We define $m_r(C)=U_r(C^{\times})U_{-r}(C^{-})U_r(C^{V})$, $t_r(C)=m_r(C)m_r(C_1)$ and $n_r(B)=X_r(B^{\times})X_{-r}(B^{-})X_r(B^{V})$, $h_r(B)=b_r(b_1^{-1})$ $h_r(b_0^{-1})$.

Clearly, $B\in\bar{k}_r^*=\bar{k}^{*q(r)*}$.

Since f is an isomorphism which maps G onto $\underline{G}$, we have

$$f(t_r(C))=n_r(B)n_r(B_1)$$

It is easily verified that

$$\begin{bmatrix}1 & -b_1^{-1} & b_1^{-1}\\ 0 & 1 & -ab_0^{-1}\\ 0 & 0 & 1\end{bmatrix}\begin{bmatrix}1 & 0 & 0\\ a & 1 & 0\\ b_0 & 1 & 1\end{bmatrix}\begin{bmatrix}1 & -b_1^{-1} & b_1^{-1}\\ 0 & 1 & -ab_1^{-1}\\ 0 & 0 & 1\end{bmatrix}$$
$$=\begin{bmatrix}0 & 0 & b_1^{-1}\\ 0 & -b_0b_1^{-1} & -ab_0^{-1}\\ b_0 & 1 & 1\end{bmatrix}\begin{bmatrix}1 & -b_0^{-1} & b_1^{-1}\\ 0 & 1 & -ab_1^{-1}\\ 0 & 0 & 1\end{bmatrix}\begin{bmatrix}0 & 0 & b_1^{-1}\\ 0 & -b_1b_0^{-1} & 0\\ b_0 & 0 & 0\end{bmatrix}$$

Thus, using the arguments of 13.7.2 of [2], it is easily verified that $n_r(B)n_r(B_I)=h_r(B)$, so we have

$$(6)\qquad f(t_r(C))=h_r(B).$$

Let $T=\langle t_r(C);\ r\in\psi,\ C=\widetilde{B},\ B\in\bar{k}_r^*\rangle$

Proposition 8 $f(T)=\underline{T}$ and T is a maximal tours defined over k of G

Proof: Let $T^*=\langle h_r(B);\ r\in\psi,\ B\in\bar{k}_r^*\rangle$. We shall show that $\underline{T}=\underline{T}^*$. For each $s\in\phi^*$ and $b\in\bar{k}^*$, by Proposition 4(b), there exists $r\in\psi$ such that $s=r^{(i)}$ for some $i\in\{0, q(r)\}$, so, $h_i(b)=h_r(B_i^*(b))$ where $B_i^*(b)$ is defined by $B_i^*(b)=(1, \cdots, 1, \overset{i}{b}, 1, \cdots, 1)\in\bar{k}_r^*$. For each $s\in\phi_0$ and $b\in\bar{k}^*$, it is easily shown that there exists r_1 and r_2 of ϕ^* such that $s=r_1+r_2$ and $h_s(b)=$

$h_{r_1}(b)h_{r_2}(b)$. Thus $\underline{T}^* = \underline{T} = \langle h_s ;\ s \in \phi \rangle$.

For each $r \in \psi$, define $\tilde{\bar{k}}_r^* = \{C = \tilde{B};\ B \in \tilde{\bar{k}}_r^*\}$ and $F_r = (\prod_{i=0}^{q(r)} f_{r,i}^{\times}) X_{r,q(r)+1} - 1$ since for each $r \in \psi$, $f_{r,i}^{X\sigma} = f_{r,i+1}^{\times}$ for all $i \in \{0, q(r)-1\}$ and $f_{r,q(r)}^{X\sigma} = f_{r,0}^{\times}$, we have $F_r^{\sigma} = F_r$. Clearly $\tilde{\bar{k}}_r^* = \{C \in \bar{k}^{q(r)+1};\ F_r(C) = 0\}$, so, $\tilde{\bar{k}}_r^*$, is a a. s/k for each $r \in \psi$. So, for each $r \in \psi$, $t_r = \{t_r(C);\ C \in \bar{k}_r^*\}$ is a a. s/k also. Thus, since G is a a. g/k and $t_r \subset G$, $r \in \psi$, t_r is a a. g/k. Clearly, $T = \langle t_r;\ r \in \psi \rangle$, so, by (iii) given in P. 57 of [13], T is a a. g/k. By Proposition 6, we have $f(t_r) = \{h_r(B);\ B \in \in \bar{k}_r^*\}$ for each $r \in \psi$, so $f(T) = \underline{T}^* = \underline{T}$ since $T^* = \underline{T}$. Thus, T is a maximal tours defined over k of G and $f(T) = \underline{T}$.

3 The main theorem

Theorem 1 Let $(\Delta, \Delta_0, [\sigma])$ be the k-index of the algebraic group G (denoted by $G(\Pi, \Pi_0, \sigma^*, \gamma)$) defined over k which is determined by a given k-index (Π, Π_0, σ^*) and the element γ of K. Then (a), Δ, Δ_0 and $[\sigma]$ are identified with Π, Π_0, σ^* respectively. (b), The tours T detined over k of G contains a maiximal k-split subtours S (or denoted by A in [11]) in T. (c), Group $G^1 = L(\Pi_0, \sigma, \gamma)$ is isomorphic to the group $G(k)$ of the k-rational points of the algebraic group $G = G(\Pi, \Pi_0, \sigma^*, \gamma)$ defined over k.

Proof: We shall first show (a).

Let X (resp. $\underline{X}$) be the character modules of T (resp, $\underline{T}$) and v (resp, $\underline{v}$) the root system of G (resp. $\underline{G}$) in X (resp. $\underline{X}$) with respect T (resp. $\underline{T}$). Let Δ be a simple root system of $\underline{v}$. Since $\underline{G}$ is the Chevalley group of L over $\bar{k}$, so $\underline{v}$ is identified to ϕ. Let ${}^t f$ be the transpose of the restriction of f to T. Then ${}^t f(\underline{X}) = X$. We will want to indentity v and $\underline{v}$(via ${}^t f$) and to identity Δ and Π (cf. p. 65 of[11]).

For each $\chi \in X$, we denote by χ^{η} the character gotten from χ by operating on its coefficients by the element η of Γ^* (cf. I. 2. 4, p. 17 of [11]). For each $\chi \in X$, put $\chi_{\sigma}^{\eta} = \sum_{\eta \in \Gamma^*} \chi^{\eta}$. Since $\Gamma^* = \{I, \sigma, \cdots, \sigma^d\}$, $\chi_{\sigma}^{\eta} = \sum_{i=0}^{d} \chi^{(i)}$ where σ is the generator of Γ^* and $\chi^{[i]} = \chi^{\sigma^i}$, $0 \leqslant i \leqslant d$. Let $X_0 = \{\chi \in X;\ \chi_{\alpha}^{\eta} = 0\}$ and $\Delta_0 =$

$X_0 \cap \Delta$. By Ⅱ. 2. 1 of [11], there exists a unique $w^\sigma \in W_0$ such that $w_\sigma^{-1}(s^\sigma) \in \Delta^*$ for all $s \in \Delta^*$, so, there exists an operation $[\sigma]$ of σ on Δ^* as follows: $s^{[\sigma]} = [\sigma](s) = w_\sigma^{-1}(s^\sigma)$ for any $s \in \Delta^*$.

It follows from Ⅱ. 2. 1 of [11] that $(\Delta, \Delta_0, \sigma^*)$ is the k-index of G where Δ_0 and $[\sigma]$ are described above. Now, we will show that $\Delta_0 = \Pi_0$ and $\sigma^* = [\sigma]$. (In the following, we will want identify X and $\underline{X}$ as above)

Let f^σ be the map from G to $\underline{G}$ obtained from f by operating on its coefficients by σ. Then $\rho_\sigma = f^\sigma f^{-1}$. For $\chi \in X$, put ${}^t\rho_\sigma(\chi)$ be the character defined by ${}^t\rho_\sigma(\chi)(h) = \chi(\rho_\sigma(h))$ for all $h \in \underline{T}$ (cf. p. 19 of [11]). By Ⅱ. 2. 1, p. 65 of [11], we have $\chi^\sigma = {}^t\rho_\sigma(\chi)$ for any $\chi \in X$. Now, we will show the following statement.

(Ⅰ*) For each $s \in \phi$, $s^\sigma = \theta(s) = \bar{s}$

We now show (Ⅰ*). By the definition, $\rho_\sigma = I_{\theta x}^{-1}$, then for each $r \in \psi$ and each $B = (b_0, \cdots, b_{q(r)}) \in \bar{k}^{*q(r)^*}$, we put $b_{q(r)+1} = b_0$, then we have $\rho_\sigma(h_r(B)) =$

$$I_{\theta x}^{-1}(h_r(B)) = I_{\theta x}^{-1}\left(\prod_{i=0}^{q(r)} h_{r^{(i)}}(b_i)\right) = \prod_{i=0}^{q(r)} h_{r^{(i)}}(b_{i+1}) = h_r(B').B' = (b_1, \cdots, b_{q(r)}, b_0).$$

Clearly, for each $i \in \{0, q(r)\}$, we have $(s, r^{(i)}) = (\bar{s}, r^{(i+1)})$. Thus, by Lemma 34 of [13], we have

$$s^\sigma(h_r(B)) = s(\rho_\sigma(h_r(B))) = s(h_r(B')) = \prod_{i=0}^{q(r)} b_{i+1}^{(s, r^{(i)})} = \prod_{i=0}^{q(r)} b_{i+1}^{(\bar{s}, r^{(i+1)})}$$

$$= \prod_{i=0}^{q(r)} b_i^{(\bar{s}, r^{(i)})} = \bar{s}(h_r(B))$$

where r, B and B' are give above. By Proposition 8, we have $\underline{T} = \underline{T}^* = \{h_r(B);\ r \in \psi,\ B \in \bar{k}_r^*\}$, so, for each $s \in \phi$, we have $s^\sigma = \theta(s) = \bar{s}$.
(Ⅰ*) follows.

By (Ⅰ*), for each $s \in \phi$, $s_\sigma^i = s + \sigma(s) + \cdots + \sigma^d(s) = d^* q(s)^{*-1} q(s)^* s' = d^* s'$. Thus, $\Delta_0 = \{s \in \Delta;\ s_\sigma^i = 0\} = \{s \in \Delta = \Pi;\ s' = 0\} = \Pi_0$.

By Prop. 1. (c) and (Ⅰ*), it is easy to see that for all $s \in \Delta^* = \Delta - \Delta_0 = \Pi - \Pi_0 = \Pi^*$, $\theta_0^{-1}(s^\sigma) = \theta_0^{-1}\theta(s) = \sigma^*(s) \in \Delta^*$. It follows from 2. 3 of [14] and formuia (12) in p. 72 of [11] that exists a unique $w_\sigma \in W_0$ such that $w_\sigma^{-1}(s^\sigma) \in \Delta^*$ for all $s \in \Delta^*$, so $\theta_0 = w_\sigma$ and for all $s \in \Delta^* = \Pi^*$, $[\sigma](s) = w_\sigma^{-1}(s^\sigma) = \theta_0^{-1}\theta(s) = \sigma^*(s)$. Thus $\sigma^* = [\sigma]$. Thus, (a) follows, moreover, Δ_0 and σ^*

don' t depend on the choice of T and of Δ by Proposition 3 of [5]. Therefore, (a) is proved.

By 2.5.1 of [11], S is the connected component of the subgroup of T defined by $\langle t\in T;\ \beta(t)=1$ for all $\beta\in \Pi_0$, $\beta(t)=(\sigma^*(\beta))(t)$ for all $\beta\in\Pi^*\rangle$. Thus, (b) follows.

It is clear that $G(k)=\langle U_r(C);\ r\in\psi,\ C\in\tilde{k}_r\rangle\cong\langle X_r(B);\ r\in\psi,\ B\in\tilde{k}_r\rangle$ and $G^1=\langle X_r^1(t,\ t');\ (t,\ t')\in K_r,\ r\in\psi\rangle\cong\langle X_r(B);\ r\in\psi,\ B\in\tilde{k}_r\rangle$ by Cor,1, (b), Thus $G(k)$ is isomorphic to G^1. Hence (c) is proved.

Table I

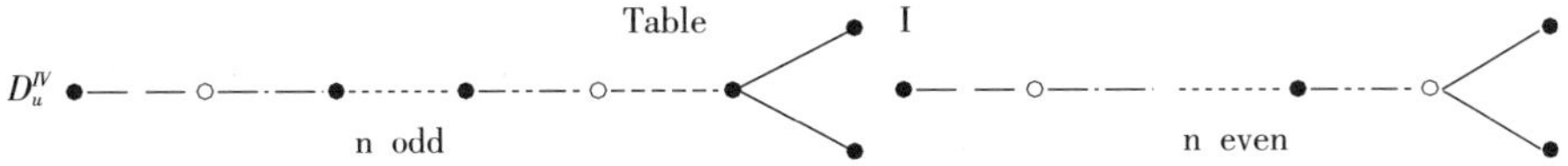

References

[1] Albert A. Structure of Algebra, Amer. Math. Soc. Coll. Pub. 1965,24:35-46.

[2] Carter R. Simple Group of Lie Type. Wiley, 1972. 1-8.

[3] Cheng Chon Hu. J Austral Math Soc Series A. 1989. 46:53-70.

[4] Chen Chou Hu. J Austral Math Soc Sericea A, 1986. 41:13-43.

[5] Cheng Chon Hu. Natural Science Journal of Xiangtan University, 1989. 11(4):121-129.

[6] Cheng Chon Hu. Southeast Asian Bulletin of Mathematics, 1990,15:1-12.

[7] Chevalley C. Tohoka Math J, 1955,1:14-86.

[8] Hijikata. Japan J Math, 1975, I:225-300.

[9] Humphreys J E. Linear Algebraic Groups, Springer-Verlag Inc, 1981. 90-96.

[10] Sprinfer T A. Progrcss in Math, 1980,9:12.

[11] Satake I. Classification Theory of Semi-simple Algebraic Groups. Marcel Dekker Inc, 1971.

[12] Steinberg R. Pacific J Math, 1956, 875-891.

[13] Steinberg R. Lecture on Chevalley Groups, Yale University, 1967.

[14] Tits J. Procedings of Symposia in Pure Math, 1980, 9:32-62.

[15] Weil A. Adeles and Algebraic Groups. Lecture Notes, IAs, Princeton, 1961.

A NOTE ON RESTRICTED ROOTS OF SIMPLE ALGEBRAIC GROUPS OVER p—ADIC FIELDS

In the theory of semi-simple algebraic groups defined over perfect field k given by Satake [1] and Tits [2] the theory of restricted roots of semi-simple algebraic groups over k, and Weyl groups associated to these roots which are investigated by Satake [1] and Schattschneider [3] under more general assumption are important.

Henceforth, let k be a p-adic field.

According to Witt-type theorem for semi-simple algebraic groups, the problem of classifying the semi-simple algebraic groups defined over p-adic field k is reduced to find all admissible k-indices (or called Γ— diagram) and all possible semi-simple anisotropic kernels (ie, the k-compact: semi-simple algebraic groups). The list of all possible k-indices was given by J. Tits [2] and I. Satake [1].

As defined by J. Tits [2] and I. Satake [1], each k-index consists of (Π, Π_0, σ^*) where Π is a simple root system of a simple Lie algebra L over C, Π_0 a subsystem of Π, and σ^* is a permutation of $\Pi^* = \Pi - \Pi_0$. For each k-index (Π, Π_0, σ^*), the Dynkin diagram of Π is drawn in such way that every root of Π_0 is denoted by black circle and every root of Π^* by white circle, any distinct roots r_1 and r_2 of Π^* are joined by a curved arrow ⤺⤻ if $\sigma^*(r_1) = r_2$.

The drawn diagram so obtained is called the diagram of the k-index (Π, Π_0, σ^*). All diagrams of the k-indices are given in those of table II of J. Tits [2] and p. 119 of I. Satake [1] we shall not cansider the k-indices in table III′. (see Remark(1)).

For simple roots system Π of a simple Lie algebra L giver C, we denate by h_C the vector space spanned by Π over C which is a Cartan subalgebra of this simple Lie algebra.

For real number field R, the k-indices are the Satake diagram (Π, θ) of a simple non-compact Lie algebra g over R (cf. [1]) where Π is the sinple root system of $g_c = g + \sqrt{-1}g$ and θ is an involutive automorphism of g_c, $\theta h_c = h_c$, using the automorphism θ, the restricted roots of g (relative to (Π, θ)) was considered by Satake [4] and Araki [5]. In this paper, for each k-index (Π, Π_0, σ^*), we can determine an automorphism $\theta(\Pi, \Pi_0, \sigma^*)$ of L (denoted by θ as we fix a k-index (Π, Π_0, σ^*) in the cansideration), $\theta h_c = h_c$, using the automorphism $\theta(\pi, \pi_0, \sigma^*)$, the restricted roots of the simple algebraic graup over k having the k-index (Π, Π_0, σ^*) (relative to (Π, Π_0, σ^*)) is determined explicitly. Clearly, if $\theta(\Pi, \Pi_0; \sigma^*)$ is involutive, then the k-index (Π, Π_0, σ^*) is equivalent to the Satake diagrams $(\Pi, \theta(\Pi, \Pi_0, \sigma^*))^{(*)}$, moreover, Proposition 3 of this paper is quite analogous to Proposition 1 and A of [4]. For the k-infices (Π, Π_0, σ^*) which are not equivalent to the Satake diagrams, the restricted roots of the simple algebraic groups over k having the k-index (Π, Π_0, σ^*) (relative to (Π, Π_0, σ^*)) are given in table Π of this paper. ①

Henceforth, we will fix a k-index (Π, Π_0, σ^*) in the consideration.

We denote by Φ the root system of simple Lie algebra L with respect to the Cartan subalgebra h_c which is the vector space spanned by π over C, and by Φ^+ (resp. Φ^-) the positive (resp. negative) root system with the fundamental root system Π. Let Φ_0 dendte the root system with fundamental root system Π_0 and $\Phi^* = \Phi - \Phi_0$. we denote by $|S|$ the cardinality of a set S and ϕ the empty set.

In order to describe the root systems Φ, it is convenient to use an or

① Remark(1), If $\pi = \pi_0$, then the diagram of the k-index is •—•······•—• and $G = G(\pi, \pi_0, \sigma^*, \gamma)$ is k-compact which is considered bL [1] (cf. p. 116 of [1]), we do not consider for this case in this note.

If $\pi_0 = \phi$, then $G = G(\pi, \pi_0, \sigma^*, \gamma)$ is a Steinberg group which is considered by [10] (cf. p. 103 of [1]).

(*) The k-index 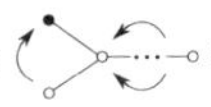 is a Satake diagram also.

thonormal basis $B=\{c_1, c_2, \cdots, c_m\}$ of an Euclidean space of dimensionm as in D. 45-P. 49 of [6] except E_θ given by Table A where m is an integer determined by Π.

Let $A=\{e_h, e_{h+1}, \cdots, e_k\}$, $1\leqslant h\leqslant k\leqslant m$. We denote by c(A) the cycle $(e_h, e_{h+1}, \cdots, e_h)$, by o(A) the transformation defined by $o(A)(e_i)=-e_i$ and $o(A)(-e_i)=e_i$ for all $h\leqslant i\leqslant k$.

Assuming $\Pi_0\neq\phi$, Π_0 is a union of disjoint connected components Π_0^i of Π_0, $1\leqslant i\leqslant p(\Pi_0)$, ie. $\Pi_0=\Pi_0^1\cup\Pi_0^2\cup\cdots\cup\Pi_0^p$, $p-p(\Pi_0)$, $\Pi_0^i\cap\Pi_0^i=\phi$, $1\leqslant i$, $j\leqslant p$ $(\Pi_0$ $i\neq j$. It is easily verified (except D_n^{Iv} (cf. Table III′) that $|\Pi_0^i|=d$, $1\leqslant i\leqslant p(\Pi_0)$ and any Π_0^i, $1\leqslant i\leqslant p(\Pi_0)$ are equivalent to the simple root system of simple Lie algebra A_d. For any simple root α of Π, we can associate a index j denoted by $i(\alpha)$, $1\leqslant j\leqslant n$, to α as α_j (cf. Table III) so that $I_0^i=\{\alpha_{i_1}, \alpha_{i_2}, \cdots, \alpha_{i_d}\}$, $1\leqslant i\leqslant p(\Pi_0)$ where the indices $\{i_1, i_2, \cdots, i_d\}$ of the roots of Π_0^i satisfy $i_k<i_{k+1}$ for all $1\leqslant k<d-l$ and $i_d<(i+1)$ for all $1\leqslant i\leqslant p(\Pi_0)$. For each $r\in\Phi$, we denote by w_r the reflection in the hyperplane orthogonal to r. Let $\delta_i=\alpha_{i_1}+\alpha_{i_2}+\cdots+\alpha_{i_d}$ and $\theta_i=w_{\alpha_{i_1}}w_{\alpha_{i_1}}\cdots w_{\alpha_{i_d}}$ for any $1\leqslant i\leqslant p(\Pi_0)$ (cf. Table I).

Clearly, $\theta_i(\alpha_{i_h})=\alpha_{i_{k+1}}$ for all $1\leqslant k\leqslant d-1$ and $\theta_i(\alpha_{i_d})=-\delta_i$, $\theta_i(-\delta_i)=\alpha_{i_1}$ for all $1\leqslant i\leqslant p(\Pi_0)$. We denote by τ the non-trivial symmetry of Π and by I the identical map. Let $\theta_0=\theta_1\theta_2\cdots\theta_p$, $p=p(\Pi_0)$ We define $\theta=\theta_0$ if $\sigma^*=I$, $\theta=\theta_0\tau$ if $\sigma^*\neq I$. Clearly, there is a $A_\theta\in\{A\in \mathrm{Aut}\, L;\ Ah_c=h_c\}$ such that the restriction of A_θ to h_c is θ. And θ is determined by the k-index (Π, Π_0, σ^*), so we denote by $\theta(\Pi, \Pi_0, \sigma^*)$ the θ if necessary. Let $d^*+1=m^*$ denote the order of θ. For each $r\in\Phi$, we define $r^{(i)}=\theta^i(r)$, $0\leqslant i\leqslant d^*$, and $r'=q(r)^{*-1}\left(\sum_{i=0}^{q(r)} r^{(i)}\right)$ where q(r) is the least positive integer so that $r^{(q(r)^*)}=r$, $q(r)^*=q(r)+1$, for covenience, we write $r=r^{(0)}$, $\bar{r}=r^{(1)}$, $\bar{\bar{r}}=r^{(2)}$, …, Let $\langle\cdots\rangle$ denote the group generated by the set $\{\cdots\}$, and let $W_0=\langle w_\alpha;\ \alpha\in\Pi_0\rangle$ Clearly, the following proposition is easily verified.

Proposition 1 (a), $\Pi_0=\{\alpha\in\Pi;\ \alpha'=0\}$.

(b), Two distinct roots r_1 and r_2 of Π^* satisfy $\sigma^*(r_1)=r_2$ if and only if

$r_1{}'=r_2{}'$.

(c), If $\sigma^* \neq 1$ then $\sigma^* = \tau$ and there exists $\theta_0 \in W_0$ such uhat $\theta_0^{-1}\theta(s) = \sigma^*(s)$ for all $s \in \Pi^*$.

Forany r, $s \in \phi$, we put $A_{rs} = 2(r,s)/(r,r)$.

We define $\Phi_1 = \{r \in \Phi^* ; r = \bar{r}\}$ and $\Phi_{11} = \Phi^* \setminus \Phi_1$; $\Phi_{11b} = \{r \in \Phi_{11} ; r + \bar{r} \in \Phi\}$; $\Phi_{11a} = \Phi_{11} \setminus \Phi_{11b}$; $\Phi_{1b} = \{r + \bar{r}; r \in \Phi_{11b}\}$; $\Phi_{1a} = \Phi_i \setminus \Phi_{1b}\}$;

Proposition 2. Let r, $s \in \Phi$. Then $(s', r') = (s, r') = (s', r)$.

proof: Clearly $\theta(s^{(i)}) = s^{(i+1)}$, $i \in Z_+$ and $s^{(q(r)+1)} = s$, $s \in \Phi$, so $\theta(s') = s'$, thus $(s', r) = (\theta(s'), \theta(r)) = (s', r^{(1)})$, so $(s', r) = (s', r^{(1)}) = (\theta(s'), \theta(r^{(1)})) = (s, r^{(2)})$, $\cdots$ It follows that $(s', r) = (s', r^{(i)})$ for any $i \in Z_+$. Thus $(s', r') = (s', q(r)^{*-1}. (\sum_{i=0}^{q(r)} r^{(i)}) = q(r)^{*-1}(\sum_{i=1}^{q(r)}(s', r)) = q(r)^{*-1}q(r)^*(s', r) = (s', r)$. Similarly, we have $(s', r') = (s, r')$. q. e. d.

For each r, $s \in \Phi$, we define $B_{rs} = \sum_{i=0}^{q(r)} 2(s, r^{(i)})/(r^{(i)}, r^{(i)})$.

Corollary 1 (a), For any r, $s \in \Phi$, $B_{rs} = \eta(s', r') = \eta(s', r) = \eta(s, r')$, $\eta = 2q(r)^*/(r, r)$.

(b), If $s \in \Phi$ and $B_{rs} = 0$ for all $r \in \Phi$, then $s' = 0$.

Proof: Clearly, $(r, r) = (r^{(i)}, r^{(i)})$ for any $0 \leqslant i \leqslant q(r)$, so we have $B_{rs} = 2(\sum_{i=0}^{q(r)}(s, r^{(i)}))/(r, r) = 2q(r)^*/(r, r)(s, q(r)^{*-1}(\sum_{i=0}^{q(r)} r^{(i)})) = \eta(s, r')$.

Thus, (a) is true by Prop. 2. Now, we show (b). Since $B_{rs} = 0$ for all $r \in \Phi$ and $\eta \neq 0$, by (a), we have $(s', r) = 0$ for all $r \in \Phi$. Clearly, H is a vector space spanned by Φ over C, so, $(s', h) = 0$ for all $h \in H$. Thus, $s' = 0$, so, (b) is true. q. e. d.

Lemma1 $\theta(\Phi^{*+}) = \Phi^{*+}$ and $\theta(\Phi^{*-}) = \Phi^{*-}$ where $\Phi^{*+} = \Phi^* \cap \Phi^+$ and $\Phi^{*-} = \Phi^+ \cap \Phi^-$.

Proof: Let $\Pi = \{r_1, r_2, \cdots, r_n\}$, $n = |\Pi|$. Clearly, each $r \in \Phi^{*+}$ can be expressed in the form $r = \sum_{i=1}^{n} m_i r_i$, $m_i \in Z$, $m_i \geqslant 0$. Since $\alpha' = 0$ for all $\alpha \in \Pi_0$ and $r' \neq 0$ for all $r \in \Phi^{*+}$, there exists at least a $r_j \in \Pi^*$ such that $m_j > 0$. Since $\alpha' = 0$ for all $\alpha \in \Pi_0$, $(w_\alpha(r_j))' = (r_j - 2(\alpha, r_j)/(\alpha, \alpha)\alpha)' = r'_j - 2(\alpha,$

$r_j)/(\alpha, \alpha)\alpha' = r_i'$, so $w_a(r) = \sum_{i=1}^{n} m_i' r_i$, $m_i' \in Z$, $m_i' = m_j > 0$, thus $w_a(r) \in \Phi^*$ and $w_a(r) \in \Phi^+$, that is, $w_a(r) \in \Phi^{*+}$. Since $\theta_0 \in W_0 = \langle w_a;\ \alpha \in \Pi_0 \rangle$, $\theta_0(r) \in \Phi^{*+}$. Clearly, $\theta = \theta_0$ if $\sigma^* = I$, $\theta = \tau\theta_0$ if $\sigma^* \neq I$, τ being a symmetry of Π, so if $\theta = \tau\theta_0$, then $\theta(r) = \sum_{i=1}^{n} m_i' \tau(r_i) \in \Phi^{*+}$ since $m_j' > 0$ and $\tau(r_j) \in \Pi^*$ by Prop. 1. Thus, $\theta(\Phi^{*+}) = \Phi^{*+}$. Similarly, $\theta(\Phi^{*-}) = \Phi^{*-}$. q. e. d.

Let E be the vector space over R spanned by Φ and E' the vector space spanned, by $\Phi^{*'} = \{r';\ r \in \Phi^*\}$ over R.

For each $s \in \pi^*$, π_0^i, $1 \leqslant i \leqslant p(\pi_0)$, is said to be "connected with s" if there exists $\alpha \in \Pi_0^i$ such that $(\alpha, s) \neq 0$. We put Π_0^s to be the union of all Π_0^i which are "connected with s". Let Π_s be the union of Π_0^s and $\{s, \sigma^*(s), \cdots, \sigma^{*h}(s)\}$, h being the order of σ^*. Then, the k-rank of any Π_s. $s \in \Pi^*$, is equal to one. All drawn Dynkin diagram of Π_s, $s \in \Pi^*$ are given intable I. Moreover, al roots of Π_s, $s \in \Pi^*$ described by the basis B and the restriction $\theta|\Pi_s$ of θ to Π_s, $s \in \Pi^*$ are given in table I also. Let Φ_s be the root system having a fundamental root system Π_s, $s \in \Pi^*$ and $\Phi_s^* = \Phi_s \cap \Phi^*$ and $\Phi_s^{*+} = \Phi_s^* \cap \Phi^+$. It is easy to see that $s \in \Pi^* \cap (\Phi_1 \cup \Phi_{11a})$ if and only if s is one of the simple roots given in Fig. 1. 1—Fig. 1. 5.

For each $s \in \Phi^*$, we define $I(s) = \left\{ r \in \Phi;\ r' = \eta s',\ \eta = 1, 2 \text{ or } \frac{1}{2} \right\}$ and $J(s) = \{s, s^{(1)}, \cdots, s^{q(s)}\}$. Let $\Pi' = \Pi^{*\prime} = \{s';\ s \in \Pi^*\}$ and $\Phi' = \Phi^{*\prime}$. we define $W_r^1 = \prod_{i=0}^{q(r)} w_{r^{(i)}}$ if $r \in \Phi_1 \cup \Phi_{11a}$, $W_r^l = W_{r+\bar{r}}$ if $r \in \Phi_{11b}$. Let $W^l = \langle W_r^l,\ r \in \pi^* \rangle$. For each $w \in W^l$, we denote by w' the restriction off w to E' defined by $w'(s') = (w(s))'$ for all $s \in \phi$. Let $W^{l\prime} = \{w';\ w \in W^l\}$.

Lemma 2 (a), If $s \in \Pi^* \cap (\Phi_1 \cup \Phi_{11a})$ and r_1, $r_2 \in J(r)$; $r \in I(s)$; then $r_1 \pm r_2 \notin \phi$, and $(r_1, r_2) = 0$ if $r_1 \neq r_2$.

(b), If $r \in \Pi^*$, then $W_r^{l\prime} = w_{r'}$. Thus $W^{l\prime} = \langle w_{r'};\ r' \in \Pi' \rangle$.

Proof: We shall show (a) seperately for Fig. I. 1—Fig. 1. 5.

1, Fig. 1. 1: $I(s) = J(r) = \{r\}$, $r = \bar{r}$, $s = r$. So, $r_1 = r_2 = r$. It follows that $r_1 + r_2 = 2r \notin \Phi$. Moreover, $r_1 - r_2 = 0 \notin \Phi$.

2, Fig. 1. 2: $I(s)=J(r)=\{r, \bar{r}\}$, $r\neq\bar{r}$. $s=r$. So, $r_1=r$ and $r_2=\bar{r}$ or $r_1=\bar{r}$ and $r_2=r$. It follows that $r_1+r_2=r+\bar{r}\notin\Phi$ since $r\notin\Phi_{11b}$. Moreover, $r_1-r_2=r-\bar{r}$ or $\bar{r}-r$, so, $r_1-r_2\notin\Phi$ since $(r, \bar{r})=0$ and $r+\bar{r}\notin\Phi$.

3, Fig. I. 3: By a similar argument as used in 2, we can prove that $r_1\pm r_2\notin\Phi$.

4, Fig. I. 4: $I(s)=\{e_i-e_j; h\leqslant i\leqslant h+d<j\leqslant k+d\}$, $h=(q-1)(d+1)+1$, $1\leqslant q\leqslant p(\Pi_0)$, $k=h+d+1$, $s=e_{h+d}-e_h$. Since $\theta|\Pi_s=c(e_h, e_{h+1}, \cdots, e_{h+d})$ $c(e_h, e_{h+1}, \cdots, e_{h+d})$ and $J(r)\subset I(s)$, r_1 and r_2 can be expressed in the form $r_1=c_{i_1}-e_{j_1}$ and $r_2=e_{i_2}-e_{j_2}$ where $h\leqslant i_1$, $i_2\leqslant h+d<j_1$, $j_2\leqslant k+d$ and $i_1=i_2$ if and only if $j_1=j_2$. It follows that $r_1\pm r_2=e_{i_1}\pm e_{i_2}-(e_{J_1}\pm e_{J_2})\notin\Phi$.

5, Fig. I. 5: $I(s)=\{e_{m-1}, e_{m-1}-e_m, e_{m-1}+e_m\}$, $s=e_{m-1}-e_m$. Since $\theta|\Pi_s=o(e_m)$, r_1 and r_2 can be expressed in the form $r_1=r_2=e_{m-1}$ if $r=e_{m-1}$, $r_1=r$ and $r_2=\bar{r}=e_{m-1}+e_m$ or $r_1=\bar{r}$ and $r_2=r$ if $r=s$. It follows that $r_1+r_2=2e_{m-1}\notin\Phi$. Moreaver, $r_1-r_2=0$ or $\pm 2e_m\notin\Phi$.

Since $r_1\pm r_2\notin\Phi$, we have $(r_1, r_2)=0$. (a) follows

Now, we shall show (b) separately.

1, Suppose $r\in\Pi^*\cap(\Phi_1\cup\Phi_{11a})$.

Since $(r^{(i)}, r^{(j)})=0$ for any $0\leqslant i, j\leqslant q(r)$, $i\neq j$, $(r, r)=\lambda(r', r')$, $\lambda=q(r)^*$. and $W_r^l(s)=s-\sum_{i=0}^{q(r)}(2(r^{(i)}, s)/(r^{(i)}, r^{(i)}))r^{(i)}$ for all $s\in\Phi$. Clearly, $(r^{(i)}, r^{(i)})=(r, r)$ for all $0\leqslant i\leqslant q(r)$, Thus, it follows that $W_r^1(s)=s-\sum_{i=0}^{q(r)}(2(r^{(i)}, s)/\lambda(r', r'))r^{(i)}$. Clearly, $(r^{(i)})'=r'$, for all $0\leqslant i\leqslant q(r)$. Thus $(W_r^l(s))'=s'-\sum_{i=0}^{q(r)}(2(r^{(i)}, s)/\lambda(r', r'))r'=s'-(2(\sum_{i=0}^{q(r)}(r^{(i)}, s)/\lambda(r', r'))r'=s'-(2\lambda(r', s)/\lambda(r', r'))r'=s'-(2(r', s)/(r', r'))r'$. By Prop. 2, we have $(r', s)=(r', s')$, so, $(W_r^l(s))'=s'-(2(r', s')/(r', r'))r'=w_{r'}(s')$ for all $s'\in\Phi'$ Then $(W_r^l)'-w_{r'}$.

2, Suppose $r\in\Pi^*\cap\Phi_{11b}$.

Clearly, we have $W_r^l=w_{r+\bar{r}}$; where $r+\bar{r}\in\Phi^*$ and $r+\bar{r}=2r'$, so, for any $s\in\Phi(W_r^l(s))'=(w_{r+\bar{r}}(s))'=(s-(2(r+\bar{r}, s)/(r+\bar{r}, r+\bar{r}))(r+\bar{r}))'=s'-(2(r', s)/(r', r'))r'$. By Prop. 2, $(r', s)=(r', s')$; thus, $(W_r^l(s))'=w_{r'}(s')$

for all $s'\in\Phi'$, so we have $(W_r^l)'=w_{r'}$.

It follows from 1, and 2, mentioned above that (b) is true. q. e. d.

We denote by $\check{\Phi}'(\widetilde{\Phi}')$ the set of "reduced" restriced roots, that is, the subset of elements of Φ' which can not be written in the form cr' with $r'\in\Phi'$, $c>1$. $(0<c<1)$. Put $\lambda_r=\frac{1}{2}$ if $r\in\Phi_{11b}$, $\lambda_r=1$ if $r\in\Phi_1\cup\Phi_{11a}$, and define $\Pi'=\{r';\ r\in\cap^*\}$. Since $w_{r'}=w_{2r'}r\in\Pi^*\cap_1\Phi_{1b}$, we have $W^{l'}=\langle w_{r'};\ r'\in\Pi'\rangle$ by Lemina. 2. (b).

Lemma 3 (*a*), If $r\in\Phi^*$ and $w\in W^l$, then $q(r)=q(w(r))$. Mareover, for each $w\in W^l$, $r\in\varphi_{11_b}$ (resp. $\Phi_1\cup\Phi_{11a}$) if and only if $w(r)\in\Phi_{11b}$ (resp. $\Phi_1\cup\Phi_{11a}$).

(b), If r_1, $r_2\in J(r)$, $r\in\Phi_1\cup\Phi_{11a}$, then $r_1\pm r_2\notin\Phi$, and $(r_1, r_2)=0$ if $r_1\neq r_2$.

Proof: For any $r\in\pi^*\cap\varphi_{11b}$, $\theta W_r^l=W_r^l\theta$ since $\theta(r+\bar{r})=r+\bar{r}$ and $W_r^l=w_{r+\bar{r}}$.

For any $r\in\Pi^*\cap(\Phi_1\cup\Phi_{11a})$, $\theta W_r^1=W_r^1\theta$ since $(r^{(i)}, r^{(j)})=0$ for $0\leqslant i\leqslant q(r)$ $i\neq j$. Thus for each $w\in W^l$, we hawe $\theta w=w\theta$. Therefore, if $r\in\Phi^*$, $r^{(k)}=r$, $k\in Z_+$ and $w\in W^l$, then $w(r)^{(k)}=\theta^k(w(r))=w(\theta^k(r))=w(r)$. If $r\in\Phi^*$. $w(r)^{(h)}=w(r)$, $h\in Z_+$ and $w\in W^l$, then $r=w^{-l}w(r)=w^{-1}\theta^h(w(r))=w^{-l}w(\theta^h(r))=r^{(b)}$. It follows that $q(r)=q(w(r))$ for any $r\in\Phi^*$ and $w\in W^l$.

Since $\theta w=w\theta$ for each $w\in W^l$, we have $\overline{w(r)}=\theta(w(r))=w(\theta(r))=w(\bar{r})$ for each $r\in\Phi^*$, so, $w(r)+\overline{w(r)}=w(r)+w(\bar{r})=w(r+\bar{r})$, thus $r+\bar{r}\notin\Phi$. if and only if $w(r)+\overline{w(r)}\notin\Phi$. Then (a) follows.

Now, we shall first show the following statement (L3,1).

(L3. 1). For each $r'\in\widetilde{\Phi}'$, there exist $w'\in W^{l'}$ and $s'\in\widetilde{\Pi}'$ such that $s'=w'(r')$ and $w_{r'}\in W^{l'}$.

Let $\Pi'=\{r_1', r_2', \cdots, r_l'\}$ and $\widetilde{\Phi}'^+=\widetilde{\Phi}'\cap\Phi^{+'}$, $\Phi^{+'}=\{r', r\in\Phi^+\}$. Each r. of $\widetilde{\Phi}$ can be expressed in the form $r'=\sum_{i=1}^{l}m_lr_i'$, $m_i\in Z$, $m_i\geqslant 0$ for all $1\leqslant i\leqslant l$ and we put $h(r')=\sum_{i=1}^{l}m_i$.

It is easy to see that Π' is linearly independent, so, for each $r' \in \tilde{\Phi}'$ there exists a $r_i' \in \Pi'$ such that $(r_i', r') > 0$, thus, $h(w_{r_i'}(r')) < h(r')$. Then, by induction, we can prove that for each $r' \in \tilde{\Phi}'$, there exist $w' \in W^{l'}$ and $s' \in \Pi'$ such that $w'(r') = s'$. It follows that $w' w_{r'} w'^{-1} = w_{s'}$, so, $w_{r'} \in W^{l'}$ for all $r' \in \tilde{\varphi}'$. (L3.1) follows.

Since $r \in \Phi_b \cup \dot{\Phi}_{11a}$, we have $r' \in \tilde{\Phi}'$. By (L3.1), there exist $w' \in W^{l'}$ and $s' \in \Pi'$ such that $w'(r') = s'$. It follows from Lemma. 2. (b) that there exist $w \in W^l$ and $s \in \Pi^*$ such that $w(r) \in I(s)$. Let $\tilde{r}_i = w(r_i)$, $i = 1, 2$. Then $\widetilde{r_1}$, $\widetilde{r_2} \in J(\tilde{r})$, $\tilde{r} = w(r)$, $\tilde{r} \in I(s)$, $s \in \pi^*$. By (a), $\tilde{r} = w(r) \in \Phi_1 \cup \Phi_{11a}$ then, it is easily shown that $s \in \Phi_1 \cup \Phi_{11a}$ So, it follows from Lemma. 2. (a) that $\tilde{r}_1 \pm \tilde{r}_2 \notin \Phi$, thus, by ($a$), $r_1 \pm r_2 \notin \Phi$ and $(r_1, r_2) = 0$. Then (b) is true. q. e. d.

Lemma 4 $\check{\Phi}'$ is a root system having Π' as a fundamental root system and $W^{l'}$ is the Weyl group of $\check{\Phi}'$.

Proof: We shall show that $\check{\Phi}'$ satisfies the condition (i)—(v) given by 2.1 .1 of [6].

For any $r \in \Phi_{11b}$, $2r' = (r + \bar{r})'$, so, $\check{\Phi}' = \{r';\ r \in \Phi_{1a} \cup \Phi_{11}\}$, $\tilde{\Phi}' = \{r';\ r \in \Phi_1 \cup \Phi_{11a}\}$.

i Since for each $r \in \Phi^*$, $r' \neq 0$, so, (i) holds for $\check{\Phi}'$.

ii Clearly, $\check{\Phi}'$ spans the Euclidean space E'.

iii By Lemma. 2. (b), for each $s' \in \check{\Phi}'$, $r' \in \Pi'$, there exist $s \in \Phi_{1a} \cup \Phi_{11}$ and $r \in \Pi^*$ such that $(W_r^{l'})' = w_{r'}$ and $w_{r'}(s') = (W_r^l(s))'$, $(W_r^l(s))' \in \check{\Phi}'$ since, by Lemma. 3. (a), $W_r^l(s) \in \Phi_{1a} \cup \Phi_{11}$ also. Thus, by (L 3. 1), for each $r' \in \check{\Phi}'$ we have $w_{r'}(s') \in \check{\Phi}'$ for all $s' \in \check{\Phi}'$. Then (iii) holds for $\check{\Phi}'$.

iv By Lemma. 3. (b), for each $r \in \Phi_{1a} \cup \Phi_{11a}$, we have $(r^{(i)}, r^{(j)}) = 0$, $0 \leqslant i, j \leqslant q(r)$, $i \neq j$, so, by Lema. 2. (b), $(r', r) = \lambda^{-1}(r, r)\lambda_r$, $\lambda = q(r)^*$, $r \in \Phi^*$, then by Prop. 2, we have $(r', s') = (r', s) = \lambda^{-1}\left(\sum_{i=0}^{q(r)} (r^{(i)}, s)\right)$. So for any $r, s \in \Phi_{1a} \cup \Phi_{11}$, $2(r', s')/(r', r') = \sum_{i=0}^{q(r)} 2(r^{(i)}, s)/(r, r)\lambda_r$, since $(r, r) = (r^{(i)}, r^{(i)})$ for all $0 \leqslant i \leqslant q(r)$, we have $2(r', s')/(r', r') \in Z$, thus, $\check{\Phi}'$ satisfies (iv).

Since $\check{\Phi}'$ is "reduced" root system, (Ⅴ) holds for $\tilde{\Phi}'$. q. e. d.

Clearly, by § 2. 1 of Chapter Ⅱ of[1], Φ' is the restricted roots of the simple algebraic group over k having the fixed k-index (Π, Π_0, σ^*) (relative to (Π, Π_0, σ^*).

By Lemma 1—4, we have the following proposition inmediately.

Proposition 3 (a) The restricted roots Φ' is a systell of roots satisfying the condition ⅰ-ⅳ given by 2. 1 . 1 of [6],

(b) Π' is a fundamental system of roots of Φ', that is, every root $r' \in \Phi'$ can be expressed in the form: $r' = \sum_{r_i' \in \Pi'} m_l r_i'$ where $m_l \in Z$, $m_i \geqslant 0$ or $m_i \leqslant 0$ for all i;

(c) If $w \in W^{l*}$, then $wh_c' = h_c'$ where h_c' is the vector space spanned by Π' over C;

(d) Let W' be the restriction of W^{l^*} to h_c'. Then W' is the Weyl group of Φ' and is generated by $\{w_{r'}; r' \in \Pi'\}$ and $W^{l\prime} = W'$.

Table A

$$\lambda = -\frac{1}{2}\sum_{j=4}^{6} e_i + \frac{1}{2}\sum_{j=1}^{3} e_j + \frac{1}{\sqrt{2}} e_7$$

$\Pi(E_\theta)$:

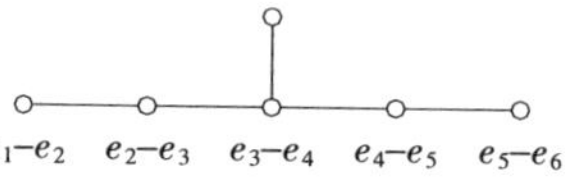

$\Phi(E_\theta)$:

$$\left\{ e_i - e_j,\ \pm\sqrt{2} e_7 \pm \left(\left(\frac{1}{2}\sum_{i=1}^{6} e_i \right) - e_i - e_j - e_k + \frac{1}{\sqrt{2}} e_7 \right), \quad k, i, j = 1, 2, \cdots, i \neq j \neq k. \right\}$$

Table Ⅰ

Fig.1.1 

Fig.1.2 

Fig.1.3 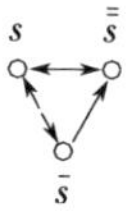

Fig.1.4 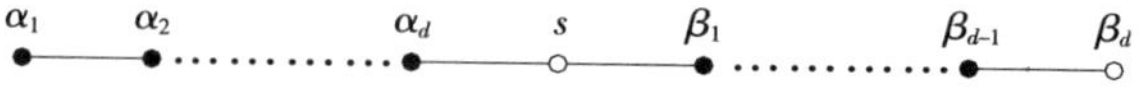

$\alpha_i = e_{h+i-1} - e_{h+i}$, $\beta_i = e_{k+i-1} - e_{k+i}$, $i = 1, 2, \cdots, d$. $s = e_{h+d} - e_k$

$h = (q-1)(d+1)+1$ for some $1 \leqslant q \leqslant p(\pi_0)$, $k = h+d+1$.

$\theta(e_{h+j})=e_{h+j+1}$, $\theta(e_{k+i})=e_{h+j+1}$ for all $0\leqslant j\leqslant d-1$,

$\theta(e_{h+d})=e_h$, $\theta(e_{k+d})=e_h$, *ie.* $\theta|\pi_3=c(e_h, e_{h+1},\cdots,e_{h+d})c(e_h, e_{k+1}, \cdots, e_{k+d})$

Fig.1.5 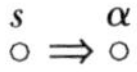

$s=e_{m-1}-e_{m,\alpha}=e_m$, $\theta(e_m)=-e_m$, $\theta(-e_m)=e_m$, *ie.* $\theta|\pi_2=o(e_m)$

Fig.1.6 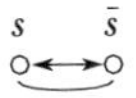

Fig.1.7 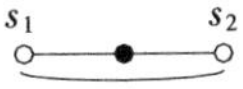

Fig.1.8 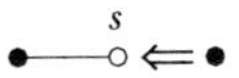

Table Ⅱ

A_n^{II} 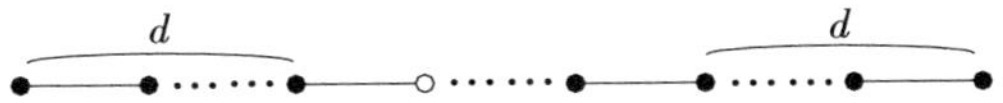

$p=\frac{n-d}{1+d}$, $d\geqslant 1$;

$m_i=d+1$, $i=1$, ……, p;

E_θ^{11} 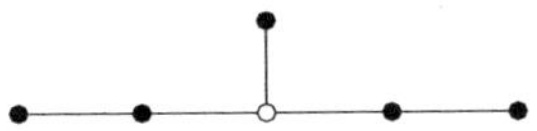

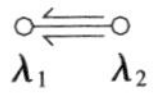

Let m_i denote the multplicities of λ_i. $m_1=1$, $m_2=3$.

Table Ⅲ

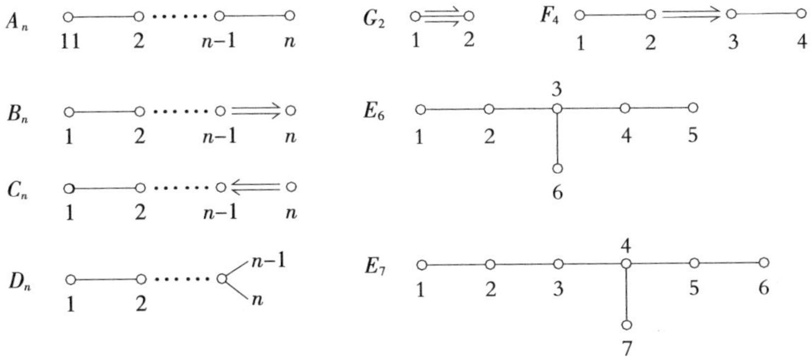

Table Ⅲ′

D_n^{IV} 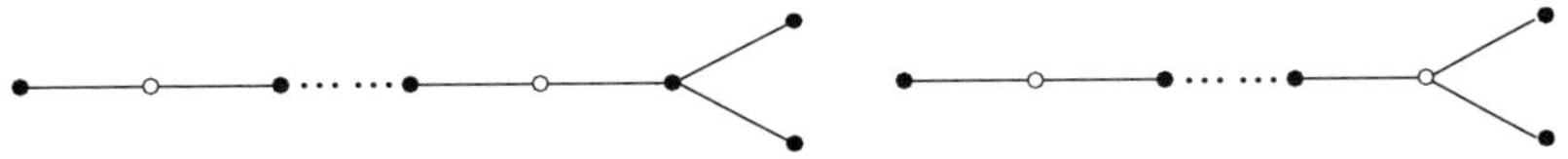

References

[1] I Satake. Classification theory of semi-simple algebraic groups, Marcel Dekker Inc. 1971.

[2] Tits J, Classification of algebraic I semi-simple l groups, Procedings of Symposia in pure

Math, 9:32.

[3] Schattschneider D J, On restricted roots of semi-simple algebraic groups, J Math Soc Japan, 1969:21-94.

[4] Satake I, On representations and compactifications of symmetric Riemannian space, Ann of Math 1960:71-77.

[5] Araki S, On root systems and an infinitesimal classification of irreducible symmetric space, J Math Osaka City University, 1963:13-1.

[6] Carter R. Simple groups of Lie type. Wiley,1972.

[7] Cheng Chonhu, A family of simple groups associated with the Satake diagrams, J Austral Math Sco (Series A), 1986:41-13.

CLASSICAL GROUPS AND GENERALIZED SIMPLE GROUPS OF LIE TYPE

In [3], by a similar method to that used in [4], [6], [2], we constructed a family of simple groups associated with the Satake diagrams. The simple groups associated with the Satake diagrams of types AIII, BI, DI are identified with some simple groups obtained from the orthogonal or unitary groups corresponding to the forms whose Witt indices and the anisotropic kernels were not considered explicitly in [3]. In general, the simple groups of Lie type of the types A_n, B_n, C_n, D_n are the linear and symplectic groups, and orthogonal and unitary groups corresponding to the forms whose Witt indices are sufficiently large. The remaining simple classical groups are not Chevalley groups or twisted groups, that is, the simple groups of Lie type. In this note, for constructing the remaining simple classical groups, we consider Witt indices and the anisotropic kernels of the forms carefully and we get a method which is similar to the method of [4], [6] and [2], and is more explicit than the method of [3]. By this method, for a simple classical group corresponding to a given form, we construct a simple group which is identified with the simple classical group. The simple groups constructed in this note can be interpreted as generalized simple groups of Lie type. It follows that all simple groups of Lie type of types A_n, B_n, C_n and D_n and all generalized simple groups of Lie type constructed in this note exhaust all simple classical groups with non-zero indices. Furthermore, in this note, we prove that every generalized simple group of Lie type has a "quasi-Bruhat" decomposition which is a generalization of the Bruhat decomposition of the simple groups of Lie type and has a (B, N) pair. Thus, in this note, we prove that every simple classical group has a "quasi-Bruhat" decomposition and has a (B, N) pair also.

Let K be a field of characteristic not equal to 2 .

Now, we shall consider the Witt index and the anisotropic kernel of a Hermitian form or of a quadratic form.

(Ⅰ) Let K be a field such that there is a non-trivial involutive automorphism σ of K. For each $t\in K$, we write $\sigma(t)=\bar{t}$. Let V be a vector space of dimension $n+1$ over K endowed with a non-singular Hermitian scalar product which determines a Hermitian form f. We denote by ν (or $\nu(f)$) the Witt index of f. Then the Hermitian form f relative to the basis $B=\{v_0, \cdots, v_n\}$ has the form:

$$f=\bar{x}_0x_n+\bar{x}_nx_0+\bar{x}_1x_{n-1}+\bar{x}_{n-1}x_1+\cdots+\bar{x}_{\nu-1}x_{n-\nu+1}+\bar{x}_{n-\nu+1}x_{\nu-1}+$$
$$\gamma_1\bar{x}_\nu x_\nu+\gamma_2\bar{x}_{\nu+1}x_{\nu+1}+\cdots+\gamma_{k+1}\bar{x}_{\nu+k}x_{\nu+k},$$
$$k=n-2\nu,\ \gamma_i\in K,\ \sigma(\gamma_i)=\gamma_i,\ i=1,\ \cdots,\ k+1.$$

It is clear that $(\gamma_1, \gamma_2, \cdots, \gamma_{k+1})$, denoted by $\Delta_0(f)$, is associated with the anisotropic kernel of the form f. Clearly, we have $\sum_{i=1}^{k+1}\gamma_it_i\bar{t}_i\neq 0$ for all $(t_1, t_2, \cdots, t_{k+1})\in K^{(k+1)}$, $(t_1, t_2, \cdots, t_{k+1})\neq 0$.

(Ⅱ) Let V be a vector space of dimension $n+1$ over K endowed with a non-singular symmetric scalar product which determines a quadratic form f. We denote by ν (or $\nu(f)$) the Witt index of f. Then the quadratic form f relative to the basis $B=\{v_0, \cdots, v_n\}$ has the form

$$f=x_0x_n+x_1x_{n-1}+\cdots+x_{\nu-1}x_{n-\nu+1}+\gamma_1x_\nu^2+\gamma_2x_{\nu+1}^2+\cdots+\gamma_{k+1}x_{\nu+k}^2,$$
$$k=n-2\nu,\ \gamma_i\in K,\ i=1,\ \cdots,\ k+1.$$

It is clear that $(\gamma_1, \gamma_2, \cdots, \gamma_{k+1})$, denoted by $\Delta_0(f)$, is associated with the anisotropic kernel of the form f. Clearly, we have $\sum_{i=1}^{k+1}\gamma_it_i^2\neq 0$ for all $(t_1, t_2, \cdots, t_{k+1})\in K^{(k+1)}$, $(t_1, t_2, \cdots, t_{k+1})\neq 0$.

We will use the notations defined in [1] without explanation.

Henceforth, we fix a form f which is a Hermitian form of a quadratic form and we denote by ν the Witt index $\nu(f)$ of f.

Let $B=\{v_0, v_1, \cdots, v_n\}$ be a basis of vector space V_C of dimension $n+1$ over C. Relative to the basis B, each linear transformation of V_C can be expressed as an $(n+1)\times(n+1)$ matrix over $\mathbb{C}$. Let L be the Lie algebra of all

$(n+1)\times(n+1)$ matrices of trace zero over $\mathbb{C}$. Then $L\cong A_n$. Let e_{ij} be the elementary matrix with (i,j)-coefficient 1 and other coefficients 0 and $h_{ij}=e_{ii}-e_{jj}$, $0\leqslant i,\ j\leqslant n,\ i\neq j$. Let h be the subalgebra of all diagonal matrices in L. It is clear that $L=h+\sum_{i\neq j}Ce_{ij}$ is a root space decomposition of L where $\mathbb{C}e_{ij}$ is the root space of L corresponding to the co-root h_{ij}, $0\leqslant i,\ j\leqslant n,\ i\neq j$. Clearly, h is a Cartan subalgebra of L and h is a subspace of L spanned by $\{h_{ij},\ 0\leqslant i,\ j\leqslant n,\ i\neq j\}$ over $\mathbb{C}$.

Let $B_0=\{e_0,\ e_1,\ \cdots,\ e_n\}$ be an orthonormal basis of a Euclidean space of dimension $n+1$. It is convenient that we denote by e_i-e_j the root corresponding to the co-root h_{ij}, $0\leqslant i,\ j\leqslant n,\ i\neq j$. Thus, the root system Φ of L relative to h can be expressed in the form $\{e_i-e_j,\ 0\leqslant i,\ j\leqslant n,\ i\neq j\}$ and $\Delta=\{e_i-e_{i+1},\ 0\leqslant i\leqslant n-1\}$ is a fundamental root system of Φ.

Let Θ be the map of B_0 defined by $\Theta(e_i)=-e_{n-i}$, $\Theta(e_{n-i})=-e_i$, $0\leqslant i\leqslant \nu-1$, $\Theta(e_j)=-e_j$, $\nu\leqslant j\leqslant n-\nu$. Clearly, Θ can be extended as a linear transformation of h which is denoted by Θ also, and $\Theta=\tau w_0$ where τ is a non-trivial symmetry of the Dynkin diagram of Δ and w_0 is an element of the Weyl group of Φ. For each $r\in\Phi$, we define $\bar{r}=\Theta(r)$ and $r'=\frac{1}{2}(r+\bar{r})$. Let $\Delta_0=\{r\in\Delta;\ r'=0\}$ and $\Phi_0=\{r\in\Phi;\ r'=0\}$. A Dynkin diagram of Δ is called the diagram of form f if every root of Δ_0 is denoted by a black node and every root of $\Delta^*=\Delta\backslash\Delta_0$ is denoted by a white node, and two distinct roots r_1 and r_2 of Δ^* are joined by a curved arrow when $r_1'=r_2'$. Clearly, the linear transformation H of h and the diagram of form f which is identified with the Satake diagram of type AIII given in Table I are determined by ν. We define $\Phi^*=\Phi\backslash\Phi_0$; $\Phi_1=\{r\in\Phi^*;\ r=\bar{r}\}$; $\Phi_{11}=\Phi^*\backslash\Phi_1$; $\Phi_{11b}=\{r\in\Phi_{11};\ r+\bar{r}\in\Phi\}$; $\Phi_{11a}=\Phi_{11}\backslash\Phi_{11b}$; $\Phi_{1b}=\{r+\bar{r};\ r\in\Phi_{11b}\}$; $\Phi_{1a}=\Phi_1\backslash\Phi_{1b}$.

For $\Delta_0(f)=\{\gamma_1,\ \gamma_2,\ \cdots,\ \gamma_{k+1}\}$, $k=n-2\nu$, we define

$$A_0=\mathrm{diag}(\gamma_1,\ \gamma_2,\ \cdots,\ \gamma_{k+1})$$

Let J_ν be the $\nu\times\nu$ matrix

$$\begin{bmatrix} & & & 1\\ & & 1 & \\ & \iddots & & \\ 1 & & & \end{bmatrix}$$

and let A be the matrix

$$\begin{bmatrix} & & J_\nu \\ & A_0 & \\ J_\nu & & \end{bmatrix}$$

Clearly, $C_b\{h_{ii+1}, 0\leqslant i\leqslant n-1; e_{ij}, 0\leqslant i, j\leqslant n, i\neq j\}$ is a Chevalley basis of L. Let L_Z be the subset of all linear combinations of the elements of C_b with the coefficients in Z of rational integers and $L_K = L_Z \otimes K$ (see page 62 of [1]). We define a transformation ρ_Θ of L_K by $\rho_\Theta(M) = -AM'A^{-1}$, for all $M\in L_K$. Clearly, ρ_Θ is an automorphism of L_K. Since $A'A^{-1}=I$ we have $\rho_\Theta^2(M)=M$ for all $M\in L_K$, so $\rho_\Theta^2 = I$ where I is the identity map.

Clearly, $\Phi_{11b}=\{\pm(e_i - e_j), i=0, \cdots, \nu-1, \nu+k+1, \cdots, n, j=\nu, \cdots, \nu+k\}$ and $\Phi_1\cup\Phi_{11a}=\{\pm(e_i-e_j), i, j=0, \cdots, \nu-1, \nu+k+1, \cdots, n, i<j\}$, so we have $\rho_\Theta(e_r) = -k_r e_{\bar r}$, $r\in\Phi$, e_r, $e_{\bar r}\in C_b$ where $K_r\in K$ satisfy the condition (A): AI, $k_r=1$ if $r\in\Phi_{11a}\cup\Phi_1$; $\gamma_i=\gamma_j^{-\lambda}$ if $r=\lambda(e_i-e_j)\in\Phi_{11b}$, $j=\nu, \cdots, \nu+k$, $i=0, 1, \cdots, \nu-1, \nu+k+1, \cdots, n$, $\lambda=1$ or -1; All, $k_r k_{\bar r}=1$ and $k_r k_{-r}=1$ for all $r\in\Phi$.

We may summarize the results mentioned above as follows.

Proposition 1. Let f be a Hermitian form or quadratic form such that $\nu(f)=\nu$ and $\Delta_0(f)=(\gamma_1, \gamma_2, \cdots, \gamma_{k+1})$. Then there exist a Chevalley basis $C_b=\{h_r, r\in\Delta; e_r, r\in\Phi\}$ of $L=A_n$, $n=2\nu+k$ and an involutive automorphism ρ_Θ of $L_K=L_Z\otimes K$ such that $\rho_\Theta(e_r)=-k_r e_{\bar r}$, $r\in\Phi$, e_r, $e_{\bar r}\in C_b$ where $k_r\in K$ satisfy the condition (A) mentioned above.

Henceforth, we denote by F the non-trivial involutive automorphism σ of K if f is a Hermitian form, we denote by F the identity transformation I of K if f is a quadratic form, and we write $F(t)=\bar t$ for any $t\in K$. We denote by G the Chevalley group $L(K)=\langle x_r(t)=\exp(t\mathrm{ad}e_r); r\in\Phi, t\in K\rangle$. Clearly, F can be extended to an involutive automorphism F of G in this way: $F(x_r(t)) = x_r(\bar t)$, $r\in\Phi$, $t\in K$, Moreover, the involutive automorphism ρ_Θ of L_K can be extended to an involutive automorphism of G (denoted by ρ_Θ also) in this way: $\rho_\Theta(x_r(t))=x_{\bar r}(-k_r t)$, $r\in\Phi$, $t\in K$. We define an automorphism σ of G by $\sigma=\rho_\Theta F$, so $\sigma(x_r(t))=x_{\bar r}(-k_r\bar t)$, $r\in\Phi$, $t\in K$ because $k_r=\bar k_r$ for all $r\in\Phi$. Obviously, we have $\rho_\Theta^2=I$ and $F^2=I$ and $\rho_\Theta F=F\rho_\Theta$, so $\sigma^2=I$. Thus σ is an involutive automorphism of G.

We define some notation and terminology which will be used later.

(Ⅰ) If $r\in\Phi_1$, $X_r^1(t)=x_r(t)$, $t\in K_r=\{t\in K;\ \bar{t}=-t\}$, $W_r^1=w_r$; $h_r^1(v)=h_r(v)$, $v\in K_r^{*\prime}=\{v\in K;\ \bar{v}=v\}$; $N_r^1(u)=n_r(u)$, $u\in K_r^*=K_r\backslash 0$.

(Ⅱa) If $r\in\Phi_{11a}$, $X_r^1(t)=x_r(t)x_{\bar r}(-\bar t)$, $t\in K_r=K$; $W_r^1=w_rw_{\bar r}$; $h_r^1(v)=h_r(v)h_{\bar r}(\bar v)$, $v\in K_r^{*\prime}=K_r\backslash 0$; $N_r^1(u)=n_r(u)n_{\bar r}(-\bar u)$, $u\in K_r^*=K_r\backslash 0$.

(Ⅱb) If $r\in\Phi_{11b}$, $X_r^1(t)=x_r(t)x_{\bar r}(-k_r\bar t)x_{r+\bar r}(-\frac{1}{2}N_{r,\bar r}k_r(t\bar t)$, $t\in K_r=K$; $W_r^1=w_{r+\bar r}$, $h_r^1(v)=h_r(v)h_{\bar r}(\bar v)$, $v\in K_r^{*\prime}=K_r\backslash 0$; $N_r^1(u)=h_r(u)n_rn_{\bar r}n_r$, $u\in K_r^{*1}$.

For each $r\in\Phi^*$, we write $r'=\frac{1}{2}(r+\bar r)$ and define $I_1(r)=\{s\in I(r);\ s\geqslant \bar s\}$, where $I(r)=\{s\in\Phi^*;\ s'=\eta r',\ \eta=1,\ \frac{1}{2}$ or $2\}$.

The following statement (B) is easily verified.

(BI) If $r=\lambda(e_j-e_q)$, $j=0,1,\cdots,\nu-1$, $q=n-j$, $r\in\Phi_{1b}$, $\lambda=1$ or -1,

$I_1(r)=\{r_i=\lambda(e_j-e_{\nu-1+i}),\ i=1,\ \cdots,\ k+1;\ r=r_p,\ p=k+1+1\}$;

$I(r)=\{r_i=\lambda(e_j-e_{\nu-1+i}),\ \bar r_1=\lambda(e_{\nu-1+i}-e_q),$

$i=1,\ \cdots,\ k+1;\ r=r_p,\ p=k+1+1\}$.

(BIIa) If $r\in\Phi_{11a}$, $I_1(r)=\{r_p\}$, $r_p=r$ or $\bar r$ according to $r\geqslant\bar r$ or $\bar r>r$, $p=1$, $I(r)=\{r,\ \bar r\}(r\neq\bar r)$.

(BIIb) If $r\in\Phi_{11b}$, $I_1(r)=I_1(r+\bar r)$, $I(r)=I(r+\bar r)$, $r+\bar r\in\Phi_{1b}$.

For any $r\in\Phi^*$, we define $K_{(r)}=K_{r_1}\times\cdots\times K_{r_p}$, $X_r(T)=\prod_{i=1}^{p}X_{r_i}^1(t_i)$, $T=(t_1,\ t_2,\ \cdots,\ t_p)\in K_{(r)}$, and $D(T)=\sum_{i=1}^{k+1}\gamma_i\bar t_it_i$. We write $N_r^1=n_rn_{\bar r}$ if $r\in\Phi_{11a}$, $N_r^1=n_rn_{\bar r}n_r$ if $r\in\Phi_{11b}$, $N_r^1=n_r(u_0)$, u_0 being a fixed element of K_r^* if $r\in\Phi_1$ and $K_r^*\neq 0$. We define $W^1=\langle w_r^1,\ r\in\Phi^*\rangle$, $N^1=N_r^1(u),\ r\in\Phi^*,\ u\in K_r^*\rangle$, $H^1=N^1\cap H$, $U^1=\{u\in U;\ \sigma(u)=u\}$, $V^1=\{v\in V;\ \sigma(v)=v\}$, $G^1=\langle U^1,\ V^1\rangle$, $G_0=\langle x_\alpha(t),\ \alpha\in\Phi_0,\ t\in K;\ H\rangle$, $Y^1=G_0\cap G^1$.

Clearly, for any form f given by (Ⅰ) or (Ⅱ), the group G^1 is determined by $\nu(f)$, $\Delta_0(f)$ and K, F, so we denote by $A_n(\nu(f),\ \Delta_0(f);\ K,\ F)$ the group G^1.

We denote by Φ^+ (respectively Φ^-) the positive (respectively negative) root system containing Δ (respectively $-\Delta$), clearly, we have $\Phi^+=-\Phi^-$.

We define $\Phi^{*+}=\Phi^*\cap\Phi^+$ and $\Phi^{*-}=-\Phi^{*+}$, $\Sigma_I^{*+}=\{r\in\Phi^{*+};\ r\geqslant s,\ s\in I(r)\}$ and $\Sigma_I^{*-}=-\Sigma_I^{*+}$, $\Delta_I^*=\{r\in\Delta^*;\ r\geqslant\bar{r}\}$ and $\Phi_I^{*+}=\{r\in\Phi^{*+};\ r\geqslant\bar{r}\}$.

Let $W_0=\langle w_\alpha,\ \alpha\in\Phi_0\rangle$ and $W_0^1=W_0\cap W^1$.

By [3] we have the following propositions and corollary immediately.

Proposition 2. (a) $W^1=\langle W_r^1,\ r\in\Delta_I^*;\ W_0^1\rangle$.

(b) Let r_1, $s\in\Phi^*$. Then there exists $w\in W^1$ such that $(s_1',\ r_1')\neq 0$, $s_1=w(s)$.

(c) Let $s\in\Phi^*$. Then there exist $w\in W^1$ and $r\in\Delta_I^*$ such that $w(s)\in I(r)$.

Proposition 3. (a) Let $r\in\Phi_I^{*+}$, $s\in\Sigma_I^{*+}$, $t\in K_r^*$ and $T\in K_{(s)}$. Then $X_r^1(t)$, $X_s(T)\in U^1$ and $X_{-r}^1(t)$, $X_{-s}(T)\in V^1$.

(b) Each element u of U^1 $(u\neq I)$ and each element v of V^1 $(v\neq I)$ have a unique expression in the forms

$$u=\prod X_{r_i}^1(t_i)=\prod X_{s_j}(T_j)$$

$$r_i\in\Phi_I^{*+},\ s_j\in\Sigma_I^{*+},\ t_i\in K_{r_i}^*,\ T_j\in K_{(s_j)},\ T_j\neq(0,\ \cdots,\ 0)=0,$$
$$i=1,\ 2,\ \cdots,\ p,\ j=1,\ 2,\ \cdots,\ q,\ r_1<r_2<\cdots<r_p,\ s_1<s_2<\cdots<s_q.$$

$$v=\prod X_{-r_i}^1(t_i)=\prod X_{-s_j}(T_j)$$

$$r_i\in\Phi_I^{*+},\ s_j\in\Sigma_I^{*+},\ t_i\in K_{r_i}^*,\ T_j\in K_{(s_j)},\ T_j\neq 0,\ i=1,\ 2,\ \cdots,\ l,$$
$$j=1,\ 2,\ \cdots,\ m,\ r_1<r_2<\cdots<r_l,\ s_1<s_2<\cdots<s_m.$$

We shall define $J_1(u)=\{r_1\}$, $J_1(v)=\{-r_1\}$; $J(u)=\{r_1,\ \cdots,\ r_p\}$; $J(v)=\{-r_1,\ \cdots,\ -r_l\}$, $J(u)^*=\{s_1,\ \cdots,\ s_q\}$; $J(v)^*=\{-s_1,\ \cdots,\ -s_m\}$.

Corollary 1. Let $r\in\Delta_I^*$ and U, $T\in K_{(r)}$. Let $u'=N_r^1u(N_r^1)^{-1}$ and $u''=X_{-r}(U)uX_{-r}(-U)$, and $v'=N_r^1v(N_r^1)^{-1}$ and $v''=X_r(T)vX_r(-T)$ where $u\in U^1$ and $v\in V^1$ satisfy $r\notin J(u)^*$ and $-r\notin J(v)^*$. Then u', $u''\in U^1$ and v', $v''\in V'$ satisfy $r\notin J(u')^*\cup J(u'')^*$ and $-r\notin J(v')^*\cup J(v'')^*$.

For each $r\in\Phi_{11b}$, we write $s=r+\bar{r}$ and $\eta=N_{r,\bar{r}}$. By 6.4.4 and 5.2.2 of [1], and $\eta^2=1$, for each $t\in K_r^*$, we have

$$X_r^1(t)=x_r(t)x_{\bar r}(-k_r\bar t)x_s\left(\frac{1}{2}\eta k_r t\bar t\right)$$

$$=x_{-r}(t^{-1})h_{-r}(-t^{-1})n_r x_{\bar r}(-k_r\bar t)x_{\bar r}\left(\eta\frac{1}{2}\eta k_r t\bar t t^{-1}\right)x_s\left(\frac{1}{2}\eta k_r t\bar t\right)x_{-r}(t^{-1})$$

$$=x_{-r}(t^{-1})h_{-r}(-t^{-1})n_r x_{\bar r}\left(-\frac{1}{2}k_r\bar t\right)x_r\left(\frac{1}{2}\eta k_r t\bar t\right)x_{-r}(t^{-1})$$

$$=x_{-r}(t^{-1})h_{-r}(-t^{-1})x_{-s}(2\eta k_r^{-1}\bar t^{-1})h_{-s}(2k_r^{-1}\bar t^{-1})$$

$$n_r n_{\bar r} x_r(t)x_s\left(\frac{1}{2}\eta k_r t\bar t\right)x_{-\bar r}(2k_r^{-1}\bar t^{-1})x_{-r}(t^{-1})$$

$$=x_{-r}(t^{-1})h_{-r}(-t^{-1})x_{-s}(2\eta k_r^{-1}\bar t^{-1})h_{-s}(2k_r^{-1}\bar t^{-1})$$

$$x_{-\bar r}(t^{-1})h_{-\bar r}(t^{-1})n_r n_{\bar r} n_r$$

$$x_{\bar r}\left(-\frac{1}{2}k_r\bar t\right)x_s\left(\frac{1}{2}\eta k_r t\bar t\right)x_{-r}(t^{-1})x_{-\bar r}(2k_r^{-1}\bar t^{-1})x_{-r}(t^{-1})$$

$$=x_{-r}(t^{-1})h_{-r}(-t^{-1})x_{-s}(2\eta k_r^{-1}\bar t^{-1})h_{-s}(2k_r^{-1}\bar t^{-1})$$

$$x_{-\bar r}(t^{-1})h_{-\bar r}(t^{-1})x_{-r}\left(-\frac{1}{2}k_r\bar t\right)$$

$$x_{-s}\left(\frac{1}{2}\eta k_r t\bar t\right)n_{\bar r}n_{\bar r}n_r x_{-r}(2t^{-1})x_{-\bar r}(2k_r^{-1}\bar t^{-1})x_{-s}(2\eta k_r^{-1}t^{-1}\bar t^{-1})$$

$$=X_{-r}(2t^{-1})hn_r n_{\bar r} n_r X_{-r}(2t^{-1})$$

where $h=h_{-r}(t^{-1})h_{-s}(2k_r^{-1}\bar t^{-1})h_{-\bar r}(t^{-1})$.

Since $X_r^1(t)$, $X_{-r}^1(2t^{-1})\in G^1$, we have $hn_r n_{\bar r} n_r\in G^1$. It is easily verified that $h=h_{-s}^1(\tilde t^{-1})$, so $h_{-s}^1(\tilde t^{-1})n_r n_{\bar r} n_r\in G^1$, where $\tilde t=\bar t t k_r$.

By the statement mentioned above and [3] we have the following propositions and corollary immediately.

Proposition 4. (1) $H^1\subset N^1\subset G^1$ and $N^1/H^1\cong W^1$.

(2) For any $r\in\Phi^*$, $t\in K_r$, $N_r^1X_r(t)N_r^1=X_{-r}(u)$, $u\in K_r$.

Proposition 5. (a) Let $y\in Y^1$, $h\in H^1$ and $n\in N^1$. Then hyh^{-1}, $nyn^{-1}\in Y^1$.

(b) $H^1\subset Y^1\subset G^1$ and for each $r\in\Phi^*$, $h_r^1(v)\in H^1$, $v\in K_r^{*\prime}$.

(c) Let $r\in\Sigma_I^*=\Sigma_I^{*+}\cup\Sigma_I^{*-}$, $T\in K_{(r)}$ and $y\in Y^1$. Then $yX_r(T)y^{-1}=X_r(T')$, $T'\in K_{(r)}$.

(d) Let $u\in U^1$, $v\in V^1$ and $y\in Y^1$. Then $yuy^{-1}\in U^1$ and $yvy^{-1}\in V^1$.

Corollary 2. $U^1Y^1=Y^1U^1$ and $B^1=U^1Y^1$ is a subgroup of G^1.

For each $r\in\Delta_I^*$, Δ_0 is said to be connected with r if there is $\alpha\in\Delta_0$ such *that* $(r,\alpha)\neq 0$. We denote by Δ_r the set $\{r,\bar{r}\}$ if Δ_0 is not connected with r, and the set $\Delta_0\cup\{r, s\}$ if Δ_0 is connected with r, where $s\in\Delta^*$ satisfies $r\neq s$ and $r'=s'$. All such Δ_r are given in Table II. The following lemma is easily verified.

Lemma 1. (a) Let $r\in\Delta_I^*$. Then $I_1(r)=\{s\in\Phi_I^{*+}; W_r^1(s)\in\Phi^-\}$.

(b) Let $r\in\Delta_I^*$ and $b\in B^1$. Then $b=X_r(T)u'y'$, $T\in K_{(r)}$, $y'\in Y^1$ and $u'\in U^1$ satisfy $N_r^1u'N_r^1=u^*\in U^1$.

For each $r\in\Delta_I^*$, let Φ_r denote the root system with the fundamental Δ_r and let $\Phi_r^*=\Phi_r\backslash\Phi_r\cap\Phi_0$.

Assuming $\Delta_r\neq\{r, \bar{r}\}$, the Satake diagram of Δ_r is given by Case 4 in Table I of [3] (see Table I_4 of [3]). We shall use the structure constants for each pair of Φ_r^* which are determined by Case 4 mentioned above in [3] (see page 21 of [3]). In this note, we write $k+1$ instead of the $n-1$ used in [3] and $p=(k+1)+1$ instead of the n used in [3].

Lemma 2. Suppose $r\in\Delta_I^*$, $I_1(r)=\{r_1, r_2, \cdots, r_{k+1}, r_p\}$ and $T=(t_1, \cdots, t_p)\in K_{(r)}$, $T\neq 0$. Then $X_{-r}(T)=X_r(T^*)N_r^1X_r(T^{*\prime})y$, $y\in Y^1$, T^*, $T^{*\prime}\in K_{(r)}$.

Proof: We shall consider the Cases 1, 2 and 3.

(Ⅰ) Cases 1 and 2 are just the Cases 1 and 2 of Lemma 1 of [3]. Thus, by the results of Lemma 1 of [3], our lemma is established immediately for these Cases 1 and 2.

(Ⅱ) Case 3 is just the Case 4 of Lemma 1 of [3]. We shall use the notations used in the Case 4 of Lemma 1 of [3]. By the statement (A), we have $k_{-r_i}=\gamma_i^{-1}$ for all $i=1, 2, \cdots, k+1$. Since $T\neq 0$, there is an integer m, $1\leqslant m\leqslant k+1$, such that $t_{k+1}=\cdots=t_{m+1}=0$ and $t_m\neq 0$. We write $\bar{t}=-\gamma^{-1}\bar{t}_m$ and $r_p=r_0$, and $t_0=\frac{1}{2}\eta D(T)+\varepsilon$, $\varepsilon\in K_{r_0}$, $\bar{\varepsilon}=-\varepsilon$, $D(T)=\sum_{i=1}^{k+1}\gamma_i^{-1}t_i\bar{t}_i$. As in the Case 4 of Lemma 1 of [3] we have

$$\begin{aligned}X_{-r}(T)&=X^1_{-r_0}(t_0)X^1_{-r_1}(t_1)\cdots X^1_{-r_{k+1}}(t_{k+1})\\&=x_{-\bar{r}_m}(\bar{t})x_{-r_m}(t_m)x_{-r_0}(t_0)x_{-\bar{r}_1}(-\gamma_1^{-1}\bar{t}_1)x_{-r_1}(t_1)\\&\qquad\cdots x_{-\bar{r}_{m-1}}(-\gamma_{m-1}^{-1}\bar{t}_{m-1})x_{-r_{m-1}}(t_{m-1})\end{aligned}$$

$$=x_{-\bar{r}_m}(\bar{t}^{-1})h_{r_m}(-\bar{t}^{-1})n_{\bar{r}_m}x_{-r_m}(\bar{t}^{-1}t_0^*)x_{-r_0}(t_0)x_{-\bar{r}_1}(-\gamma_1^{-1}t_1)x_{-r_1}(t_1)$$
$$\cdots x_{-\bar{r}_{m-1}}(-\gamma_{m-1}^{-1}\bar{t}_{m-1})x_{-r_{m-1}}(t_{m-1})x_{\bar{r}_m}(\bar{t}^{-1})y_1,$$

where

$$y=x_{\beta_1}(\gamma_1^{-1}\xi_1\bar{t}^{-1}\bar{t}_1)\cdots x_{\beta_{m-1}}(\gamma_{m-1}^{-1}\xi_{m-1}\bar{t}^{-1}\bar{t}_{m-1})$$

and

$$t_0^*=\bar{t}^{-1}\left(\frac{1}{2}D(T)+\eta\varepsilon\right)$$

Since $\gamma_i=\gamma_i$, an $\gamma_i\neq0$ for all $i=1, 2, \cdots, k+1$ and $T\neq0$ we have $D(T)=\sum_{i=1}^{k+1}\gamma_i t_i^* t_i^*\neq0$, $t_i^*=\gamma_i^{-1}t_i$, $i=1, \cdots, k+1$. Since $\bar{\varepsilon}=-\varepsilon$ and $\overline{D(T)}=D(T)$ we have $t_0^*\neq0$. Then, by a similar method to that used in the proof of the Case 4 of Lemma 1 in [3], finally, we have

$X_{-r}(T)=X_r(T^*)N_r^1X_r(T^{*\prime})y$, $y\in Y^1$, T^*, $T^{*\prime}\in K_{(r)}$, $N_r^1=n_rn_{\bar{r}}n_r$.

The lemma is established for Case 3, and the proof is complete.

Lemma 3. Let $r\in\Delta_I^*$. Then $B^1\cup B^1N_r^1B^1$ is a subgroup of G^1.

Proof: (1) By Proposition 4 and Corollary 2 we have $(N_r^1)^{-1}=hN_r^1$, $h\in H^1$ and $B^1=(B^1)^{-1}$ respectively. Thus we have

$$(B^1N_r^1B^1)^{-1}=(B^1)^{-1}(N_r^1)^{-1}(B^1)^{-1}=B^1N_r^1B^1.$$

(2) In order to prove that $B^1\cup B^1N_r^1B^1$ is closed under multiplication it is sufficient to show $N_r^1B^1N_r^1\subset B^1\cup B^1N_r^1B^1$. Let $b\in B^1$. Then by statement (b) of Lemma 1, we have $x=N_r^1bN_r^1=X_{-r}(T)u^*y^*$ where $T\in K_{(r)}$ and u^* is an element of U^1 as given in statement (b) of Lemma 1, $y^*=N_r^1y'N_r^1\in Y^1$. Suppose $T\neq0$. Then it follows from Lemma 2 that $x=X_r(T^*)N_r^1X_r(T^{*\prime})yu^*y^*$, T^*, $T^{*\prime}\in K_{(r)}$, $y\in Y^1$. Thus by Proposition 5 we have $x\in B^1N_r^1B^1$. Suppose $T=0$. Then we have $x\in B^1$. We may summarize the results considered above in a single formula as follows: $N_r^1B^1N_r^1\subset B^1\cup B^1N_r^1B^1$.

It follows from (1) and (2) that $B^1\cup B^1N_r^1B^1$ is a subgroup of G^1.

Lemma 4. Let $r\in\Delta_I^*$ and $n\in N^1$. Then $B^1nB^1N_r^1B^1\subset B^1nN_r^1B^1\cup B^1nB^1$.

Proof: Let w be the image of n under the natural homomorphism from N onto W. Then $w\in W^1$. We shall consider two cases separately.

(1) Suppose $w(r)\in\Phi^+$. Let $b\in B$ and $x=nbN_r^1$. Then by statement (b)

of Lemma 1, we have $x = nX_r(T)u'y'N_r^1 = nX_r(T)n^{-1}nu'y'N_r^1 = X_s(T')nN_r^1u^*y^*$. where $T \in K_{(r)}$, $T' \in K_{(s)}$, $s = \mathrm{Min}\, I(w(r))$, and u^* is an element of U^1 as given in statement (b) of Lemma 1 and $y^* = N_r^1 y' N_r^1 \in Y^1$. Clearly, we have $s \in \Sigma_I^{*+}$. Thus $X_s(T') \in U^1 \subset B^1$, so $B^1 n B^1 N_r^1 B^1 \subset B^1 n N_r^1 B^1$.

(2) Suppose $w(r) \in \Phi^-$. Let $n_1 = nN_r^1$ and w_1 be the image of n_1 under the natural homomorphism from N onto W. Then $w_1(r) \in \Phi^+$. It follows from statement (1) above that $B^1 n_1 B^1 N_r^1 B^1 \subset B^1 n_1 N_r^1 B^1$. Clearly, we have $B^1 n_1 N_r^1 B^1 \subset B^1 n_1 B^1 N_r^1 B^1$. Thus $B^1 n_1 B^1 N_r^1 B^1 = B^1 n_1 N_r^1 B^1 = B^1 n B^1$. By Lemma 3 we have

$$\begin{aligned} B^1 n B^1 N_r^1 B^1 &\subset B^1 n_1 B^1 N_r^1 B^1 N_r^1 B^1 \subset B^1 n_1 B^1 (B^1 \cup B^1 N_r^1 B^1) \\ &= B^1 n N_r^1 B^1 \cup B^1 n B^1. \end{aligned}$$

The proof is complete.

Theorem 1. Let $G_1 = B^1 N^1 B^1$. Then G_1 is a subgroup of G^1 and $G_1 = G^1$.

Proof: (1) For each $w \in W^1$ we have $w^{-1} \in W^1$, so $(N^1)^{-1} = N^1$ by Proposition 4. It follows that $(B^1 N^1 B^1)^{-1} = (B^1)^{-1}(N^1)^{-1}(B^1)^{-1} = B^1 N^1 B^1$.

(2) In order to prove that G_1 is closed under multiplication it is sufficient to show $B^1 n_1 B^1 n_2 B^1 \subset G^1$ for each pair n_1, $n_2 \in N^1$. By Propositions 2 and 4 we have $n_2 = n_0^* N_{r_1}^1 N_{r_2}^1 \cdots N_{r_h}^1$, $r_i \in \Delta_I^*$, $i = 1, 2, \cdots, h$, $n_0^* \in N^1$, the image of n_0^* under the natural homomorphism from N onto W being an element w_0 of W_0^1. Thus we have $n_0^* \in Y^1 \subset B^1$, so we have $B^1 n_1 B^1 n_2 B^1 \subset B^1 n_1 B^1 N_{r_1}^1 B^1 B^1 N_{r_2}^1 B^1 \cdots B^1 N_{r_h}^1 B^1$, $r_i \in \Delta_I^*$, $i = 1, 2, \cdots, h$. By Lemma 4 we have

$$\begin{aligned} B^1 n_1 B^1 n_2 B^1 &\subset (B^1 n_1 B^1 \cup B^1 n_1 N_{r_1}^1 B^1) B^1 N_{r_2}^1 B^1 \cdots B^1 N_{r_h}^1 B^1 \\ &\subset \cdots \subset B^1 N^1 B^1. \end{aligned}$$

By statements (1) and (2) above, G_1 is a subgroup of G^1.

Since B^1, $N^1 \subset G_1$, we have U^1, $V^1 \subset G_1$. It follows that $G_1 = G^1$.

Let $W^{1*} = W^1 \backslash W_0^1$ and $N^{1*} = \langle N_r^1, r \in \Delta_I^* \rangle$. By Propositions 2 and 4, for each $w \in W^{1*}$, we can choose an element n_w of N^{1*} such that n_w corresponds to w under the natural homomorphism from N onto W. The elements n_w for all $w \in W^{1*}$ form *a* set $\widetilde{N}^{1*}$. For each $w \in W^{1*}$, we define $U_w^{1,-} = U_w^- \cap U^1$.

Since $\Phi^* \cap \Phi_0 = \emptyset$, by Theorem 1, we obtain the following corollary immediately.

Corollary 3. $G^1=\bigcup_{w\in W^{1*}}B^1n_wB^1=\bigcup_{w\in W^{1*}}U^1Y^1n_wU_w^{1,-}$ (disjoint union).

This disjoint union gives the decomposition of G^1 into double cosets with respect to B^1. This decomposition of G^1 is called the quasi-Bruhat decomposition of G^1. Clearly, this quasi-Bruhat decomposition of G^1 is a generalized Bruhat decomposition of Steinberg groups and Chevalley groups. For each $T\in K_{(r)}$, $T\neq 0$, $r\in\Delta_I^*$, we have $D(T)\neq 0$ since $D(T)$ defined in this note is associated with $\Delta_0(f)$. Thus, the group G^1 constructed in this note has the quasi-Bruhat decomposition $G^1=B^1N^1B^1$ which is more explicit than the quasi-Bruhat decomposition $G^1=B^1N^1V^1B^1$ (not unique) given in [3] for the group G^1 constructed in [3].

Henceforth, we assume K is a field of characteristic $p\geqslant 5$ and assume $\nu(f)\geqslant 2$ if f is a quadratic form.

By [3], we have the following lemma immediately.

Lemma 5. Let r, $s\in\Phi^{*+}$ such that $r'\neq s'$. Then there exists $h(\chi)\in H^1$ such that $\chi(r)=1$, $\chi(s)\neq 1$ or $\chi(s)=1$, $\chi(r)\neq 1$, and $\chi(\beta)=1$ for all $\beta\in\Phi_0$.

Corollary 4. Suppose f is a Hermitian form and r_1, $r_2\in\Phi^{*+}$ such that $r_1\neq r_2$ and $r_1\neq\bar{r}_2$. Then there is $h(\chi)\in H^1$ such that $\chi(r_1)=\pm 1$, $\chi(r_2)\neq\chi(r_1)$ or $\chi(r_2)=\pm 1$, $\chi(r_1)\neq\chi(r_2)$.

Corollary 5. Suppose $\nu(f)\geqslant 2$. Then for any $r\in\Phi_{11b}\cap\Sigma_I^{*+}$, $T\in K_{(r)}$, $T\neq(0,\cdots,0,t_p)$ there are $s_1\in\Phi^*$ and $u\in K_{s_1}^*$ such that

$$x=X_{s_1}^1(u)X_r(T)X_{s_1}^1(-u)=X_s^1(v),\ s\in\Phi_{11a},\ v\in K_s^*.$$

Proof: Since $r\in\Phi_{11b}$ we have $r_0=r+\bar{r}\in\Phi_{1b}$, so $r_0=e_h-e_m$ where $m=n-h$ and h is an integer satisfying $0\leqslant h\leqslant\nu-1$. Then we have $I_1(r)=\{r_1,r_2,\cdots,r_{k+1},r_p=r_0\}$ where $r_i=e_{i+\nu-1}-e_m$, $i=1,\cdots,k+1$. Since $T\neq(0,\cdots,0,t_p)$ there exists at least $t_j\in K_{r_j}^*$, $1\leqslant j\leqslant k+1$. Since $\nu(f)\geqslant 2$ there exists $s_1=e_p-e_{j+\nu-1}\in\Phi_{11b}$ where p is an integer satisfying $0\leqslant p\leqslant\nu-1$ and $p\neq h$. Let $u\in K_{s_1}^*$. Then, by 5.2.2 of [1] we have $X_{s_1}^1(u)X_r(T)X_{s_1}^1(-u)=X_s(\lambda t_ju)$ where $s=e_p-e_m\in\Phi_{11a}$ and $\lambda=1$ or -1. Since $t_j\neq 0$ and $u\neq 0$ we have $\lambda t_ju\in K_s^*$, so the corollary follows.

Using a similar method to that used in [3], by Lemma 5, the following corollary is easily verified.

Corollary 6. Let $n\in N^{1*}$. Then there exists $h(\chi)\in H^1$ such that $nh(\chi)n^{-1}=h(\chi')\neq h(\chi)$ and $\chi(\beta)=\chi'(\beta)=1$ for all $\beta\in\Phi_0$.

Lemma 6. Suppose $y\in Y$ and $y\neq I$. Then

(1) $y\notin Z^1$ where Z^1 is the centre of G^1, and

(2) there exists $u\in U^1$ such that $yuy^{-1}u^{-1}=u^*\neq I$ or there exists $v\in V^1$ such that $yvy^{-1}v^{-1}=v^*\neq I$.

Proof: It is clear that statement (1) and statement (2) are equivalent. We shall prove statement (1).

By a similar method to that used in Lemma 6 of [3], the following statement(C) is easily verified.

(C): Suppose $y\in Z^1$. Then $y=h(\chi_0)n_w$, $w\in W_0$.

(1) Suppose $y\in Z^1$ and $w\neq I$. Then there exists $r\in\Phi_{11b}$ such that $s\neq r$ and $s\neq\bar{r}$, $s=w(r)$. Then we have $X_r^1(1)yX_r^1(-1)\neq y$. Thus we have a contradiction.

(2) Suppose $y\in Z^1$ and $w=I$. Then by statement (C) we have $y=h(\chi_0)\neq I$. Thus it follows from (4. B) of [3] that there exists $r\in\Phi^*$ such that $\chi_0(r)\neq 1$. Then we have $X_r^1(1)yX_r^1(-1)\neq y$. Thus we have a contradiction.

By the results of Cases (1) and (2) mentioned above we have $y\notin Z^1$.

The proof is complete.

For each $r\in\Phi_I^{*+}$, we define $X_r^1=\{X_r^l(t), t \text{ runs through } K_r\}$.

We shall denote by R^1 an arbitrary normal subgroup of G^1 satisfying $|R^1|>1$.

Using the results mentioned above, by a similar method to that used in [3], the following lemmas, corollary and theorem are easily established.

Lemma 7. $|R^1\cap U^1|>1$.

Lemma 8. There exists $r\in\Phi_I^{*+}$ such that $|R^1\cap X_r^1|>1$.

Lemma 9. For every $s\in\Phi_I^{*+}$, $X_s^1\subset R^1$.

Corollary 7. U^1, $V^1\subset R^1$.

Theorem 2. G^1 is a simple group.

Clearly, Δ_I^* can be expressed in the form $\Delta_I^*=\{r_i, i\in I\}$ where I is a finite set of indices. We shall denote by n_i the element $N_{r_i}^1$ and denote by w_i the element $W^1_{r_i}$ where $i\in I$. We denote by N^1_0 the subgroup of N^1 consisting of all elements of N^1 which correspond to the elements of W^1_0 under the natural homomorphism from N onto W.

Theorem 3. The subgroups B^1, N^1 form a (B,N)-pair in G^1.

Proof: We shall verify that the subgroups B^1, N^1 satisfy the axioms $BN1-BN5$ in Section 8.2 of [1].

(1) By Theorem 1, G^1 is generated by B^1 and N^1.

(2) It is easily verified that $B^1\cap N^1=N^1_0$ and N^1_0 is a normal subgroup of N^1.

(3) Clearly, for any $i\in I$, n_i corresponds to w_i under the natural homomorphism from N onto W. Thus we have $N^1/(B^1\cap N^1)=N^1/N^1_0\cong W^1/W^1_0\cong W^{1*}$, where W^{1*} is generated by $\{w_i,\ i\in I\}$, $w_i^2=I$ for all $i\in I$.

(4) By Lemma 4, for any $n\in N^1$, $i\in I$ we have $B^1n_iB^1nB^1\subset B^1n_inB^1\cup B^1nB^1$.

(5) By Proposition 4, we have $n_iX^1_{r_i}n_i=X^1_{-r_i}$, $i\in I$, so $n_iB^1n_i\neq B^1$ for all $i\in I$.

The proof is complete.

Let B_Z be the set of all linear combinations of the elements of $B=\{v_0,\ \cdots,\ v_n\}$ with the coefficients in Z of rational integers and let $V=B_Z\otimes_Z K$. Then V is a vector space of dimension $n+1$ over K and $B\otimes 1=\{v_0\otimes 1,\ \cdots,\ v_n\otimes 1\}$, abbreviated to B, is a basis of V. Let $S_{D(h)}$ be the set of all $h\times h$ diagonal matrices over K and U (respectively W) the set of all upper (respectively lower) unitriangular matrices of $SL_{n+1}(K)$. For each form f with matrix A relative to the basis B, we define

$$U_f=\{T\in U;\ \overline{T}'AT=A\};\ V_f=\{T\in V;\ \overline{T}'AT=A\}$$

$$H_f=\{H\in S_{D(n+1)};\ \overline{H}'AH=A\},$$

$$Y_f=\left\{Y=\begin{bmatrix} D_\nu & & \\ & Y_{k+1} & \\ & & D_\nu^\times \end{bmatrix};\ Y_{k+1}\in SL_{k+1}(K),\ D_\nu,\ D_\nu^\times\in S_{D(\nu)},\ \overline{Y}'AY=A\right\},$$

$$N=\left\{n=\begin{bmatrix} I_\nu-D_\nu & & \widetilde{D}_\nu \\ & I_{k+1} & \\ \widetilde{D}'_\nu & & I_\nu-D'_\nu \end{bmatrix};\ D_\nu\in S_{D(\nu)},\ D_\nu^2=D_\nu,\ \widetilde{D}_\nu=D_\nu J_\nu\right\}$$

(I_h being the $h\times h$ identity matrix).

Theorem 4. Let f be a Hermitian form or a quadratic form with matrix A (relative to the basis B). Let $\nu=\nu(f)$ be the Witt index of f and $\Delta_0(f)$ be the anisotropic kernel of f. Then

$$A_n(\nu(f),\Delta_0(f);K,F)=PSU_{n+1}(K,f),F\neq I,F(\gamma_i)=\gamma_i,i=1,\cdots,k+1,$$

if f is a Hermitian form;

$$A_n(\nu(f),\ \Delta_0(f);\ K,\ F)=P\Omega_{n+1}(K,\ f),\ F=I,$$

if f is a quadratic form.

Proof: Clearly, we have $\sigma: M\rightarrow -A^{-1}\overline{M}'A$ for all $M\in L_K$ and it has been shown that $G=A_n(K)$ consists of all the automorphisms of L_K defined by $M\rightarrow TMT^{-1}$, $T\in SL_{n+1}(K)$ for all $M\in L_K$. We consider which of these automorphisms T commute with σ. In order for this to be so, T must satisfy the condition $-A^{-1}(\overline{T}^{-1})'\overline{M}'\overline{T}'A=-TA^{-1}\overline{M}'AT^{-1}$ which implies $\overline{M}'\overline{T}'ATA^{-1}=\overline{T}'ATA^{-1}\overline{M}'$. As this holds for all $M\in L_K$ we must have $\overline{T}'ATA^{-1}=\lambda I$ for some $\lambda\in K$. Thus $\overline{T}'AT=\lambda A$. Suppose T is an upper unitriangular matrix. Then by comparing the $(0,\ n)$-coefficients on each side we have $\lambda=1$. Similarly, if T is lower unitriangular a comparison of $(n,\ 0)$ coefficients shows that $\lambda=1$. Thus the matrices T giving rise to the elements of U^1 and V^1 are precisely the matrices of U_f and of V_f respectively. However, $SU_{n+1}(K,\ f)$ is generated by its U_f and V_f, and $\Omega_{n+1}(K,\ f)$ is generated by its U_f and V_f also (see the Appendix). Thus G^1, the group generated by U^1 and V^1, consists of all transformations $M\rightarrow TMT^{-1}$, $M\in L_K$ where $T\in SU_{n+1}(K,\ f)$ if f is a Hermitian form, $T\in\Omega_{n+1}(K,\ f)$ if f is a quadratic form. Therefore, G^1 is isomorphic to $PSU_{n+1}(K,\ f)$ if f is a Hermitian form, to $P\Omega_{n+1}(K,\ f)$ if f is a quadratic form. The proof is complete.

For each form f and each n of N, we define $(U_f)_n^-=\{T\in U_f;\ nTn^{-1}\in V_f\}$; and $B_f=U_fY_f$ and $N_f=H_fN$. By Theorems 2, 3 and 4 we have the following theorems immediately.

Theorem 5. (a) $PSU_{n+1}(K,\ f)=\bigcup_{n\in N}U_fY_fn(U_f)_n^-$, $F\neq I$ (disjoint union),

(b) $P\Omega_{n+1}(K,\ f)=\bigcup_{n\in N}U_fY_fn\ (U_f)_n^-$, $F=I$ (disjoint union).

Theorem 6. (a) $PSU_{n+1}(K, f)$ has *a* (B, N) pair (B_f, N_f).

(b) $P\Omega_{n+1}(K, f)$ has *a* (B, N) pair (B_f, N_f).

Table Ⅰ

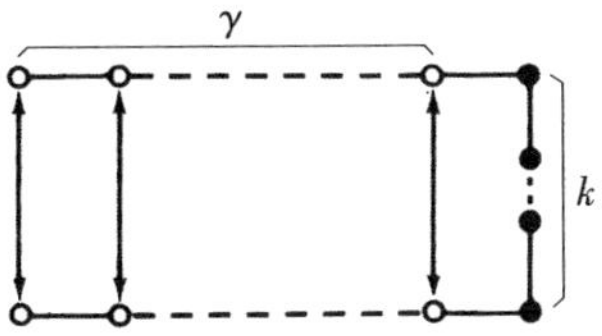

Table Ⅱ

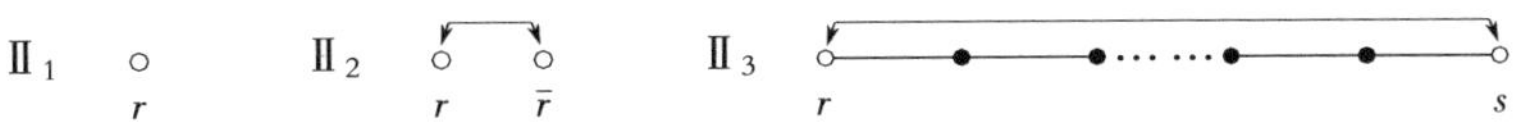

Remark. Suppose $\Delta_0=\varnothing$. Then all the nodes of the Dynkin diagram of the " K-index" $(\Delta, \Delta_0, \sigma^*)$ corresponding to the form f are white, and therefore the group $G^1=A_n(\nu(f), \Delta_0(f); K, F)$ is a Chevalley group or twisted group. Thus $PSU_{n+1}(K, f)$ and $P\Omega_{n+1}(K, f)$ are the orthogonal and unitary groups corresponding to the forms f whose Witt index is sufficiently large. So there is no semi-simple anisotropic kernel for the form f, so $Y^1=H^1$ and $B^1=U^1H^1$, and B^1 is a Borel subgroup of G^1. Then G^1 is k-split (Chevalley form) or k-quasi-split (Steinberg form).

Suppose $\Delta_0\neq\varnothing$. Then there are some black nodes in the Dynkin diagram of the " k-index" $(\Delta, \Delta_0, \sigma^*)$ corresponding to the form f. Thus $PSU_{n+1}(K, f)$ and $P\Omega_{n+1}(K, f)$ are the orthogonal and unitary groups corresponding to the forms f whose witt index is not sufficiently large. There is a semi-simple anisotropic kernel for the form f, so $Y^1\neq H^1$ and $B^1\neq U^1H^1$, and B^1 is not a Borel subgroup of G^1. Then G^1 is not k-split or k-quasi-split, so G^1 is a k-non-split form.

Appendix

In this appendix, we shall prove the following statement.

(A) Suppose $n\geqslant 5$ and $\nu(f)\geqslant 1$. Suppose f is a Hermitian form (resp. a quadratic form). Then $PSU_{n+1}(K, f)=\langle U_f, V_f\rangle$ (resp. $P\Omega_{n+1}(K, f)=\langle U_f, V_f\rangle$).

This statement has been used in the arguments proving Theorem 4.

We first assume that f is a Hermitian form.

We shall denote by $|M|$ the determinant of a matrix M. For each basis $B=\{v_0, \cdots, v_n\}$ of V, there exists an $(n+1)\times(n+1)$ matrix W such that $W(v_i)=v_i^*$, $i=0, \cdots, n$, where $v_i^*=v_i$, $i=0, \cdots, \nu-1$, $v_i^*=v_{n+\nu-i}$, $i=\nu, \cdots, 2\nu-1$, $v_i^*=v_{-\nu+i}$, $i=2\nu, \cdots, n$. It is easily verified that $B^*=\{v_0^*, \cdots, v_n^*\}$ is a basis of V and $\overline{W}'W=I$ and

$$W^{-1}AW=A^*=\begin{bmatrix} & I_\nu & \\ I_\nu & & \\ & & A_0\end{bmatrix}.$$

Clearly, the matrix A relative to the basis B^* has the form A^*. Let f be the form with the matrix A relative to the basis B. Then f has the form f^* with the matrix A^* relative to the basis B^*. Let f_1^* be the form with the matrix $\begin{bmatrix} & I_\nu \\ I_\nu & \end{bmatrix}$ relative to the basis B^*. Let $\Delta_1\in S_{D(k+1)}$ be such that $\Delta_1-\overline{\Delta}_1=\Delta$, where $\Delta=A_0$. We denote by S_P the set of all $\nu\times(k+1)$ matrices over K, and denote by S_{au} (respectively S_{al}) the set of all $\nu\times\nu$ upper (respectively lower) unitriangular matrices over K. We define

(Ⅰ) $$T(C)=\begin{bmatrix} C & \\ & I_{k+1}\end{bmatrix}, \quad C\in U_{2\nu}(K, f_1^*),$$

(Ⅰs) $$T(C_1)=\begin{bmatrix} C_1 & \\ & I_{k+1}\end{bmatrix}, \quad C_1\in SU_{2\nu}(K, f_1^*),$$

(Ⅱa) $$T(H_1)=\begin{bmatrix} H_1 & & \\ & \overline{H}'^{-1}_1 & \\ & & I_{k+1}\end{bmatrix}, \quad H_1\in S_{au}$$

(Ⅱb) $$T(H_2)=\begin{bmatrix} H_2 & & \\ & \overline{H}'^{-1}_2 & \\ & & I_{k+1}\end{bmatrix}, \quad H_2\in S_{al},$$

$$(\text{III a})\quad U^1(Q_1)=\begin{bmatrix} I_\nu & Q_1 & \\ & I_\nu & \\ & & I_{k+1}\end{bmatrix},\ Q_1\in GL_\nu(K),\ \bar{Q}_1'=-Q_1,$$

$$(\text{III b})\quad U^2(Q_2)=\begin{bmatrix} I_\nu & & \\ Q_2 & I_\nu & \\ & & I_{k+1}\end{bmatrix},\ Q_2\in GL_\nu(K),\ \bar{Q}_2'=-Q_2,$$

$$(\text{IV a})\quad V^1(P_1)=\begin{bmatrix} I_\nu & -P_1\Delta_1\bar{P}_1' & P_1 \\ & I_\nu & \\ & -\Delta\bar{P}_1' & I_{k+1}\end{bmatrix},\ P_1\in S_p,$$

$$(\text{IV b})\quad V^2(P_2)=\begin{bmatrix} & I_\nu & \\ -P_2\Delta_1\bar{P}_2' & I_\nu & P_2 \\ -\Delta\bar{P}_2' & & I_{k+1}\end{bmatrix},\ P_2\in S_p,$$

$$(\text{V})\quad X(D_\nu)=\begin{bmatrix} D_\nu & I_\nu-D_\nu & \\ I_\nu-D_\nu & D_\nu & \\ & & I_{k+1}\end{bmatrix},\ D_\nu\in S_{D(\nu)},\ D_\nu^2=D_\nu,$$

$$(\text{VI})\quad Y(U)=\begin{bmatrix} I_\nu & & \\ & I_\nu & \\ & & U\end{bmatrix},\ U\in GL_{k+1}(K),\ \bar{U}'A_0U=A_0$$

$$(\text{VI s})\quad Y(U_1)=\begin{bmatrix} I_\nu & & \\ & I_\nu & \\ & & U_1\end{bmatrix},\ U_1\in SL_{k+1}(K),\ \bar{U}_1'A_0U_1=A_0.$$

Henceforth, we assume $n\geqslant 5$, $1<\nu\leqslant\frac{1}{2}n$.

We denote by G^* the group generated by all matrices $Y(U_1)$, $U^1(Q_1)$, $U^2(Q_2)$, $V^1(P_1)$, $V^2(P_2)$, $T(H_1)$ and $T(H_2)$ mentioned above.

We shall first show the following statements.

(A1) Let $t\in K^*$ be such that $t\bar{t}=1$. Then there exists $\lambda\in K^*$ such that $t=\lambda\bar{\lambda}-1$.

Proof: Let ε be a fixed element of K^* satisfying $\bar{\varepsilon}=-\varepsilon$ and let $K_0=\{t\in K;\ \bar{t}=t\}$. Therefore, we have $t=a+b\varepsilon$, a, $b\in K_0$. Since $t\bar{t}=a^2-b^2\varepsilon^2=1$ there exist x_0, $y_0\in K_0$ such that $\lambda=x_0+y_0\varepsilon\in K^*$ and (x_0, y_0) satisfies each of the equations in (A. 1. 1):

(A. 1. 1) $(a-1)x-\varepsilon^2 by=0,\ bx-(a+1)y=0.$

It is easily verified that $\lambda\bar{\lambda}^{-1}=t$. The statement (A1) follows.

$$(1)\ X(D_\nu)\in G^*$$

$$(2)\ 1=|X(D_\nu)|=|T(Q)|=|U^1(Q_1)|$$
$$=|U^2(Q_2)|=|V^1(P_1)|=|V^2(P_2)|.$$

Proof: Since $\begin{pmatrix}0 & 1\\ -1 & 0\end{pmatrix}=\begin{pmatrix}1 & 1\\ 0 & 1\end{pmatrix}\begin{pmatrix}1 & 0\\ -1 & 1\end{pmatrix}\begin{pmatrix}1 & 1\\ 0 & 1\end{pmatrix}$ statement (1) follows.

Statement (2) is clear.

The following statement is easily verified.

$$Y(U)T(C)Y(U)^{-1}=T(C);\ Y(U)X(D_\nu)Y(U)^{-1}=X(D_\nu)$$

(A3) $Y(U)T(H_i)Y(U)^{-1}=T(H_i),\ i=1,2$

$$Y(U)U^i(Q_i)Y(U)^{-1}=U^i(Q_i),\ i=1,2$$

$$Y(U)V^i(P_i)Y(U)^{-1}=V^i(P_iU^{-1}),\ i=1,2$$

For each $\lambda\in K^*$, we denote by $I_h(\lambda)$ the $h\times h$ matrix

$$\begin{bmatrix}\lambda_1 & & & \\ & 1 & & \\ & & \vdots & \\ & & & 1\end{bmatrix}$$

and we define

$$I(\lambda)=\begin{bmatrix}I_\nu(\lambda) & & \\ & I_\nu(\bar{\lambda}^{-1}) & \\ & & I_{k+1}\end{bmatrix},\ D(\lambda)=\begin{bmatrix}I_\nu & & \\ & I_\nu & \\ & & I_{k+1}(\lambda)\end{bmatrix}$$

(A4) Let $T\in SU_{n+1}(K,f^*)$. Then T can be expressed in the form

(a,4) $T=V^2(P_2)T(C_1)Y(U_1)V^1(P_1)X(D_\nu)$

where $T(C_1)$ and $Y(U_1)$ are matrices of types (Ib) and (VIb) respectively.

Proof: By Theorem 3 of Section 8, Chapter 7 of [5], T can be expressed in the form

$$T=V^2(P_2)T(C)Y(U)V^1(P_1)X(D_\nu)$$

where $T(C)$ and $Y(U)$ are matrices of types (I) and (VI) respectively. Let $\mu=|T(U)|$. Then, by (A1), there exists $\lambda\in K^*$ such that $\lambda\bar{\lambda}^{-1}=\mu$, so T has the expression (a, 4) where $T(C_1)=I(\lambda)T(C)$ and $Y(U_1)=D(\mu^{-1})Y(U)$. *It is easily verified that* $T(C_1)$ and $Y(U_1)$ are matrices of type (Is) and (VIs) respectively. The statement (A4) follows.

(A5) $$SU_{n+1}(K, f^*)\subset G^*$$

Proof: By the assertion given in 14. 5. 1 of [1], all matrices $T(C_1)$ of type (Ib) belong to the subgroup of G^* generated by all matrices $T(H_1)$, $T(H_2)$, $U^1(Q_1)$ and $U^2(Q_2)$. Thus, by (A2) and (A4), statement (A5) follows.

We denote by $\widetilde{G}^*$ the subgroup of G generated by all $U^1(Q_1)$, $U^2(Q_2)$, $V^1(P_1)$, $V^2(P_2)$, $T(H_1)$ and $T(H_2)$ of type (III), (IV) and (II) respectively.

(A6) $$PSU_{n+1}(K, f^*)=\widetilde{G}^*$$

Proof: By (A3), $\widetilde{G}^*$ is a normal subgroup of G^*. Clearly, all the matrices $T(H_1)$ and $T(H_2)$ of type (II) belong to $PSU_{n+1}(K, f^*)$. By Theorem 1 of Section 2, Chapter 8 of [5], all the matrices $U^1(Q_1)$, $U^2(Q_2)$, $V^1(P_1)$ and $V^2(P_2)$ of type (III) and (IV) belong to $PSU_{n+1}(K, f^*)$, so $\widetilde{G}^*$ is a normal subgroup of $PSU_{n+1}(K, f^*)$. Since $\widetilde{G}^*\neq\{I\}$ and $PSU_{n+1}(K, f^*)$ is a simple group we have $PSU_{n+1}(K, f^*)=\widetilde{G}^*$.

(Aa) Let f be a Hermitian form. Then $PSU_{n+1}(K, f)=\langle U_f, V_f\rangle$.

Proof: Let M_a (respectively M_b) be the set consisting of all the matrices $U^1(Q_1)$, $V^1(P_1)$ and $T(H_1)$ of type (IIIa), (IVa) and (IIa) (respectively $U^2(Q_2)$, $V^2(P_2)$ and $T(H_2)$ of type (IIIb), (IVb), and (IIb)). Clearly, all the matrices of M_a (respectively of M_b) are upper (respectively lower) unitriangular matrices relative to the basis B. Thus, it is easily verified that U_f (respectively V_f) coincides with M_a (respectively M_b) relative to the basis B. By (A6), $PSU_{n+1}(K, f^*)=\langle M_a, M_b\rangle$ relative to the basis B^*, so $PSU_{n+1}(K, f)=\langle U_f, V_f\rangle$ relative to the basis B. The proof is complete.

We define

$$J(-1)=\begin{bmatrix} 0 & & 1 & & \\ & I_{\nu-1} & & & \\ 1 & & 0 & & \\ & & & I_{\nu-1} & \\ & & & & I_{k+1} \end{bmatrix}$$

By a similar argument to that used proving statement (Aa), in which we shall take the matrix $J(-1)$ instead of the matrix $I(\lambda)D(\mu^{-1})$, λ, $\mu \in K^*$, $\lambda\bar{\lambda}^{-1}=\mu$, the following statement (Ab) can be established immediately.

(Ab) Let f be a quadratic form. Then $P\Omega_{n+1}(K, f)=\langle U_f, V_f\rangle$.

References

[1] R. W. Carter, Simple groups of Lie type (Wiley, London, New York, 1972).

[2] Cheng Chon Hu, Some simple groups of Lie type constructed by inner automorphism, Chinese Ann. Math. 1 (1980), 161-176.

[3] Cheng Chon Hu, A family of simple groups associated with the Satake diagrams, J. Austral. Math. Soc. Ser. A 41 (1986), 13-43.

[4] C. Chevalley, Sur certain groups simples, Tohoku Math. J. 7 (1955), 15-66.

[5] L. K. Hua and Z. X. Wan, Classical groups (Chinese, Shanghai Ke Ji Press, Shanghai, (1963).

[6] R. Steinberg, Variations on a theme of Chevalley, Pacific J. Math. 9 (1959), 875-891.

A NOTE ON THE COMPOSITION FACTORS OF THE PRINCIPAL SERIES REPRESENTATIONS OF THE GROUP F_4^2 (I) *

D. Vogan has discovered in [14] a certain algorithm for expressing the character of any generalized principal series representations of semi-simple Lie group as the linear combination of irreducible characters.

M. W. Baldoni-Silva and H. Kraljevic [1], [3] used this algorithm to determine the composition factors of any (generalized) principal series representation of the group $Sp(n, 1)$ and real rank one group F_4^2 —a real form of F_4. In the same way (but much simple) one can also proceed for the group $Spin(n, 1)$ and $SU(n, 1)$, but in these cases the results were already obtained by other methods (see e. g. [7], [11], [12], [15]). In this note, we shall parametrize the generalized principal series representations of the group F_4^2 by the Weyl group of F_4, then, we can use the method introduced by [2] to determine the composistion factors of any generalized principal series representations of the group F_4^2. It seems that the methods given by this note are more convenient and more direct than those given by [3].

First, we shall give some notations. In this note, G will denote the group F_4^2 which is a real form of F_4 with character $\delta=-20$ (cf. [4], p. 236). Let g be the Lie algebra of G, and θ the Cartan involution of g, and let $g=k+p$ be the corresponding Cartan decomposition of g. Let K be the maximal compact subgroup of G with Lie algebra k and t be a Cartan subalgebra of g contained in k.

Denote by Δ the root system of the pair (g_C, t_C) (the subscript C denotes the complexification). Let Δ_k and Δ_n be the sets of compact and noncompact roots, respectively. Then.

$$\Delta=\left\{\pm\varepsilon_i\pm\varepsilon_j\pm,\ \varepsilon_i,\ 1\leqslant i,\ j\leqslant 4,\ i\neq j,\ \frac{1}{2}(\pm\varepsilon_1\pm\varepsilon_2\pm\varepsilon_3\pm\varepsilon_4)\right\}$$

$$\Delta_k=\{\pm\varepsilon_i\pm\varepsilon_j,\ \pm\varepsilon_i,\ 1\leqslant i,\ j\leqslant 4,\ i\neq j\}\text{ and }\Delta_n=\left\{\frac{1}{2}(\pm\varepsilon_1\pm\varepsilon_2\pm\varepsilon_3\pm\varepsilon_4)\right\}.$$

Let W and W_k be the Weyl group of Δ and Δ_k, respectively.

Let bar denote the conjugation of g_C with respect to g and B the Killing form of g_C. Denote by (,) the dual of the Killing form restricted to it.

Namely ([6] pp. 181-182) for each $r\in\Delta$ we can select a root vector X_r in such a way that $B(X_r,X_{-r})=2/(r,r)$ and $\theta\overline{X}_r=-X_r$. Then it follows that H_r defined by $H_r=(X_r,X_{-r})$ satisfies $r(H_r)=2$ and that X_r-X_{-r}, $i(X_r+X_{-r})\in g$ if r is compact and X_r+X_{-r}, $i(X_r-X_{-r})\in g$ if r is noncompact. For each $r\in\Delta_n$, we define $a(r)=R(X_r+X_{-r})$. Then, $a(r)$ is a maximal abelian subalgebra of p. Let $\alpha=-1/2(\varepsilon_1+\varepsilon_2+\varepsilon_3+\varepsilon_4)$ and M be the centralizer of $a(\alpha)$ in K and m its Lie algebra. Let h_- be the subalgebra of t spanned over R by iH_s, $s\in\Delta$ and $(\alpha,s)=0$. Let $h=h_-+a(\alpha)$. Then h_- and h are Cartan subalgebra of m and g respectively. Let (,) denote also the dual of Killing form restricted to $ih_-+a(\alpha)$. Denote by Φ (resp. Φ_m) the root systen of (g_C, h_C) (resp. (m_C, h_{-C}) and by $\widetilde{W}$ the Weyl group of Φ, and by $\widetilde{W}_m$ the Weyl group of Φ_m. If $r\in\Delta_n$, set $u_r=\exp(\pi/4)(X_r-X_{-r})$. Then Adur is the Cayley transform corresponding to r. In particular, Adur carries t_c onto $b_{C^{(r)}}$ where $b^{(r)}=b_-^{(r)}+a(r)$, $b_-^{(r)}$ being the subalgebra of t spanned over R by iH_s, $s\in\Delta$. and $(r,s)=0$. Clearly, $h=b^{(\alpha)}$. Set $e_i=\varepsilon_i\cdot Adu_\alpha^{-1}$ for each $1\leqslant i\leqslant 4$. Then $\Phi=\{\pm e_i\pm e_j,\ \pm e_i,\ 1\leqslant i,\ j\leqslant 4,\ i\neq j,\ 1/2(\pm e_1\pm e_2\pm e_3+e_4)\}$ and $\Phi_m=\{\pm(e_i-e_j),\ 1\leqslant i<j\leqslant 4,\ 1/2(\delta_1e_1+\delta_2e_2+\delta_3e_3+\delta_4e_4),\ \delta_i=\delta_j=-1,\ i,\ j\in Q,\ i\neq j,\ \delta_k=\delta_h=1,\ k,\ h\in Q/\{i,\ j\},\ k\neq h\}$. where $Q=\{1,2,3,4\}$, (cf. 11. 16. (b) of [10]).

We now define system of positive roots Δ^+, Δ_k^+, Φ^+ and Φ_m^+ in Δ, Δ_k, Φ and Φ_m respectively which are defined so that the corresponding sets of simple roots are the following:

$\Pi=\{\alpha=\epsilon_1,\ \varepsilon_4=\epsilon_2,\ \varepsilon_3-\varepsilon_4=\epsilon_3,\ \varepsilon_2-\varepsilon_3=\epsilon_4\}$ for Δ^+,

$\Pi_k=\{\varepsilon_4,\ \varepsilon_3-\varepsilon_4,\ \varepsilon_2-\varepsilon_3,\ \varepsilon_1-\varepsilon_2\}$ for Δ_k^+,

$\widetilde{\Pi}=\{-1/2(e_1+e_2+e_3+e_4)=\tilde{\alpha}=\tilde{\epsilon}_1, e_4=(\tilde{\epsilon}_2, e_3-e_4=\tilde{\epsilon}_3, e_2-e_3=\tilde{\epsilon}_4\}$ for Q^+

$\widetilde{\Pi}_m=\{-1/2(e_1+e_2-e_3-e_4),\ e_3-e_4,\ e_2-e_3\}$ for ϕ_m^+

Let Λ be the system of restricted roots(i. e. the root system of pair $(g, a(\alpha))$ and Λ^+ be the set of all nonzero restriction of Φ^+ to $a(\alpha)$. Let n be the sum of the positive restricted root space. Let A (resp. N) be the analytic subgroup of G with Lie algebra $a(\alpha)$ (resp. n). Denote by ρ half sum of positive restricted roots, counted with multiplicities and by $\tilde{\delta}_m$ half sum of all the roots in Φ_m^+. $W(a(\alpha))$ will denote the Weyl group of the root system ("the little Weyl group").

Let U be the universal enveloping algebra of g_c and z its center. Let c be a Cartan subalgebra of g_c, P the system of roots of the pair (g_c, c), W_c the Weyl group of P, P^+ a system of positive roots in P, δ_P half the sum of all roots in P^+. For $\lambda\in c^*$ let χ_λ denote the infinitesimal character of the Verma module for g_c' (with respect to P^+) with the highest weight $\lambda-\delta_P$. As it is well known, we have $\chi_\lambda=\chi_\mu$ if and only if $\lambda=w\mu$ for some $w\in W_c$, furthermore, any homomorphism $z\rightarrow C$ is of the form χ_λ for some $\lambda\in c^*$.

Let now $\hat{M}$ be the set of all equivalence classes of irreducible finite dimensional representations of M. It is well known [17] that $\hat{M}$ is in bijective correspondence with

$$D_M=\{b_1e_1+b_2e_2+b_3e_3+b_4e_4;\ b_4\geqslant b_3\geqslant b_2,\ (b_i-b_{i+1})\in Z,\ 1\leqslant i\leqslant 3;$$
$$-(b_1+b_2-b_3-b_4)>0,\ (b_1+b_2-b_3-b_4)\in Z\}.$$

This correspondence is obtained by attaching to each element λ of $\hat{M}$ its highest weight Λ_λ with respect to $\in\phi_m^+$.

For $\lambda\in\hat{\mathrm{M}}$ and $\nu\in a(\alpha)_c^*$ we define the principal series representation $(\pi_{\lambda,\nu}, H^{\lambda,\nu})$ as follows:

First, for each $\lambda\in\hat{\mathrm{M}}$ we fix an element (λ, H^λ) in the class λ; it will be supposed that H^λ carries an inner product such that λ is unitary.

(1) $H^{\lambda,v}$ is the space of all (classes of) measuradle functions $f: G\rightarrow H^\lambda$ sucn that.

$$f(\mathrm{gman})=e^{-(v+\rho)(\lg a)}\lambda(m^{-1})f(g)$$

for every $g\in G$, $m\in M$, $a\in A$, $n\in N$ (here lg: $A\to a(\alpha)$) denotes the inverse of exp: $a(\alpha)\to A$);

$$\int_K \| f(x) \|^2 dx<\infty$$

$H^{\lambda,\nu}$ is a Hilbert space if we introduce the inner product

$$(f, g)=f_K(f(k), g(k))dk$$

(2) $(\pi_{\lambda,\nu}(g)f)(x)=f(g^{-1})$, g, $x\in G$, $f\in H^{\lambda,\nu}$.

$\pi_{\lambda,v}$ is an admissible representation of G of finite length called principal series representation. According to [10], for example, the infinitesimal character of $\pi_{\lambda,v}$ *is* $\chi_{\Lambda(\lambda,v)}$ where $\Lambda(\lambda,v)\in h_c^*$ is defined by

$$\Lambda(\lambda,v)\,|\,h_{-c}=\Lambda_\lambda+\delta_m,\ \Lambda(\lambda,v)\,|\,a(\alpha)=v$$

Set $D=\{\Lambda(\lambda, \nu), \lambda\in \hat{M}; \nu\in a(\alpha)^*\}$ Then

$$D=\{a_1e_1+a_2e_2+a_3e_3+a_4e_4;\ a_4\geqslant a_3\geqslant a_2,\ (a_i-a_{i+1})\in Z,\ 1\leqslant i\leqslant 3;$$
$$-(a_1+a_2-a_3-a_4)>0,\ (a_1+a_2-a_3-a_4)\in Z\}$$

Clearly, the set D parametrires the principal series representation. If $\tilde{\gamma}\in D$, $\tilde{\gamma}=\Lambda(\lambda, \nu)$, we shall write $\pi(\tilde{\gamma})$ instead of $\pi_{\lambda,\nu}$. Let D^+ denote the set of all $\tilde{\gamma}\in D$ such that if $\tilde{\gamma}=a_1e_1+a_2e_2+a_3e_3+a_4e_4$ then either $\mathrm{Re}(a_1+a_2+a_3+a_4)<0$ or $Re(a_1+a_2+a_3+a_4)=0$ and $\mathrm{Im}\,(a_1+a_2+a_3+a_4)<0$. D^+ is the intersection of D with a fundamental domain of $W(a(\alpha))$; therefore, D^+ parametrizes the principal series representations up to the action of $W(a(\alpha))$. The statement will be proved in other paper. Let $\tilde{\gamma}\in D$ and suppose $\pi(\tilde{\gamma})$ is reducible. Then. $\tilde{\gamma}$ is integral.

Let L denote the set of integral forms on t_c^*. i. e. those that lift to character of T (the Cartan subgroup of G with Lie algebra t), Then

$$L=\{a_1\varepsilon_1+a_2\varepsilon_2+a_3\varepsilon_3+a_4\varepsilon_4;\ a_1\leqslant a_2\leqslant a_3\leqslant a_4,\ 2a_i\in Z, 1\leqslant i\leqslant 4,$$
$$(a_i-a_{i+1})\in Z,\ 1\leqslant i\leqslant 3\}.$$

We say that $\gamma\in t_C^*$ (resp. $\tilde{\gamma}\in h_C^*$) is regular if $(\gamma, r)\neq 0$ (resp. $(\tilde{\gamma}, \tilde{r})\neq 0$) for any $r\in\Delta$(resp. $\tilde{r}\in\phi$), otherwise, γ(resp. $\tilde{\gamma}$) is called singular.

We say that an infinitesimal character χ is integral if $\chi=\chi_\nu$ for some integral form γ of t_c^* (if $\chi=\chi_{\tilde{\gamma}}$ for some integral form $\tilde{\gamma}$ of h_c^*). In this note, we shall only consider the composition factors for regular infinitesimal characters.

Let S_r(rerp. $S_{\tilde{r}}$, denoted by $\tilde{S}_r$ for $\tilde{r}=r\cdot A\,du_a^{-1}$) be the reflection in the hyperplane orthogonal to the root r of Δ(resp. $\tilde{r}$ of Φ) and say in r (resp. $\tilde{r}$) simply. Clearly, if $S_{r_1}\cdots S_{r_m}=S_{s_1}\cdots S_{s_n}$, r_i, $s_j\in\Delta$, $1\leqslant i\leqslant m$, $1\leqslant j\leqslant n$, then $\widetilde{S}_{r_1}\cdots\widetilde{S}_{r_m}=\widetilde{S}_{s_1}\cdots\widetilde{S}_{s_n}$.

Let w_{ij}, $1\leqslant i, j\leqslant 4$, $i\neq j$ (resp. ρ_i, $1\leqslant i\leqslant 4$) denote the reflection in the root $\varepsilon_i-\varepsilon_j$ (resp. ε_i). Let $\rho_{ij}=\rho_i\rho_j$, $1\leqslant i, j\leqslant 4$ and $\rho_{ijk}=\rho_i\rho_i\rho_k$ $1\leqslant i, j, k\leqslant 4$. Clearly, we have $\rho_{ij}=\rho_{ji}$, $1\leqslant i, j\leqslant 4$. Let $\alpha_{ij}=\alpha+\varepsilon_i+\varepsilon_j$, $i, j\in Q$, $i\neq j$, and $\alpha_{ijk}=\alpha+\varepsilon_i+\varepsilon_j+\varepsilon_k$, $i, j, k\in Q$, $i\neq j, k$, $j\neq k$. Let ϕ_i, $1\leqslant i\leqslant 4$, (resp. ϕ_{ij}, ϕ_{ijk}, $i, j, k\in Q$, $i\neq j, k$, $j\neq k$) be the reflection in the root α_i (resp. α_{ij}, α_{ijk}). Let ψ denote ϕ_4 and ψ_i, ψ_{ij}, ψ_{ijk} denote $\rho_i\psi$, $\rho_{ij}\psi$, $\rho_{ijk}\psi$, $1\leqslant i, j, k\leqslant 4$ respectively. Let ϕ denote the reflection in α and let $\delta=\rho_1\rho_2\rho_3\rho_4$. The following formulas are easily shown:

(I. a) $\phi_i=\rho_i\phi\rho_i=\phi\rho_i\phi$, $1\leqslant i\leqslant 4$, $\phi_{ij}=\rho_{ij}\phi\rho_{ij}$, $1\leqslant i, j\leqslant 4$, $i\neq j$.
$\phi_{ijk}=\rho_{ijk}\phi\rho_{ijk}=\phi_h$, $1\leqslant i, j, k\leqslant 4$, $i\neq j, k$, $j\neq k$, $h\in Q\backslash\{i, j, k\}$,
Let $\varphi_{ij}=w_{ij}w_{kh}$, $i, j\in Q$, $i\neq j$, $k, h\in Q\backslash\{i, j\}$, $k\neq h$,

(I. b) $\phi_{ij}=\varphi_{ij}\rho_{ij}\rho_{kh}\phi=\varphi_{ij}\delta\phi$, $1\leqslant i, j\leqslant 4$, $i\neq j$, $k, h\in Q\backslash\{i, j\}$, $h\neq h$,

(I. c) $w_{ij}\rho_k w_{ij}=\rho_h$, $w_{ij}\phi_k w_{ij}=\phi_h$, $\phi_{ij}\rho_k\phi_{ij}=\phi_h$, $\phi_{ij}\phi_k\phi_{ij}=\rho_h$,
$1\leqslant i, j\leqslant 4$, $i\neq j$, $h=j$ (resp. i) if $k=i$ (resp. j),
$h\in Q\backslash\{i,j,k\}$ if $k\neq i$,

(I. d) $w_{ij}\phi_m w_{ij}=\varphi_{ij}\rho_{kh}\phi_m$, $1\leqslant i, j\leqslant 4$, $i\neq j$, $m=i$ or
j, $k, h\in Q\backslash\{i, j\}$, $k\neq h$,

(I. e) $\psi_i=\rho_{i4}\phi\rho_4=\phi_{i4}\rho$, $1\leqslant i\leqslant 3$, $\psi_4=\phi\rho_4$,
$\psi_{ij4}=\phi_{ij}\rho_{ij4}$, $1\leqslant i, j\leqslant 3$, $i\neq j$, $\psi_{123}=\delta\phi\rho_4=\phi\rho_{123}$.

(I. f) $\phi\rho_{ij}=\varphi_{34}\phi_{34}\delta\rho_{ij}=\varphi_{34}\phi_{34}\rho_{kh}$, $\phi\psi_{ij}=\varphi_{34}\phi_{34}\delta\rho_{ij}\psi=\varphi_{34}\phi_{34}\psi_{kh}$.
$1\leqslant i, j\leqslant 4$, $i\neq j$, $k, h\in Q\backslash\{i, j\}$, $k\neq h$,

(I. g) $\phi\rho_{ijk}=\varphi_{34}\phi_{34}\delta\rho_{ijk}=\varphi_{34}\phi_{34}\rho_h$, $\phi\psi_{ijk}=\varphi_{34}\phi_{34}\delta\rho_{ijk}\psi=\varphi_{34}\phi_{34}\psi_h$
$1\leqslant i, j, k\leqslant 4$, $i\neq j, k$, $j\neq k$, $h\in Q\backslash\{i, J, k\}$.

(I. h) $\phi\delta=\varphi_{34}\phi_{34}\delta\delta=\varphi_{34}\phi_{34}$, $\phi\delta\psi=\varphi_{34}\phi_{34}\delta\delta\psi=\varphi_{34}\phi_{34}\psi$.

Let$\langle\cdots\rangle$ denote the group generalized by the elements of the set $\{\cdots\}$. It follows that $\widetilde{W}_m=\langle\tilde{w}_{ij}, \tilde{\phi}_{ij}, 1\leqslant i, j\leqslant 4, i\neq j\rangle$ and $W_k=\langle w_{ij}, \rho_j, 1\leqslant i, j\leqslant 4, i\neq j\rangle$. Let $\widetilde{W}(\alpha)^*=\{\tilde{\rho}_i, \tilde{\rho}_{i4}, \tilde{\psi}_{1i}, 1\leqslant i\leqslant 4\}$ ($\tilde{\rho}_{44}=I$, $\tilde{\psi}_{44}=\psi$) and $W(\phi)^*=\{I, \phi, \psi\}$. By the formulas (I. a)-(I. e), we have

Proposition 1.1 Let $\widetilde{W}(\alpha)=\{I, \tilde{\psi}, \tilde{\rho}_i, \tilde{\rho}_{ij}, \tilde{\rho}_{ijk}, \tilde{\psi}_{ij}, 1\leqslant i, j, k\leqslant 4, i\neq j, k, j\neq k, \delta, \delta\psi\}$. Then $\widetilde{W}=\widetilde{W}_m\widetilde{W}(\alpha)$.

Using 1.1 and formulas (I. f)-(I. h), we obtain the following proposition immediately.

Proposition 1.2 a, Let $\widetilde{W}^*=(\widetilde{W}_m; \tilde{\phi})$. Then $\widetilde{W}=\widetilde{W}^*\widetilde{W}(\alpha)^*$. b, $W=W_kW(\phi)^*$.

Let $\Delta_m=\phi_m \mathrm{Ad}u_\alpha$ and $W(\Delta_m)=\langle S_r; r\in\Delta_m\rangle$ and $W(\alpha)^*=\{\rho_i, \rho_{i4}, \psi_{1i}, 1\leqslant i\leqslant 4\}$. Let $\widetilde{W}(\alpha)^+=\{I, \tilde{\phi}\}$ and $W(\alpha)^+=\{I, \phi\}$. Then by (3. b) and 3, 2, we have

Corollary 1.3 a, $\widetilde{W}(\alpha)=\widetilde{W}(\alpha)^+\widetilde{W}(\alpha)^*$ and $\widetilde{W}=\widetilde{W}_m\widetilde{W}(\alpha)^+\widetilde{W}(\alpha)^*$. *b*, $W(\Delta_m)\cong\widetilde{W}_m$ and $W(\alpha)^+\cong\widetilde{W}(\alpha)^+$ and $W(\alpha)^*\cong\widetilde{W}(\alpha)^*$.

Let C_0 (resp. $\widetilde{C}_0$) be the Weyl chamber corresponding to Π (resp. $\widetilde{\Pi}$) i. e. $C_0=\{v\in it^*=t_R^*; (v, r)>0$ for all $r\in\Pi\}$ (resp. $\widetilde{C}_0=\{v\in((ih_-)^+a(\alpha))^*=h_R^*; (v, r)>0$ for all $r\in\widetilde{\Pi}\}$). Then for each Weyl chamber C in t_R^* (resp. $\widetilde{C}$ in h_R^*), there exists a unique $w\in W$ (resp. $\tilde{w}\in\widetilde{W}$) such that $C=wC_0$ (resp. $\widetilde{C}=\tilde{w}\widetilde{C}_0$). Therefore, for each regular integral form $\gamma\in t_C^*$ (resp. $\tilde{\gamma}\in h_C^*$) there exist $\gamma_0\in C_0$ (resp. $\tilde{\gamma}_0\in\widetilde{C}_0$) and $w\in W$ (resp. $\tilde{w}\in\widetilde{W}$) such that $\gamma=w\gamma_0$ (resp. $\tilde{\gamma}=\tilde{w}\tilde{\gamma}_0$).

We say that an integral form γ of t_c^* (resp. $\tilde{\gamma}$ of h_c^*) is corresponding to a Weyl chamber C in t_R^* (resp, $\widetilde{C}$ in h_R^*) if γ (resp $\tilde{\gamma}$) is dominant with respect to the positive system corresponding to C (resp. $\widetilde{C}$) Let DR^* (resp. LR^*) be the set of regular integral forms of h_C^* (resp. t_C^*) and DR_0^* (resp. LR_0^*) be the set of regular integral forms of h_C^* (resp. t_C^*) corresponding to $\widetilde{C}_0$ (resp. C_0).

As in [2], we shall give the following notation. Let us fix a compact Cartan subgroup T of G contained in K such that its Lie algebra is t mentioned above. We may assume that all other Cartan subgroup of interest are obtained by Cayley transformation relative to a succession of roots. In particular, for a abelian subalgebra a of g we can write $a\leftrightarrow\{\cdots\}$, where $\{\cdots\}$ is an order set of (g_c, t_c) with respect to which we have formed Cayley transformation. In fact, transforming t_C by the Cayley transformation with respect $\{\cdots\}$, we obtain a Cartan subalgebra b_c of g_c, $b=b_-+a$ where b_- is the subspace of t spanned by all iH_r, $r\in\Delta$ and $(r, s)=0$ for all $s\in\{\cdots\}$, and a is the space over R spanned by $\{X_s+X_{-s};\ s\in\{\cdots\}\}$, b is called the Cartan subalgebra of g determined by $\{\cdots\}$. Let γ be a regular integral form of t_c^*. It is important to note that γ, $a\leftrightarrow\{\cdots\}$, and the adjusted χ determine the global character of $U(P, \sigma, v)$ completely. In fact, the Cayley transformation with respect to $\{\cdots\}$ transforms t_c into b_c, b being the Cartan subalgebra of g determined by $\{\cdots)$, and transforms γ into $\tilde{\gamma}\in b_c^*$, decompose $\tilde{\gamma}=\lambda+v$, use λ to form σ, introduce an N making v dominant and induce $\sigma\otimes e^{\nu}\otimes 1$ to obtain a representation $U(P, \sigma, \nu)$ where $P=MAN$, M being the centralizer of a in K and A being a analytic subgroup of G with Lie algebra a. It is clear that $U(P, \sigma, \nu)=\mathrm{ind}_P^G(\sigma\otimes e^{v}\otimes 1)$ (induced picture, cf [10]) is just the principal series representation ($\pi_{\lambda,v}$, $H^{\lambda,v}$) mentioned. It follows essentially from [14] that the representation $U(P, \sigma, \nu)$ has a unique irreducible quotient $J(P, \sigma, \nu)$. The principal series representation $U(P, \sigma, \nu)$ and its quotient $J(P, \sigma, \nu)$ have global characters which are written a $\pi(\gamma, a\leftrightarrow\{\cdots\})$ and $\bar{\pi}(\gamma, a\leftrightarrow\{\cdots\})$ respectively, dropping the adjust χ from the notation (Vogan's notation differs slightly from this. He use Θ (,) for the character, suppressing the explicit mention of a and instead carring it in the domain of γ). In our notation, note that $\pi(\gamma, a\leftrightarrow\phi)$ is a discrete series character and $\gamma\in t_c^*$, and a root r of Δ is called real (complex, m-compact) if and only if $\tilde{r}$ is real (complex, m-compact).

Recall DR_0^* be the set of regular integral forms of t_c^* corresponding to C_0 (or Π). The dual of the Cayley transformation with respect to $\{\alpha\}$ is a one to one correspondence between LR_0^* and DR_0^*.

Proposition 1.4 The global characters $\Theta_{\tilde{\gamma}}$ of $\pi(\tilde{\gamma})$, $\tilde{\gamma}\in DR^*$ can be parametrizd as $\{\pi(w\gamma_0, a\leftrightarrow\{\alpha\})\}$; w runs through $W(\alpha)^*$, γ_0 runs through LR_0^* $\}$.

Proof: It is sufficient to prove that $\Theta_{\tilde{\gamma}}$ is equivalent to $\pi(w\gamma_0, a\leftrightarrow\alpha)$ ($a\leftrightarrow\{\alpha\}$ abbreviated as $a\leftrightarrow\alpha$) for some $\gamma_0\in LR_0^*$, $w\in W(\alpha)^*$. Clearly, there exist $\tilde{\gamma}_0\in DR_0^*$ and $\tilde{w}^1\in\widetilde{W}$ such that $\tilde{\gamma}=\tilde{w}^1\tilde{\gamma}_0$. By 3. 3. a we have $\tilde{w}^1=\tilde{w}'\tilde{w}^+\tilde{w}$, $\tilde{w}'\in\widetilde{W}_m$, $\tilde{w}^+\in\widetilde{W}(\alpha)^+$ and $\tilde{w}\in\widetilde{W}(\alpha)^*$. Clearly, by 3. 3. b, there exist $w'\in W(\Delta_m)$, $w^+\in W(\alpha)^+$ and $w\in W(\alpha)^*$, and $\gamma_0\in LR_0^*$ such that the Cayley transformation with respect to $\{\alpha\}$ transforms $\gamma = w'w^{+}w\gamma_0$ into $\tilde{\gamma} = \tilde{w}'\tilde{w}^{+}\tilde{w}\gamma_0$, so $\Theta_{\tilde{\gamma}} = \pi(\gamma, a\leftrightarrow\alpha) = \pi(w'w^{+}w\gamma_0, a\leftrightarrow\alpha)$. Clearly, $w'^{-1}(\alpha) = \alpha$, thus, $\Theta_{\tilde{\gamma}} = \pi(\gamma, a\leftrightarrow\alpha) \cong \pi(w^{+}w\gamma_0, a\leftrightarrow w'^{-1}(\alpha)) = \pi(w^{+}w\gamma_0, a\leftrightarrow\alpha)$. If $w^{+} = I$, then $\Theta_{\tilde{\gamma}} = \pi(w\gamma_0, a\leftrightarrow\alpha)$, if $w^{+} = \phi$, then $\Theta\tilde{w}^{+}\tilde{w}\gamma_0 = \pi(w^{+}w\gamma_0, a\leftrightarrow\alpha)$ is equivalent to $\Theta_{\tilde{w}\gamma_0} = \pi(w\gamma_0, a\leftrightarrow\alpha)$ since the global character of a principal series representation is invariant under the action of $W(a) = \widetilde{W}(\alpha)^{+}$, i. e. this action only changes the order of the composition factors, so $\Theta_{\tilde{\gamma}} = \pi(\gamma, a\leftrightarrow\alpha)$ is equivalent to $\pi(w\gamma_0, a\leftrightarrow\alpha)$ (cf. p. 450 of [1] or 2. 9 of [14]) Q. E. D.

Similarly, by I. 2. b, we have

Proposition1. 5 The global characters of $\pi(\gamma)$, $\gamma \in LR^{*}$ can be parameterized as $\{\pi(w\gamma_0, a\leftrightarrow\phi)$, w runs through $W(\phi)^{*}$, γ_0 runs through $LR_0^{*}\}$.

Remark For a simple Lie algebra L over C, let $W(L)$ denote the Weyl group of L. (a) Clearly, $|\widetilde{W}| = |W(F_4)|$, $|\widetilde{W}_m| = |W(C_3)|$ and $|\widetilde{W}(\alpha)^{+}| = 2$, so, we have $|\widetilde{W}(\alpha)^{*}| = |\widetilde{W}|(|\widetilde{W}_m||\widetilde{W}(\alpha)^{+}|)^{-1} = 12$. (b), Clearly, $|W| = |W(F_4)|$ and $|W_k| = |W(C_4)|$, so, we have $|W(\phi)^{*}| = |W|/|W_k| = 3$.

For a regular integral form γ of t_c^{*}, a positive system of (g_c, t_c) that makes γ dominant is called the positive system corresponding to γ. We are assuming G is connected and we will collect sone results from [14] and [16] which will be used in this note.

Theorem 1. 6 (Schmid's identity) Let γ be a regular integral form of t_C^{*} and suppose that β is a simple noncompact root for the positive system corresponding to γ. Then

$$\pi(\gamma, a\leftrightarrow\{\beta\}) = \bar{\pi}(\gamma, a\leftrightarrow\{\beta\}) + \bar{\pi}(\gamma, a\leftrightarrow\phi) + \bar{\pi}(S_\beta\gamma, a\leftrightarrow\phi).$$

Next, we recall the wall-crossing functors and τ-invariant. Let γ be a regular integral form of t_c^{*}, and let β be a simple root for the positive system corresponding to γ. Let $n = 2\langle r, \beta\rangle/|\beta|^2$. In terms of Zuckerman's ψ and φ functors define

$$\psi_\beta = \psi_{\gamma-n\beta}^{\gamma} \text{ and } \varphi_\beta = \varphi_{\gamma}^{\gamma-n\beta}$$

The wall-crossing functor is given by

$$S_\beta\Theta = \varphi_\beta\psi_\beta\Theta - \Theta.$$

for any virtual character Θ whose infinitesimal character is γ; S_β acts on the local expression for a global character by reflection in β (see Appendix of [9]). We say that β is in the τ-invariant of $\bar{\pi}(\gamma, (a\leftrightarrow\{\cdots\})$ if $\psi_\beta\bar{\pi}(\gamma, a\leftrightarrow\{\cdots\})=0$, we denote by $\tau(\bar{\pi}(\gamma, a\leftrightarrow\{\cdots\}))$ the set of all roots which are in τ-invariant of $\bar{\pi}(\gamma, a\leftrightarrow\{\cdots\})$.

For purpose of calculation, we shall want to regard the τ-invariant as a subset of integers, say of $\{1, \cdots, l\}$, where l is the rank of g. To do so, we note that the only parameters of interest will be the Cartan subgroups and the various $w\gamma$ with γ fixed and w in the weyl gnup of g_c. The positive root system for $w\gamma$ and γ are canonically identified via w, and the root systems for the different Cartan subgroups are all identified by our system of Cayley transforms. Thus we can number the roots in a Dynkin diagram for g_c and obtain consistent numberings of the Dynkin diagrams of all the positive root systems we shall consider. In this way the τ-invariant of a character $\bar{\pi}$ can be regard as a subset of $\{1, \cdots, l\}$.

If we replace γ by $w\gamma$ and if β is a simple root for the system that makes γ dominant, then $w\beta$ is simple for the system making $w\gamma$ dominant. Moreover, as observed in [18], the functor $\psi_\beta=\psi^\gamma_{\gamma-n\beta}$ is the same as the functor $\psi_{w\beta}=\psi^{w\gamma}_{w\gamma-mw\beta}$. Similar remarks apply to φ, and thus S_β is the same funcor as $S_{w\beta}$. In keeping with the notation of the previous paragraph, we can thus denote our wall-crossing functors unambiguously by $S_1, \cdots, S_l$.

The observations about ψ_β in the previous paragraph make it clear that the τ-invariant is an invariant of the Langlands quotient in question. In particular, we can detect inquivalence of two Langlands quotients by seeing that their τ-invariants are different.

Theorem 1.7 ([14] Theorem 6.16). Let γ be a regular integral form of t_c^*. Then a simple root β for the positive system corresponding to γ is in $\tau(\bar{\pi}(\gamma, a\leftrightarrow\{\cdots\}))$ if and only if β satisfies one of the followings.

(a) β is imaginary (in fact, in the case considered in this note if β is imaginary then β is m-compact (cf. 11.16 of [10]),

(b) β is complex and θ_β is negative.

(c) β is real (in fact, in the case considered in this note if β is real then β

satisfies the parity condition for $\bar{\pi}(\gamma, a\leftrightarrow\{\cdots\}))$.

Now we turn to computation of the wall-crossing functors. Theorem 3.8 will show the effect on a full induced character. Then we consider the constituents. If $\psi_\beta\Theta=0$, then it follows from the definition that $S_\beta\Theta=-\Theta$. Thus we have only to know the effect of S_β on Θ in the case that β is not in the τ-invariant; this we write down in Theorem I.9.

Theorem 1.8 ([14] Corollary 5.12) Let γ be a regular integral form of t_c^*. If β is a complex simple root for the positive system corresponding to γ, then

$$S_\beta\pi(\gamma, a\leftrightarrow\{\cdots\})=\pi(S_\beta\gamma, a\leftrightarrow\{\cdots\}).$$

Remark Here β complex and simple makes the positive roots vanishing on a is the same for γ and $S_\beta\gamma$. Hence this theoren is indeed implied by Corollary 5.12 and the sentence before Lemma 5.8 in [14].

Theorem 1.9 ([14] Theorem 6.16 and [16] Theorem 4.12) Let γ be a regular integral form of t_c^*. Suppose that β is a simple root for the positive system corresponding to γ and $\beta\notin\tau(\bar{\pi}(\gamma, a\leftrightarrow\{\cdots\}))$. Then the wall-crossing functor S_β satisfies

$$S_\beta\bar{\pi}(\gamma, a\leftrightarrow\{\cdots\})=\bar{\pi}(\gamma, a\leftrightarrow\{\cdots\})+U_\beta(\bar{\pi}(\gamma, a\leftrightarrow\{\cdots\}))$$

where $U_\beta(\bar{\pi}(\gamma, a\leftrightarrow\{\cdots\}))$ is a sum of true character as follows:

(a) If β is imaginary, then.

$$U_\beta(\bar{\pi}(\gamma, a\leftrightarrow\{\cdots\})=\bar{\pi}(\gamma, a\leftrightarrow\{\cdots, \beta\})+\Theta_0.$$

(b) If β is complex and θ_β is positive then

$$U_\beta(\bar{\pi}(\gamma, a\leftrightarrow\{\cdots\})=\bar{\pi}(S_\beta\gamma, a\leftrightarrow\{\cdots\})+\Theta_0$$

moreover, in all cases Θ_0 is a finite sum of irreducible characters each of which has (the index corresponding to) β in its τ-invariant and each of which occurs in $\pi(\gamma, a\leftrightarrow\{\cdots\})$.

Finally there is a reciprocity theorem that is helpful in computing Θ_0.

Theorem 1.10 ([16] Theorem 4.14) Let γ be a regular integral form of t_c^* and suppose Θ and Θ' are irreducible characters with infinitesimal character γ. If i is in $\tau(\Theta)$ but j is not in $\tau(\Theta)$, and if j is in $\tau(\Theta')$ but i is not in $\tau(\Theta')$, then the multiplicity of Θ' in $U_j(\Theta)$ equals to the multiplicity of Θ in $U_i(\Theta')$, and this common multiplicity is at most one.

Henceforth, let γ denote the form of RL_0^*, for a noncompact root β of (g_c, t_c), $a\leftrightarrow\{\beta\}$ is abbreviated as $a\leftrightarrow\beta$, moreover, for any $\gamma\in LR_0^*$ and $w\in W(\alpha)^*$, $\pi(w\gamma, a\leftrightarrow\alpha)$ and $\bar{\pi}(w\gamma, a\leftrightarrow\alpha)$ are abbreviated as $\pi(w\gamma)$ and $\bar{\pi}(w\gamma)$ respectively, and for any $\gamma\in LR_0^*$ and $w\in W(\Phi)^*$, $\pi(w\gamma, a\leftrightarrow\Phi)=\bar{\pi}(w\gamma, a\leftrightarrow\Phi)$ is abbreviated as $\pi(w\gamma, \Phi)$.

Proposition 1.11 Let $\gamma\in RL_0^*$. Then

(a) $\tau(\bar{\pi}(\gamma))=\{1, 3, 4\}$,

(b) $\tau(\bar{\pi}(\rho_4\gamma))=\{1, 2, 4\}$,

(c) $\tau(\bar{\pi}(\rho_3\gamma))=\{1, 3\}$,

(d) $\tau(\bar{\pi}(\rho_2\gamma)=\{1, 3, 4\}$,

(e) $\tau(\bar{\pi}(\rho_1\gamma))=\{2, 3, 4\}$,

(f) $\tau(\bar{\pi}(\rho_{34}\gamma))=\{1, 2, 3\}$,

(g) $\tau(\bar{\pi}(\rho_{24}\gamma))=\{1, 2, 4\}$,

(h) $\tau(\bar{\pi}(\rho_{14}\gamma))=\{1, 3, 4\}$,

(i) $\tau(\bar{\pi}(\chi\gamma))=\{2, 4\}$,

(j) $\tau(\bar{\pi}(\psi_{12}\gamma))=(2, 3\}$,

(k) $\tau(\bar{\pi}(\psi_{13}\gamma))=\{2, 3, 4\}$,

(1) $\tau(\bar{\pi}(\psi_{14}\gamma))=\{1, 2, 3, 4\}$,

(a′) $\tau(\bar{\pi}(\gamma,\Phi))=\{2, 3, 4\}$,

(b′) $\tau(\bar{\pi}(\phi\gamma,\Phi))=\{3,4\}$,

(c′) $\tau(\bar{\pi}(\psi\gamma,\Phi))=\{1, 3, 4\}$,

Proof: Clearly, the restriction of the Cartan involution θ to h_c is $\tilde{\phi}=S_{\tilde{\alpha}}$. Let $\tilde{\Pi}=\{\tilde{\epsilon}_1=\tilde{\alpha}, \tilde{\epsilon}_2=e_4, \tilde{\epsilon}_3=e_3-e_4, \tilde{\epsilon}_4=e_2-e_3\}$, we Shall first show (I. 11. 1). Suppose that $\tilde{w}\in\tilde{W}(\alpha)^*$ and $\tilde{w}\tilde{\epsilon}_i$, $1\leqslant i\leqslant 4$, is a complex root in ϕ. Let $\tilde{\phi}'=\tilde{w}^{-1}\tilde{\phi}\tilde{w}$. Then $\tilde{\phi}(\tilde{w}\tilde{\epsilon}_i)$ is positive for $\tilde{w}(\tilde{\Pi})$ if and only if $\tilde{\phi}'\tilde{\epsilon}_i$ is positive for $\tilde{\Pi}$.

In fact, $\tilde{w}\tilde{\Pi}=\{\tilde{w}\tilde{\epsilon}_1, \tilde{w}\tilde{\epsilon}_2, \tilde{w}\tilde{\epsilon}_3, \tilde{w}\tilde{\epsilon}_4\}$ is a simple root system of ϕ, thus $\tilde{\phi}\tilde{w}\tilde{\epsilon}_i$ can be expressed in the form $\tilde{\Phi}\tilde{w}\tilde{\epsilon}_i=\sum_{k=1}^{4}m_k\tilde{w}(\tilde{\epsilon}_k)$, $m_k\in Z$, $m_k\geqslant 0$ or $\leqslant 0$ for all $1\leqslant k\leqslant 4$, so, $\tilde{\phi}\tilde{w}\tilde{\epsilon}_i=\tilde{w}\left(\sum_{k=1}^{4}m_k\tilde{\epsilon}_k\right)$, hence we have $\tilde{\phi}'\tilde{\epsilon}_i=\sum_{k=1}^{4}m_k\tilde{\epsilon}_k$ (I. 11. 1) follows.

(a) Clearly, $\tilde{\epsilon}_1=\tilde{\alpha}$ is a real root in ϕ, and $\tilde{\epsilon}_2$, $\tilde{\epsilon}_3\in\phi_m$, and $\tilde{\epsilon}_2$ is a complex root in Φ, $(\tilde{\epsilon}_2\in\Phi_c=\Phi/\{\Phi_m\cup\Phi_r\}$, $\Phi_r=\{\tilde{\alpha}, -\tilde{\alpha}\})$. Obviously, $\tilde{\phi}'=\tilde{\phi}$, $\tilde{\phi}(\tilde{\epsilon}_2)=\tilde{\alpha}_4=\tilde{\epsilon}_1+\tilde{\epsilon}_2$ is positive for $\tilde{\Pi}$. Thus, by I. 7, (a) follows.

(b) Clearly, $\tilde{\rho}_4\tilde{\epsilon}_1=\tilde{\rho}_4\tilde{\alpha}=\tilde{\alpha}_4$, $\tilde{\rho}_4\tilde{\epsilon}_2=-\tilde{\epsilon}_2$, $\tilde{\rho}_4\tilde{\epsilon}_3=e_3+e_4\in\Phi_0$ and $\tilde{\rho}_4\tilde{\epsilon}_4=\tilde{\epsilon}_4\in\Phi_m$. Obviously, $\tilde{\phi}'=\tilde{\psi}$, $\tilde{\phi}(\epsilon_1)=-e_4=-\tilde{\epsilon}_2$, and $\tilde{\phi}'(\epsilon_2)=-\tilde{\alpha}=-\tilde{\epsilon}_1$ are negative for $\tilde{\Pi}$, and $\tilde{\phi}'(\tilde{\epsilon}_3)=-(e_1+e_2)$ is positive for $\tilde{\Pi}$. Therefore, by (I.

11. 1) and I. 7, (b) is proved.

Similarly, (c) - (i) and (a′)-(c′) can be proved. Q. E. D.

Let c_1, c_2, ⋯ be the constants and $\Pi=\{\alpha=\epsilon_1, \varepsilon_4=\epsilon_2, \varepsilon_3-\varepsilon_4=\epsilon_3, \varepsilon_2-\varepsilon_3=\epsilon_4\}$.

Theorem 1.12 Let $\gamma\in RL_0^*$. Then.

(A) $\pi(\gamma)=\bar{\pi}(\gamma)+\bar{\pi}(\gamma, \Phi)+\bar{\pi}(\phi\gamma, \Phi)$,

(B) $\pi(\psi\gamma)=\bar{\pi}(\psi\gamma)+\bar{\pi}(\psi\gamma, \Phi)+\bar{\pi}(\phi\gamma, \Phi)$,

(C) $\pi(\rho_4\gamma)=\bar{\pi}(\rho_4\gamma)+\bar{\pi}(\gamma)+\bar{\pi}(\psi\gamma)+\bar{\pi}(\phi\gamma, \Phi)$,

(D) $\pi(\psi_{12}\gamma)=\bar{\pi}(\psi_{12}\gamma)+\bar{\pi}(\psi\gamma)$,

(E) $\pi(\rho_3\gamma)=\bar{\pi}(\rho_3\gamma)+\bar{\pi}(\rho_4\gamma)+\bar{\pi}(\psi\gamma)+\bar{\pi}(\psi_{12}\gamma)+\bar{\pi}(\psi\gamma, \phi)$,

(F) $\pi(\psi_{13}\gamma)=\bar{\pi}(\psi_{13}\gamma)+\bar{\pi}(\psi_{12}\gamma)$,

(G) $\pi(\rho_2\gamma)=\bar{\pi}(\rho_2\gamma)+\bar{\pi}(\rho_3\gamma)+\bar{\pi}(\psi_{12}\gamma)+\bar{\pi}(\psi_{13}\gamma)$,

(H) $\pi(\rho_{34}\gamma)=\bar{\pi}(\rho_{34}\gamma)+\bar{\pi}(\rho_3\gamma)+\bar{\pi}(\psi\gamma, \Phi)$

(I) $\pi(\rho_{24}\gamma)=\bar{\pi}(\rho_{24}\gamma)+\bar{\pi}(\rho_{34}\gamma)+\bar{\pi}(\rho_2\gamma)+\bar{\pi}(\rho_3\gamma)+\bar{\pi}(\rho_4\gamma)$,

(J) $\pi(\rho_{14}\gamma)=\bar{\pi}(\rho_{14}\gamma)+\bar{\pi}(\rho_{24}\gamma)+\bar{\pi}(\rho_4\gamma)+\bar{\pi}(\gamma)$,

(K) $\pi(\rho_1\gamma)=\bar{\pi}(\rho_1\gamma)+\bar{\pi}(\rho_{14}\gamma)+\bar{\pi}(\gamma)+\bar{\pi}(\gamma, \Phi)$.

(L) $\pi(\psi_{14}\gamma)=\bar{\pi}(\psi_{14}\gamma)+\bar{\pi}(\rho_1\gamma)+\bar{\pi}(\gamma, \Phi)$.

Proof: (A) Clearly, $\tilde{\alpha}=\epsilon_1$ is a simple root for the positive system corresponding to γ, so, by I. 6 (Schmid′s identity), (A) follows.

(B) By (I. a), we have $\phi\phi_4^\times\gamma=\psi\gamma$, $\phi_4^\times=\rho_4\phi$, it follows from 2. 9 of [14] that $\pi(\phi_4^\times\gamma)\cong\pi(\psi\gamma)$ and $\bar{\pi}(\phi_4^\times\gamma)\cong\pi(\psi\gamma)$. Clearly $\alpha=\phi_4^\times\epsilon_2=\epsilon_1(\epsilon\,\phi_4^\times\Pi)$ is a simple root for the positive systen corresponding to $\phi_4^\times\gamma$. Therefore, by I. 6 (Schmid′s identity), we have

$$\pi(\phi_4^\times\gamma, a\leftrightarrow\alpha)=\bar{\pi}(\phi_4^\times\gamma, a\leftrightarrow\alpha)+\bar{\pi}(\phi_4^\times\gamma, a\leftrightarrow\Phi)+\bar{\pi}(\phi\phi_4^\times\gamma, a\leftrightarrow\Phi). \qquad (B')$$

Clearly, $\phi_4^\times=\rho_4\phi$ and $\rho_4\in W_k$, we have $\bar{\pi}(\phi_4^\times\gamma, a\leftrightarrow\Phi)=\bar{\pi}(\phi\gamma, a\leftrightarrow\Phi)$, and by (1,a) we have $\phi\rho_4\phi=\psi$, hence $\bar{\pi}(\phi\phi_4^\times\gamma, a\leftrightarrow\Phi)=\bar{\pi}(\psi\gamma, a\leftrightarrow\Phi)$. Substituting into (B′) gives the desired result (B).

(C) Clearly, $\epsilon_2=\varepsilon_4$ is a complex root. So, by I. 8, we have

$$S_2\pi(\gamma)=\pi(\rho_4\gamma).$$

Thus, by (A), we have

$$\pi(\rho_4\gamma)=S_2\bar{\pi}(\gamma)+S_2\bar{\pi}(\gamma,\Phi)+S_2\bar{\pi}(\phi\gamma,\Phi). \qquad (C')$$

By I. 11, $\{2\}\not\subset\tau(\bar{\pi}(\gamma))$, $\phi\tau(\bar{\pi}(\phi\gamma,\ \Phi))$ and $\{2\}\subset\tau(\bar{\pi}(\gamma,\ \Phi))$, thus by I. 9, we have

$$S_2\bar{\pi}(\gamma)=\bar{\pi}(\gamma)+\bar{\pi}(\rho_4\gamma)+\theta_0,$$

$$S_2\bar{\pi}(\gamma,\ \Phi)=-\bar{\pi}(\gamma,\ \Phi),$$

$$S_2\bar{\pi}(\phi\gamma,\ \Phi)=\bar{\pi}(\phi\gamma,\ \Phi)+\bar{\pi}(\phi\gamma,\ a\leftrightarrow\phi\,\epsilon_2)+\theta_0{}',$$

where $\theta_0=c_1\bar{\pi}(\gamma,\ \Phi)$ and $\theta_0{}'=0$. Clearly, $\phi\,\epsilon_2=\alpha_4=\rho_4\alpha$, so, by 2. 9 of [14] (cf. (B) and noting $\phi\rho_4\phi=\phi_4=\psi$), we have

$$\bar{\pi}(\phi\gamma,\ a\leftrightarrow\phi\,\epsilon_2)=\bar{\pi}(\phi\gamma,\ a\leftrightarrow\rho_4\alpha)=\bar{\pi}(\rho_4\phi\gamma,\ a\leftrightarrow\alpha)\cong\bar{\pi}(\phi\rho_4\phi\gamma,\ a\leftrightarrow\alpha)$$
$$=\bar{\pi}(\psi\gamma).$$

we now compute the constant c_1. Clearly, $\{1\}\subset\tau(\bar{\pi}(\gamma))$ and $\{1\}\notin\tau(\bar{\pi}(\gamma,\ \Phi))$, hence, by I. 10, we have

$$c_1=\text{mult }\bar{\pi}(\gamma)\text{ in }U_1(\bar{\pi}(\gamma,\ \Phi)).$$

Clearly, by I. 9, $U_1(\bar{\pi}(\gamma,\ \Phi))=\bar{\pi}(\gamma,\ a\leftrightarrow\epsilon_1)+\theta''_0=\bar{\pi}(\gamma,\ a\leftrightarrow\alpha)+\theta''_0=\bar{\pi}(\gamma)+\theta''_0$, $\theta''_0=0$, it follows that $c_1=1$ by I. 10. Substituting into (C′), (C) is proved.

(D) Clearly $\psi\,\epsilon_3=-\varepsilon_1-\varepsilon_2$ is complex and $w_{12}\in W(\Delta_m)$. So, by I. 8 we have

$$S_3\pi(\psi\gamma)=\pi(\psi S\,\epsilon_3\psi\psi\gamma,\ a\leftrightarrow\alpha)=\pi(\psi w_{34}\gamma,\ a\leftrightarrow\alpha)=\pi(w_{12}\rho_{12}\psi\gamma,\ a\leftrightarrow\alpha)$$
$$\cong\pi(\psi_{12}\gamma).$$

Thus by (B) we have

$$\pi(\psi_{12}\gamma)=S_3\bar{\pi}(\psi\gamma)+S_3\bar{\pi}(\phi\gamma,\ \Phi)+S_3\bar{\pi}(\psi\gamma,\ \Phi)\qquad(\text{D}')$$

By I. 11, $\{3\}\subset\tau(\bar{\pi}(\phi\gamma,\ \Phi))$, $\subset\tau(\bar{\pi}(\psi\gamma,\ \Phi))$ and $\{3\}\notin\tau(\bar{\pi}(\psi\gamma))$, so, by 1. 9,

$$S_3\pi(\psi\gamma)=\bar{\pi}(\psi\gamma)+\bar{\pi}(\psi_{12}\gamma)+\theta_0,$$

$$S_3\bar{\pi}(\phi\gamma,\ \Phi)=-\bar{\pi}(\phi\gamma,\ \Phi),$$

$$S_3\bar{\pi}(\psi\gamma,\ \Phi)=-\bar{\pi}(\psi\gamma,\ \Phi),$$

where $\theta_0=c_1\bar{\pi}(\phi\gamma,\ \Phi)+c_2\bar{\pi}(\psi\gamma,\ \Phi)$. Similarly, by 3. 10, we have $c_1=c_2=1$. Substituting into (D′), (D) follows.

(E) Clearly $\rho_4\ \epsilon_3=\varepsilon_3+\varepsilon_4$ is complex and $w_{34}\in W(\Delta_m)$, so by I. 8, we have

$$S_3\pi(\rho_4\gamma)=-(\rho_4 S\,\epsilon_3\rho_4\rho_4\gamma,\ a\leftrightarrow\alpha)=\pi(\rho_4 w_{34}\gamma,\ a\leftrightarrow\alpha)$$

$$=\pi(w_{34}\rho_3\gamma,\ a\leftrightarrow\alpha)\cong\pi(\rho_3\gamma)$$

Thus, by (C), we have

$$\pi(\rho_3\gamma)=S_3\bar{\pi}(\rho_4\gamma)+S_3\bar{\pi}(\gamma)+S_3\bar{\pi}(\psi\gamma)+S_3\bar{\pi}(\phi\gamma,\ \Phi). \tag{E$'$}$$

By I. 11, $\{3\}\subset\tau(\bar{\pi}(\gamma))$, $\subset\tau(\bar{\pi}(\phi\gamma,\ \Phi))$ and $\{3\}\not\subset\tau(\bar{\pi}(\rho_4\gamma))$, $\not\subset\tau(\bar{\pi}(\psi\gamma))$, thus, by I. 9 we have (for $S_3\bar{\pi}(\psi\gamma)$, cf. (D))

$$S_3\bar{\pi}(\rho_4\gamma)=\bar{\pi}(\rho_4\gamma)+\bar{\pi}(\rho_3\gamma)+\theta_0,$$

$$S_3\bar{\pi}(\gamma)=-\bar{\pi}(\gamma),$$

$$S_3\bar{\pi}(\psi\gamma)=\bar{\pi}(\psi\gamma)+\bar{\pi}(\psi_{12}\gamma)+\theta_0',$$

$$S_3\bar{\pi}(\phi\gamma,\ \Phi)=-\bar{\pi}(\phi\gamma,\ \Phi),$$

where $\theta_0=c_1\bar{\pi}(\gamma)+c_2\bar{\pi}(\phi\gamma,\ \Phi)$ and $\theta_0'=c_3\bar{\pi}(\phi\gamma,\ \Phi)+c_4\bar{\pi}(\psi\gamma,\ \Phi)$. Si-milarly, by I. 10 we have $c_1=c_3=c_4=1$ and $c_2=0$. Substituting into (E'), (E) is proved.

(F) Clearly, $\psi_{12}\epsilon_4=-\varepsilon_2-\varepsilon_3$ is complex and $w_{23}\in W(\Delta_m)$, by I. 8 we have

$$S_4\pi(\psi_{12}\gamma)=\pi(\psi_{12}S_{\epsilon_4}\psi_{12}^{-1}\psi_{12}\gamma,\ a\leftrightarrow\alpha)=\pi(\psi_{12}w_{23}\gamma,\ a\leftrightarrow\alpha)$$

$$=\pi(w_{23}\psi_{13}\gamma,\ a\leftrightarrow\alpha)=\pi(\psi_{13}\gamma).$$

Thus, by (D), we have

$$\pi(\psi_{13}\gamma)=S_4\bar{\pi}(\psi_{12}\gamma)+S_4\bar{\pi}(\psi\gamma). \tag{F$'$}$$

By I. 11, $\{4\}\subset\tau(\bar{\pi}(\psi\gamma))$ and $\{4\}\not\subset(\bar{\pi}(\psi_{12}\gamma))$, thus by I. 9 we have

$$S_4\bar{\pi}(\psi_{12}\gamma)=\bar{\pi}(\psi_{12}\gamma)+\bar{\pi}(\psi_{13}\gamma)+\theta_0,$$

$$S_4\bar{\pi}(\psi\gamma)=-\bar{\pi}(\psi\gamma),$$

where $\theta_0=c_1\bar{\pi}(\psi\gamma)$. Similarly, by I. 10, we have $c_1=1$. Substituting into (F$'$), (F) follows. have

(G) Clearly $\psi_{13}\epsilon_1=-\varepsilon_4=-\epsilon_2$ is a complex root. So, by I. 8 we have

$$S_1\pi(\psi_{13}\gamma)=\pi(\psi_{13}\phi\psi_{13}^{-1}\psi_{13}\gamma,\ a\leftrightarrow\alpha)=\pi(\psi_{13}\phi\gamma,\ a\leftrightarrow\alpha).$$

By 2. 9 cf [14] (cf. 3. 4), we have $\pi(\psi_{13}\phi\gamma,\ a\leftrightarrow\alpha)\cong(\phi\psi_{13}\phi\gamma,\ a\leftrightarrow\alpha)$, By (I. a), $\rho_{134}\psi=\rho_{13}\phi\rho_4=\phi_{13}\rho_{13}\rho_4=\phi_{13}\rho_{134}$. Thus, by (I. b) we have

$$\pi(\phi\psi_{13}\phi\gamma,\ a\leftrightarrow\alpha)=\pi(w_{12}w_{34}\phi_{34}\delta\rho_{134}\phi\rho_4\phi\gamma,\ a\leftrightarrow\alpha)\cong\pi(\delta\rho_{134}\psi\gamma,\ a\leftrightarrow\alpha)$$

$$\cong\pi(\delta\phi_{13}\rho_{134}\gamma,\ a\leftrightarrow\alpha)=\pi(\phi_{13}\delta\rho_{134}\gamma,\ a\leftrightarrow\alpha)$$

$$\cong\pi(\delta\rho_{134}\gamma,\ a\leftrightarrow\alpha)=\pi(\rho_2\gamma,\ a\leftrightarrow\alpha)=\pi(\rho_2\gamma).$$

since $w_{12}w_{34}\phi_{34}$, $\phi_{13}\in W(\Delta_m)$ and $\delta\rho_{134}=\rho_2$ (cf I. 4). So by (F) we have

$$\pi(\rho_2\gamma)=S_1\bar{\pi}(\psi_{13}\gamma)+S_1\bar{\pi}(\psi_{12}\gamma). \qquad (G')$$

By I. 11, $\{1\}\not\subset\tau(\bar{\pi}(\psi_{13}\gamma))$, $\not\subset\tau(\bar{\pi}(\psi_{12}\gamma))$. Thus, by I. 9 we have

$$S_1\bar{\pi}(\psi_{13}\gamma)=\bar{\pi}(\psi_{13}\gamma)+\bar{\pi}(\rho_2\gamma)+\theta_0,$$

$$S_1\bar{\pi}(\psi_{12}\gamma)=\bar{\pi}(\psi_{12}\gamma)+\bar{\pi}(\rho_3\gamma)+\theta_0',$$

where $\theta_0=0$ and $\theta_0'=0$. Substituting into (G'), (G) is proved.

(H) Clearly, $\rho_3\ \epsilon_2=\varepsilon_4=\epsilon_2$ is a complex root. Thus, by I. 8 we have

$$S_2\pi(\rho_3\gamma)=\pi(\rho_3S_{\epsilon_2}\rho_3\rho_3\gamma,\ a\leftrightarrow\alpha)=\pi(\rho_3\rho_4\gamma,\ a\leftrightarrow\alpha)$$

$$=\pi(\rho_{34}\gamma,\ a\leftrightarrow\alpha)=\pi(\rho_{34}\gamma).$$

Thus, by (E) we have

$$\pi(\rho_{34}\gamma)=S_2\bar{\pi}(\rho_3\gamma)+S_3\bar{\pi}(\rho_4\gamma)+S_2\bar{\pi}(\psi_{12}\gamma)+S_2\bar{\pi}(\psi\gamma)+S_2\bar{\pi}(\psi\gamma,\ \Phi). \quad (H')$$

By 3. 11, $\{2\}\subset\tau(\bar{\pi}(\rho_4\gamma))$, $\subset\tau(\bar{\pi}(\psi_{12}\gamma))$, $\subset\tau(\bar{\pi}(\psi\gamma))$ and $\{2\}\not\subset\tau(\bar{\pi}(\gamma\psi,\ \Phi))$, and $\{2\}\not\subset\tau(\pi(\rho_3\gamma))$, thus by I. 9 we have

$$S_2\bar{\pi}(\rho_3\gamma)=\bar{\pi}(\rho_3\gamma)+\bar{\pi}(\rho_{34}\gamma)+\theta_0,$$

$$S_2\bar{\pi}(\rho_4\gamma)=-\bar{\pi}(\rho_4\gamma),$$

$$S_2\bar{\pi}(\psi_{12}\gamma)=-\bar{\pi}(\psi_{12}\gamma),$$

$$S_2\bar{\pi}(\psi\gamma)=-\bar{\pi}(\psi\gamma),$$

$$S_2\bar{\pi}(\psi\gamma,\ \psi)\cong\bar{\pi}(\psi\gamma,\ \Phi)+\bar{\pi}(\psi\gamma,\ a\leftrightarrow\alpha)+\theta_0'=\bar{\pi}(\psi\gamma,\ \Phi)+\bar{\pi}(\psi\gamma)+\theta_0',$$

where $\theta_0=c_1\bar{\pi}(\rho_4\gamma)+c_2\bar{\pi}(\psi\gamma)+c_3\bar{\pi}(\psi_{12}\gamma)$ and $\theta_0'=0$. Similarly, by I. 10 $c_1=c_3=1$ and $c_2=0$. Substituting into (H'), (L) is proved.

(I) Clearly, $\rho_2\ \epsilon_2=\varepsilon_4=\epsilon_2$ is a complex root. Thus, by I. 8, a similar argument as in (H) shows

$$S_2\pi(\rho_2\gamma)=\pi(\rho_{24}\gamma).$$

Thus, by (G), we have

$$\pi(\rho_{24}\gamma)=S_2\bar{\pi}(\rho_2\gamma)+S_2\bar{\pi}(\rho_3\gamma)+S_2\bar{\pi}(\psi_{12}\gamma)+S_2\bar{\pi}(\psi_{13}\gamma). \qquad (I')$$

By I. 11, $\{2\}\subset\tau(\bar{\pi}(\psi_{12}\gamma))$, $\subset\tau(\bar{\pi}(\psi_{13}\gamma))$ and $\{2\}\not\subset\tau(\bar{\pi}(\rho_2\gamma))$, $\not\subset\tau(\bar{\pi}(\rho_3\gamma))$ thus, by I. 9 we have

$$S_2\bar{\pi}(\rho_2\gamma)=\bar{\pi}(\rho_2\gamma)+\bar{\pi}(\rho_{24}\gamma)+\theta_0,$$

$$S_2\bar{\pi}(\rho_3\gamma)=\bar{\pi}(\rho_3\gamma)+\bar{\pi}(\rho_{34}\gamma)+\theta_0',$$

$$S_2\bar{\pi}(\psi_{12}\gamma)=-\pi(\psi_{12}\gamma),$$

$$S_2\bar{\pi}(\psi_{13})=-\bar{\pi}(\psi_{13}\gamma),$$

where $\theta_0=c_1\bar{\pi}(\psi_{13}\gamma)+c_2\bar{\pi}(\psi_{12}\gamma)$ and $\theta_0'=c_3\bar{\pi}(\rho_4\gamma)+c_4\bar{\pi}(\psi_{12}\gamma)$. Similarly, by I. 10 we have $c_1=c_3=c_4=1$ and $c_2=0$. Substituting into (I′), the desired result (I) follows.

(J) Clearly, $\rho_{24}\epsilon_3=\varepsilon_3+\varepsilon_4$ is complex and $w_{34}\in W(\Delta_m)$. So, by I. 8 we have

$$S_3\pi(\rho_{24}\gamma)=\pi(\rho_{24}S_{\epsilon 2}\rho_{24}\rho_{24}\gamma,\ a\leftrightarrow\alpha)=\pi(\rho_{24}w_{34}\gamma,\ a\leftrightarrow\alpha)$$
$$=\pi(w_{34}\rho_{23}\gamma,\ a\leftrightarrow\alpha)=\pi(\rho_{23}\gamma,\ a\leftrightarrow\alpha)=\pi(\rho_{23}\gamma).$$

Using (I. b) and noting $w_{12}w_{34}\phi_{34}\in W(\Delta_m)$. by 2. 9 of [14], we have

$$\pi(\rho_{23}\gamma)=\pi(\rho_{23}\gamma,\ a\leftrightarrow\alpha)\cong\pi(\phi\rho_{23}\gamma,\ a\leftrightarrow\alpha)=\pi(w_{12}w_{34}\phi_{34}\delta\rho_{23}\gamma,\ a\leftrightarrow\alpha)$$
$$\cong\pi(\delta\rho_{23}\gamma,\ a\leftrightarrow\alpha)=\pi(\rho_{14}\gamma,\ a\leftrightarrow\alpha)=\pi(\rho_{14}\gamma).$$

Thus, by (I), we have

$$\pi(\rho_{14}\gamma)=S_3\bar{\pi}(\rho_{24}\gamma)+S_3\bar{\pi}(\rho_{34}\gamma)+S_3\bar{\pi}(\rho_2\gamma)+S_3\bar{\pi}(\rho_3\gamma)+S_3\bar{\pi}(\rho_4\gamma) \qquad (J')$$

By I. 11, $\{3\}\subset\tau(\bar{\pi}(\rho_3\gamma))$, $\subset\tau(\bar{\pi}(\rho_{34}\gamma))$, $\subset\tau(\bar{\pi}(\rho_2\gamma))$ and $\{3\}\not\subset\tau(\bar{\pi}(\rho_{24}\gamma))$, $\not\subset\tau(\bar{\pi}(\rho_4\gamma))$, thus by I. 9 we have

$$S_3\bar{\pi}(\rho_{24}\gamma)=\bar{\pi}(\rho_{24}\gamma)+\bar{\pi}(\rho_{14}\gamma)+\theta_0,$$
$$S_3\bar{\pi}(\rho_3\gamma)=-\bar{\pi}(\rho_3\gamma),$$
$$S_3\bar{\pi}(\rho_{34}\gamma)=-\bar{\pi}(\rho_{34}\gamma),$$
$$S_3\bar{\pi}(\rho_2\gamma)=-\bar{\pi}(\rho_2\gamma),$$
$$S_3\bar{\pi}(\rho_4\gamma)=\bar{\pi}(\rho_4\gamma)+\bar{\pi}(\rho_4 w_{34}\gamma,\ a\leftrightarrow\alpha)+\theta_0'\cong\bar{\pi}(\rho_4\gamma)+\pi(\rho_3\gamma)+\theta_0',$$

where $\theta_0=c_1\bar{\pi}(\rho_2\gamma)=c_2\bar{\pi}(\rho_3\gamma)+c_3\bar{\pi}(\rho_{34}\gamma)$ and $\theta_0'=c_4\bar{\pi}(\gamma)$. Similarly, by I. 10, we have $c_1=c_3=c_4=1$ and $c_2=0$. Substituting into (J′), the desired result (J) is proved.

(K) Clearly $\rho_{14}\epsilon_2=-\varepsilon_4=-\epsilon_2$ is a complex root. Thus, by I. 8 we have

$$S_2\pi(\rho_{14}\gamma)=\pi(\rho_{14}S_{\epsilon 2}\rho_{14}\rho_{14}\gamma,\ a\leftrightarrow\alpha)=\pi(\rho_{14}\rho_4\gamma,\ a\leftrightarrow\alpha)$$
$$=\pi(\rho_1\gamma,\ a\leftrightarrow\alpha)=\pi(\rho_1\gamma)$$

Thus, by (J), we have

$$\pi(\rho_1\gamma)=S_2\bar{\pi}(\rho_{14}\gamma)+S_2\bar{\pi}(\rho_{24}\gamma)+S_2\bar{\pi}(\rho_4\gamma)+S_2\bar{\pi}(\gamma). \qquad (K')$$

By I. 11, $\{2\}\subset\tau(\bar{\pi}(\rho_{24}\gamma))$, $\subset\tau(\bar{\pi}(\rho_4\gamma))$ and $\{2\}\not\subset\tau(\bar{\pi}(\rho_{14}\gamma))$, $\not\subset\tau(\bar{\pi}(\gamma))$, so, by I. 9, we have

$$S_2\bar{\pi}(\rho_{14}\gamma)=\bar{\pi}(\rho_{14}\gamma)+\bar{\pi}(\rho_1\gamma)+\theta_0,$$
$$S_2\bar{\pi}(\rho_{24}\gamma)=-\bar{\pi}(\rho_{24}\gamma),$$
$$S_2\bar{\pi}(\rho_4\gamma)=-\bar{\pi}(\rho_4\gamma),$$

$$S_2\bar{\pi}(\gamma)=\bar{\pi}(\gamma)+\bar{\pi}(\rho_4\gamma)+\theta_0',$$

where $\theta_0=c_1\bar{\pi}(\rho_{24}\gamma)+c_2\bar{\pi}(\rho_4\gamma)$ and $\theta_i'=c_3\pi(\gamma,\phi)$. Similarly, by I. 10, we have $c_1=c_3=1$ and $c_2=0$. Substituting into (K'), (K) follows.

(L) Clearly, $\rho_1\epsilon_1=\alpha_1$ is a complex root. Thus, by I. 8 we have

$$S_1\pi(\rho_1\gamma)=\pi(\rho_1\phi\rho_1\rho_1\gamma,\ a\leftrightarrow\alpha)=\pi(\rho_1\phi\gamma,\ a\leftrightarrow\alpha)=\pi(\rho_1\phi\gamma).$$

Using (I. a) and (I. e), by 2. 9 of [14], noting $w_{14}w_{23}\in W(\Delta_m)$, we have

$$\pi(\rho_1\phi\gamma)\cong\pi(\phi\rho_1\phi\gamma,\ a\leftrightarrow a)=\pi(\phi_1\gamma,\ a\leftrightarrow\alpha)=\pi(w_{14}\psi w_{14}\gamma,\ \omega\leftrightarrow\alpha)$$
$$=\pi(w_{14}w_{23}\rho_{23}\psi\gamma,\ a\leftrightarrow\alpha)\cong\pi(\psi_{23}\gamma,\ a\leftrightarrow\alpha)=\pi(\psi_{23}\gamma).$$

A similar argument as in (J) shows $\pi(\psi_{14}\gamma)=\pi(\psi_{23}\gamma)$. So by (K) we have

$$\pi(\psi_{14}\gamma)=S_1\bar{\pi}(\rho_1\gamma)+S_1\bar{\pi}(\rho_{14}\gamma)+S_1\bar{\pi}(\gamma)+S_1\bar{\pi}(\gamma,\ \Phi).\qquad(\mathrm{L}')$$

By I. 11, $\{1\}\subset\tau(\bar{\pi}(\rho_{14}\gamma))$, $\subset\tau(\bar{\pi}(\gamma))$ and $\{1\}\not\subset\tau(\bar{\pi}(\rho_1\gamma))$, $\not\subset\tau(\bar{\pi}(\gamma,\ \Phi))$, so, by I. 9 we have

$$S_1\bar{\pi}(\rho_1\gamma)=\bar{\pi}(\rho_1\gamma)+\bar{\pi}(\psi_{14}\gamma)+\theta_0,$$
$$S_1\bar{\pi}(\gamma)=-\bar{\pi}(\gamma),$$
$$S_1\bar{\pi}(\rho_{14}\gamma)=-\bar{\pi}(\rho_{14}\gamma),$$
$$S_1\bar{\pi}(\gamma,\ \Phi)=\bar{\pi}(\gamma,\ \Phi)+\bar{\pi}(\gamma,\ a\leftrightarrow\alpha)+\theta_0'=\bar{\pi}(\gamma,\ \Phi)+\bar{\pi}(\gamma)+\theta_0',$$

where $\theta_0=c_1\bar{\pi}(\rho_{14}\gamma)+c_2\bar{\pi}(\gamma)$ and $\theta_0'=0$. Similary, by I. 10, we have $c_1=1$ and $c_2=0$. Substituting into (L'), the desired result (L) is proved.

Q. E. D.

References

[1] Baldoni-Silva M W, Kraljevic H. Composition factors of the principal series representations of the group Sp(n,1). Trans Amer Math Sco,1980;262:447-471.

[2] Baldoni-Silva M W, Knapp A W. Vogan's algorithm for computing composition series. Lecture Notes in Math, 1987:1243:138.

[3] Collingwood D H. Representations of rank one Lie group. Pitman Adv Pub Program, 1985.

[4] Gantmacher F. On the classification of real simple Lie group. Math Sb, 1939,5:217-249.

[5] Harish-Chandra. Discrete series for semisimple Lie groups I, II. Acta Math, 1965;113:241-318,1966;116:1-111.

[6] Helgason S. Differential geometry, Lie groups and symmetric space Academic press. New York:1978.

[7] Hirai. On irreducible representations of the Lorents group of *n*-*th* order. Proc Japan Acad Ser A Math Sci, 1962;38:258-262.

[8] Knapp A W. Zuckerman G. Classification theorems for representations of semisimple Lie groups. Non-commutative Harmonic Analysis Lecture Notes in Math, 1977; 587: 138-159.

[9] Knapp A. W. Zuckerman G J. Classification of irreducible tempered representations of semisimple groups. Ann of Math, 1982; 118: 389-501.

[10] Knapp A W. Representation theory of semisimple groups. Princeton University press Princeton. 1986.

[11] Kraljevic H. Representations of the universal covering group of the group SU(n,1).

[12] Kraljevic H. On representations *SU* (*n*,1). Trans Math Sco. 1976,221:433~448.

[13] Langlands R F. On the classification of irreducible representations of real algebraic groups. mimeographed notes,Institute for Advanced Study,1973.

[14] Speh B, Vogan D. Reducibilitiy of generalized principal series ropresentations, Acta Math,1980,145:227~299.

[15] Thieleker E. On the quasi-simple irreducible representations of the Lorents group. Trans Amer. Sco,1973;179:465~505.

[16] Vogan D A. Irreducible characters of semi-simple Lie groups I. Duke Math J. 1979;46: 61~108.

[17] Wallach N R. Harmonic analysis on homogeneous space. Marcel Dekkeer,New York: 1973.

[18] Zuckerman G. Tonsor products of finite and infinite dimensional reprcsentatons of semi-simple Lie groups. Ann of Math,1977;106:295~308.

A Note on the Composition Factors of the Principal Series Representations of the Group F_4^2 (II)

D. Vogan has discovered in [4] a certain algorithm for expressing the character of any generalized principal series representations of semi-simple Lie group as the linear combination of irreducible characters.

M. W. Baldoni Silva and H. Kraljevic [3] used this algorithm to determine the composition factors of any principal series representations of the real rank one Lie group F_4^2—a real form of F_4, and in [2], the generalized principal series representations of the group F_4^2 are parametrize by the Weyl group of F_4 and the composition factors of the generalized principal series representations of the group F_4^2 are determined by the method introduced by [1] for regular infinitesimal characters. In this note, we will use the results of [2] to determine the composition factors of the generalized principal series representations of the group F_4^2 for the singular infintesimal characters. and we will use the notations given by [2] without explanation. In this note, we assume that γ is a singular characters.

Recall the Zuckerman's functor as introduced in [2] and collect the some results of [4].

Theorem II. 1 ([4], Theorem 6. 18 and Corollary). (a) Let $\widetilde{C}$ be a Weyl chamber in h_C^* and $\tilde{\gamma}$ be an integral form of h_C^* which is dominant with respect to $\widetilde{C}$. Let $\tilde{\mu}$ be a highest weight with respect to $\widetilde{C}$ of an irreducible finite dimensional representation of G such that $\tilde{\gamma}+\tilde{\mu}$ is strictly dominant with respect to $\widetilde{C}$. Then

$$\psi_{\tilde{\gamma}}^{\tilde{\gamma}+\tilde{\mu}}(\pi(\tilde{\gamma}+\tilde{\mu}))=\pi(\tilde{\gamma}).$$

and $$\psi_{\tilde{\gamma}}^{\tilde{\gamma}+\tilde{\mu}}(\bar{\pi}(\tilde{\gamma}+\tilde{\mu}))=\bar{\pi}(\tilde{\gamma}) \text{ or } =0,$$

moreover, it is 0 if and only if the set of singular roots $\tilde{r}$ for $\tilde{\gamma}$($\tilde{r}\in\Phi$, $(\tilde{r}, \tilde{\gamma})=0$) has nonempty intersection with the $\tau(\bar{\pi}(\tilde{\gamma}+\tilde{\mu}))$.

(b) Let $r\in t_C^*$, integral and contained in the wall separating the weyl chamber C_1 and C_2, C_1, C_2 in t_C^*. Let μ be the highest weight with respect to C_1, C_2 respectively of an irreducible finite dimensional representation of G such that $\gamma+\mu$ is strictly dominant with respect to C_1, C_2 respctively. If there is a $\beta\in\Delta_k$ simple for C_1, C_2 respectively such that $(\gamma, \beta)=0$ then

$$\psi_{\gamma}^{\gamma+\mu}(\pi(\gamma+\mu, \phi))=0$$

If such a root dose not exist then

$$\psi_{\gamma}^{\gamma+\mu}(\pi(\gamma+\mu, \phi))=\pi^-(\gamma), \ \psi_{\gamma}^{\gamma+\mu}(\pi(\gamma+\mu, \phi))=\pi^+(\gamma)$$

respectively.

(cf. [3] Theorem 1.3, [4] Theorem 5.15 and 6.16)

Let $\Pi=\{\epsilon_1, \epsilon_2, \epsilon_3, \epsilon_4\}$. Let γ_i, $1\leqslant i\leqslant 4$ be the integral form of t_c^* such that $(\gamma_i, \epsilon_i)=0$ and $(\gamma_i, \epsilon_j)>1$ for all $j\in Q/\{i\}$. Clearly, for any $w\in W$, we have $(w\gamma_i, w\varepsilon_i)=0$ and $(w\gamma_i, w\varepsilon_i)>0$ for all $j\in Q/\{i\}$.

Theorem II. 2

(A)* $\pi(\gamma_1)=\pi^+(\gamma_1)+\pi^-(\gamma_1)$; $\pi(\gamma_2)=\bar{\pi}(\gamma_2)+\bar{\pi}^+(\phi\gamma_2)$;
$\pi(\gamma_3)=0$; $\pi(\gamma_4)=0$,

(B)* $\pi(\psi\gamma_1)=\bar{\pi}(\psi\gamma_1)+\pi^-(\phi\gamma_1)$; $\pi(\psi\gamma_2)=\pi^+(\psi\gamma_2)+\pi^-(\psi\gamma_2)$;
$\pi(\psi\gamma_3)=\bar{\pi}(\psi\gamma_3)$; $\pi(\psi\gamma_4)=0$,

(C)* $\pi(\rho_4\gamma_1)=\bar{\pi}(\psi\gamma_1)+\pi^-(\phi\gamma_1)$; $\pi(\rho_4\gamma_2)=\bar{\pi}(\gamma_2)+\pi^-(\phi\gamma_2)$
$\pi(\rho_4\gamma_3)=\bar{\pi}(\psi_4\gamma_3)+\bar{\pi}(p_4\gamma_3$; $\pi(\rho_4\gamma_4)=0$,

(D)* $\pi(\psi_{12}\gamma_1)=\bar{\pi}(\psi_{12}\gamma_1)+\bar{\pi}(\psi\gamma_1)$; $\pi(\psi_{12}\gamma_2)=0$;
$\pi(\psi_{12}\gamma_3)=\bar{\pi}(\psi\gamma_3)$; $\pi(\psi_{12}\gamma_4)=\bar{\pi}(\psi_{12}\gamma_4)$,

(E)* $\pi(\rho_3\gamma_1)=\bar{\pi}(\psi\gamma_1)+\bar{\pi}(\psi_{12}\gamma_1)$; $\pi(\rho_3\gamma_2)=\bar{\pi}(\rho_3\gamma_2)+\pi^+(\psi\gamma_2)$,
$\pi(\rho_3\gamma_3)=\bar{\pi}(\rho_4\gamma_3)+\bar{\pi}(\psi\gamma_3)$; $\pi(\rho_3\gamma_4)=\bar{\pi}(\rho_3\gamma_4)+\bar{\pi}(\psi_{12}\gamma_4)$,

(F)* $\pi(\psi_{13}\gamma_1)=\bar{\pi}(\psi_{13}\gamma_1)+\bar{\pi}(\psi_{12}\gamma_1)$; $\pi(\psi_{13}\gamma_2)=0$;
$\pi(\psi_{13}\gamma_3)=0$; $\pi(\psi_{13}\gamma_4)=\bar{\pi}(\psi_{12}\gamma_4)$,

(G)* $\pi(\rho_2\gamma_1)=\bar{\pi}(\psi_{12}\gamma_1)+\bar{\pi}(\psi_{13}\gamma_1)$; $\pi(\rho_2\gamma_2)=\bar{\pi}(\rho_2\gamma_2)+\bar{\pi}(\rho_3\gamma_2)$,
$\pi(\rho_2\gamma_3)=0$; $\pi(\rho_2\gamma_4)=\bar{\pi}(\rho_3\gamma_4)+\bar{\pi}(\psi_{12}\gamma_4)$,

(H)* $\pi(\rho_{34}\gamma_1)=0$; $\pi(\rho_{34}\gamma_2)=\bar{\pi}(\rho_3\gamma_2)$; $\pi(\rho_{34}\gamma_3)=0$;

$\pi(\rho_{34}\gamma_4)=\bar{\pi}(\rho_{34}\gamma_4)+\bar{\pi}(\rho_3\gamma_4)$,

(I)* $\pi(\rho_{24}\gamma_1)=0$; $\pi(\rho_{24}\gamma_2)=\bar{\pi}(\rho_2\gamma_2)+\bar{\pi}(\rho_3\gamma_2)$;

$\pi(\rho_{24}\gamma_3)=\bar{\pi}(\rho_{24}\gamma_3)+\bar{\pi}(\rho_4\gamma_3)$; $\pi(\rho_{24}\gamma_4)=\bar{\pi}(\rho_{34}\gamma_4)+\bar{\pi}(\rho_3\gamma_4)$,

(J)* $\pi(\rho_{14}\gamma_1)=0$; $\pi(\rho_{14}\gamma_2)=\bar{\pi}(\rho_{14}\gamma_2)+\bar{\pi}(\gamma_2)$;

$\pi(\rho_{14}\gamma_3)=\bar{\pi}(\rho_{24}\gamma_3)+\bar{\pi}(\rho_4\gamma_3)$; $\pi(\rho(_{14}\gamma_4)=0$,

(K)* $\pi(\rho_1\gamma_1)=\bar{\pi}(\rho_1\gamma_1)+\bar{\pi}^+(\gamma_1)$; $\pi(\rho_1\gamma_2)=\bar{\pi}(\gamma_2)+\bar{\pi}(\rho_{14}\gamma_2)$;

$\pi(\rho_1\gamma_3)=0$; $\pi(\rho_1\gamma_4)=0$,

(L)* $\pi(\psi_{14}\gamma_1)=\bar{\pi}(\rho_1\gamma_1)+\bar{\pi}^+(\gamma_1)$, $\pi(\psi_{14}\gamma_2)=0$; $\pi(\psi_{14}\gamma_3)=0$;

$\pi(\psi_{14}\gamma_4)=0$,

(A′)* $\pi(\gamma_1, \phi)=\pi^+(\gamma_1)$; $\pi(\gamma_2, \phi)=0$; $\pi(\gamma_3, \phi)=0$; $\pi(\gamma_4, \phi)=0$,

(B′)* $\pi(\phi\gamma_1, \phi)=\pi^-(\phi\gamma_1)$; $\pi(\phi\gamma_2, \phi)=\pi^-(\phi\gamma_2)$; $\pi(\phi\gamma_3, \phi)=0$;

$\pi(\phi\gamma_4, \phi)=0$,

(C′)* $\pi(\psi\gamma_1, \phi)=0$; $\pi(\psi\gamma_2, \phi)=\pi^-(\psi\gamma_2)$; $\pi(\psi\gamma_3, \phi)=0$;

$\pi(\psi\gamma_4, \phi)=0$.

Proof: Let $\tilde{\mu}_i$, $1\leqslant i\leqslant 4$, be the highest weight of an irreducible finite dimensional representation of G such that $\eta_i=\tilde{\gamma}_i+\tilde{\mu}_i$, $1\leqslant i\leqslant 4$ is strictly dominant with respect to $\tilde{\Pi}$, and let ψ_i, $1\leqslant i\leqslant 4$, denote $\psi_{\tilde{\mu}_i}^{\tilde{\gamma}_i+\tilde{\mu}_i}$. The Cayley transform with respect to $\{\alpha\}$ transforms $\eta_i=\gamma_i+\mu_i$ into η_i.

(A)*: By (A) and II 1, for each $1\leqslant i\leqslant 4$, we have

$\pi(\gamma_i)=\psi_i(\pi(\eta_i))=\psi_i\bar{\pi}(\eta_i)+\psi_i\bar{\pi}(\eta_i, \phi)+\psi_i\bar{\pi}(\phi\eta_i, \phi)$

By I. 11, $\{1\}\subset\tau(\bar{\pi}(\eta_1))$, $\not\subset\tau(\bar{\pi}(\eta_1, \phi))$, $\not\subset\tau(\bar{\pi}(\phi\eta_1, \phi))$; $\{2\}\subset\tau(\bar{\pi}(\eta_2, \phi))$, $\not\subset\tau(\bar{\pi}(\eta_2))$, $\not\subset\tau(\bar{\pi}(\phi\eta_2, \phi)$ and $\{3, 4\}\subset\tau(\bar{\pi}(\eta_i))$, $\subset\tau(\bar{\pi}(\eta_i, \phi))\subset\tau(\bar{\pi}(\phi\eta_i, \phi))$ for $i=3, 4$. Thus by II. 1, we have

$\psi_1\bar{\pi}(\eta_1)=0$, $\psi_1\pi(\eta_1, \phi)=\pi^-(\gamma_1)$, $\psi_1\pi(\phi\eta_1, \phi)=\pi^+(\phi\gamma_1)$;

$\psi_2\bar{\pi}(\eta)=\bar{\pi}(\gamma_2)$, $\psi_2\pi(\eta_2, \phi)=0$, $\psi_2\pi(\phi\eta_2, \phi)=\pi^+(\phi\gamma_2)$;

$\psi_i\bar{\pi}(\eta_i)=0$, $\psi_i\pi(\eta_i, \phi)=0$, $\psi_i\pi(\phi\eta_i, \phi)=0$, $i=3, 4$,

Clearly, γ_1 is in the wall separating C_0 and ϕC_0. It is easy to see that $(\gamma_1, \epsilon_1)=(\phi\gamma_1, \phi\epsilon_1)=(\phi\gamma_1, -\epsilon_1)=0$, so, $(\gamma_1, \epsilon_1)=(\phi\gamma_1, \epsilon_1)=0$, then $(\gamma_1, \epsilon_2)=(\phi\gamma_1, \phi\epsilon_2)=(\phi\gamma_1, \epsilon_1+\epsilon_2)=(\phi\gamma_1, \epsilon_2)$. Clearly, for any $1\leqslant i\leqslant 4$. $(\gamma_1, \epsilon_i)=(\phi\gamma_1, \phi\epsilon_i)=(\phi\gamma_1, \epsilon_i)$. Since $\Pi=\{\epsilon_1, \epsilon_2, \epsilon_3, \epsilon_4\}$, it follows that $\phi\gamma_1$

$=\gamma_1$, so $\pi^+(\phi\gamma_1)=\pi^+(\gamma_1)$. Substituting into (A″), (A)* follows. A similar argument shows that (B)* —(L)* and (A′)* —(C′)* are true.

Let γ_{ij}, i, $j\in Q$, $i\neq j$, be a integral form of t_c^* such that $(\gamma_{ij}, \epsilon_l)=0$, $l=i, j$, and $(v_{ij}, \epsilon_h)>0$ for all $h\in Q/\{i, j\}$. Clearly, for each $w\in W$, we have $(w\gamma_{ij}, w_{\epsilon_l})=0$, $l=i, j$, and $(w\gamma_{ij}, w_{\epsilon_l})>0$ for $h\in Q/\{i, j\}$ Using II. 1, a similar argument as in II, 2 shows the following theorem.

Theorem II. 3 $\pi(w\gamma_{ij})=0$ for all i, $j\in Q$, $i\neq j$, $w\in W(\alpha)^*$ and $\pi(w\gamma_{ij}, \phi)=0$ for all i, $j\in Q$, $i\neq j$, $w\in W(\phi)^*$ except the following cases

(A)** $\pi(\gamma_{12})=\pi^-(\phi\gamma_{12})$,

(B)** $\pi(\psi\gamma_{12})=\pi^-(\phi\gamma_{12})$; $\pi(\psi\gamma_{13})=\bar{\pi}(\psi\gamma_{13})$,

(C)** $\pi(\rho_4\gamma_{12})=\pi^-(\phi\gamma_{12})$; $\pi(\rho_4\gamma_{13})=\bar{\pi}(\psi\gamma_{13})$,

(D)** $\pi(\psi_{12}\gamma_{13})=\bar{\pi}(\psi\gamma_{13})$; $\pi(\psi_{12}\gamma_{14})=\bar{\pi}(\psi_{12}\gamma_{14})$,

(E)** $\pi(\rho_3\gamma_{14})=\bar{\pi}(\psi_{12}\gamma_{14})$; $\pi(\rho_3\gamma_{13})=\bar{\pi}(\psi\gamma_{13})$;

$\pi(\rho_3\gamma_{24})=\bar{\pi}(\rho_3\gamma_{24})$,

(F)** $\pi(\psi_{13}\gamma_{14})=\bar{\pi}(\psi_{12}\gamma_{14})$,

(G)** $\pi(\rho_2\gamma_{14})=\bar{\pi}(\psi_{12}\gamma_{14})$; $\pi(\rho_2\gamma_{24})=\bar{\pi}(\rho_3\gamma_{24})$,

(H)** $\pi(\rho_{34}\gamma_{24})=\bar{\pi}(\rho_3\gamma_{24})$,

(I)** $\pi(\rho_{2_4}\gamma_{24})=\bar{\pi}(\rho_3\gamma_{24})$,

(B′)** $\pi(\phi\gamma_{12}\phi)=\bar{\pi}(\phi\gamma_{12}, \phi)=\bar{\pi}^-(\phi\gamma_{12})$,

Let γ_{ijk}, i, j, $k\in Q$, $i\neq j$, $i\neq k$, $j\neq k$, be a integral form of t_c^* such that $(\nu_{ijk}, \epsilon_l)=0$, $l=i, j, k$ and $(\gamma_{ijk}, \epsilon_h)>0$, $h\in Q/\{i, j, k\}$. Clearly, for any $w\in W$, we hare $(w\gamma_{ijk}, w\,\epsilon_l)=0$, $l=i, j, k$, and $(w\gamma_{ijk}, x\,\epsilon_h)>0$, $h\in Q/\{i, j, k\}$ Using II. 1, a similar argument as in II. 2 shows the following theorem.

Theorem II. 4 $\pi(w\gamma_{ijk})=0$ for all i, j, $k\in Q$, $i\neq j$, k, $j\neq k$, $w\in W(\alpha)^*$, and $\pi(w\gamma_{ijk}, \phi)=0$ for all i, j, $k\in Q$, $i\neq j$, k, $j\neq k$, $w\in W(\phi)^*$.

References

[1] Baldoni-silva, M. W and A. W. Knapp, Vogan's algorithm for computing composition series, Lecture Notes in Math 1243(1987), 1-38.

[2] Gheng Chou Hu, A note on the composition factors of the principal series representations of the group F_4^2. (I). Natural Science Journal of Xiangtan liniversity. Voll. 12. No 4 (1990).

[3] Collingwood. D. H. Representations of rank one Lie group, Pitman Adv. Pub. Program. 1985.

[4] Speh, B. and D. Vogan, Reducibility of generalized principal series representations, Aeta Math. 145(1980), 227-299.

A note on the simple groups over *p*-adic fields

§ 0 Introduction

The classification of semi—simple algebraic groups over a *p*-adic field *k*, according to Witttype theorem, can be reduced to the problems of finding *k*-indices and simple anti—isotropic kernels. The list of all possible *k*-indices was given by J. Tits [12] and I. Satake [10].

Uniform construction of the simple algebraic gorups over a *p*-adic field *k* with various *k*-indices has recently been described in [6]. In fact, an existence theorem of this sort was obtained in [6]. As mentioned by Bruhat and Tits [2] that the existence of the collection of root data is very important in studing the structure of *p*-adic groups, therefore in this note, we shall study the collection of root data for simple groups G^1 of rational points in an algebraic simple groups G over a field *k* with various *k*-indices. The method adopted here is similar to the algebraic method used by *N*. Iwahori and *H*. Matsumoto [8], but is somewhat different from the geometric method which was used by Bruhat and Tits [2].

The reader is referred to [6] and [3] for definitions and terminology if necessary.

§ 1 The Construction of Groups G^1

A *k*-index is a triple (Π, Π_0, σ^*), where Π is a simple root system of a simple Lie algebra L over C, Π_0 is a subsystem of Π, and σ^* is a permutation of $\Pi^* = \Pi \backslash \Pi_0$. Let Φ(resp. Φ^+) be the root system (resp. positive root system) of L containing Π and Φ_0 be the root system with simple root system Π_0. Let K be an unramified extension of k such that the group $G(K/k)$ is a cyclic gorup with generator σ. Clearly, K is a local field equiped with a non-trivial, nonArchimedean discrete valuation $\|$. Dentoe $\{t \in K; |t| \leqslant 1\}$ by D. Then D is a subring of K which is the ring of integers of K and $P = \{t \in K; |t| < 1\}$ is the unique maximal ideal of D. Obviously, the residue class field $F = D/P$ is finite. Since K is an unramified extension of k, there is a prime element π of k such that π is a prime element of K as well. Clearly, $P = \pi D$. The complement D^* of P in D is the group of units in D.

For each $m \in Z_+$, let $\gamma = \pi^\mu$, $\mu \in Z_+$, $(m, \mu) = 1$. Then the cyclic algebra $C_m = (K, \sigma, \gamma)$ of degree m over k is a division algebra over k (cf. A. Albert [1]), where the maximal field K of C_m is an unramified extension of k and $G(K/k)$ is a cyclic group of order m with generator σ. Let ε be a quantity such that $\sigma^m = \gamma$. Clearly, C_m can be expressed as $C_m = K + \varepsilon K + \cdots + \varepsilon^{m-1} K$ and $t\varepsilon = \varepsilon t^\sigma$ for any $t \in K$.

For each $t \in K$, write $t^{(i)} = \sigma^i(t)$, $0 \leqslant i \leqslant m-1$, and rewrite $t = t^{(0)}$, $\bar{t} = t^{(1)}$, $\bar{\bar{t}} = t^{(2)}$, $\cdots$, then $c \in C_m$ can be expressed in the form $c = t_1 + \varepsilon t_2 + \cdots + \varepsilon^{m-1} t_m$, where $t_i \in K, 1 \leqslant i \leqslant m$. Define $f: C_m \to K^{(m)}$ by $f(c) = (t_1, t_2, \cdots, t_m) \in K^{(m)} = K \times K \times \cdots \times K$ (m time). Then it is trivial to see that f is a monomorphism from C_m to $K^{(m)}$.

For each $T = (t_1, t_2, \cdots, t_m) \in K^{(m)}$, we define a matrix $\widetilde{M}(T)$:

$$\widetilde{M}(T) = \begin{pmatrix} t_1 & \gamma \bar{t}_m & \gamma \bar{\bar{t}}_{m-1} & \cdots & \gamma t_2^{(m-1)} \\ t_2 & \bar{t}_1 & \gamma \bar{\bar{t}}_m & \cdots & \gamma t_3^{(m-1)} \\ t_3 & \bar{t}_2 & \bar{\bar{t}}_1 & \cdots & \gamma t_4^{(m-1)} \\ \cdots & \cdots & \cdots & \cdots & \cdots \\ t_{m-1} & \bar{t}_{m-2} & \bar{\bar{t}}_{m-3} & \cdots & \gamma t_m^{(m-1)} \\ t_m & \bar{t}_{m-1} & \bar{\bar{t}}_{m-2} & \cdots & t_1^{(m-1)} \end{pmatrix}$$

Clearly, $\widetilde{M}(T+U) = \widetilde{M}(T) + \widetilde{M}(U)$ for any $T, U \in K^{(m)}$. Now, let $C(K^{(m)}) = \{\widetilde{M}(T); T \in K^{(m)}\}$. It is easy to see that $C(K^{(m)})$ is a subalgebra of a total matrix algebra of degree m over K. Let g be the map defined by $g(c) =$

$\widetilde{M}(f(c))$ for $c \in C_m$. By comparing the multiplication in $C(K^{(m)})$ with it in C_m, we have $g(c_1c_2)=g(c_1)g(c_2)$ for $c_1, c_2 \in C_m$. Thus, g is an isomorphism from C_m onto $C(K^{(m)})$. The details of the verification is left to the reader.

Now let $C=(c_{ij}) \in SL_p(C_m)$, $c_{ij} \in C_m$, $i, j=1, 2, \cdots, p$. Define a map g by

$$g:C=\begin{pmatrix} c_{11} & c_{12} & \cdots & c_{1p} \\ c_{21} & c_{22} & \cdots & c_{2p} \\ \cdots & \cdots & \cdots & \cdots \\ c_{p1} & c_{p2} & \cdots & c_{pp} \end{pmatrix} \rightarrow M=\begin{pmatrix} M_{11} & M_{12} & \cdots & M_{1p} \\ M_{21} & M_{22} & \cdots & M_{2p} \\ \cdots & \cdots & \cdots & \cdots \\ M_{p1} & M_{p2} & \cdots & M_{pp} \end{pmatrix}$$

here $M_{ij}=g(c_{ij})=\widetilde{M}(f(c_{ij}))$, with $i, j=1, 2, \cdots, p$, are block submatrices of the $n \times n$ matrix $M=g(C)$ over K and $n=mp$.

Since $C_m \cong C(K^{(m)})$, it is easy to see that g is a homomorphism from the group $SL_p(C_m)$ into the group $GL_n(K)=GL(n, k)$. Since C_m is a division algebra, $c^{-1} \in C_m$ if $c \in C_m$ and $c \neq 0$. This shows that the matrix $\widetilde{M}(f(c))$ is non-singular and so the determinate of $\widetilde{M}(f(c))$ is not zero [9]. Hence, $\det\widetilde{M}(f(f^{-1}(T))=\det\widetilde{M}(T) \neq 0$ for each $T \in K^{(m)}$, $T \neq 0=(0, 0, \cdots, 0)$.

We are now able to show the following proposition.

Proposition I. 1

(ⅰ) The map g is a monomorphism from $SL_p(C_m)$ into $GL_n(K)$, $n-mp$.

(ⅱ) For any $T, U \in K^{(m)}$, $\widetilde{M}(T+U)=\widetilde{M}(T)+\widetilde{M}(U)$ and $\det\widetilde{M}(T) \neq 0$ if $T \neq 0$.

(ⅲ) Let $T, U, V \in K^{(m)}$, $\widetilde{M}(V)=\widetilde{M}(T)\widetilde{M}(U)$ if and only if $f^{-1}(V)=f^{-1}(T)f^{-1}(U)$.

Proof: (ⅰ) has been proved above and (ⅱ) is trivial. We only prove (ⅲ). As $\widetilde{M}(V)=g(f^{-1}(V))$ and $\widetilde{M}(T)\widetilde{M}(U)=g(f^{-1}(T))g(f^{-1}(U))=g(f^{-1}(T)f^{-1}(U))$, we have $\widetilde{M}(V)=\widetilde{M}(T)\widetilde{M}(U)$ if and only if $g(f^{-1}(V))=g(f^{-1}(T)f^{-1}(U))$. Thus (ⅲ) follows since g is an isomorphism from C_m onto $C(K^{(m)})$.

It is easy to see that the ramification order and the residue class degree of C_m over K are both equal to m, so there is a prime element p in C_m such that for each $o \neq c \in C_m$, c can be expressed in the form $c=p^{v(c)}t$, where $v(c)$ is the order of c and t is an unit of C_m. Clearly, $v(c_1c_2)=v(c_1)+v(c_2)$, and v

$(c_1+c_2)\geqslant\min\{v(c_1), v(c_2)\}$ for any c_1, $c_2\in C_m$, c_1, $c_2\neq 0$. For each $T\in K^{(m)}$, $T\neq 0$, define $\tilde{v}(T)=v(f^{-1}(T))$ and $v(\widetilde{M}(T))=\tilde{v}(T)$. With this notation, we can state the following lemma.

Lamma I. 2.

(i) Let T, $U\in K^{(m)}$, T, $U\neq 0$. Then $\tilde{v}(V)=\tilde{v}(T)+\tilde{v}(U)$ if $V\in K^{(m)}$, $V\neq 0$ and $\widetilde{M}(V)=\widetilde{M}(T)\widetilde{M}(U)$.

(ii) Let $T\in K^{(m)}$, $T\neq 0$ such that $\tilde{v}(T)\geqslant 0$ (resp. >0). Then $\tilde{v}(V)\geqslant 0$ (resp. $=0$) if $V\in K^{(m)}$, $V\neq 0$ and $\widetilde{M}(V)=I+\widetilde{M}(T)$.

Proof:

(i) By lemma (1. 1), $f^{-1}(V)=f^{-1}(T)f^{-1}(U)$. Hence $\tilde{v}(V)=v(f^{-1}(V))=v(f^{-1}(T)f^{-1}(U))= v(f^{-1}(T))+v(F^{-1}(V))=\tilde{v}(T)+\tilde{v}(U)$, thus (i) is proved.

(ii) We have $\widetilde{M}(V)=\tilde{I}+\widetilde{M}(T)=\widetilde{M}(I+T)$, where $I=(1, 0, \cdots, 0)\in K^{(m)}$. This implies that $V=I+T$. Thus $\tilde{v}(V)=v(f^{-1}(I+T))=v(f^{-1}(I)+f^{-1}(T))$. Since $v(f^{-1}(I))=0$ and $v(f^{-1}(I)+f^{-1}(T))\geqslant\min\{v(f^{-1}(I), v(f^{-1}(T))\}$, (ii) follows.

For each $r\in\Phi^*=\Phi\backslash\Phi_o$, denote $\eta_{r,o}=1$, $\eta_{r,i}=\eta_{r,i-1}\eta_{r^{(i-1)}}$, $1\leqslant i\leqslant d=d^*-1$, where $r^{(i-1)}$ and $\eta_{r^{(i-1)}}$, $1\geqslant i\geqslant d$, were defined in [6]. A root s of Φ^* is called a standard root if $\eta_{s,i}=1$ and $\eta_{s,j}=\gamma$ for $0\leqslant i\leqslant h$, $h+1\leqslant j\leqslant d$, $0\leqslant h\leqslant d$ ($h=d$ means $\eta_{s,i}=1$ for all $i=0, 1, \cdots, d$), and s is called $(d-h)$-root explicitly.

Clearly, foreach $r\in\Phi^*$, there is an unique standard root in $J(r)=\{r, \bar{r}, \cdots, r^{(d)}\}$, denoted it by $\min J(r)$, where $\bar{r}$ was defined in [6]. For each $r\in\Phi^*$, let $I(r)$ be the set $\left\{s\in\Phi^*;\ s'=\eta r',\ \eta=1, 2 \text{ or } \frac{1}{2}\right\}$ and let $\tilde{I}(r)$ be $I(r)\backslash\{I(r)\cap\Phi_{1b}\}$, where s', r' and Φ_{1b} were defined in [6]. It can be verified that for each $r\in\Phi^*$, there is an unique standard root s in $\tilde{I}(r)$, namely $\min\tilde{I}(r)$, which satisfies $\eta_{s,i}=1$ for all $i=0, 1, \cdots, d$. Obviously, $\tilde{I}(r)=I(r)$ if $I(r)\cap\Phi_{1b}=\phi$, $|I(r)\cap\Phi_{1b}|=1$ *if* $I(r)\cap\Phi_{1b}\neq\phi$, where ϕ denotes the void set. Now, denote the Chevalley group of type L over K by $G_K=L(K)$. Then $G_K=L(K)$ is generated by $\{x_r(t)=\exp t\ \mathrm{ad}e_r;\ r\in\Phi,\ t\in K\}$. Let U_K (resp. V_K) be the unipotent subgroup of G_K generated by the positive (resp. negative) root subgroup of G_K and let H_K (resp. N_K) be the diagonal (resp. the monomial) subgroup of G_K. Then it can be shown that the map σ defined by $\sigma(x_r(t))=x_{\bar{r}}(\eta_r\bar{t})$, $r\in\Phi$, $t\in K$ can be extended to an authomorphism σ of G_K, whose order is equal to $d^*=d+1$. Define $\psi=\{\min J(V);\ r\in\Phi^*\}$; $\psi_I=\{\min I(r);\ r\in\Phi^*\}$ and $\Pi_I^*=\{\min I(r);\ r\in\Pi^*\}$, where $\min I(r)=\min\tilde{I}(r)$ *if* $I(r)\cap\Phi_{1b}=\phi$, $\min I(r)=I(r)\cap\Phi_{1b}$ *if* $I(r)\cap\Phi_{1b}\neq\phi$. In order to facilitate our further investigations, we state some more notation and terminology which will be needed in this paper.

(I) If $r\in\Phi_1\cap\psi$, $\Phi_1=\{r\in\Phi^*;\ r=\bar{r}\}$, then

$X_r^1(t)=x_r(t)$, $t\in K_r=\{t\in K;\ \bar{t}=\eta_r t\}$; $N_r^1(u)=n_r(u)$, $u\in K_r^*=K_r\backslash o$;

$h_r^1(v)=h_r(v)$, $v\in K_r^*=\{t\in K;\ \bar{t}=t\}$; $W_r^1=w_r$

(II) (a). If $r\in\Phi_{11a}\cap\psi$, $\Phi_{11a}=\{r\in\Phi_{11}=\Phi^*\backslash\Phi_1;\ r+\bar{r}\notin\Phi\}$, then

$$X_r^1(t)=\prod_{i=0}^{d}x_r^{(i)}(\eta_{r,i}t^{(i)}),\ t\in K_r=K;$$

$$N_r^1(u)=\prod_{i=0}^{d}n_r^{(i)}(\eta_{r,i}u^{(i)}),\ u\in K_r^*=K_r\Big|0;$$

$$h_r^1(v)=\prod_{i=0}^{d}h_r^{(i)}(v^{(i)}),\ v\in K_r^{*\prime}=K_r^*;$$

$$W_r^1=\prod_{i=0}^{d}w_r(i);$$

(II) (b). If $r\in\Phi_{11b}\cap\psi$, $\Phi_{11b}=\Phi_{11}\backslash\Phi_{11a}$ ($d=d^*-1$, must be 1), then

$X_r^1(t)=x_r(t)x_{\bar{r}}(\eta_{r,1}\bar{t})X_{r+\bar{r}}\left(-\frac{1}{2}N_{r\bar{r}}\eta_{r,1}t\bar{t}\right)$, $t\in K_r=K$;

$N_r^1(u)=n_{r+\bar{r}}(u)$, $u\in K_{r+\bar{r}}^*$;

$h_r^1(v)=h_r(v)h_{\bar{v}}(\bar{v})$, $v\in K_r^{*\prime}=K_r\backslash 0$;

$W_r^1=W_{r+\bar{r}}$;

$U^1=\{u\in U_k;\ \sigma(u)=u\}$; $V^1=\{v\in V_k;\ \sigma(v)=v\}$; $G^1=\langle U^1,\ V^1\rangle$;

$W^1=\langle W_r^1;\ r\in\psi\rangle$, $N^1=\langle N_r^1(u);\ r\in\psi,\ u\in K_r^*\rangle$; $H^1=H_k\cap N^1$;

$H_0^*=\langle h_r^1(v);\ r\in\Pi_o^*,\ v\in K_r^*\rangle$; $G_o=x_\alpha(t)$; $\alpha\in\Pi_o$, $t\in K\rangle$;

$Y^*=G_o\cap G^1$; $Y^1=H^1Y^*$; $B^1=U^1Y^1$.

For each $r\in\psi_I$, it can be easily seen that $\tilde{I}_I(r)=\tilde{I}(r)\cap\psi$ can be expressed in the form $\tilde{I}_I(r)=\{r_1,\ r_2,\ \cdots,\ r_q\}$, where r_i is the (i)-root for any $1\leqslant i\leqslant q$ and q is the least positive integer so that $r^{(q)}=r$. Write $I_I(r)=\tilde{I}_I(r)$

and $n=q$ if $I(r)\cap\Phi_{1b}=\phi$, $I_I(r)=\tilde{I}_I(r)\cup\{r_n\}$ and $n=q+1$ if $I(r)\cap\Phi_{1b}=\{r_n\}\neq\phi$. For each $r\in\psi_I$, let $K_{(r)}=K_{r_1}\times K_{r_2}\times\cdots\times K_{r_n}$. For each $T=(t_1, t_2, \cdots, t_n)\in K_{(r)}$, $r\in\psi_I$, put $S(T)=\sum_{i=1}^{q}\eta_{r_i,1}N_{r_i}, \bar{r}_i t_i\bar{t}_i=\sum_{i=1}^{q}\eta_i t_i\bar{t}_i$ and $X_r(T)=X^1_{r_1}(t_1)X^1_{r_2}(t_2)\cdots X^1_{r_n}(t_o)$ where $t_o=t_n$ when $I(r)\cap\Phi_{1b}=\phi$, $t_o=\frac{1}{2}S(T)+t_n$ when $I(r)\cap\Phi_{1b}\neq\phi$.

For each $T=(t_1, t_2, \cdots, t_n)\in K(r)$, $r\in\psi_I$, define $\tilde{T}=(t_1, t_2, \cdots, t_n, 0, \cdots, 0)\in K^{(m)}$, $M(T)=\tilde{M}(T)$, $v(\tilde{T})=\tilde{v}(\tilde{T})$ and $\omega(T)=\det M(T)$ whenever $I(r)\cap\Phi_{1b}=\phi$, $M(T)=[t_o]$, $v(T)=\frac{1}{2}v(t_o)$ and $\omega(T)=t_o$ whenever $I(r)\cap\Phi_{1b}\neq\phi$, where $[t_o]$ is a 1×1 matrix over K. For each $r\in\psi$, let $\zeta_r=1$ if $r\in\Phi_{11}\cup\Phi_{1a}$, ζ_r be a fixed element of $D^*\cap K_r^*$ if $r\in\Phi_{1b}$. Also let $N_r^1=N_r^1(\zeta_r)$ for any $r\in\psi$. Since $W^1/W_o^1\cong W^{1*}$, for each $w\in W^{1*}$, w can be expressed in the form $w=W^1_{r_1}W^1_{r_2}\cdots W^1_{r_h}$, $r_i\in\Pi_1^*$, $1\leqslant i\leqslant h$, so, n_w can be expressed as $n_w=N^1_{r_1}N^1_{r_2}\cdots N^1_{r_h}$. Obviously, $\alpha(n_w)=w$ where α is the natural homomorphism from N_k onto W. Denote $\langle n_w; w\in W^{1*}\rangle$ by N^{1*}. It is now clear that $\alpha(N^{1*})=W^{1*}$.

The following lemma can be easily verified.

Lemma 1.3

(i) $I_I(r)=\{s\in\psi^+; W_r^1(s)\in\Phi^-\}$ for any $r\in\Pi_I^*$.

(ii) Let $r\in\Pi_I^*$ and $b\in B^1$. Then $b=X_r(T)u'y$, $T\in K_{(r)}$, $y\in Y^1$ and $u'\in\{u\in U^1; N_r^1uN_r^1\in U^1, r\notin J(u)^*\}$, where $J(u)^*$ was defined in [5] and [6].

If $\Pi_o\leqslant\phi$, then Π_o is a union of disjoint connected components Π_o^i of Π_o, $1\leqslant i\leqslant p(\Pi_o)$. For $s\in\Pi_1^*$, a connected component Π_o^i of Π_o, $1\leqslant i\leqslant p(\sigma_o)$, is said to be "connected with s" if there is a root α in Π_o^i such that $(s, \alpha)\neq0$. Denote by Π_s^o the union of all Π_o^i which is "connected with s, and by Π_s the union of Π_s^o and $S=\{s, \sigma^*(s), \cdots, \sigma^{*d}(s)\}$, $d+1$ being the order of σ^*. Then the k-rank of any Π_s, $s\in\Pi_I^*$, is equal to 1. All these Π_s, $s\in\Pi_I^*$, will be located in table I.

For each $s\in\Pi_I^*$, let Φ_s be the root system with the fundamental root system Π_s and write $\Phi_s^o=\Phi_s\cap\Phi_o$ and $\Phi_s^*=\Phi_s\cap\Phi^*$.

By using similar method as for the case 2 in Lemma 5. 2 of [6], and invoking 4. 2. 2 in [3], we can show that if the signs of the structure constants N_{r_1, r_2} for extraspecial pairs $\{r_1, r_2\}$ of Φ_s^* have been chosen such that the integers η_r^*, $r \in \Phi^*$ satisfying the condition given by proposition. 2 in [6], then the remaining structure constants for Φ_s^* are determined. Hereafter, all the structure constants for all the pairs of Φ_s^* are to be chosen or determined by this method. Clearly, for each $s \in \Pi_I^*$, the expressions of $\min I(s) = \{r\}$, $I_I(r)$, $I(r)$ and $X_r(T)$, $T \in K_{(r)}$ can be determined. These expressions are discribed by the following equations and figures for each Π_s. (Ref. to the end page of this paper).

(1) (Ref. FigI. 1): $I_1(r) = \{r\}$; $I(r) = \{r\}$, $r = s$, $r = \bar{r}$; $X_r(T) = X_r^1(t_1) = x_r(t_1)$, $T = (t_1) \in K_{(r)}$.

(2) (Ref. FigI. 2): $I_1(r) = \{r\}$; $I(r) = \{r, \bar{r}\}$, $r = s$, $r \neq \bar{r}$; $X_r(T) = X_r^1(t_1) = x_r(t_1) x_{\bar{r}}(\bar{t}_1)$, $T = (t_1) \in K_{(r)}$.

(3) (Ref. FigI. 3): $I_1(r) = \{r\}$; $I(r) = \{r, \bar{r}, \bar{\bar{r}}\}$, $r = s$, $r \neq \bar{r}, \bar{\bar{r}}$; $X_r(T) = X_r^1(t_1) = x_r(t_1) x_{\bar{r}}(\bar{t}_1)\ x_{\bar{\bar{r}}_1}(\bar{\bar{t}})$, $T = (t_1) \in K_{(r)}$.

(4) (Ref. FigI. 4): $I_1(r) = \{r_1 = e_{a+1} - e_{b+1}, r_2 = e_{a+2} - e_{b+1}, \cdots, r_m = e_{a+m} - e_{b+1}\}$, $a = (h-1)m$, $b = hm$, $1 \leqslant h \leqslant p$, $r = r_1$, $s = r_m$, $I(r) = \{r_1, \bar{r}_1, \cdots, r_1^{(d)}, r_2, \bar{r}_2, \cdots, r_2^{(d)}, \cdots r_m, \bar{r}_m, \cdots, r_m^{(d)}\}$, $\bar{r}_1 = e_{a+2} - e_{b+2}, \cdots, r_1^{(d)} = e_{a+m} - e_{b+m}$, $\bar{r}_2 = e_{a+3} - e_{b+2}, \cdots, r_2^{(d)} = e_{a+1} - e_{b+m}, \cdots, \bar{r}_m = e_{a+1} - e_{b+2}, \cdots, r_m^{(d)} = e_{a+m-1} - e_{b+m}$, $m = d+1$; $X_r(T) = X_{r_1}^1(t_1) X_{r_2}^1(t_2), \cdots, X_{r_m}^1(t_m) = x_{r_1}(t_1) x_{\bar{r}_1}(\bar{t}_1) \cdots x_{r^{(d)}}(t_1^{(d)}) x_{r_2}(t_2) x_{\bar{r}_2}(\bar{t}_2) \cdots x_{r_2^{(d)}}(\gamma t_2^{(d)}) \cdots x_{r_m}(t_m) x_{\bar{r}_m}(\gamma \bar{t}_m) \cdots x_{r_m^{(d)}}(\gamma t_m^{(d)})$, and $T = (t_1, t_2, \cdots, t_m) \in K_{(r)}$.

(5) (Ref. FigI. 5): $I_1(r) = \{r_1 = e_h - e_{h+1}, r_2 = e_h - e_{h+2}\}$, $I(r) = \{r_1, r_2, \bar{r}_1\}$, $\bar{r}_1 = e_{h+1} - e_{h+2}$ $r_2 = r_1 + \bar{r}_1$, $r_2 \in \Phi_{1b}$, $s = r_1$, $\sigma^*(s) = \bar{r}_1$, $r = r_2$; $X_r(T) = X_{r_1}^1(t_1) X_{r_2}^1(t_o) = x_{r_1}(t_1) x_{\bar{r}_1}(\bar{t}_1) x_{r_2}(t_o)$, $T = (t_1, t_2) \in K_{(r)}$, $t_o = \frac{1}{2} S(T) + t_2$, $S(T) = \eta_1 t_1 \bar{t}_1$.

(6) (Ref. FigI. 6): $I_1(r) = \{r_1 = e_h - e_{h+1}, r_2 = e_h - e_{h+2}, r_3 = e_h - e_{h+3}\}$, $I(r) = \{r_1, r_2, r_3, \bar{r}_1, \bar{r}_2\}$, $\bar{r}_1 = e_{h+1} - e_{h+3}$, $\bar{r}_2 = e_{h+2} - e_{h+3}$, $r_3 = r_1 + \bar{r}_1 = r_2 + \bar{r}_2$, $r_3 \in \Phi_{1b}$. $s = r_1$, $\sigma^*(s) = \bar{r}_1$, $r = r_3$.

$$X_r(T)=X^1_{r_1}(t_1)X^1_{r_2}(t_2)X^1_{r_3}(t_0)=x_{r_1}(t_1)x_{\bar r_1}(\bar t_1)x_{r_2}(t_2)x_{\bar r_2}(\gamma\bar t_2)x_{r_3}(t_0)$$

$$T=(t_1, t_2, t_3)\in K_{(r)},\ t_0=\frac{1}{2}S(T)+t_3,\ S(T)=\eta_1 t_1\bar t_1+\eta_2 t_2\bar t_2.$$

(7) (Ref. FigI. 7): $I_1(r)=\{r_1=e_{n-1}, r_2=e_{n-1}-e_n\}$, $I(r)=\{r_1, r_2, \bar r_2\}$, $\bar r_2=e_{n-1}+e_n$, $r=r_1$, $s=r_2$;

$$lclX_r(T)=X^1_{r_1}(t_1)X^1_{r_2}(t_2)=x_{r_1}(t_1)x_{r_2}(t_2)x_{\bar r_2}(\gamma\bar t_2)$$

$$T=(t_1, t_2),\ \in K_{(r)}.$$

Lemma 1.4

Let $r\in\Pi_1^*$ and $T\in K^*_{(r)}$. Then $X_r(T)=X_{-r}(T^*)N^1_r y(r, T)X_{-r}(T^*)=X_{-r}(T^*)N'_r X_{-r}(T)y(r, T)$, where $y(r, T)\in Y^1$ and $T^*\in K^*_{(-r)}$ satisfy $M(T^*)=M(T)^{-1}$.

Proof: We consider the situation by case to case.

I(a). We first consider case(2) in the above paragraph.

Since $T\neq 0$, we have $t_1\neq 0$. Rewrite $t_1=t$. Then by 8.1.4 in [3], we have

$$\begin{aligned}X_r(T)&=X^1_r(t_1)=x_r(t)x_{\bar r}(\bar t)\\&=x_{-r}(t^{-1})h_{-r}(-t^{-1})n_{-r}x_{-r}(t^{-1})x_{-\bar r}(t^{-1})h_{-\bar r}(-\bar t^{-1})n_{-\bar r}x_{-\bar r}(\bar t^{-1})\\&=X_{-r}(t^{-1})x_{-\bar r}(\bar t^{-1})n_r n_{-\bar r}h_r(t^{-1})h_{\bar r}(\bar t^{-1})x_{-\bar r}(t^{-1})x_{-\bar r}(\bar t^{-1})\\&=X_{-r}(T^*)N^1_r y^*(r, T)X_{-r}(T^*),\end{aligned}$$

where $y(r, T)=h_r(t^{-1})h_{-\bar r}(\bar t^{-1})\in Y^1$, $N^1_r=n_r n_{\bar r}$, and $T^*=(t^{-1})\in K_{(-r)}$.

Thereby, $M(T^*)=M(T)^{-1}$. Similarly, $X_r(T)=X_{-r}(T^*)N^1_r X_{-r}(T)y(r, T)$.

The case (1) and (3) can be verified similarly.

I(b). We now consider case (4):

For any $0\neq c\in C_m$, let A, B, C, D be the $p\times p$ matrices:

$$A=\begin{pmatrix}1&&&&&&&\\&\ddots&&&&&&\\&&1&&&&&\\&&&0&1&&&\\&&&-1&0&&&\\&&&&&1&&\\&&&&&&\ddots&\\&&&&&&&1\end{pmatrix};$$

$$B=\begin{pmatrix}1&&&&&&&\\&\ddots&&&&&&\\&&1&&&&&\\&&&1&0&&&\\&&&c^{-1}&1&&&\\&&&&&1&&\\&&&&&&\ddots&\\&&&&&&&1\end{pmatrix};$$

$$C=\begin{pmatrix}1&&&&&&&\\&\ddots&&&&&&\\&&1&&&&&\\&&&0&1&&&\\&&&-1&0&&&\\&&&&&1&&\\&&&&&&\ddots&\\&&&&&&&1\end{pmatrix};$$

$$D=\begin{pmatrix}1&&&&&&&\\&\ddots&&&&&&\\&&1&&&&&\\&&&c^{-1}&&&&\\&&&&c&&&\\&&&&&1&&\\&&&&&&\ddots&\\&&&&&&&1\end{pmatrix}$$

Clearly, A, B, C and D are elements in the group $GL_p(C_m)$. Obviously,

$$\begin{pmatrix}1&c\\0&1\end{pmatrix}=\begin{pmatrix}1&0\\c^{-1}&1\end{pmatrix}\begin{pmatrix}0&1\\-1&0\end{pmatrix}\begin{pmatrix}c^{-1}&0\\0&c\end{pmatrix}\begin{pmatrix}1&0\\c^{-1}&1\end{pmatrix}.$$

So, $A=BCDB$ and, by (I. 1), $g(A)=g(B)g(C)g(D)g(B)$. Let $c=f^{-1}(T)$. Then $T\neq 0$ and $\widetilde{M}(f(c))=\widetilde{M}(f(f^{-1}(T))=\widetilde{M}(T)=M(T)$. This implies that $X_r(T)=X_r(M(T))$, where $X_r(M(T))=\prod_{i,j=1}^{m}X_{r_{ij}}(t_{ij})$, $r_{ij}=e_{a+i}-e_{b+j}$ and t_{ij} being the (i, j) coefficients of $M(T)$. This shows that $g(A)=X_r$

(T) and $g(C)=N_r^1$. Similarly, $g(B)=X_{-r}(T^*)=X_{-r}(M(T^*))$. Clearly, $M(T^*)=M(T)^{-1}$, and

$$g(A)=\begin{pmatrix} I & & & & & & & \\ & \ddots & & & & & & \\ & & I & & & & & \\ & & & I & M & & & \\ & & & O & I & & & \\ & & & & & I & & \\ & & & & & & \ddots & \\ & & & & & & & I \end{pmatrix};$$

$$g(B)=\begin{pmatrix} I & & & & & & & \\ & \ddots & & & & & & \\ & & I & & & & & \\ & & & I & O & & & \\ & & & M^{-1} & I & & & \\ & & & & & I & & \\ & & & & & & \ddots & \\ & & & & & & & I \end{pmatrix}$$

$$g(D)=\begin{pmatrix} I & & & & & & & \\ & \ddots & & & & & & \\ & & I & & & & & \\ & & & M^{-1} & & & & \\ & & & & M & & & \\ & & & & & I & & \\ & & & & & & \ddots & \\ & & & & & & & I \end{pmatrix};$$

$$g(C)=\begin{pmatrix} I & & & & & & & \\ & \ddots & & & & & & \\ & & I & & & & & \\ & & & O & I & & & \\ & & & -I & O & & & \\ & & & & & I & & \\ & & & & & & \ddots & \\ & & & & & & & I \end{pmatrix}.$$

where $M=M(T)$ and I is the $m\times m$ unit matrix. Now, $g(A)$, $g(B)$, $g(C)$ and $g(D)\in GL(n, k)$, $n=pm$. As $g(D)\in G_0$, we have $g(D)=y(r, T)\in Y^1$. This shows that $X_r(T)=X_{-r}(T^*)N_r^1 y(r, T)X_{-r}(T^*)$. Similarly, $X_r(T)=X_{-r}(T^*)N_r^1 X_{-r}(T)y(r, T)$. This case is now proved,

II. For the cases (5), (6) and (7): We only need to consider the case (7). The other cases can be proved analogously. Since $T=(t_1, t_2)\neq 0$, we have $t_1=0$ or $t_2\neq 0$ or $t_1\neq 0$, $t_2=0$ or $t_1\neq 0$, $t_2\neq 0$. It is clear that the former two cases can be reduced to the case I(a). So we only consider the case of $t_1\neq 0$ and $t_2\neq 0$. Rewrite $\gamma t_2=t$. Then by 6.4.4 and 5.2.2 in [3], we have

$$\begin{aligned} X_r(T)&=x_{-\bar{s}}(t^{-1})h_{-\bar{s}}(-t^{-1})n_{-\bar{s}}x_r(t_1)x_{-\alpha}(t^{-1}t_1)x_s(-t^{-1}t_1^2)x_s(t_2)x_{-\bar{s}}(t^{-1}) \\ &=x_{-\bar{s}}(t^{-1})h_{-\bar{s}}(-t^{-1})n_{-\bar{s}}x_s(u)x_r(t_1)x_{-\alpha}(t^{-1}t_1) \end{aligned}$$

where $\alpha=e_n$ and $u=t^{-1}(-\gamma t_2\bar{t}_2+t_1^2)=t^{-1}w(T)$. Since $T\neq 0$, by (I.1), we have $w(T)\neq 0$. Thus $u\neq 0$. By using 8.1.4 and 5.2.2 in [3], we have

$$\begin{aligned} X_r(T)=&x_{-\bar{s}}(t^{-1})h_{-\bar{s}}(-t^{-1})x_{-\bar{s}}(u^{-1})h_{-\bar{s}}(-u^{-1})n_{-\bar{s}}n_{-s}x_r(t_1) \\ &x_\alpha(-u^{-1}t_1)x_{\bar{s}}(u^{-1}t_1^2)x_{-s}(u^{-1})x_{-\alpha}(t^{-1}t_1)x_{-\bar{s}}(t^{-1}). \end{aligned}$$

Finally,

$$X_r(T)=X_{-r}(T^*)N_r^1 y(r, T)X_r(T^*)$$

where

$$T^*=(t_1\omega(T)^{-1}, -t_2 w(T)^{-1})$$

and

$$y(r, T)=h_s(t^{-1})h_{\bar{s}}(u^{-1})n_\alpha x_\alpha(-u^{-1}t_1)x_{-\alpha}(t^{-1}t_1)$$

Clearly,

$$y(r, T)\in Y^1$$

Obviously,

$$M(T^*)=\begin{pmatrix} t_1\omega(T)^{-1} & -\gamma\bar{t}_2\omega(T)^{-1} \\ -t_2\omega(T)^{-1} & t_1\omega(T)^{-1} \end{pmatrix}$$

so

$$M(T^*)=M(T)^{-1} \text{ where } M(T)=\begin{pmatrix} t_1 & \gamma t_2 \\ t_2 & t_1 \end{pmatrix}$$

Similarly, $X_r(T)=X_{-r}(T^*)N_r^1X_{-r}(T)y(r, T)$.

By using similar arguments as above, we can also show that T^* in cases (5) and (6) are equal to $(t_1\bar{\omega}(T)^{-1}, -\bar{\omega}(T)^{-1})$ and $(t_1\bar{\omega}(T)^{-1}, t_2\bar{\omega}(T)^{-1}, -\bar{\omega}(T)^{-1})$, respectively, where $\bar{\omega}(T)=t_o$. Thereby, $M(T^*)=[\omega(T)^{-1}]=M(T)^{-1}$, $M(T)=[\omega(T)]$ for these two cases.

Corollary I. 5

(ⅰ) (I. 4) is true for any $r\in\psi_I$.

(ⅱ) $v(T^*)=-v(T)$ where T and T^* are given in (I. 4).

Proof: Let $n_w\in N^{1*}$. Then $n_wX_r(T)n_w^{-1}=X_s(U)$, $s=\min I(w(r))$, $U\in K(s)$ and $v(U)= v(T)$ for any $r\in\psi_I$, $T\in K_{(r)}$. Thus (ⅰ) follows trivially. (ⅲ) follow by (I. 2).

Using (I. 3) and (I. 4), by a similar argument as in Lemma 3, Lemma 4 and Theorem 1 in [5], the following results can be easily proved.

Lemma (I. 6) Let $r\in\Pi_1^*$. Then $B^1\cap B^1N_r^1B^1$ is a subgroup of G^1.

Lemma (I. 7) Let $r\in\Pi_1^*$ and $n\in N^{1*}$. Then $B^1nB^1N_r^1B^1\subset B^1nN_r^1B^1\cup B^1nB^1$.

Corollary (I. 8) $G^1=B^1N^{1*}B^1$.

The following theorem is obtained immediately by using (I. 8).

Theorem I. 9 $G^1=\bigcup_{w\in W^{1*}}B^1n_wB^1$, $n_w\in N^{1*}$, and $G^1=\bigcup_{w\in W^{1*}}U^1Y^1n_wU_w^{1-}$, $U_w^{1-}=U^1\cap U_w^-$. Theorem (I. 9) gives a decomposition of group G^1 into a double cosets of B^1. Thus decomposition of G^1 is called the quasi-Bruhat decomposition which may be regarded as a generalized Bruhat decomposition of the Chevalley groups and the Steinberg groups. However, it should be noticed that the subgroup B^1 is not the Iwahori subgroup of G^1 and B^1 is not the Borel subgroup of G^1. By [6], G^1 can be identified with the simple group of k-rational points in the algebraic simple group G over k having k-index (Π, Π_o, σ^*).

§ 2 Collection of root data in group G^1

Let E be the real space spanned by the simple root system Π which has a canonical Euclidean space structure with the Killing form of L. For each $r\in\Phi$, $k\in Z$, denote (r, k) by α, the semispace of E defined by $\alpha=\{x\in E;\ (r, x)\leqslant k\}$. The set $\Sigma=\{\alpha=(r, k);\ r\in\Phi, k\in Z\}$ is called an affine root system of Φ. Also, let $w_\alpha=w_{r,k}$ be the reflection of E with respect to $\delta\alpha=\{x\in E;\ (r,x)=k\}$. Let $\widetilde{W}$ be the group generated by $\{w_{r,o}, w_{r_0,1};\ r\in\Pi\}$, where r_o is the highest root of Φ. Then $\widetilde{W}=\langle w_\alpha;\alpha\in\Sigma\rangle$ and $\widetilde{W}$ is the affine Weyl group of Σ. Let $T(\delta)$ be the translation of E defined by $T(\delta)x=x+\delta(x\in E)$ in each $\delta\in E$. Let $D=\langle T(r^\vee);\ r\in\Phi\rangle$ when $r^\vee=2r/(r, r)$. Then $W=DW$ where $W=\langle w_r;\ r\in\Phi\rangle$.

For $S\subset E$, write $S'=\{s';\ s\in S\}$. Let E' be the real space spanned by Φ'. Clearly, E' is a subspace of E and $E'=\{x\in E;\theta(x)=x\}$ where θ was defined in [6]. For each $w\in W^1$, let w' be the restriction of w on E'. For each $r'\in\Phi'^*=\Phi'\backslash 0$ and each $k\in Z$, let $\alpha'=(r', k)$ be the semispace of E' defined by $\alpha'=\{x'\in E';\ (x', r')\leqslant k\}$. Clearly, $\dim E'=|\Pi_1^*|$ and $\Sigma'=\{\alpha'=(r', k);\ r'\in\Phi'^*, k\in Z\}$ is an affine root system of Φ'^*.

Let $W_{\alpha'}=w_{r',k}$ be the reflection of E' with respect to $\delta\alpha'=\{x'\in E';\ (r', x')=k\}$. Let r_0' be the highest root of Φ'^* or of $\Phi'^*\backslash\Phi_1'$ depending on $\Phi_{1b}\neq\phi$ or $=\phi$ and let $\widetilde{W}=\langle w_{r',0}, w_{r',1};\ r'\in\Pi_1^{*\prime}\rangle$. The group $\widetilde{W}'$ is called the affine Weyl group of Σ'. For each $\delta'\in E'$, let $T(\delta')$ be the translation of E' such that $T(\delta')x'=x'+\delta'(x'\in E')$. Then $w_{r',k}(x')=x'-(x', r')r^{\vee\prime}+kr^{\vee\prime}$, $x'\in E'$, $r^{\vee\prime}=r'/(r', r')$ and $w_{r',k}=T(kr^{\vee\prime})w_{r'}$. Let $W^{1*\prime}$ be the restriction of W^{1*} to E'. For each $\delta'\in E'$ and $w'\in W^{1*\prime}$, we have $w'T(\delta')w'^{-1}=T(w', \delta')$. Let $\Phi^{\vee\prime}=\{r^{\vee\prime};\ r'\in\Phi^\vee\}$ and $D'=T(r^{\vee\prime});\ r^{\vee\prime}\in\Phi^{\vee\prime}\rangle$. Then $\widetilde{W}=D'W^{1*\prime}$.

If $r\in\Phi_{11b}$ and $s=r+\tilde{r}$, then $s'=2r'$. Obviously, the following conditions (I) and (II) are equivalent:

(I) $(s', x') \leqslant 2k$, $x' \in E'$,

(II) $(r', x') \leqslant k$, $x' \in E'$.

Note that $(s', 2k) = (r', k)$ for any $k \in Z$. Since $\Phi'^* = \Phi'_{11b} \cup \psi'_I$, the affine root system Σ' of Φ'^* can be expressed in the form $\Sigma' = \{(r', k); r' \in \psi'_I, k \in Z\}$. For the sake of convenience, we always adopt this expression for Σ'.

For each $\alpha = (r, k) \in \Sigma$, define $U_\alpha = \{x_r(t); t \in K, u(t) \geqslant k\}$. Clearly, each element $h \in H_K$ can be expressed in the form $h = h(X_p)$, where x_h is a K-Character of $Z\Phi$. Then, define $\zeta_h(r) = \bigcup(x_h(r))$, $r \in \Phi$. Hence $\zeta_h(r_1 + r_2) - \zeta_h(r_1)$, r_1, $r_2 \in \Phi$. This shows that there is a $\delta_h \in E$ such that $(r, \delta_h) = \zeta_h(r)$ for all $r \in \Phi$. It is clear that for each $\alpha = (r, k) \in \Sigma$, $h(\chi_h) U_\alpha h(\chi_h)^{-1} = U_\beta$, where $\beta = (r, k + \zeta_h(r)) = T(\delta_h)\alpha$. Thus $h(\chi_h)$ can be identified with $T(\delta_h)$ by the map α such that $\alpha(h(\chi_h)) = T(\delta_h)$, $h(\chi_h) \in H_k$. Each $n_s = n_s(1)$, $s \in \Phi$ may be identified with w_s by the map α such that $\alpha(n_s) = w_s$, $s \in \Phi$. It is clear that any element $n \in N_k$ can be expressed in the form $n = h(\chi_h) n_w$ where $h(\chi_h) \in H_k$ and $n_w \in \langle n_s; s \in \Phi \rangle$. Then it follows that α mentioned above may be extended to a homomorphism α from N_k onto $\widetilde{W} = DW$.

Henceforth, foreach $r \in \psi_I$, $T \in K_{(r)}$, we define $U(M(T)) = U(T)$.

Lemma II. 1 Let $y \in Y^1$, $s \in \psi_I$ and $T \in K_{(s)}$. Then $yX_s(T)y^{-1} = X_s(T')$, $T' \in K_{(s)}$ such that $M(T') = M(y, s)M(T)\widetilde{M}(y, s)$, where $M(y, s)$ and $\widetilde{M}(y, s)$ are the matrices $M(U_1)$ and $M(U_2)$ with U_1 and U_2 in $K_{(s)}$ respectively. Moreover, for each $y \in Y^l$, let ζ_y be the map defined by $\zeta_y(s) = u(M(y, s)\widetilde{M}(y, s))$, $s \in \psi_l$. Then we have $\zeta_y(s_1 + s_2) = \zeta_y(s_1) + \zeta_y(s_2)$ and $\zeta_y(-s_1) = -\zeta_y(s_1)$ for all s_1, $s_2 \in \psi_I$.

Proof: Let us consider various k-indices (Π, Π_o, δ^*) separately.

(1) Suppose the length of all roots of Π are the same and $\delta^* = I$. Then, we consider the k-index ${}^1A_{n-1,p}^{d^*-1}$, $d = m - 1 = d^* - 1$:

Let e_{ij} be a $p \times p$ elementary matrix over C_m with coefficient 1 at (i, j) place and zero otherwise. Then $I + ce_{ij}$ is an element of $GL_p(C_m)$, where c is an element of C_m. It is easy to see that $g(I + ce_{ij}) = X_s(T)$, $X_s(T) \in GL(n, k)$, $n = pm$, where $s = e_{(i-1)m+1} - e_{(j-1)m+1}$ and $T = f(c)$. Clearly, every element y in Y^1 can be expressed in the form $y = g(dia(c_1, c_2, \cdots, c_p)$, where $dia(c_1,$

$c_2, \cdots, c_p) = c_1e_{11} + c_2e_{22} + \cdots + c_pe_{pp}$. Thus, $yX_s(T)y^{-1} = g(dia(c_1, c_2, \cdots, c_p))(I+ce_{ij})(dia(c_1, c_2, \cdots, c_p)^{-1}) = X_s(T')$, $T' = f(c_icc_j^{-1}) \in C(K^{(m)})$. Let $f(c_i) = U_i$ and $f(c_j) = U_j$. Then $M(T') = g(c_icc_j^{-1}) = g(c_i)g(c)g(c_j)^{-1} = M(U_i)M(T)M(U_j)^{-1}$. Thus, we have $M(y, s) = M(U_i)$ and $\widetilde{M}(y, s) = M(U_j)^{-1}$ and $\zeta_y(s) = v(M(U_i)) - v(M(U_j)) = v(U_i) - v(U_j)$. Suppose that $s_1 = e_{(i-1)m+1}$ and $s_2 = e_{(k-1)m+1} - e_{(j-1)m+1}$, $1 \leqslant i < k < j \leqslant p$. Then $s = s_1 + s_2$ and $\zeta_y(s) = v(U_i) - v(U_j) = v(U_i) - v(U_k) + v(U_k) - v(U_j) = \zeta_y(s_1) + \zeta_y(s_2)$. Consequently, $\zeta_y(s) = v(U_i) - v(U_j) = -(v(U_j) - v(U_i)) = -\zeta_y(-s)$.

Using the results obtained on the k-index ${}^1A_{n-1,p}^{(d^*-1)}$, we can prove that the lemma (II. 1) also holds in the case ${}^1E_{6,2}^{16}$.

(2) Suppose that the length of all roots of η are not the same or $\delta^* \neq I$. Then, we first derive the following formula:

(II. 1. a) Let $s \in \Phi$ and t, $u \in K^*$ such that $e = 1 + tu \neq 0$. Then

$$x_{-s}(u)x_s(t) = h_s(e^{-1})x_s(te)x_{-s}(ue^{-1}).$$

In fact, by using 8. 1. 4 and 5. 2. 2 in [3], we have

$$\begin{aligned} x_{-s}(u)x_s(t) &= x_{-s}(u)x_{-s}(t^{-1})h_{-s}(-t^{-1})n_{-s}x_{-s}(t^{-1}) \\ &= h_{-s}(-t^{-1})x_s(te)n_{-s}x_{-s}x_{-s}(t^{-1}) \\ &= h_{-s}(-t^{-1})x_s(t^{-1}e^{-1})h_s(-t^{-1}e^{-1})n_sx_s(t^{-1}e^{-1})n_{-s}x_{-s}(t^{-1}) \\ &= h_s(e^{-1})x_s(te)x_s(ue^{-1}). \end{aligned}$$

Thus formula (II. 1. a) is proved.

Now, consider the index k-index $B_{n,n-1}$:

By using 8. 4. 3 and 6. 4. 4 in [3], we can see that any y in Y^1 can be expressed in the form $y = h(\chi)h(\chi_0)x_{-\alpha}(a)x_\alpha(b)$ where $\alpha = e_n$ and a, $b \in K^*$, such that $1 + ab = e \neq 0$, and $h(\chi) \in H^1$, $h(\chi_o) \in H_k$ satisfying $\chi_o(e_n) = e^{-1}$, $\chi(e_i) = 1$, $1 \leqslant i \leqslant n-1$. Since $h(\chi) \in H^1$, we have $\sigma(h(\chi)) = h(\chi)$. It is easy to see that $\sigma(y) = h(\chi)\delta(h(\chi_0))x_\alpha(\gamma\bar{a})\chi_{-\alpha}(\gamma^{-1}\bar{b})$. Since $y \in Y^1 \subset G^1$, we have $\sigma(y) = y$. Thus, it follows from (II. 1. a) that a and b satisfy the conditions: $ab = \bar{a}\bar{b}$, $\gamma\bar{a}e^{-1} = b$ and $\gamma^{-1}\bar{b}e = a$, and $\sigma(h(\chi_o))h_\alpha(e^{-1}) = h(\chi_o)$. Let $\tilde{y} = h(\chi)^{-1}y = h(\chi_o)x_{-\alpha}(a)x_\alpha(b)$. If $s \in \psi_I \cap \Phi^+$, then $s = e_i$, $1 \leqslant i \leqslant n-1$ or $s = e_j \pm e_k$, $1 \leqslant j$, $k \leqslant n-1$, $j \neq k$. If $s = e_j \pm e_k$, $1 \leqslant j$, $k \leqslant n-1$, $j \neq k$, then $\tilde{y}X_s(T)\tilde{y}^{-1} = X_s(T)$ for any $T \in K_{(s)}$. If $s = e_i$, $1 \leqslant i \leqslant n-1$, then, by 5. 2. 2 in

[3], we have $\tilde{y}X_s(T)\tilde{y}^{-1}=X_s(T)$ for any $T\in K_{(s)}$, where $T'\in K_{(s)}$ satisfying $M(T')=M(\tilde{y}, s)M(T)\widetilde{M}(\tilde{y}, s)$,

$$M(\tilde{y}, s)=\begin{pmatrix} 1 & -b \\ -\gamma^{-1}\bar{b} & 1 \end{pmatrix}, \widetilde{M}(\tilde{y}, s)=\begin{pmatrix} e & -be \\ -\gamma^{-1}\bar{b}e & e \end{pmatrix}$$

Since $1+\gamma^{-1}b\bar{b}e=e$ we have $1-\gamma^{-1}b\bar{b}=e^{-1}$ and $v(\omega(U))=2v(U)$, $U\in K_{(s)}$, $s=e_i$, $1\leqslant i\leqslant n-1$. Hence $v(M(\tilde{y}, s)\widetilde{M}(\tilde{y}, s)=0$. This implies that $\zeta_{\tilde{y}}(s)=0$ for any $s=e_i$, $1\leqslant i\leqslant n-1$. Similarly, $\zeta_{\tilde{y}}(-s)=0$ for any $s=e_i$, $1\leqslant i\leqslant n-1$. Therefore, $\zeta_{\tilde{y}}(s)=0$ for any $s\in\psi_I$. So, we have $\zeta_y(s)=v(\chi(s))$ for any $s\in\psi_I$. It follows that $\zeta_y(s_1+s_2)=\zeta_y(s_1)+\zeta_y(s_2)$ and $\zeta_y(-s_1)=-\zeta_y(s_1)$ for all s_1, $s_2\in\psi_I$. This shows that that lemma (II. 1) holds for the k-index $B_{n,n-1}$.

By using similar arguments as above, we can prove that the lemma (II. 1) also holds for the k-index $C_n^{(2)}$ and ${}^2A_{n-1,p}^{(d)}$ as well. The proof of the lemma (II. 1) is thus completed.

For each $y\in Y'$, deline a map ζ_y' by $\zeta_y'(s')=\zeta_y(s')$ for any $s'\in\psi'_I$. It is clear that ζ_y', $y\in Y^1$, satisfies the following condition:

(I. 1. b) $\zeta_y'(s_1'+s_2')=\zeta_y'(s_1')+\zeta_y'(s_2')$; $\zeta_y'(-s_1')=-\zeta_y'(s_1')$ for all s_1', $s_2'\in\psi'_I$. This implies that there is a $\delta_y'\in E'$ such that $(\delta_y', r')=\delta_y'(r')$ for all $r'\in\psi'_I$. For each $\alpha'=(r', k)\in\Sigma'$, define $U'_\alpha=\{X_r'(T);\ T\in K_{(r)},\ v(T)\geqslant k\}$. Clearly, $yU_{\alpha'}y^{-1}=U_{\beta'}$ for any $y\in Y^1$ where $\beta'=(r', k+\zeta_y'(r'))=T(\delta_y')\alpha'$. Thus each element y in Y' can be identified with $T(\delta_y')$ by the may $\gamma^\vee$ defined by $\gamma^\vee(y)=T(\delta_y')\in D'$. For $r_i\in\eta_I^*$, $1\leqslant i\leqslant n^*$, $n_i=n_{r_i}$ can be identified with w_i' by the map $\gamma^\vee$ defined by $\gamma^\vee(n_i)=w_i'$, $i=1, 2, \cdots, n^*$ where w_i' is the restriction of $w_i=w_{r_i}$ on E'. Let $N^\vee=Y^1N^1$. Then $N^\vee=Y^1N_0^1N^{1*}=Y^1N^{1*}$ since $N_o^1=\langle n_\alpha;\ \alpha\in\eta_o\rangle\subset Y^1$. This shows that the map $\gamma^\vee$ can be extended as a homomorphism $\gamma^\vee$ from $N^\vee$ into $\widetilde{W}=D'W^{1*\prime}$ such that $\gamma^\vee(yn_w)=\gamma^\vee(y)\gamma^\vee(n_w)=T(\delta_y')w'$ for any $y\in Y^1$ and $n_w\in N^{1*}$. Clearly, $\ker\gamma^\vee$ is $Y_D=\{y\in Y^1;\ \zeta_y'(r')=0 \text{ for all } r'\in\psi'_I\}=\{y\in Y^1;\ \zeta_y(r)=0 \text{ for all } r\in\psi_I\}$. Summing up the above results, we obtain the following lemma.

Lemma II. 2.

(ⅰ) $nU_{\alpha'}n^{-1}=U_{\gamma^\vee(n)(\alpha)}$ for any $\alpha'\in\Sigma'$ and $n\in N^\vee$.

(ⅱ) $\gamma^\vee(N^\vee)=\widetilde{W}$ and $\ker\gamma^\vee=Y_D$.

For each $r\in\psi_l$, define $F_{(r)}=\{T=(t_1, 0, \cdots, 0)\in K_{(r)};\ t_1\in D^*\}$ and $H_D=Y_D\cap H^1$. Then the following lemma can also be easily verified.

Lemma II. 3 Let $\alpha'=(r', k)\in\Sigma'$, and $T\in K_{(r)}$. If $n_w\in N^{1*}$ and $h\in H^1$, $y\in Y_D$, then

(i) $n_wX_r(T)n_w^{-1}=X_s(T')$ and $n_wU_{\alpha'}, n_w^{-1}=U_{\beta'}$, $T'\in K_{(s)}$, $v(T')=v(T)$, $s=\min I(w(r))$, $\beta'=(s', k)$, moreover, $N_r^1X_r(T)N_r^1=X_{-r}(-T)$, $-T\in K_{(-r)}$;

(ii) $n_wY_Dn_w^{-1}=Y^D$ and $hY_Dh^{-1}=Y_D$;

(iii) $yX_r(T)y^{-1}=X_r(T'')$, $T''\in K_{(r)}$, $v(T'')=v(T)$ and $yU_{\alpha'}y^{-1}=U_{\alpha'}$.

(iv) If $v(T)=0$, then $T=T'+T_F$, $T'\in K_{(v)}$, $v(T')>0$ or $T'=0$, $T_F\in F_{(r)}$.

(v) If U, $V\in K_{(r)}$ and $v(U)=v(V)$, then $\zeta_{y_1}=\zeta_{y_2}$ and $N_r^1y_1N_r^1y_2\in Y_D$, $y_1=y(s, U)$, $y_2=y(s, V)$, $s=\pm r$.

Lemma II. 4 Let $r\in\psi_I$ and $T\in K_{(r)}$. If $y=y(r, T)$ and $y'=y(-r, T)$, then

(i) $N_r^1yN_r^1=y'$ and $N_r^1y'N_r^1=y$;

(ii) $M(y, r)$ and $\widetilde{M}(y, r)$ can be expressed in the form $M(T)^{-1}$;

(iii) y and $y'\in Y_D$ whenever $T\in F_{(r)}$.

Proof: (i) is trivial. We now prove (ii) and (iii) separately by using the notation given in (I. 4) and (I. 5). First, we consider case (I):

(case(a)), For each $x\in K$, denote the 1×1 matrices over K with $(1,1)$ coeffeicient x by $[x]$. Then by (I. 4), $y=h_r^1(t_1^{-1})$, $y'=h_{-r}^1(-t_1^{-1})$ and $T=(t_1)\in K_{(r)}$. Thus, both $M(y, r)$ and $\widetilde{M}(y, r)$ can be expressed in the form $[t_1^{-1}]$. Clearly, $[t_1^{-1}]=M(T)^{-1}$, so (ii) follows. Similarly (iii) is true as well for this case.

(case(b)), As $y=g(D)$, by (I. 4). Then for each $U\in K_{(r)}$,

$$\begin{pmatrix} M^{-1} & 0 \\ 0 & M \end{pmatrix}\begin{pmatrix} 1 & M(U) \\ 0 & 1 \end{pmatrix}\begin{pmatrix} M & 0 \\ 0 & M^{-1} \end{pmatrix}=\begin{pmatrix} 1 & M' \\ 0 & 1 \end{pmatrix}$$

where $M'=M^{-1}M(U)M^{-1}$. So $M(y, r)$ and $\widetilde{M}(y, r)$ can be expressed in the form $M^{-1}=M(T)^{-1}$. This proves (ii). Similarly, (iii) can be proved for this case.

Now, we consider the case (II). Let $\eta=\pm 1$ and χ_η be the K-character of $Z\Phi$ defined by $\chi_\eta(e_n)=\omega(T)^\eta$, $\chi_\eta(e_i)=1$ for all $i=1, 2, \cdots, n-1$. Let χ be the K-character of $Z\Phi$ defined by $\chi(e_n)=t_1^{-2}\omega(T)$, $\chi(e_i)=1$ for all $i=1, 2, \cdots, n-1$. By (I. 4), we have $y=h(\chi^{-1})h(\chi)X_{-\alpha}(a)x_\alpha(b)$ and $y'=h(\chi_1)x_{-\alpha}(-a')x_\alpha(-b')$, where $a'=\gamma\bar{a}$, $a=\omega(T)^{-1}t_1t_2$ and $b'=\gamma^{-1}\bar{b}$, $b=\gamma t_1^{-1}\bar{t}_2$. (ⅰ) and (ⅱ) can be verified for the case (7) by (II. 1) since $\frac{1}{2}v(\omega(T))=v(T)$. It can be shown that (ⅱ) and (ⅲ) are true for the case (6) by using similar argument.

Summing up the above results, the proof of lemma (II. 3) is complete.

As $\Sigma'=\{\alpha'=(r', k); r'\in\psi'_I, k\in Z\}$ hence and since the projection: $r\to r'$ is a bijection from ψ_I onto ψ'_I, an element $\alpha'=(r', k)$ of Σ' determines an unique root r in ψ_I. Let $\alpha'=(r', h)$ and $\beta'=(s', k)\in\Sigma'$ such that $\alpha'\subset\beta'$. Then, by the properties of the semispace in E, it follows that $r=s$.

Proposition II. 5 If $\alpha'=(r', h)$ and $\beta'=(s', k)\in\Sigma'$ satisfying $\alpha'\subsetneqq\beta'$, then $U_{\beta'}\supsetneqq U_{\alpha'}$.

Proof: Since $\alpha'\subsetneqq\beta'$, we have $r=s$, r, $s\in\psi_I$ and $k>h$. Thus, $U_{\beta'}=\{X_r(T); T\in K_{(r)}, v(T)\geqslant k\}\underset{neq}{\supset}\{X_r(U); U\in K_{(r)}, v(U)\geqslant h\}=U_{\alpha'}$.

The following proposition is trivial.

Proposition II. 6 For each $\alpha'\in\Sigma'$, $\bigcap_{\beta'\subsetneqq\alpha'}U_{\beta'}=\{I\}$.

Proposition II. 7 Let $\alpha'=(v', h)$, $\beta'=(s', k)\in\Sigma'$. Assume that $\delta\alpha'$ and $\delta\beta'$ are not parallel. Then the commutator $[U_{\alpha'}, U_{\beta'}]\subset U_{\gamma'}$, where $\gamma'\in\Sigma'$, $\gamma'\not\supset\alpha'$, $\gamma'\supset\beta'$, $\gamma'\supset\alpha'\cap\beta'$.

Proof: Since α' and β' are not parallel, we have $r\neq\pm s$, r, $s\in\psi_I$. We now prove that the following statement holds:

(II. 7. a) If $T\in K_{(r)}$ and $U\in K_{(s)}$, then $[X_r(T), X_s(U)]=\Pi X_{ir+is}(V_{ij})$, whenever $ir+js\in\psi_I$, $V_{ij}\in K_{(ir+js)}$ and $v(V_{ij})\geqslant v(T)+v(U)$.

We first show that (II. 7. a) holds for the k-index ${}^1A_{n-1,p}^{(d)}$. Without loss of generality, we may assume that r and s can be expressed as follows: $r=e_{(h-1)m+1}-e_{(t-1)m+1}$, $s=e_{(t-1)m+1}-e_{(k-1)m+1}$, $1\leqslant h<t<k\leqslant p$. Clearly, $[(I+c_1e_{ht}), (I+c_2e_{tk})]=I+c_1c_2e_{hk}$. where $c_1=f^{-1}(T)$ and $c_2=f^{-1}(U)$. It is easy to see that $V_{11}=f^{-1}(c_1c_2)$ and $V_{ij}\neq 0$, $i, j\in Z_+$, $i, j\neq 1$. Then by using (I.

1), $M(V_{11})=g(c_1c_2)=g(c_1)g(c_2)=M(T)M(U)$. Hence, by (I. 2), $v(V_{11})=v(T)+v(U)$ and $|X_r(T), X_s(U)|=X_{r+s}(V_{11})$, $V_{11}\in K_{(r+s)}$. This shows that (II. 7. a) is true for this case. Similarly, it is easy to see that (II. 7. a) holds for the k-index ${}^1E_{6,2}^{1b}$. Then by applying 5. 2. 2 in [3], we can verify that (II. 7. a) holds for all other k-indices.

The proposition (II. 7) now follows easily by using (II. 7. a). (Note that if $m=2$ and $I(r)\cap \Phi_{1b}\neq\phi$, then $\frac{1}{2}v(\omega(T))=v(T)$, $T\in K_{(r)}$).

Lemma II. 8 Let $r\in\psi_I$, $T\in K_{(r)}$ and $U\in K_{(-r)}$ such that $v(T)\geqslant k$, $v(U)>-k$, $k\in Z$. Then $X_{-r}(U)X_r(T)=X_r(T_1)yX_{-r}(U_1^*)$, $y\in Y_D$, $T_1\in K_{(r)}$, $v(T_1)\geqslant k$, $U_1^*\in K_{(-r)}$, $v(U_1^*)>-k$.

Proof: Assume $\Phi_{1b}=\phi$. Then $X_{-r}(U)X_r(T)=X_r(U^*)N_r^1y(-r, U)X_r(U_1)$, $U_1=U^*+T\in K_{(r)}$ by (I. 4). Thus $M(U_1)=M(U^*)+M(T)=M(U^*)Q$, $Q=I+M(U^*)^{-1}M(T)$ by (I. 1). Also, we obtain that $M(U^*)=M(U)^{-1}$ by (I. 4). So $M(U_1)=M(U)^{-1}Q$ and $Q=I+M(U)M(T)$. Obviously, $v(T)+v(U)>0$. This implies that $U_1\neq 0$ and $v(U_1)=-v(U)$. By (I. 4), $X_{-r}(U)X_r(T)=X_r(U^*)N_r^1y(-r, U)X_{-r}(U_1^*)N_r^1y(r, U_1)X_{-r}(U_1^*)$. Let $X_{-r}(\widetilde{U})=y(-r, U)X_{-r}(U_1^*)y(-r, U)^{-1}$ and $y=N_r^1y(-r, U)N_r^1y(r, U_1)$. Then $X_{-r}(U)X_r(T)=X_r(T_1)yX_{-r}(U_1^*)$, where $T_1=U^*-\widetilde{U}\in K_{(r)}$ by (II. 3). Using (II. 4), $M(\widetilde{U})=M(U)^{-1}M(U_1^*)M(U)^{-1}=M(U)^{-1}Q^{-1}M(U)M(U)^{-1}M(U)^{-1}Q^{-1}$. Thus $M(T_1)=M(U^*)+M(\widetilde{U})=M(U)^{-1}-M(U)^{-1}Q^{-1}=M(U)^{-1}a^{-1}(I+M(U)M(T)-I)=v(T_1)=v(T)-v(U)+v(U)$, so, $v(T)\geqslant k$. Consequently, $y\in Y_D$ by a modification of (II. 3). (V). Clearly, $v(U_1^*)=-(-v(U))>-k$. Thus, lemma (II. 8) holds for the case $\Phi_{1b}=\phi$. Similarly, we can show that lemma (II. 8) holds for $\phi_{1b}\neq\phi$.

For any subset S of E', let P_s be the subgroup generated by $\{U_{\alpha'}; S\subset\alpha', \alpha'\in\Sigma'\}$. By (II*.) and by using the induction, we can prove the following proposition.

Proposition II. 9 Let $\alpha'=(r', k)\in\Sigma'$ and $\alpha'^*=(-r', k)$. If $\beta'\in\Sigma'$ satisfies β' stackrel $\supset\neq\alpha'^*$, then $P_{\alpha'\cap\beta'}=U_{\alpha'}Y_DU_{\beta'}$.

Proposition II. 10 Let $\alpha'=(r', k)\in\Sigma'$ and $\alpha'^*=(-r'^+, -k+1)$. Then

$P_{\&\alpha'}=\{U_{\alpha'}\gamma^{\sqrt{-1}}(u_{\alpha'})U_{\alpha'}\}\cup\{U_{\alpha'}, Y_D U_{\alpha'^{*+}}\}$.

Proof: We first prove the following statement.

(II. 10. a) Let $x'=X_r(T_o)X_{-r}(T)X_r(U_o)X_{-r}(U)$, $T_o, U_o\in K_{(r)}$, $v(T_o)$, $v(U_o)\geqslant k$, $T, U\in K_{(-r)}$, $v(T)=v(U)=-k$. Then $x'=X_r(T')X_{-r}(U')yX_r(U^*)$, $y\in Y_D$, $T', U^*\in K_{(r)}$, $v(T')$, $v(U^*)\geqslant k$, $U'\in K_{(-r)}$, $v(U')\geqslant -k$.

In fact, by (I. 4), $x'=X_r(T')N_r^1 y(-r, T)X_r(T'')N_r^1 y(-r, U)X_r(U^*)$, $T'=T_o+T^*$, $T''=T^*+U_o+U^*\in K_{(r)}$. By (I. 2), we have $v(T')\geqslant k$ and $v(T'')\geqslant k$. Now, let $y=N_r^1 y(-r, T)N_r^1 y(-r, U)$ and $X_r(U')=y(-r, T)X_r(T'')y(-r, T)^{-1}$. Then $y\in Y_D$ by (II. 3) and $M(U')=M(T)M(T'')M(T)$. Thus, by (I. 2), $v(U')\geqslant k-2k\geqslant -k$. Applying (II. 3), we have $x'=X_r(T')X_{-r}(-U')yX_r(U^*)$, $T, U^*\in K_{(r)}$, $v(T')$, $v(U^*)_{\geqslant}k$, $U'\in K_{(-r)}$, $v(U')\geqslant -k$, and $y\in Y_D$. Thus, (II. 10. a) is proved.

By definition, $P_{\&\alpha}=\langle X_r(T), X_{-r}(U);\ T\in K_{(r)}, v(T)\geqslant k, U\in K_{(-r)}, v(U)\geqslant -k\rangle$. Thus, each element x of $P_{\&\alpha}$ can be expressed in the following form: $x=X_r(T_1)X_{-r}(U_1)X_r(T_2)X_{-r}(U_2)\cdots X_r(T_h)X_{-r}(U_h)$, $T_i\in K_{(r)}$, $v(T_i)\leqslant k$, $U_i\in K_{(-r)}$, $v(U_i)\leqslant -k$ for any $i=1, 2, \cdots, h$, $h\in Z_+$. By (II. 8), we may also assume that $v(U_i)=-k$, $1\geqslant i\geqslant h-1$ without loss of generality. Then, we only neal to show that $x\in Z_1\cup Z_2$, $Z_1=U_{\alpha'}\gamma^{\sqrt{-1}}(w_{\alpha'})U_{\alpha'}$, $Z_2=U_{\alpha'}Y_D U_{\alpha'^{*+}}$.

(Case 1) Suppose $h=1$. Then $x\in Z_2$ if $v(V_1)>-k$. If $v(U_1)=-k$. Then, by (I. 4) and (I. 5), we have $x=X_r(T_1')N_r'y(-r, U_1)X_r(U_1^*)$, $T_1'=T_1+U_1^*\in K_{(r)}$, $v(T_1')\geqslant k$. Thus $x\in Z_1$ since $N_r'y(-r, U_1)\in\gamma^{\sqrt{-1}}(w_{\alpha'})$ and $v(U_1^*)=k$.

(Case 2) Suppose $h=2$. Then, accoridng to (II. 8), if $v(U_2)>-k$, then $x=X_r(T)X_{-r}(U)y$, $T\in K_{(r)}$, $v(U)\geqslant -k$, $y\in Y_D$. Also, according to (II. 10. a) and (II. 8), if $v(U_2)=-k$, then $x=X_r(T)X_{-r}(U)X_r(T')y$, $T, T'\in K_{(r)}$, $v(T)\geqslant k$, $U\in K_{-r}$, $v(U)\geqslant -k$, $y\in Y_D$. By the results obtained in case (1), we obtain that $x'=X_r(T)X_{-r}(U)\in Z_1\cup Z_2$. So by (II. 8), $x\in Z_2$ if $x'\in Z_2$, also, by (I. 2), $x\in Z_1$ if $x'\in Z_1$.

(Case 3) Suppose $h>2$. This case can be reduced to case 2 by (II. 10. a).

Therefore, summing up all the above cases, we have proved that $P_{\&\alpha}=Z_1$

$\cup Z_2$. The proposition (II. 10) is proved.

Define $U_P=\langle U_{\alpha'};\ \alpha'=(r',k),\ r'\in\psi_I^{+'},\ k\geqslant 1\rangle=\langle X_r(T);\ r\in\psi_I^+,\ T\in K_{(r)},\ v(T)\geqslant 1\rangle$, and $V_D=\langle U_{\alpha'},\ \alpha'=(r',k),\ r'\in\psi_I^{-1},\ k\geqslant 0\rangle=\langle X_r(T);\ r\in\psi_I,\ T\in K_{(r)},\ v(T)\geqslant 0\rangle$, $\psi_1=\psi_J\cap\Phi^-$. For each $r\in\Pi_1^*$, we define $U_{P,r}=\langle U_{\alpha'};\ \alpha'=(s',k),\ s\in\psi_I^+\backslash r',\ k\geqslant 1\rangle=\langle X_s(T);\ s\in\psi_I^+\backslash r,\ T\in K_{(S)},\ v(T)\geqslant 1\rangle$ and $V_{D,r}=\langle U_{\alpha'};\ \alpha'=(s',k),\ s'\in\psi_I^-\backslash -r',\ k\geqslant 0\rangle=\langle X_s(T),\ s\in\psi_I^-\backslash -r,\ T\in K_{(s)},\ v(T)\geqslant 0\rangle$.

The following lemma is easy to prove.

Lemma II. 11

(ⅰ) Let $u\in U_P$, $v\in V_D$ and $r\in\Pi_r^*$. Then u and v can be expressed as $u=X_r(T)u'=u''X_r(T')$, $T,T'\in K_{(r)}$, $v(T)$, $v(T')\geqslant 1$, $u',u''\in U_{P,r}$; $v=X_{-r}(U)v'=v''X_{-r}(U')$, $U,U'\in K_{(-r)}$, $v(U)$, $v(U')\geqslant 0$, $v',v''\in V_{D,r}$.

(ⅱ) Let $u\in U_{P,r}$ and $v\in V_{D,r}$, $r\in\Pi_I^*$. Let $T\in K_{(r)}$, $v(T)\geqslant 1$ and $U\in K_{(-r)}$, $v(U)\geqslant 0$. Then $X_r(T)vX_r(-T)=v^*\in V_{D,r}$, $N_r^1vN_r^1=u^{*\prime}\in V_{D,r}$ and $X_{-r}(U)uX_{-r}(-U)=u^*\in U_{P,r}$, $N_r{}'uN_r^1=u^{*\prime}\in U_{p,r}$

(ⅲ) $Y_DU_P=U_PY_D$, $Y_DV_D=V_DY_D$ and $Y_DU_{P,r}=U_{P,r}Y_D$, $Y_DV_{D,r}=V_{D,r}Y_D$.

Let $C_o{}'$ be the fundamental cell of E' defined by

$$C_o{}'=\{x'\in E';\ 0\leqslant(x',r')\leqslant 1\text{ for all }r'\in\psi_I{}^{+\prime}\}.$$

Clearly, we have $\{(r',1),(-r',0);\ r'\in\psi_I{}^{+\prime}\}=\{\alpha'=(r',h)\in\Sigma';\ C_o{}'\subset\alpha'\}$.

Therefore, $P_{c_o{}'}=\langle U_P,V_D\rangle$. Denote $P_{c_o{}'}$ by B. Then B is called the Iwahori subgroup of G'. For each $r\in\psi_I$, we write $X_{r,D}=U_{\alpha'}\alpha'=(r',o)$ and $X_{r,P}=U_{\beta'}$, $\beta'=(r',1)$.

Lemma II. 12 If $\Pi_o\neq\phi$ or $\sigma^*\neq I$, then for each $s\in\psi_I^-$, $X_{s,D}\subset V_{-\eta,D}$, and $V_{-\eta,D}=\langle X_{-r,D};\ r\in\Pi_I^*\rangle$.

Proof: We first establish (II. 12. a).

(II. 12. a). Let $s\in\psi^-$, $ht(-s)>1$ and $t\in K_s^*\cap D$. Then $X_s^1(t)\in V_{-\Pi,D}$.

In fact, if $ht(-s)=1$ and $t\in K_r^*\cap D$. Then $X_r{}'(t)\in V_{-\eta,D}$.

Clearly, if $ht(-s)>1$, then there are $s_1\in-\Pi_1^*$ and $s_2\in\psi^-$, $ht(-s_1)<ht(-s)$ such that $s=s_1+s_2$. Let $\eta=(s_1,s_1)/(s_2,s_2)$. Then we have $\eta=1$, 2 or $\frac{1}{2}$ because $\Pi_o\neq\phi$ or $\sigma^*\neq I$. Now, we shall consider the following two ca-

ses.

(1) $\eta=1$: Choose a suitable $\lambda=1$ or -1 such that $X_s^1(t)=[X_{s_1}(\Lambda), X_{s_2}^1(t)]$. Thus, $X_s^1(t)\in V_{-\Pi,D}$ since $\lambda\in D$.

(2) $\eta=2$ or $\frac{1}{2}$: We can also choose a suitable $\lambda=\frac{1}{2}$ or $-\frac{1}{2}$ such that $X_s'(t)=[X_{s_1}^1(-\lambda), X_{s_2}^1(t)] \mid X_{s_1}^1(\lambda), X_{s_2}^1(-t)\mid$. Thus, $X_s^1(t)\in V_{-\Pi,D}$ since $\lambda\in D$.

By using inductionon $ht(-s)$, we have $s\in\psi^-$. Also, by using (1) and (2) mentioned above, (II. 12. a) can be established immediately.

If $T=(0, \cdots, 0, t_i, 0, \cdots, 0)\in K_{(s)}$, and $v(T)\geqslant 0$ then $t_i\in K_{s_i}^*\cap D$ and $X_{s_i}^1(t_i)\in X_{s,D}$, $s_i\in\psi^-$. Thus the lemma (II. 12) can be proved by using (II. 12. a).

Lemma II. 13 $V_DU_P\subset U_PV_DY_D$

Proof: Suppose $\Pi_0=\phi$ and $\sigma^*=I$. Then G^1 is a Chevalley groups. By 2. 5 in [8], the lemma (II. 13) can be proved.

Finally, we consider the case for $\Pi_0\neq\phi$ or $\sigma^*\neq I$. By (II. 12), $V_D=V_{D,(1)}X_{-r_q,D}$, $r_q\in\Pi_I^*$, where $V_{D,(1)}=X_{-r_1,D}, X_{-r_2,D}\cdots X_{-r_{q-1},D}$, $r_i\in\Pi_I^*$, $1\leqslant i\leqslant q-1$. It follows from (II. 11) that $U_P=X_{r_q,P}U_{P,r_q}$. Hence, by using (II. 8) and (II. 11), we have

$$\begin{aligned} V_DU_P &=V_{D,(1)}X_{-r_q,D}X_{r_q,P}U_{P,r_p} \\ &\subset V_{D,(1)}X_{r_q,P}X_{-r_q,D}Y_DU_{P,r_q} \\ &\subset V_{D,(1)}X_{r_q,P}U_{P,r_q}X_{-r_q,D}Y_D \\ &\subset V_{D,(1)}U_PV_DY_D. \end{aligned}$$

Repeating the above arguments, after a finite number of steps, we eventually obtain that $V_DU_P\subset U_PV_DY_D$. The lemma (11. 13) is hence proved.

Lemma II. 14

(i) $B=V_DU_PY_D=U_PV_DY_D$.

(ii) There is a bijection from B to $U_{r_1'}\times U_{r_2'}\times\cdots\times U_{r_h'}\times Y_D$ where $\{r_1', r_2', \cdots, r_h'\}=\{(r', 1);\ r'\in\psi_I^{+'}\}\cup\{(s', 0);\ s'\in\psi_I^{-1}\}$.

Proof: By (Il. 13), we obtain (i) immediately. Clearly, (ii) follows from (i).

Summarize (II. 2), (II. 5), (II. 6), (II. 7), (II. 9), (II. 10) and (II. 14), we at last obtain the following theorem concerning the colletion of root data of the group G' constructed in our section 1 .

Theorem II. 15 For each k-index (Π, Π_0, σ^*), $(N^\vee, \gamma^\vee, U_{\alpha'}, \alpha' \in \Sigma')$ is a collection of root data (donnee radiciable) of G^1 which is a simple group of the k-rational points of the connected simple linear algebraic gorup G defined over the field k with the k-index (Π, Π_o, γ^*).

Proof: Clearly, the group G^1 is generated by $N^\vee$, $U_{\alpha'}$, and $\alpha' \in \Sigma'$ as G^1 is generated by U^1 and V^1 where $U^1 = \langle U_{\alpha'}; \alpha' = (r', k), r' \in \psi^{+\prime}, k \in Z\rangle$ and $V^1 = \langle U_{\beta'}; \beta' = (s', k), s' \in \psi_1^{-\prime}, k \in Z\rangle$.

Table Ⅰ

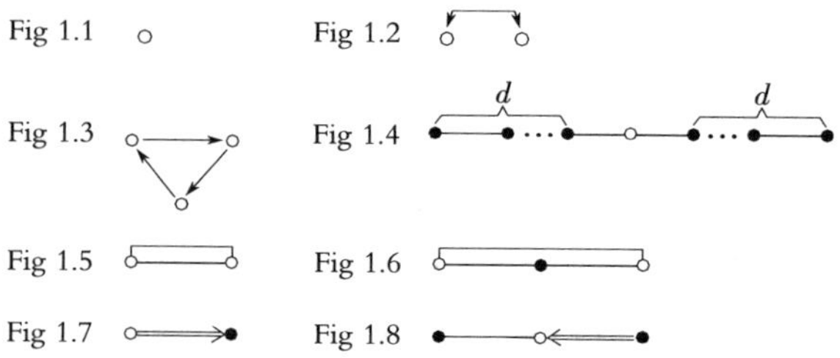

Table Ⅱ

D_n^{IV} 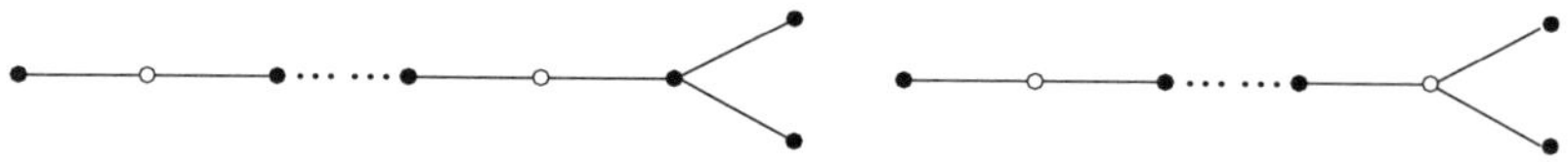

References

[1] A. Albert, Structure of algebra, Amer. Math. Soc. Coll. Pub. vol. 24.

[2] F. Bruhat and J. Tits, Groups reductifs sur un corps local, I, II, Publ. Math. I. H. E. S. 41(1972), 5-252; 60(1984), 197-376.

[3] B. Carter, Simple groups of Lie type, Wiley, 1972.

[4] Cheng Chon Hu, A family of simple groups associated with the Satake diagram, J. Austral. Math. Soc. (Series A). 41(1986), 13-43.

[5] Cheng Chon Hu, Classical groups and generalized simple groups of Lie type, J. Austral. Math. Soc. (Series A). 47(1989), 53-70.

[6] Cheng ChonHu, On existence theorem of simple algebraic group over p-adic fields, Acta.

Math. Sinica. Vol 36. No. 1 (1993), 1-12 (in Chinese).

[7] C. Chevally, Sur certain groups simples, Tohoku. Math. J (1955), 41-66.

[8] N. Iwahoi and H. Matsumoto, On some Bruhat decompositon and the structure of the Hecke ring of p-adic Chevalley groups, Publ. Math. I. H. E. S 25(1965), 5-48.

[9] N. Jacobson, Basic algebra, vol. I, Freeman and Company, 1974.

[10] I. Satake, Classification theory of semi-simple algebraic groups, Marcel Dekker. Inc, 1971.

[11] R. Steinberg, Variation on theme of Chevalley, Pacific. J. Math. 9(1959), 875-891.

[12] J. Tits, Classification of algebraic semi-simple groups, Proc. of the Symposium in pure Math. Vol. 9, 32-62.

A NOTE ON THE CONSTRUCTION OF SIMPLE GROUPS OVER NUMBER FIELDS

Let n be a number field. For each admissible n-index $(\Delta, \Delta_0, \sigma^*)$ of exceptional types, we find a condition $(\mathrm{Ex}-(\Delta, \Delta_0, \sigma^*))$ and by a similar way as the construction of the Chevalley groups and the Steinberg groups, we construct a simple group which is identified with the group of the n-rational points of the simple algebraic group defined over n having the n-index $(\Delta, \Delta_0, \sigma^*)$ if the number field n satisfies the condition $(Ex-(\Delta, \Delta_0, \sigma^*))$.

C. Chevalley [8] gave a uniform construction of the groups of adjoint type over $\mathbb{K}$ for all irreducible simple root system where $\mathbb{K}$ is an algebraically closed field (This presuppose the existence for the simple Lie algebra over $\mathbb{C}$.) Thus a uniform proof of the existence of simple algebraic groups defined over $\mathbb{K}$ was given for all possible types A-G[3]. There is a construction of a simply connected group of any given type, provided some group of that type already exists [7]. For a given root system, we denote by L the lattice with $L_0 \in L \in L_1$ where L_0 and L_1 are the root and weight lattices respectively. R. Steinberg [14] gave a uniform proof of the existence of semi-simple algebraic groups defined over $\mathbb{K}$ of which global roots and characters are L_0 and L respectively. Using Weil's theorem, an existence proof for a reductive group defined over $\mathbb{K}$ with a given root datum is given by M. Demazure and A. Grothendieck [9].

The classification of semi-simple algebraic groups defined over prefect field k is considered by *J.* Tits [15] and *I.* Satake [11]. According to the Witt-type theorem for semi-simple groups given by *J.* Tits [15], the problem of classifying the semi-simple algebraic groups defined over k is deduced to find all admissible indices of semi-simple algebraic groups defined over k (such indices are called admissible (k)-indices) and all possible semi-simple anisotropic kernels for a given (k)-index. J. Tits [15] enumerated all possible admissible (k)-indices when k is $\mathbb{R}$ (real numbers field), p(p-adic field), F(finite field), n(number field). J. Tits [15] indicated that the existence proof of the algebraic semi-simple groups defined over k having all admissible (k) indices perhaps in rather tricky. Especially, assuming k is a number field, for each admissible (k)-index of the type A_l, B_l, C_l, D_l, J. Tits [15] gave some classical groups which are the groups of the k-rational points of the simple algebraic groups defined over n having various admissible (k)-indices of classical types. For each admissible (k)-index of exceptional types, J. Tits [15] indicated: when we say that a form (ie. a simple algebric group having the admissible (k)-index) exists over-say-the number field, it means that there exist number field where the form occurs. In J. Tits [15], for some admissible (k)-indices of exceptional types, except Chevalley forms and Steinberg forms, an outline of the constructions of the simple algebraic groups defined over k having the (k)-indices has been given (for example, the (k)-indices ${}^1E^{16}_{6.7}$).

As defined by [15] and [11], each admissible (k)-index consists of $(\Delta, \Delta_0, \sigma^*)$ (or denoted by (Π, Π_0, σ^*)) where Δ is a simple root system of a simple Lie algebra L over $\mathbb{C}$, Δ_0 a subsystem of Δ, and σ^* a permutation of $\Delta^* = \Delta \backslash \Delta_0$.

In this note, for each admissible (k)-index of exceptional types (except the types ${}^2E^{35}_{6,1}$ and $F^{21}_{4,1}$), we will give a condition (Ex—$(\Delta, \Delta_0, \sigma^*)$) associated with $(\Delta, \Delta_0, \sigma^*)$ and if the number field k satisfies the condition (Ex—$(\Delta, \Delta_0, \sigma^*)$) then using a similar way as used in C. Chevalley [8] and R. Steinberg [13], and [4], [5], [6], we will give a uniform construction of the simple groups G_k of the k-rational points of the simple algebraic group G defined over k having the admissible (k)-index $(\Delta, \Delta_0, \sigma^*)$. This uniform construction of the group G_k may be interpreted as an outline of the proof for the existence of simple algebraic groups of exceptional types defined over k.

We denote by ϕ (ϕ_0) the root system with fundamental root system Δ (Δ_0), the description of the root system ϕ is convenient to use an orthonormal basis E of a Euclidean space as in [3] (p. 45), for each pair r_1, $r_2 \in \phi$, we introduce an order relation $>$ by defining $r_1 > r_2$ whenever the first nonzero cofficient of $r_1 - r_2$ is positive for the basis E.

Let 0 denote the empty set and let $|S|$ denote the cardinality of the set S.

Assuming $\Delta_0 \neq 0$, Δ_0 can be expressed into a union of disjoint connected components Δ_0^i of Δ_0, $i=1, 2, \cdots, p$ (always, denoted by $p(\Delta_0)$), ie. $\Delta_0 = \Delta_0^1 \cup \Delta_0^2 \cup \cdots \cup \Delta_0^p$ and define $W_0^i = \langle w_\alpha, \alpha \in \Delta_0^i \rangle$, $i=1, 2, \cdots, p$, and $W_0 = \langle w_\alpha, \alpha \in \Delta_0 \rangle$. $\Delta \cong \Delta(L)$ means that Δ is identified with the simple root system of the simple Lie algebra L over $\mathbb{C}$.

We shall consider separately.

1) $p(\Delta_0)=1$ or $\Delta_0 \cong \Delta(A_1 \times D_4)$. Then $\Delta_0 \cong \Delta(D_4)$, $\Delta(A_3)$, $\Delta(D_4 \times A_1)$, there is $\theta_0 \in W_0$ such that $\theta(\alpha) = -\alpha$ for all $\alpha \in \Delta_0$ where $\theta = \tau\theta_0$, τ being identity map of Δ if $\Delta_0^1 \cong \Delta(D_4)$, τ being the non-trivial symmetry of Δ if $\Delta_0 \cong \Delta(A_3)$. We denote by $q(\Delta_0)$ the positive integer 4 if $\Delta_0 \cong \Delta(D_4)$ or $\Delta(A_3)$, $q(\Delta_0)=8$ if $\Delta_0 \cong \Delta(D_4 \times A_1)$.

2) $p(\Delta_0) \neq 1$ and $\Delta_0 \ncong \Delta(A_1 \times D_4)$. Then $\Delta_0^i \cong \Delta(A_d)$, $d=1$ or 2, so Δ_0 may be expressed, in the form: $\Delta_0^i = \{\alpha_{i_1}, \alpha_{i_2}, \cdots, \alpha_{i_d}\}$ satisfying $(\alpha_{i_k}, \alpha_{i_{k+1}}) \neq 0$, $k=1, 2, \cdots, d-1$ and $\alpha_{i_d} > \alpha_{i+1}$ for $i=1, 2, \cdots, p-1$ and there exists $\theta_0^i \in W_0^i$, $i=1, 2, \cdots, p$ such that $\theta_0^i(\alpha_{i_k}) = \alpha_{i_{k+1}}$, $k=1, 2, \cdots, d-1$, $\theta_0^i(\alpha_{i_d}) = -\delta_i$, and $\theta_0^i(-\delta_i) = \alpha_{i_1}$, $\delta_i = \alpha_{i_1} + \cdots + \alpha_{i_1}$, we define $\theta = \theta_0^1 \theta_0^2 \cdots \theta_0^p$.

Clearly, θ is determined by the admissiblc (k)- index (Δ, Δ_0, σ^*), we denote by n^* the order of θ(n^* always is denoted by $N(\Delta, \Delta_0, \sigma^*)$ and we write $d^* = n^* - 1$).

For each admissible (k-index (Δ, Δ_0, σ^*), the Dynkin diagram of Δ is drawn in such way that every root of Δ_0 is denoted by black circle and every root of Δ^* by a white circle; any two distinct roots r_1 and r_2 of Δ^* are joined by a curved arrow if $\sigma^*(r_1) = r_2$, this drawn Dynkin diagram is denoted by Diag (Δ, Δ_0, σ^*).

For each $r \in \phi$, we write $\theta^i(r) = r^{(i)}$, $i=0, 1, \cdots, d^*$ and write $r^{(0)} = r$, $\bar{r} = r^{(1)}$, $\bar{\bar{r}} = r^{(2)}$, $\cdots$, and we define $r' = n^{*-1}(r^{(0)} + r^{(1)} + \cdots + r^{(d^*)})$. It is easily verified that $\Delta_0 = \{\alpha \in \Delta;\ \alpha' = 0\}$ and r_1, $r_2 \in \Delta^*$, $r_1 \neq r_2$ satisfy $r_1{}' = r_2{}'$ if and only if r_1 and r_2 are joined by a curved arrow in Diag $(\Delta, \Delta_0, \sigma^*)$.

We denote by ϕ^+ (ϕ_0^+) the positive root system with the fundamental root system $\Delta(\Delta_0)$. Let $\phi^- = -\phi^+$ and $\phi_0^- = -\phi_0^+$. We denote by ϕ^* the set $\phi\backslash\phi^\circ$. We define: $\phi_1 = \{r \in \phi^* \mid r = \bar{r}\}$, $\phi_{11} = \phi^* \backslash \phi_1$; $\phi_{11b} = \{r \in \phi_{11} \mid r + \bar{r} \in \phi\}$, $\phi_{11a} = \phi_{11} \backslash \phi_{11b}$ and $\phi_{1b} = \{r + \bar{r} \mid r \in \phi_{11b}\}$, $\phi_{1a} = \phi_1 \backslash \phi_{1b}$.

We shall use the notations of [3] and [15] without explanation.

Proposition 1 For each admissible (k)-index $(\Delta, \Delta_0, \sigma^*)$ of exceptional types, there exist a Chevalley basis $C_b = \{h_r, r \in \Delta; e_r, r \in \phi\}$ of L and an automorphism ρ_θ of L whose order is equal to the order of θ such that $\rho_\theta(e_r) = k_r^* e_{\bar{r}}$, $r \in \phi$, e_r, $e_{\bar{r}} \in c_b$, $k_r^* = \pm 1$ satisfying (A): $k_r^* = 1$ for all $r \in \phi_{1a} \cup \phi_{11}$, $k_r^* = -1$ for all $r \in \phi_{1b}$.

Proof: By Proposition 1 for [6], the proposition is true for the case $n^* = 2$. We shall consider the case $n^* > 2$.

Let $C_b = \{h_r, r \in \Delta; e_r, r \in \phi\}$ be a Chevalley basis of L and $L(\mathbb{Q})$ be the Chevalley group of type of L over the rational number field $\mathbb{Q}$ generated by $\{x_r(t), r \in \phi, t \in \mathbb{Q}\}$, $x_r(t) = \exp(t\,ad\,e_r)$. Let $\rho_i = n_{\alpha_{i_1}} n_{\alpha_{i_2}}$, $i = 1, 2$ and let $\rho_\theta = \rho_1 \rho_2$ where $n_{\alpha_{i_k}} \in L(\mathbb{Q})$ for $i, k = 1, 2$. It is easy to see that the Chevalley basis C_b and the automorphism ρ_θ are as required. q. e. d.

For each admissible (k)-index $(\Delta, \Delta_0, \sigma^*)$, a number field k is said to be satisfying the condition (Ex$-(\Delta, \Delta_0, \sigma^*)$) if there is an extension K of k such that Gal $K/n) = \{I, \sigma\}$, $\sigma^2 = I$, and there exists a vector space V of dimension $q(\Delta_0)$ over K endowed with a non-singular anisotropic Hermitian scalar product $H(x, y)$, $x, y \in V$, relative to σ, the matrix H of $H(x, y)$ satisfying (B) given below for the case 1; if there is an extension K of n and a $l \in k$ such that Gal $(K/N) = \{I, \sigma, \cdots, \sigma^{d^*}\}$, $d^* = N(\Delta, \Delta_0, \sigma^*) - 1$, and (K, σ, l) is a central cyclic division algebra of degree n^* over k for the case 2. (of. [1]).

We will consider the condition $(Ex-(\Delta, \Delta_0, \sigma^*))$ for each type of $(\Delta, \Delta_0, \sigma^*)$. 1, $p(\Delta_0) = 1$ or $\Delta_0 = \Delta(D_4 \times A_1)$. Then there is a basis $B = \{e_1, e_2, \cdots, e_{q(\Delta_0)}\}$ of the vector space V over K such that the matrix H of the Hermitian scalar product $H(x, y)$ relative to the basis B can be expressed in the form:

$$(B)\qquad H=\begin{bmatrix} l_1 & & & & \\ & l_2 & & & \\ & & \cdot & & \\ & & & \cdot & \\ & & & & \cdot \\ & & & & & l_q \end{bmatrix},$$

$l_i \in k$, $i=1, 2, \cdots, q=q(\Delta_0)$ ($l_1 l_2 l_3 l_4 = 1$ if $\Delta_0=\Delta(A_3)$,

$l_{4+i}\lambda l_i$, $\lambda=\zeta^2 \in k$, $i=1, 2, 3, 4$, $\zeta \in K^*$, if $\Delta_0=\Delta(D_4\times A_1)$)

Let $x=x_1e_1+x_2e_2+\cdots+x_qe_q$ be a vector of V, $x_i \in K$, $i=1, 2, \cdots, q=q(\Delta_0)$ and $x\neq 0$. Then $H(x, x)=xH\bar{x}'=l_1x_1\bar{x}_1+l_2x_2\bar{x}_2+\cdots+l_qx_q\bar{x}_q\neq 0$ since the Hermitian scalar product $H(x, y)$ is anisotropic (i. e. the Witt index of $H(x, y)$ is equal to zero).

Let $T=(t_1, t_2, \cdots, t_q)\in K\times K\times\cdots\times K=K^{(q)}$, $q=q(\Delta_0)$, Then we define $D(T)=H(x_T, x_T)=l_1t_1\bar{t}_1+l_2t_2\bar{t}_2+\cdots+l_qt_q\bar{t}_q$ where $x_T=t_1e_1+t_2e_2+\cdots+t_qe_q\in V$. Clearly, if $T\neq(0, 0, \cdots, 0)$ then $D(T)\neq 0$. Let $C(\Delta_0)$ denote $\{\lambda, l_1, l_2, \cdots, l_q\}$, $\zeta^2=\lambda$. 2. $p(\Delta_0)\neq 1$ and $\Delta_0\not\cong\Delta(D_4\times A_1)$. Then there exists a central cyclic division algebra $D_{n^*}=(K, \sigma, l)$ of degree n^* over n. It follows from [1] that K is a maximal subfield of D_{n^*} and is an extension of k such that Gal $(K/k)=\{I, \sigma, \cdots, \sigma^{d^*}\}$, $d^*=N(\Delta, \Delta_0, \sigma^*)-1$. It is clear that D_{n^*} can be expressed in the form:

$$D_{n^*}=K+\varepsilon K+\varepsilon^2K+\cdots+\varepsilon^{d^*}K$$

where ε is a quantity of D_{n^*} satisfying $\varepsilon^{n^*}=l$, and $t\varepsilon=\varepsilon t^\sigma$ for all $t\in K$.

We shall consider separately for the cases of various n^*.

1) $n^*=2$: It follows from [12] (p. 403) that there is a basis $(I, \varepsilon_1, \varepsilon_2, \varepsilon_3)$ of D_2 over n such that $\varepsilon_1^2=c_1$, $\varepsilon_2^2=c_2$, $c_1, c_2 \in n$, $\varepsilon_1\varepsilon_2=-\varepsilon_2\varepsilon_1$, and $K=k(\varepsilon_1)$.

We write $\varepsilon_2=\varepsilon$ and $c_2=l$. Each element a of D_2 has an expression:

$a=t_1+\varepsilon t_2=\zeta_0+\varepsilon_1\zeta_1+\varepsilon\zeta_2+\varepsilon_1\varepsilon\zeta_3$, $\zeta_i\in n$, $i=0, 1, 2, 3$, $t_1=\zeta_0+\varepsilon_1\zeta_1$, $t_2=\zeta_2-\varepsilon_1\zeta_3 \in K$ and we define $\psi: a\rightarrow \begin{vmatrix} t_1 & l\bar{t}_2 \\ t_2 & \bar{t}_1 \end{vmatrix}$ where $\bar{t}_1=\zeta_0-\varepsilon_1\zeta_1$ and $\bar{t}_2=\zeta_2$

$+\varepsilon_1\xi_3$.

It is easily verified that the map ψ defined above is an isomorphism from D_2 onto $\psi(D_2)\in M_2(K)$. Since D_2 is a division algebra over n, each non-zero elements are invertible. Thus, by Theorem 2. 1 of [10], we have $\det\psi(a)\neq 0$ for any $a\in D_2$, $a\neq 0$. Clearly, for each $a\in D_2$, $a\neq 0$, we have $\det\psi(a)=N(a)$ where $N(a)$ is the norm of a which can be expressed in the form $N(a)=a\bar{a}=t_1\bar{t}_1-lt_2\bar{t}_2$.

2) $n^*=3$: Each element a of D_3 has an expression:

$$a=t_1+\varepsilon t_2+\varepsilon^2 t_3,\ t_i\in K,\ i=1,\ 2,\ 3,\ \varepsilon\in D_3,\ \varepsilon^3=l\in k.$$

and we define ψ: $a\rightarrow\begin{vmatrix} t_1 & l\bar{t}_3 & l\bar{t}_2 \\ t_2 & \bar{t}_1 & l\bar{\bar{t}}_3 \\ t_3 & \bar{t}_2 & \bar{\bar{t}}_1 \end{vmatrix}$. where $\bar{t}=\sigma(t)$ and $\bar{\bar{t}}=\sigma^2(t)$.

It is easily verified that the map ψ defined above is an isomorphism from D_3 onto $\psi(D_3)\in M_3(K)$. Similarly, we have $\det\psi(a)\neq 0$ for any $a\in D_3$, $a\neq 0$. We write $d_1(a)=\bar{t}_3\bar{\bar{t}}_3-l^{-1}\bar{\bar{t}}_2\bar{t}_1$, $d_2(a)=l^{-1}\bar{t}_1\bar{\bar{t}}_1-\bar{t}_2\bar{\bar{t}}_3$ and $d_3(a)=\bar{t}_2\bar{\bar{t}}_2-\bar{\bar{t}}_1\bar{t}_3$, $a=t_1+\varepsilon t_2+\varepsilon^2 t_3\in D_3$, $t_i\in K$, $i=1,\ 2,\ 3$.

Let $T=(t_1,\ t_2,\ \cdots,\ t_{n^*})\in K\times K\cdots\times K=K^{(n)^*}$, $n^*=N(\Delta,\ \Delta_0,\ \sigma^*)$. Then we define $D(T)=\det\psi(a_T)$. where $a_T=t_1+\varepsilon t_2+\cdots+\varepsilon^{d^*}t_{n^*}\in D_{n^*}$, $d^*=n^*-1$, $n^*=N(\Delta,\ \Delta_0,\ \sigma^*)$. Clearly, if $T\neq(0,\ 0,\ \cdots,\ 0)$ then $D(T)\neq 0$. Let $C(\Delta_0)$ denote $\{l\}$.

Let χ_0 be the k-character of P given in Table II and $R(\Delta_0)$ be the ring generated by $C(\Delta_0)$. We define $\rho_\theta\chi_0=\rho_\theta h(\chi_0)$. Clearly, $\rho_\theta\chi_0$ is a full automorphism of L_k and the corollary is easily verified by Proposition 1.

Corollary 1. (a) $\rho_\theta\chi_0(e_r)=k_r$, $e_{\bar{r}}$, $\bar{r}\in\phi$, e_r, $e_{\bar{r}}\in C_b$, k_r being the elements of k determined by χ_0 and k_r^* for $r\in\phi^*$, $k_rk_{r^{(1)}}\cdots k_{r^{(d^*)}}=1$ and $k_{-r}=k_r^{-1}$. (b) The order of $\rho_\theta\chi_0$ is equal to the order of θ (i. e. is equal to $N(\Delta,\ \Delta_0,\ \sigma^*)$).

For each $t\in K$, we write $t^{(i)}=\sigma^{(i)}(t)$, $i=0,\ 1,\ \cdots,\ d^*=N(\Delta,\ \Delta_0,\ \sigma^*)-1$ and we write $t^{(0)}=t$, $t^{(1)}=\bar{t}$, $t^{(2)}=\bar{\bar{t}}$, $\cdots$

Let σ be the mapping defined by $x_r(t)\rightarrow x_{\bar{r}}(k_r\bar{t})$ for all $r\in\phi$ and $t\in k$. It is easy to see that the mapping σ can be extended to an automorphism σ of $G_K=L(K)$ whose order is equal to the order of θ (i. e. $N(\Delta,\ \Delta_0,\ \sigma^*)$).

For each $r\in\phi^*$, we write $k_{r,0}=1$, $k_{r,i}=k_{r,i-1}k_{r(i-1)}$, $1\leqslant i\leqslant d^*$. A root s of ϕ^* is said to be a standard root which is denoted by (n^*-h)-root if $k_{s,i}=1$, for $0\leqslant i\leqslant h$ and $k_{s,j}\neq 1$ for $h+1\leqslant j\leqslant d^*$, $0\leqslant h\leqslant d^*$ ($h=d^*$ means $k_{s,i}=1$ for all $i=0, 1, \cdots, d^*$). Clearly, for each $r\in\phi^*$, there is a unique standard root in $J(r)=\{r, \bar{r}, \cdots, r^{(d^*)}\}$ which is denoted by $\min J(r)$. For each $r\in\phi^*$, we denote by $I(r)$ the set $\{s\in\phi;\ s'=\lambda r',\ \lambda=1,\ 2 \text{ or } \frac{1}{2}\}$ and by $\tilde{I}(r)$ the set $I(r)\backslash\{I(r)\cap\phi_{1b}\}$. It is easily verified that there is a unique (1)-root in $\tilde{I}(r)$ which is denoted by Min $I(r)$ for each $r\in\phi^*$. Clearly, if $r\in\phi^*$ and $I(r)\cap\phi_{1b}\neq 0$, then $|I(r)\cap\phi_{1b}|=1$.

We define $\phi_I^*=\{\min J(r);\ r\in\phi^*\}$, $\Sigma_I^*=\{\operatorname{Min}I(r);\ r\in\phi^*\}$ and $\Delta_I^*=\{\operatorname{Min}I(r):\ r\in\Delta^*\}$ where $\operatorname{Min}I(r)=\min I(r)$ if $I(r)\cap\phi_{1b}=0$, $\operatorname{Min}I(r)=I(r)\cap\phi_{1b}$ if $I(r)\cap\phi_{1b}\neq 0$.

In this note, we will use the notations $X_r^1(t)$, $N_r^1(u)$, $h_r^1(v)$ and W_r^1 defined by [4] except the case of $r\in\phi_{11a}$ and the notations U^1, V^1, Y^1, G^1 and B^1 introduced by [4], and let $L(C(\Delta_0))$ denote the group G^1. For each $r\in\phi_{11a}\cap\phi_I^*$, we define $X_{r_{d^*}}^1(t)=\prod_{i=0}^{d^*}x_{r^{(i)}}(k_{r,i}t^{(i)})$, $t\in K_r=K$; $N_r^1(u)=\prod_{i=0}^{d^*}n_{r^{(i)}}(k_{r,i}u^{(i)})$, $u\in K_r^*=K^*=K\backslash 0$; $h_r^1(v)=\prod_{i=0}^{d^*}h_{r^{(i)}}(v^{(i)})$, $v\in K_r^{*\prime}=K_r^*$; $W_r^1=\prod_{i=0}^{d^*}w_{r^{(i)}}$.

For each $r\in\Sigma_I^*$, it is easy to see that $\tilde{I}_1(r)=\tilde{I}(r)\cap\phi_I^*$ can be expressed in the form $\tilde{I}_1(r)=\{r_1, r_2, \cdots, r_{m^*}\}$ where r_i is the (i)-root for any $1\leqslant i\leqslant m^*$. We write $I_1(r)=\tilde{I}_1(r)$ and $m=m^*$ if $I(r)\cap\phi_{1b}=0$, $I_1(r)=\tilde{I}_1(r)\cup\{r_m\}$ and $m=m^*+1$ if $I(r)\cap\phi_{1b}=\{r_m\}$. For each $r\in\Sigma_I^*$, we define $K_{(r)}=K_{r_1}\times K_{r_2}\cdots\times K_{r_m}$ and for each $T=(t_1, t_2, \cdots, t_m)\in K_{(r)}$. we put $x_r(T)=X_{r_1}^1(t_1)X_{r_2}^1(t_2)\cdots X_{r_m}^1(t_0)$. where $t_0=t_m$ if $I(r)\cap\phi_{1b}=0$, $t_0=\frac{1}{2}S(T)+t_m$, $S(T)=\sum_{i=1}^{m^*}K_{r_i},{}_1N_{r_i\bar{r}_i}t_i\bar{t}_i$ if $I(r)\cap\phi_{1b}\neq 0$.

Proposition 2. (a) Let $W^{1^*}=\langle W_r^1,\ r\in\Delta^*\rangle$ and $W_0^1=W_0\cap W^1$. Then W^1

$=W^{1*}W_0^1$. (b) For each $s\in\phi^*$ there exist $w\in W^1$ and $r\in\Delta_I^*$ such that $w(s)\in I(r)$ (c) For r_1, $s\in\phi^*$ there exists $w\in W^1$ such that $(s_1', r_1')\neq 0$, $s_1=w(s)$.

Proof: By Proposition 2 of [6], the proposition is true for the case $n^*=N(\Delta, \Delta_0, \sigma^*)=2$. We shall consider the case $n^*>2$. For the case $n^*>2$, we shall only consider the admissible (k)-index ${}^1E_{6,2}^{16}$. It is convenient that ϕ and Δ are expressed in the form: $\Delta=\{e_i-e_{i+1}, i=1, 2, 3, 4, 5, r=e_4+e_5+e_6\}$ and $\phi=\{\pm(e_i-e_j), \pm(e_i+e_j+e_k), i, j, k=1, 2, 3, 4, 5, 6, i<j<k, \delta=e_1+e_2+\cdots+e_6, -\delta\}$. We have $\Delta_0=\Delta_0^1\cup\Delta_0^2$ where $\Delta_0^1=\{e_1-e_2, e_2-e_3\}$ and $\Delta_0^2=\{e_4-e_5, e_5-e_6\}$ and θ is the map: $e_1\to e_2\to e_3\to e_1$; $e_4\to e_5\to e_6\to e_4$. Setting $s=e_1+e_2+e_3$ and $r_1=e_i+e_j+e_k$, $1\leqslant i<j<k\leqslant 6$, $r_1\in\phi_{11}$, we have $W_r^1(r_1)=e_i-e_h$, $h\in\{4, 5, 6\}\backslash\{j, k\}$ if $r_1\neq r$ and $4\leqslant j<k\leqslant 6$, $W_s^1(r_1)=-e_m+e_k$, $m\in\{1, 2, 3\}\backslash\{i, j\}$ if $r_1\neq s$ and $1\leqslant i<j\leqslant 3$, and $W_r^1(\delta)=s$. By the results mentioned above, the proposition is true for this case. q. e. d.

Let $\phi_I^{*+}=\phi_I^*\cap\phi^+$ and $\Sigma_I^{*+}=\Sigma_I^*\cap\phi^+$. In this note, the notations $J(u)^*$ and $J(v)^*$ are the same as those defined by [4]. Clearly, Propositions 3,4,5 and Corollary 1,2 of [4] are easily established for the case considered in this note.

The following lemma is easily verified.

Lemma 1. (a) Let $r\in\Delta_I^*$. Then $I_1(r)=\{s\in\phi_I^*; W_r^1(s)\in\phi^-\}$; i. e. $\{r\}=\{s\in\Sigma_I^*; W_r^1(s)\in\phi^-\}$. (b) Let $r\in\Delta_I^*$ and $b\in B^1$. Then $b=x_r(T)u'y$, $T\in K_{(r)}$, $y\in Y^1$ and $u'\in U^1$ satisfying $N_r^1u'N_r^1=u^*\in U^1$ and $r\notin J(u')^*$, clearly, $N_r^1yN_r^1=y^*\in Y^1$.

For each $s\in\Delta^*$, Δ_0^i, $1\leqslant i\leqslant p\ (\Delta_0)$, is said to be "connected with s" if there is $\alpha\in\Delta_0^i$ such that $(s, \alpha)\neq 0$. we denote by Δ_0^s the union of all Δ_0^i which are "connected with s". Let Δ_s be the union of Δ_0^s and S where $S=\{s\}$ if $\sigma^*=I$, $S=\{s, \sigma^*(s)\}$ if $\sigma^*\neq I$. Then for each $s\in\Delta^*$, the k-rank of any Δ_s is equal to one, and all Δ_s, $s\in\Delta^*$, are given in the table I. Let ϕ_s be the root system with the simple root system Δ_s. By a similar way as for the case 2 of Lemma 5. 2 of [6], using 4. 2. 2 of [3], it is easily shown that when the signs of the structure constants $N_{r_1r_2}$ for the extraspecial pairs $\{r_1, r_2\}$ of $\phi_s^*=\phi_s\cap\phi^*$ have been chosen such that the integers k_r^*, $r\in\phi^*$, satisfy the condition (A) given in Proposition 1, the remaining structure constants for ϕ_s^* are determined. Henceforth, all the structure constants for all pairs of ϕ_s^* are chosen or determined in this way.

Lemma 2. Let $r\in\Delta_I^*$ and $T\in K_{(r)}$, $Y\neq 0=(0, 0, \cdots, 0)$. Then

$$X_r(T)=X_{-r}(T^*)N_r^1X_{-r}(T^{*\prime})y,\ y\in Y^1,\ T^*,\ T^{*\prime}\in K_{(-r)} \qquad (2.1)$$

Proof: We will consider the Δ_s given in the table I separately.

I. For $N(\Delta, \Delta_0, \sigma^*)=2$:

Clearly, by the Lemma 1 of [6], the lemma is true for Cases 1 and 2 (ie. Fig. I. 1 and Fig. I. 2). We shall consider Case 3 (ie. Fig. I. 3):

3)(Fig. I. 3.), $s=e_2-e_3: I_1(r)=\{r=r_1=e_1-e_3,\ r_2=e_2-e_3\}$;

$I(r)=\{r_1,\ r_2,\ \bar{r}_1=e_2-e_4,\ \bar{r}_2=e_1-e_4\}$; $k_{r_1}=k_{\bar{r}_1}=1$, $k_{r_2,0}=1$, $k_{r_2,1}=l$;

$X_r(T)=X_{r_1}^1(t_1)X_{r_2}^1(t_2)=x_{r_1}(t_1)x_{\bar{r}_1}(\bar{t}_1)x_{r_2}(t_2)x_{\bar{r}_2}(\bar{\bar{t}}_2)$, $T=(t_1,\ t_2)\in K_{(r)}$

If $t_1=0$ or $t_1=0$ then (2.1) is established for this case by the results of Case 2. Thus, we may assume $t_1\neq 0$ and $t_2\neq 0$ by 6.4.4 and 5.2.2 of [3] we have: (let $\alpha_1=e_1-e_2$ and $\beta_1=e_3-e_4$).

$$\begin{aligned}X_r(T)=&x_{-r_1}(t_1^{-1})h_{-r_1}(-t_1^{-1})n_{-r_1}x_{r_1}(\bar{t}_1)x_{r_2}(t_2)x_{-\alpha_1}(t_1^{-1}t_2)x_{\bar{r}_2}(l\bar{t}_2)\\&x_{\beta_1}(lt_1^{-1}\bar{t}_2)x_{-r_1}(t_1^{-1})\\=&x_{-r_1}(t_1^{-1})h_{-r_1}(-t_1^{-1})n_{-r_1}x_{r_1}(d_2)x_{r_2}(t_2)x_{\bar{r}_2}(l\bar{t}_2)y_1x_{-r_1}(t_1^{-1})\end{aligned}$$

where $d_2=t_1-lt_1^{-1}t_2\bar{t}_2$ and $y_1=x_{-\alpha_1}(t_1^{-1}t_2)x_{\beta_1}(lt_1^{-1}\bar{t}_2)$. Since $D(T)\neq 0$. we have $d_2=t_1^{-1}D(T)\neq 0$. By 6.4.4 and 5.2.2 of [3] we have

$$\begin{aligned}X_r(T)=&x_{-r_1}(t_1^{-1})h_{-r_1}(-t_1^{-1})x_{-\bar{r}_1}(d_2^{-1})h_{-\bar{r}_1}(-d_2^{-1})n_{-r_1}n_{-\bar{r}_1}x_{r_1}(d^*)\\&x_{r_2}(t_2)x_{\bar{r}_2}(l\bar{t}_2)y_2x_{-\bar{r}_1}(d_2^{-1})y_1x_{-r_1}(t_1^{-1}).\end{aligned}$$

where $d^*=d_2^{-1}lt_2\bar{t}_2$ and $y_2=x_{-\beta 1}(d_2^{-1}t_2)x_{\alpha_1}(d_2^{-1}l\bar{t}_2)$.

Finally, we have

$$\begin{aligned}X_r(T)=&x_{-r_1}(t_1^{-1})h_{-r_1}(-t_1^{-1})x_{-\bar{r}_1}(d_2^{-1})h_{-\bar{r}_1}(-d_2^{-1})x_{-r_1}(d^*)x_{-\bar{r}_2}\\&(t_2)x_{-r_2}(l\bar{t}_2)n_{-r_1}n_{-\bar{r}_1}y_2x_{-\bar{r}_1}(d_2^{-1})y_1x_{r_1}(t_1^{-1})\\=&X_{-r}(T^*)N_r^1X_{-r}(T^{*\prime})y\end{aligned}$$

where $T^*=(\bar{t}_1D(T)^{-1},\ l\bar{t}_2D(T)^{-1})$, $T^{*\prime}=(t_1,\ t_2)$ and $y=h_{-r_1}(t_1)h_{-\bar{r}_1}(d_2)y_2y_1$.

We have $X_{-r}(T^*)$, $X_{-r}(T^{*\prime})$, $N_r^1\in G^1$, so we have $y\in G^1$. It follows that (2.1) is established for this case.

Clearly, by a similar way as that used in Lemma 1 of [6] and in the case 3 proved above, the lemma can be shown for Cases 4, 5 and 6 (Fig. I. 4, Fig. I. 5 and Fig. I. 6).

II. For $N(\Delta, \Delta_0, \sigma^*)=3$:

7) (Fig. I. 7), $s=e_3-e_4$: $I_1(r)=\{r=r_1=e_1-e_4, r_2=e_2-e_4, r_3=e_3-e_4\}$; $I(r)\{r_1, r_2, r_3, \bar{r}_1=e_2-e_5, \bar{r}_2=e_3-e_5, \bar{r}_3=e_1-e_5, \bar{\bar{r}}=e_3-e_6, \bar{\bar{r}}_2=e_1-e_6, \bar{\bar{r}}_3=e_2-e_6\}$; $k_{r_1}=k_{\bar{r}_1}=k_{\bar{\bar{r}}_1}=1$, $k_{r_2,0}=k_{r_2,1}=1$, $k_{r_2,2}=l$, $k_{r_3,0}=1$, $k_{r_3,1}=k_{r_3,2}=l$;

$$X_r(T)=X^1_{r_1}(t_1)X^1_{r_2}(t_2)X^1_{r_3}(t_3)$$
$$=x_{r_1}(t_1)x_{\bar{r}_1}(\bar{t}_1)x_{\bar{\bar{r}}_1}(\bar{\bar{t}}_1)x_{r_2}(t_2)x_{\bar{r}_1}(\bar{t}_2)x_{\bar{\bar{r}}_2}(l\bar{\bar{t}}_2)x_{r_3}(t_3)x_{\bar{r}_3}(l\bar{t}_3)x_{\bar{\bar{r}}_3}(l\bar{\bar{t}}_3).$$

If $t_1=0$ or $t_2=0$ or $t_3=0$ then (2.1) is easily established for this case by the results of Case 4. a,. Thus, we may assume $t_1\neq0$, $t_2\neq0$ and $t_3\neq0$. Since $T\neq0$ we have $D(T)\neq0$, so there is at least a cofactor c_i of $t_i (1\leqslant i\leqslant3)$ such that $c_i\neq0$. We assume $c_1\neq0$.

Then applying 6.4.4 (iii) of [6] to $x_{r_1}(t_1)$ and using 5.2.2 of [6] we have: (let $\alpha_1=e_1-e_2$, $\alpha_2=e_2-e_3$, $\alpha_3=e_1-e_3$, $\beta_1=e_4-e_5$, $\beta_2=e_5-e_6$, $\beta_3=e_4-e_6$).

$$X_r(T)=x_{-r_1}(t_1^{-1})h_{-r_1}(-t_1^{-1})n_{-r_1}x_{\bar{r}_1}(d_2)x_{\bar{\bar{r}}_1}(d_2')x_{r_2}(t_2)x_{\bar{r}_2}(t_2')x_{\bar{\bar{r}}_2}(l\bar{\bar{t}}_2)$$
$$x_{r_3}(t_3)x_{\bar{r}_3}(l\bar{t}_3)x_{\bar{\bar{r}}_3}(t_3')y_1x_{-r_1}(t_1^{-1}).$$

where $d_2=\bar{t}_1-lt_1^{-1}t_2\bar{t}_3$, $d_2'=\bar{\bar{t}}_1-lt_1^{-1}\bar{\bar{t}}_2t_3$, $t_2'=\bar{t}_2-lt_1^{-1}t_3\bar{t}_3$, $t_3'=l\bar{\bar{t}}_3-lt_1^{-1}t_2\bar{\bar{t}}_2$.

and $y_1=x_{-\alpha_1}(t_1^{-1}t_2)x_{\beta_3}(lt_1^{-1}\bar{\bar{t}}_2)x_{-\alpha_3}(t_1^{-1}t_3)x_{\beta_1}(lt_1^{-1}\bar{t}_3)$.

Since $c_1\neq0$ we have $d_2=t_1^{-1}c_1\neq0$. By 6.4.4 and 5.2.2 of [6] we have

$$X_r(T)=x_{-r_1}(t_1^{-1})h_{-r_1}(t_1^{-1})x_{-\bar{r}_1}(d_2^{-1})h_{-\bar{r}_1}(d_2^{-1})n_{-r}n_{-\bar{r}}x_{\bar{\bar{r}}_1}(d_3)x_{r_1}(d_3')$$
$$x_{r_2}(t_2)x_{\bar{r}_2}(t_2')x_{\bar{\bar{r}}_2}(t_2'')x_{r_3}(t''_3)x_{\bar{r}_3}(l\bar{t}_3)x_{\bar{\bar{r}}_3}(t_3')$$
$$y_2x_{-\bar{r}_1}(d_2^{-1})y_1x_{-r_1}(t_1^{-1}).$$

where $d_3=d_2'-d_2^{-1}t_2't_2'$, $d_3'=ld_2^{-1}t_2\bar{t}_3$, $t_2''=l\bar{\bar{t}}_2-d_2^{-1}\bar{t}_3t_3'$, $t''_3=t_3-d_2^{-1}t_2t_2'$

and $y_2=x_{-\beta_1}(d_2^{-1}t_2)x_{-\alpha_2}(d_2^{-1}t_2')x_{\alpha_1}(d_2^{-1}l\bar{\bar{t}}_3)x_{\beta_2}(d_2^{-1}t_3')$.

Since $D(T)\neq 0$ and $c_1\neq 0$ we have $d_3=c_1^{-1}D(T)\neq 0$. Thus, by 6.4.4 and 5.2.2 of [6] we have

$$x_r(T)=x_{-r_1}(t_1^{-1})h_{-r_1}(t_1^{-1})x_{-\bar{r}_1}(d_2^{-1})h_{-\bar{r}_1}(-d_2^{-1})x_{-\bar{r}_1}(d_3^{-1})h_{-\bar{r}_1}(-d_3^{-1})$$
$$n_{-r_1}n_{-\bar{r}_1}n_{-\bar{r}_1}x_{r_1}(d_0)x_{\bar{r}_1}(d_0')x_{\bar{r}_2}(t'''_2)x_{\bar{r}_2}(t_2')x_{\bar{r}_2}(t_2'')x_{r_3}(t''_3)$$
$$x_{\bar{r}_3}(t'''_3)x_{\bar{r}_2}(t_3')y_3x_{-\bar{r}_1}(d_3^{-1})y_2x_{-\bar{r}_1}(d_2^{-1})y_1x_{-r_1}(t_1^{-1}).$$

where $d_0=d_3'-d_3^{-1}t_2''t''_3$, $d_0'=d_3^{-1}t_2't_3'$, $t'''_2=t_2-d_3^{-1}t''_3t_3'$, $t'''_3=l\bar{t}_3-d_3^{-1}t_2't_2''$

any $y_3=x_{-\beta_2}(d_3^{-1}t_2')x_{\alpha_3}(d_3^{-1}t_2'')x_{-\beta_1}(d_3^{-1}t''_3)x_{\alpha_2}(d_3^{-1}t_3')$

It follows that (2.1) is established for this case and we have $T^*=(c_1D(T)^{-1}, c_2D(T)^{-1}, c_3D(T)^{-1})$, $T^{*\prime}=(t_1, t_3, t_2)$, and $y=hy_3y_2y_1$, $h=h_{r_1}(t_1^{-1})h_{\bar{r}_1}(d_2^{-1})h_{\bar{r}_1}(d_3^{-1})$.

We assume $c_1=0$ and $c_2\neq 0$ (resp. $c_1=c_2=0$ and $c_3\neq 0$). Then applying 6.4.4 (iii) of [3] to $x_{r_2}(t_2)$ (resp. to $x_{r_3}(t_3)$), (2.1) can be shown by a similar way as above.

By similar arguments to those used in Lemma 3 and 4, and Theorem 1 and 3 of [4], we have the following results.

Lemma 3. Let $r\in\Delta_I^*$. Then $B^1\cup B^1N_r^1B^1$ is a subgroup of G^1.

Lemma 4. let $r\in\Delta_I^*$ and $n\in N^1$. Then $B^1nB^1N_r^1B^1\in B^1N_r^1nB^1\cup B^1nB^1$.

Theorem 1. Let $G_1=B^1N^1B^1$. Then G_1 is a subgroup of G^1 and $G_1=G^1$.

Theorem 2. The subgroups B^1, N^1 form a (B, N) pair of G^1.

Using the notations of N_e^1 and n_w, $w\in W^1$, given by [4], we have

Corollary 2. (D): $G^1=\bigcup_{w\in w^1}U^1Y^1n_wU_w^{1,-}$, $U_w^{1,-}=U_w^-\cap U^1$, $n_w\in N_e^1$.

(D) gives a decomposition of G^1 into the double coset of B^1. This decomposition of G^1 is called the quasi-Bruhat decomposition of G^1 which is a generalized Bruhat decomposition of Steinberg groups and Chevalley groups.

Root r is said to be a longest root of a subset S of ϕ if $r\in S$ and $(r, r)\geqslant(s, s)$ for all $s\in S$.

Lemma 5. Let $F=\{r_1, r_2\}\in\phi_I^*$ such that $I(r_1)\neq I(r_2)$. Then there exists $h(\chi)\in H^1$ such that $\chi(r_1)=1$, $\chi(r_2)\neq 1$ or $\chi(r_2)=1$, $\chi(r_1)\neq 1$ and $\chi(\alpha)=1$ for all $\alpha\in\phi_0$.

Proof: We put $h(\chi)=h_{r_2}^1(2)$ if $(r_1^{(i)}, r_2)=0$ for all $0\leqslant i\leqslant d^*$, otherwise, we put $h(\chi)$ below:

1. Suppose $F\cap\phi_1\neq 0$. Then put $h(\chi)=h_r^1(-1)$, r being a longest root of $F\cap\phi_1$.

2. Suppose $F\cap\phi_1=0$ and $f\notin\phi_{11b}$. Then put $h(\chi)=h_r^1(\lambda)$ where r is a longest root of $F\backslash F\cap\phi_{11b}$, and $\lambda=2$ if $d^*=1$ and $(r, s)=-(\bar{r}, s)$, $s\in F\backslash\{r\}$; otherwise, $\lambda=-1$.

3. Suppose $F\in\phi_{11b}$. Then put $h(\chi)=h_r^1(-1)$, $r=r_1+\bar{r}_1$.

It is easily verified thath (χ) put above are the elements of H^1 as required. q. e. d.

Lemma 5. Let $E=\{r_1, r_2\}\in\phi_I^*$ such that $I(r_1)=I(r_2)$ and $r_1\notin J(r_2)$, Then there is $h(\chi)\in H^1$ such that $\chi(r_1)=\pm 1$, $\chi(r_2)\neq\chi(r_1)$ or $\chi(r_2)=\pm 1$, $\chi(r_1)\neq\chi(r_2)$.

Proof: For the cases $N(\Delta, \Delta_0, \sigma^*)=2$, the lemma can be shown by a similar way as Lemma 5 of [6]. We shall consider the case $N(\Delta, \Delta_0, \sigma^*)=3$. First, we show that there is $a\in K$ such that $a\bar{a}\bar{\bar{a}}\neq a^3$. In fact, assume the contray. Then $t_3\in k$ for all $t\in K^*$, so $(t+x)^3$, $(t-x)^3\in k$ for any $x\in k$, thus $6x^2t\in k$, it follows that $K^*=k^*$ which is a contradiction. We will only consider the type ${}^1E_{6,2}^{16}$ and use the notations given in Proposition 2. By Proposition 2, we shall only consider the roots $r_1=e_i-e_4$ and $r_2=e_{i+h}-e_4$, $1\leqslant i\leqslant 2$, $1\leqslant h\leqslant 3-i$. Put $h(\chi)=h_\alpha^1(a)h_\beta^1(\bar{a})$ where $\alpha=e_i+e_j+e_6$ and $\beta=e_i+e_{i+h}+e_5$, $1\leqslant j\leqslant 3$, $j\neq i$, $i+h$, then, $h(\chi)\in H^1$ as required. q. e. d.

Corollary 3. Let $n_w\in N_e^1$ such that $w\notin W_0^1$. Then there is $h(\chi)\in H^1$ such that $nh(\chi)n^{-1}=h(\chi)\neq h(\chi')$ and $\chi(\alpha)=1$ for all $\alpha\in\phi_0$.

It is easily verified that $X_r^1(t_0)yX_r^1(-t_0)\neq y$ if $y\in Y^1$ and $y=h(\chi_0)n_w$, $w\in W_0$, $w\neq I$, where $t_0=1$ if $s=w(r)\notin J(r)$ or $s=r^{(i)}\in J(r)$, $0\leqslant i\leqslant d^*$ and $\chi_0(s)\neq k_{r,i}$, $t_0\in K^*\backslash k^*$, $t_0\neq t_0^{(i)}$ if $s=r^{(i)}$, $0\leqslant i\leqslant d^*$ and $\chi_0(s)=k_{r,i}$. Thus, by a similar argument to that used in Lemma 6 of [6], we have

Lemma 6. Suppose $y\in Y^1$ and $y\neq I$. Then

1) $y\notin Z^1$ where Z^1 is the centre of G^1.

2) There is a $u\in U^1$ such that $yuy^{-1}u^{-1}\neq I$ or there is a $v\in V^1$ such that $yvy^{-1}v^{-1}\neq I$.

Henceforth, let R^1 be an arbitrary normal subgroup of G^1 such that $|R^1|>1$. For each $r\in\phi_I^*$, we put $X_r^1=\{X_r^1(t);\ t \text{ runs through } K_r\}$.

By the similar arguments to these used in Lemma 7,8 of [6], we obtain

Lemma 7. $|R^1\cap U^1|>1$.

Lemma 8. There is $r^*\in\phi_I^*$ such that $|R^1\cap X_{r^*}^1|>1$.

We first show the following statement.

(8.1): Let $r,s\in\phi_I^*$ such that $(r',s')\neq 0$ and $h(\chi)=h_r^1(2)$. Then $\chi(s)\neq 1$.

We define $A_{rs}=2(r,s)/(r,r)$. Then $(s^{(i)},r)=(s,r^{(n^*-i)})$, $0\leqslant i\leqslant d^*+1=n^*$, so $(r,s')=\lambda B_{rs}$, $\lambda\in\mathbb{Q}$, $\lambda\neq 0$, $B_{rs}=\sum_{i=0}^{d^*}A_r(i)_s$. Since $s'=\bar{s}'$ we have $(r',s')=\mu B_{rs}$, $\mu\neq 0\in Q$. Then $\chi(s)=2^{B_{rs}}\neq 1$, (8.1) follows.

Using (8.1), by a similar method to that used in Lemma 9 of [6], we have

Lemma 9. For every $s\in\phi_I^{*+}$, $X_s^1\in R^1$.

Corollary 4. U^1, $V^1\in R^1$.

By Corollary 4, we obtain the following theorem immediately.

Theorem 3. G^1 is a simple group.

Theorem 4. Group $G^1=L(C(\Delta_0))$ is the group G_k of the k-rational points of the simple algebraic group G defined over k having k-index $(\Delta,\Delta_0,\sigma^*)$.

A similar outline of the proof of the theorem was given by [5], its details will be soon given in other paper.

Table Ⅰ

Fig 1.1

Fig 1.2

Fig 1.3

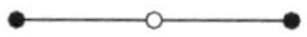

Fig 1.4 

Fig 1.5 

Fig 1.6 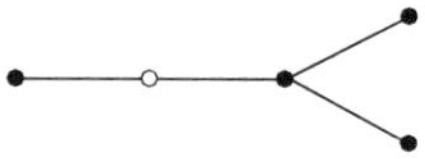

Fig 1.7

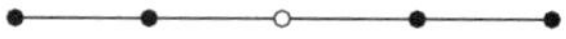

Table II

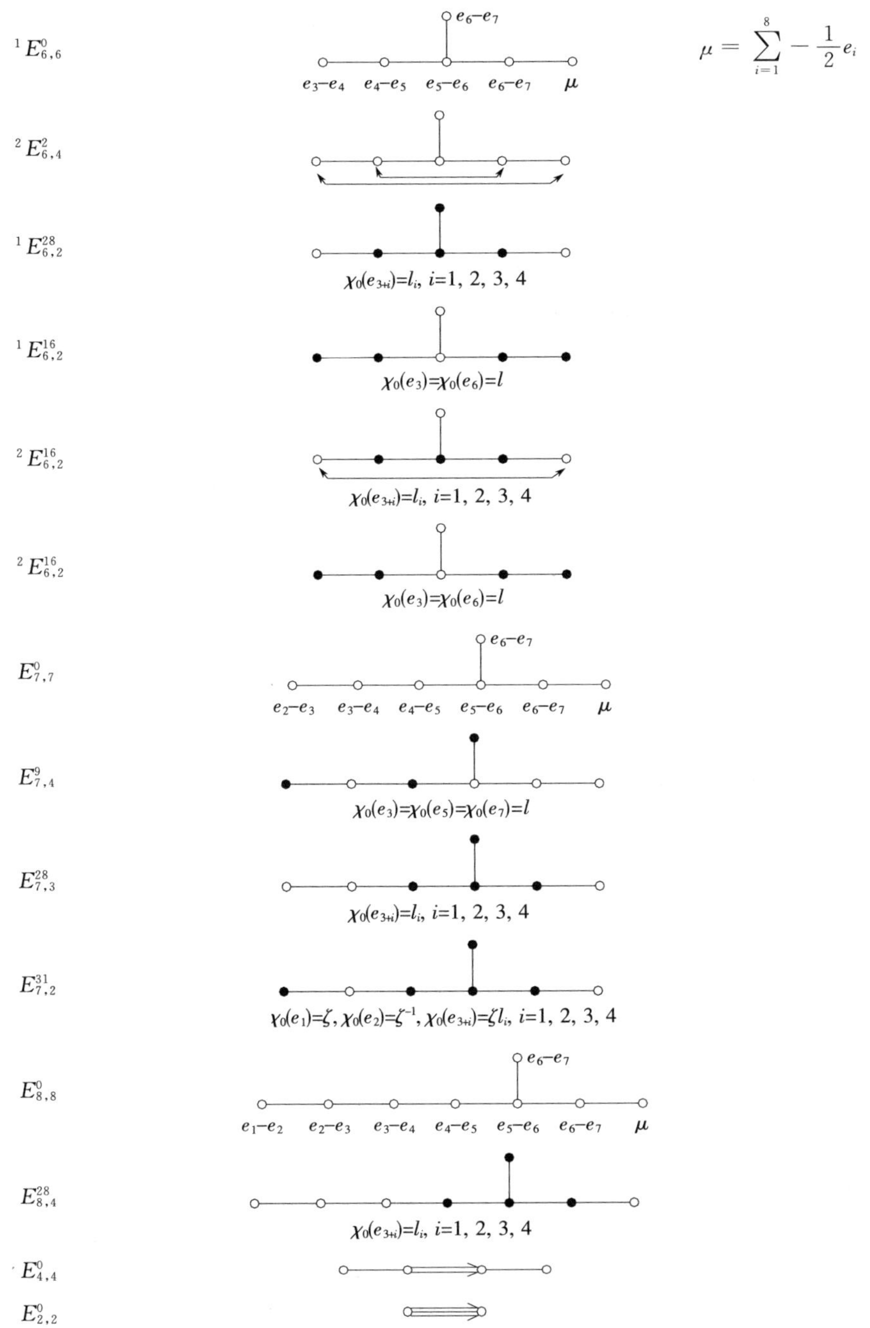

Remark: $\chi_0(e_j)=1$ for all j, $1\leqslant j\leqslant 8$, not be mentioned above

$^{2}E_{6,1}^{35}$

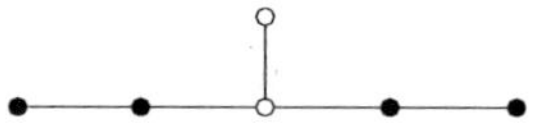

$F_{4,1}^{21}$

References

[1] A. Albert, *Structure of algebra*, Amer. Math. Soc. Coll. Pub. Vol. 24.

[2] F. Bruhat and J. Tits, *Groupes reductifs*, Publ. Math. I. H. E. S. 25(1966), 659-753.

[3] R. Carter, *Simple groups of Lie type*, Wiley, 1972.

[4] Cheng Chon Hu, *Classical groups and generalized simple groups of Lie type*, J. Austral. Math. Soc. (Series AA), 47(1989), 53-70.

[5] *Construction of simple algebraic groups over some fields*, Report of International Symposium on Group Theory, Beijing, 1984.

[6] *A family of simple groups associated with the Satake diagrams*, J. Austral. Math. Soc. (Series A), 41 (1986), 13-43.

[7] C. Chevalley, *Seminaire sur la classification des groupes de Lie algebriques*, Paris, Scole Norm Sup. 1956-1958.

[8] C. Chevalley, *Sur certain groupes simple*, Tohoka. Math. J. I(1955), 14-66.

[9] D. Dcmazure and A. Grothendick, *Schemas en groupes*, Lect Notes in Math. 151, 152, 153 (1970), Springer-verlag.

[10] N. Jacobson, *Basic algebra*, vol. I, Freeman and Company, 1974.

[11] I. Satake, *Classification theory of semi-simple algebraic groups*, Marcel Deker Inc. 1971.

[12] I. Satake, *Some remarks to the preceding paper of Taukamoto*, J. Math Soc. Japan. vol. 13. No. 4 (1961), 401-409.

[13] R. Steinberg, *Variations on theme of Chevalley*, Pacific. J. Math. 9(1959), 875-891.

[14] R. Steinberg, *Lecture on Chevalley groups*, Yale University, 1967.

[15] J. Tits, *Classification of algebraic semisimple groups*, Procedings of Symposium in Pure Math. vol. 9, 32-62.

[16] Cheng Chon Hu, *On the construction of simple groups over formally real fields*, Chin Ann of Math. 8B (1987), 170-180.

ON A SUFFICIENT CONDITION FOR REDUCIBILITY OF A PRINCIPAL SERIES REPRESENTATION OF THE GROUP F_4^2 *

In this note, using [1] we shall prove a sufficient condition for the reducibility of the generalized principal series representations of group F_4^2 which was used in [2] without proof.

In this note, we will use the rotations given by [2] without explanation. Let L denote the set of integral forms on t_c^* . i. e. those that lift to character of T (the Cartan subgroup of G with Lie algebra t), then

$$L=\{a_1\delta_1+a_2\delta_2+a_3\delta_3+a_4\delta_4\}; \ a_1\leqslant a_2\leqslant a_3\leqslant a_4,$$
$$2a_i\in Z,\ 1\leqslant i\leqslant 4,\ (a_i-a_{i+1})\in Z,\ 1\leqslant i\leqslant 3\},$$

We say that $\gamma\in t_c^*$ (resp. $\tilde{\gamma}\in h_c^*$) is regular if $(\gamma, r)\neq 0$ (resp. $(\tilde{\gamma}, \tilde{r})\neq 0$) for any $r\in\Delta$(resp. $\tilde{r}\in\phi$), otherwise, γ(resp. $\tilde{\gamma}$) is called singular. Let L' be the set of regular elements of L. To each $\gamma\in L'$ Harish-Chandra has attaached certain invariant eigendistrubutions Θ_γ on G [3]. Two of these coincide precisely when their parameters are related by an element of W_k[3]. Each Θ_γ is the character of a discrete series representation and in this way all such representations are exhausted (up to equivalence). The discret series representation with Θ_γ will be denoted by $\pi(\gamma)$. Its infintesimal character is χ_r.

Let $\{X_1, \cdots, X_{36}\}$ be a basis of the simple Lie algebra B_4 over C

$$\{X_i, X_j\} = \sum_{k=1}^{36} c_{ij}^k X_k,\ 1\leqslant i, j\leqslant 36$$

where c_{ij}^k, $1\leqslant i, j, k\leqslant 36$, are the structural constants. There is a representation (ρ,V) of B_4 such that $\dim V=16$ and $\rho(X_i)=D_i=(d_{kh}^i)$, $1\leqslant i\leqslant 36$ are real skew symmetric matrices of order 16 which satisfy

$\mathrm{Tr}D_iD_j = -16\delta_{ij}$, $1 \leqslant i, j \leqslant 36$ and $\mathrm{Tr}\sum_{i,j=1}^{36}(D_iD_j)^2 = \frac{1}{2} \times 36 \times 16^2$.

Let $\{E_1, \cdots, E_{16}\}$ be a basis of V and g the vector space over C spanned by $\{X_1, \cdots, X_{36}, E_1, \cdots, E_{16}\}$. If we introduce a commutator operation in g as follows

$$[X_i, X_j] = \sum_{k=1}^{36} c_{ij}^k X_k, \ 1 \leqslant i, j \leqslant 39,$$

$$-[E_k, X_i] = [X_i, E_k] = \sum_{h=1}^{36} d_{hk}^i E_h, \ 1 \leqslant i \leqslant 36, \ 1 \leqslant k \leqslant 16,$$

$$[E_k, E_h] = \sum_{i=1}^{36} d_{kh}^i X_i, \ 1 \leqslant k, h \leqslant 16,$$

then g is isomorphic to the simple Lie algebra F_4 over C by Witt's theorem. Clearly, the Cartan subalgebra h_c of B_4 can be written as

$$\{\mathrm{diag}(0, \lambda_1, \lambda_2, \lambda_3, \lambda_4, -\lambda_1, -\lambda_2, -\lambda_3, -\lambda_4), \lambda_i \in C, 1 \leqslant i \leqslant 4\}$$

and h_C is a Cartan subalgebra of F_4 also.

Let ϕ be a homomorphism of $SL(2, R)$ into G such that (denoting by ϕ_* the tangential map)

$$\phi_*\left(\begin{bmatrix} 1 & 0 \\ 0 & -1 \end{bmatrix}\right) = H_\alpha, \ \phi_*\left(\begin{bmatrix} 0 & 1 \\ 0 & 0 \end{bmatrix}\right) = X_\alpha, \ \phi_*\left(\begin{bmatrix} 0 & 0 \\ 1 & 0 \end{bmatrix}\right) = X_{-\alpha}.$$

Set $c = \phi_*\left(\begin{bmatrix} -1 & 0 \\ 0 & -1 \end{bmatrix}\right)$. Then c is in the center of M; hence it is represented by a scalar in any irreducible finite dimensional representation of M. Let $\tilde{\gamma} = a_1e_1 + a_2e_2 + a_3e_3 + a_4e_4 \in D$ and $\tilde{\gamma}(c)$ be this scalar for the irreducible representation of M with the highest weight $\tilde{\gamma}|_{h-} - \tilde{\delta}_m$. Fix a positive system Δ^+ in Δ such that α is simple ($\alpha \in \Pi$). Let

$$\delta = \frac{1}{2}\sum_{r \in \Delta^+ \cap \Delta_n} r - \frac{1}{2}\sum_{r \in \Delta^+ \cap \Delta_k} r, \ k = 2(\delta, \alpha)/(\alpha, \alpha),$$

$$l(\tilde{\gamma}) = 2(\tilde{\gamma}, \tilde{\alpha})/(\tilde{\alpha}, \tilde{\alpha}).$$

We need the following technical lemma.

Lemma 1. Let $\tilde{\gamma} = a_1e_1 + a_2e_2 + a_3e_3 + a_4e_4 \in D$. Then the following conditions are mutually equivalent

(ⅰ) $l(\tilde{\gamma}) \in Z$ and $\tilde{\gamma}(c) = (-1)^{k+1(\tilde{\gamma})}$.

(ⅱ) $a_1 + a_2$, $a_3 + a_4 \in Z$.

Proof: Clearly, (ⅰ) is independent of the choice of the positive system in Δ. Choose Δ^+ so that the corresponding simple root system is Π (cf. 1). Then $-\delta=8\delta_1-3\delta_2-2\delta_3-\delta_4$ and $k=-(-2)=2$. Let us compute $\tilde{\gamma}(c)$. Clearly, we have

$$\begin{bmatrix}-1 & 0\\ 0 & -1\end{bmatrix}=\exp\left(\pi\begin{bmatrix}0 & -1\\ 1 & 0\end{bmatrix}\right)$$

and $X_{-\alpha}-X_{\alpha}=-iH_{\tilde{\alpha}}$; hence $c=\exp(-i\pi H_{\tilde{\alpha}})$. Now

$$H_{\tilde{\alpha}}=\mathrm{diag}(0,1,1,1,1,-1,-1,-1,-1,)$$

and for $\tilde{\beta}=-\frac{1}{2}(e_1+e_2-e_3-e_4)$, $H_{\tilde{\beta}}=\mathrm{diag}(0,1,1,-1,-1,-1,-1,1,1)$.

Therefore, $\tilde{\gamma}(c)=\exp(-i\pi(\tilde{\gamma}-\tilde{\delta}_m)(H_{\tilde{\alpha}})$ and $c=\exp(-iH_{\tilde{\beta}})$, $\tilde{\beta}$ is simple for $\phi_m{}^+$ (cf. [2]), hence $\tilde{\delta}_m(H_{\tilde{\beta}})=1$. Furthermore, we have $\tilde{\gamma}(H_{\tilde{\beta}})=-(a_1+a_2-a_3-a_4)$. Then, (ⅰ) takes the form $l(\tilde{\gamma})=-(a_1+a_2+a_3+a_4)\in Z$ and $\exp(i\pi(a_1+a_2-a_3-a_4)=(-1)^{-(a_1+a_2+a_3+a_4)}$. As $a_1+a_2-a_3-a_4\in Z$, so, if $a_1+a_2-a_3-a_4$ is even (resp. odd) then $a_1+a_2+a_3+a_4$ is even (resp. odd), it follows that (ⅰ) is epuivalent to (ⅱ).

Henceforth, we denote by Z^* the set $Z\cup\left\{\frac{1}{2}n;\ n\in Z\right\}$.

Theorem 1. Let $\tilde{\gamma}=a_1e_1+a_2e_2+a_3e_3+a_4e_4\in D$, $(\gamma=a_1\delta_1+a_2\delta_2+a_3\delta_3+a_4\delta_4\in L)$, and suppose $\pi(\tilde{\gamma})$, $(\pi(\gamma))$ is reducible. Then $a_i\in Z^*$ for all $1\leqslant i\leqslant 4$.

Proof: We consider the case $\tilde{\gamma}\in D$. Since $\tilde{\gamma}\in D$ and $e_i-e_j\in\phi_m$ for any $1\leqslant i,j\leqslant 4$, $i\neq j$, we have $a_i-a_j\in Z$ for any $1\leqslant i,j\leqslant 4$, $i\neq j$. Hence, if $a_k=c^*\in C$ for some $k\in Q$ then $a_i=m_i+c^*$, $m\in Z$ for all $i\in Q$. Thus, we have the following statement immediately.

If $a_k\in Z^*$ for some $k\in Q$, then $a_i\in Z^*$ for all $i\in Q$.

Suppose first that $\tilde{\gamma}$ is regular. By proposition 6. 1 of [1], the reducibility of $\pi(\tilde{\gamma})$ implies that one of the following possibility holds true:

(1) There exists a complex root $\tilde{s}\in\phi$ such that $2(\tilde{\gamma},\tilde{s})/(\tilde{s},\tilde{s})\in Z$.

The set ϕ_c of the complex roots in ϕ is $\phi\backslash(\phi_m\cup\{\tilde{\alpha},-\tilde{\alpha}\})$ (cf. [2]). Clearly, $\phi_{c^+}=\{e_i,\ \tilde{\alpha}=\tilde{\alpha}+e_i,\ 1\leqslant i\leqslant 4\}$. Suppose first that there exists a $\tilde{s}=e_k\in$

ϕ_{c^+}, $k\in Q$ such that $2(\tilde{\gamma}, \tilde{s})/(\tilde{s}, \tilde{s})\in Z$. Then we have $a_k\in Z^*$, therefore, $a_i \in Z^*$ for all $i\in Q$.

Suppose that there exists a $\tilde{s}=\tilde{\alpha}_k\in\phi_c$, $k\in Q$ such that $2(\tilde{\gamma}, \tilde{s})/(\tilde{s}, \tilde{s})\in Z$. Then, since $\tilde{\gamma}\in D$ and $\tilde{\beta}\in\phi_m$, we have $a_1+a_2-a_3-a_4\in Z$, it is easy to see that $2a_h\in Z$, $h\in\{1, 2\}\backslash\{k\}$ if $k\in\{1, 2\}$, $h\in\{3, 4\}\backslash\{k\}$ if $k\in\{3, 4\}$, so, $a_h\in Z^*$, hence, $a_i\in Z^*$ for all $i\in Q$.

(2) $l(\tilde{\gamma})\in Z$ and $\tilde{\gamma}(c)=(-1)^{k+1(\gamma)}$, clearly, this is satisfied if and only if $a_1+a_2\in Z$. Thus, we have $a_1+a_2=2a_1+m_2\in Z$, $m_2\in Z$, so, $a_1\in Z^*$. Therefore, it follows that $a_i\in Z^*$ for all $i\in Q$.

Suppose now that $\tilde{\gamma}$ is singular. Let P be a positive system in ϕ such that $\tilde{\gamma}$ is dominant with respect to P. Let $\tilde{\mu}=b_1e_1+b_2e_2+b_3e_3+b_4e_3$ be the hightest weight (with respect to P) of a finite dimensional irreducible representation of G, such that $\tilde{\gamma}+\tilde{\mu}$ is dominant with respect to P and regular. Let $\psi_{\tilde{\gamma}}^{\tilde{\gamma}+\tilde{\mu}}$ be the Zuckerman′s functor as used in [3]. Then $\psi_{\tilde{\gamma}}^{\tilde{\gamma}+\tilde{\mu}}(\pi(\tilde{\gamma}+\tilde{\mu}))=\pi(\tilde{\gamma})$ by corollary 5.9 in [3], $\psi_{\tilde{\gamma}}^{\tilde{\gamma}+\tilde{\mu}}$ is an exact functor Therefore, the reducibility of $\pi(\tilde{\gamma})$ implies that reducibility of $\pi(\tilde{\gamma}+\tilde{\mu})$. By the first part of the proof $a_i+b_i\in Z^*$ for all $1\leqslant i\leqslant 4$, Since $\tilde{\mu}$ is a weight of finite dimensional representation of G, we have $b_i\in Z^*$ for all $1\leqslant i\leqslant 4$. Therefore, $a_i\in Z^*$ for all $i\in Q$.

We consider the case $\gamma\in L$. Since $\delta_i\in\Delta_k$ for all $i\in Q$, we have $2a_i=2(\gamma, \delta_i)/(\delta_i, \delta_i)\in Z$, thus, $a_i\in Z^*$ for all $1\leqslant i\leqslant 4$.

We say that $\gamma\in t_C^*$ (resp. $\tilde{\gamma}\in h_C^*$) is integral if $2(\gamma, r)/(r, r)\in L$ (resp. $2(\tilde{\gamma}, \tilde{r})/(\tilde{r}, \tilde{r})\in Z$) for each $r\in\Delta$(resp. $\tilde{r}\in\phi$). clearly, an easy computation gives the following corollary.

Corollary 1. Let $\tilde{\gamma}\in D$, $(\gamma\in L)$ and suppose $\pi(\tilde{\gamma})$, $(\pi(\gamma))$ is reducible. Then $\tilde{\gamma}$, (γ) is integral.

References

[1] Speh B, Vogan D. Acta Math, 1980; 145: 227-299.

[2] Chen Zhonghu. Natural Science Journal of Xiangtan University, 1990;12(4):119-133.

[3] Harish-Chandra. Acta Math, 1965;113:241 318, 1966;116:1-111.

ON THE HARISH-CHANDRA HOMOMORPHISM FOR THE CHEVALLEY GROUPS OVER *p*-ADIC FIELD

§ 1 Introduction

There are many parallels between the representation theory on real simple groups and the representation theory of the p-adic groups. R. Howe[4] and A. Moy gave a partial analogue for the groups GL_n over p-adic fields of Harish-Chandra homomorphism.

In this paper, the Harish-Chandra homomrphism for higher congurence spherical functions algebra of Chevalley groups over p-adic fields is given in the case of the Levi-component of a (rational) parabolic subgroup. It is a generalization of R. Howe's works[4] for the groups GL_n over p-adic fields in the same case.

Let $\langle S\rangle$ be the subgroup generated by the elements in the subset S of a group. For any set S, let $\#(S)$ denote the number of the elements in S and let ϕ denote the vacuous set. We write **Z** for the set of all integers and **N** the set of all natural numbers. For any pair p, $q\in Z$, $p<q$, let $[p, q]=\{p, p+1, \cdots, q\}$.

Clearly, the p-adic field F is a field equipped with a non-trivial, non-Archimedean discrete valuation $|\cdot|_F$. We define

$$R=\{t|t\in F;\ |t|_F\leqslant 1\}.$$

Then R is the ring of the integers of F and $P=\pi R$ is the maximal ideal of R where π is a prime element of F. The complement R^* of P in R is the group of units of R. We denote by F the residue class field R/P which is a finite field. It is well known that F is locally compact, and R and P are open, compact subsets of F. For each $i\in Z$, let $P_i=\pi^i R$ and $R_i^*=\{1+p;\ p\in P_i\}$. Let R be the representative system of F in R.

Lemma 1.1. If $f(x)=x^m+a_1x^{m-1}+\cdots+a_{m-1}x+a_m\in R[x]$ and λ is a root of $f(x)$, then there is a finite dimensional extension F' of F with a nontrivial, non-Archimedean discrete valuation $|\cdot|_{F'}$ such that $|\lambda|_{F'}\leqslant 1$.

Proof: Let F' be the splitting field over F of $f(x)$. Then $[F':F]<\infty$. So F' is a p-adic field and the restriction of $|\cdot|_F$ on F is just $|\cdot|_F$. Thus, we have

$$f(x)=(x-b_1)(x-b_2)\cdots(x-b_m),$$

$b_i\in F'$, $i\in[1,\ m]$. Clearly,

$$R\subset R'=\{t\,|\,t\in F';\ |t|_{F'}\leqslant 1\}.$$

It is easily shown that $b_1b_2\cdots b_m=a_m$. Hence, we have

$$|b_1|_{F'}|b_2|_{F'}\cdots|b_m|_{F'}=|a_m|_{F'}.$$

Thus, there exists at least a root b_j, $j\in[1,\ m]$ such that $|b_j|_{F'}\leqslant 1$. Let $b=b_j$. It follows that

$$f(x)=(x-b)g(x),\ g(x)=x^{m-1}+c_1x^{m-2}+\cdots+c_{m-1},$$

where $c_i\in F'$, $i\in[1,\ m-1]$ satisfy

$$c_1-b=a_1,\ c_2-c_1b=a_2,\ \cdots,\ c_{m-1}-c_{m-2}b=a_{m-1},\ c_{m-1}b=a_m.$$

Hence, since $a_1,\ a_2,\ \cdots,\ a_m\in R$, we have $c_1,\ c_2,\ \cdots,\ c_{m-1}\in R'$. It follows that $g(x)\in R'[x]$. Therefore, the lemma can be shown by induction.

Let L be a simple Lie algebra over $C(L\not\cong G_2)$ and Φ the root system of L with respect to a Cartan subalgebra of L. Let $\Pi=\{\alpha_1,\ \alpha_2,\ \cdots,\ \alpha_n\}$ be a fundamental root system of Φ and Φ^+ the positive root system containing Π. Clearly, $\Phi^-=-\Phi^+$ is a negative root system in Φ. Let $C_L=\{h_\alpha,\ \alpha\in\Pi;\ e_r,\ r\in\Phi\}$ be a Chevalley basis of L and $G_F=L(F)$ the Chevalley group of type L over F. It follows from [1] that $G_F=\langle \exp t\,ade_r,\ t\in F,\ r\in\Phi\rangle$.

Hereinbelow, we shall use the notations and terminology given by [1] directly.

§ 2 Some Subgroups of G

For each $r\in\Phi$, $q\in N$, we put

$$x_{r,q}=\{x_r(t);\ t\in P_q\},\ U_q=\langle x_{r,q};\ r\in\Phi^+\rangle,$$
$$V_q=\langle x_{r,q};\ r\in\Phi^-\rangle,\ H_q=\langle h_\alpha(d);\ d\in R_q^*,\ \alpha\in\Phi\rangle.$$

Let $K_q=H_qV_qU_q$, $q\in\mathbf{N}$.

Lemma 2.1. Let $s\in\Phi$ and let a, $b\in F^*=F\backslash 0$ such that $e=1+ab\neq 0$. Then

$$x_{-s}(b)x_s(a)=h_s(e^{-1})x_s(a')x_{-s}(b'),\ a'=ae,\ b'=be^{-1}.$$

Proof: Let $c=(ae)^{-1}$. Clearly we have

$$-c+a^{-1}=c(-1+e)=c(-1+1+ab)=cab=be^{-1}.$$

Thus, by 5.2.2 and 8.1.4 in [1], we have

$$\begin{aligned}x_{-s}(b)x_s(a)&=x_{-s}(b)x_{-s}(a^{-1})h_{-s}(-a^{-1})n_{-s}x_{-s}(a^{-1})\\&=h_{-s}(-a^{-1})x_s(c)h_s(-c)n_sx_s(c)n_{-s}x_{-s}(a^{-1})\\&=h_s(e^{-1})x_s(ae)x_{-s}(be^{-1})\end{aligned}$$

Hence the lemma is proved.

Lemma 2.2. (i) Every element u of U_q, $q\in N$ has a unique expression

$u=x_{r_1}(a_1)x_{r_2}(a_2)\cdots x_{r_h}(a_h)$, $a_i\in P_q$, $r_i\in\Phi^+$, $1\leqslant i\leqslant h$, $r_1<r_2<\cdots<r_h$.

(ii) Every element v of V_q, $q\in\mathbf{N}$, has a unique expression

$v=x_{s_1}(b_1)x_{s_2}(b_2)\cdots x_{s_k}(b_k)$, $b_1\in P_q$, $r_i\in\Phi^-$, $1\leqslant i\leqslant k$, $s_1<r_2<\cdots<r_k$.

(iii) Every element h of H_q, $q\in\mathbf{N}$, has a unique expression

$$h=h_{\alpha_1}(d_1)h_{\alpha_2}(d_2)\cdots h_{\alpha_n}(d_n),\ d_i\in R_q^*,\ \alpha_i\in\Pi,\ \alpha_1<\alpha_2<\cdots<\alpha_n.$$

Proof: Clearly, if t, $t'\in P_q$, then $t+t'$, $t^it'^j\in P_q$ for any i, $j\in N$. Thus using an argument similar to that used in 5.3.3 in [1], by the Chevalle's commutator formula, (i) can be shown. Similarly, (ii) can be proved also.

Let q_1, q_2, $\cdots$, q_n be the dual basis of the basis h_{α_1}, h_{α_2}, $\cdots$, h_{α_n}, $h_{\alpha_i}\in C_L$, $\alpha_i\in\Pi$, $1\leqslant i\leqslant n$. It follows from 7.1.1 in [1] that $h(\chi_{r,d})=h_r(d)\in H_q$, for any $r\in\Phi$, $d\in R_q^*$, $q\in N$, and we have $\chi_{r,d}(q_i)\in R_q^*$, $1\leqslant i\leqslant n$ since $d^j\in R_q^*$ for any $j\in Z$. Clearly, if d, $d'\in R_q^*$, then $dd'\in R_q^*$. Hence $\chi(q_i)\in R_q^*$, $1\leqslant i\leqslant n$ for each $h(\chi)\in H_q$. By 7.1.1 in [1], every element $h(\chi)$ of H_q has a unique expression

$$h(\chi)=h_{\alpha_1}(d_1)h_{\alpha_2}(d_2)\cdots h_{\alpha_n}(d_n),\ d_i\in F^*,\ 1\leqslant i\leqslant n.$$

It is easily shown that $\chi(q_i)=d_i\in R_q^*$, $1\leqslant i\leqslant n$, so, (iii) follows.

Let $r(u)=\{r_i\in\Phi^+,\ a_i\neq 0\}$ and $r(v)=\{s_i\in\Phi^-,\ b_i\neq 0\}$. For any $s\in\Phi^+$, let $h(s)$ be the height of s. Let $[x, y]=xyx^{-1}y^{-1}$, $x, y\in G$.

Lemma 2.3. For any $s\in\Phi^+$, $h(s)>1$, $b\in P_q$, $q\in N$, there exists $\alpha\in\Pi$ and $r\in\Phi^+$, $h(r)=h(s)-1$ such that $s=r+\alpha$ and

$$x_s(b)=\prod_{i=1}^{t}[x_\alpha(c_i), x_r(d_ib)], d_i, c_i\in R_q^*, 1\leqslant i\leqslant t, i=1, 2.$$

Proof: Clearly, there exists α in Π and r in Φ^+ with $h(r)=h(s)-1$ such that $s=r+\alpha$. Let $A_{r,\alpha}=\dfrac{(r, r)}{(\alpha, \alpha)}$. If $A_{r,\alpha}=-1$, then by the Chevalley's commutator formula, the lemma is easily shown with $t=1$, $c_1=-C_{11\alpha r}$, $d_1=1$.

Similarly, the lemma is easily verified for $A_{r,\alpha}=-2$ or $-\dfrac{1}{2}$.

Lemma 2.4. (ⅰ) If $\alpha\in\Pi, d\in R^*$ and $q\in N$, then $x_\alpha(d)U_q\subset U_qx_\alpha(d)$.

(ⅱ) If $\alpha\in\Pi$, $d\in R^*$ and $q\in N$, then

$$x_\alpha(d)V_q\subset H_qV_qx_\alpha(d'), d'=td, t\in R_q^*.$$

Proof: Clearly, if $i\alpha+jr\in\Phi$ for any $r\in\Phi$, $i, j\in N$, then $i\alpha+jr\in\Phi^+$, so, (ⅰ) can be shown by (ⅰ) in Lemma 2.2 and Chevalley's commutator formula.

We shall show (ⅱ). If $s\in\Phi^-$, $s\neq-\alpha$ and $i\alpha+jr\in\Phi$ for some $i, j\in N$, then $i\alpha+jr\in\Phi^-$ and $d^ia^j\in P_q$ for any $a\in P_q$. So we have $[x_\alpha(d), x_s(a)]\in V_q$.

If $s=-\alpha$ and $a\in P_q$, then by Lemma 2.1, we have $e=1+da\in R_q^*$ and

$$x_\alpha(d)x_s(a)=h_s(e^{-1})x_s(a')x_\alpha(d'), a'=ae, d'=de^{-1} \tag{2.a}$$

Clearly, $h_s(e^{-1})\in H_q$ and $x_s(a')\in V_q$ and $d'=td$, $t=e^{-1}\in R_q^*$. By (2.a), (ⅱ) can be proved immediately from Lemma 2.2 .

Lemma 2.5. (ⅰ) Let $s\in\Phi^+$ and $0\neq b\in P_q$, $q\in N$. Then $x_s(b)V_q\subset V_qU_qH_q$.

(ⅱ) For each $q\in N$, $H_qU_q=U_qH_q$, $H_qV_q=V_qH_q$.

(ⅲ) If $h(\chi)\in H_q$, $q\in N$ and $r\in\Phi$, then $\chi(r)\in R_q^*$.

Proof: We first show (ⅱ). By the argument used in (ⅲ) in Lemma 2.2, R_q^* is a subgroup of R^*. Clearly, for any $d\in R_q^*$, $t\in P_q$, we have $dt\in P_q$. It is easy to see that if $h(\chi)\in H_q$ and $s\in\Phi^-$, then for any $t\in P_q$ we have

$$h(\chi)x_s(t)h(\chi)^{-1}=x_s(\chi(s)t)\in x_{s,q},$$

because $\chi(s)\in R_q^*$ by (iii) in Lemma 2.2. Thus, by (ii) in Lemma 2.2, we have $H_qV_q=V_qH_q$. Similarly, it is easily shown that $H_qU_q=U_qH_q$. (ii) is proved. Now, we show (i) by induction on the height h(s) of s.

1. $h(s)=1$: Clearly, we have $s=\alpha\in\Pi$ and $tb\in P_q$ for any $t\in R_q^*$. Hence by (ii) in Lemma 2.4, (i) can be shown immediately.

2. $h(s)=c>1$: Let $x=[x_\alpha(d), x_r(fb)]$, $d, f\in R^*$, $\alpha\in\Pi$, $r\in\Phi$. Clearly, we have $h(r)=c-1$. Let $s=r+\alpha$. Then we have

$$\begin{aligned} xV_q &=x_\alpha(d)x_r(fb)x_\alpha(-d)x_r(-fb)V_q \\ &\subset x_\alpha(d)x_r(fb)x_\alpha(-d)V_qU_qH_q \text{(by hypothesis of induction)} \\ &\subset x_\alpha(d)x_r(fb)V_qx_\alpha(-td)U_qH_q \text{(by Lemma 2.4)} \\ &\subset x_\alpha(d)H_qV_qU_qx_\alpha(-td)U_qH_q \text{(by hypothesis of induction)} \\ &\subset V_qU_qH_qx_\alpha(t'd)x_\alpha(-td)H_q \text{(by Lemma2.4)}, \end{aligned}$$

where t and t' are the elements in R_q^*. Thus, we have $t'd-td=d(t'-t)\in P_q$. It follows that $x_\alpha(t'd)x_\alpha(-td)=x_\alpha(d(t'-t))\in U_q$. Hence. by Lemma 2.3, (i) follows.

(iii) is clear.

The proof is complete.

Lemma 2.6. For any $q\in N$, $K_q=H_qV_qU_q$ is an open compact subgroup of $G=G_F$.

Proof: By (i) in Lemma 2.2, for each $u\in U_q$ we have

$$\begin{aligned} uH_qV_qU_q &=x_{r_1}(a_1)x_{r_2}(a_2)\cdots x_{r_h}(a_h)H_qV_qU_q \\ &\subset x_{r_1}(a_1)x_{r_2}(a_2)\cdots x_{r_{h-1}}(a_{h-1})H_qV_qU_q \text{(by Lemma2.5)} \\ &\subset\cdots\subset H_qV_qU_q. \end{aligned}$$

Thus, we have $U_qV_qU_q\subset H_qV_qU_q$. So, by (ii) in Lemma 2.5, we obtain

$$K_qK_q=H_qV_qU_qH_qV_qU_q\subset H_qV_qU_qV_qU_q\subset H_qV_qU_q=K_q.$$

Clearly, $H_q^{-1}\subset H_q$, $V_q^{-1}\subset V_q$ and $U_q^{-1}\subset U_q$. Hence, by Lemma 2.5, we have

$$K_q^{-1}=U_q^{-1}V_q^{-1}H_q^{-1}\subset U_qV_qH_q\subset H_qV_qU_qH_q=H_qV_qU_q=K_q.$$

Therefore, K_q is a subgroup of G.

For each $k\in N$, let $S^k=S\times S\times\cdots\times S$ (k times), $S\subset F$. Since R is an open compact subset of F, $P_q=\pi^qR$ is open compact for any $q\in Z$. For each r

$\in \Phi$, there is a homeomorphism ρ_r from P_q to $x_{r,q}$ defined by $\rho_r(t)=x_r(t)$, $t\in P_q$. Hence, $x_{r,q}$ is open compact. Thus, by Lemma 2. 2, U_q, V_q and H_q are homeomorphic to open compact set. So U_q, V_q and H_q are open compact subgroups of G. It is easily shown that for any $q\in N$, $K_q=H_qV_qU_q$ is homeomorphic to $H_q\times V_q\times U_q$. Hence K_q is an open compact subgroup of G. The proof is complete.

Clearly, $K=HVU=H_0V_0U_0=K_0$ is the maximal compact subgroup of G and for each $q\in N$, K_q is called the q-congruence maximal compact subgroup of G.

For any $q\in \mathbf{N}$, $B_q=H_qV_{q+1}U_q$ is a subgroup of G.

Clearly, $B=HV_1U=H_0V_1U_0$ is the Iwahori subgroup of G and B_q, $q\in\mathbf{N}$, is called the q-congruence Iwahori subgroup of G.

For each $a\in P_q$, $q\in\mathbf{N}$, there exists a representative element a in $\pi^q\mathbf{R}$ such that $a\equiv a(\mathrm{mod}P_{q+1})$.

Corollary 2. 1. Each element k in K_q, $q\in\mathbf{N}$, has a unique expression

$$k=h(\chi)x_{s_1}(b_1)x_{s_2}(b_2)\cdots x_{s_h}(b_h)x_{r_1}(a_1)x_{r_2}(a_2)\cdots x_{r_h}(a_h),$$

where a_i, $b_i\in P_q$, $1\leqslant i\leqslant h$ and $h(\chi)$ is an element of H_q which has a unique expression

$$h(\chi)=h_{a_1}(d_1)h_{a_2}(d_2)\cdots h_{a_n}(d_n),\ d_i=1+c_i\in R_q^*,\ c_i\in P_q,\ 1\leqslant i\leqslant n.$$

Put $T_k=\pi^q(T'+T'')$, where

$$T'=c_1h_{a_1}+c_2h_{a_2}+\cdots+c_nh_{a_n}.$$

and

$$T''=b_1e_{s_1}+b_2e_{s_2}+\cdots+b_he_{s_h}+a_1e_{r_1}+a_2e_{r_2}+\cdots+a_he_{r_h}.$$

Corollary 2. 2. If k, $k'\in K_q$, $q\in\mathbf{N}$, then $T_{kk'}=T_k+T_k{}'$.

For each $q\in\mathbf{N}$, let $P_q^*=R\backslash P_q$, $R_q^*=R^*\backslash R_q^*$ and for each $r\in\Phi$, let

$$x_{r,q}^*=\{x_r(t);\ t\in P_q^*\},\ h_{r,q}^*=\{h_r(t),\ t\in R_q^*\}.$$

For each $q\in\mathbf{N}$, we put

$$H_q^*=h_{a_1,q}^*h_{a_2,q}^*\cdots h_{a_n,q}^*,\ U_q^*=x_{r_1,q}^*x_{r_2,q}^*\cdots x_{r_h,q}^*,\ V_q^*=x_{s_1,q}^*x_{s_2,q}^*\cdots x_{s_h,q}^*.$$

For each $q\in\mathbf{N}$, we define

$$K_q^*=H_q^*V_q^*U_q^*.$$

By an argument similar to that used in Corollary 2. 1, we have

Lemma 2.7. For each $q \in \mathbf{N}$, $K = K_q K_q^* = K_q^* K_q$.

Let $D = \{h(\chi);\ \chi \in \mathrm{Hom}(Z\Phi, \pi^i),\ i \in Z\}$. By 2.17 in [5], we have $G = KDK$ (K was denoted by U in [5]). Thus by 2.16 in [5] and Lemma 2.7 we obtain

Lemma 2.8. $G = K_q D_q^* K_q$, $q \in \mathbf{N}$, where $D_q^* = K_q^* D K_q^*$.

§ 3. Higher Congruence Spherical Functions Algebra

Let V be a finite dimensional Hilbert space, and End (V) the C^* - algebra of the linear transformations from V to itself. Let $C_c(G)$ be the set of the continous, complex-valued functions of compact support on G. Let $C_c(G$: End $V)$ be the set of continous compactly supported functions with values in End V.

Let J be an open compact subgroup of G. Suppose that there exists a decomposition of G into the double cosets of J. Let σ be an irreducible unitary representation of J on finite dimensional Hilbert space V. Consider a space $H(G//J, \sigma)$ of functions in $C_c(G$: End $V)$ such that

$$f(k_1 g k_2) = \sigma(k_1) f(g) \sigma(k_2),\ k_1,\ k_2 \in J,\ g \in G.$$

It is easy to check that $H(G//J, \sigma)$ is a convolution subalgebra of $C_c(G$: End $V)$ We call it the σ-spherical Hecke algebra (cf. Appendix I in [4]).

Clearly, for any $q \in \mathbf{N}$, K_q is an open compact subgroup of G by Lemma 2.6 and there is a decomposition of G into the double cosets of K_q by Lemma 2.8. Thus we are able to consider the algebra $H(G//K_q, \sigma)$, where σ is some irreducible unitary representation of K_q.

Let $C_L^0 = \{h_\alpha;\ \alpha \in \Pi\}$ and $C_{\mathbf{R}} = C_L^0 \otimes \mathbf{R}$. The elements in $C_{\mathbf{R}}$ are called the nondegenerate elements. Let $L_{\mathbf{R}} = C_L \otimes \mathbf{R}$ and $L_R = C_L \otimes \mathbf{R}$. Set $L_F = C_L \otimes F$.

Let χ_0 be an additive character of F with conductor R. For a given nondegenerate element $x \in C_R$ and for any i, $l \in \mathbf{N}$, we define

$$\psi_x = \chi_0(\pi^{-h}(\mathrm{tr}(adxadT_k))),\ h = l + i,\ k \in K_i. \tag{3a}$$

Hence, by Corollary 2.2, we have $\psi_x \in (K_i / K_{i+l})^\wedge$. It is easy to see that ψ_x is an irreducible unitary representation of K_i with ker $\psi_x = K_{i+l}$. By Lemma 2.8, there exists a decomposition of G into the double cosets of K_i. Thus we shall be able to consider the ψ_x-spherical Hecke algebra $H(G/\!/K_i, \psi_x)$.

Lemma 3.1. For any $i\in N$, $g\in \mathrm{supp}H(G/\!/K_i, \psi_x)$ if and only if there exist y_1, $y_2\in L_R$ such that

$$adz_1=Adg(adz_2)=g(adz_2)g^{-1},\ z_s=x+\pi^l y_s,\ s=1, 2.$$

Proof: By [3], it is easy to see that $g\in \mathrm{supp}H(G/\!/K_i, \psi_x)$ if and only if the character $gkg^{-1}\to\psi_x(k)$, $k\in K_i$, agrees with ψ_x on $gK_ig^{-1}\cap K_i$, that is to say, for each $k\in gK_ig^{-1}\cap K_i$,

$$\chi_0(\pi^{-h}\mathrm{tr}((adx)(adT_k)))=\chi_0(\pi^{-h}\mathrm{tr}((adx)adT_{g^{-1}kg})).$$

It is easy to see that $adT_{g^{-1}kg}=g^{-1}(adT_k)g$, so we have

$$\chi_0(\pi^{-h}\mathrm{tr}((adx)(adT_k)))-\chi_0(\pi^{-h}\mathrm{tr}((adx)g^{-1}(adT_k)g))=0.$$

It follows that

$$\chi_0(\pi^{-h}\mathrm{tr}((adx-g(adx)g^{-1})(adT_k))=0.$$

For each $k\in K_i$ we have $T_k\in\pi^i L_R$. Hence

$$\pi^{-l}(adx-g(adx)g^{-1})\in ad(L_R).$$

For each $k\in gK_ig^{-1}$, let $k'=g^{-1}kg$. If $k\in gK_ig^{-1}\cap K_i$, then we have $k'\in K_i$ and

$$adT_k=adT_{gk'g^{-1}}=g(adT_k{}')g^{-1}.$$

Hence

$$\pi^{-l}g^{-1}(adx-g(adx)g^{-1})g\in ad(L_R).$$

Summarizing the results above, we have

$$adx-g(adx)g^{-1}\in\pi^l(ad(L_R)\mid gad(L_R)g^{-1}).$$

Therefor, the proof is complete.

For a given nondegenerate element x, let

$$L_{F,x}^0=\{y\mid y\in L_F,\ adx(y)=0\},$$

$$L_{F,x}^*=\{z\mid z\in L_F,\ (z, y)=0,\ y\in L_{F,x}^0\}.$$

Let $L_{R,x}^0=L_{F,x}^0\cap L_R$ and $L_{R,x}^*=L_{F,x}^*\cap L_R$. It is clear that

$$L_F=L_{F,x}^0\oplus L_{F,x}^*\ \text{and}\ L_R=L_{R,x}^0\oplus L_{R,x}^*.$$

For any y, $z\in L_F$, $(adx(y), z)+(y, adx(z))=0$, so $adx(L_{R,x}^*)\subset L_{R,x}^*$.

Thus, it is easy to see that the restriction of adx on $L_{R,x}^*$ denoted by $(adx)^*$ is an invertible linear transformation on $L_{R,x}^*$, so $(adx)^*$ is bijective.

Hence we have

(Ⅰ) For each nondegenerate elementx, $(adx)^*$ is surjective on $L_{R,x}^*$.

Lemma 3.2. For any $i\in \mathbf{N}$ and each nondegenerate element x, let $u\in L_R$ such that

$$x\equiv u(\mathrm{mod} L_i),\ u=u_0+\pi^i u^*,\ u_0\in L_{R,x}^0,\ u^*\in L_{R,x}^*,\ L_i=\pi' L_R.$$

Then adu is conjugate to adu_0, $u_0\in L_{R,x}^0$ under K_i.

Proof: By (I), there is a $u_1^*\in L_{R,x}^*$ such that $adx(u_1^*)\equiv u^*$ (mod L_1).

So we have $adu(u_1^*)\equiv u^*$ (mod L_1). Let $k_1=\exp(\pi^i adu_1^*)$. Then we have

$$\begin{aligned}
Adk_1(adu) &\equiv (I+\pi^i adu_1^*)adu\,(I+\pi^i adu_1^*)^{-1},\ (\mathrm{mod}\ L_i)\\
&\equiv (I+\pi^i adu_1^*)adu(I-\pi^i ad_1^*),\ (\mathrm{mod}\ L_i)\\
&\equiv adu+\pi^i adu_1^*\,adu-\pi^i aduadu_1^*,\ (\mathrm{mod}\ L_i)\\
&\equiv adu+\pi^i[adu_1^*,\ adu],\ (\mathrm{mod}\ L_i)\\
&\equiv adu-\pi^i(ad[u,\ u_1^*]),\ (\mathrm{mod}\ L_i)\\
&\equiv adu-\pi^i adu^*,\ (\mathrm{mod}\ L_{i+1})\\
&= adu_0,\ (\mathrm{mod}\ L_{i+1})
\end{aligned}$$

Similarly, for any $p\in\mathbf{N}$, there is a $k_p\in K_i$ such that

$$adk_p(adu)\equiv adu_0,(\mathrm{mod} L_{i+p}).$$

Therefore, the lemma follows by taking $p\to\infty$.

Let α_0 be the maximal positive root. Then the root α_0 can be expressed in the form

$$\alpha_0=m_1\alpha_1+m_2\alpha_2+\cdots+m_n\alpha_n,$$

where $m_i\in\mathbf{N}$, $1\leqslant i\leqslant n$. Let

$$N(\alpha_0)=\{k\in[1,\ n]\mid m_k\leqslant 2\}.$$

Let $A(\alpha_0)$ be the subset consisting of the integers k in $N(\alpha_0)$ which satisfy the condition:

$$k\neq\frac{1}{2}(n+1) \text{ if } n \text{ is odd and } L\simeq A_n,\ k\neq 7 \text{ if } L\simeq E_7;$$

$$k\neq\frac{1}{2}n \text{ if } n \text{ is even and } L\simeq B_n \text{ or } C_n.$$

For each $k\in A(\alpha_0)$, set $\Pi_k^1=\Pi\backslash\alpha_k$, and put $\Pi_k=\Pi_k^1$ if $m_k=1$, $\Pi_k=\Pi_k^1\cup\alpha_0$ if $m_k\neq 1$.

For each $k\in A(\alpha_0)$, let

$\Phi_k^s=\{\pm r\mid r=m_{r,1}\alpha_1+m_{r,2}\alpha_2+\cdots+m_{r,n}\alpha_n\in\Phi^+,\ m_{r,k}=s\}$, $s=0, 2$.

Let $\Phi_k=\Phi_k^0\cup\Phi_k^2$ and $\Phi_k^*=\Phi\backslash\Phi_k$. For any $l\in N$, $k\in A(\alpha_0)$, we define

$$V_{l,k}^*=\{v\in V_l\mid r(v)\in\Phi_k^{*-}\},\ U_{l,k}^*=\{u\in U_l\mid r(u)\in\Phi_k^{*+}\},$$

$$V_{l,k}=\{v\in V_l\mid r(v)\in\Phi_k^-\},\ U_{l,k}=\{u\in U_l\mid r(u)\in\Phi_k^+\},$$

where $\Phi_k^\pm=\Phi_k\cap\Phi^\pm$ and $\Phi_k^{*\pm}=\Phi_k^*\cap\Phi^\pm$. For any $i\in N$, $k\in A(\alpha_0)$; if i is odd, then we say $j=\frac{1}{2}(i+1)$ and set $J_{j,k}^*=U_{j,k}^*U_{j,k}^*$, if i is even, then we say $j=\frac{1}{2}i$ and set $J_{j,k}^*=V_{j+1,k}^*U_{j,k}^*$.

Let x be a nondegenerate element and let Σ_x, be the set of the eigenvalues of adx. If

$$\Sigma_x=\Sigma_x^0\cup\Sigma_x^*,\ \Sigma_x^0\cap\Sigma_x^*=\phi,\ 0\in\Sigma_0,$$

then (Σ_x^0, Σ_x^*) is called a decomposition of Σ_x. For any $\mu\in\Sigma_x$, let

$$\begin{aligned}\Phi_x^\mu&=\{r\in\Phi\mid adx(e_r)=\mu(e_r)\}\\&=\{r\in\Phi\mid (r,x)=r(x)=\mu\}\end{aligned}$$

For each nondegenerate element x, if there is $a\in A(\alpha_0)$ and there is a decomposition (Σ_x^0, Σ_x^*) of Σ_x such that $\Phi_a=\bigcup_{\mu\in\Sigma_x^0}\Phi_x^\mu$, then (x, a) is called a compatible pair (or separable pair). For each $r\in\Phi$, let $M_r=\{te_r,\ t\in F\}$. For each $\mu\in\Sigma_x$, let $M_\mu=\sum_{r\in\Phi_x^\mu}M_r$.

Let $C_F=C_L^0\otimes F$. For any $\mu\in\Sigma_x$, we define $L_x^\mu=M_\mu+C_F$ if $\mu=0$, $L_x^\mu=M_\mu$ $if\ \mu\neq0$.

For each $a\in A(\alpha_0)$ let χ_a be the character of $Z\Phi$ such that

$$\chi_a(\alpha_i)=1,\ 1\leqslant i\leqslant n,\ i\neq a,\ \chi_a(\alpha_a)=-1,\ \alpha_i\in\Pi,\ 1\leqslant i\leqslant n.$$

Clearly, $\chi_a(r)=1$ if $r\in\Phi_a$, $\chi_a(r)=-1$ if $r\in\Phi_a^*$.

For any $a\in A(\alpha_0)$, let $G_a=\{g\mid g\in G,\ gh(\chi_a)=h(\chi_a)g\}$. For any nondegenerate element x, iet $G_x=\{g\mid g\in G,\ g(adx)=(adx)g\}$.

Lemma 3.3. (ⅰ) For any nondegenerate element x and any $i\in N$, $i<l$,

$$\text{supp}H(G/\!/K_i,\ \psi_x)\subset K_iG_xK_i.$$

(ⅱ) If (x, a) is a compatible pair, then for any $i\in N$, $i<l$,

$$\text{supp}\ H(G/\!/K_i,\ \psi_x)\subset K_iG_aK_i.$$

Proof: For $l\in N$, $i\leqslant l$, let $y\in L^0_{R,x}$ and $z=x+\pi^l y$. Since $y\in L^0_{\mathbf{R},x}$, for each $\mu\in\Sigma_x$, there exists $0\neq v\in(L^\mu_x)'=L^\mu_x\otimes F'$ such that ady $(v)=\xi v$, $\xi\in F'$, where F' is some extension of F, and the eigenvalue ξ of ady is called the eigenvalue of ady associated with μ. We denote by Σ^μ_y the set of all eigenvalues of ady associated with μ. It is easily shown that $\Sigma_y=\bigcup\limits_{\mu\in\Sigma_x}\Sigma^\mu_y$, where Σ_y is the set of all eigenvalues of ady. Hence we have the following statement.

(A) If λ is an eigenvalue of $adx+\pi^l ady$, $y\in L^0_{\mathbf{R},x}$, then there exist $\mu\in\Sigma_x$ and $\xi\in\Sigma_y$ such that $\lambda=\mu+\pi^l\xi$.

By an obvious modification of Lemma 3. 1, for each $g\in \operatorname{supp}H(G/\!/K_i,\psi_x)$, there exist y_s, $s=1,2$ in $L_{\mathbf{R}}$ such that

$$Adg(adu_1)=adu_2,\ u_s=x+\pi^l y_s,\ s=1,\ 2.$$

By Lemma 3. 2, we can find $y'_s\in L^0_{F,x}\cap L_R$, and $k_s\in K_i$, $s=1,\ 2$, such that

$$Adk_s(adu_s)=adz_s,\ z_s=x+\pi^l y'_s,\ s=1,\ 2.$$

Thus, we have $Adg'(adz_1)=adz_2$, $g'=k_2 g k_1^{-1}$. This implies that

(B) $g'(adz_1)=(adz_2)g'$.

Let $f_s(\lambda)$, $s=1,\ 2$ be the characteristic polynomial of adz_s, $s=1,\ 2$, and let $f(\lambda)=f_1(\lambda)f_2(\lambda)$. Let F' be the splitting field of $f(\lambda)$ over F.

Set $L_{F'}=C_L\otimes F'$. If $adz_1(v)=\lambda v$, $\lambda\in F'$, $0\neq v\in L_{F'}$, then by (A), it follows that $\lambda=\mu+\pi^l\xi$, $\mu\in\Sigma_x$, $\xi\in\Sigma^\mu_{y_1}$. Thus, by (B), we have

$$adz_2(v')=\lambda v',\ v'=g'(v).$$

Hence it follows from (A) that $\lambda=\mu'+\pi^l\xi'$, $\mu'\in\Sigma_x$, $\xi'\in\Sigma^{\mu'}_{y_2}$. By Lemma 1. 1, it is easy to see that $\mu=\mu'$ and $\xi=\xi'$. Thus, by (B), we have $g'((L^\mu_x)')=(L^\mu_x)'$. for any $\mu\in\Sigma_x$.

Clearly, v and v' have the following expression

$$v=\sum_{r\in\Phi^\mu_x}t_r e_r+h,\ v'=\sum_{r\in\Phi^\mu_x}t'_r e_r+h',$$

where t_r, $t'_r\in F'$, $e_r\in C_L$, $r\in\Phi^\mu_x$ and h, $h'\in C^0_{F'}$, $h=h'=0$ if $\mu\neq0$.

Since $(x,\ a)$ is compatible pair, we have

$$h(\chi_a)(v)=\sum_{r\in\Phi^\mu_x}t_r\chi_a(r)e_r+h(\chi_a)h$$

$$= \sum_{r \in \Phi_x^\mu} dt_r e_r + h,$$

where $d=1$ if $\Phi_x^\mu \subset \Phi_a$, $d=-1$, $h=0$ if $\Phi_x^\mu \subset \Phi_a^*$. Thus, it follows that $h(\chi_a)(v)=dv$, so $g'h(\chi_a)(v)=dg'(v)$. Similarly, we have $h(\chi_a)g'(v)=dg'(v)$. Hence, for any $v \in (L_x^\mu)'$, $\mu \in \Sigma_x$, it follows that

$$g'h(\chi_a)(v)=h(\chi_a)g'(v).$$

It is clear that

$$L_{F'} = \sum_{\mu \in \Sigma_x} (L_x^\mu)'.$$

Thus we have $g'h(\chi_a)=h(\chi_a)g'$, so (ⅱ) follows.

Similarly, for any $v \in (L_x^\mu)'$, $\mu \in \Sigma_x$, we have

$$g'(adx)(v)=(adx)g'(v)=\mu g'(v).$$

Therefore, (ⅰ) can be shown immediately.

Hereafter, we shall fix an positive integer i. Moreover, we shall fix a nondegenerate element x and an integer $a \in A(\alpha_0)$ such that (x, a) is compitable. Let $J^* = J_{j,a}^*$, $J' = H_i V_{i,a} U_{i,a}$ and $J = J^* J'$. Clearly, J is a subgroup of G and J' is a subgroup of K_i.

Let ψ_x' be the restriction of ψ_x on J', where x is a nondegenerate element and ψ_x is a character of K_i defined in Section 2 with $\ker\psi_x \subset K_{i+1}$. Then we can extend ψ_x' in a unique fashion to a representation σ of J by letting it be trivial on J^* (if $k=0$, then σ is a cuspidal representation). We may assume that (x, a) is a compatible pair. By an obvious modification of the argument used in (ⅱ) in Lemma 3.3, we can show the following statement immediately (hereafter, let $l=i=j$ in (3a)).

(II) Let $G' = G_a$. Then $\operatorname{supp} H(G/\!/J, \sigma) \subset JG'J$.

Let $U = \langle x_r;\ r \in \Phi^+ \rangle$ and $V = \langle x_s;\ s \in \Phi^- \rangle$. Let W be the Weyl group of L. Clearly $W = \langle w_r;\ r \in \Phi \rangle$.

Lemma 3.4. Let $G_a^\times = \langle x_r,\ r \in \Phi_a;\ H \rangle$, $H = \langle h_\alpha(t),\ \alpha \in \Pi,\ t \in F^* \rangle$. Then $G_a = G_a^\times$.

Proof: Clearly, if $g \in G_a$, then $g = g^*$, $g^* = h_a g h_a^{-1}$, $h_a = h(\chi_a)$. By 8.4.4 in [1], g has a unique expression $g = uhn_w u'$, where $w \in W$, $u \in U$, $h \in H$ and

$$u' \in U_w^- = \{u \mid u \in U,\ n_w x n_w^{-1} \in V\}.$$

By 8.4.4 in [1], $g^* = u^* h^* n_w u'^*$, where

$$u^* = h_a u h_a^{-1},\ u'^* = h_a u' h_a^{-1} \text{ and } h^* = h_a h h_a'^{-1},\ h_a' = n_w h_a n_u^{-1}.$$

Assume that $u \notin U_a = U \cap G_a^{\times}$. It is easy to see that $u^* \neq u$. So, it follows from 8.4.4 in [1] that $g \neq g^*$, a contradiction. Thus we have $u \in U_a$. Similarly, we can show that $u' \in U_a \cap U_w^-$ and $n_w \in N_a$. It follows that $g \in G_a^x$, so $G_a \subset G_a^{\times}$. Clearly, we have $G_a^{\times} \subset G_a$. So $G_a = G_a^{\times}$. The proof is complete.

Clearly, if $s \in \Phi_a$, $r \in \Phi_a^*$ and $is + jr \in \Phi$ for some positive integers i and j, then $is + jr \in \Phi_a^*$. Hence, by Lemmas 2.1 and 2.2, using an argument similar to that used in Lemma 2.5 and Corollary 2.1, we have

(III) Let $K' = K \cap G'$. Then K' normalizes the subgroup J.

For each $r \in \Phi$, $l \in Z$, let $\mathbf{x}_{r,l} = (x_r(t),\ t \in \pi^l \mathbf{R}\}$.

Let $g_0 = h(\chi_0)$ such that $\chi_0(\alpha_i) = 1$, $1 \leqslant i \leqslant n$, $i \neq a$ and $\chi_0(\alpha_a) = \pi$. It follows from [5] that each element g' in G' has a unique expression

$$g' = k_1 d' k_2,\ k_1,\ k_2 \in K',\ d' \in D' = G' \cap D.$$

It is clear that if $d' \in D'$, then $d' = h(\chi')$, χ' satisfying $\chi'(r) = t\pi^{l(r)}$, $t \in \mathbf{R}$, $l(r) \in Z$. For each $d' \in D'$ we define

$$\Phi_+^{*+}(\text{resp. } \Phi_-^{*+},\ \Phi_0^{*+}) = \{r \mid r \in \Phi_a^{*+},\ l(r) > 0(\text{resp.} < 0,\ = 0)\},$$

$$\Phi_+^{*-}(\text{resp. } \Phi_-^{*-},\ \Phi_0^{*-}) = \{s \mid s \in \Phi_a^{*-},\ l(s) > 0(\text{resp.} < 0, = 0)\}.$$

The following lemma is easily verified.

(IV) (i) $\Phi_a^{*+} = \Phi_+^{*+} \cup \Phi_-^{*+} \cup \Phi_0^{*+}$, $\Phi_a^{*-} = \Phi_+^{*-} \cup \Phi_-^{*-} \cup \Phi_0^{*-}$.

(ii) $\Phi_-^{*+} = -\Phi_+^{*-}$, $\Phi_+^{*+} = -\Phi_-^{*-}$ and $\Phi_0^{*+} = -\Phi_0^{*-}$.

We define

$$J_+^{*+}(\text{resp. } J_-^{*+},\ J_0^{*+}) = \{u \mid u \in U \cap J^*,\ r(u) \in \Phi_+^{*+}(\text{resp. } \Phi_-^{*+},\ \Phi_0^{*+})\},$$

$$J_+^{*-}(\text{resp. } J_-^{*-},\ J_0^{*-}) = \{v \mid v \in V \cap J^*,\ r(v) \in \Phi_+^{*-}(\text{resp. } \Phi_-^{*-},\ \Phi_0^{*-}).$$

Let $U_q = \langle x_r(t);\ r \in \Phi^+,\ t \in \pi^q R\rangle$ and $V_q = \langle x_s(t);\ s \in \Phi^-,\ t \in \pi^q R\rangle$, $q \in Z$.

Let G^+ be the set of the elements g' in G' such that

$$Adg'(U_t) \subset U_{t-t'},\ Adg'(V_t) \subset V_{t+t''},\ t',\ t'' \in N \text{ for any } t \in Z.$$

The following statement is easily verified.

(V) With the notations given above,

(i) $g_0^{-1} \in G^+$;

(ii) if $g' \in G'$, then $g_0^{-m} g' \in G'^+$ for some m sufficiently large;

(iii) $g_0 \in \mathrm{supp} H(G' /\!/ J', \psi_x') = \mathrm{supp} H'$ and $f'_{g_0} * f'_{g'} = f'_{g_0 g'} = f'_{g'} * f'_{g_0}$ for any $g' \in \mathrm{supp} H'$;

(iv) $\{f'_g, g' \in G'^+ \cap \mathrm{supp}\ H'\}$ and $f'_{g_0 g}$ generate $H' = H(G' /\!/ J', \psi_x')$.

By (III) and Lemma 2.8 we have

Lemma 3.5. (i) Let $J_\kappa^* = J_\kappa^{*+} J_\kappa^{*-}$, $\kappa = +, -, 0$. Then for each $g' \in G'$,

$$Jg'J = J'J_+^* d' J_0^* J_-^* J',$$

where $d' \in D'$ satisfying $g' = k_1 d' k_2$, k_1, $k_2 \in K'$ as above.

(ii) For each $g' \in G'$, $Jg'J \cap G' = J'g'J'$.

Let η be the map from H' to $H = H(G /\!/ J, \sigma)$ defined by

$$\eta(f'_{g'}) = f_{g'} (\mathrm{vol}(J'g'J') / \mathrm{vol}(Jg'J))^{\frac{1}{2}}, \quad g' \in \mathrm{supp} H'. \tag{3. η}$$

We shall show that themap η odenned abova is an isomorphism of algebra.

Clearly J' is a subgroup of J. Therefore, if $g' \in G'$ is in supp$H$, then it certainly is in suppH'. Therefore, (II) guarantees that the map η is surjective. It follows from (ii) in Lemma 3.5 that the map η is injective.

Therefore, to show that the map η is an algebra homomorphism, it suffices to show that for any g', $g'' \in G'^+ \cap \mathrm{supp} H'$,

$$\eta(f'_{g'}) \times \eta(f''_{g'}) = \eta(f'_{g'} * f''_{g'}), \tag{3. i}$$

and for any $g' \in G' \cap \mathrm{supp} H'$,

$$\eta(f'_{g_0}) * \eta(f'_{g'}) = \eta(f'_{g_0 g'}). \tag{3. ii}$$

Now, we shall show (3. i). For each $g' \in G'^+$, we have

$$Adg'(J^* \cap V) \subset J^* \cap V, \text{ and } Adg'^{-1}(J^* \cap U) \subset J^* \cap U.$$

Write $J^{*-} = J^* \cap V$ and $J^{*+} = J^* \cap U$. By (III), it is easy to see that J' normalizes the subgroup J^*. Thus for any $g' \in G^+$, we have

$$Jg'J = J'J^* g' J^* J' = J^{*-} J' g' J' J^{*+},$$

$$\mathrm{vol}(Jg'J) = \# \{J^{*-} / (J^{*-} \cap Adg'(J^{*-}))\}\ \mathrm{vol}\ (J'g'J').$$

By the formulas given above, using the arguments which are analogous to them used in [4] for the separated case, (3. i) can be established.

For each $X \subset G$, $d' \in D'$, let $C(X) = X \cap Add'X$. By Lemma 3.5, it is easily shown that

$$\mathrm{vol}(Jd'J) = [\#C(J_+^{*+})][\#C(J_+^{*-})]\mathrm{vol}(J'd'J').$$

Let $q = \#(F)$. Then we have

$$\log_q \mathrm{vol}(Jg_0J) = \#(\Phi_a^{*-}),$$

$$\log_q(\mathrm{vol}(Jd'J)/\mathrm{vol}(J'd'J')) = \sum_{r \in S} l(r),$$

where $S = \Phi_+^{*+} \cup \Phi_+^{*-}$. Simimlarly, we have

$$\mathrm{vol}(Jg_0d'J) = [A_1A_2A_3]\mathrm{vol}(J'd'J'),$$

where $A_1 = \#(C(J_+^{*+}))$, $A_2 = \#(C(J_+^{*-}))$ and $A_3 = \#(C(J_0^{*+}))$.

For each $r \in \Phi_a^*$, it follows that $m_{r,a} = 1$ if $r \in \Phi_a^{*+}$, $m_{r,a} = -1$ if $r \in \Phi_a^{*-}$. Therefore, we have $l(r) = l(r) + m_{r,a}$. Thus, it follows that

$$\log_q(A_1) = \sum_{r \in S_1}(l(r)+1),\ \log_q(A_2) = \sum_{r \in S_2}(l(r)-1),$$

$$\log_q(A_3) = \sum_{r \in S_3}(l(r)+1),$$

where $S_1 = \Phi_+^{*+}$, $S_2 = \Phi_+^{*-}$ and $S_3 = \Phi_0^{*+}$.

Thus, we obtain

$$\log_q(\mathrm{vol}(Jg_0d'J)/\mathrm{vol}(Jd'J)) = \#(\Phi_+^{*+}) + \#(\Phi_0^{*+}) - \#(\Phi_+^{*-}).$$

The following formula is easily verified:

$$\log_q \mathrm{vol}(Jg_0J) = \#(\Phi^{*-}).$$

Using the formulas given above and the arguments which are analogous to them used in [4] (cf. p. 25-28 in [4]), (3. ii) can be shown.

By statements (3. i) and (3. ii), we obtain the main theorem:

Theorem 3. 1. With the notations as above, the map η defined by (3. η) is an algebra isomorphism from $H' = H(G' /\!/ J', \psi_x')$ onto $H = H(G /\!/ J, \sigma)$, and the map η is an isometry of L^2-space.

References

[1] Carter. R., The simple groups of Lie type, Wiley, London, 1972.

[2] Cheng Chonhu, A note on the simple groups over p-adic fields, Proc. of conform. on order structures and algebra of computer languages, World Scientific, Singapoe, 1933, 1-

17.

[3] Curtis, C. & Reiner, I. , Representations theory of finite groups and associative algebra, Wiley, London, 1962.

[4] Howe. R. & Moy, A. ,, Harish-Chandra homomorphism for$p$-adic groups, CBMS Regional Conf. Series No. 59.

[5] Iwahori, N. & Matsmoto, H. , On some Bruhat decomposition and the structure of Heckering of p-adic Chevalley groups, Pulb. Math. I. H. E. S. , 25 (1965), 5-48.

[6] Satake, I. , Theory of spherical functions on reductive algebraic groups over$p$-adic fields, Pulb. Math. I. H. E. S. , 18(1963), 227-293.

UNITARY REPRESENTATION INDUCED FROM MAXIMAL PARABOLIC SUBGROUPS FOR SPLIT F_4

For the linear connected simple Lie group split F_4, the author determines which Langlands quotients $J(MAN, \sigma, \nu)$ are infinitesimally unitary under the condition that dim $A=1$.

1. Introduction and Statement of Results.

It is known that the problem of classifying irreducible unitary representations of a linear connected semisimple Lie group G comes down to deciding which Langlands quotients $J(MAN, \sigma, \nu)$ are infinitesimally unitary. Here MAN is any cuspidal parabolic subgroup of G, σ is any discrete series or nondegenerate limit of discrete series representation of M and v is any complex valued functional on the Lie algebra of A satisfying $\mathrm{Re}\nu>0$ and certain symmetry properties. Using Baldoni-Silva and Knapp [BK3], Baldoni-Silva and Knapp [BK1] determined which Langlands quotients are infinitesimally unitary under the conditions that G is simple, that dim $A=1$ and that G is neither split F_4 nor split G_2. Recently, the related problem was discussed by D. A. Vogan [V3] for the simply-connected split G_2. In this note, the author determines which Langlands quotients $J(MAN, \sigma, \nu)$ are infinitesimally unitary under the conditions that dim $A=1$ and that G is split F_4.

The author is deeply indebted to the referees and A. W. Knapp for their valuable opinions and their help. It is a great pleasure to acknowledege these.

Let G be the linear connected simple Lie group split F_4. Let θ be a Cartan involution, let K be the corresponding maximal compact subgroup, and let

MAN be the corresponding Langlands decomposition of a parabolic subgroup. We shall assume that dim $A=1$. We denote corresponding Lie algebra by lower case Italy letters. Let σ be a discrete series representation of M or a nondegenerate limit of discrete series [KZ2], and let v be a complex valued functional on the Lie algebra a of A. The standard induced representation $U(MAN, \sigma, \nu)$ is defined as in [BK1] (cf. p. 23 in [BK1]). If $\mathrm{Re}\nu \geqslant 0$ (with positive defined relative to N) and $\nu \neq 0$, then $U(MAN, \sigma, \nu)$ has a unique irreducible quotient $J(MAN, \sigma, \nu)$, the Langlands quotient. If v is imaginary, then $J(MAN, \sigma, \nu)$ is trivially unitary. If $\mathrm{Re}\nu > 0$, then $J(MAN, \sigma, \nu)$ cannot admit a nonzero invariant Hermitian form unless the Weyl group $W(A:G)$ has a nontrivial element w and w fixes the class $[\sigma]$ of σ, moreover, v must be real. Conversely, these conditions give the existence of a nonzero invariant Hermitian form (see [KZ1]). Thus the problem is to decide which real parameters $\nu \geqslant 0$ are such that this form is semi-definite.

Clearly, rank $G=$ rank K. Let b be a compact Cartan subalgebra of the Lie algebra g of G. We may assume that a is built by Cayley transform relative to some noncompact root α in $\Lambda=\Lambda(g^C, b^C)$. Then $b_-=\ker \alpha$ is a compact Cartan subalgebra of the Lie algebra m of M and the root system $\Lambda_-=\Lambda(m^C, b_-^C)$ is given by the members of Λ orthogonal to α. Let Λ_K and Λ_n be the subsets of compact and noncompact members of Λ. It will be convenient to identify α with its Cayley transform, so that we write ν as a multiple of α. Clearly, σ is determined by χ and a Harish-Chandra parameter (λ_0, Λ_-^+) for σ where χ has been defined in [BK1] (see p. 24 in [BK1]). Here Λ_-^+ is a positive system for Λ_- and λ_0 is dominant relative to Λ_-^+. We can introduce a positive system Λ^+ for Λ containing Λ_-^+ such that λ_0 is Λ^+ dominant and α is simple. Let $\Lambda_K^+=\Lambda_K \cap \Lambda^+$ and $\Lambda_n^+=\Lambda_n \cap \Lambda^+$. It is automatically true that the nontrivial element w of $W(A:G)$ exists and fixes $[\sigma]$. We can define σ to be a cotangent case or tangent case as in [BK1] (see p. 25 in [BK1]). According to [K], $J(MAN, \sigma, \nu)$ has one or two minimal K-types with highest weights given by the formula

$$\Lambda=\lambda_0+\delta-2\delta_K-\frac{1}{2}(1-\mu_\alpha)\alpha.$$

Here δ and δ_K are the half sums of positive roots for Λ^+ and Λ_K^+ and μ_α is 0 in a tangent case, and is equal to ± 1 in a cotangent case. For a given $\wedge$, let $\Lambda_{K,\perp}=\{r\in\Lambda_K \mid \langle\wedge, r\rangle=0\}$. The special basic case associated to λ_0 is the group or root system generated by α and all simple roots of Λ^+ needed for expansion of members in $\Lambda_{K,\perp}$. This root system will be denoted by Λ_S and the component of α in Λ_S will be denoted by Λ_S^0. For a given α, let ν_0^+ and ν_0^- be the integers defined by (1. 4a) and (1. 4b) in [BK1] respectively (cf. (1. 2) below). By 2. 1 in [BK1], we may assume henceforth that $\nu_0^+>0$, that $\nu_0^->0$, and that the invariant Hermitian form on $J(MAN, \sigma, \nu)$ is positive for all ν near 0. Evidently there is nothing to prove unless $\min(\nu_0^+, \nu_0^-)>1$ in the consideration.

Let $\Lambda(S)$ denote the subsystem of Λ generated by a subset S in Λ. A subalgebra l of g is called to be a standard subalgebra of g if there exists $S\subset\Lambda$, $\alpha\in S$ such that l^C is the subalgebra of g^C with root system $\Lambda(S)$, $S\subset\Lambda$ (cf. Section 3). For convenience, let L denote the subgroup of G with Lie algebra l and let Λ_L denote the subsystem $\Lambda(S)$. A subalgebra l of g is called to be a fundamental of g if Λ_L is a subsystem generated by some simple roots and containing α. Clearly, each fundamental subalgebra of g is a standard subalgebra of g. If l is a standard (resp. fundamental) subalgebra of g, then L is called to be a standard (resp. fundamental) subgroup of G. For each standard subgroup L of G, let $\Lambda_L(u)=\{\beta\in\Lambda^+ \mid \beta\notin\Lambda_L\}$. For each fundamental subgroup L, there is a simple root system Π_L of Λ_L so that $\alpha\in\Pi_L\subset\Pi$, and let $\Lambda_{L,S}$ be the special case associated with $\lambda_{L,0}$, and let $\Lambda_{L,S}^0$ be the component of α in $\Lambda_{L,S}$. Here $\lambda_{L,0}$ is given by (3. 1b) in [BK1]. For a fundamental subgroup L, let $\xi(\alpha, \varepsilon)$ be the sum of the simple roots strictly between α and ε in Π_L for any $\alpha, \varepsilon\in\Pi_L$. Clearly, the simple root system Π can be expressed in the form $\Pi=\{\alpha_1, \alpha_2, \alpha_3, \alpha_4\}$ where α_1 and α_2 are long, and α_3 and α_4 are short, and α_i is orthogonal to α_j if $|i-j|>1$, $i, j=1, 2, 3, 4$. Let Γ be the subgroup of G with $\Lambda_\Gamma=\Lambda(\alpha_1, \alpha_2)$.

In this note, we shall use the notations given by [BK1] directly. Now, we shall state the main results of this note.

Theorem 1. (Main Theorem). For $c>0$, then, $J(MAN, \sigma, \frac{1}{2}c\alpha)$ with three exceptions is infinitesimally unitary exactly when

$$0<c\leqslant\min(\nu_0^+, \nu_0^-)=c_0,$$

the exceptions occur when there exists a fundamental subgroup L of G which is of one of the following form:

(A. 1) $L\cong SO(4, 3)$ and $\Lambda_{L,S}^0=\Lambda_\Gamma$ with α long, and there is a basic short root ε in Π_L.

(i) Suppose that $\nu_{0,L}^{\Upsilon}\leqslant1$. Then $J(MAN, \sigma, \frac{1}{2}c\alpha)$ is infinitesimally unitary exactly when

$$0<c\leqslant\min(\nu_{0,L}^+, \nu_{0,L}^-)=c_0.$$

(ii) Suppose that $\nu_{0,L}^{\Upsilon}>1$. Then $J(MAN, \sigma, \frac{1}{2}c\alpha)$ is infinitesimally unitary exactly when

$$0<c\leqslant c_0'=\min(\nu_{0,L}^+-d, \nu_{0,L}^--d'), \text{ or } c=c_0=\min(\nu_{0,L}^+, \nu_{0,L}^-).$$

Here $d=0$, $d'=1$ and $\Upsilon=-$ if $\xi(\alpha, \varepsilon)$ is noncompact, $d=1$, $d'=0$ and $\Upsilon=+$ if $\xi(\alpha, \varepsilon)$ is compact or zero.

(A. 2) $L\cong SO(5, 2)$ and $\Lambda_\Gamma\subset\Lambda_{L,S}^0=\Lambda_L$ with α long and α is the middle of three simple root in Π_L. Suppose that there is a unique positive noncompact root β_0 in Λ_L such that β_0 is orthogonal to α and is conjugate to $-\alpha$ (resp. α) by K within L. Then $J(MAN, \sigma, \frac{1}{2}c\alpha)$ is infinitesimally unitary when

$$0<c\leqslant c_0=\min(\nu_{0,L}^+, \nu_{0,\Gamma}^-+1), \text{ (resp. } c_0=\min(\nu_{0,\Gamma}^++1, \nu_{0,L}^-)).$$

(B. 1) $L\cong Sp(2, 1)$ and $\Lambda_{L,S}^0=\Lambda_L$ with α short. Suppose that there is a long compact root of Π_L next α, and $\mu_\alpha=0$. Then $J(MAN, \sigma, \frac{1}{2}c\alpha)$ is infinitesimally unitary exactly when

$$0<c\leqslant\min(\nu_0^+, \nu_0^-)-2=c_0' \text{ or } c=c_0=\min(\nu_0^+, \nu_0^-).$$

Remark. For the case (A. 1), (ii), or for the case (B. 1), $J(MAN, \sigma, \frac{1}{2}c_0\alpha)$ is an isolated unitary representation and there is a gap (c_0', c_0) if $c_0'<c_0$. The situations for (A. 1), (ii) (resp. (B. 1)) is a similar fashion as in sit-

uations for (iii) (resp. for (i)) in Theorem 1.1 of [BK1].

For each $r \in \Lambda$, let g_r^C be the root space corresponding to r. Then g^C has the following decomposition:

$$g^C = b^C + \sum_{r \in \Lambda} g_r^C.$$

Let θ denote the Cartan involution for the Lie algebra g of G. Then $g_u = g_+ + ig_-$, $i = \sqrt{-1}$ is a compact Lie algebra where $g_\pm = \{X \in g \mid \theta(X) = \pm X\}$. For each $r \in \Lambda$, let $u_r = \frac{1}{2}(e_r + e_{-r})$ and $v_r = \frac{1}{2i}(e_r - e_{-r})$. Here $e_{\pm r} \in g_\pm^C$, $e_{\pm r} \neq 0$ with $(e_r, e_{-r}) = 1$. Then g_u can be interpreted as a vector space generated by $\{u_r, v_r \mid r \in \Lambda\}$ over real number field $\mathbf{R}$. Let θ denote the extension of θ to g^C also. Clearly, $\theta(e_{\pm r}) = e_{\pm r}$ if $r \in \Lambda_K$, $\theta(e_{\pm r}) = -e_{\pm r}$ if $r \in \Lambda_n$.

If g is n-dimensional vector space over $\mathbf{R}$, then g^C can be interpreted as a $2n$-dimensional vector space over $\mathbf{R}$. If $Z = X + iY \in g^C$, $X, Y \in g$ then we denote by $\bar{Z}$ the element $X - iY$ in g^C.

Lemma 1.1. For each $r \in \Lambda$, $\bar{e}_r = e_{-r}$ or $\bar{e}_r = -e_{-r}$.

Proof: If $r \in \Lambda_K$, then $u_r, v_r \in g_+ \subset g$, so $e_r = u_r + iv_r$ and $e_{-r} = u_r - iv_r$. Thus for each $r \in \Lambda_K$ we have $\bar{e}_r = e_{-r}$. If $r \in \Lambda_n$, then $iu_r, iv_r \in g_- \subset g$, so, $e_r = iv_r - i(iu_r)$ and $-e_{-r} = iv_r + i(iu_r)$. Thus for each $r \in \Lambda_n$, we have $\bar{e}_r = -e_{-r}$.

In order to describe the root system Λ, it is convenient to use an orthonormal base e_1, e_2, e_3, e_4 of a Euclidean space E_R of dimension 4. Clearly, we have

$$\Lambda = \left\{ \pm e_i \pm e_j,\ \pm e_i,\ 1 \leqslant i, j \leqslant 4,\ i \neq j,\ \frac{1}{2}(\pm e_1 \pm e_2 \pm e_3 \pm e_4) \right\}.$$

Let

$$\Pi = \left\{ \alpha_1 = e_2 - e_3,\ \alpha_2 = e_3 - e_4,\ \alpha_3 = e_4,\ \alpha_4 = -\frac{1}{2}(e_1 + e_2 + e_3 + e_4) \right\}.$$

Clearly, Π is a simple root system of Λ. For the simple root system Π, the positive root system Λ^+ can be expressed in the form:

$$\Lambda^+ = \left\{ -e_1 \pm e_i,\ e_i \pm e_j,\ e_j,\ 2 \leqslant i < j \leqslant 4,\ -e_1,\ -\frac{1}{2}(e_1 \pm e_2 \pm e_3 \pm e_4) \right\}.$$

For convenience, the coordinate of the element $x = x_1 e_1 + x_2 e_2 + x_3 e_3 +$

$x_4 e_4$ of E_R can be written as

(1.1) $$(x_1, x_2, x_3, x_4).$$

It is clear that $2\delta=(-11, 5, 3, 1)$.

Hereafter, we shall fix the root system Λ, positive root system Λ^+ and the simple root system Π in the consideration. We shall assume that λ_0 is Λ^+ dominant, $\Lambda_K^+ \subset \Lambda^+$, and $\alpha \in \Pi$. Let Π_K be the simple root system of Λ_K associated with Λ_K^+ and let $\Pi_K^0 = \Pi \cap \Lambda_K^+$.

For two ordered elements (x, y) in $E_R \otimes E_R$, let $(x, y) = 2\langle x, y\rangle / \langle y, y\rangle$.

A Dynkin diagram of Π is called an explicit diagram if every simple root of Π is either white or black. For an explicit diagram of Π, let Π_0 be the set of the white roots in the explicit diagram of Π, and let (Π, Π_0) denote the explicit diagram of Π. Clearly, the explicit diagrams are ones in Table 1.1 and Table 1.2. (See the end of this note.)

In [G] $\theta_C = (c_1, c_2, c_3, c_4)$, $c_i = 0, \pm 1, \pm 2$, $i = 1, 2, 3, 4$, denotes a canonical involutive automorphism of g_u for Λ given above. Let c be the element of E_R with coordinate (c_1, c_2, c_3, c_4) in (1.1). Then for any $r \in \Lambda$, $\theta_C(e_r) = e_r$ or $= -e_r$ according to $k_{c,r}$ is even or odd where $k_{c,r} = \langle c, r\rangle$. The canonical involution θ_C of g_u determines a maximal compact subalgebra C of g_u. Here $C = \{X \in g_u \mid \theta_C(X) = X\}$. In fact, C is the subalgebra of g_u generated by the elements in the set $\{u_r, v_r, r \in \Lambda \mid k_{c,r} \in 2Z\}$. Clearly, $\Lambda_C = \{r \in \Lambda \mid k_{c,r} \in 2Z\}$ is a root system of C. It is clear that $\Lambda_C \cap \Lambda^+ = \Lambda_C^+$ is a positive root system of Λ_C. Let Π_C be the simple root system of C associated with Λ_C^+ and $\Pi_C^0 = \Pi \cap \Lambda_C^+$. In fact, $\Pi_C^0 = \{r \in \Pi \mid k_{c,r} \in 2Z\}$. Then, for each involution θ_C, there is an explicit diagram (Π, Π_0) such that $\Pi_0 = \Pi_C^0$. Conversely, for each explicit diagram (Π, Π_0), there is an involution θ_C corresponding to (Π, Π_0) such that $\Pi_C^0 = \Pi_0$. Since the Lie algebra $k = g_+$ of K is isomorphic to the semisimple Lie algebra $A_1 + C_3$ by [G] (or by [Y]), for any involution θ_C, the root system Λ_C of C is a compact root system Λ_K for G if and only if $C \cong A_1 + C_3$. By [G], it is easily verified that for every involutions θ_C corresponding to the explicit diagrams given by Table 1.1 (resp. Table 1.2), we have $C \cong A_1 + C_3$ (resp. $C \not\cong$

A_1+C_3).

Therefore, we have

Lemma 1.2. There is a one to one correspondence between the explicit diagrams (Π, Π_0) given in Table 1.1 and the positive compact root systems Λ_K^+ satisfying $\Lambda_K^+\subset\Lambda^+$ such that $\Pi_0=\Pi_K^0=\Pi\cap\Lambda_K^+$. Moreover, for each explicit diagram (Π, Π_0) in Table 1.1, there is an involution θ_C of g_u such that $\Pi_0=\Pi_C^0=\Pi\cap\Lambda_C^+$ and $\Lambda_C^+=\Lambda_C\cap\Lambda^+$ is the positive compact root system corresponding to the explicit diagram (Π, Π_0) mentioned above.

For any finite set Y, let $\#(Y)$ denote the number of the elements of Y. For a given $\alpha\in\Pi\cap\Lambda_n^+$, let

$$\Phi^{\pm}=\{\beta\in\Lambda_n^+\mid\beta\pm\alpha\in\Lambda\};$$

$$\Phi_\alpha^{\pm}=\{\beta\pm\alpha\mid\beta\in\Phi^{\pm}\};$$

$$\Psi_0^{\pm}=\{\beta\in\Phi_\alpha^{\pm}\mid 2\langle\wedge, \beta\rangle=0\};$$

$$\Psi_1^{\pm}=\{\beta\in\Phi_\alpha^{\pm}\mid|\beta|<|\alpha|, 2\langle\wedge, \beta\rangle/\langle\beta, \beta\rangle=(\wedge, \beta)=1\}.$$

We shall give an explicit formula for ν_0^+ and ν_0^-:

(1.2) $\nu_0^{\pm}=1\pm\mu_\alpha+2\#(\Psi_0^{\mp})+\#(\Psi_1^{\mp})$.

For convenience, functionf (μ_α), $\mu_\alpha=0, \pm1$ will be expressed in the form $f=[f(-1), f(0), f(1)]$.

2. The proof of Theorem 1.

For given $\wedge$, α and Λ_K^+, $(\wedge+\zeta\alpha)^\vee$, $\zeta=\pm$ was defined in [BK1]. Clearly it can be expressed in the form

$$(\wedge+\zeta\alpha)^\vee=\wedge+\omega^\zeta,$$

where ω^ζ is a root in Λ which can be expressed in the form uniquely

$$\omega^\zeta=\zeta\alpha+m_1r_1+m_2r_2+\cdots+m_qr_q \tag{2.1}$$

where $m_1, m_2, \cdots, m_q\in Z$ and $r_1, r_2, \cdots, r_q\in\Pi_K$.

Let $\Lambda(\omega, \zeta)=\{-m_1r_1, -m_2r_2, \cdots, -m_qr_q\}$. Let δ^+ and δ^- be the results of making α and $-\alpha$, respectively, dominant for $\Lambda_{K,\perp}$. Clearly $\delta^{\pm}=\omega^{\pm}$ if and only if $\wedge\pm\delta^{\pm}$ is Λ_K^+ dominant (cf. p. 34 in [BK1]).

Lemma 2.1. Suppose that $\zeta 2\alpha$ is not a sum of some roots in $\Lambda(\omega, \zeta)\cup$

Λ_K^+. Then (b) holds in Theorem 3.2 of [BK1] if $\zeta=+$, in Theorem 3.2′ of [BK1] if $\zeta=-$.

Proof: Assume that (b) dose not hold. Then by the properties of highest weight and (2.1) we have.

$$\omega^{\pm}\pm\alpha=\wedge\pm\omega^{\pm}-(\wedge\mp\alpha)=\sum_{r\in\Lambda_K^+}k_r r,$$

$$\omega^{\pm}\mp\alpha=\wedge\pm\omega^{\pm}-(\wedge\pm\alpha)=\sum_{r\in\Lambda(\omega,\pm)}m_r r.$$

Here k_r are nonegative integer. Thus $\zeta 2\alpha$ is a sum of some roots in $\Lambda(\omega,\zeta)\cup\Lambda_K^+$ Hence, the lemma follows.

2.1 The proof of Theorem 1. By similar methods used in Sections 3—7 of [BK1], we shall determine a least positive integer c_0 such that $J(MAN,\sigma,\frac{1}{2}c\alpha)$, is not infinitesimally unitary for $c_0<c$. By similar methods used in Sections 8—11 of [BK1], we shall determine a greatest postive integer c_0' such that $U(MAN,\sigma,\frac{1}{2}\alpha)$ is irreducible for $0<c<c_0'$. It follows from a general continuity argument (cf. [KS], Sect. 14) that $J(MAN,\sigma,\frac{1}{2}c\alpha)$ is infinitesimally unitary exactly for $0<c\leqslant c_0$ if $c_0'=c_0$. If $c_0'<c_0$, then by the methods mentioned above, we don't know whether $J(MAN,\sigma,\frac{1}{2}c\alpha)$ is infinitesimally unitary for $c_0'<c\leqslant c_0$ and we say that there is a "gap" (c_0',c_0). If $c_0'<c_0$ and by the methods given by D. A. Vogan [V1] we can finally show that $J(MAN,\sigma,\frac{1}{2}c\alpha)$ is infinitesimally unitary exactly for $0<c\leqslant c_0'$ or $c=c_0$, then the "gap"(c_0',c_0) is a gap mentioned in the Remark of Theorem 1.

In fact, for short α, integer c_0 was determined by 6.1 of [BK1] (cf. pp. 45—49 in [BK1]), so, we shall only need to determine integer c_0' for this case.

By Lemma 1.2, in order to prove Theorem 1, it is sufficient to prove Theorem 1 for the cases (1)-(6) and (1)′-(6)′ given in the Table 1.1. Now we shall first determine the positive integers c_0' and c_0 case by case.

(1) $\theta_C=(1,-1,0,0)$: It is easy to see that

$$\Lambda_K^+=\left\{e_3,\ e_4,\ -e_1\pm e_2,\ e_3\pm e_4,\ -\frac{1}{2}(e_1+e_2\pm e_3\pm e_4)\right\},$$

$$\Lambda_n^+=\left\{-e_1,\ e_2,\ -e_1\pm e_3,\ -e_1\pm e_4,\ e_2\pm e_3,\ e_2\pm e_4,\right.$$

$$\left.-\frac{1}{2}(e_1-e_2\pm e_3\pm e_4)\right\},$$

$\Pi_K=\{\alpha_2,\ \alpha_3,\ \alpha_4,\ -e_1+e_2\}$, $2\delta_K=-4e_1-2e_2+3e_3+e_4$.

(1. A) Let $\alpha=\alpha_1$. Clearly, we have

$$\Phi^-=\left\{e_2,\ -e_1-e_3,\ e_2\pm e_4,\ -\frac{1}{2}(e_1-e_2+e_3\pm e_4)\right\},$$

$$\Phi_\alpha^-=\left\{e_3,\ -e_1-e_2,\ e_3\pm e_4,\ -\frac{1}{2}(e_1+e_2-e_3\pm e_4)\right\};$$

$$\Phi^+=\{-e_1+e_3\},\ \Phi_\alpha^+=\{-e_1+e_2\}.$$

By Table 2. 1 of [BK1], the following formula are easily verified

(2. 1. 1) $\langle\Lambda,\ \alpha_1\rangle\geqslant 5+\mu_\alpha$, $\langle\Lambda,\ \alpha_i\rangle\geqslant 0$, $i=2,\ 3,\ 4$.

(Equality holds if α_i, $i=1,\ 2,\ 3,\ 4$ is basic.) It follows that

$$\langle\Lambda,\ e_3\rangle\geqslant 0,\ \langle\Lambda,\ -\frac{1}{2}(e_1+e_2-e_3\pm e_4)\rangle\geqslant 0$$

$$\langle\Lambda,\ e_3\pm e_4\rangle\geqslant 0,\ \langle\Lambda,\ -e_1-e_2\rangle\geqslant 0;$$

(2. 1. 2) $\langle\Lambda,\ -e_1+e_2\rangle\geqslant 2(5+\mu_\alpha)$.

It follows from (2. 1. 2) that

$$\#(\Psi_0^-)\geqslant[6,\ 6,\ 6]=6,\ \#(\Psi_1^-)=[0,\ 0,\ 0]=0;$$

$$\#(\Psi_0^+)=\#(\Psi_1^+)=[0,\ 0,\ 0]=0.$$

Thus, $\min(\nu_0^+,\ \nu_0^-)\leqslant[2,\ 1,\ 0]$. (Equality holds if α_i, $1=1,\ 2,\ 3,\ 4$, are basic.)

By (2. 1. 1), $\langle\Lambda,\ -e_1+e_2\rangle>0$, hence $-e_1+e_2\notin\Lambda_{K,\perp}$. Therefore, it is easily shown that $-\alpha$ is $\Lambda_{K,\perp}^+$ dominant, so $\delta^-=-\alpha$. Clearly, $\Lambda'=(\Lambda-\alpha)^\vee=\Lambda-\alpha$ is dominant for Λ_K^+. For this case $\omega^-=\delta^-=-\alpha$ and $\Lambda(\omega,\ -)$ is empty. Thus by the Remark of 7. 2 (or 3. 1) in [BK1], (a) holds in 3. 2′ in [BK1]. By computing, it is easy to see that -2α is not a sum of some roots in $\Lambda(\omega,\ -)\cup\Lambda_K^+$, so, by Lemma 2. 1, (b) holds in 3. 2′ of [BK1]. Since $\Lambda'-\Lambda=-\alpha$, (c) holds in 3. 2′ of [BK1]. Thus, by 3. 2′ in [BK1], $J(MAN,\ \sigma,\ \frac{1}{2}c\alpha)$ is not infinitesimally unitary for $c>\min(\nu_0^+,\ \nu_0^-)=c_0$.

We will consider the irreduciblility of $U(MAN, \sigma, \frac{1}{2}c\alpha)$.

(1) Suppose $\mu_\alpha = -1$. Let $\Lambda_L = \Lambda(\alpha_1, \alpha_2, \alpha_3)$. Then L is a fundamental subgroup of G and $L \cong SO(5, 2)$.

Obviously, there is a unique positive noncompact root $\beta_0 = e_2 + e_3$ in Λ_L such that β_0 is conjugate to α by K within L. We shall consider the condition:

(2. 1. q): $$\Lambda_\Gamma \subset \Lambda^0_{L, S} = \Lambda_L.$$

(ⅰ) Suppose that (2. 1. q) does not hold. Then $\langle \Lambda, \alpha_2 \rangle > 0$. Therefore, it follows that $\#(\Psi_0^-) = 0$. Then we have $\min(\nu_0^+, \nu_0^-) = \nu_0^+ \leqslant 1$. For this case, $\omega^+ = \delta^+ = -e_1 + e_3$ and $\Lambda(\omega, +) = \{-\alpha_2, -\alpha_3, -\alpha_4\}$. A similar argument shows that (a), (b) and (c) hold in 3. 2 of [BK1]. Thus, by 3. 2 of [BK1], $J(MAN, \sigma, \frac{1}{2}c\alpha)$ is not infinitesimally unitary for $c > c_0 = \nu_0^+ = 1$. By 8. 3 of [BK1], $U(MAN, \sigma, \frac{1}{2}c\alpha)$ is irreducible for $0 < c < c_0' = c_0 = 1$.

(ⅱ) Suppose that (2. 1. q) holds. Then $\min(\nu_{0,\Gamma}^+ + 1, \nu_{0,L}^-) = 2$ since $\nu_{0,L}^- = 2$ and $\nu_{0,\Gamma}^+ + 1 = 3$. Thus by 11. 2 in [BK1], $U^L(M_L A N_L, \sigma_L, \frac{1}{2}c\alpha)$ is irreducible for $0 < c < c_0'$, $c_0' = c_0 = \nu_0^- = 2$. By Table 1. 2 in [BK1], we have

$$\langle \lambda_0 + \frac{1}{2}\alpha, \alpha_1 \rangle \geqslant 1, \quad \langle \lambda_0 + \frac{1}{2}\alpha, \alpha_2 \rangle \geqslant -\frac{1}{2}$$

(2. 1. 3) $$\langle \lambda_0 + \frac{1}{2}\alpha, \alpha_3 \rangle \geqslant \frac{1}{2}, \quad \langle \lambda_0 + \frac{1}{2}\alpha, \alpha_4 \rangle \geqslant \frac{1}{2}.$$

(Equality holds if α_i, $i = 1, 2, 3, 4$, are basic.) By (2. 1. 3), $\langle \lambda_0 + \frac{1}{2}\alpha, \beta \rangle \geqslant 0$ for all $\beta \in \Lambda_L(u)$. Thus, by 8. 2 in [BK1], $U(MAN, \sigma, \frac{1}{2}c\alpha)$ is irreducible for $0 < c < c_0'$, $c_0' = c_0 \leqslant 2$.

(2) Suppose $\mu_\alpha \neq -1$. By 8. 3 in [BK1], $U(MAN, \sigma, \frac{1}{2}c\alpha)$ is irreducible for $0 < c < c_0'$, $c_0' = c_0 \leqslant 1$.

Summarizing the results of (1) and (2), $U(MAN, \sigma, \frac{1}{2}c\alpha)$ is irreducible for $0 < c < c_0'$, $c_0' = c_0$. Therefore, by the continuity argument, (cf. [KS]), for case (1), Theorem 1 is proved since $\Pi \cap \Lambda_n^+ = \{\alpha_1\}$.

(2) $\theta_C=(0, 1, -1, 0)$. It is easy to see that

$$\Lambda_K^+=\left\{-e_1, e_4, -e_1\pm e_4, e_2\pm e_3, -\frac{1}{2}(e_1+ze_2+ze_3\pm e_4), z=\pm 1\right\},$$

$$\Lambda_n^+=\Big\{e_2, e_3, -e_1\pm e_2, -e_1\pm e_3, e_2\pm e_4, e_3\pm e_4,$$

$$-\frac{1}{2}(e_1+ze_2-ze_3\pm e_4), z=\pm 1\Big\},$$

$\Pi_K=\{\alpha_3, \alpha_4, e_2+e_3, \alpha_1\}$, $2\delta_K=-5e_1+2e_2+e_4$.

(2. A) Let $\alpha=\alpha_2$. Clearly, we have

$$\Phi^-=\left\{-e_1+e_3, e_2-e_4, e_3, -\frac{1}{2}(e_1+e_2-e_3+e_4)\right\},$$

$$\Phi_\alpha^-=\left\{-e_1+e_4, e_2-e_3, e_4, -\frac{1}{2}(e_1+e_2+e_3-e_4)\right\};$$

$$\Phi^+=\left\{-e_1-e_3, e_2+e_4, -\frac{1}{2}(e_1-e_2+e_3-e_4)\right\},$$

$$\Phi_\alpha^+=\left\{-e_1-e_4, e_2+e_3, -\frac{1}{2}(e_1-e_2-e_3+e_4)\right\}.$$

By Table 1. 2 in [BK1], the following formula are easily verified

$$\langle\Lambda, \alpha_1\rangle\geqslant 0, \qquad \langle\Lambda, \alpha_2\rangle\geqslant 1+\mu_\alpha,$$

(2. 2. 1) $\langle\Lambda, \alpha_3\rangle\geqslant\frac{1}{2}\left(\left|\mu_\alpha+\frac{1}{2}\right|-\frac{1}{2}\right)-\frac{1}{2}\mu_\alpha$, $\langle\Lambda, \alpha_4\rangle\geqslant 0$.

It follows from (2. 2. 1) that

$$\#(\Psi_0^-)\leqslant[1, 3, 3], \ \#(\Psi_1^-)\leqslant[2, 0, 0],$$
$$\#(\Psi_0^+)=\#(\Psi_1^+)=0.$$

Thus, $\min(\nu_0^+, \nu_0^-)\leqslant[2, 1, 0]$.

By (2. 2. 1), $\langle\Lambda, e_2+e_3\rangle>0$. Therefore, $e_2+e_3\notin\Lambda_{K,\perp}$. Therefore, it is easily verified that $-\alpha$ is $\Lambda_{K,\perp}^+$ dominant and $\Lambda-\alpha$ is Λ_K^+ dominant. Thus, it follows that $\omega^-=\delta^-=-\alpha$. A similar argument used in case (1) shows that $J(MAN, \sigma, \frac{1}{2}c\alpha)$ is not infinitesimally unitary for $c>c_0=\min(\nu_0^+, \nu_0^-)$.

We shall consider the irreducibility of $U(MAN, \sigma, \frac{1}{2}c\alpha)$.

Let $\Lambda_L=\Lambda(\alpha_1, \alpha_2, \alpha_3)$. Then L is a fundamental subgroup of G and $L\cong$ SO (4, 3). Let $\varepsilon=\alpha_3$. So ε is short and $\xi(\alpha, \varepsilon)=0$. Then it is easy to see that

$\min(\nu_{0,L}^{+}-1, \nu_{0,L}^{-})\leqslant 2$ since $\nu_{0,L}^{+}\leqslant 3$ and $\nu_{0,L}^{-}\leqslant 2$. We shall consider the condition

(2.2.q): $\Lambda_{L,S}^{0}=\Lambda_{\Gamma}$.

(1) Suppose that $\mu_{\alpha}=-1$.

(i) Suppose that (2.2.q) holds.

(a) Suppose that $\alpha_3=e_4\notin\Psi_1^{-}$. Then we have $\nu_{0,L}^{+}-1=1$ and $\nu_{0,L}^{-}=2$. Therefore $J(MAN, \sigma, \frac{1}{2}c\alpha)$ is infinitesimally unitary for $0<c\leqslant c_0'=1$ and there is a gap $(c_0', c_0)=(1, 2)$. We shall show that for this case, (A.2), (ii) holds in Theorem 1. By (iii) in Theorem 1.1 of [BK1], it is easily shown that $J^{L}(M_LAN_L, \sigma_L, \frac{1}{2}c\alpha)$ is infinitesimally unitary exactly when

(2.2.2) $0<c\leqslant c_0'=\min(\nu_{0,L}^{+}, \nu_{0,L}^{-}-1)=1$, $c=\min(\nu_{0,L}^{+}, \nu_{0,L}^{-})=2$.

By Table 2.1 of [BK1], we have $\lambda_{0,b}=(-1, 0, 0, 0)$ and

$$\Lambda_b=\lambda_{0,b}+\delta-2\delta_K-\frac{2}{2}\alpha=\frac{1}{2}(-3, 1, 1, 1).$$

Clearly, $(\Lambda_b, \alpha_3)=1$. Clearly, if $\alpha_3\notin\Psi_1^{-}$, then $(\Lambda, \alpha_3)>1$, so it follows that $\Lambda\neq\Lambda_b$ and $\lambda_0\neq\lambda_{0,b}$. Hence, it is easy to see that if (2.2.q) holds and $\alpha_3\notin\Psi_1^{-}$, then λ_0 must be

(2.2.3) $\lambda_{0,b}+\frac{1}{2}(-3, 1, 1, 1)=\frac{1}{2}(-5, 1, 1, 1)$.

Clearly, $(\lambda_0, \alpha_i)=(\lambda_{0,b}, \alpha_i)$ for $i=1, 2, 4$ and $(\lambda_0, \alpha_3)=(\lambda_{0,b}, \alpha_3)+1$. Set $\gamma(z)=\lambda_0+(1-z)\alpha$, $0\leqslant z<\frac{1}{2}$. By (2.2.3) we have

(2.2.4) $\gamma(z)=\frac{1}{2}(-5, 1, 3-2z, -1+2z)$.

By (2.2.4), for all $\beta\in\Delta_L(u)\langle\gamma(z), \beta\rangle>0$ if $z>0$, $\langle\gamma(z), \beta\rangle\geqslant 0$ if $z=0$.

Thus, by Theorem 1.3a of D. A. Vogan [V1] (or Theorem 5.11 of D. A. Vogan [V3]), it follows from (2.2.2) that $J(MAN, \sigma, \frac{1}{2}c\alpha)$ is infinitesimally unitary exactly when $0<c\leqslant 1$ or $c=2$. Hence, (A.1), (ii) holds in Theorem 1.

(b) Suppose that $\alpha_3=e_4\in\Psi_1^{-}$. Then it is easy to see that $\nu_{0,L}^{+}-1=2$ and

$\nu_{0,L}^{-}=2$. Therefore, by 11.2 in [BK1], $U^L(M_LAN_L, \sigma_L, \frac{1}{2}c\alpha)$ is irreducible for $0<c<c_0'=c_0$, $c_0'=c_0\leqslant 2$. By Table 1.2 in [BK1], we have

$$\langle\lambda_0+\frac{1}{2}\alpha, \alpha_1\rangle\geqslant-\frac{1}{2}, \langle\lambda_0+\frac{1}{2}\alpha, \alpha_2\rangle\geqslant 1,$$

$$(2.2.5)\qquad \langle\lambda_0+\frac{1}{2}\alpha, \alpha_3\rangle\geqslant-\frac{1}{2}, \langle\lambda_0+\frac{1}{2}\alpha, \alpha_4\rangle\geqslant\frac{1}{2}.$$

It follows from (2.2.5) that $\langle\lambda_0+\frac{1}{2}\alpha, \beta\rangle\geqslant 0$ for all β in $\Lambda_L(u)$.

Then by 8.2 in [BK1], $U(MAN, \sigma, \frac{1}{2}c\alpha)$ is irreducible for $0<c<c_0'$, $c_0'=c_0=2$. By continuity argument (cf. [KS]), Theorem 1 holds.

(ii) Suppose that (2.2.q) does not hold. Then $\alpha_1\notin\Lambda_{L,\perp}$. Therefore, it is easy to see that $\langle\lambda_0, \alpha_1\rangle>0$. Let $\Lambda_L=\Lambda(\alpha_2, \alpha_3, \alpha_4)$. Then L is a fundamental subgroup of G and $L\cong Sp(3, R)$. It is easily verified that $\min(\nu_{0,L}^{+}, \nu_{0,L}^{-})=\min(\nu_0^{+}, \nu_0^{-})$ since e_4, $-\frac{1}{2}(e_1+e_2+e_3-e_4)\in\Lambda_L$.

(a) Suppose that $\#(\Psi_1^{-})<2$. Then $\min(\nu_0^{+}, \nu_0^{-})=\nu_0^{+}\leqslant 1$. Then for this case, we have $\omega^{+}=\delta^{+}=-e_1+e_2$ and similar arguments as used in the case (1.A), (1), (i) show that Theorem 1 holds with $c_0'=c_0=\nu_0^{+}=1$.

(b) Suppose that $\#(\Psi_1^{-})=2$. Then by 11.2 of [BK1], $U^L(M_LAN_L, \sigma_L, \frac{1}{2}c\alpha)$ is irreducible for $0<c<c_0'=c_0=2$. Here $c_0=\min(\nu_{0,L}^{+}, \nu_{0,L}^{-})$. Since $\langle\lambda_0, \alpha_1\rangle>0$, it follows from (2.2.5) that $\langle\lambda_0+\frac{1}{2}\alpha, \beta\rangle\geqslant 0$ for all $\beta\in\Lambda_L(u)$. Then by 8.2 of [BK1], it is easy to see that $U(MAN, \sigma, \frac{1}{2}c\alpha)$ is irreducible for $0<c<c_0'=c_0\leqslant 2$. By contiunity argument (cf. [KS]), Theorem 1 holds.

(iii) Suppose $\mu_\alpha\neq-1$. By 8.3 in [BK1], $U(MAN, \sigma, \frac{1}{2}c\alpha)$ is irreducible for $0<c<c_0'$, $c_0'=c_0=1$. By continuity argument (cf. [KS]), Theorem 1 holds.

Summarizing the results of (1) and (2), for case (2), Theorem 1 is proved since $\Pi\cap\Lambda_n^{+}=\{\alpha_2\}$.

(3) $\theta_C=(1, 0, 0, -1)$. It is easy to see that

$$\Lambda_K^+ = \left\{e_2,\ e_3,\ -e_1 \pm e_4,\ e_2 \pm e_3,\ -\frac{1}{2}(e_1 \pm e_2 \pm e_3 + e_4)\right\};$$

$$\Lambda_n^+ = \left\{-e_1,\ e_4,\ -e_1 \pm e_2,\ -e_1 \pm e_3,\ e_2 \pm e_4,\ e_3 + e_4,\right.$$

$$\left.-\frac{1}{2}(e_1 \pm e_3 \pm e_3 - e_4)\right\};$$

$\Pi_K = \{\alpha_1,\ e_3,\ \alpha_4,\ -e_1 + e_4\}$, $2\delta_K = -4e_1 + 3e_2 + e_3 - 2e_4$.

(3. A) Let $\alpha = \alpha_2$. It is clear that

$$\Phi^- = \{-e_1 + e_3,\ e_2 - e_4\},$$

$$\Phi_\alpha^- = \{-e_1 + e_4,\ e_2 - e_3\};$$

$$\Phi^+ = \left\{e_4,\ -e_1 - e_3,\ e_2 + e_4,\ -\frac{1}{2}(e_1 \pm e_2 + e_3 - e_4)\right\},$$

$$\Phi_\alpha^+ = \left\{e_3,\ -e_1 - e_4,\ e_2 + e_3,\ -\frac{1}{2}(e_1 \pm e_2 - e_3 + e_4)\right\}.$$

By the Table 1.2 in [BK1], the following formulas are easily verified

(2. 3. 1) $\langle \Lambda,\ \alpha_1 \rangle \geqslant 0$, $\langle \Lambda,\ \alpha_2 \rangle \geqslant -3 + \mu_\alpha$,

$$\langle \Lambda,\ \alpha_3 \rangle \geqslant \frac{1}{2}\left(\left|\mu_\alpha - \frac{1}{2}\right| - \frac{1}{2}\right) + 2\ \frac{1}{2} + \frac{1}{2}(1 - \mu_\alpha),\ \langle \Lambda,\ \alpha_4 \rangle \geqslant 0.$$

It follows from (2. 3. 1) that

$\#(\Psi_0^-) \leqslant 1$, $\#(\Psi_1^-) = 0$, $\#(\Psi_0^+) \leqslant [5,\ 5,\ 0]$, $\#(\Psi_1^+) \leqslant [0,\ 0,\ 2]$.

Therefore, we have $\min(\nu_0^+,\ \nu_0^-) \leqslant [2,\ 3,\ 2]$.

Suppose $\mu_\alpha \neq 1$. It is easy to see that $\delta^+ = e_2 - e_4$ and $\Lambda = (\Lambda' + \alpha)^\vee = \Lambda + e_2 - e_4$ is Λ_K^+ dominant. For this case, we have $\omega^+ = \delta^+ = e_2 - e_4$ and $\Lambda(\omega,\ +) = \{-(e_2 - e_3)\}$.

By Remark of 7. 2 (or 3. 1) in [BK1], (a) holds in 3. 2 of [BK1]. It is clear that 2α is not a sum of some compact roots in $\Lambda(\omega,\ +) \cup \Lambda_K^+$. Thus, by Lemma 2. 1, (b) holds in 3. 2 of [BK1]. Clearly, $\Lambda' - \Lambda = e_2 - e_4$, so, (c) holds in 3. 2 of [BK1]. Therefore, 3. 2 of [BK1] shows that $J(MAN,\ \sigma,\ \frac{1}{2}c\alpha)$ is not infinitesimally unitary for $c > \nu_0^+ = c_0$.

We shall consider the irreducibility of $U(MAN,\ \sigma,\ \frac{1}{2}c\alpha)$ for $\mu_\alpha \neq 1$.

Let $\Lambda_L = \Lambda(\alpha_1,\ \alpha_2,\ \alpha_3)$. Then L is a fundamental subgroup of G and $L \cong SO(5,\ 2)$. Clearly there is a unique positive noncompact root $\beta_0 = e_3 + e_4$ such *that* β_0 is conjugate to $-\alpha=e_3-e_4$ by K within L.

In the following, we shall consider the condition:

(2. 3. q): $\Lambda_\Gamma \subset \Lambda^0_{L,S}=\Lambda_L$.

Clearly, if (2. 3. q) holds, then by (ii) in 11. 2 of [BK1], $U^L(M_LAN_L, \sigma_L, \frac{1}{2}c\alpha)$ is irreducible for $0<c<c_0'=2$ since $\nu^+_{0,L}=2$ and $\nu^-_{0,\Gamma}=2$ if $\mu_\alpha=-1$, $\nu^+_{0,L}=3$ and $\nu^-_{0,\Gamma}=1$ if $\mu_\alpha=0$. Clearly, by Table 2. 1 of [BK1], we have

$$\langle\lambda_0+\frac{1}{2}\alpha, \alpha_1\rangle\geqslant\left[-\frac{1}{2}, 0, \frac{1}{2}\right], \langle\lambda_0+\frac{1}{2}\alpha, \alpha_2\rangle\geqslant 1,$$

$$(2.3.2)\quad \langle\lambda_0+\frac{1}{2}\alpha, \alpha_3\rangle\geqslant\left[0, -\frac{1}{2}, -\frac{1}{2}\right], \langle\lambda_0+\frac{1}{2}\alpha, \alpha_4\rangle\geqslant\frac{1}{2}.$$

Thus $\langle\lambda_0+\frac{1}{2}\alpha, \beta\rangle\geqslant 0$ for all β in $\Lambda_L(u)$, hence, by 8. 2 of [BK1] it is easy to see that $U(MAN, \sigma, \frac{1}{2}c\alpha)$ is irreducible for $0<c<c_0'=2$ if (3. 2. q) holds.

(1) Suppose that $\mu_\alpha=0$.

(i) Suppose that (2. 3. q) does not holds. Then $\alpha_1\notin\Lambda_{K,\perp}$. Thus, it is easy to see that $\langle\Lambda, \alpha_1\rangle>0$, it follows that $\alpha\notin\Psi_0^-$. Therefore, for this case, $\#(\Psi_0^-)=0$. Hence $\min(\nu_0^+, \nu_0^-)=\nu_0^+=c_0=1$. It is shown that $J(MAN, \sigma, \frac{1}{2}c\alpha)$ is not infinitesimally unitary for $c>c_0=1$. For this case, by 8. 3 of [BK1], $U(MAN, \sigma, \frac{1}{2}\alpha)$ is irreducible for $0<c<c_0'=c_0=1$, hence, Theorem 1 holds with $c_0'=c_0=1$ by continuity argument (cf. [KS]).

(ii) Suppose that (2. 3. q) holds. Then $U(MAN, \sigma, \frac{1}{2}c\alpha)$ is irreducible for $0<c<c_0'=2$. Clearly we have $c_0'=2$ and $c_0=3$, so, there is a "gap"$(c_0', c_0)=(2, 3)$ that is called the gap (A. 2). But $(c_0', c_0)=(2, 3)$ is not a true gap since we shall show that $J(MAN, \sigma, \frac{1}{2}c\alpha)$ is infinitesimally unitary exactly when $0<c<c_0'=c_0\leqslant 2$ in Section 4 (see Proposition 4. 1). Thus for this case, (A. 2) holds in Theorem 1 by continuty argument (cf. [KS], Sect. 14).

(2) Suppose $\mu_\alpha=-1$. If (3. 2. q) does not hold, then a similar argument

as used in (1), (i) mentioned above shows that $\min(\nu_0^+, \nu_0^-)=\nu_0^+=1$ and Theorem 1 holds for this case with $c_0'=c_0=1$. If (3.2.q) holds, then $c_0'=c_0=2$, so, by contiunity argument (cf. [KS]), (A.2) holds in Theorem 1.

(3) Suppose $\mu_\alpha=1$. Then $\min(\nu_0^+, \nu_0^-)=\nu_0^-\leqslant 2$.

Clearly, $\Lambda_{K,\perp}^+=\{\alpha_1, \alpha_4\}$. Thus, $\delta^-=-\alpha$ is $\Lambda_{K,\perp}^+$ dominant but $\wedge-\alpha$ is not Λ_K^+ dominant. Clearly, $\gamma=e_3$ is a short compact root satisfying the conditions for producing ω^- in Section 3 of [BK1]. It is easy to see that $-\alpha+\gamma=e_4$ is not $\Lambda_{K,\perp}^+$ dominant since $\langle e_4, \alpha_4\rangle<0$. Thus it is clear that $\wedge'=(\wedge-\alpha)^\vee=\wedge-\omega^-$. Here $\omega^-=-\frac{1}{2}(e_1+e_2+e_3-e_4)$ is the image of $-\alpha+\gamma=e_4$ under the reflection in α_4. For this case, $\omega^-\neq\delta^-$ and $\Lambda(\omega, -)=\{-\alpha_4, -e_3\}$.

Since α_4 is the only short simple root in $\Lambda_{K,\perp}^+$ but is not strongly orthogonal to β, 3.1 in [BK1] shows that (a) holds in 3.2′ in [BK1].

It is clear that -2α is not a sum of some compact roots in $\Lambda(\omega, -)\cup\Lambda_K^+$. Thus by Lemma 2.1, (b) holds in 3.2′ of [BK1].

Clearly $\wedge'-\wedge=\omega^-=\alpha_4+\alpha_3$, hence, we can prove that (c') holds in 3.2′ of [BK1]. Therefore, by 3.2′ in [BK1], $J(MAN, \sigma, \frac{1}{2}c\alpha)$ is not infinitesimally unitary for $c>c_0=\min(\nu_0^+, \nu_0^-)=\nu_0^-\leqslant 2$ since $\nu_0^+\geqslant 2$.

Let $\Lambda_L=\Lambda(\alpha_2, \alpha_3, \alpha_4)$. Then L is a fundamental subgroup of G and $L\cong \mathrm{Sp}(3, R)$. Clearly e_3, $-\frac{1}{2}(e_1+e_2-e_3+e_4)\in\Lambda_L$, so, $\nu_{0,L}^-=\nu_0^-\leqslant 2$ and $\nu_{0,L}^+=\nu_0^+\geqslant 2$. By 11.2 in [BK1], $U^L(M_LAN_L, \sigma_L, \frac{1}{2}\alpha)$ is irreducible for $0<c<c_0'$, $c_0'=\nu_{0,L}^-\leqslant 2$.

By (2.3.2) $\langle\lambda_0+\frac{1}{2}\alpha, \beta\rangle\geqslant 0$ for all β in $\Lambda_L(u)$. It follows from 8.2 in [BK1] that $U(MAN, \sigma, \frac{1}{2}c\alpha)$ is irreducible for $0<c<c_0'$, $c_0'=c_0=\nu_0^-\leqslant 2$. Therefore, by continuity argument (cf. [KS]), Theorem 1 follows for this case.

Summarizing the results of (1) and (2), Theorem 1 follows for $\alpha=\alpha_2$.

(3.B) Let $\alpha=\alpha_3$. It is clear that

$$\Phi^- = \left\{ -e_1, e_2+e_4, e_3+e_4, -\frac{1}{2}(e_1 \pm e_2 \pm e_3 - e_4) \right\},$$

$$\Phi_\alpha^- = \left\{ -e_1-e_4, e_2, e_3, -\frac{1}{2}(e_1 \pm e_2 \pm e_3 + e_4) \right\},$$

$$\Phi^+ = \{ -e_1, e_2-e_4, e_3-e_4 \},$$

$$\Phi_\alpha^+ = \{ -e_1+e_4, e_2, e_3 \}.$$

By Table 1.2 in [BK1], the following formulas are easily verified

$$\langle \Lambda, \alpha_1 \rangle \geqslant 0, \ \langle \Lambda, \alpha_2 \rangle \geqslant [-1, -1, -2],$$

$$\langle \Lambda, \alpha_3 \rangle \geqslant \left[\frac{3}{2}, 2, \frac{5}{2} \right], \ \langle \Lambda, \alpha_4 \rangle \geqslant 0.$$

Thus it follows that $\#(\Psi_0^-)=1$ and $\#(\Psi_0^+)=0$. We have $\min(\nu_0^+, \nu_0^-) = c_0 \leqslant [2, 1, 0]$. By 6.1 of [BK1], $J(MAN, \sigma, \frac{1}{2}c\alpha)$ is not infinitesimally unitary for $c > c_0$. By 8.3 in [BK1], $U(MAN, \sigma, \frac{1}{2}c\alpha)$ is irreducible for $0 < c < c_0'$, $c_0' = c_0$. Therefore, Theorem 1 follows for $\alpha = \alpha_3$.

It follows from (3.A) and (3.B) that Theorem 1 is proved for case (3) since $\Pi \cap \Lambda_n^+ = \{\alpha_2, \alpha_3\}$.

(4) $\theta_C = (0, 1, 0, -1)$. It is easy to see that

$$\Lambda_K^+ = \left\{ -e_1, e_3, -e_1 \pm e_3, e_2 \pm e_4, -\frac{1}{2}(e_1 + ze_2 \pm e_3 + ze_4), z = \pm 1 \right\},$$

$$\Lambda_n^+ = \left\{ e_2, e_4, -e_1 \pm e_2, -e_1 \pm e_4, e_2 \pm e_3, e_3 \pm e_4, -\frac{1}{2}(e_1 + ze_2 \pm e_3 - ze_4), z = \pm 1 \right\};$$

$\Pi_K = \{e_3, \alpha_4, e_2 \pm e_4\}$, $2\delta_K = -5e_1 + 2e_2 + e_3$.

(4.A.a) Let $\alpha = \alpha_1$. It is clear that

$$\Phi^- = \left\{ e_2, -e_1+e_2, -\frac{1}{2}(e_1 - e_2 + e_3 + e_4) \right\},$$

$$\Phi_\alpha^- = \left\{ e_3, -e_1+e_3, -\frac{1}{2}(e_1 + e_2 - e_3 + e_4) \right\};$$

$$\Phi^+ = \left\{ e_3 \pm e_4, -e_1-e_2, -\frac{1}{2}(e_1 + e_2 - e_3 - e_4) \right\},$$

$$\Phi_\alpha^+ = \left\{ e_2 \pm e_4, -e_1-e_3, -\frac{1}{2}(e_1 - e_2 + e_3 - e_4) \right\}.$$

By Table 1. 2 in [BK1], the following formulas are easily verified

$$\langle \Lambda, \alpha_1 \rangle \geqslant -1+\mu_\alpha, \ \langle \Lambda, \alpha_2 \rangle \geqslant 1-\mu_\alpha,$$

$$(2.4.1) \qquad \langle \Lambda, \alpha_3 \rangle \geqslant \frac{1}{2}, \ \langle \Lambda, \alpha_4 \rangle \geqslant 0.$$

It follows from (2. 4. 1) that

$$\#(\Psi_0^-) \leqslant 0, \ \#(\Psi_1^-) \leqslant [0, 0, 2], \ \#(\Psi_0^+) = 1, \ \#(\Psi_1^+) = 0.$$

Therefore, we have $\min(\nu_0^+, \nu_0^-) \leqslant [0, 1, 2]$.

(1) Suppose that $\mu_\alpha = 1$.

Clearly, $\langle \Lambda, e_3 \rangle$, $\langle \Lambda, e_2+e_4 \rangle > 0$. Thus, it is easy to see that $\delta^- = e_3 - e_4$ and $\Lambda' = (\Lambda - \alpha)^\vee = \Lambda + e_3 - e_4$ is Λ_K^+ dominant. So, $\omega^- = \delta^- = e_3 - e_4$, and $\Lambda(\omega, -) = \{-(e_2 - e_4)\}$.

Clearly, α_4 is orthogonal but not strongly to $e_3 - e_4$. Thus by 3. 1 of [BK1], (a) holds in 3. 2′. It is easy to see that -2α is not a sum of some compact roots in $\Lambda(\omega, -) \cup \Lambda_K^+$. Hence, by Lemma 2. 1, (b) holds in 3. 2, of [BK1]. Clearly, $\Lambda' - \Lambda = e_3 - e_4 = \alpha_2$, so, (c) holds in 3. 2′ of [BK1]. Therefore, 3. 2′ of [BK1] shows that $J(MAN, \sigma, \frac{1}{2}c\alpha)$ is not infinitesimally unitary for $c > c_0 = \nu_0^+ \leqslant 2$.

Let $\Lambda_L = \Lambda(\alpha_1, \alpha_2, \alpha_3)$. Then L is a fundamental subgroup of G and $L \cong$ SO(4. 3). Let $\varepsilon = \alpha_3$. Then ε is short and $\xi(\varepsilon, \alpha) = \alpha_2$ is noncompact. It is easy to see that $\nu_{0,L}^- \leqslant 2$ and $\nu_{0,L}^+ \leqslant 3$. In the following, we shall consider the condition:

(2. 4. q): $\Lambda_{L,S}^0 = \Lambda_\Gamma$.

(ⅰ) Suppose that (2. 4. q) does not hold. Then $\alpha_2 \notin \Lambda_{K,\perp}$. Thus, it is easy to see that $\langle \Lambda, \alpha_2 \rangle > 0$. Therefore, it follows that $\alpha_1 + \alpha_2 \notin \Psi_0^+$. So, $\#(\Psi_0^+) = 0$. Hence, we have $\min(\nu_0^+, \nu_0^-) = \nu_0^- = c_0 = 1$. It follows that $J(MAN, \sigma, \frac{1}{2}c\alpha)$ is infinitesimslly unitary exactly for $0 < c \leqslant c_0' = c_0 = 1$. Consequently, Theorem 1 holds for this case.

(ⅱ) Suppose that (2. 4. q) holds. Clearly, $\nu_0^- = \nu_{0,L}^- = 2$ since the root $e_2 - e_4$ that is in Ψ_0^+ is also in Λ_L. Therefore, we have $\nu_{0,L}^- - 1 = 1$. It has been shown that $J(MAN, \sigma, \frac{1}{2}c\alpha)$ is not infinitesimally unitary for $c > c_0 = 2$ and is infinitesimally unitary for $0<c\leqslant c_0'=1$ by continuity argument (cf. [KS]).

Since $c_0=2>c_0'=1$, there is a gap $(c_0', c_0)=(1, 2)$, (cf. the Remark of Theorem 1). Consequently, for this case, (A. 1), (ii) holds in Theorem 1 by Proposition 4. 1. The gap $(c_0', c_0)=(1, 2)$ is called the gap (A. 1).

(2) Suppose that $\mu_\alpha\neq 1$. Then $\min(\nu_0^+, \nu_0^-)=\nu_0^+$.

By (2. 4. 1), $\langle \Lambda, e_3\rangle>0$, and $\langle \Lambda, e_2+e_4\rangle>0$. Thus, $\delta^+=\alpha$ is $\Lambda_{K,\perp}^+$ dominant. It is easily verified that $\Lambda'=(\Lambda+\alpha)^\vee=\Lambda+\alpha$ is dominant for Λ_K^+. For this case, $\omega^+=\delta^+=\alpha$ and $\Lambda(\omega^+)$ is empty.

Clearly, by 7. 2 (or 3. 1) in [BK1], (a) holds in 3. 2 of [BK1]. It is easily verified that 2α is not a sum of some compact roots in $\Lambda(\omega^+)\cup\Lambda_K^+$, so, by Lemma 2. 1, (b) holds in 3. 2 of [BK1]. Clearly, $\Lambda'-\Lambda=\alpha$, hence, (c) holds in 3. 2 of [BK1]. Thus 3. 2 in [BK1] shows that $J(MAN, \sigma, \frac{1}{2}c\alpha)$ is not infinitesimally unitary for $c>c_0$ where $c_0=\min(\nu_0^+, \nu_0^-)=1$.

By 8. 3 of [BK1], $U(MAN, \sigma, \frac{1}{2}c\alpha)$ is irreducible for $0<c<c_0'=1=c_0$. Thus by continuity argument (cf. [KS]) $J(MAN, \sigma, \frac{1}{2}c\alpha)$ is infinitesimally unitary exactly for $0<c\leqslant c_0'=c_0=1$.

Summarizing the results of (1) and (2), Theorem 1 follows for $\alpha=\alpha_1$.

(4. A. b) Let $\alpha=\alpha_2$. It is clear that

$$\Phi^-=\left\{-e_1-e_4,\ e_2+e_3,\ -\frac{1}{2}(e_1+e_2-e_3+e_4)\right\},$$

$$\Phi_\alpha^-=\left\{-e_1-e_3,\ e_2+e_4,\ -\frac{1}{2}(e_1+e_2+e_3-e_4)\right\},$$

$$\Phi^+=\left\{e_4,\ -e_1+e_4,\ e_2+e_3,\ -\frac{1}{2}(e_1+e_2+e_3-e_4)\right\},$$

$$\Phi_\alpha^+=\left\{e_3,\ -e_1+e_3,\ e_2-e_4,\ -\frac{1}{2}(e_1+e_2-e_3+e_4)\right\}.$$

By Table 1. 2 of [BK1], the following formulas are easily verified

$$\langle \Lambda, \alpha_1\rangle\geqslant\left[1, \frac{1}{2}, 0\right],\ \langle \Lambda, \alpha_2\rangle\geqslant\left[-1, -\frac{1}{2}, 0\right],$$

$$\text{(2. 4. 2)}\quad \langle \Lambda, \alpha_3\rangle\geqslant\frac{1}{2}[3, 2, 1],\ \langle \Lambda, \alpha_4\rangle\geqslant[0, 0, 0].$$

It follows from (2. 4. 2) that

$$\#(\Psi_0^-)\leqslant[0,\ 0,\ 0]=0,\ \#(\Psi_1^-)\leqslant[0,\ 0,\ 1],$$
$$\#(\Psi_0^+)\leqslant[1,\ 1,\ 1]=1,\ \#(\Psi_1^+)\leqslant[0,\ 0,\ 2].$$

Thus $\min(\nu_0^+, \nu_0^-)\leqslant[0, 1, 2]$. In fact, under the reflection in α, then μ_α and $(0, 1, 0, -1)$ are replaced by $-\mu_\alpha$ and $(0, 1, -1, 0)$ respectively, moreover, δ^+ and δ^- are replaced by δ^- and δ^+ respectively. Under the reflection in α, the data of case (4. A. b) with $\alpha=\alpha_2$ are replaced by the data of case (2. A) with $\alpha=\alpha_2$. For example, if $\min(\nu_0^+, \nu_0^-)=[m_{-1}, m_0, m_1]$ for case (4. A. b), then $\min(\nu_0^+, \nu_0^-)=[m_1, m_0, m_{-1}]$ for case (2. A). Therefore, by a similar argument used in (2. A), Theorem 1 can be shown for this case. Similarly, if (2. 2. q) holds, $\mu_\alpha=1$ and $e_3\notin\Psi_1^+$, then there is gap $(c_0', c_0)=(1, 2)$ that is the gap (A. 1).

Remark. The details of the device, called reflection in α were given in [BK1] and [BK3] (cf. pp. 31, 35, 39 in [BK1] and p. 190 in [BK3]).

(4. B) Let $\alpha=\alpha_3$. It is easy to see that $\#(\Psi_0^+)=[2, 0, 0]$ and $\#(\Psi_0^-)=[1, 1, 2]$, hence $\min(\nu_0^+, \nu_0^-)=c_0\leqslant[2, 1, 0]$. By 6. 1 of [BK1] $J(MAN, \sigma, \frac{1}{2}c\alpha)$ is not infinitesimally unitary for $c>c_0$. By 8. 3 in [BK1], $U(MAN, \sigma, \frac{1}{2}c\alpha)$ is irreducible for $0<c<c_0'=c_0$. Therefore, Theorem 1 follows for $\alpha=\alpha_3$.

It follows from (4. A. a), (4. A. b) and (4. B) that Theorem is proved for case (4) since $\Pi\cap\Lambda_n^+=\{\alpha_1, \alpha_2, \alpha_3\}$.

(5) $\theta_C=(1, 0, -1, 0)$.

(5. A. a) Let $\alpha=\alpha_1$. Under the reflection in α, then the data of the case (5. A. a) with $\alpha=\alpha_1$ are replaced by the data of the case (1. A) with $\alpha=\alpha_1$. Thus, a similar argument as in (1. A) shows that Theorem 1 holds for this case.

(5. A. b) Let $\alpha=\alpha_2$. Under the reflection in α, then the data of case (5. A. b) with $\alpha=\alpha_2$ are replace by the data of the case (3. A) with $\alpha=\alpha_2$. Thus, a similar argument as in (3. A) shows that Theorem 1 holds for this case.

It follows from (5. A. a) and (5. A. b) that for case (5), Theorem 1 follows since $\Pi\cap\Lambda_n^+=\{\alpha_1, \alpha_2\}$.

(6) $\theta_C=(0, 0, 1, -1)$.

(6. A) Let $\alpha=\alpha_1$. Under the reflection in α, then the data of case (6. A) with $\alpha=\alpha_1$ are replaced by the data of the case of (4. A. a) with $\alpha=\alpha_1$. Therefore, by a similar argument used in (4. A. a), Theorem 1 can be shown for this case. Similarly, if (2. 4. q) holds and $\mu_\alpha=-1$, then there is a gap $(c_0', c_0)=(1, 2)$ that is the gap (A. 1).

(6. B) Let $\alpha=\alpha_3$. It is easy to see that

$$\Lambda_K=\left\{-e_1, e_2, -e_1\pm e_2, e_3\pm e_4, -\frac{1}{2}(e_1\pm e_2+ze_3+ze_4), z=\pm 1\right\}.$$

$$\Lambda_n=\Big\{e_3, e_4, -e_1\pm e_3, -e_1\pm e_4, e_2\pm e_3, e_2\pm e_4,$$
$$-\frac{1}{2}(e_1\pm e_2+ze_3-ze_4), z=\pm 1\Big\}.$$

$$\Pi_K=\left\{e_2, -\frac{1}{2}(e_1+e_2+e_3+e_4), e_3\pm e_4\right\}, 2\delta_K=-5e_1+e_2+2e_3.$$

It is clear that

$$\Phi^-=\left\{e_3, -e_1+e_4, e_2+e_4, -\frac{1}{2}(e_1\pm e_2+e_3-e_4)\right\},$$

$$\Phi_\alpha^-=\left\{e_3-e_4, -e_1, e_2, -\frac{1}{2}(e_1\pm e_2+e_3+e_4)\right\},$$

$$\Phi^+=\left\{e_3, -e_1-e_4, e_2-e_4, -\frac{1}{2}(e_1\pm e_2-e_3+e_4)\right\},$$

$$\Phi_\alpha^+=\left\{e_3+e_4, -e_1, e_2, -\frac{1}{2}(e_1\pm e_2-e_3-e_4)\right\}.$$

By Table 1. 2 in [BK1], the following formulas are easily verified

$$\langle\Lambda, \alpha_1\rangle\geqslant 2, \qquad \langle\Lambda, \alpha_2\rangle\geqslant[1, 0, 0],$$

$$\langle\Lambda, \alpha_3\rangle\geqslant\left[-\frac{1}{2}, 0, \frac{1}{2}\right], \langle\Lambda, \alpha_4\rangle\geqslant 0.$$

It follows that $\#(\Psi_0^-)\leqslant[1, 2, 2]$ and $\#(\Psi_0^+)\leqslant[2, 2, 0]$. Therefore, we have $\min(\nu_0^+, \nu_0^-)\leqslant[2, 5, 0]$.

(1) Suppose that $\mu_\alpha\neq 0$. By a similar argument used in (3. B), Theorem 1 can be shown for this case.

(2) Suppose that $\mu_\alpha=0$. Let $\Lambda_L=\Lambda(\alpha_2, \alpha_3, \alpha_4)$. Then L is a fundamental subgroup of G, and $L\cong \mathrm{Sp}(2, 1)$. Clearly, $\Psi_0^+\subset\Lambda_L$, so, we have $\nu_{0,L}^-=\nu_0^-$.

We shall consider the condition

(6. 2. q): $\Lambda_{L,S}^{0}=\Lambda_{L}$.

(i) Suppose that (2. 6. q) does not hold. Then $\alpha_2 \notin \Lambda_{K,\perp}$. Thus, it is easy to see that $\langle \Lambda, \alpha_2 \rangle > 0$. Then it is easily verified that $r_1, r_2 \notin \Lambda_{K,\perp}$, hence, $r_1, r_2 \notin \Psi_0^+$. Here $r_1=e_3+e_4$ and $r_2=-\frac{1}{2}(e_1+e_2-e_3-e_4)$. Thus, it follows that $\#(\Psi_0^+)=0$. Therefore, $\min(\nu_0^+, \nu_0^-)=\nu_0^-=c_0=1$. By 6. 1 of [BK1] $J(MAN, \sigma, \frac{1}{2}c\alpha)$ is not infinitesimally unitary for $c>c_0=1$. By 8. 3 of [BK1], $U(MAN, \sigma, \frac{1}{2}c\alpha)$ is irreducible for $0<c<c_0'=c_0=1$. Thus, for this case, Theorem 1 holds by continuity argument (cf. [KS]).

(ii) Suppose that (2. 6. q) holds. Then, by 6. 1 in [BK1] $J(MAN, \sigma, \frac{1}{2}c\alpha)$ is not infinitesimally unitary when $c>\nu_0=c_0=5$ or $\min(\nu_0^+, \nu_0^-)-2=c_0'<c<c_0$. By 11. 1 in [BK1], it is easy to see that $U^L(M_LAN_L, \sigma_L, \frac{1}{2}c\alpha)$ is irreducible for $0<c<c_0'=\nu_{0,L}^--2=\nu_0^--2=3$. By Table 1. 2 in [BK1], we have

$$\langle \lambda_0+\frac{1}{2}\alpha, \alpha_1\rangle \geq 0, \langle \lambda_0+\frac{1}{2}\alpha, \alpha_2\rangle \geq \left[\frac{1}{2}, 0, \frac{1}{2}\right],$$

$$(2.6.1)\ \langle \lambda_0+\frac{1}{2}\alpha, \alpha_3\rangle \geq \frac{1}{2}, \langle \lambda_0+\frac{1}{2}\alpha, \alpha_4\rangle \geq \left[\frac{-1}{4}, 0, \frac{1}{4}\right].$$

By (2. 6. 1), $\langle \lambda_0+\frac{1}{2}\alpha, \beta\rangle \geq 0$ for all $\beta \in \Lambda_L(u)$. It follows from 8. 2 and 8. 3 of [BK1] that $U(MAN, \sigma, \frac{1}{2}c\alpha)$ is irreducible for $0<c<c_0'=3$. Therefore, by continuity argument (cf. [KS]), it is easy to see that $J(MAN, \sigma, \frac{1}{2}c\alpha)$ is infinitesimally unitary for $0<c\leq c_0'=3$. Moreover in Section 4, we shall show that $J(MAN, \sigma, \frac{1}{2}c\alpha)$ is infinitesimally unitary for $c=c_0=5$ (cf. Lemma 4. 3). Hence, (B. 1) holds in Theorem 1 for this case. Clearly, for this case there is a gap $(c_0', c_0)=(3, 5)$ that is called the gap (B. 1).

Summarizing the results of (1) and (2), Theorem 1 follows for $\alpha=\alpha_3$.

It follows from (6. A) and (6. B) that Theorem 1 is provèd for case (6) *since* $\Pi\cap\Lambda_n^+=\{\alpha_1, \alpha_3\}$.

(1′) $\theta_C=(1, 1, 0, 0)$.

(1′. A) Let $\alpha=\alpha_1$. By similar methods used in case (1), it is easily verified that $\min(\nu_0^+, \nu_0^-)=c_0=c_0'\leqslant[2, 1, 0]$. Therefore, for this case, Theorem 1 can be shown by a similar argument used in case (1).

(1′. B) Let $\alpha=\alpha_4$. By similar methods used in (3. B), it is easily verified that $\min(\nu_0^+, \nu_0^-)=c_0=c_0'\leqslant[2, 1, 0]$. Therefore, for this case, Theorem 1 can be shown by a similar argument used in (3. B).

It follows from (1′. A) and (1′. B) that Theorem 1 is proved for case (1′) since $\Pi\cap\Lambda_n^+=\{\alpha_1, \alpha_4\}$.

(2′) $\theta_C=(0, 1, 1, 0)$. Set $z=\pm1$. It is easy to see that

$$\Lambda_K^+=\left\{-e_1, e_4, -e_1\pm e_4, e_2\pm e_3, -\frac{1}{2}(e_1+ze_2-ze_3\pm e_4)\right\},$$

$$\Lambda_n^+=\left\{e_2, e_3, -e_1\pm e_2, -e_1\pm e_3, e_2\pm e_4, e_3\pm e_4,\right.$$
$$\left.-\frac{1}{2}(e_1+ze_2+ze_3\pm e_4)\right\},$$

$$\Pi_K=\left\{\alpha_3, \alpha_4, -\frac{1}{2}(e_1+e_2-e_3+e_4), \alpha_1, e_2+e_3\right\}, \delta_K=-5e_1+2e_2+e_4.$$

(2′. A) Let $\alpha=\alpha_2$. Clearly, we have

$$\Phi^-=\left\{e_3, -e_1+e_3, e_2-e_4, -\frac{1}{2}(e_1-e_2-e_3+e_4)\right\},$$

$$\Phi_\alpha^-=\left\{e_4, -e_1+e_4, e_2-e_3, -\frac{1}{2}(e_1-e_2+e_3-e_4)\right\},$$

$$\Phi^+=\left\{-e_1-e_3, e_2+e_4, -\frac{1}{2}(e_1+e_2+e_3-e_4)\right\},$$

$$\Phi_\alpha^+=\left\{-e_1-e_4, e_2+e_3, -\frac{1}{2}(e_1+e_2-e_3+e_4)\right\}.$$

By Table 2. 1 of [BK1], the following formulas are easily verified

$$\langle\Lambda, \alpha_1\rangle\geqslant0, \langle\Lambda, \alpha_2\rangle\geqslant[0, 1, 2],$$

$$(2.2'.1)\quad \langle\Lambda, \alpha_3\rangle\geqslant\left[\frac{1}{2}, 0, 0\right], \langle\Lambda, \alpha_4\rangle\geqslant\frac{1}{2}[-3, -2, -1].$$

It follows from (2. 2′. 1) that

$$\#(\Psi_0^-)\leqslant[1, 2, 2], \#(\Psi_1^-)\leqslant[2, 1, 0],$$

$$\#(\Psi_0^+)\leqslant[2,0,0],\ \#(\Psi_1^+)\leqslant[0,1,0].$$

Let $\beta=-\frac{1}{2}(e_1+e_2-e_3-e_4)$ and $\beta'=-\frac{1}{2}(e_1-e_2+e_3+e_4)$. It is easy to see that β and β' are compact and strongly orthogonal to α. Thus, the fact that $\langle\lambda_0, s\rangle=0$, $s=\beta, \beta'$ is in contradiction to nondegeneracy. So, it follows that $\langle\lambda_0, -e_1\rangle>0$. Then we shall consider the case where $\lambda_0=(t,0,0,0)$, $t\in Z$, $t>1$ for $\mu_\alpha=-1$. Let $r_3=\beta=e_3^*$, $r_2=e_2-e_3=e_2^*-e_3^*$ and $r_1=\alpha_2=e_1^*-e_2^*$. Let $\Lambda_L=\Lambda(r_1, r_2, r_3)$. Then L is a standard subgroup of G and $L\cong SO(5,2)$. The restriction λ_0^* of λ_0 to L can be written as $\lambda_0^*=\frac{1}{2}te_3^*$. Clearly, if $\mu_\alpha=-1$, then we have $t\in 2Z$, $t>0$.

Under these conditions, it follows from (2.2′.1) that $-e_1-e_4$, $r\notin\Psi_0^+\cup\Psi_1^+$ if $\mu_\alpha=-1$, $r\notin\Psi_1^+$ if $\mu_\alpha=0$. Here $r=-\frac{1}{2}(e_1+e_2-e_3+e_4)$. Thus by (2.2′.1) we obtain $\min(\nu_0^+, \nu_0^-)\leqslant[2,1,0]$.

Hence, similar arguments as used in case (2.A) show that Theorem 1 holds for this case. Similarly, if (2.2.q) holds, $\mu_\alpha=-1$, and $e_4\notin\Psi_1^-$, then there is a gap$(c_0', c_0)=(1,2)$.

(2′.B) Let $\alpha=\alpha_4$. By similar methods used in (3.B), it is easily verified that $\min(\nu_0^+, \nu_0^-)=c_0=c_0'\leqslant[2,1,0]$, therefore, by a similar argument used in (3.B), Theorem 1 can be shown for $\alpha=\alpha_4$.

It follows from (2′.A) and (2′.B) that Theorem 1 is proved for case (2′) since $\Pi\cap\Lambda_n^+=\{\alpha_2, \alpha_4\}$.

(3′) $\theta_C=(1,0,0,1)$. It is easy to see that

$$\Lambda_K^+=\left\{e_2, e_3, -e_1\pm e_4, e_2\pm e_3, -\frac{1}{2}(e_1\pm e_2\pm e_3-e_4)\right\},$$

$$\Lambda_n^+=\left\{-e_1, e_4, -e_1\pm e_2, -e_1\pm e_3, e_2\pm e_4, e_3\pm e_4,\right.$$
$$\left.-\frac{1}{2}(e_1\pm e_2\pm e_3+e_4)\right\},$$

$$\Pi_K=\left\{\alpha_1, e_3, -\frac{1}{2}(e_1+e_2+e_3-e_4), -e_1-e_4\right\},$$

$$2\delta_K=-4e_1+3e_2+e_3+2e_4.$$

(3′.A) Let $\alpha=\alpha_2$. It is clear that

$$\Phi^- = \left\{ -e_1 + e_3,\ e_2 - e_4,\ -\frac{1}{2}(e_1 \pm e_2 - e_3 + e_4) \right\},$$

$$\Phi_\alpha^- = \left\{ -e_1 + e_4,\ e_2 - e_3,\ -\frac{1}{2}(e_1 \pm e_2 + e_3 - e_4) \right\},$$

$$\Phi^+ = \{ e_4,\ -e_1 - e_3,\ e_2 + e_4 \},$$

$$\Phi_\alpha^+ = \{ e_3, -e_1 - e_4,\ e_2 + e_3 \}.$$

By Table 1.2 in [BK1], the following formulas are easily verified

$$\langle \Lambda, \alpha_1 \rangle \geqslant 0, \qquad \langle \Lambda, \alpha_2 \rangle \geqslant 1 + \mu_\alpha,$$

$$(2.3'.1) \qquad \langle \Lambda, \alpha_3 \rangle \geqslant \left[0, -1, -\frac{3}{2} \right], \langle \Lambda, \alpha_4 \rangle \geqslant \frac{3}{2}.$$

It follows from (2.3'.1) that

$$\#(\Psi_0^-) \leqslant [1, 1, 2],\ \#(\Psi_1^-) \leqslant [0, 2, 1],$$

$$\#(\Psi_0^+) \leqslant [2, 2, 0],\ \#(\Psi_1^+) \leqslant [0, 0, 1].$$

Let $\beta = -\frac{1}{2}(e_1 + e_2 - e_3 - e_4)$. It is clear that β is compact and strongly orthogonal to α. Therefore, the fact that $\langle \lambda_0, \beta \rangle = 0$ is in contradiction to nondegeneracy. Thus, it follows that $\langle \lambda_0, \beta \rangle > 0$. Therefore, we have $\langle \lambda_0, \alpha_3 \rangle > 0$ or $\langle \lambda_0, \alpha_4 \rangle > 0$. Under these conditions, it follows from (2.3'.1) that $-\frac{1}{2}(e_1 \pm e_2 + e_3 - e_4) \notin \Psi_1^-$ if $\mu_\alpha = 0$. Hence, by (2.3'.1), we obtain $\min(\nu_0^+, \nu_0^-) \leqslant [2, 3, 1]$.

Thus, similar arguments as used in case (3.A) show that Theorem 1 holds for this case. Similarly, if (2.3.q) holds and $\mu_\alpha = 0$, then there is a "gap"$(c_0', c_0) = (2, 3)$ that will be considered in Section 4.

(3'.B.a) Let $\alpha = \alpha_3$. By similar methods used in (3.B), it is easily verified that $\min(\nu_0^+, \nu_0^-) = c_0 = c_0' \leqslant [0, 1, 2]$. Therefore, by a simlar argument used in (3.B), Theorem 1 can be proved for this case.

(3'.B.b) Let $\alpha = \alpha_4$. By similar methods used in (3.B), it is easily verified that $\min(\nu_0^+, \nu_0^-) = c_0 = c_0' \leqslant [0, 1, 2]$. Therefore, by a similar argument used in (3.B), Theorem 1 can be proved for this case.

It follows from (3'.A), (3'.B.a) and (3'.B.b) that Theorem 1 is proved for case (3') since $\Pi \cap \Lambda_n^+ = \{\alpha_2, \alpha_3, \alpha_4\}$.

(4') $\theta_C = (0, 1, 0, 1)$. It is easy to see that

$$\Lambda_K^+ = \left\{ -e_1,\ e_3,\ -e_1 \pm e_3,\ e_2 \pm e_4,\ -\frac{1}{2}(e_1 + ze_2 \pm e_3 - ze_4),\ z = \pm 1 \right\},$$

$$\Lambda_n^+ = \left\{ e_2,\ e_4,\ -e_1 \pm e_2,\ -e_1 \pm e_4,\ e_2 \pm e_3,\ e_3 \pm e_4,\right.$$

$$\left. -\frac{1}{2}(e_1 + ze_2 \pm e_3 + ze_4),\ z = \pm 1 \right\}.$$

$$\Pi_K = \left\{ e_3,\ -\frac{1}{2}(e_1 + e_2 + e_3 - e_4),\ e_2 \pm e_4 \right\},$$

$$2\delta_K = -5e_1 + 2e_2 + e_3.$$

(4′. A. a) Let $\alpha = \alpha_1$. It is clear that

$$\Phi^- = \left\{ e_2,\ -e_1 + e_2,\ -\frac{1}{2}(e_1 - e_2 + e_3 - e_4) \right\},$$

$$\Phi_\alpha^- = \left\{ e_3,\ -e_1 + e_3,\ -\frac{1}{2}(e_1 + e_2 - e_3 - e_4) \right\};$$

$$\Phi^+ = \left\{ e_3 \pm e_4,\ -e_1 - e_2,\ -\frac{1}{2}(e_1 + e_2 - e_3 + e_4) \right\},$$

$$\Phi_\alpha^+ = \left\{ e_2 \pm e_4,\ -e_1 - e_3,\ -\frac{1}{2}(e_1 - e_2 + e_3 + e_4) \right\}.$$

By Table 1. 2 in [BK1], the following formulas are easily verified

$$\langle \Lambda, \alpha_1 \rangle \geqslant -1 + \mu_\alpha,\ \langle \Lambda, \alpha_2 \rangle \geqslant 1 - \mu_\alpha,$$

(2. 4′. 1) $\langle \Lambda, \alpha_3 \rangle \geqslant \frac{1}{2},\ \langle \Lambda, \alpha_4 \rangle \geqslant -\frac{1}{2}.$

It follows from (2. 4′,1) that

$$\#(\Psi_0^-) = 0,\ \#(\Psi_1^-) \leqslant [0, 0, 2],$$

$$\#(\Psi_0^+) \leqslant 3,\ \#(\Psi_1^+) = 0.$$

Let $\beta = -\frac{1}{2}(e_1 + e_2 + e_3 - e_4)$ and $\beta' = \frac{1}{2}(e_1 - e_2 - e_3 + e_4)$. It is clear that β and β' are compact and strongly orthogonal to α. Then the fact that $\langle \lambda_0, s \rangle = 0$, $s = \beta, \beta'$ is in contradiction to nondegeneracy. Hence, it follows that $\langle \lambda_0, -e_1 \rangle > 0$. Under these conditions, it follows from (2. 4′. 1) that $-\frac{1}{2}(e_1 + e_2 - e_3 - e_4) \notin \Psi_1^-$ and $-e_1 - e_3,\ -\frac{1}{2}(e_1 - e_2 + e_3 + e_4) \notin \Psi_0^+$ if $\mu_\alpha = 1$. Thus min $(\nu_0^+, \nu_0^-) \leqslant [0, 1, 2]$.

Thus, similar arguments as used in cases (4. A. a) show that Theorem 1 holds. Similarly, if (2. 2. q) holds and $\mu_\alpha=1$, then there is a gap $(c_0', c_0)=(1, 2)$ that will be considered in Section 4.

(4′. A. b) Let $\alpha=\alpha_2$. Under the reflection in α, then the data of the case (4′. A. b) with $\alpha=\alpha_2$ are replaced by the data of the case (2′. A) with $\alpha=\alpha_2$. Hence, similar arguments as used in (2′. A) show that for this case Theorem 1 holds. Similarly, if (2. 2. q) holds, $\mu_\alpha=1$ and $e_3\notin\Psi_1^+$, then there is a gap $(c_0', c_0)=(1, 2)$.

(4′. B. a) Let $\alpha=\alpha_3$. By similar methods used in (4. B), it is easy to see that $\min(\nu_0^+, \nu_0^-)=c_0=c_0'\leqslant[0, 1, 2]$. By a similar argument used in (4. B), we can show that Theorem 1 holds for this case.

(4′. B. b) Let $\alpha=\alpha_4$. By similar methods used in (3. B), it is easy to see that $\min(\nu_0^+, \nu_0^-)=c_0=c_0'\leqslant[0, 1, 2]$. By a similar argument used in (3. B), Theorem 1 can be proved for this case.

Therefore, it follows from (4′. A) (4′. B. a) and (4′. B. b) that Theorem 1 is proved for case (4′) since $\Pi\cap\Lambda_n^+=\{\alpha_1, \alpha_3, \alpha_4\}$.

(5′) $\theta_C=(1, 0, 1, 0)$.

(5′. A. a) Let $\alpha=\alpha_1$. Under the reflection in α, then the data of the case (5. A. a) with $\alpha=\alpha_1$ are replaced by the data of the case (1. A) with $\alpha=\alpha_1$. Therefore, by a similar argument used in case (1. A), Theorem 1 can be shown for this case.

(5′. A. b) Let $\alpha=\alpha_2$. Under the reflection in α, then the data of the case (5′. A. b) with $\alpha=\alpha_2$ are replaced by the data of the case (3′. A) with $\alpha=\alpha_2$. Therefore, by a similar argument used in case (3′. A), Theorem 1 can be shown for this case.

(5′. B. b) Let $\alpha=\alpha_4$. By similar methods used in (3. B), it is easy to see that $\min(\nu_0^+, \nu_0^-)=c_0=c_0'\leqslant[2, 1, 0]$. By a similar argument used in (3. B), Theorem 1 can be shown for this case.

It follows from (5′. A. a), (5′. A. b) and (5′. B. b) that Theorem 1 is proved for case (5′) since $\Pi\cap\Lambda_n^+=\{\alpha_2, \alpha_3, \alpha_4\}$.

(6′) $\theta_C=(0, 0, 1, 1)$.

(6′. A) Let $\alpha=\alpha_1$. Under the reflection in α, then the data of the case

(6′. A) with $\alpha=\alpha_1$ are replaced by the data of the case (4′. A. a) with $\alpha=\alpha_1$. Therefore, by similar argument as used in case (4′. A. a), Theorem 1 can be shown for this case. Similarly, if (2. 4. q) holds and $\mu_\alpha=-1$, then there is a gap $(c_0', c_0)=(1, 2)$ that will be considered in Section 4 .

(6′. B. a) Let $\alpha=\alpha_3$. For this case, as in the case (6. B), it is easy to see that $\min(\nu_0^+, \nu_0^-)=c_0\leqslant[0, 5, 2]$ and $c_0'\leqslant[0, 3, 2]$. By a similar argument used in case (6. B), we can show that for $\mu_\alpha\neq 0$, Theorem 1 holds and, for $\mu_\alpha=0$, (B. 1) holds in Theorem.

(6′. B. b) Let $\alpha=\alpha_4$. By similar methods used in (3. B), it is easy to see that $\min(\nu_0^+, \nu_0^-)=c_0=c_0'\leqslant[0, 1, 2]$. By a similar argument used in (3. B), Theorem 1 can be shown for this case.

It follows from (6′. A), (6′. B. a) and (6′. B. b) that Theorem 1 is proved for case (6′) since $\Pi\cap\Lambda_n^+=\{\alpha_1, \alpha_3, \alpha_4\}$.

The proof of Theorem 1 is complete.

3. The Reducibility for the Gaps.

The reducibility of the standard induced representations of G is important in the study of unitary representations of G. B. Speh and D. A. Vogan [SV], and Barbasch and D. A. Vogan [BV] gave an algorithm for computing composition series of the standard induced representations of G. Baldoni-Silva and A. W. Knapp [BK2] use Vogan′s algorithm mentioned above to determine some irreducibility questions that arise in [BK1]. In this section, we shall use Vogan′s algorithm to determine some reduciblility questions that arise in the discussions for the gaps mentioned in Section 2.

By the results of Section 2, it is clear that in the cases of (4. A. a), (1), (ⅱ) and of (3. A), (2), (ⅱ), there are the gaps (A. 1) and (A. 2) respectively. The case (4. A. a), (1), (ⅱ) is called the case of gap (A. 1), and for this case we have (3. 1)

$$\lambda_0=\lambda_{0,b}=(-1, 0, 0, 0),\ \mu_\alpha=1,\ \Lambda=\frac{1}{2}(-3, 1, 1, 1),\ \nu=\frac{1}{2}\alpha,\ c_0'=1,$$

$c_0=2$.

The case (3. A), (2), (ii) is called the case of gap (A. 2) and for this case, we have (3. 2)

$$\lambda_0=\lambda_{0,b}=\frac{1}{2}(-3, 1, 0, 0), \mu_\alpha=0, \Lambda=(-3, 0, 0, 3), \nu=\frac{1}{2}2\alpha, c_0'=2,$$

$c_0=3$.

The data given by (3. 1) and (3. 2) are called the data of gap (A. 1) and of gap (A. 2) respectively.

First we shall use some notations given by D. Barbasch and D. V. Vogan [BV].

Let $R(\lambda_0\otimes\nu)=\{r\in\Lambda \mid 2\langle\gamma, r\rangle/\langle r, r\rangle=(\gamma, r)\in Z\}$. Here $\gamma=(\lambda_0\otimes\nu)=\lambda_0+\nu$. It is clear that $R(\lambda_0\otimes\nu)$ has a decomposition

$$R(\lambda_0\otimes\nu)=R^{++}\cup R_0\cup R^{--}$$

of the roots according to whether their inner products with γ are positive, zero, or negative. Let $\phi=\alpha$. Then $R(\lambda_0\otimes\nu)^\alpha=R(\lambda_0\otimes\nu)$. Choose a positive root system R_0^+ so that

(a) $R_0^+\supset\Lambda_-^+\cap R_0$.

(b) If $r\in R_0$ and $(-\theta)r\in R^{++}$, then $r\in R_0^+$.

(c) If r, $(-\theta)r\in R_0^+$, $r\neq(-\theta)r$, then both belong to R_0^+, or neither does.

Define Π^R be the simple root system of the positive root system $R^+(\lambda_0\otimes\nu)=R^{++}\cup R_0^+$. If $-\theta$ does not preserve $R^+(\lambda_0\otimes\nu)$, then

$$\alpha=\sum_{r\in\Pi^R}n_r r$$

with n_r a nonegative rational number. We define

$$\Pi_{\mathrm{crit}}=\{r\in\Pi^R \mid n_r\neq 0\}.$$

Let $C(\lambda_0\otimes\nu)^\alpha$ be the span of Π_{crit}.

Lemma 3. 1 For the case of gap (A. 1), (resp. of gap (A. 2)), Π_{crit} is given by (3. 1. 1) (resp. by (3. 1. 2)) below. It is isomorphic to a subset of Λ^+ containing α and the isomorphism ϕ preserveing the additional structure (1)-(5) described in [BV], (cf. p. 384 in [BV]).

Proof: It follows from the data of gap (A. 1) given by (3. 1) that

$$\gamma=(\lambda_0\otimes\nu)=\lambda_0+\frac{1}{2}\alpha=(-1, \frac{1}{2}, -\frac{1}{2}, 0).$$

It is easily verified that

$$R^+\left(\left(-1,0,\frac{1}{2},-\frac{1}{2}\right)\right)$$

$$=\left\{-e_1, e_2, -e_3, e_4, e_2\pm e_3, -e_1\pm e_4, -\frac{1}{2}(e_1\pm e_2\pm e_3\pm e_4)\right\}.$$

It follows that

$$\Pi^R=\left\{e_2+e_3, -e_3, -\frac{1}{2}(e_1+e_2-e_3+e_4), e_4\right\}.$$

It is easily shown that

(3.1.1) $$\Pi_{\mathrm{crit}}=\{e_2+e_3=r_1^*, -e_3=r_2^*\}.$$

Here r_1^*, r_2^* can be written as $r_1^*=e_1^*-e_2^*$, $r_2^*=e_2^*$.

It is easy to see that $\phi\Pi_{\mathrm{crit}}=\{e_2-e_3, e_3\}$ where the isomorphism ϕ is the reflection in the hyperplane orthogonal to the root e_3. Clearly $e_3\in\Lambda_K$, hence, ϕ preserves the additional structure (1) (5) given by [BV], (cf. p. 384 in [BV]).

It follows from the data of gap (A.2) given by (3.2) that

$$\gamma=(\lambda_0\otimes\nu)=\lambda_0+\alpha=\frac{1}{2}(-3,1,2,-2).$$

Set $x=(x_1, x_2, x_3, x_4)$, $x_i=\pm1$, $i=1,2,3,4$. By computing, we have

$$R^+\left(\frac{1}{2}(-3,1,2,-2)\right)=\left\{-e_1, e_2, e_3, -e_4, -e_1\pm e_2, e_3\pm e_4, \frac{-\eta_x}{2}x\right\}.$$

Here $\eta_x=-1$ if $x=(1,-1,1,-1)$, $(1,1,1,-1)$, $\eta_x=1$ otherwise.

Hence, it is easy to see that

$$\Pi^R=\left\{-e_3-e_4, -\frac{1}{2}(1,1,-1,-1), \frac{1}{2}(1,1,1,-1), -\frac{1}{2}(1,-1,1,1)\right\}.$$

Therefore, we obtain

(3.1.2) $$\Pi_{\mathrm{crit}}=\left\{-e_3-e_4=r_3^*, -\frac{1}{2}(1,1,-1,-1)=r_2^*, \frac{1}{2}(1,1,1,-1)=r_1^*\right\}.$$

Here r_1^*, r_2^*, r_3^* can be written as $r_1^*=e_1^*-e_2^*$, $r_2^*=e_2^*-e_3^*$, $r_3^*=2e_3^*$.

Clearly, $\phi\Pi_{\mathrm{crit}}=\{\alpha_2, \alpha_3, \alpha_4\}$, where $\phi=\phi_1\phi_2$. Here ϕ_1 (resp. ϕ_2) is the reflection in the hyperplane orthogonal to α_4 (resp. e_3). Clearly, the isomorphism ϕ preserves the additional structure (1)-(5) since α_4 and e_3 are roots in Λ_K.

The proof is complete.

If $x = x_1 e_1^* + x_2 e_2^*$ in case (A. 1) (resp. $x = x_1 e_1^* + x_2 e_2^* + x_3 e_3^*$ in case (A. 2)), then $(x_1, x_2)^*$ (resp. $(x_1, x_2, x_3)^*$) is called the coordinate of x for Π_{crit}.

We shall directly use some results given by B. Speh and D. A. Vogan [SV] and D. A. Vogan [V2] and we shall introduce some notations given by Baldoni-Silva and A. W. Knapp [BK2].

Let L be the standard subalgebra of g with $\Lambda_L = \Lambda(S)$, $S \subset \Lambda$, and let L denote the standard subgroup of G with Lie algebra L also.

Let us fix a compact Cartan subgroup B_L of L with Lie algebra $b_L = b \cap L$. We shall be working with some Cartan subalgebras $b_{-,L} + a$ where $b_{-,L} = b_- \cap b_L$ and $a \subset g_-$ formed by Cayley transform relative to a succession of non-compact roots in an ordered set $\{\cdots\}$ and we can write $a \Rightarrow \{\cdots\}$ for a. Let A be the subgroup of G with Lie algebra a. For subgroup A, there is a standard cuspidal parabolic subgroup $P_L = M_L A N_L$ of L. Let $\lambda_{0,L}$, $\mu_{a,L}$ and ν_L be the restriction of λ_0, μ_a and ν to L which are defined by (3. 1b) of [BK1] respectively. Here λ_0, μ_a and ν are the data given by the cases of gap (A. 1) or of gap (A. 2). Let σ_L be the representation determined by $\lambda_{0,L}$, $\mu_{a,L}$ and ν_L. If $\gamma_L = \lambda_{0,L} + \nu_L$ is singular, then there is regular $\gamma_{0,L}$ obtained by adding to γ_L a suitable parameter that is dominant integral for $\Lambda_L^+ = \Lambda_L \cap \Lambda^+$ and adjusting $\mu_{a,L}$ compatible. Let $\sigma_{0,L}$ be the representation determined by $\gamma_{0,L}$ and $\mu_{a,L}$. We denote by $U^L(M_L A N_L, \sigma_{0,L}, \nu_L)$ and $J^L(M_L A N_L, \sigma_{0,L}, \nu_L)$ the induced representation for group L and its Langlands quotient respectively. Let $\pi(\gamma_L; \{\cdots\})$ and $\bar{\pi}(\gamma_L; \{\cdots\})$ be the global characters of $U^L(M_L A N_L, \sigma_{0,L}, \nu_L)$ and of $J^L(M_L A N_L, \sigma_{0,L}, \nu_L)$ respectively. (Baldoni-Silva and Knapp′s notations in [BK2] differs slightly from this: they use $\pi(\gamma_L, a \leftrightarrow \{\cdots\})$ and $\bar{\pi}(\gamma_L, a \leftrightarrow \{\cdots\})$ for $\pi(\gamma_L; \{\cdots\})$ and $\bar{\pi}(\gamma_L; \{\cdots\})$ respectively.)

In the following, we shall directly use the notations given by [BK2]. For each $\beta \in \Lambda_L$, let s_β denote the wall-crossing functor which acts on the local expression for a global character by the reflection in the hyperplane orthogonal to β (or the reflection in the hyperplane orthogonal to β on (E_R). We say that

β is in the τ-invariant of $\bar{\pi}(\gamma_L;\{\cdots\})$ (denoted by $\beta\in\tau(\bar{\pi}(\gamma_L;\{\cdots\}))$) if $s_\beta\bar{\pi}(\gamma_L;\{\cdots\})=0$. Let ϕ denote the empty set.

Lemma 3.2 Let $\Lambda_L=\Lambda(\Pi_{\text{crit}})$. Then $U^L(M_LAN_L, \sigma_L, \nu_L)$ is reducible.

Proof: First, we show the lemma for the case of the gap (A. 1). By (3. 1), we have $\gamma=\lambda_0+\nu=\frac{1}{2}(-2, 1, -1, 0)$ (in system given by (1. 1)). It is easy to see that

$$(\gamma, r_1^*)=0, (\gamma, r_2^*)=1.$$

Thus $\gamma_L=\frac{1}{2}(1, 1)^*$ is dominant for Π_{crit}. Clearly, $\alpha=(1,1)^*$, so, $(\gamma_L, \alpha)=1$. Since $\mu_{\alpha, L}=1$, α (or σ_L) is a cotangent case. Hence α does not satisfy the parity condition.

We number the simple roots of simple Lie algebra B_2 (from left to right) as 1 and 2 (2 is shorter).

Let $\Pi^\vee=\{r_1^*+2r_2^*, -r_2^*\}$ and $\beta=r_2^*=(0. 1)^*$. For convenience, let s_2 denote s_β. Clearly, $s_2\gamma_L$ is dominant for $\Pi^\vee$ and the set of singular roots in $\Pi^\vee$ for $s_2\gamma_L=\frac{1}{2}(1, -1)^*$ is the set $\{(1, 1)^*\}=\{1\}$. It is easy to see that $\alpha\notin s_2\Pi^\vee=\Pi_{\text{crit}}$.

Since α does not satisfy the parity condition and α is a simple root in $\Pi^\vee$, moreover, $s_2\gamma_L$ is $\Pi^\vee$ dominant and is integral, by Theorem 1. 2 of [BK2], we have

(3. 2. 1) $$\pi(s_2\gamma_L;\alpha)=\bar{\pi}(s_2\gamma_L;\alpha).$$

Since β is complex, it follows from Theorem 1. 5 of [BK2] that

(3. 2. 2) $$s_2\pi(s_2\gamma_L;\alpha)=\pi(s_2s_2\gamma_L;\alpha)=\pi(\gamma_L;\alpha).$$

By Theorem 1. 6 of [BK2], we have

(3. 2. 3) $$s_2\pi(\gamma_L;\alpha)=\bar{\pi}(s_2\gamma_L;\alpha)+\bar{\pi}(\gamma_L;\alpha)+\Theta_0.$$

Here Θ_0 must occur on the right side of (3. 2. 1) and must have the simple root 2 in their τ-invariants. Clearly, $s_2\gamma_L$ is dominant for $\Pi^\vee$ so it is easy to see that $\theta((0, -1)^*)=(1, 0)^*$ is a positive root, hence, by Theorem 1. 4 of [BK2], we have $\tau(\bar{\pi}(\gamma_L;\alpha))=\phi$. Thus $\Theta_0=0$.

Clearly, γ_L is dominant for $s_2\Pi^\vee$. By Theorem 1. 4 of [BK2], $\tau(\bar{\pi}(\gamma_L;$

$\alpha))=\{(0, 1)^*\}=\{2\}$ since $\theta((0, 1)^*)=(-1, 0)^*$ is negative root (the number of $(0, 1)^*$ is 2 in $s_2\Pi^\vee$).

Clearly, the set $\{2\}$ is disjoint the singular root set $\{1\}$. Therefore, by Theorem 1.3 of [BK2], it follows from (3.2.2) and (3.2.3) that $U^L(M_LAN_L, \sigma_L, \frac{1}{2}\alpha)$ is reducible into two pieces for the case of gap (A.1).

Now we shall prove the lemma for the case of gap (A.2). By (3.2), we have $\gamma=\lambda_0+\nu=\frac{1}{2}(-3, -1, 2, -2)$ (in the system given by (1.1)). It is easy to see that

$$(\gamma, r_1^*)=(\gamma, r_2^*)=1, (\gamma, r_3^*)=0.$$

Thus $\gamma_L=(2, 1, 0)^*$ that is dominant for Π_{crit}. Clearly, $\alpha=(2, 0, 0)^*$, so, $(\gamma_L, \alpha)=2$. Since $\mu_{\alpha, L}=0$, α(or σ_L) is a tangent case. Hence α does not satisfy the parity condition.

We number the simple roots of simple Lie algebra C_3 from left to right as 1,2 and 3 (3 is longer).

Let $\Pi^\vee=\{r_3^*+2r_2^*+2r_1^*=2e_1^*, -r_1^*=-e_1^*+e_2^*, -r_2^*=-e_2^*+e_3^*\}$.

Let $\beta_1=(-1, 0, 1)^*$, $\beta_2=(-1, 1, 0)^*$ and $\beta_2'=(0, -1, 1)^*$. Let $s_i=s_{\beta_i}$, $i=1, 2$ and $s_2'=s_{\beta_2'}$. It is easily verified that $\alpha=(2, 0, 0)^*$ is a simple root in $\Pi^\vee$. Clearly, $s_2s_1s_2'\gamma_L=(0, 1, 2)^*$ is dominant for $\Pi^\vee$ and is integral. The set of singular roots in $\Pi^\vee$ for $s_2s_1s_2'\gamma_L$ is $\{3\}$. It is clear that $\alpha\notin s_2's_1s_2\Pi^\vee=\Pi_{\text{crit}}$.

Since $\alpha\in\Pi^\vee$ and α does not satisfy the parity condition, by Theorem 1.2 of [BK2], we have

(3.2.4) $$\pi(s_2s_1s_2'\gamma_L; \alpha)=\bar{\pi}(s_2s_1s_2'\gamma_L; \alpha).$$

Clearly, β_2 is a complex root, thus by Theorem 1.5 of [BK2], we have

(3.2.5) $$s_2\pi(s_2s_1s_2'\gamma_L; \alpha)=\pi(s_1s_2'\gamma_L; \alpha).$$

By Theorem 1.6 of [BK2], it follows from (3.2.4) and (3.2.5) that

(3.2.6) $$\pi(s_1s_2'\gamma; \alpha)=\bar{\pi}(s_2s_1s_2'\gamma_L; \alpha)+\bar{\pi}(s_1s_2'\gamma_L; \alpha)+\Theta_1.$$

By Theorem 1.4 of [BK2], we obtain

(3.2.7) $$\tau(\bar{\pi}(s_2s_1s_2'\gamma_L; \alpha))=\{1\}, \tau(\bar{\pi}(s_1s_2'\gamma_L; \alpha))=\{2\}.$$

Thus, by Theorem 1.6 of [BK2] it follows from (3.2.7) and (3.2.4)

that $\Theta_1=0$. Clearly, β_1 is complex, so, by Theorem 1. 5 of [BK2], we have

(3. 2. 8) $$s_1\pi(s_1s_2'\gamma_L;\alpha)=\pi(s_2'\gamma_L;\alpha).$$

By Theorem 1. 6 of [BK2], it follows from (3. 2. 7) and (3. 2. 8) that

(3. 2. 9) $$\pi(s_2'\gamma_L;\alpha)=-\bar{\pi}(s_2s_1s_2'\gamma_L;\alpha)+\bar{\pi}(s_1s_2'\gamma_L;\alpha)+\bar{\pi}(s_2'\gamma_L;\alpha)+\Theta_2.$$

By Theorem 1. 4 of [BK2], we obtain

(3. 2. 10) $$\tau(\bar{\pi}(s_2'\gamma_L;\alpha))=\{1,2\}.$$

Clearly, we have $\Theta_2=c_2\pi(s_2s_1s_2'\gamma_L;\alpha)$ by (3. 2. 6) and (3. 2. 7), where c_2 is a constant. Using similar methods used in [BK2], it is easily verified that $c_2=1$ by Theorem 1. 7 of [BK2]. Therefore, by (3. 2. 9), we have

(3. 2. 11) $$\pi(s_2'\gamma_L;\alpha)=\bar{\pi}(s_1s_2'\gamma_L;\alpha)+\bar{\pi}(s_2'\gamma_L;\alpha).$$

It is easy to see that β_2' is a m-compact root. Clearly, $2\in\tau(\bar{\pi}(s_1s_2'\gamma_L;\alpha))$ by (3. 2. 7) and $2\in\tau(\bar{\pi}(s_2'\gamma_L;\alpha))$ by (3. 2. 10). Thus, by Theorem 1. 6 of [BK2], it follows from (3. 2. 11) that

(3. 2. 12) $$-\pi(\gamma_L;\alpha)=-\bar{\pi}(s_1s_2'\gamma_L;\alpha)-\bar{\pi}(\gamma_L;\alpha).$$

It is easy to see that the sets $\{2\}$ and $\{1,2\}$ are disjoint from the set $\{3\}$ of the set of singular roots, hence, by Theorem 1. 3 of [BK2], it follows from (3. 2. 7), (3. 2. 10) and (3. 2. 12) that $U^L(M_LAN_L,\sigma_L,\alpha)$ is reducible into two pieces for the case of gap (A. 2). The proof is complete.

Combining Lemma 3. 1, Lemma 3. 2 and Theorem of [BV], we obtain the following lemma immediately.

Lemma 3. 3 For gap (A. 1) or gap (A. 2), $U(MAN,\sigma,\frac{1}{2}c_0'\alpha)$ is reducible.

D. A. Vogan [V1], [V3] and Speh and Vogan [SV] used the θ-stable parabolic subgroups of g^C to study of unitary representations of semisimple Lie groups. We shall not need their detailed construction. It is enough to have the following result.

For each subset $S^\dagger$ of Λ, let $-S^\dagger=\{-r\mid r\in S^\dagger\}$. Let S be a given subset of Λ. A subset $S^\dagger$ of Λ is said to be a supplement of S in Λ if $S^\dagger$ satisfies the following condition:

(s. 1) $S^\dagger\cap\Lambda(S)=\phi$,

(s. 2) $S^\dagger\cup\Lambda(S)\cup -S^\dagger=\Lambda$,

(s. 3) $S^{\dagger}\cap -S^{\dagger}=\phi$,

(s. 4) there exists a ζ in ib' such that $\langle\zeta, r\rangle\geqslant 0$ for all $r\in S^{\dagger}$,

(s. 5) there is a positive root system Λ_0^+ in the root system $\Lambda_0=\{r\in\Lambda \mid \langle\zeta, r\rangle=0\}$ such that $\Lambda_0^+\cap S^{\dagger}=\Lambda_0\cap S^{\dagger}$.

For fixed $S\subset\Lambda$ and a fixed supplement $S^{\dagger}$ of S in Λ, define

$$l^C=b^C+\sum_{r\in\Lambda(S)} g_r^C,\quad u=u^C=\sum_{r\in S^*} g_r^C.$$

For convenience, let Λ_l and $\Lambda(u)$ denote $\Lambda(S)$ and $S^{\dagger}$ respectively. Let

(3. e) $$\mathbf{q}=l^C+u.$$

It is easily verified that the following conditions are satisfied:

(a) $\theta(\mathbf{q})=\mathbf{q}$, (since for any $r\in\Lambda$, $\theta(e_r)=\pm e_r$).

(b) $l^C=\bar{\mathbf{q}}\cap\mathbf{q}$, (by Lemma 1. 1, (s. 1) and (s. 3)).

(c) $g^C=\bar{u}+l^C+u$, (by Lemma 1. 1, (s. 2) and (s. 3)).

(d) (3. e) is Levi decompostion of $\mathbf{q}$ with Levi factor l, (by (s. 4), (s. 5) and (s. 3)).

By (a), (b), (c), (d) and (3. e), we obtain the following Lemma immediately.

Lemma 3. 4. With above notations, $\mathbf{q}$ is a θ-stable parabolic subalgebra of g^C and $\mathbf{q}$ is determined by the subset S and $S^{\dagger}$ of Λ.

The subalgebra $\mathbf{q}$ defined by (3. e) is called to be the θ-stable parabolic subalgebra determined by $(S, S^{\dagger})$. Let $l=l^C\cap g$ and L be the normalizer of $\mathbf{q}$ in G. Clearly, $\Lambda_L=\Lambda(S)$.

Lemma 3. 5. With above notations, for gap (A. 2), $U(MAN, \sigma, \frac{1}{2}3\alpha)$ is irreducible.

Proof: We number the simple roots of simple Lie algebra B_3 from left to right as 1, 2 and 3 (3 is shorter).

Let $S=\{\alpha_1, \alpha_2, \alpha_3\}$ and let $\Lambda_l=\Lambda_L=\Lambda(\alpha_1, \alpha_2, \alpha_3)$. Let

$$S^{\dagger}=\left\{-e_1\pm e_2, -e_1\pm e_3, -e_1\pm e_4, -e_1, -\frac{\eta_x}{2}x,\ x=(e_1\pm e_2\pm e_3\pm e_4)\right\}.$$

Here $\eta_x=-1$ if $x=(1, -1, 1, -1)$ or $x=(1, 1, 1, -1)$, $\eta_x=1$ otherwise, (cf. the coordinates given by (1. 1)). It is easily verified that the subset

S and $S^{\dagger}$ of Λ safisfy the condition (s. 1)-(s. 5) (letting $\zeta=\gamma=\lambda_0+\nu=\frac{1}{2}(-3, 1, 3, -3)$). Let $\mathbf{q}$ be the θ-stable parabolic subalgebra determined by $(S, S^{\dagger})$. Then l^C is its Levi factor. Let $\Lambda_L^+=\Lambda_L\cap\Lambda^+$ and $\Lambda'^+=\Lambda_L^+\cup\Lambda(u)$. Define

$$\lambda_{0,L}=\lambda_0-\delta(u),\ \mu_{\alpha,L}=\mu_\alpha,\ \wedge_L=\wedge-2\delta(u\cap p).$$

Here $\delta(u)$ (resp. $(u\cap p)$) is the half sum of the roots (resp. noncompact roots) in $\Lambda(u)=S^{\dagger}$(cf. (3. 1b) in [BK1]). Let χ_L be such that $\chi_L(\gamma_\alpha)$ is consistently with $\mu_{\alpha,L}$. Then $(\lambda_{0,L}, \Lambda_L^+, \chi_L)$ leads to a well-defined standard induced series of representations $U^L(M_LAN_L, \sigma_L, \frac{1}{2}3\alpha)$. Here $M_L=M\cap L$ and $N_L=N\cap L$ and N is defined in G for Λ'^+. Let $\gamma_L=\lambda_{0,L}+\frac{1}{2}3\alpha$.

It is easily verified that $\delta(u)=\frac{1}{2}(-9, 0, 2, -2)$. By the data of gap (A. 2) given by (3. 2), we have

$$\lambda_{0,L}=\lambda_0-\delta(u)=\frac{1}{2}[(-3,1,0,0,)-(-9,0,2,-2)]=\frac{1}{2}(6,1,-2,2).$$

It follows that

$$\gamma_L=\lambda_{0,L}+\frac{3}{2}\alpha=\frac{1}{2}[(6, 1, -2, 2)+(0, 0, 3, -3)]=\frac{1}{2}(6, 1, 1, -1).$$

It is easy to see that $(\gamma_L, \alpha)=1$ is odd. Since $\mu_{\alpha,L}=0$, α(or σ_L) is a tangent case. Therefore, α satisfies the parity condition. Let $\Pi_L=\{\alpha_1\alpha_2, \alpha_3\}=\Pi_L^\vee$. Let $\beta=\alpha_3$ and $s_3=s_\beta$. It is clear that $s_3\gamma_L=\frac{1}{2}(6, 1, 1, 1)$ is $\Pi_L=\Pi_L^\vee$ dominant and the set of the singular roots in $\Pi_L=\Pi_L^\vee$ for $s_3\gamma_L$ is $\{1, 2\}$. Therefore, since α satisfies the parity condition, by Theorem 1. 1 of [BK2], we have

(3. 5. 1) $\pi(s_3\gamma_L; \alpha)=\bar{\pi}(s_3\gamma_L; \alpha)+\bar{\pi}(s_3\gamma_L; \phi)+\bar{\pi}(s_\alpha s_3\gamma_L; \phi)$.

Clearly, β is a complex root, so, by Theorem 1. 5 of [BK2], we have

(3. 5. 2) $s_3\pi(s_3\gamma; \alpha)=\pi(\gamma; \alpha)$.

By Theorem 1. 4 of [BK2], we have

(3. 5. 3) $\tau(\bar{\pi}(s_3\gamma_L;\alpha))=\{2\}, \tau(\bar{\pi}(s_3\gamma_L; \phi))=\{1\}, \tau(\bar{\pi}(s_\alpha s_3\gamma_L; \phi))=\{3\}$.

By Theorem 1. 6 of [BK2], it follows from (3. 5. 1) and (3. 5. 2) that

(3. 5. 4) $\pi(\gamma_L; \alpha)=\bar{\pi}(s_3\gamma_L; \alpha)+\bar{\pi}(\gamma_L; \alpha)+\Theta_1+\bar{\omega}$.

Here

$$\bar{\omega}=\bar{\pi}(s_3\gamma_L;\ \phi)+\bar{\pi}(s_3\gamma_L;\ \beta)+\Theta_2-\bar{\pi}(s_\alpha s_3\gamma_L;\ \phi).$$

By Theorem 1.4 of [BK2], we obtain

(3.5.5) $\tau(\bar{\pi}(\gamma_L;\ \alpha))=\{3\},\ \tau(\bar{\pi}(s_3\gamma_L;\ \beta))=\{1,\ 3\}.$

It follows from (3.5.1) and (3.5.3) that $\Theta_1=c_1(\bar{\pi}(s_\alpha s_3\gamma_L;\ \phi))$ by Theorem 1.6 of [BK2]. Here c_1 is a constant. Using similar methods used in [BK2], by Theorem 1.7 of [BK2], we obtain $c_1=1$.

Thus, by the results given above, we have

(3.5.6) $\pi(\gamma_L;\alpha)=\bar{\pi}(s_3\gamma_L;\alpha)+\bar{\pi}(\gamma_L;\alpha)+\bar{\pi}(s_3\gamma_L;\phi)+\bar{\pi}(s_3\gamma_L;\beta)+\Theta_2.$

It is easily shown that if $C(\Theta_2)$ is a irreducible character which occurs in Θ_2, then the τ—invariant of $C(\Theta_2)$ must contain 1 where 1 is the compact root $e_2-e_3=\alpha_1$ in $\Pi_L=\Pi_L^\vee$. Thus, by (3.5.3), (3.5.5) and (3.5.6), it is easily verified that only the τ-invariant of the second term in the right side of (3.5.6) that is $\pi(\gamma_L;\ \alpha)$ is disjoint from the set $\{1,\ 2\}$ of the singular roots, so, by Theorem 1.3 of [BK2], $U^L(M_LAN_L,\ \sigma_L,\ \frac{1}{2}3\alpha)$ is irreducibe.

It is easily verified that $\langle\beta,\ (\lambda_0+\nu)\rangle\geqslant 0$ for all $\beta\in\Lambda(u)=S^t$. Here $\nu=\frac{1}{2}3\alpha$. Hence, by 4.17 of [SV], $U(MAN,\ \sigma,\ \frac{1}{2}3\alpha)$ is irreducible. The proof is complete.

4. The Gaps and the Isolated Representations.

In this section, the chief idea to prove the unitarity is to use the arguments given by D. A. Vogan [V1] and D. A. Vogan and G. J. Zuckerman [VZ] as in Baldoni-silva and A. W. Knapp [BK1].

Now we bring in intertwining operator. We shall use the notations of [KS] and of [BK1] without redefining. According to [KZ1], the intertwining operator that defines the Hermitian form at ν is

(4.1) $\sigma(w)A_P(w,\ \sigma,\ \nu)$

apart from normalization. Here w is a representative in K of the nontrivial element of $W(A:G)$. We may assume that this operator is positive definite (on each K-type) relative to $L^2(K, V^\sigma)$ for ν small and positive.

Let E be a finite-dimensional subspace of the domain of (4.1) equal to the sum of number of K-types, and let $T(z): E \to E$ be the restriction to E of $\sigma(w)$ $A_P(w, \sigma, \frac{1}{2}(c_0' - z)\alpha)$, for complex z with $|z|<1$. Let E_k be the subspace of E defined by (13.2) in [BK1]. We say that $T(z)$ has only a simple zero at $z=0$ if $E_2=0$.

Lemma 4.1. With the above notations, for the case of gap (A.1) or gap (A.2)

$$E_0=E,\ E_1=E\cap \ker T(0) \text{ and } E_2=0.$$

Proof: First we shall consider the case of gap (A.2). Let A_* be the subgroup of G built from $\alpha=e_3-e_4$, $\alpha'=e_3+e_4$ and $\alpha''=-e_1$. (By [C] (or by [Su]), it is easy to see that the Lie algebra of A_* is contained in a Cartan subalgebra of g.) For A_*, let $P_*=M_*A_*N_*$ be the real rank three standard parabolic subgroup of G. Clearly $\Lambda_{m_*}=\{e_2\}$ where m_* is the Lie algebra of M_*. Let λ_0^* and σ_* be the restriction of λ_0 and σ to P_* respectively. For restricted roots relative to this parabolic subgroup, we can use a system of type $A_1 \oplus B_2$ with $f_1+f_2=$ cayley (α), $f_1-f_2=\text{cayley}(\alpha')$ and $f=\text{cayley}(\alpha'')$.

We can choose w in (4.1) to be a representative in K of the reflection $s_{f_1+f_2}$ in $W(A_*:G)$, and the techniques of [KS] show that

$$(4.2)\qquad A_P(w, \sigma, \frac{1}{2}c\alpha) \subseteq A_{P_*}(w, \sigma_*, \frac{1}{2}c(f_1+f_2)).$$

Actually since we can discard invertible operators in our analysis by Lemma 13.2 of [BK1], we can simply write $s_{f_1+f_2}$ directly in place of w and Proposition 7.8 of [KS] allows us to factor the right side of (4.2) according to a cocycle relation as

$$(4.3)\qquad A_{P_*}\left(w, \sigma_*, \frac{1}{2}c(f_1+f_2)\right)=A_{P_*,3}A_{P_*,2}A_{P_*,1},$$

$$A_{P_*,3}=A_{P_*}\left(s_{f_2}, s_{f_1-f_2}s_{f_2}\sigma_*, -\frac{1}{2}c(f_1-f_2)\right),$$

$$A_{P_*,2}=A_{P_*}\left(s_{f_1-f_2}, s_{f_2}\sigma_*, \frac{1}{2}c(f_1-f_2)\right),$$

$$A_{P_*,1}=A_{P_*}\left(s_{f_2},\sigma_*,\frac{1}{2}c(f_1+f_2)\right).$$

(cf. (13.5) of [BK1]). Let a_* be the subspace generated by $\{f_1, f_2, f\}$ over **R**. It is easy to see that a_* is a commutative subalgebra in g_-

Let us examine $A_{P_*,1}$ here more closely. This operator depends only on data in the subgroup of G given as the centralizer $Z_1=Z_G(\ker(f_2))$, and by means of kind of identification in Proposition 7.5 of [KS], it can be identified with a standard intertwining operator of Z_1.

Clearly, ker f_2 in a_* is a subapace generated by $\{f_1, f\}$ over **R**. Thus $Z_1 \cong SO(3,2)$ and we can write the Dynkin diagram of Lie algebra z_1 of Z_1 as

$$\bullet \Rightarrow \bullet .$$

Here the left (resp. right) • denotes e_2-e_4 (resp. $f_2=\text{Cayley}(e_4)$). Let $a_{*,1}$ be the subspace generated by f_2 over **R**. Clearly $a_{*,1}\subset z_1$. Let $A_{*,1}$ be the subgroup of Z_1 with Lie algebra $a_{*,1}$. For $A_{*,1}$, there is a standard parabolic subgroup $P_{*,1}=M_{*,1}A_{*,1}N_{*,1}$ of Z_1.

Let $m_{*,1}$ denote the Lie algebra of $M_{*,1}$. Then $\Lambda_{m_{*,1}}=\Lambda(e_2)$ and $m_{*,1}=m_*$. Clearly $M_{*,1}\subset M$ and $N_{*,1}\subset N$. Relative to this system, the restriction of λ_0 to $M_{*,1}$ can be write as $\left(\frac{1}{2}, 0\right)$ in coordinates (x_2, x_4) (cf. (1.1)). It is easy to see that the restriction of σ to $M_{*,1}$ (denoted by $\sigma_{*,1}$) is a tangent case. Hence, since f_2 is short in z_1 and $c=2$ is even, by 8.3 of [BK1], the induced representation $U^{Z_1}\left(M_{*,1}A_{*,1}N_{*,1}, \sigma_{*,1}, \frac{1}{2}2f_2\right)$ is irreducible. Therefore at $z=0$, $T_1(z)$ is invertible. Thus 13.2 of [BK1] allows to discard the opertor T_1 on the right side of (4.3) from our analysis, and in similar fashion we can discard T_3 in the right side of (4.3).

Let us examine more closely the operator $A_{P_*,2}$. This operator depends only on data in the subgroup $Z_2=Z_G(\ker(f_1-f_2))$ and again can be identifitied with a standard intertwining operator for Z_2. Here the relevant fact about the identification is that if the operator for Z_2 is diagonal with diagonal entries having at most a simple zero at $z=0$, then the same thing is ture of the operator in G.

Clearly, $\ker(f_1 - f_2)$ in a_* is the subspace generated by $\{f_1 + f_2, f\}$ over $\mathbf{R}$. Thus $Z_2 \cong SL(2, \mathbf{R}) \otimes SO(3)$ and we can write the Dynkin diagram of Lie algebra z_2 of Z_2 as

$$\circ \quad \bullet .$$

Here • denotes $f_1 - f_2$ corresponding to the subgroup Z_2', $Z_2' \cong SL(2, \mathbf{R})$ and ∘ denotes e_2 corresponding to the subgroup Z_2'', $Z_2'' \cong SO(3)$. Clearly, $Z_2 = Z_2' \otimes Z_2''$. Let $a_{*,2}$ be the subspace generated by $f_1 - f_2$ over $\mathbf{R}$. Clearly $a_{*,2} \subset z_2$ and $a_{*,2}$ is the Lie algebra of A'. Let $m_{*,2}$ denote the Lie algebra of subgroup Z_2''. Then $\Lambda_{m_{*,2}} = \Lambda(e_2)$ and $m_{*,2} = m_*$. Let $M_{*,2} = M_* \cap Z_2$ and $N_{*,2} = N_* \cap Z_2$. Then $P_{*,2} = M_{*,2} A' N_{*,2}$ is a standard parabolic subgroup of Z_2 for A'. It is easy to see that $M_{*,2} = Z_2'' = M_* \cong SO(3)$. By a similar argument as in Section 13 of [BK1], (cf. p. 113 in [BK1]), it is easy to see that only the subgroup Z_2' of Z_2 is important to the operator $A_{P_*,2}$. As in Section 13 of [BK1], thus we can regard the operator $A_{P_*,2}$ (on a $(K \cap Z_2)$-type) as the tensor product of an identity operator by the restriction of this operator to a K-type of Z_2', $(Z_2' \cong SL(2, \mathbf{R}))$. The K-types for $SL(2, \mathbf{R})$ have multiplicity one, and, thus any standard intertwining operator for $SL(2, \mathbf{R})$ is scale for a given K-type and given ν. Let $T_2(z)$ be the restriction of $A_{P_*,2}$ on E. Using 13.3 and 13.4 of [BK1], by the analysis mentioned above, it is easy to see that at $z=0$, $T(z)$ has only simple zero. It follows that $E_2 = 0$. By Lemma 3.3 we have $\ker T(0) \neq 0$, hence, $E_1 \neq 0$.

By a similar argument used above, we can prove the lemma for case (A.1). (For case (A.1), let $\alpha = e_2 - e_3$, $\alpha' = e_2 + e_3$ and $\alpha'' = e_4$.) The proof is complete.

The operator $T(z)$ is Hermitian for real z, and we can use it as in Section 3 of [V1] to define a nondegenerate Hermitian form on E_k / E_{k+1}, say with signature (p_k, q_k). Lemma 4.1 says that $p_k = q_k = 0$ for $k \geqslant 2$ and the positivity of $T(z)$ for $z > 0$ says that $q_0 = q_1 = 0$. According to Theorem 7.10 and Corollary 7.11 of [V1], the signature on E of $T(z)$ for small negative z is (p_0, p_1). Here $p_0 = \dim(E_0 / E_1)$ and $p_1 = \dim(E_1 / E_2) = \dim(E_1)$. Thus operator (4.1) is indefinite on any E large enough to contain the minimal K-type and a K-type that meets the (nontrivial) kernel of (4. 1) at $\nu=\frac{1}{2}c_0'\alpha$. It follows from 8. 3 of [BK1] and Lemma 3. 5 that for gap (A. 1) $U(MAN, \sigma, \frac{1}{2}c\alpha)$ is irreducble when $c_0'=1<c<c_0=2$, and for the gap (A. 2), $U(MAN, \sigma, \frac{1}{2}c\alpha)$ is irreducible when $c_0'=2<c\leqslant c_0=3$. Therefore, by Lemma 4. 1, we obtain the following lemma immediately.

Lemma 4. 2.

(1) For the case of gap (A. 1), $J(MAN, \sigma, \frac{1}{2}c\alpha)$ is not infinitesimally unitary when $c_0'=1<c<c_0=2$.

(2) For the case of gap (A. 2), $J(MAN, \sigma, \frac{1}{2}c\alpha)$ is not infinitesimally unitary when $c_0'=2<c\leqslant c_0=3$.

Lemma 4. 3.

(1) For the case of gap (A. 1), $J(MAN, \sigma, \frac{1}{2}c\alpha)$ is infinitesimally unitary when $c=c_0=2$.

(2) For the case of gap (B. 1), $J(MAN, \sigma, \frac{1}{2}c\alpha)$ is infinitesimally unitary when $c=c_0=5$.

Proof: Let $\rho_l=\rho_L$ denote the half sum of roots in the set

$$\{r\in\Lambda_l=\Lambda_L \mid \langle r, \alpha\rangle>0\}.$$

First we shall show (1). From data of gap (A. 1) given by (3. 1) we have

$$\lambda_0=\lambda_{0,b}=(-1, 0, 0, 0), \ \wedge=\frac{1}{2}(-3, 1, 1, 1), \ \mu_\alpha=1.$$

Let $S=\{\alpha_1=\alpha, \alpha_2\}$ and $\Lambda_L=\Lambda(S)$. Clearly, $\alpha=\alpha_1\in\Lambda_L$ and

$$\Lambda_L=\{\pm(e_i-e_j) \mid 2\leqslant i<j\leqslant 4\}.$$

Let $\Lambda^\wedge=\left\{-\frac{1}{2}(e_1\pm e_2\pm e_3\pm e_4)\right\}$. Then

$$\Lambda_L(u)=\{-e_1\pm e_i, e_i+e_j, -e_1, e_i, i=2, 3, 4, j=3, 4, i<j\}\cup\Lambda^\wedge.$$

Let $\Lambda^\vee=\left\{-\frac{1}{2}(e_1+ze_2\pm e_3-ze_4), z=\pm1\right\}$. Then

$$\Lambda_L(u\cap p^C)=\{e_2, e_4, e_1\pm e_2, -e_1\pm e_4, e_2+e_3, e_3+e_4\}\cup\Lambda^\vee.$$

Thus we have $2\delta(u\cap p^C)=(-6,2,2,2)$. It is clear that

$$2\rho_L=(e_2-e_3)+(e_2-e_4)-(e_3-e_4)=2(e_2-e_3)=2\alpha.$$

Let λ be the parameter defined by (12.4) of [BK1]. Then we have

$$\lambda=\Lambda-2\delta(u\cap p^C)=\frac{1}{2}(-3,1,1,1)-(-6,2,2,2)=\frac{1}{2}(9,-3,-3,-3).$$

It is easily verified that $\langle\lambda,\beta\rangle=0$ for all $\beta\in\Lambda_L$. Clearly, Λ_L has real rank one, so, by Proposition 12.4 of [BK1], $J(MAN,\sigma,\frac{1}{2}c\alpha)$ is infinitesimally unitary when $c=c_0=2$.

Now, we shall show (2). Let $\Lambda_L=\Lambda(\alpha_2,\alpha_3,\alpha_4)$. Clearly, $\alpha=\alpha_3\in\Lambda_L$. If (2.6.q) holds, then by the results of case (6.B), we have

$$\lambda_0=\frac{1}{2}(-3,1,1,0),\ \Lambda=(2,-2,0,0).$$

By computing, we obtain

$$2\rho_L=5\alpha,\lambda=\Lambda-2\delta(u\cap p^C)=(-2,2,0,0)-(-5,5,0,0)=(3,-3,0,0).$$

It is easily verified that $\langle\lambda,\beta\rangle=0$ for all $\beta\in\Lambda_L$. Clearly Λ_L has real rank one, so, by Proposition 12.4 of [BK1], $J(MAN,\sigma,\frac{1}{2}c\alpha)$ is infinitesimally unitary when $c=c_0=5$.

The proof is complete.

In Section 2 for the cases (4.A.a),(1),(ii) and (3.A),(1),(ii) we give certain statements for the gaps (A.1) and (A.2) respectively. By these statements, we can summarize Lemma 4.2 and 4.3 in the following proposition.

Proposition 4.1.

(1) For the case of gap (A.1), $J(MAN,\sigma,\frac{1}{2}c\alpha)$ is infinitesimally unitary exactly when $0<c<c_0'=1$ or $c=c_0=2$.

($J(MAN,\sigma,\alpha)$ is an isolated unitary representation.)

(2) For the case of gap (A.2), $J(MAN,\sigma,\frac{1}{2}c\alpha)$ is infinitesimally unitary exactly when $0<c<c_0'=c_0=2$.

(From left to right, the circles in the Dynkin diagram of F_4 correspond the simple roots α_1, α_2, α_3 and α_4.)

Table 1.1

(1) $\theta_C=(1,-1,0,0)$: $\bullet - \circ \Rightarrow \circ - \circ$.	(1′) $\theta_C=(1,1,0,0)$: $\bullet - \circ \Rightarrow \circ - \bullet$.
(2) $\theta_C=(0,1,-1,0)$: $\circ - \bullet \Rightarrow \circ - \circ$.	(2′) $\theta_C=(0,1,1,0)$: $\circ - \bullet \Rightarrow \circ - \bullet$.
(3) $\theta_C=(1,0,0,-1)$: $\circ - \bullet \Rightarrow \bullet - \circ$.	(3′) $\theta_C=(1,0,0,1)$: $\circ - \bullet \Rightarrow \bullet - \bullet$.
(4) $\theta_C=(0,1,0,-1)$: $\bullet - \bullet \Rightarrow \bullet - \circ$.	(4′) $\theta_C=(0,1,0,1)$: $\bullet - \bullet \Rightarrow \bullet - \bullet$.
(5) $\theta_C=(1,0,-1,0)$: $\bullet - \bullet \Rightarrow \circ - \circ$.	(5′) $\theta_C=(1,0,1,0)$: $\bullet - \bullet \Rightarrow \circ - \bullet$.
(6) $\theta_C=(0,0,1,-1)$: $\bullet - \circ \Rightarrow \bullet - \circ$.	(6′) $\theta_C=(0,0,1,1)$: $\bullet - \circ \Rightarrow \bullet - \bullet$.

Table 1.2

(1) $\theta_C=(0,0,0,0)$: $\circ - \circ \Rightarrow \circ - \circ$.	(2) $\theta_C=(-1,-1,-1,1)$: $\circ - \circ \Rightarrow \bullet - \bullet$.
(3) $\theta_C=(1,1,1,1)$: $\circ - \circ \Rightarrow \bullet - \circ$.	(4) $\theta_C=(2,0,0,0)$: $\circ - \circ \Rightarrow \circ - \bullet$.

References

[BK1] M. W. Baldoni-Silva and A. W. Knapp, Unitary representations induced from maximal parabolic subgroups, J. Funct. Anal, 69 (1986), 21-120.

[BK2] Vogan's algorithm for computing composition series, Lecture Notes in Math., 1243.

[BK3] Interwining operator and unitary representations, I, J. Funct. Anal, 82 (1989), 151-236.

[BV] D. Barbasch and D. A. Vogan, Reducibility of standard representation, Bull. Amer. Math. Soc, 11 (1984), 383-385.

[C] C.-H. Cheng, On the Cartan subalgebra of real semisimple Lie algebra, I, II, Sci. Record, 3 (1959), 214-219, 220-224.

[G] F. Gantmacher, On the classification of real simple Lie group, Mat. Sb., 5 (1939), 217-249.

[K] A. W. Knapp, Minimal K-type formula, Non Commutative Harmonic Analysis and Lie Groups, Lecture Notes in Math., Springer-Verlag, Berlin, 1020 (1983), 107-118.

[KS] A. W. Knapp and E. M. Stein, Intertwining operators for semi-simple groups, Ann. of Math., 93 (1971), 489-578.

[kZ1] A. W. Knapp and G. Zuckerman, Classification theorems for representations of semisimple Lie groups, Non-Commutative Harmonic Analysis, Lecture Notes in Math., Springer-Verlag, Berlin, 587 (1977), 138-159.

[KZ2] Classification of irreducible tempered representations of semisimple groups, Ann. of Math., 116 (1982), 389-501; 119 (1984), 639.

[SV] B. Speh and D. A. Vogan, Reducibility of generalized principal series representation, Acta. Math., 145 (1980), 227-299.

[Su] M. Sugiura, Conjugate classes of Cartan subalgebra in real semi-simple Lie algebra, J. Math. Soc., Japan, 11 (1959), 374-434.

[V1] D. A. Vogan, Unitarizability of certain series of representations, Ann. of Math., 120 (1984), 141-187.

[V2] Irreducible character of semisimple Lie groups I, II, Duke Math. J., 46 (1979), 61-108, 805-859.

[V3] The unitary dual of G_2^*, Invent. Math., 116 (1994), 677-791.

[VZ] D. A. Vogan and G. J. Zuckerman, Unitary representation with non-zero cohomology, Compositio Math., 53 (1984), 51-90.

[Y] Yan Zhi-Da, Sur la classification des algebres de Lie reels et semi-simples et leur figures, Sci Record, 3 (1959), 213-217.

On the basic cases for split G_2

Let G be a connected linear simple Lie group. Knapp and Speh[1] showed that if $P=MAN$ is a cuspidal parabolic subgroup of G, then there exists a unique basic case of M. The relations between the basic case of M and the unitary representations of G have also been discussed in ref. [1]. In ref. [2], Knapp gave a method for computing the basic case of M if M is a Levi factor of a maximal parabolic subgroup $P=MAN$ of G when G is not the split G_2. An expression of the basic case of M mentioned above has been given in ref. [2]. Boldoni-Silva and Knapp[3] used this expression of the basic case of M to determine when the Langlands quotients $J(MAN, \sigma, \nu)$ are infinitesimally unitary under the conditions that $P=MAN$ is maximal (i. e. $\dim A=1$), and that G is neither split F_4 nor split G_2. The result given in ref. [3] is important in the classification of the irreducible unitary representations of connected linear semisimple Lie groups.

In this note, we use the explicit (Dynkin) diagrams of the simple Lie group split G_2 to compute the basic case of M when M is a Levi factor of a maximal parabolic subgroup $P=MAN$ of split G_2 and an expression of the basic case of M mentioned above has been given. Clearly, this expression will help to determine when the Langlands quotients $J(MAN, \sigma, \nu)$ are infinitesimally unitary for split G_2.

Let G be the connected linear simple Lie group split G_2 and let g be the Lie algebra of G. Let θ be a Cartan involution of g and $g=k+p$ be the Cartan decomposition of g corresponding to the Cartan involution θ. Let K be the maximal compact subgroup of G with Lie algebra k.

Clearly, rank $G=\operatorname{rank}K$. Let $\mathfrak{b}$ be a compact Cartan subalgebra of g. Let

$\Delta=\Delta(g^{\mathscr{C}}, b^{\mathscr{C}})$, $\Delta_K=\Delta(k^{\mathscr{C}}, b^{\mathscr{C}})$ and $\Delta_n=\Delta/\Delta_K$. For a given. $\alpha\in\Delta_n$, let $b_-^{\mathscr{C}}=\ker(\alpha)$. Let $m+a$ be the centralizer of α in g and let $\Delta_M=\Delta(m^{\mathscr{C}}, b_-^{\mathscr{C}})$. Clearly, $\mathfrak{a}$ is a subspace of p corresponding to α over $\mathbb{R}$.

Let M and A be the subgroups of G with the Lie algebra m and $\mathfrak{a}$. It is clear that corresponding to the root α, there exists a non-trivial homomorphism from SL (2, $\mathbb{R}$) to G and let γ_a denote the image in G of $-I$ under the homomorphism where I is the identity element of SL(2, $\mathbb{R}$). Let σ be a discrete series representation of M or a nondegenerate limit of discrete series of M. Let χ be the scalar restriction of σ to the subgroup $\{I, \gamma_a\}$ and let σ_0 be the restriction of σ to the identity component M_0 of M. Clearly, $\sigma=\sigma_0\otimes\chi$. Let Δ_M^+ be a positive system of Δ_M. Then σ is determined by χ and a Harish-Chandra parameter (λ_0, Δ_M^+) where λ_0 is dominant for Δ_M^+. Clearly, we can introduce a positive system Δ^+ of Δ such that $\Delta_M^+\subset\Delta^+$ and $\alpha\in\Pi$ where Π is the simple root system for Δ^+. Let $\Delta_K^+=\Delta^+\cap\Delta_K$.

Let ρ and ρ_K be the half sums of roots in Δ^+ and in Δ_K^+ respectively. Let $\langle X, Y\rangle$, $X, Y\in g^{\mathscr{C}}$ be the inner product on $g^{\mathscr{C}}$ determined by the Killing form on g. Let $\Delta_a^+=\{r\in\Delta\mid\langle r, \alpha\rangle>0\}$ and let ρ_a be the half sum of the roots in Δ_a^+. For any $X, Y\in g$, let $A(X, Y)=2\langle X, Y\rangle/|X|^2$. We say that σ is a cotangent case if $\chi(\gamma_a)=(-1)^{A(a, \rho_a)}$, and otherwise is a tangent case (for the Plancherel formula). By ref. [4], $J(MAN, \sigma, \nu)$ has one or two minimal K-types with the highest weights given by the formula $\Lambda=\lambda_0+\Lambda(\alpha, \mu)$ where Λ is Δ_K^+ dominant and

$$\Lambda(\alpha, \mu)=\rho-2\rho_K-(1/2)(1-\mu_a)\alpha. \tag{1}$$

Here $\mu_a=0$ in a tangent case, and $\mu_a=\pm1$ in a cotangent case. By refs. [1] and [3], there exists a unique Harish-Chandra parameter $(\lambda_{0,b}, \Delta_M^+)$ such that for any Harish-Chandra parameter (λ_0, Δ_M^+) and for any $\beta\in\Pi$, $A(\beta, \lambda_0-\lambda_{0,b})\geqslant0$ where $\lambda_{0,b}$ and λ_0 are consistent with Δ_K^+ and lead non-trivial representations of M. Let e_1, e_2, e_3 be an orthonormal base of a Euclidean space E_R of dimension 3. The coordinate of the element $x=x_1e_1+x_2+e_2+x_3e_3$ in E_R can be written as $x=(x_1, x_2, x_3)$. Clearly we can fix

$$\Delta^{+}=\{a, b, a+b, 2a+b, 3a+b, 3a+2b\}.$$

Here $a=e_2-e_3=(0, 1, -1)$ and $b=e_1-2e_1+e_3=(1, -2, 1)$. It is clear that the simple root system Π for the positive system Δ^{+} given above is $\{a, b\}$. It is easily verified that $2\rho_a=(0, 5, -5)$, $2\rho_b=(3, -6, 3)$ and $\rho=(3, -1, -2)$. Thus we have

$$A(\alpha, \rho_a)=\begin{cases}\frac{1}{2}(5+5)=5, & \text{if } \alpha=a,\\ \frac{1}{6}(3+12+3)=3, & \text{if } \alpha=b.\end{cases} \tag{2}$$

It follows from (2) that χ is non-trivial if σ is in cotangent case. For the simple root system Π, Dynkin diagram of Π is called an explicit diagram of Π if every simple root of Π is either white or black. For an explicit diagram of Π, let Π_0 be the set of the white roots in the explicit diagram of Π, and let (Π, Π_0) denote the explicit diagram of Π. For any explicit diagram of Π, there exists a unique involutive automorphism θ_C of the compact simple Lie algebra $g_u=k+ip$, $i=\sqrt{-1}$ such that$\Pi_0=\Pi\cap\Delta_C$ where Δ_C is the set of the compact roots determined by θ_C. For the case of $\Pi\neq\Pi_0$, we say the explicit diagram (Π, Π_0) of Π has a fixed α if we fix α to a black root in Π. It is easily verified that there is a one-to-one correspondence between the explicit diagrams with fixed α and the formats $(\alpha, \Delta^{+}, \Delta_K^{+})$. In fact if $\Pi=\Pi_0$, then θ_C is trivial. Thus, the explicit diagram (Π, Π_0) of Π with $\Pi=\Pi_0$ is the explicit diagram of the compact simple Lie group G_2. For the remaining explicit diagrams of Π, the θ_C are non-trivial and are given in table 1 . Thus, the explicit diagrams of Π given in table 1 are exactly the explicit diagrams of split G_2, i. e. (g_u, θ_C) are isomorphic to the Lie algebra g of G if θ_C are given in table 1 . By computing we obtain

$$\Delta_K=\begin{cases}\{a, 3a+2b\}, & \text{if } \theta_C=(1, 0, 0),\\ \{a+b, 3a+b\}, & \text{if } \theta_C=(0, 0, 1),\\ \{2a+b, b\}, & \text{if } \theta_C=(0, 1, 0),\end{cases} \tag{3}$$

and

$$\Lambda(\alpha,\mu)=\begin{cases}(1,-1,0)-\frac{1}{2}(1-\mu_b)b, & \text{if } \alpha=b,\ \theta_C=(1,0,0) \text{ or } (0,0,1),\\ (1,-1,0)-\frac{1}{2}(1-\mu_a)a, & \text{if } \alpha=a,\ \theta_C=(0,0,1),\\ (1,1,-2)-\frac{1}{2}(1-\mu_a)a, & \text{if } \alpha=a,\ \theta_C=(1,0,0).\end{cases} \tag{4}$$

It follows from (3) that

$$\Delta_M^+=\begin{cases}\{2a+b=(1,\ 0,\ -1)\}, \text{ if } \alpha=b,\\ \{3a+2b=(2,\ -1,\ -1)\}, \text{if } \alpha=a.\end{cases} \tag{5}$$

Table 1

1\. $\theta_C=(1,\ 0,\ 0)$: • ⇒ ∘ , 2. $\theta_C=(0,\ 0,\ 1)$: • ⇒ • , $\theta_C=(0,\ 1,\ 0)$: ∘ ⇒ •

By (4) and (5), we obtain

Theorem 1. With notations as above, if $\alpha=b$, then

$$\lambda_{0,b}=\begin{cases}\frac{1}{2}(1+\mu_b)(1,\ 0,\ -1), & \text{if } \theta_C=(1,\ 0,\ 0),\\ \frac{1}{2}(1-\mu_b)(1,\ 0,\ -1), & \text{if } \theta_C=(0,\ 0,\ 1);\end{cases}$$

if $\alpha=a$, then

$$\lambda_{0,b}=\begin{cases}\frac{1}{2}(1-\mu_a)(2,\ -1,\ -1), & \text{if } \theta_C=(0,\ 0,\ 1),\\ \frac{1}{2}(1+\mu_a)(2,\ -1,\ -1), & \text{if } \theta_C=(0,\ 1,\ 0).\end{cases}$$

Let $\{\alpha,\ \beta\}$ denote Π. Clearly, we have $A(a,\ 2a+b)=1$ and $A(b,\ 3a+2b)=1$. Thus it follows from Theorem 1 that we obtain table 2 for the explicit diagrams of split G_2 given in table 1. It is easy to see that table 2 given below is a generalization of table 2. 1 of ref. [3] for the connected linear simple Lie group split G_2.

Table 2

1\. $\overset{\alpha}{\bullet}\Rightarrow\overset{\beta}{\circ}$: $A(\beta,\ \lambda_{0,b})=\frac{1}{2}(1+\mu_b)$, 2′. $\overset{\beta}{\bullet}\Rightarrow\overset{\alpha}{\bullet}$: $A(\beta,\ \lambda_{0,b})=\frac{1}{2}(1-\mu_a)$,

2\. $\overset{\alpha}{\bullet}\Rightarrow\overset{\beta}{\bullet}$: $A(\beta,\ \lambda_{0,b})=\frac{1}{2}(1-\mu_b)$. 3. $\overset{\beta}{\circ}\Rightarrow\overset{\alpha}{\bullet}$: $A(\beta,\ \lambda_{0,b})=\frac{1}{2}(1+\mu_a)$,

(From left to right, the circles in the Dynkin diagram of table 2 are b and a)

References

[1] Knapp, A. W., Speh, B., The role of basic cases in classification: Theorems about unitary representations applicable to SU(N, 2), Non-commutative harmonic analysis and Lie groups, Springer-Verlag Lecture Notes in Math., 1983, 1020 : 119.

[2] Knapp, A. W., Unitary representations and basic cases, Lie groups representations I, Springer-Verlag Lecture Notes in Math., 1983, 1024:77.

[3] Baldoni-Silva, M. W., Knapp, A. W., Unitary representations induced from maximal parabolic subgroups *J*. Func. Anal., 1986, 69: 21.

[4] Knapp, A. W., Minimal *K*-type formula, Non-commutative harmonic analysis and Lie group, Springer-Verlag Lecture Notes in Math., 1983, 1020:107.

A NOTE ON THE HARISH-CHANDRA HOMOMORPHISM FOR THE CHEVALLEY GROUPS OVER p-ADIC FIELD

There are many parallels between representation theory on real reductive groups and p-adic groups. R. Howe[1] and A. Moy gave a partial analogue for the group GL_n over p-adic field F of the Harish-Chandra homomorphisms. In his note, a partial analogue for the Chevalley groups over F of the Harish-Chandra homomorphisms has been given. In [3] we gave the proof of the main theorem of the Harish-Chandra homomorphism for the Chevalley groups over F in the case of Levi-component of a cuspidal parabolic subgroup of G. In this paper, we shall give the proof of the main theorem of the Harish-Chandra homomorphisms for the classical Chevalley groups over F in the case of Levi-component of parabolic subgroups defined only over some extension F' of F. The results of [3] and the results of this note may be interpreted as a generalization of the results given in Chapter 2 and Chapter 3 of [1], respectively.

Let $\langle S\rangle$ be the subgroup generated by elements in a subset S of a group. For any set S, let $\#(S)$ denote the number of the elements in S and let ϕ denote the vacuous set. We write Z for the set of all integers and N the set of all natural numbers. For any pair p, $q\in Z$, $p<q$, let

$$[p, q]=\{p, p+1, \cdots, q\}.$$

Clearly, p-adic field F is a field equipped with a non-trivial, non-Archimedean discrete valuation $|\cdot|$. We define

$$R=\{t\,|\,t\in F;\,|t|\leqslant 1\}.$$

Then R is the ring of the integers of F and $P=\pi R$ is the maximal ideal of R, where π is a prime element of F. The complement R^* of P in R is the group of units of R. We denote by $\overline{F}$ the residue class field R/P which is a finite field. It is well known that F is locally compact, and R and P are open, compact subsets of F. For each $i\in\mathbb{Z}$, let

$$P_i=\pi^i R \text{ and } R_i^*=\{1+p;\ p\in P_i\}$$

Let L be a simple Lie algebra over $\mathbb{C}$ of classical types and $\Phi(L)$ the root system of L with respect to a Cartan subalgebra of L. Let $\Pi(L)=\{\alpha_1, \alpha_2, \cdots, \alpha_n\}$ be a fundamental root system of $\Phi(L)$ and $\Phi(L)^+$ the positive root system containing $\Pi(L)$. Clearly, $\Phi(L)^-=-\Phi(L)^+$ is a negative root system in $\Phi(L)$. If L is fixed or clear, then $\Phi(L)$, $\Pi(L)$, $\Phi(L)^+$ and $\Phi(L)^-$ are denoted by Φ, Π, Φ^+ and Φ^-. Let $-\alpha_0$ be the maximal positive root. Let $C_L=\{h_\alpha, \alpha\in\Pi;\ e_r, r\in\Phi\}$ be a Chevalley basis of L and $G=L(F)$ the Chevalley group of type L over F. It follows from [2] that

$$G=\langle x_r(t)=\exp t\operatorname{ad}e_r,\ t\in F,\ r\in\Phi\rangle.$$

For each $r\in\Phi$, let

$$x_r=\{x_r(t);\ t\in F\} \text{ and } x_{r,q}=\{x_r(t);\ t\in P_q\},\ q\in\mathbb{Z}.$$

Hereafter, we shall use the notations and terminology given by [2] directly and we shall not consider the case of $L\cong B_n$ because this case is complicated.

It is convenient to use an orthonormal basis $e_1, e_2, \cdots, e_N$ of a Eculidean space R^N for describing the root system as follows where $N=N(L)=n+1$ if $L=A_n$, $N=N(L)=n$ if $L=B_n$, C_n or D_n.

Forany $M\in\mathbb{N}$, let

$$\Phi_A^M=\{e_i-e_j,\ 1\leqslant i,\ j\leqslant M+1,\ i\neq j\},$$

$$\Pi_A^M=\{e_i-e_{i+1},\ 1\leqslant i\leqslant M\},$$

$$\Phi_D^M=\{\pm e_i\pm e_j,\ 1\leqslant i<j\leqslant M\}.$$

Clearly

$$\Phi(A_n)=\Phi_A^n,\ \Phi(C_n)=\Phi_D^n\cup\{\pm 2e_i,\ 1\leqslant i\leqslant n\},\ \Phi(D_n)=\Phi_D^n;$$

$$\Pi(A_n)=\Pi_A^n,\ \Pi(C_n)=\Pi_A^{n-1}\cup\{2e_n\},\ \Pi(D_n)=\Pi_A^{n-1}\cup\{e_{n-1}+e_n\}.$$

Henceforth, we assume that for each L, $N(L)=N=an'$, a, $n'\in\mathbb{N}$, $a=\nu\lambda$ where λ is a positive integer and $\nu=1$ if $L\cong A_n$, $\nu=2$ if $L\cong C_n$, D_n.

For each L, let θ_i, $i\in[1, n']$ be the cyclic $(e_{a(i-1)+1}, e_{a(i-1)+2}, \cdots, e_{ai})$. Let $\theta=\theta_1\theta_2\cdots\theta_{n'}$, and let $W(\Phi)=W(L)$ be the Weyl group of Φ (or of L).

For each $r\in\Phi$, let $r'=(a)^{-1}(r+\theta(r)+\cdots+\theta^{a-1}(r))$. For each $r\in\Phi^*$ put $I(r)=\{s\mid s\in\Phi,\ s'=r'\}$, where

$\Phi^*=\Phi\backslash\Phi_0$, $\Phi_0=\{s\mid s\in\Phi,\ s'=0\}$.

Let $\Phi^{*\pm}=\Phi^*\cap\Phi^{\pm}$. For each subset S in Φ, let $S'=\{s';\ s\in S\}$.

For any c, $d\in[1,\ n']$, set

$r^{h,k}_{c,d,i,j}=h(e_{a(c-1)+i}+ke_{a(d-1)+j})$, i, $j\in[1,\ a]$, h, $k=\pm1$ and $r^{h,k}_{c,d}=r^{h,k}_{c,d,1,v}$,

where $v=1$ if $r^{h,k}_{c,d,1,1}\in\Phi$, $v=2$ otherwise.

Let $\Psi=\{r^{h,k}_{c,d};\ c,\ d\in[1,\ n'],\ k,\ h=\pm1\}\cap\Phi$ and $\Psi_0=\{r^{h,-1}_{c,d};\ c,\ d\in[1,\ n'],\ c=d,\ h=\pm1\}$. Let $\Psi^*=\Psi\backslash\Psi_0$.

For any $r\in\Psi$, $r=r^{h,k}_{c,d}$, c, $d\in[1,\ n']$, h, $k=\pm1$, let

$$\Phi(r)=\Phi^{h,k}_{c,d}=\Phi\cap\{r^{h,k}_{c,d,i,j}=(r_{i,j});\ i,\ j\in[1,\ a]\}$$

The following lemma is easily verified.

Lemma 1. (ⅰ) For each $r\in\Psi^*$, $I(r)=\Phi(r)$.

(ⅱ) $\Phi_0=\{s\in I(r);\ r\in\Psi_0\}$ and $\Phi^*=\{s\in I(r);\ r\in\Psi^*\}$.

(ⅲ) If s_1, $s_2\in I(r)$, $r\in\Psi^*$, then $s_1\pm s_2\notin\Phi$.

We put $d(L)=N(L)$ if $L=A_n$, $d(L)=2N(L)$ if $L=C_n$, D_n. Let V_L be a vector space over F of dimension $d(L)=d$. Put $b^+_N=\{v_1,\ v_2,\ \cdots,\ v_N\}$. For $L\cong A_n$, let $b_L=b^+_N$ denote a basis of V_L. Put

$b^-_N=\{e_{-a},\ e_{-a+1},\ \cdots,\ a_{-1},\ e_{-2a},\ e_{-2a+1},\ \cdots,\ e_{-a-1},\ \cdots,\ v_{-n'a},\ v_{-n'a+1},\ \cdots,\ v_{-(n'-1)a-1}\}$.

For $L\cong C_n$, D_n, let $b_L=b^+_N\cup B^+_N$ denote a basis of V_L

For $q\in\mathbb{N}$, let $M_q(S)$ denote the set of $q\times q$ matrices over S. Here S is a subring of F. If $L\cong A_n$, by 11.2 in [2], for the basis b_L, we can identify L with $\{x\in M_d(F)\mid \mathrm{Tr}(x)=0\}$ and can identify G with $\{x\in M_d(F)\mid \det x=1\}$.

Put $\epsilon=-1$ if $L\cong C_n$, $\epsilon=1$ if $L\cong D_n$. For i, $j\in[-n,\ n]$, let $t_{ij}=1$ if $i+j=0$, $i>0$, $t_{ij}=\epsilon$ if $i+j=0$, $i<0$, $t_{ij}=0$ otherwise. Let $T=(t_{ij})$. If $L\cong C_n$, D_n for the basis b_L given above, by 11.2 of [2], we can identify L with $\{x\in M_d(F)\mid x'T+Tx=0\}$ and can identify G with $\{x\in M_d(F)\mid x'Tx=T\}$. In fact, we have

$$A_n(F)\cong PSL_{d(L)}(F),\ B_n,\ D_n\cong P\Omega_{d(L)}(F),\ C_n(F)\cong Sp_{d(L)}(F).$$

So we can imagine that the group $G=L(F)$ is a subgroup of $GL(d(L), F)$.

Clearly, each $M\in M_d(F)$ can be divided into a $\nu n'\times\nu n'$ array block of size $a\times a$. Let I_a be the identity matrix in $M_a(F)$. Set $e'_{c,d}=(t_{ij})$, $t_{ij}=I_a$ if $i=c$ and $j=d$, $t_{ij}=0$ otherwise, where c, $d\in[1, n]$ if $L\cong A_n$, c, $d\in[-n, n]$ if $L\cong C_n$, D_n.

For $q\in\mathbb{N}$, define the $q\times q$ matrix $Z=(z_{ij})$ by the conditions that $z_{i,j}=1$ if $j=q+1-i$, $i\in[1, q]$, $z_{ij}=0$ otherwise. For each $q\times q$ matrix $M=(x_{ij})$, $q\in\mathbb{N}$, we define the $q\times q$ matrix $M^{\nu}=(ZAZ)'$.

Let $\varphi_{\pm1}^{+}=\{(\beta_c^{\pm1}=r_{c,c}^{1,\pm1}, c\in[1, n']\}$ and $\varphi_{\pm1}^{-}=-\varphi_{\pm1}^{+}$. Let $\varphi_{\pm1}=\varphi_{\pm1}^{+}\cup\varphi_{\pm1}^{-}$.

For each $r=r_{c,d}^{h,k}\in\Psi^*$, c, $d\in[1, n']$, h, $k=\pm1$, put $\xi'=h$ and $\xi=-h$ if $L\cong C_n$ and $r\in\varphi_1$.

Lemma 2. For $r\in\Psi^*$, let $G_r=\langle x_s; s\in I(r)\rangle$. Then $G_r\cong U_r$, where U_r is the set of matrices $U_r(T_r)$, $T_r\in M_a(F)$ defined by

$U_r(T_r)=I+T_re'_{c,d}$, if $L\cong A_n$,

$U_r(T_r)=I+h(\xi'T_re'_{hc,-hkd}-\xi T_r^{\vee}e'_{hkd,-hc})$, if $L\cong C_n$, D_n and $r\notin\varphi_1$,

$U_r(T_r)=I+hT_re'_{hc,-hc}$, $T_r=-\epsilon T_r^{\vee}$ if $L\cong C_n$, D_n and $r\in\varphi_1$,

where I is the $d(L)\times d(L)$ identity matrix.

By 11.2 and 1.3 of [2], G is a subgroup of $GL(d, F)$ (up to isomorphism).

For any $q\in Z$, let $U_q=\langle x_{r,q}; r\in\Phi^+\rangle$, $V_q=\langle x_{r,q}; r\in\Phi^-\rangle$ and $H_q=\langle h_a(d); d\in R_q^*, \alpha\in\Phi\rangle$. For any $q\in\mathbb{N}$, let $K_q=H_qV_qU_q$ and $B_q=H_qV_{q+1}U_q$. It follows from [3] that K_q and B_q are open compact subgroups of G for any $q\in\mathbb{N}$.

Let V be a finite dimensional Hilbert space, and End (V) the C^*-algebra of the linear transformations from V to itself. Let $C_c(G)$ be the set of the continuous, complex-valued functions of compact support on G. Let $C_c(G:\text{End}V)$ be the set of continuous compactly supported functions with values in End V. Clearly, there is a natural isomorphism from $C_c(G:\text{End }V)$ onto $C_c(G)\otimes$ End V.

Let J be an open compact subgroup of G. Suppose that there exists a decomposition of G into the double cosets of J. Let σ be an irreducible unitary representation of J on finite dimensional Hilbert space V. Consider the space $H(G//J, \sigma)$ of functions in $C_c(G:\mathrm{End}\,V)$ such that

$$f(k_1 g k_2)=\sigma(k_1)f(g)\sigma(k_2),\ k_1,\ k_2\in J,\ g\in G.$$

It is easy to check that $H(G//J, \sigma)$ is a convolution subalgebra of $C_c(G:\mathrm{End}\,V)$. We call it the σ-spherical Hecke algebra (cf. Appendix I in [1]).

Let W^a denote the affine Wely group of L. By [4], $W^a=\langle w_i,\ i\in[0, n]\rangle$, where w_i are defined in [4]. By [2], for each w_i, $i\in[0, n]$, there exists n_i of the monomial subgroup N of G such that the image of n_i is w_i under the natural homomorphism. For each $w\in W^a$, there exists n_w in N such that the image of n_w is w under the natural homomorphism. For any $g\in G$ and $w\in W^a$ let $Adw(x)=n_w x n_w^{-1}$ and $Ad(g)(x)=gxg^{-1}$ for all $x\in G$.

For any $q\in IN$, there is a decomposition of G into the double cosets of B_q by [3] and [4], so we are able to consider the algebra $H(G//B_q, I)=H(G//B_q)$.

First, we shall consider two types of elementsof $H(G//B_l)$, $l\in\mathbb{N}$.

(I): $f_i=f_{n_i}$, $0\leqslant i\leqslant n$; (II): f_x, $x\in B=B_0$.

Let us denote by $\theta_{ij}=\theta_{ji}\ (0\leqslant i,\ j\leqslant n,\ i\neq j)$ the angle between the roots α_i and α_j. For each $\alpha_i\in\Pi$, $i\in[1, n]$, $t\in R^*$, let $x_i(t)=x_{\alpha_i}(t)$, and $h_i(t)=h_{\alpha_i}(t)$.

Theorem 1. For each $l\in\mathbb{N}$, the algebra $H(G//B_l)$ is generated by the elements given by (I) and (II). These elements are subject to the following relations:

A(i) $f_i*f_j=f_j*f_i$, if $\theta_{ij}=\dfrac{1}{2}\pi$,

A(ii) $f_i*f_j*f_i=f_j*f_i*f_j$, if $\theta_{ij}=\dfrac{2}{3}\pi$,

A(iii) $f_i*f_j*f_i*f_j=f_j*f_i*f_j*f_i$, if $\theta_{ij}=\dfrac{3}{4}\pi$

A(iv) $f_i*f_i=q(\sum_x f_x)$, $x\in Adw_i(B_l)B_l/B_l$, $q=\#(F)$.

B(i) f_1 is the identity of $H(G//B_l)$,

B(ii) $f_x * f_y = f_{xy}$, x, $y \in B$,

B(iii) $f_i * f_x = f_{x'} * f_i$, $x \in B \cup Adw_i(B)$, $x' \in Adw_i(x)$,

B(iv) $f_i * f_x * f_i = q(f_{x'} * f_i * f_h * f_{x'})$, $x' = x_i(a^{-1})$, $h = h_i(a)$, $x = x_i(a)$.

Proof: Let f_g denote the characteristic function of $B_l g B_l$ for $g \in G$. Suppose g and g' are two elements of G and suppose that

$$\mathrm{Vol}(B_l g B_l)\mathrm{Vol}(B_l g' B_l) = \mathrm{Vol}(B_l g g' B_l),$$

where Vol(X) indicates the Harr measure of the set X (normalize the Harr measure on G so that B_l has measure 1). By [5], G is a locally compact unimodule group. Hence it follows from Proposition 2. 2 in Chapter 3 of [1] that $f_g * f_{g'} = f_{gg'}$. If w_1, $w_2 \in W^a$ and $l(w_1 w_2) = l(w_1) + l(w_2)$, then we have $f_{w_i} * f_{w_j} = f_{w_1 w_2}$. This implies A(i), A(ii) and A(iii). For relation A (iv), observe the subset

$$B_l Adw_i(B_l) = Adw_i(B_l) B_l = x_{-\alpha_i, l} B_l.$$

Clearly, $x_{-\alpha_i, l} B_l$ is a subgroup containing B_l as a normal subgroup. The sum on the right side in A(iv) is simply equal to the characteristic function of $x_{-\alpha_i, l} B_l$. It is easy to see that the convolution $f_i * f_i$ will be invariant to the right side and left side by $x_{-\alpha_i, l} = Adw_i(x_{\alpha_i, l})$ as well as by B_l. It is also clear that $f_i * f_i$ will be supported in $x_{-\alpha_i, l} B_l$. Hence it must be some multiple of the characteristic function of this group. Comparison of volumes shows that the relation A(iv) gives the correct multiple.

Relations B(i)-B(iii) are essentially trivial. We shall show the relation B(iv). Clearly, for each $t \in R^*$, $x_{-i}(t) = x_{-\alpha_i}(t) \notin B$. By 4. 2. 2 in [2], we have

$$x_{-i}(t) = x_i(t^{-1}) h_i(-t^{-1}) n_i x_i(t^{-1}) = x_i(t^{-1}) n_i h_i(t) x_i(t^{-1}),$$

where $h_i(t^{-1}) \in H_0$ and $x_i(t^{-1}) \in B$. Thus we see that identity B(iv) must hold up to multiple and a volume computation as in [1] shows that relation B(iv) gives correct multiple. This concludes the verification of the relations A and B.

It is easy to see that the elements given by (I) and (II) generate $H(G// B_l)$. By a similar argument used in page 38 in [1], it is easy to show that the relations A and B are a set of defining relations. That is, if H^f is the free algebra generated by the elements given by (I) and (II) subject to relations A and B, then the obvious map from H^f onto $H(G//B_l)$ is an isomorphism. This completes the proof for the theorem.

We can choose an element A^* in $M_\lambda(R)$ which generates an unramified extension F' of F of degree λ. Put $A=A^*$ if $L\cong A_n$ and $A=\mathrm{diag}(A^*, (A^*)^\vee)$ if $L\cong C_n$, D_n. If R' is the ring of the integers of F', then $R'=F'\cap M_a(R)$. Let $F'^\perp$ denote the orthogonal complement in $M_a(F)$ of F' as defined by Chapter 3 of [1].

Let $s\in M_d(F)$ be a block diagonal matrix, with the same entry A in each $a\times a$ blocks along diagonal, that is $s=\mathrm{diag}(A, A, \cdots, A)$, ($\nu n'$ times). Set $x \equiv s \bmod M_d(\pi R)$.

Lemma 3. Let G' be the centralizer of s in the subgroup G of $GL(d, F)$. Then $G'\cong L'(F')$ where $L'\cong A_l{}'$, $l'=n'-1$ if $L\cong A_n$, $L'\cong C_l{}'$, $l'=n'$ if $L\cong C_n$, D_n and

$$G'=\langle U_r(T_r)\mid T_r\in F'\cap M_a(F),\ r\in\Psi^*\rangle.$$

For each realnumber x, let $[x]$ denote the greatest integer less than x. For a fixed i in $\mathbb{N}$, define integer j by $j=\left[\frac{1}{2}(i\nu n'+1)\right]$. For each $r\in\Psi$, $q\in\mathbb{N}$, let $U_r^q=\{U_r(T_r)\in U_r\mid T_r\in M_a(P_q)\}$ and there is an integer $\kappa(r)$ such that $U_r^{\kappa(r)}\subset E^j$ and $U_r^{\kappa(r)-1}\not\subset E^j$, where E^j is the subgroups of $GL(d(L), F)$ defined by (3.1) in Chapter 3 of [1]. Similarly, for each $r\in\Psi$, we can define an integer $\zeta(r)\in\mathbb{N}$ for the subgroup $Q_{i\nu n'}$ of $GL(d, F)$. For each $r\in\Psi^*$, let $X_r^\perp=(U_r^{\kappa(r)}\cap J^\perp)/(U_r^{\kappa(r)+1}\cap J^\perp)$ and $X_r{}'=(U_r^{\zeta(r)}\cap J')/(U_r^{\zeta(r)+1}\cap J')$.

Let $J^{j,\, i\nu n'}$ be the subgroups of $GL(d, F)$ defined by (1.16) in Chapter 3 of [1] and set $J=J^{j,\, i\nu n'}\cap G$. Let E^l, $l\in\mathbb{Z}$ be the set defined by (3.1) of Chapter 3 of [1] and let $E^{\perp,\, l}=E^l\cap G$. Let $J'=J\cap G'$ and $J^\perp=E^{\perp,\, j}$. By a similar argument used in the proof of Lemma 3.2 of Chapter 3 of [1], the following lemma is easily shown.

Lemma 4. J is an open and compact subgroup of G and $J=J'J^\perp$.

For $r\in\Psi$, let $\bar{L}_r'=\{x-I\mid x\in X_r'\}$ and $\bar{L}_r^\perp=\{x-I\mid x\in X_r^\perp\}$. Let

$$\bar{L}' = \sum_{r\in\Psi}\bar{L}_r',\ \bar{L}^{\perp} = \sum_{r\in\Psi}\bar{L}_r^{\perp}.$$

Let $\bar{V}=\bar{L}'\oplus\bar{L}^{\perp}$. Then $\bar{V}$ is a vector over $\bar{F}$. Put $\mathrm{ad}(x)(y)=xy-yx$ for any $y\in\bar{V}$. It is easily shown that ad $(x)(\bar{V}^{\perp})\subset\bar{V}^{\perp}$ and the restriction of ad (x) on $\bar{V}^{\perp}$ is bijection. Let ψ_s' be the restriction of ψ on J', where ψ is the character of $Q^{iwn\prime}$ defined by s as in [1]. By a similar argument used in [1], ψ_s' can be extended to a unique representation σ of J. Hence by an obvious modification of Lemma 4. 4 in Chapter 2 of [1], we can show

Lemma 5. $\mathrm{supp}H(G//J,\sigma)\subset JG'J$.

Lemma 6. Let $g\in J^{\perp}$ and $g_1\in E^{\perp,l}$, $l\in\mathbb{Z}$. Then $g_1\in J^{\perp}$ if $gg_1\in G'$.

Proof: By Lemma 3. 3 of Chapter 3 of [1], we have $g_1\in E^j$. Clearly $g_1\in G$, so, we have $g_1\in E^j\cap G=E^{\perp,j}=J^{\perp}$. Lemma follows.

Let $\Phi'=\{r';\ r\in\Psi^*\}$. It is easily shown that Φ' is the root system of L'. Let W' be the Weyl group of Φ' and let W'^a be the affine Weyl group of Φ' which is the affine Weyl group of G'. By [4], each $w\in W'^a$ can be expressed in the form $w=(w,k)$, $w\in W$, $k\in\mathbb{Z}$. For each $w\in W'^a$, there exists an element $n_w\in N'$ such that the image of n_w is w under the natural homomorphism where N' is the monomial subgroup of G' (cf. Chapter 7 of [2]). For each $w\in W'^a$, put $\mathrm{Ad}w(g)=n_wg(n_w^{-1})$ for all $g\in G$.

Lemma 7. Let $w=(w,k)\in W'^a$. Then

(i) $Adw(G')=G'$.

(ii) for $u\in\mathbb{Z}$, $Adw(E^{\perp v})\subset E^{\perp u}$ for some $u\in\mathbb{Z}$.

Proof: For each $r\in\Psi$, it is easily shown that if $U_r(T_r)\in U_r$, $T_r\in F'\cap M_a(F)$, then $Adw(U_r(T_r))=U_s(\xi T_r)$, $s\in\Psi^*$, $s'=(wr)'$, $\xi\in P_q$ for some $q\in\mathbb{Z}$. Clearly, since $T_r\in F'\cap M_a(F)$, we have $\xi T_r\in F'\cap M_a(F)$. Thus, by Lemma 2, (i) follows. Similarly, if $T_r\in F'^{\perp}\cap M_a(F)$, then $\xi T_r\in F'^{\perp}\cap M_a(F)$. Then (ii) can be shown immediately.

Lemma 8. For each $w\in W'^a$, $(Jn_wJ)\cap G'=J'n_wJ'$.

Proof: Suppose $g=xn_wy$ belongs to G' for some x, $y\in J$. By Lemma 3, write $x=x'x_1$, $y=x_2y'$, x', $y'\in J'$, x_1, $y_2\in J^{\perp}$. Then

$$x_1Adw(x_2)=x'^{-1}gy'^{-1}n_w^{-1}\in G'.$$

By Lemma 7, $f'=Adw(y_2)\in E^{\perp v}$, $v\in\mathbb{Z}$. Thus, by Lemma 6, we have

$f' \in J$. It follows that $x_1 Adw(y_2) \in J \cap G' = J'$. Thus we have

$$g = x' x_1 Adw(x_2) n_w y' \in J' n_w J'$$

The proof is complete.

Let $\Pi' = \{\alpha_1', \alpha_2', \cdots, \alpha_{l'}'\}$ be a simple root system of Φ'. Let $-\alpha_0'$ be the maximal positive root of Φ' for Π'. Let w_c, $c \in [0, l']$ be the reflection in the hyperplane orthogonal to α_c'. For $c \in [1, l']$, let $n_c = n_{w_c}$ and $n_0 = h_{\alpha_0'} n_{w_0}$. Clearly, for $c \in [0, l']$, there exists $r_c \in \Psi^*$ such that $r_c' = \alpha_c'$. For $L \cong C_n$, D_n, put

$$\Gamma^{\pm} = \{\gamma_d^{\pm} = r_{d, n'}^{\pm 1, \pm 1}, 1 \leqslant d < n'\}, \Delta^{\pm} = \{\delta_d^{\pm} = r_{1, d}^{-1, \pm 1}, 1 < d \leqslant n'\}.$$

For $c \in [0, l']$, let $N_c = \{g \in J \mid Adw_c(g) \notin J\}$. Let Σ be a subset of Ψ^*. For each $r \in \Sigma$, let p(r) be a given integer and let $I(\Sigma) = \{p(r); r \in \Sigma\}$ and let

$$\mathbb{P}(\Sigma, I(\Sigma)) = \prod_{r \in \Sigma} U_r^{p(r)} \doteq N(\Sigma) = \prod_{r \in \Sigma} X_r^{\perp}$$

once the ordering of the roots of Σ in the product is fixed.

Lemma 9. For $c \in [0, l']$, let $N_c' = N_c \cap J'$ and $N_c^{\perp} = N_c \cap J^{\perp}$.

(ⅰ) Suppose that $L \cong A_n$. Then $N_c' = X_{r_c}'$ and $N_c^{\perp} = X_{r_c}^{\perp}$ if i is even, $N_c^{\perp} = X_{r_c}^{\perp} N(\Sigma)$ if i is odd, where $\Sigma = \{r_1, r_2\}$ given by (3.18) in Chapter 3 in [1].

(ⅱ) Suppose that $L \cong C_n$, D_n. Then

(a) for $c \in [1, n'-1]$, $N_c = I$;

(b) for $c = 0, n'$, $N_c' = X_{r_c}'$ and $N_c^{\perp} = N(\Sigma)$ where $\Sigma = \Gamma^-$ (resp. Γ^+) if $c = n'$ and i is odd (resp. even) and $\Sigma = \Delta^-$ (resp. Δ^+) if $c = 0$ and i is odd (resp. even).

Proof: If $L \cong A_n$, (ⅰ) can be shown by (3.18) in Chapter 3 of [1]. If $L \cong C_n$, D_n, (ⅱ) can be shown by direct computing.

Lemma 10. For each $c \in [0, n'-1]$, let $w \in W'^a$ such that $\ell(w_c w) = \ell(w) + 1$. Then

$$(J n_c J n_w J) \cap G' = J' n_c n_w J'.$$

Proof: By Lemma 3, each element g in $(J n_i J n_i J) \cap G'$ has an expression $g = x n_c e e^{\perp} b n_w f^{\perp} y'$, where $y' \in J'$, $e^{\perp}$, $f^{\perp} \in J^{\perp}$, $e \in J'$, $Ad(e) \in J'$ and $b \in N_c'$. Let $e' = Adw_c(e) \in J'$. By Lemma 9, $b \in X_{r_c}'$, since $l(w_i w) = l(w) + 1$, we have $b' = Adw(b) \in J'$. By a similar argument used in [3], we have $b' f^{\perp} = f_1^* b'$, where $f_1^* \in E^{\perp, v}$, $v \in \mathbb{Z}$. So, by Lemma 7 (ⅱ) we have

$Adw(f_1^*)=f_2\in E^{\perp u}$, $u\in\mathbb{Z}$ and $f_3=Adw_c(e^{\perp})f_2\in E^{\perp,q}$, $q\in\mathbb{Z}$.

Clearly, $xe'\in J$ and $xe'=x'f$, $x'\in J'$, $f\in J^{\perp}$. Thus we have

$$ff_3=x'^{-1}gy'^{-1}(b'n_cn_w)^{-1}\in G'.$$

Hence, it follows from Lemma 6 that $f_3\in J$, so, $ff_3\in J\cap G'=J'$. Therefore $g=x'ff_3n_cn_wy'\in J'n_cn_wJ'$. The proof is complete.

Lemma 11. $(Jn_cJn_cJ)\cap G'=J'n_cJ'n_cJ'=Adw_c(J')J'$, $0\leqslant c\leqslant n'-1$.

Proof: By Lemma 3, each elementg in $(Jn_cJn_cJ)\cap G'$ can be expressed in the form $g=xn_cv'u^{\perp}n_cb'f^{\perp}y'$, where $x\in J$, $y'\in J'$, $u^{\perp}$, $f^{\perp}\in J^{\perp}$, $v'\in J'$, $Adw_c(v')\in J'$, $b'=Adw_c(b)$, $b\in N_c'$. Hence, $xAdw_c(v')\in J$ and $xAdw_c(v')=x'f$, $x'\in J'$, $f\in J^{\perp}$ by Lemma 3. Let $f_1=fAdw_c(u^{\perp})f^{\perp}$. Then

$$f_1=x'^{-1}gy'^{-1}b'^{=1}\in G'$$

Thus, by Lemma 6 and Lemma 7 we have $Adw_c(u^{\perp})f^{\perp}\in J$, hence, $f_1\in J\cap G'=J'$. Thus,

$$g\in J'b'J'\subset J'Adw_c(J')J'=J'n_cJ'n_cJ',$$

so, the lemma follows.

Lemma 12. If $i\nu n'$ is odd or i is even and $y=X_{r_c}(T_r)$, $T_r\in M_a(R^*)$, $y\notin J$, then $Jn_cJyJn_cJ=JAdw_c(y)J$ for any $c\in[1, n']$.

Proof: Since $c>0$, by Lemma 11 we have

$$Jn_cJyJn_cJ\subset J(Adw_c(y))Adw_c(N_c)J \tag{1}$$

If $L\cong A_n$, by Lemma 3.7 in Chapter 3 of [1], for any $u\in Adw_c(N_c)$ we can show that there exist v, $v'\in J$ such that $Adw_c(y)u=vAdw_c(y)v'$. Therefore, the lemma follows. Now we shall show the lemma when $L\cong C_n$, D_n. For this case, $\nu=2$, so, we shall only consider the case that i is even. If $c\in[1, n'-1]$, then $N_c=I$ by Lemma 9, hence, by (1), the lemma follows. In the following, we shall show the lemma for $c=l'=n'$. Let $r=r_{n'}$. Clearly, by 5.2.2 and 8.1.4 of [2] and Lemma 1 (iii), we have

$$y=U_{-r}(T_1)h_{-r}n_cU_{-r}(T_1),\ Adw_c(y)=U_r(T_1)h_rn_cU_r(T_1), \tag{2}$$

where $T_1\in M_a(R^*)$, $h_{-r}\in H_0\cap\langle G_r;G_{-r}\rangle$, and $h_r=Adw_c(h_{-r})$. Let $\Gamma_1^{\pm}=\{r_d^{\pm}=r_{d,n'}^{1;\pm1}, d\in[1, n'-1]\}$ and $\Gamma_2^{\pm}=\{s_d^{\pm}=r_{d,d}^{\pm1;1}, d\in[1, n'-1]\}$.

By Lemma 3, each $x\in N_c$ has expression $x=x'x^{\perp}$, $x'\in N_c'$, $x^{\perp}\in N_c^{\perp}$. Since $i>0$, we have $yx'\equiv y \bmod M_a(\pi R^*)$. Using a similar argument used in

[3] and Chevalley commutator formula, by (2) and Lemma 1(iii), we have

$$yx^{\perp}=U_{-r}(T_1)h_{-r}n_cU_{-r}(T_1)x^{\perp}=U_{-r}(T_1)h_{-r}n_cx_1U_{-r}(t_1)x_2, \tag{3}$$

where $x_1\in N_c^{\perp}$ and $x_2\in P(\Gamma_1^{-1}, I(\Gamma_1^{-1}))P(\Gamma_2^1, I(\Gamma_2^1))$ with

$I(\Gamma_1^{\pm 1})=\{p(r_d^{\pm 1})=\kappa(\gamma_d^1)\}$ and $I(\Gamma_2^{\pm 1})=\{p(s_d^{\pm 1})=\kappa(\gamma_d^1)\}$.

Let $x_3=Ad(h_rn_c)(x_1)$ and $x_4=Adw_c(x_2)$. Then by (3) we have

$$n_cyx^{\perp}n_c=n_cU_{-r}(T_1)x_3h_{-r}n_cU_{-r}(T_1)x_2n_c=U_r(T_1)x_5h_rn_cU_r(T_1)x_4, \tag{4}$$

where $x_5=Adw_c(x_3)$. Clearly, $x_4\in P(\Gamma_1^1, I(\Gamma_1^1))P(\Gamma_2^{-1}, I(\Gamma_2^{-1}))$. By Lemma 9, it is easily shown that for $d\in[1, n'-1]$, we have

$$\kappa(r_d^{\pm 1})=\kappa(s_d^{\pm 1})=\kappa(\gamma_d^1).$$

It followsthat $x_4\in J^{\perp}$. Clearly

$$x_5=Adw_cAd(n_ch_r)(x_1)=Ad(h_r)(x_1)\in J^{\perp}\quad \text{since}\quad h_r\in H_0.$$

Clearly, we have

$$U_r(T_1)x_5=x_5U_r(T_1)\quad \text{since}\quad r'+(\gamma_d^1)'\notin\Phi'.$$

Therefore by (4) and (2), we obtain

$$JAdw_c(y)x^{\perp}J\subset Jx_5U_r(T_1)h_rn_cU_r(T_1)x_4J\subset JAdw_c(y)J.$$

The proof is complete.

If $L\cong A_n$, we can define f_g', f_g, $g\in G'$ and a map η of $H'=H(G'//J', \psi')$ onto $H=H(G//J, \sigma)$ as in Chapter 3 of [1]. In the following we shall define f_g', f_g, $g\in G'$ and a map η of H' onto H when $L\cong C_n$, D_n.

Let $J^{j+1, m'i}$ be the subgroup of $GL(d, F)$ defined in Chapter 3 of [1] and let $J^{j+1, m'i}$ denote $J^{j+1, m'i}\cap G$ also. Let $J_1=J/J^{j+1, m'i}$ and ρ be the natural homomorphism of J onto J_1. For each $\pm\beta_c^{\pm 1}\in\varphi_{\pm 1}^{\pm}$, $c\in[1, n']$ let

$$J_{c,\pm 1}^{\pm}=U_{\pm\beta_c^{\pm 1}}\cap J\quad \text{and}\quad H_{c,\pm 1}^{\pm}=\rho(J_{c,\pm 1}^{\pm}).$$

As in [1], it is easily shown that for $c\in[1, n']$, $H_{c,\pm 1}^{\pm}$ is isomorphic to a Heisenberg group over the residue field $\bar{F}'$ of F'. Let

$$H_{\pm 1}^{\pm}=H_{1,\pm 1}^{\pm}H_{2,\pm 1}^{\pm}\cdots H_{n',\pm 1}^{\pm}.$$

We shall distinguish two cases corresponding to the cases (II) and (III) in Chapter 3 of [1].

(II) i is even. It is easily shown that $J_1\cong H_{-1}^{+}\cong H_{-1}^{+}$ and N' normalizes J_1. Thus by a similar way used in Chapter 3 of [1] for case (II), for each $g\in G'$, we define

$$f_g'(xgy)=\psi'(x)\psi'(y),\ x,\ y\in J',\ f_g'(h)=0,\ h\notin J'gJ',$$

$$f_g(xgy)=\sigma(x)\omega(g)\sigma(y),\ x,\ y\in J,\ f_g(h)=0,\ h\notin JgJ,$$

where ω is defined in Chapter 3 of [1] for case (II). And for each $g\in G'$, we put

(e) $\eta(f_g')=(\mathrm{vol}(J'gJ')/\mathrm{vol}(JgJ))^{\frac{1}{2}}f_g$.

(III) i is odd ($\nu n'=2n'$ is even). Clearly, $J_1\cong H_{-1}^{+}H_1^{+}H_1^{-}$. It is easily seen that N' does not normalize J_1. Let

$$W_1'^{a}=\langle w_c,\ c\in[1,\ n'-1]\rangle \quad \text{and} \quad N_1'=\{n_w,\ w\in W_1'^{a}\}.$$

Then N_1' normalizes J_1. Set $G_1'=B_1'N_1'B_1'$, where $B_1'=B'\cap G_1$, B' is the Iwahori subgroup of G' and $G_1=\langle U_{\pm r_c},\ c\in[1,\ n'-1]\rangle$. Then by a similar way used in case (II), for each $g\in G'$ we can define f_g', and for each $g\in G_1'$, we can define f_g and η as case (II). For $c=0,\ n'$, by a similar way as used in Chapter 3 of [1] for case (III), we can define $T(n_c)$ and

(e)$'$ $\eta(f_c')=f_c$, $f_c(xn_cy)=\sigma(x)T(n_c)\sigma(y)$, $x,\ y\in J$, $f_g(h)=0$, $h\notin Jn_cJ$.

Theorem 2. (Main Theorem). Notations are as above. Then η defined by (e) and (e)$'$ is an algebra isomorphism and is an isometry of L^2-space.

Proof: Clearly, Lemma 5 and Lemma 8 guarantee that map η defined by (e) and (e)$'$ is bijective. Now we shall show that η is an algebra isomorphism. It is sufficient to show that η preserves relations A and B given in Theorem 1. Clearly, η preserves the relations B(i), B(ii) and B(iii) as in [1]. For each $w\in W'^{a}$ let f_w denote f_{n_w}. If $c\in[0,\ l']$, $w\in W'^{a}$ and $l(w_cw)=l(w)+1$, then by Lemma 7 and Lemma 9, $f_c * f_w=\mu f_{w_cw}$, $\mu\neq 0$ since

$$\mathrm{supp}(f_c * f_w)=Jn_cn_wJ=\mathrm{supp}(f_{w_vw}).$$

Similarly wehave $f_c' * f_w'=\mu' f_{w_cw}'$, $\mu'\neq 0$. Thus we obtain

$$\eta(f_c' * f_w')=\mu'\eta(f_{w_cw}')=\mu'' f_{w_cw}=\mu^{-1}\mu''(f_c * f_w)=\xi(\eta(f_c') * \eta(f_w')),$$

where μ'' and ξ are nonzero multiples. Thus by Lemma 10—Lemma 12 η preserves relations A(i), A(ii), A(iv) and B(iv) up to multiples. Now we shall show that the map η preserves these relations exactly. If $L\cong A_n$, then by a similar argument used in the proof of Theorem 1. 1 of Chapter 3 of [1] we can show that η preserves these relations exactly. When $L\cong C_n$, D_n, we shall show that η preserves these relations eaxctly. We first show that η preserves relation A(i) exactly.

Since $\theta_{c,d}=\frac{1}{2}\pi$, $c, d\in[0, n']$, we have $|c-d|>1$. Let $X=(Adw_c(J)J)\cap(Adw_d(J)J)$. We distinguish two cases.

(a) $\{c, d\}\neq\{0, n'\}$ or i is odd. By Lemma 9, we have $X=J$. It follows from (3.23) and (3.36) of Chapter 3 of [1] that

$$f_c * f_d(n_c n_d)=f_c(n_c)f_d(n_d).$$

Similarly, we have

$$f_d * f_c(n_d n_c)=f_d(n_d)f_c(n_c).$$

Clearly $n_c n_d=n_d n_c$, hence η preseves relation A(i) exactly.

(b) $\{c, d\}=\{0, n'\}$ and i is even. We may assume that $c=0$ and $d=n'$. By Lemma 9(ii) we have

$$X=Adw_c(X_\beta)=Adw_d(X_\gamma),$$

where $\delta=r_{i,n'}^{-1;1}$ and $\gamma=r_{1,n'}^{1;1}$. Since $\delta, \gamma\notin\varphi_1$, we have

$$Adw_c(u),\ Adw_d(u^{-1})\notin J^{j+1,m'i}\subset\ker\sigma \text{ for and } u\in X.$$

Thus by (3.27) in Chapter 3 of [1], it is easily shown that

$f_c * f_d(n_c n_d)=\mathrm{vol}(X)f_c(n_c)f_d(n_d)$ and $f_d * f_c(n_d n_c)=\mathrm{vol}(X)f_d(n_d)f_c(n_c)$.

Thus since $n_c n_d=n_d n_c$, η preserves relation A(i) exactly.

(a)and (b) exhaust all possibilities, so, η preserves the relation A(i) exactly.

Now we shall show that η preserves relation A(ii) exactly.

Since $\theta_{c,d}=\frac{2}{3}\pi$, $c, d\in[0, n']$, we have $|c-d|=1$ and $c, d\in[1, n'-1]$. Thus by the definition for η and the similar argument used in the proof of Theorem 1.1 of Chapter 3 of [1], in order to show that η preserves relation A (ii) exactly, it is sufficient to show that for $c, d\in[1, n'-1]$,

$$\frac{\mathrm{vol}(J'n_cJ')}{\mathrm{vol}(Jn_cJ)}\left(\frac{\mathrm{vol}(J'n_dJ')}{\mathrm{vol}(Jn_dJ)}\right)^{\frac{1}{2}}\mathrm{vol}(Y)=\frac{\mathrm{vol}(J'n_dJ')}{\mathrm{vol}(Jn_dJ)}\left(\frac{\mathrm{vol}(J'n_cJ')}{\mathrm{vol}(Jn_cJ)}\right)^{\frac{1}{2}}\mathrm{vol}(Y') \tag{5}$$

holds, where $Y=Ad(w_c w_d)^{-1}(J)J\cap Adw_c(J)J$ and Y' is the subset of G

gotten by exchanging the indices c and d on Y. By Lemma 9(ⅱ), we have

$$Adw_c(J)J = Adw_d(J)J = J \text{ and } Adw_d(J')J' = Adw_c(J')J' = J'.$$

It follows from Lemma 9(ⅱ) that $Y = Y' = J$. We may assume that vol $(J) = 1$ in G and $\mathrm{vol}(J') = 1$ in G'. Thus the equality (V) holds. Hence η preserves relation A(ⅱ) exactly.

By a similar argument used above, we can show that η preserves relation A(ⅲ) exactly. Using a similar argument as in the proof of Theorem 1. 1 in Chapter 3 of [1] for relation A(ⅳ), we can show that the map η preserves the relation A(ⅳ) exactly.

For relation B(ⅳ), for $c \in [1, n'-1]$ we shall consider the subset

$$\begin{aligned} Y_c &= Ad\,(w_c y)^{-1}(J)J \cap Adw_c(J)J \\ &= Ady^{-1}(Adw_c(J))J \cap Adw_c(J)J \end{aligned}$$

where y is the element given in Lemma 12. By Lemma 9(ⅱ), it is easy to see that for $c \in [1, n']$ $Y_c = J$. Hence using a similar argument as in the proof of Theorem 1. 1 in Chapter 3 of [1] for relation B(ⅳ), we can prove that the map η preserves the relation B(ⅳ) exactly. The proof is complete.

References

[1] Howe, R. with the collabortion of Moy, A. , "Harish-Chandra homomorphism for p-adic groups, " CBMS Regional Conf. Series No. 59.

[2] Carter, R. , "The simple groups of Lie types, " Wiley, London, 1972.

[3] Cheng Chon Hu, "On the Harish-Chandra homomorphisms for the Chevalley groups over p-adic fields," Chin. Ann. Math. , 16 B:1, pp. 63-47, 1995.

[4] Iwahori, N. & Matsmoto, H. , "On some Bruhat decomposition and the structure of the Hecke ring of p-adic Chevalley groups,"Pulb. Math. I. H. E. S. , 25, pp. 5-48, 1965.

[5] Stake, I. , "Theory of spherical functions on reductive algebraic groups over p-adic fields, " Publ. Math. I. H. E. S. , 18, pp. 227-293, 1963.

p-adic 域上 Chevalley 群的 Harish-Chandra 同态的注记

实既约李群的表示论和 p-adic 既约群的表示论有很多类似的地方. R. Howe 和 A. Moy[1] 对 p-adic 域 F 上群 GL_n 给出了类似于 Harish-Chandra 同态的讨论. 在[3]中类似于[1]中的第二章，对 F 上 Chevalley 群 G 的某个尖抛物子群的 Levi 因子 G' 证明了主要定理：存在将 G 的高同余球函数代数到 G' 的高同余球函数代数的 Harish-Chandra 同态. 本文类似于[1]中第三章，对 F 上典型 Chevalley 群 G 和定义在 F' 上 G 的抛物子群的 Levi 因子 G' 证明了主要定理，其中 F' 为 F 的扩充. [3]和本文的结果可以分别看成为[1]中第二章和第三章结果的推广.

设 S 为某个群的子集，以 $\langle S\rangle$ 表示由 S 中的元素所生成的这个群的子群且以 $\#(S)$ 表示 S 中元素的个数. 以 $\emptyset$ 表示空集. 以 $\mathbb{Z}$ 表示所有整数构成的集合且以 $\mathbb{N}$ 表示所有自然数构成的集合. 令 $\mathbb{Z}^+=\mathbb{N}\setminus\{0\}$. 设 $p, q\in\mathbb{Z}$, $p<q$, 令 $[p, q]=\{p, p+1, \cdots, q\}$.

F 具有一个非平凡，非欧几里德的且离散的赋值 $|\ |$. 令 $R=\{t\in F \mid |t|\leqslant 1\}$. 称 R 为 F 的整数环且存在 F 的元素 π 使得 $P=\pi R$ 为 R 最大理想. 显然 $\bar{F}=R/P$ 为一有限域. 令 $R^\times=R\setminus P$ 为 R 中单位构成的集合. 对任意 $q\in\mathbb{Z}$, 令 $P_q=\pi^q R$ 且令 $R_q^\times=\{1+p \mid p\in P_q\}$. F 为一度量空间且为局部紧致的. 对任意 $q\in Z$, R 和 P_q 都是 F 的开紧致子集.

为方便，本文将直接引用[2]的概念和符号.

设 L 为复数域 $\mathbb{C}$ 上典型的单李代数. 设 $\Phi(L)$ 为 L 对于 L 的某 Cartan 子代数的根系. 令 $\Pi(L)=\{\alpha_1, \alpha_2, \cdots, \alpha_l\}$ 为 $\Phi(L)$ 的一个基础根系且 $\Phi(L)^+$ 为包含 $\Pi(L)$ 的正根系. 显然 $\Phi(L)^-=-\Phi(L)^+$ 为 $\Phi(L)$ 的负根系. 若 L 给定或自明时. 以 Φ, Π, Φ^+ 和 Φ^- 分别表示 $\Phi(L)$, $\Pi(L)$, $\Phi(L)^+$ 和 $\Phi(L)^-$. 设 $C_L=\{h_\alpha, \alpha\in\Pi;\ e_r, r\in\Phi\}$ 为 L 的一组 Chevalley 基，设 $G=L(F)$ 为 F 上 L 型 Chevalley 群：

$$G = L(F) = \langle x_r(t) = \exp t \operatorname{ade}_r,\ r \in \Phi,\ t \in F \rangle.$$

设 $r \in \Phi$, $q \in \mathbb{Z}$, 令 $x_r = \{x_r(t), t \in F\}$ 且 $x_{r,q} = \{x_r(t), t \in P_q\}$. 为简单起见，本文只讨论 $L \cong A_l$, C_l 或 D_l 型 Chevalley 群. 本文不少结果对 $L \cong B_l$ 也是对的但表达较烦.

令 $n = l+1$ 且 $d = n$ 当 $L \cong A_l$, $n = l$ 且 $d = 2l$ 当 $L \cong C_l$, D_l. 令 $\mathbb{R}^n$ 为 n 维欧氏空间并设 $e_1, e_2, \cdots, e_n$ 为 $\mathbb{R}^n$ 的一组幺正交基，设 $q \in \mathbb{Z}^+$. 令 $\Phi_A^q = \{e_i - e_j, 13 \leqslant i, j \leqslant q+1, i \neq j\}$ 且 $\Pi_A^q = \{e_i - e_{i+1}, 1 \leqslant i \leqslant q\}$. 令 $\Phi_D^q = \{\pm e_i \pm e_j, 1 \leqslant i, j \leqslant q, i < j\}$. 显然

$\Phi(A_l) = \Phi_A^l$, $\Phi(C_l) = \Phi_D^l \cup \{\pm 2e_i, 1 \leqslant i \leqslant l\}$, $\Phi(D_l) = \Phi_D^l$,

$\Pi(A_l) = \Pi_A^l$, $\Pi(C_l) = \Pi_A^{l-1} \cup \{2e_l\}$, $\Pi(D_l) = \Pi_A^{l-1} \cup \{e_{l-1} + e_l\}$.

假定 $n = an'$, $a, n' \in \mathbb{Z}^+$, $a = v\lambda$, $\lambda \in \mathbb{Z}^+$, 且 $v = 1$ 当 $L \cong A_l$, $v = 2$ 当 $L \cong C_l$, D_l. 令 $\theta = \theta_1\theta_2\cdots\theta_{n'}$, 其中 θ_i, $1 \leqslant i \leqslant n'$, 为轮换$(e_{(i-1)a+1}, e_{(i-1)a+2}, \cdots, e_{ia})$. 设 $r \in \Phi$,令

$$r' = a^{-1}(r + \theta(r) + \theta^2(r) + \cdots + \theta^{a-1}(r)).$$

令 $\Phi_0 = \{s \in \Phi | s' = 0\}$. 且 $\Phi^* = \Phi \backslash \Phi_0$. 设 $r \in \Phi$, 令 $I(r) = \{s \in \Phi \mid s' = r'\}$. 设 $S \subset \Phi$, 令 $-S = \{-s; s \in S\}$ 且 $S' = \{s'; s \in S\}$.

设 $c, d \in [1, n']$, $h, k = \pm 1$, $i, j \in [1, a]$, 令 $r_{cdij}^{hk} = h(e_{(c-1)a+i} + ke_{(d-1)a+j})$ 且令 $r_{cd}^{hk} = r_{cd1\delta}^{hk}$, 其中 $\delta = 1$ 当 $r_{cd11}^{h,k} \in \Phi$, 否则 $\delta = 2$. 令 $\Psi = \{r_{cd}^{hk}, c, d \in [1, n'], kh = \pm 1\} \cap \Phi$, 并且令 $\Psi_0 = \{r \in \Phi \mid r' = 0\}$ 且 $\Psi^* = \Psi \backslash \Psi_0$. 设 $r = r_{cd}^{hk} \in \Psi$, $c, d \in [1, n']$, $h, k = \pm 1$, 令 $\Phi(r) = \Phi_{cd}^{hk} = \{r_{cdij}^{hk}, i, j \in [1, a]\} \cap \Phi$.

引理 1 (i) 对任意 $r \in \Psi^*$, $I(r) = \Phi(r)$.

(ii) $\Phi_0 = \{s \in I(r), r \in \Psi_0\}$ 且 $\Phi^* = \{s \in I(r); r \in \Psi^*\}$.

(iii) 若 $s_1, s_2 \in I(r)$, $r \in \Psi^*$, 则 $s_1 \pm s_2 \notin \Phi$.

设 $d = n = l+1$ 当 $L \cong A_l$, $d = 2n = 2l$ 当 $L \cong C_l$, D_l. 设 V_L 为 F 上 d 维向量空间. 令 $b_n^+ = \{v_1, v_2, \cdots, v_n\}$. 当 $L \cong A_l$ 时，以 $b_L = b_n^+$ 表示 V_L 的一组基. 令

$b_n^- = \{v_{-a}, v_{-a+1}, \cdots, v_{-1}, v_{-2a}, v_{-2a+1}, \cdots, v_{-a-1}, \cdots, v_{-n'a}, v_{-n'a+1}, \cdots, v_{-(n'-1)a-1}\}$

当 $L \cong C_l$, D_l 时，以 $b_L = b_n^+ \cup b_n^-$ 表示 V_L 的一组基.

设 $q \in \mathbb{Z}^+$, 令 $M_q(S)$ 为所有在 S 上 $q \times q$ 矩阵构成的集合，其中 S 为 F 的

一个子环. 若 $L \cong A_l$. 由[2] 中 11.2 可知对 V_L 基底 b_L，我们可以将 L 等同于 $\{x \in M_d(F) \mid \mathrm{Tr}(x)=0\}$ 且将 G 等同于 $\{x \in M_d(F) \mid \det x = 1\}$. 当 $L \cong C_l$，令 $\varepsilon=-1$，当 $L \cong D_l$，令 $\varepsilon = 1$. 对 $i, j \in [-n, n]^* = [-n, n]\backslash 0$，令 $t_{ij} = 1$ 当 $i+j=0$，$i>0$，$t_{ij}=\varepsilon$ 当 $i+j=0$，$i<0$. 令其他的 $t_{ij}=0$. 令 $T=(t_{ij})$. 当 $L \cong C_l$，D_l，对 V_L 的基底 b_L，可以将 L 等同于 $\{x \in M_d(F) \mid x'T + Tx = 0\}$ 且将 G 等同于 $\{x \in M_d(F) \mid x'Tx = T\}$. 事实上，

$$A_l(F) \cong PSL_d(F), \quad D_l(F) \cong P\Omega_d(F), \quad C_l(F) \cong Sp_d(F).$$

显然 $G = L(F)$ 可以看为 $GL(d, F)$ 的子群.

$M_d(F)$ 中任一矩阵 M 可以看为分成 $vn' \times vn'$ 块的分块矩阵，每块为 F 上 $a \times a$ 矩阵. 以 I_a 表示 $a \times a$ 的单位矩阵. 令 $e'_{c,d} = (t_{ij})$，$t_{ij} = I_a$ 当 $i = c$，$j = d$，而其他的 $t_{ij} = 0$，其中 c，$d \in [1, n]$ 当 $L \cong A_l$，c，$d \in [-n, n]^*$，当 $L \cong C_l$，D_l.

对任意 $q \in \mathbb{Z}^+$，令 $Z=(z_{ij})$，$1 \leqslant i, j \leqslant q$，其中 $\mathbb{Z}_{i,j} = 1$ 当 $j = q+1-i$，$i \in [1, q]$，而其他的 $z_{ij} = 0$. 设 $M \in M_q(F)$，令 $M^* = (ZMZ)'$.

令 $\varphi_{\pm 1}^{+} = \{\beta_c^{\pm 1} = r_{c,c}^{1,\pm 1}, c \in [1, n']\}$ 且 $\varphi_{\pm 1}^{-} = -\varphi_{\pm 1}^{+}$. 令 $\varphi_{\pm 1} = \varphi_{\pm 1}^{-} \cup \varphi_{\pm 1}^{-}$. 设 $r = r_{c,d}^{h,k} \in \Psi^* c$，$d \in [1, n']$，$h$，$k = \pm 1$ 令 $\zeta' = h$ 且 $\zeta = -h$ 当 $L \cong C_l$ 且 $r \notin \varphi_{+1}$，否则令 $\zeta = \zeta' = 1$. 容易证明.

引理 2 设 $r \in \Psi^*$ 且 $G_r = \langle x_s; s \in I(r)\rangle$. 则 $G_r \cong U_r$，其中 U_r 为矩阵 $U_r(T_r)$，$T_r \in M_a(F)$，所构成的集合，且 $U_r(T_r)$ 定义如下

$U_r(T_r) = I + T_r e'_{c,d}$，当 $L \cong A_l$ 时，

$U_r(T_r) = I + h(\zeta' T_r e'_{hc,-hkd} - \zeta T_r^* e'_{hkd,-hc})$，当 $L \cong C_l$，D_l，$r \notin \varphi_{+1}$ 时，

$U_r(T_r) = I + h(T_r e'_{hc,-hc})$，$T_r = -\varepsilon T_r^*$，当 $L \cong C_l$，D_l，$r \in \varphi_{+1}$ 时，其中 I 为 $d \times d$ 单位矩阵.

对任意 $q \in \mathbb{Z}$，令

$$U_q = \langle x_{r,q}; r \in \Phi^+\rangle, V_q = \langle x_{r,q}; r \in \Phi^-\rangle$$

且 $H_q = \langle h_\alpha(d_\alpha); d_\alpha \in R_q^\times, \alpha \in \Phi\rangle$. 令 $K_q = H_q U_q V_q$ 且 $B_q = H_q U_q V_{q+1}$，$q \in \mathbb{N}$.

设 V 为有限维 Hilbert 空间且设 $\mathrm{End}(V)$ 为所有 V 到 V 自己的线性变换构成的 C^*-代数. 设 $C_c(G)$ 为所有 G 上具有紧致支柱的连续复值函数构成的集合. 令 $C_c(G: \mathrm{End}V)$ 为所有 G 上具有紧致支柱的连续且值为 $\mathrm{End}V$ 中的元素的函数构成的集合. 显然存在一个将 $C_c(G: \mathrm{End}V)$ 映到 $C_c(G) \otimes \mathrm{End}V$ 上的自然

同构.

设 J 为 G 的一个开紧致子群. 假设 G 可以分解为 J 的双陪集. 设 σ 为 J 在有限维 Hilbert 空间 V 上的不可约酉表示. 设 $C_c(G\text{: End}V)$ 中满足下列条件的函数构成的集合为 $H(G//J,\sigma)$:

$$f(k_1 g k_2)=\sigma(k_1)f(g)\sigma(k_2),\ k_1,\ k_2\in J,\ g\in G.$$

容易验证 $H(G//J,\sigma)$ 是 $C_c(G\text{: End}V)$ 的褶积子代数并称为 σ-球 Hecke 代数(或球函数代数)[1,附录I].

设 W^a 为 L 的仿射 Wely 群且以 W 表示 L 的 Weyl 群. 设 $r\in\Phi$, 以 s_r 表示对垂直于 r 的超平面的反射. 设 $i\in[0,\ l]$, 令 $s_i=s\alpha_i$, 显然 $W=\langle s_i,\ i\in[1,\ l]\rangle$. 由[4]可知

$$W^a=\langle w_0=(s_0,\ 1),\ w_i=(s_i,\ 0),\ 1\leqslant i\leqslant l'\rangle.$$

设 N 为 G 的 monomial 子群. 令 $n_0=h_{\alpha_0}(\pi)n_{s_0}$, $n_i=n_{s_i}$, $1\leqslant i\leqslant l$. 由[2]可知,有 $n_i\in N$, $i\in[0,\ l]$ 且 n_i 的自然同态像为 w_i. 若 $w\in W^a$, 取定 $n_w\in N$ 使得 n_w 的自然同态像为 w.

设 $g\in G$, $w\in W^a$, 令

$$Adg(x)=gxg^{-1},\ Adw(x)=n_w x n_w^{-1},\ x\in G.$$

设 $q\in\mathbb{N}$, 以 B_q 表示[3]中定义的 q-同余 Iwahori 子群. 由[3]知 B_q 为 G 的开紧致子群. 设 I 为 B_q 的恒同表示, 以 $H(G//B_q)$ 表示 $H(G//B_q,\ I)$. 由[1]可知 $H(G//B_q)$ 为下列元素所生成:

(a) $f_c=f_{n_c}$, $c\in[0,\ l]$; (b) f_x, $x\in B_0=B$.

设 $c,\ d\in[0,\ l]$, $c\neq d$, 以 θ_{cd} 表示 α_c 和 α_d 的夹角. 由[1]中第三章中定理 2.1 和[4]中命题 3.4 可得到

定理1 $H(G//B_q)$, $q\in\mathbb{N}$, 为以上两类元素(a)和(b)所生成并满足以下关系.

A(ⅰ) $f_c*f_d=f_d*f_c$, $c,\ d\in[0,\ l]$ 且 $\theta_{cd}=\dfrac{1}{2}\pi$,

A(ⅱ) $f_c*f_d*f_c=f_d*f_c*f_d$, $c,\ d\in[0,\ l]$ 且 $\theta_{cd}=\dfrac{2}{3}\pi$,

A(ⅲ) $f_c*f_d*f_c*f_d=f_d*f_c*f_d*f_c$, $c,\ d\in[0,\ l]$ 且 $\theta_{cd}=\dfrac{3}{4}\pi$,

A(ⅳ) $f_c*f_c=q\left(\sum\limits_x f_x\right)$, $c\in[0,\ l]$, $x\in Adw_c(B_q)\cdot B_q/B_q$, $q=|\overline{F}|$,

B(ⅰ) f_1 是 $H(G//B_q)$ 的单位,

B(ii) $f_x * f_y = f_{xy}$, $x, y \in B$,

B(iii) $f_c * f_x = f_y * f_c$, $c \in [0, l]$, $y \in Adw_c(x)$, $x \in B \cap Adw_c(B)$,

B(iv) 设 $x_i = x\alpha_i(a)$, $i \in [1, l]$, $x' = x_i(a^{-1})$, $h = h\alpha_i(a)$, $a \in R^{\times}$, 则

$$f_i * f_x * f_i = q(f_{x'} * f_i * f_h * f_{x'}).$$

证 设 $X \subset G$, 以 $\mathrm{Vol}(X)$ 表示 X 的 Harr 测度并通过正规化使得 $\mathrm{Vol}(B_q) = 1$. 设 f_g 为 $B_q g B_q$, $g \in G$ 的特征函数, 假设 $g, g' \in G$ 并且

$$\mathrm{Vol}(B_q g B_q)\mathrm{Vol}(B_q g' B_q) = \mathrm{Vol}(B_q g g' B_q).$$

由[5]可知 G 是局部紧致的幺模群, 因此由[1]的第三章命题 2.2 可知 $f_g * f_{g'} = f_{gg'}$. 若 $w_1, w_2 \in W^a$, 且 $l(w_1 w_2) = l(w_1) + l(w_2)$, 则有 $f_{w_1} * f_{w_2} = f_{w_1 w_2}$. 这就意味着 A(i), A(ii) 和 A(iii) 应成立. 对关系 A(iv), 考虑子集合

$$B_q Adw_c(B_q) = Adw_c(B_q)B_q = x_{-\alpha_{c,q}} B_q.$$

显然 B_q 是子群 $x_{-\alpha_{c,q}} B_q$ 的正规子群, 关系 A(iv) 的右边的和为 $x_{-\alpha_{c,q}} B_q$ 的特征函数. 显然 $f_c * f_c$ 的支柱在 $x_{-\alpha_{c,q}} B_q$ 之中. 由此可知关系 A(iv) 的左右两边除了差一个乘数应该相等,在比较乘数后知 A(iv) 应成立.

显然关系 B(i)-B(iii) 应成立. 并且对任意 $a \in R^{\times}$, 由[2]中 4.2.2 可知下式成立

$$x_{-i}(a) = x_i(a^{-1})h_i(-a^{-1})n_i x_i(a^{-1}) = x_i(a^{-1})n_i h_i(a)x_i(a^{-1}),$$

其中:$h_i(a^{-1}) \in H_0$ 且 $x_i(a^{-1}) \in B$. 通过对体积的比较,由上式可知 B(iv) 应成立.

由[1]中 38 页中的证明可看出 $H(G//B_q)$ 为两类元素(a) 和(b) 所生成且以关系 $A-B$ 为定义关系,即若 H^f 为两类元素(a) 和(b) 所生成的自由代数并以关系 $A-B$ 作为定义关系,则存在 H^f 到 $H(G//B_q)$ 的自然同构. 定理获证.

设 F' 为 F 的 λ 度非分歧扩张. 以 R' 表示 F' 中的整数环, 则 $P' = \pi R'$ 为 R' 的最大理想. 令 $\bar{F} = R'/P'$. 则$[\bar{F}' : \bar{F}] = \lambda$. 显然

$$F' = F(\zeta) \quad 且 \quad \bar{F}' = \bar{F}(\zeta).$$

设 η 为 $\bar{F}'$ 在 $\bar{F}$ 上的正则表示. 令 $\alpha = \eta(\zeta)$, 显然 α 可以看为 $\bar{F}$ 上的 $\lambda \times \lambda$ 矩阵. 若 $L \cong A_l$, 令 $A = \alpha$, 若 $L \cong C_l, D_l$, 令 $A = \mathrm{diag}(\alpha - \alpha^*)$, 取定 $\bar{F}$ 在 R 中的代表系, 则 $A \in M_a(R)$ 且 $R' = F' \cap M_a(R)$. 若把 F' 和 F' 的正则表示等同, 则 $F' \subset M_a(F) = M_a$. 设 $x, y \in M_a$, 令 $(x, y) \in \mathrm{Tr}(x, y)$ 且令

$$M_a^{\perp} = \{y \in M_a \mid (x, y) = 0 \text{ 对所有 } x \in M_a'\},$$

其中：$M'_a = F' \cap M_a$. 类似[1] 可证 $M_a(R) = M'_a(R) \otimes M^{\perp}_a(R)$，其中

$$M'_a(R) = M'_a \cap M_a(R) \quad \text{且} \quad M^{\perp}_a(R) = M^{\perp}_a \cap M_a(R).$$

以 s 表示 $\mathrm{diag}(A, A, \cdots, A)$ ($m' = vn'$ 次). 显然 $s \in M_d(R)$.

引理 3 设 G' 为 s 在 G 中的中心化子，则 $G' \cong L'(F')$，其中 $L' \cong A_{l'}$，$l' = n' - 1$ 当 $L \cong A_l$，$L' \cong C_{l'}$，$l' = n'$ 当 $L \cong C_l$，D_l 且

$$G' \cong \langle U_r(T_r) \mid T_r \in F' \cap M_a(F),\ r \in \Psi^* \rangle.$$

对 $x \in \mathbb{R}$，以$[x]$表示小于 x 的最大整数. 给定 $i \in \mathbb{N}$，令 $j = \left[\frac{1}{2}(ivn' + 1)\right]$. 对任意 $r \in \Psi$，$q \in \mathbb{N}$，令 $U^q_r = \{U_r(T_r) \in U_r \mid T_r \in M_a(P_q)\}$ 且存在整数 $k(r)$ 使得 $Ur^{k(r)} \subset (E^j)_E$ 而 $U^{k(r)-1}_r \not\subset (E^j)_E$，其中$(E^j)_E$ 为[1] 中第三章(3.1) 式所定义的 $GL(d, F)$ 的子集 E^j. 类似地，对任意 $r \in \Psi$，我们可以对 $GL(d, F)$ 的子群 $Q_{ivn'}$ 定义整数 $\zeta(r)$. 对任意 $r \in \Psi^*$，令 $X^{\perp}_r = U^{k(r)}_r / U^{k(r)+1}_r$ 且 $X'_r = U^{\zeta(r)}_r / U^{\zeta(r)+1}_r$.

设 $J^{j, ivn'}$ 为[1] 中第三章(1.16) 式所定义的 $GL(d,F)$的子群且令 $J = J^{j,ivn'} \cap G$. 设 $q \in \mathbb{Z}$，记[1] 中第三章(3.1) 式所定义的 E^q 为$(E^q)_E$ 且令 $E^q = (E^q)_E \cap G$. 令 $J' = J \cap G'$ 且 $J^{\perp} = E^j = (E^j)_E \cap G$. 类似[1] 中第三章引理 3.2 可证.

引理 4 J 是 G 的开紧致子群且 $J = J'J^{\perp}$.

对 $r \in \psi$，令 $\overline{L}'_r = \{x - I \mid x \in X'_r\}$ 且 $\overline{L}^{\perp}_r = \{x - I \mid x \in X^{\perp}_r\}$ 令

$$\overline{L}' = \sum_{r \in \psi} \overline{L}'_r \quad \text{且} \quad \overline{L}^{\perp}_r = \sum_{r \in \psi} \overline{L}^{\perp}_r.$$

令 $\overline{V} = \overline{L}' \oplus \overline{L}^{\perp}$，则 $\overline{V}$ 是 $\overline{F}$ 上的向量空间. 对任意 $y \in \overline{V}$，令 $ad(x)(y) = xy - yx$，其中 $x \equiv s \bmod M_d(\pi R)$. 容易证明 $ad(x)(\overline{V}^{\perp}) \subset \overline{V}^{\perp}$ 且 $ad(x)$ 在$\overline{V}^{\perp}$ 上的限制是双射. 令 ψ'_s 为 ψ 在 J 上的限制其中 ψ 为[1] 中利用元素 s 所定义的 $\mathbb{Q}^{ivn'}$的特征. 用类似[1] 的方法，知 ψ'_s 可唯一扩充为 J 的表示 σ 类似于[1] 不难证明

引理 5 $\mathrm{supp} H(G /\!/ J, \sigma) \subset JG'J$.

记 s 在 $GL(d, F)$ 中的中心化子为$(G')_E$. 显然 $G' \subset (G')_E$.

引理 6 设 $E^q = (E^q)_E \cap G$，$q \in \mathbb{Z}$，若 $g \in J^{\perp}$，$g_1 \in E^q$，$q \in \mathbb{Z}$，且 $gg_1 \in G'$，则 $g_1 \in J^{\perp}$.

证 显然

$$g \in J^{\perp} = (E^j)_E \cap G \subset (E^j)_E \text{且} g_1 \in E^q = (E^q)_E \cap G \subset (E^q)_E,\ q \in \mathbb{Z}.$$

由$gg_1 \in G' = (G')_E \cap G' \subset (G')_E$和[1]中第三章引理 3.3 可知$g_1 \in (E^j)_E$因此$g_1 \in (E^j)_E \cap G = J^{\perp} \subset J$.

令$\Phi' = \{r';\ r \in \Psi^*\}$. 容易证明$\Phi'$为$L'$的根系. 设$W'$为$\Phi'$的 Weyl 群且$W'^a$为$\Phi'$的仿射 Weyl 群. 由[4]可知$W'^a$中的元素$\omega$可表示为$\omega = (w,\ k)$, $w \in W'$, $k \in \mathbb{Z}$. 设N'为G'的 monomial 子群, 对任意$w \in W'^a$有$n_\omega \in N'$使得n_ω的自然同态像为ω且令$Ad\omega(g) = n_\omega g(n_\omega^{-1})$, $g \in G$. 设$\Pi' = \{a_1',\ a_2',\ \cdots,\ a_{l'}'\}$为$\Phi'$的一个素根系. 令$-\alpha_0'$为$\Phi'^+$中的最大根, 其中$\Phi'^+$为$\Pi'$所决定的$\Phi'$的正根系. 令$w_c$, $c \in [0,\ l']$为对于垂直于α_c'的超平面的反射. 对$c \in [1,\ l']$, 令$n_c = n_{w_c}$且$n_0 = h_{\alpha_0'(\pi)} n_{w_0}$. 显然

$W' = \langle w_c;\ c \in [1, l']\rangle$且$W'^a = \langle w_c = (w_c, 0),\ c \in [1, l'], w_0 = (w_0, 1)\rangle$. 对$c \in [0,\ l']$, n_c的自然同态像为w_c且有$r_c \in \Psi^*$使得$r_c' = a_c'$.

引理 7 设$\omega = (w,\ k) \in W'^a$, 则

(i) $Ad\omega(G') = G'$.

(ii) 设$q \in \mathbb{Z}$, $Ad\omega(E^q) \subset E^p$, p为某整数.

证 设$r \in \Psi^*$, $U_r(T_r) \in U_r$, $T_r \in M_a(F)$. 不难证明$Ad\omega(U_r(T_r)) = U_s(T_s)$, 其中$s = w(r)$且$T_s = \pi^v \eta T_r$, $v \in \mathbb{Z}$, $\eta = \pm 1$. 由此可知若$T_r \in M_a' = F' \cap M_a(F)$, 则$T_s \in M_a'$. 由引理 3 可知(i) 成立. 如果$T_r \in \pi^v M_a^{\perp}$, $v \in Z$, 则$T_s \in \pi^u M_a^{\perp}$, u为某整数. 所以(ii) 成立.

引理 8 设$\omega \in W'^a$, 则$(Jn_wJ) \cap G' = J'n_wJ'$.

证 设$g = xn_\omega y \in G'$, $x,\ y \in J$. 由引理 4 可知$x = x'f_1$且$y = f_2 y'$, 其中$x', y' \in J', f_1, f_2 \in J^{\perp}$. 由引理 7(ii) 可知$Ad\omega(f_2) \in E^q$, $q \in \mathbb{Z}$. 显然

$$f_1 Ad\omega(f_2) = x'^{-1} g y'^{-1} n_\omega^{-1} \in G'.$$

由引理 6 可推出$Ad\omega_2(f_2) \in J$, 所以$f_1 Ad\omega_2(f_2) \in J \cap G' = J'$. 因此$g = x' f_1 Ad\omega(f_2) n_\omega y' \in J' n_w J'$. 引理获证.

对任意$c \in [0,\ l']$, 令$N_c' = \{g \in J' \mid Ad\omega_c(g) \in J\}$且令$N_c^{\perp} = \{g \in J^{\perp} \mid Ad\omega_c(g) \notin J\}$. 令$N_c = N_c' N_c'$, $c \in [0,\ l']$, 令

$$\Gamma^{\pm} = \{\gamma_d^{\pm} = r_{dn'}^{hk},\ 1 \leqslant d < n',\ h = k = \pm 1\},$$

$$\Delta^{\pm} = \{\delta_d^{\pm} = r_{1d}^{hk},\ 1 < d \leqslant n',\ h = -1,\ k = \pm 1\}.$$

设$\Sigma \subset \Psi^*$且$p(r)$, $r \in \sum$, 为某一整数, 令$I(\Sigma) = \{p(r);\ r \in \Sigma\}$且

$$P(\Sigma,\ I(\Sigma)) = \prod_{r \in \Sigma} (U_r \cap E^{p(r)}),$$

$$N(\Sigma)' = \prod_{r\in\Sigma} X_r' \quad 且 \quad N(\Sigma)^{\perp} = \prod_{r\in\Sigma} X_r^{\perp}.$$

其中 Σ 中元素的次序按由 Π 所决定的从小到大的次序确定.

引理 9 设 $c \in [0, l']$,有唯一的 $r \in \Psi^*$ 使得 $r' = \alpha_c'$.

(ⅰ) $L \cong A_l$, (a) i 为偶数时 $X_c' = X_r'$ 且 $X_c^{\perp} = X_r^{\perp}$.

(b) i 为奇数时 $N_c' = X_r'$ 且有 $r_1, r_2 \in \Psi^*$ 使得 $X_c^{\perp} = X_{r_1}^{\perp} X_{r_2}^{\perp}$.

(ⅱ) $L \cong C_l, D_l$. (a) 当 $c \in [1, n'-1]$ 时 $N_c' = N_c^{\perp} = I$ 即 $N_c = I$.

(b) 当 $c = 0, l'$ 时,$N_c' = X_r'$ 且 $N_c^{\perp} = N(\Sigma)^{\perp} X_r^{\perp}$, 其中 $\Sigma = \Gamma^-$ $(= \Gamma^+)$ 当 $c = n'$ 且 i 为奇数(为偶数);$\Sigma = \Delta^-$ $(= \Delta^+)$ 当 $c = 0$ 且 i 为奇数(为偶数).

证 当 $L \cong A_l$ 时, 由[1]的第三章(3.18)式知(ⅰ)成立. 当 $L \cong C_l, D_l$ 时, 经过计算知(ⅱ)成立.

引理 10 设 $c \in [0, l']$, $\omega \in W'^a$ 且 $l(\omega_c\omega) = l(\omega) + 1$, 则

$$J_{n_c} J_{n_\omega} J \cap G' = J' n_c n_\omega J'.$$

证 设 $g \in J n_c J n_\omega J \cap G'$,则

$g = x n_c z' f_1 b n_\omega y$, $x, y \in J$, $z' \in J'$, $Ad\omega_c(z') \in J$, $b \in N_c'$, $f_1 \in J^{\perp}$.

由 $b \in N_c'$, 可知 $b \in X_r'$, $r \in \Psi^*$, $r' = \alpha_c'$. 由于 $l(\omega_c\omega) = l(\omega) + 1$, 所以 $Ad\omega^{-1}(b) = b' \in J'$. 由于 $z'' = Ad\omega_c(z') \in J'$. 因此 g 可表示为 $g = x_1 Ad\omega_c(f_1) n_c n_\omega y_1$, $x_1 = xz'' \in J$, $y_1 = b'y \in J$. 由引理 4 可知

$$g = x' f_2 Ad\omega_c(f_1) n_c n_\omega f_3 y', \ f_2, f_3 \in J^{\perp}, \ x', y' \in J'.$$

令 $f = Ad\omega_c(f_1) Ad(\omega_c\omega)(f_3)$,由引理 7 (ⅱ) 可知性明 $f \in E^q$, $q \in \mathbb{Z}$. 而

$$f_2 f = x'^{-1} g y'^{-1} (n_c n_\omega)^{-1} \in G'.$$

根据引理 6 不难推出 $f_2 f \in J^{\perp} \subset J$. 因此 $f_2 f \in J \cap G' = J'$. 所以 $g = x' f_2 f n_c n_\omega y' \in J' n_c n_\omega J'$. 引理获证.

引理 11 设 $c \in [0, l']$,则 $J n_c J n_c J \cap G' = Ad\omega_c(J') J' = J' n_c J' n_c J'$

证 设 $g \in J n_c J n_c J \cap G'$, 则

$g = x n_c z' f_1 b n_c y$, $x, y \in J$, $z' \in J'$, $Ad\omega_c(z') = z'' \in J'$, $b \in N_c'$, $f_1 \in J^{\perp}$.

设 $b' = Ad\omega_c(b)$. 由引理 9 可知 $b \in X_r'$, $r \in \Psi^*$, $r' = \alpha_c'$. 因此 $g = x_1 Ad\omega_c(f_1) b' f_2 y'$, $x_1 = xz'' \in J$, $y' \in J'$, $f_2 \in J^{\perp}$. 若 $M' \in M_a'$, $M \in M_a^{\perp}$, 则不难证明 $M'M$, $MM' \in M_a^{\perp}$. 因此不难利用[3]的方法, 由引理 1 (ⅲ) 推出 $b' f_2 = f_3 b'$, $f_3 \in E^q$, $q \in \mathbb{Z}$. 由以上讨论可知 $g = x' f_4 f b' y'$, $x' \in J'$, $f_4 \in J^{\perp}$, $f = Ad\omega_c(f_1) f_3 \in E^p$, $p \in \mathbb{Z}$.

由引理7（ⅰ）知$b' \in G'$. 所以$f_4 f = x'^{-1} g y'^{-1} b'^{-1} \in G'$. 由引理6可知$f_4 f \in J^{\perp} \subset J$，因此$f_4 f \subset J \cap G' = J'$. 由此可知

$$g = x' f_4 f b' y' \in J' Ad\omega_c(b) J' \subset J' Ad\omega_c(J') J'.$$

引理获证.

引理 12 设$ivn' = im'$，为奇或i为偶. 对$c \in [1, l']$设$y = U_r(T_r)$，$T_r \in M_a(R^X) r \in \Psi^*$，$r' = \alpha_c'$. 且$y \notin J$，则$Jn_c J_y J n_c J = JAd\omega_c(y) J$.

证 当$L \cong A_l$，用类似[1]中第三章引理3.7的证明方法可证引理成立，以下证明当$L \cong C_l$，D_l时引理成立. 由于$L \cong C_l$，D_l时，$v = 2$，所以ivn'为偶，所以只要考虑i为偶的情况. 把y看成引理11中的b'，用类似引理11的证明方法可证对任意$x \in J$有$xy = y\widetilde{x}_1$，$\widetilde{x}_1 \in J$. 因此有

$$Jn_c J_y J n_c J \subset Jn_c y J n_c J = JAd\omega_c(yN_c) J. \tag{1}$$

设$x \in N_c$，则$x = x' x^{\perp}$，其中$x' \in N_C'$，$x^{\perp} \in N_C^{\perp}$. 由引理9（ⅱ）可知$x' \in X_r'$；显然$y \in U_r^0$，所以$yx' = y \bmod U_r'$. 因此可认为$yx = yx'x^{\perp} = yx^{\perp}$. 由$y = U_r(T_r)$，$T_r \in M_a(R^X)$和引理1的（ⅲ）以及[2]的5.2.2和8.1.4可得到

$$y = U_{-r}(T_1) h_{-r} n_c U_{-r}(T_1) \text{ 和 } Ad\omega_c(y) = U_r(T_1) h_r n_c U_r(T_1) \tag{2}$$

其中$T_1 \in M_a(R^X)$，$h_{-r} \in H_0 \cap \langle G_r, G_{-r} \rangle$且$h_r = Ad\omega_c(h_{-r})$. 令$\Gamma_1^{\pm} = \{r_d^{\pm 1} = r_{d,n'}^{1;\pm 1}, d \in [1, n'-1]\}$且$\Gamma_2^{\pm} = \{s_d^{\pm 1} = r_{d,d}^{\pm 1;1}, d \in [1, n'-1]\}$，令$I(\Gamma_1^{\pm}) = \{p(r_d^{\pm 1}) = k(r_d^{+}); d \in [1, n'-1]\}$且$I(\Gamma_2^{\pm}) = \{p(s_d^{\pm 1}) = \kappa(r_d^{+})^2; d \in [1, n'-1]\}$.

由 Chevalley 换位公式和引理1的（ⅲ）以及(2)式可得到

$$yx^{\perp} = U_{-r}(T_1) h_{-r} n_c U_{-r}(T_1) x^{\perp} = U_{-r}(T_1) h_{-r} n_c x_1 U_{-r}(T_1) x_2, \tag{3}$$

其中$x_1 \in N_c^{\perp}$，且$x_2 \in P(\Gamma_1^{-1}, I(\Gamma_1^{-1})) P(\Gamma_2^1, I(\Gamma_2^1))$（当$c \neq n'$，$x_2 = I$）. 令$x_3 = Ad(n_c h_r)(x_1)$，由(3)式不难得到

$$n_c y x^{\perp} n_c = n_c U_{-r}(T_1) x_3 h_{-r} n_c U_{-r}(T_1) x_2 n_c = U_r(T_1) x_5 h_r n_c U_r(T_1) x_4 \tag{3'}$$

其中$x_5 = Ad\omega_c(x_3)$，并且

$$x_4 = Ad\omega_c(x_2) \in P(\Gamma_1^1, I(\Gamma_1^1)) P(\Gamma_2^{-1}, I(\Gamma_2^{-1})).$$

由引理9可知对任意$d \in [1, n'-1]$，有$\kappa(r_d^{\pm 1}) = \kappa(s_d^{\pm 1}) = \kappa(\gamma_d^1)$. 由此可知$x_4 \in J^{\perp}$. 由$h_r \in H_0$可推出$x_5 = Ad\omega_c Ad(n_c h_r)(x_1) = Ad(h_r)(x_1) \in J^{\perp}$. 显然$r' + (\tau_d^{+})' \notin \Phi'$，所以$U_r(T_1) x_5 = x_5 U_r(T_1)$. 因此，由(2)式和(3)′

式可得到

$$JAd\omega_c(y)x^{\perp}J \subset Jx_5U_r(T_1)h_rn_cU_r(T_1)J \subset JAd\omega_c(y)J.$$

由上式和(1)式可知定理成立.

简称[1]中第三章中情况 Ⅰ，Ⅱ 和 Ⅲ 为情况 Ⅰ，Ⅱ 和 Ⅲ（本文中的 m' 即为[1]中的 m）.

当 $L \cong A_l$ 可完全类似[1]分别对情况 Ⅰ，Ⅱ 和 Ⅲ 对 $g \in G'$ 定义 $f_g{}'$ 和 f_g 以及映射 η.

当 $L \cong C_l$，D_l，$m' = m$ 总是偶数，因此只要考虑情况 Ⅱ 和 Ⅲ. 记 $J^{j+1,\, m'i+1} \cap G$ 仍 $J^{j+1,m'i+1} \cap \ker\sigma$. 令 $J_1 = J/J^{j+1,\, m'i+1}$ 且 ξ 为 J 到 J_1 的自然同态. 设 $r \in \varphi_{\pm1}$，令 $J_r = (X_r^{\perp},\, X_{-r}^{\perp})$. 不难证明，若 $r \in \varphi_{\pm1}$，$\xi(J_r) = H_r$ 同构于 F' 上的 Heisenberg 群或是平凡的，以下对不同情况讨论.

情况 Ⅱ　这时

$$J_1 \cong \prod_{r \in \varphi_{-1}^{+}} \xi(J_r) = \prod_{r \in \varphi_{-1}^{+}} H_r$$

不难证明 N' 正规化 J_1. 这和[1]中第三章情况 II 类似. 因此对 $g \in G'$ 可令

$$\begin{cases} f_g{}'(xgy) = \psi'(x)\psi'(y), & x,\, y \in J',\ f_g{}'(h) = 0,\ h \notin J'gJ', \\ f_g(xgy) = \sigma(x)\omega(g)\sigma(y), & x,\, y \in J,\ f_g(h) = 0,\ h \notin JgJ, \end{cases} \tag{4}$$

其中 ω 为[1]中第三章对情况 Ⅱ 所给定并定义

$$\eta(f_g{}') = (\mathrm{Vol}(J'gJ')/\mathrm{Vol}(J'gJ'))^{\frac{1}{2}} f_g,\ g \in G'. \tag{5}$$

情况 Ⅲ　这时

$$J_1 \cong \prod_{r \in \varphi_{-1}^{+}} \xi(J_r) \prod_{r \in \varphi_{+1}} \xi(J_r) \cong \prod_{r \in \varphi_{-1}^{+}} H_r \prod_{r \in \varphi_{+1}} H_r$$

类似于[1]中第三章情况 Ⅱ，N' 正规化 $\prod_{r \in \varphi_{+1}} \xi(J_r)$. 因此也正规化 J_1. 令 $N'^{*} = \langle n_c,\ c \in [0,\, n'] \rangle$. 显然 N'^{*} 正规化 J_1，设 B' 为 G' 的 Iwahori 子群. 令

$$G'^{*} = B'^{*}N'^{*}B^{*\prime},\ B^{*\prime} = B' \cap \langle U_{r_c},\, U_{-r_c},\ c \in [0,\, n'] \rangle.$$

类似情况 Ⅱ，对 $g \in G'$，可按(4)式定义 f_g' 并且对 $g \in G'^{*} = G'$ 可分别按(4)和(5)定义 f_g 和 η，或者类似于[1]中第三章情况 Ⅲ 可定义 $T(n_c)$ 并且定义

$$\eta(f_c{}') = f_c,\ f_c(xn_cy) = \sigma(x)T(n_c)\sigma(y),\ x,y \in J,\ f_c(h) = 0,\ h \notin Jn_cJ. \tag{5$'$}$$

定理 2　概念如上，由(5)和(5)$'$定义的 η 为 $H' = H(G'//J',\, \psi')$ 到 $H =$

$H(G//J, \sigma)$ 的代数同构并且 η 为L^2－结构的等距.

证 由引理5和(4)，(5)以及(5)′式知η为双射. 为了证明η为代数同态. 只要证明η作用于定理1关系A(ⅰ)－A(ⅳ)和B(ⅰ)－B(ⅳ)的两边后相等. 若η作用于上述关系后两边差一个乘数相等，我们称η差一个乘数保持了该关系. 如果这个乘数为1，也就是说η作用该关系左右两边后相等，则称η精确地保持了该关系.

若$\omega \in W'^a$，$c \in [0, n']$且$l(\omega_c\omega) = l(\omega) + 1$. 由引理10可知$f_c * f_\omega$的支柱在$Jn_cn_wJ$之中，显然$fn_cn_w$的支柱也在$Jn_cn_wJ$之中. 所以$f_c * f_\omega = \gamma f n_c n_w$，$\gamma \neq 0$为一乘数. 同理可知$f'_c * f'_w = \gamma' f'_{n_cn_w}$，$\gamma' \neq 0$，所以由$\eta$的定义和引理8以及引理10得到

$$\begin{aligned}\eta(f'_c * f'_w) &= \gamma'\eta(f'_{n_cn_\omega}) = \gamma'' f_{n_cn_\omega} = \gamma''\gamma^{-1}(f_c * f_\omega) \\ &= \gamma^{-1}\gamma'''(\eta(f'_c) * \eta(f'_w)),\end{aligned} \tag{6}$$

其中γ''，$\gamma''' \neq 0$. 当$c, d \in [0, n']$，若$\theta_{cd} = \frac{1}{2}\pi$，则$n_cn_d = n_dn_c$，若$\theta_{cd} = \frac{2}{3}\pi$，则$n_cn_dn_c = n_dn_cn_d$，若$\theta_{cd} = \frac{3}{4}\pi$，则$n_cn_dn_cn_d = n_dn_cn_dn_c$. 由(6)式和上述结果知$\eta$差一个乘数保持关系A(ⅰ)，A(ⅱ)和A(ⅲ). 由(6)式和引理11知η差一个乘数保持关系A(ⅳ). 用类似[1]第三章对定理2.1的证明的方法可证η差一个因子保持关系B(ⅰ)－B(ⅲ). 由(6)式和引理12知，η差一个因子保持关系B(ⅳ).

以下要证η精确保持关系A(ⅰ)－A(ⅳ)和B(ⅰ)－B(ⅳ). 当$L \cong A_l$时，用类似[1]中第三章证明定理2.1的方法可证η精确保持关系A(ⅰ)－A(ⅳ)和B(ⅰ)－B(ⅳ)，以下对$L \cong C_l$，D_l，证明η精确保持关系A(ⅰ)－A(ⅳ)和B(ⅰ)－B(ⅳ).

先证明η精确保持关系A(ⅰ)，由$\theta_{c,d} = \frac{1}{2}\pi$，$c, d \in [0, l']$和$|c-d| > 1$. 令$X = (Ad\omega_c(J)J) \cap (Ad\omega_c(J)J)$.

(a) 除了$\{c, d\} = \{0, l'\}$且i为偶数，由引理9(ⅱ)知$X = J$. 由[1]中第三章中(3.23)和(3.26)可知

$$f_c * f_d(n_cn_d) = f_c(n_c)f_d(n_d).$$

同理可知

$$f_d * f_c(n_dn_c) = f_d(n_d)f_c(n_c).$$

由于 $n_c n_d = n_d n_c$，所以由以上两式知 η 精确保持关系 A(i).

(b) 当 $\{c, d\} = \{0, l'\}$ 且 i 为偶数，不失普遍性可假定 $c = 0$，$d = l' = n'$. 由引理 9 (ii) 可知

$$X = \widetilde{X} \cdot J, \ \widetilde{X} = Ad\omega_c(X_\delta^\perp) = Ad\omega_d(X_\gamma^\perp),$$

其中 $\delta = r_{1,n'}^{-1;1} \in \Delta^+$ 且 $\gamma = r_{1;n'}^{1;1} \in \Gamma^+$. 因为 δ, $\gamma \notin \varphi_+$，因此对任意 $u \in \widetilde{X}$ 有

$$Ad\omega_c(u), Ad\omega_d(u^{-1}) \in J^{j+1, m'i+1} \subset ker\sigma.$$

由[1] 中第三章可知

$$f_c * f_d(n_c n_d) = Vol(X) f_c(n_c) f_d(n_d).$$

同样可知

$$f_d * f_c(n_d n_c) = Vol(X) f_d(n_d) f_c(n_c).$$

由 $n_d n_c = n_c n_d$ 和以上两式知 η 精确保持关系 A(i).

由(a) 和(b) 穷尽了所有可能知 η 精确保持关系 A(i).

以下要证明 η 精确保持关系 A(ii)，由 $\theta_{c,d} = \frac{3}{2}\pi$，$c$，$d \in [0, l']$ 知 $|c-d| = 1$，且 c，$d \in [1, l'-1]$. 由[1] 中第三章有关 η 精确保持关系 A(ii) 的证明和 η 的定义可知要证明 η 精确保持关系 A(ii) 只要证明下式成立.

$$\frac{\mathrm{Vol}(J'n_cJ')}{\mathrm{Vol}(Jn_cJ)}\left(\frac{\mathrm{Vol}(J'n_dJ')}{\mathrm{Vol}(Jn_dJ)}\right)^{\frac{1}{2}}\mathrm{Vol}(Y) = \frac{\mathrm{Vol}(J'n_dJ')}{\mathrm{Vol}(Jn_dJ)}\left(\frac{\mathrm{Vol}(J'n_cJ')}{\mathrm{Vol}(Jn_cJ)}\right)^{\frac{1}{2}}\mathrm{Vol}(Y') \tag{7}$$

其中 $Y = (Ad(\omega_c\omega_d)^{-1}(J)J) \cap (Ad\omega_c(J)J)$ 而 Y' 为将 Y 中的指标 c 和 d 互换所得到. 可假定在 G' 中 $\mathrm{Vol}(J') = 1$ 且在 G 中 $\mathrm{Vol}(J) = 1$. 由引理 9 (ii) (a) 知

$\mathrm{Vol}(J'n_cJ') = \mathrm{Vol}(J') = \mathrm{Vol}(J'n_dJ')$ 且 $\mathrm{Vol}(Jn_cJ) = \mathrm{Vol}(J) = \mathrm{Vol}(Jn_dJ)$. 由引理 9 (ii) (a) 知 $Y = Y' = J$. 所以 $\mathrm{Vol}(Y) = \mathrm{Vol}(J) = \mathrm{Vol}(Y')$. 因此(7) 式成立. 这就证明了 η 精确保持了关系 A(ii).

类似可证 η 精确保持关系 A(iii)，显然 η 精确保持关系 B(i) 和 B(ii)，用类似[1] 中第三章中证明 η 精确保持关系 A(iv) 和 B(iii) 的方法可证 η 精确保持关系 A(iv) 和 B(iii). 对 $c \in [1, l']$，$l' = n'$. 令 $y' = Ad\omega_c(y)$，其中 y 为引理 12 中所给出. 令

$$Y = (Ad(n_c y)^{-1}(J)J) \cap (Ad\omega_c(J)J),$$

则

$$f_c * f_y * f_c(y') = \int_Y f_{n_c y}(n_c y g) f_c(g^{-1} n_c) dg \tag{8}$$

用类似[1]中第三章中(3.33)的算法. 对(8)计算并和 $f_{y'}(y')$ 比较后知 η 精确保持关系 B(ⅳ). 定理获证.

参考文献

[1] Howe, R., With the collabortion of Moy. A, Harish-Chandra homomorphism for p-adic groups, CBMS Regional Conf. Series No. 59.

[2] Carter, R., The simple groups of Lie types, Wiely, London, 1972.

[3] Cheng Chonhu, On the Harish-Chandra homomorphisms for the Chevalley groups over p-adic fields, Chin. Ann. Math., 16B:1 (1955), 63-74.

[4] Iwahori, N. & Matsmoto, H., On some Bruhat decomposition and the structure of the Hecke ring of p-adic Chevalley groups, Pulb. Math. I. H. E. S., 25(1965), 5-48.

[5] Stake, L, Theory of spherical functions on reductive algebraic groups over p-adic fields, Publ. Math. LH. E. S., 18(1963), 227-293.

On the Langlands Parameters for $A_q(\lambda)$ for the Exceptional Simple Lie Groups, I

Chon-Hu Cheng, You'an Cao, Wen Yan

1. Introduction

Let G be a non-compact, exceptional simple Lie group with finite center. We denote subgroups of G discussed below by some capitals and their Lie algebras by the corresponding lower letters in German (Fraktur) with subscript 0. We denote their complexifications by dropping the subscript 0. Let θ be the Cartan involution of $\mathfrak{g}_0$ and $\mathfrak{g}_0=\mathfrak{k}_0\oplus\mathfrak{p}_0$ the Cartan decomposition of $\mathfrak{g}_0$ associated with θ. Let K be the corresponding maximal compact subgroup of G. Suppose rank $K=$rank G and G/K is not Hermitian symmetric. Let $T\subseteq K$ be a Cartan subgroup of G. Clearly, $\mathfrak{t}_0$ is a compact Cartan subalgebra of $\mathfrak{g}_0$ and let $\Delta=\Delta(\mathfrak{g}, \mathfrak{t})$ be the set of roots. Let E denote the real linear span of the roots. For each $\beta\in\Delta$, let s_β be the reflection in the hyperplane orthogonal to β. We introduce, in the usual way, an inner product $\langle\cdot, \cdot\rangle$ and a norm squared $|\cdot|^2$ on E. Let $\Delta_K=\Delta(\mathfrak{k}, \mathfrak{t})$ and $\Delta_n=\Delta\backslash\Delta_K$, which are the sets of compact and non-compact roots in Δ, respectively. There exists a simple root system $\Pi(\Delta^+)$ associated with a positive root system Δ^+ of Δ such that there is exactly one non-compact simple root β_0 in $\Pi(\Delta^+)$ and β_0 has multiplicity 2 in the largest root. The largest root and simple roots that are compact then span the dual $\mathfrak{t}^*$. Let $\mathfrak{a}_0$ be a maximal commutative subalgebra of $\mathfrak{p}_0$. Then $\dim\mathfrak{a}_0$ is called the real rank of G.

Clearly, $\mathfrak{g}_u=\mathfrak{k}_0+\sqrt{-1}\,\mathfrak{p}_0$ is a compact Lie algebra and $\mathfrak{g}_0$ can be expressed as $(g_u, \theta)=(g_u, \delta)$, where δ is the character (or signature) of g_0.

Lemma 1.1. [5] Let E_6, E_7, E_8, F_4, G_2 denote the real compact forms of the complex simple Lie algebras E_6, E_7, E_8, F_4, G_2, respectively. Let G be an exceptional simple Lie group with finite center. Suppose rank $G=$ rank K and G/K is not Hermitian symmetric. Then g_0 is isomorphic to $(E_6, 2)$, $(E_7, 7)$, $(E_7, -5)$, $(E_8, 8)$, $(E_8, -24)$, $(F_4, 4)$, $(F_4, -20)$, or $(G_2, 2)$.

Let L be the subgroup of G defined in Sec. 2 of [7] for $\Pi(\Delta^+)$ and $\Pi_L=\Pi(\Delta^+)\backslash\{\beta_0\}$. Let F be an irreducible $(\mathfrak{l}, L)$-module with highest weight λ (hence with infinitesimal character $\lambda+(\delta_L)_0$). Using a one-dimensional $(\mathfrak{l}, L)$-module F, Knapp introduced a $(\mathfrak{g}, K)$-module $A_q(\lambda)$. By [7], $A_q(\lambda)$ has an infinitesimal character $\lambda+\delta$. The unique minimal K-type parameter of $A_q(\lambda)$ is

$$\Lambda=\lambda+2\delta(u\cap p)_0=(\lambda+\delta_0)+\delta_0-2(\delta_K)_0 \tag{1}$$

where u is spanned by root vectors for the positive roots not in Δ_L^+.

By [7], $A_q(\lambda)$ is a Zuckerman module and is important in the representation theory of reductive Lie groups.

The definition for the Langlands parameters for an irreducible $(\mathfrak{g}, K)$-module was given in Sec. 5 of [7]. When λ lies in the weakly good range [7, Sec. 2], the Langlands parameters for $A_q(\lambda)$ are simply $(G, A_q(\lambda), 0)$. Knapp proposed a Conjectural Method to find the Langlands parameters of the irreducible subquotient V of $A_q(\lambda)$ containing the K-type Λ given by (1) when λ is outside the weakly good range. By the combinatorial argument, Knapp proved that, when $\mathfrak{g}\cong so(2m, 2n)$ with $m>1$ and $n>1$, the Conjectural Method successfully produces a set of Langlands parameters of V (cf. [7, Proposition 13]). Knapp indicated that an ambiguity occurs for $A_q(\lambda)$ in the complicated case where the infinitesimal character and minimal K-type do not uniquely determine a set of Langlands parameters.

In [4], under the additional assumption that G is linear and $\langle\lambda, \beta_0\rangle$ is an integer, the criterion which allows us to determine the Langlands parameters of V via the Conjectural Method was given by the technique of cohomological induction.

For the initial stage of the Conjectural Method, let $M_0=G$, $A_0=\{1\}$, $\lambda_0=\lambda$, $\delta_0=\delta_0$, and $\nu_0=0$. Here, $\dim A_0=0$ and $\lambda_0+\delta_0$ is non-singular and dominant for all simple roots of M_0 that are M_0-compact. Let the n-stage denote the final stage. By [1], we have $1\leqslant n\leqslant \dim \infty_0$. By the Conjectural Method, we obtain $\alpha_1, \cdots, \alpha_n\in\Delta_n^+$ with

$$\langle\alpha_i, \alpha_j\rangle=0 \text{ for } 1\leqslant i, j\leqslant n, i\neq j \tag{2}$$

and $\nu=\nu_n$, where $\nu_n=c_1\alpha_1+\cdots+c_n\alpha_n$ with

$$c_i=-\langle\lambda_0+\delta_0, \alpha_j\rangle/|\alpha_j|^2>0 \textit{ for } i=1, 2, \cdots, n. \tag{3}$$

By the Conjectural Methods, we have

$$\lambda_\sigma=\lambda_0+\delta_0+\nu \text{ with } \langle\lambda_\sigma, \nu\rangle=0 \tag{4}$$

and a cuspidal parabolic subgroup MAN, where A is obtained by the Cayley transform relative to $\alpha_1, \cdots, \alpha_n$, $M={}^0Z_G(A)$, and N is such that ν is dominant relative to N. Clearly, we have $\dim A=n$. If λ_σ is the infinitesimal character of σ, then $\lambda_\sigma+\nu$ is the infinitesimal character of V.

When $g\not\cong G_2$, as in [7], the unique weight λ of the $(\mathfrak{l}, L)$-module F is determined by a parameter a. Since $2\langle\lambda, \beta\rangle/|\beta|^2\in\mathbb{Z}$ for all $\beta\in\Delta_K$, we have $a\in I\subseteq(1/\kappa)\mathbb{Z}$, where the subset I is uniquely determined by g_0 and κ is a positive even integer. Since $\lambda=\lambda_0$ is determined by the parameter $a\in I$, from (3), $c_i(1\leqslant i\leqslant n)$ and n are determined by a. Thus, ν is also determined by a. When the parameter a is given, we write $n=n(a)$ and $\nu=\nu(a)$ if necessary. For $1\leqslant k\leqslant \dim\infty_0$, we define $I_k=\{a\in I\mid n(a)=k\}$.

In this paper, by the combinatorial argument (see [7]), we prove the following theorem.

Theorem 1.2. Let G be a non-compact, exceptional simple Lie group with finite center. Suppose rank $G=\operatorname{rank}K$ and G/K is not Hermitian symmetric. Let F be a one-dimensional representation of L whose unique weight λ has the property that $\Lambda=\lambda+2\delta(\mathfrak{u}\cap\mathfrak{p})_0$ is Δ_K^+-dominant. Let V be the irreducible subquotient of $A_q(\lambda)$ containing the K-type Λ. If $g\not\cong E_8$, then with one exception, the Conjectural Method produces a triple $(MAN, \lambda_\sigma, \nu)$ such that (MAN, σ, ν) is a set of Langlands parameters of V for some σ with infinitesimal character λ_σ. The exception is a complicated case which occurs when g_0 is split F_4 and $n=2$ with $a=-4.5$.

2. Setting and Preliminaries

Let W be the complex Weyl group for Δ and $W_0=W(A:G)$. For $x, y\in E$, $x\sim y$ (resp., $x\approx y$) means that x and y are conjugate under W (resp., W_0).

In this section, suppose $\mathfrak{g}\cong G_2$. We may assume that if $\mathfrak{g}\cong E_6$, E_7 or E_8, then $|\beta|^2=2$ for each $\beta\in\Delta$; and if $\mathfrak{g}\cong F_4$, then $|\beta|^2=2$ (resp., 1) when β is long (resp., short). In Sec. 3, we will show that α_i is long for $1\leqslant i\leqslant n$.

Let us use the same symbol α_i for the Cayley transform of α_i. Let E_r be the vector space spanned by $\{\alpha_1, \cdots, \alpha_n\}$ over the real number field $\mathbb{R}$. For each n-tuple $z=[z_1, \cdots, z_n]$ with $z_i\in\mathbb{R}$, let ν_z denote the element $z_1\alpha_1+\cdots+z_n\alpha_n$ of E_r and $E_r^+=\{\nu_z\in E_r \mid z_i\geqslant 0 \text{ for all } i\}$. Let $\Delta_r=\Delta\cap E_r$ and $\Delta_{K_r}=\Delta_K\cap\Delta_r$. Clearly, $\Delta_r\subseteq\infty_0$ is the set of the real roots. Δ_r is said to be of α-type if $\Delta_r=(\alpha_1, \cdots, \alpha_n\}$. As in [8], for each root α (or non-compact imaginary root α) of Δ_r, there is a homomorphism $\phi_\alpha: \mathfrak{sl}(2, \mathbb{R})\to\mathfrak{g}_0$ such that $Z_\alpha=\phi_\alpha(Z)$ is $\sqrt{-1}$ times the coroot corresponding to α, where $Z=\begin{pmatrix}0 & 1\\ -1 & 0\end{pmatrix}$.

By the formula given in [9, p. 683], for any $\mu\in\sqrt{-1}\,t_0^*=E$, we have

$$\mu(Z_\alpha)=2\sqrt{-1}\langle\mu, \alpha\rangle/\langle\alpha, \alpha\rangle. \tag{5}$$

For a positive root system Σ^+ of Δ, let $\Sigma_-^+=\{\beta\in\Sigma^+ \mid \langle\beta, \alpha_i\rangle=0 \text{ for all } i\}$. We have $\Sigma_-^+\subseteq\Sigma^+$, so if λ_σ is dominant for Σ^+, then λ_σ is also dominant for Σ_-^+. When a positive root system Σ^+ of Δ is compatible with λ_σ, Knapp [6, (15.9)] gives the minimal K-type formula

$$\Lambda_{\text{new}}=\lambda_\sigma+\delta-2\delta_K-\psi_r+\mu=\lambda_\sigma+\delta-\delta_r-2(\delta_K-\delta_{K_r})+\mu, \tag{6}$$

where $\psi_r=\delta_r-2\delta_{K_r}$. Here, δ, δ_r, δ_K, δ_{K_r} are defined for Σ^+ (i.e., the half sums of members of Σ^+, $\Sigma^+\cap\Delta_r$, $\Sigma^+\cap\Delta_K$, $\Sigma^+\cap\Delta_{K_r}$, respectively). For $a\in I$, a positive root system $\Sigma^+(a)$ corresponding to the parameter a is called compatible with λ_σ and Δ_{K_r} if $\Sigma^+(a)$ is compatible with λ_σ and satisfies the condition (P1): $\xi(a)-\lambda_\sigma\in E_r$ is integral for Δ_{K_r}, where

$$\xi(a)=\Lambda-\delta+2\delta_K+\psi_r. \tag{7}$$

Here, Λ is given by (1) and δ, δ_r, δ_K, δ_{K_r} are defined for $\Sigma^+(a)$.

Three steps to prove that the Conjectural Method is successful was suggested in [7]:

Step 1. Show that there is no obstruction to carrying the Conjectural Method of Knapp through to completion.

Step 2. Use the minimal K-type formula (6) to show that the candidate λ_σ for the infinitesimal character of σ leads back to Λ as minimal K-type.

Step 3. Show that ν is the unique member of the dual of a_0, whose sum with the infinitesimal character λ_σ of σ is Weyl group equivalent with the infinitesimal character $\lambda_0+\delta_0$ of $A_q(\lambda)$.

By Proposition 10 in [7], Step 1 is completed. By (2) and (3), we obtain

$$\langle\lambda_\sigma, \alpha\rangle=0 \text{ for all } \alpha\in\Delta_r. \tag{8}$$

Let

$$E^{\sim}(\nu)=\{\nu_x\in E_r \mid \lambda+\nu_x\sim\lambda_\sigma+\nu\},$$

$$E^{\sim+}(\nu)=\{\nu_z\in E_r^+ \mid \lambda_\sigma+\nu_z\sim\lambda_\sigma+\nu\}.$$

Using (2), (4), (8), and by [2], we have

Lemma 2.1.

(i) If $\alpha\in\Delta_r$, then $s_\alpha\in W_0$ and $s_\alpha(\lambda_\sigma)=\lambda_\sigma$. Thus,

$$s_{\alpha_1}\cdots s_{\alpha_n}(\lambda_\sigma+\nu)=\lambda_\sigma-\nu=\lambda_0+\delta_0. \tag{9}$$

(ii) If $\nu_x\in E_r$, then there exists $\nu_z\in E_r^+$ such that $\lambda_\sigma+\nu_z\approx\lambda_\sigma+\nu_x$ Thus, $E^{\sim}(\nu)\approx E^{\sim+}(\nu)$.

(iii) If either $E^{\sim+}(\nu)=\emptyset$ or $\lambda_\sigma+\nu_z\approx\lambda_\sigma+\nu$ for every $\nu_z\in E^{\sim+}(\nu)$, then Step 3 is completed.

Proposition 2.2. For each $a\in I$, suppose there exists a simple root system $\Pi(a)$ determined by a positive root system $\Sigma^+(a)$ such that

(i) $\Sigma^+(a)$ is compatible with λ_σ and Δ_{K_r},

(ii) $2\langle\xi(a),\alpha\rangle/|\alpha|^2\in[-1, 1]$ for all $\alpha\in\Delta_r$,

where $\xi(a)$ is defined by (7). Then Step 2 is completed.

Proof: We put $\mu=\xi(a)-\lambda_\sigma$. By (7), we have

$$\mu=\xi(a)-\lambda_\sigma=\Lambda-(\delta-\delta_r)+(2\delta_K-2\delta_{K_r})-\lambda_\sigma \tag{10}$$

Since $\Sigma^+(a)$ is compatible with λ_σ, by (6) and (10), we obtain

$$\Lambda_{\text{new}}=\lambda_\sigma+(\delta-\delta_r)-(2\delta_K-2\delta_{K_r})+\mu=\Lambda. \tag{11}$$

Since $\Sigma^+(a)$ is compatible with Δ_{K_r}, (P1) holds. Thus, μ defined by (10) is a K_r-type. By (ii), (8), and (10), we have $2\langle\mu,\alpha\rangle/|\alpha|^2\in[-1,1]$ for any $\alpha\in\Delta_r$. By Definition 6.11 in [8] and (5), it is easy to see that μ is a fine K_r-type. Hence, by (11), Step 2 is complete.

Let $\Omega=(\delta_0-\delta)-2((\delta_K)_0-\delta_K)$. By (1), (4), and (10), we have

$$\xi(a)-\lambda_\sigma=\Lambda-\delta+2\delta_K+\psi_r-\lambda_\sigma=\Omega+\psi_r-\nu.$$

Clearly, $\psi_r-\nu\in E_r$. Then $\xi(a)-\lambda_\sigma\in E_r$ if and only if $\Omega\in E_r$. By (8), we have $\langle\xi(a)-\lambda_\sigma,\beta\rangle=\langle\xi(a),\beta\rangle$ for each $\beta\in\Delta_{K_r}$. Thus, we obtain the following:

Corollary 2.3. The condition (P1) is equivalent to the condition (P1)$'$:

Ω is an element of E_r and $\xi(a)$ is integral for Δ_{K_r}.

Lemma 2.4. Let $E^{\text{II}+}(\nu)=\{\nu_z\in E_r^+\mid\nu_z\neq\nu,\ z_1^2+\cdots+z_n^2=c_1^2+\cdots+c_n^2,\ z_i\in(1/2\kappa)\mathbb{Z}^+\}$. Then $E^{\sim+}(\nu)\subseteq E^{\text{II}+}(\nu)$.

Proof: For each $w\in W$, we have

$$w\Delta=\Delta \text{ and } \langle wx,wy\rangle=\langle x,y\rangle \text{ for } x,y\in E_r. \tag{12}$$

Let $\Pi(\Delta^+)=\{r_1,\cdots,r_k=\beta_0,\cdots,r_l\}$ with rank $G=l$. Clearly, $\Pi(\Delta^+)=\Pi_L\cup\{r_k\}$ with $r_k=\beta_0$, where $\Pi_L=\Pi\backslash\{r_k\}$. Then each β in Δ^+ has an expression

$$\beta=m_1r_1+\cdots+m_lr_l,\text{ where } m_i\in\mathbb{Z}^+. \tag{13}$$

Thus, we obtain

$$\delta_0,\beta=m_1\zeta_1+\cdots+m_l\zeta_l\in(1/2)\mathbb{Z}\subseteq(1/\kappa)\mathbb{Z}, \tag{14}$$

where $\zeta_i=\langle\delta_0,r_i\rangle=1/2$ or 1 for $i=1,2,\cdots,l$. As in [7], we have

$$\langle\lambda_0,\beta_0\rangle=\mathrm{pa}\in(\mathrm{p}/\kappa)\mathbb{Z}, \tag{15}$$

where p is a positive integer. Since $\lambda=\lambda_0$ is the unique weight of a one-dimensional $(\mathfrak{l},L)$-module, we have

$$\langle\lambda_0,r_i\rangle=0 \text{ for each } r_i\in\Pi_L \text{ with } 1\leqslant i\leqslant l,\ i\neq k. \tag{16}$$

By (14)—(16), foreach $\beta\in\Delta$, we have

$$\langle\lambda_0+\delta_0,\beta\rangle\in(p/\kappa)\mathbb{Z}. \tag{17}$$

Assume $\nu_z\in E^{\sim+}(\nu)$. By (9), (12), and (17), we have

$$\langle \lambda_\sigma + \nu_z, \beta = \langle \lambda_\sigma + \nu, \beta' \rangle = \langle \lambda_0 + \delta_0, \beta'' \rangle \in (1/\kappa)\mathbb{Z} \text{ for all } \beta \in \Delta, \tag{18}$$

where $\beta' = w\beta$ for some $w \in W$ and $\beta'' = s_{\alpha_1} \cdots s_{\alpha_n} \beta'$. Setting $\beta = \alpha_j$, by (2), (8), and (18), we obtain $\langle \lambda_\sigma + \nu_z, \alpha_j \rangle = \langle \alpha_j, \alpha_j \rangle z_j = 2z_j \in (1/\kappa)\mathbb{Z}$, so $z_j \in (1/2\kappa)\mathbb{Z}$. Since $\nu_z \in E^{\sim +}(\nu)$, we have $\lambda_\sigma + \nu \sim \lambda_\sigma + \nu_z$. Thus, by (12), $|\lambda_\sigma + \nu|^2 = |\lambda_\sigma + \nu_z|^2$. By (2), (3), and (8),

$$|\lambda_\sigma|^2 + 2(c_1^2 + \cdots + c_n^2) = |\lambda_\sigma|^2 + 2(z_1^2 + \cdots + z_n^2). \tag{19}$$

By (19), we have $z_1^2 + \cdots + z_n^2 = c_1^2 + \cdots + c_n^2$. Hence, if $\nu_z \in E^{\sim +}(\nu)$, then $\nu_z \in E^{\mathrm{II}+}(\nu)$. The proof is complete.

For each ν given by (3), let $S'(\nu)$ denote the set of solutions of the equation with n unknowns $x_1, \cdots, x_n$:

$$x_1^2 + \cdots + x_n^2 = c_1^2 + \cdots + c_n^2,\ x_i \in (1/2\kappa)\mathbb{Z}^+. \tag{20}$$

Each solution of (20) is an n-tuple $z = [z_1, \cdots, z_n]$ (as in [7], we may assume $z_1 \geqslant z_2 \geqslant \cdots \geqslant z_n$). Let $S(\nu) = S'(\nu) \setminus \{[c_1, \cdots, c_n]\}$. Clearly, $E^{\mathrm{II}+}(\nu) = \{\nu_z \mid z \in S(\nu)\}$ and we have the following corollary.

Corollary 2.5.

(i) If $S(\nu) = \emptyset$, then $E^{\sim +}(\nu) \subseteq E^{\mathrm{II}+}(\nu) = \emptyset$ and Step 3 is completed.

(ii) If $S(\nu) \neq \emptyset$ and $\lambda_\sigma + \nu_z \not\sim \lambda_\sigma + \nu$ for every $z \in S(\nu)$, then $E^{\sim +}(\nu) = \emptyset$ and Step 3 is completed.

For each ϵ in E, let $\eta_1(\epsilon) = \max\{\langle \epsilon, \beta \rangle \mid \beta \in \Delta\}$. For $i \geqslant 1$, define $\Delta_i(\epsilon) = \{\beta \in \Delta \mid \langle \beta, \epsilon \rangle = \eta_i(\epsilon)\}$ and $\eta_{i+1}(\epsilon) = \max\{\langle \beta, \epsilon \rangle \mid \beta \in \Delta \setminus \Delta^i(\epsilon)\}$, where $\Delta^i(\epsilon) = \Delta_1(\epsilon) \cup \Delta_2(\epsilon) \cup \cdots \cup \Delta_i(\epsilon)$. There exists a positive integer q such that $\Delta_q(\epsilon) \neq \emptyset$ and $\Delta_{q+1}(\epsilon) = \emptyset$. For each ν given by (3), let $S_i(\nu) = \{z \in S(\nu) \mid \eta_i(\lambda_\sigma + \nu_z) = \eta_i(\lambda_\sigma + \nu)\}$, $i = 1, 2, \cdots, q$. By (12), we immediately obtain the following lemma.

Lemma 2.6. Let ϵ and ϵ' be two elements in E. Suppose $\epsilon \sim \epsilon'$. Then $\eta_k(\epsilon) = \eta_k(\epsilon')$ and $|\Delta_k(\epsilon)| = |\Delta_k(\epsilon')|$ for every k.

Proposition 2.7.

(i) If for every z in $S(\nu)(\neq \emptyset)$, there exists k with $1 \leqslant k \leqslant q$ such that $\eta_k(\lambda_\sigma + \nu_z) \neq \eta_k(\lambda_\sigma + \nu)$ or $|\Delta_k(\lambda_\sigma + \nu_z)| \neq |\Delta_k(\lambda_\sigma + \nu)|$, then Step 3 is completed.

(ii) If there exists k with $1 \leqslant k \leqslant q$ such that $S_k(\nu) = \emptyset$, then Step 3 is completed.

Proof: Clearly, (i) implies (ii). So we only need to show (i). Assume ν is not unique in the sense of Step 3. Then there exists $\nu_z \in E^+$ with $\nu_z \neq \nu$ such that $\lambda_\sigma + \nu \sim \lambda_\sigma + \nu_z$ and $\lambda_\sigma + \nu \not\approx \lambda_\sigma + \nu_z$. Hence, $\nu_z \in E^{\sim +}(\nu)$. Then $z = [z_1, \cdots, z_n]$ is in $S(\nu)$ by Lemma 2.4. By Lemma 2.6, we have $\eta_k(\lambda_\sigma + \nu) = \eta_k(\lambda_\sigma + \nu_z)$ and $|\Delta_k(\lambda_\sigma + \nu)| = |\Delta_k(\lambda_\sigma + \nu_z)|$ for $k = 1, 2, \cdots, q$, which is a contradiction. Thus, (i) is proved.

For each $\nu_z \in E_r^+$ with $z = [z_1, \cdots, z_n]$, let $\zeta(\nu_z) = \max(2z_1, z_1 + \cdots + z_n)$. If $n = \dim \propto_0$, then E_r is identified with $\propto_0$ by the Cayley transforms for $\alpha_1, \cdots, \alpha_n$. For each $\beta \in \Delta$, let $\bar{\beta}$ denote the restriction of β on $\propto_0$ and $\bar{\Delta}^+ = \{\bar{\beta} \neq 0 \mid \beta \in \Delta^+\}$. Let $\bar{\Delta} = \bar{\Delta}^+ \cup (-\bar{\Delta}^+)$ and let $\bar{B}$ (or $\bar{\Pi}$) denote the simple root system of $\bar{\Delta}$ determined by $\bar{\Delta}^+$. The root system $\bar{\Delta}$ is called the restricted root system.

Proposition 2.8. Suppose $\dim \propto_0 = 4 < l = \operatorname{rank} G$ and $n = 4$. Let $S(\nu)^* = \{z \in S(\nu) \mid \zeta(\nu_z) \leqslant \eta_1(\lambda_\sigma + \nu)\}$. If $z \in S(\nu)$ and $\lambda_\sigma + \nu \sim \lambda_\sigma + \nu_z$, then $\zeta(\nu_z) \leqslant \eta_1(\lambda_\sigma + \nu)$, so $z \in S(\nu)^*$. Thus, $E^{\sim +}(\nu) \subseteq \{\nu_z \mid z \in S^*(\nu)\}$.

Proof: By assumption, $n = \dim A = 4$ and g_0 is isomorphic to $(E_6, 2)$, $(E_7, -5)$, or $(E_8, -24)$. It follows from Table VI in [5] that $\bar{\Pi}$ (or $\bar{B}$) is equivalent to the simple root system of the complex simple Lie algebra F_4. It is easy to show that $\Delta_r = \{\beta \in \Delta \mid \bar{\beta} = \beta\}$ and Δ_r is a subset of $\bar{\Delta}$ consisting of all long roots in $\bar{\Delta}$. In order to describe the root system $\bar{\Delta}$ and $\bar{\Pi}$, it is convenient to use an ordered orthonormal basis f_1, f_2, f_3, f_4. For this basis, $\bar{\Pi} = \{\beta_1 = f_2 - f_3, \beta_2 = f_3 - f_4, \beta_3 = f_4, \beta_4 = (1/2)(f_1 - f_2 - f_3 - f_4)\}$.

Assume $z \in S(\nu)$. Let $P(\nu_z) = \{\langle \nu_z, \beta \rangle \mid \beta \in \Delta_r\}$. By (8), for every $\beta \in \Delta_r$, we have $\langle \lambda_\sigma, \beta \rangle = 0$, so $\langle \lambda_\sigma + \nu_z, \beta \rangle = \langle \nu_z, \beta \rangle$. Hence,

$$P(\nu_z) = \{\langle \lambda_\sigma + \nu_z, \beta \rangle \mid \beta \in \Delta_r\} \subseteq \{\langle \lambda_\sigma + \nu_z, \beta \rangle \mid \beta \in \Delta\}. \quad (21)$$

The root system Δ_r is equivalent to the root system of D_4 by [1], so we have $\{\alpha_1, \alpha_2, \alpha_3, \alpha_4\} = \{f_h + f_i, f_h - f_i, f_j + f_k, f_j - f_k\}$, in which four distinct indices $h, i, j, k \in \{1, 2, 3, 4\}$ with $h < i$, $j < k$. It is easy to show that $\max P(\nu_z) = \zeta(\nu_z)$. Therefore, by (21), we have $\zeta(\nu_z) = \max P(\nu_z) \leqslant \eta_1(\lambda_\sigma + \nu_z)$. Thus, if $\lambda_\sigma + \nu \sim \lambda_\sigma + \nu_z$, by Lemma 2.6, we have $\zeta(\nu_z) \leqslant \eta_1(\lambda_\sigma + \nu_z) = \eta_1$

$(\lambda_\sigma+\nu)$. The proof is complete.

For each ν given by (3), let $S(\nu)^{**}=\{z\in S(\nu)\mid\zeta(\nu_z)=\eta_1(\nu)\}$. Assume $n=\dim\mathfrak{a}=4<l$. For each $z\in S(\nu)$, it is easy to show that $\langle\nu_z,\beta\rangle=\langle\nu_z,\bar{\beta}\rangle\leqslant\max P(\nu_z)=\zeta(\nu_z)$ for every $\beta\in\Delta$. Thus, if $\lambda_\sigma=0$, then $\eta_1(\lambda_\sigma+\nu_z)=\eta_1(\nu_z)=\zeta(\nu_z)$. Hence, we immediately obtain the following corollary.

Corollary 2.9. Suppose $n=\dim\mathfrak{a}_0=4<l=\operatorname{rank}G$.

(i) Assume $S(\nu)^*=\emptyset$. Then $E^{\sim+}(\nu)=\emptyset$ and Step 3 is completed.

(ii) Assume $\lambda_\sigma=0$ and $S(\nu)^{**}=\emptyset$. Then $\{\nu_z\in S(\nu)\mid\eta_1(\lambda_\sigma+\nu_z)=\eta_1(\lambda_\sigma+\nu)\}=\emptyset$. Thus, $S_1(\nu)=\emptyset$ and Step 3 is completed.

The following lemma is easily proved.

Lemma 2.10.

(i) For each $a\in I$, if $\Sigma^+(a)=\Delta^+$, then $\Omega=0$ and $\xi(a)=\Lambda$. Thus, $\Sigma^+(a)=\Delta^+$ is compatible with λ_σ and $\Delta_{K_r}=\Delta_K$.

(ii) For a positive rootsystem Σ^+, if $\alpha_i\in\Sigma^+$ for $1\leqslant i\leqslant n$ and Δ_r is of α-type, then $\delta_r=(1/2)(\alpha_1+\cdots+\alpha_n)$ and $\Delta_{K_r}=\emptyset$, so $\delta_{K_r}=0$.

By [2], we obtain the following lemma immediately.

Lemma 2.11. If g_0 is split, then $W_0\cong W$ and Step 3 is completed automatically.

3. Proof of Theorem 1.2

Let $I^\emptyset=\{a\in I\mid S(\nu(a))=\emptyset\}$ and $I^k=\{a\in I\mid S_k(\nu(a))=\emptyset\}$ for $1\leqslant k\leqslant q$. For any ν_z with $z\in S(\nu)$, let $\eta_k(\nu_z)$ and $\Delta_k(\nu_z)$ denote $\eta_k(\lambda_\sigma+\nu_z)$ and $\Delta_k(\lambda_\sigma+\nu_z)$, respectively. If $S(\nu)=\{z^1, z^2, \cdots, z^t\}$, let ν_i denote ν_{z^i} for $i=1, 2, \cdots, t$. For convenience, we write $S(a)=S(\nu(a))$ for $a\in I$.

We introduce a positive root system Δ^+ and a simple root system $\Pi(\Delta^+)$ of Δ determined by Δ^+ for $\mathfrak{g}\cong E_6, E_7, F_4, G_2$. For a given $\Pi(\Delta^+)$, let $D(\Delta^+)$ denote the set of the simple roots of $\Pi(\Delta^+)$ having multiplicity 2 in the largest root of Δ^+.

In order to describe the root system of $\mathfrak{g}$, it is convenient to use an orthonormal basis $e_1, \cdots, e_m$, where $m=8, 8, 4, 3$ if $\mathfrak{g}\cong E_6, E_7, F_4, G_2$, respectively. Let $(x_1, \cdots, x_m)$ denote the element $x_1e_1+\cdots+x_me_m$ with $x_i\in\mathbb{R}$.

Let $\varphi=-(1/2)(1, \cdots, 1)$. When $\mathfrak{g}\cong E_6$,

$$\begin{cases}\Delta^+=\{e_i\pm e_k, -(1/2)(1, 1, x_3, \cdots, x_7, 1)\mid \\ \qquad 3\leqslant i<k\leqslant 7, x_j=\pm 1, x_3\cdots x_7=1\} \\ \Pi(\Delta^+)=\{e_3-e_4, e_4-e_5, e_5-e_6, e_6-e_7, e_6+e_7, \varphi\}, \\ D(\Delta^+)=\{e_4-e_5, e_6-e_7, e_6+e_7\}.\end{cases} \tag{22}$$

When $\mathfrak{g}\cong E_7$,

$$\begin{cases}\Delta^+=\{-e_1-e_8, e_i\pm e_k, -(1/2)(1, x_2, \cdots, x_7, 1)\mid \\ \qquad 2\leqslant i<k\leqslant 7, x_j=\pm 1, x_2\cdots x_7=1\}, \\ \Pi(\Delta^+)=\{e_2-e_3, e_3-e_4, e_4-e_5, e_5-e_6, e_6-e_7, e_6+e_7, \varphi\}, \\ D(\Delta^+)=\{e_3-e_4, e_6-e_7, e_6+e_7\}.\end{cases} \tag{23}$$

When $\mathfrak{g}\cong F_4$,

$$\begin{cases}\Delta^+=\{-e_1\pm e_k, -e_1, e_i\pm e_k, e_j, -(1/2)(1, x_2, x_3, x_4)\mid \\ \qquad (2\leqslant i<k\leqslant 4, x_j=\pm 1\}, \\ \Pi(\Delta^+)=\{e_2-e_3, e_3-e_4, e_4, \varphi\}, \\ D(\Delta^+)=\{e_2-e_3, \varphi\}.\end{cases} \tag{24}$$

When $\mathfrak{g}\cong G_2$,

$$\begin{cases}\Delta^+=\{(0,1,-1), (2,-1,-1), (1,0,-1), (1,-1,0), \\ \qquad (1, 1, -2), (1, -2, 1)\}, \\ \Pi(\Delta^+)=\{(0, 1, -1), (1, -2, 1)\}, \\ D(\Delta^+)=\{(1, -2, 1)\}.\end{cases} \tag{25}$$

In the proof of Theorem 1. 2 given below, foreach $a\in I$, we will choose a simple root system $\Pi(a)$ of Δ which is not always $\Pi(\Delta^+)$. Let $\Sigma^+(a)$ be the positive root system of Δ determined by $\Pi(a)$. By Proposition 12 in [7], we only need to prove Theorem 1. 2 for all $a\in I\backslash I_1$. The line of the proof is that we use Proposition 2. 2 to complete Step 2 and use Corollaries 2. 5 and 2. 9 and Proposition 2. 7 to complete Step 3 case by case with one exception.

Case 1. $g_0\cong(E_6, 2)$. In this case, $\dim\propto_0=4$ (i. e. , g_0 is non-split) and $g_0\cong(E_6, \theta)$, where $\theta=(1, 1, 1, 1, 0, 0, 0, 0)$ for Δ^+ given by (22). For (22),

$$\begin{cases}\delta_0=(-4,\ -4,\ 4,\ 3,\ 2,\ 1,\ 0,\ -4),\\ 2(\delta_K)_0=(-4,\ -4,\ 2,\ 0,\ 4,\ 2,\ 0,\ -4),\\ 2\delta(u=\cap p)_0=(-4,\ -4,\ 6,\ 6,\ 0,\ 0,\ 0,\ -4).\end{cases} \quad (26)$$

Clearly, $\beta_0=e_4-e_5$ is the only non-compact simple root in $\Pi(\Delta^+)$. As in [7], we set $\lambda=\lambda_0=(-a,\ -a,\ a,\ a,\ 0,\ 0,\ 0,\ 0)$ so that $\langle\lambda,\ \beta\rangle=0$ for all $\beta\in\Pi_L$. Thus, by (1) and (26), we have

$$\Lambda=(-4-a,\ -4-a,\ 6+a,\ 6+a,\ 0,\ 0,\ 0,\ -4). \quad (27)$$

We have $\langle\lambda,\ \beta_0\rangle=a$, so $p=1$ in (15). Let $\alpha_0=e_3+e_4$. Then $\Pi_K=\Pi_L\cup\{\alpha_0\}$. We have $\langle\Lambda,\ \beta\rangle=0$ for all $\beta\in\Pi_L$ and $2\langle\Lambda,\ \alpha_0\rangle/|\alpha_0|^2=12+2a$. Since Λ is integral and dominant for Δ_K^+, we have $2a\in\mathbb{Z}$ (i. e., $a\in(1/\kappa)\mathbb{Z}$ with $\kappa=2$) and $a\geqslant-6$. It is easy to see that $\alpha_1=\beta_0=e_4-e_5$ and $\Pi_1=\{e_6-e_7,\ e_3-e_6,\ e_6+e_7,\ \varphi,\ e_4+e_5\}$. Π_1 has exactly two non-compact roots e_3-e_6 and e_4+e_5. We set $\alpha_2=e_3-e_6$ when $n\geqslant2$. Then $\Pi_2=\{e_3+e_6,\ \varphi,\ e_4+e_5\}$. It is clear that Π_2 has exactly two non-compact roots e_3+e_6 and e_4+e_5. Set $\alpha_3=e_4+e_5$ and $\alpha_4=e_3+e_6$. By (3), (26), and (27), we obtain

$$c_1=-(1/2)(1+a),\ c_2=-(1/2)(3+a),\ c_3=c_4=-(1/2)(5+a). \quad (28)$$

If $a<-1$, then λ is not in the weakly good range. Thus, we have $I=\{-1.5,\ -2,\ \cdots,\ -6\}$. By (28),

$$\begin{cases}I_1=\{-1.5,\ -2,\ -2.5,\ -3\},\\ I_2=\{-3.5,\ -4,\ -4.5,\ -5\},\\ I_3=\{-5.5,\ -6\}.\end{cases}$$

Clearly, $\dim\propto_0=4$ and $I_3=I_4$, and for $a\in I_2$, Δ_r is of α-type.

For $a\in I_2$, choose $\Pi(a)=\{e_3-e_6,\ e_6-e_7,\ e_7-e_4,\ e_4-e_5,\ e_4+e_5,\ \varphi\}$. For $\Sigma^+(a)$, $\delta=(-4,\ -4,\ 2,\ 4,\ 3,\ 1,\ 0,\ -4)$ and $2\delta_K=(-4,\ -4,\ 0,\ 2,\ 4,\ 2,\ 0,\ -4)$. By (27), $\langle\Lambda,\ \alpha_j\rangle=6+a$ for $j=1,\ 2$, and so by Lemma 2.10, we obtain

$$\begin{cases}\langle\xi(a),\ \alpha_1\rangle=6+a-(4-3)+(2-4)+1=4+a\in[-1,\ 1],\\ \langle\xi(a),\ \alpha_2\rangle=6+a-(2-1)+(0-2)+1=4+a\in[-1,\ 1].\end{cases} \quad (29)$$

Here, $\xi(a)$ is defined by (7). Clearly, $\Omega=\alpha_1\in E_r$.

For $a\in I_3$, choose $\Pi(a)=\{e_7-e_3,\ e_3-e_6,\ e_6-e_4,\ e_4-e_5,\ e_4+e_5,\ \varphi\}$. For $\Sigma^+(a)$, $\delta=(-4,\ -4,\ 3,\ 1,\ 0,\ 2,\ 4,\ -4)$ and $2\delta_K=(-4,\ -4,\ 2,\ 0,\ 0,$

2, 4, -4). We have $\delta_r=(0, 0, 3, 1, 0, 2, 0, 0)$ and $\delta_{K_r}=(0, 0, 2, 0, 0, 2, 0, 0)$ for $\Sigma_r^+=\Sigma^+(a)\cap\Delta_r$. By (8) and (27),

$$\langle\xi(a), \alpha_i\rangle=6+a\in[-1, 1] \text{ for } i=1, 2, 3, 4.$$

Thus, for each $\alpha\in\Delta_r$ and $\beta\in\Delta_{K_r}=\{\pm(e_3\pm e_4), \pm(e_5\pm e_6)\}$, we have

$$\langle\xi(a), \alpha\rangle\in[-1, 1] \quad \text{and} \quad \langle\xi(a), \beta\rangle\in\mathbb{Z}. \tag{30}$$

Clearly, $\Omega=2\alpha_1+\alpha_2\in E_r$. When $a\in I_2\cup I_3$, for each $\beta\in\Pi(a)$, by (3) and (4), we obtain

$$\langle\lambda_\sigma, \beta\rangle=\langle\lambda_0+\delta_0+\nu, \beta\rangle=\langle\lambda_0+\delta_0+c_1\alpha_1+\cdots+c_n\alpha_n, \beta\rangle\geqslant 0.$$

So $\Sigma^+(a)$ is compatible with λ_σ determined by a. Clearly, $\Delta_{K_r}=\varnothing$ when $a\in I_2$ and $\xi(a)$ is integral for Δ_{K_r} when $a\in I_3$. Since $\Omega\in E_r$, condition (P1)$'$ holds. By Corollary 2. 3, condition (P1) holds. Thus, $\Sigma^+(a)$ is compatible with λ_σ and Δ_{K_r} for $a\in I_2\cup I_3$. Hence, by (29) and (30), $\Pi(a)$ satisfies the assumptions in Proposition 2. 2, so Step 2 is completed.

By computing, $I^{\varnothing}=\{-3.5, -4, -4.5, -5\}$. So Step 3 is completed for $a=-3.5, -4, -4.5, -5$ by Corollary 2. 5(i). For $a=-5.5$, we have $S(-5.5)=\{z^1=(1/4)[7, 5, 5, 3], z^2=(1/4)[7, 7, 3, 1], z^3=(1/4)[8, 6, 2, 2], z^4=(1/4)[9, 3, 3, 3]\}$. By (26), $\lambda_0+\delta_0=(1/2)(3, 3, -3, -5, 4, 2, 0, 3)$ and $\lambda_\sigma=(1/2)(3, 3, 0, 0, 0, 0, 0, 3)$. It is easy to see that

$$\begin{cases}\lambda_\sigma+\nu_2=(1/2)(3, 3, 4, 5, -2, -3, 0, 3),\\ \lambda_\sigma+\nu_3=(1/2)(3, 3, 4, 5, -3, -2, 0, 3),\\ \lambda_\sigma+\nu_1=(1/2)(3, 3, 4, 6, -1, -1, 0, 3),\\ \lambda_\sigma+\nu_4=(1/2)(3, 3, 3, 6, -3, 0, 0, 3).\end{cases}$$

By (9), $\lambda_\sigma+\nu\approx\lambda_0+\delta_0\approx\lambda_\sigma+\nu_i$ for $i=2, 3$.

Let $\Delta^\vee=\{\pm(e_i\pm e_j)\mid 3\leqslant i<j\leqslant 7\}$ and $\Delta^\wedge=\Delta\backslash\Delta^\vee$. By computing, we obtain

$$\langle\lambda_0+\delta_0, \beta_1\rangle=5.75 \quad \text{and} \quad \langle\lambda_0+\delta_0, \beta\rangle\leqslant\langle\lambda_0+\delta_0, \beta_1\rangle$$

for all $\beta\in\Delta^\wedge$, where $\beta_1=-(1/2)(1, 1, -1, -1, 1, 1, 1, 1)$. Clearly,

$$\langle\lambda_0+\delta_0, \gamma_1\rangle=4.5 \quad \text{and} \quad \langle\lambda_0+\delta_0, \gamma\rangle\leqslant\langle\lambda_0+\delta_0, \gamma_1\rangle$$

for all $\gamma\in\Delta^\vee$, where $\gamma_1=-e_4+e_5$. Hence, we obtain $\eta_1(-5.5)=5.75$ by (9) and (12). Let $\beta_1^*=-(1/2)(1, 1, 1, 1, -1, -1, 1, 1)$. Similarly, we obtain $\eta_1(\nu_1)=\langle\lambda_\sigma+\nu_1, \beta_1^*\rangle=5.25\neq 5.75=\eta_1(-5.5)$ and $\eta_1(\nu_4)=\langle\lambda_\sigma+$

$\nu_4, \beta_1^*\rangle = \langle\lambda_\sigma+\nu_4, -\gamma_1\rangle = 4.5 \neq 5.75 = \eta_1(-5.5)$. Thus, $S_1(-5.5)=\emptyset$. By Proposition 2.7(ii), Step 3 is completed for $a=-5.5$.

Assume $a=-6$. By computing, we have $S(-6)=\{z=(1/2)[3, 3, 3, 3]\}$. By (26), $\lambda_0+\delta_0=(2, 2, -2, -3, 2, 1, 0, 2)$ and $\lambda_\sigma=(2, 2, 0, 0, 0, 0, 0, 2)$. Thus, by (9) and (12), we have $\eta_1(-6)=\langle\lambda_0+\delta_0, \beta_1\rangle=7$. Clearly, $\lambda_\sigma+\nu_z=(2, 2, 3, 3, 0, 0, 0, 2)$. Let $\gamma_1^*=e_3+e_4$. A similar argument shows that $\eta_1(\nu_z)=\langle\lambda_\sigma+\nu_z, -\varphi\rangle=\langle\lambda_\sigma+\nu_z, \gamma_1^*\rangle=6\neq 7=\eta_1(-6)$. Thus, $S_1(-6)=\emptyset$, and by Proposition 2.7(ii), Step 3 is completed for $a=-6$.

Summarizing the above, Theorem 1.2 is proved for $g_0\cong(E_6, \theta)\cong(E_6, 2)$ since $I=I_1\cup I_2\cup I_3$.

Remark 1. Let $\theta'=(1/2)(0, 1, 1, 1, 1, 1, 3, 0)$ and $\theta''=\frac{1}{2}(1, 1, 1, 1, 1, 1, 1, 1)$ for Δ^+ given by (22). It is easy to show that $\theta\sim\theta'\sim\theta''$, so $(E_6, \theta)\cong(E_6, \theta')\cong(E_6, \theta'')\cong(E_6, 2)$. For (E_6, θ') (resp., (E_6, θ'')), the only one noncompact simple root β_0 is e_6-e_7 (resp., e_6+e_7). By a similar argument as used in Case 1 for (E_6, θ), we can obtain similar results for (E_6, θ') and (E_6, θ'').

Case 2. $g_0\cong(E_7, 7)$. In this case, $\dim\mathfrak{a}_0=7$ (i.e., g_0 is split) and $g_0\cong(E_7, \theta)$, where $\theta=(1/2)(0, 1, 1, 1, 1, 1, 3, 0)$ for Δ^+ given by (23). For (23),

$$\begin{cases}\delta_0=(-8.5, 5, 4, 3, 2, 1, 0, -8.5),\\ 2\delta(u\cap p)_0=(-10, 5, 5, 5, 5, 5, -5, -10).\end{cases} \tag{31}$$

Clearly, $\beta_0=e_6-e_7$ is the only non-compact simple root in $\Pi(\Delta^+)$. As in [7], we set $\lambda=\lambda_0=(-2a, a, a, a, a, a, -a, -2a)$ so that $\langle\lambda, \beta\rangle=0$ for all $\beta\in\Pi_L$. By (1) and (31), $\langle\lambda, \beta_0\rangle=2a$, so $p=2$ in (15). Let $\alpha_0=-(1/2)(1, 1, -1, -1, -1, -1, 1, 1)$. Then $\Pi_K=\Pi_L\cup\{\alpha_0\}$. We have $\langle\Lambda, \beta\rangle=0$ for all $\beta\in\Pi_L$ and $2\langle\Lambda, \alpha_0\rangle/|\alpha_0|^2=20+4a$. Thus, $4a\in\mathbb{Z}$ and $a\geqslant-5$ since Λ is integral and dominant for Δ_K^+. As in Case 1, we obtain

$\alpha_1=e_6-e_7$,

$\alpha_2=e_4+e_5$,

$\alpha_3=-(1/2)(1, 1, -1, 1, -1, 1, 1, 1)$,

$\alpha_4=-(1/2)(1, -1, 1, 1, -1, -1, -1, 1)$,

$\alpha_5=-(1/2)(1, -1, 1, -1, 1, 1, 1, 1)$,

$\alpha_6=-(1/2)(1, 1, -1, -1, 1, -1, -1, 1)$,

$\alpha_7=e_2+e_3$.

By (3) and (31), we have

$$\begin{cases} c_1=-(1/2)(1+2a), \\ c_2=-(1/2)(5+2a), \\ c_3=-(1/2)(7+2a), \\ c_i=-(1/2)(9+2a) \quad \text{for} \quad i=4, 5, 6, 7. \end{cases} \tag{32}$$

If $a<-0.5$, then λ is not in the weakly good range. Thus, we have $I=\{-0.75, -1, \cdots, -5\}$. By (32),

$I_1=\{-0.75, -1, \cdots, -2.5\}$,

$I_2=\{-2.75, -3, -3.25, -3.5\}$,

$I_3=\{-3.75, -4, -4.25, -4.5\}$,

$I_4=\{-4.75, -5\}$.

Clearly, $\dim\mathfrak{a}_0=7$ and $I_4=I_k$ for $k=5, 6, 7$. We choose

$$\Pi(a)=\begin{cases} \{e_2-e_3, e_3-e_6, e_6-e_7, e_7-e_4, e_4-e_5, e_4+e_5, \varphi\} & \text{if } a\in I_2, \\ \{e_2-e_6, e_6-e_7, e_7-e_4, e_4+e_5, -e_5+e_3, -e_5-e_3, \alpha_3\} & \text{if } a\in I_3, \\ \Pi(\Delta^+) & \text{if } a\in I_4 \end{cases}$$

For each $a\in I_2\cup I_3$ (resp., I_4), using Lemma 2.10, it is easy to show that $\Pi(a)$ satisfies the assumptions in Proposition 2.2, so Step 2 is completed for each $a\in I$.

By computing, we have $I^{\varnothing}=\{-2.75, -3, -3.5, -4.5\}$, $I^1=\{-3.75, -4\}$, and $I^2=\{-3.25, -4.25\}$. By Corollary 2.5(i) and Proposition 2.7(ii), Step 3 is completed for $a\in I_2\cup I_3$. By Lemma 2.11, Step 3 is completed for $a\in I_4$ automatically. Therefore, Theorem 1.2 is proved for $g_0\cong(E_7, 7)$ since $I=I_1\cup I_2\cup I_3\cup I_4$.

Case 3. $g_0\cong(E_7, -5)$. In this case, $\dim\mathfrak{a}_0=4$ (i.e., g_0 is non-split) and $g_0\cong(E_7, \theta)$, where $\theta=(1, 1, 1, 0, 0, 0, 0, 1)$ for Δ^+ given by (23). For (23),

$$\begin{cases} \delta_0=(-8.5, 5, 4, 3, 2, 1, 0, -8.5), \\ 2\delta(u\cap p)_0=(-8, 8, 8, 0, 0, 0, 0, -8). \end{cases} \tag{33}$$

Clearly, $\beta_0=e_3-e_4$ is the only non-compact simple root in $\Pi(\Delta^+)$. As in [7], we set $\lambda=(-a, a, a, 0, 0, 0, 0, -a)$ so that $\langle\lambda, \beta\rangle=0$ for all $\beta\in\Pi_L$. Thus, by (1) and (33), $\langle\lambda, \beta_0\rangle=a$, so $p=1$ in (15). Let $\alpha_0=e_2+e_3$. Then $\Pi_K=\Pi_L\cup\{\alpha_0\}$. We have $\langle\Lambda, \beta\rangle=0$ for all $\beta\in\Pi_L$ and $2\langle\Lambda, \alpha_0\rangle/|\alpha_0|^2=16+2a$. Thus, $2a\in\mathbb{Z}$ and $a\geqslant-8$ since Λ is integral and dominant for Δ_K^+. As in Case 1, we obtain $\alpha_1=\beta_0=e_3-e_4$, $\alpha_2=e_2-e_5$, $\alpha_3=e_3+e_4$, and $\alpha_4=e_2+e_5$. By (3) and (33),

$$c_1=-(1/2)(1+a),\ c_2=-(1/2)(3+a),\ c_3=c_4=-(1/2)(7+a). \tag{34}$$

If $a<-1$, λ is not in the weakly good range. Thus, $I=\{-1.5, -2, \cdots, -8\}$. By (34), we have

$I_1=\{-1.5, -2, -2.5, -3\}$, $I_2=I_2'\cup I_2''$, $I_3=\{-7.5, -8\}=I_4$,

where $I_2'=\{-3.5, -4, -4.5, -5\}$ and $I_2''=\{-5.5, -6, -6.5, -7\}$. We have $\dim\mathfrak{a}_0=4$ and $I_3=I_4$. Choose

$$\Pi(a)=\begin{cases}\{e_3-e_4, e_4-e_2, e_2-e_5, e_5-e_6, e_6-e_7, e_6+e_7, \varphi\} & \text{if } a\in I_2',\\ \{e_6-e_2, e_2-e_5, e_5-e_3, e_3-e_4, e_4-e_7, e_4+e_7, \varphi\} & \text{if } a\in I_2'',\\ \{e_6-e_7, e_7-e_2, e_2-e_5, e_5-e_3, e_3-e_4, e_3+e_4, \varphi\} & \text{if } a\in I_3.\end{cases}$$

For each $a\in I_2'\cup I_2''\cup I_3$, it is easy to show that $\Sigma(a)^+$ satisfies the assumptions in Proposition 2.2. Thus, Step 2 is completed for $a\in I_2'\cup I_2''\cup I_3$.

By computing, we have $I^\emptyset=\{-3.5, -4, -4.5, -5, -5.5, -6, -7\}$ and $I^1=\{-6.5\}$, so by Corollary 2.5(i) and Proposition 2.7(ii), Step 3 is completed for $a\in I^\emptyset\cup I^1$. By computing, $S(-8)=\{z^i\,|\,i=1, 2, 3\}$ with $z^1=[2.5, 2.5, 2.5, 0.5]$, $z^2=[3.5, 1.5, 1.5, 1.5]$, and $z^3=[4, 1, 1, 1]$. Clearly, $\zeta(\nu_1)=\zeta(\nu_2)=\zeta(\nu_3)=8>7=\eta_1(-8)$. Thus, $S(-8)^*=\emptyset$. Hence, by Corollary 2.9(i), Step 3 is completed for $a=-8$.

Similarly, $S(-7.5)^*=\{z^1=(1/4)[11, 11, 3, 1], z^2=(1/4)[12, 10, 2, 2]\}$. Assume $a=-7.5$. By (33), we have

$$\begin{cases}\lambda_\sigma=(1/2)(-1, 0, 0, 0, 0, 2, 0, -1),\\ \lambda_\sigma+\nu_1=(1/2)(-1, 6, 7, -8, -5, 2, 0, -1),\\ \lambda_\sigma+\nu_2=(1/2)(-1, 6, 7, -5, -4, 2, 0, -1)\approx\lambda_0+\delta_0\approx\lambda_\sigma+\nu.\end{cases}$$

By computing, we have $\eta_1(\nu_1)=\langle\lambda_\sigma+\nu_1, e_3-e_4\rangle=7.5\neq6.5=\eta_1(-7.5)$, so by Proposition 2.7(i), Step 3 is completed for $a=-7.5$.

Therefore, Theorem 1.2 is proved for $g_0 \cong (E_7, -5)$ since $I = I_1 \cup I_2 \cup I_3$.

Remark 2. For Δ^+ given by (23), let $\theta' = (1, 0, 0, 0, 0, 0, 0, 1)$. It is easy to show that $\theta \sim \theta'$, so $(E_7, \theta) \cong (E_7, \theta') \cong (E_7, -5)$. For (E_7, θ'), the only one non-compact simple root β_0 is φ. As in Case 3, we can obtain a similar result.

Case 4. $g_0 \cong (F_4, 4)$. In this case, we have $\dim \alpha_0 = 4$ (i.e., g_0 is split). We will use the notations and some results in [3]. Clearly, $g_0 \cong (F_4, \theta)$, where $\theta = (1, -1, 0, 0)$ for Δ^+ given by (24). Thus, for this Δ^+,

$$\begin{cases} \delta_0 = (1/2)(-11, 5, 3, 1), \\ 2(\delta_K)_0 = (-4, -2, 3, 1), \\ 2\delta(u \cap P)_0 = (-7, 7, 0, 0). \end{cases} \tag{35}$$

Obviously, $\beta_0 = e_2 - e_3$ is the only non-compact simple root in $\Pi(\Delta^+)$. As in [7], we set $\lambda = \lambda_0 = (-a, a, 0, 0)$ so that $\langle \lambda_0, \beta \rangle = 0$ for all $\beta \in \Pi_L$. By (1) and (35), we have $\langle \lambda, \beta_0 \rangle = a$, so $p = 1$ in (15). Let $\alpha_0 = -e_1 + e_2$. Then $\Pi_K = \Pi_L \cup \{\alpha_0\}$. It is easily verified that $\langle \Lambda, \beta \rangle = 0$ for all $\beta \in \Pi_L$ and $2\langle \Lambda, \alpha_0 \rangle / |\alpha_0|^2 = 14 + 2a$. Thus, $2a \in \mathbb{Z}$ and $a \geqslant -7$ since Λ is integral and dominant for Δ_K^+. It is easy to show that $\alpha_1 = \beta_0 = e_2 - e_3$, $\alpha_2 = e_2 + e_3$, $\alpha_3 = -e_1 - e_4$, and $\alpha_4 = -e_1 + e_4$. By (3) and (35), we obtain

$$c_1 = -(1/2)(1 + a) \quad \text{and} \quad c_i = -(1/2)(2 + i + a) \tag{36}$$

for $i = 2, 3, 4$. If $a < -1$, then λ is not in the weakly good range. By (36), $I_1 = \{-1.5, -2, -2.5, -3.5, -4\}$, $I_2 = \{-4.5, -5\}$, $I_3 = \{-5.5, -6\}$, and $I_4 = \{-6.5, -7\}$.

For $a \in I_2 \cup I_3$, choose $\Pi(a) = \{-e_4 - e_2, e_2 - e_3, e_3, -(1/2)(1, 1, 1, -1)\}$, and for $a \in I_4$, we choose $\Pi(a) = \Pi(\Delta^+)$. It is easy to show that $\Sigma^+(a)$ satisfies the assumptions in Proposition 2.2, so Step 2 is completed for $a \in I_2 \cup I_3 \cup I_4$.

By computing, $I^\varnothing = \{-5, -5.5, -6.5\}$. By Corollary 2.5(i), Step 3 is completed for $a \in I^\varnothing$.

Assume $a = -4.5$. By computing, $S(-4.5) = \{z = [2.5, 2.5]\}$. By (35) and (36), we have $\lambda_\sigma = (-1, 0, 0, 0.5)$ and $\lambda_\sigma + \nu = (-1, 2, -1.5, 0.5)$. Clearly, $\lambda_\sigma + \nu_z = (-1, 2.5, 0, 0.5) \sim (0.5, -2.5, 1, 0)$. It is easy to show that $s_\beta(0.5, -2.5, 1, 0)=(1, -2, 1.5, -0.5)\sim(-1, 2, -1.5, 0.5)=\lambda_\sigma+\nu$, *where* $\beta=-(1/2)(1, 1, 1, -1)\notin\Delta_r$. Thus, $\lambda_\sigma+\nu\sim\lambda_\sigma+\nu_z$ and $\lambda_\sigma+\nu\not\approx\lambda_\sigma+\nu_z$, so this is a complicated case. By Lemma 2.11, Step 3 is completed for $a\in I_4$. Therefore, Theorem 1.2 is proved for $g_0\cong(F_4, 4)$, since $I=I_1\cup I_2\cup I_3\cup I_4$.

Remark 3. When $g_0\cong(F_4, 4)$, whether the Conjectural Method of Knapp is successful for the case of $n=2$ with $a=-4.5$ is a remaining question.

Case 5. $g_0\cong(F_4, -20)$. In this case, $\dim\mathfrak{a}_0=1$ and $I=I_1$, hence Theorem 1.2 is proved by Proposition 12 in [7].

Case 6. $g_0\cong(G_2, 2)$. In this case, $\dim\mathfrak{a}_0=2$ (i.e., g_0 is split) and $g_0\cong(G_2, \theta)$, where $\theta=(1, 0, 0)$ for Δ^+ given by (25). For Δ^+ given by (25), we have

$$\begin{cases}\delta_0=(3, -1, -2),\\ 2(\delta_K)_0=(2, 0, -2),\\ 2\delta(u\cap p)_0=(4, -2, -2).\end{cases}\tag{37}$$

Clearly, $\beta_0=(1, -2, 1)$ is the only non-compact simple root in $\Pi(\Delta^+)$. As in [7], we set $\lambda=(0, -a, -a)$ so that $\langle\lambda, (0, 1, -1)\rangle=0$ with $\Pi_L=\{(0, 1, -1)\}$. By (1) and (37), $\langle\lambda, \beta_0\rangle=a$, so $p=1$ in (15). Let $\alpha_0=(2, 1, -1)$. Then $\Pi_K=\Pi_L\cup\{\alpha_0\}$. It is easy to see that $\langle\Lambda, (0, 1, -1)\rangle=0$ and $2\langle\Lambda, \alpha_0\rangle/|\alpha_0|^2=(1/3)(12+2a)$. Thus, $a\in(3/2)\mathbb{Z}$ and $a\geqslant-6$. It is easy to show that $\alpha_1=(1, -2, 1)$ and $\alpha_2=(1, 0, -1)$. By (3) and (37), we obtain

$$c_1=-(1/6)(3+a)\quad\text{and}\quad c_2=-(1/2)(5+a).\tag{38}$$

If $a<-3$, then λ is not in the weakly good range. Thus, we have $I=\{-4.5, -6\}$. By (38), $n=1$ if $a=-4.5$ and $n=2$ if $a=-6$ with $\dim\mathfrak{a}_0=2$. For $a=-6$, we choose $\Pi(a)=\Pi(\Delta^+)$. It is easy to show that $\Sigma^+(a)=\Delta^+$ satisfies the assumptions in Proposition 2.2. Thus, Step 2 is completed. By Proposition 12 in [7] (resp., by Lemma 2.11), Step 3 is completed for $a=-4.5$ (resp., $a=-6$). Hence, Theorem 1.2 is proved for $g_0\cong(G_2, 2)$.

Remark 4. Clearly, $pa\in(p/\kappa)\mathbb{Z}$ with $\kappa=2, 4$ and $p=1, 2$. If $a\notin(\kappa/p)\mathbb{Z}$, then $\langle\lambda_0, \beta_0\rangle=pa\notin\mathbb{Z}$, and the Main Hypotheses in Sec. 6 of [4] do not hold.

Summarizing Cases 1—6, the proof of Theorem 1.2 is complete.

References

[1] C. H. Cheng, On theCartan subalgebra of real semisimple Lie algebra, I, II, Sci. Record 3 (1959) 214-219, 220-224.

[2] C. H. Cheng, On theWeyl groups of real semisimple Lie algebra, Sci. Record 3 (1959) 385-389.

[3] C. H. Cheng, Unitary representation induced from maximal parabolic subgroups forsplit F_4, Pacific J. Math. 176 (1996) 33-70.

[4] D. Friedman, TheLanglands parameters of subquoitients of certain derived functor modules,J. Funct. Analysis 157 (1988) 210-241.

[5] S. Helgason, Differential Geometry, Lie Group, and Symmetric Space, Academic Press, New York, 1978.

[6] A. W. Knapp, Representation Theory ofSemisimple Groups: An Overview Based on Examples, Princeton University Press, Princeton, N. J., 1986.

[7] A. W. Knapp, Exceptional unitary representations ofsemisimple Lie groups, Representation Theory 1 (1997) 1-24.

[8] D. A. Vogan, The algebraic structure of the representation of semisimple Lie groups I, Ann. Math. 109 (1979) 1-60.

[9] D. A. Vogan, The unitary dual of G_2^*, Invent. Math. 116 (1994) 677-791.

Commutativity preserving linear maps and Lie automorphisms of strictly triangular matrix space

You'an Cao, Zhonghu Chen, Chong Huang

1. Introduction and statement of results

Let M be a matrix space over a field $\mathbf{F}$. A linear map φ on M is said to be commutativity preserving if $\varphi(A)$ commutes with $\varphi(B)$ for every pair of commuting elements A, $B \in M$. It is said to be commutativity preserving in both directions when the condition $AB=BA$ holds if and only if $\varphi(A)\varphi(B)=\varphi(B)\varphi(A)$. It is one of the linear preserver problems to classify commutativity preserving linear maps on matrix spaces (see [10, Section 3.4], [11] and [14, Section 7.1]). Several authors have classified commutativity preserving linear maps on a number of variations of matrix spaces, see [1, 5, 6, 9, 12, 13, 15-17].

In this paper, we will classify linear maps preserving commutativity in both directions on the space $N(\mathbf{F})$ of strictly upper triangular $(n+1)\times(n+1)$ matrices over an arbitrary field $\mathbf{F}$. Our main result is:

Theorem 1.1. Let $n\geqslant 3$. A linear map φ on $N(\mathbf{F})$ preserves commutativity in both directions if and only if φ is of the form

$$\varphi=\psi_c\omega\mu_{b_4}^{(n2)}\mu_{b_3}^{(12)}\mu_{b_2}^{(n1)}\mu_{b_1}^{(11)}\sigma_T+f, \tag{1.1}$$

where the factors in the first term on the right-hand side are standard maps on $N(\mathbf{F})$ and f is a linear map of $N(\mathbf{F})$ into its center.

We will give the definitions of standard maps on $N(\mathbf{F})$ in Section 2 and prove this theorem in Section 3. By Theorem 1.1, we can obtain the following theorems (Theorems 1.2 and 1.3).

Theorem 1.2. Let $n\geqslant 3$. Regard $N(\mathbf{F})$ as an associative algebra over $\mathbf{F}$. A map φ on $N(\mathbf{F})$ is an $\mathbf{F}$-algebra automorphism if and only if φ is of the form

$$\varphi=\sigma_T(1+f), \tag{1.2}$$

where both σ_T and $1+f$ are standard $\mathbf{F}$-algebra automorphisms of $N(\mathbf{F})$.

On the other hand, we define the bracket operation $[A, B]=AB-BA$ on $N(\mathbf{F})$. It is clear that φ is commutativity preserving in both directions if and only if it preserves zero brackets in both directions. In this paper, we will use this fact repeatedly.

The bracket operation defines a structure of Lie algebraon $N(\mathbf{F})$. Choi et al. [6] mentioned that the results on linear maps preserving commutativity can be viewed in the content of Lie algebra, where one assumes that the linear map preserves zero products and the conclusion is that the map "essentially" preserves all products. Marcoux and Sourour [12] also pointed out that the linear maps that preserve zero Lie brackets in both directions differ only slightly from those that preserve all Lie brackets. These assertions are also true for the strictly upper triangular matrix space $N(\mathbf{F})$ when $n\geqslant 3$. In fact, we have the following theorem.

Theorem 1.3. Let $n\geqslant 3$. Regard $N(\mathbf{F})$ as a Lie algebra over $\mathbf{F}$. A map φ on $N(\mathbf{F})$ is a Lie automorphism if and only if φ is of the form

$$\varphi=\omega\mu_{b_2}^{(n1)}\mu_{b_1}^{(11)}\sigma_T(1+f) \quad \text{if} \quad \operatorname{char}\mathbf{F}\neq 2 \tag{1.3}$$

or

$$\varphi=\omega\mu_{b_4}^{(n2)}\mu_{b_3}^{(12)}\mu_{b_2}^{(n1)}\mu_{b_1}^{(11)}\sigma_T(1+f) \quad \text{if} \quad \operatorname{char}\mathbf{F}=2, \tag{1.4}$$

where the factors on the right-hand side are standard Lie automorphisms of $N(\mathbf{F})$.

We will define standard $\mathbf{F}$-algebra automorphisms and standard Lie automorphisms in Section 2 and prove Theorems 1.2 and 1.3 in Section 3.

Remark 1. The result of Theorem 1.2 is covered with our earlier one in [4], where for $n\geqslant 1$ we characterize R-algebra automorphisms of strictly upper triangular matrices over an arbitrary commutative ring R.

Remark 2. In [3], for $n \geqslant 3$ we characterize Lie automorphisms of strictly upper triangular matrices over a local ring that contains 2 as a unit and an integral domain of characteristic other than 2 . In [3], ω, $\mu_{b_2}^{(n1)}\mu_{b_1}^{(11)}$ and $1+f$ are called graph, extremal and central automorphisms, respectively, and σ_T is called inner or diagonal automorphism according as T is an upper triangular matrix having entries $1_s'$ on the main diagonal or an invertible diagonal matrix. It follows from Theorem 1. 3 that over a field $\mathbf{F}$ of characteristic 2 there exist Lie automorphisms of $N(\mathbf{F})$ which cannot be expressed as a product of standard automorphisms defined in [3]. So for $N(\mathbf{F})$ over a field $\mathbf{F}$ of characteristic 2 the result of Theorem 1. 3 is new.

Remark 3. For descriptions for Lie automorphisms of the upper triangular matrices over a commutative ring, see [2,7].

2. Preliminaries and notations

Let $\mathbf{F}$ be an arbitrary field and $\mathbf{F}^*$ the group of non-zero elements of $\mathbf{F}$. Let $M_{n+1}(\mathbf{F})$ be the full matrix space of $(n+1)\times(n+1)$ matrices over $\mathbf{F}$, and $N(\mathbf{F})$ the subspace of strictly upper triangular matrices in $M_{n+1}(\mathbf{F})$. Let $T(\mathbf{F})$ be the group of invertible upper triangular matrices in $M_{n+1}(\mathbf{F})$ and $U(\mathbf{F})$ the group of upper triangular matrices having entries $1_s'$ on the main diagonal in $M_{n+1}(\mathbf{F})$. Denote by E the identity matrix in $M_{n+1}(\mathbf{F})$ and by E_{ij} the matrix with sole non-zero element 1 in the (i, j) position. Then, $\{E_{ij} \mid 1 \leqslant i < j \leqslant n+1\}$ is the canonical basis of $N(\mathbf{F})$. For a matrix X, we denote by X^t the transpose of X and use corresponding lower case with subscripts x_{ij} to denote the (i, j) entry of X. If X is invertible, denote by x_{ij}^* the (i, j) entry of X^{-1}. For convenience sake, in a matrix expression $X = \sum x_{ij} E_{ij}$ the subscript i can be less than 1 and the subscript j can be greater than $n+1$ and we use the convention that the coefficient x_{ij} is regarded as zero if $i<1$ or $j>n+1$ in some term $x_{ij}E_{ij}$.

Clearly, the following sets

$$N_k = \left\{X \in N(\mathbf{F}) \,\middle|\, X = \sum_{j-i \geqslant k} x_{ij} E_{ij}\right\},\ k = 1,\ 2,\ \cdots,$$

are ideals of the **F**-algebra $N(\mathbf{F})$ and N_n is the center of the **F**-algebra $N(\mathbf{F})$. We assume $N_k=\{0\}$ for $k>n$. It is easy to check that

$$N_kN_l=\{XY|X\in N_k, Y\in N_l\}\subseteq N_{k+l}$$

Denote by $\mathcal{S}$ the set of all linear maps on $N(\mathbf{F})$ that preserve commutativity in both directions and by $\mathcal{S}'$ the set of all bijections in $\mathcal{S}$. Denote by 1 the identity map on $N(\mathbf{F})$.

Linear maps of $N(\mathbf{F})$ into its center are given by $X\mapsto f(X)E_{1,n+1}$ where $f:N(\mathbf{F})\to\mathbf{F}$ is a linear functional. We will use the term "linear functional on $N(\mathbf{F})$" to denote both the linear functional of $N(\mathbf{F})$ as well as the corresponding linear map of $N(\mathbf{F})$ into its center. It is clear that for $\varphi\in\mathcal{S}$ and a linear functional f on $N(\mathbf{F})$, the map $\varphi+f:X\mapsto\varphi(X)+f(X)E_{1,n+1}$ is in $\mathcal{S}$.

It is easy to check that when $n\geqslant 3$ the following linear maps on $N(\mathbf{F})$ are all in $\mathcal{S}$:

(a) ψ_c: $X\mapsto cX$ where c is a constant in $\mathbf{F}^*$.

(b) $\sigma_T:X\mapsto T^{-1}XT$ where $T\in T(\mathbf{F})$.

(c) $\omega=1$ or ω_0 where $\omega_0:X\mapsto -RX^tR$ with $R=E_{1,n+1}+E_{2n}+\cdots+E_{n2}+E_{n+1,1}$.

(d) $\mu_b^{(ij)}$ for $b\in\mathbf{F}$, $i=1$, n and $j=1$, 2, are defined by

$\mu_b^{(11)}$: $X\mapsto X+bx_{12}E_{2,n+1}$, $\quad\mu_b^{(n1)}$: $X\mapsto X+bx_{n,n+1}E_{1n}$,

$\mu_b^{(12)}$: $X\mapsto X+bx_{12}E_{3,n+1}+bx_{13}E_{2,n+1}$

and

$\mu_b^{(n2)}$: $X\mapsto X+bx_{n,n+1}E_{1,n-1}+bx_{n-1,n+1}E_{1n}$.

We call the linear maps of types (a)—(d) defined above standard maps.

It is clear that σ_T is an **F**-algebra automorphism of $N(\mathbf{F})$ and if f is a linear functional satisfying the additional condition: $f(XY)=0$ for any X, $Y\in N(\mathbf{F})$, then $1+f$ is also an **F**-algebra automorphism of $N(\mathbf{F})$. These automorphisms are called standard **F**-algebra automorphisms of $N(\mathbf{F})$.

On the other hand, σ_T, ω and $\mu_b^{(i1)}$, $i=1$, n, are all Lie automorphisms of $N(\mathbf{F})$, and if f is a linear functional satisfying the additional condition: $f([X,Y])=0$ for any X, $Y\in N(\mathbf{F})$, then $1+f$ is also *a* Lie automorphism of $N(\mathbf{F})$. In addition, when char $\mathbf{F}=2$, both $\mu_b^{(12)}$ and $\mu_b^{(n2)}$ are also Lie automorphisms of

$N(\mathbf{F})$. These automorphisms are called standard Lie automorphisms of $N(\mathbf{F})$. The automorphisms $\mu_b^{(11)}$, $\mu_b^{(n1)}$ are called extremal automorphisms in [3] and when char $\mathbf{F}=2$, the automorphisms $\mu_b^{(12)}$ and $\mu_b^{(n2)}$ are generalization of the extremal automorphisms in [3]. For the notion for extremal automorphisms of $N(\mathbf{F})$, we are motivated by Gibbs [8], where the automorphisms of certain unipotent subgroups of Chevalley groups and Steinberg groups over a field are discussed.

Lemma 2.1.

(i) If $\varphi\in\mathcal{S}$, then Ker $\varphi\subseteq N_n$.

(ii) $\varphi\in\mathcal{S}'$ if and only if $\varphi(E_{1,n+1})\neq 0$.

(iii) If $\varphi\in\mathcal{S}'$, then $\varphi(E_{1,n+1})=cE_{1,n+1}$ for some $c\in\mathbf{F}^*$.

(iv) If $\varphi\in\mathcal{S}$ and f is a linear functional on $N(\mathbf{F})$, then both φf and $f\varphi$ are linear functionals on $N(\mathbf{F})$.

Proof: (i) If $X\in N(\mathbf{F})$ such that $\varphi(X)=0$, then for any $Y\in N(\mathbf{F})$ we have $\varphi(X)\varphi(Y)=\varphi(Y)\varphi(X)$. So $XY=YX$, i. e., X is in the center N_n of the $\mathbf{F}$-algebra $N(\mathbf{F})$.

(ii) Clearly, if φ is bijective, we have $\varphi(E_{1,n+1})\neq 0$. Conversely, if $\varphi(E_{1,n+1})\neq 0$ and φ is not bijective, then there exists some non-zero $X\in N(\mathbf{F})$ such that $\varphi(X)=0$. By (i) we have $X=cE_{1,n+1}$ with some $c\in\mathbf{F}^*$. It follows that $\varphi(E_{1,n+1})=0$, a contradiction.

(iii) The assertion follows from the fact that $\varphi(N_n)=N_n$ and (ii).

(iv) It is clear that for $f\varphi$ the assertion is true. It is easy to see that if $\varphi(E_{1,n+1})=cE_{1,n+1}$, then $\varphi f=cf$.

Lemma 2.2.

(i) $\psi_{c'}\psi_c=\psi_{c'c}$ for any c', $c\in\mathbf{F}^*$.

(ii) $\sigma_{T'}\sigma_T=\sigma_{TT'}$ for any T', $T\in T(\mathbf{F})$.

(iii) $\omega_0^2=1$.

(iv) $\mu_{b'}^{(ij)}\mu_b^{(ij)}=\mu_{b'+b}^{(ij)}$ for any b', $b\in\mathbf{F}$, $i=1$, n, and $j=1$, 2.

Proof: The proof is trivial.

By Lemma 2.1(ii) all the standard maps are in $\mathcal{S}'$. By Lemma 2.2, it is easy to check that $\psi_c^{-1}=\psi_{c^{-1}}$, $\sigma_T^{-1}=\sigma_{T^{-1}}$, $\omega_0^{-1}=\omega_0$ and $(\mu_b^{(ij)})^{-1}=\mu_{-b}^{(ij)}$.

Lemma 2.3.

(i) ψ_c commutes with every linear map on $N(\mathbf{F})$. In particular, ψ_c commutes with every standard map.

(ii) $\omega_0^{-1}\mu_b^{(ij)}\omega_0=\mu_b^{(kj)}$ where $k=n$ or 1 according as $i=1$ or n.

(iii) $\omega_0^{-1}\sigma_T\omega_0=\sigma_{\omega_0(T^{-1})}$.

(iv-1) $\sigma_T^{-1}\mu_b^{(i1)}\sigma_T=\mu_{b'}^{(i1)}+f$ where $b'\in\mathbf{F}$ and f is a linear functional on $N(\mathbf{F})$.

(iv-2) $\sigma_T^{-1}\mu_b^{(i2)}\sigma_T=\sigma_{T'}\mu_{b_2}^{(i2)}\mu_{b_1}^{(i1)}+f=\mu_{b_2}^{(i2)}\mu_{b_1}^{(i1)}\sigma_{T'}+f$ where $T'\in T(\mathbf{F})$, b_1, $b_2\in\mathbf{F}$ and f is a linear functional on $N(\mathbf{F})$.

(v) If $n\geqslant 4$, then any pair of maps of type (d) is commutative except the pairs consisting of $\mu_{b_1}^{(12)}$ and $\mu_{b_2}^{(42)}$ when $n=4$. If $n=4$, we have

$$\mu_{b_1}^{(12)}\mu_{b_2}^{(42)}=\sigma_T\mu_{b_2}^{(42)}\mu_{b_1}^{(12)}=\mu_{b_2}^{(42)}\mu_{b_1}^{(12)}\sigma_T,$$

where $T=E-b_1b_2E_{24}$.

Proof: The proof is routine, but tedious. We give the proof only for (iv-2) with $i=1$. For any $X\in N(\mathbf{F})$,

$$\begin{aligned}
&\sigma_T^{-1}\mu_b^{(12)}\sigma_T(X)\\
&\quad=\sigma_T^{-1}\mu_b^{(12)}(T^{-1}XT)\\
&\quad=\sigma_T^{-1}(T^{-1}XT+bt_{11}^{*}t_{22}x_{12}E_{3,n+1}\\
&\qquad+b(t_{11}^{*}t_{33}x_{13}+t_{11}^{*}t_{23}x_{12}+t_{12}^{*}t_{33}x_{23})E_{2,n+1})\\
&\quad=X+bt_{11}^{*}t_{22}t_{n+1,n+1}^{*}x_{12}(t_{13}E_{1,n+1}+t_{23}E_{2,n+1}+t_{33}E_{3,n+1})\\
&\qquad+bt_{n+1,n+1}^{*}(t_{11}^{*}t_{33}x_{13}+t_{11}^{*}t_{23}x_{12}+t_{12}^{*}t_{33}x_{23})(t_{22}E_{2,n+1}+t_{12}E_{1,n+1})\\
&\quad=X+b_2x_{12}E_{3,n+1}+(ax_{23}+b_1x_{12}+b_2x_{13})E_{2,n+1}\\
&\qquad+(c_1x_{12}+c_2x_{23}+c_3x_{13})E_{1,n+1}\\
&\quad=(\sigma_{T'}\mu_{b_2}^{(12)}\mu_{b_1}^{(11)}+f)(X)\\
&\quad=(\mu_{b_2}^{(12)}\mu_{b_1}^{(11)}\sigma_{T'}+f)(X),
\end{aligned}$$

where

$$T'=E+aE_{3,\,n+1},\quad a=bt_{12}^{*}t_{33}t_{22}t_{n+1,\,n+1}^{*},$$

$$b_1=2bt_{11}^{*}t_{22}t_{23}t_{n+1,\,n+1}^{*},\quad b_2=bt_{11}^{*}t_{22}t_{33}t_{n+1,\,n+1}^{*},$$

and

$$f:\ X\mapsto c_1x_{12}+c_2x_{23}+(c_3-a)x_{13},$$

with

$$c_1 = bt_{11}^* t_{n+1,\,n+1}^* (t_{22} t_{13} + t_{12} t_{23}),$$

$$c_2 = bt_{12}^* t_{12} t_{33} t_{n+1,n+1}^*,$$

$$c_3 = bt_{11}^* t_{12} t_{33} t_{n+1,n+1}^*.$$

If $X \in N(\mathbf{F})$, we denote by $C(X)$ the centralizer of X in $\mathbf{F}$-algebra $N(\mathbf{F})$, i. e., $C(X) = \{Y \in N(\mathbf{F}) \mid XY = YX\}$.

Lemma 2.4. If $X \in N_k \backslash N_{k+1}$ for $1 \leqslant k \leqslant n$, then

$$\dim C(X) \leqslant \frac{1}{2} n(n+1) - (n-k). \tag{2.1}$$

In particular, if $X = E_{m,\,m+k}$ for $1 \leqslant m \leqslant n+1-k$, then the equality holds.

Proof: For the sake of convenience, we first give some notations. For $1 \leqslant k \leqslant n$ and $1 \leqslant m \leqslant n+1-k$, set

$$\mathscr{U}_{m,k} = \left\{ Y \in N_k \,\middle|\, Y = \sum_{\substack{i<m \\ i+k \leqslant j < m+k}} y_{ij} E_{ij} \right\},$$

$$\mathscr{V}_{m,k} = \left\{ Y \in N_k \,\middle|\, Y = \sum_{\substack{i<m \\ j>m+k}} y_{ij} E_{ij} \right\}$$

and

$$\mathscr{W}_{m,k} = \left\{ Y \in N_k \,\middle|\, Y = \sum_{\substack{m<i \leqslant n+1-k \\ j \geqslant i+k}} y_{ij} E_{ij} \right\}.$$

The matrices in $\mathscr{U}_{m,k}$, $\mathscr{V}_{m,k}$ and $\mathscr{W}_{m,k}$ are of the forms

$$\begin{array}{cccccccccc|c}
1 & \cdots\cdots & k & k+1 & \cdots\cdots & m-1+k & m+k & m+1+k & \cdots & n+1 & \\
0 & \cdots & 0 & * & \cdots & * & 0 & 0 & \cdots & 0 & 1 \\
 & \ddots & & \ddots & \ddots & \vdots & \vdots & \vdots & & \vdots & \vdots \\
 & & \ddots & & \ddots & * & 0 & 0 & \cdots & 0 & m-1 \\
 & & & \ddots & & \ddots & 0 & 0 & \cdots & 0 & m \\
 & & & & \ddots & & \ddots & 0 & \cdots & 0 & m+1 \\
 & & & & & \ddots & & \ddots & \ddots & \vdots & \vdots \\
 & & & & & & \ddots & & \ddots & 0 & n+1-k \\
 & & & & & & & \ddots & & 0 & n+2-k \\
 & & & & & & & & \ddots & \vdots & \vdots \\
 & & & & & & & & & 0 & n+1
\end{array},$$

$$
\begin{array}{cccccccccc}
1 & \cdots\cdots & k & k+1 & \cdots\cdots & m-1+k & m+k & m+1+k & \cdots & n+1
\end{array}
$$

$$
\left(\begin{array}{cccccccccc}
0 & \cdots & 0 & 0 & \cdots & 0 & 0 & * & \cdots & * \\
 & \ddots & & \ddots & \ddots & \vdots & \vdots & \vdots & & \vdots \\
 & & \ddots & & \ddots & 0 & 0 & * & \cdots & * \\
 & & & \ddots & & \ddots & 0 & 0 & \cdots & 0 \\
 & & & & \ddots & & \ddots & 0 & \cdots & 0 \\
 & & & & & \ddots & & \ddots & \ddots & \vdots \\
 & & & & & & \ddots & & \ddots & 0 \\
 & & & & & & & \ddots & & 0 \\
 & & & & & & & & \ddots & \vdots \\
 & & & & & & & & & 0
\end{array}\right)
\begin{array}{c}
1 \\ \vdots \\ m-1 \\ m \\ m+1 \\ \vdots \\ n+1-k \\ n+2-k \\ \vdots \\ n+1
\end{array}
$$

and

$$
\begin{array}{cccccccccc}
1 & \cdots\cdots & k & k+1 & \cdots\cdots & m-1+k & m+k & m+1+k & \cdots & n+1
\end{array}
$$

$$
\left(\begin{array}{cccccccccc}
0 & \cdots & 0 & 0 & \cdots & 0 & 0 & 0 & \cdots & 0 \\
 & \ddots & & \ddots & \ddots & \vdots & \vdots & \vdots & & \vdots \\
 & & \ddots & & \ddots & 0 & 0 & 0 & \cdots & 0 \\
 & & & \ddots & & \ddots & 0 & 0 & \cdots & 0 \\
 & & & & \ddots & & \ddots & * & \cdots & * \\
 & & & & & \ddots & & \ddots & \ddots & \vdots \\
 & & & & & & \ddots & & \ddots & * \\
 & & & & & & & \ddots & & 0 \\
 & & & & & & & & \ddots & \vdots \\
 & & & & & & & & & 0
\end{array}\right)
\begin{array}{c}
1 \\ \vdots \\ m-1 \\ m \\ m+1 \\ \vdots \\ n+1-k \\ n+2-k \\ \vdots \\ n+1
\end{array},
$$

respectively.

It is clear that $\mathscr{U}_{m,k}$, $\mathscr{V}_{m,k}$ and $\mathscr{W}_{m,k}$ are left, two-sided and right ideals of the $\mathbf{F}$-algebra $N(\mathbf{F})$, respectively. Moreover, we have

$$
\mathscr{U}_{m,k}\cdot\mathscr{W}_{m,k}\subseteq\mathscr{V}_{m,k},\ \mathscr{V}_{m,k}^2=0,\ \mathscr{W}_{m,k}\cdot\mathscr{U}_{m,k}=0,
$$
$$
\mathscr{W}_{m,k}\cdot\mathscr{V}_{m,k}=0 \text{ and } \mathscr{V}_{m,k}\cdot\mathscr{U}_{m,k}=0.
$$

Assume $X\in N_k\backslash N_{k+1}$ with some $x_{m,m+k}\neq 0$. We write X as

$$
X=\begin{pmatrix}
0 & \cdots & 0 & * & \cdots & * & x_{1,m+k} & * & \cdots & * \\
 & \ddots & & \ddots & \ddots & \vdots & \vdots & \vdots & & \vdots \\
 & & \ddots & & \ddots & * & x_{m-1,m+k} & * & \cdots & * \\
 & & & \ddots & & \ddots & x_{m,m+k} & x_{m,m+1+k} & \cdots & x_{m,n+1} \\
 & & & & \ddots & & \ddots & * & \cdots & * \\
 & & & & & \ddots & & \ddots & \ddots & \vdots \\
 & & & & & & \ddots & & \ddots & * \\
 & & & & & & & \ddots & & 0 \\
 & & & & & & & & \ddots & \vdots \\
 & & & & & & & & & 0
\end{pmatrix}
$$

$$
= x_{m,\,m+k}E_{m,\,m+k} + \sum_{i=1}^{m-1} x_{i,\,m+k}E_{i,\,m+k} + \sum_{j=m+k+1}^{n+1} x_{mj}E_{mj} + U + V + W
$$

with $U \in \mathscr{U}_{m,\,k}$, $V \in \mathscr{V}_{m,\,k}$ and $\mathbf{W} \in \mathscr{W}_{m,\,k}$. Set

$$
T_1 = E + \sum_{i=1}^{m-1} x_{i,\,m+k}x_{m,\,m+k}^{-1}E_{im},
$$

$$
T_2 = E - \sum_{j=m+k+1}^{n+1} x_{mj}x_{m,\,m+k}^{-1}E_{m+k,\,j}
$$

and $T = T_1T_2$. Then

$$
T^{-1}XT = (T_1T_2)^{-1}X(T_1T_2)
$$

$$
=\begin{pmatrix}
0 & \cdots & 0 & * & \cdots & * & 0 & * & \cdots & * \\
 & \ddots & & \ddots & \ddots & \vdots & \vdots & \vdots & & \vdots \\
 & & \ddots & & \ddots & * & 0 & * & \cdots & * \\
 & & & \ddots & & \ddots & x_{m,m+k} & 0 & \cdots & 0 \\
 & & & & \ddots & & \ddots & * & \cdots & * \\
 & & & & & \ddots & & \ddots & \ddots & \vdots \\
 & & & & & & \ddots & & \ddots & * \\
 & & & & & & & \ddots & & 0 \\
 & & & & & & & & \ddots & \vdots \\
 & & & & & & & & & 0
\end{pmatrix}
$$

$$
= x_{m,\,m+k}E_{m,\,m+k} + U' + V' + W'
$$

with $U' \in \mathscr{U}_{m,\,k}$, $V' \in \mathscr{V}_{m,\,k}$ and $W' \in \mathscr{W}_{m,\,k}$. Since $\dim C(X) = \dim C(T^{-1}XT)$ for any $T \in T(\mathbf{F})$, we can assume without loss of generality that

$$X=x_{m,m+k}E_{m,m+k}+U+V+W,$$

where $x_{m,m+k}\neq 0$, $U\in\mathcal{U}_{m,k}$, $V\in\mathcal{V}_{m,k}$ and $W\in\mathcal{W}_{m,k}$.

Let $Z=\sum_{p<q}z_{pq}E_{pq}\in C(X)$. It follows from $ZX=XZ$ that

$$\sum_{p=1}^{m-1}x_{m,m+k}z_{pm}E_{p,m+k}+ZU+ZV+ZW$$
$$=\sum_{q=m+k+1}^{n+1}x_{m,m+k}z_{m+k,q}E_{mq}+UZ+VZ+WZ, \tag{2.2}$$

where $ZU\in\mathcal{U}_{m,k}$, ZV, $VZ\in\mathcal{V}_{m,k}$, $WZ\in\mathcal{W}_{m,k}$,

$$ZW=\Big(\sum_{1\leqslant p<q\leqslant n+1}z_{pq}E_{pq}\Big)\cdot\Big(\sum_{\substack{m<i\leqslant n+1-k\\ j\geqslant i+k}}x_{ij}E_{ij}\Big)$$
$$=\sum_{j=m+k+1}^{n+1}\sum_{p=1}^{j-k-1}\Big(\sum_{i=\max\{p,m\}+1}^{j-k}z_{pi}x_{ij}\Big)E_{pj} \tag{2.3}$$

and

$$UZ=\Big(\sum_{\substack{i<m\\ i+k\leqslant j<m+k}}x_{ij}E_{ij}\Big)\cdot\Big(\sum_{1\leqslant p<q\leqslant n+1}z_{pq}E_{pq}\Big)$$
$$=\sum_{i=1}^{m-1}\sum_{q=i+k+1}^{n+1}\Big(\sum_{j=i+k}^{\min\{m+k,\,q\}-1}x_{ij}z_{jq}\Big)E_{iq}. \tag{2.4}$$

If we regard the entries z_{pq} of Z as unknowns, then $ZX=XZ$ yields a system of $\frac{1}{2}n(n+1)$ homogeneous linear equations in $\frac{1}{2}n(n+1)$ unknowns. The dimension of $C(X)$ is equal to that of the solution space of the system of equations. Also, we know by (2.2)-(2.4) that the above system of equations contains the following $n-k$ homogeneous linear equations

$$\begin{cases} x_{m,m+k}z_{pm}=\sum_{j=p+k}^{m+k-1}x_{pj}z_{j,m+k}, & p=1,\cdots,m-1,\\ x_{m,m+k}z_{m+k,q}=\sum_{i=m+1}^{q-k}x_{iq}z_{mi}, & q=m+k+1,\cdots,n+1. \end{cases} \tag{2.5}$$

Since each of the $n-k$ unknowns z_{1m}, z_{2m}, $\cdots$, $z_{m-1,m}$ and $z_{m+k,m+k+1}$, $z_{m+k,m+k+2}$, $\cdots$, $z_{m+k,n+1}$ occurs once and only once in all the $n-k$ equations in (2.5), these $n-k$ homogeneous linear equations are linearly independent. Hence the dimension of the solution space of the system of equations given by $ZX=XZ$ is less than or equal to $\frac{1}{2}n(n+1)-(n-k)$ and so the desired inequality (2.1) holds.

If $X=E_{m,m+k}$, then Eq. (2.2) becomes

$$\sum_{p=1}^{m-1} z_{pm}E_{p,m+k} = \sum_{q=m+k+1}^{n+1} z_{m+k,q}E_{mq}.$$

It is easy to see that the dimension of $C(X)$ is equal to $\frac{1}{2}n(n+1)-(n-k)$.

Lemma 2.5. For any $\varphi\in\mathscr{S}'$, $\varphi(N_k)=N_k$ and φ induces a linear bijection of the quotient space N_k/N_{k+1} onto itself, $k=1, 2, \cdots$

Proof: If we can provethat $\varphi(N_k\setminus N_{k+1})\subset N_k\setminus N_{k+1}$, then the assertions of the lemma follow from the bijectivity of φ. Now, we use induction on $l=n-k$ to prove that $\varphi(N_k\setminus N_{k+1})\subset N_k\setminus N_{k+1}$. When $l=0$, the assertion follows from Lemma 2.1(iii). Assume that for any $\varphi\in\mathscr{S}'$ *the assertion holds for* $\mathrm{n-k\leqslant l}$ *with* $\mathrm{l\geqslant 0}$. *Let* $\mathrm{X\in N_k\setminus N_{k+1}}$ *where* $\mathrm{k=n-l-1}$ *and* $\varphi\in\mathscr{S}'$. Assume $Y=\varphi(X)\in N_m\setminus N_{m+1}$. We need to prove $m=k$.

If $m>k$, it follows from $n-m\leqslant n-k-1=l$ and the induction hypothesis that $X=\varphi^{-1}(Y)\in\varphi^{-1}(N_m\setminus N_{m+1})\subseteq N_m\setminus N_{m+1}\subseteq N_{k+1}$, a contradiction. Thus $m\leqslant k$. To prove $m=k$, we first consider the special case that $X=E_{i,i+k}$. It follows from Lemma 2.4 that $\dim C(\varphi(E_{i,i+k}))=\dim C(E_{i,i+k})=\frac{1}{2}n(n+1)-(n-k)$. If $m<k$, again by Lemma 2.4, $\dim C(\varphi(E_{i,i+k}))\leqslant\frac{1}{2}n(n+1)-(n-m)<\frac{1}{2}n(n+1)-(n-k)$, a contradiction. So $m=k$ for $X=E_{i,i+k}$, i.e., $\varphi(E_{i,i+k})\in N_k\setminus N_{k+1}$ for $1\leqslant i\leqslant n+1-k$. Since any $X\in N_k\setminus N_{k+1}$ can be expressed as $X=\sum_{j-i\geqslant k}x_{ij}E_{ij}$ with $x_{ij}\in\mathbf{F}$, by the argument above and the induction hypothesis we get $\varphi(X)\in N_k$. From the induction hypothesis, it is easy to see that $\varphi(X)\in N_k\setminus N_{k+1}$.

Forany $\varphi\in\mathscr{S}'$, assume

$$\varphi(E_{i,i+1}) = \sum_{j=1}^{n} a_{ji}E_{j,j+1} \bmod N_2 \text{ for } 1\leqslant i\leqslant n.$$

Then φ determines a matrix

$$A(\varphi)=\begin{pmatrix} a_{11} & a_{12} & \cdots & a_{1n} \\ a_{21} & a_{22} & \cdots & a_{2n} \\ \vdots & \vdots & \ddots & \vdots \\ a_{n1} & a_{n2} & \cdots & a_{nn} \end{pmatrix},$$

where the entries a_{ji} are dependent on φ.

Lemma 2.6. Forany $\varphi\in\mathscr{S}'$, $\det A(\varphi)\neq 0$ and the entries of the matrix $A(\varphi)$ satisfy the following relations:

$$a_{r\alpha}a_{s\beta}=a_{r\beta}a_{s\alpha} \text{ if } |r-s|=1 \text{ and } |\alpha-\beta|>1.$$

Proof: Since φ induces a linear bijection of the quotient space N_1/N_2 onto itself by Lemma 2.5, $\det A(\varphi)\neq 0$.

If $|r-s|=1$ and $|\alpha-\beta|>1$, then $[E_{\alpha,\alpha+1}, E_{\beta,\beta+1}]=0$. So $[\varphi(E_{\alpha,\alpha+1}), \varphi(E_{\beta,\beta+1})]=0$, on the left-hand side of which the coefficient of $E_{r,s+1}$ for $r<s$ or $E_{s,r+1}$ for $s<r$ is $\pm(a_{r\alpha}a_{s\beta}-a_{r\beta}a_{s\alpha})$. Hence $a_{r\alpha}a_{s\beta}-a_{r\beta}a_{s\alpha}=0$, i. e., $a_{r\alpha}a_{s\beta}=a_{r\beta}a_{s\alpha}$.

Lemma 2.7. Let $\varphi\in\mathscr{S}'$ such that $A(\varphi)$ is the identity matrix. Then

$$\varphi(E_{i,i+k})\equiv b_{ii}^{(k)}E_{i,i+k} \bmod N_{k+1} \text{ For } 2\leqslant k\leqslant n \text{ and } 1\leqslant i\leqslant n+1-k, \quad (2.6)$$

where $b_{ii}^{(k)}\neq 0$.

Proof: Since $A(\varphi)$ is the identity matrix, we have

$$\varphi(E_{i,i+1})\equiv E_{i,i+1} \bmod N_2 \text{ for } 1\leqslant i\leqslant n. \quad (2.7)$$

By Lemma 2.5, for $1<k\leqslant n$ and $1\leqslant i\leqslant n+1-k$ we may assume

$$\varphi(E_{i,i+k})\equiv b_{1i}^{(k)}E_{1,1+k}+\cdots+b_{n+1-k,i}^{(k)}E_{n+1-k,n+1} \bmod N_{k+1}. \quad (2.8)$$

If $k=n$, (2.6) holds by Lemma 2.1(iii). Assume $k<n$. We use a case-by-case analysis to prove $b_{si}^{(k)}=0$ for $s\neq i$ in (2.8).

(A-1) $s\geqslant 2$ and $s-1\neq i+k$. Since $[E_{s-1,s}, E_{i,i+k}]=0$, we have $[\varphi(E_{s-1,s}), \varphi(E_{i,i+k})]=0$. By (2.7) and (2.8) we obtain

$$b_{si}^{(k)}E_{s-1,s+k}-b_{s-k-1,i}^{(k)}E_{s-k-1,s}\equiv 0 \text{ and } N_{k+2},$$

which implies $b_{si}^{(k)}=0$.

(A-2) $s\leqslant n-k$ and $i\neq s+k+1$. As in (A-1), it follows from $[E_{i,i+k} E_{s+k,s+k+1}]=0$ that $b_{si}^{(k)}=0$.

Since $s-1=i+k$ implies that $i\neq s+k+1$, it follows from (A-1) and (A-2) that $b_{si}^{(k)}=0$ for $2\leqslant s\leqslant n-k$ and $s\neq i$, and it remains only to consider the following two cases (B-1) and (B-2). In case (B-2), it follows from $s=n+1-k$ and $s-1=i+k$ that $k<\frac{1}{2}n$. In case (B-1), noting that $i\leqslant n+1-k$, we also have $k<\frac{1}{2}n$. So if $k\geqslant\frac{1}{2}n$, then cases (B-1) and (B-2) do not occur and we always have $b_{si}^{(k)}=0$ for any $s\neq i$.

(B-1) $s=1$, $i=s+k+1$. By the argument above, we have $k<\frac{1}{2}n$ and so $n-k>\frac{1}{2}n$. By the comment above,

$$\varphi(E_{1+k,\,n+1})\equiv b_{1+k,\,1+k}^{(n-k)}E_{1+k,\,n+1} \bmod N_{n+1-k},$$

where $b_{1+k,\,1+k}^{(n-k)}\neq 0$ by Lemma 2.5. Hence applying φ to $[E_{i,\,i+k},\,E_{1+k,\,n+1}]=0$, we obtain $b_{1i}^{(k)}=0$.

(B-2) $s=n+1-k$, $s-1=i+k$. As in (B-1), it follows from $[E_{1,\,n+1-k},\,E_{i,\,i+k}]=0$ that $b_{n+1-k,\,i}^{(k)}=0$.

Thus we have proved that $b_{si}^{(k)}=0$ in (2.8) for $s\neq i$. Finally, by Lemma 2.5 we have $b_{ii}^{(k)}\neq 0$.

3. Proofs of Theorems 1.1-1.3

Throughout this section, we assume that $n\geqslant 3$ and assume without loss of generality that φ is bijective. In fact, if φ is not bijective, we have $\varphi(E_{1,\,n+1})=0$ by Lemma 2.1(ii). Let f be a linear functional on $N(\mathbf{F})$ such that $f(E_{1,\,n+1})\neq 0$. Then $\varphi+f\in\mathscr{S}'$ again by Lemma 2.1(ii). Thus φ can be replaced with $\varphi+f$.

First, we will prove Theorem 1.1. The "if" part of the theorem is clear. For the "only if" part, we will prove it for the case $n\geqslant 4$ and the case $n=3$, respectively.

First, we assume $n\geqslant 4$ and we will prove that any map φ in $\mathscr{S}'$ can be expressed as form (1.1) via Lemmas 3.1-3.8.

Lemma 3.1. We can take $\omega=1$ or ω_0 such that the matrix $A(\omega^{-1}\varphi)$ is diagonal.

Proof: Let $A(\varphi)=(a_{ji})_{n\times n}$. We prove in turn the following statements:

(I) If $a_{r\alpha}\neq 0$ and $|\alpha-\beta|>2$, then $a_{r\beta}=0$.

Assumethat $a_{r\beta}\neq 0$. Take s such that $|r-s|=1$. By Lemma 2. 6, we have $a_{s\alpha}/a_{r\alpha}=a_{s\beta}/a_{r\beta}$. Denote by p this ratio. For any γ with $1\leqslant\gamma\leqslant n$, we have $|\alpha-\gamma|>1$ or $|\beta-\gamma|>1$. So by Lemma 2. 6, $a_{r\alpha}a_{s\gamma}=a_{r\gamma}a_{s\alpha}$ or $a_{r\beta}a_{s\gamma}=a_{r\gamma}a_{s\beta}$. Hence, $a_{s\gamma}=p\cdot a_{r\gamma}$, $\gamma=1, \cdots, n$. Therefore, rows r and s of the matrix $A(\varphi)$ are linearly dependent. This contradicts the non-singularity of $A(\varphi)$ and so (I) holds.

(II) If $a_{r\alpha}\neq 0$, $|\alpha-\beta|=2$ and $1<r<n$, then $a_{r\beta}=0$.

Assumethat $a_{r\beta}\neq 0$. Take γ such that $|\alpha-\gamma|=|\beta-\gamma|=1$. If $\delta\neq\alpha$, β and γ, then $a_{r\delta}=0$ by (I). Moreover, $a_{r-1,\delta}=a_{r+1,\delta}=0$. Otherwise, say $a_{r-1,\delta}\neq 0$. Since $|\alpha-\delta|>2$ or $|\beta-\delta|>2$, say $|\alpha-\delta|>2$, by Lemma 2. 6 we have $a_{r-1,\alpha}a_{r\delta}=a_{r-1,\delta}a_{r\alpha}$. The left-hand side of this equality is zero, but the right-hand side is not zero, a contradiction. Again by Lemma 2. 6, we have $a_{r-1,\alpha}a_{r\beta}=a_{r-1,\beta}a_{r\alpha}$ and $a_{r+1,\alpha}a_{r\beta}=a_{r+1,\beta}a_{r\alpha}$. Hence,

$$(a_{r-1,\beta}, a_{r\beta}, a_{r+1,\beta})=\frac{a_{r\beta}}{a_{r\alpha}}(a_{r-1,\alpha}, a_{r\alpha}, a_{r+1,\alpha}).$$

Thus the minor of the matrix $A(\varphi)$ consisting of rows $r-1$, r, $r+1$ and columns α, γ, β is zero and the other entries in these three rows are all zero, so these rows are linearly dependent. This contradicts the non-singularity of the matrix $A(\varphi)$. Hence, $a_{r\beta}=0$ and (II) holds.

(III) For $1<r<n$, row r of the matrix $A(\varphi)$ has only one non-zero entry that is in some column except columns 1 and n and $a_{11}\neq 0$ or $a_{n1}\neq 0$.

Assume $a_{r\alpha}\neq 0$ for some α. If we have $a_{r\beta}\neq 0$ with $\alpha\neq\beta$, then $|\alpha-\beta|=1$ by (I) and (II). We assert that the non-zero entries in rows $r-1$ and $r+1$ of the matrix $A(\varphi)$ are all in columns α and β. Otherwise, say $a_{r-1,\gamma}\neq 0$, $\gamma\neq\alpha$, β. Then $|\alpha-\gamma|>1$ or $|\beta-\gamma|>1$. Say $|\alpha-\gamma|>1$. By Lemma 2. 6, $a_{r-1,\alpha}a_{r\gamma}=a_{r-1,\gamma}a_{r\alpha}$. But $a_{r\gamma}=0$ by (I) or (II). This yields a contradiction. Furthermore, again by (I) and (II), the non-zero entries in row r of the matrix $A(\varphi)$ are also in columns α and β. Again, this contradicts the non-singularity of the matrix $A(\varphi)$.

Thus we have proved that rowr of the matrix $A(\varphi)$ has only one non-zero entry. Assume $a_{r\alpha}$ is the sole non-zero entry in row r. We assert that $\alpha\neq 1$, n.

Otherwise, take β such that $|\alpha-\beta|=1$. Then for $1<\gamma<n$ with $\gamma\neq\alpha, \beta$, we have $|\alpha-\gamma|>1$. By Lemma 2.6, $a_{r\alpha}a_{r-1,\gamma}=a_{r\gamma}a_{r-1,\alpha}$. It follows from $a_{r\gamma}=0$ that $a_{r-1,\gamma}=0$. The same argument shows that $a_{r+1,\gamma}=0$. Thus, the non-zero entries in rows $r-1$, r and $r+1$ of the matrix $A(\varphi)$ are all in columns α and β. This contradicts the non-singularity of the matrix $A(\varphi)$. Hence, the sole non-zero entry in any row of $A(\varphi)$ except rows 1 and n is in some column except columns 1 and n.

Finally we have $a_{11}\neq 0$ or $a_{n1}\neq 0$. Otherwise, the entries in the first column of $A(\varphi)$ are all zero, a contradiction.

(IV) Set $\omega=1$ if $a_{11}\neq 0$ and $\omega=\omega_0$ otherwise. Then the diagonal entries of $A=A(\omega^{-1}\varphi)$ are non-zero.

It is clear that for $A=A(\omega^{-1}\varphi)$, $a_{11}\neq 0$ and so $a_{1n}=0$ by (I). It follows from the non-singularity of the matrix $A(\varphi)$ that $a_{nn}\neq 0$. Next, we have $a_{22}\neq 0$. In fact, if $a_{22}=0$, assume $a_{2\alpha}\neq 0$ with $\alpha>2$. By Lemma 2.6, $a_{11}a_{2\alpha}=a_{1\alpha}a_{21}=0$ since $a_{21}=0$, a contradiction. So $a_{22}\neq 0$. In the same way, we can prove that $a_{11}\neq 0, \cdots, a_{ii}\neq 0$ imply $a_{i+1,i+1}\neq 0$, $i=2, \cdots, n-2$.

(V) The matrix $A=A(\omega^{-1}\varphi)$ is diagonal.

By (I)-(IV) above, for the matrix $A=A(\omega^{-1}\varphi)$ we have obtained the following results:

(i) In the first row, $a_{11}\neq 0$ and $a_{14}=\cdots=a_{1n}=0$.

(ii) In the ith row for $1<i<n$, the sole non-zero element is a_{ii}.

(iii) In the nth row, $a_{nn}\neq 0$ and $a_{n1}=\cdots=a_{n,n-3}=0$.

Namely,

$$A=\begin{pmatrix} a_{11} & a_{12} & a_{13} & 0 & \cdots & 0 & 0 & 0 & 0 \\ 0 & a_{22} & 0 & 0 & \cdots & 0 & 0 & 0 & 0 \\ 0 & 0 & a_{33} & 0 & \cdots & 0 & 0 & 0 & 0 \\ 0 & 0 & 0 & a_{44} & \cdots & 0 & 0 & 0 & 0 \\ \vdots & \vdots & \vdots & \vdots & \ddots & \vdots & \vdots & \vdots & \vdots \\ 0 & 0 & 0 & 0 & \cdots & a_{n-3,n-3} & 0 & 0 & 0 \\ 0 & 0 & 0 & 0 & \cdots & 0 & a_{n-2,n-2} & 0 & 0 \\ 0 & 0 & 0 & 0 & \cdots & 0 & 0 & a_{n-1,n-1} & 0 \\ 0 & 0 & 0 & 0 & \cdots & 0 & a_{n,n-2} & a_{n,n-1} & a_{nn} \end{pmatrix}$$

for $n>5$,

$$A=\begin{pmatrix} a_{11} & a_{12} & a_{13} & 0 & 0 \\ 0 & a_{22} & 0 & 0 & 0 \\ 0 & 0 & a_{33} & 0 & 0 \\ 0 & 0 & 0 & a_{44} & 0 \\ 0 & 0 & a_{53} & a_{54} & a_{55} \end{pmatrix} \text{ for } n=5$$

and

$$A=\begin{pmatrix} a_{11} & a_{12} & a_{13} & 0 \\ 0 & a_{22} & 0 & 0 \\ 0 & 0 & a_{33} & 0 \\ 0 & a_{42} & a_{43} & a_{44} \end{pmatrix} \text{ for } n=4.$$

Hence, for $n>3$ we have

$$\omega^{-1}\varphi(E_{12})\equiv a_{11}E_{12} \bmod N_2,$$
$$\omega^{-1}\varphi(E_{n,n+1})\equiv a_{nn}E_{n,n+1} \bmod N_2.$$

Applying $\omega^{-1}\varphi$ to $[E_{12}, E_{1n}]=0$ and $[E_{2,n+1}, E_{n,n+1}]=0$, we obtain

$$\left.\begin{aligned} &\omega^{-1}\varphi(E_{1n})\equiv b_{11}^{(n-1)}E_{1n} \bmod N_n \\ &\omega^{-1}\varphi(E_{2,n+1})\equiv b_{22}^{(n-1)}E_{2,n+1} \bmod N_n \end{aligned}\right\} \tag{3.1}$$

where $b_{11}^{(n-1)}\neq 0$ and $b_{22}^{(n-1)}\neq 0$. When $n>5$, we have

$$\left.\begin{aligned} &\omega^{-1}\varphi(E_{23})\equiv a_{12}E_{12}+a_{22}E_{23} \bmod N_2 \\ &\omega^{-1}\varphi(E_{34})\equiv a_{13}E_{12}+a_{33}E_{34} \bmod N_2. \end{aligned}\right\} \tag{3.2}$$

Applying $\omega^{-1}\varphi$ to $[E_{23}, E_{2,n+1}]=0$ and $[E_{34}, E_{2,n+1}]=0$, by (3.1) and (3.2) we obtain $a_{12}b_{22}^{(n-1)}E_{1,n+1}=0$ and $a_{13}b_{22}^{(n-1)}E_{1,n+1}=0$, which imply $a_{12}=0$ and $a_{13}=0$, respectively. Similarly, $a_{n,n-1}=0$ and $a_{n,n-2}=0$. Thus A is diagonal. When $n=4, 5$, in the same way, we can also prove that A is diagonal.

Lemma 3.2. Let ω be as above such that $A(\omega^{-1}\varphi)$ is diagonal. Then there exists a diagonal matrix $D'\in T(\mathbf{F})$ such that $A(\sigma_{D}^{-1}{}'\omega^{-1}\varphi)$ is the identity matrix.

Proof: By Lemma 3.1, we have

$$\omega^{-1}\varphi(E_{i,i+1})\equiv a_{ii}E_{i,i+1} \bmod N_2 \text{ for } 1\leqslant i\leqslant n.$$

Since $\det A(\omega^{-1}\varphi)\neq 0$, $a_{ii}\neq 0$. Set $D'=\mathrm{diag}\{1, a_{11}, (a_{11}a_{22}), \cdots, (a_{11}\cdots a_{nn})\}$.

Then

$$\sigma_{D'}^{-1}\omega^{-1}\varphi(E_{i,\,i+1})\equiv E_{i,\,i+1} \bmod N_2 \ for\ 1\leqslant i\leqslant n.$$

This means that $A(\sigma_{D'}^{-1}\omega^{-1}\varphi)$ is the identity matrix.

Lemma 3.3. There exista $T'\in U(\mathbf{F})$ and $b_3',\ b_4'\in \mathbf{F}$ such that

$$(\mu_{b_3'}^{(12)})^{-1}(\mu_{b_4'}^{(n2)})^{-1}\sigma_{T'}^{-1}\sigma_{D'}^{-1}\omega^{-1}\varphi(E_{i,\,i+1})\equiv E_{i,i+1} \bmod N_{n-1} \text{ for } 1\leqslant i\leqslant n \quad (3.3)$$

Proof: First, we will use induction on k to prove that there exist $T_k\in U(\mathbf{F})$, $k=1,\ 2,\ \cdots,\ n-3$, such that

$$\sigma_{T_k}^{-1}\sigma_{D'}^{-1}\omega^{-1}\varphi(E_{i,\,i+1})\equiv E_{i,\,i+1} \bmod N_{k+1} \text{ for } 1\leqslant i\leqslant n. \quad (3.4)$$

Let $T_1=E$. Then Lemma 3.2 shows that (3.4) for $k=1$ is true, and for (3.4) we may assume $n>4$. Assume that there exists a $T_{k-1}\in U(\mathbf{F})$ with $1\leqslant k-1\leqslant n-4$ such that (3.4) for $k-1$ is true. Set $\theta=\sigma_{T_{k-1}}^{-1}\sigma_{D'}^{-1}\omega^{-1}\varphi$. It is clear that $A(\theta)$ is still the identity matrix. Assume

$$\theta(E_{i,\,i+1})\equiv E_{i,\,i+1}+\sum_{j=1}^{n+1-k}a_{ji}^{(k)}E_{j,\,j+k} \bmod N_{k+1} \text{ for } 1\leqslant i\leqslant n. \quad (3.5)$$

For (3.5), we first prove the following claim:

Claim. $a_{si}^{(k)}=0$ for $s\neq i,\ i+1-k$.

We give a case-by-case analysis. In the following discussion, assume $s\neq i,\ i+1-k$.

(A-1) $s\leqslant n-k$ and $s\neq i-k,\ i-k-1$. Applying θ to $[E_{i,\,i+1},\ E_{s+k,\,s+k+1}]=0$, we have

$$\begin{aligned}&\left[E_{i,\,i+1}+\sum_{j=1}^{n+1-k}a_{ji}^{(k)}E_{j,\,j+k},\ E_{s+k,\,s+k+1}+\sum_{j=1}^{n+1-k}a_{j,\,s+k}^{(k)}E_{j,\,j+k}\right]\\ &\equiv a_{i+1,s+k}^{(k)}E_{i,i+1+k}+a_{si}^{(k)}E_{s,s+k+1}-a_{s+k+1,i}^{(k)}E_{s+k,s+2k+1}-a_{i-k,s+k}^{(k)}E_{i-k,i+1}\\ &\equiv 0 \bmod N_{k+2}.\end{aligned}$$

Hence $a_{si}^{(k)}=0$.

(A-2) $s\geqslant 2$ and $s\neq i+1,\ i+2$. As in (A-1), applying θ to $[E_{s-1,\,s},\ E_{i,\,i+1}]=0$, we have $a_{si}^{(k)}=0$.

Since $s=i-k$ or $i-k-1$ implies that $s\neq i+1,\ i+2$, it follows from (A-1) and (A-2) that for $2\leqslant s\leqslant n-k$ the claim is true and it remains to consider the following cases (B-1), (B-2), (C-1) and (C-2).

(B-1) $s=1$ and $s=i-k$. By Lemma 2.7 we have

$$\theta(E_{1+k,\,3+k})\equiv b_{1+k,\,1+k}^{(2)}E_{1+k,\,3+k} \bmod N_3,$$

where $b_{1+k,1+k}^{(2)} \neq 0$. Applying θ to $[E_{1+k,2+k}, E_{1+k,3+k}]=0$, we obtain

$$\left[E_{1+k,2+k}+\sum_{j=1}^{n+1-k} a_{j,1+k}^{(k)} E_{j,j+k}+\cdots, b_{1+k,1+k}^{(2)} E_{1+k,3+k}+\cdots\right]=0.$$

On the left-hand side of the above equality there is a term $a_{1,1+k}^{(k)} b_{1+k,1+k}^{(2)} E_{1,3+k}$ and the other terms do not contain the basis element $E_{1,3+k}$. So $a_{1,1+k}^{(k)}=0$, i. e. , $a_{si}^{(k)}=0$.

(B-2) $s=1$ and $s=i-k-1$. As in (B-1), applying θ to $[E_{2+k,3+k}, E_{1+k,4+k}]=0$, we obtain $a_{1,k+2}^{(k)}=0$, i. e. , $a_{si}^{(k)}=0$.

(C-1) $s=n+1-k$ and $s=i+1$. As above, applying θ to $[E_{s-2,s}, E_{s-1,s}]=0$, we obtain $a_{s,s-1}^{(k)}=0$, i. e. , $a_{si}^{(k)}=0$.

(C-2) $s=n+1-k$ and $s=i+2$. Applying θ to $[E_{s-3,s}, E_{s-2,s-1}]=0$, we obtain $a_{s,s-2}^{(k)}=0$, i. e. , $a_{si}^{(k)}=0$.

Thus, the claim is proved and (3.5) may be rewritten as

$$\theta(E_{i,i+1}) \equiv E_{i,i+1}+a_{i+1-k,i}^{(k)} E_{i+1-k,i+1}+a_{ii}^{(k)} E_{i,i+k} \bmod N_{k+1} \text{ for } 1 \leqslant i \leqslant n. \tag{3.6}$$

To complete the induction on k, we need again use induction on l to prove that there exist $S_l \in U(\mathbf{F})$, $l=0, 1, \cdots, n$, such that for $1 \leqslant i \leqslant l$,

$$\sigma_{S_l}^{-1} \theta(E_{i,i+1}) \equiv E_{i,i+1} \bmod N_{k+1} \tag{3.7}$$

and for $l+1 \leqslant i \leqslant n$,

$$\sigma_{S_l}^{-1} \theta(E_{i,i+1}) \equiv E_{i,i+1}+c_{i+1-k,i}^{(l)} E_{i+1-k,i+1}+c_{ii}^{(l)} E_{i,i+k} \bmod N_{k+1}. \tag{3.8}$$

Let $S_0=E$. Then it follows from (3.6) that (3.8) with $c_{i+1-k,i}^{(0)}=a_{i+1-k,i}^{(k)}$ and $c_{ii}^{(0)}=a_{ii}^{(k)}$ is trivially true, and (3.7) does not occur. Assume that (3.7) and (3.8) hold for some $S_{l-1} \in U(\mathbf{F})$ with $0 \leqslant l-1 \leqslant n-1$. In particular,

$$\sigma_{S_{l-1}}^{-1} \theta(E_{l,l+1}) \equiv E_{l,l+1}+c_{l+1-k,l}^{(l-1)} E_{l+1-k,l+1}+c_{ll}^{(l-1)} E_{l,l+k} \bmod N_{k+1}.$$

Set $Z=E-c_{l+1-k,l}^{(l-1)} E_{l+1-k,l}+c_{ll}^{(l-1)} E_{l+1,l+k}$ and $S_l=Z S_{l-1}$. In fact, $c_{l+1-k,l}^{(l-1)}=0$ if $l \neq k$. This is clear for $l<k$. And for $l>k$ applying $\sigma_{S_{l-1}}^{-1} \theta$ to $[E_{l-k,l-k+1}, E_{l,l+1}]=0$, we have $c_{l+1-k,l}^{(l-1)} E_{l-k,l+1} \equiv 0 \bmod N_{k+2}$. Hence, $c_{l+1-k,l}^{(l-1)}=0$. It is easy to check that (3.7) and (3.8) with

$$c_{i+1-k,i}^{(l)}=c_{i+1-k,i}^{(l-1)}+\delta_{l+k,i} c_{ll}^{(l-1)},$$

where δ_{ji} denotes the Kronecker delta, and $c_{ii}^{(l)}=c_{ii}^{(l-1)}$ for S_l hold. Thus, the induction on l is completed. Set $T_k=S_l T_{k-1}$. Then (3.4) for k is true, and the induction on k is completed. Hence we have proved that for $n\geqslant 4$, $1\leqslant i\leqslant n$ and $1\leqslant k\leqslant n-3$, (3.4) is true. In particular, for $k=n-3$, we have

$$\sigma_{T_{n-3}}^{-1}\sigma_{D'}^{-1}\omega^{-1}\varphi(E_{i,i+1}) \equiv E_{i,i+1}+\sum_{j=1}^{3}a_{ji}^{(n-2)}E_{j,j+n-2} \bmod N_{n-1} \text{ for } 1\leqslant i\leqslant n. \quad (3.9)$$

For $k=n-2$, repeating the arguments in (A-1), (A-2), (B-1) and (C-1) above, we obtain that in (3.9) $a_{si}^{(n-2)}=0$ for $s\neq i$, $i+3-n$ except $a_{31}^{(n-2)}$ and $a_{1n}^{(n-2)}$. (Note. For $k=n-2$, the arguments in (B-2) and (C-2) are invalid since $E_{1+k,4+k}=E_{n-1,n+2}$ and $E_{s-3,s}=E_{03}$ are not elements in $N(\mathbf{F})$.) Thus (3.9) may be rewritten as

$$\sigma_{T_{n-3}}^{-1}\sigma_{D'}^{-1}\omega^{-1}\varphi(E_{12})\equiv E_{12}+a_{11}^{(n-2)}E_{1,n-1}+a_{31}^{(n-2)}E_{3,n+1} \bmod N_{n-1},$$

$$\sigma_{T_{n-3}}^{-1}\sigma_{D'}^{-1}\omega^{-1}\varphi(E_{i,i+1}) \equiv E_{i,i+1}+a_{i+3-n,i}^{(n-2)}E_{i+3-n,i+1}+a_{ii}^{(n-2)}E_{i,i+n-2} \bmod N_{n-1} \quad \text{for } i=2,\cdots,n-1,$$

and

$$\sigma_{T_{n-3}}^{-1}\sigma_{D'}^{-1}\omega^{-1}\varphi(E_{n,n+1})\equiv E_{n,n+1}+a_{1n}^{(n-2)}E_{1,n-1}+a_{3n}^{(n-2)}E_{3,n+1} \bmod N_{n-1}.$$

In the same argument as above, we can use induction to prove that there existsan $S\in U(\mathbf{F})$ such that $T'=ST_{n-3}$ satisfies

$$\left.\begin{aligned}&\sigma_{T'}^{-1}\sigma_{D'}^{-1}\omega^{-1}\varphi(E_{12})\equiv E_{12}+b_3'E_{3,n+1}\\&\sigma_{T'}^{-1}\sigma_{D'}^{-1}\omega^{-1}\varphi(E_{i,i+1})\equiv E_{i,i+1},\ i=2,\cdots,n-1,\\&\sigma_{T'}^{-1}\sigma_{D'}^{-1}\omega^{-1}\varphi(E_{n,n+1})\equiv E_{n,n+1}+b_4'E_{1,n-1}\end{aligned}\right\} \bmod N_{n-1}$$

with b_3', $b_4'\in\mathbf{F}$. It is easy to check that $\sigma_{T'}$, $\mu_{b_3'}^{(12)}$ and $\mu_{b_4'}^{(n2)}$ satisfy (3.3). The proof is completed.

Lemma 3.4. Let $\theta_1=(\mu_{b_3'}^{(12)})^{-1}(\mu_{b_4'}^{(n2)})^{-1}\sigma_{T'}^{-1}\sigma_{D'}^{-1}\omega^{-1}\varphi$. Then there exist a $T''\in U(\mathbf{F})$ and b_1', $b_2'\in\mathbf{F}$ such that

$$(\mu_{b_1'}^{(11)})^{-1}(\mu_{b_2'}^{(n1)})^{-1}\sigma_{T''}^{-1}\theta_1(E_{i,i+1})\equiv E_{i,i+1} \bmod N_n \text{ for } 1\leqslant i\leqslant n.$$

Proof: By Lemma 3.3, we have

$$\theta_1(E_{i,i+1})\equiv E_{i,i+1}+a_{1i}^{(n-1)}E_{1n}+a_{2i}^{(n-1)}E_{2,n+1} \bmod N_n \text{ for } 1\leqslant i\leqslant n.$$

For $2<i<n$, applying θ_1 to $[E_{12}, E_{i,i+1}]=0$, we have $a_{2i}^{(n-1)}E_{1,n+1}=0$, from which it follows that $a_{2i}^{(n-1)}=0$. Similarly, for $1<i<n-1$, applying θ_1 to $[E_{i,i+1}, E_{n,n+1}]=0$, we have $a_{1i}^{(n-1)}=0$. Furthermore, $[E_{12}, E_{n,n+1}]=0$ im-

plies that $a_{2n}^{(n-1)}=-a_{11}^{(n-1)}$. Thus, we have

$$\left.\begin{array}{l}\theta_1(E_{12})\equiv E_{12}+a_{11}^{(n-1)}E_{1n}+a_{21}^{(n-1)}E_{2,\,n+1}\\ \theta_1(E_{23})\equiv E_{23}+a_{22}^{(n-1)}E_{2,\,n+1}\\ \theta_1(E_{i,\,i+1})\equiv E_{i,\,i+1},\ i=3,\ \cdots,\ n-2,\\ \theta_1(E_{n-1,\,n})\equiv E_{n-1,\,n}+a_{1,\,n-1}^{(n-1)}E_{1n}\\ \theta_1(E_{n,\,n+1})\equiv E_{n,\,n+1}+a_{1n}^{(n-1)}E_{1n}-a_{11}^{(n-1)}E_{2,\,n+1}\end{array}\right\}\bmod N_n.$$

Set $T''=E-a_{1,\,n-1}^{(n-1)}E_{1,\,n-1}+a_{11}^{(n-1)}E_{2n}+a_{22}^{(n-1)}E_{3,\,n+1}$. Then

$$\left.\begin{array}{l}\sigma_{T''}^{-1}\theta_1(E_{12})\equiv E_{12}+a_{21}^{(n-1)}E_{2,\,n+1}\\ \sigma_{T''}^{-1}\theta_1(E_{i,\,i+1})\equiv E_{i,\,i+1},\ i=2,\ \cdots,\ n-1,\\ \sigma_{T''}^{-1}\theta_1(E_{n,\,n+1})\equiv E_{n,\,n+1}+a_{1n}^{(n-1)}E_{1n}\end{array}\right\}\bmod N_n.$$

Set $b_1'=a_{21}^{(n-1)}$ and $b_2'=a_{1n}^{(n-1)}$. Then $(\mu_{b_1'}^{(11)})^{-1}(\mu_{b_2'}^{(n1)})^{-1}\sigma_{T''}^{-1}\theta_1$ acts trivially on $E_{i,\,i+1}$ mod N_n for $1\leqslant i\leqslant n$. The proof is completed.

Lemma 3.5. Set $\theta_2=(\mu_{b_1'}^{(11)})^{-1}(\mu_{b_2'}^{(n1)})^{-1}\sigma_{T''}^{-1}\theta_1$. Then

$\theta_2(E_{i,\,i+k})\equiv\beta_k E_{i,\,i+k}$ mod N_{k+1} for $1\leqslant k<n$ and $1\leqslant i\leqslant n+1-k$,

where $\beta_1=1$ and $\beta_k\in\mathbf{F}^*$, $k=2$, $\cdots$, $n-1$.

Proof: By Lemma 3.4, the assertion for $k=1$ is true. So we need only to consider the case of $2\leqslant k\leqslant n-1$. Since the matrix $A(\theta_2)$ is the identity matrix, by Lemma 2.7 we have

$\theta_2(E_{i,\,i+k})\equiv b_{ii}^{(k)}E_{i,\,i+k}$ mod N_{k+1} for $2\leqslant k\leqslant n-1$ and $1\leqslant i\leqslant n+1-k$, For $1\leqslant i\leqslant n-k$, applying θ_2 to

$$[E_{i,\,i+k}+E_{i+1,\,i+1+k},\ E_{i,\,i+1}+E_{i+k,\,i+1+k}]=0,$$

we obtain that

$$(b_{ii}^{(k)}-b_{i+1,\,i+1}^{(k)})E_{i,\,i+1+k}\equiv 0 \bmod N_{k+2}$$

So $b_{ii}^{(k)}=b_{i+1,\,i+1}^{(k)}$. Set $\beta_k=b_{ii}^{(k)}$ for $2\leqslant k\leqslant n-1$. Then the proof is completed.

Lemma 3.6. Let θ_2 and β_k for $1\leqslant k<n$ be as above. Then

$$\theta_2(E_{i,\,i+k})\equiv\beta_k E_{i,\,i+k} \bmod N_n \text{ for } 1\leqslant k<n \text{ and } 1\leqslant i\leqslant n+1-k. \tag{3.10}$$

Proof: It follows from Lemma 3.4 that (3.10) for $k=1$ is true. We use induction on l to prove that for $2\leqslant k\leqslant n-1$, $1\leqslant i\leqslant n+1-k$ and $0\leqslant l\leqslant n-k-1$,

$$\theta_2(E_{i,\,i+k})\equiv\beta_k E_{i,\,i+k} \bmod N_{1+k+l}, \tag{3.11}$$

Then when $l=n-k-1$, (3.11) shows that this lemma holds. First, Lemma 3.5 shows that (3.11) for $l=0$ is true. Next, assume that (3.11) for $l=p-1<n-k-1$ is true. We need to prove that (3.11) for $l=p$ is true. In order to shorten the subscripts, we put $k+p=m$. Assume that for $2\leqslant k\leqslant n-1$ and $1\leqslant i\leqslant n+1-k$,

$$\theta_2(E_{i,\,i+k}) \equiv \beta_k E_{i,\,i+k} + \sum_{j=1}^{n+1-m} c_{ji}^{(k)} E_{j,\,j+m} \bmod N_{1+m}. \tag{3.12}$$

To prove that (3.11) for $l=p$ is true, we need to show that the coefficients $c_{ji}^{(k)}=0$ in the above equation. We use a case-by-case analysis.

(A-1) $j\geqslant 2$ and $j\neq i,\ i+k+1$. Applying θ_2 to $[E_{j-1,\,j},\ E_{i,\,i+k}]=0$, we obtain

$$c_{ji}^{(k)} E_{j-1,\,j+m} - c_{j-1-m,\,i}^{(k)} E_{j-1-m,\,j} \equiv 0 \bmod N_{2+m},$$

which implies $c_{ji}^{(k)}=0$.

(A-2) $j\leqslant n-m$ and $j\neq i+k-m,\ i-m-1$. As in (A-1), applying θ_2 to $[E_{i,\,i+k},\ E_{m+j,\,m+j+1}]=0$, we obtain $c_{ji}^{(k)}=0$.

Since $j=i$ or $i+k+1$ implies $j\neq i+k-m,\ i-m-1$, it follows from (A-1) and (A-2) that $c_{ji}^{(k)}=0$ for $2\leqslant j\leqslant n-m$ and (3.12) can be rewritten as

$$\theta_2(E_{i,\,i+k}) \equiv \beta_k E_{i,\,i+k} + c_{1i}^{(k)} E_{1,\,1+m} + c_{n+1-m,\,i}^{(k)} E_{n+1-m,\,n+1} \bmod N_{1+m}$$
$$\text{for } 2\leqslant k\leqslant n-1 \text{ and } 1\leqslant i\leqslant n+1-k, \tag{3.13}$$

where $c_{1i}^{(k)}=0$ for $1\neq i+k-m,\ i-m-1$ and $c_{n+1-m,\,i}^{(k)}=0$ for $n+1-m\neq i,\ i+k+1$. In particular, we have

$$\theta_2(E_{i,\,i+2}) \equiv \beta_2 E_{i,\,i+2} + c_{1i}^{(2)} E_{1,\,3+p} + c_{n-1-p,\,i}^{(2)} E_{n-1-p,\,n+1} \bmod N_{3+p}$$
$$\text{for } 1\leqslant i\leqslant n-1, \tag{3.14}$$

Next, we consider the remaining cases.

(B-1) $j=1$ and $j=i-m-1$. In this case we have $i=m+2$. Apply θ_2 to $[E_{m+2,\,m+2+k},\ E_{m+1,\,m+3}]=0$. By (3.13) and (3.14),

$$\delta_{m+2+k,\,n-1-p}\beta_k c_{n-1-p,\,m+1}^{(2)} E_{m+2,\,n+1} + \beta_2 c_{1,\,m+2}^{(k)} E_{1,\,m+3}$$
$$-\delta_{m+3,\,n+1-m}\beta_2 c_{n+1-m,\,m+2}^{(k)} E_{m+1,\,n+1} \equiv 0 \bmod N_{3+m},$$

which implies $c_{1,\,m+2}^{(k)}=0$, i.e., $c_{ji}^{(k)}=0$.

(B-2) $j=1$ and $j=i-p$. In this case, $i=1+p$. By (3.13) we have

$$\theta_2(E_{2+p,\,2+m}) \equiv \beta_k E_{2+p,\,2+m} + c_{n+1-m,\,2+p}^{(k)} E_{n+1-m,\,n+1} \bmod N_{1+m}.$$

Applying θ_2 to $[E_{1+p,\,1+m}+E_{2+p,\,2+m},\ E_{1+p,\,2+p}+E_{1+m,\,2+m}]=0$, we have

$c^{(k)}_{1,1+p}E_{1,2+m}-(c^{(k)}_{n+1-m,1+p}+c^{(k)}_{n+1-m,2+p})\times(\delta_{2+p,n+1-m}E_{1+p,n+1}+\delta_{2+m,n+1-m}E_{1+m,n+1})\equiv 0 \bmod N_{2+m}$.

Hence $c^{(k)}_{1,1+p}=0$, i. e. , $c^{(k)}_{ji}=0$.

In view of (B-1) and (B-2), we have $c^{(k)}_{1i}=0$ in (3.13).

(C-1) $j=n+1-m$ and $j=i+k+1$. In this case, we have $i=n-m-k$. As in case (B-1), the equation $[E_{n-1-m,n+1-m}, E_{n-m-k,n-m}]=0$ implies $c^{(k)}_{n+1-m,n-m-k}=0$, i. e. , $c^{(k)}_{ji}=0$.

(C-2) $j=n+1-m$ and $j=i$. In this case, $i=n+1-m$. By the above arguments,

$$\theta_2(E_{n-m,n-p})\equiv\beta_k E_{n-m,n-p} \bmod N_{1+m}.$$

As in (B-2), the equation $[E_{n-p,n-p+1}+E_{n-m,n-m+1}, E_{n-m,n-p}+E_{n+1-m,n+1-p}]=0$ implies $c^{(k)}_{n+1-m,n+1-m}=0$, i. e. , $c^{(k)}_{ji}=0$.

The proof is completed.

Lemma 3.7. Let θ_2 and β_k for $1\leqslant k<n$ be as above. Then there exist a diagonal matrix $D''\in T(\mathbf{F})$ and a scalar $c\in\mathbf{F}^*$ such that for $1\leqslant k<n$ and $1\leqslant i\leqslant n+1-k$,

$$\psi_c^{-1}\sigma_{D''}^{-1}\theta_2(E_{i,i+k})\equiv E_{i,i+k} \bmod N_n. \tag{3.15}$$

Proof: *Set* $D''=diag\{d_1, \cdots, d_n, d_{n+1}\}\in T(\mathbf{F})$ with $d_k=\beta_k$ for $1\leqslant k\leqslant n-1$, $d_n=d_2d_{n-1}$ and $d_{n+1}=d_2d_n$. Keep in mind the fact that $d_1=\beta_1=1$. We first show that

$$d_kd_l=d_pd_q \text{ for } 1\leqslant k, l, p, q\leqslant n \text{ and } k+l=p+q\leqslant n+2. \tag{3.16}$$

If $k=p$, then (3.16) is clear. Assume $k\neq p$. First consider the case of $k+l=p+q\leqslant n$. Applying θ_2 to $[E_{1,1+k}+E_{1,1+p}, E_{1+k,1+k+l}-E_{1+p,1+p+q}]=0$, we obtain that (3.16) is true. Next consider the case of $k+l=p+q=n+1$. In this case, it is enough to prove

$$d_kd_l=d_n \text{ for } 1\leqslant k, l\leqslant n \text{ and } k+l=n+1. \tag{3.17}$$

When $k=1, 2$, (3.17) is clear. Assume that for k with $2\leqslant k\leqslant\frac{1}{2}(n-1)$ (3.17) is true. Then $d_{k+1}d_{n-k}=d_kd_2d_{n-k}=d_kd_{n+1-k}=d_n$. Thus (3.16) for $k+l=p+q=n+1$ is true. Similarly, (3.16) for $k+l=p+q=n+2$ holds. By (3.16) we have $d_2d_kd_i=d_2d_{i+k-1}=d_{i+k}$, which implies

$$d_kd_id^{-1}_{i+k}=d_2^{-1} \text{ for } 1\leqslant k\leqslant n \text{ and } 1\leqslant i\leqslant n+1-k. \tag{3.18}$$

Then by Lemma 3.6 and (3.18), we have

$\sigma_{D''}^{-1}\theta_2(E_{i,\,i+k}) \equiv d_k d_i d_{i+k}^{-1} E_{i,i+k} \bmod N_n \equiv d_2^{-1} E_{i,\,i+k} \bmod N_n$ for $1 \leqslant k < n$ and $1 \leqslant i \leqslant n+1-k$.

Set $c = d_2^{-1}$. Then (3.15) holds.

Lemma 3.8. Set $\theta_3 = \psi_c^{-1}\sigma_{D''}^{-1}\theta_2$. Then there exists a linear functional f' on $N(\mathbf{F})$ such that $\theta_3 = 1 + f'$.

Proof: By Lemmas 3.7 and 2.1(iii) we may assume that

$$\theta_3(E_{ij}) = E_{ij} + f_{ij}E_{1,n+1},\ f_{ij} \in \mathbf{F},\ 1 \leqslant i < j \leqslant n+1.$$

Let f' be the linear functional on $N(\mathbf{F})$ such that $f'(E_{ij}) = f_{ij}$ for $1 \leqslant i < j \leqslant n+1$. Then f' satisfies the lemma.

Proof: of Theorem 1.1 (for $n \geqslant 4$). It follows from Lemmas 3.1-3.8 that

$$\begin{aligned}\varphi &= \omega\sigma_{D'}\sigma_{T'}\mu_{b_4'}^{(n2)}\mu_{b_3'}^{(12)}\theta_1 \\ &= \omega\sigma_{D'}\sigma_{T'}\mu_{b_4'}^{(n2)}\mu_{b_3'}^{(12)}\sigma_{T''}\mu_{b_2'}^{(n1)}\mu_{b_1'}^{(11)}\theta_2 \\ &= \omega\sigma_{D'}\sigma_{T'}\mu_{b_4'}^{(n2)}\mu_{b_3'}^{(12)}\sigma_{T''}\mu_{b_2'}^{(n1)}\mu_{b_1'}^{(11)}\sigma_{D''}\psi_c\theta_3 \\ &= \varphi' + \varphi' f',\end{aligned}$$

where $\varphi' = \omega\sigma_{D'}\sigma_{T'}\mu_{b_4'}^{(n2)}\mu_{b_3'}^{(12)}\sigma_{T''}\mu_{b_2'}^{(n1)}\mu_{b_1'}^{(11)}\sigma_{D''}\psi_c$. By Lemmas 2.1(iv), 2.2 and 2.3 it is easy to show that φ is of form (1.1).

Proof of Theorem 1.1 (for $n=3$). First we show that in the matrix $A = A(\varphi) = (a_{ji})$ for any $\varphi \in \varphi'$ we have $a_{21} = a_{23} = 0$. Otherwise, say $a_{21} \neq 0$. By Lemma 2.6, we have $a_{13}a_{21} = a_{11}a_{23}$ and $a_{21}a_{33} = a_{23}a_{31}$. Thus $a_{i3} = (a_{23}/a_{21})a_{i1}$, $i = 1, 2, 3$. This contradicts the non-singularity of A. Now assume that φ is any map in φ'. We will show that φ can be expressed as form (1.1).

Since $a_{23} = 0$, we have $a_{13} \neq 0$ or $a_{33} \neq 0$. Set $\omega = 1$ if $a_{33} \neq 0$ and $\omega = \omega_0$ otherwise. Set $\theta_1 = \omega^{-1}\varphi$ and still denote $A(\theta_1)$ by $A = (a_{ji})$. Then we have $a_{21} = a_{23} = 0$ and $a_{33} \neq 0$. Set $b_4' = a_{33}^{-1}a_{13}$ and $\theta_2 = (\mu_{b_4'}^{(32)})^{-1}\theta_1$ and denote $A(\theta_2)$ by $A = (a_{ji})$. Then we have $a_{21} = a_{23} = a_{13} = 0$ and $a_{11} \neq 0$. Set $b_3' = a_{11}^{-1}a_{31}$ and $\theta_3 = (\mu_{b_3'}^{(12)})^{-1}\theta_2$ and still denote $A(\theta_3)$ by $A = (a_{ji})$. Then there is only one nonzero entry in each of the first and the third columns of A and the sole non-zero entry is a_{11} and a_{33}, respectively. Assume that

$$\theta_3(E_{i,\,i+2}) \equiv b_{1i}E_{13} + b_{2i}E_{24} \bmod N_3 \text{ for } i = 1, 2.$$

Applying θ_3 to $[E_{12}, E_{13}] = 0$, we obtain $a_{11}b_{21}E_{14} = 0$ and so $b_{21} = 0$. Furthermore, by Lemma 2.5 we have $b_{11}\neq 0$. Similarly, $b_{12}=0$ and $b_{22}\neq 0$. Thus it follows from $[E_{13}, E_{23}]=0$ that $b_{11}a_{32}E_{14}=0$ and so $a_{32}=0$. Similarly, we have $a_{12}=0$. Therefore, the matrix A is diagonal. Set $D=\text{diag}\{1, a_{11}, a_{11}a_{22}, a_{11}a_{22}a_{33}\}$ and $\theta_4=\sigma_D^{-1}\theta_3$. Then $A(\theta_4)$ is the identity matrix. We may assume that

$$\theta_4(E_{i,i+1})\equiv E_{i,i+1}+c_{1i}E_{13}+c_{2i}E_{24} \bmod N_3 \text{ for } i=1, 2, 3.$$

Applying θ_4 to $[E_{12}, E_{34}]=0$, we have $(c_{23}+c_{11})E_{14}=0$ and so $c_{23}=-c_{11}$. Set $T'=E-c_{12}E_{12}+c_{11}E_{23}+c_{22}E_{34}$ and $\theta_5=\sigma_{T'}^{-1}\theta_4$. Then

$$\left.\begin{array}{l}\theta_5(E_{12})\equiv E_{12}+c_{21}E_{24}\\ \theta_5(E_{23})\equiv E_{23}\\ \theta_5(E_{34})\equiv E_{34}+c_{13}E_{13}\end{array}\right\} \bmod N_3.$$

Set $b_1'=c_{21}$, $b_2'=c_{13}$ and $\theta_6=(\mu_{b_1'}^{(11)})^{-1}(\mu_{b_2'}^{(31)})^{-1}\theta_5$. Then

$$\theta_6(E_{i,i+1})\equiv E_{i,i+1} \bmod N_3 \text{ for } i=1, 2, 3.$$

In addition, by the argument above we may assume that

$$\theta_6(E_{i,i+2})\equiv b_{ii}'E_{i,i+2} \bmod N_3 \text{ for } i=1, 2,$$

where $b_{ii}'\neq 0$. It follows from $[E_{12}+E_{34}, E_{13}+E_{24}]=0$ that $b_{11}'=b_{22}'$. Set $D'=\text{diag}\{1, d, d^2, d^3\}$ with $d=b_{11}'$ and $\theta_7=\sigma_{D'}^{-1}\theta_6$. Then

$$\theta_7(E_{ij})\equiv d^{-1}E_{ij} \bmod N_3 \text{ for } 1\leqslant i<j\leqslant 4 \text{ and } j-i<3.$$

Set $\theta_8=\psi_c^{-1}\theta_7$ with $c=d^{-1}$. Then

$$\theta_8(E_{ij})\equiv E_{ij} \bmod N_3 \text{ for } 1\leqslant i<j\leqslant 4 \text{ and } j-i<3.$$

Thus we may assume that

$$\theta_8(E_{ij})=E_{ij}+f_{ij}E_{14},\ f_{ij}\in\mathbf{F},\ 1\leqslant i<j\leqslant 4.$$

Hence $\theta_8=1+f'$ where f' is a linear functional on $N(\mathbf{F})$ such that $f'(E_{ij})=f_{ij}$ for $1\leqslant i<j\leqslant 4$. It follows from the series of arguments above that

$$\varphi=\omega\mu_{b_4'}^{(32)}\mu_{b_3'}^{(12)}\sigma_D^{-1}\sigma_{T'}^{-1}\mu_{b_2'}^{(31)}\mu_{b_1'}^{(11)}\sigma_{D'}\psi_c(1+f').$$

Finally, by Lemmas 2.1(iv), 2.2 and 2.3 we can obtain that φ is of form (1.1).

Proof of Theorem 1.2. It is clear that a map on $N(\mathbf{F})$ of form (1.2) is an $\mathbf{F}$-algebra automorphism. Conversely, assume that φ is any $\mathbf{F}$-algebra automorphism on $N(\mathbf{F})$. By Theorem 1.1, we can assume

$$\varphi=\psi_c\omega\mu_{b_4}^{(n2)}\mu_{b_3}^{(12)}\mu_{b_2}^{(n1)}\mu_{b_1}^{(11)}\sigma_T+f.$$

Set $\theta=\psi_c\omega\mu_{b_4}^{(n2)}\mu_{b_3}^{(12)}\mu_{b_2}^{(n1)}\mu_{b_1}^{(11)}+f'$ where $f'=f\sigma_T^{-1}$ is a linear functional on $N(\mathbf{F})$. Then $\varphi=\theta\sigma_T$ and θ is an $\mathbf{F}$-algebra automorphism. First, we assert that $\omega=1$. In fact, if $\omega=\omega_0$, then for any $c\in\mathbf{F}^*$ and any $b_i\in\mathbf{F}$, $i=1,\cdots,4$, by calculation we have

$$\left.\begin{aligned}\theta(E_{n,n+1})&=-c(E_{12}+b_4E_{3,n+1}+b_2E_{2,n+1})\\&\quad+f'(E_{n,n+1})E_{1,n+1}\text{ for }n>3,\\\theta(E_{34})&=-c(E_{12}+b_4E_{34}+b_2b_3E_{13}+b_2(1+b_3b_4)E_{24})\\&\quad+f'(E_{34})E_{14}\text{ for }n=3\end{aligned}\right\}\tag{3.19}$$

$$\theta(E_{n-1,n})=-cE_{23}+f'(E_{n-1,n})E_{1,n+1}\text{ for }n\geqslant3,\tag{3.20}$$

and

$$\theta(E_{n-1,n+1})=-c(E_{13}+b_4E_{2,n+1})+f'(E_{n-1,n+1})E_{1,n+1}\text{ for }n\geqslant3.\tag{3.21}$$

Since $E_{n-1,n+1}=E_{n-1,n}E_{n,n+1}$, by (3.19) and (3.20) it follows that $\theta(E_{n-1,n+1})=c^2b_4E_{2,n+1}$. This contradicts (3.21). Therefore, $\omega=1$ and

$$\theta(E_{n,n+1})=\begin{cases}c(E_{n,n+1}+b_4E_{1,n-1}+b_2E_{1n})\\\quad+f'(E_{n,n+1})E_{1,n+1} & \text{for }n>3,\\c(E_{34}+b_4E_{12}+b_2b_3E_{24}\\\quad+b_2(1+b_3b_4)E_{13})+f'(E_{34})E_{14} & \text{for }n=3\end{cases}$$

and

$$\theta(E_{n-1,n})=cE_{n-1,n}+f'(E_{n-1,n})E_{1,n+1}\text{ for }n\geqslant3.$$

Since $E_{n,n+1}E_{n-1,n}=0$, it follows that $c^2b_4E_{1n}=0$, which implies $b_4=0$. Furthermore, by $E_{n,n+1}^2=0$ we get $b_2=0$. Similarly, it follows from $E_{23}E_{12}=0$ and $E_{12}^2=0$ that $b_3=0$ and $b_1=0$. Thus $\theta=\psi_c+f'$. Since $\theta(E_{13})=\theta(E_{12})\theta(E_{23})$, it follows that $cE_{13}+f'(E_{13})E_{1,n+1}=c^2E_{13}$ and so $c=1$. Thus $\theta=1+f'$. Furthermore, for any $X,Y\in N(F)$, since $\theta(XY)=\theta(X)\theta(Y)$, it follows that $f'(XY)=0$. By Lemma 2.1(iv), $\varphi=\sigma_T(1+f'')$ where $f''=\sigma_T^{-1}f$ is a linear functional on $N(\mathbf{F})$ with the property that $f''(XY)=0$ for any $X,Y\in N(\mathbf{F})$. The proof is completed.

Proof of Theorem 1.3. It is clear that a map on $N(\mathbf{F})$ of form (1.3) for char $\mathbf{F}\neq2$ or of form (1.4) for char $\mathbf{F}=2$ is a Lie automorphism. Conversely, assume that φ is any Lie automorphism on $N(\mathbf{F})$. As in the proof of Theorem 1.2, we can assume that $\varphi=\theta\sigma_T$ where $\theta=\psi_c\omega\mu_{b_4}^{(n2)}\mu_{b_3}^{(12)}\mu_{b_2}^{(n1)}\mu_{b_1}^{(11)}+f'$ with $f'=$

$f\sigma_T^{-1}$. Clearly, θ is a Lie automorphism. First, consider the case $\omega=\omega_0$. Since $E_{n-1,n+1}=[E_{n-1,n}, E_{n,n+1}]$, it follows from (3.19) and (3.20) that $\theta(E_{n-1,n+1})=c^2(b_4E_{2,n+1}-E_{13})$. Comparing this equation with (3.21), we have $c=1$ and $b_4=-b_4$. So $b_4=0$ when char $\mathbf{F}\neq 2$. Similarly, the equation $[E_{12}, E_{23}]=E_{13}$ implies that $b_3=0$ when char $\mathbf{F}\neq 2$. Using similar arguments, we can prove that if $\omega=1$, we also have $c=1$ for any field $\mathbf{F}$ and $b_3=b_4=0$ when char $\mathbf{F}\neq 2$. Thus we have proved that $\theta=\eta+f'$ where $\eta=\omega\mu_{b_2}^{(n1)}\mu_{b_1}^{(11)}$ when char$\mathbf{F}\neq 2$ and $\eta=\omega\mu_{b_4}^{(n2)}\mu_{b_3}^{(12)}\mu_{b_2}^{(n1)}\mu_{b_1}^{(11)}$ when char $\mathbf{F}=2$.

Finally, forany $X, Y\in N_n(\mathbf{F})$, the facts that η is a Lie automorphism of $N_n(\mathbf{F})$ and $\theta([X, Y])=[\theta(X), \theta(Y)]$ imply that $f'([X, Y])=0$. By Lemma 2.1(iv), $\varphi=\eta\sigma_T(1+f'')$ where $f''=(\eta\sigma_T)^{-1}f$ is a linear functional on $N_{n+1}(\mathbf{F})$ with the property that $f''([X, Y])=0$ for any $X, Y\in N_{n+1}(\mathbf{F})$. The proof is completed.

4. The exceptional case $n=2$

The following theorem is the analogy of Proposition 8 in [12].

Theorem 4.1. Let $n=2$ and φ be a linear map on $N(\mathbf{F})$. Then:

(i) φ is commutativity preserving if and only if $\varphi(E_{13})\in\mathbf{F}E_{13}$, or the range of φ is a commutative subspace of $N(\mathbf{F})$.

(ii) $\varphi\in\varphi$ if and only if $\varphi(E_{13})\in\mathbf{F}E_{13}$ and the range of φ is non-commutative.

Proof: (i) If the range of φ is commutative, then φ obviously preserves commutativity. If $\varphi(E_{13})\in\mathbf{F}E_{13}$, for commuting matrices $X, Y\in N(\mathbf{F})$, $\{E_{13}, X, Y\}$ cannot be a basis of $N(\mathbf{F})$, and so $\{E_{13}, X, Y\}$ are linearly dependent. Hence $\{E_{13}, \varphi(X), \varphi(Y)\}$ are also linearly dependent and $\varphi(X)$ commutes with $\varphi(Y)$.

Conversely, if φ preserves commutativity and the range of φ contains two noncommuting matrices $\varphi(X)$ and $\varphi(Y)$, then $\{E_{13}, \varphi(X), \varphi(Y)\}$ are linearly independent and so span $N(\mathbf{F})$. Since $\varphi(E_{13})$ commutes with $\varphi(X)$ and $\varphi(Y)$, $\varphi(E_{13})$ is in the center of $N(\mathbf{F})$. Hence $\varphi(E_{13})\in\mathbf{F}E_{13}$.

(ii) If $\varphi \in \varphi$, then the range of φ must be non-commutative and so $\varphi(E_{13}) \in \mathbf{F}E_{13}$ by (i). Conversely, assume that $\varphi(E_{13}) \in \mathbf{F}E_{13}$ and the range of φ is noncommutative. If $\varphi(E_{13})=0$, adding an appropriate linear functional on $N(\mathbf{F})$ to φ, we obtain a linear map φ_1 on $N(\mathbf{F})$ such that $\varphi_1(E_{13})=E_{13}$ and the range of φ_1 is also non-commutative. It is easy to see that if a subspace of $N(\mathbf{F})$ of $\dim < 3$ contains E_{13}, then it must be commutative. Hence φ_1 is surjective and so bijective. From (i), we see that both φ_1 and φ_1^{-1} preserve commutativity. Thus φ_1 preserves commutativity in both directions, and so does φ.

References

[1] L. Beasley, Linear transformations on matrices: the invariance of commuting pairs of matrices, Linear and Multilinear Algebra 6 (1978) 179-183.

[2] You'an Cao, Automorphisms of certain Lie algebras of upper triangular matrices over a commutative ring, J. Algebra 189 (1997) 506-513.

[3] You'an Cao, Automorphisms of the Lie algebras of strictly upper triangular matrices over certain commutative rings, Linear Algebra Appl. 329 (2001) 175-187.

[4] You'an Cao, Jingtong Wang, A note on algebra automorphisms of strictly upper triangular matrices over commutative rings, Linear Algebra Appl. 311 (2000) 187-193.

[5] G. H. Chan, M. H. Lim, Linear transformations on symmetric matrices that preserve commutativity, Linear Algebra Appl. 47 (1982) 11-22.

[6] M. D. Choi, A. A. Jafarian, H. Radjavi, Linear maps preserving commutativity, Linear Algebra Appl. 87 (1987) 227-241.

[7] D. Ž. Doković, Automorphisms of the Lie algebra of upper triangular matrices over a connected commutative ring, J. Algebra 170 (1994) 101-110.

[8] J. A. Gibbs, Automorphisms of certain unipotent groups, J. Algebra 14 (1970) 203-228.

[9] C. Kunicki, Commutativity preserving and normal preserving linear transformationson M_2, Linear and Multilinear Algebra 45 (1999) 341-347.

[10] C. K. Li, S. Pierce, Linear preserver problems, Amer. Math. Monthly 108 (2001) 591-605.

[11] C. K. Li, N. K. Tsing, Linear preverser problems: a brief introduction and some special techniques, Linear Algebra Appl. 162-164 (1992) 217-235.

[12] L. W. Marcoux, A. R. Sourour, Commutativity preserving linear maps and Lie automorphisms of triangular matrix algebras, Linear Algebra Appl. 288 (1999) 89-104.

[13] M. Omladič, On operators preserving commutativity, J. Funct. Anal. 66 (1986) 105-122.

[14] S. Pierce et al. , A survey of linear preserving problems, Linear and Multilinear Algebra, 42 (1992) 1-129.

[15] S. Pierce, W. Watkins, Invariants of linear maps on matrix algebras, Linear and Multilinear Algebra 6 (1978/79) 185-200.

[16] H. Radjavi, Commutativity-preserving operators on symmetric matrices, Linear Algebra Appl. 61 (1984) 219-224.

[17] W. Watkins, Linear maps that preserve commuting pairs of matrices, Linear Algebra Appl. 14 (1976) 29-35.

ON SOME PROJECTIONS OF THE IWASAWA LIKE DECOMPOSITION FOR SPLIT G_2

Cao You'an, Chen Zhonghu, Hu Chaoming

The Iwasawa decomposition of a semisimple Lie algebra over real number field **R** is very important in the theory of semisimple Lie groups and semisimple Lie algebras(cf. [1]). The Iwasawa-like decomposition of a semisimple Lie algebra can be interpreted as a generalization of the Iwasawa decomposition of semisimple Lie algebra. Clearly, the theory of Iwasawa like-decomposition of semisimple Lie algebra is useful in the theory of the representations of semisimple Lie groups.

It is known that the intertwining operators are important in the representation theory of semisimple Lie groups. For the linear connected simple Lie groups G other than split G_2, using some projections of the Lwasawa like decomposition of the complexification of the Lie algebra of G, Baldoni-Silva and Knapp [2] obtained uniform formulas for the action of intertwining operators on certain subspace of standard induced representations.

For obtaining formulas of the action of intertwining operators on certain subspaces of standard induced representations for split G_2, we shall first obtain some projections of the Iwasawa-like decomposion of the complexification of the Lie algebra of split G_2. In this paper, some projections of the Iwasawa-like decomposition of the complexification of the Lie algebra of split G_2 have been obtained.

We shall direct use the notations and terminology given by [2] and [3].

Let G be the linear connected simple Lie group split G_2 and let g be the Lie algebra of G. Let θ be a Cartan involution. Let $g=k+p$ be the corresponding

Cartan decomposition of g, let K be the corresponding maximal compact subgroup, and let MAN be the corresponding Langlands decomposition of a parabolic subgroup of G. Let k, m, a and n be the Lie algebras of the subgroups K, M, A and N respectively. It is easy to see that $g_u = k + ip$ is a compact Lie algebra where $i = \overline{-1}$.

Clearly, rank G = rank K. Let b be a compact Cartan subalgebra of the Lie algebrag of G. Let B denote the subgroup of G with Lie algebra b. Fix a nonempty ordered set $S_l = \{\alpha_1, \cdots, \alpha_l\}$, $l = 1, 2$of noncompact roots in $\Delta = \Delta(g^C, b^C)$ that are superorthogonal. We may assume that a is built by Cayley transform relative to the fixed noncompact roots $\{\alpha_1, \cdots, \alpha_l\}$. Then $b^- = \ker(\alpha_1) \cap \cdots \cap \ker(\alpha_l)$ is a compact Cartan subalgebra of the Lie algebra m of M and the root system $\Delta - = \Delta(m^C, b^{C-})$ is given by the members of Δ orthogonal to $\{\alpha_1, \cdots, \alpha_l\}$. Let Δ_K and Δ_n be the subsets of compact and noncompact members of Δ.

We select root vectors X_r for each $r \in \Delta$ as in Section 2 of [2]. For each $r \in \Delta$, let $H_r = [X_r, X_{-r}]$. For r, $s \in \Delta$, let r string through s be

$$s - p_{r,s} r, \cdots, s, \cdots, s - q_{r,s} r.$$

In order to describe the root systen Δ, it is convenient to use an orthonormal base e_1, e_2, e_3 of a Euclidean space E_R of dimension 3. Clearly, we have $\Delta = \Delta^+ \cup -\Delta^+$ where

$$\Delta^+ = \{a, b, a+b, 2a+b, 3a+b, 3a+2b\}.$$

Here $a = e_2 - e_3$, and $b = e_1 - e_2 + e_3$. Let $\Pi = \{a, b\}$. Clearly, Π is a simple root system of Δ. The element $x = x_1 e_1 + x_2 e_2 + x_3 e_3$ in E_R can be written as $x = (x_1, x_2, x_3)$. For x, $y \in E_R$, let $A(x, y) = 2(x, y)/|x|^2$. where $(x, y) = x_1 y_1 + x_2 y_2 + x_3 y_3$ for $x = (x_1, x_2, x_3)$, $y = (y_1, y_2, y_3)$. We may assume that $\{H_r, r \in \bullet; X_r, r \in \Delta\}$is a Chevalley basis of g^C. Thus we have

$$[H_r, H_s] = 0, \qquad [H_r, X_s] = A(r, s) X_s,$$
$$[X_r, X_{-r}] = H_r, \qquad [X_r, X_s] = N_{r,s} X_{r+s}.$$

Here $N_{r,s} = 0$ if $r + s \notin \Delta$ and $N_{r,s} = \pm(p_{r,s} + 1)$ if $r + s \in \Delta$. For $r \in \Delta$, let $u_r = \frac{1}{2}(X_r - X_{-r})$ and $v_r = \frac{1}{2_i}(X_r + X_{-r})$. Then g_u can be interpreted as a vector space generated by $\{u_r, v_r, r \in \Delta\}$ over **R** and g is a vector space generated by $\{u_r, v_r, r\in\Delta_K, iu_r, iv_r, r\in\Delta_n\}$ over **R.** Let θ denote the extension of θ to g^C. Then we have $\theta(X_{\pm r})=X_{\pm r}$ if $r\in\Delta_n$ and $\theta(X_{\pm r})=-X_{\pm r}$ if $r\in\Delta_n$, As in [2] we have

$$a = \sum_{\alpha\in S_l} R(iv\alpha).$$

For each parabolic subgroup MAN, the Iwasawa-like decomposition of g^C is

$$g^c=k^c\oplus(m\cap p)^C\oplus a^C\oplus n^C. \tag{1}$$

Let P_k, P_m, P_a and P_n be the projections to respective summands in (1). Here P_m and P_a are orthogonal projection, but P_k and P_n are not.

By (5.2) of [2], we have the following lemma immediately.

Propositions 1. (i) If $\alpha\in S_l$, $l=1, 2$, then

$$P_k(X\pm\alpha)=\pm\frac{1}{2}H_\alpha,\ P_a(X\pm\alpha)=\frac{1}{2}(X_\alpha+X_{-\alpha}), P_m(X_{\pm\alpha})=0.$$

(ii) If $\beta\in\Delta_n\backslash(S_l\cup -S_l)$, $l=1, 2$ and $\beta\perp\perp\alpha$ for all $\alpha\in S_l$, then

$$P_k(X_\beta)=P_a(X_\beta)=0,\quad P_m(X_\beta)=X_\beta.$$

It is easily verified that if $r, s\in\Delta$, $p_{r,s}=3$ and $q_{r,s}=0$, then $A_{r,-r+s}=3$ and $A_{r,-2r+s}=-1$, so, we have

$$\begin{aligned}[][X_r, [X_{-r}, X_s]]&=-[X_{-r},[X_s, X_r]]-[X_s, [X_r, X_{-r}]]\\ &=[H_r, X_s]=3X_s\end{aligned} \tag{2}$$

$$\begin{aligned}[][X_r, [X_{-r},[X_{-r},X_s]]]&=[X_{-r},[X_r,[X_{-r},X_s]]]+[H_r,[X_{-r},X_s]]\\ &=3[X_{-r},X_s]+[X_{-r},X_s]=4[X_{-r},X_s].\end{aligned} \tag{3}$$

$$\begin{aligned}&[X_r,[X_{-r},[X_{-r},[X_{-r},X_s]]]]\\ &=[X_{-r},[X_r,[X_{-r},[X_{-r},X_s]]]]+[H_r,[X_{-r},[X_{-r},X_s]]]\\ &=4[X_{-r},[X_{-r},X_s]]-[X_{-r},[X_{-r},X_s]]\\ &=3[X_{-r},[X_{-r},X_s]].\end{aligned} \tag{4}$$

In the proof of (3) (resp. (4)), we use the formula (2) (resp. (3)). We write $X'_{\delta_{r+s}}$, $X'_{\delta_{r+s}}$ and $X'_{\delta_{r+s}}$ for $[X\delta_r, X_s]$, $[X\delta_r, [X\delta_r, X_s]]$ and $[X_\delta, [X_\delta, [X_\delta, X_s]]]$ respectively for $\delta=\pm$.

Propositions 2. Let $S_l=\{\alpha\}$. Then there exists an root α' in Δ_n^+ such that $\alpha\perp\perp\alpha$, $\alpha'\neq\alpha$ Let $\beta\in\Delta_n\backslash\{\pm\alpha, \pm\alpha'\}$. Then $p_{\alpha\beta}>0$ or $q_{\alpha\beta}>0$ and

(i) $P_a(X_\beta)=0$, $P_m(X_\beta)=X_\beta$ and $P_k(X_\beta)=0$ if and only if $\beta=\pm\alpha'$.

(iia) When α is short and $\beta\in\Delta_n\backslash\{\pm\alpha, \pm\alpha'\}$, then

$$P_k(X_\beta)=-\frac{1}{2}X'_{\delta\alpha+\beta}+\frac{1}{12}X'_{3\delta\alpha+\beta}.$$

if $P_{\alpha\beta}=3$ where $\delta=-$ or $=+$ according to $P_{\alpha\beta}=3$ or $q_{\alpha\beta}=3$;

$$P_k(X_\beta)=-\frac{1}{4}X'_{\delta\alpha+\beta}=-\frac{1}{2}X'_{-\delta\alpha+\beta},$$

if $P_{\alpha\beta}=2$ or $q_{\alpha\beta}=2$ where $\delta=-$ or $=+$ according to $p_{\alpha\beta}=2$ or $q_{\alpha\beta}=2$.

(iib) When α is long and $\beta\in\Delta_n\backslash\{\pm\alpha, \pm\alpha'\}$, then

$$P_k(X_\beta)=-[X_{\delta\alpha}, X_\beta]=-X'_{\delta\alpha+\beta},$$

where $\delta=-$ (resp. $=+$) if $p_{\alpha\beta}>0$ (resp. $q_{\alpha\beta}>0$).

Proof: (i) is clear. We show (iia). Clearly, if α is short, then there exists a root $\gamma\in\Delta_n\backslash\{\pm\alpha, \pm\alpha'\}$ such that $p_{\alpha\gamma}=3$. Clearly, if $p_{\alpha-\gamma}=3$ then $q_{\alpha-\gamma}=3$. For $\delta=\pm$, let

$$Z_1(\delta,\gamma)=X_{-\delta\gamma}+\frac{1}{3}X'_{\delta(\alpha-\gamma)}-\frac{1}{6}X'_{\delta(2\alpha-\gamma)}-\frac{1}{6}X'_{\delta(3\alpha-\gamma)}, \tag{5}$$

and

$$Z_3(\delta,\gamma)=X_{\delta\gamma}+X'_{\delta(\alpha-\gamma)}+\frac{1}{2}X'_{\delta(2\alpha-\gamma)}+\frac{1}{6}X'_{\delta(3\alpha-\gamma)}. \tag{6}$$

By (2), (3), and (4), we have

$$\begin{aligned}&[X_\alpha+X_{-\alpha}\, Z_1(-,\gamma)]\\&=-X'_{-\alpha+\gamma}+\frac{1}{3}(3X_\gamma+X'_{-2\alpha+\gamma})-\frac{1}{6}(4X'_{-\alpha+\gamma}+X'_{-3\alpha+\gamma})-\\&\quad\frac{1}{6}(3X'_{-2\alpha+\gamma})\\&=X_\gamma+\frac{1}{3}X'_{-\alpha+\gamma}-\frac{1}{6}X'_{-2\alpha+\gamma}-\frac{1}{6}X'_{-3\alpha+\gamma}=Z_1(-,\gamma).\end{aligned}$$

Similarly, by (2), (3) and (4), it is easily verified that

$$[X_\alpha+X_{-\alpha}, Z_k(\delta, \gamma)]=kZ_k(\delta, \gamma), \tag{7}$$

when $k=1$ or 3. By (7), we have $Z_k(\delta, \gamma)\in n^C$ for $k=1$ or 3 and for $\delta=+$ or $-$. It is easy to see that if $p_{\alpha\beta}=3$ or $q_{\alpha\beta}=3$, then $\beta=\gamma$ or $-\gamma$. By the formulas given above, (iia) can be shown for the case of $p_{\alpha\beta}=3$ or $q_{\alpha\beta}=3$ immediately since $\delta(\alpha-\gamma)$, $\delta(3\alpha-\gamma)\in\Delta_K$ and $\delta(2\alpha-\gamma)\in\Delta n\backslash\{\pm\alpha, \pm\alpha'\}$.

It is easy to see that that if $\beta\in\Delta_n\backslash\{\pm\alpha, \pm\alpha'\}$ with $p_{\alpha\beta}=2$ or $q_{\alpha\beta}=2$, then $\beta=\gamma-\alpha$ or $\beta=-\gamma+\alpha$ where γ is a root in $\Delta_n\backslash\{\pm\alpha, \pm\alpha'\}$ given above. By the formulas given above, (iia) can be shown immediately for the case of $p_{\alpha\beta}=2$ or $q_{\alpha,\beta}=2$.

Now, we show (iib). For the case of $q_{\alpha\beta}>0$, it is easily verified that $A_{\alpha\beta}=-2(2\times3)/6=-1$ and $-\alpha+\beta\notin\Delta$. Then we have

$$[X_{-\alpha}[X_{\alpha}, X_{\beta}]]=-[[X_{\alpha}, X_{-\alpha}, X_{\beta}]=-[H_{\alpha}, X_{\beta}]=A_{\alpha\beta}X_{\beta}.$$

By the formula given above, we have

$$\begin{aligned}&[X_{\alpha}+X_{-\alpha}, X_{\beta}+[X_{\alpha}, X_{\beta}]]\\ &\quad=[X_{\alpha}, X_{\beta}]+[X_{-\alpha}, X_{\beta}]+[X_{\alpha}, [X_{\alpha}, X_{\beta}]]+[X_{-\alpha}, [X_{\alpha},X_{\beta}]]\\ &\quad=[X_{\alpha},X_{\beta}]+X_{\beta}.\end{aligned}$$

Thus, it is easily shown that $X_{\beta}+[X_{\alpha}, X_{\beta}]\in n^{C}$. By this formula, (iib) can be shown for the case of $q_{\alpha\beta}>0$ since $\alpha+\beta\in\Delta_k$. Similarly. we can show that (iib) is true for the case of $p_{\alpha\beta}>0$.

The proof is complete.

For each $S_2=\{\alpha_1, \alpha_2\}$, it is easy to see that either α_1 or α_2 is long. Let α_1 denote the short root in S_2 and let α_2 denote the long root in S_2. Denfine a lexicographic ordering from the ordered basis follows; $X_{\alpha_1}+X_{-\alpha_1}$, $X_{\alpha_2}+X_{-\alpha_2}$.

Proposition 3. Let $S_2=\{\alpha_1, \alpha_2\}$ with α_1 short and α_2 long and let $\beta\in\Delta_n$. Then

(i) $\Delta_n\backslash\pm S_2$ is empty and $P_m(X_{\beta})=0$.

(ii. a) $P_{a}(X_{\beta})=0$ if and only if $\beta\in\pm S_2$.

(ii. b) $P_k(X_{\beta})$ is given by (ii. a) of Proposition 2. 2 if $\beta\notin\pm S_2$ and $P_k(X_{\beta})=\frac{1}{2}H_{\beta}$ if $\beta\in S_2$.

Proof: By (2), it is easy to see that (i) and (ii. a) are clear.

Let Y_1 and Y_2 denote $X_{\alpha_1}+X_{-\alpha_1}$ and $X_{\alpha 2}+X_{-\alpha_2}$ respectively. Since $\alpha_1\perp\perp\alpha_2$, we have

$$[Y_1, Y_2]=0. \tag{8}$$

Clearly, for $\delta=+$ or $-$ and $k=1$ or 3, we have

$$[Y_1,[Y_2,Z_k(\delta,\gamma)]]+[Y_2,[Z_k(\delta,\gamma),Y_1]+[Z_k(\delta,\gamma),[Y_1,Y_2]]=0.$$

Thus, by(8), we obtain

$$[Y_1, [Y_2, Z_k(\delta, \gamma)]]=k([Y_2, Z_k(\delta, \gamma)]) \tag{9}$$

Let Z_k denote the subspace generated by $[Z_k(\delta, \gamma), Z_k(-\delta, \gamma)]\}$ over the real number field **R**. By (9), it is easy to see that $[Y_2, X] \in Z_k$ for each $X \in Z_k$. Thus, we obtain

$$Z_k \subset n^C$$

Therefore, (ii. b) can be shown immediately since α_1 is short and the lexicographic ordering basis is Y_1, Y_2.

References

[1] Helgason S. Differential geometry, Lie group and Symmetric space. New York: Academic Press, 1978.

[2] Baldoni Silva, Knapp A W. Intertwining operators and Unitary Representations (I). J Funct Anal, 1989, 82: 151～236.

[3] Knapp A W. Representation theory of semisimple groups: An overview based on examples. Princeton: Princeton UnviPress, 1986.

论可裂 G_2 的缠结算子 (I)

陈仲沪　谭作文

§1 引　言

众所周知,线性连通单李群 G 的不可约酉表示分类问题可归结为决定其 Langlands 商 $J(MAN, \sigma, \nu)$ 是否为无穷小酉. 这里 MAN 是 G 某个的尖抛物子群，σ 是 M 的某个离散序列或离散序列非退化极限且 ν 是 A 的李代数上的复值函数，它满足 $\mathrm{Re}\nu \geqslant 0$ 和某些对称性质. 除了可裂 G_2 外，[1] 给出了线性连通单李群的缠结算子作用于标准诱导表示的某些子空间的公式. [2] 利用这些公式，除了 G 是可裂 F_4 或是可裂 G_2 外，对 $\dim A = 1$ 的情况决定了 G 的 Langlands 商 $J(MAN, \sigma, \nu)$ 是否为无穷小酉的. [3] 利用[1] 的结果决定了可裂 F_4 的 Langlands 商 $J(MAN, \sigma, \nu)$ 是否为无穷小酉. 对线性连通单李群可裂 G_2，本文得到了它的缠结算子作用于标准诱导表示某些子空间的公式(见定理 2.1 中的(2.3) 和(2.3)$'$). 本文得到的可裂 G_2 的公式和[1] 中得到的线性连通单李群(除了可裂 G_2) 的公式不完全相同. 用本文得到的可裂 G_2 的缠结算子的公式可给出区域 D，而且可裂 G_2 的 Langlands 商 $J(MAN, \sigma, \nu) = J(\nu)$ 当 $\nu \in D$ 时，不是无穷小酉的. 本文的第二部分将给出有关结果. 用[4] 中的上同调诱导方法，[5] 给出了单连通可裂 G_2 的不可约酉表示的分类. 事实上，[5] 中主要的困难也是决定 $J(\nu)$ 不是无穷小酉的区域 D(见[5, p. 754]). 而用本文所得到的可裂 G_2 的缠结算子的公式来决定区域 D 要更为直接和方便. [5] 和本文的第二部分中得到的区域 D 是不同的，对[5] 和本文的第二部分中得到的不同的区域 D 进行比较是有趣的并且是有意义的.

本文将直接利用[1] 中的概念和术语. 以 G 表示线性连通单李群可裂 G_2，

以 g 表示 G 的李代数. 令 θ 为 g 的标准 Cartan 对合自同构且 $g = k + p$ 为相应的 g 的 Cartan 分解. 以 K 表示和 θ 相应的 G 的最大紧致子群. 显然 K 的李代数为 k. 令 MAN 为 G 的某个尖抛物子群的 Langlands 分解，令 σ 为 M 的一个离散序列或离散序列的非退化极限. 令 ν 为 A 的李代数 a 上的复值函数. G 的标准诱导表示 $U(MAN, \sigma, \nu)$ 的定义为

$$U(\nu) = U(MAN, \sigma, \nu) = \mathrm{ind}_{MAN}^{G}(\sigma \otimes e^{\nu} \otimes 1).$$

若 $\mathrm{Re}\nu \geqslant 0$（正的定义和 N 相关），且 R- 群为平凡，则 $U(\nu)$ 有唯一的不可约商 $J(MAN, \sigma, \nu) = J(\nu)$，即 Langlands 商. 显然 $\mathrm{rank}G = \mathrm{rank}K$.

设 b 为 g 的一个紧致 Cartan 子代数. 设 $S_l = \{\alpha_1, \cdots, \alpha_l\}$，$l = 1, 2$ 为 $\Delta = \Delta(g^c, b^c)$ 中一个有序非空，由强正交的非紧致根构成的子集. 通过关于 $\{\alpha_1, \cdots, \alpha_l\}$ 的 Cayley 变换可得到 A 的李代数 a. $b_- = \ker(\alpha_1) \cap \cdots \cap \ker(\alpha_l)$ 是 M 的李代数 m 的紧致 Cartan 子代数且根系 $\Delta_- = \Delta(m^c, b_-^c)$ 由 Δ 中正交于 $\{\alpha_1, \cdots, \alpha_l\}$ 的根所构成. 设 Δ_K 和 Δ_n 分别表示 Δ 中的紧致和非紧致根构成的子集. 设 Z_M 和 M_0 分别为 M 的中心和单位连通分支，令 $M^{\#} = M_0 Z_M = M_0 F$ 且 $K^{\#} = K \cap M^{\#}$.

设 $\sigma^{\#}$ 为作用于 Hilbert 空间 $V^{\sigma^{\#}}$ 的 $M^{\#}$ 的离散序列或其极限. σ 为 $\sigma^{\#}$ 所诱导. 显然 $\sigma^{\#}$ 是由其 Harish-Chandra 参数$(\lambda_0, \Delta_-^{+})$ 和在 F 上的数量限制 χ 所决定，这里 Δ_-^{+} 是 Δ_- 的一个正根系且 λ_0 是 Δ_-^{+} 支配. 我们可以引进 Δ 的一个包含 Δ_-^{+} 的正根系 Δ^{+}，使得 λ_0 是 Δ^{+} 支配且 $S_l \subset \Delta^{+}$，$l = 1, 2$. 设 $\Delta_K^{+} = \Delta_K \cap \Delta^{+}$ 且 $\Delta_n^{+} = \Delta_n \cap \Delta^{+}$. 设 Π 为在 Δ^{+} 中的素根系. 对 $r \in \Delta$，象[1]中第二节一样选择根向量 X_r 且令 $H_r = [X_r, X_{-r}]$. 设 $r, s \in \Delta$，令经过 s 的 r 链为 $s - p_{r,s}r$，$\cdots$，$s \cdots$，$s + q_{r,s}r$. 由[6,4.2.1]可知，$[X_r, X_s] = N_{r,s}X_{r+s}$，其中 $N_{r,s} = 0$，当 $r + s \notin \Delta$ 时；$N_{r,s} = \pm(p_{r,s} + 1)$，当 $r + s \in \Delta$ 时. 设 W_K 表示 Δ_K 的 Weyl 群，假设 μ' 是 b^c 上的线性函数且在 ib 上为实值，则存在 $w \in W_K$，使得 $w(\mu')$ 是 Δ_K^{+} 支配，以 $(\mu')^{\vee}$ 表示 $w(\mu')$. 设 Λ' 是 Δ_K^{+} 支配且是（解析）整的，以 $\tau_{\Lambda'}$ 表示具有最高权 Λ' 的 K 的不可约表示. 以 p^c 表示 $\mathrm{Ad}(K)$ 在 p^c 上的限制，这个限制是 K 的一个表示.

容易证明[2]中的命题 1.1，对可裂 G_2 也是对的. 对于可裂 G_2，还可证明以下定理

定理 1.1 （见[2,定理 1.5]）设 μ' 是整的，令 $\Lambda' = (\mu')^{\vee}$. 设 $\beta \in \Delta_n$ 且假设 $\tau_{(\mu'+\beta)^{\vee}}$ 相遇 $\tau_{\Lambda'} \otimes p^c$. 设 $E = E_{(\mu'+\beta)^{\vee}}$ 为 $\tau_{\Lambda'} \otimes p^c$ 在 $\tau_{(\mu'+\beta)^{\vee}}$ 的子空间上的投

影(沿着其他 K 态的子空间). 设 v' 是 $\tau_\Lambda{}'$ 中对应于权 μ' 的非零权向量且 X_β 为对应于 β 的非零根向量，则 $E(v'\otimes X_\beta)$ 是非零的.

在诱导空间中，给定最小 K 态 τ_Λ 的一个非零最高权向量 f_0，且设 v_0 为 K 的表示 τ_Λ 的抽象表示空间 V^Λ 的非零最高权向量，则 f_0 必须为以下形式

$$f_0(k) = A\tau_\Lambda(k)^{-1}v_0, \tag{1.1}$$

其中 A 为唯一的 $\operatorname{Hom}_{K\cap M^{\#}}(V^\Lambda, V^{\sigma^{\#}})$ 中的一个算子. $\lambda = \Lambda|_{b-}$ 为 τ_Λ 的权并存在 $V^{\sigma^{\#}}$ 中唯一元素 u_0，使得

$$A^*(u_0) = v_0, \tag{1.2}$$

将这个元素 u_0 给定后不变.

Δ 在实数域 R 上生成一个欧氏空间 E_R，类似于[1] 的第 2 节在 E_R 中引进内积 $\langle x, y\rangle$，其中 $x, y\in E_R$，从而可在 E_R 中，引进模平方 $|x|^2$，$x\in E_R$. 对给定 Δ 的一个正根系 Δ^+，令 δ 为 Δ^+ 中根的和之半. 设 $(x, y)\in E_R\times E_R$，令 $A(x, y) = 2\langle x, y\rangle/|x|^2$. 设 $r, s\in\Delta$，不难验证若 $\langle r, s\rangle = 0$，则 $r\perp\!\!\perp s$. 由[8] 可得

引理 1.1 若 $r\in\Delta_n$，则 r 不为某些 M 的紧致根的和.

§ 2. 一般缠结算子公式

以下将讨论 g^c 的 Iwasawa-like 分解

$$g^c = k^c\oplus(m\cap p)^c\oplus a^c\oplus n^c. \tag{2.1}$$

令 P_k，P_m，P_a 和 P_n 分别为在(2.1) 式中相关于和的投影. 这里 P_m 和 P_a 是相互正交的，而 P_k 和 P_n 不是相互正交的. 由[7]，立即可得到以下引理 2.1 和引理 2.2.

引理 2.1 (i) 若 $\alpha\in S_l$，则 $P_k(X_{\pm\alpha}) = \pm\frac{1}{2}H_\alpha$，$P_a(X_{\pm\alpha}) = \frac{1}{2}(X_\alpha + X_{-\alpha})$，$P_m(X_{\pm\alpha}) = 0$. 反之若 $\beta\in\Delta$ 且 $\beta\notin S_l$，则 $P_a(X_\beta) = 0$.

(ii) 若 $\beta\in\Delta_n\backslash(S_l\cup -S_l)$ 且 $\beta\perp\!\!\perp\alpha_1, \cdots, \alpha_l$. 则 $P_k(X_\beta) = P_a(X_\beta) = 0$，$P_m(X_\beta) = X_\beta$. 反之若 $P_m(X_\beta)\neq 0$，$\beta\in\Delta$，则 $\beta\in\Delta_n\backslash(S_l\cup -S_l)$ 且 $\beta\perp\!\!\perp\alpha_1, \cdots, \alpha_l$.

(iii) 若 $\beta\in\Delta_K$，则 $P_k(X_\beta) = X_\beta$ 且 $P_a(X_\beta) = P_m(X_\beta) = 0$.

(iv) 若 $\beta\in\Delta$，则 $P_k(H_\beta) = H_\beta$ 且 $P_a(H_\beta) = P_m(H_\beta) = 0$.

设 r, $s\in\Delta$, $\rho=\pm$, 以 $X'_{\rho r+s}$, $X'_{\rho 2r+s}$ 和 $X'_{\rho 3r+s}$ 分别表示$[X_{\rho r}, X_s]$, $[X_{\rho r}, [X_{\rho r}, X_s]]$ 和$[X_{\rho r'}, [X_{\rho r}, [X_{\rho r}, X_s]]]$. 令 $\Delta_{n,1}=\{\beta\in\Delta_n \mid \beta\perp\backslash\perp\alpha_1\}$, 且 $\Delta_{n,2}=\{\beta\in\Delta_n \mid \beta\perp\perp\alpha_1, \beta\perp\backslash\perp\alpha_2\}$. 设 r, $\beta\in\Delta$, 根据 $p_{r,\beta}\leqslant q_{r,\beta}$ 或 $p_{r,\beta}>q_{r,\beta}$ 令 $\rho=+$ 或 $-$; 令 $Y=-\eta_{\beta,r}X'_{\rho r+\beta}+(1/12)X'_{\rho 3r+\beta}$, $\eta_{\beta,r}=(1/2)$ 当 r 为短根且$q_{r,\beta}=3$ 或 $p_{r,\beta}=3$ 时, $Y=-\eta_{\beta,r}X'_{\rho r+\beta}-(1/2)X'_{-\rho r+\beta}$, $\eta_{\beta,r}=(1/4)$ 当 r 为短根且 $q_{r,\beta}=2$ 或 $p_{r,\beta}=2$ 时, $Y=-\eta_{\beta,r}X'_{\rho r+\beta}$, $\eta_{\beta,r}=1$ 当 r 为长根且 $q_{r,\beta}\neq 0$ 或 $p_{r,\beta}\neq 0$ 时. 由[7]可知

引理 2.2 设 $\beta\in\Delta_{n,j}$, j 为 $\leqslant l$ 的正整数且 $q_{r,\beta}\neq 0$ 或 $p_{r,\beta}\neq 0$, 其中 r 为 α_j, 则 $P_k(X_\beta)=Y$, $P_a(X_\beta)=0$ 且 $P_m(X_\beta)=0$.

引理 2.3 对任意β, $\alpha\in\Delta$, $\beta\mp\alpha\in\Delta$, 令 $\omega(\beta,\alpha)^{\pm}=|(|\beta|^2-|\alpha|^2)/|\beta\mp\alpha|^2|$, 则 $\omega(\beta,\alpha)^{\pm}=0$ 或 2, 且 $\omega(\beta,\alpha)^{\pm}=0$ 或 $\neq 0$ 当且仅当 $A(\beta\mp\alpha,\pm\alpha)=-1$ 或 -3.

令 $\alpha=\alpha_r$, $1\leqslant r\leqslant l$. 对 $\rho=\pm$ 和对 Δ_K^+ 支配的整形式μ' 令

$S_1(\pm,\mu')=\{\beta\in\Delta_{n,r} \mid \beta\mp\alpha\in\Delta, |\beta|^2\geqslant|\alpha|^2, A(\beta\mp\alpha,\mu')\geqslant 1\}$,

$S_2(\pm,\mu')=\{\beta\in\Delta_{n,r} \mid \beta\mp\alpha\in\Delta, |\beta|^2<|\alpha|^2, A(\beta\mp\alpha,\mu')>2\}$,

$S_3(\pm,\mu')=\{\beta\in\Delta_{n,r} \mid \beta\mp\alpha\in\Delta, |\beta|^2<|\alpha|^2, 1\leqslant A(\beta\mp\alpha,\mu')\leqslant 2\}$.

引理 2.4 设$\beta\in S_3(\pm,\mu')$ 且 $c_{\beta,\pm\alpha}=N_{\mp\alpha,\beta}N_{\mp\alpha+\beta,\pm\alpha}$, 则 $c_{\beta,\pm\alpha}=-\rho 1$ 并且

$$[[X_{\mp\alpha}, X_\beta], [X_{\pm\alpha}, X_{-\beta}]]=-\rho H_{\beta\mp\alpha}.$$

证 通过计算可得

$$\begin{aligned}
&[[X_{\mp\alpha}, X_\beta], [X_{\pm\alpha}, X_{-\beta}]]\\
&\quad=(adX_{\mp\alpha})[X_\beta, [X_{\pm\alpha}, X_{-\beta}]]-(adX_\beta)[X_{\mp\alpha}, [X_{\pm\alpha}, X_{-\beta}]]\\
&\quad=N_{\pm\alpha,-\beta}N_{\beta,\pm\alpha-\beta}[X_{\mp\alpha}, X_{\pm\alpha}]-N_{\pm\alpha,-\beta}N_{\mp\alpha,\pm\alpha-\beta}[X_\beta, X_{-\beta}].
\end{aligned}$$

利用[6]的定理 4.2.1 和[6]的命题 4.2.2.不难得到

$$N_{\pm\alpha,-\beta}N_{\beta,\pm\alpha-\beta}=-\rho 3,\ N_{\pm\alpha,-\beta}N_{\mp\alpha,\pm\alpha-\beta}=\rho 1 \text{ 和 } c_{\beta,\pm\alpha}=-\rho 1.$$

由以上结果可得到$[[X_{\mp\alpha}, X_{-\beta}], [X_{\pm\alpha}, X_{-\beta}]]=-\rho 3H_{\mp\alpha}-\rho H_\beta=-\rho H_{\beta\mp\alpha}$. 引理获证.

[1] 中第 4 节引入了 G 的缠结算子 $T(\nu)$(intertwining operators) 并且[1]中的公式(4.1) 利用缠结算子 $T(\nu)$ 引入了 $J(\nu)$ 和 $U(\nu)$ 不变的 Hermitian 型 $\langle f, g\rangle=(T(\nu)f, g)$, f, $g\in L^2(k)$, 其中$(T(\nu)f, g)$ 为 $T(\nu)f$ 和g 在$L^2(k)$ 中的内积. 以下定理(2.1) 中所给出(2.3) 和(2.3)′即为可裂 G_2 的缠结算子作用于标准诱导表示某些子空间的公式.

定理 2.1 在 $S_l(l=1,2)$ 中给定一个 α_r，$1\leqslant r\leqslant l$ 且给定 ib 上的一个整形 μ' 以及一个正负号 $\rho=\pm$. 以 α 表示 α_r. 令 $\Lambda'=(\mu')^{\vee}$ 和 $\Lambda''=(\mu'+\rho\alpha)^{\vee}$. 令 v' 是 $\tau_{\Lambda'}$ 中权 μ' 的非零权向量且对任意 ν，令 $B(\nu)$ 是 $\operatorname*{Hom}_{k\cap M'}(V^{\Lambda'},V^{\sigma^{\#}})$ 中的一个元素. 令 $\eta=\langle\mu'+\beta,\beta\mp\alpha\rangle/|\beta\mp\alpha|^2$ 且令 f_1 为由下式所给出的诱导空间的一个元素

$$f_1(k)=B(\nu)\tau_{\Lambda'}(k)^{-1}v'. \tag{2.2}$$

假定以下条件(a)-(d) 对 μ' 和 $\rho=\pm$ 成立：

(a) 设 $r\in S_l$，形如 $\mu'\pm\alpha+\zeta r$ 或 $\mu'\pm\alpha-\zeta r$ 的 $\tau_{\Lambda'}$ 的权即为 μ' 本身，其中 $\zeta=3$ 当 $l=1$ 且 α 为短根，$\zeta=1$ 对其他情况；

(b) $\tau_{\Lambda''}$ 相遇于 $\tau_{\Lambda'}\otimes p^c$ 中，因此 $v''=E_{\Lambda''}(v'\otimes X_{\pm\alpha})$ 不为零；

(c) 有 Δ 的子系 Δ_L 满足以下条件：

(i) $S_l\subset\Delta_L$ 且 Δ_L 的实阶为 l，

(ii) $\Lambda'-\Lambda$ 是 Δ_L 中元素的整系数线性组合；

(d) 若 $\beta\in S_3(\pm,\mu')$，则 $A(\beta\mp\alpha,\mu')\neq 1$. 那么

$$\frac{\langle P_{\Lambda''}U(\nu,X_{\pm\alpha})f_1(k),u_0\rangle_{\mu'\pm\alpha}}{\langle\tau_{\Lambda''}(k)^{-1}v'',v''\rangle}=\frac{|\alpha|^2}{4}d(\nu)^{\pm}_{\mu'}\frac{\langle f_1(k),u_0\rangle_{\mu'}}{\langle\tau_{\Lambda''}(k)^{-1}v',v'\rangle}, \tag{2.3}$$

其中下标 $\mu'\pm\alpha$ 和 μ' 的定义由[1]中(4.2)所给出，u_0 为(1.2)所给出且 $d(\nu)^{\pm}_{\mu'}$ 为下式所给出

$$d(\nu)^{\pm}_{\mu'}=(\nu+\delta)(X_\alpha+X_{-\alpha})+\frac{2\langle\mu',\pm\alpha\rangle}{|\alpha|^2}+s_1(\pm,\mu')+s_2(\pm,\mu')+s_3(\pm,\mu'), \tag{2.3$'$}$$

其中

$$s_i(\pm,\mu')=\sum_{\beta\in S_i(\pm,\mu')}\frac{2|\beta|^2}{|\alpha|^2}\eta_{\beta,\alpha}(C-q_{\beta,\mp\alpha}(p_{\beta,\mp\alpha}+1)),\ i=1,2,3,$$

这里 $C=0$ 当 $\beta\in S_1(\pm,\mu')\cup S_2(\pm,\mu')$ 时；$C=\eta$ 当 $\beta\in S_3(\pm,\mu')$ 时.

证 以 $c(t)$ 表示 $c(0)=1$ 且当 $t=0$ 时，其切向量为 g 中 X 的 G 的曲线，则

$$U(\nu,X)f_1(k)=\frac{\mathrm{d}}{\mathrm{d}t}f_1(c(t)^{-1}k)\Big|_{t=0}=\frac{d}{dt}f_1(kk^{-1}c(t)^{-1}k)\Big|_{t=0}.$$

对 $c(t)$，令 $Y=Ad(k)^{-1}(X)$，且取

$$c(t)=k\exp(tP_kY)\exp(tP_mY)\exp(tP_aY)\exp(tP_nY)k^{-1}.$$

因为 $M^{\#}AN$ 从右边作用于 f_1，可以得到

$$U(\nu,X)f_1(k)=\frac{\mathrm{d}}{\mathrm{d}t}\left(e^{\nu+\delta}(\exp(tP_aY))\sigma^{\#}(\exp tP_mY)f_1(k(\exp tP_kY)^{-1})\right)_{t=0}$$
$$=(\nu+\delta)(P_aY)f_1(k)+\sigma^{\#}(P_mY)f_1(k)+$$
$$\frac{\mathrm{d}}{\mathrm{d}t}f_1(k(\exp tP_kY)^{-1})\Big|_{t=0}.$$

由(2.2)，有

$$f_1(k(\exp tP_kY)^{-1})=B(\nu)\tau_{\Lambda'}(\exp tP_kY)\tau_{\Lambda'}(k)^{-1}v'$$

微分上式并再将(2.2)带入，得到

$$U(\nu,X)f_1(k)=[(\nu+\delta)(P_aY)]B(\nu)\tau_{\Lambda'}(k)^{-1}v'+$$
$$[\sigma^{\#}(P_mY)]B(\nu)\tau_{\Lambda'}(k)^{-1}v'+B(\nu)\tau_{\Lambda'}(P_kY)\tau_{\Lambda'}(k)^{-1}v',\tag{2.4}$$

并且将上式中 X 线性扩充到 g^c 中；我们将(2.4)右边分为 a-term，m-term 和 k-term 三项. 由[1]中第2节的内积的定义可知，$|X_\beta|^2=2/|\beta|^2,\beta\in\Delta$，因此，根向量 $\frac{1}{2}|\beta|^2X_\beta,\beta\in\Delta_n$ 构成 p^c 的一组法正交基. 若 $X\in p^c$，则

$$Y=Ad(k)^{-1}X=\sum_{\beta\in\Delta_n}\frac{1}{2}|\beta|^2\langle Ad(k)^{-1}X,X_\beta\rangle X_\beta.$$

由引理2.1可知 $P_aX_\beta=0$ 除非 $\beta\in\pm S_l$. 由引理2.1有

$$P_aY=\sum_{r\in S_l}\frac{1}{4}|r|^2\langle Ad(k)^{-1}X,X_r+X_{-r}\rangle(X_r+X_{-r}).$$

由上式不难得到

$$\langle a-\text{term},u_0\rangle$$
$$=\sum_{r\in S_l}\frac{|r|^2}{4}[(\nu+\delta)(X_r+X_{-r})]\langle B(\nu)\tau_{\Lambda'}(k)^{-1}v',u_0\rangle$$
$$\langle Ad(k)^{-1}X,X_r+X_{-r}\rangle$$
$$=\sum_{r\in S_l}\frac{1}{4}|r|^2[(\nu+\delta)(X_r+X_{-r})]\langle\pi(k)^{-1}(v'\otimes X),$$
$$B(\nu)^*u_0\otimes(X_r+X_{-r})\rangle,$$

其中 $\pi=\tau_{\Lambda'}\otimes P^c$，因此

$$\langle P_{\Lambda''}(a-\text{term})(k_0),u_0\rangle$$
$$=\sum_{r\in S_l}\frac{1}{4}|r|^2[(\nu+\delta)(X_r+X_{-r})]\times\langle E_{\Lambda''}(v'\otimes X),$$
$$\pi(k_0)(B(\nu)^*u_0\otimes(X_r+X_{-r}))\rangle.$$

令 $X=X_{\pm\alpha}$，且将下标取为 $\mu'\pm\alpha$，因此，在 $B(\nu)^*u_0\otimes(X_r+X_{-r})(r\in$

S_l)中具有权 $\mu'\pm\alpha$ 的项才在上述内积中不为零，这些项称为保留项．因此，由引理 2.1 可知，对于保留项有 $\varepsilon+r=\mu'\pm\alpha$，$r\in S_l$ 或 $\varepsilon-r=\mu'\pm\alpha$，$r\in S_l$，其中 ε 是 $B(\nu)^* u_0$ 的权．由定理的假设(a)得到 $\varepsilon=\mu'$ 和 $r=\alpha$．令 $\bar{a}(\nu)v'=|v'|^{-2}\langle B(\nu)^* u_0, v'\rangle v'$，显然 μ' 是 $\tau_{\Lambda'}$ 的一个极值权且 v' 是这个权的非零权向量，所以有 $B(\nu)^* u_0=\bar{a}(\nu)v'+Ir$，其中 Ir 是一些无关项的和，因此

$$\begin{aligned}&\langle P_{\Lambda''}(a-\mathrm{term})(k_0), u_0\rangle_{\mu'\pm\alpha}\\&=a(\nu)\frac{1}{4}|\alpha|^2\langle E_{\Lambda''}(v'\otimes X_{\pm\alpha}), \pi(k_0)(v'\otimes X_{\pm\alpha})\rangle\\&\quad[(\nu+\delta)(X_\alpha+X_{-\alpha})].\end{aligned}\tag{2.5}$$

由(2.4)有

$$\begin{aligned}\langle m-\mathrm{term}, u_0\rangle&=\sum_{\beta\in\Delta_n}\frac{1}{2}|\beta|^2\langle\tau_{\Lambda'}(k)^{-1}v', B(\nu)^*\sigma^{\#}(P_mX_\beta)^*u_0\rangle\\&\quad\langle Ad(k)^{-1}X, X_\beta\rangle\\&=\sum_{\beta\in\Delta_n}\frac{1}{2}|\beta|^2\langle\pi(k)^{-1}(v'\otimes X), B(\nu)^*\sigma^{\#}(P_mX_\beta)^*u_0\otimes X_\beta\rangle.\end{aligned}$$

为了证明 $m-\mathrm{term}$ 的贡献为零，只要证明

$$B(\nu)^*\sigma^{\#}(P_mX_\beta)^*u_0=0\tag{2.6}$$

对所有 $\beta\in\Delta_n$ 成立．若(2.6)不成立，由 $\beta\pm\alpha\perp\backslash\perp\alpha$ 可知，$B(\nu)\neq 0$，且 $\sigma^{\#}(P_mX_\beta)^*u_0$ 应有定义在 b_- 上的权 $\lambda-\beta$，其中 $\lambda=\Lambda|_{b_-}$．若 $\beta\in\Delta_n$，由引理 1.1 可知，β 不能是某些 M 紧致根的和，所以上述结论不成立．这就证明了(2.6)．由此得到

$$\langle P_{\Lambda''}(m-\mathrm{term})(k_0), u_0\rangle_{\mu'\pm\alpha}=0\tag{2.7}$$

现在来计算(2.4)中 $k-\mathrm{term}$ 的贡献．类似对 $a-\mathrm{term}$ 的讨论，得到

$$\begin{aligned}&\langle P_{\Lambda''}(k-\mathrm{term})(k_0), u_0\rangle\\&\sum_{\beta\in\Delta_n}\frac{1}{2}|\beta|^2\langle E_{\Lambda''}(v'\otimes X), \pi(k_0)(\tau_{\Lambda'}(P_kX_\beta)^*B(\nu)^*u_0\otimes X_\beta)\rangle.\end{aligned}\tag{2.8}$$

取 $X=X_{\pm\alpha}$ 且内积的下标取为 $\mu'\pm\alpha$，在 $\tau_{\Lambda'}(P_kX_\beta)^*B(\nu)^*u_0\otimes X_\beta$ 中具有权 $\mu'\pm\alpha$ 的项在上述内积中才不为零成为保留项．由引理 2.2 可知，$\tau_{\Lambda'}(P_kX_\beta)^*$ 的权为 $\beta+\zeta r$ 或 $\beta-\zeta r$ 其中 ζ 为定理中假设(a)所给出而 r 为 S_l 中某些根，因此对于保留项应有 $-(\beta+\zeta r)+\varepsilon+\beta=\mu'\pm\alpha$ 或 $-(\beta-\zeta r)+\varepsilon+\beta=\mu'\pm\alpha$．由假设(a)可得 $\varepsilon=\mu'$，$r=\alpha$ 且 $\zeta=1$．令 $\Delta^X=\Delta_{n,r}$．类似于对 $a-\mathrm{term}$ 的讨论，在(2.8)中将 $B(\nu)^*u_0$ 换为 $\bar{a}(\nu)v'$，因此

$$\langle P_{\Lambda''}(k-\text{term})(k_0),\ u_0\rangle_{\mu'\pm\alpha}$$
$$= a(\nu)\sum_{\beta\in\Delta^X}\frac{1}{2}|\beta|^2\langle E_{\Lambda''}(v'\otimes X_{\pm\alpha}),\pi(k_0)(\tau_{\Lambda'}(P_kX_\beta)^*v'\otimes X_\beta)\rangle_{\mu'\pm\alpha},$$
$$(2.9)$$

且 P_kX_β 所给出的非零贡献只能来自有 $[X_{\mp\alpha},X_\beta]\neq 0$ 的项. 由此可知，若 $\beta\perp\!\!\perp\alpha$ 或 $\beta=\mp\alpha$ 则给出的贡献为0. 若 $\beta=\pm\alpha$，则 $P_k(X_{\pm\alpha})=\pm\frac{1}{2}H_\alpha$. 因此

$$\tau_{\Lambda'}(P_kX_{\pm\alpha})^*v'=\pm\frac{1}{2}(2\langle\mu',\alpha\rangle/|\alpha|^2)v'.$$

所以 $\beta=\pm\alpha$ 对(2.9)的贡献为

$$a(\nu)\frac{1}{4}|\alpha|^2\langle E_{\Lambda''}(v'\otimes X_{\pm\alpha}),\ \pi(k_0)(v'\otimes X_{\pm\alpha})\rangle[2(\langle\mu',\pm\alpha\rangle/|\alpha|^2)].$$
$$(2.10)$$

对于剩下的 β，由引理2.2和 $\zeta=1$ 可知其相关于 $P_k(X_\beta)$ 的保留项为 $-\eta_{\beta,\alpha}[X_{\mp\alpha},X_\beta]$. 因此 $\tau_{\Lambda'}(P_kX_\beta)^*\otimes X_\beta$ 的相关保留项为

$$\eta_{\beta,\alpha}\tau_{\Lambda'}[X_{\pm\alpha},X_{-\beta}]v'\otimes X_\beta. \tag{2.11}$$

若 $2\langle\mu',\beta\mp\alpha\rangle/|\beta\mp\alpha|^2=A(\beta\mp\alpha,\mu')<1$，则

$$|\mu-\beta\pm\alpha|^2-|\mu'|^2=|\beta\pm\alpha|^2(1-A(\beta\mp\alpha,\mu'))>0.$$

这说明 $\mu'-\beta\pm\alpha$ 太长而不能为 $\tau_{\Lambda'}$ 的权，因此要(2.10)不为零只有当 $\beta\in S_1(\pm,\mu')\cup S_2(\pm,\mu')\cup S_3(\pm,\mu')$. 对任意剩余的 β，有

$$\tau_{\Lambda'}[X_{\pm\alpha},X_{-\beta}]v'\otimes X_\beta$$
$$=\pi[X_{\pm\alpha},X_{-\beta}](v'\otimes X_\beta)-v'\otimes(ad[X_{\pm\alpha},X_{-\beta}])X_\beta$$
$$=\pi[X_{\pm\alpha},X_{-\beta}](v'\otimes X_\beta)-q_{\beta,\mp\alpha}(p_{\beta,\mp\alpha}+1)(v'\otimes X_{\pm\alpha}). \tag{2.12}$$

以下要证明

$$E_{\Lambda''}(\pi[X_{\pm\alpha},X_{-\beta}](v'\otimes X_\beta))=CE_{\Lambda''}(v'\otimes X_{\pm\alpha}), \tag{2.13}$$

其中 $C=0$ 当 $\beta\in S_1(\pm,\mu')\cup S_2(\pm,\mu')$ 且 $C=\eta$ 当 $\beta\in S_3(\pm,\mu')$. 显然，由(2.8)，(2.11)，(2.12)和(2.13)可知，若 $\beta\in S_1(\pm,\mu')\cup S_2(\pm,\mu')\cup S_3(\pm,\mu')$，则 β 的贡献为

$$a(\nu)\frac{1}{4}|\alpha|^2\langle E_{\Lambda''}(v'\otimes X_{\pm\alpha}),\ \pi(k_0)(v'\otimes X_{\pm\alpha})\rangle$$
$$\left[\left(2\frac{|\beta|^2}{|\alpha|^2}\right)\eta_{\beta,\alpha}(C-q_{\beta,\mp\alpha}(p_{\beta,\mp\alpha}+1))\right]. \tag{2.14}$$

对任意 $\beta\in S_1(\pm,\mu')\cup S_2(\pm,\mu')$，为了证明 $C=0$ 和(2.13)，只要证明

$\mu' + \beta$ 不是 $\tau_{\Lambda''}$ 的权. 事实上，若 $\beta \mp \alpha \in \Delta$，则

$$|\mu' + \beta|^2 - |\mu' \pm \alpha|^2$$
$$= |\beta \mp \alpha|^2 [A(\beta \mp \alpha, \mu') + (|\beta|^2 - |\alpha|^2)/|\beta \mp \alpha|^2] > 0. \quad (2.15)$$

因此，若 $\beta \in S_1(\pm, \mu') \cup S_2(\pm, \mu')$，则 $\mu' + \beta$ 不是 $\tau_{\Lambda''}$ 的权. 这就证明了若 $\beta \in S_1(\pm, \mu') \cup S_2(\pm, \mu')$，则(2.13) 成立且 $C = 0$. 因此 $S_1(\pm, \mu') \cup S_2(\pm, \mu')$ 中所有 β 的贡献为

$$a(\nu) \frac{1}{4} |\alpha|^2 \langle E_{\Lambda''}(v' \otimes X_{\pm\alpha}), \pi(k_0)(v' \otimes X_{\pm\alpha}) \rangle (s_1(\pm, \mu') + s_2(\pm, \mu')) \quad (2.16)$$

其中，$s_i(\pm, \mu')$，$i = 1, 2$ 为(2.3)′所给出. 设 $\beta \in S_3(\pm, \mu')$，由 $|\beta|^2 < |\alpha|^2$ 知

$$\frac{2\langle \mu' \pm \alpha, \beta \mp \alpha \rangle}{|\beta \mp \alpha|^2} = A(\beta \mp \alpha, \mu') + \frac{2\langle \pm\alpha, \beta \mp \alpha \rangle}{|\beta \mp \alpha|^2} = 2 - 3 = -1 < 0. \quad (2.17)$$

因此 $\mu' + \beta = (\mu' \pm \alpha) + (\beta \mp \alpha)$ 是 $\tau_{\Lambda''}$ 的权. 由定理的假设(d) 和引理2.3 可知，(2.15) 左边是零，因此 $\mu' + \beta$ 是一个极值权，所以由[1,命题 1.1] 可知，$\mu' \pm \alpha$ 和 $\mu' + \beta$ 都在 $\tau_{\Lambda''}$ 中，其重数为 1.

由定理中假设(b) 和定理 1.1 可知，$E_{\Lambda''}(v' \otimes X_\beta)$ 和 $E_{\Lambda'}(v' \otimes X_{\pm\alpha})$ 两者都不是零. 由于

$$|(\mu' + \beta) + (\beta \mp \alpha)|^2 - |\mu' + \beta|^2 = 2\langle \mu', \beta \mp \alpha \rangle + |\beta \mp \alpha|^2 > 0,$$

所以 $\pi[X_{\mp\alpha}, X_\beta] E_{\Lambda}''(v' \otimes X_\beta)$ 为零，因此，由引理 2.4 可得

$$\begin{aligned}
&\pi[X_{\mp\alpha}, X_\beta] \pi[X_{\pm\alpha}, X_{-\beta}] E_{\Lambda''}(v' \otimes X_\beta) \\
&\quad = \pi[[X_{\mp\alpha}, X_\beta], [X_{\pm\alpha}, X_{-\beta}]] E_{\Lambda''}(v' \otimes X_\beta) \\
&\quad = -\pi(\rho H_{\beta\mp\alpha}) E_{\Lambda''}(v' \otimes X_\beta) \\
&\quad = -\rho(2\langle \mu' + \beta, \beta \mp \alpha \rangle / |\beta \mp \alpha|^2) E_{\Lambda''}(v' \otimes X_\beta) \\
&\quad = -\eta\rho E_{\Lambda''}(v' \otimes X_\beta).
\end{aligned} \quad (2.18)$$

将 $\pi[X_{\mp\alpha}, X_\beta]$ 作用于(2.13) 两边可得

$$\pi[X_{\mp\alpha}, X_\beta] \pi[X_{\pm\alpha}, X_{-\beta}] E_{\Lambda''}(v' \otimes X_\beta)) = C E_{\Lambda''}(\pi[X_{\mp\alpha}, X_\beta](v' \otimes X_{\pm\alpha})). \quad (2.19)$$

因为

$$|\mu' + \beta \mp \alpha|^2 - |\mu'|^2 = 2\langle \mu', \beta \mp \alpha \rangle + |\beta \mp \alpha|^2 > 0,$$

因此(2.19) 展开中，$\tau_{\Lambda'}$ 的项为零，所以(2.19) 右边为

$$CE_{\Lambda''}(v' \otimes ad[X_{\mp\alpha}, X_\beta]X_{\pm\alpha}) = Cc_{\beta,\pm\alpha}E_{\Lambda''}(v' \otimes X_\beta). \qquad (2.20)$$

比较(2.18)和(2.20)两式可得$C=(-\eta\rho)(-c_{\beta,\pm\alpha})$. 由引理2.4知,$c_{\beta,\pm\alpha}=-\rho 1$,因此,若$\beta\in S_3(\pm,\mu')$,则(2.13)成立且$C=\eta$,由此可知,$S_3(\pm,\mu')$中所有$\beta$给出的贡献为

$$a(\nu)\frac{1}{4}|\alpha|^2\langle E_{\Lambda''}(v'\otimes X_{\pm\alpha}), \pi(k_0)(v'\otimes X_{\pm\alpha})s_3(\pm,\mu'). \qquad (2.21)$$

最后将(2.5),(2.7),(2.10),(2.16)和(2.21)相加,得到

$$\begin{aligned}&\langle P_{\Lambda''}U(\nu, X_{\pm\alpha})f_1(k_0), u_0\rangle\\ &= a(\nu)\frac{1}{4}|\alpha|^2\langle E_{\Lambda''}(v'\otimes X_{\pm\alpha}), \pi(k_0)(v'\otimes X_{\pm\alpha})\rangle d(\nu)_\mu^{\pm}\\ &= a(\nu)\frac{1}{4}|\alpha|^2 d(\nu)_\mu^{\pm}\langle\tau_{\Lambda''}(k_0)^{-1}v'', v''\rangle, \end{aligned} \qquad (2.22)$$

其中$d(\nu)_\mu^{\pm}$和v''为定理的叙述中所给出.

由式(2.2)有

$$\langle f_1(k_0), u_0\rangle_{\mu'} = \langle B(\nu)\tau_{\Lambda'}(k_0)^{-1}v', u_0\rangle_{\mu'} = \langle\tau_{\Lambda'}(k_0)^{-1}v', B(\nu)^* u_0\rangle_{\mu'}.$$

因为μ'在$\tau_{\Lambda'}$中的重数为1,所以$B(\nu)^* u_0$在μ'的权空间的投影为

$$|v'|^{-2}\langle B(\nu)^* u_0, v'\rangle v' = \bar{a}(\nu)v',$$

因此

$$\langle f_1(k_0), u_0\rangle_{\mu'} = \langle\tau_{\Lambda'}(k_0)^{-1}v', \bar{a}(\nu)v'\rangle = a(\nu)\langle\tau_{\Lambda'}(k_0)^{-1}v', v'\rangle.$$

由假设(b)可知,$\langle\tau_{\Lambda'}(k_0)^{-1}v', v'\rangle\neq 0$,因此,由上式得到

$$a(\nu) = \langle f_1(k_0), u_0\rangle_{\mu'}/\langle\tau_{\Lambda'}(k_0)^{-1}v', v'\rangle.$$

将上式代入(2.22)可得到(2.3)和(2.3)′,定理获证.

本文定理2.1中的公式(2.3)和(2.3)′给出了可裂G_2的缠结算子公式,应用本文所得的可裂G_2的缠结算子公式(即本文定理所给出的公式(2.3)和公式(2.3)′)本文的第二部分给出了区域D,使得当$\nu\in D$时,$J(\nu)$不是无穷小酉的并和[5]中的结果作了比较,这个比较是有趣的和有意义的,有关详细情况将由本文第二部分(待发表)所给出.

参考文献

[1] Baldoni-silva, M. W. & and Knapp, A. W., Interwining operator and unitary representations [J], I, J. Funct. Anal., 82(1989), 151-236.

[2] Baldoni-Silva, M. W. & Knapp, A. W. , Unitary representations induced from maximal parabolic subgroups [J], J. Funct. Anal. , 69(1986), 21-120.

[3] Cheng Chon Hu (Chen Zhonghu), Unitary representations induced from maximal parabolic subgroups for split [J], Pacific J. of Math. , 176(1996), 33-70.

[4] Vogan, D. A. , Unitarizability of certain series of representations [J], Ann. of Math. , 120(1984), 141-187.

[5] Vogan, D. A. , The unitary dual of G [J], Invent. Math. , 116(1994), 677-791.

[6] Carter, R. W. , Simple groups of Lie type [M], Wiley London, 1972.

[7] Cheng chon Hu (Chen Zhonghu) & Hu Chaoming, Some projections of the Iwasawa-Like decomposition for split G [J], Natural science J. of Xiangtan University, 20 (1998), 9-12.

[8] Chen Zhonghu (Cheng Chonhu), On the basic cases for split [J], Chinese science Bulletin, 42(1997), 1512-1515.

论连通和单连通可裂 G_2 的 $A_q(\lambda)$ 的酉性

陈仲沪　谢乐平

§1. 引　言

线性连通半单李群的不可约酉表示的分类是李群的表示论里的一个非常重要的问题. 对于一个具有紧致Cartan子群的线性连通单李群G, 除可裂G_2之外, 文[1]得到了缠结算子对标准诱导表示的某些子空间作用的某些统一公式, 文[2]确定了在$\dim A = 1$以及G既不是可裂F_4, 也不是可裂G_2的条件下哪些Langlands商$J(MAN, \sigma, \nu)$为无穷小酉的, [4]利用[3]给出的上同调归纳法, 解决了G_2型连通, 单连通可裂实李群的不可约酉表示的分类问题. 文[5]利用[1]中给出的公式, 确定了当$\dim A = 1$时, 哪些Langlands商$J(MAN, \sigma, \nu)$为无穷小酉的.

迄今为止, 在条件$\dim A = 2$下线性连通单李群的不可约酉表示分类的问题只对少数单李群得到解决, 例如可裂G_2和$SU(2, 2)$(见[3.6]).

设G为G_2型连通, 单连通的可裂实李群. 用大写字母表示G的子群, 用相应的带下标0的小写字母表示它们的李代数, 去掉下标0来表示李代数的复化. 设θ是g_0的Cartan对合, $g_0 = k_0 \oplus p_0$为相应于θ的g_0的Cartan分解, (p_0在[4]中用s_0表示). 设a_0为p_0中的一个最大交换子代数(a_0在[9]中用∞_0表示). 设K为对应的G的最大紧子群, 那么$\mathrm{rank}K = \mathrm{rank}G$并且$G/K$不是Hermitian对称的. 设$T_c \subseteq K$为$G$的Cartan子群. 显然, $t_{c,0}$为g_0的紧的Cartan子代数, 记$\Delta = \Delta(g, t_c)$为根集, 用E表示根的实线性张成. 引进E上通常意义的内积$\langle\cdot, \cdot\rangle$和范数的平方$|\cdot|^2$. 设$\Delta_K = \Delta(k, t_c)$, $\Delta_n = \Delta \backslash \Delta_K$. 显然, Δ_K和Δ_n分别为Δ中紧根和非紧根的集合. 存在对应于Δ中的正根系Δ^+的

素根系 Π，使得在 Π 中恰好有一非紧素根 β_0，且 β_0 在最大根中的重数为 2. 最大根和紧致素根张成对偶空间 t^*. 设 Δ_L 为那些关于素根的展开式中不含 β_0 的根的集合，$\Delta_L^+ = \Delta_L \cap \Delta^+$，$\Delta(u) = \Delta^+ \setminus \Delta_L^+$，$u$ 为由 $\Delta(u)$ 中的根的根向量所张成的 g 的子代数，l 为由 Δ_L 中的根的根向量和 t 所张成的 g 的子代数，$q = l \oplus u$. 设 $\Delta_K^+ = \Delta_K \cap \Delta^+$，$\Delta_n^+ = \Delta_n \cap \Delta^+$，$\Pi_K$ 为由 Δ_K^+ 决定的 Δ_K 的素根系，δ_0，$(\delta_K)_0$ 和 $\delta(u \cap p)_0$ 分别为 Δ^+，Δ_K^+ 和 Δ_n^+ 的根的和的一半. 显然，$g_u = k_0 + \sqrt{-1}\,p_0$ 为紧李代数，g_0 能表示为$(g_u, \theta) = (g_u, \delta)$，其中 δ 为 g_0 的特征(或符号差).

设 L 为 q 在 G 中的正规化子. 显然，$L \subset K$. 令 $\Pi_L = \Pi \setminus \{\beta_0\}$，$F$ 是最高权为 λ 的不可约(l, L)－模. 对一维(l, L)－模 F，Knapp[7,第2节] 引进了(g, K)－模 $A_q(\lambda)$. 由[7]，$A_q(\lambda)$ 有无穷小特征 $\lambda + \delta_0$. $A_q(\lambda)$ 的唯一最小 K－态参数为

$$\Lambda = \lambda + 2\delta(q \cap p)_0. \tag{1.1}$$

由[7] 可知，$A_q(\lambda)$ 为 Zuckerman 模. 显然，$A_q(\lambda)$ 在既约李群的表示论中是重要的.

文[7,第5节]给出了不可约(g, K)－模的Langlands参数(MAN, σ, ν) 的定义. 当 λ 位于弱好区域[7,第 2 节] 时，$A_q(\lambda)$ 的 Langlands 参数就是$(G, A_q(\lambda), 0)$，且 $A_q(\lambda)$ 为酉的. Knapp[7] 给出了一个猜测方法，求出当 λ 在弱好区域外时含有由(1.1) 给出的 K－态 Λ 的 $A_q(\lambda)$ 的不可约子商 V 的 Langlands 参数. [7-9]证明了除开 $g \cong E_8$ 以及可裂 F_4 的一种情况之外，该猜测方法是成功的.

本文将利用[4]来考虑当 λ 在弱好区域外时 V 的酉性. 显然，当 λ 在弱好区域外时，确定 V 是否为酉的问题是有意思的，也很重要的.

§2. 预备知识

本文直接采用[1,2,9] 中的记号.

先介绍 Knapp[7] 提出的猜测方法. 首先设 $M_0 = G$，$A_0 = \{1\}$，$\lambda_0 = \lambda$，$\delta_0 = \delta_0$ 和 $\nu_0 = 0$，其中 $\dim A_0 = 0$，$\lambda_0 + \delta_0$ 为非奇异的并且对 M_0 所有的 M_0－紧的素根是支配的. 用第 n－步表示最后一步. 由猜测方法，可得 $\alpha_1, \alpha_2, \cdots, \alpha_n \in \Delta_n^+$ 且

$$\langle \alpha_i, \alpha_j \rangle = 0,\ 1 \leqslant i, j \leqslant n,\ i \neq j. \tag{2.1}$$

和 $\nu = \nu_n$，这里 $\nu_n = c_1\alpha_1 + c_2\alpha_2 + \cdots + c_n\alpha_n$ 且

$$c_i = -\langle \lambda_0 + \delta_0, \alpha_i \rangle / |\alpha_i|^2 > 0, i = 1, 2, \cdots, n, \tag{2.2}$$

由猜测方法，有

$$\lambda_\sigma = \lambda_0 + \delta_0 + \nu \quad 且 \quad \langle \lambda_\sigma, \nu \rangle = 0, \tag{2.3}$$

有尖抛物子群 MAN，这里 A 由关于 $\alpha_1, \alpha_2, \cdots, \alpha_n$ 的 Cayley 变换而得到，$M = {}^0Z_G(A)$，N 使 ν 关于 N 为支配的. 显然，有 $\dim A = n$. 如果 λ_σ 为 σ 的无穷小特征，则 $\lambda_\sigma + \nu$ 为 V 的无穷小特征.

我们还介绍[4] 中的一些记号.

对 Δ 的每一非紧致(虚) 根 α，存在同态

$$\varphi_\alpha: sl(2, R) \to g_0.$$

对每个 $t \in R$，设 $Z_t = (a_{ij}(t))$ 为 2×2 阶矩阵，满足 $a_{11}(t) = a_{22}(t) = 0$ 和 $a_{12}(t) = -a_{21}(t) = t$. 设 $m_\alpha = \exp(\pi(\phi_\alpha(Z_1)))$，$a_\alpha = \{\phi_\alpha(Z_t); t \in R\}$.

对每一非紧致(虚) 根 α，设 $t^\alpha_{0,c}$ 为 α 的核，$T^\alpha_c = \exp(t^\alpha_{c,0})$，$A^\alpha = \exp a_\alpha$ 和

$$H^\alpha = T^\alpha_c A^\alpha. \tag{2.4}$$

当非紧致(虚) 根 α 明确且固定时，记 $H^\alpha = T^\alpha_c A^\alpha$ 为 $H = TA$. 显然 $H = TA$ 为 G 的 θ 稳定的 Cartan 子群.

定义 A_s 是 G 的李代数为 a_0 的连通子群. A_s 在 G 中的中心化子是 G 的一个可裂 Cartan 子群，

$$H_s = G^{A_s} = T_s A_s, T_s = M_s = K^{A_s}. \tag{2.5}$$

为方便起见，记 $H_s = T_s A_s$ 为 $H = TA$. 显然，$\dim A_s = 2$ 并且 $H = H_s$ 是 G 的 θ — 稳定的 Cartan 子群.

对 G 的每个 θ — 稳定的 Cartan 子群 $H = TA$，H 的一个正则伪特征是

$$\gamma = (\Gamma, \gamma_0) \in \Pi(H) \times h^*,$$

满足一定的条件. 这里 $\Pi(H)$ 是 H 的不可约表示的等价类的集合. 为方便起见,简记为

$$\gamma_0 = (\lambda, \nu) \in t^* + a^*. \tag{2.6}$$

显然,式(2.6) 即[4] 中的公式(3.2)(c). 现在回忆[4] 中的定义式(3.6). 对 G 的一个 θ — 稳定的 Cartan 子群 $H = TA$，用

$$MA = G^A$$

表示 A 的中心化子在 G 中的 Langlands 分解. 那么能构造 G 的一个抛物子群 $P = MAN$，其中 N 使 ν 关于 N 是支配的. γ 在 T 上的限制定义 T 的一个正则伪特征，记为 γ^M. 设 $D^{MA}(\gamma) = D(\gamma^M) \otimes \nu$. 参数 γ^M 定义 M 的一个离散序列

表示 $D(\gamma^M)$. 则标准表示为

$$I_+(\gamma) = \mathrm{ind}_{MAN}^G(D^{MA}(\gamma)).$$

设 $J(\gamma)$ 表示 $I_+(\gamma)$ 的 Langlands 商，σ 表示 $D(\gamma^M)$，用 $U(MAN, \sigma, \nu)$ 表示标准表示 $I_+(\gamma)$ 表示，$J(MAN, \sigma, \nu)$ 表示 $J(\gamma)$. 这里，$U(MAN, \sigma, \nu)$ 和 $J(MAN, \sigma, \nu)$ 在[1, 2, 7] 中被应用.

显然，如果 σ 为一个离散序列或 M 的由(2.3) 给出的具有无穷小特征 λ_σ 的一个离散序列或离散序列的极限，那么可以令

$$\lambda = \lambda_\sigma, \tag{2.7}$$

其中 λ 是(2.6) 给出的参数. 用扭的最高权来参数化 K 的表示将是方便的，扭的最高权是最高权与紧致正根之和. 当(a_1, a_2, a_3) 是扭的最高权时，K 的相应的不可约表示记为$\delta(a_1, a_2, a_3)$(见[4, p. 681]).

§ 3. $A_q(\lambda)$的 V 的酉性

对于 $g \cong G_2$，引进一个正根系 Δ^+ 和由 Δ^+ 决定的 Δ 的素根系 $\Pi(\Delta^+)$. 显然如果正根系 Δ^+ 已给出，则负根系

$$\Delta^- = \{-\gamma \mid \gamma \in \Delta^+\} = -\Delta^+, \text{且 } \Delta = \Delta^+ \cup \Delta^-.$$

为了描述 g 的根系 Δ，利用一组标准正交基 e_1, e_2, e_3. 设(a_1, a_2, a_3)表示元素 $a_1e_1 + a_2e_2 + a_3e_3, a_i \in R, i = 1,2,3$.

当 $g \cong G_2$ 时，定义

$$\Delta^+ = \{(0, 1, -1), (2, -1, -1), (1, 0, -1), (1, -1, 0), (1, 1, -2), (1, -2, 1)\};$$

$$\Pi = \{(0, 1, -1), (1, -2, 1)\}.$$

由[9，定理 1.2]，由猜测方法决定的参数(MAN, σ, ν) 为 $A_q(\lambda)$ 的含 K—态 Λ 的不可约子商 V 的 Langlands 参数. 下面的定理将给出 V 的酉性.

定理 3.1 设 G 是 G_2 型连通，单连通的可裂实李群，F 是 L 的一维表示，其唯一的权 λ 具有性质 $\Lambda = \lambda + 2\delta(u \cap p)_0$ 是 Δ_K^+- 支配的. 设 V 是 $A_q(\lambda)$ 的包含 K—态 Λ 的不可约子商，(MAN, σ, ν) 是对某个具有无穷小特征 λ_σ 的σ 由猜测方法决定的 V 的 Langlands参数，那么，Langlands商 $J(MAN, \sigma, \nu)$ 是酉的.

证 $g_0 \cong (G_2, 2)$. 有 $\dim a_0 = 2$(即 g_0 可裂) 并且 $g_0 \cong (G_2, \theta)$，其中对

于 Δ 有 $\theta=(1,0,0)$. 对于 Δ^{+}，有

$$\begin{cases}\delta_0=(3,-1,-2),\\ 2(\delta_K)_0=(2,0,-2),\\ 2\delta(u\cap p)_0=(4,-2,-2).\end{cases}\tag{3.1}$$

显然，$\alpha_1=\beta_0=(1,-2,1)$ 为 Π 中仅有的非紧致素根. 如同[7]一样，令 $\lambda=(0,-a,-a)$，使得 $\langle\lambda,(0,1,-1)\rangle=0$ 而 $\Pi_L=\{(0,1,-1)\}$. 由式(1.1) 和式(3.1) 可得

$$\Lambda=(4,-2-a,-2-a).\tag{3.2}$$

设 $\alpha_0=(2,-1,-1)$，则 $\Pi_K=\Pi_L\cup\{\alpha_0\}$. 容易看出

$$\langle\Lambda,(0,1,-1)\rangle=0 \text{ 和 } 2\langle\Lambda,\alpha_0\rangle/|\alpha_0|^2=\frac{1}{3}(12+2a).$$

因此，$a\in\frac{3}{2}Z$ 且 $a\geqslant-6$. 根据[9]，有 $\alpha_1=(1,-2,1)$，$\alpha_2=(1,0,-1)$. 由式(2.2) 和式(3.1) 得到

$$c_1=-\frac{1}{6}(3+a),\ c_2=-\frac{1}{2}(5+a).\tag{3.3}$$

显然，如果 $a<-3$，则 λ 不在弱好区域内. 由式(3.3)，很容易证得条件 $\dim A=1$ 成立当且仅当 $a\in I_1=\{-4.5\}$，而条件 $\dim A=2$ 成立当且仅当 $a\in I_2=\{-6\}$.

对于一个给定的参数 a，设 $\Sigma^{+}(a)$ 为[9]中定义的 Δ 的正根系，对于 $a=-4.5\in I_1$，如果令 $\Sigma^{+}(a)=\Delta^{+}$，则有 $\delta=\delta_0$ 和 $2\delta_K=2(\delta_K)_0$，因此，由[9]中的(7) 可得

$$\begin{aligned}2(\langle\xi(a),\alpha_1\rangle)/6&=((4+4+2a-2-a)-(3+2-2)+(2+0-2)+3)/3\\&=(6-3+a+3)/3=(6-4.5)/3\\&=0.5\in[-1,1].\end{aligned}$$

对于 $a=-6\in I_2$，如果令 $\Sigma^{+}(a)=\Delta^{+}$，则 $\delta=\delta_0=\delta_r$ 和 $(\delta_K)_0=\delta_{K_r}$，因此

$$\begin{aligned}2(\langle\xi(a),\alpha_1\rangle)/6&=2(\langle\Lambda,\alpha_1\rangle)/6\\&=(1/3)(4+4+a-2-a)\\&=(1/3)(6+a)=0\in[-1,1].\end{aligned}$$

$$\begin{aligned}2(\langle\xi(a),\alpha_2\rangle)/2&=\langle\Lambda,\alpha\rangle=(4+0+2+a)\\&=6+a=0\in[-1,1].\end{aligned}$$

因此 Δ^+ 满足[9，命题 2.2]的假设，所以在下面的讨论中，将令 $\Sigma^+(a)=\Delta^+$.

因为 $\dim a_0=2$，所以只有以下两种情况.

(1) 假设 $\dim A=1$.

由式(3.3)，对于 $a=-4.5$，有 $c_1=(0.5/2)$. 由式(2.3)和式(3.1)，对于 $a=-4.5$，有

$$
\begin{aligned}
\lambda_\sigma &= \delta_0+\lambda_0+c_1\alpha_1=(3,-1-a,-2-a)-(1/6)(3+a)(1,-2,1)\\
&=(1/6)((18,-6-6a,-12-6a)-(3+a,-6-2a,3+a))\\
&=(1/6)(15-a,-4a,-15-7a)\\
&=(1/6)(19.5,18,16.5)\\
&=(1/2)(6.5,6,5.5)\\
&\equiv(1/2)(0.5,0,-0.5)\ \mathrm{mod}(2Z).
\end{aligned}
$$

因此

$$\lambda_\sigma=(m/2)(1,0,-1). \tag{3.4}$$

其中 $m=0.5=\frac{1}{2}(\mathrm{mod}2Z)$. 显然，$\alpha_1=(1,-2,1)$ 是一个非紧致长虚根. 因为$\dim A=1$，猜测方法构造的1-步即是最后一步. 因此，$\nu=\nu_1=c_1\alpha$，通过猜测方法，A 可通过关于 α_1 的 Cayley 变换得到. 因此 $A=A^{\alpha_1}$，这在[4]中用 A_2 表示. 这样一来，可以得到[4]中定义的一个 Cartan 子群 $H_2=T_2A_2$(见[4,p.685])，这里 $T_2=T_c^{\alpha_1}=\exp(t_{c;0}^{\alpha_1})$ 由[4]中(2.10)(b)定义. 显然 $\lambda_\sigma+\nu\in t_2^*+a_2^*$. 如同[4，第10节]，对于如上定义的Cartan子群 H_2，虚根是 $\pm(1,0,-1)$，实根是 $\pm(1,-2,1)$. 如果 $\gamma=(\Gamma,\gamma_0)$ 是 H_2 的一个伪特征，则利用(2.6)和[4]中的(10.2)，由(2.7)和(3.4)，对于 $a=-4.5\in I_1$，有

$$
\begin{aligned}
\gamma_0&=\lambda+\nu=\lambda_\sigma+(2c_1/2)\alpha_1\\
&=(m/2)(1,0,-1)+(0.5/2)(1,-2,1).
\end{aligned}
$$

因此，在式(10.2)(b)中，有 $m=0.5=\frac{1}{2}$ 和 $\nu=0.5$. 于是，由[4]中的定理 10.9 的 a)(iii)，易证得 σ 是 M 的一个具有无穷小特征 $\lambda_\sigma=(0.5/2)(1,0,-1)$ 和 $\nu=c_1\alpha_1=(0.5/2)(1,-2,1)$ 的离散序列或离散序列的极限. 于是 $J(\gamma)=J(MAN,\sigma,\nu)$ 为酉的. 因此，定理 3.1 对情形 1 得证.

(2) 假设 $\dim A=2$.

因为 $\dim A=2$ 和 $\dim a_0=2$，故猜测方法构造的 2- 步即为最后一步. 因

此，A 为关于 α_1，α_2 的 Cayley 变换，其中 $\alpha_1=(1,-2,1)$，$\alpha_2=(1,0,-1)$. 于是 A 等于[4，第 11 节] 所定义的 A_s，而 $H_s=T_sA_s=M_sA_s$ 为[4] 中定义的 G 的 Cartan 子群. 对于这种情况，通过猜测方法的构造，有 $MAN=M_sA_sN$. 由[4，第 12 节]，H_s 的伪特征 γ 可以等同于一个偶对：

$$(\xi,\nu),$$

这里 ξ 为 M_s 的不可约表示，$\nu\in\mathfrak{a}_s^*$. 由[4，第 11 节]，有

$$\xi\in\{\xi_1,\xi_2,\xi_\alpha,\xi_\beta,\xi_{\alpha\beta}\},$$

这里 ξ_1，ξ_2，ξ_α，ξ_β 和 $\xi_{\alpha\beta}$ 由[4] 的(11.2) 所定义，并且 $\alpha=\alpha_1$，$\beta=\alpha_2$. 由(2.3) 和(2.4)，

对于 $a=-6\in I_2$，有

$$\begin{aligned}\lambda_\sigma&=\delta_0+\lambda_0+c_1\alpha_1+c_2\alpha_2\\&=(3,-1-a,-2-a)-(1/6)(3+a)(1,-2,1)-\\&\quad(1/2)(5+a)(1,0,-1)\\&=(1/6)((15-a,-4a,-15-7a)-(15+3a,0,-15-3a))\\&=(1/6)(-4a,-4a,-4a)=(4,4,4).\end{aligned}\tag{3.5}$$

对于 $a=-6$，

$$\Lambda=(4,-2-a,-2-a)=(4,4,4).\tag{3.6}$$

显然，如果 $\beta=(a_1,a_2,a_3)\in\Delta$，则 $a_1+a_2+a_3=0$. 因此容易证明对所有 $\beta\in\Delta$，$\langle(4,4,4),\beta\rangle=0$.

因此，有 $\Lambda=(4,4,4)\equiv(0,0,0)$，并且最小(低)$K$－态的扭权是

$$\begin{aligned}\Lambda+2(\delta_K)_0&=(4,4,4)+(2,0,-2)=(0,0,0)+(2,0,-2)\\&=(2,0,-2).\end{aligned}\tag{3.7}$$

这里 $J(MAN,\sigma,\nu)$ 的唯一最低 K－态是 $\delta(2,0,-2)$. 于是，由(3.5) 和[4，命题 11.6]，$M_s=M=Z_K(A)$ 的具有无穷小特征 $\lambda_\sigma=(4,4,4)\equiv(0,0,0)$ 的表示 σ 是平凡表示 ξ_1. 故 $J(MAN,\sigma,\nu)=J(MAN,\xi_1,\nu)$ 是 $U(MAN,\sigma,\nu)=I_+(\xi_1,\nu)$ 的唯一球面合成因子. 因为 $\dim A=2$，猜测方法构造的第 2-步即最后一步，并且 $I_2=\{-6\}$. 因此，由式(2.2)，对于 $a=-6\in I_2$，有

$$\begin{aligned}\nu=\nu_2&=c_1\alpha_1+c_2\alpha_2\\&=-(1/6)(3+a)(1,-2,1)-(1/2)(5+a)(1,0,-1)\\&=(3/6)(1,-2,1)+(1/2)(1,0,-1)\\&=(1/2)(2,-2,0)=(1,-1,0).\end{aligned}\tag{3.8}$$

显然

$$2\langle(1,-1,0),(0,1,-1)\rangle/2=-1,$$
$$2\langle(1,-1,0),(1,-1,0)\rangle/2=2,$$
$$2\langle(1,-1,0),(1,0,-1)\rangle/2=1,$$
$$2\langle(1,-1,0),(2,-1,-1)\rangle/6=1,$$
$$2\langle(1,-1,0),(1,1,-2)\rangle/6=0,$$
$$2\langle(1,-1,0),(1,-2,1)\rangle/6=1.$$

因此，易证对于所有长根 $\eta\in\Delta$，

$$\langle\nu,\eta^\vee\rangle=\langle\nu,\eta\rangle/|\eta|^2\in[-1,1];\tag{3.9}$$

并恰好有两个短根 $\eta_1=(1,-1,0)$ 和 $\eta_2=(1,0,-1)$ 使对 $j=1,2$，

$$\langle\nu,\eta_j\rangle\geqslant 1.\tag{3.10}$$

因为 $\sigma=\xi_1$，由式(3.9)和式(3.10)，易知[4]中的定理12.1的叙说c)(ii)成立. 因此，由[4]中的定理12.1的叙说c)(ii)易证如果 $\sigma=\xi_1$ 和 $\nu=\nu_2$ 由(3.8)给出，则 $J(MAN,\sigma,\nu)=J(\xi_1,\nu)$ 为酉的.

综合情况(1)和情况(2)，定理3.1的证明完成.

对于情况 $\dim A=1$，因为 $m\equiv(1/2)\ (\mathrm{mod}2Z)$，由[4]中的定理10.9的叙说a)(ii)可知，$\nu=(\nu/2)\alpha_1$ 的使 $J(MAN,\sigma,\nu)$ 为酉的区间是$[-1/2,1/2]$. 在定理3.1中，已证 $\nu=\nu_1=((1/2)/2)\alpha_1$，因此 $\nu=\nu_1$ 为$[-1/2,1/2]$的端点.

对于情况 $\dim A=2$，用欧氏空间 $R^2=\{(x,y)\mid x,y\in R\}$ 来解释根系 $\Delta(g,a_s)$，该根系与根系 $\Delta(g,t_c)=\Delta$ 等价. 对每一向量 $(x,y)\in R^2$，有 $|(x,y)|^2=x^2+y^2$，这里 $|(x,y)|$ 是 (x,y) 的长度. 根 $(0,1,-1)$ 和 $(2,-1,-1)$ 可分别等同于 R^2 中的 $(\sqrt{2},0)$ 和 $(0,\sqrt{6})$. 从而根 $(1,-2,1)$，$(1,0,-1)$ 和 $(1,-1,0)$ 能分别等同于 R^2 中的 $\frac{1}{2}(-3\sqrt{2},\sqrt{6})$，$\frac{1}{2}(\sqrt{2},\sqrt{6})$ 和 $\frac{1}{2}(-\sqrt{2},\sqrt{6})$. 容易看出 $\nu=\nu_2=(1,-1,0)$ 是由[4]中的定理12.1的叙说c)(ii)所给出的图12.1的六个外部三角形的顶部三角形的左顶点.

一个 (g,K)－模称为酉的，如果它是 G 的一个酉容许表示的Harish-Chandra模(见[11，p.408]). 利用[7，第5节]给出的不可约 (g,K)－模 V 的Langlands参数的性质(v)可知，V 是Langlands商 $J(MAN,\sigma,\nu)$ 的Harish-Chandra模，其中 (MAN,σ,ν) 是由[7]中的猜测方法决定的 V 的Langlands参数. 由定理3.1，得到下面的定理.

定理 3.2 设 G 是 G_2 型连通，单连通可裂实李群，F 是 L 的一维表示，该表示的唯一权 λ，使得 $\Lambda=\lambda+2\delta(u\cap p)_0$ 是 Δ_K^{+}- 支配的. 设 V 是 $A_q(\lambda)$ 的含有 K - 态 Λ 的不可约子商. 那么 V 是酉的.

参考文献

[1] Baldoni-Silva, M. W. & Knapp, A. W., Intertwining operators and unitary representations, I [J]. J. Funct. Anal., 82(1989), 151-236.

[2] Baldoni-Silva, M. W. & Knapp, A. W., Unitary representations induced from maximal parabolic subgroups [J]. J. Funct. Anal., 69(1986), 21-120.

[3] Vogan, D. A., Unitarizability of certain series of representations [J]. Ann. of Math., 120(1984), 141-157.

[4] Vogan, D. A., The unitary dual of G_2^* [J]. Invent. Math., 116(1994), 677-791.

[5] Chen Zhonghu, Unitary representation induced from maximal parabolic subgroups for-split F_4 [J]. Pacific J. of Math., 176(1996), 33-70.

[6] Knapp, A. W. & Speh, B., Irreducible unitary representation of SU(2,2)[J]. J. Funct. Anal., 45(1982), 41-73.

[7] Knapp, A. W., Exceptional untary representations of semisimple Lie groups[J]. Representation Theory, i(1997), 1-24.

[8] Peng, X. M. & Cheng, C. H., On the Langlands parameters for $A_q(\lambda)$ for classical simple Lie groups [J]. Natrual Science J. of Xiantan Unvi., 22(2000), 106-114.

[9] Chen Zhonghu, Cao You'an & Yan Wen, On the Langlands parameters for $A_q(\lambda)$ for the exceptional simple Lie groups, I [J]. Algebra Colloquium, 7(2000), 425-439.

[10] Gantmach, F., On the classification of real simple Lie groups [J]. Mat. Sb., 5(1939), 217-249.

[11] Vogan, D. A., Representations of real reductive Lie groups [M]. Progress in Math. Acdemic Press Birkhauser, Boston, 1900.

[12] Knapp, A. W., Representation theory of semisimple groups; an overviews based on examples [M]. Princeton University Press, Princeton, N. J. 1986.

On the Irreducible Unitary Representations of $E_{6(-14)}$

§ 1 INTRODUCTION AND STATEMENT OF RESULTS

The problem of classifying the irreducible unitary representations of a linear connected semi-simple Lie group G comes down to this: The Langlands classification describes the wider class of irreducible admissibl representations, and one simply has to decide which irreducible admissible representations admit invariant Hermitian inner products. The Langlands classification realizes representations on quotients of L^2 spaces. There is at most one invariant Hermitian form (up to scalars), and this form is given in terms of L^2 inner product by an explicit intertwining operator (see [K1]). To decide unitarity, it is enough to determine whether this intertwining operator is semidefinite.

Let MAN be a cuspidal parabolic subgroup of G, σ be a discrete series or nondegenerate limit of discrete series representation of M, and ν be a complex valued linear functional on the Lie algebra a of A. The standard induced representation $U(MAN, \sigma, \nu)$ is given by normalized induction as

$$U(\nu)=U(MAN, \sigma, \nu)=ind_{MAN}^{G}(\sigma\otimes e^{\nu}\otimes 1).$$

If $Re v$ is in the closed positve Weyl chamber relative to N and the R-group $R_{\sigma,\nu}$ is trivial, then $U(MAN, \sigma, \nu)$ has a unique irreducible quotient $J(MAN, \sigma, \nu)=J(\nu)$, the Langlands quotient which is of reformulated Langlands classification defined as an irreducible admissible representation of G (cf. Theorem 14. 92 of [K1] and p. 48-49 of [KSp2]). Thus the problem of classifying the irreducible unitary representations comes down to deciding which Langlands quotients $J(MAN, \sigma, \nu)$ are infinitesimally unitary.

For a linear connected simple Lie group G with a compact Cartan subgroup, other than split G_2, Baldoni-Silva and Knapp [BK2] obtained uniform formulas for the action of intertwining operators on certain subspace of standard induced representations. Using these formulas given by Baldoni-Silva and Knapp in [BK2], Baldoni-Silva and Knapp [BK1] determined which Langlands quotients $J(MAN, \sigma, \nu)$ are infinitesimally unitary under the conditions that G is simple, that $\dim A=1$ and that G is neither split F_4 nor split G_2.

Using the powerful cohomological induction (cf. [V1]), the problem of classifying irreducible unitary representations of the simply-connected split G_2 was settled by D. A. Vogan [V1]. Using the formulas for the action of intertwining operators on certain subspaces of standard induced representation given by [BK2], the author in [C2] determined which Langlands quotients $J(MAN, \sigma, \nu)$ are infinitesimally unitary for split F_4 under the condition that $\dim A=1$. It follows that the problem for classifying the irreducible unitary representations induced from the maximal parabolic subgroups has been completely settled. The problem for classifying the irreducible unitary representations induced from the parabolic subgroups with real rank two was settled for some simple Lie groups, for example, for the groups $SU(2, 2)$ (cf. [KSp2]) and for the simply-connected split G_2 (cf. [V2]).

Clearly, the linear connected simple Lie group $E_{6(-14)}$ is a noncompact real form of E_6 for which the associated symmetric space is Hermitian symmetric, and this group is of real rank two. For rankG=rankK, the regular cases are the "singleline" cases: $SU(n, 2)$, $\bar{S}O(2n, 2)$, $SO^*(10)$ and $E_{6(-14)}$. M. W. Baldoni-Silva and A. W. Knapp in [BK5] indicated that the methods by which the classification of the irreducible unitary representations for the group $SU(n, 2)$ was obtained are insufficient for the group $SO^*(10)$ and $E_{6(-14)}$.

In this note, for the linear connected simple Lie group $E_{6(-14)}$, the author determines which Langlands quotients $J(MAN, \sigma, \nu)$ are infinitesimally unitary under the condition that $\dim A=2$. Combining the results of [BK1] and this note for the group $E_{6(-14)}$, the classification of the irreducible unitary representations of $E_{6(-14)}$ has been obtained.

A. W. Knapp and B. Speh in [KSp1] introduced the notation "basic cases" and indicated that considering basic cases is often sufficient to settle the unitarity for the representations of the linear connected simple Lie group, for example, of the group $SU(n, 2)$ (cf. [KSp1] and [BK3]). In this note, we shall use the basic cases to study the irreducible unitary representations for the group $E_{6(-14)}$.

In section 1, we are to state Theorem 1. 1 which is the main result of this note, and in section 2 we shall give some formulas of general theorems. In section 3, we are to introduce the explicit diagrams of G as in [C2], and in section 4, we shall prove the main Theorem 1. 1.

In this note, we shall use the notations given by [BK1] and [BK2] directly.

Let G be the linear connected simple Lie group $E_{6(-14)}$. Let θ be a fixed Cartan involution of G, let K be the corresponding maximal compact subgroup, and let $P=MAN$ be the corresponding Langlands decomposition of a parabolic subgroup. Let g, k and m be the Lie algebras of groups G, K and M respectively. Let $g=k+p$ be the Cartan decomposition of g associated with θ. Clearly, since G is $E_{6(-14)}$, the Lie algebra k of K is isomorphic to the reductive Lie algebra D_5+z where z is the center of k with that $\dim z=1$ and D_5 is the compact form of complex simple Lie algebra D_5. For each subalgebra s of g, let $s^{\mathbb{C}}=s+\sqrt{-1}s$.

Let $\mathbb{Z}$ be the set of integers and let $\mathbb{R}$ be the field of real numbers. Let $\mathbb{R}^{*+}=\{x\in\mathbb{R}\mid x\geqslant 0\}$ and $\mathbb{R}^{+}=\{x\in\mathbb{R}\mid x>0\}$. Let $\mathbb{Z}^{*+}=\mathbb{Z}\cap\mathbb{R}^{*+}$ and $\mathbb{Z}^{+}=\mathbb{Z}\cap\mathbb{R}^{+}$. Let $\mathbb{C}$ be the field of complex numbers. Let ϕ denote the empty set. For each set Y, let $\#(Y)$ denote the cardinality of Y.

We may assume that $rankG=rankK$. Let b be a compact Cartan subalgebra of g. Let $\Delta=\Delta(g^{\mathbb{C}}, b^{\mathbb{C}})$ be the root system of $g^{\mathbb{C}}$ relative to $b^{\mathbb{C}}$. Let B denote the subgroup of G with Lie algebra b. We shall fix a positive root system of Δ denoted by Δ^{+}. Let Π be the simple root system of Δ determined by Δ^{+}. Let $\Delta_K=\Delta(k^{\mathbb{C}}, b^{\mathbb{C}})$, and $\Delta_n=\Delta\setminus\Delta_K$. Let $\Delta_K^{+}=\Delta_K\cap\Delta^{+}$, and $\Delta_n^{+}=\Delta_n\cap\Delta^{+}$. For each subspace $b^{\dagger}$, let $(b^{\dagger})^{*}$ denote the dual of $b^{\dagger}$.

If $Z=X+iY\in g^{\mathbb{C}}$ with X, $Y\in g$ and $i=\sqrt{-1}$, then let $\bar{Z}=X-iY$. Let $(.,.)$ be the Killing form on $g^{\mathbb{C}}$. We select root vector X_β for $\beta\in\Delta$ in such a way that

$$(X_\beta, X_{-\beta})=2/|\beta|^2 \text{ and } \theta\bar{X}_\beta=-X_{-\beta}.$$

Then it follows that H_β defined by

$$H_\beta=[X_\beta, X_{-\beta}].$$

The Hermitian form

$$\langle X, Y\rangle=-(X, \theta\bar{Y})$$

is a positive definite inner product on $g^{\mathbb{C}}$. For each $r\in\Delta$, let

$$u_r=X_r-X_{-r} \text{ and } v_r=i(X_r+X_{-r}).$$

For $S\subset\Delta$, let $ker(S)=\{x\in b\,|\,\langle x, r\rangle=0 \text{ for all } r\in S\}$.

Let $g_u=k+ip$. Then g_u is generated by $b\cup\{u_r, v_r; r\in\Delta\}$ over $\mathbb{R}$, and g is generated by $b\cup\{u_r, v_r, r\in\Delta_K; iu_r, iv_r, r\in\Delta_n\}$ over $\mathbb{R}$. Clearly, b is a Cartan subalgebra of g_u.

Let $g^{\pm}=\{X\in g\,|\,\theta(X)=\pm X\}$. Then $k=g^+$ and $p=g^-$. Let θ denote the extension of θ to $g^{\mathbb{C}}$, and let θ be the restriction of the extended θ to g_u. By [G], g can be expressed as (g_u, θ), and there exist some canonical involutions θ_C of g_u (for the Cartan subalgebra b of g_u) such that $(g_u, \theta_C)\cong g=(g_u, \theta)$. For each canonical involution θ_C of g_u, let $g^{\pm}_{u,c}=\{X\in g_u\,|\,\theta_C(X)=\pm X\}$, $k_c=g^+_{u,c}$, and $p_c=ig^-_{u,c}$. For each canonical involution θ_C of g_u, $(g_u, \theta_C)=k+p_c$ is a simple Lie algebra over $\mathbb{R}$, and by [Y], $(g_u, \theta_C)\cong g$ if and only if $k_c=g^+_{u,c}\cong k\cong g^+$. Let θ_C be the extension of θ_C to $g^{\mathbb{C}}$, and let θ_C denote the restriction of the extended θ_C to (g_u, θ_C). Then θ_C is a Cartan involution of (g_u, θ_C). For convenience, for each canonical involution θ_C of g_u, let g_c denote (g_u, θ_C). Clearly, b is a compact Cartan subalgebra of g_c. It is easily shown that $g^{\mathbb{C}}=g^{\mathbb{C}}_u=g^{\mathbb{C}}_c$ and $\Delta=\Delta(g^{\mathbb{C}}, b^{\mathbb{C}})=\Delta(g^{\mathbb{C}}_u, b^{\mathbb{C}})=\Delta(g^{\mathbb{C}}_c, b^{\mathbb{C}})$. By computing, all canonical involutions θ_C of g_u given by Table 2 satisfy the condition that $(g_u, \theta_C)=g_c\cong g=(g_u, \theta)$. For convenience, hereafter, let C denote the set consisting of all canonical involutions of g_u given by Table 2, and let $\theta_C\in C$. For each $\theta_C\in C$, let $\Delta_C=(k^{\mathbb{C}}_c, b^{\mathbb{C}})$. Since $k^+_c\cong k$ for each $\theta_C\in C$, Δ_C is equivalent to Δ_K (denoted by $\Delta_C\cong\Delta_K$). We have $\Delta_C=\{r\in\Delta\,|\,\theta_C(X_{\pm r})=X_{\pm r}\}$ and $\Delta\backslash\Delta_C=\{r\in$

$\Delta | \theta_C(X_{\pm r}) = -X_{\pm r}\}$. Clearly Δ_C and $\Delta \backslash \Delta_C$ are the sets of compact roots and non-compact roots of Δ relative to θ_C respectively. For each $\theta_C \in C$, let $\Delta_C^+ = \Delta_C \cap \Delta^+$, and let Π_C be the simple root system of Δ_C determined by Δ_C^+. Let $C_\Delta^+ = \{\Delta_C^+ | \theta_C \in C\}$.

Clearly, θ can be intepreted as a fixed cononical involution (0, 1, 1, 1, 1, 0) contained in C given in Table 2, then Δ_K is just Δ_C when $\theta_C = \theta = (0, 1, 1, 1, 1, 0)$.

Let G be the linear connected simple Lie group with Lie algebra g_u, θ_C for some $\theta_C \in C$. Fix a nonempty ordered subset $S_2 = \{\alpha_s, \alpha_r\}$ of the set $\Delta \backslash \Delta_C$ that are superorthogonal and $\alpha_s > \alpha_r$ for a given ordering. Let

$$\mathrm{a} = \mathbb{R}(X_{\alpha_s} + X_{-\alpha_s}) + \mathbb{R}(X_{\alpha_r} + X_{-\alpha_r}) = \mathbb{R}\, iv_{\alpha_s} + \mathbb{R}\, iv_{\alpha_r}.$$

Let A be the subgraop of G with Lie algebra a. Let $\mathrm{b}_- = \mathrm{b} \cap \mathrm{m}$. Then $\mathrm{b}_- = \{x \in \mathrm{b} | x \perp \alpha_s \text{ and } x \perp \alpha_r\}$ is a compact Cartan subalgebra of m. Let m_{ss} and z_m be the semisimple ideal and the center of m. Let $\mathrm{b}_-^{ss} = \mathrm{b}_- \cap \mathrm{m}_{ss}$, and let $\Delta_- = \Delta(\mathrm{m}_{ss}^{\mathbb{C}}, (\mathrm{b}_-^{ss})^{\mathbb{C}})$. Then Δ_- is given by the members of Δ orthogonal to S_2. Clearly, $\Delta_- \subset \Delta_C$.

Let Z_M and M_0 be the center and the identity component of M. By [K1], we have $M_0 Z_M = M^\# = M_0 F(B^-)$ where $F(B^-)$ generated by γ_{α_s}, γ_{α_r} is defined by Section 8 in Chapter XII of [K1]. Let χ be the restrictions of σ on $F(B^-)$. Let σ_0 be an irreducible constituent of the restriction of σ to M_0. By [K1], σ is induced from $\sigma_0 \otimes \chi$, and thus (σ_0, χ) determines σ. By [K1], σ_0 is determined by (λ_0, Δ_-^+) where Δ_-^+ is a positive root system of Δ_-, and $\lambda_0 \in (i\mathrm{b}_-)^* = (iker(S_2))^*$ satisfying the conditions that λ_0 is dominant relative to Δ_-^+, and that $\lambda_0 - \delta_-$ is analytic integral. Here δ_- is the half sum of the members of Δ_-^+. The parameter λ_0 is called the Harish-Chandra parameter for σ_0 as in Section 2 of [BK2]. Thus, σ is determined by $(\lambda_0, \Delta_-^+, \chi)$.

Clearly, λ_0 can be extanded as a linear function λ_0 on $i\mathrm{b}$ by $\langle\lambda_0, \alpha_s\rangle = \langle\lambda_0, \alpha_r\rangle = 0$. Hereafter, the Harish-Chandra parameter λ_0 is interpreted as the extentsion on $i\mathrm{b}$. For convenience, for each integral form $\mu' \in (\mathrm{b})^*$, we say that $\mu' \in (ker(S_2))^*$, if the restriction of μ' to S_2 is zero.

Definition 1.1. Let $S_2 = \{\alpha_s, \alpha_r\} \subset \Delta$ so that α_s and α_r are superothorgonal, and $\theta_C \in C$. *A pair* (S_2, Δ^+) with θ_C is called a format with θ_C if $S_2 \subset \Pi \cap (\Delta \setminus \Delta_C)$.

We say that an integral form λ_0 defined on b has a format (S_2, Δ^+) with θ_C if λ_0 is dominant relative to Δ^+ and $\lambda_0 \in (ker(S_2))^*$.

For (g_u, θ_C), assume the Harish-Chandra parameter λ_0 has a format (S_2, Δ^+) with θ_C. By (2.9) of [BK2], the Langlands quotient $J(MAN, \sigma, \nu)$ has the minimal K-type with highest weights given by the form

$$\Lambda(\lambda_0) = \lambda_0 + \delta - 2\delta_C - \delta_r + \mu \tag{1.1}$$

where $\delta_r = \frac{1}{2}(\alpha_s + \alpha_r)$, and $\mu = \frac{1}{2}(\mu_r \alpha_r + \mu_s \alpha_s)$ with $\mu_r, \mu_s = \pm 1$ or 0. Here δ and δ_C are the half sums of the roots in Δ^+ and Δ_C^+. Moreover at least one choice of the signs of $\mu_s = \pm 1$ and $\mu_r = \pm 1$ gives a Δ_C^+ dominant $\Lambda = \Lambda(\lambda_0)$

By computing, if $\alpha \in \Delta \setminus \Delta_C$, then

$$2\langle \rho_\alpha, \alpha \rangle / |\alpha|^2 = 11. \tag{1.2}$$

where ρ_α is defined by [BK1], (cf. p. 25 of [BK1]). By (1.2) and (2.4) of [K2], we obtain

Remark 1.1. Assume that λ_0 has a format (S_2, Δ^+) with θ_C. Then for $z \in \{r, s\}$,

(i) $\mu_z = \pm 1$ if and only if

$$\chi(\gamma_{\alpha_z}) = (-1)^{11} = -1, \tag{1.3}$$

corresponding to the cotangent case in the sense of [K2].

(ii) $\mu_z = 0$ if and only if

$$\chi(\gamma_{\alpha_z}) = 1. \tag{1.4}$$

corresponding to the tangent case in the sense in [K2].

Clearly, σ is determined $(\sigma_0 \otimes \chi)$, so σ is determined by λ_0 and $\mu = (\mu_s, \mu_r)$ when σ_0 is determined by λ_0 and $\mu = (\mu_s, \mu_r)$ is associated with χ.

Let W denote the Weyl group of Δ and let W_K denote the Weyl group of Δ_K. For each $\beta \in \Delta$, let w_β be the reflection in the hyperplane orthogonal to β.

If Δ_K^1 and Δ_K^2 are two positive root systems of Δ_K, then there is a $w \in W_K$ such that $w(\Delta_K^1) = \Delta_K^2$. Thus we can fixed a positive root system Δ_K^+. Let $\mathbb{P}$ be the set of all positive root systems of Δ. As in [B1], we define

$$A = \{P \in \mathbb{P} \mid P \cap \Delta_K = \Delta_K^+\}.$$

Let $d=\#(A)$. Then A can be expressed in the form $A=\{P_1, P_2, \cdots, P_d\}$. For each P_i with $1\leqslant i\leqslant d$, let Π_i be the simple root system of Δ determined by P_i. For each Π_i with $1\leqslant i\leqslant d$, let $\Pi_i^0=\Pi_i\cap\Delta_K$. In Section 3, we shall show that $d=\#(C)$.

Definition 1.2. Let Σ^+ is a positive root system of Δ, and $S=\{\beta_s, \beta_r\}\subset\Delta$ so that β_s and β_r are superothogonal. A pair (S, Σ^+) is called a format if $S\subset\sqcap\cap\Delta_n$. Here $\sqcap$ is the simple root system of Δ determined by Σ^+.

We say that an integral form λ_0 defined on b has a format (S, Σ^+) if λ_0 is dominant relative to a positive root system Σ^+ and $\lambda_0\in(ker(S))^*$.

Remark 1.2. It is easy to see that the formats given by Definition 1.1 and Definition 1.2 are only assciated with some subsystems of Δ which are Δ^+, $Pi\in A$, $1\leqslant i\leqslant d$, Δ_K^+ and $\Delta_C^+\in C_\Delta^+$. Clearly the format (S_2, Δ^+) with θ_C is a format (S_2, Δ^+) if $\theta_C=\theta$.

Lemma 1.1. Use the notations given above with $\theta_C=\theta$. For each Harish-Chandra parameter (λ_0, Δ_-^+), there exists a $w\in W_K$ such that $w\lambda_0$ has a format (S_2^*, P_i) for some $1\leqslant i\leqslant d$.

Proof: Since $\theta_C=\theta$, we have $S_2=\{\alpha_s, \alpha_r\}\subset\Delta_n$. There exists a element x_0 in the vector space $\mathbb{R}\Delta_-$ generated by Δ_- over $\mathbb{R}$ such that $\langle x_0, r\rangle>0$ for all $r\in\Delta_-^+$. Let ϵ be a positive sufficient small number, and let $y_0=\epsilon\alpha_s+\epsilon^2\alpha_r$. Let $P=\{r\in\Delta|\langle r, x_0+y_0\rangle>0\}$. Then P is a positive system of Δ satisfies the conditions that $\Delta_-^+\subset P$, and that λ_0 is dominant relative to P. Let Π_P be the simple root sysrem of Δ determined by P. Since $\langle x_0+y_0, \alpha_s\rangle=\epsilon$ and $\langle x_0+y_0, \alpha_r\rangle=\epsilon^2$, α_s and α_r are not the sums of two roots in P. Thus α_r and α_s are simple roots in Π_P.

Let $P_K=P\cap\Delta_K$. Then P_K is a positive root system of Δ_K. Clearly, $\Delta_-\subset\Delta_K$, so $\Delta_-^+\subset P_K$. It is easily shown there exists a $w\in W_K$ such that $wP_K=\Delta_K^+$. Clearly $\Delta_K^+=wP_K\subset wP$, so $wP=P_i$ for some $1\leqslant i\leqslant d$. Thus, since $w\Delta_-^+\subset wP_K\subset wP=P_i$ for some $1\leqslant i\leqslant d$, $w\lambda_0$ is dominant relative to $wP=P_i$.

Let $w\alpha_s=\alpha_s^*$ and $w\alpha_r=\alpha_r^*$. Since $w\in W_K$ and $S_2\subset\Delta_n$, we have $S_2^*=\{\alpha_s^*, \alpha_r^*\}\subset\Delta_n$. Clearly $wS_2=S_2^*$ and $S_2\subset\Pi_P$, so $wS_2=S_2^*\subset w\Pi_p=\Pi_i$ for some $1\leqslant i\leqslant d$. Hence $w\lambda_0$ has the format (S_2^*, P_i) for some $1\leqslant i\leqslant d$. The proof is complete.

By Theorem 14. 91 of [K1], we may assume that the Harish-Chandra parameter (λ_0, Δ_-^+) has a format (S_2^*, P_i), $P_i \in A(1 \leqslant i \leqslant d)$ (up to equivalence), (cf. p. 615 of [K1]). In Section 3, we have shown that there exists a one to one correspondence between the set of the formats (S_2^*, P_i), $P_i \in A$ and the set of the formats (S_2, Δ^+) with θ_C, $\theta_C \in C$ (cf. Proposition 3. 2 (iv)). Thus, if Harish-Chandra parameter (λ_0, Δ_-^+) has a format (S_2^*, P_i), then we may assume that λ_0 has a format (S_2, Δ^+) with θ_C corresponding to (S_2^*, P_i) (up to equivalance).

The difference between the set of formats (S_2, Δ^+) with θ_C, $\theta_C \in C$ and the set of formats (S_2^*, P_i), $P_i \in A$ can be expressed as:

(i) for the set of formats (S_2^*, P_i), the Cartan involution θ is fixed (so for any format in this set, the positive compact root system is the same, Δ_K^+), and the positive root system P_i runs through the set A.

(ii) for format (S_2, Δ^+) with θ_C, the positive root system Δ^+ is fixed and the canonical involution θ_C runs through the set C (so the positive compact root systems Δ_C^+ are distinct for distinct formats in this set).

By Lemma 1. 1, we shall find all formats (S_2^*, P_i) with $1 \leqslant i \leqslant d$. Since it is not easy to finding all formats (S_2^*, P_i) with $1 \leqslant i \leqslant d$, in Section 3, as in [C2], we shall introduce the explicit diagrams (Π, Π_0) of G to find all P_i, $i = 1, 2, \cdots, d$ (in fait, to find all (Π_i, Π_i^0), $1 \leqslant i \leqslant d$)). The explicit diagrams of G are given by Table 2. Each explicit diagram (Π, Π_0) of G is associated with a canonical involution θ_C of $\mathfrak{g}_u$ with $\theta_C \in C$. In Section 3, we have shown that for a format (S_2^*, P_i), we obtain (Π_i, Π_i^0, S_2^*), and there exists a unique (Π, Π_0, S_2) such that (Π_i, Π_i^0, S_2^*) corresponds to (Π, Π_0, S_2) which determines the format (S_2, Δ^+) with θ_C uniquely when (Π, Π_0) is associated with θ_C, (cf. Proposition 3. 2), so the format (S_2^*, P_i) corresponds to the format (S_2, Δ^+) wth θ_C.

Let $I = \{1, 2, \cdots, n\}$, and let $\sqcap = \{\alpha_i^{\sqcap}, i \in I\}$ be a simple root system of Δ. For $S \subset \sqcap$, let $I_S = \{i \in I \mid \alpha_i^{\sqcap} \in S\}$, and let $I'_S = I \setminus I_S$.

Let $\Pi = \{\alpha_1, \alpha_2, \cdots, \alpha_n\}$ be the simple root system of Δ determined by

Δ^+, and let γ_i, $1\leqslant i\leqslant n$ be the form on $\mathbb{R}\Delta$:

$$\langle \alpha_j, \gamma_i\rangle=\delta_{i,j}, 1\leqslant i, j\leqslant n.$$

Let $\Pi_i=\{\alpha_j^{(i)}, j=1, 2, \cdots, 6\}$ be the simple root system of Δ determined by P_i, $1\leqslant i\leqslant d$. For each $k\in I$, let γ_k^i be the integral form on b such that

$$2\langle \gamma_k^{(i)}, \alpha_j^{(i)}\rangle/|\alpha_j|^2=\langle \gamma_k^{(i)}, \alpha_j^{(i)}\rangle=\delta_{k,j}, 1\leqslant j\leqslant n.$$

By [KSp1], fixed a format (S, Σ^+, χ, μ) in the sense of [KSp1], there is a unique basic form $\lambda_{0.b}^{\sqcap}$ corresponding to this format, so for the format (S, Σ^+), the basic form $\lambda_{0,b}^{\sqcap}$ is determined by μ associated with χ by Remark 1. 1. Thus for a fixed format (S, Σ^+), the basic form $\lambda_{0,b}^{\sqcap}$ corresponding to (S, Σ^+, χ, μ) can be interpreted as a function of μ, (cf. Proposition 3. 1, Corollary 3. 1, and formulas (4. 1. 1)-(4. 6. 1) given in Section 4). For a fixed format (S, Σ^+), the basic form $\lambda_{0,b}^{\sqcap}$ which is interpreted as a function of μ is called the basic case (or basic form) having a format (S, Σ^+).

Lemma 1. 2. (ⅰ) Each Harish-Chandra parameter $\lambda_{0,b}$ having a format (S_2^*, P_i) with $1\leqslant i\leqslant d$ can be expressed in the form

$$\lambda_0=\lambda_{0,b}^i+\sum_{j\in I'}k_j\gamma_j^{(i)}, \tag{1. 5}$$

where $\lambda_{0,b}^i$ is the basic form having the format (S_2^*, P_i) and $k_j\in\mathbb{Z}^{*+}$, $i\in I'=I'_{S_2^*}$. Let $\omega(\lambda_0)=\{k_j, j\in I', k_j\in\mathbb{Z}^{*+}\}$. Here integers k_j, $j\in I'$ are given by (1. 5).

(ⅱ) Each Harish-Chandra parameter λ_0 having the format (S_2, Δ^+) with θ_C can be expressed in the form

$$\lambda_0=\lambda_{0,b}^c+\sum_{j\in I'}k_j\gamma_j, \tag{1. 5$'$}$$

where $\lambda_{0,b}^c$ is the basic form having format (S_2, Δ^+) with θ_C, and $k_j\in\mathbb{Z}^{*+}$, $i\in I'=I'_{S_2}$. Let $\omega(\lambda_0)=\{k_j, j\in I', k_j\in\mathbb{Z}^{*+}\}$, and let $I(\lambda_0)=\{j\in I'\mid k_j\in\omega(\lambda_0)\cap\mathbb{Z}^+\}$. Here integers k_j, $j\in I'$ are given by $(1. 5)'$.

Let $\Omega(S_2^*)$ be the set consisting of the sets $\omega=\{k_j, j\in I'_{S_2^*}, k_j\in\mathbb{Z}^{*+}\}$, and let $\Omega(S_2)$ be the set consistinf of the sets $\omega=\{k_j, j\in I'_{S_2}, k_j\in\mathbb{Z}^{*+}\}$. By Lemma 1. 2, we obtain the following lemma immediately.

Lemma 1. 3. (ⅰ) Let $\mathfrak{I}(\lambda_{0,b}^i)$ be the set of the Harish-Chandra parameters λ_0 having format (S_2^*, P_i), $1\leqslant i\leqslant d$ which are given by (1. 5). Then there exists a one to one correspondence between $\mathfrak{J}(\lambda_{0,b}^{i})$ and $\Omega(S_2^*)^i$.

(ii) Let $\mathfrak{J}(\lambda_{0,b})$ be the set of the Harish-Chandra parameters λ_0 having format (S_2, Δ_C^+) with θ_C which are given by $(1.5)'$. Then there exists a one to one correspondence between $\mathfrak{J}(\lambda_{0,b})$ and $\Omega(S_2)^C$. Clearly,

$$\mathfrak{J}(\lambda_{0,b}) = \left\{\lambda_0 = \lambda_{0,b} + \sum_{j\in I'} k_j\gamma_j,\ k_j \in \mathbb{Z}^{*+}\right\}.$$

For convenience, as in [G], we use a basis $e_1, e_2, \cdots, e_6$ (not orthonormal) of $\mathbb{R}^6$ to describe the root system of simple complex Lie algebra E_6:

$$\Delta^+ = \{e_i - e_j,\ 1\leqslant i<j\leqslant 6;\ e_i+e_j+e_k,\ 1\leqslant i<j<k\leqslant 6,\ \alpha_0\}. \tag{1.6}$$

$$\Pi = \{\alpha_i = e_i - e_{i+1},\ i=1, 2, \cdots, 5,\ \alpha_6 = e_4+e_5+e_6\}. \tag{1.7}$$

Here $\alpha_0 = e_1+e_2+\cdots+e_6$. Clearly $\Delta = \Delta^+ \cup \Delta^-$, $\Delta^- = -\Delta^+$ and Π is a simple root system of Δ contained in Δ^+. For each $x = x_1e_1 + x_2e_2 + \cdots + x_6e_6 \in \mathbb{R}^6$, we write $(x_1, x_2, \cdots, x_6)$ for x. We say that $x>0$ if $x\neq 0$ and the firest non-zero coefficient is positive. Then for the basis $e_1, e_2, \cdots, e_6$, we obtain an ordering in $\mathbb{R}^6$. Clearly we have $\mathbb{R}\Delta = \mathbb{R}^6$.

By the results given in Section 3, up to equivalence, we may assume that the Harish-Chandra parameter λ_0 has a format (S_2, Δ^+) with θ_C for some $\theta_C \in C$. Let $S_2 = \{\alpha_s, \alpha_r\}$. Let $\Delta_1 = \{r\in\Delta \mid r\perp\alpha_r\}$ and $\Delta_2 = \{r\in\Delta \mid r\perp\alpha_s\}$. For $i=1$ or 2, let $\mathfrak{g}^{(i)}$ be the intersection of $\mathfrak{g}$ and the subalgebra of $\mathfrak{g}^{\mathbb{C}}$ generated by $\mathfrak{b}$ and $\{X_r;\ r\in\Delta_i\}$ over $\mathbb{C}$. For $i=1$ or 2, let $\mathfrak{g}_{ss}^{(i)}$ be the semi-simple ideal of $\mathfrak{g}^{(i)}$, and let $G_{ss}^{(i)}$ be the subgroup of G with Lie algebra $\mathfrak{g}_{ss}^{(i)}$. Clearly $\Delta_- \subset \Delta_i$ for $i=1$ or 2, so $\mathfrak{m}\cap\mathfrak{g}_{ss}^{(i)} = \mathfrak{m}_{ss}$. For $i=1, 2$, let $\chi^{(i)}$ be the restrictions of χ on $\gamma^{(i)}$, and let $\lambda_0^{(i)}$ be the restriction of λ_0 on $\mathfrak{g}_{ss}^{(i)}\cap b$. Here $\gamma^{(1)} = \gamma_{\alpha_s}$ and $\gamma^{(2)} = \gamma_{\alpha_r}$. Let a_0 be the endpoint of the complementary series of $G_{ss}^{(1)}$ determined by the parameter $\lambda_0^{(1)}$ and $\chi^{(1)}$, and let b_0 be the endpoint of the complementary series of $G_{ss}^{(2)}$ determined by $\lambda_0^{(2)}$ and $\chi^{(2)}$.

Since $S_2 = \{\alpha_s, \alpha_r\}\subset\Pi$, there exists a subset $C(S_2) = \{\varepsilon_1, \varepsilon_2, \cdots, \varepsilon_t\}$ of Π such that

(i) $\alpha_s \not\perp \varepsilon_1$ and $\alpha_s \perp \varepsilon_i$, $1<i\leqslant t$,

(ii) $\alpha_r \not\perp \varepsilon_t$ and $\alpha_r \perp \varepsilon_i$, $1\leqslant i<t$,

(iii) $\varepsilon_i \not\perp \varepsilon_{i+1}$, $1\leqslant i\leqslant t-1$ and $\varepsilon_i \perp \varepsilon_{i+j}$, $j\in\{i+2, \cdots, t\}$.

Let $\beta_0 = \varepsilon_1+\varepsilon_2+\cdots+\varepsilon_t$, and

$$n_0(\lambda_0)=\langle\lambda_0, \beta_0\rangle. \tag{1.8}$$

For (1.6) anf (1.7), if λ_0 is fixed or is clear, the we write n_0 for $n_0(\lambda_0)$.

Example 1.1 For (1.6) and (1.7), if $S_2=\{\alpha_1=\alpha_s, \alpha_5=\alpha_r\}$, then $C(S_2)=\{\varepsilon_1=\alpha_2, \varepsilon_2=\alpha_3, \varepsilon_3=\alpha_4\}$ and $\beta_0=\alpha_2+\alpha_3+\alpha_4$.

For (1.6) and (1.7), if $S_2=\{\alpha_s=\alpha_2, \alpha_r=\alpha_6\}$, then $C(S_2)=\{\varepsilon_1=\alpha_3\}$ and $\beta_0=\alpha_3$.

Let κ_0 be the least positve number such that

$$a+b=\kappa_0$$

is a reducible line of $U(MAN, \sigma, \nu)$.

Let $E=\{(a, b)\in\mathbb{R}^{*+}\times\mathbb{R}^{*+} \mid b\leqslant a\}$. For $u, v\in\mathbb{R}^+$, let $E^\cap(u, v)=\{(a, b)\in E \mid a\leqslant u, b\leqslant v\}$, and let $D^\cap(u, v)=\{(a, b)\in E \mid a>u \text{ or } b>v\}$. Clearly, for $u, v\in\mathbb{R}$, we have $E^\cap(u, v)=E\backslash D^\cap(u, v)$ and $D^\cap(u, v)=\{(a, b)\in E \mid a>u\}\cup\{(a, b)\in E \mid b>v\}$, For each Langlands quotient $J(\nu)$ let $E_0(J(\nu))$ be the region of E so that $J(\nu)$ is infinitesimally unitary exactly for $(a, b)\in E_0(J(\nu))$ with $\nu=af_1+bf_2$. If $J(\nu)$ is fixed or is clear, we write E_0 for $E_0(J(\nu))$.

Then we introduce a fundamental rectangle $E^\cap(a_0, b_0)$ as in [BK3] for group $SU(N, 2)$. A pair (a_0, b_0) is called to be proper if $a_0\neq 0$ and $b_0\neq 0$.

Now, we state the main results of this note which is analogous to the Theorem 1.1 of [BK1] (or the Main Theorem of [KSp2]).

Theorem 1.1. Use the notations given above. Suppose that G is the linear connected simple Lie group $E_{6(-14)}$.

A. Suppose that $J(MAN, \sigma, \nu)=J(\nu)$ is of the reformulated Langlands classification defined as an irreducible admissible representation.

(Ⅰ) Assume (a_0, b_0) is proper. Then

(ⅰ) $J(\nu)$ is not infinitesimally unitary for $(a, b)\in D^\cap(a_0, b_0)$, and thus $E_0(J(\nu))\subset E^\cap(a_0, b_0)=E\backslash D^\cap(a_0, b_0)$, and

(ⅱ) $E_0(J(\nu))\neq E^\cap(a_0, b_0)$ if and only if $\kappa_0<a_0+b_0$, and the cases of $E_0(J(\nu))\neq D^\cap(a_0, b_0)$ occur when $(a_0, b_0; \kappa_0)$ is one of the following forms:

[1] (4, 4; 6), [2] (5, 5; 6),

[3] (3,2; 3),[4] (2,3;3),[5] (3,3;2),[6] (2,2;2),[7] (3,3;4).

For each case [1]-[7], the region $E_0(J(MAN, \sigma, \nu))$ is given in Table 3 where $(\lambda_0, \mu)=(\lambda_0; \mu_s, \mu_r)$ which determine σ are given by Table (2. B. 3), (3. A. 3), (4. B. 4), (5. A. 4) and Table (6. A. 3) in Section 4, and f_1, f_2 (i. e. α_s, α_r) which determine A and ν are given by the cases (2. B), (3. A), (4. B), (5. A) and (6. A) in Section 4.

(Ⅱa) Assume $n_0\neq 0$ and (a_0, b_0) is not proper. Then $E_0(J(\nu))=\phi$.

(Ⅱb) Assume $n_0=0$ and (a_0, b_0) is not proper. Then

$$E_0(J(\nu))=\{(a, b)\in E \mid b>0, a+b\leqslant\kappa_0\}.$$

B. The representation $J(\nu)$ of the reformulated Langlands classification defined as an irreducible admissible representation is just in all cases except the following:

(ⅰ) $\nu=0$ when either $a_0=0$ or $b_0=0$,

(ⅱ) $\nu=af_1$, $a>0$ when $b_0=0$.

Remark 1.3. (ⅰ) When (a_0, b_0) is proper, we say that E_0 is regular or irregular according to $E_0=E^{\cap}(a_0, b_0)$ or $E_0\neq E^{\cap}(a_0, b_0)$. The irregular region is abbreviated to $\langle\langle ir. r\rangle\rangle$.

(ⅱ) In this note, some possible isolated unitary points for $J(\nu)$ are indicated, but are not determined exactly.

§ 2. SOME FORMULAS OF GENERAL THEOREMS

In this section, we fix a format (S_2, Δ^+) with θ_C which is introdued in Section 1. We assume that $\lambda^c_{0,b}$ has the format (S_2, Δ^+) with θ_C. Let $\Re(\lambda^c_{0,b})=\{\Lambda(\lambda_0)$ given by(1. 1), $\lambda_0\in\Im(\lambda^c_{0,b})\}$.

Let $S_2=\{\alpha_s, \alpha_r\}$ with signs ξ' and ξ for α_s and α_r respectively. In this section, since the format (S_2, Δ^+) with θ_C is fixed, for convenience, let $\lambda_{0,b}$ denote the basic form $\lambda^c_{0,b}$, $I'=I'_{S_2}$, and let Δ_K, Δ_n, Δ_K^+, Δ_n^+ denote Δ_C, $\Delta\backslash\Delta_C$, Δ_C^+, $(\Delta\backslash\Delta_C)\cap\Delta^+$ respectively

For $S_2=\{\alpha_s, \alpha_r\}$, define

$$\mathrm{a}=\mathbb{R}(iv_{\alpha_s})+\mathbb{R}(iv_{\alpha_r}).$$

We may assume that a is built by Cayley transfom relative to a succession of the noncompact roots α_s, α_r relative to θ_C with $\alpha_s > \alpha_r$. Then, as in [BK6], we obtain a Cartan subalgebra $\mathrm{b}_- + \mathrm{a}$ of g. As in [KSp2], let f_1 and f_2 be the linear functions on a^c such that

$$f_1(a(-iv_{\alpha_s}) + b(-iv_{\alpha_r})) = a,\ f_2(a(-iv_{\alpha_s}) + b(-iv_{\alpha_r})) = b.$$

Then f_1 and f_2 be the Cayley transforms of α_s and α_r respectively. To establish the notation, let us use names α_s and α_r also for the Cayley transforms α_s and α_r which are f_1 and f_2 respectively, (cf. p. 11 and p. 14 of [K3]). Then ν can be expressed in the form

$$\nu = a\frac{1}{2}\alpha_s + b\frac{1}{2}\alpha_r = af_1 + bf_2,\ a,\ b \in \mathbb{R},\ b \leqslant a.$$

We have a lexicographic ordering in a^* from the basis f_1, f_2 which are consistent with $\alpha_s > \alpha_r$. Then, hereafter, we identify α_s and α_r with their Cayley transforms f_1 and f_2, and we identify Δ with $\Delta(\mathrm{g}^{\mathbb{C}}, (\mathrm{b}_- + \mathrm{a})^{\mathbb{C}})$. For each $\beta \in \Delta$, when we identify Δ with $\Delta(\mathrm{g}^{\mathbb{C}}, (\mathrm{b}_- + \mathrm{a})^{\mathbb{C}})$, let β' be the restriction of β to a. Let $\Delta' = \{\beta' \mid \beta \in \Delta,\ \beta' \neq 0\}$. By [H], $\Delta' \cong (\mathrm{g}, \mathrm{a})$.

As mentioned above, let Δ_n and Δ_n^+ denote $\Delta \backslash \Delta_C$ and $(\Delta \backslash \Delta_C) \cap \Delta^+$. For z, $z' \in \{r, s\}$, $z \neq z'$, let

$$\Psi_z^{\pm} = \{\beta \in \Delta_n \mid \beta \pm \alpha_z \in \Delta\}\ ;\ \Psi_z^{\pm\perp} = \{\beta \in \Psi_z^{\pm} \mid \beta \perp \alpha_{z'}\},$$

$$\Phi_z^{\pm} = \{\beta \in \Delta_n^+ \mid \beta \pm \alpha_z \in \Delta\},\ \Phi_z^{\pm\perp} = \{\beta \in \Phi_z^{\pm} \mid \beta \perp \alpha_{z'}\},$$

and

$$\Psi_{z,\alpha}^{\pm} = \{\beta \pm \alpha_z \mid \beta \in \Psi_z^{\pm}\},\ \Psi_{z,\alpha}^{\pm\perp} = \{\beta \pm \alpha_z \mid \beta \in \Psi_z^{\pm\perp}\},$$

$$\Phi_{z,\alpha}^{\pm} = \{\beta \pm \alpha_z \mid \beta \in \Phi_z^{\pm}\},\ \Phi_{z,\alpha}^{\pm\perp} = \{\beta \pm \alpha_z \mid \in \Phi_z^{\pm\perp}\}.$$

For each integral form μ' on b and for each $z \in \{r, s\}$, let

$$\Phi_z^{\pm}(\mu') = \{\beta \pm \alpha_z \mid \beta \in \Phi_z^{\pm},\ \langle \beta \pm \alpha_z, \mu' \rangle = 0\},$$

$$\Phi_z^{\pm\perp}(\mu') = \{\beta \pm \alpha_z \mid \beta \in \Phi_z^{\pm\perp},\ \langle \beta \pm \alpha_z, \mu' \rangle = 0\}.$$

For each integral form μ' on b and for each $z \in \{r, s\}$, let

$$\begin{cases} \nu_z^{\pm}(\mu') = 1 \pm \mu_z + 2\#(\Phi_z^{\mp}(\mu')), \\ \nu_z^{\pm\perp}(\mu') = 1 \pm \mu_z + 2\#(\Phi_z^{\mp\perp}(\mu')). \end{cases} \tag{2.1}$$

For each $z \in \{r, s\}$, we write $\Phi_{z,b}^{\pm}$ and $\Phi_{z,b}^{\pm\perp}$ for $\Phi_z^{\pm}(\Lambda_b)$ and $\Phi_z^{\pm\perp}(\Lambda_b)$ respectively and write $\nu_{z,b}^{\pm}$ and $\nu_{z,b}^{\pm\perp}$ for $\nu_z^{\pm}(\Lambda_b)$ and $\nu_z^{\pm\perp}(\Lambda_b)$ respectively.

For each integral and Δ_K^+ dominant form μ' on $i\mathrm{b}$, let $\Delta_{K,\mu'}^+$ be the set of roots in Δ_K^+ orthogonal to μ', let $\Pi_{K,\mu'}=\Pi_K\cap\Delta_{K,\mu'}^+$ and let $W_{K,\mu'}$ denote the Weyl group of $\Delta_{K,\mu'}$ where $\Delta_{K,\mu'}=\{\pm\beta|\beta\in\Delta_{K,\mu'}^+\}$. If μ' is a linear functional on $\mathfrak{b}^{\mathbb{C}}$ that is real valued on $i\mathfrak{b}$, then there exists $w\in W_K$ such that $w(\mu')$ is Δ_K^+ dominant, and we write $(\mu')^\vee$ for this dominant form. If Λ' is Δ_K^+ dominant and is (analytically) integral, we let $\tau_{\Lambda'}$ be an irreducible representation of K with highest weight Λ'. We shall regard $\mathfrak{p}^{\mathbb{C}}$ as a representation of K under Ad (K); the weights of $\mathfrak{p}^{\mathbb{C}}$ are the members of Δ_n each with multiplicity one.

For α_r, $\alpha_s\in S_2$ with two choices of signs ξ, $\xi'=\pm$ (not necessarily the same) respectively and for an integral form Λ dominant relative to Δ_K^+, let $\delta_r^\xi(\Lambda)$, $\delta_s^{\xi'}(\Lambda)$ and $\delta^{\xi,\xi'}(\Lambda)$ be the results of making $\xi\alpha_r$, $\xi'\alpha_s$ and $\xi\alpha_r+\xi'\alpha_s$ dominant for $\Delta_{K,\Lambda}^+$ respectively, and let $\bar{\omega}_r^\xi(\Lambda)=\delta_r^\xi(\Lambda)-\xi\alpha_r$, $\bar{\omega}_s^{\xi'}(\Lambda)=\delta_s^{\xi'}(\Lambda)-\xi'\alpha_s$ and $\bar{\omega}^{\xi,\xi'}(\Lambda)=\delta^{\xi,\xi'}(\Lambda)-(\xi\alpha_r+\xi'\alpha_s)$. If Λ is fixed or is clear, we write δ_r^ξ, $\delta_s^{\xi'}$ and $\delta^{\xi,\xi'}$ for $\delta_r^\xi(\Lambda)$, $\delta_s^{\xi'}(\Lambda)$ and $\delta^{\xi,\xi'}(\Lambda)$ respectively, and we write $\bar{\omega}_r^\xi$, $\bar{\omega}_s^{\xi'}$ and $\bar{\omega}^{\xi,\xi'}$ for $\bar{\omega}_r^\xi(\Lambda)$, $\bar{\omega}_\xi^{\xi'}(\Lambda)$ and $\bar{\omega}^{\xi,\xi'}(\Lambda)$ respectively. Since the Dynkin diagram is a single-line diagram, it follows from Section 3 of [BK1] that for $z\in\{r,s\}$

$$(\Lambda\pm\alpha_z)^\vee=\Lambda+\delta_z^\pm(\Lambda).$$

Let Q be a subset of Δ^+. For each $x\in\mathbb{R}\Delta$, $x\neq0$, the statement that x can (resp. can not) be expressed as a sum of some roots of Q is abbreviated to $x\in$ (resp. $\notin$)(Q). We may assume that $|\beta|^2=2$ for each $\beta\in\Delta$, so for each μ', we have $2\langle\mu',\beta\rangle/|\beta|^2=\langle\mu',\beta\rangle$.

Lemma 2.1. Assume that Λ_1, $\Lambda_2\in\mathfrak{R}(\lambda_{0,b})$ are dominant relative to Δ_K^+. Suppose $\Delta_{K,\Lambda_2}^+\subset\Delta_{K,\Lambda_1}^+$. Then, for $z\in\{s,r\}$,

(i) $\bar{\omega}_z^\pm(\Lambda_i)\in(\Delta_{K,\Lambda_i}^+)$, and $\bar{\omega}^{\xi,\xi'}(\Lambda_i)\in(\Delta_{K,\Lambda_i}^+)$ for $i=1$ or 2,

(ii) $\bar{\omega}_z^\pm(\Lambda_1)=\bar{\omega}_z^\pm(\Lambda_2)+\bar{\omega}_z^{\pm\bowtie}(\Lambda_1)$ with $\bar{\omega}_z^{\pm\bowtie}(\Lambda_1)\in(\Delta_{K,\Lambda_1}^+\backslash\Delta_{K,\Lambda_2}^+)$, and $\bar{\omega}^{\xi,\xi'}(\Lambda_1)=\bar{\omega}^{\xi,\xi'}(\Lambda_2)+\bar{\omega}^{\xi,\xi'\bowtie}(\Lambda_1)$ with $\bar{\omega}^{\xi,\xi'\bowtie}(\Lambda_1)\in(\Delta_{K,\Lambda_1}^+\backslash\Delta_{K,\Lambda_2}^+)$.

Proof: For convenience, we write Δ_i, $i=1$ or 2 for Δ_{K,Λ_i}^+. First suppose $z=r$ with sign ξ for α_r. Assume $\xi\alpha_r$ is dominant for Δ_1. Then $\delta_r^\xi(\Lambda_1)=\xi\alpha_r$ and $\bar{\omega}_r^\xi(\Lambda)=0$. Assume $\xi\alpha_r$ is not dominant for Δ_1. Then according to $\xi\alpha_r$ is not dominant relative to Δ_2 or $\xi\alpha_r$ is dominant relative to Δ_2, we choose a root r_1 in Δ_2 or in $\Delta_1\backslash\Delta_2$ such that $\langle r_1,\xi\alpha_r\rangle<0$. Let $\delta_{r,1}^\xi=\xi\alpha_r-\langle r_1,\xi\alpha_r\rangle r_1$. Assume $\delta_{r,1}^\xi$

is dominant for Δ_1, then $\delta_r^\xi(\Lambda_1)=\delta_{r,1}^\xi$ and $\bar{\omega}_r^\xi(\Lambda_1)=-\langle r_1, \xi\alpha_r\rangle r_1$. Clearly, if $r_1\in\Delta_2$, then $\bar{\omega}_r^\xi(\Lambda_1)=\bar{\omega}_r^\xi(\Lambda_2)$ and $\bar{\omega}_r^{\xi\bowtie}(\Lambda_1)=0$; if $r_1\notin\Delta_2$, then $\bar{\omega}_r^\xi(\Lambda_2)=0$ and $\bar{\omega}_r^\xi(\Lambda_1)=\bar{\omega}_r^{\xi\bowtie}(\Lambda_1)$. Assume $\delta_{r,1}^\xi$ is not dominant for Δ_1. Then according to $\delta_{r,1}^\xi$ is not dominant relative to Δ_2 or $\delta_{r,1}^\xi$ is dominant relative to Δ_2, we choose a root r_2 in Δ_2 or in $\Delta_1\backslash\Delta_2$ such that $\langle r_2, \delta_1^\xi\rangle<0$. Let $\delta_{r,2}^\xi=\delta_{r,1}^\xi-\langle r_2, \delta_{r,1}^\xi\rangle r_2$. Assume $\delta_{r,2}^\xi$ is dominant relative to Δ_1. Then $\delta_r^\xi(\Lambda_1)=\delta_{r,2}^\xi$ and $\bar{\omega}_r^\xi(\Lambda_1)=-\langle r_1, \xi\alpha_r\rangle r_1-\langle r_2, \delta_{r,1}^\xi\rangle r_2$. Clearly, if $r_1, r_2\in\Delta_2$, then $\bar{\omega}_r^\xi(\Lambda_1)=\bar{\omega}_r^\xi(\Lambda_2)$ and $\bar{\omega}_r^{\xi\bowtie}(\Lambda_1)=0$; if $r_1\in\Delta_2$ and $r_2\notin\Delta_2$, then $-\langle r_1, \xi\alpha_r\rangle r_1=\bar{\omega}_r^\xi(\Lambda_2)$ and $-\langle r_2, \delta_{r,1}^\xi\rangle r_2=\bar{\omega}_r^{\xi\bowtie}(\Lambda_1)$; if $r_1, r_2\notin\Delta_2$ then $\bar{\omega}_r^\xi(\Lambda_2)=0$ and $\bar{\omega}_r^\xi(\Lambda_1)=\bar{\omega}_r^{\xi\bowtie}(\Lambda_1)$. Assume $\delta_{r,2}^\xi$ is not dominant relative to Δ_1. Then the recursive construction continues. Therefore, the proof is complete for $\bar{\omega}_r^\xi$ (i. e. for $z=r$). Similarly, we can prove the lemma for $\bar{\omega}_s^{\xi'}$ (i. e. for $z=s$) and for $\bar{\omega}^{\xi,\xi'}$. The proof is complete.

For each $x, y\in\mathbb{R}\Delta$, the statement that x is not a sum of y and some roots of Δ_K^+ is abbreviated to $x\notin(y, \Delta_K^+)$. By a simple computing, we have

Lemma 2.2. Use the notations given above. Assume that $\Lambda\in\Re(\lambda_{0,b})$ is dominant relative to Δ_K^+.

(i) If $-2\xi\alpha_r, -\xi\alpha_r\mp\alpha_s\notin(\Delta_K^+)$, then $\Lambda+2\xi\alpha_r$ and $\Lambda+\xi\alpha_r\pm\alpha_s$ are not the weights of τ_Λ.

(ii) Let $\Lambda'=(\Lambda+\xi\alpha_r)^\vee$. If $2\xi\alpha_r, \xi\alpha_r\mp\alpha_s\notin(-\bar{\omega}_r^\xi(\Lambda), \Delta_K^+)$, then $\Lambda-\xi\alpha_r$ and $\Lambda\pm\alpha_s$ are not the weights of $\tau_{\Lambda'}$.

(ii)′ Let $\Lambda'=(\Lambda+\xi'\alpha_s)^\vee$. If $2\xi'\alpha_s, \xi'\alpha_s\mp\alpha_r\notin(-\bar{\omega}_s^{\xi'}(\Lambda), \Delta_K^+)$, then $\Lambda-\xi'\alpha_s$ and $\Lambda\pm\alpha_r$ are not the weights of $\tau_{\Lambda'}$.

Lemma 2.3. Use the notations given above and the notaions used in Theorem 5.1 of [BK2]. Then the assumptions (b) and (c) of Theorem 5.1 of [BK2] are automatically satisfied.

Proof: Since the Dynkin diagram of g^C is single-line diagram, all roots in Δ have same length. So by the *Remaks* after Theorem 5.1 of [BK2], the assumption (b) of Theorem 5.1 of [BK2] is automatically satisfied.

Since $\#(S_2)=2$ and G is of real rank 2, we have $\Delta_-^+\cap\Delta_n=\Delta_{-,n}^+=\phi$. So the assumption (c) of Theorm 5.1 of [BK2] is automatically satisfied.

Combining the results given above, the proof is complete.

We can deduce from [K1] that there exists a unique family of intertwining operators $T(\nu)$ with the following properties:

(1) $T(\nu)$ is defined for $\mathrm{Re}\nu$ in a neighborhood of the closed positive Weyl chamber of the dual a' of a.

(2) For each Λ', $T(\nu)$ carries the $\tau_{\Lambda'}$ K type for $U(\nu)$ into the $\tau_{\Lambda'}$ K type for $U(-\nu)$, varies holomorphically in ν, and satisfies

$$U(-\nu, X)T(\nu)=T(\nu)U(\nu, X)$$

for all $X\in \mathrm{g}^{\mathbb{C}}$.

(3) $T(\nu)$ is identity on the τ_{Λ} K type.

For Rev in the open positive Weyl chamber, there exists a unique irreducible quotient of $U(\nu)$ containing the τ_{Λ} K type, and this we take to be $J(\nu)$. If ν is real-valued, $J(\nu)$ admits an invariant Hermitian form, unique up to real scalar; this form lifts to $U(\nu)$, where it is given by

$$\langle f, g\rangle=(T(\nu)f, g)_{L^2(K)}.$$

Since the normalization (3) makes $T(\nu)$ positive definite on the τ_{Λ} K type, the above formular shows that $J(\nu)$ will fail to be infinitesimally unitary for some real ν in the closed positive Weyl chamber where $J(\nu)$ is the unique irreducible quotient if we can produce a K type $\tau_{\Lambda'}$ such that $T(\nu)$ fails to be positive semidefinite on that K type.

The paper [BK2] introduces the techniques for finding such a Λ' using the following definitions. If τ_{Λ_1} is an irreducible representation of K, let P_{Λ_1} be the projection of the incluced space to the τ_{Λ_1} subspace given by

$$P_{\Lambda_1}f(k_0)=d_{\Lambda_1}\int_K\bar{\chi}_{\Lambda_1}(k)f(k^{-1}k_0)\mathrm{d}k.$$

Here d_{Λ_1} is the degree of τ_{Λ_1} and χ_{Λ_1} is the character. Next, if h is any scalarvalued function on K and ω is an integral form on b, we let h_ω be the $-\omega$ Fourier component of h under the action of B on the right:

$$h(k)_\omega=\int_B h(kb)\xi_\omega(b)\mathrm{d}b.$$

Here ξ_ω is the character of B corresponding to ω.

Fix f_0 in the induced space to be a nonzero highest weight vector for the *minimal* K type τ_Λ. If v_0 denotes a nonzero highest weight vector in an abstract representation space V^Λ of K type τ_Λ, then f_0 is necessarily of the form

$$f_0(k)=A\tau_\Lambda(k)^{-1}v_0. \tag{2.2}$$

for a unique operator A in $Hom_{K\cap M^\#}(V^\Lambda, V^{\sigma^\#})$. Then there exists a unique element u_0 in $V^{\sigma^\#}$ of weight $\lambda=\Lambda\,|\,\mathfrak{b}_-$ in the τ_λ subspace such that

$$A^*(u_0)=v_0.$$

We fix this element u_0.

Clearly, for $S_2=\{\alpha_r, \alpha_s\}$ (i. e. $\dim A=2$), ν can be expressed in the form

$$\nu=\frac{1}{2}(a\alpha_s+b\alpha_r)=af_1+bf_2,\ a,\ b\in\mathbb{R}^{*+},\ (a,\ b)\neq(0,\ 0).$$

Proposition 2. 1. Use the notations given above. Assume that $\Lambda\in\Re(\lambda_{0,b})$ is dominant relative to Δ_K^+. Suppose that

(1) $-2\xi\alpha_r, -\xi\alpha_r\mp\alpha_s\notin(\Delta_K^+)$,

(2) $2\xi\alpha_r, \xi\alpha_r\mp\alpha_s\notin(-\bar{\omega}_r^\xi(\Lambda), \Delta_K^+)$,

(3) $-2\xi'\alpha_s, -\xi'\alpha_s\mp\alpha_r\notin(\Delta_K^+)$,

(4) $2\xi'\alpha_s, \xi'\alpha_s\mp\alpha_r\notin(-\bar{\omega}_s^{\xi'}(\Lambda), \Delta_K^+)$.

Then $J(MAN, \sigma, \nu)=J(\nu)$ is not infinitesimally unitary when $b>\nu_r^{\xi\perp}(\Lambda)$ and $a>\nu_s^{\xi'}(\Lambda)$.

Proof: First, we are to show that

(r) if (1) and (2) hold, then $J(\nu)$ is not infinitesimally unitary when $b>\nu_T^{\xi\perp}(\Lambda)$. Let $\Lambda'=(\Lambda+\xi\alpha)^\vee$. We define two functions $a(\nu, k)$ and $b(\nu, k)$ as follows

$$a(\nu,\ k)=\langle P_{\Lambda'}U(\nu,\ X_{\xi\alpha_r})f_0(k),\ u_0\rangle_{\Lambda+\xi\alpha_r},$$

$$b(\nu,\ k)=\langle P_\Lambda U(\nu,\ X_{-\xi\alpha_r})P_{\Lambda'}(\nu,\ X_{\xi\alpha_r})f_0(k),\ u_0\rangle_\Lambda.$$

We prepare to apply Theorem 5. 1 of [BK2] to $\xi\alpha_r$, $\mu'=\Lambda$, v_0 and f_0. By Lemma 2. 2(i), the assumption (1) implies the assumption (a) of Theorem 5. 1 of [BK2], so it holds. By Lemma 2. 3, the assumptions (b) and (c) of Theorem 5. 1 of [BK2] are automatically satisfied. Thus by Theorem 5. 1 of [BK2], we have

$$a(\nu,\ k)=\frac{|\alpha_r|^2}{4}d(\nu)\frac{\langle f_0(k),\ u_0\rangle_\Lambda}{\langle\tau_\Lambda(k)^{-1}v_0,\ v_0\rangle}\langle\tau_{\Lambda'}(k)^{-1}v',\ v'\rangle \tag{2.3}$$

where $v'=E_{\Lambda'}(v_0\otimes X_{\xi\alpha_r})$, and $d(\nu)$ is given by. Theorem 5.1 of [BK2] with a choice of a sign ξ and $\mu'=\Lambda$. By (2.2), we have

$$\langle f_0(k),\ u_0\rangle=\langle A\tau_\Lambda(k)^{-1}v_0,\ u_0\rangle=\langle\tau_\Lambda(k)^{-1}v_0,\ A^*u_0\rangle$$
$$=\langle\tau_\Lambda(k)^{-1}v_0,\ v_0\rangle.$$

Hence, by Theorem 2.1(c) of [BK2], it follows from (2.3) that

$$a(\nu,\ k)=\frac{1}{4}|\alpha_r|^2\langle\tau_{\Lambda'}(k)^{-1}v',\ v'\rangle(b+\nu_r^{\xi\perp}(\Lambda)). \tag{2.4}$$

By Frobenius reciprocity the map from $V^{\Lambda'}\otimes_{\mathbb{C}} Hom_{K\cap M\#}(V^{\Lambda'},\ V^{\sigma^{\#}})$ into the induced space, given by

$$v\otimes B\to B\tau_{\Lambda'}(k)^{-1}v, \tag{2.5}$$

is one to one onto the$\tau_{\Lambda'}K$ type of the induced space. Let

$$f_1=P_{\Lambda'}U(\nu,\ X_{\xi\alpha_r})f_0.$$

This is a member of the $\tau_{\Lambda'}K$ type, and it has weight $\Lambda+\xi\alpha_r$. Clearly, $\Lambda+\xi\alpha_r$ is extreme weight for $\tau_{\Lambda'}$, so it has multiplicity one, and multiples of v' are the only $v's$ that can contribute to realization of f_1 via (2.5). It follows that

$$f_1(k)=B(\nu)\tau_{\Lambda'}(k)^{-1}v', \tag{2.6}$$

for unique members $B(\nu)$ of $Hom_{K\cap M\#}(V^{\Lambda'},\ V^{\sigma^{\#}})$.

We prepare to apply Theorem 5.1 of [BK2] to $-\xi\alpha_r$, $\mu'=\Lambda+\xi\alpha_r$, v' and f_1. By Lemma 2.2(ii), the assumption (2) implies the assumption (a) of Theorem 5.1 of [BK2], so it holds. By Lemma 2.3 the assumptions (b) and (c) of Theorem 5.1 of [BK2] are automatically satisfied. Thus, by Theorem 5.1 of [BK2] we have

$$b(\nu,\ k)=\frac{1}{4}|\alpha_r|^2 d(\nu)\frac{\langle f_1(k),\ u_0\rangle_{\Lambda+\xi\alpha_r}}{\langle\tau_{\Lambda'}(k)^{-1}v',\ v'\rangle}\langle\tau_{\Lambda''}(k)^{-1}v'',\ v''\rangle,$$

where $v''=E_{\Lambda''}(v'\otimes X_{-\xi\alpha_r})$ with $\Lambda''=\Lambda$, and $d(\nu)$ is given by Theorem 5.1 of [BK2] with a choice of a sign $-\xi$ and $\mu'=\Lambda+\xi\alpha_r$. It is easily shown that $a(\nu,\ k)=\langle f_1(k),\ u_0\rangle_{\Lambda+\xi\alpha_r}$. It follows from Theorem 2.1c of [BK2] that $d(\nu)=\nu(X_{\alpha_r}+X_{-\alpha_r})-\nu_r^{\xi\perp}(\Lambda)=b-\nu_r^{\xi\perp}(\Lambda)$. Substituting from (2.4), we obtain

$$b(\nu,\ k)=\left(\frac{1}{4}|\alpha_r|^2\right)^2\langle\tau_{\Lambda''}(k)^{-1}v'',\ v''\rangle(b+\nu_r^{\xi\perp}(\Lambda))(b-\nu_r^{\xi\perp}(\Lambda)).$$

Thus, since $n=1$, $(-1)^n b(-\nu, 1)<0$ for $b>\nu_r^{\xi\perp}(\Lambda)$. Therefore, by Theorem 4.1 (b) of [BK2], $J(\nu)$ is not infinitesimally unitray when $b>\nu_r^{\xi\perp}(\Lambda)$. The proof for (r) is complete. A similar argument shows that

(s) if the assumptions (3) and (4) hold, then $J(\nu)$ is not infinitesimally unitary when $a>\nu_s^{\xi'}(\Lambda)$.

Combining the statements (r) and (s), the proof is complete.

Let $a^*(\Lambda)=\min(\nu_s^+(\Lambda), \nu_s^-(\Lambda))$ and $b^*(\Lambda)=\min(\nu_r^{+\perp}(\Lambda), \nu_r^{-\perp}(\Lambda))$. If $a^*(\Lambda)=\nu_s^{\xi'}(\Lambda)$, then let sign $(a^*(\Lambda))$ denote ξ'. If Λ is fixed or is clear, we write a^* and b^* for $a^*(\Lambda)$ and $b^*(\Lambda)$ respectively. A proper (a_0, b_0) is called to be s-special case for Λ (resp. r-special for Λ) if $a_0(\Lambda)<a^*(\Lambda)$(resp. $b_0(\Lambda)<\min(\nu_r^+(\Lambda), \nu_r^-(\Lambda))$). A proper (a_0, b_0) is called to be special if (a_0, b_0) is s-special or r-special.

Corollary 2.1. Use the notations given above. Assume that $\Lambda\in\Re(\lambda_{0,b})$ is dominant relative to Δ_K^+. Suppose that the assumptions (1)-(4) hold in Proposition 2.1 for Λ with the signs $(\xi', \xi)=(sign(a^*(\Lambda)), \text{sign}(b_0(\Lambda)))$. Then $J(\nu)$ is not infinitesimally unitary for $(a, b)\in D^{\cap}(a^*(\Lambda), b^*(\Lambda))=D^{\cap}(a^*(\Lambda), b_0(\Lambda))$.

For each $u, v\in\mathbb{R}^+$, let or $D^{\wedge}(u, v)=\{(a, b)\in E\,|\,a>u, b<v \text{ or } a<u, b>v\}$. Cleraly $D^{\wedge}(u, v)=\{(a, b)\in E\,|\,a>u, b<v\}\cup\{(a, b)\in E\,|\,a<u, b>v\}$.

Let $s=s_\beta s_{\beta'}$. It is easily shown that $s(\xi'\alpha_s)=\xi\alpha_r$ with $\xi=-\zeta\xi'$.

Let ρ be half the sum, with multiplicities counted, of the roots of (g, a) that are positive relative to N. For each $z\in\{r, s\}$, let

$$\rho(\alpha_z)=\rho(X_{\alpha_z}+X_{-\alpha_z}),\ \ell_r=-\#(\Psi_z^-)+2\#(\Phi_z^-).$$

For each integral form μ' on b and for each $z\subset\{s, r\}$, let

$$\Psi_z^{\pm>}(\mu')=\{\beta\pm\alpha_z\,|\,\beta\in\Psi_z^{\pm},\ \langle\mu', \beta\pm\alpha_z\rangle>0\},$$
$$\Psi_z^{\pm\perp>}(\mu')=\{\beta\pm\alpha_r\,|\,\beta\in\Psi_z^{\pm\perp},\ \langle\mu', \beta\pm\alpha_z\rangle>0\}.$$

For a given $\Lambda\in\Re(\lambda_{0,b})$, put

$$\begin{cases} b^{\xi\nabla}(\Lambda)=\rho(\alpha_r)+\xi(\mu_r+\ell_r)-2\#(\Psi_r^{-\xi\perp>}(\Lambda)), \\ a^{\xi'\nabla}(\Lambda)=\rho(\alpha_s)+\xi'(\mu_s+\ell_s)-2\#(\Psi_s^{-\xi'>}(\Lambda+\xi\alpha_r)), \\ a^{\xi'\triangle}(\Lambda)=\rho(\alpha_s)-2-\xi'(\mu_s+\ell_s)-2\#(\Psi^{\xi'>}(\Lambda+\xi\alpha_r+\xi'\alpha_s)). \\ b^{\xi\triangle}(\Lambda)=\rho(\alpha_r)-2-\xi(\mu_r+\ell_r)-2\#(\Psi_r^{\xi\perp>}(\Lambda+\xi\alpha_r)), \end{cases} \quad (2.7)$$

Proposition 2.2. Use the notations given above. Assume that form $\Lambda \in \mathfrak{R}(\lambda_{0,b})$ is dominant relative to Δ_K^+. Fix the signs ξ, ξ'. Let $\Lambda' = (\Lambda + \xi\alpha_r)^\vee$ and $\Lambda'' = (\Lambda + \xi'\alpha_s + \xi\alpha_r)^\vee$. Suppose that

(1) $-\xi\alpha_r \mp \alpha_s, -2\xi\alpha_r \notin (\Delta_K^+)$,

(2) $-\xi'\alpha_s \mp \alpha_r, -2\xi'\alpha_s \notin (-\bar{\omega}_r^{\xi}(\Lambda), \Delta_K^+)$,

(3) $\xi'\alpha_s \mp \alpha_r$, $2\xi'\alpha_s \notin (-\bar{\omega}^{\xi\xi'}(\Lambda), \Delta_K^+)$,

(4) $\xi\alpha_r \mp \alpha_s$, $2\xi\alpha_r \notin (-\bar{\omega}_r^{\xi}(\Lambda), \Delta_K^+)$.

Then

$$\begin{aligned}\langle P_\Lambda U(\nu, X_{-\xi\alpha_r}) P_{\Lambda'} U(\nu, X_{-\xi'\alpha_s}) P_{\Lambda''} U(\nu, X_{\xi'\alpha_s}) P_{\Lambda'} U(\nu, X_{\xi\alpha_r}) \rangle_\Lambda \\ = c\langle \tau_\Lambda(k)^{-1} v_0, v_0 \rangle d_1(\nu) d_2(\nu) d_3(\nu) d_4(\nu),\end{aligned} \tag{2.8}$$

where

$$\begin{cases} d_1(\nu) = b + b^{\xi\nabla}(\Lambda), \ d_2(\nu) = a + a^{\xi'\nabla}(\Lambda), \\ d_3(\nu) = a + a^{\xi'\triangle}(\Lambda), \ d_4(\nu) = b + b^{\xi\triangle}(\Lambda). \end{cases} \tag{2.9}$$

Proof: First, we apply Theorem 5.1 of [BK2] to $\xi\alpha_r$, $\mu' = \Lambda$ and f_0, then the assumption (1) implies (a) of Theome 5.1 of [BK2]. Second, we apply Theorem 5.1 of [BK2] to $\xi'\alpha_s$, $\mu' = \Lambda + \xi\alpha_r$ and f_1 where $f_1 = P_{\Lambda'} U(\nu, X_{\xi\alpha_r}) f_0$, and then the assumption (2) implies (a) of Theorem 5.1 of [BK2]. Third, we apply Theorem 5.1 of [BK2] to $-\xi\alpha_s$, $\mu' = \Lambda + \xi\alpha_r + \xi'\alpha_s$ and f_2 where $f_2 = P_{\Lambda''} U(\nu, X_{\xi'\alpha_s}) f_1$, and then the assumption (3) implies (a) of Theorem 5.1 of [BK2]. Finally, we apply Thorem 5.1 of [BK2] to $-\xi\alpha_r$, $\mu' = \Lambda + \xi\alpha_r$ and f_3 where $f_3 = P_{\Lambda'} U(\nu, X_{-\xi'\alpha_s}) f_2$, and then the assumption (4) implies (a) of Theorem 5.1 of [BK2]. By Lemma 2.3, the assumptions (b) and (c) of Theorem 5.1 of [BK2] are satisfied in the four applications of Theorem 5.1 of [BK2] mentioned above. Since $\lambda_0 \perp S_2$ and $\alpha_r, \alpha_s \in \Pi$, by (1.1) and (2.16) of [BK2], for each $z \in \{r, s\}$, we have

$$\begin{aligned}\langle \Lambda, \alpha_z \rangle &= \langle \lambda_0, \alpha_z \rangle + \langle \delta - \delta_r, \alpha_z \rangle + \langle \mu, \alpha_z \rangle - 2\langle \delta_K, \alpha_z \rangle \\ &= 0 + 0 + \mu_z + \ell_z = \mu_z + \ell_z,\end{aligned} \tag{2.10}$$

where $\delta_r = \frac{1}{2}(\alpha_r + \alpha_s)$. Let $d_1(\nu)$, $d_2(\nu)$, $d_3(\nu)$ and $d_4(\nu)$ be the factors $d(\nu)$ given by the formula of Theorem 5.1 of [BK2] for first, second, third and fourth applications of Theorem 5.1 of [BK2] mentioned above. Then by (2.10), the factors $d_i(\nu)$, $i = 1, 2, 3, 4$ have the expression given by (2.9). By

Theorem 5. 1 of [BK2], using f_0, f_1, f_2, f_3 and using $d_1(\nu)$, $d_2(\nu)$, $d_3(\nu)$, $d_4(\nu)$, we obtain formula (2. 8). Thus the proof is complete.

Let $a^{\triangle}(\Lambda)=\min(-a^{+\triangle}(\Lambda), -a^{-\triangle}(\Lambda))$. If $a^{\triangle}(\Lambda)=-a^{\xi'\triangle}(\Lambda)$, then put $b^{\triangle}(\Lambda)=-b^{\xi\triangle}(\Lambda)$, and let $(sign(a^{\triangle}(\Lambda), sign^{\triangle}(\Lambda))$ denote (ξ', ξ).

By Theorem 2. 1 of [BK2], we have $a^{\xi'\Delta}=-a^{\xi'\nabla}$ and $b^{\xi\Delta}=-b^{\xi\nabla}$. Thus, by Theorem 4. 1 of [BK2] and Proposition 2. 2, we obtain the following corllary immediately.

Corollary 2. 2. Use the notations given above. Assume that form $\Lambda\in\mathfrak{R}(\lambda_{0,b})$ is dominant relative to Δ_K^+. Suppose that the assumptions (1)-(4) hold in Proposition 2. 2 for Λ with the *signs* $(\xi', \xi)=(sign(a^{\triangle}(\Lambda)), sign(b^{\triangle}(\Lambda)))$. Assume that $b^{\triangle}(\Lambda)\neq 0$ and $a^{\triangle}(\Lambda)\neq 0$. Then $J(\nu)$ is not infinitesimally unitary for $(a, b)\in D^{\Lambda}(a^{\triangle}(\Lambda), b^{\triangle}(\Lambda))$.

For fixed ξ, ξ', put

$b^{\xi\infty}(\Lambda)=\rho(\alpha_r)+\xi(\mu_r+\ell_r)-2\#(\Psi_r^{-\xi\perp>}(\Lambda))$,

$a^{\xi'\infty}(\Lambda)=\rho(\alpha_s)+\xi'(\mu_s+\ell_s)-\#(\Psi_s^{-\xi'>}(\Lambda))-\#(\Psi_s^{-\xi'>}(\Lambda+\xi\alpha_r))$,

$a^{\xi'<}(\Lambda)=\rho(\alpha_s)-2-\xi'(\mu_s+\ell_s)-\#(\Psi_s^{\xi'>}(\Lambda+\xi'\alpha_s))-\#(\Psi_s^{\xi'>}(\Lambda+\xi\alpha_r+\xi'\alpha_s))$.

$$b^{\xi<}(\Lambda)=\rho(\alpha_r)-2-\xi(\mu_r+\ell_r)-2\#(\Psi_r^{\xi\perp>}(\Lambda+\xi\alpha_r)). \tag{2. 11}$$

For convenience, we write $a_b^{\xi'<}$ and $b_b^{\xi<}$ for $a^{\xi'<}(\Lambda_b))$ and $b^{\xi<}(\Lambda_b))$ respectively, and write $a_b^{\xi'\infty}$ and $b_b^{\xi\infty}$ for $a^{\xi'\infty}(\Lambda_b))$ and $b^{\xi\infty}(\Lambda_b))$ respectively.

Propostion 2. 3. Use the notations given above. Assume that $\Lambda\in\mathfrak{R}(\lambda_{0,b})$ is dominant relative to Δ_K^+. Suppose that $\xi\alpha_r$ and $\xi'\alpha_s$ are conjugate by $W_{K,\Lambda}$. Assume that $\alpha_r<\alpha_s$. Let $\Lambda'=(\Lambda+\xi\alpha_r)^{\vee}=(\Lambda+\xi'\alpha_s)^{\vee}$, and let $\Lambda''=(\Lambda+\xi'\alpha_s+\xi\alpha_r)^{\vee}$. Assume that $\xi\alpha_r$ and $\xi'\alpha_s$ are conjugate under $W_{K,\Lambda''}$. Suppose that

(1) $-\xi\alpha_r\mp\alpha_s$, $-\xi'\alpha_s\mp\alpha_r$, $-2\xi\alpha_r$, $-2\xi'\alpha_s\notin(\Delta_K^+)$,

(2) $-\xi'\alpha_s-\xi\alpha_r$, $-2\xi'\alpha_s\notin(-\bar{\omega}_r^{\xi}(\Lambda), \Delta_K^+)$,

(3) $\xi'\alpha_s\mp\alpha_r$, $\xi\alpha_r\mp\alpha_s$, $2\xi'\alpha_s$, $2\xi\alpha_r\notin(-\bar{\omega}^{\xi,\xi'}(\Lambda), \Delta_K^+)$,

(4) $\xi\alpha_r+\xi'\alpha_s$, $2\xi\alpha_r\notin(-\bar{\omega}_r^{\xi}(\Lambda), \Delta_K^+)$.

Then

$P_{\Lambda}U(\nu, X_{-\xi'\alpha_s})P_{\Lambda'}U(\nu, X_{-\xi\alpha_r})P_{\Lambda''}U(\nu, X_{\xi'\alpha_s})P_{\Lambda'}(U(\nu, X_{\xi\alpha_r})f_0(k), u_0)_{\Lambda}$

$$=\langle \tau_{\Lambda'''}(k)^{-1}v'''\rangle c_1(\nu)c_2(\nu)c_1'(\nu)c_2'(\nu).$$

where

$$\begin{cases} c_1(\nu)=b+b^{\xi\infty}(\Lambda),\ c_2(\nu)=a+a^{\xi'\infty}(\Lambda), \\ c_1'(\nu)=b+b^{\xi<}(\Lambda),\ c_2'(\nu)=a+a^{\xi'<}(\Lambda). \end{cases} \tag{2.12}$$

Proof: We apply Theorem 6.4 of [BK2] twice. The first time we use $\xi\alpha_r$, $\xi'\alpha_s$ and $\mu'=\Lambda$. Then assumptions (b1), (b2), (c1) and (c2) of Theorem 6.4 of [BK2] are automatically satisfied by Lemma 2.3. Clearly, the assumptions (1) and (2) imply the assumptions (a1) and (a2) of Theorem 6.4 of [BK2]. The assumptions (d1) and (d2) of Theorem 6.4 of [BK2] are trivially satisfied. Clearly we have

$$\nu(X_{\alpha_s}+X_{-\alpha_s})=a,\ \nu(X_{\alpha_r}+X_{-\alpha_r})=b. \tag{2.13}$$

Since $\alpha_s\perp\Psi_r^{\pm\perp}$, we have

$$\Psi_r^{-\pm\perp>}(\Lambda+\xi\alpha_r+\xi'\alpha_s)=\Psi_r^{-\pm\perp>}(\Lambda+\xi\alpha_r). \tag{2.14}$$

By (2.13), (2.14) and (2.10), we are to give the expressions of the factors $d_1(\nu)$, $d_2(\nu)$, $d_3(\nu)$ and $d_4(\nu)$ given by Theorem 6.4 of [BK2] when $\mu'=\Lambda$ with the signs ξ, ξ'. For convenience, we are first give the expression of the factor $d_2(\nu)$.

$$d_2(\nu)=b+\rho(\alpha_r)+\xi(\mu_r+\ell_r)-2\#\{\beta\in\Psi_r^{-\xi\perp}\mid\langle\Lambda+\xi'\alpha_s,\beta-\xi\alpha_r\rangle>0\}.$$

Thus since $\alpha_s\perp\alpha_r$ and $\alpha_s\perp\beta$ for all $\beta\in\Psi_r^{\pm\perp}$ we obtain

$$d_2(\nu)=b+\rho(\alpha_r)+\xi(\mu_r+\ell_r)-2\#(\Psi_r^{-\xi\perp>}(\Lambda)). \tag{2.15}$$

Similarly we have

$$\begin{cases} d_1(\nu)=a+\rho(\alpha_s)+\xi'(\mu_s+\ell_s)-2\#(\Psi_s^{-\xi'>}(\Lambda+\xi\alpha_r)), \\ d_3(\nu)=b+\rho(\alpha_r)+\xi(\mu_r+\ell_r)-2\#(\Psi_r^{-\xi\perp>}(\Lambda)), \\ d_4(\nu)=a+\rho(\alpha_s)+\xi'(\mu_s+\ell_s)-2\#(\Psi_s^{-\xi'>}(\Lambda)). \end{cases} \tag{2.16}$$

By (2.15) and (2.16), we have $d_2(\nu)=d_3(\nu)$. Using (2.15), (2.16), (2.12) and (2.11), we obtain

$$d_1(\nu)d_3(\nu)+d_2(\nu)d_4(\nu)=d_2(\nu)(d_1(\nu)+d_4(\nu))=2c_1(\nu)c_2(\nu). \tag{2.17}$$

The second time we use $-\xi\alpha_r$, $-\xi'\alpha_s\mu'=\Lambda+\xi\alpha_r+\xi'\alpha_s$. By Lemma 2.3, the assumptions (b1), (b2), (c1) and (c2) of Theorem 6.4 of [BK2] are automatically satisfied. Clearly, the assumptions (3) and (4) imply the assumptions (a1) and (a2) of Theorem 6.4 of [BK2] for this application and the assumptions (d1) and (d2) of Theorem 6.4 of [BK2] are trivially satisfied. For convenience, we write $d_i'(\nu)$, $i=1, 2, 3, 4$ for $d_i(\nu)$ given by Theorem 6.4 of [BK2] when $\mu' = \Lambda + \xi\alpha_r + \xi'\alpha_s$ with the signs $-\xi$ and $-\xi'$ for α_r and α_s. By (2.10), (2.13), (2.14) and Theorem 6.4 of [BK2], we obtain

$$d_1'(\nu) = a + \rho(\alpha_s) - 2 - \xi'(\mu_s + \ell_s) - 2\#(\Psi_s^{\xi'>}(\Lambda + \xi'\alpha_s)), \tag{2.18}$$

$$\begin{cases} d_2'(\nu) = b + \rho(\alpha_r) - 2 - \xi(\mu_r + \ell_r) - 2\#(\Psi_r^{\xi\perp>}(\Lambda + \xi\alpha_r)), \\ d_3'(\nu) = b + \rho(\alpha_r) - 2 - \xi(\mu_r + \ell_r) - 2\#(\Psi_r^{\xi\perp>}(\Lambda + \xi\alpha_r)), \\ d_4'(\nu) = a + \rho(\alpha_s) - 2 - \xi'(\mu_s + \ell_s) - 2\#(\Psi_s^{\xi'>}(\Lambda + \xi\alpha_r + \xi'\alpha_s)). \end{cases} \tag{2.19}$$

Clearly, by (2.18) and (2.19), we have $d_2'(\nu) = d_3'(\nu)$. Thus by (2.18), (2.19), (2.12) and (2.11), we obtain

$$d_1'(\nu)d_3'(\nu) + d_2'(\nu)d_4'(\nu) = d_2'(\nu)(d_1'(\nu) + d_4'(\nu)) = 2c_1'(\nu)c_2'(\nu). \tag{2.20}$$

Using (2.17) and (2.20), by Theorem 6.4 of [BK2], the proof is complete.

Corollary 2.3. Use the notations given above. Assume that $\Lambda \in \Re(\lambda_{0,b})$ is dominant relative to Δ_K^+. Assume that $\xi'\alpha_s$ and $\xi\alpha_r$ is conjugate under $W_{K,\Lambda}$ and that $\xi'\alpha_s$ and $\xi\alpha_r$ are conjugate under $W_{K,\Lambda''}$.

(i) Suppose the assumptions (1)-(4) hold in Proposion 2.3 for Λ with the signs (ξ', ξ). Suppose $a^{\xi'<}(\Lambda) \neq 0$ and $b^{\xi<}(\Lambda) \neq 0$. Then $J(\nu)$ is not infinitesimally unitary for $(a, b) \in D^\Lambda(|a^{\xi'<}(\Lambda)|, vertb^{\xi<}(\Lambda)|) \cup D^\Lambda(|a^{\xi'>}(\Lambda)|, |b^{\xi>}(\Lambda)|)$.

(ii) Suppose that $\Lambda \perp \Delta_K$ (i.e. $\langle \Lambda, \beta \rangle = 0$ for all $\beta \in \Delta_K$). Then

$$b^{\xi<}(\Lambda) = \rho(\alpha_r) - 2 - \xi(\mu_r + \ell_r) - 2\#(\Psi_{r,\alpha}^{\xi\perp}), \tag{2.21}$$

and

$$a^{\xi'<}(\Lambda) = \rho(\alpha_s) - 2 - \xi'(\mu_s + \ell_s) - \#(\Psi_{s,\alpha}^{\xi'}) - \#(\Psi_s^{\xi'>}(\xi\alpha_r + \xi'\alpha_s)). \tag{2.22}$$

Proof: By Theorem 2.1 of [BK2], we have $a^{\xi'<}(\Lambda) = -a^{\xi'\infty}(\Lambda)$ and $b^{\xi<}(\Lambda) = -b^{\xi\infty}(\Lambda)$. Thus by Proposition 2.3 and Theorem 4.1 of [BK2], we obtain (i) immediately. We are to show (ii). It is easy to see that for each $z \in \{r, s\}$,

$$\Psi_z^\pm = \Phi_z^\pm \cup -\Phi_z^\mp \subset \Delta_n.$$

Hence for each $z \in \{r, s\}$, we have

$$\Psi_{z,\alpha}^{\pm}=\{\beta\pm\alpha_z\mid\beta\in\Psi_z^{\pm}\}\subset\Delta_K.$$

Thus, since $\Lambda\perp\Delta_K$, for all $\beta\in\Psi_z^{\pm}$, we have

$$\langle\Lambda,\ \beta\pm\alpha_z\rangle=0. \tag{2.23}$$

By (2.23), for each $z\in\{r,\ s\}$, we have

$$\Psi_z^{\pm>}(\Lambda\pm\alpha_z)=\Psi_z^{\pm>}(\pm\alpha_z),$$

Since $\beta\pm\alpha_z\in\Delta$ for each $\beta\in\Psi_z^{\pm}$ and the Dynkin diagram is a single-line diagram, we have

$$\langle\beta\pm\alpha_z,\ \pm\alpha_z\rangle=1>0.$$

Hence, by (2.23), we obtain

$$\begin{cases}\Psi_r^{\xi\perp>}(\Lambda+\xi\alpha_r)=\Psi_r^{\xi\perp>}(\xi\alpha_r)=\Psi_{r,\alpha}^{\xi\perp},\\ \Psi_s^{\xi'>}(\Lambda+\xi'\alpha_s)=\Psi_s^{\xi'>}(\xi'\alpha_s)=\Psi_{s,\alpha}^{\xi'}.\end{cases} \tag{2.24}$$

By (2.23) we have

$$\Psi_s^{\xi'>}(\Lambda+\xi\alpha_r+\xi'\alpha_s)=\Psi_s^{\xi'>}(\xi\alpha_r+\xi'\alpha_s). \tag{2.24$'$}$$

By (2.24) we obtain (2.21). By (2.24) and (2.24)$'$ we obtain (2.22). The proof of (ii) is complete.

Let

$$a^{<}(\Lambda)=\mathrm{mim}(-a^{+<}(\Lambda),\ -a^{-<}(\Lambda)),$$
$$a^{>}(\Lambda)=\max(-a^{+<}(\Lambda),-a^{-<}(\Lambda)).$$

If $a^{<}(\Lambda)=-a^{\xi<}(\Lambda)$, then put $b^{<}(\Lambda)=-b^{\xi<}(\Lambda)$ and $b^{>}(\Lambda)=-b^{-\xi<}(\Lambda)$. We write $a_b^{<}$, $a_b^{>}$, $b_b^{<}$ and $b_b^{>}$ for $a^{<}(\Lambda_b)$, $a^{>}(\Lambda_b)$, $b^{<}(\Lambda_b)$ and $b^{>}(\Lambda_b)$ respectively.

Proposition 2.4. Use the notations given above. Assume that $\Lambda\in\mathfrak{R}(\lambda_{0,b})$ is dominant relative to Δ_K^+. Let $\Lambda'=(\Lambda+\xi\alpha_r)^{\vee}$. Assume that there exists a $w\in W_{K,\Lambda}$ with $w^2=I$ such that $w(\xi'\alpha_s)=\xi\alpha_r$. Suppose that the following assumptions hold

(1) $\xi\alpha_r+\xi'\alpha_s$, $2\xi\alpha_r\notin(-\bar{\omega}_r^{\xi}(\Lambda),\Delta_K^+)$,

(2) whenever $\beta\in\Psi_s^{\xi'}=\Phi_s^{\xi'}\cap-\Phi_s^{-\xi'}$ is such that $\beta+\xi\alpha_r\in(-\bar{\omega}_r^{\xi}(\Lambda),\ \Delta_K^+)$, then $\langle\Lambda,\ \beta+\xi'\alpha_s\rangle\geqslant 0$.

Then for a certain nonzero constant$c$,

$$\langle P_\Lambda U(\nu,\ X_{-\xi\alpha_r})P_{\Lambda'}U(\nu,\ X_{\xi\alpha_r})f_0(k),\ u_0\rangle_\Lambda=c\langle\tau_\Lambda(k)^{-1}v'',\ v''\rangle\times$$
$$[(\nu(X_{\alpha_r}+X_{-\alpha_r})^2-(\nu_r^{\xi\perp}(\Lambda))^2)+(\nu(X_{\alpha_s}+X_{-\alpha_s})^2-(\nu_s^{\xi'}(\Lambda))^2)]. \tag{25}$$

Here v'' is given by (10. 1) and (10. 2) of [BK2].

Proof: Since $w \in W_{K,\Lambda}$ and $w(\xi'\alpha_s)=\xi\alpha_r$, $\Lambda+\xi'\alpha_s$ is an extreme weight of $\tau_{\Lambda'}$, so it is a weight of multiplicity one in $\tau_{\Lambda'}$. We are to verify that the assumptions of Theorem 10. 1 of [BK2] are satisfied. By Lemma 2. 3, the assumptions (b1), (b2) and (e) of Theorem 10. 1 of [BK2] are automatically satisfied. Clearly, the assumption (1) and (2) imply the assumption (a) and (d) of Theorem 10. 1 of [BK2]. Since $w \in W_{K,\Lambda}$, we have $w\Lambda=\Lambda$ and $wv_0=v_0$. Thus we obtain

$$\begin{aligned} E_{\Lambda}(E_{\Lambda'}(v_0 \otimes X_{\xi\alpha_r}) \otimes X_{-\xi\alpha_r}) &= wE_{\Lambda}(E_{\Lambda'}(v_0 \otimes X_{\xi\alpha_r}) \otimes X_{-\xi\alpha_r}) \\ &= E_{\Lambda}(E_{\Lambda'}(wv_0 \otimes X_{w\xi\alpha_r}) \otimes X_{-w\xi\alpha_r}) \\ &= E_{\Lambda}(E_{\Lambda'}(v_0 \otimes X_{\xi'\alpha_s}) \otimes X_{-\xi'\alpha_s}). \end{aligned}$$

Hence the assumption (c) holds in Theorem 10. 1 of [BK2] with $C=1$. Therefore by Theorem 10. 1 of [BK2], the proof is complete.

If $(\nu_s^{\xi'}(\Lambda))^2+(\nu_r^{\xi\perp}(\Lambda))^2 \leqslant (\nu_s^{-\xi'}(\Lambda))^2+(\nu_r^{-\xi\perp}(\Lambda))^2$, then put $a^{\times}(\Lambda)=\nu_s^{\xi'}(\Lambda)$ and $b^{\times}(\Lambda)=\nu_r^{\xi\perp}(\Lambda)$, otherwise, put $a^{\times}(\Lambda)=\nu_s^{-\xi'}(\Lambda)$ and $b^{\times}(\Lambda)=\nu_r^{-\xi\perp}(\Lambda)$. If $a^{\times}(\Lambda)=\nu_s^{\xi'}(\Lambda)$ and $b^{\times}(\Lambda)=\nu_r^{\xi\perp}(\Lambda)$, then let $(sign(a^{\times}(\Lambda)), sign(b^{\times}(\Lambda)))$ denote (ξ', ξ). When Λ is fixed or is clear, we write $a^{\times}$ and $b^{\times}$ for $a^{\times}(\Lambda)$ and $b^{\times}(\Lambda)$ respectively. Let $D^{>}(a^{\times}, b^{\times})=D^{>}(a^{\times}(\Lambda), b^{\times}(\Lambda))=\{(a, b)\in E \mid a^2+b^2>a^{\times}(\Lambda)^2+b^{\times}(\Lambda)^2\}$.

By Proposition 2. 4 and Theorem 4. 1 of [BK2], we obtain the following corollary immediately.

Corollary 2. 4. Use the notations given above. Suppose that $\Lambda \in \mathfrak{R}(\lambda_{0,b})$ is dominant relative to Δ_K^+. Assume that $\xi'\alpha_s$ and $\xi\alpha_r$ is conjugate under $W_{K,\Lambda}$. Suppose that the assumptions (1) and (2) hold in Proposition 2. 4 for Λ with the $signs(sign(a^{\times}(\Lambda)), sign(b^{\times}(\Lambda)))$. Then $J(\nu)$ is not infinitesimally unitary for $(a, b)\in D^{>}(a^{\times}(\Lambda), b^{\times}(\Lambda))$.

If $\tilde{\omega}=\sum_{\beta\in\Delta_K^+} m_\beta\beta$, $m_\beta \in \mathbb{Z}^{*+}$, then put

$$Q(-\tilde{\omega})=\left\{-\left(\sum_{\beta\in\Delta_K^+} h_\beta\beta\right) \mid h_\beta \in \mathbb{Z}^{*+}, h_\beta \leqslant m_\beta, \beta \in \Delta_K^+\right\}.$$

Lemma 2. 4. Use the notations given above. Suppose that $\Lambda \in \mathfrak{R}(\lambda_{0,b})$ is dominant relative to Δ_K^+. Then $(-\tilde{\omega}, \Delta_K^+)=\{x+y \mid x\in Q(-\tilde{\omega}), y\in(\Delta_K^+)\}$.

Let $\lambda_{0,b}$ be the basic case having the format (S_2, Δ^+) with θ_C, and let $I'=$

I'_{S_2}. Let $\lambda_{0,1}$, $\lambda_{0,2}\in\mathfrak{J}(\lambda_{0,b})$. We say that $\omega(\lambda_{0,1})=\{k_i^{(1)}, i\in I'\}\leqslant\omega(\lambda_{0,2})=\{k_i^{(2)}, i\in I'\}$ if $k_i^{(1)}\leqslant k_i^{(2)}$ for all $i\in I'$. Clearly, if $\omega(\lambda_{0,1})\leqslant\omega(\lambda_{0,2})$, then $I(\lambda_{0,1})\subset I(\lambda_{0,2})$.

Theorem 2. 1. Let $\lambda_{0,1}$ and $\lambda_{0,2}$ be two elements in $\mathfrak{J}(\lambda_{0,b})$. Let $\Lambda_1=\Lambda(\lambda_{0,1})$ and $\Lambda_2=\Lambda(\lambda_{0,2})$ are dominant relative to Δ_K^+. Assume that $\omega(\lambda_{0,1})\leqslant\omega(\lambda_{0,2})$.

(i) Then $\Delta_{K,\Lambda_2}^+\subset\Delta_{K,\Lambda_1}^+$.

(ii) If the assumptions of Propostion 2. 1 (resp. Proposition 2. 2, Proposition 2. 3 or Proposition 2. 4) hold for Λ_1 with the signs (ξ', ξ), then the assumptions of Proposition 2. 1 (resp. Proposition 2. 2, Proposition 2. 3 or Proposition 2. 4) hold for Λ_2 with same signs (ξ', ξ).

Proof: We are to show (i). Since $\lambda_{0,1}$, $\lambda_{0,2}\in\mathfrak{J}(\lambda_{0,b})$ and $\omega(\lambda_{0,1})\leqslant\omega(\lambda_{0,2})$, we have $I(\lambda_{0,1})\subset I(\lambda_{0,2})$ and

$$\Lambda_2=\Lambda_1+\sum_{i\in\mathbb{I}}k_i\gamma_i, \tag{2. 26}$$

with some $k_i\in\mathbb{Z}^{*+}$ where $\mathbb{I}=I(\lambda_{0,2})\subset I'$. Since Λ_1 and Λ_2 are dominant relative to $\Delta_K^+\subset\Delta^+$, for each $\beta\in\Delta_K^+$, we have

$$\langle\Lambda_1,\beta\rangle\geqslant 0 \text{ and } \langle\Lambda_2,\beta\rangle\geqslant 0. \tag{2. 27}$$

Clearly, for each $\beta\in\Delta_K^+$, we have $\langle\gamma_i, \beta\rangle\geqslant 0$ for each $i\in I'$. Thus, by (2. 26) and (2. 27), it is easily shown that for each $\beta\in\Delta_K^+$, if $\langle\Lambda_2,\beta\rangle=0$, then $\langle\Lambda_1,\beta\rangle=0$, so (i) is established.

By (i), we have $\Delta_{K,\Lambda_2}^+\subset\Delta_{K,\Lambda_1}^+$. For $z\in\{r, s\}$, by Lemma 2. 1 we have

$$\bar{\omega}_z^{\pm}(\Lambda_1)=\bar{\omega}_z^{\pm}(\Lambda_2)+\bar{\omega}_z^{\pm\bowtie}(\Lambda_1),$$

where $\bar{\omega}_z^{\pm}(\Lambda_2)\in(\Delta_{K,\Lambda_2}^+)$ and $\bar{\omega}_z^{\pm\bowtie}(\Lambda_1)\in(\Delta_{K,\Lambda_1}^+\backslash\Delta_{K,\Lambda_2}^+)$. Thus, it is easily shown that $Q(-\bar{\omega}_r^{\xi}(\Lambda_2))\subset Q(-\bar{\omega}_r^{\xi}(\Lambda_1))$. Therefore, by Lemma 2. 4, we obtain

$$(-\bar{\omega}_r^{\xi}(\Lambda_2), \Delta_K^+)\subset(-\bar{\omega}_r^{\xi}(\Lambda_1), \Delta_K^+). \tag{2. 28}$$

Now we are to show (ii) for Proposition 2. 1. Clearly, if the assumptions (1) and (3) of Proposition 2. 1 hold for Λ_1 with the signs (ξ', ξ), then the assumptions (1) and (3) of Proposition 2. 1 hold for Λ_2 with same signs (ξ', ξ). Since the assumption (2) holds in Proposition 2. 1 for Λ_1 with the signs (ξ', ξ), we have $-\xi'\alpha_s\mp\alpha_r$, $-2\xi'\alpha_s\notin(-\bar{\omega}_r^{\xi}(\Lambda_1), \Delta_K^+)$. Thus, by

(2.28), $-\xi'\alpha_s \mp \alpha_r$, $-2\xi\alpha_s \notin (-\bar{\omega}_r^{\xi}(\Lambda_2), \Delta_K^+)$, so the assumption (2) holds in Proposition 2.1 for Λ_2 with same signs (ξ', ξ). Similarly, it is easily shown that if the assumption (4) holds in Proposition 2.1 for Λ_1 with the signs (ξ', ξ), then it holds for Λ_2 with same signs (ξ', ξ). Thus (ii) is proved for Proposition 2.1. A similar argument shows that (ii) is true for Proposition 2.2, Proposition 2.3 and Proposition 2.4.

The proof is complete.

Since $\omega(\lambda_{0,b})=\phi$, by Proposition 2.5, we obtain the following corollary immediately.

Corollary 2.5. Use the notation given above. Let $\lambda_0 \in \mathfrak{J}(\lambda_{0,b})$. Suppose that $\Lambda_b = \Lambda(\lambda_{0,b})$ and $\Lambda = \Lambda(\lambda_0)$ given by (1.1) are dominant relative to Δ_K^+.

(i) Then $\Delta_{K,\Lambda}^+ \subset \Delta_{K,\Lambda_b}^+$.

(ii) If the assumptions of Proposition 2.1 (resp. Proposition 2.2, Proposition 2.3 or Proposition 2.4) hold for Λ_b with the signs (ξ', ξ), then the assumptions of Propostion 2.1 (resp. Proposition 2.2, Proposition 2.3 or Proposition 2.4) hold for Λ with same signs (ξ', ξ).

Clearly we have $\mathfrak{m}=\mathfrak{m}_{ss}+\mathfrak{z}_m \subset \mathfrak{k}$ where $\mathfrak{m}_{ss}$ is a simple compact Lie algebra and $\mathfrak{z}_m \subset \mathfrak{b}$ is the center of $\mathfrak{m}$ with $\dim \mathfrak{z}_m = 1$. Let M_{ss} and $(Z_M)_0$ be the subgroups of G with the Lie algebra $\mathfrak{m}_{ss}$ and $\mathfrak{z}_m$ respectively. Clearly $M_0 = M_{ss}(Z_M)_0$. Let $\mathfrak{b}_-^{ss} = \mathfrak{b}_- \cap \mathfrak{m}_{ss}$. Then $\mathfrak{b}_- = \mathfrak{b}_-^{ss} + \mathfrak{z}_m$ (direct sum). Let λ_0^{ss} and λ_0^{z} be the restriction of λ_0 on $\mathfrak{b}_-^{ss}$ and $\mathfrak{z}_m$ respectively. Then we have

$$\lambda_0 = \lambda_0^{ss} + \lambda_0^{z}. \tag{2.29}$$

By [H], it is easily shown that $(\mathfrak{g}, \mathfrak{a}) = \{\pm(f_1 \pm f_2), \pm f_1, \pm f_2, \pm 2f_1, \pm 2f_2\}$. Let $(\mathfrak{g}, \mathfrak{a})^* = (\mathfrak{g}, \mathfrak{a}) \setminus \{\pm 2f_1, \pm 2f_2\}$. Clearly $\{f_1 - f_2, f_2\}$ is a simple root system of $(\mathfrak{g}, \mathfrak{a})$. Let w_1, w_2 and $w_{1\pm2}$ be the reflections in the hyperplanes orthogonal to f_1, f_2 and $f_1 \pm f_2$ respectively. For $i, j \in \{1, 2\}$, $i \neq j$, we have $w_i f_i = -f_i$, $w_i f_j = f_j$ and $w_{1\pm2} f_i = \mp f_j$. For $\beta = f_1 \pm f_2$, put $\mathfrak{a}_\beta = \mathbb{R}(iv_{\alpha_s} \pm iv_{\alpha_r})$. For $\beta = f_1$ or f_2, put $\mathfrak{a}_\beta = \mathbb{R}iv_{\alpha_s}$ or $\mathfrak{a}_\beta = \mathbb{R}iv_{\alpha_r}$. For each root $\beta \in (\mathfrak{g}, \mathfrak{a})^*$, put

$$\mathfrak{g}^{(\beta)} = \mathfrak{m} + \mathfrak{a}_\beta + \sum_{t \neq 0} \mathfrak{g}^{t\beta}, \tag{2.30}$$

(cf. p. 586 of [BK4]). It is easily shown that for each $\beta \in (\mathrm{g}, \mathrm{a})^*$, $\mathrm{g}^{(\beta)}$ is a subalgebra of g and

$$\mathrm{g}^{(\beta)} = \mathrm{g}_{ss}^{(\beta)} + \mathrm{z}^{(\beta)}, \ \mathrm{m}_{ss} \subset \mathrm{g}_{ss}^{(\beta)} \tag{2.31}$$

where $\mathrm{g}_{ss}^{(\beta)}$ is simple ideal of $\mathrm{g}^{(\beta)}$ and $\mathrm{z}^{(\beta)}$ is the center of $\mathrm{g}^{(\beta)}$ with $\dim \mathrm{z}^{(\beta)} = 0$ or 1 For each $\beta \in (\mathrm{g}, \mathrm{a})^*$, let $G_0^{(\beta)}$ be the analytic subgroup of G with Lie algebra $\mathrm{g}^{(\beta)}$, and let $G^{(\beta)} = G_0^{(\beta)} M$. For each $\beta \in (\mathrm{g}, \mathrm{a})$, let $G_{ss}^{(\beta)}$ be the subgroup of $G^{(\beta)}$ with Lie algebra $\mathrm{g}_{ss}^{(\beta)}$, and let $Z^{(\beta)}$ be the subgroup of $G^{(\beta)}$ with Lie algebra $\mathrm{z}^{(\beta)}$. By (2.31) we have $G^{(\beta)} = G_{ss}^{(\beta)} Z^{(\beta)}$. When $\beta \in (\mathrm{g}, \mathrm{a})^*$ is fixed or clear, we write L for $G_{ss}^{(\beta)}$, and write L' for $Z^{(\beta)}$.

For convenience, we write $\mathrm{g}^{(1)}$, $\mathrm{g}^{(2)}$ and $\mathrm{g}^{(1\pm 2)}$ for $\mathrm{g}^{(f_1)}$, $\mathrm{g}^{(f_2)}$ and $\mathrm{g}^{(f_1 \pm f_2)}$ respectively. For each $\beta \in (\mathrm{g}, \mathrm{a})^*$, let $\mathrm{b}_\beta = \mathrm{b} \cap \mathrm{g}_{ss}^{(\beta)}$. For each $\beta \in (\mathrm{g}, \mathrm{a})^*$, let $\Delta_\beta = \Delta((\mathrm{g}_{ss}^{(\beta)})^{\mathbb{C}}, \mathrm{b}_\beta^{\mathbb{C}})$ and $\Sigma_\beta = \{r \in \Delta^+ \mid r' = \beta\}$. We write $\Delta_{\pm 1 \pm 2}$ and $\Sigma_{\pm 1 \pm 2}$ for Δ_β and Σ_β if $\beta = \pm f_1 \pm f_2$, and write Δ_i and Σ_i, $i = 1,2$ for Δ_β and Σ_β if $\beta = f_i$. Let $\Delta_{\pm 1 \pm 2}^+ = \Delta_{\pm 1 \pm 2} \cap \Delta^+$, and let $\Delta_i^+ = \Delta_i \cap \Delta^+$ for $i = 1$ or 2. We write $\mathrm{g}_{ss}^{(\pm 1 \pm 2)}$ for $\mathrm{g}_{ss}^{(\beta)}$ if $\beta = \pm f_1 \pm f_2$ and write $\mathrm{g}_{ss}^{(i)}$, $i = 1, 2$ for $\mathrm{g}_{ss}^{(\beta)}$ if $\beta = f_i$. Let W_-, W_i, $i = 1,2$ and $W_{1\pm 2}$ be the Weyl groups of Δ_-, Δ_i and $\Delta_{1\pm 2}$, respectively.

Lemma 2.5. Use the notatios given above. Let $\beta \in (\mathrm{g}, \mathrm{a})^*$.

(i) $\Sigma_\beta \cup \Sigma_{-\beta} \subset \Delta_\beta^+$ and $\mathrm{g}^{(\beta)} = \mathrm{g}^{(-\beta)}$, and $\Delta_\beta = \Delta_{-\beta}$.

(ii) $m_{ss} \cong su(4)$ and $(\Delta_-)' = \{0\}$ where $(\Delta_-)' = \{r' \mid r \in \Delta_-\}$.

(iii) $m_{ss} \subset \mathrm{g}_{ss}^{(\beta)}$ and $\Delta_- \subset \Delta_\beta$.

(iv) $\mathrm{g}_{ss}^{(1\pm 2)} \cong so(7, 1)$, $\mathrm{g}_{ss}^{(1)} \cong \mathrm{g}_{ss}^{(2)} \cong su(5, 1)$, and $w_2 \Sigma_{\pm 1 + 2} = \Sigma_{\pm 1 - 2}$ and $w_1 \Sigma_{-1 \pm 2} = \Sigma_{1 \pm 2}$.

(v) If $\beta = f_i$, $i = 1$ or 2, then $\mathrm{g}_{ss}^{(\beta)} \cap \mathrm{b}_- = \mathrm{b}_-$, and if $\beta = f_1 \pm f_2$, then $\mathrm{g}_{ss}^{(\beta)} \cap \mathrm{b}_- = \mathrm{b}_-^{ss}$ and $\Delta_{1\pm 2} \perp \mathrm{z}_m$.

(vi) $\rho(X_{\alpha_s} + X_{-\alpha_s}) = \rho(\alpha_s) = 11$ and $\rho(X_{\alpha_r} + X_{-\alpha_r}) = \rho(\alpha_r) = 5$.

(vii) Σ_β is uniquely determined by Π and S_2.

(viii) $W_i = w_i W_-$, $i = 1, 2$ and $W_{1\pm 2} = w_{1\pm 2} W_-$.

Proof: By [H], (i) and (vii) are clear. By (2.31), (iii) is easily established.

Let $I = \{i, j, h, k, u, v\}$. We are to show (ii) and (iv). Since $S \subset \Pi$ and the roots of S_2 are superothogonal, there are two cases:

(A) $S_2=\{e_i-e_j, e_h-e_k\}$ with $j=i+1$, $k=h+1$, $j<h$,

(B) $S_2=\{e_i-e_j, e_4+e_5+e_6\}$ where either $i, j<4$ and $j=i+1$, or $i\in\{4, 5\}$, $j=i+1$.

First, we are to show the lemma for the case (A). Put $I^*=\{u, v\}$ with $u<v$. Clearly, if $\beta\in\Delta_-$, then $\beta\perp S_2$. Hence, it is easily shown that the set $\Pi_m=\{e_u-e_v, e_v+e_i+e_j, e_v+e_h+e_k\}$ is a simple root system of Δ_- and $\Pi_m\subset\Delta_K$, so $\mathrm{m}_{ss}\cong su(4)$. Clearly $r'=0$ for all $r\in\Pi_m$. The proof of (ii) is complete.

By (i) and (iii), it is easily shown that $\Delta_{1-2}^+=\Delta_-^+\cup\Sigma_{1-2}\cup\Sigma_{-1+2}$ where $\Sigma_{1-2}\cup\Sigma_{-1+2}=\{e_i-e_h, e_j-e_k, e_i+e_k+e_u, e_j+e_h+e_u, e_i+e_k+e_v, e_j+e_h+e_v\}$, so $\mathrm{g}_{ss}^{(1-2)}\cong so(7, 1)$. A similar argument shows that $\mathrm{g}_{ss}^{(1+2)}\cong so(7, 1)$.

By (i) and (iii), we have $\Delta_1^+=\Delta_-^+\cup\Sigma_1\cup\Sigma_{-1}\cup\{e_i-e_j\}$ where $\Sigma_1\cup\Sigma_{-1}=(\Delta^+\cap\{\pm(e_i-e_u), \pm(e_j-e_u), \pm(e_i-e_v), \pm(e_j-e_v)\})\cup\{e_i+e_u+e_v, e_j+e_u+e_v, e_i+e_h+e_k, e_j+e_h+e_k\}$. Thus $\mathrm{g}_{ss}^{(1)}\cong su(5, 1)$. A similar argument shows that $\mathrm{g}_{ss}^{(5)}\cong su(5, 1)$.

Since $w_2 f_2=-f_2$ and $w_2 f_1=f_1$, we have $w_2(\Sigma_{\pm1+2})=\Sigma_{\pm1-2}$. Similarly $w_1(\Sigma_{-1\pm2})=\Sigma_{1\pm2}$. The proof of (iv) is complete.

We are to show (v). For convenience, for each subset Y of Δ, let $((Y))$ denote the subspace spanned by iH_β, $\beta\in Y$ over $\mathbb{R}$. Let $((f_1\pm f_2))$ denote the subspace spanned by $iH_{\alpha_s}\pm iH_{\alpha_r}$ over $\mathbb{R}$.

For $i=1$ or 2, let $((f_1))=((\alpha_s))$, $((f_2))=((\alpha_r))$, and let

$$b=((\Delta^{\perp f_1}))=\{x\in((\Delta))\,|\,\alpha_s(x)=0\},\ ((\Delta^{\perp f_2}))=\{x\in((\Delta))\,|\,\alpha_r(x)=0\}$$

Thus for $i=1$ or 2, we have

$$((\Delta))=((f_i))+((\Delta^{\perp f_i}))\quad\text{(direct sum)}.$$

Clearly $((\Delta_1))\subset((\Delta^{\perp f_2}))$, so $((\Delta_1))$ is a subspace of $((\Delta^{\perp f_2}))$. By (iv), $G_{ss}^{(1)}\cong SU(5, 1)$, so we have $\dim((\Delta_1))=5$. Thus, since $\dim((\Delta^{\perp f_2}))=5$, we obtain $((\Delta_1))=((\Delta^{\perp f_2}))$. Clearly $b_-\subset((\Delta^{\perp f_2}))$, so $b_-\subset((\Delta_1))$. Thus, $b_-\subset\mathrm{g}_{ss}^{(1)}$. Thus $b_-\cap\mathrm{g}_{ss}^{(1)}=b_-$. A similar argument shows that $b_-\cap\mathrm{g}_{ss}^{(2)}=b_-$.

For f_1-f_2, we have

$$b=((\Delta))=z_m+((f_1+f_2))+((f_1-f_2))+((\Delta_-))\ \text{(direct sum)}.\qquad(2.32)$$

By (ii), $\mathfrak{m}_{ss} \cong SU(4)$, so we have $\dim((f_1 - f_2)) + ((\Delta_-)) = 4$. It is easily shown that $\alpha_s + \beta_0 \in \Sigma_{1-2}$ and $\beta_0 + \alpha_r \in \Sigma_{-1+2}$, so $\frac{1}{2}((\alpha_s + \beta_0) - (\beta_0 + \alpha_r)) \in (\Delta_{1-2})$. Hence $\frac{1}{2}(\alpha_s - \alpha_r) = f_1 - f_2 \in (\Delta_{1-2})$. Thus, since $\Delta_- \subset \Delta_{1-2}$, $((f_1 - f_2)) + ((\Delta_-))$ is a subspace of $((\Delta_{1-2}))$. By (iv) we have $\mathfrak{g}_{ss}^{1-2} \cong SO(7, 1)$, so $\dim((\Delta_{1-2})) = 4$. Thus $((\Delta_{1-2})) = ((f_1 - f_2)) + ((\Delta_-))$. By (2.32) we have $\mathfrak{g}_{ss}^{(1-2)} \cap \mathfrak{b}_- = \mathfrak{b}_- \cap ((\Delta_-)) = \mathfrak{b}_- \cap \mathfrak{m}_{ss} = \mathfrak{b}_-^{ss}$. A similar argument shows that $\mathfrak{g}_{ss}^{(1+2)} \cap \mathfrak{b}_- = \mathfrak{b}_-^{ss}$. Clearly we obtain

$$((\Delta_{1\pm 2})) = ((f_1 \pm f_2)) + ((\Delta_-)). \tag{2.33}$$

Thus $\mathfrak{z}_m \perp \Delta_{1\pm 2}$ (i. e $\beta(z) = 0$, $\beta \in \Delta_{1\pm 2}$, $z \in \mathfrak{z}_m$). Thus the proof of (v) is complete.

Clearly $\alpha_s' = (e_i - e_j)' = 2f_1$ and $r' = f_1$ for each $r \in \Sigma_1 \cup -\Sigma_{-1}$. It is easily shown that $\#(\Sigma_{1-2}) = \#(-\Sigma_{-1+2}) = \#(\Sigma_{1+2}) = \#(-\Sigma_{-1-2}) = 3$ and $\#(\Sigma_1 \cup -\Sigma_{-1}) = 8$, so $\rho(\alpha_s) = \frac{1}{2}(2 + 8 + 4 \times 3) = 11$. Similarly, we have $\rho(\alpha_r) = \frac{1}{2}(2 + 8 + 2 \times (3 - 3)) = 5$. Hence the statement (vi) is proved. Thus the proof for the case (A) is complete.

Similarly, we can prove the statementa (i)-(vi) for the case (B). The statements (vii) and (viii) are clear, (cf. [H]). The proof is complete.

For convenience, for a fixed $\beta \in (\mathfrak{g}, \mathfrak{a})^*$, let L denote $G_{ss}^{(\beta)}$. Use $\langle\langle L \rangle\rangle$ as a superscript or subscript on constructs in L. Let $P^L = P \cap L$, $M^L = M \cap L$, $A^L = A \cap L$ and $N^L = N \cap L$. For each $\beta \in (\mathfrak{g}, \mathfrak{a})^*$, it is easily shown that $\mathfrak{a} \cap \mathfrak{g}_{ss}^{(\beta)} = \mathfrak{a}_\beta$, so the Lie algebra of $A^L = A \cap L$ is $\mathfrak{a}_\beta$. If $\beta = f_1 \pm f_2$, then $M^L = M_{ss}$ and $\mathfrak{b}_- \cap \mathfrak{g}_{ss}^{(\beta)} = \mathfrak{b}_-^{ss}$, and if $\beta = f_i$, $i = 1$ or 2, then $M^L = M$ and $\mathfrak{b}_- \cap \mathfrak{g}_{ss}^{(\beta)} = \mathfrak{b}_-$ by Lemma 2.5 (v). Clearly, for each $\beta \in (\mathfrak{g}, \mathfrak{a})^*$, $\mathfrak{m} \cap \mathfrak{g}_{ss}^{(\beta)}$ is the centerizer of $\mathfrak{a}_\beta$ in $\mathfrak{g}_{ss}^{(\beta)}$, so $P^L = M^L A^L N^L$ is a parabolic subgroup of L. For $\lambda_0 \in \mathfrak{J}(\lambda_{0,b})$, let λ_0^L (resp. χ^L) be the restrictions of λ_0 (resp. χ) on the Lie algebra of L (resp. $F(B^-)^L = L \cap F(B^-)$). (If $F(B^-)^L = \phi$, then $\chi^L = I$). Let σ_0^L be the representation of M_0^L determined by $(\lambda_0^L, \Delta_L^+)$ where $\Delta_L^+ = \Delta_\beta \cap \Delta^+$. Let $\sigma^L = \sigma_0^L \otimes \chi^L$ For $\beta = f_1 \pm f_2$, let $\nu^L = c(f_1 \pm f_2)$, $c \in \mathbb{R}^{*+}$, and for $\beta = f_i$, $i = 1$ or 2, let $\nu^L = c f_i$, $c \in \mathbb{R}^{*+}$. Let $P = MAN$ and $P^L = M^L A^L N^L$. For each $\beta \in (\mathfrak{g}, \mathfrak{a})^*$, as in

[BK4], we define

$$U^L(M^L A^L N^L, \sigma^L, \nu^L) = ind_{P^L}^L(\sigma^L \otimes \exp(\nu^L) \otimes 1) = U^L(\nu^L).$$

(In [BK4], σ_0^L is denote by σ_1^L.)

For each $r \in \Delta(g^{\mathbb{C}}, (b_- + a)^{\mathbb{C}})$, let r^* be the restriction of r on ib_-. Clearly for $x \in ib$, $y \in a$ we have

$$\langle x, y \rangle = \langle \theta x, \theta y \rangle = \langle x, -y \rangle,$$

so we obtain

$$\langle x, y \rangle = 0. \tag{2.34}$$

Since for each $r \in \Sigma_{-1\pm 2}$, we have $r' = -f_1 \pm f_2$ and $\langle f_i, f_j \rangle = \frac{1}{2}\delta_{ij}$ for $1 \leqslant i, j \leqslant 2$, it is easily shown that $\langle f_1 \mp f_2, r' \rangle = -\frac{1}{2}(1+1) = -1$ for all $r \in \Sigma_{-1\pm 2}$. Clearly, for $z \in \{s, r\}$, $\alpha'_z = \alpha_z$ and $\alpha_z^* = 0$, so by (2.34) we have

$$\langle \frac{1}{2}(\alpha_s \mp \alpha_2), r \rangle = \langle f_1 \mp f_2, r \rangle = -1. \tag{2.35}$$

for all $r \in \Sigma_{-1\pm 2}$.

For each $r \in \Delta$, let $n_r(\lambda_0) = 2\langle \lambda_0, r \rangle / |r|^2$. Clearly, if $\lambda_0 \in \mathfrak{J}(\lambda_{0,b})$ has the format (S_2, Δ^+), and $r \in \Delta^+$, then $n_r(\lambda_0) \geqslant 0$. If λ_0 is fixed or is clear, then we write n_r for $n_r(\lambda_0)$.

Lemma 2.6. Use the notations given above. Suppose that $\lambda_0 \in \mathfrak{J}(\lambda_{0,b})$.

(i) For each $r \in \Delta_\beta = \Delta^L$,

$$\langle \lambda_0^L, r \rangle = \langle \lambda_0, r \rangle. \tag{2.36}$$

(ii) If $r \in \Delta^+$ with $n_r(\lambda_0) \neq 0$ and $\langle \lambda_0 + c\frac{1}{2}(\alpha_s \mp \alpha_s), r \rangle = 0$ for some $c \in \mathbb{R}^+$, then $r \in \Sigma_{-1\pm 2}$ and $c = n_r$.

(iii) If $r \in \Sigma_{-1\pm 2}$, then $\langle \lambda_0 + n_r\left(\frac{1}{2}(\alpha_s \mp \alpha_r)\right), r \rangle = 0$.

Proof: We are to show (i). First, assume $\beta = f_i$, $i = 1$ or 2. By Lemma 2.5 (v), we have $L \cap b_- = b_-$, so λ_0^L is equal the restriction of λ_0 on b_- which is λ_0. Thus (2.36) holds for $\beta = f_i$, $i = 1$ or 2.

Assume $\beta = f_1 \pm f_2$. By Lemma 2.5 (v), we have $L \cap b_- = b_-^{ss}$, so λ_0^L is equal to the restriction of λ_0 on b_-^{ss} which is λ_0^{ss}. By (2.33) we have $r \in (f_1 \pm f_2) + (\Delta_-)$, so by (2.32) we obtain $\langle \lambda_0^z, r \rangle = 0$. Thus by (2.29), we obtain

$$\langle\lambda_0, r\rangle=\langle\lambda_0^{ss}+\lambda_0^z, r\rangle=\langle\lambda_0^{ss}, r\rangle=\langle\lambda_0^L, r\rangle.$$

Thus (2.36) holds for $\beta=f_1\pm f_2$.

Summarizing above results, the proof of (2.36) is complete.

By (2.36), we obtain the statements (ii) and (iii) immediately. The proof is complete.

Let $t=\#(\Sigma_{-1+2})-1$. Then Σ_{-1+2} can be expressed in the form $\Sigma_{-1+2}=\{r_0, r_1, \cdots, r_t\}$ such that $n_{r_0}\leqslant n_{r_1}\leqslant\cdots\leqslant n_{r_t}$. For convenience, put $n_{r_i}=n_i$ for $i=0, 1, \cdots, t$ with $n_0\leqslant n_1\leqslant\cdots\leqslant n_t$. It is easily shown that

Remark 2.1. Clearly, $r_0=\beta_0+\alpha_r$, so $\langle\lambda_0, r_0\rangle=\langle\lambda_0, \beta_0\rangle$. Thus $n_0(\lambda_0)=n_0=\langle\lambda_0, r_0\rangle$ is consistent with the number n_0 defined before Theorem 1.1.

For given $\lambda_0\in\mathfrak{J}(\lambda_{0,b})$, let

$$\Sigma_{-1+2}(\lambda_0)^*=\{(r_0, n_0), (r_1, n_1), \cdots, (r_t, n_t)\}.$$

Clearly, we have $\Sigma_{-1+2}(\lambda_0)=\{n_1, n_2, \cdots, n_t\}$. Since $w_2(\lambda_0)=\lambda_0$, by Lemma 2.5 (iii), we have $w_2\Sigma_{-1-2}(\lambda_0)=\Sigma_{-1+2}(\lambda_0)$. For each $\Sigma_{-1\pm2}(\lambda_0)$, put $c=0$ and $n_1^*=n_1$ if $n_1\in\mathbb{Z}^+$, and put $c=\frac{1}{2}$ and $n_1^*=n_1-\frac{1}{2}$ if $n_1\in\frac{1}{2}\mathbb{Z}^+$. For each $\Sigma_{-1\pm2}(\lambda_0)$, let $\mathbb{Z}_c^+=\{c+z\mid z\in\mathbb{Z}, n_1^*\leqslant z\}$ and let $\Gamma_{-1\pm2}(\lambda_0)=\mathbb{Z}_c^+\setminus\Sigma_{-1+2}(\lambda_0)$.

By Lemma 2.6 and Proposition 3.1 of [BK4], we obtain the following lemma immediately.

Lemma 2.7. Use the notations given above. Suppose that $\lambda_0\in\mathfrak{J}(\lambda_{0,b})$.

(i) Let $L=G_{ss}^{(\beta)}$ with $\beta=f_1\pm f_2$. Then $\lambda_0+n_i(f_1\pm f_2)$, $i=1, 2, \cdots, t$ exhaust all singular infinitesimal characters of $U^L(M^LA^LN^L, \sigma_1^L, \nu^L)$, and thus

$$\frac{1}{2}(a\pm b)=k\quad\text{for all}\quad k\in\Gamma_{-1+2}(\lambda_0)$$

exhaust the sloping reducible lines of $U^L(\nu^L)$.

(ii a) Let $L=G_{ss}^{(\beta)}$ with $\beta=f_1$. Then

$$a=a_0,$$

is a reducible line of $U^L(\nu^L)$.

(ii b) Let $L=G_{ss}^{(\beta)}$ with $\beta=f_2$. Then

$$b=b_0,$$

is a reducible line of $U^L(\nu^L)$.

For convenience, we write SO for L if $\beta=f_1\pm f_2$, and write SU for L if $\beta=f_i$, $i=1$ or 2 .

Proposition 2.6. Use the notations given above. Suppose that σ is determined by χ and the Harish-Chandra parameter $\lambda_0\in\mathfrak{J}(\lambda_{0,b})$. Then

(i)

$$\frac{1}{2}(a\pm b)=k \quad \text{for all} \quad k\in\Gamma_{-1\pm 2}(\lambda_0)$$

exhaust the sloping reducible lines of $U(MAN, \sigma, \nu)=U(\nu)$.

(ii a) If $a=k$ is a reducible line of $U(\nu)$, then $k\geqslant a_0$.

(ii b) If $b=k$ is a reducible line of $U(\nu)$, then $k\geqslant b_0$.

Proof: We identify σ_0^L with σ_1^L given by [BK4]. Let $P=MAN$. By Lemma 4.2 of [BK4], the intertwining operator

$$\sigma(w_1w_2)A_P(w_1w_2, \sigma, \nu)$$

can be expressed in the form

$$\sigma(w_1w_2)A_P(w_1w_2, \sigma, \nu)=ABCD$$

where

$$A^*=R(w_{12})A(w_{12}^{-1}Pw_{12} : P : \sigma : \bar{\nu}),$$

$$B=(w_{12}\sigma)(w_2)A_P(w_2, w_{12}\sigma, w_{12}w_2\nu),$$

$$C=R(w_{12})A_P(w_{12}^{-1}Pw_{12} : P : \sigma : w_2\nu).$$

and

$$D=\sigma(w_2)A_P(w_2, \sigma, \nu).$$

We are to show (i). Since $\frac{1}{2}(\alpha_s-\alpha_r)=f_1-f_2$, by the formulas given by [BK4] (cf. p. 583 of [BK4]), we have

$$\begin{cases} A\approx A^{SO}\left(w_{12}, \sigma_1^{SO}, \frac{1}{2}(a-b)\frac{1}{2}(\alpha_s-\alpha_r)\right), \\ C\approx A^{SO}\left(w_{12}, \sigma_1^{SO}, \frac{1}{2}(a+b)\frac{1}{2}(\alpha_s-\alpha_r)\right). \end{cases} \tag{2.37}$$

By Lemma 2.7, $\frac{1}{2}(a\pm b)=k$. for all $k\in\Gamma_{-1\pm 2}(\lambda_0)$ exhaust the sloping reducible lines of $U^L(M^LA^LN^L, \sigma_1^{SO}, \nu^L)$. Thus, by (2.37), (i) is established.

We are to show (ii b). For operator D, let D_2 be the corresponding operator for $G_{ss}^{(2)} \cong SU(5, 1)$ given by

$$D_2 = \sigma(w_2) A_{P^{SU}}(w_2, \sigma_1^{SU}, \frac{1}{2} b\alpha_r),$$

(cf. p. 591 of [BK4]). Since $\mathfrak{g}_{ss}^{(2)}$ is isomorphic to $su(5, 1)$, By Theorem 1.1 of [BK1], the operator D_2 has no non-zero kernel when $0 < b < b_0$. As in [KSp2], the operator D behaves like the operator D_2, i. e.

$$D = \sigma(w_2) A_P(w_2, \sigma, \nu) \approx D_2 = \sigma(w_2) A_{P^{SU}}(w_2, \sigma_1^{SU}, \frac{1}{2} b\alpha_r),$$

so the operator D has no non-zero kernel when $0 < b < b_0$. Thus the proof for (ii b) is complete. Similarly, when we consider the operator B and the corresponding operator for $G_{ss}^{(1)} \cong SU(5, 1)$, (ii a) can be shown.

Corollary 2.6. Use the notations given above.

Suppose that σ_0 is determined by $\lambda_0 \in \mathfrak{J}(\lambda_{0,b})$ having a format (S_2, Δ^+) with θ_C, and that ν is detemined by S_2 via. Cayley trasform. Let $\sigma = \sigma_0 \otimes \chi$. Assume that the triple (MAN, σ, ν) is Langlands parameter.

(i) Let $\kappa_0(\lambda_0) = 2\min(\Gamma_{-1\pm 2}(\lambda_0))$. Then $\kappa_0(\lambda_0) = \kappa_0$ where κ_0 is defined before Theorem 1.1.

(ii) Suppose that $E_0(J(\nu)) \subset E^{\cap}(a_0, b_0)$. Then $E_0(J(\nu))$ is irregular if and only if $a_0 + b_0 > \kappa_0$.

Proof: By Proposition 2.6, (i) is clear. By continuity argument, (iii) is easily proved. The proof is complete.

Proposition 2.7. Let $\lambda_0 \in \mathfrak{J}(\lambda_0, b)$. Let a_0 and b_0 be the endpoints of the of the complementary series of $G_{ss}^{(1)}$ and $G_{ss}^{(2)}$ determined by $(\lambda_0, \chi^{(1)})$ and $(\lambda_0, \chi^{(2)})$ respectively. Suppose that $\Lambda(\lambda_0)$ is dominant relative to Δ_K^+. Let

$a_0(\Lambda) = \min(\nu_s^{+\perp}(\Lambda), \nu_s^{-\perp}(\Lambda))$, and $b_0 = \min(\nu_r^{+\perp}(\Lambda), \nu_r^{-\perp}(\Lambda))$.

Then

$$a_0(\Lambda) = a_0 \text{ and } b_0 = b_0(\Lambda). \tag{2.38}$$

Proof: Use $\langle\langle L \rangle\rangle$ as a superscript or subscript on constructs in L with $L = G_{ss}^{(1)}$. If $a_0(\Lambda) = \nu_s^{\xi'\perp}(\Lambda)$ then the endpoint a_0 of the complementary series of $G_{ss}^{(1)}$ determined by λ_0, (cf. Lemma 2.6 (i)), and $\chi^{(1)}$ can be expressed in the form

$$a_0 = 1 + \xi'\langle \mu, \alpha_s \rangle + 2\#\{\beta \in \Delta_n \cap \Delta_1^+ \mid \beta - \xi'\alpha_s \in \Delta, \langle \Lambda^L, \beta - \xi'\alpha_s \rangle = 0\}.$$

We are to show that

$$\langle \Lambda, \beta\rangle = \langle \Lambda^L, \beta\rangle. \tag{2.39}$$

for all compact roots β orthogonal to α_r. By (2.36) each $\beta \in \Delta_1 = \Delta^L$, we obtain

$$\langle \lambda_0^L, \beta\rangle = \langle \lambda_0, \beta\rangle. \tag{2.40}$$

Thus, by (15.3) of [K1], we have

$$\Lambda = \lambda - E(2\delta_K) + \mu \text{ and } \Lambda^L = \lambda^L - E(2\delta_K^L) + \mu,$$

where $\lambda = \lambda_0 - \delta_{-,c} + \delta_{-,n}$ and $\lambda^L = \lambda_0^L - \delta_{-,c} + \delta_{-,n}$. Here $\delta_{-,c}$ and $\delta_{-,n}$ are the half sums of the members in $\Delta_- \cap \Delta_K^+$ and $\Delta_- \cap \Delta_n^+$. Using the formula in the proof for Lemma 6.1 of [BK3], we have

$$\langle E(2\delta_K), \beta\rangle = \frac{1}{2}(\langle 2\delta_K, \alpha_s\rangle\langle\alpha_s, \beta\rangle + \langle 2\delta_K, \alpha_r\rangle\langle\alpha_r, \beta\rangle).$$

and

$$\langle E(2\delta_K^L), \beta\rangle = \frac{1}{2}\langle 2\delta_K^L, \beta\rangle\langle\alpha_s, \beta\rangle.$$

Thus, since $\langle\alpha_r, \beta\rangle = 0$ for all $\beta \in \Delta_1$, in order to show (2.39), it is sufficient to show that

$$\langle 2\delta_K, \alpha_s\rangle = \langle 2\delta_K^L, \alpha_s\rangle. \tag{2.41}$$

Clearly, if $r \in \Delta_K \setminus \Delta_K^L$ and $\langle r, \alpha_s\rangle \neq 0$, then $r \notin \Delta_1 = \Delta^L$ and $\langle r, \alpha_r\rangle \neq 0$, so $r \in \Sigma_{\pm 1 \pm 2} \cap \Delta_K$, and by Lemma 2.4; we have $s_{\alpha_s} s_{\alpha_r} r \in \Sigma_{\mp 1 \mp 2} \not\subset \Delta^L$ satisfying

$$\langle s_{\alpha_s} s_{\alpha_r} r, \alpha_s\rangle = -\langle r, \alpha_s\rangle. \tag{2.42}$$

Since $\langle r, \alpha_s\rangle \neq 0$ and $\langle r, \alpha_r\rangle \neq 0$, $s_{\alpha_s} s_{\alpha_r} r \in \{r + \kappa'\alpha_s + \kappa\alpha_r,\ \kappa, \kappa' = \pm 1\}$. Clearly, $\alpha_s, \alpha_r \in \Delta_n$, we have $s_{\alpha_s} s_{\alpha_r} r \in \Delta_K$. Thus for each $r \in \Delta_K \setminus \Delta_K^L$ satisfying $\langle r, \alpha_s\rangle \neq 0$, we have $s_{\alpha_s} s_{\alpha_r} r \in \Delta_K \setminus \Delta_K^L$. Hence by (2.42) we obtain (2.41), so we obtain (2.39) immediately. Hence, by (2.39), it is easily shown that $a_0 = a_0(\Lambda)$.

Similarly, $b_0 = b_0(\Lambda)$ can be shown also. Combining above results, (2.38) holds. Thus the proof is complete.

Suppose that $\Lambda \in \mathfrak{R}(\lambda_{0,b})$ is dominant relative to Δ_K^+. If $a_0(\Lambda) = \nu_s^{\xi'\perp}(\Lambda)$, then let $sign(a_0) = \xi'$, and if $b_0(\Lambda) = \nu_r^{\xi\perp}(\Lambda)$, then let $sign(b_0) = \xi$. If Λ is fixwd or is clear, then we write a_0 and b_0 for $a_0(\Lambda)$ and $b_0(\Lambda)$ respectively.

§ 3. EXPLICIT DIAGRAMS

If the format (S_2, Δ^+) with θ_C is clear or is fixed, then we write $\lambda_{0,b}$ for $\lambda_{0,b}^c$ and write $\Omega(S_2)$ for $\Omega(S_2)^c$.

We consider the basic cases for G as in [KSp1] and [K3]. For a format (S, Σ^+), the basic form $\lambda_{0,b}$ on ib satisfying the following conditions:

(B. 1) for $\beta \in \Sigma^+$, $\langle \beta, \lambda_{0,b}^{\sqcap} \rangle$ is the smallest possible value of $\langle \beta, \lambda_0 \rangle$ among HarishChandra parameters λ_0 having format (S, Σ^+),

(B. 2) leads to a nonzero representation of M,

(B. 3) has a $\Sigma^+ \cap \Delta_K$ dominant form $\wedge(\lambda_{0,b})$ given by (1. 1).

By [KSp1], we obtain the following propositon immediately.

Proposition 3. 1. (i) Let $\lambda_{0,b}^i$ be the basic form having format (S_2^*, P_i) with $1 \leqslant i \leqslant d$. Then any λ_0 of $\mathfrak{J}(\lambda_{0,b}^i)$ can be expressed in the form

$$\lambda_0 = \lambda_{0,b}^i + \sum_{j \in I'_{S_2^*}} k_j \gamma_j^{(i)}, \ k_j \in \mathbb{Z}^{*+},$$

$$\lambda_{0,b}^i = \sum_{j \in I'_{S_2^*}} \langle \alpha_j^{(i)}, \lambda_{0,b}^i \rangle \gamma_j^{(i)}. \tag{3. 1}$$

where

$$\langle \alpha_j^{(i)}, \lambda_{0,b}^i \rangle = \begin{cases} \frac{1}{2} + \eta_j \frac{1}{2} & \text{if} \quad \alpha_j^{(i)} \perp \alpha_r^*, \alpha_j^{(i)} \perp \alpha_s^*, \\ \frac{1}{2}(1 + \eta_j \mu_s) & \text{if} \quad \alpha_j^{(i)} \not\perp \alpha_s^*, \alpha_j^{(i)} \perp \alpha_r^*, \\ \frac{1}{2}(1 + \eta_j \mu_r) & \text{if} \quad \alpha_j^{(i)} \not\perp \alpha_r^*, \alpha_j^{(i)} \perp \alpha_s^*, \\ \frac{1}{2} | \eta_j \mu_s + \mu_r | & \text{if} \quad \alpha_j^{(i)} \not\perp \alpha_s^*, \alpha_j^{(i)} \not\perp \alpha_r^*. \end{cases} \tag{3. 2}$$

Here $\eta_j = 1$ if $\alpha_j^{(i)} \in \Delta_K$, $\eta_j = -1$ if $\alpha_j^{(i)} \in \Delta_n$.

Clearly, Proposition 3. 1 is analogous to the Table 2. 1 of [BK1].

Similarly we have

Corollary 3. 1. (i) Let $\lambda_{0,b}^c$ be the basic form having format (S_2, Δ^+) with θ_C, Then any λ_0 of $\mathfrak{J}(\lambda_{0,b}^c)$ can be expressed in the form

$$\lambda_0 = \lambda_{0,b}^c + \sum_{j \in I'_{S_2}} k_j \gamma_j, \ k_j \in \mathbb{Z}^{*+},$$

$$\lambda_{0,b}^{c}+\sum_{j\in I'_{S_2}}\langle\alpha_j,\lambda_{0,b}^{c}\rangle\gamma_j=\sum_{j\in I'_{S_2}}\wp^{c}\langle\mu_s,\mu_r,\eta_j\rangle\gamma_j \tag{3.3}$$

where

$$\langle\alpha_j,\lambda_{0,b}^{c}\rangle=\wp^{c}(\mu_s,\mu_r,\eta_j)=\begin{cases}\frac{1}{2}+\eta_j\frac{1}{2} & \text{if } \alpha_j\perp\alpha_r,\ \alpha_j\perp\alpha_s,\\ \frac{1}{2}(1+\eta_j\mu_s) & \text{if } \alpha_j\not\perp\alpha_s,\ \alpha_j\perp\alpha_r,\\ \frac{1}{2}(1+\eta_j\mu_r) & \text{if } \alpha_j\not\perp\alpha_r,\ \alpha_j\perp\alpha_s,\\ \frac{1}{2}\mid\eta_j\mu_s+\mu_r\mid & \text{if } \alpha_j\not\perp\alpha_s,\ \alpha_j\not\perp\alpha_r.\end{cases} \tag{3.4}$$

Here $\eta_j=1$ if $\alpha_j\in\Delta_C$, $\eta_j=-1$ if $\alpha_j\in\Delta\backslash\Delta_C$.

If the format (S_2, Δ^+) with θ_C, $\theta_C\in C$ is clear or is fixed, then we write $\lambda_{0,b}$ for $\lambda_{0,b}^{c}$ and write $\wp(\mu_s, \mu_r, \eta_j)$ for $\wp^{c}(\mu_s, \mu_r, \eta_j)$.

Let Π be a simple root system of Δ. The Dynkin diagram of Π is called a explicit diagram for Π if every simple root of Π either corresponds to a white dot or corresponds to a black dot in the Dynkin digram of Π. Let Π_0 be subset of Π consisting of the roots in Π corresponding to white dots, and let (Π, Π_0) denote the explicit diagram.

In [G], θ_C with ϵ_C denotes a canonical involutive autormorphism (involution) of $\mathfrak{g}_u$ for Δ given by (1.6). Here $\epsilon_C\in\mathbb{R}^6=\mathbb{R}\Delta$. Clearly each involution θ_C of $\mathfrak{g}_u$ can be extended as an involution θ_C of $\mathfrak{g}^{\mathbb{C}}$ and $\theta_C(\mathfrak{b})=\mathfrak{b}$. For each θ_C with $\epsilon_C=(\epsilon_1, \epsilon_2, \cdots, \epsilon_6)$ and for each $r=(x_1, x_2, \cdots, x_6)\in\Delta$, let $k_{r,c}=\langle\epsilon_C, r\rangle$. By [G], for each $r\in\Delta$, $\theta_C(X_r)=X_r$ or $-X_r$ accordimg to $k_{r,c}$ is even or odd. For a θ_C with ϵ_C, let $\mathfrak{k}_c=\mathfrak{g}_{u,c}^{+}=\{X\in\mathfrak{g}_u\mid\theta_C(X)=X\}$. Clearly, $\mathfrak{k}_c$ is the subalgebra of $\mathfrak{g}_u$ generated by the elements in the set $\mathfrak{b}\cup\{u_r, v_r\mid k_{r,c}\in2\mathbb{Z}\}$ over $\mathbb{R}$. Clearly, $\Delta_C=\{r\in\Delta\mid k_{r,c}\in2\mathbb{Z}\}$. Then Δ_C is a root system of $\mathfrak{k}_c$ and is the compact root system of Δ relative to θ_C. Clearly, $\Delta\backslash\Delta_C=\{r\in\Delta\mid k_{r,c}\in\mathbb{Z}\backslash2\mathbb{Z}\}$ is the set of non-compact roots relative to θ_C, Clearly $\Delta_C^{+}=\Delta^{+}\cap\Delta_C$ is a positive root system of Δ_C. For each θ_C with ϵ_C, let $\Pi_C^{0}=\Pi\cap\Delta_C$. Clearly, $\Pi_C^{0}=\{r\in\Pi\mid k_{r,c}\in2\mathbb{Z}\}$. Then, for each involution θ_C of $\mathfrak{g}_u$, there exists an explicit diagram (Π, Π_0) such that $\Pi_0=\Pi_C^{0}$. Conversely, for each explicit diagram

(Π, Π_0), there exists an involution θ_C of g_u such that $\Pi_0 = \Pi_C^0$. For an explicit diagram (Π, Π_0), if $\Pi_0 = \Pi_C^0$ for some θ_C, then (Π, Π_0) is called the explicit diagram associated with θ_C. Clearly the Lie algebra k of K is isomorphic to $z + D_5$ where z is a one-dimensional center of k. An explicit diagram (Π, Π_0) associated with θ_C is called an explicit diagram of $G \cong E_{6(-14)}$ if $k_c \cong z + D_5$. Clearly, θ can be intepreted as a cononical involution of g_u with $\epsilon = (0, 1, 1, 1, 1, 0)$ and Δ_K is the compact root system of Δ relative to θ and Δ_n is the set of non-compact roots relative to θ.

By [G], [C1], [C2] and [Y], we obtain all explicit diagrams of G given by Table 2.

For each P_i in $A = \{P_1, P_2, \cdots, P_d\}$ with $1 \leqslant i \leqslant d$, there exists a $w_i \in W$ such that $w_i P_i = \Delta^+$. Let Π_i, $1 \leqslant i \leqslant d$ be the simple root system of Δ determined by P_i, and let $\Pi_i^0 = \Pi_i \cap \Delta_K$. Then (Π_i, Π_i^0) is explicit diagram for Π_i with $1 \leqslant i \leqslant d$. Clearly for each $1 \leqslant i \leqslant d$, Π_i is unique and Π_i^0 is unique, so the explicit diagram (Π_i, Π_i^0) is determined by the subsript i uniquely. Let D^G be the set of the explicit diagrams for Π of G given by Table 2. Let $D^P = \{(\Pi_i, \Pi_i^0), i = 1, 2, \cdots, d\}$.

For an explicit diagram (Π, Π_0), if $S_2 = \{\alpha_s, \alpha_r\} \subset \Pi \backslash \Pi_0$ satisfying $\alpha_s \perp \alpha_r$, then the triple $\{\Pi, \Pi_0, S_2\}$ is called a normal triple which is denoted by (Π, Π_0, S_2). If (Π, Π_0) is associated with θ_C, then (Π, Π_0, S_2) is called to be associated with θ_C. Clearly, S_2 is contained in the set of non-compact roots relative to θ_C. Thus (S_2, Δ^+) is a format with θ_C. For a format (S_2^*, P_i), $1 \leqslant i \leqslant d$, (Π_i, Π_i^0, S_2^*) is called a P-triple. Since $S_2^* \subset \Delta_n$, $S_2^* \subset \Pi_i \backslash \Pi_i^0$.

Proposition 3. 2. (ⅰ) Each P_i with $1 \leqslant i \leqslant d$ determines an explicit diagram (Π_i, Π_i^0), and each format (S_2^*, P_i), $1 \leqslant i \leqslant d$ determines a P-triple (Π_i, Π_i^0, S_2^*) uniquely.

(ii) Each normal triple (Π, Π_0, S_2) associated with θ_C determines a format (S_2, Δ^+) with θ_C.

(ⅱ) There is a one to one correspondence between the set D^P and the set D^G.

(ⅲ) Each P-triple determines a normal triple uniquely and each normal triple determines a P-triple uniquely.

(iv) There exists a one to one correspondence between the set of the formats (S_2^*, P_i), $P_i \in A$ and the set of formats (S_2, Δ^+) with θ_C, $\theta_C \in C$.

Proof: (i) is clear. We are to show (ii). For each (Π_i, Π_i^0), $1 \leqslant i \leqslant d$, let $\Pi_0 = w_i(\Pi_i^0)$. Since $w_i(\Pi_i) = \Pi$, we have $\Pi_0 \subset \Pi$. Let θ_C be the canoical involution of $\mathfrak{g}_u$ with $\epsilon_C = w_i\ \epsilon$. Thus, $\Delta_C = w_i \Delta_K$ and $\Pi_0 = w_i(\Pi_i^0) = w_i(\Pi_i \cap \Delta_K) = \Pi \cap \Delta_C$. Hence, (Π, Π_0) is explicit diagram of Π associated with θ_C with ϵ_C. Since $\epsilon_C = w_i\ \epsilon$, by [G], (Π, Π_0) is an explicit diagram of G.

For each (Π, Π_0) of G associated with θ_C with ϵ_C. By [G], there exists $w \in W$ such that $w\ \epsilon_C = \epsilon$. Put $P = w\Delta^+$. Then $\Pi_P = w\Pi$ where Π_P is a simple root system of Δ determined by P. Since $w\epsilon = \epsilon$, we have $w\Delta_C = \Delta_K$ where Δ_K is relative to θ. Clearly $P_K = P \cap \Delta_K$ is a positive root system of Δ_K. Then there exists a $w_K \in W_K$ such that $w_K(P_K) = \Delta_K^+$. Thus $w_K P = w_K w \Delta^+ = P_i$ for some $1 \leqslant i \leqslant d$. Let $w_i = w_K w$. Since $\Pi_P = w\Pi$ and $w_k P = P_i$, we have $w_i \Pi = \Pi_i$ for some $1 \leqslant i \leqslant d$. Let $w_i \Pi_0 = \Pi_i^0$. Since $w_K \Delta_K = \Delta_K$, we have $w_i \Delta_C = \Delta_K$. Thus

$$\Pi_i^0 = w_i \Pi_0 = w_i(\Pi \cap \Delta_C) = w_i \Pi \cap w_i \Delta_C = \Pi_i \cap \Delta_K.$$

Then (Π_i, Π_i^0) is an explicit diagram of Π_i for some $1 \leqslant i \leqslant d$.

Combining above results, the proof of (ii) is complete.

If (Π_i, Π_i^0, S_2^*) is a P-triple, then $S_2^* \subset \Delta_n$, so $S_2^* \subset \Pi_i \setminus \Pi_i^0$. By (ii), $(\Pi, \Pi_0) = (w_i \Pi_i, w_i \Pi_i^0)$ is an explicit diagram of Π associated with θ_C with $\epsilon_C = w_i\ \epsilon$. Let $w_i(S_2^*) = S_2$. Then $S_2 \subset w_i(\Pi_i \setminus \Pi_i^0) = \Pi \setminus \Pi_0$. Since $\alpha_s^* \perp \alpha_r^*$, we have $w_i \alpha_s^* = \alpha_s \perp w_i \alpha_r^* = \alpha_r$. Thus $(\Pi, \Pi_0, S_2) = w_i(\Pi_i, \Pi_i^0, S_2^*)$ is a normal triple. Hence the P-triple (Π_i, Π_i^0, S_2^*) determines a normal triple (Π, Π_0, S_2) uniquely.

For an explicit (Π, Π_0, S_2) of Π, by (ii) there exists a w_i, $1 \leqslant i \leqslant d$ such that $(w_i)^{-1}(\Pi, \Pi_0) = (\Pi_i, \Pi_i^0)$ is an explicit diagram of Π_i. Let $(w_i)^{-1} S_2 = S_2^*$. It is easily shown that $\alpha_s^* = (w_i)^{-1} \alpha_s \perp \alpha_r^* = (w_i)^{-1} \alpha_r$ and

$$S_2^* = \{\alpha_s^*, \alpha_r^*\} = w_i^{-1} S_2 \subset w_i^{-1}(\Pi \setminus \Pi_0) = w_i^{-1} \Pi \setminus w_i^{-1} \Pi_0 = \Pi_i \setminus \Pi_i^0 \subset \Delta_n.$$

Thus (Π_i, Π_i^0, S_2^*) is a P-triple determined by the format (S_2^*, P_i).

Combining above results, the proof (iii) is complete.

By (i), format (S_2^*, P_i) determines a unique P-triple (Π_i, Π_i^0, S_2^*) which determines a unique normal triple (Π, Π_0, S_0) by (iii). By (ii), this normal triple (Π, Π_0, S_2) determines a unique format (S_2, Δ^+) with θ_C when (Π, Π_0) associated with θ_C, so format (S_2^*, P_i) determines a unique format (S_2, Δ^+) with θ_C. Similarly, it is easily shown that format (S_2, Δ^+) with θ_C determines a unique format (S_2^*, P_i) for some $1\leqslant i\leqslant d$. The proof of (iv) is complete.

By Lemma 11.3 of [B] and Proposition 3.2, we obtain the following corollary.

Corollary 3.2. (i) The number of the explicit diagrams of G is equal to

$$d=\#(W(E_6))/\#(W(D_5))=3^3=27.$$

(ii) For (Π, Π_0, S_2), there is a unique basic form $\lambda_{0,b}$ which is determined from the formula (3.4) by putting $\eta_j=1$ if $\alpha_j\in\Pi_0$ and $\eta_j=-1$ if $\alpha_j\in(\Pi\backslash S_2)\backslash\Pi_0$ where $j\in I'$. Similarly each P-triple (Π_i, Π_i^0, S_2^*) determines a basic form $\lambda_{0,b}^i$ determined from (3.2) by putting $\eta_j=1$ if $\alpha_j^{(i)}\in\Pi_i^0$ and putting $\eta_j=-1$ if $\alpha_j^{(i)}\in(\Pi_i\backslash S_2^*)\backslash\Pi_i^0$. If $(\Pi, \Pi_0, S_2)=w_i(\Pi_i, \Pi_i^0, S_2^*)$, then $w_i(\lambda_{0,b}^{(i)})=\lambda_{0,b}$.

Proof: (i) is clear. We are to show (ii). Since $(\Pi, \Pi_0, S_2)=w_i(\Pi_i, \Pi_i^0, S_2^*)$, we have $w_i\Pi_i=\Pi$, $w_i\Pi_i^0=\Pi_0$ and $I_{S_2}=I_{S_2^*}$, so $I'_{S_2}=I'_{S_2^*}$. Then $\alpha_j\in\Pi_0$ if and only if $\alpha_j^{(i)}\in\Pi_i^0$, so $\eta_j=1$ in (3.4) and in (3.2) simultaneously. And $\alpha_j\in\Pi\backslash\Pi_0$ if and only if $\alpha_j^{(i)}\in\Pi_i\backslash\Pi_i^0$, so $\eta_j=-1$ in (3.4) and in (3.2) simultaneously. Hence, $w_i\gamma_j^{(i)}=\gamma_j$. Thus by (3.3)-(3.4) and (3.1)-(3.2), we have $w_i(\lambda_{0,b}^{(i)})=\lambda_{0,b}$. The proof of (ii) is complete.

In fact, if we replace $\gamma_j^{(i)}$ by γ_j, then (3, 4) becomes (3.2). Thus by Proposition 3.2 and Corollary 3.2, we obtain the following theorem immediately.

Theorem 3.1. Suppose that format (S_2^*, P_i), $1\leqslant i\leqslant d$ corresponds the format (S_2, Δ^+) with θ_C. There are two versions:

(A) For format (S_2^*, P_i), $1\leqslant i\leqslant d$: Let G be the linear connected simple Lie group with Lie algebra $\mathfrak{g}=(\mathfrak{g}_u, \theta)$. Clearly S_2^* determines $\nu^*=af_1^*+bf_2^*$, a, $b\in\mathbb{R}^{*+}$ where f_1^*, f_2^* are the Cayley transforms relative to α_s^*, $\alpha_r^*\subset S_2^*$.

Let $\mu^* = \frac{1}{2}(\mu_s\alpha_s^* + \mu_r\alpha_r^*)$ and A^* be the subgroup with Lie algebra $\mathbb{R}\, iv_{\alpha_s^*} + \mathbb{R}\, iv_{\alpha_r^*}$. Then we obtain a parabolic subgroup $M^* A^* N^*$ by A^*. Let $\lambda_0^{(i)} \in \mathfrak{J}(\lambda_{0,b}^{(i)})$ with $\omega(\lambda_0^{(i)})$. Then $(\lambda_0^{(i)}, \mu^*)$ determines a representation $\sigma^{(i)}$ of M, and we obtain a triple $(M^* A^* N^*, \sigma^{(i)}, \nu^*)$.

(C) For format (S_2, Δ^+) with θ_C: Let G be the linear connected simple Lie group with Lie algebra $\mathfrak{g}_c = (\mathfrak{g}_u, \theta_C)$. Clearly S_2 determines $\nu = af_1 + bf_2$, $a, b \in \mathbb{R}^{*+}$ where f_1, f_2 are the Cayley transforms relative to $\alpha_s, \alpha_r \subset S_2$. Let $\mu = \frac{1}{2}(\mu_s\alpha_s + \mu_r\alpha_r)$ and A be the subgroup with Lie algebra $\mathbb{R}\, iv_{\alpha_s} + \mathbb{R}\, iv_{\alpha_r}$. Then we obtain a parabolic subgroup MAN by A. Let $\lambda_0 \in \mathfrak{J}(\lambda_{0,b}^c)$ with $\omega(\lambda_0) = \omega(\lambda_0^*)$. Then (λ_0, μ) determines α representation σ of M, and we obtain a triple (MAN, σ, ν).

(i) Then the triple $(M^* A^* N^*, \sigma^{(i)}, \nu^*)$ is a Langlands parameter if and only if the triple (MAN, σ, ν) is a Langlands parameter.

(ii) If (MAN, σ, ν) is a Langlands prarmeter, then $E_0(J(M^* A^* N^*, \sigma^{(i)}, \nu^*)) = E_0(J(MAN, \sigma, \nu))$.

Let $\mathbb{T} = \{-1, 0, 1\}$. For a given S_2, let $\mathbb{T}(S_2) = \{(1/2)(\mu_s\alpha_s + \mu_r\alpha_r) \mid \mu_s, \mu_r \in \mathbb{T}\}$.

For a given 5-truple $(\Pi, \Pi_0, S_2, \omega, \mu)$ with $\omega \in \Omega(S_2)$, $\mu \in \mathbb{T}(S_2)$, S_2 produces f_1, f_2 by Cayley transfrom relative to α_s, α_r, so we obtain a subgroup A of G and $\nu = \mathbb{R}^{*+}f_1 + \mathbb{R}^{*+}f_2$. Hence we obtain a parabolic subgroup MAN by A and the closed positive Weyl chamber associated ν. Clearly, (Π, Π_0, S_2) produces a basic form $\lambda_{0,b}$ by Corollary 3. 2, so we obtain a form $\lambda_0 \in \mathfrak{J}(\lambda_{0,b})$ with $\omega(\lambda_0) = \omega \in \Omega(S_2)$. Clearly, λ_0 and μ determine a representation σ of M. Thus, a 5-truple $(\Pi, \Pi_0, S_2, \omega, \mu)$ produces a triple (MAN, σ, ν) which is a candidate of the Langlands parameter.

Let $J(MAN, \sigma, \nu)$ be a Langlands quotient. Then the subgroup A determines a subset S of Δ_n with $\#(S) = 2$ so that the roots in S are superorthoganal. Clearly, σ is determined by a Harish-Chandra parameter (λ_0, Δ_-^+) and μ associated with χ. By Lemma 1. 1 and Corollary 3. 2, we may assume that λ_0 have a format (S_2, Δ^+) with θ_C which determines a normal triple (Π, Π_0, S_2)

by Proposition 3. 2. Clearly $\omega(\lambda_0)\in\Omega(S_2)$. So, Langlands quotient $J(MAN, \sigma, \nu)$ produces a 5-truple $(\Pi, \Pi_0, S_2, \omega, \mu)$ with $\omega=\omega(\lambda_0)\in\Omega(S_2)$, (up to equivalence). The 5-truple $(\Pi, \Pi_0, S_2, \omega, \mu)$ produced by $J(MAN, \sigma, \nu)$ produces the Langlands parameter (MAN, σ, ν) by the methods given above.

For an explicit diagram (Π, Π_0) associated with θ_C, let $\mathbb{S}(\theta_C)=\{\alpha_s, \alpha_r\in \Pi\backslash\Pi_0 \mid \alpha_s\perp\perp\alpha_r, \alpha_s>\alpha_r\}$.

For each $\theta_C\in C$, $S_2\in\mathbb{S}(\theta_C)$, let $\lambda_{0,b}(\theta_C, S_2)$ be the basic form determined by the normal triple (Π, Π_0, S_2) associated with θ_C (c. f. Corollary 3. 2 (ii)). Clearly $\lambda_{0,b}(\theta_C, S_2)$ has a format (S_2, Δ^+) with θ_C defined in Section 1). Let $\mathbb{B}=\{\lambda_{0,b}(\theta_C, S_2)\mid\theta_C\in C, S_2\in\mathbb{S}(\theta_C)\}$. Let $\mathfrak{J}=\{\lambda_0\in\mathfrak{J}(\lambda_{0,b})\mid\lambda_{0,b}\in\mathbb{B}\}$, and let $\mathfrak{R}=\{\wedge(\lambda_0)\mid\lambda_0\in\mathfrak{J}\}$.

Let $\mathfrak{R}^p=\{\wedge\in\mathfrak{R}\mid a_0(\wedge)\neq 0, b_0(\wedge)\neq 0\}$.

By Lemma 1. 1 and Proposition 3. 2, it is easily shown that all parameters of $\mathfrak{J}$ exhaust all Harish-Chandra parameters of G (up to equivalence).

Remark 3. 1. The steps of the proof for Theorem 1. 1 are:

(i) find all explicit diagrams of G, by Table 2, this step is done,

(ii) for each explicit diagram (Π, Π_0) (with θ_C) of G, find $\mathbb{S}(\theta_C)$, so for each $\{\alpha_s, \alpha_r\}\in\mathbb{S}(\theta_C)$, we obtain all normal triple (Π, Π_0, S_2) for given (Π, Π_0),

(iii) for each normal triple (Π, Π_0, S_2), by (3. 4), we obtain $\lambda_{0,b}^c$ and $\mathfrak{J}(\lambda_{0,b}^c)$ when (Π, Π_0) is associated with θ_C.

(vi) for the 5-truple $(\Pi, \Pi_0, S_2, \omega, \mu)$, using (iii), we obtain a triple (MAN, σ, ν) which is a candidate of Langlands parameter,

(v) If the triple (MAN, σ, ν) is Langlands parameter, then we compute the region $E_0(J(MAN, \sigma, \nu))$, and we show Theorem 1. 1 by summarizing all results about $E_0(J(MAN, \sigma, \nu))$.

Clearly, the computations mentioned in (ν) are very complicated. Using Theorem 1. 1 (or Corollary 2. 3) and Proposition 3. 3- Proposition 3. 6 (or Corollary 3. 4-Corollary 3. 6), the computaions mentioned in (ν) will be very simplified.

Obviously, since Δ^+ is fixed, the 5-truples $(\Pi, \Pi_0, S_2, \omega, \mu)$ can be abbreviated to the 4-truples $((\Pi_0, S_2), \omega, \mu)$.

Let $d=\mathbb{R}\Delta$ and d' be the subspace of d spanned by $\{\alpha_s, \alpha_r\}$ over $\mathbb{R}$. Let $d_-=\{x\in d\mid\langle x, y\rangle=0$ for all $y\in d'\}$. Then d has a decomposition $d=d_-+d'$ (direct sum for vector space over $\mathbb{R}$). For each $x\in d$, let x' be the restriction of x to d' and let $\Delta'=\{r'\mid r\in\Delta, r'\neq 0\}$. Let f_1 denote also $\frac{1}{2}\alpha_s$ and f_2 denote also $\frac{1}{2}\alpha_r$. By [H], we have $\Delta'=\{\pm f_1, \pm f_2, \pm(f_1\pm f_2), \pm 2f_1, \pm 2f_2\}$.

Lemma 3.1. Suppose that $\lambda_{0,b}$ is determined by (Π, Π_0, S_2) associated with θ_C. Let $\Lambda\in\Re(\lambda_{0,b})$. Assume that Λ is dominant relative to Δ_C^+. Suppose that there exist the signs ξ, ξ' such that $\xi'\alpha_s$ and $\xi\alpha_r$ are conjugate under $W_{K,\Lambda}$. Assume that

$$\xi\alpha_s-\xi\alpha_r=\beta_1-\beta_2, \ \beta_1, \beta_2\in\Delta_C^+. \tag{3.5}$$

Then for each $\beta\in\Psi_s^{\xi'}$ (defined for θ_C),

$$(\beta+\xi'\alpha_s)-\xi\alpha_r\notin\Delta.$$

Proof: First, we are to show the following statement:

(3.1.A) If there exists a root $r_1\in\Delta_K$ such that $r_1'=\xi'(\xi' f_1-\xi f_2)$, then there is no $r_2\in\Delta_C$ such that $r_2'=\xi'(\xi' f_1+\xi f_2)$.

We are to show (3.1.A). Let W^- be the Weyl group of Δ_-. Assume that there exists a root $r_2\in\Delta_C$ such that $r'=\xi'(\xi' f_1+\xi f_2)$. Then, by Lemma 2.4, we have $(w_2r_1)'=\xi'(\xi' f_1+f_2)$ and $w\alpha_z=\alpha_z$, $z\in\{s, r\}$ for $w\in W_-$, so by Lemma 2.4 (viii), we have $r_2=\xi' ww_2r_1=\xi'(wr_1+\alpha_r)$ for some $w\in W^-$. Since $r_1\in\Delta_C^+$, $w\in W_-$ and $\alpha_r\in\Delta\backslash\Delta_C$, we have $r_2\in\Delta\backslash\Delta_C$. a contradication. Thus (3.1.A) is true.

Since $\xi'\alpha_s-\xi\alpha_r=\xi'(\alpha_s+\zeta\alpha_r)=\xi'(\beta_1-\beta_2)$, we have

$$\beta_1'=(\alpha_s+\zeta\alpha_r+\beta_2)'=2(f_1+\zeta f_2)+\beta_2'. \tag{3.6}$$

If $\beta_1'=0$, then by (3.6), we have $\xi'\beta_2'=2(\xi' f_1-\xi f_2)\notin\Delta'$, a contradication. Hence we may assume that $\beta_1'\neq 0$. Since $\beta_2\in\Delta_C^+$, $\beta_2'\neq\pm 2f_1$ or $\pm 2f_2$, so $\beta_2'\in\Xi$ with $\Xi=\{\pm f_1, \pm f_2, \pm(f_1\pm f_2)\}$. Assume that $\beta_2'\in\Xi^*=\{\pm f_1, \pm f_2, f_1-\zeta f_2, \pm f_1+\zeta f_2\}$. Then by (3.6), we have $\beta_1'\in\Xi^\dagger=\{f_1\pm 2f_2, 2f_1\pm f_2, f_1\pm 3f_2, 3f_1\pm f_2, 3f_1\pm 2f_2, 2f_1\pm 3f_2, 3(f_1\pm f_2)\}$. But $\Xi^\dagger\cap\Delta'=\phi$, so β_2' must be not in Ξ^* and β_2' must be $-f_1-\zeta f_2$. Thus $\beta_1'=f_1+\zeta f_2$

$=\xi'(\xi' f_1+\zeta\xi' f_2)=\xi'(\xi' f_1-\xi f_2)$. Since $\beta_1\in\Delta_C^+$, by (3.1.A), we obtain

(3.1.B) There is no r in Δ_C such that $r'=\xi' f_1+\xi f_2$.

Let $\beta\in\Psi_s^{\xi'}$. Then $\beta+\xi'\alpha_s\in\Delta$, so $\beta'+\xi'\alpha_s'=\beta'+\xi_2' f_1\in\Delta'$. Thus β' must be 0 or $-\xi' f_1+\varrho f_2$ with $\varrho=\pm 1$ or 0. Assume $\beta'=0$. Then by [H], $\beta\in\Delta_-$. Thus $\beta+\xi\alpha_s\notin\Delta$, so $\beta\notin\Psi_s^{\xi'}$, a contradiction. Assume $\beta'=-\xi' f_1+\varrho f_2$. Then $(\beta+\xi'\alpha_s)'=\xi' f_1+\varrho f_2$. Assume $(\beta+\xi'\alpha_s)-\xi\alpha_r\in\Delta$. Then $\xi' f_1+\varrho f_2-\xi_2 f_2=\xi' f_1+(\varrho_1-\xi 2) f_2\in\Delta'$. Hence we have $\varrho=\xi$. Thus, since $(\beta+\xi'\alpha_s)'=\xi' f_1+\varrho f_2$, we have $(\beta+\xi'\alpha_s)'=\xi' f_1+\xi f_2$. Because $\beta\in\Psi_s^{\xi'}$, we have $\beta\in\Delta\backslash\Delta_C$ and $\beta+\xi'\alpha_s\in\Delta_C$, but $(\beta+\xi'\alpha_s)'=\xi' f_1+\xi f_2$, a contradication with statement (3.1.B). Hence $(\beta+\xi'\alpha_s)-\xi\alpha_r\notin\Delta$. The proof is complete.

Let $\lambda_{0,b}$ be the basic case determined by (Π, Π_0, S_2) associated with θ_C, and let $\lambda_0\in\mathfrak{J}(\lambda_{0,b})$. Clearly, $I(\lambda_0)\subset I'_{S_2}$. Let

$$\lambda_0^1=\sum_{j\in I(\lambda_0)}\gamma_j.$$

Proposition 3.3. Let $\lambda_{0,b}$ is determined by (Π, Π_0, S_2). Let $\Lambda^1=\Lambda(\lambda_0^1)$ and let $\Lambda=\Lambda(\lambda_0)\in\Re(\lambda_{0,b})$. Assume Λ is dominant relative to Δ_C^+. Then

(i) $a_0(\Lambda^1)=a_0(\Lambda)$ and $b_0(\Lambda^1)=b_0(\Lambda)$,

(ii) $a^*(\Lambda^1)=a^*(\Lambda)$ and $b^*(\Lambda^1)=b^*(\Lambda)$,

(iii) $a^\times(\Lambda^1)=a^\times(\Lambda)$ and $b^\times(\Lambda^1)=b^\times(\Lambda)$,

(iv) for each $\varphi\in\{\triangle, <>\}$, $a^\varphi(\Lambda^1)=a^\varphi(\Lambda)$ and $b^\varphi(\Lambda^1)=b^\varphi(\Lambda)$.

Proof: For a given $\beta\in\Psi_z^\pm=\Phi_z^\pm\cup-\Phi_z^\mp$ with $z\in\{s, r\}$, let $(\Lambda_b)_\beta$, $(\lambda^*)_\beta$ and $(\lambda^{1*})_\beta$ denote $\langle\Lambda_b, \beta\pm\alpha_z\rangle$, $\langle\lambda^*, \beta\pm\alpha_z\rangle$ and $\langle\lambda^{1*}, \beta\pm\alpha_z\rangle$ respectively where $\lambda^*=\Lambda-\Lambda_b$ and $\lambda^{1*}=\Lambda^1-\Lambda_b$. It is easily shown that

$$\langle\beta\pm\alpha_z, \Lambda\rangle=(\Lambda_b)_\beta+(\lambda^*)_\beta, \tag{3.7}$$

$$\langle\beta\pm\alpha_z, \Lambda^1\rangle=(\Lambda_b)_\beta+(\lambda^{1*})_\beta. \tag{3.7$'$}$$

Since for $i\in I'$ and $z\in\{s, r\}$, $\langle\beta\pm\alpha_z, \gamma_i\rangle\geqslant 0$ or $\leqslant 0$ according $\beta\in\Delta^+$ or $\in\Delta^-$, by (1.9) and (1.10) the following statement is easily shown.

(3.2.A) For $\beta\in\Psi_z^\pm$, $z\in\{s, r\}$, $(\Lambda_b)_\beta$, $(\lambda^*)_\beta$, $(\lambda^{1*})_\beta\geqslant 0$ or $\leqslant 0$ according to $\beta\in\Delta^+$ or $\beta\in\Delta^-$.

We are to show the following statement.

(3.2.B) For $\beta\in\Psi_z^\pm$ with $z\in\{s, r\}$, the conditions that $(\lambda^*)_\beta<0$ (resp. $=0$ or >0) and that $(\lambda^{1*})_\beta<0$ (resp. $=0$ or >0) hold simultaneously.

Assume $\langle\beta, \gamma_i\rangle=0$ for all $i\in I'$. Then $(\lambda^*)_\beta=(\lambda^{1*})_\beta=0$. Assume that there exists an index $j\in I(\lambda_0)$ such that $\langle\beta, \gamma_j\rangle\neq 0$. Then, by (3. 2. A) $(\lambda^*)_\beta$, $(\lambda^{1*})_\beta>0$ or <0 according to $\beta\in\Delta^+$ or $\beta\in\Delta^-$. Combining above results, (3. 2. B) is established.

Clearly, $\Phi_z^\pm\subset\Delta^+$ for $z\in\{s, r\}$, so for each $\beta\in\Phi_z^\pm$, by (3. 2. A), we have $(\Lambda_b)_\beta$, $(\lambda^*)_\beta$, $(\lambda^{1*})_\beta\in R^{*+}$. If β satisfies $\langle\beta\pm\alpha_z, \Lambda\rangle=0$, then by (3. 7), we have $(\Lambda_b)_\beta=(\lambda^*)_\beta=0$, so by (3. 2. B), we obtain $(\Lambda_b)_\beta=(\lambda^{1*})_\beta=0$. Thus by (3. 7)′, we have $\langle\beta\pm\alpha_z, \Lambda^1\rangle=0$. If β satisfies $\langle\beta\pm\alpha_z, \Lambda^{1*}\rangle=0$, then by (3. 7)′ we have $(\Lambda_b)_\beta=(\lambda^{1*})_\beta=0$, so by (3. 2. B) we obtain $(\Lambda_b)_\beta=(\lambda^*)_\beta=0$. Thus by (3. 7) we have $\langle\beta\pm\alpha_z, \Lambda\rangle=0$. Combining above results, (i), (ii) and (iii) are established.

We are to show (iv). First, we are to show the following statement.

(3. 2. C) For $\beta\in\Psi_z^\pm$ with $z\in\{s, r\}$, the conditions that $\langle\beta\pm\alpha_z, \Lambda^*\rangle>0$ (resp. $=0$, $0<$) and that $\langle\beta\pm\alpha_z, \Lambda^{1*}\rangle>0$ (resp. $=0$, $0<$) hold simultaneously.

Assume $(\Lambda_b)_\beta>0$ (resp. <0). Then, by (3. 2. A), we have $\beta\in\Delta^+$ (resp. Δ^-), so by (3. 6), (3. 7) and (3. 2. A), the statement (3. 2. C) is established. Assume $(\Lambda_b)_\beta=0$. Then by (3. 6), (3. 7) and (3. 2. B), the statement (3. 2. C) is established. Combining above results, the proof of (3. 2. C) is complete.

Since g^C is of single-line, for each $\beta\in\Psi_z^\pm$ or $\Psi_z^{\pm\perp}$, we have

$$\langle\beta\pm\alpha_z, \pm\alpha_z\rangle=1. \tag{3. 8}$$

By Lemma 3. 1 for each $\beta\in\Psi_s^{\xi'}$ we have

$$\langle\beta+\xi'\alpha_s, \xi\alpha_r\rangle=0 \text{ or } -1.$$

Thus, By (3. 8), we obtain

$$\langle\beta+\xi'\alpha_s, \xi'\alpha_s+\xi\alpha_r\rangle=1 \text{ or } 0. \tag{3. 9}$$

By (3. 8) and (3. 2. C), the conditions that $\langle\beta\pm\alpha_z, \Lambda\pm\alpha_z\rangle>0$ (resp. $\not>0$) and that $\langle\beta\pm\alpha_z, \Lambda^1\pm\alpha_z\rangle>0$ (resp. $\not>0$) hold simultaneously.

By (3. 9) and (3. 2. C), the conditions that $\langle\beta+\xi'\alpha_s, \Lambda+\xi'\alpha_s+\xi\alpha_r\rangle>0$ (resp. $\not>0$) and that $\langle\beta+\xi'\alpha_s, \Lambda^1+\xi'\alpha_s+\xi\alpha_r\rangle>0$ (resp. $\not>0$) hold simultaneously. Combining above results, (iv) is established. The proof is complete.

By Lemma 2.4, it is easily shown that $\#(\Sigma_{-1+2})=3$, so we have $\Sigma_{-1+2}=\{\beta_1, \beta_2, \beta_3\}$. By Lemma 2.4, we have $\beta_1=\beta_0+\alpha_r$, $\beta_2=\beta_1+r_1$ and $\beta_3=\beta_2+r_2$ where r_1, $r_2\in\Delta_-^+$. Let $y_i=\langle\lambda_{0,b}, \beta_i\rangle$, $i=1, 2, 3$.

Propsition 3.4. Use the notations as used in Proposition 3.3. Assume that Λ is dominant relative to Δ_C. Suppose

$$y_3=y_2+1,\ y_2=y_1+1. \tag{3.10}$$

Then $\kappa(\lambda_0^1)\leqslant\kappa(\lambda_0)$.

Proof: Let $\omega=\omega(\lambda_0)=\{k_j, j\in I(\lambda_0)\}$. For $i=1, 2$, let $I_i=\{j\in I(\lambda_0)\mid \langle\gamma_j, \beta_i\rangle=\langle\gamma_j, \beta_{i+1}\rangle\neq 0\}$ and let $I_i=\{j\in I(\lambda_0)\mid\langle\gamma_j, \beta_i\rangle<\langle\gamma_j, \beta_{i+1}\rangle\neq 0\}$. For $i=1, 2$, let

$$\mathrm{Tr}\ (\omega)_i=\sum_{j\in I_i}k_j\gamma_j,\ Tr\ (\omega)_i^1=\sum_{j\in I_i}\gamma_j,$$

and

$$Ts\ (\omega)_i=\sum_{j\in I_i}k_j\gamma_j,\ Ts\ (\omega)_i^1=\sum_{j\in I_i}\gamma_j$$

Clearly, for $i=1, 2$, we have

$$\langle\beta_i, Ts(\omega)_i\rangle=\langle\beta_{i+1}, Ts(\omega)_i\rangle,\ \langle\beta_i, Ts(\omega)_i^1\rangle=\langle\beta_{i+1}, Ts(\omega)_i^1\rangle.$$

and

$$\begin{cases}\langle\beta_i, \lambda_0\rangle=y_i+\langle\beta_i, Ts(\omega)_i\rangle+\langle\beta_i, Tr(\omega)_i\rangle;\\ \langle\beta_i, \lambda_0^1\rangle=y_i+\langle\beta_i, Ts(\omega)_i^1\rangle+\langle\beta_i, tr(\omega)_i^1\rangle.\end{cases} \tag{3.11}$$

Let

$$z_i=\langle Tr(\omega)_i, \beta_{i+1}-\beta_i\rangle;\quad z_i^1=\langle Tr(\omega)_i^1, \beta_{i+1}-\beta_i\rangle.$$

Since $\beta_3=\beta_2+r_2$ and $\beta_2=\beta_1+r_1$ with r_2, $r_1\in\Delta_-^+\subset\Delta^+$, it is easily shown that for $i=1,2$,

(3.4.1) (i) $z_i>0$ if and only if $z_i^1>0$, (ii) $z_i>0$ if and only if $I_i\neq\phi$, and (iii) $z_i\geqslant z_i^1$.

For convenience, let $\langle\lambda_0, \beta_i\rangle=c_i$, $i=1, 2, 3$. and let $\langle\lambda_0^1, \beta_i\rangle=c_i^1$. Using (3.4.1), by (3.10) and (3.11), it is easily shown that for $i=1, 2$,

$$c_{i+1}-c_i=(y_{i+1}-y_i)+z_i,\ c_{i+1}^1-c_i^1=(y_{i+1}-y_i)+z_i^1.$$

Thus we have

$$c_{i+1}=c_i+1+z_i,\quad c_{i+1}=c_i+1+z_i^1.$$

Hence we obtain the following statement immediately.

(3. 4. 2) (i) $c_{i+1}>c_i+1$ if and only if $I_i\neq\phi$, (ii) $c^1_{i+1}>c^1_i+1$ if and only if $I_i\neq\phi$, and (iii) $c_i\geqslant c^1_i$.

There three cases:

(1) Assume $\kappa(\lambda_0)=2(c_1+1)$. Then $c_2>c_1+1$, so by (3. 4. 2), we have $I_1\neq\phi$. Hence by (3. 4. 2) we have $c^1_2>c^1_1+1$. Thus $\kappa(\lambda^1_0)=c^1_1+1$. Hence by (3. 4. 2) (iii), $\kappa(\lambda_0)=2(c_1+1)\geqslant 2(c^1_1+1)=\kappa(\lambda^1_0)$.

(2) Assume $\kappa(\lambda_0)=2(c_2+1)$. Then we have $c_2=c_1+1$ and $c_3>c_2+1$. Thus by (3. 4. 2), we obtain $I_1=\phi$ and $I_2\neq\phi$. Hence, by (3. 4. 2), we have $c^1_2=c^1_1+1$ and $c^1_3>c^1_2+1$. Thus $\kappa(\lambda^1_0)=c^1_2+1$. Hence by (3. 4. 2) (iii), we obtain $\kappa(\lambda_0)=2(c_2+1)\geqslant 2(c^1_2+1)=\kappa(\lambda^1_0)$.

(3) Assume $\kappa(\lambda_0)=2(c_3+1)$. Then we have $c_2=c_1+1$ and $c_3=c_2+1$. Thus by (3. 4. 2), we obtain $I_1=\phi$ and $I_2=\phi$. Hence, by (3. 4. 2), we obtain $c^1_3=c^1_2+1$ and $c^1_2=c^1_1+1$. Thus $\kappa(\lambda^1_0)=c^1_3+1$. Hence by (3. 4. 2) (iii), we obtain $\kappa(\lambda_0)=2(c_3+1)\geqslant 2(c^1_3+1)=\kappa(\lambda^1_0)$.

Summarizing the results of (1), (2) and (3), the proof is complete.

Remark 3. 2. By computation, the condition (3. 10) is always holds, but we can not prove condition (3. 10) by the properties of Σ_{-1+2} directly.

For convenience, we write 5-truple $(\Pi, \Pi_0, S_2, \omega, \mu)$ for 5-truple $(\Pi, \Pi_0, S_2, \omega, \mu)$, $\omega\in\Omega(S_2)$, $\mu\in\mathbb{T}(S_2)$.

Corollary 3. 3. Use the notation given above.

(i) Π_0 is uniquely determined by θ_C and θ_C is uniquely determined by Π_0.

(ii) Each (Π, Π_0, S_2) determines a basic form $\lambda_{0,b}$ by (3. 4).

(iii) For each $z\in\{r, s\}$, $\Phi^{\pm}_z$, $\Phi^{\pm\perp}_z$, $\Psi^{\pm}_z$ and $\Psi^{\pm\perp}_z$ are determined by (Π, Π_0, S_2).

(iv) A 5-truple $(\Pi, \Pi_0, S_2, \omega, \mu)$, $\omega\in\Omega(S_2)$ determines a $\lambda_0\in\mathfrak{J}(\lambda_{0,b})$.

(v) A 5-truple $(\Pi, \Pi_0, S_2, \omega, \mu)$ determines $\alpha\wedge=\wedge(\lambda_0)$ by (1. 1) uniquely. (cf. (3. 3) and (3. 4)).

(vi) A 5-truple $(\Pi, \Pi_0, S_2, \omega, \mu)$ determines $\Sigma_{-1\pm2}$ and $\Sigma_{-1\pm2}(\lambda_0)^*=\{n_1, n_2, \cdots, n_t\}$ which are obvoiusly determined by (S_2, Δ^+) and λ_0 respectively, Thus a 5-truple $(\Pi, \Pi_0, S_2, \omega, \mu)$ determines $\Xi_{-1+2}(\lambda_0)$ and $\kappa_0(\lambda_0)$.

(vii) A 5-truple $(\Pi, \Pi_0, S_2, \omega, \mu)$ determines a_0, b_0, a^{φ}, b^{φ} and $a^{\pm\psi}$,

$b^{\pm,\psi}$ with $\varphi \in \{\triangle, <, >, \times, *\}$ and $\psi \in \{\nabla, \triangle, <, \infty\}$.

(viii) A 5-truple $(\Pi, \Pi_0, S_2, \omega, \mu)$ determines σ and $E_0(J\ (MAN, \sigma, nu)$.

For a given normal triple (Π, Π_0, S_2), let $\lambda_{0,b}$ be a basic form determined by (Π, Π_0, S_2) (cf. Corollary 3.3 (ii)). Clearly, the parameter Λ defined by (1.1) is a function of λ_0 and (μ_s, μ_r) where $\lambda_0 \in \mathfrak{J}(\lambda_{0,b})$ and $(\mu_s, \mu_r) \in \mathbb{T}(S_2)$ associated with χ, so Λ can be expressed as $\Lambda(\lambda_0; \mu)$. Let $(\mathfrak{J}(\lambda_{0,b}) \times \mathbb{T}(S_2))^p = \{(\lambda_0; \mu_s, \mu_r) \in \mathfrak{J}(\lambda_{0,b}) \times \mathbb{T}(S_2) \mid \Lambda(\lambda_0; \mu) \in \mathfrak{R}^p\}$. We say the statement A(I) holds in Theorem 1.1 for (Π, Π_0, S_2) if when $(\lambda_0; \mu)$ runs through $(\mathfrak{J}(\lambda_{0,b}) \times \mathbb{T}(S_2))^p$, the statement A(I) holds for every Langland quotient $J(MAN, \sigma, \nu)$ with σ which is determined by λ_0 and (μ) (cf. Theorem 3.1 (C)), where the Lie algebra a is determined by S_2 (cf. Theorem 3.1), and $\nu \in \alpha^*$.

A 5-truple $(\Pi, \Pi_0, S_2, \omega, \mu)$ is called to be proper if $\Lambda(\lambda_0)$ defined by (1.1) belongs to $\mathfrak{R}^p \cap \mathfrak{R}(\lambda_{0,b})$ where $\lambda_0 \in \mathfrak{J}(\lambda_{0,b})$ and $\lambda_{0,b}$ is determined by (Π, Π_0, S_2). In this section, hereafter, we assume that the 5-truples are proper.

Let $(\Pi, \bar{\Pi}_0, \bar{S}_2, \bar{\omega}, \bar{\mu})$ and $(\Pi, \Pi_0, S_2, \omega, \mu)$ be two 5-truples with $\bar{S}_2 = \{\bar{\alpha}_r, \bar{\alpha}_s\}$, and let θ_C and $\bar{\theta}_C$ be the canonical involutions determined by triples (Π, Π_0) and $(\Pi, \bar{\Pi}_0)$ respectively. Let $\bar{I}' = I'_S$. If the symbol π denotes a parameter determined by the 5-truple $(\Pi, \Pi_0, S_2, \omega, \mu)$ according to some way, then let the symbol $\bar{\pi}$ denote the parameter determined by the 5-truple $(\Pi, \bar{\Pi}_0, \bar{S}_2, \bar{\omega}, \bar{\mu})$ according to same way. For example, the symbol δ_C denotes the half sum of the members of Δ_C^+ determined by (Π, Π_0), then let $\bar{\delta}_C$ denote the half sum of the members of $\bar{\Delta}_C^+$ determined by $(\Pi, \bar{\Pi}_0)$. Here $\bar{\Delta}_C^+ = \{\beta \in \Delta^+ \mid \bar{\theta}_C (X_{\pm\beta}) = X_{\pm\beta}\}$.

Let Θ be the non-trivial symmetry of Π. We have $\Theta(\Pi) = \Pi$ with $\Theta\alpha_1 = \alpha_5$, $\Theta\alpha_2 = \alpha_4$, and $\Theta\alpha_i = \alpha_i$, $i = 3, 6$. Then for the indices of the simple roots in Π, $\Theta\{1, 2, 3, 4, 5, 6\} = \{5, 4, 3, 2, 1, 6\}$. We define $\bar{q} = \Theta q$ for each $q \subset I'$.

For a given normal triple (Π, Π_0, S_2), assume that $\omega = \{k_i, i \in I'\} \in \Omega(S_2)$, $I' = I'_{S_2}$ and Π_0 is associated with θ_C.

We say a 5-truple $(\Pi, \bar{\Pi}_0, \bar{S}_2, \bar{\omega}, \bar{\mu})$ is Θ-equivalent to a 5-truple $(\Pi, \Pi_0, S_2, \omega, \mu)$ if the following coditions hold

$(\Theta.1)$ $\bar{\alpha}_s=\Theta\alpha_r$, $\bar{\alpha}_r=\Theta\alpha_r$ (i. e. $\bar{S}_2=\Theta S_2$), and $\bar{\epsilon}_C=\Theta\,\epsilon_C$,

$(\Theta.2)$ $\bar{\omega}=\{\bar{k}_{\bar{i}}=k_i,\ i\in I'\}$ and $\bar{\mu}=\Theta\mu$.

We say that a normal triple $(\Pi, \bar{\Pi}_0, \bar{S}_2)$ is Θ-equivalent to a normal triple (Π, Π_0, S_2) if the condition $(\Theta.1)$ holds.

Since $\bar{\epsilon}_C=\Theta\,\epsilon_C$, for each $r\in\Delta_C$, we have

$$\langle\bar{\epsilon}_C, \Theta(r)\rangle=\langle\Theta\,\epsilon_C, \Theta(r)\rangle=\langle\epsilon_C, r\rangle\in 2\mathbb{Z},$$

so $\Theta(r)\in\bar{\Delta}_C$. Hence we have $\bar{\Delta}_C=\Theta\Delta_C$. Let $\bar{\Pi}_0=\Pi\cap\bar{\Delta}_C$. Thus, since $\Theta\Pi=\Pi$, we have $\Theta\Pi_0=\bar{\Pi}_0$. Clearly, $\Theta S_2=\bar{S}_2$ and $S_2\not\subset\Pi_0$, so we have $\bar{S}_2=\Theta S_2\not\subset\Theta\Pi_0=\bar{\Pi}_0$. Hence $(\bar{\Pi}, \bar{\Pi}_0, \bar{S}_2)$ is a normal triple.

Thus, there exists a unique normal triple $(\bar{\Pi}, \bar{\Pi}_0, \bar{S}_2)$ that is Θ-equivalent to a given normal triple (Π, Π_0, S_2).

Let $f(\mu_r, \mu_s)$ be the function obtained from $f(\mu_s, \mu_r)$ with μ_s and μ_r interchanging.

Proposition 3.5. Assume that 5-truple $(\Pi, \bar{\Pi}_0, \bar{S}_2), \bar{\omega}, \bar{\mu})$ is Θ-equivalent to 5-truple $(\Pi, \Pi_0, S_2, \omega, \mu)$. Then

$$\bar{a}_0(\bar{\mu}_s, \bar{\mu}_r)=b_0(\mu_r, \mu_s),\ \bar{b}_0(\bar{\mu}_s, \bar{\mu}_r)=a_0(\mu_r, \mu_s),$$
$$\kappa_0(\bar{\mu}_s, \bar{\mu}_r)=\kappa_0(\mu_r, \mu_s). \tag{3.13}$$

and

$$\begin{cases}\bar{a}^{\varphi}(\bar{\mu}_s, \bar{\mu}_r)=b^{\varphi}(\mu_r, \mu_s),\ \bar{b}^{\varphi}(\bar{\mu}_s, \bar{\mu}_r)=a^{\varphi}(\mu_r, \mu_s),\\ \bar{a}^{\pm\psi}(\bar{\mu}_s, \bar{\mu}_r)=b^{\pm\psi}(\mu_r, \mu_s),\ \bar{b}^{\pm\psi}(\bar{\mu}_s, \bar{\mu}_r)=a^{\pm\psi}(\mu_r, \mu_s),\end{cases} \tag{3.14}$$

where $\varphi=\triangle, <, >, \times$ or $*$ (except special cases), and $\psi=\nabla, \triangle, <$ or $\propto$.

Proof: Since $\bar{\alpha}_s=\Theta\alpha_r$, $\bar{\alpha}_r=\Theta\alpha_s$, we have

$$\Theta\mu=(1/2)\Theta(\mu_s\alpha_s+\mu_r\alpha_r)=(1/2)(\mu_s\Theta\alpha_s+\mu_r\Theta\alpha_r).$$

Clearly, we have

$$\bar{\mu}=(1/2)(\bar{\mu}_s\bar{\alpha}_s+\bar{\mu}_r\bar{\alpha}_r)=(1/2)(\bar{\mu}_s\Theta\alpha_r+\bar{\mu}_r\Theta\alpha_r).$$

By condition $(\Theta.2)$, we have $\bar{\mu}=\Theta\mu$, so combining two formulas given above, we obtain

$$\bar{\mu}_s=\mu_r,\ \text{and}\ \bar{\mu}_r=\mu_s. \tag{3.15}$$

Clearly, we have $\Theta\gamma_i=\gamma_i$ for $i\in I'=I'_S$. Since $\bar{\Pi}_0=\Theta\Pi_0$, we have $\bar{\eta}_j=\eta_j$ for $j\in I'$. Thus, by (3.2), (3.3), (3.15) and (Θ.2), we obtain

$$\begin{aligned}\Theta\lambda_0(\mu_r,\mu_s) &= \Theta\Big(\sum_{j\in I'}\wp(\mu_r,\mu_s,\eta_j)\gamma_j\Big)+\Theta\Big(\sum_{i\in I'}k_i\gamma_i\Big)\\ &= \sum_{j\in I'}\wp(\bar{\mu}_s,\bar{\mu}_r,\bar{\eta}_j)\gamma_j+\sum_{i\in I'}k_{\bar{i}}\gamma_{\bar{i}}=\bar{\lambda}_0(\bar{\mu}_s,\bar{\mu}_r),\end{aligned}\tag{3.16}$$

Let $\wedge=\wedge(\lambda_0)$ and $\overline{\wedge}=\wedge(\bar{\lambda}_0)$.

Since $\Theta\Delta_C=\bar{\Delta}_C$ and $\Theta\Delta^+=\Delta^+$, we have $\Theta\Delta_C^{\pm}=\bar{\Delta}_C^{\pm}$. Hence we have $\delta_C=\bar{\delta}_C$. Clearly $\Theta\Pi=\Pi$ and $\Theta S_2=\bar{S}_2$, so we have $\Theta\delta=\delta$ and $\Theta\delta_r=\bar{\delta}_r$. Thus, under the condition (Θ.2), by (3.15), (3.16) and (3.12), we obtain

$$\bar{\wedge}(\bar{\mu}_s,\bar{\mu}_r)=\Theta\wedge(\mu_r,\mu_s).\tag{3.17}$$

Since $\Theta\Delta_C^{\pm}=\bar{\Delta}_C^{\pm}$ and $\Theta(\Delta^+)=\Delta^+$, so $\Theta((\Delta\backslash\Delta_C)\cap\Delta^+)=(\Delta\backslash\bar{\Delta}_C)\cap\Delta^+$. For each $\beta\in\Phi_z^{\pm}$ with $z\in\{r,s\}$, we have $\Theta(\beta\pm\alpha_z)=\Theta\beta\pm\Theta\alpha_z\in\Delta$. Thus, since $\Theta\alpha_r=\bar{\alpha}_s$ and $\Theta\alpha_s=\bar{\alpha}_s$, it is easily verified that

$$\bar{\Phi}_s^{\pm}=\Theta\Phi_r^{\pm},\ \bar{\Phi}_s^{\pm\perp}=\Theta\Phi_r^{\pm\perp},\ \bar{\Phi}_r^{\pm}=\Theta\Phi_s^{\pm},\ \bar{\Phi}_r^{\pm\perp}=\Theta\Phi_s^{\pm\perp}.\tag{3.18}$$

For each $\bar{\beta}\in\bar{\Phi}_s^{\pm}$ (resp. $\bar{\Phi}_r^{\pm}$), there exists a unique $\beta\in\Phi_r^{\pm}$ (resp. $\Phi_s^{\pm}$) such that $\bar{\beta}=\Theta\beta$ and we have

$$\langle\overline{\wedge}(\bar{\mu}_s,\bar{\mu}_r),\bar{\beta}\rangle=\langle\Theta\wedge(\mu_r,\mu_s),\Theta\beta\rangle=\langle\wedge(\mu_r,\mu_s),\beta\rangle.\tag{3.19}$$

Clearly (3.19) is true for $\bar{\beta}\in\bar{\Phi}_s^{\pm\perp}$ (resp. $\bar{\Phi}_r^{\pm\perp}$). Since $\Theta\bar{f}_1=f_2$ and $\Theta\bar{f}_2=f_1$, we have $\Theta(f_1-f_2)=-f_1+f_2$. Thus we have

$$\bar{\Sigma}_{-1+2}=\Theta\Sigma_{1-2}=\Theta w_r w_s\Sigma_{-1+2}.\tag{3.20}$$

For each $\bar{\beta}\in\bar{\Sigma}_{-1+2}$, by (3.20), there exists a unique $\beta\in\Sigma_{-1+2}$ such that $\bar{\beta}=\Theta w_r w_s\beta$. Thus, since $\lambda_0\perp S_2$ and $\gamma_i\perp S_2$ for $i\in I'$, we have $w_r w_s(\lambda_0)=\lambda_0$. Hence by (3.16), we obtain

$$\begin{aligned}\bar{n}_{\bar{\beta}}(\bar{\mu}_s,\bar{\mu}_r)&=\langle\bar{\lambda}_0(\bar{\mu}_s,\bar{\mu}_r),\bar{\beta}\rangle=\langle\Theta\lambda_0(\mu_r,\mu_s),\Theta w_r w_s\beta\rangle\\ &=\langle\lambda_0(\mu_r,\mu_s),w_r w_s\beta\rangle=\langle w_r w_s\lambda_0(\mu_r,\mu_s),\beta\rangle\\ &=\langle\lambda_0(\mu_r,\mu_s),\beta\rangle=n_\beta(\mu_r,\mu_s).\end{aligned}\tag{2.21}$$

By (3.21), we obtain

$$\bar{\kappa}_0(\bar{\mu}_s,\bar{\mu}_r)=\kappa_0(\mu_r,\mu_s).\tag{3.22}$$

By (3.18) and (3.19), we obtain (3.14). By (3.14) and (3.22), we obtain (3.15). So the proof is complete.

Corollary 3.4. Use the notations given in Proposition 3.5. Assume that

$(\Pi, \overline{\Pi}_0, \overline{S}_2)$ is Θ-equivalent to (Π, Π_0, S_2). Suppose that the statement A(I) holds in Theorem 1.1 for (Π, Π_0, S_2). Then the statement A(I) holds in Theorem 1.1 for $(\Pi, \overline{\Pi}_0, \overline{S}_2)$.

For a given normal triple (Π, Π_0, S_2), assume that $\omega=\{k_i, i\in I'\}$, $I'=I\backslash I_{S_2}$ and Π_0 is associated with θ_C. Let $w_s=w_{\alpha_s}$, $w_r=w_{\alpha_r}$, and let $\Upsilon\in\{w_s, w_r, w_s w_r\}$.

We say a 5-truple $(\Pi, \overline{\Pi}_0, \overline{S}_2, \bar{\omega}, \bar{\mu})$ is Υ-equivalent to a 5-truple $(\Pi, \Pi_0, S_2, \omega, \mu)$ if the following coditions hold

(Υ.1) $\bar{\alpha}_s=\alpha_r$, $\bar{\alpha}_r=\alpha_r$ (i.e. $\overline{S}_2=S_2$), and $\bar{\epsilon}_C=\Upsilon\epsilon_C$,

(Υ.2) $\bar{\omega}=\{\bar{k}_i=k_i, i\in I'\}=\omega$ and $\bar{\mu}=\mu$.

We say that a normal triple $(\Pi, \overline{\Pi}_0, \overline{S}_2)$ is Υ-equivalent to a normal triple (Π, Π_0, S_2) if the condition (Υ.1) holds.

Since $\bar{\epsilon}_C=\Upsilon\epsilon_C$, for each $r\in\Delta_C$, we have

$$\langle\bar{\epsilon}_C, \Upsilon(r)\rangle=\langle\Upsilon\epsilon_C, \Upsilon(r)\rangle=\langle\epsilon_C, r\rangle\in 2\mathbb{Z},$$

so $\Upsilon(r)\in\overline{\Delta}_C$. Thus we have $\Upsilon(\Delta_C)=\overline{\Delta}_C$.

Put $(x, y)=(-, +)$, $(+, -)$ or $(-, -)$ according to $\Upsilon=w_s$, w_r or $w_s w_r$.

Clearly, $\Upsilon S_2=\{x\alpha_s, y\alpha_r\}$, we have $\{x\alpha_s, y\alpha_r\}=\Upsilon S_2\not\subset\Upsilon\Delta_C=\overline{\Delta}_C$. Thus $\overline{S}_2=S_2\not\subset\overline{\Delta}_C$.

Let $\overline{\Pi}_0=\Pi\cap\overline{\Delta}_C$. Then $(\overline{\Pi}, \overline{\Pi}_0, \overline{S}_2)$ is a normal triple.

Hence, there exists a unique normal triple $(\overline{\Pi}, \overline{\Pi}_0, \overline{S}_2)$ that is Θ-equivalent to a given normal triple (Π, Π_0, S_2).

For a normal triple (Π, Π_0, S_2), let $\Pi_z=\{\beta\in\Pi\backslash S_2 \mid \beta\not\perp\alpha_z\}$ for $z\in\{r, s\}$. Clearly for $z\in\{r, s\}$, we obtain $\Pi^{(z)}$ by replacing the white (resp. black) roots in Π_z with black (resp. white) roots and let $\Pi_0^{(z)}$ be the set of the white roots in $((\Pi\backslash S_2)\backslash\Pi_z)\cup\Pi^{(z)}$.

Let $\Pi_{r,s}=((\Pi_r\cup\Pi_s)\backslash(\Pi_r\cap\Pi_s))$. Similarly, we obtain $\Pi^{(r,s)}$ by replacing the white (resp. black) roots in $\Pi_{r,s}$ with black (resp. white) roots, and let $\Pi_0^{(r,s)}$ be the set of white roots in $((\Pi\backslash S_2)\backslash\Pi_{r,s})\cup\Pi^{(r,s)}$.

Let $\Pi_0^{\Upsilon}=\Pi_0^{(s)}$, $\Pi_0^{(r)}$ or $\Pi_0^{(r,s)}$ according to $\Upsilon=w_s$, w_r or $w_s w_r$. Let $\Upsilon=w_s$. If $r\in\Pi_s$ and $r\in\Pi_0$ (i.e. r is white in (Π, Π_0)), then $r+\alpha_s\in\Delta\backslash\Delta_C$, so

$$\langle r,\bar{\epsilon}_C\rangle=\langle r,\Upsilon\,\epsilon_C\rangle=\langle\Upsilon(r+\alpha_s),\ \Upsilon\,\epsilon_C\rangle=\langle r,\ \epsilon_C\rangle$$

is odd. Thus, $r\in\Pi\cap(\Delta\backslash\bar{\Delta}_C)$, so $r\in(\Pi\backslash S_2)\backslash\bar{\Pi}_0$ (i. e. r is black in $(\Pi,\ \bar{\Pi}_0)$). A similar argument shows that if $r\in\Pi_s$ and $r\in(\Pi\backslash S_2)\backslash\Pi_0$, then $r\in\bar{\Pi}$). Similarly, for each $r\in\Pi\backslash(S_2\cup\Pi_s)$, $r\in\bar{\Pi}_0$ or $r\in(\Pi\backslash S_2)\backslash\bar{\Pi}_0$ according to $r\in\Pi_0$ or $r\in(\Pi\backslash S_2)\backslash\Pi_0$. Therefore, we have $\bar{\Pi}_0=\Pi^{\Upsilon}$ if $\Upsilon=w_s$. Similarly, for $\Upsilon\in\{w_s,\ w_r,\ w_sw_wr\}$, we have

$$\bar{\Pi}_0=\Pi_0^{\Upsilon}. \tag{3.23}$$

Let $f(x\mu_s,\ y\mu_r)$ denote the function obtained from $f(\mu_s,\ \mu_r)$ by replacing μ_s and μ_r. with $x\mu_s$ and $y\mu_r$ respectively.

Proposition 3. 6. Assume that 5-truple $(\Pi,\ \bar{\Pi}_0,\ \bar{S}_2,\ \bar{\omega},\ \bar{\mu})$ is Υ-equivalent to 5-truple $(\Pi,\ \Pi_0,\ S_2,\ \omega,\ \mu)$. Then

$$\bar{h}_0(\mu_s,\ \mu_r)=h_0(x\mu_s,\ y\mu_r),\ \bar{f}^{\varphi}(\bar{\mu}_s,\ \bar{\mu}_r)=f^{\varphi}(x\mu_s,\ y\mu_r), \tag{3.14}$$

$$\bar{a}^{\pm\psi}(\bar{\mu}_s,\ \bar{\mu}_r)=a^{\pm x\psi}(x\mu_s,\ y\mu_r),\ \bar{b}^{\pm\psi}(\mu_s,\ \mu_r)=b^{\pm y\psi}(x\mu_s,\ y\mu_r). \tag{3.25}$$

where $h=a$, b or κ, $f=a$ or b, $\varphi=\triangle$. $<$, $>$, $\times$ or $*$ and $\psi=\nabla$, $\triangle$, $<$ or $\propto$.

Proof: By condition (Υ. 2), we have

$$2\bar{\mu}=\bar{\mu}_s\bar{\alpha}_s+\bar{\mu}_r\bar{\alpha}_r=\mu_s\alpha_s+\mu_r\alpha_r=2\mu.$$

Thus we obtain

$$\bar{\mu}_s=\mu_s,\quad\text{and}\quad\bar{\mu}_r=\mu_r. \tag{3.26}$$

For each $j\in I'$, by (2. 23), in (3. 4), the following statements are easily verified.

(3. 6. i) if $\alpha_j\perp\alpha_s$ and $\alpha_j\perp\alpha_r$, then $1+\bar{\eta}_j=1+\eta_j$,

(3. 6. ii) if either $\alpha_j\not\perp\alpha_s$ or $\alpha_j\not\perp\alpha_r$, then

$1+\bar{\eta}_j\bar{\mu}_s=1+x\eta_j\mu_s=1+\eta_j(x\mu_s)$, $1+\bar{\eta}_j\bar{\mu}_r=1+y\eta_j\mu_r=1+\eta_j(y\mu_r)$,

(3. 6. iii) if $\alpha_j\not\perp\alpha_s$ and $\alpha_j\not\perp\alpha_r$, then we have $\bar{\eta}_j=1$ or -1 according to $\Upsilon=w_sw_r$ or not, so we obtain $|\bar{\eta}_j\bar{\mu}_s+\bar{\mu}_r|=|\eta_jx\mu_s+y\mu_r|$.

Thus, using (3. 6. i)-(3. 6. iii), by (3. 3) and (3. 4), we obtain

$$\begin{aligned}\bar{\lambda}_{0,b}(\bar{\mu}_s,\ \bar{\mu}_r)&=\sum_{j\in I'}\wp(\bar{\mu}_s,\ \bar{\mu}_r,\ \bar{\eta}_j)\gamma_j=\\&=\sum_{j\in I'}\wp(x\mu_s,y\mu_r,\eta_j)\gamma_j=\lambda_{0,b}(x\mu_s,\ y\mu_r).\end{aligned} \tag{3.27}$$

Clearly, for $i\in I'$, we have $\Upsilon\gamma_i=\gamma_i$. Thus, since $\lambda_{0,b}\perp S_2$ and $\gamma_i\perp S_2$ for

$i\in I'=\bar{I}'$, by condition (Υ.2), we have

$$\Upsilon\lambda_0(x\mu_s, y\mu_r)=\Upsilon(\lambda_{0,b}(x\mu_s, y\mu_r)+\sum_{i\in I'}k_i\gamma_i)=\lambda_{0,b}(x\mu_s, y\mu_r)+\sum_{i\in I'}k_i\gamma_i$$
$$=\bar{\lambda}_{0,b}(\bar{\mu}_s, \bar{\mu}_r)+\sum_{i\in I'}k_i\gamma_i=\bar{\lambda}_0(\bar{\mu}_s, \bar{\mu}_r). \quad (3.28)$$

Since $\alpha_s, \alpha_r\in\Delta=(\mathfrak{g}^{\mathbb{C}}, \mathfrak{b}^{\mathbb{C}})$, we have $\Upsilon\alpha_s=x\alpha_s$ and $\Upsilon\alpha_r=y\alpha_r$, so by (3.26) we obtain

$$\Upsilon\frac{1}{2}(x\mu_s\alpha_s+y\mu_r\alpha_r)=\frac{1}{2}(x\mu_s\Upsilon\alpha_s+y\mu_r\Upsilon\alpha_r)$$
$$=\frac{1}{2}(x\mu_s x\alpha_s+y\mu_r y\alpha)=\frac{1}{2}(\mu_s\alpha_s+\mu_r\alpha_r)=\mu=\bar{\mu}. \quad (3.29)$$

Let $\Lambda=\Lambda(\lambda_0)$ and $\bar{\Lambda}=\Lambda(\bar{\lambda}_0)$. Since $\alpha_r, \alpha_s\in\Pi$, by (3.23), we have $\Upsilon(\Delta^+\backslash S_2)=\Delta^+\backslash S_2$. Since $S_2\subset\Delta\backslash\Delta_C$, we have $S_2\not\subset\Delta_C$. Similarly, since $\bar{S}_2\subset\Delta\backslash\bar{\Delta}_C$, we have $S_2\not\subset\bar{\Delta}_C$. Hence $\Delta_C^+=\Delta^+\cap\Delta_C=(\Delta^+\backslash S_2)\cap\Delta_C$, and $\bar{\Delta}_C=\Delta^+\cap\bar{\Delta}_C=(\Delta^+\backslash S_2)\cap\bar{\Delta}_C$.

Since $\Upsilon(\Delta_C)=\bar{\Delta}_C$, we have

$$\Upsilon(\Delta_C^+)=\Upsilon((\Delta^+\backslash S_2)\cap\Delta_C)=\Upsilon(\Delta^+\backslash S_2)\cap\Upsilon(\Delta_C)$$
$$=(\Delta^+\backslash S_2)\cap\bar{\Delta}_C=\bar{\Delta}_C^+.$$

Thus, $\bar{\delta}_C^+=\Upsilon\delta_C^+$. Because $\bar{\alpha}_s=\alpha_s$ and $\bar{\alpha}_r=\alpha_r$ with $\alpha_s, \alpha_r\in\Pi$, it is easily shown that $(\bar{\delta}-\bar{\delta}_r)=\delta-\delta_r$ is the half sum of the members of $\Delta^+\backslash S_2$. Since $\Upsilon(\Delta^+\backslash S_2)=\Delta^+\backslash S_2$, we have

$$\Upsilon(\delta-\delta_r)=\delta-\delta_r=\bar{\delta}-\bar{\delta}_r.$$

Thus, by (3.28), (3.29) and (3.4) we obtain

$$\Upsilon\Lambda(x\mu_s, y\mu_r)=\Upsilon\lambda_0(x\mu_s, y\mu_r)+\Upsilon(\delta-\delta_r)-2\Upsilon(\delta_C)+\Upsilon\frac{1}{2}(x\mu_s\alpha_s+y\mu_r\alpha_r)$$
$$=\bar{\lambda}_0(\bar{\mu}_s, \bar{\mu}_r)+\bar{\delta}-\bar{\delta}_r-2\bar{\delta}_C+\bar{\mu}=\bar{\Lambda}(\bar{\mu}_s, \bar{\mu}_r). \quad (3.30)$$

Since $\Upsilon\Delta_C^+=\bar{\Delta}_C^+$, $\Upsilon((\Delta\backslash\Delta_C)\cap(\Delta^+\backslash S_2))=((\Delta\backslash\bar{\Delta}_C)\cap(\Delta^+\backslash S_2))$ and $\Upsilon(\alpha_s)=x\alpha_s$, $\Upsilon(\alpha_r)=y\alpha_r$, it is easily shown that if $\beta\in\Phi_s^{\pm}$ (resp. $\Phi_r^{\pm}$), then $\Upsilon(\beta\pm\alpha_s)=\Upsilon\beta\pm(x\alpha_s)\in\Delta$ (resp. $\Upsilon\beta\pm(y\alpha_r)\in\Delta$). Thus we obtain

$$\begin{cases}\bar{\Phi}_s^{\pm}=\Upsilon(\Phi_s^{(\pm x)}), \ \bar{\Phi}_s^{\pm\perp}=\Upsilon\Phi_s^{(\pm x)\perp}, \\ \bar{\Phi}_r^{\pm}=\Upsilon(\Phi_r^{(\pm y)}), \ \bar{\Phi}_r^{\pm\perp}=\Upsilon\Phi_r^{(\pm y)\perp}.\end{cases} \quad (3.31)$$

By (3.31), for each $\bar{\beta}\in\bar{\Phi}_s^{\pm}$ (resp. $\bar{\Phi}_r^{\pm}$), there exists a unique $\beta\in\Phi_s^{(\pm x)}$ (resp. $\Phi_r^{(\pm y)}$) such that $\bar{\beta}=\Upsilon(\beta)$ and by (3.30) we have

$$\langle \overline{\wedge}(\bar{\mu}_s, \bar{\mu}_r), \bar{\beta}\rangle = \langle \Upsilon(\wedge(\mu_s, \mu_r)), \Upsilon(\beta)\rangle = \langle \wedge(\mu_s, \mu_r), \beta\rangle. \tag{3.32}$$

Clearly (3. 32) is true for $\bar{\beta}\in\bar{\Phi}_s^{\pm\perp}$ (resp. $\bar{\Phi}_r^{\pm\perp}$). Since $\bar{\alpha}_z=\alpha_z$ for each $z\in\{s, r\}$, we have $\bar{\Sigma}_{-1+2}=\Sigma_{-1+2}$, so for each $\beta\in\bar{\Sigma}_{-1+2}=\Sigma_{-1+2}$, by (3. 28) we have

$$\bar{n}_\beta(\bar{\mu}_s, \bar{\mu}_r)=\langle\bar{\lambda}_0(\bar{\mu}_s, \bar{\mu}_r), \beta\rangle=\langle\lambda_0(x\mu_s, y\mu_r), \beta\rangle=n_\beta(x\mu_s, y\mu_r). \tag{3.33}$$

Thus we obtain

$$\bar{\kappa}_0(\mu_s, \mu_r)=\kappa_0(x\mu_s, y\mu_r). \tag{3.34}$$

By (3. 31) and (3. 32) we obtain (3. 25). By (3. 25) and (3. 34), we obtain (3. 24). Thus the proof is complete.

Corollary 3. 5. Use the notations given in Proposition 3. 6. Assume that $(\Pi, \bar{\Pi}_0, \bar{S}_2)$ is Υ-equivalent to (Π, Π_0, S_2). Suppose that the statement A(I) holds in Theorem 1. 1 for (Π, Π_0, S_2). Then the statement A(I) holds in Theorem 1. 1 for $(\Pi, \bar{\Pi}_0, \bar{S}_2)$.

We say a normal triple $(\Pi, \bar{\Pi}_0, \bar{S}_2)$ is $\Upsilon\Theta$-equivalent to normal triple (Π, Π_0, S_2) if $(\Pi, \bar{\Pi}_0, \bar{S}_2)$ is Υ-equivalent to a normal triple $(\Pi, \bar{\bar{\Pi}}_0, \bar{\bar{S}}_2)$ and $(\Pi, \bar{\bar{\Pi}}_0, \bar{\bar{S}}_2)$ is Θ-equivalent to (Π, Π_0, S_2).

Corollary 3. 6. Use the notations given in Proposition 3. 5 and 3. 6. Assume that $(\Pi, \bar{\Pi}_0, \bar{S}_2)$ is $\Upsilon\Theta$-equivalent to (Π, Π_0, S_2). Suppose that the statement A(I) holds in Theorem 1. 1 for (Π, Π_0, S_2). Then the statement A (I) holds in Theorem 1. 1 for $(\Pi, \bar{\Pi}_0, \bar{S}_2)$.

§ 4. THE PROOF OF THFOREM 1. 1

Theorem 1. 1 of this note stated in Section 1 is the main result of this note. The proof of Theorem 1. 1 will be given in the end of this Section.

In Section 4, we are to show Theorem 1. 1. For convenience, in this section, a normal triple (Π, Π_0, S_2) is called a case. In this section, if the normal triple (Π, Π_0, S_2) is given (or is fixed), then the canoical involution θ_C determined by (Π, Π_0, S_2) is fixed also (cf. Corollary 3. 3 (i)), and let Δ_K, δ_n, Δ_K^+ and Δ_n^+ denote Δ_C, $\Delta\backslash\Delta_C$, Δ_C^+, and $(\Delta\backslash\Delta_C)\cap\Delta^+$ respectively.

Let $\lambda_{0,b}$ be the basic form having a format (S_2, Δ^+) associated with θ_C, and let I' denote I'_{S_2}. For each $q \subset I'$, let $\mathfrak{J}_q(\lambda_{0,b}) = \{\lambda_0 \in \mathfrak{J}(\lambda_{0,b}) \mid I(\lambda_0) = q\}$, and let $\mathfrak{R}_q(\lambda_{0,b}) = \{\Lambda(\lambda_0) \in \mathfrak{R}(\lambda_{0,b}) \mid \lambda_0 \in \mathfrak{J}_q(\lambda_{0,b})\}$. Clearly, $\Lambda(\lambda_0)$ given by (1.1) is a function of μ, so $\Lambda(\lambda_0)$ can be expressed as $\Lambda(\lambda_0; \mu)$.

For convenience, we write $\mathfrak{J}_i(\lambda_{0,b})$ (resp. $\mathfrak{J}_{i,j}(\lambda_{0,b}, \mathfrak{J}_{i,j,h}(\lambda_{0,b}))$ for $\mathfrak{R}_q(\lambda_{0,b})$ when $q = \{i\}$ (resp. $q = \{i, j\}$, $q = \{i, j, h\}$). Clearly,

$\mathfrak{J}_i(\lambda_{0,b}) = \{\lambda_{0;i} = \lambda_{0,b} + k_i\gamma_i, k_i \in \mathbb{Z}^{*+}\}$, $\mathfrak{J}_{i,j}(\lambda_{0,b}) = \{\lambda_{0;i,j} = \lambda_{0,b} + k_i\gamma_i + k_j\gamma_j, k_i, k_j \in \mathbb{Z}^{*+}\}$ and

$\mathfrak{J}_{i,j,h}(\lambda_{0,b}) = \{\lambda_{0;i,j,h} = \lambda_{0,b} + k_i\gamma_i + k_j\gamma_j + k_h\gamma_h, k_i, k_j, k_h \in \mathbb{Z}^{*+}\}$.

Clearly, we have $\lambda_{0;i}^1 = \lambda_{0,b} + \gamma_i$, $\lambda_{0;i,j}^1 = \lambda_{0,b} + \gamma_i + \gamma_j$ and $\lambda_{0;i,j,h}^1 = \lambda_{0,b} + \gamma_i + \gamma_j + \gamma_h$.

Similarly, we write $\mathfrak{R}_i(\lambda_{0,b})$ (resp. $\mathfrak{R}_{i,j}(\lambda_{0,b}, \mathfrak{R}_{i,j,h}(\lambda_{0,b}))$ for $\mathfrak{R}_q(\lambda_{0,b})$ when $q = \{i\}$ (resp. $q = \{i, j\}$, $q = \{i, j, h\}$). For example, $\mathfrak{R}_\emptyset = \{\Lambda_b\}$ and $\mathfrak{R}_i(\lambda_{0,b}) = \{\Lambda(\lambda_0) \mid \lambda_0 \in \mathfrak{J}_i(\lambda_{0,b})\}$.

Hereafter, for each (Π, Π_0, S_2) and for each $q \subset I' = I'_S$, let $\lambda_{0,b}$ be the basic form determined by (Π, Π_0, S_2), (cf. Corollary 3.2 (i)), and Λ_q be an arbitrary element in $\mathfrak{R}_q(\lambda_{0,b})$, and let $q^* = q \cup \{b\}$. We put $\mathfrak{R}_\emptyset = \{\Lambda_b\}$ and $\mathfrak{J}_\emptyset = \{\lambda_{0,b}\}$, where $\Lambda_b = \Lambda(\lambda_{0,b})$ given by (1.1).

For each $z \in \{r, s\}$, function $f(\mu_z)$ with $\mu_z = 0, \pm 1$ will be expressed in the form $f = [f(-1), f(0), f(1)]$. Clearly, for $z \in \{s, r\}$, $\nu_z^{\pm}$ and $\nu_z^{\pm\perp}$ can be interpreted as the functions $f(\mu_z)$.

For each $\Lambda \in \mathfrak{R}(\lambda_{0,b})$ and for $z \in \{s, r\}$, $\nu_z^{\pm}(\Lambda)$ (or $\nu_z^{\pm\perp}(\Lambda)$) is called to be minimal if it is equal to 2 or 1. Clearly, $\nu_z^{\pm}(\Lambda) = 1$ implies that $\mu_z = 0$ and $\nu_z^{\pm\perp}(\Lambda) = 1$. Obviously, $\nu_z^{\pm}(\Lambda) = 2$ implies that $\mu_z = 1$ or -1 and $\nu_z^{\pm\perp}(\Lambda) \leqslant 2$. For $q \subset I'$, let $q^* = q \cup \{b\}$. For each $\Lambda_q \in \mathfrak{R}_q(\lambda_{0,b})$ and $i \in q^*$, set $\Lambda_i^1 = \Lambda_b$ if $i = b$; $\Lambda_i^1 = \Lambda_b + \gamma_i$ if $i \neq b$.

Lemma 4.1. For a fixed normal triple (Π, Π_0, S_2), let $\lambda_{0,b}$ be the basic form determined by (Π, Π_0, S_2). For $q \subset I'$, let $\lambda_{0,q} \in \mathfrak{J}_q(\lambda_{0,b})$, and let $\Lambda_q = \Lambda(\lambda_{0,q}) \in \mathfrak{R}_q(\lambda_{0,b})$.

(i) If $\beta \in \Phi_s^{\pm}(\Lambda_q)$, then $\beta \in \Phi_s^{\pm}(\Lambda_i^1)$ for each $i \in q^*$. Thus $\Phi_s^{\pm}(\Lambda_q) \subset \Phi_s^{\pm}(\Lambda_i^1)$ for each $i \in q^*$.

(ii) If $\nu_s^{\xi'}(\Lambda_i^1) = \nu_s^{\xi\perp}(\Lambda_i^1)$ for some $i \in q^*$, then $\nu_s^{\xi'}(\Lambda_q) = \nu_s^{\xi'\perp}(\Lambda_q) \leqslant \nu_s^{\xi'}$

$(\Lambda_i^1)=\nu_s^{\xi'\perp}(\Lambda_i^1)$.

(iii) If $a_0(\Lambda_i^1)=a^*(\Lambda_i^1)$ is minimal for some $i\in q^*$, then $a_0(\Lambda_q)=a^*(\Lambda_q)$ is minimal or 0 and $sign(a_0(\Lambda_q))=sign(a_0(\Lambda_i^1))$.

(iv) If $a_0(\Lambda_i^1)=a^*(\Lambda_i^1)$ are minimal for some $i\in q^*$, then

$(sign(a^*(\Lambda_q), sign(b^*(\Lambda_q))=(sign(a^*(\Lambda_i^1), sign(b^*(\Lambda_i^1))$.

Proof: First, we are to show (i). Since $q=I(\lambda_{0,q})$, Λ_q can be expressed in the form

$$\Lambda_q=\Lambda_b+\sum_{j\in q}k_j\gamma_j,\ k_j\in\mathbb{Z}^+.$$

Clearly, $\Lambda_i^1=\Lambda_b+\gamma_i$ for $i\in q^*$. By Lemma 3.2, we have $a_0(\Lambda_i)=a_0(\Lambda_i^1)$ and $a^*(\Lambda_i)=a^*(\Lambda_i^1)$. Let $q^\Theta=q^*\setminus\{i\}$, and let

$$\lambda_0^\Theta=\sum_{j\in q^\Theta}k_j\gamma_j$$

or

$$\lambda_0^\Theta=\sum_{j\in q^\Theta}k_j\gamma_j+(k_i-1)\gamma_i,$$

according to $i=b$ or $i\in q$. Clearly we have

$$\Lambda_q=\Lambda_i^1+\lambda_0^\Theta. \tag{4.1}$$

Using the definition given in Section 1, for each $\beta\in\Phi_s^\pm(\Lambda_q)$, by (4.1), we have

$$0=\langle\beta\pm\alpha_s,\ \Lambda_q\rangle=\langle\beta\pm\alpha_s,\ \Lambda_i^1\rangle+\langle\beta\pm\alpha_s,\ \lambda_0^\Theta\rangle. \tag{4.2}$$

For each $r\in\Delta^+$, we have $\langle r,\gamma_i\rangle\geqslant 0$ for all $i\in I$. Clearly Λ_i^1 is dominant relative to Δ_K^+ and for each $\beta\in\Phi_s^\pm$, $\beta\pm\alpha_s\in\Delta_K^+$. Hence, for each $\beta\in\Phi_s^\pm$, we have $\langle\gamma_i,\beta\pm\alpha_s\rangle\geqslant 0$ for each $i\in I'$, so we have

$$\langle\beta\pm\alpha_s,\ \Lambda_i^1\rangle\geqslant 0,\quad \langle\beta\pm\alpha_s,\lambda_0^\Theta\rangle\geqslant 0. \tag{4.3}$$

Combining (4.2) and (4.3), we obtain

$$\langle\beta\pm\alpha_s,\ \Lambda_i\rangle=0.$$

Thus $\beta\in\Phi_s^\pm(\Lambda_i^1)$, so (i) is established.

Now we are to show (ii). Assume $\beta\in\Phi_s^{-\xi'}(\Lambda_q)$. Then by (i), $\beta\in\Phi_s^{-\xi'}(\Lambda_i^1)$ for some $i\in q^*$. Since $\nu_s^{\xi'}(\Lambda_i^1)=\nu_s^{\xi'\perp}(\Lambda_i^1)$, we have $\beta\in\Phi_s^{-\xi'\perp}(\Lambda_i^1)$, so $\beta\perp\alpha_r$. Thus $\beta\in\Phi_s^{-\xi'\perp}(\Lambda_q)$, so $\nu_s^{\xi'}(\Lambda_q)=\nu_s^{\xi'\perp}(\Lambda_q)$. Hence, the proof of (ii) is complete.

We are to show (iii). Since $a_0(\Lambda_i)=a^*(\Lambda_i^1)=\nu_s^{\xi'}(\Lambda_i)$ is minimal where

$\xi' = +$ or $-$, by the definition of $a_0(\Lambda_q)$, we have

$$a_0(\Lambda_q) \leqslant \nu_s^{\xi' \perp}(\Lambda_q). \tag{4.4}$$

By (ii) and (4.4), we obtain

$$a_0(\Lambda_q) \leqslant \nu_s^{\xi' \perp}(\Lambda_q) \leqslant \nu_s^{\xi' \perp}(\Lambda_i^1) = a_0(\Lambda_i^1) \leqslant 2. \tag{4.5}$$

If $a_0(\Lambda_q) = 0$, then (iii) holds. Assume that $a_0(\Lambda_q) \neq 0$. Then, by (4.5), $a_0(\Lambda_q)$ must be minimal. Clearly, $a_0(\Lambda_q)$ and $a_0(\Lambda_i)$ are minimal. By (4.5) we have $1 \leqslant a_0(\Lambda_q) \leqslant \nu_s^{\xi' \perp}(\Lambda_q) \leqslant a_0(\Lambda_i^1) = 1$ if $\mu_s = 0$, and we have $2 \leqslant a_0(\Lambda_q) \leqslant \nu^{\xi' \perp}(\Lambda_q) \leqslant a_0(\Lambda_i^1) = 2$ if $\mu_s = \pm 1$. Hence $a_0(\Lambda_q) = 1$ or $a_0(\Lambda_q) = 2$ according to $\mu_s = 0$ or $\mu_s = \pm 1$. Similarly, by (ii) we have

$$a^*(\Lambda_q) \leqslant \nu_s^{\xi'}(\Lambda_q) \leqslant \nu_s^{\xi'}(\Lambda_i^1) = a^*(\Lambda_i^1).$$

Thus, we have $1 \leqslant a^*(\Lambda_q) = \nu_s^{\xi'}(\Lambda_q) \leqslant a^*(\Lambda_i^1) = 1$ if $\mu_s = 0$, and $2 \leqslant a^*(\Lambda_q) \leqslant \nu_s^{\xi'}(\Lambda_q) \leqslant \nu_s^{\xi'}(\Lambda_i^1) = 2$ if $\mu_s = \pm 1$. Thus we have $a^*(\Lambda_q) = 1$ or 2 according to $\mu_s = 0$ or $\mu_s = \pm 1$. Hence, $a_0(\Lambda_q) = a^*(\Lambda_q)$.

It follows from $\nu_s^{\xi' \perp}(\Lambda_i^1) = a_0(\Lambda_i^1)$ that sign $(a_0(\Lambda_q)) = \xi' = sign(a_0(\Lambda_i^1))$. The proof of (iii) is complete.

Obviously, we have $b_0(\Lambda_i^1) = b^*(\Lambda_i^1)$ for $i \in q^*$. Similarly, it is easily shown that if $b_0(\Lambda_i^1) = b^*(\Lambda_i^1)$ is minimal, then $b_0(\Lambda_q) = b^*(\Lambda_q)$ is minimal or 0 and $sign(b_0(\Lambda_q)) = sign(b_0(\Lambda_i^1))$. Thus by (iii), the proof (iv) is complete.

Then the proof is complete.

For given basic form $\lambda_{0,b}$, let

$$\mathfrak{R}(\lambda_{0,b})^p = \{\Lambda \in \mathfrak{R}(\lambda_{0,b}) \mid a_0(\Lambda) \neq 0, b_0(\Lambda) \neq 0\},$$

Let $\mathfrak{R}(\lambda_{0,b})^{\cong}$ be the set consisting of the paramenters Λ of $\mathfrak{R}(\lambda_{0,b})^p$ satisfying the condition:

there exist a pair of signs (ξ, ξ') such that $\xi'\alpha_s$ and $\xi\alpha_r$ are conjugate under $W_{K,\Lambda}$.

For a given basic form $\lambda_{0,b}$, let

$$\mathfrak{R}(\lambda_{0,b})^{\ncong} = \mathfrak{R}(\lambda_{0,b})^p \setminus \mathfrak{R}(\lambda_{0,b})^{\cong},$$

$\mathfrak{R}(\lambda_{0,b}^*) = \{\Lambda \in \mathfrak{R}(\lambda_{0,b})^{\ncong} \mid a_0(\Lambda) = a^*(\Lambda)\}$,

$\mathfrak{R}(\lambda_{0,b})^{\bowtie} = \{\Lambda \in \mathfrak{R}(\lambda_{0,b})^* \mid sign(a^*(\Lambda)) = sign(a^*(\Lambda_b)),\ sign(b^*(\Lambda)) = sign(b^*(\Lambda_b))\}$,

and

$$\mathfrak{R}(\lambda_{0,b})^{\vdash} = \mathfrak{R}(\lambda_{0,b})^{*} \setminus \mathfrak{R}(\lambda_{0,b})^{\bowtie}.$$

Let $\mathfrak{R}(\lambda_{0,b})^{\times} = \mathfrak{R}^{\not\cong} \setminus \mathfrak{R}^{*}(\lambda_{0,b})$. Clearly, $\mathfrak{R}(\lambda_{0,b})^{\times}$ consists of all s-special cases for $\Lambda \in \mathfrak{R}(\lambda_{0,b})^{p}$. It is easy to see that

$$\mathfrak{R}(\lambda_{0,b})^{\not\cong} = \mathfrak{R}(\lambda_{0,b})^{\bowtie} \cup \mathfrak{R}(\lambda_{0,b})^{\vdash} \cup \mathfrak{R}(\lambda_{0,b})^{\times}.$$

Let $(\mathfrak{J}(\lambda_{0,b}) \times \mathbb{T}(S_2))^{\varphi} = \{(\lambda_0, \mu) \in \mathfrak{J}(\lambda_{0,b}) \times \mathbb{T}(S_2) \mid \Lambda(\lambda_0, \mu) \in \mathfrak{R}(\lambda_{0,b})^{\varphi}\}$ with $\varphi \in \{p, \cong, \not\cong, *, \bowtie, \vdash, \times\}$.

Proposition 4.1. Fix a normal triple (Π, Π_0, S_2). Suppose the following assumptions hold:

(T1) for $\Lambda_b = \Lambda(\lambda_{0,b})$, the assumptions (1)-(4) hold in Proposition 2.1,

(T2) for each $\Lambda \in \mathfrak{R}(\lambda_{0,b})^{\vdash}$, the assumptions (1)-(4) holds in Proposition 2.1,

(T3) for each $\Lambda \in \mathfrak{R}(\lambda_{0,b})^{\times}$, the assumptions (1)-(4) hold in Proposition 2.2, and $a_0(\Lambda) = a^{\triangle}(\Lambda)$.

Then the statement A(I)(i) holds in Theorem 1.1 for each $\lambda_0 \in \mathfrak{J}(\lambda_{0,b})^{\not\cong}$

Proof: By (T1) and Corollary 2.5, the assumptions (1)-(4) hold in Proposition 2.1 for each $\Lambda \in \mathfrak{R}(\lambda_{0,b})^{\bowtie}$, so by Corollary 2.1, the statement A(I)(i) holds in Theorem 1.1 for each $\Lambda \in \mathfrak{R}(\lambda_{0,b})^{\bowtie}$.

By (T2) and Corollary 2.1, the statement A(I)(i) holds in Theorem 1.1 for each $\Lambda \in \mathfrak{R}(\lambda_{0,b})^{\vdash}$.

By (T3) and Corollary 2.2, the statement A(I)(i) holds in Theorem 1.1 for each $\Lambda \in \mathfrak{R}(\lambda_{0,b})^{\times}$.

Combining above results, the proof is complete.

Corollary 4.1. For a given basic for $\lambda_{0,b}$, Assume that $a_0(\Lambda_b) = a^{*}(\Lambda_b))$, and that $a^{*}(\Lambda_b))$ and $b^{*}(\Lambda_b))$ are minimal. Suppose that the statement A(I) holds in Theorem 1.1 for $\lambda_{0,b}$. Then the statement A(I) holds in Theorem 1.1 for all $\lambda_0 \in \mathfrak{J}(\lambda_{0,b})^{\not\cong}$, and $\mathfrak{R}(\lambda_{0,b})^{\vdash} \cup \mathfrak{R}(\lambda_{0,b})^{\times} = \phi$.

Fix a basic form $\lambda_{0,b}$. For $\lambda_0 \in \mathfrak{J}(\lambda_{0,b})$, let $\Lambda(\lambda_0)$ be the parameter given by (1.1). It is easily shown that

$$\langle \lambda_0, \xi\alpha_r - \xi'\alpha_s \rangle = 0, \ \langle \delta, \xi\alpha_r - \xi'\alpha_s \rangle = \xi 1 - \xi' 1 = \langle \frac{1}{2}(\alpha_r + \alpha_s), \xi\alpha_r - \xi'\alpha_s \rangle.$$

By (2.16) of [BK2], we obtain

$$\langle -2\delta_K, \xi_r\alpha_r\rangle = \xi\ell_r, \quad -\langle 2\delta_K, \xi'\alpha_s\rangle = \xi'\ell_s.$$

Thus, by (1.1) we have

$$\langle \Lambda, \xi\alpha_r - \xi'\alpha_s\rangle = 0 + (\xi 1 - \xi' 1) + \xi\ell_r - \xi\ell_s - (\xi 1 - \xi' 1) + (\xi\mu_r - \xi'\mu_s)$$
$$= \xi(\mu_r + \ell_r) - \xi'(\mu_s + \ell_s).$$

Proposition 4.2. Use the notations given above. Fix a basic form $\lambda_{0,b}$. For $\lambda_0 \in \mathfrak{J}(\lambda_{0,b})$, let $\Lambda(\lambda_0)$ be the parameter given by (1.1). Let $\Lambda' = (\Lambda + \xi\alpha_r)^\vee = (\Lambda + \xi\alpha_s)^\vee$ (denoted by Λ'' in [BK2]). Let $\mu'' = \Lambda + \xi\alpha_r + \xi'\alpha_s$, and let $\Lambda'' = (\mu'')^\vee$ (denoted by Λ''' in [Bk2]). Supoose the following assumptions hold.

(R1) $\xi'\alpha_s$ and $\xi\alpha_r$ are conjugate under $W_{K,\Lambda}$.

(R2) $\xi'\alpha_s$ and $\xi\alpha_r$ are conjugate under $W_{K,\Lambda''}$.

(R3) $2\alpha_r$, $2\alpha_s$, $\xi'\alpha_s + \xi\alpha_r \notin (\Delta_K)$,

(R4) $\langle \Lambda, \xi\alpha_r - \xi'\alpha_s\rangle = 0$.

Then $J(\nu)$ is not infinitesimally unitary for

$(a, b) \in D^\wedge(a^<(\Lambda), b^<(\Lambda)) \cup D^\wedge(a^>(\Lambda), b^>(\Lambda)) \cup D^>(a^\times(\Lambda), b^\times(\Lambda))$.

Proof We first show that (2.12) holds.

We apply Theorem 6.4 of [BK2] twice. The first time we use $\xi\alpha_r$, $\xi'\alpha_s$ and $\mu' = \Lambda$. By the assumption (R.4), we have

$$|\Lambda \pm (\xi\alpha_r - \xi'\alpha_s)|^2 - |\Lambda|^2 = \pm 2\langle \Lambda, \xi\alpha_r - \xi'\alpha_s\rangle + |\xi\alpha_r - \xi\alpha_s|^2 = 0 + 4 > 4.$$

Thus $(\Lambda + \xi\alpha_r) - \xi\alpha_s$ and $(\Lambda + \xi'\alpha_s) - \xi\alpha_r$ are not the weights of τ_Λ. By the assumption (R3), $(\Lambda + \xi\alpha_r) + \xi\alpha_r$, $(\Lambda + \xi'\alpha_s) + \xi'\alpha_s$ and $(\Lambda + \xi\alpha_r) + \xi'\alpha_s = (\Lambda + \xi'\alpha_s) + \xi\alpha_r$ are not the weights of τ_Λ. Therefore, the assumption (a1) holds in Theorem 6.4 of [BK2]. Clearly, by (R3), $\mu'' + \xi\alpha_r = (\Lambda + \xi'\alpha_s) + 2\xi\alpha_r$ and $\mu'' + \xi'\alpha_s = (\Lambda + \xi\alpha_r) + 2\xi'\alpha_s$ are not the weights of $\tau_{\Lambda'}$. Thus the assumption (a2) holds in Theorem 6.4 of [BK2]. By Lemma 2.3, the assumptions (b1), (b2), (c1) and (c2) of Theorem 6.4 of [BK2] are automatically satisfied. The assumptions (d1) and (d2) of Theorem 6.4 of [BK2] are trivially satisfied.

The second time we use $-\xi'\alpha_s$, $-\xi\alpha_r$ and $\mu' = \Lambda + \xi\alpha_r + \xi'\alpha_s$. Clearly, we have $(\mu'' - \xi'\alpha_s) + \xi\alpha_r = \Lambda + 2\xi\alpha_r$. By assumption (R4), it is easily shown that

$$|\Lambda + 2\xi\alpha_r|^2 - |\mu''|^2$$

$=|\Lambda|^2+2\langle\Lambda, 2\xi\alpha_r\rangle+|2\alpha_r|^2-|\Lambda|^2-2\langle\Lambda, \xi\alpha_r+\xi'\alpha_s\rangle-|\xi\alpha_r+\xi'\alpha_s|^2$

$=2\langle\Lambda, \xi\alpha_r-\xi'\alpha_s\rangle+2^2\times2-(2+2)=0+8-4=4.$

Thus, $(\mu''-\xi'\alpha_s)+\xi\alpha_r$ is not a weight of $\tau_{\Lambda''}$. Clearly, by assumption (R3), $(\mu''-\xi'\alpha_s)-\xi\alpha_r=\mu''-(\xi'\alpha_s+\xi\alpha_r)$ is not a weight of $\tau_{\Lambda''}$. Similarly, by assumption (R3), $(\mu''-\xi'\alpha_s)-\xi'\alpha_s=\mu''-2\xi'\alpha_s$ is not a weight of $\tau_{\Lambda''}$. Hence, the assumption (a1) holds in Theorem 6. 4 of [BK2]. Cleraly, $\mu''-\xi'\alpha_s-\xi\alpha_r=\Lambda$. By the assumption (R3),

$$\Lambda-\xi\alpha_r=(\Lambda+\xi\alpha_r)-2\xi\alpha_r=(\Lambda+\xi'\alpha_s)-(\xi\alpha_r+\xi'\alpha_s)$$

is not a weight of $\tau_{\Lambda'}$, and

$$\Lambda-\xi'\alpha_s=(\Lambda+\xi\alpha_r)-(\xi'\alpha_s+\xi\alpha_r)=(\Lambda+\xi'\alpha_s)-2\xi'\alpha_s$$

is not a weight of $\tau_{\Lambda'}$. Hence the assumption (a2) holds in Theorem 6. 4 of [BK2]. By Lemma 2. 3, the assumptions (b1), (b2), (c1) and (c2) of Theorem 6. 4 of [BK2] are automatically satisfied, and the assumption (d1) and (d2) of Theorem 6. 4 of [BK2] are satisfied trivially. Using (2. 15)-(2. 20), by Theorem 6. 4 of [BK2], the formula (2. 12) holds.

Now, we show that (2. 25) holds Clearly, we have

$$\Lambda-\xi'\alpha_s=(\Lambda+\xi\alpha_r)-(\xi\alpha_r+\xi'\alpha_s),\quad \Lambda-\xi\alpha_r=(\Lambda+\xi\alpha_r)-2\xi\alpha_r.$$

Thus by (R3), the assumption (a) holds in Theorem 10. 1 of [BK2].

Assume that $\beta\in\Delta_n$ is such that $\beta+\xi'\alpha_s\in\Delta$ and $\Lambda-\beta$ is a weight of $\tau_{\Lambda'}$. Then we have

$$0\leqslant|\Lambda+\xi\alpha_r|^2-|\Lambda-\beta|^2=2\langle\Lambda, \xi\alpha_r\rangle+2\langle\Lambda, \beta\rangle.$$

Thus, by (R4), we obtain

$$0\leqslant2\langle\Lambda, \xi\alpha_r+\beta\rangle+2\langle\Lambda, -\xi\alpha_r+\xi'\alpha_s\rangle=2\langle\Lambda, \beta+\xi'\alpha_s\rangle.$$

Hence, the assumption (d) holds in Theorem 10. 1 of [BK2]. Hence, a similar argument used in Proposition 2. 4 show that (2. 25) holds. Therefore, using the arguments as used in Corollary 2. 3 and Corollary 2. 4, this proposition can be established immediately.

For $\Lambda=\Lambda(\lambda_0)$, let $D^*(a_0(\Lambda), b_0(\Lambda))=\{(a, b)\in E\,|\,0<a\leqslant a_0(\Lambda), 0<b\leqslant b_0(\Lambda), a+b>\kappa_0(\lambda_0)\}$, and let $F(a_0(\Lambda), b_0(\Lambda))=\{(a, b)\in E\,|\,a_0(\Lambda)=a^{<}(\Lambda)\leqslant a\leqslant a^{>}(\Lambda), b_0(\Lambda)=b^{<}\leqslant b\leqslant b^{>}(\Lambda)\}$.

A normal triple (Π, Π_0, S_2) is called a standard normal triple if (Π, Π_0)

is one of the explicit diagrams 1, 2, 3, 4, 5 and 6 given by Table 2 with $S_2 = \{\alpha_1, \alpha_2\}$, $\{\alpha_2, \alpha_5\}$, $\{\alpha_2, \alpha_4\}$, $\{\alpha_3, \alpha_5\}$, $\{\alpha_2, \alpha_6\}$ and $\{\alpha_6, \alpha_5\}$ respectively.

A line of proof for Theorem 1.1 is:

(i) we are to prove the statement (A)(I) of Theorem 1.1 case by case for six standard cases given below, (cf. Prop. 4.3 given below),

(ii) we use Corollary 3.4, Corollary 3.5, Corollary 3.6 and Theorem 3.1 to prove the statement (A)(I) of Theorem 1.1 for all cases, (cf. Prop. 4.4 given below),

(iii) we are to prove that if $S_2 \not\subset \Pi \backslash \Pi_0$ (i. e. triple $\{\Pi, \Pi_0, S_2\}$ is not a normal triple), then σ is degenerate, (cf. Prop. 4.5 given below).

(iv) we are to prove the statements (A)(II) and (B) of Theorem 1.1, (cf Prop. 4.6 given below).

Clearly when Proposition 4.4, Proposition 4.5 and Proposition 4.6 are proved, then Theorem 1.1 can be proved immediately.

For a given normal triple (Π, Π_0, S_2), let $\lambda_{0,b}$ be a basic form determined by $\{\Pi, \Pi_0, S_2\}$ (cf. Corollary 3.3 (ii)). For $\varphi \in \{p, \cong, \not\approx, *, \bowtie, \vdash, \times\}$, we say the statement A(I) (or A(I)(i)) holds in Theorem 1.1 for $\lambda_0 \in \mathfrak{J}(\lambda_{0,b})^{\varphi}$ if when $(\lambda_0; \mu)$ runs through $(\mathfrak{J}(\lambda_{0,b}) \times \mathbb{T}(S_2))^{\varphi}$, the statement A (I) (or A(I)(i)) holds for every Langland quotient $J(MAN, \sigma, \nu)$ where sigma is determined by λ_0 and μ (cf. Theorem 3.1 (C)), where the Lie algebra a is determined by S_2 (cf. Theorem 3.1), and $\nu \in a^*$. We say the statement A (I) holds in Theorem 1,1 for a case which denotes a unique a triple (Π, Π_0, S_2) if the statement A(I) holds in Theorem 1.1 for the triple (Π, Π_0, S_2).

Remark 4.1. By Proposition 3.3, in order to compute $a_0(\Lambda)$, $b_0(\Lambda)$ and $a^{\psi}(\Lambda)$, $b^{\psi}(\Lambda)$ with $\psi \in \{*, \triangle, <, >\}$ for each $\Lambda \in \Re(\lambda_{0,b})$, it is sufficient to compute $a_0(\Lambda^1)$, $b_0(\Lambda^1)$ and $a^{\psi}(\Lambda^1)$, $b^{\psi}(\Lambda^1)$.

Remark 4.2. Let $\lambda_0 \in \mathfrak{J}(\lambda_{0,b})$ Suppose that condition (3.10) holds. Let σ_0 and σ_0^1 be the forms determined by λ_0 and λ_0^1 respectively, and ν be the form detemined by S_2 via. Cayley trasform. Let $\sigma = \sigma_0 \otimes \chi$ and $\sigma^1 = \sigma_0^1 \otimes \chi$. Suppose that the triples (MAN, σ, ν) and (MAN, σ^1, ν) are Langlands parameter. By Proposition 4.2 and Proposition 3.4, we have $E_0(J(MAN, \sigma^1, \nu)) \subset$

$E_0(J(MAN, \sigma, \nu))$. Moreover, If $E_0(J(MAN, \sigma^1, \nu))$ is regular, then $E_0(J(MAN, \sigma, \nu))$ is regular also.

Now, we are to complete step (i).

Proposition 4.3. The statement A(I) holds in Theorem 1.1 for all standard normal triples.

Proof: In the following, for each Case k with $1 \leqslant k \leqslant 6$ corresponding to the explicit diagrams k, $1 \leqslant k \leqslant 6$ given by Table 2, the canonical involution θ_C is given (is fixed), so for convenience, let Δ_K, Δ_n, Δ_K^+ and Δ_n^+ denote Δ_C, $\Delta \backslash \Delta_C$, Δ_C^+ and $(\Delta \backslash \Delta_C) \cap \Delta^+$ respectively. And let Π_K denote the simple root system Π_C of Δ_C determined by Δ_C^+.

Let λ_0 be the parameter determined by a 5-truple $(\Pi, \Pi_0, S_2, \omega, \mu)$ and (MAN, σ, ν) be the triple determined by this 5-truple. Let $\wedge = \wedge(\lambda_0)$. Since we prove statement A(I) of Theorem 1.1, $(a_0(\wedge), b_0(\wedge))$ are proper. Hence, by Lemma 2.1 of [BK1], we may assume that the triple (MAN, σ, ν) is Langlands parameter. Clearly, we only consider the parameters $\wedge$ which are in $\Re(\lambda_{0,b})^p$ for the basic cases $\lambda_{0,b}$ is determined by (Π, Π_0, S_2).

We shall prove this propsition case by case.

Case 1. θ_C with $\epsilon_C = (0, 1, 1, 1, 1, 0)$

Let Π_K denote Π_C as mentioned above. It is easily shown that

$$\Pi_K = \{\alpha_i, i = 2, 3, 4, 6, e_1 - e_6\}.$$

Clerly $\mathbb{S}(\theta_C) = \{\{\alpha_1, \alpha_6\}\}$.

(1.A) Let $S_2 = \{\alpha_s = \alpha_1 = e_1 - e_2, \alpha_r = \alpha_5 = e_5 - e_6\}$.

It is easy to see that $C(S_2) = \{\alpha_2, \alpha_3, \alpha_4\}$ and $\beta_0 = e_2 - e_5$. We have

$\Phi_s^+ = \{e_2 + e_3 + e_4, e_2 + e_3 + e_5, e_2 + e_4 + 2_5, e_2 - e_6\}$,

$\Phi_s^- = \{e_1 - e_3, e_1 + e_3 + e_6, e_1 - e_4, e_1 + e_4 + e_6, e_1 - e_5, e_1 + e_5 + e_6\}$,

$\Phi_{s,\alpha}^+ = \{e_1 + e_3 + e_4, e_1 + e_3 + e_5, e_1 + e_4 + e_5, e_1 - e_6\}$,

$\Phi_{s,\alpha}^- = \{e_2 - e_3, e_2 + e_3 + e_6, e_2 - e_4, e_2 + e_4 + e_6, e_2 - e_5, e_2 + e_5 + e_6\}$,

and

$\Phi_r^+ = \{e_1 - e_5, e_1 + e_2 + e_6, e_1 + e_3 + e_6, e_1 + e_4 + e_6\}$,

$\Phi_r^- = \{\mathrm{e}_2 - \mathrm{e}_6, \mathrm{e}_2 + \mathrm{e}_3 + \mathrm{e}_5, \mathrm{e}_3 - \mathrm{e}_6, \mathrm{e}_2 + \mathrm{e}_4 + \mathrm{e}_5, \mathrm{e}_4 - \mathrm{e}_6, \mathrm{e}_3 + \mathrm{e}_4 + \mathrm{e}_5\}$,

$\Phi_{r,\alpha}^+ = \{e_1 - e_6, e_1 + e_2 + e_5, e_1 + e_3 + e_5, e_1 + e_4 + e_5\}$,

$\Phi^{-}_{r,\alpha}=\{e_2-e_5, e_2+e_3+e_6, e_3-e_5, e_2+e_4+e_6, e_4-e_5, e_3+e_4+e_6\}$.

Let $\lambda_{0,b}$ denote $\lambda^{c}_{0,b}$ as mentioned above. By (3.3) we have

$$\lambda_{0,b}=\frac{1}{2}(1+\mu_s)\gamma_2+\gamma_3+\frac{1}{2}(1+\mu_r)\gamma_4+\gamma_6. \tag{4.1.1}$$

Thus by (1.1) (putting $\Sigma^{+}=\Delta^{+}$ and $S=S_2$) it is easy to see that

$$\langle e_1-e_6, \Lambda_b\rangle=\frac{1}{2}((1+\mu_s)+(1+\mu_r))+1+5-2-\frac{1}{2}((1-\mu_s)+(1-\mu_r))$$
$$=4+2\mu^{+}_{r,s}, \tag{4.1.2}$$

with $\mu^{+}_{r,s}=\frac{1}{2}(\mu_r+\mu_s)$.

By (4.1.2), we have $\langle\Lambda_b, e_1-e_6\rangle\neq 0$ and $\langle\Lambda_b, e_2-e_5\rangle$, so

$\mathfrak{R}(\lambda_{0,b})^{\cong}=\{\Lambda\in\mathfrak{R}(\lambda_{0,b})^{p}\mid\langle\Lambda, e_1-e_6\rangle=\langle\Lambda, e_2-e_5\rangle=0\}=\emptyset$.

Clearly, $\Pi_{K,\Lambda_b}=\Pi_K\setminus\{e_1-e_6\}$. It is easily shown that $\Sigma_{-1+2}(\lambda_{0,b})^{*}=\{(e_2-e_6, 2+\mu^{+}_{r,s}), (e_2+e_4+e_5, 3+\mu^{+}_{r,s}), (e_2+e_3+e_5, 4+\mu^{+}_{r,s})\}$. Thus $n_0(\lambda_0)>0$ for all $\lambda_0\in\mathfrak{J}(\lambda_{0,b})$ and $\kappa_0\geqslant 6+2\mu^{+}_{r,s}$. Clearly, (3.10) holds.

For each $\beta\in\Phi^{+}_{r,\alpha}\cup\Phi^{+}_{s,\alpha}$, by (4.1.2), we have

$$\langle\Lambda_b, \beta\rangle\neq 0.$$

It is easy to see that if $\Lambda=\Lambda_b$, then

$$a_0=a^{*}=\nu^{-}_{s,b}=b_0=b^{*}=\nu^{-}_{r,b}=[2, 1, 0]. \tag{4.1.3}$$

Fix $\xi'=\xi=-$. It is clear that $2\alpha_r, 2\alpha_s\notin(\Delta^{+}_{K})$ and $\alpha_s\mp\alpha_r, \alpha_r\mp\alpha_s\notin(\Delta^{+}_{K})$. It is easily verified that $\delta^{-}_{s}(\Lambda_b)=-\alpha_s=-e_1+e_2$ and $\tilde{\omega}^{-}_{s}(\Lambda_b)=0$ since $e_1-e_6\notin\Delta^{+}_{K,\Lambda^{*}}$ Similarly we have $\tilde{\omega}^{-}_{r}(\Lambda_b)=0$. Clearly, $-2\alpha_s, -\alpha_s\mp\alpha_r\notin(-\tilde{\omega}^{-}_{s}(\Lambda_b), \Delta^{+}_{K})=(\Delta^{+}_{K})$ and $-2\alpha_r, -\alpha_r\mp\alpha_s\notin(-\tilde{\omega}^{-}_{r}(\Lambda_b), \Delta^{+}_{K})=(\Delta^{+}_{K})$. Thus the assumptions (1)-(4) hold in Proposition 2.1 for $\Lambda=\Lambda_b$ with $(sign(a_0(\Lambda_b)), sign(b_0(\Lambda_b)))=(-, -)$. Cleraly, $a_0(\Lambda_b)=a^{*}(\Lambda_b)$ and $b_0(\Lambda_b)=b^{*}(\Lambda_b)$ are minimal. Thus by Lemma 4.1, we have $\mathfrak{R}(\lambda_{0,b})^{\ncong}=\mathfrak{R}(\lambda_{0,b})^{\bowtie}$. Hence, by Proposition 4.1, (or by Corollary 4.1) the statement A(I) (i) holds in Theorem 1.1 for all $\lambda_0\in\mathfrak{J}(\lambda_{0,b})^{\ncong}=\mathfrak{J}(\lambda_{0,b})^{p}$, so statement A(I) holds in Theorem 1.1 for (Π, Π_0, S_2) given by case (1.A), (i.e for the case (1.A.).

By Remark 4.2, $\kappa_0(\Lambda)\geqslant\kappa_0(\Lambda_b)=2(4+2\mu_{r,s}+1)$, for any $\Lambda\in\mathfrak{R}(\lambda_{0,b})$, so E_0 is regular. Thus the statement A(I)(ii) holds in Theorem 1.1 for case (1.A.).

Hence, the statement A(I) holds in Theorem 1.1 for the case(1.A).

Case2. θ_C with $\epsilon_C=(1, 0, 1, 1, 1, 0)$,

Let Π_K denote Π_C as mentioned above. We have

$\Pi_K=\{e_1-e_3, e_3-e_4=\alpha_3, e_4-e_5=\alpha_4, e_4+e_5+e_6=\alpha_6, e_2-e_6\}$.

Clearly, $\mathbb{S}(\theta_C)=\{\{\alpha_1, \alpha_6\}, \{\alpha_2, \alpha_6\}\}$.

(2.A) Let $S_2=\{\alpha_s=\alpha_1=e_1-e_2, \alpha_r=\alpha_5=e_5-e_6\}$.

Let $(\Pi, \bar{\Pi}_0, \bar{S}_2)$ be the normal triple given by the case (2.A) and (Π, Π_0, S_2) be the normal triple given by case (1.A). Clearly $\Pi_s=\{\alpha_2\}$ where α_2 is white in the case (1.A), but it is black in the case (2.A). Thus, since $\bar{\alpha}_s=\alpha_1=\alpha_s$ and $\bar{\alpha}_r=\alpha_5=\alpha_r$, $(\Pi, \bar{\Pi}_0, \bar{S}_2)$ is Υ-equivalent to (Π, Π_0, S_2) with $\Upsilon=w_s$. By Corollary 3.5, Theorem 1.1 can be shown for case (2.A) because Theorem 1.1 is proved for case (1.A).

(2.B) Let $S_2=\{\alpha_s=\alpha_2=e_2-e_3, \alpha_r=\alpha_5=e_5-e_6\}$.

It is easy to see that $C(S_2)=\{\alpha_3, \alpha_4\}$ and $\beta_0=e_3-e_5$. We have

$\Phi_s^+=\{e_1-e_2, e_3-e_6, e_1+e_3+e_4, e_1+e_3+e_5, e_3+e_4+e_5\}$,

$\Phi_s^-=\{e_2-e_4, e_2-e_5, e_2+e_4+e_6, e_2+e_5+e_6, e_1+e_2+e_6\}$,

$\Phi_{s,\alpha}^+=\{e_1-e_3, e_2-e_6, e_1+e_2+e_4, e_1+e_2+e_5, e_2+e_4+e_5\}$,

$\Phi_{s,\alpha}^-=\{e_3-e_4, e_3-e_5, e_3+e_4+e_6, e_3+e_5+e_6, e_1+e_3+e_6\}$.

and

$\Phi_r^+=\{e_2-e_5, e_1+e_2+e_6, e_2+e_3+e_6, e_2+e_4+e_6\}$,

$\Phi_r^-=\{e_3-e_6, e_1+e_3+e_5, e_4-e_6, e_1+e_4+e_5, e_1-e_6, e_3+e_4+e_5\}$,

$\Phi_{r,\alpha}^+=\{e_2-e_6, e_1+e_2+e_5, e_2+e_3+e_5, e_2+e_4+e_5\}$,

$\Phi_{r,\alpha}^-=\{e_3-e_5, e_1+e_3+e_6, e_4-e_5, e_1+e_4+e_6, e_1-e_5, e_3+e_4+e_6\}$.

Let $\lambda_{0,b}$ denote $\lambda_{0,b}^c$ as mentioed above. By (3.3), we have

$$\lambda_{0,b}=\frac{1}{2}((1-\mu_s)\gamma_1+(1+\mu_s)\gamma_3+(1+\mu_r)\gamma_4)+\gamma_6. \tag{4.2.1}$$

Thus by (1.1) (putting $\Sigma^+=\Delta^+$ and $S=S_2$), we have

$$\langle e_2-e_6, \Lambda_b\rangle=\frac{1}{2}((1+\mu_s)+(1+\mu_r))+4-2-\frac{1}{2}((1-\mu_s)+(1-\mu_r))$$
$$=2+2\mu_{r,s}^+ \tag{4.2.2}$$

where $\mu_{r,s}^+=\frac{1}{2}(\mu_s+\mu_r)$.

For convience, in case(2. B), for each $q \subset I'$, we write $\mathfrak{I}_q$ for $\mathfrak{I}_q(\lambda_{0,b})$, and we write $\mathfrak{R}_q$ for $\mathfrak{R}_q(\lambda_{0,b})$ where $\lambda_{0,b}$ is given by (4. 2. 1).

Clearly, we have $\Pi_{K,\Lambda_b} \supset \Pi_K \setminus \{e_2 - e_6\}$. It is easily shown that $\Sigma_{-1+2}(\lambda_{0,b})^* = \{(e_3 - e_6, 1+\mu_{r,s}^+), (e_3+e_4+e_5, 2+\mu_{r,s}^+), (e_1+e_3+e_5, 3+\mu_{r,s}^+)\}$. We have $\kappa_0 = 2(4+, \mu_{r,s}^+)$, $2(3+\mu_{r,s}^+)$ and $2(2+2\mu_{r,s}^+)$ if $\Lambda = \Lambda_i$ with $i=b$, 1 and 6 respectively. When $(\mu_s, \mu_r) = (-1, -1)$, we have $\kappa_0 = 6$, 4 and 2 if $\Lambda = \Lambda_i$ with $i = \emptyset$, $i=4$ and $i=6$ respectively. Clearly we have $\kappa_0(\Lambda_{1,6}) = 2$. It is easily shown that (3. 10) holds.

It is easily shown that $\mathfrak{R}(\lambda_{0,b})^{\cong} = \{\Lambda \in \mathfrak{R}(\lambda_{0,b})^p \mid \langle \Lambda, e_3 - e_5 \rangle = \langle \Lambda, e_2 - e_6 \rangle = 0\}$.

(1) Assume that $\langle \Lambda(\lambda_0), e_2 - e_6 \rangle \neq 0$.

Then $\Lambda \in \mathfrak{R}(\lambda_{0,b})^{\not\cong}$. We have $\Phi_{s,b}^+ = \Phi_{s,b}^{+\perp} = \{e_1 - e_3\}$ and $\Phi_{r,b}^{+\perp} = \emptyset$, so we obtain $a_0 = a^* = \nu_{s,b}^- = \nu_{s,b}^{-\perp} = [4, 3, 2]$ and $b_0 = b^* = \nu_{r,b}^{-\perp} = [2, 1, 0]$ if $\Lambda = \Lambda_b \in \mathfrak{R}_\emptyset$. Similarly we have

$$a_0 = a^* = [2, 1, 0] \text{ and } b_0 = b^* = [2, 1, 0] \text{ if } \Lambda \in \mathfrak{R}_1$$

$$a_0 = a^* = [0, 1, 2] \text{ and } b_0 = b^* = [2, 1, 0] \text{ if } \Lambda \in \mathfrak{R}_3$$

$$a_0 = a^* = [4, 3, 2] \text{ and } b_0 = b^* = [0, 1, 0] \text{ if } \Lambda \in \mathfrak{R}_4$$

$$a_0 = [2, 3, 2],\ a^* = [4, 3, 2] \text{ and } b_0 = b^* = [2, 1, 0] \text{ if } \Lambda \in \mathfrak{R}_6.$$

Then all cases where $\lambda_0 \in \mathfrak{I}(\lambda_{0,b})^{\not\cong}$ are obtained in the following Table 2. B. 1.

Table 2. B. 1

λ_0	(μ_s, μ_r)	(a_0, b_0)	(a^*, b^*)	κ_0^1
$\mathfrak{I}_\emptyset$, $\mathfrak{I}_6$	(0, −1)	(3, 2)	(3, 2)	7, 3
$\mathfrak{I}_1$, $\mathfrak{I}_3$	(0, −1)	(1, 2)	(1, 2)	5, 9
$\mathfrak{I}_\emptyset$, $\mathfrak{I}_3$, $\mathfrak{I}_6$	(1, −1)	(2, 2)	(2, 2)	8, 10, 4
$\mathfrak{I}_\emptyset$, $\mathfrak{I}_4$	(−1, 0)	(4, 1)	(4, 1)	7, 9
$\mathfrak{I}_\emptyset$	(−1, 0)	(2, 1)	(2, 1)	5
$\mathfrak{I}_6$	(−1, 0)	(2, 1)	(4, 1)	3
$\mathfrak{I}_\emptyset$, $\mathfrak{I}_4$, $\mathfrak{I}_6$	(0, 0)	(3, 1)	(3, 1)	8, 10, 4
$\mathfrak{I}_1$, $\mathfrak{I}_3$	(0, 0)	(1, 1)	(1, 1)	6, 10
$\mathfrak{I}_\emptyset$, $\mathfrak{I}_3$	(1, 0)	(2, 1)	(2, 1)	9, 11
$\mathfrak{I}_4$, $\mathfrak{I}_6$	(1, 0)	(2, 1)	(2, 1)	11, 5

If $\Lambda \in \mathfrak{R}_b$ with $(\mu_s, \mu_r)=(-1, 0)$, then we have $(a_0, b_0)=(2, 1)$ and $(a^*, b^*)=(4, 1)$, so this case is a s-special case denoted by case (2. B. s). Clearly, the case (2. B. s) is the only s-special case. Thus $\mathfrak{R}(\lambda_{0,b})^{\times}=\mathfrak{R}_6$ with $(\mu_s, \mu_r)=(-1, 0)$.

We are to consider the s-special case (2. B. s). We put $\xi'=-$ and $\xi=+$. It is easily shown that $\Psi_r^{-\perp>}(\Lambda_6)=\{e_1+e_4+e_6\}$ and $\Psi_r^{+\perp>}(\Lambda_6+\alpha_r)=\{e_2+e_3+e_5, -e_1+e_5, -e_4+e_5\}$. Thus, since $\#(\Phi_r^-)=10$ and $\#(\Phi_r^-)=6$, by (2. 7) we have

$$b^{+\nabla}(\Lambda_6)=5+(\mu_r-10+2\times 6)-2\times 1=5+\mu_r,$$

$$b^{+\Delta}(\Lambda_6)=5-2-(\mu_r-10+2\times 6)-2\times 3=-5-\mu_r.$$

We have $\Psi_s^{+>}(\Lambda_6+\alpha_r)=\Xi$ where $\Xi=\{e_1-e_3, -e_3+e_4, -e_3-e_4-e_6, -e_3-e_5-e_6, -e_1-e_3-e_6\}$ and $\Psi_s^{->}(\Lambda_6+\alpha_r-\alpha_s)=\Psi_{s,\alpha}^-\backslash -\Xi$. Thus since $\#(\Psi_s^-)=10$ and $\#(\Phi_s^-)=5$, by (2. 7), we obtain

$$a^{-\nabla}(\Lambda_6)=11-(\mu_s-10+2\times 5)-2\times 5=1-\mu_s,$$

$$a^{-\Delta}(\Lambda_6)=11-2+(\mu_s-0)-2\times 5=-1+\mu_s.$$

Since $(\mu_s, \mu_r)=(-1, 0)$, we have $a^{\Delta}(\Lambda_6)=-a^{-\Delta}(\Lambda_6)=2$ and $b^{\Delta}(\Lambda_6)=-b^{+\Delta}(\Lambda_6)=5$. By computing, we have $\tilde{\omega}_r^+(\Lambda_6)=e_1-e_5$ and $\tilde{\omega}_s^-(\Lambda_6)=e_1-e_3$, so it is easily shown that the assumptions (1)-(4) hold in Proposition 2. 1 and the assumptions (1)-(4) hold also in Proposition 2. 2 for $\Lambda \in \mathfrak{R}_6$ with $(sign(a_0(\Lambda)), sign(b_0(\Lambda)))$. Clearly, the assumptions of Corollary 2. 2 are satisfied. Thus by Corollary 2. 1 and Corollary 2. 2, $J(\nu)$ is not infinitesimally unitary for $(a, b)\in D^{\cap}(a^*, b^*)\cup D^{\wedge}(a^{\Delta}(\Lambda_6), b^{\Delta}(\Lambda_6))$. Since $(a^*, b^*)=(4, 1)$ and $(a^{\Delta}(\Lambda_6), b^{\Delta}(\Lambda_6))=(2, 5)$, by the continuity argument, we obtain

(s): J(ν) is not infinitesimally unitary for $(a, b)\in D^{\cap}(4, 1)\cup D^{\wedge}(2, 5)=D^{\cap}(2, 1)=D^{\cap}(a_0, b_0)$.

Clearly, $(sign(a^*(\Lambda_b)), b^*(\Lambda_b)))=(-, -)$, so by the results given above, $\mathfrak{R}(\lambda_{0,b})^{\vdash}=\mathfrak{R}_3$.

We have $\tilde{\omega}_s^-(\Lambda_b)=e_1-e_3$ and $\tilde{\omega}_r^-(\Lambda_b)=0$. It is easy to see that $\tilde{\omega}_s^+(\Lambda)=\tilde{\omega}_r^-(\Lambda)=0$ for each $\Lambda \in \mathfrak{R}_3$. It is easily verified that the assumptions (1)-(4) hold in Proposition 2. 1 for $\Lambda=\Lambda_b$ with signs $(-, -)$ and for $\Lambda \in \mathfrak{R}_3$.

Thus, by statement (s), the assumptions (T1)-(T3) hold in Proposition 4. 1. Thus by Propositin 4. 1, the statement A(I)(i) holds in Theorem 1. 1 for all $\Lambda \in \mathfrak{R}(\lambda_{0,b})^{\neq}$. Clearly, for the case of $\Lambda \in \mathfrak{R}_6$ with $\kappa_0=3$, E_0 is irregular.

Thus, by Corollary 2. 6 (ii), the statement A(I) holds in Theorem 1. 1 for all $\lambda_0 \in \mathfrak{J}(\lambda_{0,b})^{\neq}$ except λ_0 in Table 2. B. 3.

(2) Assume that $\Lambda \in \mathfrak{R}(\lambda_{0,b})^{\cong}$.

Then $\Lambda \in \mathfrak{R}_\emptyset \cup \mathfrak{R}_1 \cup \mathfrak{R}_6$ with $(\mu_r, \mu_s)=(-1, -1)$. Hereafter we assume $(\mu_s, \mu_r)=(-1, -1)$ in case (2).

It is easily shown that $\Phi_{s,b}^{-\perp}=\{e_3-e_4, e_3+e_5+e_6\}$ and $\Phi_{s,b}^{+\perp}=\{e_1-e_3, e_1+e_2+e_4\}$, so $\nu_{s,b}^{-\perp}=[4, 5, 6]$ and $\nu_{s,b}^{+\perp}=[6, 5, 4]$. Thus, we have $a_0=4$ if $\Lambda=\Lambda_b \in \mathfrak{R}_\emptyset$. Similarly we obtain $b_0=4$ if $\Lambda=\Lambda_b \in \mathfrak{R}_\emptyset$. A similar argument shows that

$$a_0=b_0=2 \text{ if } \Lambda=\Lambda_i \in \mathfrak{R}_i,\ i=1 \text{ or } 6, \text{ or } \Lambda=\Lambda_{1,6} \in \mathfrak{R}_{1,6}.$$

Clearly, $\Lambda_b \perp \Delta_K$. We have $\Psi_{r,\alpha}^{+\perp}=\{-e_4+e_5, -e_1-e_4-e_6, -e_1+e_5, e_2+e_3+e_5\}$. Thus, since $\#(\Psi_r^-)=10$ and $\#(\Phi_r^-)=6$, by (2. 21) we obtain

$$b_b^{+<}=5-2-(\mu_r-10+2\times 6)-2\times 4=3-(\mu_r+2)-8=-7-\mu_r,$$

$$b_b^{-<}=5-2+(\mu_r-10+2\times 6)-2\times 4=3+(\mu_r+2)-8=-3+\mu_r.$$

We have $\Psi_s^{->}(\Lambda_b-\alpha_s+\alpha_r)=\Xi$ where $\Xi=\{e_3-e_4, e_3+e_5+e_6, -e_1+e_3, -e_1-e_2-e_4\}$. Thus, since $\#(\Psi_s^-)=10$ and $\#(\Phi_s^-)=5$, by (2. 22) we have

$$a_b^{\pm<}=11-2\mp(\mu_s-10+2\times 5)-10-4=-5\mp\mu_s.$$

Hence when $\Lambda=\Lambda_b \in \mathfrak{R}_\emptyset$, $a_0=a_b^{<}=-a_b^{+<}=b_b^{<}=-b_b^{-<}=b_0=4$.

We have $\Psi_r^{+\perp>}(\Lambda_1+\alpha_r)=\{-e_4+e_5, e_2+e_3+e_5\}$ and $\Psi_r^{-\perp>}(\Lambda_1-\alpha_r)=\Psi_{r,\alpha}^{-\perp}$. Thus by (2. 11), we obtain

$$b^{+<}(\Lambda_1)=3-(\mu_r+2)-2\times 2=-3-\mu_r,$$

$$b^{-<}(\Lambda_1)=3+(\mu_r+2)-2\times 4=-3+\mu_r$$

We have $\Psi_s^{->}(\Lambda_1-\alpha_s)=\Psi_{s,\alpha}^{-}\setminus\{-e_1+e_3, -e_1-e_2-e_4, -e_1-e_2-e_5\}$ and $\Psi_s^{->}(\Lambda_1-\alpha_s+\alpha_r)=\{e_3-e_4, e_3+e_5+e_6, e_1+e_3+e_6\}$. Thus by (2. 11), we have

$$a^{-<}(\Lambda_1)=11-2+(\mu_s-10+2\times 5)-7-3=-1+\mu_s.$$

Similarly we obtain

$$a^{+<}(\Lambda_1)=11-2-(\mu_s-10+2\times 5)-9-5=-5-\mu_s.$$

Therefore, when $\Lambda \in \mathfrak{R}_1$ we have $a_0 = a_1^{<} = -a_1^{-<} = b_1^{<} = -b_1^{+<} = b_0 = 2$.

Clearly we have $\Psi_r^{+\perp>}(\Lambda_6 + \alpha_r) = \Psi_{r,\alpha}^{+\perp} \backslash \{-e_1 - e_4 - e_6\}$ and $\Psi_r^{-\perp>}(\Lambda_6 - \alpha_r) = \Psi_{r,\alpha}^{-\perp} \backslash \{-e_2 - e_3 - e_5\}$. Thus by (2.11), we obtain

$$b^{+<}(\Lambda_6) = 3 - (\mu_r + 2) - 2 \times 3 = -5 - \mu_r,$$

$$b^{-<}(\Lambda_6) = 3 + (\mu_r + 2) - 2 \times 3 = -1 + \mu_r.$$

We have $\Psi_s^{->}(\Lambda_6 - \alpha_s) = \Psi_{s,\alpha}^{-} \backslash \{-e_1 - e_2 - e_4, -e_1 - e_2 - e_5, -e_2 - e_4 - e_5\}$ and $\Psi_s^{->}(\Lambda_6 - \alpha_s + \alpha_r) = \{e_3 - e_4, e_3 + e_4 + e_6, e_3 + e_5 + e_6, -e_1 + e_3 + e_6, -e_1 + e_3\}$. Thus by (2.11), we obtain

$$a^{-<}(\Lambda_6) = 11 - 2 + (\mu_s - 10 + 2 \times 5) - 7 - 3 = -3 + \mu_s.$$

Similarly we have

$$a^{+<}(\Lambda_6) = 11 - 2 - (\mu_s - 10 + 2 \times 5) - 7 - 5 = -3 - \mu_s.$$

Hence, when $\Lambda \in \mathfrak{R}_6$, we obtain $a_0 = a_6^{<} = -a_6^{+<} = b_0 = b_6^{<} = -b_6^{-<} = 2$.

Clearly we have $\Psi_r^{-\perp>}(\Lambda_{1,6} - \alpha_r) = \Phi_{r,\alpha}^{-\perp}$ and $\Psi_r^{+\perp>}(\Lambda_{1,6} + \alpha_r) = \{-e_4 + e_5, e_2 + e_3 + e_5\}$. Thus by (2.11) we have

$$b^{-<}(\Lambda_{1,6}) = 3 + (\mu_r + 2) - 2 \times 3 = -1 + \mu_r,$$

$$b^{+\perp}(\Lambda_{1,6}) = 3 - (\mu_r + 2) - 2 \times 2 = -3 - \mu_r.$$

We have $\Psi_s^{+>}(\Lambda_{1,6} - \alpha_r) = \Phi_{s,\alpha}^{+} \cup \{-e_3 + e_4, -e_3 + e_5\}$ and $\Psi_s^{+>}(\Lambda_{1,6} - \alpha_r + \alpha_s) = \{e_1 - e_3, e_1 + e_2 + e_4, e_1 + e_2 + e_5, e_2 + e_4 + e_5, -e_3 + e_4\}$. Thus by (2.11), we have

$$a^{+<}(\Lambda_{1,6}) = 9 - (\mu_s - 0) - 7 - 5 = -3 - \mu_s,$$

Similarly we have

$$a^{-<}(\Lambda_{1,6}) = 9 - 2 + (\mu_s - 0) - 6 - 4 = -1 + \mu_s.$$

Summarizing above results, all cases where $\lambda_0 \in \mathfrak{J}(\lambda_{0,b})^{\cong}$ are proper are obtained in the following Table 2. B. 2.

Table 2. B. 2

λ_0	(μ_s, μ_r)	(a_0, b_0)	$(a^<, b^<)$	$(a^>, b^>)$	$(a^\times, b^\times)$	κ_0^1
$\mathfrak{J}_\emptyset$	(−1, −1)	(4, 4)	(4, 4)	(6, 6)	(10, 4)	6
$\mathfrak{J}_1$	(−1, −1)	(2, 2)	(2, 2)	(4, 4)	(4, 2)	4
$\mathfrak{J}_6$	(−1, −1)	(2, 2)	(2, 2)	(4, 4)	(4, 2)	2
$\mathfrak{J}_{1,6}$	(−1, −1)	(2, 2)	(2, 2)	(2, 2)	(4, 2)	2

Using Table 2. B. 1 and Table 2. B. 2, by Corollary 2. 6 (ii) and Remark 4. 1, all cases where E_0 are irregular are obtained in the following Table 2. B. 3.

Table 2. B. 3

λ_0	(μ_s, μ_r)	(a_0, b_0)	κ_0^1	case	ir. r	p. i. u(a, b)
$\mathfrak{I}_6$	$(0, -1)$	$(3, 2)$	3	(1)	[3]	/
$\mathfrak{I}_\emptyset$	$(-1, -1)$	$(4, 4)$	6	(2)	[1]	/
$\mathfrak{I}_6$	$(-1, -1)$	$(2, 2)$	2	(2)	[6]	/
$\mathfrak{I}_{1.6}$	$(-1, -1)$	$(2, 2)$	2	(2)	[6]	$(4, 2)$

Let $E_0(J(\nu))=\{(a, b)\in E \mid a\leqslant a_0(\Lambda), b\leqslant b_0(\Lambda), a+b\leqslant \kappa_0\}$. It is easily shown that the assumptions (R1)-(R4) hold in Proposition 4. 2. By Proposition 4. 2, for each λ_0 given by Table 2. b. 2 or Table 2. B. 3, $J(\nu)$ is not infinitiesmally unitary for

$(a, b)\in (E\backslash E_0(J(\nu)))\backslash(D^*(a_0(\Lambda(\lambda_0)), b_0(\Lambda(\lambda_0)))\cup F(a_0(\Lambda(\lambda_0)), b_0(\Lambda(\lambda_0)))$.

Thus, in order to show the statement A(I) holds in Theorem 1. 1, it is enough to show that $J(\nu)$ is not infinitesimally unitary for

$(a, b)\in (D^*(a_0(\Lambda(\lambda_0)), b_0(\Lambda(\lambda_0)))\cup F(a_0(\Lambda(\lambda_0)), b_0(\Lambda(\lambda_0)))$.

In the following, the parameters λ_0 are given in Table 2. B. 2 or Table 2. B. 3. There are two cases.

(i) Assume the $\lambda_0=\lambda_{0,b}$.

We have $K=K_{ss}Z$ where $K_{ss}\cong SO(10)$ and Z is the center of K. Clearly, Z is a one-diminsional torus. It is easy to see that the irreducible representations are characterized as φ_h with $h\in\mathbb{Z}$. It is easily shown that $\{e_4+e_5+e_6, e_1-e_4, e_2+e_3+e_4\}$ is a simple root system of Δ_- and $\Pi_K^b=\{e_4+e_5+e_6, e_1-e_4, e_2+e_3+e_4, -(e_1+e_2+e_4), -(e_2+e_3+e_5)\}$ is a simple root system of Δ_K. Let $\varepsilon_1, \cdots, \varepsilon_5$ be an othonormal basis of $\mathbb{R}^5$. For convenience, we write

$$-(e_1+e_2+e_4)=\varepsilon_4+\varepsilon_5=\beta^{\dagger},$$

$$e_2+e_3+e_4=\varepsilon_3-\varepsilon_4, \quad -(e_2+e_3+e_5)=\varepsilon_4-\varepsilon_5=\beta^{\ddagger},$$

$$e_1-e_4=\varepsilon_2-\varepsilon_3, \quad e_4+e_5+e_6=\varepsilon_1-\varepsilon_2$$

Let $\mathfrak{g}^{\dagger}$ (resp. $\mathfrak{g}^{\ddagger}$) be the subalgebra of $\mathfrak{g}$ generated by $\{u_{\beta^{\dagger}}, v_{\beta^{\dagger}}\}$ (resp.

$\{u_{\beta^\ddagger}, v_{\beta^\ddagger}\}$). Clearly, $m_{s,s}$ is the subalgebra of g generated by $\{u_\beta, v_\beta, \beta\in\Delta_-\}$. It is easily shown that $M=M_{ss}\times Z_M$ where M_{ss} is the subgroup of G with Lie algebra m_{ss} and Z_M is the center of M with dim $Z_M=1$. Let $K^\dagger$(resp. $K^\ddagger$) be the subgroup of G with Lie algebra $g^\dagger$(resp. $g^\ddagger$). Let $K^\cup=K^\dagger\times K^\ddagger$. Clearly, $K^\cup\cong SU(2)\times SU(2)$.

Let $D=(d_{ij})$ and $D'=(d'_{ij})$ be the 2×2 matrices with $d_{12}=d_{21}=d'_{11}=d'_{22}=0$, $-d_{11}=d_{22}=i$, and $d'_{12}=-d'_{21}=1$. Cleraly, $M^\#=M_0F(B^-)$where $M_0=(M_{ss})_0\times Z_M$ and $F(B^-)$ is generated by $\{\gamma_{f_1}, \gamma_{f_2}\}$ (with some relation) is not connected (cf. p. 111 of [BK1]). As (2.15)(a) and (2.15)(b) of [V2], it will be convenient to realize $\gamma_{f_1}=(D, D)\in SU(2)\times SU(2)\cong K^\cup$ and $\gamma_{f_2}=(D', D')\in SU(2)\times SU(2)\cong K^\cup$. In this sense, $F(B_-)$is a subgroup of $K^\cup$.

Let $(\delta^\pm, V_\pm)$be the spinor representations of $K_{ss}\cong SO(10)$ with highest weights $\Lambda^\pm=(1/2)(\varepsilon_1+\varepsilon_2+\varepsilon_3+\varepsilon_4\pm\varepsilon_5)$, and let $u_\pm$ and $v_\pm$ be the weight vectors corresponding to weights $\Lambda^\pm$ and $\Lambda^\pm-(\varepsilon_4\pm\varepsilon_5)$ respectively. For each $k\in\mathbb{Z}^+$, let $\delta_\pm^k=\delta^\pm\otimes\cdots\otimes\delta^\pm$ (k times), and let $V_\pm^k=V^\pm\otimes\cdots\otimes V^\pm$ (k times). For each $j\in\mathbb{Z}$, $j\geqslant 1$, let $u_\pm^j=u_\pm\otimes\cdots\otimes u_\pm$ (j times) and $v_\pm^j=v_\pm\otimes\cdots\otimes v_\pm$ (j times). For each $k\in\mathbb{Z}^+$, let $W_\pm^k$ be the subspace of $V_\pm^k$ generated by $\{u_\pm^k, u_\pm^{k-j}\otimes v_\pm^j, j=1, 2, \cdots, k-1, v_\pm^k\}$. Let $\tau_\pm^k$ be the irreducible representation of $K_{ss}\cong SO(10)$ with hieghest weight $k\Lambda^\pm$. Let $(\tau_\pm^k)^\cup$ be the restriction of $\tau_\pm^k$ to $K^\cup$. Clearly, $W_\pm^k$ is a invariant subspace for $(\tau_\pm^k)^\cup$. Let $(\rho_\pm^k)^\cup$ be the restriction of $(\tau_\pm^k)^\cup$ on $W_\pm^k$. Then $((\rho_\pm^k)^\cup, W_\pm^k)$ is a irreducible representation of $K^\cup$. It is easily shown that

$$\langle\Lambda^\pm, \varepsilon_4\mp\varepsilon_5\rangle=0.$$

Thus, $(\rho_\pm^k)^\cup$ has weights $k(\varepsilon_4\pm\varepsilon_5)$, $(k-2)(\varepsilon_4\pm\varepsilon_5)$, $\cdots$, $-k(\varepsilon_4\pm\varepsilon_5)$. with one multiplicity. Clearly, we have $(\rho_\pm^k)^\cup\cong\mathbb{C}^{2k+1}\otimes\mathbb{C}$ in the sense of [V2] (cf. (12.3)(a) of [V2])

Let $(\tau_\pm^k)_{ss}$ be the restriction of $\tau_\pm^k$ to $(M_{ss})_0$. Since for $i=1, 2, 3$,

$$\langle\Lambda^\pm, \varepsilon_i-\varepsilon_{i+1}\rangle=0,$$

the subspace $W_\pm^k$ is invariant for $(\tau_\pm^k)_{ss}$. Let $(\rho_\pm^k)_{ss}$ be the restriction of $(\tau_\pm^k)ss$ to $W_\pm^k$. Then $((\rho_\pm^k)_{ss}, W_\pm^k)$ is equivalent to the trivial representaion I_{ss} of $(M_{ss})_0$ with highest weight 0.

Since $F(B_-)$ is a subgroup of $K^{\cup}$, the subspace $W^k_\pm$ is an invariant subpace of the restriction of $(\rho^k_\pm)^{\cup}$ to $F(B_-)$. Let $(\rho^k_\pm)^F$ be the restriction of $(\rho^k_\pm)^{\cup}$ to $F(B_-)$.

Let σ_Z be the restriction of σ to Z_M. It is easily shown that there exists an irreducble representation φ_m of Z for some $m\in\mathbb{Z}$ such that the restriction of $\tau^k_\pm\otimes\varphi_m$ to Z_M is equivalent to σ_Z. Clearly, $\tau^k_\pm\otimes\varphi_m$ is an irreducible representations of K. Let $(\tau^k_\pm\otimes\varphi_m)|_{M\#}$ be the restriction of $\tau^k_\pm\otimes\varphi_m$ to $M^\#=M_0F(B_-)$, and let $\rho^k_\pm$ be the restriction on $W^k_\pm$. Then $\rho^k_\pm=(\rho^k_\pm)_{ss}\otimes(\rho^k_\pm)^F$.

Let σ_{ss} be the restriction of the representation σ on $(M_{ss})_0$, and let Λ_{ss} be the heighest weight of σ_{ss}. Clearly, σ_0 has the Harish-Chandra parameter $\lambda_{0,b}$. By the formula of the Blattner parameter, we have

$$\langle\Lambda_{ss},\varepsilon_3-\varepsilon_4\rangle=\langle\Lambda_{ss},e_4+e_5+e_6\rangle=1+1-2\times1=0,$$

$$\langle\Lambda_{ss},\varepsilon_2-\varepsilon_3\rangle=\langle\Lambda_{ss},e_1-e_4\rangle=1+3-2\times2=0,$$

and

$$\langle\Lambda_{ss},\varepsilon_1-\varepsilon_2\rangle=\langle\Lambda_{ss},e_2+e_3+e_4\rangle=1+7-2\times4=0. \tag{4.2.2}$$

Thus we have $\sigma_{ss}=I_{ss}$ that is equivalent to $(\rho^k_\pm)_{ss}$. Let $\zeta=\pm$ and $\zeta'=\pm$. Let $\xi_{(\zeta',\zeta)}$ be the representation of $F(B^-)$ characterized by $\xi_{(\zeta',\zeta)}(\gamma_{f_2})=\zeta$ and $\xi_{(\zeta',\zeta)}(\gamma_{f_1})=\zeta'$. Since $\mu_s=\mu_r=-1$, we have $\sigma=I_{ss}\otimes\xi_{(-,-)}\otimes\sigma_Z$.

Let $A=\{(+,+),(+,-),(-,+),(-,-)\}$ and $A'=A\backslash\{(+,+)\}$. It is easily shown that $I_{ss}\otimes\xi_{(\zeta',\zeta)}\otimes\sigma_Z$, $(\zeta',\zeta)\in A$ is an irreducible representation of $M^\#$. Let Γ be the set of the nonzero dominant weights γ of M_{ss} for Δ^+_-, (i.e. $\langle\gamma,\varepsilon_i-\varepsilon_{i+1}\rangle\neq0$ for some $i\in\{1,2,3\}$). For each $\gamma\in\Gamma$, let π_γ be the irreducible representation of $(M_{ss})_0$ with highest weight γ. Clearly, $\pi_\gamma\neq I_{ss}$. By (11.4)(a) and (11.4)(d) and (11.4)(e) of [V2], we have

$$(\tau^k_\pm\otimes\varphi_m)|_{M\#}=\eta m(0)(I_{ss})\otimes\xi_{+,+}\otimes\sigma_Z+2m(0)\sum_{(\zeta',\zeta)\in A'}(I_{ss})\otimes\xi_{(\zeta',\zeta)}\otimes\sigma_Z$$

$$+\sum_{\gamma\in\Gamma,(\zeta',\zeta)\in A}m(\gamma;\zeta,\zeta)\pi_\gamma\otimes\xi_{(\zeta',\zeta)}\otimes\sigma_Z \tag{4.2.3}$$

where $\eta=1$ if $k=6$, $\eta=3$ if $k=8$ and $m(0)$, $m(\gamma;\zeta,\zeta')\in\mathbb{Z}^{*+}$. Since $(\rho^k_\pm)_{ss}$ is equivalent to I_{ss}, we have $m(0)>0$. Thus the multiplicity of $\sigma=I_{ss}\otimes\xi_{(-,-)}\otimes\sigma_Z$ *in* $(\tau^k_+\otimes\varphi_m)|_{M\#}$ is equal to $2m(0)(>0)$ if $k=6$ or 8. Thus, if $k=6$ or 8, by (11.4)(a) of [V2], then the miltiplicity of $\tau^k_+\otimes\varphi_m$ in $U(MAN,\sigma,$

$\nu)=U(\nu)$ is equal to $2m(0)$, so $\tau_{\pm}^{k}\otimes\varphi_m$ is a K-type of $U(\nu)$.

Clearly, the Jantzen filtration of $U(\nu)$ has exactly two steps. The first level $U_0(\nu)=J(\nu)$ and the second level $U_1(\nu)=J_1(\nu)$ which is described by Corollary 11. 11 of [V2].

It iseasily shown that

$\Sigma_{1-2}=\{e_2-e_5,\ e_2+e_4+e_6,\ e_1+e_2+e_6\}$,

$\Sigma_2=\{e_4-e_6,\ e_1-e_6,\ e_1+e_4+e_5\}$,

$\Sigma_1=\{-e_1+e_2,\ e_2-e_4,\ e_2+e_5+e_6\}$.

Clearly, $\mathfrak{J}_{\emptyset}=\{\lambda_{0,b}\}$. Now, we shall prove the followin statement.

(2. B. 2. I) For $\lambda_{0,b}$, $J(\nu)$ is not infinitesimally unitary for $(a, b)\in D^*(a_0(\Lambda_b), b_0(\Lambda_b))\cup F(a_0(\Lambda_b), b_0(\Lambda_b))$.

We consider the reducible line $a+b=\kappa_0(\lambda_{0,b})=6$ (i. e $\frac{1}{2}(a+b)=3$) of $U(\nu)$.

For operator C given in Proposition 2. 6, the parameter $w_2\nu$ can be written as $w_2\nu=af_1-bf_2$ with $f_1=\frac{1}{2}\alpha_s$ and $f_2=\frac{1}{2}\alpha_r$. Clearly $\langle w_2\nu, f_1-f_2\rangle=\frac{1}{2}(a+b)$.

By (4. 2. 3), only one weight $8(\varepsilon_4+\varepsilon_5)$ of ρ_+^8 has the property that for each $\beta\in\Sigma_{1-2}$,

$$\langle\beta, 8(\varepsilon_4+\varepsilon_5)\rangle=\langle\beta, 8(-e_1-e_2-e_4)\rangle=(1/2)8=4>3.$$

Hence by Lemma 12. 4 of [V2], the multiplicity of $\tau_+^8\otimes\varphi_m$ in $J_1(\nu)$ is $1\times m(0)=m(0)$. Thus, since $a+b>6$ for all $(a, b)\in D^*(a_0(\Lambda), b_0(\Lambda))$, it follows from Theorem 7. 10 of [V2] (or Corollary 7. 11 of [V2]) that the signature of the form on the K type $\tau_+^8\otimes\varphi_m$ is $(m(0), m(0))$ in the sense of [V2] Thus, a similar argument used in Proposition 12. 9 of [V2] shows that $J(\nu)$ is not infinitesimally unitary for $(a, b)\in D^*(a_0(\Lambda_b), b_0(\Lambda_b))$.

We cosider the reducible line $b=b_0(\Lambda_b)=4$ (i. e. $\frac{1}{2}b=2$ of $U(\nu)$

For operator D given in Proposition 2. 6, the parameter ν can be written as $\nu=af_1+bf_2$. Clearly $\langle\nu, f_2\rangle=\frac{1}{2}b$.

By (4. 2. 3), only one weight $-6(\varepsilon_4+\varepsilon_5)$ of ρ_+^6 has the property that for each $\beta\in\Sigma_2$,

$$\langle\beta, -6(\varepsilon_4+\varepsilon_5)\rangle=\langle\beta, -6(-e_1-e_2-e_4)\rangle=(1/2)6=3>2.$$

Hence by Lemma 12.4 of [V2]. the multiplicity of the K-type $\tau_+^6\otimes\varphi_m$ in $J_1(\nu)$ is $1\times m(0)=m(0)$. Thus, when $b>4$, it follows from Theorem 7.10 of [V2] (or Corollary 7.11 of [V2]) that the signature of the form on the K-type $\tau_+^6\otimes\varphi_m$ is $(m(0), m(0))$ in the sense of [V2].

We consider the reducible line $a=a_0(\Lambda_b)=4$ (i. e. $\frac{1}{2}a=2$ of $U(\nu)$.

For operator D given in Proposition 2.6, the parameter ν can be written as $\nu=af_1+bf_2$. Clearly $\langle\nu, f_1\rangle=\frac{1}{2}a$.

By (4.2.3), only one weight $-6(\varepsilon_4-\varepsilon_5)$ of ρ_-^6 has the properpty that for each $\beta\in\Sigma_1$,

$$\langle\beta, -6(\varepsilon_4-\varepsilon_5)\rangle=\langle\beta, -6(-e_2-e_3-e_5)\rangle=(1/2)6=3>2.$$

Hence by Lemma 12.4 of [V2], the multiplicity of $\tau_-^6\otimes\varphi_m$ in $J_1(\nu)$ is $1\times m(0)=m(0)$. Thus, when $a>a_0(\Lambda)$, it follows from Theorem 7.10 of [V2] (or Corollary 7.11 of [V2]) that the signature of the form on the K-type $\tau_-^6\otimes\varphi_m$ is $(m(0), m(0))$ in the sense of [V2].

It is easily shown that $(a, b)\in F(a_0(\Lambda_b), b_0(\Lambda_b))$, then $a+b>6$, $4\leqslant a\leqslant 6$, $4\leqslant b\leqslant 6$. Thus a similar argument used in Proposition 12.9 of [V2] shows that $J(\nu)$ is not infinitesimally unitary for $(a, b)\in F(a_0(\Lambda_b), b_0(\Lambda_b))$.

Combining above results, the proof of (2.B.2.I) is complete.

(ii) Assume λ_0 is given by Table 2.B.2 or Table 2.B.3, $\lambda_0\neq\lambda_{0,b}$.

Let $\Pi_L=\{e_i-e_{i+1}, i=1, 2, \cdots, 5\}$. It is easily shown that $L\cong SU(4, 2)$ and λ_0^L is a basic form of L. Since $\langle\lambda_{0,b}, e_3-e_6\rangle=0$, we have $m-n=0$ in the sense of [KSp1]. Let ϵ be sufficiently small positive number. Since $m-n=0$, $(a+b)=\kappa_0$ ($\kappa_0=2$ or 3) is a reducible line of $U^L(\nu)$, and by Theorem 2.1 of [KSp1], $J^L(\nu)$ is not infinitesimally unitary for $(a, b)=(1+\epsilon, 1+\epsilon)$. It is easily shown that $\Delta(u)=\{e_i+e_j+e_k, i, j, k=1, 2, \cdots, 6, i\neq j, i\neq k, j\neq k\}$. For this case, we have $\lambda_0\in\mathfrak{I}_6$ or $\mathfrak{I}_{1.6}$, so we have $\langle\lambda_0, e_4+e_5+e_6\rangle=2$. Thus, for each $\beta\in\Delta(u)$, we obtain

$$\langle \lambda_0, \beta \rangle \geqslant 2,$$

and

$$\langle (1/2)(1.5+\epsilon)\alpha_s + (1/2)(1.5+\epsilon)\alpha_r, \beta \rangle \leqslant 1.5+\epsilon < 2.$$

Thus, by Theorem 5.1 of [V2], $J(\nu)$ is not infinitesimally unitary for $(a, b) = (1.5+\epsilon, 1.5+\epsilon)$, Clearly, $(1.5+\epsilon, 1.5+\epsilon) \in D^*(a_0(\wedge(\lambda_0)), b_0(\lambda_0))) \cup F(a_0(\wedge(\lambda_0)), b_0(\wedge(\lambda_0)))$. Here $\lambda_0 \in \mathfrak{J}_6$ or $\mathfrak{J}_{1,6}$. Thus, by continuity argument, we obtain the following statement

(2.B.2.II) $J(\nu)$ is not infinitesimally unitary for

$(a, b) \in D^*(a_0(\wedge(\lambda_0)), b_0(\wedge(\lambda_0))) \cup F(a_0(\wedge(\lambda_0)), b_0(\wedge(\lambda_0)))$.

Hence, by (2.B.2.I) and (2.B.2.II), and by Proposition 4.2, the statement A(I) holds in Theorem 1.1 for all λ_0 given by Table 2.B.2 and Table 2.B.3.

Combining the results of cases (1) and (2) the statement A(I) holds in Theorem 1.1 for all $\lambda_0 \in \mathfrak{J}(\lambda_{0,b})^p$, so statement A(I) holds in Theorem 1.1 for (Π, Π_0, S_2) given by case (2.B), (i.e for the case (2.B).

Case 3. θ_C with $\epsilon_C = (1, 1, 0, 0, 1, 1)$

Let Π_K denote Π_C as mentioned above. It is easily shown that

$$\Pi_K = \{e_1 - e_2, e_2 - e_5, e_5 - e_6, e_4 + e_5 + e_6, e_3 - e_4\}.$$

Clearly, $\mathbb{S}(\theta_C) = \{\{\alpha_2, \alpha_4\}\}$.

(3.A) Let $S_2 = \{\alpha_s = \alpha_2 = e_2 - e_3, \alpha_r = \alpha_4 = e_4 - e_5\}$.

It is easy to see that $C(S_2) = \{\alpha_3\}$ and $\beta_0 = e_3 - e_4 = \alpha_3$. We have

$\Phi_s^+ = \{e_3 - e_5, e_3 - e_6, e_1 + e_3 + e_4, e_3 + e_4 + e_5, e_3 + e_4 + e_6\}$,

$\Phi_s^- = \{e_1 - e_3, e_2 - e_4, e_2 + e_5 + e_6, e_1 + e_2 + e_5, e_1 + e_2 + e_6\}$,

$\Phi_{s,\alpha}^+ = \{e_2 - e_5, e_2 - e_6, e_1 + e_2 + e_4, e_2 + e_4 + e_5, e_2 + e_4 + e_6\}$,

$\Phi_{s,\alpha}^- = \{e_1 - e_2, e_3 - e_4, e_3 + e_5 + e_6, e_1 + e_3 + e_5, e_1 + e_3 + e_6\}$,

and

$\Phi_r^+ = \{e_1 - e_4, e_2 - e_4, e_1 + e_2 + e_5, e_2 + e_5 + e_6, e_1 + e_5 + e_6\}$,

$\Phi_r^- = \{e_3 - e_5, e_4 - e_6, e_1 + e_3 + e_4, e_2 + e_3 + e_4, e_3 + e_4 + e_6\}$,

$\Phi_{r,\alpha}^+ = \{e_1 - e_5, e_2 - e_5, e_1 + e_2 + e_4, e_1 + e_4 + e_6, e_2 + e_4 + e_6\}$,

$\Phi_{r,\alpha}^- = \{e_3 - e_4, e_5 - e_6, e_1 + e_3 + e_5, e_2 + e_3 + e_5, e_3 + e_5 + e_6\}$.

Let $\lambda_{0,b}$ denoted $\lambda_{0,b}^c$ as mentioned as above. By (3.3), we obtain

$$\lambda_{0,b}=\frac{1}{2}((1+\mu_r)\gamma_1+|\mu_r+\mu_s|\gamma_3+(1+\mu_r)\gamma_5)+\gamma_6. \qquad (4.3.1)$$

By (1.1) (putting $\Sigma^+=\Delta^+$ and $S=S_2$), we have

$$\langle e_3-e_4, \Lambda_b\rangle=\eta^+_{s,r}-\mu^+_{s,r}, \langle e_2-e_5, \Lambda_b\rangle=\eta^+_{s,r}+\mu^+_{s,r} \qquad (4.3.2)$$

where $\eta^+_{s,r}=\frac{1}{2}|\mu_r+\mu_s|$ and $\mu^+_{s,r}=\frac{1}{2}(\mu_r+\mu_s)$.

For convenience, for $q\subset I'$, we write $\mathfrak{I}_q$ for $\mathfrak{I}_q(\lambda_{0,b})$, and we write $\mathfrak{R}_q$ for $\mathfrak{R}_q(\lambda_{0,b})$ where $\lambda_{0,l}$ is given by (4.3.1).

Clearly, $\Pi_{K,\Lambda_b}\supset\{e_1-e_2, e_5-e_6, e_4+e_5+e_6\}$. It is easily verified that $\Sigma_{-1+2}(\lambda_{0,b})^*=\{(e_3-e_5, \eta^+_{s,r}), (e_3+e_4+e_6, 1+\eta^+_{s,r}), (e_1+e_3+e_4, 2+2\eta^+_{s,r}+\mu^+_{s,r}))\}$. Clearly, (3.10) holds.

It is easily shown that $\mathfrak{R}(\lambda_{0,b})^{\cong}=\{\Lambda\in\mathfrak{R}(\lambda_{0,b})^p|\langle\Lambda, e_3-e_4\rangle=\langle\Lambda, e_2-e_5\rangle=0\}$.

(1) Assume that $\langle\Lambda(\lambda_0), e_2-e_5\rangle\neq0$ and $\langle\Lambda(\lambda_0), e_3-e_4\rangle=0$.

Then $\Lambda\in\mathfrak{R}(\lambda_{0,b})^{\not\cong}$. By (4.3.2), it is easily shown that (μ_s, μ_r) must be (1, 1), (0, 1) or (1, 0).

Clearly we have $\Phi^{+\perp}_{s,b}=\emptyset$ and $\Phi^{+\perp}_{r,b}=\emptyset$, so we have $\nu^{-\perp}_{s,b}=\nu^{-}_{r,b}=[2, 1, 0]$. Thus if $(\mu_s, \mu_r)=(1, 1)$(resp. (0, 1),(1, 0)), then

$$(a_0, b_0)=(0, 0)\text{(resp. }(1, 0),(0, 1))\text{ if }\Lambda=\Lambda_b$$

Hence, by Lemma 4.1, $\mathfrak{R}(\lambda_{0,b})^p=\emptyset$ for case (1).

(2) Assume that $\langle\Lambda(\lambda_0), e_3-e_4\rangle\neq0$ and $\langle\Lambda(\lambda_0), e_2-e_5\rangle=0$.

For this case, $\Lambda\in\mathfrak{R}(\lambda_{0,b})^{\not\cong}$. By (4.3.2), (μ_s, μ_r) must be $(-1, -1)$, $(-1, 0)$ or $(0, -1)$

Clearly we have $\Phi^-_{s,b}=\Phi^{-\perp}_{s,b}=\{e_1-e_2\}$ and $\Phi^{-\perp}_{r,b}=\{e_5-e_6\}$. Thus it is easily shown that if $\Lambda=\Lambda_b$, then $a_0=a^*=\nu^{+\perp}_{s,b}=[2, 3, 4]$ and $b_0=\nu^{+\perp}_{r,b}=[2, 3, 4]$. Similarly we obtain

$$a_0=a^*=[0, 1, 2]\text{ and }b_0=[2, 1, 0]\text{ if }\Lambda\in\mathfrak{R}_1$$

$$a_0=a^*=[2, 3, 4]\text{ and }b_0=[2, 3, 4]\text{ if }\Lambda\in\mathfrak{R}_3,$$

$$a_0=[2, 1, 0], a^*=[2, 3, 4]\text{ and }b_0=[0, 1, 2]\text{ if }\Lambda\in\mathfrak{R}_5,$$

$$a_0=[2, 3, 2], a^*=[2, 3, 4]\text{ and }b_0=[2, 3, 2]\text{ if }\Lambda\in\mathfrak{R}_6.$$

Hence all cases where $\lambda_0\in\mathfrak{I}(\lambda_{0,b})^{\not\cong}$ are obtained in the following Table 3. A. 1.

Table 3. A. 1

λ_0	(μ_s, μ_r)	(a_0, b_0)	(a^*, b^*)	κ_0^1
$\mathfrak{I}_\emptyset, \mathfrak{I}_3, \mathfrak{I}_6$	(−1, −1)	(2, 2)	(2, 2)	8, 10, 4
$\mathfrak{I}_\emptyset, \mathfrak{I}_3, \mathfrak{I}_6$	(0, −1)	(3, 2)	(3, 2)	7, 9, 3
$\mathfrak{I}_1$	(0, −1)	(1, 2)	(1, 2)	5
$\mathfrak{I}_\emptyset, \mathfrak{I}_3, \mathfrak{I}_6$	(−1, 0)	(2, 3)	(2, 3)	7, 9, 3
$\mathfrak{I}_5$	(−1, 0)	(2, 1)	(2, 1)	5

By Table 3. A. 1, we have $\mathfrak{R}(\lambda_{0,b})^{\times}=\emptyset$. Obviously, $(sign(a^*(\Lambda_b)), sign(b^*(\Lambda_b)))=(+,+)$, so by the results given above, $\mathfrak{R}(\lambda_{0,b})^{\vdash}=\emptyset$. Clearly $\bar{\omega}_s^+(\Lambda_b)=\bar{\omega}_r^+(\Lambda_b)=0$, so it is easily shown that the assumptions (1)-(4) hold in Proposition 2. 1 for Λ_b and with $(sign(a_0(\Lambda_b)), sign(b_0(\Lambda_b)))$. Thus, the assumptions (T1)-(T3) hold in Proposition 4. 1. Hence, by Propsition 4. 1 the statement A(I) (i) holds in Theorem 1. 1 for all $\lambda_0\in\mathfrak{I}(\lambda_{0,b})^{\not\cong}$.

Thus, by Corollary 2. 6 (ii), the statement A(I) holds in Theorem 1. 1 for all $\lambda_0\in\mathfrak{I}(\lambda_{0,b})^{\not\cong}$ except λ_0 in Table 3. A. 3.

(3) Assume that $\Lambda\in\mathfrak{R}(\lambda_{0,b})^{\cong}$.

Then $\Lambda\in\mathfrak{R}_\emptyset\cup\mathfrak{R}_1\cup\mathfrak{R}_5\cup\mathfrak{R}_6$ with $(\mu_s,\mu_r)=(1,-1),(0,0)$ or $(-1,1)$.

Clearly we have $\Phi_{s,b}^{+,\perp}=\{e_2-e_6, e_2+e_4+e_5\}$ and $\Phi_{s,b}^{-,\perp}=\{e_1-e_2, e_1+e_3+e_6\}$, so we obtain $\nu_{s,b}^{+,\perp}=[6, 5, 4]$ and $\nu_{s,b}^{-,\perp}=[4, 5, 6]$. Then we have $a_0=[4, 5, 4]$ if $\Lambda=\Lambda_b\in\mathfrak{R}_\emptyset$. It is easily shown that $\Phi_{r,b}^{+,\perp}=\{e_1-e_5, e_1+e_4+e_6\}$ and $\Phi_{r,b}^{-,\perp}=\{e_5-e_6, e_2+e_3+e_5\}$, so $\nu_{r,b}^{-,\perp}=[4, 5, 6]$ and $\nu_{r,b}^{+,\perp}=[6, 5, 4]$. Then we have $b_0=[4, 5, 4]$ if $\Lambda=\Lambda_b\in\mathfrak{R}_\emptyset$. Similarly we have

$$a_0=[0, 1, 2] \text{ and } b_0=[2, 1, 0] \text{ if } \Lambda\in\mathfrak{R}_1,$$

$$a_0=[2, 1, 0] \text{ and } b_0=[0, 1, 2] \text{ if } \Lambda\in\mathfrak{R}_5,$$

$$a_0=[2, 3, 2] \text{ and } b_0=[2, 3, 2] \text{ if } \Lambda\in\mathfrak{R}_6,$$

$$a_0=[0, 1, 0] \text{ and } b_0=[0, 1, 0] \text{ if } \Lambda\in\mathfrak{R}_{1,5} \text{ or } \mathfrak{R}_{1,5,6},$$

$$a_0=[0, 1, 2] \text{ and } b_0=[2, 1, 0] \text{ if } \Lambda\in\mathfrak{R}_{1,6},$$

$$a_0=[2, 1, 0] \text{ and } b_0=[0, 1, 2] \text{ if } \Lambda\in\mathfrak{R}_{5,6}.$$

Clearly, $\Lambda_b\perp\Delta_K$. We have $\Psi_{r,\alpha}^{+,\perp}=\{-e_5+e_6, -e_2-e_3-e_5, e_1-e_5, e_1+e_4+e_6\}$. Thus since $\#(\Psi_r^-)=10$ and $\#(\Phi_r^-)=5$, by (2. 21) we obtain

$$b_b^{\pm<}=5-2\mp(\mu_r-10+2\times 5)-2\times 4=3\mp\mu_r-8=-5\mp\mu_r.$$

Clearly we have $\Psi_s^{-\succ}(\Lambda_b-\alpha_s+\alpha_r)=\Xi$ where $\Xi=\{-e_2+e_6,\ -e_2-e_4-e_5,\ e_1-e_2,\ e_1+e_3+e_6\}$. Thus, since $\#(\Psi_s^-)=10$ and $\#(\Phi_s^-)=5$, by (2.22) we obtain

$$a_b^{\pm\prec}=11-2\mp(\mu_s-10+2\times5)-10-4=-5\mp\mu_s.$$

Obviously we have $\Psi_r^{+\perp\succ}(\Lambda_1+\alpha_r)=\Psi_{r,\alpha}^{+\perp}$ and $\Psi_r^{-\perp\succ}(\Lambda_1-\alpha_r)=\{e_5-e_6,\ e_2+e_3+e_5\}$. Thus by (2.11), we obtain

$b^{+\prec}(\Lambda_1)=3-\mu_r-2\times4=-5-\mu_r$ and $b^{-\prec}(\Lambda_1)=3+\mu_r-2\times2=-1+\mu_r$.

We have $\Psi_s^{-\succ}(\Lambda_1-\alpha_s)=\Psi_{s,\alpha}^-\setminus\{-e_1-e_2-e_4\}$ and $\Psi_s^{-\succ}(\Lambda_1-\alpha_s+\alpha_r)=\Xi\cup(e_1+e_3+e_6\}$. Thus by (2.11), we obtain

$$a^{-\prec}(\Lambda_1)=11-2+(\mu_s-10+2\times5))-9-5=-5+\mu_s.$$

Similarly we have

$$a^{+\prec}(\Lambda_1)=11-2-(\mu_s-10+2\times5)-7-3=-1-\mu_s.$$

A similar argument shows that

$$b^{+\prec}(\Lambda_5)=-1-\mu_r \text{ and } a^{-\prec}(\Lambda_5)=-1+\mu_s,$$
$$b^{-\prec}(\Lambda_5)=-5+\mu_r \text{ and } a^{+\prec}(\Lambda_5)=-5-\mu_s,$$
$$b^{+\prec}(\Lambda_6)=-3-\mu_r \text{ and } a^{-\prec}(\Lambda_6)=-3+\mu_s,$$
$$b^{-\prec}(\Lambda_6)=-3+\mu_r \text{ and } a^{+\prec}(\Lambda_6)=-3-\mu_s,$$
$$b^{-\prec}(\Lambda_{1,6})=-1+\mu_r \text{ and } a^{+\prec}(\Lambda_{1,6})=-1-\mu_s,$$
$$b^{-\prec}(\Lambda_{1,5,6})=-1+\mu_r \text{ and } a^{+\prec}(\Lambda_{1,5,6})=-3-\mu_s,$$
$$b^{\pm\prec}(\Lambda_{5,6})=-1\mp\mu_r \text{ and } a^{\pm\prec}(\Lambda_{5,6})=-1\mp\mu_s,$$
$$b^{+\prec}(\Lambda_{1,6})=-3+\mu_r \text{ and } a^{-\prec}(\Lambda_{1,6})=-3+\mu_s,$$
$$b^{\pm\prec}(\Lambda_{1,5})=-1\mp\mu_r \text{ and } a^{\pm\prec}(\Lambda_{1,5})=-1\mp\mu_s,$$
$$b^{+\prec}(\Lambda_{5,6})=-3-\mu_r \text{ and } a^{-\prec}(\Lambda_{5,6})=-1+\mu_s.$$

Summarizing above results, all cases where $\lambda_0\in\mathfrak{J}(\lambda_{0,b})^{\cong}$ obtained in the following Table 3. A. 2.

Table 3. A. 2

λ_0	(μ_s,μ_r)	(a_0,b_0)	$(a^{\prec},b^{\prec})$	$(a^{\succ},b^{\succ})$	$(a^{\times},b^{\times})$	κ_0^1
$\mathfrak{J}_{\emptyset}$	(1, −1)	(4, 4)	(4, 4)	(6, 6)	(10, 6)	6
$\mathfrak{J}_1,\mathfrak{J}_6$	(1, −1)	(2, 2)	(2, 2)	(4, 4)	(6, 2)	4, 2
$\mathfrak{J}_{\emptyset}$	(0, 0)	(5, 5)	(5, 5)	(5, 5)	(11, 5)	6
$\mathfrak{J}_1,\mathfrak{J}_5$	(0, 0)	(1, 1)	(1, 1)	(5, 5)	(5, 1)	4, 4

续表

λ_0	(μ_s, μ_r)	(a_0, b_0)	$(a^<, b^<)$	$(a^>, b^>)$	$(a^\times, b^\times)$	κ_0^1
$\mathfrak{J}_6$	(0, 0)	(3, 3)	(3, 3)	(3, 3)	(5, 3)	2
$\mathfrak{J}_\emptyset$	(−1, 1)	(4, 4)	(4, 4)	(6, 6)	(10, 6)	6
$\mathfrak{J}_5, \mathfrak{J}_6$	(−1, 1)	(2, 2)	(2, 2)	(4, 4)	(6, 2)	6, 2
$\mathfrak{J}_{1,6}$	(−1, 1)	(2, 2)	(2, 2)	(2, 2)	(4, 2)	2
$\mathfrak{J}_{1,6}, \mathfrak{J}_{1,5}$	(0, 0)	(1, 1)	(1, 1)	(1, 1)	(3, 1)	2,4
$\mathfrak{J}_{5,6}, \mathfrak{J}_{1,5,6}$	(0, 0)	(1, 1)	(1, 1)	(1, 1)	(3, 1)	2,2
$\mathfrak{J}_{5,6}$	(−1, 1)	(2, 2)	(2, 2)	(2, 2)	(4, 2)	2

Using Table 3. A. 1 and 3. A. 2, by Corollary 2. 6 (ii) and Remark 4. 1, all cases where E_0 are irregular are obtained in the following Table 3. A. 3.

Table 3. A. 3

λ_0	(μ_s, μ_r)	(a, b_0)	κ_0^1	case	ir. r	p. i. u(a, b)
$\mathfrak{J}_6$	(−1, 0)	(2, 3)	3	(2)	[4]	/
$\mathfrak{J}_6$	(0, −1)	(3, 2)	3	(2)	[3]	/
$\mathfrak{J}_\emptyset$	(1, −1), (−1, 1)	(4, 4)	6	(3)	[1]	/
*	(1, −1), (−1, 1)	(2, 2)	2	(3)	[6]	(4, 2)
$\mathfrak{J}_\emptyset$	(0, 0)	(5, 5)	6	(3)	[2]	(11, 5)
$\mathfrak{J}_6$	(0, 0)	(3, 3)	2	(3)	[5]	(5, 3)

* means $\mathfrak{J}_6$, $\mathfrak{J}_{1,6}$ or $\mathfrak{J}_{5,6}$.

Put $\xi = -\xi'$. It is easily shown that the assumptions (R1)-(R4) hold in Proposition 4. 2. Thus, by Table 3. A. 3 and Table 3. A. 4, a similar argument as used in case (2. B)(2) shows that the statement A(I) holds in Theorem 1. 1 for all λ_0 given by Table 3. A. 2 and Table 3. A. 3.

Combining the results of cases (1)-(3), the statement A(I) holds in Theorem 1. 1 for all $\lambda_0 \in \mathfrak{J}(\lambda_{0,b})^p$, so staement A(I) holds in Theorem 1. 1 for (Π, Π_0, S_2) given by case (3. A), (i. e for the case (3. A).

Case 4. θ_C with $\epsilon_C = (1, 1, 0, 1, 0, 1)$

Let Π_K denote Π_C as mentioned above. We have

$$\Pi_K = \{e_1 - e_2, e_2 - e_4, e_4 - e_6, e_4 + e_5 + e_6, e_3 - e_5\}.$$

Clearly $\mathbb{S}(\theta_C)=\{\{\alpha_2, \alpha_5\}, \{\alpha_3, \alpha_5\}, \{\alpha_2, \alpha_4\}\}$.

(4. A) Let $S_2=\{\alpha_s=\alpha_2=e_2-e_3, \alpha_r=\alpha_5=e_5-e_6\}$.

Let $(\Pi, \overline{\Pi}_0, \overline{S}_2)$ be the normal triple given by the case (4. A) and (Π, Π_0, S_2) be the normal triple given by the case (2. B). Clearly for the case (2. B), $\Pi_s=\{\alpha_1, \alpha_3\}$ and $\Pi_r=\{\alpha_4\}$ where α_1 is black and α_3, α_4 are white for the case (2. B), but α_1 is white and α_3, α_4 are black for the case (4. A.). Thus, since $\bar{\alpha}_s=\alpha_2=\alpha_s$ and $\bar{\alpha}_r=\alpha_5=\alpha_r$, $(\Pi, \overline{\Pi}_0, \overline{S}_2)$ is Υ-equivalent to (Π, Π_0, S_2) with $\Upsilon=w_r w_s$. By Corollary 3. 5, Theorem 1. 1 can be shown for case (4. A) directly because Theorem 1. 1 has been shown for case (2. B).

(4. B) Let $S_2=\{\alpha_s=\alpha_3=e_3-e_4, \alpha_r=\alpha_5=e_5-e_6\}$.

It is easy to see that $C(S_2)=\{\alpha_4\}$ and $\beta_0=e_4-e_5=\alpha_4$. We have

$\Phi_s^+=\{e_1-e_3, e_2-e_3, e_4-e_5, e_1+e_2+e_4, e_1+e_4+e_6, e_2+e_4+e_6\}$,

$\Phi_s^-=\{e_3-e_6, e_1+e_3+e_5, e_2+e_3+e_5, e_3+e_5+e_6\}$,

$\Phi_{s,\alpha}^+=\{e_1-e_4, e_2-e_4, e_3-e_5, e_1+e_2+e_3, e_1+e_3+e_6, e_2+e_3+e_6\}$,

$\Phi_{s,\alpha}^-=\{e_4-e_6, e_1+e_4+e_5, e_2+e_4+e_5, e_4+e_5+e_6\}$.

and

$\Phi_r^+=\{e_1-e_5, e_2-e_5, e_4-e_5, e_1+e_2+e_6, e_1+e_4+e_6, e_2+e_4+e_6\}$,

$\Phi_r^-=\{e_3-e_6, e_1+e_3+e_5, e_2+e_3+e_5, e_3+e_4+e_5\}$,

$\Phi_{r,\alpha}^+=\{e_1-e_6, e_2-e_6, e_4-e_6, e_1+e_2+e_5, e_1+e_4+e_5, e_2+e_4+e_5\}$,

$\Phi_{r.\alpha}^-=\{e_3-e_5, e_1+e_3+e_6, e_2+e_3+e_6, e_3+e_4+e_6\}$.

Let $\lambda_{0,b}$ denote $\lambda_{0,b}^c$ as mentioned as above. By (3. 3), we have

$$\lambda_{0,b}=\gamma_1+\frac{1}{2}((1-\mu_s)\gamma_2+|\mu_s-\mu_r|\gamma_4+(1+\mu_s)\gamma_6). \tag{4. 4. 1}$$

Thus by (1. 1) (putting $\Sigma^+=\Delta^+$ and $S=S_2$), it is easy to see that

$$\langle e_4-e_6, \Lambda_b\rangle=\eta_{s,r}^--\mu_{s,r}^-, \langle e_3-e_5, \Lambda_b\rangle=\eta_{s,r}^-+\mu_{s,r}^-, \tag{4. 4. 2}$$

where $\eta_{s,r}^-=\frac{1}{2}|\mu_s-\mu_r|$ and $\mu_{s,r}^-=\frac{1}{2}(\mu_s-\mu_r)$.

For convenience, for $q\subset I'$, we write $\mathfrak{I}_q$ for $\mathfrak{I}_q(\lambda_{0,b})$, and we write $\mathfrak{R}_q$ for $\mathfrak{R}_q(\lambda_{0,b})$ where $\lambda_{0,b}$ is given by (4. 4. 1).

We have $\Pi_{K,\Lambda_b}\supset\{e_1-e_2, e_2-e_4, e_4+e_5+e_6\}$. It is clear that $\Sigma_{-1+2}(\lambda_{0,b})^*=\{(e_4-e_6, \eta_{s,r}^-), (e_2+e_4+e_5, 1+\eta_{s,r}^-), (e_1+e_4+e_5, 2+\eta_{s,r}^-)\}$. Clearly, (3. 10) holds.

It is easily shown that $\mathfrak{R}(\lambda_{0,b})^{\cong}=\{\Lambda\in\mathfrak{R}(\lambda_{0,b})^{p}\mid\langle\Lambda, e_4-e_6\rangle=\langle\Lambda, e_3-e_5\rangle=0\}$.

(1) Assume that $\langle\Lambda(\lambda_0), e_4-e_6\rangle=0$ and $\langle\Lambda(\lambda_0), e_3-e_5\rangle\neq0$.

Then $\Lambda\in\mathfrak{R}(\lambda_{0,b})^{\ncong}$. By (4.4.2), (μ_s, μ_r) must be $(0, -1)$, $(1, 0)$ or $(1, -1)$. We have $\Phi_{s,b}^{+}=\{e_1-e_4, e_2-e_4\}$, $\Phi_{s,b}^{-\perp}=\{e_4+e_5+e_6\}$ and $\Phi_{r,b}^{+\perp}=\varnothing$. Hence when $\Lambda=\Lambda_b\in\mathfrak{R}_{\varnothing}$, we obtain $a_0=[2, 3, 4]$, $a^*=[6, 5, 4]$ and $b_0=[0, 1, 2]$. Similarly we obtain

$$a_0=a^*=[2, 3, 2] \text{ and } b_0=[0, 1, 2] \text{ if } \Lambda\in\mathfrak{R}_1,$$

$$a_0=a^*=[2, 1, 0] \text{ and } b_0=[0, 1, 2] \text{ if } \Lambda\in\mathfrak{R}_2,$$

$$a_0=a^*=[2, 3, 4] \text{ and } b_0=[0, 1, 0] \text{ if } \Lambda\in\mathfrak{R}_4,$$

$$a_0=a^*=[0, 1, 2] \text{ and } b_0=[0, 1, 2] \text{ if } \Lambda\in\mathfrak{R}_6.$$

Then all cases where $\lambda_0\in\mathfrak{J}(\lambda_{0,b})^{\ncong}$ for case (1) are obtained in the following Table 4. B. 1.

Table 4. B. 1

λ_0	(μ_s, μ_r)	(a_0, b_0)	(a^*, b^*)	κ_0^1
$\mathfrak{J}_{\varnothing}$, $\mathfrak{J}_4$	(1, 0)	(4, 1)	(4, 1)	7. 9
$\mathfrak{J}_1$, $\mathfrak{J}_6$	(1, 0)	(2, 1)	(2, 1)	5, 3

Clearly $\mathfrak{R}(\lambda_{0,b})^{\times}=\Phi$. Obviously, $(sign(a^*(\Lambda_b)), sign(b^*(\Lambda_b)))=(-, +)$. It is easy to see that for $\Lambda\in\mathfrak{R}_1\cup\mathfrak{R}_6$, $a_0(\Lambda)=\nu_s^-(\Lambda)$ when $\mu_s=1$. Thus by the results given above $\mathfrak{R}(\lambda_{0,b})^{\vdash}=\{\mathfrak{R}_4\}$ for this case. Clearly $\bar{\omega}_r^+(\Lambda_b)=0$ and $\bar{\omega}_s^+(\Lambda_b)=e_1+e_5+e_6$, so the assumptions (1)−(4) hold in Proposition 2. 1 for $\Lambda=\Lambda_b$ with $(sign(a_0(\Lambda_b)), sign(b_0(\Lambda_b)))=(+, -)$. For $\Lambda\in\mathfrak{R}_4$, we have $\bar{\omega}_s^-(\Lambda)=e_4+e_5+e_6$ and $\bar{\omega}_r^+(\Lambda)=0$, so the assumptions (1)−(4) hold in Proposition 2. 1. Combining above results, the assumptions (T1)−(T3) hold in Proposition 4. 1.

(2) Assume that $\langle\Lambda(\lambda_0), e_3-e_5\rangle=0$ and $\langle\Lambda(\lambda_0), e_4-e_6\rangle\neq0$.

Then $\Lambda\in\mathfrak{R}(\lambda_{0,b})^{\ncong}$. By (4.4.2), (μ_s, μ_r) must be $(-1, 0)$, $(0, 1)$ or $(-1, 1)$ We have $\Phi_{s,b}^{-}=\Phi_{s,b}^{-\perp}=\{e_4+e_5+e_6\}$ and $\Phi_{r,b}^{+\perp}=\varnothing$, so we obtain

$$a_0=a^*=[2, 3, 4] \text{ and } b_0=[2, 1, 0] \text{ if } \Lambda=\Lambda_b\in\mathfrak{R}_{\varnothing}$$

Similarly we obtain

$a_0=a^*=[2, 3, 2]$ and $b_0=b^*=[2, 1, 0]$ if $\Lambda\in\mathfrak{R}_1$,

$a_0=a^*=[2, 1, 0]$ and $b_0=b^*=[2, 1, 0]$ if $\Lambda\in\mathfrak{R}_2$,

$a_0=a^*=[2, 3, 4]$ and $b_0=b^*=[0, 1, 0]$ if $\Lambda\in\mathfrak{R}_4$,

$a_0=a^*=[0, 1, 2]$ and $b_0=[2, 1, 0]$ if $\Lambda\in\mathfrak{R}_6$.

Thus we obtain all cases where $\lambda_0\in\mathfrak{J}(\lambda_{),b})^{\not\cong}$ for case (2) are obtain in the Table 4. B. 2.

Table 4. B. 2

λ_0	(μ_s, μ_r)	(a_0, b_0)	(a^*, b^*)	κ_0^1
$\mathfrak{J}_\emptyset$, $\mathfrak{J}_1$	(−1, 0)	(2, 1)	(2, 1)	7, 5
$\mathfrak{J}_2$, $\mathfrak{J}_4$	(−1, 0)	(2, 1)	(2, 1)	3, 9

It is easy to see that $\mathfrak{R}(\lambda_{0,b})^\times=\emptyset$. Clearly, $(sign(a^*(\Lambda_b)), sign(b^*(\Lambda_b)))=(+, -)$. Clearly, for $\Lambda\in\mathfrak{R}_1\cup\mathfrak{R}_2$, we have $a_0(\Lambda)=\nu_s^+(\Lambda)$ when $\mu_s=-1$. Thus, by the resuls given above, we have $\mathfrak{R}(\lambda_{0,b})^\vdash=\emptyset$ for this case. Obviously, we have $\bar{\omega}_r^-(\Lambda_b)=e_3+e_4+e_6$ and $\bar{\omega}_3^+(\Lambda)=e_1-e_4$. Therefore, it is easily shown that the assumptions (1)−(4) hold in Proposition 2. 1 for $\Lambda=\Lambda_b$ with $(sign(a_0(\Lambda_b)), sign(b_0(\Lambda_b)))=(+, -)$. Thus, the assumptions (T1)−(T3) hold in Proposition 4. 1.

Combining the results mentioned above for cases (1) and (2), the assumptions (T1)−(T3) hold in Proposition 4. 1.

Thus, by Proposition 4. 1, the statement A(I)(i) holds in Theorem 1. 1 for all $\lambda_0\in\mathfrak{J}(\lambda_{0,b})^{\not\cong}$.

Hence, by Corollary 2. 6 (ii), the statement A(I) holds in Theorem 1. 1 for all $\lambda_0\in\mathfrak{J}(\lambda_{0,b})^{\not\cong}$ except λ_0 in Table 4. B. 4.

(3) Assume that $\Lambda\in\mathfrak{R}(\lambda_0)^{\cong}$.

Then $\Lambda\in\mathfrak{R}_1\cup\mathfrak{R}_2\cup\mathfrak{R}_6$ with $(\mu_s, \mu_r)=(-1, -1)$, $(0, 0)$ or $(1, 1)$.

We have $\Phi_{s,b}^{-\perp}=\{e_4+e_5+e_6\}$, $\Phi_{s,b}^{+\perp}=\{e_1-e_4, e_2-e_4, e_1+e_2+e_3\}$, and $\Psi_{r,b}^{-\perp}=\{e_3+e_4+e_6\}$. Hence, we obtain $a_0=[2, 3, 4]$ and $b_0=[2, 3, 4]$ when $\Lambda=\Lambda_b\in\mathfrak{R}_\emptyset$. Similarly we obtain

$a_0=[2, 3, 2]$ and $b_0=[2, 3, 2]$ if $\Lambda\in\mathfrak{R}_1$,

$a_0=[2, 1, 0]$ and $b_0=[2, 1, 0]$ if $\Lambda\in\mathfrak{R}_2$,

$$a_0=[0, 1, 2] \text{ and } b_0=[0, 1, 2] \text{ if } \Lambda\in\mathfrak{R}_6,$$
$$a_0=[2, 1, 0] \text{ and } b_0=[2, 1, 0] \text{ if } \Lambda\in\mathfrak{R}_{1,2},$$
$$a_0=[0, 1, 2] \text{ and } b_0=[0, 1, 2] \text{ if } \Lambda\in\mathfrak{R}_{1,6},$$
$$a_0=[0, 1, 0] \text{ and } b_0=[0, 1, 0] \text{ if } \Lambda\in\mathfrak{R}_{2,6} \text{ or } \mathfrak{R}_{1,2,6}.$$

Clearly, $\Lambda_b\perp\Delta_K$. We have $\Psi_{r,\alpha}^{-\perp}=\{e_3+e_4+e_6, -e_2+e_6, -e_2+e_6, -e_1-e_2-e_5\}$. Thus, since $\#(\Psi_r^-)=10$ and $\#(\Phi_r^-)=4$, by (2.21), we obtain

$$b_b^{+<}=5-2-(\mu_r-10+2\times4)-2\times4=-3-\mu_r,$$
$$b_b^{-<}=5-2+(\mu_r-10+2\times4)-2\times4=-7+\mu_r.$$

Clearly we have $\Psi_s^{->}(\Lambda_b-\alpha_s-\alpha_r)=\Xi$ where $\Xi=\{e_4+e_5+e_6, -e_1+e_4, -e_2+e_4, -e_1-e_2-e_3\}$. Thus, since $\#(\Psi_s^-)=10$ and $\#(\Phi_s^-)=4$, by (2.22), we obtain

$$a_b^{+<}=11-2-(\mu_s-10+2\times4)-10-4=9-(\mu_s-2)-14=-3-\mu_s,$$
$$a_b^{-<}=9+(\mu_s-2)-10-4=-7+\mu_s.$$

Obviously we have $\Psi_r^{-\perp>}(\Lambda_1-\alpha_r)=\{e_3+e_4+e_6, -e_2+e_6\}$ and $\Psi_r^{+\perp>}(\Lambda_1+\alpha_r)=\Psi_{r,\alpha}^{+}$. Thus, by (2.11), we obtain

$$b^{-<}(\Lambda_1)=5-2+(\mu_r-10+2\times4)-2\times2=3+(\mu_r-2)-4=-3+\mu_r,$$
$$b^{+<}(\Lambda_1)=3-(\mu_r-2)-2\times4=-3-\mu_r.$$

Obviously we have $\Psi_s^{->}(\Lambda_1-\alpha_s)=\Psi_{s,\alpha}^{-}\backslash\{-e_1+e_4, -e_1-e_2-e_3, -e_1-e_3-e_6\}$ and $\Psi_s^{->}(\Lambda_1-\alpha_s-\alpha_r)=\{e_1+e_4+e_5, e_4+e_5+e_6, -e_2+e_4\}$. Thus by (2.10), we obtain

$$a^{-<}(\Lambda_1)=11-2+(\mu_s-10+2\times4)-7-3=-3+\mu_s.$$

Similarly we have

$$a^{+<}(\Lambda_1)=11-2-(\mu_s-10+2\times4)-9-5=-3-\mu_s$$

A similar argument shows that

$$b^{-<}(\Lambda_2)=-1+\mu_r \text{ and } a^{+<}(\Lambda_2)=-3-\mu_s,$$
$$b^{+<}(\Lambda_2)=-3-\mu_r \text{ and } a^{-<}(\Lambda_2)=-1+\mu_s,$$
$$b^{-<}(\Lambda_6)=-5+\mu_r \text{ and } a^{+<}(\Lambda_6)=-1-\mu_s,$$
$$b^{+<}(\Lambda_6)=-1-\mu_r \text{ and } a^{-<}(\Lambda_6)=-5+\mu_s,$$
$$b^{+<}(\Lambda_{1,2})=-3-\mu_r \text{ and } a^{+<}(\Lambda_{1,2})=-3-\mu_s,$$
$$b^{-<}(\Lambda_{1,2})=-1+\mu_r \text{ and } a^{-<}(\Lambda_{1,2})=-1+\mu_s,$$
$$b^{+<}(\Lambda_{1,6})=-1-\mu_r \text{ and } a^{+<}(\Lambda_{1,6})=-1-\mu_s,$$

$$b^{-<}(\Lambda_{1,6})=-3+\mu_r \text{ and } a^{-<}(\Lambda_{1,6})=-3+\mu_s,$$

$$b^{\pm<}(\Lambda_{2,6})=b^{\pm<}(\Lambda_{1,2,6})=-1\mp\mu_r \text{ and } a^{\pm<}(\Lambda_{2,6})=a^{\pm<}(\Lambda_{1,2,6})=-1\mp\mu_s.$$

Summarizing above results, all cases where $\lambda_0\in\mathfrak{J}(\lambda_{0,b})^{\cong}$ are obtained in the following Table 4. B. 3.

Table 4. B. 3

λ_0	(μ_s, μ_r)	(a_0, b_0)	$(a^<, b^<)$	$(a^>, b^>)$	$(a^\times, b^\times)$	κ_0^1
$\mathfrak{J}_\emptyset$	(−1, −1)	(2, 2)	(2, 2)	(8, 8)	(8, 2)	6
$\mathfrak{J}_1$	(−1, −1)	(2, 2)	(2, 2)	(4, 4)	(6, 2)	4
$\mathfrak{J}_2$	(−1, −1)	(2, 2)	(2, 2)	(2, 2)	(4, 2)	2
$\mathfrak{J}_\emptyset$	(0, 0)	(3, 3)	(3, 3)	(7, 7)	(9, 3)	6
$\mathfrak{J}_1$	(0, 0)	(3, 3)	(3, 3)	(3, 3)	(7, 3)	4
$\mathfrak{J}_2$, $\mathfrak{J}_6$	(0, 0)	(1, 1)	(1, 1)	(3, 3)	(3, 1)	2, 2
$\mathfrak{J}_\emptyset$	(1, 1)	(4, 4)	(4, 4)	(6, 6)	(10, 4)	6
$\mathfrak{J}_1$, $\mathfrak{J}_6$	(1, 1)	(2, 2)	(2, 2)	(4, 4)	(6, 2)	4, 2
$\mathfrak{J}_{1,2}$	(−1, −1)	(2, 2)	(2, 2)	(2, 2)	(4, 2)	2
$\mathfrak{J}_{1,2}$, $\mathfrak{J}_{1,6}$	(0, 0)	(1, 1)	(1, 1)	(3, 1)	(3, 1)	2, 2
$\mathfrak{J}_{2,6}$, $\mathfrak{J}_{1,2,6}$	(0, 0)	(1, 1)	(1, 1)	(1, 1)	(3, 1)	2, 2

Using the Table 4. B. 1—4. B. 3, by Corollary 2. 6 (ii) and Remark 4. 1, all cases where E_0 is irregular are obtained in the following Table 4. B. 4.

Table 4. B. 4

λ_0	(μ_s, μ_r)	(a, b_0)	κ_0^1	case	ir. r	p. i. u(a, b)
$\mathfrak{J}_2$	(−1, −1)	(2, 2)	2	(3)	[6]	(2, 4)
$\mathfrak{J}_1$	(0, 0)	(3, 3)	4	(3)	[7]	(7, 3)
$\mathfrak{J}_\emptyset$	(1, 1)	(4, 4)	6	(3)	[1]	/
$\mathfrak{J}_6$	(1, 1)	(2, 2)	2	(3)	[6]	(4, 2)

Put $\xi=\xi'$. It is easily shown that the assumptions (R1)—(R4) hold in Proposition 4. 2. Thus, by Table 3. A. 3 and Table 3. A. 4, a similar argument as used in case (2. B)(2) shows that the statement A(I) holds in Theorem 1. 1 for all λ_0 given by Table 4. B. 3 and Table 4. B. 4.

Combining the results of cases (1)—(3), the statement A(I) holds in

Theorem 1.1 for all $\lambda_0 \in \mathfrak{J}(\lambda_{0,b})^p$, so staement A(I) holds in Theorem 1.1 for (Π, Π_0, S_2) given by case (4.B), (i.e for the case (4.B).

(4.C) Let $S_2 = \{\alpha_s = \alpha_2 = e_2 - e_4, \alpha_r = \alpha_4 = e_4 - e_5\}$.

Let $(\Pi, \overline{\Pi}_0, \overline{S}_2)$ be the normal triple given by case (4.C) and let (Π, Π_0, S_2) be the normal triple given by case (3.A). It is easily shown that $(\Pi, \overline{\Pi}_0, \overline{S}_2)$ is Υ-equivalent to (Π, Π_0, S_2) with $\Upsilon = w_r$. Thus, since Theorem 1.1 is proved for the case (3.A), by Corollary 3.5, Theorem 1.1 is proved for the case (4.C).

Case 5. θ_C with $\epsilon_C = (0, 0, 1, 1, 1, 1)$.

Let Π_K denote Π_C as mentioned above. We have

$\Pi_K = \{e_1 - e_2, e_3 - e_4, e_4 - e_5, e_5 - e_6, e_2 + e_5 + e_6\}$.

Clearly, $\mathbb{S}(\theta_C) = \{\{\alpha_2, \alpha_6\}\}$.

(5.A) Let $S_2 = \{\alpha_s = \alpha_2 = e_2 - e_3, \alpha_r = \alpha_6 = e_4 + e_5 + e_6\}$.

It is easy to see that $C(S_2) = \{\alpha_3\}$ and $\beta_0 = e_3 - e_4 = \alpha_3$. We have

$\Phi_s^+ = \{e_3 + e_4 + e_5, e_3 + e_4 + e_6, e_3 + e_5 + e_6\}$

$\Phi_s^- = \{e_1 - e_3, e_2 - e_4, e_2 - e_5, e_2 - e_6, e_1 + e_2 + e_4, e_1 + e_2 + e_5, e_1 + e_2 + e_6\}$

$\Phi_{s,\alpha}^+ = \{e_2 + e_4 + e_5, e_2 + e_4 + e_6, e_2 + e_5 + e_6\}$

$\Phi_{s,\alpha}^- = \{e_1 - e_2, e_3 - e_4, e_3 - e_5, e_3 - e_6, e_1 + e_3 + e_4, e_1 + e_3 + e_5, e_1 + e_3 + e_6\}$

and

$\Phi_r^+ = \{e_1 - e_4, e_1 - e_5, e_1 - e_6, e_2 - e_4, e_2 - e_5, e_2 - e_6, e_1 + e_2 + e_3\}$,

$\Phi_r^- = \{e_3 + e_4 + e_5, e_3 + e_4 + e_6, e_3 + e_5 + e_6\}$,

$\Phi_{r,\alpha}^+ = \{e_1 + e_5 + e_6, e_1 + e_4 + e_6, e_1 + e_4 + e_5, e_2 + e_5 + e_6, e_2 + e_4 + e_6, e_2 + e_4 + e_5, \alpha_0\}$,

$\Phi_{r,\alpha}^- = \{e_3 - e_6, e_3 - e_5, e_3 - e_4\}$.

Let $\lambda_{0,b}$ denote $\lambda_{0,b}^c$ as mentioned as above. By (3.3), we have

$$\lambda_{0,b} = \frac{1}{2}((1+\mu_s)\gamma_1 + |\mu_s + \mu_r|\gamma_3) + \gamma_4 + \gamma_5. \qquad (4.5.1)$$

Thus by (1.1) (putting $\Sigma^+ = \Delta^+$ and $S = S_2$), we obtain

$$\langle e_3 - e_4, \Lambda_b \rangle = \eta_{s,r}^+ - \mu_{s,r}^+, \quad \langle e_2 + e_5 + e_6, \Lambda_b \rangle = \eta_{s,r}^+ + \mu_{s,r}^+ \qquad (4.5.2)$$

where $\eta_{s,r}^+ = \frac{1}{2}|\mu_s + \mu_r|$ and $\mu_{s,r}^+ = \frac{1}{2}(\mu_s + \mu_r)$.

For convenience, for $q \subset I'$, we write $\mathfrak{J}_q$ for $\mathfrak{J}_q(\lambda_{0,b})$, and we write $\mathfrak{R}_q$ for

$\mathfrak{R}_q(\lambda_{0,b})$ where $\lambda_{0,b}$ is given by (4. 5. 1).

We have $\Pi_{K\Lambda_b} \subset \{e_1 - e_2, e_4 - e_5, e_5 - e_6\}$. It is clear that $\Sigma_{-1+2}(\lambda_{0,b})^* = \{(e_3+e_5+e_6, \eta^+_{s,r}), (e_3+e_4+e_6, 1+\eta^+_{s,r}), (e_3+e_4+e_5, 2+\eta^+_{s,r})\}$. Clearly, (3. 10) holds.

It is easily shown that $\mathfrak{R}(\lambda_{0,b})^{\cong} = \{\Lambda \in \mathfrak{R}(\lambda_{0,b})^p \mid \langle \Lambda, e_3 - e_4 \rangle = \langle \Lambda, e_2 + e_5 + e_6 \rangle = 0\}$.

(1) Assume that $\langle \Lambda(\lambda_0), e_3 - e_4 \rangle \neq 0$ and $\langle \Lambda(\lambda_0), e_2 + e_5 + e_6 \rangle = 0$.

Then $\Lambda \in \mathfrak{R}(\lambda_{0,b})^{\ncong}$. By (4. 5. 2), (μ_s, μ_r) must be $(-1, 0)$, $(0, -1)$ or $(-1, -1)$. Clearly, we have $\Phi^{+\perp}_{s,b} = \emptyset$, $\Phi^-_{s,b} = \{e_1 - e_2\}$ and $\Phi^{-\perp}_{r,b} = \emptyset$. Thus we obtain

$$a_0 = [2, 1, 0],\ a^* = [2, 3, 4] \text{ and } b_0 = [0, 1, 2] \text{ if } \Lambda = \Lambda_b \in \mathfrak{R}_{\emptyset}.$$

Similarly we have

$$a_0 = [2, 1, 0],\ a^* = [2, 3, 4] \text{ and } b_0 = [0, 1, 2] \text{ if } \Lambda = \Lambda_b \in \mathfrak{R}_{\emptyset},$$

$$a_0 = a^* = [0, 1, 0] \text{ and } b_0 = [0, 1, 2] \text{ if } \Lambda \in \mathfrak{R}_1,$$

$$a_0 = a^* = [2, 1, 0] \text{ and } b_0 = [0, 1, 2] \text{ if } \Lambda \in \mathfrak{R}_4 \text{ or } \mathfrak{R}_5$$

Then all cases where $\lambda_0 \in \mathfrak{I}(\lambda_{0,b})^{\ncong}$ are obtained in the following Table 5. A. 1.

Table 5. A. 1

λ_0	(μ_s, μ_r)	(a_0, b_0)	(a^*, b^*)	κ_0^1
$\mathfrak{I}_{\emptyset}$, $\mathfrak{I}_3$	(−1, 0)	(2, 1)	(2, 1)	7, 9
$\mathfrak{I}_4$, $\mathfrak{I}_5$	(−1, 0)	(2, 1)	(2, 1)	3, 5

It is easily shown that $\mathfrak{R}(\lambda_{0,b})^{\times} = \emptyset$. Clearly, $(sign(a^*(\Lambda_b)), sign(b^*(\Lambda_b))) = (+, +)$. Clearlt, for $\Lambda \in \mathfrak{R}_4 \cup \mathfrak{R}_5$, we have $a_0(\Lambda) = \nu_s^+(\Lambda)$ when $\mu_s = -1$, and for $\Lambda \in \mathfrak{R}_1$, we have $a_0(\Lambda) = \nu_s^+(\Lambda)$ when $\mu_s = 0$. Thus, by the results given above, $\mathfrak{R}(\lambda_{0,b})^{\vdash} = \emptyset$ for this case. Obviously, we have $\bar{\omega}_r^+(\Lambda_b) = 0$ and $\bar{\omega}_s^+(\Lambda_b) = e_1 - e_2$. Therefore, it is easy to see that the assumptions (1)−(4) hold in Proposition 2. 1 for $\Lambda = \Lambda_b$ with $(sign(a_0(\Lambda_b)), sign(b_0(\Lambda_b)))$. Thus, the assumptions (T1)−(T3) hold in Proposition 4. 1.

(2) Assume that $\langle \Lambda(\lambda_0), e_2 + e_5 + e_6 \rangle \neq 0$ and $\langle \Lambda(\lambda_0), e_3 - e_4 \rangle = 0$.

Then $\Lambda \in \mathfrak{R}(\lambda_{0,b})^{\ncong}$. By (4. 5. 2), (μ_s, μ_r) must be (1, 0), (0, 1) or

(1, 1). Clearly we have $\Phi_{s,b}^{+}=\Phi_{s,b}^{+\perp}=\emptyset$ and $\Phi_{r,q}^{-\perp}=\emptyset$. Thus we have

$$a_0=a^*=[2, 1, 0] \text{ and } b_0=[0, 1, 2] \text{ if } \Lambda=\Lambda_b\in\mathfrak{R}_{\emptyset},$$

Similarly we obtain

$$a_0=a^*=[2, 1, 0] \text{ and } b_0=[0, 1, 0] \text{ if } \Lambda\in\mathfrak{R}_1,$$

$$a_0=a^*=[2, 1, 0] \text{ and } b_0=[0, 1, 2] \text{ if } \Lambda\in\mathfrak{R}_3, \mathfrak{R}_4 \text{ or } \mathfrak{R}_5.$$

Then all cases where $\lambda_0\in\mathfrak{J}(\lambda_{0,b})^{\neq}$ are obtained in the following Table 5. A. 2.

Table 5. A. 2

λ_0	(μ_s, μ_r)	(a_0, b_0)	(a^*, b^*)	κ_0^1
$\mathfrak{J}_{\emptyset}$, $\mathfrak{J}_3$	(0, 1)	(1, 2)	(1, 2)	7, 9
$\mathfrak{J}_4$, $\mathfrak{J}_5$	(0, 1)	(1, 2)	(1, 2)	3, 5

It is easy to see that $\mathfrak{R}(\lambda_{0,b})^{\times}=\emptyset$. Clearly, $(sign(a^*(\Lambda_b)), sign(b^*(\Lambda_b)))=(-, +)$, so by the results given above, $\mathfrak{R}(\lambda_{0,b})^{\vdash}=\emptyset$ for this case. Obviously, we have $\tilde{\omega}_r^{+}(\Lambda_b)=e_3-e_6$ and $\tilde{\omega}_s^{-}(\Lambda_b)=0$. Therefore, it is easily shown that the assumptions (1)—(4) hold in Proposition 2. 1 for $\Lambda=\Lambda_b$ with $(sign(a_0(\Lambda_b)), sign(b_0(\Lambda_b)))$. Thus the assumptions (T1)—(T3) hold in Proposition 4. 1.

Combining the results mentioned above for cases (1) and (2), by Proposition 4. 1, the statement A(I)(i) holds in Theorem 1. 1 for all $\Lambda\in\mathfrak{R}(\lambda_{0,b})^{\neq}$.

Thus, by Corollary 2. 6 (ii), the statement A(I) holds in Theorem 1. 1 for all $\lambda_0\in\mathfrak{J}(\lambda_{0,b})^{\neq}$ except λ_0 in Table 5. A. 4.

(3) Assume that $\Lambda\in\mathfrak{R}(\lambda_0)^{\cong}$.

Then $\Lambda\in\mathfrak{R}_1\cup\mathfrak{R}_4\cup\mathfrak{R}_5$ with $(\mu_s, \mu_r)=(-1, 1)$, (0, 0) or (1, −1).

Obviously, $\Phi_{s,b}^{+\perp}=\emptyset$ and $\Phi_{s,b}^{-\perp}=\emptyset$. Thus we obtain

$$a_0=[2, 1, 0] \text{ and } b_0=[0, 1, 2] \text{ if } \Lambda=\Lambda_b\in\mathfrak{R}_{\emptyset}.$$

Similarly we obtain

$$a_0=[0, 1, 0] \text{ and } b_0=[0, 1, 2] \text{ if } \Lambda\in\mathfrak{R}_1,$$

$$a_0=[2, 1, 0] \text{ and } b_0=[0, 1, 2] \text{ if } \Lambda\in\mathfrak{R}_4 \text{ or } \mathfrak{R}_5,$$

$$a_0=[2, 1, 0] \text{ and } b_0=[2, 1, 0] \text{ if } \Lambda\in\mathfrak{R}_{4,5},$$

$$a_0=[0, 1, 0] \text{ and } b_0=[0, 1, 0] \text{ if } \Lambda\in\mathfrak{R}_{1,4}, \mathfrak{R}_{1,5} \text{ or } \mathfrak{R}_{1,4,5}.$$

Clearly $\Lambda_b \perp \Delta_K$. We have $\Psi_{r,\alpha}^{+\perp}=\{e_1+e_5+e_6, e_1+e_4+e_6, e_1+e_4+e_5, \alpha_0\}$. Thus since $\#(\Psi_r^-)=10$ and $\#(\Phi_r^-)=3$, by (2.21) we obtain

$$b_b^{+<}=5-2-(\mu_r-10+2\times3)-2\times4=3-(\mu_r-4)-8=-1-\mu_r.$$

Obviously we have $\Psi_s^{->}(\Lambda_b-\alpha_s+\alpha_r)=\Xi$ where $\Xi=\{e_1-e_2, e_1+e_3+e_4, e_1+e_3+e_5, e_1+e_3+e_6\}$. Thus, since $\#(\Psi_s^-)=10$ and $\#(\Phi_s^-)=7$, by (2.22), we obtain

$$a_b^{-<}=11-2+(\mu_s-10+2\times7)-10-4=9+(\mu_s+4)-14=-1+\mu_s.$$

Similarly we obtain

$$b_b^{-<}=-9+\mu_r \text{ and } a_b^{+<}=-9-\mu_s.$$

We have $\Psi_r^{+\perp>}(\Lambda_5+\alpha_r)=\Psi_{r,\alpha}^{+\perp}$. Thus by (2.11), we obtain

$$b^{+<}(\Lambda_5)=3-(\mu_r-4)-2\times4=-1+\mu_r.$$

By computing, we have $\Psi_s^{->}(\Lambda_5-\alpha_s)=\Psi_{s,\alpha}^{-}\backslash\{-e_2-e_4-e_5\}$ and $\Psi_s^{->}(\Lambda_5-\alpha_s+\alpha_r)=\Xi\cup\{e_3-e_6\}$. Thus by (2.11), we obtain

$$a^{-<}(\Lambda_5)=11-2+(\mu_s-10+2\times7)-9-5=-1-\mu_s.$$

Similarly, we have

$$b^{-<}(\Lambda_5)=-5+\mu_r \text{ and } a^{+<}(\Lambda_5)=-5-\mu_s,$$
$$b^{+<}(\Lambda_4)=-1-\mu_r \text{ and } a^{-<}(\Lambda_4)=-1+\mu_s,$$
$$b^{-<}(\Lambda_4)=-3+\mu_r \text{ and } a^{+<}(\Lambda_4)=-3-\mu_s,$$
$$b^{+<}(\Lambda_1)=-1-\mu_r \text{ and } a^{-<}(\Lambda_1)=-3-\mu_s,$$
$$b^{-<}(\Lambda_1)=-1+\mu_r \text{ and } a^{+<}(\Lambda_1)=-3-\mu_s,$$
$$b^{-<}(\Lambda_{4,5})=-3+\mu_r \text{ and } a^{+<}(\Lambda_{4,5})=-3-\mu_s,$$
$$b^{+<}(\Lambda_{4,5})=-1-\mu_r \text{ and } a^{-<}(\Lambda_{4,5})=-1+\mu_s,$$
$$b^{\pm<}(\Lambda_{1,4})=b^{\pm<}(\Lambda_{1,5})=b^{\pm<}(\Lambda_{1,4,5})=-1\mp\mu_r,$$
$$a^{\pm<}(\Lambda_{1,4})=a^{\pm<}(\Lambda_{1,5})=a^{\pm<}(\Lambda_{1,4,5})=-1\mp\mu_s.$$

Summarizing above results, all cases where $\lambda_0\in\Re(\lambda_{0,b})^{\cong}$ are obtained in the following Table 5. A. 3.

Table 5. A. 3

λ_0	(μ_s, μ_r)	(a_0, b_0)	$(a^<, b^<)$	$(a^>, b^>)$	$(a^\times, b^\times)$	κ_0^1
$\mathfrak{J}_\emptyset$	(−1, 1)	(2, 2)	(2, 2)	(2, 2)	(11, 5)	6
$\mathfrak{J}_4$, $\mathfrak{J}_5$	(−1, 1)	(2, 2)	(2, 2)	(2, 2)	(8, 2)	2, 4
$\mathfrak{J}_\emptyset$	(0, 0)	(1, 1)	(1, 1)	(4, 4)	(10, 6)	6

续表

λ_0	(μ_s, μ_r)	(a_0, b_0)	$(a^{<}, b^{<})$	$(a^{>}, b^{>})$	$(a^{\times}, b^{\times})$	κ_0^1
$\mathfrak{J}_1, \mathfrak{J}_4, \mathfrak{J}_5$	(0, 0)	(1, 1)	(1, 1)	(1, 1)	(7, 1)	6, 2, 4
$\mathfrak{J}_{4,5}$	(−1, 1)	(2, 2)	(2, 2)	(2, 2)	(4, 2)	2
$\mathfrak{J}_{4,5}$	(0, 0)	(1, 1)	(1, 1)	(3, 3)	(5, 1)	2
$\mathfrak{J}_{1.4}, \mathfrak{J}_{1,5}$	(0, 0)	(1, 1)	(1, 1)	(1, 1)	(3, 1)	2, 4
$\mathfrak{J}_{1.4.5}$	(0, 0)	(1, 1)	(1, 1)	(1, 1)	(3, 1)	2

Using Table 5. A. 1—5. A. 3, by Corollary 2. 6 (ii) and Remark 4. 1, all cases where E_0 are irregular are obtained in the following Table 5. A. 4.

Table 5. A. 4

λ_0	(μ_s, μ_r)	(a_0, b_0)	κ_0	case	ir. r	p. i. u(a, b)
$\mathfrak{J}_4, \mathfrak{J}_{4,5}$	(−1, −1)	(2, 2)	2	(3)	[6]	(4, 2)

Put $\xi=-\xi'$. It is easily shown that the assumptions (R1)—(R4) hold in Proposition 4. 2. Thus, by Table 3. A. 3 and Table 3. A. 4, a similar argument as used in case (2. B)(2) shows that the statement A(I) holds in Theorem 1. 1 for all λ_0 given by Table 5. A. 3 and Table 5. A. 4.

Combining the results of cases (1) — (3), the statement A(I) holds in Theorem 1. 1 for all $\lambda_0 \in \mathfrak{J}(\lambda_{0,b})^p$, so staement A(I) holds in Theorem 1. 1 for (Π, Π_0, S_2) given by case (5. A), (i. e for the case (5. A).

Case 6. θ_C with $\epsilon_C=(0, 0, 0, 0, 0, 1)$

Let Π_K denote Π_C as mentioned above. We have

$\Pi_K=\{e_1-e_2, e_2-e_3, e_3-e_4, e_4-e_5, e_3+e_4+e_5\}$

Clearly $\mathbb{S}(\theta_C)=\{\{\alpha_5, \alpha_6\}\}$.

(6. A) Let $S_2=\{\alpha_s=\alpha_6=e_4+e_5+e_6, \alpha_r=\alpha_5=e_5-e_6\}$.

It is easy to see that $C(S_2)=\{\alpha_3, \alpha_4\}$ and $\beta_0=e_3-e_5$. We have

$\Phi_s^+=\{e_1-e_6, e_2-e_6, e_3-e_6\}$,

$\Phi_s^-=\{e_3+e_5+e_6, e_2+e_5+e_6, e_1+e_5+e_6, e_3+e_4+e_6, e_2+e_4+e_6, e_1+e_4+e_6\}$,

$\Phi_{s,\alpha}^+=\{e_1+e_4+e_5, e_2+e_4+e_5, e_3+e_4+e_5\}$,

$\Phi_{s,\alpha}^-=\{e_3-e_4, e_2-e_4, e_1-e_4, e_3-e_5, e_2-e_5, e_1-e_5, e_1+e_2+e_3\}$

and

$\Phi_r^+ = \{e_1+e_2+e_6, e_1+e_3+e_6, e_1+e_4+e_6, e_2+e_3+e_6, e_2+e_4+e_6, e_3+e_4+e_6\}$,

$\Phi_r^- = \{e_1-e_6, e_2-e_6, e_3-e_6, e_4-e_6\}$,

$\Phi_{r,\alpha}^+ = \{e_1+e_2+e_5, e_1+e_3+e_5, e_1+e_4+e_5, e_2+e_3+e_5, e_2+e_4+e_5, e_3+e_4+e_5\}$,

$\Phi_{r,\alpha}^- = \{e_1-e_5, e_2-e_5, e_3-e_5, e_4-e_5\}$.

Let $\lambda_{0,b}$ denote $\lambda_{0,b}^c$ as mentioned above. By (3.3), we have

$$\lambda_{0,b} = \gamma_1+\gamma_2+\frac{1}{2}((1+\mu_s)\gamma_3+(1+\mu_r)\gamma_4). \tag{4.6.1}$$

By (1.1) (putting $\Sigma^+=\Delta^+$ and $S=S_2$), it is easily shown that

$$\begin{aligned}\langle e_3+e_4+e_5, \Lambda_b\rangle &= \frac{1}{2}((1+\mu_s)+(1+\mu_r))+4-2-\frac{1}{2}((1-\mu_s)+(1-\mu_r))\\ &= 2+2\mu_{r,s}^+,\end{aligned} \tag{4.6.2}$$

where $\mu_{r,s}^+ = \frac{1}{2}(\mu_s+\mu_r)$.

For convenience, for $q\subset I'$, we write $\mathfrak{J}_q$ for $\mathfrak{J}_q(\lambda_{0,b}$, and we write $\mathfrak{R}_q$ for $\mathfrak{R}_q(\lambda_{0,b})$ where $\lambda_{0,b}$ is given by (4.6.1).

We have $\Pi_{K,\Lambda_b} \supset \Pi_K\setminus\{e_3+e_4+e_5\}$. It is easily shown that $\Sigma_{-1+2}(\lambda_{0,b})^* = \{(e_3-e_6, 1+\mu_{r,s}^+), (e_2-e_6, 2+\mu_{r,s}^+)(e_1-e_6, 3+\mu_{r,s}^+)\}$. Clearly, (3.10) holds.

It is easily shown that $\mathfrak{R}(\lambda_{0,b})^{\cong} = \{\Lambda\in\mathfrak{R}(\lambda_{0,b})^p \mid \langle\Lambda, e_3-e_5\rangle = \langle\Lambda, e_3+e_4+e_5\rangle = 0\}$.

(1) Assume that $\langle\Lambda(\lambda_0), e_3+e_4+e_5\rangle\neq 0$.

Then $\Lambda\in\mathfrak{R}(\lambda_{0,b})^{\not\cong}$. Clearly we have $\Phi_{s,b}^+ = \Phi_{s,b}^{+\perp} = \emptyset$ and $\Phi_{r,b}^{+\perp} = \emptyset$, so we obtain

$$a_0 = a^* = [2, 1, 0] \text{ and } b_0 = [2, 1, 0] \text{ if } \Lambda = \Lambda_b \in \mathfrak{R}_\emptyset,$$

Similarly we have

$$a_0 = a^* = [2, 1, 0] \text{ and } b_0 = b^* = [2, 1, 0] \text{ if } \Lambda\in\mathfrak{R}_1 \text{ or } \mathfrak{R}_2,$$

$$a_0 = a^* = [0, 1, 0] \text{ and } b_0 = [2, 1, 0] \text{ if } \Lambda\in\mathfrak{R}_3,$$

$$a_0 = a^* = [2, 1, 0] \text{ and } b_0 = [0, 1, 0] \text{ if } \Lambda\in\mathfrak{R}_4.$$

Then all cases where (a_0, b_0) are proper are obtained in the following Table 6. A. 1.

Table 6. A. 1

λ_0	(μ_s, μ_r)	(a_0, b_0)	(a^*, b^*)	κ_0^1
$\mathfrak{J}_\emptyset, \mathfrak{J}_1, \mathfrak{J}_2$	(−1, −1)	(2, 2)	(2, 2)	6, 4, 2
$\mathfrak{J}_\emptyset, \mathfrak{J}_1, \mathfrak{J}_2, \mathfrak{J}_4$	(−1, 0)	(2, 1)	(2, 1)	7, 5, 3, 7
$\mathfrak{J}_\emptyset, \mathfrak{J}_1, \mathfrak{J}_2, \mathfrak{J}_3$	(0, −1)	(1, 2)	(1, 2)	7, 5, 3, 7
$\mathfrak{J}_\emptyset, \mathfrak{J}_1, \mathfrak{J}_2$	(0, 0)	(1, 1)	(1, 1)	6, 4, 2
$\mathfrak{J}_3, \mathfrak{J}_4$	(0, 0)	(1, 1)	(1, 1)	6, 6

It is easy to see that $\mathfrak{R}(\lambda_{0,b})^{\times}=\emptyset$. Clearly, $(sign(a^*(\Lambda_b)), sign(b^*(\Lambda_b)))=(-,-)$. Clearly, for $\Lambda\in\mathfrak{R}_3$, we have $a_0(\Lambda)=\nu_s^-(\Lambda)$ when $\mu_s=0$. Thus, by the results given above $\mathfrak{R}(\lambda_{0,b})^{\vdash}=\emptyset$. We have $\bar{\omega}_r^-(\Lambda_b)=0$ and $\bar{\omega}_s^-(\Lambda_b)=0$, so the assumptions (1)−(4) hold in Proposition 2.1 for $\Lambda=\Lambda_b$ with $(sign(a_0(\Lambda_b)), sign(b_0(\Lambda_b)))$. Thus, the assumptions (T1)−(T3) hold in Proposition 4.1. Hence by Proposition 4.1, the statement A(I)(i) holds in Theorem 1.1 for all $\Lambda\in\mathfrak{R}(\lambda_{0,b}^{\ncong})$.

Thus, by Corollary 2.6 (ii), the statement A(I) holds in Theorem 1.1 for all $\lambda_0\in\mathfrak{J}(\lambda_{0,b})^{\ncong}$ except λ_0 in Table 6. A. 3.

(2) Assume that $\Lambda\in\mathfrak{R}(\lambda_{0,b})^{\cong}$.

Then $\Lambda\in\mathfrak{R}_1\cup\mathfrak{R}_2$ with $(\mu_s, \mu_r)=(1, 1)$.

Clearly we have $\Psi_{s,b}^{+\perp}=\emptyset$ and $\Psi_{r,b}^{-\perp}=\{e_4-e_5\}$, so we have

$$a_0=[2, 1, 0] \text{ and } b_0=[2, 3, 4] \text{ if } \Lambda=\Lambda_b\in\mathfrak{R}_\emptyset.$$

Similarly we have

$$a_0=[2, 1, 0] \text{ and } b_0=[2, 3, 2] \text{ if } \Lambda\in\mathfrak{R}_1,$$

$$a_0=[2, 1, 0] \text{ and } b_0=[2, 1, 0] \text{ if } \Lambda\in\mathfrak{R}_2 \text{ or } \mathfrak{R}_{1,2},$$

Clearly $\Lambda_b\perp\Delta_K$. We have $\Psi_{r,a}^{-\perp}=\{e_4-e_5, -e_1-e_2-e_5, -e_1-e_3-e_5, -e_2-e_3-e_5\}$. Thus, since $\#(\Psi_r^-)=10$ and $\#(\Phi_r^-)=4$, by (2.21) we have

$$b_b^{+<}=5-2-(\mu_r-10+2\times 4)-2\times 4=3-\mu_r+2-8=-3-\mu_r.$$

Clearly we have $\Psi_{s,a}^{-\geq}(\Lambda_b-\alpha_s+\alpha_r)=\Xi$ where $\Xi=\{e_3-e_4, e_2-e_4, e_1-e_4, e_1+e_2+e_3\}$. Thus, since $\#(\Psi_s^-)=10$ and $\#(\Phi_s^-)=7$, by (2.22) we have

$$a_b^{-<}=11-2+(\mu_s-10+2\times 7)-10-4=-1+\mu_s.$$

Similarly we have

$$b_b^{-<}=-7-\mu_r \text{ and } a_b^{+<}=-9+\mu_s.$$

We have $\Psi_r^{+\perp>}(\Lambda_1+\alpha_r)=\Psi_{r,\alpha}^{+\perp}$, so by (2. 11) we obtain

$$b^{+<}(\Lambda_1)=5-2-(\mu_r-10+2\times 4)-2\times 4=-3-\mu_r.$$

Similarly, we have

$$b^{-<}(\Lambda_1)=5-2+(\mu_r-10+2\times 4)-2\times 4=-7+\mu_r,$$

Clearly we have $\Psi_s^{->}(\Lambda_1-\alpha_s)=\Psi_{s,\alpha}^{-}\setminus\{-e_1-e_4-e_5\}$ and $\Psi_s^{->}(\Lambda_1+\alpha_s+\alpha_r)=\Xi\cup\{e_2-e_5\}$. Thus by (2. 11) we obtain

$$a^{-<}(\Lambda_1)=11-2+(\mu_s-10+2\times 7)-9-5=-1+\mu_s.$$

Similarly, we have

$$a^{+<}(\Lambda_1)=11-2-(\mu_s-10+2\times 7)-7-3=-5-\mu_s.$$

A similar argument shows that

$$b^{+<}(\Lambda_2)=-3-\mu_r \text{ and } a^{-<}(\Lambda_2)=-1+\mu_r.$$

$$b^{-<}(\Lambda_2)=-1+\mu_r \text{ and } a^{+<}(\Lambda_2)=-3-\mu_s,$$

$$b^{+<}(\Lambda_{1,2})=-3-\mu_r \text{ and } a^{-<}(\Lambda_{1,2})=-1+\mu_s,$$

$$b^{-<}(\Lambda_{1,2})=-1+\mu_r \text{ and } a^{+<}(\Lambda_{1,2})=-3-\mu_s$$

Summarizing above results, all cases where $\Lambda\in\mathfrak{R}^{\cong}$ and $(a_0(\Lambda), b_0(\Lambda))$ are proper are obtained in the following Table 6. A. 2.

Table 6. A. 2

λ_0	(μ_s, μ_r)	(a_0, b_0)	$(a^<, b^<)$	$(a^>, b^>)$	$(a^\times, b^\times)$	κ_0^1
$\mathfrak{J}_\emptyset$	(−1, −1)	(2, 2)	(2, 2)	(4, 4)	(8, 2)	6
$\mathfrak{J}_1$, $\mathfrak{J}_2$	(−1, −1)	(2, 2)	(2, 2)	(2, 2)	(8, 2)	4, 2
$\mathfrak{J}_{1,2}$	(−1, −1)	(2, 2)	(2, 2)	(2, 2)	(4, 2)	2

Using Table 6. A. 1 and Table 6. A. 2, by Corollary 2. 6 (ii) and Remark 4. 1, all cases where E_0 are irregular are obtained in the following Table 6. A. 3.

Table 6. A. 3

λ_0	(μ_s, μ_r)	(a_0, b_0)	κ_0^1	case	ir. r	p. i. u(a, b)
$\mathfrak{J}_2$, $\mathfrak{J}_{1,2}$	(−1, −1)	(2, 2)	2	(1), (2)	[6]	(4, 2)

Put $\xi=-\xi'$. It is easily shown that the assumptions (R1)−(R4) hold in Proposition 4. 2. Thus, by Table 3. A. 3 and Table 3. A. 4, a similar argument as used in case (2. B)(2) shows that the statement A(I) holds in Theorem 1. 1 for all λ_0 given by Table 3. A. 2 and Table 3. A. 3.

Combining the results of cases (1)－(3), the statement A(I) holds in Theorem 1.1 for all $\lambda_0 \in \mathfrak{J}(\lambda_{0,b})^p$ so staement A(I) holds in Theorem 1.1 for (Π, Π_0, S_2) given by case (6.A), (i.e for the case (6.A).

Clearly, the standard case (the standard normal triple) is one in the set

$$\{(1.A), (2.B), (3.A), (4.B), (5.A), (6.A)\}.$$

Summarizing the results of Case (1)－Case (6), the following Proposition 4.3 is proved.

Lemma 4.2. (i) Each case (normal triple) is Θ－equivalent to, Υ－equivalent to or $\Upsilon\Theta$－equivalent to some standard case (standard normal triple).

(ii) If $S_2 \subset \Pi \backslash \Pi_0$, i.e. ($\Pi$, Π_0, S_2) is a normal triple), then (Π, Π_0) is some explicit diagram k given in Table 2 with $1 \leqslant k \leqslant 21$.

Proof: Since in the explicit diagrams k, $22 \leqslant k \leqslant 27$ there exists only one simple root in Π which is black, (ii) is clear. In the Table 1, it has been shown that each case (Π, Π_0, S_2) where (Π, Π_0) is some explicit diagram k given by Table 2 with $1 \leqslant k \leqslant 21$ is Θ－equivalent to, Υ－equivalent to or $\Upsilon\Theta$－equivalent to a standard case. Since the cases k given in Table 2 with $1 \leqslant k \leqslant 21$ exhaust all normal triples (except the cases (1) －(6)), the proof of (ii) is complete.

Using Corollary 3.4, Corollary 3.5, Corollary 3.6, by Lemma 4.2 (ii) and Propsition 4.3, we obtain the following proposition immediately.

Proposition 4.4. The statement A(I) holds in Theorem 1.1 for all explicit diagrams k with $1 \leqslant k \leqslant 21$.

Corollary 4.2. If the explicit diagram(Π, Π_0) is an explicit diagram k given in Table 2 with $1 \leqslant k \leqslant 21$, then the statement (A)(I) of Theorem 1.1 is true for case (Π, Π_0, S_2).

We are to consider the explicit diagrams 22－27 in which there are no two distinct non-compactsimple roots α_s, α_r in $\Pi \backslash \Pi_0$. If (Π, Π_0) is any explicit diagram k in Table 2 with $22 \leqslant k \leqslant 27$, then each triple $\{\Pi, \Pi_0, S_2\}$ is not a normal triple. For example, we are to consider the explicit diagram (22) given by Table 2.

Case 22. $\theta_C = (1, 0, 0, 0, 0, 0)$.

Clearly, we have

$$\Pi_K=\{\alpha_i,\ i=2,\ 3,\ 4,\ 5,\ 6,\ \}.$$

We may assume that $\alpha_s=e_1-e_2\in S_2$, then another root in S_2 must be one root in the set $\{e_1+e_2+e_i,\ i=3,\ 4,\ 5,\ 6,\ \alpha_0\}$. For convenience, for fixed i, put $I^\dagger=I\backslash\{1,\ 2,\ i\}$ and we may write $\{h,\ j,\ k\}$ for $I^\dagger$ with $h<j<k$. First, we put $S_2=\{\alpha_r=e_1-e_2,\ \alpha_s=e_1+e_2+e_i\}$.

Let λ_0 be a Harish-Chandra parameter dominant relative to Δ^+. It is easy to see that

$$-\alpha_r+\alpha_s=2e_2+e_i=\beta_1+\beta_2,$$

where $\beta_1=e_2-e_k$ and $\beta_2=e_2+e_i+e_k$. Clearly we have $\alpha_z\perp\lambda_0$ for $z\in\{r,\ s\}$, so we obtain

$$0=\langle\lambda_0,\ -\alpha_r+\alpha_s\rangle=\langle\lambda_0,\ \beta_1+\beta_2\rangle.$$

Since λ_0 is dominant relative to Δ^+ and $\beta_1,\ \beta_2\in\Delta^+$, we have

$$\langle\lambda_0,\ \beta_i\rangle=0. \tag{4.22.1}$$

for $i=1,\ 2$. Clearly $\beta_1=e_2-e_k=\beta_3+\beta_4$ where $\beta_3=e_2-e_h$ and $\beta_4=e_h-e_k$. Since $\beta_j\in\Delta^+$, $j=3,\ 4$ and λ_0 is dominant for Δ^+, we have $\langle\lambda_0,\ \beta_j\rangle\geqslant0$ for $j=3,\ 4$. Thus by (4.22.1) we have

$$\langle\lambda_0,\ \beta_4\rangle=0. \tag{4.22.2}$$

Clearly $\beta_4=e_h-e_k\in\Delta_K^+$. It is easily shown that $\beta_4\perp\alpha_r=e_1-e_2$ and $\beta_4\perp\alpha_s=e_1+e_2+e_i$, i. e. $\beta_4\perp S_2$. Thus by (4.22.2), σ determined by λ_0 and μ is degenerate.

Second, we put $S_2=\{\alpha_s=\alpha_0,\ \alpha_r=\alpha_1=e_1-e_2\}$. Clearly we have

$$\alpha_s-\alpha_r=2e_2+e_3+e_4+e_5+e_6=\beta_1+\beta_2+\beta_3+\beta_4,$$

where $\beta_1=e_2-e_4$, $\beta_2=e_3-e_5$, $\beta_3=e_2+e_4+e_5$ and $\beta_4=e_4+e_5+e_6$. It is easily shown that $\beta_i\in\Delta^+$ for $i=1,\ 2,\ 3,\ 4$, so for $i=1,\ 2,\ 3,\ 4$, we have

$$\langle\lambda_0,\ \beta_i\rangle\geqslant0. \tag{4.22.3}$$

Since $\alpha_z\perp\lambda_0$ for $z\in\{r,\ s\}$, we obtain

$$0=\langle\lambda_0,\ \alpha_s-\alpha_r\rangle=\langle\lambda_0,\ \beta_1+\beta_2+\beta_3+\beta_4\rangle. \tag{4.22.4}$$

Combining (4.22.3) and (4.22.4), for $i=1,\ 2,\ 3,\ 4$, we obtain

$$\langle\lambda_0,\ \beta_i\rangle=0. \tag{4.22.5}$$

Clearly $\beta_2\perp\alpha_s$ and $\beta_2\perp\alpha_r$. It is easy to see that $\beta_2\in\Delta_K^+$. By (4.22.5), we obtain $\langle \lambda_0, \beta_2 \rangle = 0$. Thus, since $\beta_2 \perp S_2$ and $\beta_2 \in \Delta_K^+$, σ determined by λ_0 and μ is degenerate.

For explicit diagrams 23—27 given in Table 2, by the similar arguments as used in case (22), we can obtain the following proposition.

Proposition 4.5. (i) If triple $\{\Pi, \Pi_0, S_2\}$ is not a normal triple, then σ is degnerate.

(ii) If (Π, Π_0) is the explicit diagram k with $22 \leqslant k \leqslant 27$, then σ is degenrate.

Let (Π, Π_0) be an explicit diagram k in Table 2 with $1 \leqslant k \leqslant 21$, and let (Π, Π_0, S_2) be a normal triple. For $k=1$, 2, 3, 4, 7, 8, 9, 10 or 11, put $T=\{\alpha_6\}$. For $k=5$, 14, 15, 16, 20 or 21, put an ordered set $T=\{\alpha_4, \alpha_5\}$ For $k=6$, 12, 13, 17, 18 or 19, put an ordered set $T=\{\alpha_2, \alpha_1\}$.

For $k=18$, 19, 20 or 21, put $T^* = \{\alpha_6\}$ if $\alpha_6 \notin S_2$. For $k=8$ or 10, put ordered set $T^* = \{\alpha_4, \alpha_5\}$ if $\alpha_4 \notin S_2$. For $k=4$ or 9, put ordered set $T^* = \{\alpha_2, \alpha_1\}$ if $\alpha_2 \notin S_2$. For convenience, let $\{\alpha_u\}$ denote T and T^* if $\#(T) = \#(T^*) = 1$, and let the ordered set $\{\alpha_u, \alpha_v\}$ denote T and T^* if $\#(T) = \#(T^*) = 2$. By the explicit diagrams given in the Table 2, we obtain the following lemma immediately.

Lemma 4.3. Use the notations given above. Then

(a) $\alpha_v \in \Pi_0$ and $\alpha_n \perp S_2$,

(b) $\alpha_u \in \Pi_0$ if $\alpha_u \in T$; (b)$'$ $\alpha_u \in (\Pi \backslash \Pi_0)$ and $\alpha_3 \in S_2$ if $\alpha_u \in T^*$,

(c) $\alpha_v \perp S_2$ if $\alpha_3 \notin S_2$; (c)$'$ $\alpha_u \perp S_2 \backslash \{\alpha_3\}$ and $\alpha_u \not\perp \alpha_3$ if $\alpha_3 \in S_2$,

(d) $((\Pi \backslash \mathrm{T}), (\Pi \backslash \mathrm{T}) \cap \Pi_0)$ is the explicit diagram of $SU(2, 4)$ or $SU(2, 3)$ according to $\#(T)=1$ or $\#(T)=2$,

(e) $((\Pi \backslash T^*), (\Pi \backslash T^* \cap \Pi_0)$ is the explicit diagram of $SU(2, 4)$ or $SU(2, 3)$ acoording to $\#(T^*)=1$ or $\#(T^*)=2$,

(f) $T, T^* \subset \Pi \backslash S_2$.

We define

$$R = \begin{cases} T^*, & \text{if either} \alpha_r = \alpha_3 \text{ and } sign(b_0) = +, \text{ or } \alpha_s = \alpha_3 \text{ and } sign(a_0) = +, \\ T, & \text{otherwise.} \end{cases}$$

Proposition 4.6. The statement A(II) and B of Theorem 1.1 is true.

Proof: For a fixed normal triple(Π, Π_0, S_2) associated with θ_C, for convenience, we write Δ_K for Δ_C, and write Δ_n for $\Delta\backslash\Delta_C$.

Let Δ_L be the subsystem of Δ generated by $\Pi\backslash R$. Clearly, $\Pi\backslash R$ is a simple root system of Δ_L which will be denoted by Π_L, and by Lemma 4.3 (f), we have $S_2\subset\Pi\backslash R$. Let $\Delta_K^{L+}=\Delta_L\cap\Delta_K^+$. Let $\Delta(u)=\{r\in\Delta^+ \mid r\notin\Delta_L\}$. When b_0(resp. a_0) is interpreted as a function $b_0(\mu_r)$ (resp. $a_0(\mu_s)$), by the defintion given by (2.1), we have

(4.5.A) if $b_0(\mu_r)=0$(resp. $a_0(\mu_s)=0$) $sign(b_0)=\pm$(resp. $sign(a_0)=\pm$), then $\mu_r=\mp1$, (resp. $\mu_s=\mp1$).

Use $\langle L\rangle$ as a superscript or subscript on constructs in L.

We are to show the following statement.

(4.5.B) (i) $n_0(\lambda_0^L)=0$, if and only if $n_0(\lambda_0)=0$,

(ii) If $b_0=0$ (resp. $a_0=0$), then $b_0^L=0$ (resp. $a_0^L=0$).

Let $\delta(u)$ and $\delta(u\cap p)$ be the half sums of the roots in $\Delta(u)$ and $\Delta(u)\cap\Delta_n$ respectively. By (3.1b) of [BK1], we have

$$\lambda_0^L=\lambda_0-\delta(u),\ \Lambda^L=\Lambda-2\delta(u\cap p). \tag{4.7}$$

Clearly, $\delta(u)=\delta-\delta^L$. Thus for each $r\in\Pi_L$, we have

$$\langle\lambda_0^L,r\rangle=\langle\lambda_0-\delta+\delta^L,r\rangle=\langle\lambda_0,r\rangle-1+1=\langle\lambda_0,r\rangle. \tag{4.8}$$

Clearly, $C(S_2)\subset\Pi_L$, so we have $\beta_0\in\Pi_L\subset\Pi$. Hence by (4.8) we obtain

$$n_0(\lambda_0^L)=\langle\lambda_0^L,\beta_0\rangle=\langle\lambda_0,\beta_0\rangle=n_0(\lambda_0).$$

Thus the proof of the statement (i) of (4.5.B) is complete.

Let $\xi=sign(b_0)$. Clearly we have

$$\delta(u\cap p)=(\delta-\delta_K)-(\delta^L-\delta_K^L)=(\delta-\delta^L)-(\delta_K-\delta_K^L),$$

and $\Pi_K\cap\Delta_L$ is a simple root system of the compact root system Δ_K^L of L determined by Δ_K^{L+} Let Π_K^L denote $\Pi_K\cap\Delta_L$. Thus for each $r\in\Pi_K^L$, we have

$$\langle\Lambda^L,r\rangle=\langle\Lambda-2\delta(u\cap p),r\rangle=\langle\Lambda,r\rangle-0+0=\langle\Lambda,r\rangle. \tag{4.9}$$

Clearly, $\Phi_{r,\alpha}^{\pm\perp}\subset\Delta_K^+$, Thus if $\beta\in\Phi_{r,\alpha}^{\pm\perp}\cap\Delta_L$, then $\beta\in\Delta_K^{L+}$. Thus, since $b_0=0$, for each $\beta\in\Phi_{r,\alpha}^{-\xi\perp}\cap\Delta_L\subset\Delta_K^{L+}$, by (4.9) we have

$$1\leqslant\langle\Lambda,\beta\rangle=\langle\Lambda^L,\beta\rangle. \tag{4.10}$$

By (4.10), we obtain $b_0^L=0$. Similarly, it is easily shown that if $a_0=0$, then $a_0^L=0$. Hence the proof of the statement (ii) of (4.5.B) is complete.

Since $S_2 \subset \Pi \backslash R$ we have $A^L = A \cap L = A$, so $\nu^L = \nu$.

Clearly, $\alpha_v \in \Pi_0$ and $\alpha_v \perp S_2$. Thus by (3.3) and (3.4), it is easily shown that

$$\langle \lambda_0, \alpha_v \rangle \geqslant 1. \tag{4.11}$$

We are to show the following formula.

$$\langle \lambda_0, \alpha_u \rangle \geqslant 1. \tag{4.12}$$

a) Assume that $R = T$.

(i) Assume $\alpha_3 \notin S_2$. Then by Lemma 4.3 (c), we have $\alpha_u \in \Pi_0$ and $\alpha_u \perp S_2$, so by (3.4), it is easily shown that (4.12) holds.

(ii) Assume $\alpha_3 \in S_2$. Then by Lemma 3.4, we have $\alpha_u \not\angle \alpha_3$, and $sign(a_0) = -$ or $sign(b_0) = -$ according to $\alpha_s = \alpha_3$ or $\alpha_r = \alpha_3$, so by (4.5.A) we have $\mu_s = 1$ or $\mu_r = 1$. Thus, since $\alpha_u \in \Pi_0$, by (3.4) we obtain

$$\langle \lambda_{0,b}, \alpha_u \rangle = \frac{1}{2}(1 + \mu_s) = 1,$$

or

$$\langle \lambda_{0,b}, \alpha_u \rangle = \frac{1}{2}(1 + \mu_r) = 1.$$

Hence, (4.12) holds.

b) Assume that $R = T^*$. Then by Lemma 3.4, we have $\alpha_u \not\angle \alpha_3$, and $sign(a_0) = +$ or $sign(b_0) = +$ according to $\alpha_s = \alpha_3$ or $\alpha_r = \alpha_3$, so by (4.5.A), we have $\mu_s = -1$ or $\mu_r = -1$. Thus, by Lemma 4.3 we have $\alpha_u \in \Pi \backslash \Pi_0$, and by (3.4)(b) we obtain

$$\langle \lambda_{0,b}, \alpha_u \rangle = \frac{1}{2}(1 - \mu_s) = 1,$$

or

$$\langle \lambda_{0,b}, \alpha_u \rangle = \frac{1}{2}(1 - \mu_r) = 1.$$

Hence by (3.4), (4.12) holds.

Summarizing above results, the proof for (4.12) is complete.

Let ϵ be a positve sufficient small number, and let $\nu_\epsilon = \epsilon \frac{1}{2}(\alpha_s + \alpha_r)$. Using (4.11) and (4.12), for all $\alpha \in \Delta(u)$, we obtain

$$|\langle \alpha, \nu_\epsilon \rangle| < \langle \alpha, \lambda_0 \rangle. \tag{4.13}$$

Let $\Delta^L=\{\beta\in\Delta\,|\,\langle\beta,\lambda_0-\lambda_{0,b}\rangle=0\}$. Then Δ^L is the subsystem defined by (3. 2) of [BK3].

(A) We are to show that the statement (A)(II) holds in Theorem 1. 1. There are two cases.

(1) Assume that $n_0(\lambda_0)\neq 0$ and (a_0, b_0) is not proper.

First, we assume $b_0=0$. Then by (4. 5. B), we have $n_0(\lambda_0^L)\neq 0$ and $b_0^L=0$. In fact $\beta_0=e_{p-1}-e_p$, and $2n_0(\lambda_0^L)=m-n$ where $e_{p-1}-e_p$ and $m-n$ are the notations in [BK3]. By Lemma 6. 4 of [Bk3], it is easy to see that if $\langle\Lambda^L, e_{p-1}-e_p\rangle>0$ in the sense of [BK3], then there are no values of ν in L that correspond to unitary representations. Now, we assume that $\langle\Lambda^L, e_{p-1}-e_p\rangle=0$ in the sense of [BK3]. Then, it is easy to see that $n_0(\lambda_0^L)\neq 0$ if and only if $m-n\neq 0$ in the sense of [BK3]. Therefore, it follows from (iii) given by page 36 of [BK3] or Lemma 6. 5 (a) of [BK3] (according to that α_s and α_r are in the same simple component of Δ^L or not) that if $n_0(\lambda_0^L)\neq 0$ and $b_0^L=0$, then there are no values of ν in L that correspond to unitary representations. Thus $J^L(M^LA^LN^L, \sigma^L, \nu_\epsilon)$ is not infinitesimally unitary. By (4. 13) and the statement a) of Theorem 5. 11 of [V2], $J(MAN, \sigma, \nu_\epsilon)$ is not infinitesimally unitary. Hence by continuity argument, for any $(a, b)\in E$, $J(\nu)$ is not infinitesimally unitary, so $E_0(J(\nu))=\emptyset$, and thus the statement (A)(IIa) holds in Theorem 1. 1 for $b_0=0$.

A simlar argument shows that the statement (A)(IIa) holds in Theorem 1. 1 for $a_0=0$.

(2) Assume that $n_0(\lambda_0)=0$ and (a_0, b_0) is not proper.

First, we assume $b_0=0$. Then by (4. 5. B), we have $n_0(\lambda_0^L)=0$ and $b_0^L=0$. Since $n_0(\lambda_0^L)=0$, α_s and α_r are in the same component of Δ^L. Thus by Lemma 6. 5b) of [BK3], ν_ϵ is the unitary points for L. Thus, using the formulas (4. 13), by the statement a) of Theorem 5. 11 of [V2], $J(MAN, \sigma, \nu_\epsilon)$ is infinitesimally unitary. Hence, by continuity argument, the statement (A)(IIb) holds in Theorem 1. 1 for b_0.

A similar argument shows that the statement (A)(IIb) holds in Theorem 1. 1 for $a_0=0$.

Combining above results, the statement (A)(IIb) holds in Theorem 1.1, so the proof is complete.

(B) We are to show that the statement (B) holds in Theorem 1.1.

Since $\alpha_v \in \Delta_K \cap \Pi$ and $\alpha_v \perp S_2$ we have

$$\langle \Lambda, \alpha_v \rangle \geqslant 0, \ \langle sign(b_0)\alpha_r, \alpha_v \rangle = 0. \tag{4.14}$$

(a) Assume that $R=T$.

Then by Lemma 4.3, we have $\alpha_u \in \Pi_0 \subset \Delta_K^+$, so we obtain

$$\langle \Lambda, \alpha_u \rangle \geqslant 0. \tag{4.15}$$

we are to show that

$$\langle sign(b_0)\alpha_r, \alpha_u \rangle \geqslant 0, \ \langle sign(a_0)\alpha_s, \alpha_u \rangle \geqslant 0. \tag{4.16}$$

(i) Assume $\alpha_3 \notin S_2$. Then by Lemma 4.3, we have $\alpha_u \perp S_2$, so (4.16) holds immediately.

(ii) Assume $\alpha_3 \in S_2$. Then by Lemma 4.3, we have $\alpha_u \not\angle \alpha_3$. Clearly $sign(a_0)=-$ or $sign(b_0)=-$ according $\alpha_s=\alpha_3$ or $\alpha_r=\alpha_3$. Hence, by Lemma 4.3, we have $\langle \alpha_u, \alpha_s \rangle = -1$, $\langle \alpha_u, \alpha_r \rangle = 0$ or $\langle \alpha_u, \alpha_s \rangle = 0$, $\langle \alpha_u, \alpha_r \rangle = -1$. Hence (4.16) holds.

(b) Assume that $R=T^*$. Then, by Lemma 4.3, we have $\alpha_u \not\angle \alpha_3$, and α_u, $\alpha_3 \in \Delta_u$, so we have $\alpha_u+\alpha_3 \in \Delta_K^+$ and

$$\langle \Lambda, \alpha_u+\alpha_3 \rangle \geqslant 0. \tag{4.17}$$

We are to show that

$$\langle sign(b_0)\alpha_r, \alpha_u+\alpha_3 \rangle \geqslant 0, \ \langle sign(a_0)\alpha_s, \alpha_u+\alpha_3 \rangle \geqslant 0. \tag{4.18}$$

If $\alpha_3=\alpha_r$, then $\alpha_u \not\angle \alpha_r$, $\alpha_u \perp \alpha_s$, and $sign(b_0)=+$, so $\langle \alpha_u, \alpha_r \rangle = -1$, and (4.18) holds. If $\alpha_3=\alpha_s$, then $\alpha_u \not\angle \alpha_s$, $\alpha_u \perp \alpha_r$, and $sign(a_0)=+$, so $\langle \alpha_u, \alpha_s \rangle = -1$, and (4.18) holds.

Thus (4.18) is established.

The following statement is easily shown.

(4.5.C) (i) If $R=T$, then by Lemma 4.3, we have $\alpha_u \in \Delta_K^+ \cap \Pi$, and thus each β of Δ_K^+ is one of the following forms:

$$\Delta \cap \{r, \alpha_u, \alpha_v, \alpha_u+\alpha_v, r+\alpha_u, r+\alpha_v, r+\alpha_u+\alpha_v, r \in \Delta_{L,K}^+\}.$$

(ii) If $R=T^*$, then by Lemma 4.3, we have $\alpha_u \in \Delta_n^+ \cap \Pi$, $\alpha_3 \in S_3$, and $\alpha_u \not\angle \alpha_3$. Thus each β of Δ_K^+ is one of the following forms:

$\Delta \cap \{r, \alpha_v, \alpha_3+\alpha_u, \alpha_3+\alpha_u+\alpha_v, r+\alpha_v, r+\alpha_3+\alpha_u, r+\alpha_3+\alpha_u+\alpha_v, r\in \Delta^+_{L,K}\}$.

There are two cases:

(1) Assume that $n_0(\lambda_0)\neq 0$ and $b_0=0$ or $a_0=0$.

First, we assume $b_0=0$. Then by (4. 5. B), we have $n_0(\lambda_0^L)\neq 0$ and $b_0^L=0$. Let $\Lambda^L=\Lambda(\lambda_0^L)$. Then, since $n_0(\lambda_0^L)\neq 0$, by the proof for (i) given in page 36 of [BK3] or Lemma 6. 5 (i) (according to that α_s and α_r are in the same simple component of Δ^L or not), $\Lambda^L+sign(b_0)\alpha_r$ is the second minimal K-type of $U^L(\nu)$. Thus, by Theorem 15. 1 of [K1], for each $r\in \Delta^+_{L,K}$ we have

$$0\leqslant\langle \Lambda^L+sign(b_0)\alpha_r, r\rangle=\langle \Lambda+sign(b_0)\alpha_r, r\rangle. \quad (4.19)$$

Using (4. 14)—(4. 19), by (4. 5. C), we obtain

$$\langle \Lambda+sign(b_0)\alpha_r, \beta\rangle\geqslant 0.$$

for all $\beta\in\Delta^+_K$. Thus $\Lambda+sign(b_0)\alpha_r$ is dominant relative to Δ^+_K, so by Theorem 15. 1 of [K1], $\Lambda+sign(b_0)\alpha_r$ is the second minimal K-type of $U(\nu)$. Hence $J(\nu)$ is not defined on $b=0$, $0\leqslant a$. Therefore the statement (B)(ii) holds in Theorem 1. 1, and the statement (B)(i) holds in Theorem 1. 1 for the case of $b_0=0$.

A similar argument shows that if $a_0=0$, then $\Lambda+sign(a_0)\alpha_s$ is the second minimal K-type of $U(\nu)$, so the statement (B)(i) holds in Theorem 1. 1 for $a_0=0$.

(2) Assume that $n_0(\lambda_0)=0$ and $b_0=0$.

Since $n_0(\lambda_0)=0$, $a_0=0$. Let $\psi=\frac{1}{2}(sign(a_0)\alpha_s+sign(b_0)\alpha_r)$. Since $n_0(\lambda_0)=0$ and $a_0=b_0=0$, then by (4. 5. B) we have $n_0(\lambda_0^L)=0$ and $b_0^L=0$. Thus, if $n_0(\lambda_0)=0$ and $b_0=0$, then by Lemma 6. 5 (b) of [BK3], $\Lambda^L+\psi$ is the second minimal K-type of $U^L(\nu)$, so by Theorem 15. 1 of [K1], $\Lambda+\psi$ is dominant relative to $\Delta^+_{L,K}$. Using (4. 14)—(4. 19) and (4. 5. C), by a similar argument as used in the case (1), it is easily verified that $\Lambda+\psi$ is dominant relative to Δ^+_K, so by Theorem 15. 1 of [K1], $\Lambda+\psi$ is the second minimal K-type of $U(\nu)$. Hence $J(\nu)$ is not defined on $b=0$, $0\leqslant a$. Thus the statement (B)(ii) holds in Theorem 1. 1 when $n_0(\lambda_0)=0$ and $b_0=0$. Similarly, the statement (B)(ii) holds in Theorem 1. 1 when $n_0(\lambda_0)=0$ and $a_0=0$.

Summarizing the results of the cases (1) and (2), the statement B holds in Theorem 1.1. The proof is complete.

The proof of Theorem 1.1.: By Propsition 4.4, Proposition 4.5 and Proposition 4.6, the proof of Theorem 1.1 is complete.

Remark 4.3. In the proof of (B)(1) of Proposition 4.6, it has been shown that $\Lambda + sign(b_0)\alpha_r$ or $\Lambda + sign(a_0)\alpha_s$ is the second minimal K-type of $U(\nu)$. Thus, if follows from Proposition 6.1 of [B2] and Theorem 1.4 of [V3] that the statement A(IIa) holds in Theorem 1.1.

Acknowledgement. I express my sincere appreciation to Professor D. A. Vogan for his valuable opinions and his encouragement. I thank Mr. You'an Cao for his help.

Table 1

(α_s, α_r)	$\Upsilon/\Theta/\Upsilon\Theta$	eq. to
$k=7$	(α_1, α_4), (α_1, α_5)	$\Theta(2.B)$, $\Upsilon_r(1.A)$
$k=8$	(α_1, α_3), (α_1, α_4)	$\Upsilon_s\Theta(4.B)$, $\Upsilon_r\Theta(2.B)$
$k=9$	(α_2, α_5), (α_3, α_5)	$\Upsilon_s(2.B)$, $\Upsilon_r(4.B)$
$k=10$	(α_1, α_4), (α_2, α_3)	$\Upsilon_{s,r}\Theta(2.B)$, $\Upsilon_s(3.A)$
$k=10$	(α_1, α_3)	$\Theta(4.B)$
$k=11$	(α_1, α_5), (α_2, α_5)	$\Upsilon_{r,s}(1.A)$, $\Upsilon_r(2.B)$
$k=11$	(α_1, α_4), (α_2, α_4)	$\Upsilon_r\Theta(2.B)$, $\Upsilon_{r,s}(3.A)$
$k=12$	(α_4, α_6)	$\Upsilon_s\Theta(5.A)$
$k=13$	(α_6, α_5), (α_6, α_4)	$\Upsilon_r(6.A)$, $\Upsilon_{r,s}\Theta(5.A)$
$k=14$	(α_1, α_6)	$\Theta(6.A)$
$k=15$	(α_1, α_6), (α_2, α_6)	$\Upsilon_s\Theta(6.A)$, $\Upsilon_{r,s}(5.A)$
$k=16$	(α_2, α_6)	$\Upsilon_r(5.A)$
$k=17$	(α_6, α_4)	$\Theta(5.A)$
$k=18$	(α_6, α_5), (α_6, α_4)	$\Upsilon_{r,s}(6.A)$, $\Upsilon_r\Theta(5.A)$
$k=18$	(α_3, α_5)	$\Upsilon_{r,s}(4.B)$
$k=19$	(α_6, α_5), (α_3, α_5),	$\Upsilon_s(6.A)$, $\Upsilon_s(4.B)$
$k=20$	(α_1, α_6), (α_2, α_6)	$\Upsilon_{r,s}\Theta(6.A)$, $\Upsilon_s(5.A)$
$k=20$	(α_1, α_3)	$\Upsilon_{r,s}\Theta(4.B)$
$k=21$	(α_1, α_3), (α_1, α_6)	$\Upsilon_r\Theta(4.B)$, $\Upsilon_r\Theta(6.A)$

Table 2

(Let $\theta_C = (\epsilon_1, \epsilon_2, \cdots, \epsilon_6)$: denote θ_C with $\epsilon = (\epsilon_1, \epsilon_2, \cdots, \epsilon_6)$).

1. $\theta_C = (0, 1, 1, 1, 1, 0)$	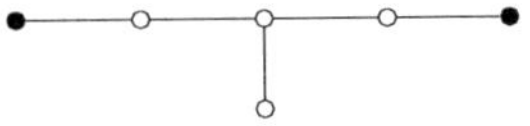
2. $\theta_C = (1, 0, 1, 1, 1, 0)$	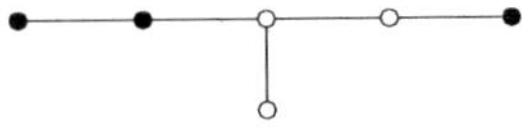
3. $\theta_C = (1, 1, 0, 0, 1, 1)$	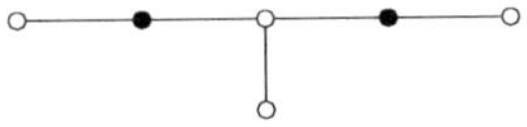
4. $\theta_C = (1, 1, 0, 1, 0, 1)$	
5. $\theta_C = (0, 0, 1, 1, 1, 1)$	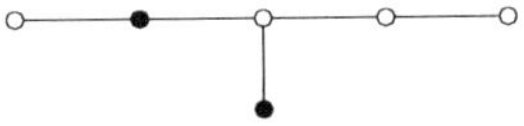
6. $\theta_C = (0, 0, 0, 0, 0, 1)$	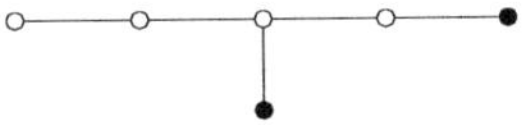
7. $\theta_C = (0, 1, 1, 1, 0, 1)$	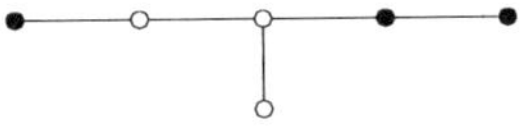
8. $\theta_C = (0, 1, 1, 0, 1, 1)$	
9. $\theta_C = (1, 1, 0, 1, 1, 0)$	
10. $\theta_C = (1, 0, 1, 0, 1, 1)$	
11. $\theta_C = (1, 0, 1, 1, 0, 1)$	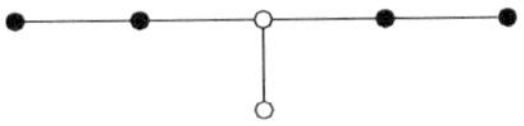
12. $\theta_C = (0, 0, 0, 1, 0, 0)$	
13. $\theta_C = (0, 0, 0, 0, 1, 0)$	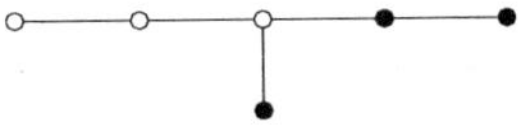
14. $\theta_C = (0, 1, 1, 1, 1, 1)$	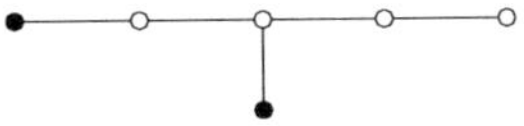

续表

15. $\theta_C=(1,0,1,1,1,1)$	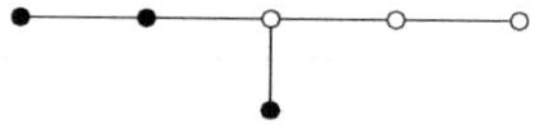
16. $\theta_C=(1,1,0,1,1,1)$	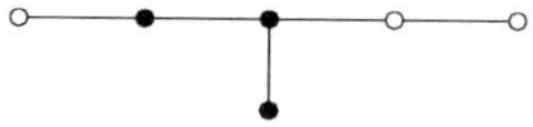
17. $\theta_C=(1,1,1,1,0,0)$	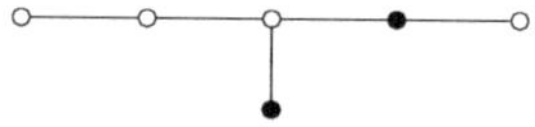
18. $\theta_C=(1,1,1,0,1,0)$	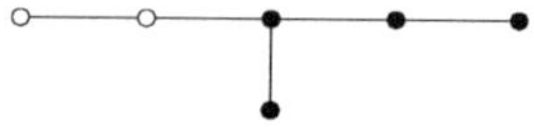
19. $\theta_C=(1,1,1,0,0,1)$	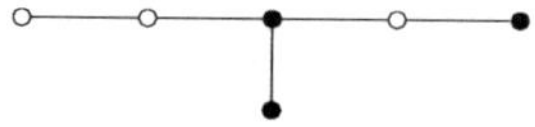
20. $\theta_C=(0,1,0,1,1,1)$	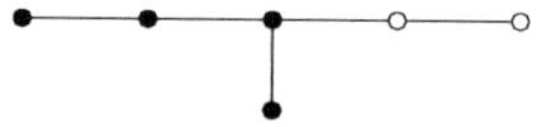
21. $\theta_C=(1,0,0,1,1,1)$	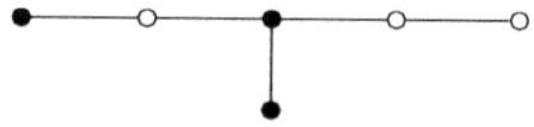
22. $\theta_C=(1,0,0,0,0,0)$	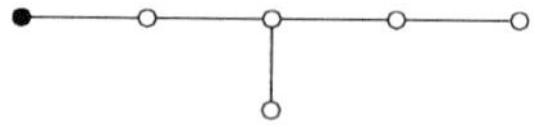
23. $\theta_C=(0,1,0,0,0,0)$	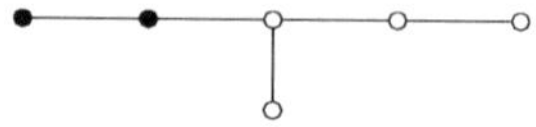
24. $\theta_C=(0,0,1,0,0,0)$	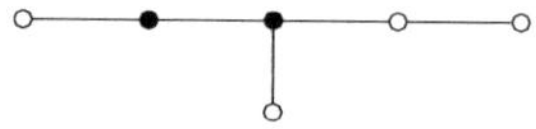
25. $\theta_C=(1,1,1,0,1,1)$	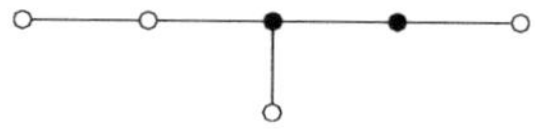
26. $\theta_C=(1,1,1,1,0,1)$	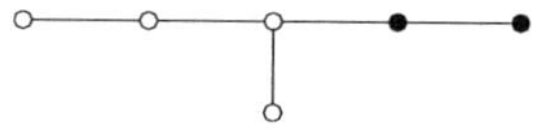
27. $\theta_C=(1,1,1,1,1,0)$	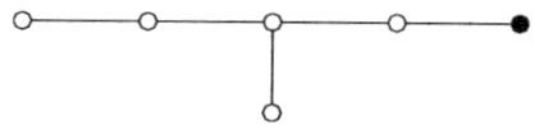

Table 3 (The region of irregular E_0)

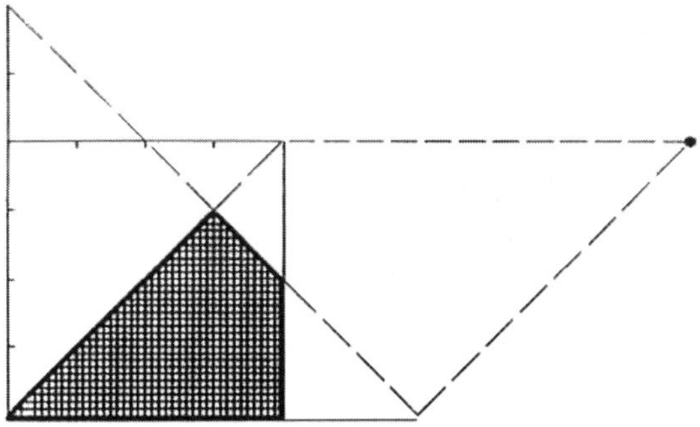

[1]

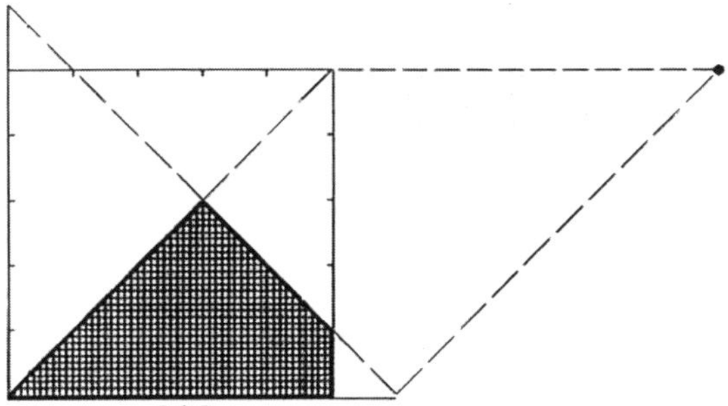

[2]

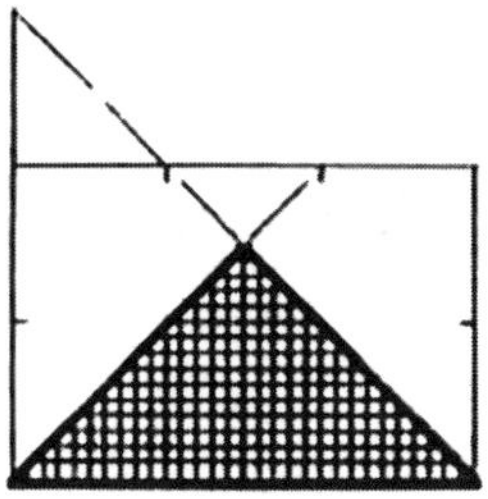

[3]

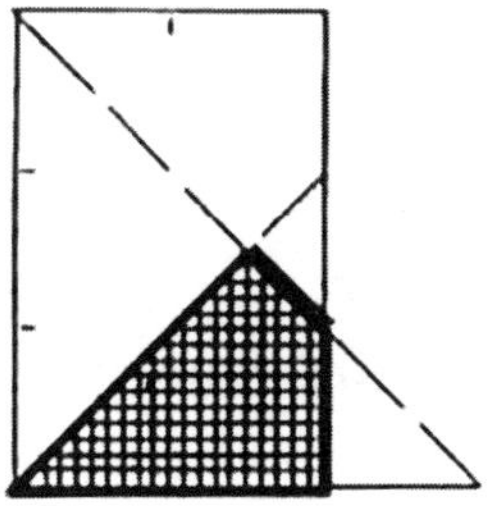

[4]

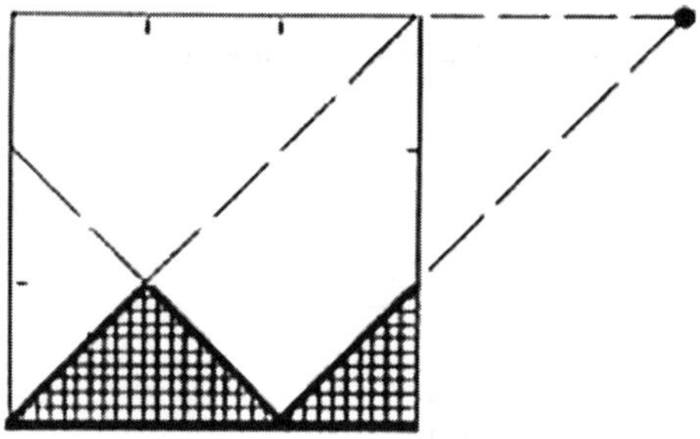

[5]

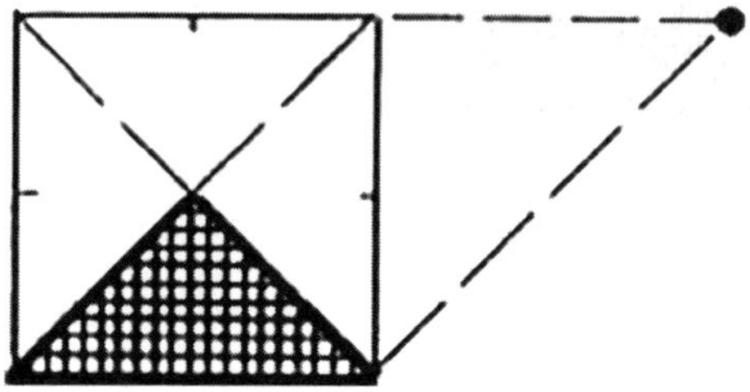

[6]

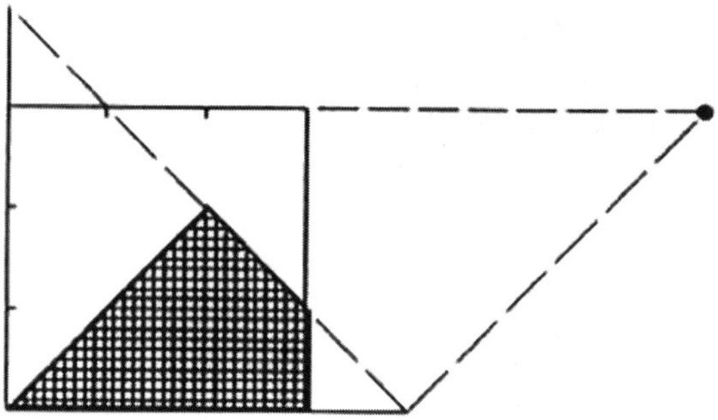

[7]

Key:

unitary points (The region of irregular E_0)

------ reducible lines

—— edge of the region of $D_0=D^{\cap}(a_0, b_0)$

● possible isolated point (p.i.s)

References

[B1] M. W. Baldoni-Silva, The embeddings of the discret series in the principal series for semisimple Lie groups of real rank one, Trans. Amer. Math. Soc. ,261,(1980),303-368.

[B2] M. W. Baldoni-Silva, The unitary dual of Sp(n, 1), $n \geqslant 2$, Duke Math. J,48,(1981), 549-582.

[BK1] M. W. Baldoni-Silva and A. W. Knapp, Unitary representations induced from maximal parabolic subgroups, J. Funct. Anal. 69(1986),21-120.

[BK2] M. W. Baldoni-Silva and A. W. Knapp, Interwining operator and unitary representations, I, J. Funct. Anal,82 (1989),151-236.

[BK3] M. W. Baldoni-Silva and A. W. Knapp, Indefinite intertwining operator II. Symposia Mathematica vol. XXIX, Acad. Press. London. (1987),1-46.

[BK4] M. W. Baldoni-Silva and A. W. Knapp, A construction of Unitary representations in Parabolic rank two. AnnalidellaScuolaNormalSuperiore diPisa, ScienzeFischeeMatematiche Serie IV. Vol. XVI. (1989),579-601.

[BK5] M. W. Baldoni-Silva and A. W. Knapp, Irreducible unitary representations of some groups of real rank two, Springer-Verlag Lecture Notes in Math. 1243(1987),1-37.

[BK6] M. W. Baldani-Silva and A. W. Knapp, Vogan's algorithm for computing composition series, Lecture Notes in Math. 1243.

[C1] Cheng C. H. On the Cartan subalgebra of real semisimple Lie algebraI. II. Sci. Record 3 (1959), 214-219,220-224.

[C2] Cheng C. H. Unitary representation induced from maximal parabolic subgroups for split Fa, Pacific. J. Math. 176(1996),33-70.

[G] F. Gantmacher, On the classification of real simple Lie group, Mat. Sb. 5(1939),217-249.

[H] S. Helgason, Differentialgeometry, Liegroups, andSymmetricspace Academic Press, New York,1978.

[K1] A. W. Knapp, Representation theory of semisimple groups: An overview based on examples, Princeton Univ. Press. Princeton. NJ,1986.

[K2] A. W. Knapp, minimal K-type, Springer-verlag, Lecture Notes in Math. 1020,107-118.

[K3] A. W. Knapp, Unitary representations and basic cases, Springer-verlag, Lecture Notes in Math. 1024,77.

[K4] A. W. Knapp, Exceptional unitary representations of semisimple Lie groups, RepresentationTheory,1(1997),1-24.

[KSpl] A. W. Knapp and B. Speh, The role of basic case in classification: Theorem about unitary representations applicable to $SU(N, 2)$, Non commutative harmonic analysis and Lie groups, Springer-verlag Lecture Notes in Math. 1020 (1983), 119-160.

[KSp2] A. W. Knapp and B. Speh, Irreducible Unitary representations of $SU(2,2)$, J. of Funct. Anal. 45(1982), 41-73.

[KSt] A. W. Knap and E. M. Stein, Intertwining operators for semisimple groups, Ann. of Math. 93 (1971), 489-578.

[V1] D. A. Vogan, Unitarizability of centain series of representations, Ann. of Math. 120 (1984), 141-505.

[V2] D. A. Vogan, The unitary dual of G_2^*, Iavent. Math. 116(1994), 677-791.

[V3] D. A. Vogan, The algebraic structure of representation of semisimple Lie groups, I, Ann. of Math, 109, (1979), 1-60.

[Y] Yan Zhi-Da, Sur la classification des algebres de Lie reels et semisimple et leur figures, Sci. Record 3(1959), 213-217.